中国石化"十三五"重点科技图书出版规划项目

炼油工艺技术进展与应用丛书

催化裂化技术进展与应用

赵日峰　主编

U0264495

中国石化出版社

内 容 提 要

本书系统介绍了催化裂化技术的国内外进展、原料和产品、催化剂与助剂、流态化与气固分离、工程技术、工艺计算、专有设备、装置操作、腐蚀与防腐、过程控制与优化、生产过程绿色化、故障诊断及典型案例、工程师职业操守与工程伦理等方面的内容，特别是重点突出了工艺计算的内容。

本书具有很强的实用性和学术性，对从事催化裂化领域的科研、设计、生产和管理的广大人员及高等院校有关专业师生有较大的学习参考价值。

图书在版编目（CIP）数据

催化裂化技术进展与应用／赵日峰主编 . —北京：
中国石化出版社，2022.4
ISBN 978-7-5114-6639-6

Ⅰ. ①催… Ⅱ. ①赵… Ⅲ. ①催化裂化 Ⅳ. ①TQ031.3

中国版本图书馆 CIP 数据核字（2022）第 057700 号

中国石化出版社出版发行

地址:北京市东城区安定门外大街 58 号
邮编:100011 电话:(010)57512500
发行部电话:(010)57512575
http://www.sinopec-press.com
E-mail:press@ sinopec.com
北京富泰印刷有限责任公司印刷
全国各地新华书店经销

＊

787×1092 毫米 16 开本 39.75 印张 998 千字
2022 年 5 月第 1 版　2022 年 5 月第 1 次印刷
定价:298.00 元

《催化裂化技术进展与应用》
编 委 会

主编：赵日峰

编委：许友好　王　伟　李　鹏　周灵萍　卢春喜

　　　鲁维民　崔守业　朱　伟　于凤昌　裴炳安

　　　王建平　孙同根　华仲炯　冯　会

撰 稿 人

第一章　许友好

第二章　许友好　鲁维民

第三章　周灵萍　宋海涛　李小军　李剑敏

第四章　卢春喜　王　伟　闫子涵

第五章　王　伟　孙同根

第六章　鲁维民　王　伟　华仲炯　孙同根　王　新

第七章　王　伟　徐平义　冀　江　卢春喜　闫子涵

第八章　朱亚东　孙同根　王　新　华仲炯　朱　伟

第九章　于凤昌　张国信　郑丽群

第十章　冯新国　王建平　马广明　裴炳安

第十一章　孙同根　张　亮

第十二章　华仲炯　王　伟　徐刚林　沈海军　李　宁
　　　　　彭　芳　李　明

第十三章　华仲炯

其他撰稿人　汪　红　匡华清　赵恒平　陈玉石

前　言

催化裂化装置是炼油厂重油加工核心装置，在增加轻质油品收率、改善产品质量和提高经济效益方面起着举足轻重的作用。截至2021年底，我国催化裂化装置的加工规模已超过200Mt，其中渣油约占催化裂化总进料量的40%。催化裂化已成为我国加工渣油的最主要手段，在大型化、节能降耗、自动化控制水平、长周期运行、催化剂性能、环保配套技术等方面均取得了长足的进步，有的达到了国际先进水平。

进入"十四五"时期，炼油行业已由注重数量的高速发展转变为注重质量效益的高质量发展，因而迫切需要众多专家型人才。为了适应这一形势，满足广大从事催化裂化领域的研究开发、工程设计、生产操作和运行管理的人员深入了解催化裂化的发展方向、工艺技术、设备技术、工程技术、生产和管理技术的需要，特别是满足生产和管理人员掌握基本工艺计算和设备计算知识的需要，中国石化于2016年、2017年、2021年举办了三期催化裂化专家培训班，培养了一批催化裂化装置专家。中国石化出版社适时组织授课的专家依据讲授的内容编写了《催化裂化技术进展与应用》一书。

全书共13章，系统介绍了催化裂化技术的国内外进展、原料和产品、催化剂与助剂、流态化与气固分离、工程技术、工艺计算、专有设备、装置操作、腐蚀与防腐、过程控制与优化、生产过程绿色化、故障诊断及典型案例、工程师职业操守与工程伦理等方面的内容，特别是重点突出了工艺计算的内容。

本书由中国石油化工股份有限公司副总裁赵日峰主编，参与本书编写的作者均是多年来一直从事催化裂化教学、科研、设计、生产和管理的专家。这些同志都具有较高的理论水平和丰富的实践经验，为本书的质量提供了基本保证。本书具有很强的实用性和学术性，达到了较高的技术水平，对从事催化裂化领域的科研、设计、生产和管理的广大人员及高等院校有关专业师生有较大的实用价值。

本书的编写力求做到理论与实践相结合、工艺与工程相结合，以使内容具有科学性、新颖性、系统性和实用性。由于多数撰写者都有繁忙的本职工作，时间有限，虽经多次审查、讨论和修改，仍难免有不妥和不足之处，敬请广大读者批评指正。

在本书编写过程中，还有一些专家班学员参与了资料收集和编写工作，中国石化炼油事业部正高级工程师李鹏和中国石化出版社王瑾瑜、孙蕊对本书的编写、编辑和出版提供了强有力的支持，在此一并表示感谢。

目　　录

第一章 绪论

第一节 催化裂化装置地位与作用

原油中的轻馏分约占 20%~25%，中间馏分约占 35%~40%，重馏分约占 35%~45%；而市场需求轻馏分约占 38%~41%，中间馏分约占 40%~41%，重馏分约占 17%~21%，如图 1-1-1 所示。由于原油中的重馏分比例高于市场需求约 14~28 个百分点，而轻馏分段的油品经济价值远高于重馏分油品，从而促进了重油转化技术的开发与应用。

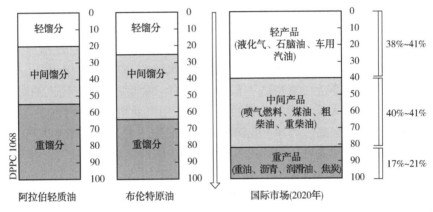

图 1-1-1　原油中的各馏分分布与市场对各馏分需求量对比

重油转化技术分为脱碳工艺和加氢工艺。已广泛应用的脱碳工艺有深拔减压蒸馏、减黏、延迟焦化、溶剂脱沥青、气化和渣油催化裂化技术。加氢工艺分为渣油加氢处理和加氢裂化技术。在这些重油转化技术中，催化裂化工艺是最重要的重油转化技术，原因在于其不仅将重油转化，而且转化为高价值的汽油和液化气。随着全球对运输燃料特别是汽油的需求继续增长，作为重质原料转化为轻质油的重要过程，流化催化裂化（FCC）工艺在炼油厂处于核心地位。全世界约 45% 的汽油来自 FCC 和其他（如烷基化等）辅助装置。催化裂化工艺在石油炼制过程中的重要性，首先要涉及汽油和液化气主要产品在炼油厂商品中所处的地位，其次要涉及如何从原油中取得催化裂化的原料，以上都要延伸到上游和下游的加工工艺[1,2]。

炼油企业由一次加工工艺、二次加工工艺等过程将原油转化为可用的产品，如煤油、汽油、柴油和重油。对于炼油企业来说，催化裂化装置是取得经济效益的关键，它的成功运行与否决定了炼油厂在当前市场中能否保持竞争力。目前，世界正在运行的催化裂化装置大约有 350 套，总加工能力超过 735Mt/a。了解催化裂化工艺在全厂工艺流程中的地位，对于深入学习催化裂化技术具有重要作用。本节拟从宏观和全局的角度论述催化裂化装置在炼油厂流程中所处的地位和作用。

一、主要产品的地位

催化裂化工艺可生产催化裂化汽油(以下简称 FCC 汽油)、液化石油气(以下简称液化气或 LPG)和轻循环油(以下简称 LCO),同时副产干气、油浆和焦炭。国外 FCC 装置是以生产汽油方案为主,汽油产率 50% 左右。如果将液化气中的丁烯和异丁烷转化为烷基化汽油,则 FCC 汽油和烷基化汽油产率之和可占催化裂化新鲜原料的 60%~65%,同时液化气中的丙烯可作为化工原料。因此,FCC 汽油和液化气是 FCC 工艺的主要产品。而轻循环油性质日趋劣质化,可能成为 FCC 工艺副产品。

FCC 汽油及烷基化汽油是车用汽油的主要组分。美国车用汽油约有 1/3 来自 FCC 汽油,再加上烷基化汽油,约有 40%~45% 的车用汽油是由 FCC 工艺所提供的。我国车用汽油更是依赖 FCC 汽油,FCC 汽油量占车用汽油量的 70% 以上,即使近期重整汽油、烷基化汽油所占比例有所增加,FCC 汽油量仍占车用汽油量的 65%。由于 FCC 汽油在国内车用汽油数量上占有绝对优势,因此,FCC 汽油质量高低对于车用汽油品质的影响是不可忽视的。

早期各国的汽油标准中,除美国 ASTM 标准是以汽油的蒸发性(馏程、气液比、蒸气压)等级和抗爆指数[($RON+MON$)/2]划分汽油等级外,其他均以辛烷值(RON,MON)和铅含量划分无铅或含铅优质汽油和普通汽油。无铅优质汽油的 RON 均在 95 以上,含铅优质汽油的 RON 均在 97 以上,普通汽油 RON 一般为 90 左右。除此之外,车用汽油对汽油组成无特殊要求,催化裂化汽油无需处理就可以直接作为车用汽油组分。由于催化裂化汽油产量高、生产成本低且辛烷值较高,再加上我国早期炼油装置主要处理石蜡基大庆原油,因此,我国催化裂化技术得到迅速发展,造成我国车用汽油中的催化裂化汽油约占 80%。2010 年,我国催化裂化汽油平均值在 70% 左右,比国外平均值高 18.4 个百分点,重整汽油低近 10 个百分点,烷基化油只占车用汽油池中的 1%。随着车用汽油质量规格不断提高,对车用汽油中的烯烃含量、芳烃及苯含量和硫含量限制日趋严格,催化裂化汽油难以直接作为车用汽油调和组分,必须进行预先处理,降低其烯烃含量、芳烃及苯含量和硫含量,方能调和到车用汽油池中。经过数十年努力,我国开发了多种技术途径可以实现催化裂化汽油满足国内车用汽油质量标准要求,其中 MIP+S Zorb 技术途径是目前最具有竞争力的技术途径。

国外 FCC 装置一般以多产汽油为生产方案,反应苛刻度较高,因而轻循环油(LCO)十六烷值较低,不适合作为柴油组分,往往作为燃料油的调和组分或作为轻燃料油,也有少量经加氢精制或加氢处理后作为柴油调和组分。早期国内催化裂化装置加工石蜡基原料,并以多产 LCO(以前在国内称为催化裂化柴油)为生产方案,此时 LCO 性质较好,其十六烷值一般在 40 左右,可作为商品轻柴油的混兑组分,一般与直馏柴油混合使用,在商品柴油中占有约 1/3 的份额。催化裂化柴油是商品轻柴油中质量最差的组分,与直馏柴油和热裂化柴油相比,FCC 柴油具有较低的烷烃含量、较高的芳烃含量。

为了尽可能多产汽油,FCC 工艺反应苛刻度不断提高,同时随着渣油 FCC 工艺的发展,加工原料更加劣质化。在较高的反应苛刻度和原料更劣质化双重作用下,LCO 性质不断变差。在高反应苛刻度下,无论是石蜡基、中间基或环烷基的催化裂化原料,LCO 性质均趋于劣质化,且向趋同方向发展。例如某催化裂化装置采用多产丙烯的 MIP 工艺技术后,其裂化反应苛刻度大幅度增加,造成 LCO 中的饱和烃进一步裂化,从而 LCO 产率明显减少,同时质量明显变差。MIP 装置的 LCO 密度一般大于 $0.93g/cm^3$,芳烃含量超过 80%,十六烷值低于 20,同时具有较高的硫含量和氮含量。

随着越来越多地将 FCC 装置等直径提升管更换为变径流化床以生产更低烯烃含量的汽油,轻循环油产率越来越低,同时质量越来越差,表现为密度越来越高,氢含量也相应地降低。对于以加氢重油为原料的催化裂化装置,当汽油烯烃含量降低到 25% 左右时,轻循环油的密度约为 $0.94g/cm^3$;当汽油烯烃含量降低到 10% 左右时,轻循环油的密度约为 $0.98g/cm^3$。轻循环油密度高低可作为在生产过程中调控汽油烯烃含量的一个直接指标。这种性质的轻循环油,只能作为燃料油调和组分。由于劣质 LCO 中的芳烃含量超过 80%,采用常规的加氢精制改质难以明显地改善 LCO 品质,只有采用深度加氢精制将双环芳烃和三环芳烃饱和为多环环烷烃。多环环烷烃是优质的汽油原料。

催化裂化的液化气中含有大量高价值的 C_3 和 C_4 组分,也可以通过分离精制或直接加工利用获得多种石油化工产品。液化气中的异丁烷和丁烯生产烷基化油,丙烯、丁烯经选择性或非选择性叠合生产叠合汽油,异丁烯与甲醇醚化生产甲基叔丁基醚,以及丙烯二聚、三聚生产异己烯、异壬烯等。在各国的汽油组成特别是优质汽油的组成中,这些高辛烷值汽油组分占有相当大的比例。由于丁烷的辛烷值较高,在汽油蒸气压规格允许和符合环保要求的情况下,常将丁烷直接调入汽油中。

二、催化裂化装置的上游工艺

早期的催化裂化工艺是以减压馏分油(VGO)为主要原料,也可掺入焦化馏分油(CGO)。直馏 VGO 干点可以切割到 530℃以上。但对于硫含量较高的 VGO,通常采用加氢处理工艺来除去其中的硫化物。由于原油价格的上升,炼油界开始重视重油中沸点高于 500~550℃ 渣油组分的转化。除了少量的低硫、氮、重金属,高 H/C 比和低残炭值的优质重油,例如我国大庆、长庆、吉林等油田和东南亚、非洲一些原油的常压渣油甚至减压渣油可以直接作为催化裂化原料。世界上约 90% 原油的渣油都要采用各种转化和分离方法以脱除渣油中不能用作催化裂化原料的沥青质和重胶质,为催化裂化装置提供适宜的原料。原料油预处理装置均处于 FCC 装置的上游,分为脱碳处理技术和加氢处理技术,两种工艺方法归纳如图 1-1-2 所示。

(一)脱碳处理技术

对于戊烷沥青质小于 0.05% 的减压渣油,采用戊烷为溶剂,脱沥青油(DAO)收率约 80%~85%,但其重金属含量将超过 $10\mu g/g$,残炭值超过 10%,须加氢处理方可作为 FCC 装置原料。溶剂脱沥青

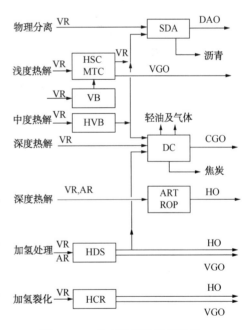

图 1-1-2　为催化裂化装置提供
原料的渣油转化工艺

法与焦化法重油轻质化的路线对比，前者在投资上明显占有优势，但是最终轻质油品收率稍低(考虑 CGO 也作 FCC 原料)。

轻度和中度热解工艺是将减压渣油的轻度热裂化以破坏沥青质和胶质的大分子结构。减黏工艺(VB)属于轻度热解，主要是为了降低渣油的黏度。减压渣油焦化工艺为典型的深度热解工艺。焦化工艺又分为延迟焦化、流化焦化和灵活焦化等几种方法。较为广泛使用的是延迟焦化，中东 VR(Vacuum Residue，减压渣油，余同)原料性质与其经延迟焦化处理后产品性质见表 1-1-1。

表 1-1-1　阿拉伯轻质原油的减渣延迟焦化产物分布及其产品主要性质

项　　目	原料 VR	焦化汽油($C_5 \sim 196℃$)	焦化柴油(196~343℃)	焦化重馏出油(CGO)	焦炭
产率/%	100	15.0	28.5	12.5	33.6
密度(20℃)/(g/cm^3)	1.020		0.885	0.975	
S/%	4.3	<1.0	2.5	3.7	5.9
N/%	0.31	0.004	0.1	0.22	0.75
溴价/[$gBr/(100g)$]	—	<65			—
重金属/($\mu g/g$)	91	—	—	—	270

(二) 加氢处理技术

渣油固定床加氢工艺是目前比较成熟的渣油加工技术，也是目前使用最多的渣油加氢工艺，约占全部加氢能力的 75%，主要为下游装置(如催化裂化)提供合格的原料。该工艺于 20 世纪 60 年代末期实现工业化，从含硫原油生产低硫燃料油(LSFO)，以满足燃料油使用中的环保要求。目前用于渣油处理的固定床加氢，采用高压(14~18MPa)和级配催化剂技术脱除渣油中的硫、重金属等杂质，为下游催化裂化装置提供合格的原料[4]。对于阿拉伯轻质常压渣油，固定床加氢脱硫(ARDS)装置的原料与加氢重油性质列于表 1-1-2。加氢重油性质符合重油催化裂化(RFCC)工艺对原料油性质的要求。

表 1-1-2　ARDS 装置的原料与加氢重油性质

油　品	原料油(>370℃)	HDS 产品(>370℃)
收率/%	100	78.7
化学氢耗/%	1.04	
油品性质		
密度(20℃)/(g/cm^3)	0.965	0.933
S/%	3.30	0.48
N/%	0.17	0.13
Ni+V/($\mu g/g$)	51	7
残炭值/%	8.9	4.9

从孤岛 VR 加氢前后组成和性质改变可以看出：加氢重油中的沥青质和胶质含量明显减少，它们大部分转化成轻芳烃和饱和烃，从而使之相对分子质量和黏度大幅度下降，见表 1-1-3。

表 1-1-3　孤岛 VR 加氢前后性质与组成对比

项　目	孤岛 VR	孤岛 HVR（加氢减渣）	项　目	孤岛 VR	孤岛 HVR（加氢减渣）
密度（20℃）/（g/cm³）	0.9998	0.9150	轻芳烃/%	5.0	16.1
运动黏度（100℃）/（mm²/s）	1710	93.5	中芳烃/%	5.1	8.0
平均相对分子质量	1160	670	重芳烃/%	24.5	12.2
S/N/%	2.52/0.80	0.22/0.26	轻胶质/%	15.6	4.6
Ni/V/%	48/22	7.5/1.0	中胶质/%	7.9	1.3
Fe/Ca/（μg/g）	13.8/33.8	0.9/9.0	重胶质/%	23.9	9.2
残炭/%	15.6	5.2	沥青质/%	3.5	2.8
饱和烃/%	14.5	45.8			

当渣油馏分转化率为 35% 左右时，脱硫率约 90%、脱氮率约 40%、脱残炭率约 60%、脱重金属率约 85%，因此，加氢重油性质符合重油催化裂化原料规格。

（三）加氢裂化

沸腾床加氢裂化工艺可以加工高硫、高残炭、高金属含量的劣质渣油。沸腾床反应器内存在强烈返混，利于传质和传热，床内温度比较均匀，轴向几乎没有温度梯度。在运转过程中可以在线补充新鲜催化剂和卸出失活的催化剂，使装置开工周期延长，一般可连续运转 3~4 年。催化剂的补充速率可以根据原料性质变化和目标产物质量需求随时调整，转化率可在 50%~90% 内调控。沸腾床加氢裂化工艺处理混合阿拉伯原油的减压渣油在中等转化率和深度转化率两种情况下的产品性质见表 1-1-4。从表中可以看出：加氢后的 HVR 性质与 VR 差别很大，并且随着转化率的增加差别更为突出，HVR 性质更劣质。HVGO 性质较好，满足催化裂化工艺对原料油性质的要求[5]。

表 1-1-4　沸腾床加氢裂化工艺的产品性质

项　目	原料 VR	转化率 65%		转化率 90%	
		HVGO	HVR	HVGO	HVR
密度/（g/cm³）	1.039	0.930	0.975	0.851	1.050
残炭/%	24.6	1.7	18.0	1.8	40.5
S/%	5.3	0.19	0.87	0.01	3.76
N/%	0.44	0.10	0.27	0.11	0.67
Ni+V/（μg/g）	220	1.0	74	1.0	310
产率/%	100	31.9	30.2	26.8	10.0
化学氢耗/%		2.33		3.93	

浆态床（悬浮床）加氢裂化技术与固定床、沸腾床技术均有不同。浆态床重油加氢裂化是指渣油馏分在临氢与充分分散的催化剂（和/或添加剂）共存条件下于高温、高压下发生热裂解与加氢反应的过程，原料可以是极其劣质的渣油甚至是煤和渣油的混合物，而处理所得产品是硫含量很低的石脑油、柴油、蜡油等，主要为柴油，且总液体收率大于 100%，渣油转化率>99%，脱硫率 82%~86%，脱氮率 40%~55%，脱残炭率 95%~97%，脱金属率

>99%，未转化油<10%。

渣油固定床加氢在催化剂、反应机理、工艺过程等方面与悬浮床加氢过程均有区别[6]。几种渣油加氢工艺特点见表1-1-5。

表1-1-5 几种渣油加氢工艺的特点

项 目	固定床	沸腾床	悬浮床
原料油	常规渣油	较劣质的重渣油	劣质的重渣油
反应温度/℃	370~420	400~450	450~480
反应压力/MPa	>13	>15	<15
体积空速/h⁻¹	0.2~0.5	0.2~0.8	>1.0
渣油转化率/%	20~50	50~90	>90
杂质脱除率/%			
脱硫率	>90	60~90	60~70
脱氮率	50~70	30~50	30~40
脱残炭率	70~90	70~95	80~95
脱金属率	50~70	60~80	70~90
产品质量	深加工原料	燃料油或后加工原料	需进一步精制
化学氢耗/(m³/m³)	~150	200~300	200~300
反应机理	催化反应	催化+热裂化	临氢热裂化
催化剂浓度	较大	中等	较小
技术难易程度	设备简单易操作	复杂	较复杂
技术成熟性	成熟	较成熟	开发中
装置投资	中等	较高	较高

重油加工方案选择取决于目的产品是汽油还是柴油；以汽油生产方案时，固定床加氢和催化裂化组合较优；以柴油生产方案时，延迟焦化和加氢裂化组合较优；悬浮床重油加氢裂化在汽油生产方案上难以与固定床加氢工艺竞争，在柴油生产方案上不如延迟焦化工艺。

三、催化裂化装置为核心的加工路线

常减压将原油蒸馏分为几种产品：石脑油、煤油、柴油和常压馏分油（AGO）。在常压塔底部的重质馏分加热后并送至减压塔，在减压塔内被分馏成减压瓦斯油（VGO）和减压渣油（VR），减压塔底部（残渣）送至延迟焦化装置、脱沥青装置、减黏裂化装置或残渣裂解装置等工艺进一步加工，或作为燃料油、道路沥青出厂。FCC工艺最初所加工原料油为减压馏分油（简称VGO），随后在VGO原料中掺入其他重油加工工艺所生产的馏分油，如焦化重馏分油，以生产更多的汽油来满足市场需求。原油经常压蒸馏后，常压渣油输送到减压蒸馏装置，减压馏分油作为FCC装置的原料油。减压渣油输送到延迟焦化装置或减黏装置，所生产的馏分油也作为FCC装置的原料油，更重的产品作为燃料油。此时，FCC工艺在炼油工艺流程中的位置与作用见图1-1-3。

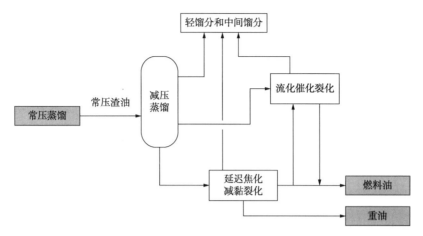

图 1-1-3 早期 FCC 工艺在炼油工艺流程中位置与作用

当采用延迟焦化工艺处理高硫、高金属（>300μg/g）、高残炭等非常劣质的渣油，其转化率随原料油中的残炭含量的增加而增加，一般情况下，其转化率仅为 50%~70%，高硫焦可以作为 CFB 锅炉原料为全厂提供蒸汽和电，焦化馏分油与来自减压蒸馏的高硫 VGO 必须先进行加氢处理，脱除其中的硫、氮等杂质，部分饱和多环芳烃以提高原料油的可裂化性能[7]。此时，在图 1-1-3 基础上，增加馏分油加氢精制装置，其炼油工艺流程见图 1-1-4。

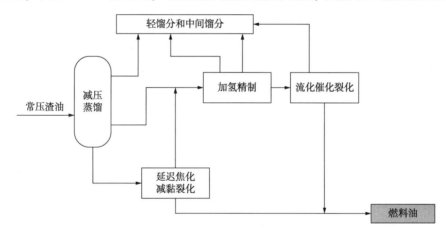

图 1-1-4 引入馏分油加氢精制的炼油工艺流程

该组合工艺通过脱碳工艺，脱除渣油中的绝大部分重金属、沥青质等，轻质油品收率相对较高，但产生的油品必须要经过后精制才能作为产品出厂，同时高硫石油焦的清洁化利用问题也很突出，后续的投资和清洁化生产问题要妥善解决。如产生的高硫焦或做锅炉燃料要增加烟气脱硫设施，或做 CFB 锅炉燃料，要用石灰石脱硫等。

20 世纪 80 年代中期以来，中国石化石油化工科学研究院一直致力于重油催化裂解制取低碳烯烃技术的研究，开发出了催化裂解（DCC）、催化热裂解（CPP）等技术，并实现了工业化，其中 DCC 工艺技术至今仍然是在全球范围内最具有竞争力多产丙烯的催化裂化工艺技术。DCC 工艺技术自 1990 年工业化以来，在国内外已有多套工业装置投产，我国先后出口到泰国、沙特和印度等国家，最大单套催化裂解装置处理能力为 4.6Mt/a。为了生产更多的低碳烯烃，DCC 工艺要求原料油中的氢含量大于 12.5%，最好大于 13%。因此，DCC 装置所加工的原料油一般选择馏分油，最好是加氢馏分油。DCC 工艺在炼油工艺流程中的位置与作用见图 1-1-5[8]。

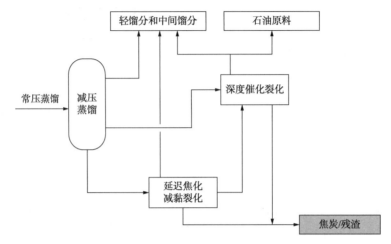

图 1-1-5   DCC 工艺在炼油工艺流程中的位置与作用

20 世纪 70 年代以来，由于能源危机改变了石油炼制产品需求的结构，对重质油料或渣油的需求量稳步下降，而对汽、柴油这样的轻馏分的需求量则在增加。正是市场需求的变化促进了重油催化裂化工艺迅速发展。渣油与其馏分油在性质和组成上差异较大，渣油含有较多的胶质和沥青质，从而馏分重、沸点高、黏度大、具有较大的相对分子质量、较小 H/C 值和较高的重金属含量、硫含量、氮含量。我国渣油催化裂化工艺自 1983 年 9 月成功地进行大庆常压渣油的工业试验后，经过多年的研究和生产实践积累，针对渣油性质，开发出原料雾化、内外取热、提升管出口快速分离、重金属钝化、催化剂预提升等一整套渣油催化裂化工艺的核心技术，使我国渣油催化裂化技术处于国际先进水平，部分工艺技术处于国际领先水平。渣油催化裂化工艺可以直接加工较优质的常压渣油，此时，不需要设置减压蒸馏装置。当常压渣油性质一般时，可以将部分常压渣油输送到减压蒸馏装置，所生产的减压馏分油与剩下的常压渣油混合以满足 FCC 装置对原料性质的要求。此时，炼油工艺流程更加复杂，如图 1-1-6 所示。

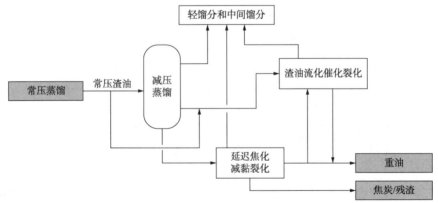

图 1-1-6   渣油 FCC 工艺在炼油工艺流程中的位置与作用

当常压渣油性质较差时，考虑到劣质重油高效利用，首先选择渣油加氢处理技术。渣油加氢工艺可以处理高硫、相对中等金属含量和残炭的原料油，一般其原料适用范围为重金属（V+Ni）含量<200μg/g，残炭<20%。渣油加氢工艺的转化率一般在30%~50%之间，康氏残炭降到6%以下，有害金属含量也能降到催化裂化催化剂允许的水平。加氢重油可以直接作为催化裂化装置的原料油。从另外一个角度看，该工艺是环境友好工艺，虽然其一次性投资较高，但是避免了其他工艺所带来的二次环境污染。同时该工艺的应用由于消耗催化剂等原因，其加工费用相对较高，但是因其轻油收率较延迟焦化工艺高，在原油价格较高时，其经济效益也较好[9]。此时，炼油工艺流程得到简化，如图1-1-7所示。

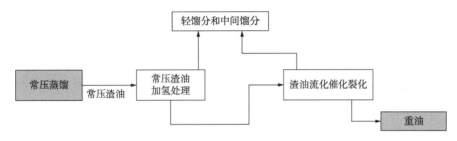

图1-1-7　常压渣油加氢处理与重油催化裂化联合流程

渣油加工难点在于高硫劣质减压渣油的加工，选择适宜的高硫劣质原油的常压渣油和减压渣油的加工工艺是充分利用原油资源，减少环境污染，降低炼油厂加工费用，提高其经济效益的有效手段。几种典型的常压渣油硫含量在2.0%~5.0%范围内，科威特、沙特重油和伊拉克原油的常压渣油的硫含量均在4.5%以上；其金属含量等其他物化性质差异很大，其中伊朗、沙重和伊拉克原油的常压渣油的重金属（V+Ni）含量高达100μg/g以上，而伊朗重油的常压渣油的重金属（V+Ni）含量高达201.53μg/g；伊朗重油和沙特重油减压渣油中的氮含量分别高达5676μg/g、6904μg/g，科威特、伊拉克、伊朗重油和沙特重油减压渣油的残炭高达18%以上；伊朗重油和沙特重油减压渣油的黏度竟高达5676~6904mm²/s。因此，对于加工劣质渣油来说，必须要采用合理的组合式渣油加工技术路线。

国内外对高硫劣质原油的加工进行了长期的研究，在实践中积累了大量的生产经验。对于处理劣质原油的重油来说，很难选择一种合适的加工工艺，当采用相关组合工艺时，应充分分析考虑各加工工艺的特点及相互之间的组合适用性。以催化裂化装置作为重油加工核心装置的渣油加工路线如下：

1. 渣油加氢-重油催化裂化组合工艺

渣油加氢-重油催化裂化组合工艺是将劣质渣油经过渣油加氢处理后，生产部分轻质油品，加氢后的常压渣油作为重油催化裂化的原料，重油催化裂化装置所产生的重循环油又可作为渣油加氢的进料，重循环油中的高含量芳烃可以有效地提高渣油中胶质和沥青质的溶解性，从而提高其渣油的转化率，减少催化剂积炭，延长催化剂寿命[10]。典型的渣油加氢-重油催化裂化组合工艺见图1-1-8。

充分利用催化原料预处理与重油催化裂化组合工艺的优势，将催化裂化的重循环油循环到渣油加氢装置，由于重循环油中含有大量芳烃组分，可以很好地溶解渣油中的胶质和沥青质，以改善渣油加氢的进料性质，从而改善渣油加氢反应，减少催化剂积炭，延长催化剂使用寿命，减少气体产率。同时，重循环油中的芳烃部分饱和，又可以改善催化裂化的进料性质，从而改善催化裂化装置的产品分布。

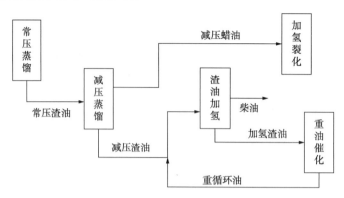

图 1-1-8　渣油加氢-重油催化裂化组合工艺示意图

2. 渣油溶剂脱沥青-沥青气化-脱沥青油加氢处理-催化裂化组合工艺

渣油溶剂脱沥青-沥青气化-脱沥青油加氢处理-催化裂化组合工艺是利用溶剂脱沥青工艺"浓缩"劣质渣油中的金属、硫和残炭等，然后脱油沥青去气化装置生产电、水蒸气和合成气，脱沥青油至加氢裂化或经加氢处理后进催化裂化进一步转化。这种组合工艺可以处理高硫、高金属和高残炭渣油。但是，由于其沥青的收率较焦化工艺所产生的焦炭高，故其轻油收率相对较低，其沥青的发电量也高，通常用于炼化一体化项目中，通过减少外供电量来进一步提高全厂的经济效益[11]。典型的组合工艺示意图见图 1-1-9。

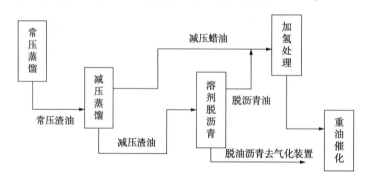

图 1-1-9　渣油溶剂脱沥青-沥青气化-脱沥青油加氢处理-催化裂化组合工艺示意图

3. 渣油溶剂脱沥青-延迟焦化-蜡油加氢处理-催化裂化组合工艺

为了增加轻油收率，将图 1-1-8 中的脱油沥青送至延迟焦化装置，进一步"浓缩"原料油的硫、金属、残炭等。脱沥青油和焦化蜡油经加氢处理后可以满足催化裂化的催化剂和工艺操作要求，以便生产所需要的轻质产品。由于采用了更进一步的"浓缩"工艺，故产生的石油焦的产量低，因此，这种组合工艺较前者具有更高的渣油转化率和轻油收率，轻油收率可以提高 2%，但其一次性投资和操作费用也高[12]。典型的组合工艺示意图见图 1-1-10。

4. 延迟焦化(小)-渣油加氢(大)-重油催化裂化组合工艺

若原油性质进一步劣质化，通常在渣油加氢进料中 Ni+V 的总含量高于 150μg/g 时，为了改善其进料性质，又要保证资源利用最大化和轻质油收率，在渣油加工流程中安排一套小规模的延迟焦化装置以改善渣油加氢装置进料性质。减压蒸馏装置采用减压深拔技术以浓缩

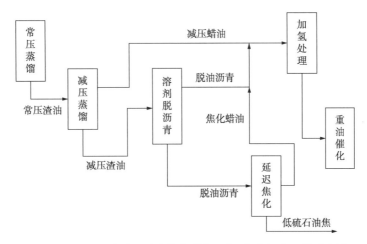

图 1-1-10　渣油加氢-重油催化裂化-延迟焦化组合工艺示意图

减压渣油，其中大部分渣油、焦化蜡油进渣油加氢装置，然后去催化裂化装置。减压蜡油去加氢裂化装置。少部分浓缩的减压渣油进延迟焦化装置进行加工，焦化装置所产的石油焦作为气化装置的原料用来生产氢气，如图 1-1-11 所示[13]。

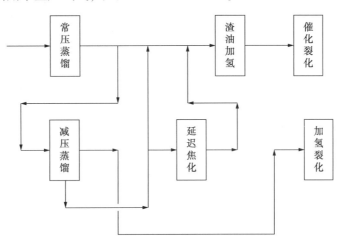

图 1-1-11　延迟焦化(小)-渣油加氢(大)-重油催化裂化组合工艺示意图

5. 渣油加氢-延迟焦化-催化裂化组合工艺

渣油加氢-延迟焦化-催化裂化组合工艺是将劣质渣油经过渣油浅度加氢处理将其硫含量降低后，硫含量较低的渣油进延迟焦化装置，通过焦化这种脱碳工艺生产轻质油品，但是产生的轻质油品需要经浅度加氢精制后作为催化裂化装置原料，同时生产低硫石油焦。当低硫石油焦销路好且用途广泛时，可选用该组合工艺，该组合工艺也属于环境友好工艺，虽然其一次性投资相对较高，但是避免了劣质渣油直接焦化生产的高硫石油焦所带来的二次环境污染。据估算，采用该组合工艺其轻质油收率较渣油加氢-催化裂化组合工艺低约 5 个百分点，但其氢耗量也较其降低一半以上。与较高硫石油焦作为 CFB 原料或 IGGC 气化组合工艺相比，该组合工艺的轻油收率略有增加，但其投资也要有所降低。而两者之间的效益差异关键在于外购电的电价。故当低硫石油焦有较好销路，外购电的价格没有明显差异时，为进一步保护环境，可以选用该组合工艺[13]。典型的组合工艺示意图见图1-1-12。

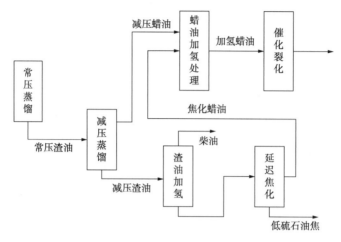

图 1-1-12　渣油加氢-延迟焦化-催化裂化组合工艺示意图

渣油加氢-催化裂化高度集成工艺(简称 IHCC)就是以催化裂化装置目的产品高选择性为前提，在合理的转化率下可提供足够的催化蜡油(FGO)，从而可以大幅度增加轻质油收率，同时解决渣油加氢处理装置所面临的问题[14]。IHCC 与渣油加氢处理联合流程见图1-1-13。

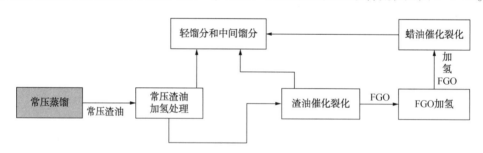

图 1-1-13　IHCC 与渣油加氢处理联合流程图

IHCC 工艺分为三个方案：一是足够的 FGO 量与劣质渣油混合，作为渣油加氢处理装置的原料油，从而扩展了渣油加氢处理装置的适应性；二是降低渣油加氢处理装置初始的苛刻度，提供给催化裂化装置更劣质的原料，催化裂化装置产生更多的难以转化的 FGO 进入后续的 FGO 加氢处理装置来改善其性质，从而可以延长渣油加氢处理装置运转周期；三是采用渣油加氢处理装置、加氢重油催化裂化装置、FGO 加氢处理装置，而 FGO 加氢处理装置又可以分为浅度加氢处理、深度加氢处理和部分加氢改质，从而形成多个生产技术方案。

劣质渣油加工和催化裂化组合工艺流程较多，且不同组合工艺的特点差异较大，但从总体上可分为加氢型流程、脱碳型流程和两者组合流程。每种流程各有所长，亦各有所短。无论是采用什么流程，只要对原油适应性做了充分考虑，就是最合适流程，有可能成为最有竞争力的流程。展望未来的炼油厂，催化裂化过程在其中仍然起着不可替代的作用。在未来炼油厂生产汽油流程中，汽油产品要由更多的组分调和获得。催化裂化过程除了直接提供主要的汽油组分，同时也是丙烯的主要来源，因此起着重要作用。催化裂化多产气体方案已向多产丙烯方案发展，可能成为炼油与石油化工结合的核心。

四、不同重油加工与催化裂化组合工艺比较

(一)几种重油加工技术比较

以中东原油的常压渣油为原料,对渣油固定床加氢处理、溶剂脱沥青、延迟焦化、溶剂脱沥青+延迟焦化、浆态床加氢裂化等几种重油加工技术进行比较[15]。中东原油的常压渣油性质列于表1-1-6,该常压渣油经减压蒸馏后,所得到60%VGO和40%减压渣油,其性质也列于表1-1-6。

表1-1-6 典型的中东原油的常压和减压渣油性质

项 目	常压渣油	减压蜡油	减压渣油
相对于AR/%	100.0	60.0	40.0
相对于AR/%(体)	100.0	62.6	37.4
API度	14.9	21.2	5.4
相对密度	0.9667	0.9266	1.0338
硫含量/%	3.68	3.29	4.27
氮含量/(μg/g)	1600	670	3000
残炭/%	9.4	0.3	23.0
Ni+V/(μg/g)	48	—	118
C₇不溶物/%	2.8	—	6.9

对于给定的馏程,含硫分子的数量和类型对加氢处理的苛刻度有极大的影响。沥青质是一种高相对分子质量多环芳烃结构的物质,原油中大部分的有机金属污染物都在沥青质中,同时沥青质也含有大量的硫和氮成分,它不能蒸出,很难加工处理。正是由于这个原因,可蒸出的减压蜡油和经溶剂脱沥青得到的脱沥青油(DAO)中的硫化物容易被除去,而渣油中相对分子质量更高且不能蒸出的沥青质中的硫化物难以除去。将硫从难以加工处理的沥青质中脱除时,需要催化剂的量随脱硫程度的提高成指数增加。当以常压渣油为进料时,生产含硫0.1%的加氢产品需要的催化剂用量大概是生产含硫1.0%的产品的3倍以上。正是如此,采用溶剂脱沥青或延迟焦化技术在生产成本上存在着一定优势,特别是将溶剂脱沥青(SDA)和延迟焦化联合可以将两者的优势结合起来,在溶剂脱沥青下游的焦化装置加工SDA的沥青可以使液态产品产率增加,焦炭产率减少。而焦化装置生产的馏分油产品同溶剂脱沥青装置生产的脱沥青油产品一起,可以进加氢处理。这样既实现了对劣质渣油加工,同时又得到更高的液体收率。表1-1-6所列的常压渣油或减压渣油经渣油固定床加氢处理、溶剂脱沥青、延迟焦化、溶剂脱沥青+延迟焦化、浆态床加氢裂化等几种重油加工技术处理后,其产物分布及360℃+馏分油性质列于表1-1-7。

表1-1-7 不同重油加工工艺方案的对比

项 目	固定床加氢	SDA	DC(延迟焦化)	SDA+DC	浆态床加氢
装置处理量/%(对常压渣油)	100	40	40(100%DC)	40(SDA)/20(DC)	40
总产率①/%					
C₅~149℃	1.0	—	5.2(13.0)	2.6	7.6
149~360℃	6.6	—	11.4(28.5)	2.7	18.1

项　　目	固定床加氢	SDA	DC(延迟焦化)	SDA+DC	浆态床加氢
360℃+	89.7	86.8	68.1	84.3	66.7
总液体收率	97.3	86.8	84.6	89.6	92.4
沥青或焦炭	—	13.2	11.9(29.7)	8.4	4.2
360℃+馏分油性质					
API度		18.1	21.0	19.5	20.7
相对密度	0.930	0.9459	0.9279	0.9371	0.9297
硫含量/%	0.5	3.38	3.26	3.25	3.24
CCR/%	5.0	3.8	0.3	2.68	0.3
Ni+V/(μg/g)	<10	6	<1	4	<0.5
终馏点/℉		>1050	<1050	>1050	<1050
多环芳烃含量		高	中	中-高	低
相对加氢苛刻度		高	中	中-高	中-低

①直馏蜡油和其他蜡油总和(馏程在360℃以上)。

从表1-1-7可以看出，采用溶剂脱沥青、延迟焦化以及两者联合工艺加工减压渣油时，两者联合工艺的360℃+产品的收率约提高25%，焦炭产率约减少30%。相对于延迟焦化工艺，浆态床加氢裂化工艺可以多生产出10%的液体产品，此外，浆态床加氢裂化工艺对柴油产品选择性明显高于其他工艺，柴油产率相当于进料减压渣油的45%，比延迟焦化工艺的柴油产率高出60%。相对其他重油加工工艺，常压渣油固定床加氢处理工艺液体收率最高，且360℃+产品中的硫含量最低，最适合与重油催化裂化技术组合多产汽油产品。

从全球重油加工技术的工业应用而言，2013年统计数据表明，加氢过程约占全部转化能力的22.2%，其余的77.8%为延迟焦化、减黏裂化、重油热裂化和溶剂脱沥青等技术，从我国渣油加工技术的工业应用而言，2019年年底统计数据表明，加氢过程约占全部转化能力的32.71%，其余的67.29%为延迟焦化和溶剂脱沥青等技术，减黏裂化工艺已不再担负重油转化的作用，如表1-1-8所示。

表1-1-8　不同重油加工技术市场份额及其变化　　　　　　　　　　%

重油加工技术	全球-2013年	中国-2019年
溶剂脱沥青	3.62	7.03
焦化	40.29	58.07
减黏裂化、热裂化	33.89	2.19
渣油加氢	22.20	32.71

重油轻质化是炼油厂加工流程优化的重点，也是炼油厂清洁化生产的关键和产生效益的最主要来源之一。劣质渣油的加工要依据原料性质、市场对产品的需求、经济效益以及环保要求等因素统筹考虑，其中市场对产品的需求尤为重要。当市场以汽油消费为主时，渣油固定床加氢处理与催化裂化组合工艺较优；当市场以柴油消费为主时，延迟焦化或悬浮床重油加氢裂化与馏分油加氢裂化组合工艺较优。我国是以汽油消费为主，因此应该大力发展渣油固定床加氢处理与催化裂化组合工艺。

（二）渣油焦化-催化裂化组合工艺与渣油加氢-催化裂化组合工艺对比

由于国内目前渣油焦化装置处理的渣油性质较差，密度均在1.0g/cm³左右，残炭在14%以上，而渣油加氢装置处理的渣油密度均在0.97g/cm³左右，残炭在12%以下。因此，为了更加准确地比较这两个组合工艺优劣，选用早期的胜利减压渣油，与目前渣油加氢装置所处理的原料性质相近。

渣油焦化方案：胜利减压渣油先进行焦化，其产物分布列于表1-1-9，其中CGO经加氢处理后再进行MIP处理，其产物分布列于表1-1-9，将这些工艺所得到产物进行加和处理，就得到渣油焦化方案的产物分布，如表1-1-10所列。

渣油加氢方案：减压渣油先进行加氢处理，其产物分布列于表1-1-9，而加氢重油再进行MIP处理，其产物分布列于表1-1-9。

将加氢处理和MIP处理所得到产物进行加和处理，就得到了渣油加氢方案的产物分布。从表1-1-10可以看出，相对焦化方案，加氢方案的总液体收率为82.74%，增加11.96个单位，柴汽比为0.62，汽油产率为43.98%，增加17.85个单位[16]。

表1-1-9 几套典型的渣油加氢和催化裂化装置原料油性质及催化裂化产物分布

项 目	焦化方案		加氢方案	
原料类型	焦化原料	CGO/加氢CGO	RDS原料	加氢重油
原料油性质				
密度(20℃)/(g/cm³)	0.9698	0.9178/0.8846	0.9764	0.9300
S/%	1.95	1.21/0.07	3.58	0.45
N/%	0.92	—	0.20	—
Ni/(mg/g)	75	—	24.0	8.3
V/(mg/g)	4.1	—	45.7	9.97
康氏残炭/%	13.9	0.74/0.03	11.0	5.18
产物分布/%	DC	MIP①	RDS	MIP
H₂S	0.45	—	1.62	0.20
干气	3.63	2.0	0.27	3.67
液化气	2.72	16.0	0.47	12.12
汽油	14.7	60.2	0.84	48.11
柴油	35.6	17.3	7.15	22.61
重油	19.0(CGO)		89.65(加氢重油)	5.68
焦炭	23.9	4.5	—	7.32
损失			—	0.29
合计	100.0	100.0	100.00	70.72

①按加氢CGO性质，预测MIP产物分布。

表1-1-10 渣油两种加工流程产物分布比较

项 目	渣油焦化/CGO加氢/加氢CGO催化①	渣油加氢/加氢重油催化②
原料油性质		
密度(20℃)/(g/cm³)	0.9698	0.9764
S/%	1.95	3.58
N/%	0.92	0.20
Ni/(mg/g)	75	24.0
V/(mg/g)	4.1	45.7
康氏残炭/%	13.9	11.0

续表

项　目	渣油焦化/CGO 加氢/加氢 CGO 催化[①]	渣油加氢/加氢重油催化[②]
产物分布/%		
H₂S	0.45	1.8
干气	4.01	3.56
液化气	5.76	11.34
汽油	26.13	43.98
柴油	38.89	27.42
重油	—	5.08
焦炭	24.76	6.56
损失	—	0.26
合计	100.00	100.00
汽油+柴油/%	65.02	71.40
总液收/%	70.78	82.74
柴汽比	1.49	0.62
产品性质(估计)		
汽油辛烷值 RON	~74	91.6
柴油十六烷值	~45	~28

①忽略 CGO 加氢时氢加入量以及少量轻组分，按 CGO 加氢生成 100%加氢 CGO 计算；
②忽略渣油加氢时氢加入量。

　　国内已经工业化的渣油加工技术及工艺主要有渣油延迟焦化-蜡油催化裂化等"脱碳"工艺和渣油加氢-重油催化裂化-加氢裂化等"加氢"工艺。采用脱碳工艺，脱除渣油中的绝大部分重金属、沥青质等，轻质油品收率相对较低，生产的油品必须经过加氢精制后才能作为产品出厂，同时高硫石油焦的清洁化利用问题也很突出，后续的投资和清洁化生产问题要妥善解决。其优点是采用这种工艺时，可以用来处理高硫、高金属、高残炭等非常劣质的渣油。而"加氢"工艺可以处理高硫、相对中等金属含量和残炭的原料油，渣油经过加氢处理后，康氏残炭比较容易降到 6%以下，有害金属含量也能降到催化裂化催化剂允许的水平，可以直接作为催化裂化装置的原料。该工艺是资源利用和环境友好型工艺，虽然其一次性投资稍高，但是渣油加工深度高，避免了其他工艺所带来的二次环境污染。但是，渣油加氢方案对原料的适应性不足，尤其是难以实现炼厂原油供应多元性变化。实践发现，任何一种单项的先进加工技术或者这些先进加工技术的常规组合方案都不能很好地解决原油劣质化的问题，必须进一步优化重油加工工艺技术的集成化应用，以改善催化裂化装置的进料性质来提高其液体收率。

五、催化裂化的下游工艺

　　FCC 装置通常分为反应再生、产品分馏、产品吸收稳定、产品精制和再生烟气治理五个部分，其中产品精制部分与下游工艺相连接。干气和液化气经脱硫处理后，送到分离单元以及下游石油化工单元。汽油经脱硫精制后，可作为车用汽油调和组分。轻循环油性质越来越劣质，在商品柴油中的份额将越来越低，需要开发更先进的技术来处理 LCO 以实现其合理利用。

（一）气体加工工艺

催化裂化干气中的乙烯和乙烷混合物可送往蒸汽裂解装置的乙烯分馏塔将乙烯分出，乙烷则用作裂解原料；干气中的乙烯与苯烷基化生产乙苯；采用变压吸附分离法可回收干气中的氢。

液化气是宝贵的石油化工原料。20世纪60年代以前，液化气往往直接作为非选择性叠合装置的原料，以生产辛烷值较高的叠合汽油。随着硫酸法烷基化和氢氟酸法烷基化技术的开发与推广，液化气中的异丁烷、异丁烯和1-丁烯作为烷基化原料，以生产高辛烷值的烷基化汽油。丁烯还可作为烯烃叠合装置的原料或作为生产仲丁醇、甲基乙基酮等石油化工装置的原料。20世纪80年代后期，在汽油无铅化的呼声中，醚类化合物作为高辛烷值汽油组分开始出现良好的前景，采用液化气中的异丁烯和甲醇生产MTBE。液化气中的丙烷和正丁烷可作为烷烃脱氢装置的原料生成烯烃。

（二）汽油脱硫技术

催化裂化汽油必须经过汽油脱硫装置处理后生成超低硫含量的汽油，方可作为车用汽油组分。国内FCC汽油脱硫技术分为吸附脱硫和加氢脱硫。使用最为广泛的吸附脱硫技术是S Zorb工艺，汽油加氢脱硫工艺技术种类较多，大体归纳为选择性加氢脱硫类（如Prime-G+、RSDS、DSO等）、加氢脱硫恢复辛烷值类（如ISAL、OCTGAIN、Gardes等）。

1. S Zorb 技术

FCC汽油吸附脱硫技术（S Zorb）是一种能够有效脱除FCC汽油中的硫化物的基于吸附作用原理的汽油脱硫工艺。S Zorb工艺采用连续的吸附、再生、还原工艺路线，通过专用的催化剂选择性地吸附含硫化合物中的硫原子达到脱硫目的；使用全馏分汽油单段脱硫工艺，工艺过程中不产生H_2S，原料汽油中的硫从再生烟气以SO_2方式排出。具有脱硫深度高，氢耗、能耗及操作费用低，产品辛烷值损失少等优点。目前国内已建成33套S Zorb工业装置，处理超过48Mt/a的催化裂化汽油，产品硫含量低于10mg/g，加工量已占全国FCC汽油脱硫装置加工总量的60%[17]。S Zorb工艺流程如图1-1-14所示。

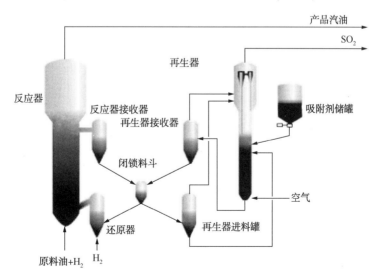

图1-1-14　第二代S Zorb技术反再和吸附剂输送原则流程图

基于吸附作用原理对汽油进行脱硫，通过吸附剂选择性地吸附汽油中硫醇、二硫化物、硫醚和噻吩类等含硫化合物的硫原子而达到脱硫目的，然后通过对吸附剂再生，使其变为 SO_2 进入再生烟气中，烟气再去硫黄装置或碱洗装置。S Zorb 过程有五个主要的化学反应：①硫的吸附；②烯烃加氢；③烯烃加氢异构化；④吸附剂氧化；⑤吸附剂还原。前三个反应在反应器内进行，第四个反应在再生器内进行，第五个反应在还原器内进行。

$$\text{（结构式）} + 3H_2 + \text{硫化物} \longrightarrow \text{硫化物–S} + H_2O + \text{（结构式）} \tag{1-1-1}$$

S Zorb 技术具有以下特点：

① 反应产物没有 H_2S 存在，避免了 H_2S 与汽油中烯烃再次反应结合生成硫醇的问题。

② 脱硫率高、产品辛烷值损失(烯烃饱和)小、氢耗小、能耗低(全馏分单段脱硫)、产品液体收率。

③ 能较经济地将汽油中的硫含量降至 10mg/g 或更低。

在 S Zorb 装置生产过程中，汽油烯烃饱和率对辛烷值损失影响较大。当汽油烯烃饱和率越高时，其辛烷值损失就越高。吸附处理后的汽油烯烃饱和率与其辛烷值损失变化趋势见图 1-1-15。

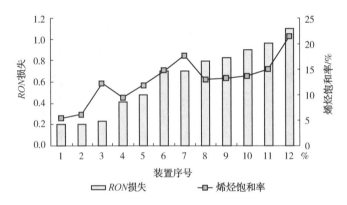

图 1-1-15 S Zorb 装置处理后汽油烯烃饱和率与其辛烷值损失变化趋势

S Zorb 装置汽油吸附脱硫工业运行结果表明：过高或是过低的再生吸附剂载硫量都会造成汽油产品 RON 损失增加，当原料硫含量小于 100mg/g 时，再生吸附剂载硫量控制 8%～8.5%较为合适；当原料硫含量为 150～250mg/g 时，再生吸附剂载硫量控制 6%～7%较为合适；原料硫含量大于 300mg/g，再生吸附剂载硫量控制 5%～6%较为合适。因此，针对不同的汽油原料硫含量，需要控制好适当吸附剂载硫量。在此定义脱硫辛烷值损失参数，即为汽油产品硫含量每降低 100mg/g，其 RON 损失值，代号为 RLS。RLS 与再生吸附剂载硫变化趋势见图 1-1-16。

当汽油原料硫含量较低时，脱硫反应对吸附剂活性要求较低，可适当控制较高的吸附剂载硫量，但载硫量过高后，氢油比、吸附剂循环量、空速等需求增加，结果会造成汽油辛烷值损失增大；当汽油原料硫含量较高时，则需适当控制低的吸附剂载硫量，但载硫量过低后，吸附剂活性过高，会增加汽油烯烃饱和，反而造成汽油辛烷值损失增加[18]。

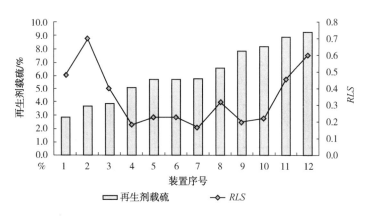

图 1-1-16　RLS 与再生吸附剂载硫量变化趋势

2. 汽油加氢脱硫技术

汽油加氢脱硫工艺技术无论是选择性加氢脱硫类(如 Prime-G⁺、RSDS、DSO 等)，还是加氢脱硫恢复辛烷值类(如 Gardes)，其工艺流程包括 FCC 汽油预加氢、轻重汽油分离、重汽油加氢脱硫(部分连接辛烷值恢复反应器)、轻汽油可以直接与加氢脱硫后的重汽油混合或者经醚化反应后再与加氢脱硫后的重汽油混合。典型 FCC 汽油加氢脱硫及轻汽油醚化联合工艺原则流程图见图 1-1-17。

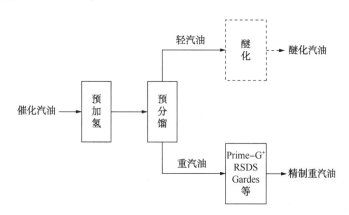

图 1-1-17　典型 FCC 汽油加氢脱硫及轻汽油醚化联合工艺原则流程图

在加氢脱硫装置生产过程中，汽油烯烃饱和率对辛烷值损失影响较大。汽油烯烃饱和率越高，其辛烷值损失就越高。汽油加氢脱硫装置汽油产品辛烷值损失根本原因与 S Zorb 装置相同，都是脱硫反应过程中烯烃饱和造成的。汽油加氢脱硫装置汽油烯烃饱和率与其辛烷值损失变化趋势见图 1-1-18[18]。

汽油加氢脱硫装置汽油产品辛烷值损失与汽油原料硫及不同工艺关系见图 1-1-19，从图中可以看出，辛烷值损失大小主要受原料硫含量高低的影响，总的趋势是汽油原料硫含量高，其辛烷值损失较多。但 RLS 与汽油原料硫含量的关系不明显，反而与汽油脱硫工艺类型有关，PG 技术具有相对较低的 RLS 值。

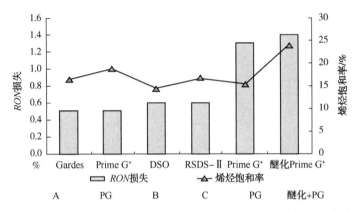

图 1-1-18　汽油加氢脱硫装置汽油烯烃饱和率与其辛烷值损失变化趋势

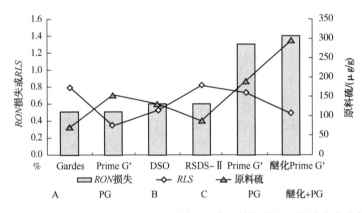

图 1-1-19　汽油加氢脱硫装置及其他工艺辛烷值损失与原料硫变化趋势

3. S Zorb 与汽油加氢脱硫技术比较

对 S Zorb 吸附脱硫装置和汽油加氢脱硫装置生产运转数据进行统计分析与对比，两种技术关键指标比较见表 1-1-11。

表 1-1-11　S Zorb 装置与汽油加氢脱硫装置关键指标参数比较

项　　目	S Zorb			汽油脱硫加氢			平均值差
	最小	最大	平均	最小	最大	平均	
长周期运行/月	15	45	25	24	64	45	20
能耗/(kgEO/t)	3.3	10.1	6.6	16.2	24.5	20.1	13.5
原料硫含量/(μg/g)	89	380	177	72	294	155	-22
产品硫含量/(μg/g)	2.0	5.9	3.5	7.1	15.0	10.7	7.1
RON 损失	0.20	1.10	0.59	0.50	1.40	0.82	0.23
每脱除 100μg/g 硫的 RON 损失	0.17	0.71	0.37	0.34	0.81	0.61	0.24
精制汽油收率/%	98.35	99.40	98.95	99.15	99.66	99.38	0.43
氢耗/%	0.11	0.54	0.33	0.09	0.53	0.28	-0.05
反应压力/MPa	2.2	3.0	2.6	1.8	2.1	1.9	-0.64
反应温度/℃	410	423	417	196	275	236	-181
操作难易程度	流化床：控制程序复杂，反应因素多且相关性强			固定床：操作稳定，因素较少影响单一			

从表 1-1-11 可以看出：

① 周期运转时间。汽油加氢脱硫装置运转周期最长的已超过了 5 年（64 个月），平均值为 45 个月；S Zorb 装置运转周期最长的也达到了近 4 年（45 个月），最短仅 15 个月，平均值为 25 个月，大多数 S Zorb 装置难以做到与催化裂化装置同步。影响 S Zorb 装置长周期运行的主要因素为反应器过滤器差压超高、程控阀故障率高以及吸附剂输送线路管线设备磨损泄漏，而这些因素源于它的工艺原理及设计理念，对设备和操作提出了更高的要求。

② 综合能耗。S Zorb 装置优势明显，能耗平均值为 6.6kgEO/t，最高 10.1kgEO/t，都远低于汽油加氢脱硫装置。主要是因为汽油加氢脱硫装置涉及操作单元较多，能量损失较大，尤其是轻重汽油分离需要较多的热源。

③ 脱硫能力。汽油加氢脱硫装置在原料硫含量相对较低的条件下，产品硫含量却更高，若进一步降低产品硫含量，其他指标势必变差，S Zorb 装置在同等条件下脱硫能力更强。S Zorb 装置汽油辛烷值损失比汽油加氢脱硫装置低 0.23 个单位，折合每脱 100mg/g 硫的辛烷值损失要低 0.24 个单位，S Zorb 装置汽油辛烷值损失指标优势明显；而汽油加氢脱硫装置精制汽油收率平均为 99.38%，比 S Zorb 装置高 0.43 个百分点，分析原因主要是汽油加氢装置反应压力和温度较低，发生裂化副反应程度低；氢耗指标二者基本相当。

④ 操作难易程度方面。S Zorb 装置采用的是流化床，吸附剂流化控制程序复杂，反应影响因素多且关联性强；汽油脱硫加氢装置采用的是固定床，操作相对稳定，反应因素较少且影响相对单一。

（三）轻循环油

从发展趋势来看，LCO 在商品柴油中的份额将越来越低。要使 LCO 成为商品柴油组分，首先要降低 LCO 中的硫含量和多环芳烃含量，使之调和入商品柴油后能够符合清洁柴油燃料规定的指标。LCO 作为商品柴油组分一般采用加氢精制或加氢改质技术。LCO 还可以采用催化转化方法将其转化为汽油等产品，技术路线分为催化裂化和加氢裂化两条路线。这两条技术路线均实现工业化，主要基于 LCO 组成特点，多环芳烃难裂化、易缩合、可先加氢饱和，而单环芳烃侧链、链烷烃、环烷烃可直接裂化。因此，LCO 通过催化裂化装置转化主要路线见图 1-1-20，其中 LTG 工艺在催化裂化装置上得到广泛应用。以催化裂化装置原料油 10% 点馏出温度 350℃ 为基准，2015～2019 年 LTG 工艺在工业催化裂化装置应用概况列于表 1-1-12。从表中可以看出，2015 年、2016 年、2017 年、2018 年、2019 年装置数量分别为 17 套、22 套、23 套、26 套和 30 套，2020 年装置数量达到 34 套。这表明 LTG 工艺在轻循环油转化中起着重要作用，已逐渐成为较为普遍采用的工艺[19]。

表 1-1-12 LTG 技术工业催化裂化装置应用概况

项 目	2015 年	2016 年	2017 年	2018 年	2019 年	2020 年
应用装置数量/套	17	22	23	26	30	34
重油加工量/(Mt/a)	27.16	35.65	33.36	40.06	48.31	57.90
原轻循环油产量/(Mt/a)	5.7	7.5	7	8.4	10.1	12.1
压减轻循环油量/(Mt/a)	1.66	2.18	2.04	2.45	2.95	3.54
增产汽油量/(Mt/a)	1.25	1.64	1.53	1.84	2.21	2.64

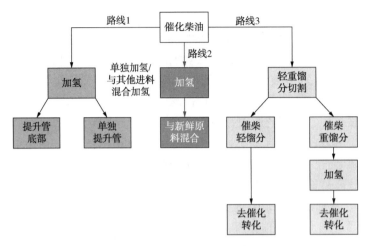

图 1-1-20　LCO 通过催化裂化装置转化主要路线

LTG 工艺在催化裂化装置上应用后产物分布列于表 1-1-13，同时列出未应用 LTG 工艺的催化裂化装置。从表中可以看出：应用 LTG 工艺的催化裂化装置汽油产率较高，汽油辛烷值桶较高，尤其在变径流化床反应器的催化裂化装置上，效果更加明显。

表 1-1-13　应用/未应用 LTG 工艺的催化裂化装置产物分布

项　　目	变径流化床应用	等径提升管应用	未应用
产物分布/%			
干气	3.74	3.62	3.47
液化气	19.17	17.27	19.74
汽油	45.18	45.22	43.87
轻循环油	19.48	21.35	21.00
油浆	5.19	5.88	5.07
焦炭	7.07	6.51	6.69
损失	0.16	0.16	0.15
合计	100.00	100.00	100.00
转化率/%	75.30	72.77	73.92
干气+焦炭选择性/%	14.30	13.84	13.75
液化气+汽油/%	64.35	62.49	63.61
汽油辛烷值桶	41.62	41.49	40.71

第二节　催化裂化催化剂发展历程

一、国外裂化催化剂

催化裂化催化剂(简称裂化催化剂)开发与应用已历经近百年，是世界上用量最大的一种催化剂。其发展历程是从无水三氯化铝到白土，到合成硅铝，再到分子筛催化剂，其各占历史舞台的时间大约是无水三氯化铝20年，白土催化剂10年，合成硅铝催化剂20年，而分子筛催化剂出现后，迅速取代无定形硅铝，一直使用至今。全球裂化催化剂发展历程见表1-2-1。

表1-2-1　裂化催化剂发展历程

年　份	催化剂类型及反应	主要特点	开发者
1915	无水三氯化铝，反应在液相下进行	汽油收率低	McAfee A. M.
1928	酸处理活性白土，在固定床反应器中进行	汽油的收率、质量远优于热裂化产品	Houdry E
1940	合成硅铝催化剂，用于移动床和流化床催化裂化	粉末状硅铝催化剂活性低、稳定性低、流化性能不好	Houdry socony Vacuum Oil Co.
1948	微球催化剂	高铝催化剂活性高、有助于提高汽油的辛烷值，并大大降低了催化剂的损失，减少了设备中的细粉量	Davison Chemical Co.
1963	分子筛裂化催化剂，如 REX 和 REY 型，用于流化催化裂化装置	如 REX 分子筛催化剂活性高，且有抗金属污染能力；REY 分子筛催化剂抗金属污染能力强，热稳定性好，强度和密度高	Mobil Oil Co.
1976	超稳 Y 型分子筛（USY）	USY 分子筛系列催化剂提高汽油辛烷值0.5～1.5，生焦率低，再生温度降低约30℃；渣油裂化能力强	Davison Chemical Co.
1986	引入 ZSM-5 助辛剂	汽油辛烷值有所提高，但汽油产率下降	Mobil Oil Co.
1990	新型渣油催化裂化催化剂	各种改良的 USY 分子筛和大孔活性基质，提高重油转化能力和轻质油产率、降低焦炭产率，增强抗重金属能力，提高汽油辛烷值	各催化剂制造公司
2000 年至今	重油裂化催化剂	活性组分主要是 MFI 类的择形分子筛、各种改良的超稳 Y 型分子筛和大孔基质，提高重油转化能力和轻质油产率	各催化剂制造公司

　　Houdry(胡德利，人名，下同)针对白土的组成和结构进行了筛选，开发出酸性白土裂化催化剂，并进行了工艺开发，得到的汽油收率与质量远优于热裂化汽油，从而诞生了Houdry催化裂化工艺，这是固体酸性催化剂首次在工业中的大规模应用，是炼油工业发展史上的一项重大进展[20]。白土的主要成分以蒙脱土（Montmorillonite）为主体，它是一种含有少量碱和碱土金属的含水铝硅酸盐，属单斜晶系。天然白土活性低，当时工业所用的裂化催化剂是对其进行酸处理而使其成为具有一定活性的酸性白土。

　　1940 年，第一批合成硅铝催化剂工业化生产成功，有力地支持了随之而产生的移动床和流化床催化裂化[21]。随着流化催化裂化技术的出现，由使用小球或者压制成型催化剂转化为使用粉末状催化剂。粉状催化剂由人工合成硅酸铝凝胶和活性白土（高岭土）共同合成。第一套流化催化裂化装置所使用的催化剂就是 Grace 公司 Davison 化学分部制造的粉末状硅铝催化剂[22]。当时普遍使用的是含氧化铝 10%～13%的硅铝催化剂。1954 年，活性和选择性更高的含氧化铝约 25%的高铝催化剂投入使用。

　　20 世纪 60 年代，随着晶体硅酸铝盐（沸石/分子筛）催化剂的研究和工业应用，催化裂化技术进入了一个新的时代。而分子筛裂化催化剂的发明被誉为"20 世纪 60 年代炼油工业的技术革命"[23]。分子筛裂化催化剂一般分为 X 型分子筛催化剂、Y 型分子筛催化剂、β 型分子筛催化剂等。X 型和 Y 型分子筛同属八面分子筛类，其晶格结构相似，但 Si/Al 比不同，X 型分子筛的 $SiO_2/Al_2O_3 < 3.0$，而 Y 型分子筛的 $SiO_2/Al_2O_3 > 3.0$。

1963 年，微球分子筛催化剂开始在流化催化裂化装置使用，迅速被各炼油厂采用。Grace 公司 Davison 化学分部首先生产出来的 XZ-15 催化剂就是属于 REX 分子筛，1965 年又研制并生产了 REX 型分子筛催化剂 XZ-25，随后又相继制造出 XZ-36 和 XZ-40 稀土 X 型分子筛催化剂。随着对催化裂化过程认识的加深，X 型分子筛的耐酸性和热稳定性等性质都比 Y 型分子筛差，因而 1968 年逐渐被 Y 型分子筛催化剂所取代[24]。Mobil 公司和 Grace 公司分别发明了导向剂法，用水玻璃可直接合成较高硅铝比的 Y 型分子筛。1969 年，Grace 公司 Davison 化学分部生产出一种价廉且高活性的 REY 型分子筛催化剂 CBZ-1，随后又推出了 AGZ 系列催化剂。20 世纪 70 年代中期，推出了高密度催化剂 Super-D 系列，在当时全世界的催化裂化装置中，约有 1/4 的装置使用这种催化剂。除了 Grace 公司 Davison 化学分部以外，国外生产裂化催化剂的公司主要还有 Albemarle（收购了 AKZO Nobel 公司的催化剂业务）和 BASF 等公司，均开发出各自独特的催化剂系列。为了应对汽油无铅化，提高汽油辛烷值，Davison 公司于 1976 年、1980 年相继研制出含 USY 系列催化剂。1986 年，Mobil 公司研究成功 ZSM-5 分子筛，将这种分子筛以少量添加剂的形式加入催化剂时，汽油辛烷值有所提高，但汽油产率下降[25]。20 世纪 70 年代末期，Davison 化学分部开发了 Residcat-25、Residcat-30 和 GRZ-1 等分子筛含量高的渣油裂化催化剂。前两种催化剂属于小金属容量的渣油裂化催化剂，后者属于大金属容量的渣油裂化催化剂。20 世纪 80 年代中期，Davison 化学分部还生产了 GXO-25、GXO-40 等系列催化剂，这类催化剂既有提高辛烷值的功能，又有较好的焦炭选择性，适合于加工渣油。

BASF 公司 FCC 催化剂的特点是采用独特的分子筛原位晶化制备技术，以高岭土为原料同时制备出活性组分分子筛和基质组分的原位结晶分子筛。与半合成工艺相比，原位晶化催化剂具有特殊的抗重金属污染能力，活性指数高，水热稳定性及结构稳定性好，催化剂的抗磨和重油裂化能力强[25]。Rive 技术是在现有的催化剂中增加孔道，Y 型分子筛的纳米结构在碱性介质中用表面活性剂处理后可以重排。为了应用表面活性剂，孔道需要扩大，从而可以有效地利用表面活性剂来作为模板，当去除表面活性剂后，就会留下更大的孔，可以捕获更多的烃分子，这种被称为 Molecular Highway（分子高速通道）的催化剂技术，可以增加 FCC 反应深度[26]。

二、国内裂化催化剂

20 世纪 50 年代初期，我国部分研究机构就开始了裂化催化剂的研究工作。50 年代中期又开始了合成硅铝裂化催化剂的研究工作，均处于实验室研究和小规模制备阶段。第一套移动床催化裂化装置于 1958 年在兰州炼油化工总厂建成投产，当时所用小球催化剂均由国外进口。从 1960 年起，我国科技工作者经过三年多研究、设计与施工，硅铝小球催化剂装置于 1964 年顺利建成投产。与此同时，也开始了微球催化剂的实验室研究，从小型试制到中型放大，到建设生产装置，只用了 4 年时间，1965 年 12 月，微球催化剂生产装置顺利投产，从而结束了裂化催化剂依赖进口的局面，为以后的发展打下了基础[1]。

　　X 型分子筛催化剂研究紧随国外研究步伐，20 世纪 70 年代初期，13X 分子筛催化剂在兰州炼油化工总厂试生产成功，并于 1973 年在玉门炼油厂 0.12Mt/a 同高并列式装置上进行了工业试验，标志着我国裂化催化剂登上了一个新台阶。1975 年，Y 型分子筛催化剂在兰州炼油化工总厂试生产成功，使分子筛催化剂的生产技术又向前推进了一大步。随后，齐鲁石油化工公司周村催化剂厂生产出 Y-7 型半合成分子筛大密度催化剂，以后又改进成 CRC-1 催化剂。长岭炼油化工厂开发和生产了 KBZ 半合成大密度催化剂。兰州炼油化工总厂开发和生产了全白土型大密度 LB-1 催化剂。1985 年，对 USY 型分子筛开展了全面的研究开发工作，命名此分子筛为 DASY，随后在齐鲁石油化工公司周村催化剂厂生产以 DASY 水热超稳分子筛的渣油裂化催化剂 ZCM-7。长岭炼油化工厂开发出一种高骨架硅铝比的 USY 分子筛 SRNY，同时以高岭土为基质、以硅铝胶为黏结剂制备出渣油裂化催化剂 CHZ。兰州炼油化工总厂生产出渣油裂化催化剂 LCH。USY 类型分子筛催化剂的开发，标志我国裂化催化剂生产已跨入 20 世纪 80 年代国际先进水平。20 世纪 90 年代初，我国研制成功了 REHY型催化剂，牌号从 LCS-7 发展到 RHZ-200、RHZ-300，成功地填补了 REY 与 REUSY 两大类催化剂间的空白，成为应用范围广的换代产品。进入 21 世纪，为降低 FCC 汽油烯烃和硫含量，开发出 MOY 分子筛和 GOR 系列降烯烃催化剂和原位晶化的 LB 系列催化剂；针对加工低价劣质油的要求，开发了结构优化的 SOY 分子筛和 RICC 系列重油转化催化剂。与此同时，为了向石油化工方向延伸，在开发多产低碳烯烃的催化裂化技术过程中，研制出相应的专用催化剂，如先后有 CHP-1、CIP-1、CRP-1 等催化剂，不仅保证了国内 DCC 装置使用，同时还向泰国、沙特阿拉伯、印度等国家出口。配方相似，但各有千秋。我国催化剂生产制造技术也初步实现了从小群体设备向大型化装备、从作坊式生产向现代化生产的转变，降低了生产成本，增加了竞争能力。我国催化剂的重要发展年表见表 1-2-2[1]。

表 1-2-2　中国催化裂化催化剂的发展简史

年　份	催化剂类型	开发者
20 世纪 50 年代	天然白土与合成硅铝催化剂	
1964	硅铝小球裂化催化剂	RIPP 与兰州石化公司
1973	13X 型分子筛催化剂	RIPP 与兰州石化公司
1975	REY 微球裂化催化剂	RIPP 与兰州石化公司
1981	CRC-1 高密度裂化催化剂	RIPP 与齐鲁石化公司
1986	原位晶化催化剂	兰州石化公司
1987	USY 分子筛的 ZCM-7 催化剂	RIPP 与齐鲁石化公司
1988	USY 分子筛的 CHZ 催化剂	RIPP 与长岭炼化公司
1989	REHUSY 分子筛的裂化催化剂	RIPP 与兰州石化公司
	CHP-1 催化裂解催化剂	RIPP 与齐鲁石化公司
1993	双铝黏结剂的引入	RIPP 与兰州石化公司
1994~2000	ZRP 分子筛引入，CRP-1 催化剂	RIPP 与长岭炼化公司、齐鲁石化公司、
	降汽油烯烃催化剂	兰州石化公司
2005~2010	气相超稳催化剂	RIPP 与催化剂齐鲁分公司
2010 至今	重油裂化催化剂及增产汽油催化剂	国内三大催化剂生产厂

第三节　反应器及相应的工艺演变历程

20 世纪 40 年代，催化裂化装置普遍采用密相床反应器；60 年代初，随着分子筛催化剂的出现，催化裂化工艺发生了真正革命性的变化，提升管反应器出现，并完全替代密相床反应器。随着催化裂化装置处理原料油重质化，分子筛催化剂上的碳含量上升，催化剂反应性能被抑制，开发出变径流化床反应器，以提高分子筛催化剂利用效率[1]。下面从反应系统演变历程来论述 FCC 工艺技术发展脉络。

一、固定床和移动床反应器及相应的工艺

固定床催化裂化工艺技术由 Houdry 等从 1927 年开始开发，直到 1936 年 4 月 6 日，第一套固定床催化裂化装置投产。Houdry 等首次采用固体酸性白土作为催化剂，以轻循环油为原料，生产出辛烷值较高的汽油。固定床催化裂化工艺虽然是炼油工艺的划时代技术，然而它存在一系列无法克服的缺点：设备结构复杂，操作繁琐，控制困难。要克服固定床催化裂化工艺的缺点，需要解决两项技术核心问题：①催化剂在反应和再生操作之间循环；②实现催化剂循环，必须降低催化剂的粒径。

移动床反应器解决了催化剂在反应和再生操作之间循环问题，而流化床反应器可以同时解决这两个问题。Houdry 公司在固定床催化裂化工艺基础上于 1935 年提出催化剂在反应器和再生器之间移动这一重要技术构思，1941 年，第一座半商业化的移动床催化裂化装置投产，取得了有价值的工业数据，1943 年 10 月，两座大型商业化的移动床催化裂化装置同时建成投产。

我国移动床催化裂化装置于 1958 年在兰州建成，移动床催化裂化过程可以生产车用汽油，也可以生产航空汽油。生产航空汽油时要分两个阶段进行，第一段反应称为裂化，第二段反应称为精制。第一段得到的汽油作为第二段的原料，精制后就可以得到航空汽油的基础汽油，再往基础汽油中加入四乙基铅、异戊烷及异丙基苯等添加剂后就可以得到各种规格的航空汽油。

二、密相流化床反应器及相应的工艺

Standard Oil of New Jersey 等四家公司组织了催化研究协会，从事开发一项不会侵犯 Houdry 公司的固定床催化裂化专利的工艺。该团队自 20 世纪 40 年代起先后开发了各种不同型式的流化催化裂化装置及技术。第一代的"上流式"催化裂化工艺很快就被第二代的"下流式"所取代，1947 年开发出第三代流化催化裂化工艺，1952 年开发出第四代密相流化床催化裂化技术（Fluid Catalytic Cracking，简称 FCC）。流化催化裂化技术的突破不仅帮助石油公司迅速扩大轻质油品的生产，满足社会对汽油和轻循环油的需求，同时在第二次世界大战中帮助盟军取得胜利立了大功。流化床催化裂化工艺至今仍然是炼油技术中最重要的技术之一，并具有强大的生命力。当今的催化裂化工艺技术就是在此基础上逐步发展起来的。

密相流化床催化裂化工艺的核心在于反应-再生系统。由于反应和再生分别在反应器和再生器两个设备中进行，其原理流程与移动床催化裂化装置相似，只是在反应器和再生器中，催化剂与油气或空气形成外观与流体相似的流化状态。由于在流化状态时，温度分布均

匀,催化剂循环量大,减少了再生时温度的变化幅度,因而大大简化了再生器的取热方式。与密相流化床反应器相适用的催化剂是硅酸铝微球催化剂。反应器和再生器并列安装于构架上,底部用 U 形管连接起来,如图 1-3-1 所示。

相对于移动床催化裂化装置,流化床催化裂化装置具有优点如下:

① 催化剂循环量很大,因而热量的利用效率高于移动床,在原料油不加热的情况下,原料油可以与再生催化剂同时进入反应器进行反应,再生空气也不需要加热。

② 由于吹送催化剂的空气和再生的空气合二为一,能量消耗节约了 2 倍以上。

③ 操作条件容易控制和调节,且设备构造更加简单,便于检查和修理。

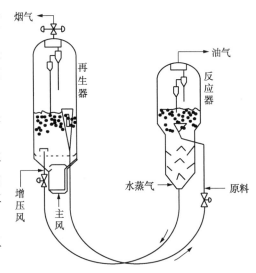

图 1-3-1 密相床催化裂化反应-再生系统示意图

④ 再生催化剂由于与空气混合充分和均匀,再生空气量比移动床催化裂化装置约节约 1.5 倍。

⑤ 催化剂损耗量可降低至 0.1%(占原料)以下,而移动床催化裂化则为 0.2%~0.4%。

我国第一套馏分油密相流化催化裂化装置于 1965 年 5 月投产。装置考核标定时主要操作工艺参数、原料性质、产物分布和产品主要性质列于表 1-3-1。

表 1-3-1 密相流化床和提升管催化裂化装置典型的产物分布及产品性质

项 目	密相流化 FCC	提升管 FCC	变化幅度
反应器类型	流化床	提升管	
催化剂	3A	高铝 Y	
大庆蜡油性质			
密度(20℃)/(g/cm^3)	0.8410	0.8722	
残炭/%	0.15	0.13	
操作条件			
反应(提升管出口)温度/℃	467	493	+26
再生器温度/℃	583	623	+40
回炼比/%	100	82	-18
产率分布/%			
干气	1.48	1.42	-0.06
液化气	11.6	10.92	-0.68
汽油	44.20	49.63	+5.43
轻循环油	35.50	31.30	-4.20
焦炭	6.00	5.35	-0.65
损失	1.22	1.38	
合计	100.00	100.00	
转化率	64.50	68.70	+4.20
总液收	92.34	92.65	+0.31

续表

项　　目	密相流化 FCC	提升管 FCC	变化幅度
汽油性质			
烯烃/%（体）	54.8	29.6	-25.2
芳烃/%（体）	8.4	10.6	2.2
MON	82.2	77.3	-4.9

从表 1-3-1 可以看出，密相流化床催化裂化反应温度只有 467℃，再生温度只有 583℃，回炼比为 100%，干气产率较低，液体收率高达 92.34%，汽油烯烃体积含量高达 54.8%，而芳烃含量只有 8.4%，*MON* 为 82.2。这表明无定形硅铝催化剂具有较强的裂化反应活性和较弱的氢转移反应能力。

三、提升管反应器及相应的工艺

随着分子筛裂化催化剂的广泛使用，密相流化床反应器不能充分利用分子筛催化剂性能，这是因为分子筛催化剂具有很高的活性，如果采用密相流化床反应器，则造成烃类的转化率过高，其结果是干气和焦炭产率明显增加，气体中烯烃含量降低，这对提高装置的处理量和增产低碳烯烃都是不利的。为了适应分子筛催化剂的优越性能，开发出了提升管催化裂化工艺，使催化裂化技术再次实现跨越式发展。相对于无定形硅铝微球催化剂密相流化床反应器，分子筛催化剂提升管反应器具有如下特点：

① 提升管反应器裂化具有更好的选择性，油气和催化剂的流动接近平推流，减少返混；分子筛催化剂活性高，反应时间缩短，结果是减少二次反应，改善了产品分布。

② 提升管反应器具有更高的效率，空速大得多。

③ 提升管反应器裂化具有较好的弹性和灵活性。

④ 提升管反应器裂化的产品质量优于床层裂化。

从提升管相对于沉降器的位置来看，有内提升管和外提升管两种；从反应器和再生器的相对位置来说，有并列式和同轴式两种。反应-再生部分除了反应器、再生器之外，还有催化剂储藏、输送和加入等设施以及主风机和烟气能量回收设施。提升管催化裂化装置有高低并列式和同轴式两种形式。

（一）高低并列式

为了增加提升管长度以满足对反应时间的要求，同时要提高再生压力，以利于烧焦，降低再生催化剂上的碳含量，在装置形式布置上，反应器位置较高，再生器位置较低，两器不在一条轴线上，称为高低并列式催化裂化装置，如图 1-3-2 所示。高低并列式催化裂化装置技术特点如下：

① 由于反应器位置高于再生器，因而再生器比反应器的压力高 0.02~0.04MPa。

② 催化裂化反应在提升管内完成，沉降器内不再保留密相流化床，只是起沉降油气中的催化剂和容纳旋风分离器的作用。为了避免产品的二次反应，在提升管出口还设有快速分离装置。

③ 催化剂在两器间循环，用斜管输送，并由滑阀调节。一般采用调节再生滑阀的开度来控制反应温度，采用调节待生滑阀的开度来控制汽提段催化剂藏量。由于滑阀经常处在节流状态，滑阀的材质应能满足耐磨要求，以保证装置运转周期的要求。

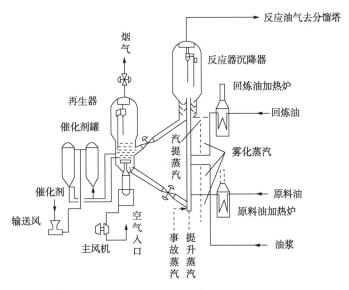

图 1-3-2　高低并列式催化裂化装置反应再生工艺流程示意图

④ 斜管内催化剂输送一般都不需要松动，仅在需要降低滑阀压降或流速较低或使用大堆积密度催化剂的情况下，才在滑阀上游补入松动气。

（二）同轴式

同轴式催化裂化装置就是将沉降器和再生器叠置在一条轴线上。同轴式催化裂化装置都是将沉降器放在再生器上面，并且都采用了提升管反应器，如图 1-3-3 所示，其反应再生系统技术特点如下：

① 提升管采用折叠式，既满足了原料油和催化剂的接触时间，又降低了装置的总高度，比采用直提升管要低得多。

② 待生立管中的催化剂流量是由塞阀控制，而不是滑阀，控制催化剂流量的锥形阀头直接伸入到再生器底部，由于阀的阀头和催化剂均匀地接触，阀头磨蚀轻。

③ 按同轴的方式布置两器，可以省掉反应器的框架，布置紧凑，占地面积小。

提升管催化裂化工艺进步不仅表现在反应和再生系统的各种新技术层出不穷，如两段再生、烧焦罐等催化剂再生技术，快速气化、快速反应和快速分离等"三快"技术，以及催化剂预提升技术等，而且新型分子筛、新型载体和新的制备方法所生产的催化剂不断面世，这些技术的发展促使蜡油催化裂化工艺的转化率和选择性极大提高。

国内第一套馏分油提升管催化裂化工业试验装置是由玉门炼油厂密相流化催化裂化装置改造成 120kt/a 高低并列式提升管催化裂化装置，反应器位置较高，

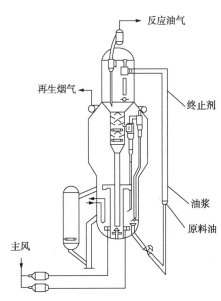

图 1-3-3　同轴式催化裂化装置
反应再生流程示意图

再生器位置较低，两器不在一条轴线上，反应再生工艺流程示意图如图 1-3-2 所示。1974年 8 月在改造后的 FCC 装置上进行提升管反应器工业试验。试验结果表明，轻质油收率增加，焦炭产率降低。1975 年，将抚顺石油二厂密相流化床 FCC 装置改造成提升管 FCC 装置，使其年处理量由 600kt 提高到 900kt。这两套工业 FCC 装置的试验成功，为我国提升管 FCC 装置改造和建设提供了可靠的技术支撑。抚顺石油二厂分子筛催化剂-提升管催化裂化装置加工大庆蜡油时典型的产物分布和汽油产品性质列于表 1-3-1。

从表 1-3-1 可以看出，对于加工大庆蜡油，相对于无定形硅铝催化剂-密相流化催化裂化工艺，分子筛-提升管催化裂化工艺技术进展表现在转化率明显地提高，汽油产率明显地上升，回炼比明显地下降，但轻循环油产率明显地降低，总液体收率有所增加；汽油烯烃大幅度降低，但辛烷值 MON 也明显地降低。其原因在于采用分子筛催化剂，强化了负氢离子转移反应，这样既强化了双分子裂化反应，使轻循环油中的大分子烷烃和环烷烃裂化为汽油，又强化了双分子氢转移反应，使汽油中的烯烃含量明显地降低，同时液化气中的部分烯烃发生了双分子叠合反应，生成汽油组分，从而造成汽油产率大幅度提高。

渣油催化裂化(Resid Fluid Catalytic Cracking, 简称 RFCC)是重油深度加工、提高炼油厂经济效益的最有效的方法之一。渣油性质特点在于原料分子尺寸大、残炭高、芳烃含量高、氢含量低、金属含量高、汽化能力差以及硫化物、氮化物相应增加。渣油催化裂化工艺技术研究与开发早就引起我国炼油界关注，经过几十年不懈的追求，已掌握了渣油催化裂化工艺成套技术，不仅在催化剂开发上取得突破性进展，成功地开发了超稳 Y 型分子筛催化剂，而且反应系统、再生系统、分馏系统以及能量回收系统等方面的技术也取得了重要进展。成功建设了数百套百万吨级的渣油催化裂化装置。国内渣油催化裂化装置典型的操作工艺参数、产物分布和产品主要性质列于表 1-3-2[27]。

表 1-3-2　渣油催化裂化装置典型的操作工艺参数、产物分布和产品主要性质

项　　目	提升管	提升管	变化幅度
原料油性质	石蜡基馏分油	石蜡基常压渣油	
密度(20℃)/(g/cm³)	0.8722	0.8967	
残炭/%	0.13	4.0	
硫含量/%		0.17	
操作条件			
提升管出口温度/℃	493	515	+22
再生器温度/℃	623	695	+72
回炼比/%	82	5.5	-76.5
产率分布/%			
干气	1.42	3.79	+2.37
液化气	10.92	15.44	+4.52
汽油	49.63	44.14	-5.49
轻循环油	31.30	22.57	-8.73
油浆	—	4.64	+4.64
焦炭	5.35	8.92	+3.57
损失	1.38	0.5	
合计	100.00	100.00	

续表

项　　目	提升管	提升管	变化幅度
转化率	68.70	72.79	+4.09
总液收	92.65	82.15	−10.50
汽油性质			
烯烃	29.6	43.1	+13.5
芳烃	10.6		—
RON	—	89.4	—
MON	77.3	79.2	+1.9

从表 1-3-2 可以看出，相对于馏分油催化裂化工艺，渣油催化裂化工艺反应温度和再生温度均大幅度上升。由于反应温度和再生温度上升，造成干气和液化气产率大幅度提高；同时由于原料油变重，附加焦增加，难以裂化的多环芳烃组分转化为焦炭或者留在油浆中，从而使焦炭产率大幅度提高，并有油浆产品；汽油和轻循环油中的芳烃含量也相应地提高，从而汽油辛烷值升高，而轻循环油十六烷值下降。

据测算，对于馏分油催化裂化工艺，原料油中的氢约为 94% 用到液化气、汽油和轻循环油中，只有 6% 用到干气和焦炭中；而对于渣油催化裂化工艺，原料油中的氢只有约 84% 用到液化气、汽油和轻循环油中，约 16% 用到干气、油浆和焦炭中。馏分油中的氢含量在 13.5% 以上，而渣油中的氢含量低于 12.7%。由此可以推导：原料油中的氢含量越低，氢的有效利用率（分配到液化气、汽油和轻循环油中的氢比例）也越低。

四、变径流化床反应器及相应的工艺

为了获得复杂催化裂化反应目标产品的更高产率与更优质量，发明了变径流化床反应器。变径流化床反应器分为第一反应区、变径的第二反应区和第三反应区，第一反应区与第二反应区之间设置流体分配器，第二反应器底部能够形成一定密度的催化剂床层。通常第一和第三反应区属于高速输送床，第二反应区属于快速流化床。变径流化床及反应区划分与所对应的流型见图 1-3-4[28]。

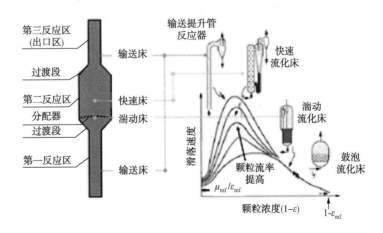

图 1-3-4　变径流化床及反应区划分与所对应的流型

变径流化床反应器是作为多产异构烷烃的催化裂化(MIP)工艺专用反应器而开发的。原料首先注入提升管反应器(第一反应区),在此主要发生裂化反应,采用较高的反应温度、较短的反应(停留)时间,以多产烯烃产物,在其出口油气和催化剂不分离,进入快速流化床(第二反应区),其重时空速为$10\sim40h^{-1}$,并通过催化剂循环斜管补充催化剂,提高或降低该区的反应温度,同时增加其直径以降低油气和催化剂的流速,来满足重时空速要求。对于 MIP 工艺,通过降低第二反应区温度和延长反应时间以增加烯烃的氢转移和异构化反应,烯烃在氢转移反应的作用下,汽油中的烯烃转化为丙烯和异构烷烃,使汽油中的烯烃大幅度下降,而汽油的辛烷值保持不变或略有增加[29]。

基于变径流化床反应器技术平台,开发出调控复杂气固催化反应技术,从而提高复杂气固催化反应的目标产品选择性。例如,对于多产低碳烯烃工艺,通过催化剂循环斜管补充高温再生催化剂到第二反应区,提高该区的温度和催化剂活性,以增加裂解油气中的易裂化反应物发生选择性深度裂化反应,生成更多的低碳烯烃,同时干气产率控制在较合理的水平。

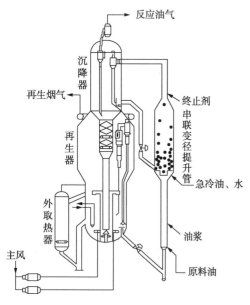

图 1-3-5　变径流化床反应再生
系统原则流程图

改造前 1.4Mt/a 的 FCC 装置是同轴式催化裂化装置反应再生流程,如图 1-3-3 所示。按 MIP 工艺要求,将等直径提升管改造为变径流化床,变径流化床预提升段直径、反应段直径与常规提升管相同,提升管上部直径与第一反应区直径相当,在提升管中部增加了一个扩径段(即第二反应区),沉降器新增的 2 个溢流斗中的一个在沉降器壁上有抽出口,通过循环待生管线和提升管反应二区连通,此管线内的催化剂流量用单动滑阀控制。改造后的变径提升管反应再生系统原则流程如图 1-3-5 所示。

MIP 工艺于 2002 年 2 月 4 日实现工业化。工业试验结果表明:MIP 工艺可使汽油烯烃含量大幅度降低而辛烷值 *RON* 略有降低,*MON* 有所增加,汽油抗爆指数增加 0.2 个百分点;汽油产率增加 5.14 个质量百分点,总液体收率增加近 3.0 个质量百分点。MIP 工艺汽油硫传递系数仅为 5.80%,而 FCC 硫传递系数为 10.40%。此外,MIP 工艺的 LCO 产率下降,密度增大,十六烷值降低,同时油浆密度增加,芳烃、胶质和沥青质含量增加[30]。MIP 工艺典型产物分布和汽油产品性质列于表 1-3-3。

表 1-3-3　提升管和变径流化床 FCC 工艺典型产物分布及汽油产品性质

反应器类型	提升管	变径流化床	变化幅度	提升管	变径流化床	变化幅度
原料油性质	石蜡基常渣			加氢蜡油		
密度(20℃)/(g/cm³)	0.8967	0.8966		0.900	0.8980	
残炭/%	4.0	4.68		0.64	0.26	
硫含量/%	0.17	0.16		0.172	0.438	

续表

反应器类型	提升管	变径流化床	变化幅度	提升管	变径流化床	变化幅度
操作条件						
提升管出口温度/℃	515	497	-18	499	500	
再生器温度/℃	695	696	+1	640	668	
回炼比/%	5.5	1.15	-4.35			
产率分布/%						
干气	3.79	2.88	-0.91	2.91	2.64	-0.27
液化气	15.44	14.63	-0.81	18.28	19.33	+1.05
汽油	44.14	49.28	+5.14	44.94	49.48	4.54
轻循环油	22.57	21.22	-1.35	24.68	21.24	-3.44
油浆	4.64	3.04	-1.6	2.97	1.58	-1.39
焦炭	8.92	8.64	-0.28	5.32	5.23	-0.09
损失	0.5	0.31		0.50	0.50	
合计	100.00	100.00		100.00	100.00	
转化率	72.79	75.74	+2.95	72.35	77.18	+4.83
总液收	82.15	85.13	+2.98	87.90	90.05	+2.15
汽油性质						
烯烃	43.1	34.3	-8.8	12.0	19.0	+7.0
芳烃		14.8				
RON	89.4	88.8	-0.6	91.7	93.5	+1.8
MON	79.2	80.2	+1.0	81.0	82.6	+1.6

从表 1-3-3 可以看出，无论加工石蜡基渣油或加氢蜡油，相对于等直径提升管的 FCC 工艺，变径流化床提升管 MIP 工艺技术进展表现为转化率提高，干气产率明显降低，汽油产率明显提高，轻循环油产率降低，油浆产率明显下降，回炼比明显降低，液体收率明显提高，汽油产品特点表现为汽油烯烃含量降低，*MON* 有所提高。

从表 1-3-1 和表 1-3-3 对比可以看出，变径流化床催化裂化工艺技术所导致的产物分布和汽油产品性质的变化与分子筛催化剂-提升管催化裂化工艺所带来的产物分布和汽油产品性质的变化基本相类似，在液体收率和汽油辛烷值方面进步更加突出。其原因在于变径流化床反应器第二反应区采用快速流化床反应器，此部位具有较多的活性分布均匀的带炭催化剂，极大地强化了负氢离子转移反应，这样既强化了双分子裂化反应，使轻循环油中的大分子烷烃和环烷烃裂化为汽油，造成轻循环油产率降低，轻循环油性质变差，又强化了双分子氢转移反应，使汽油中的烯烃含量明显降低，异构烷烃和芳烃含量增加，汽油的氢分布合理，同时改善了提升管反应器的温度分布，明显地降低了热裂化反应，从而使干气产率降低。

五、组合式流化床反应器及相应的工艺

组合式反应器是以常规等直径的提升管为核心，采用与其他类型流化床按并联或/和串联方式进行组合，形成了提升管+密相流化床、双提升管，双提升管+密相流化床等型式。

（一）提升管与密相流化床串联

原料首先注入提升管反应器(第一反应器)，在此主要发生裂化反应，采用较高的反应温度和剂油比，较短的反应(停留)时间，在其出口油气和催化剂不分离，进入密相流化床(第二反应器)，反应时间及深度由床层的料位控制，目的是为了使在提升管裂化反应已积炭的活性均匀的催化剂与反应油气继续接触，裂解油气中的易裂化反应物，达到多产低碳烯烃(丙烯、乙烯和丁烯)。反应床层重时空速为 $2 \sim 4h^{-1}$，实际上是大大提高了催化剂的停留时间。提升管与密相流化床串联通常作为生产低碳烯烃的 DCC、CPP 工艺的专用反应器。提升管与密相流化床反应器结构简图见图 1-3-6[8]。

（二）两个提升管并联

并联两段提升管是由 Texco 公司开发的，新鲜原料进一根提升管，回炼的组分进另一根提升管，通过控制两个提升管工艺参数的差异，实现不同原料发生选择性催化裂化反应[1]。回炼组分可以是汽油、轻循环油、轻循环油、重循环油、油浆或其他馏分原料及其组合。第二提升管的反应温度、剂油比、催化剂活性等可以独立于第一提升管，甚至提升管出口的分离设施设置也不同，各自具有独立的粗旋或快分。国内开发的 FDFCC、两段提升管接力、FCC 汽油改质均采用两个提升管反应器并联[1]。两个提升管反应器并联结构简图见图 1-3-7。

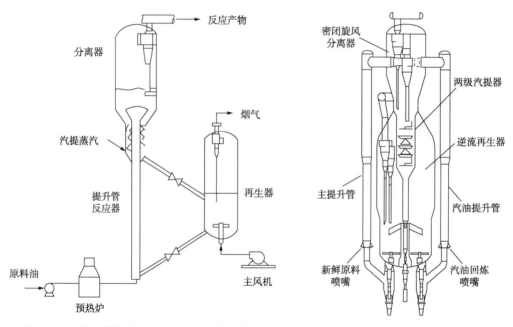

图 1-3-6　提升管与密相流化床反应器结构简图　　　图 1-3-7　两个并联提升管反应器结构简图

（三）提升管与流化床并联和串联

并联和串联提升管与流化床组合更加复杂，催化剂在此反应-再生系统内保持正常的流化与循环存在很大的风险，因此只在特殊的工艺使用，例如并联双提升管与流化床串联就应用到改进的 CPP 工艺。第一提升管进料为新鲜原料油和回炼裂解重油，提升管出口温度 $600 \sim 620℃$；第二提升管进料装置自产的 C_4 和轻裂解石脑油馏分，采用分段进料方式，提升管出口温度 $670℃$；第三反应器为床层，第一、第二提升管的反应产物及汽提蒸汽、催化剂一起进入第三反应器，床层的重时空速为 $2 \sim 4h^{-1}$。第一提升管是内提升管，以最大量生产轻裂解石脑油为目的，为床层反应提供原料；第二提升管是外提升管，第二提升管出口油气、催化剂不分离，直接引入第三反应器，借助第二提升管将热催化剂输送室第三反应器床层，为床层反应创造适宜的反应条件，以最大量生产丙烯。

（四）提升管+密相流化床工业应用

由于催化剂的介入，催化裂化工艺生产丙烯具有产物中丙烯/乙烯质量比高、生产成本低和原料重质化、来源范围广等优点，因而，催化裂解反应直接生产丙烯的技术路线备受各大石油公司和研究机构的青睐。20世纪80年代末，中国石化石油化工科学研究院开发了以重油为原料、以生产丙烯为主要目的的催化裂解新工艺（Deep Catalytic Cracking，简称DCC），该工艺特点是使用特殊的择型分子筛，采用更加苛刻的操作条件以及装备特殊设计的产品分离单元。在生产丙烯的同时，兼产异丁烯及高辛烷值汽油组分。异丁烯为新配方汽油中醚类含氧化合物的主要原料。表1-3-4是DCC工艺和常规催化裂化收率对比数据。催化裂解工艺是在蒸汽裂解之外，开辟了一条由重质原料制取气体烯烃特别是丙烯的新途径。在产物分布上，相对于常规催化裂化工艺的主要目标产品是汽油和轻循环油，DCC工艺的主要目标产品为低碳烯烃，即乙烯、丙烯和丁烯[8]。

表1-3-4　DCC工艺和FCC工艺数据对比

项　　目	FCC	DCC-Ⅰ	DCC-Ⅱ
产物分布/%			
干气	3.5	11.9	4
液化气	17.6	42.2	34.5
汽油	55.1	27.2	41.6
轻循环油	10.2	6.6	9.8
油浆	9.3	6.1	5.8
焦炭	4.3	6	4.3
乙烯	1.1	6.1	1.6
丙烯	4.9	21	14.3
丁烯	8.1	14.3	14.7

在DCC工艺基础上，又开发了重油原料直接制取乙烯和丙烯的催化热裂解（简称CPP）工艺技术。CPP工艺的操作条件较DCC苛刻，反应温度提高80℃左右，再生温度也较高以提供反应所需要的更多的热量。此外，CPP工艺既可以使用提升管反应器，也可以使用提升管+密相流化床。在多产丙烯时，采用提升管+密相流化床组合反应器较优，在多产乙烯时，采用提升管反应器较优。相对于DCC工艺，CPP工艺反应器出口增加了急冷设备，以降低反应油气温度；再生催化剂需经高效汽提脱烟气措施，这是为了脱除被再生催化剂吸附和携带的烟气以利于气体分离。以大庆常压渣油为原料，在提升管出口温度640℃时，CPP工艺可以得到20.37%的乙烯和18.23%的丙烯；在反应温度为610~680℃范围内，丙烯和乙烯的比值在1.6~0.6之间可调。

传统的蒸汽裂解制取轻烯烃的工艺采用的是纯热反应的路线，其特点是高温、轻石脑油组分原料和产品以乙烯为主；而CPP工艺化学反应特点是应用了具有自由基和正碳离子反应的双功能催化剂，产品以乙烯和丙烯为主。相比传统的热裂解工艺，CPP工艺可以加工重油，降低乙烯原料成本，并可根据需要灵活调整产品结构，实现最大乙烯、最大丙烯以及乙烯和丙烯兼产等多种操作模式[31]。由于在催化剂上进行反应，从而使裂解反应温度大幅度降低，反应温度比传统蒸汽裂解降低了 160~240℃。CPP 工艺除了可加工重质原料外，还能增加产品中丙烯的比例。重质原料催化路线将成为蒸汽裂解的有效补充，是一条以重油为原料生产轻烯烃的新途径。

　　第一套催化裂解工业示范装置于 1990 年开车成功，此后，最大量生产丙烯、多产异构烯烃及生产丙烯与异构烯烃的同时，兼产高辛烷值汽油等技术相继投入工业应用。DCC 工艺过程由反应-再生、分馏和气体分离部分组成。原料经蒸汽雾化后与高温再生后的催化剂在提升管+密相流化床反应器内接触并进行反应。反应产物再进行分馏和分离得到乙烯和丙烯等产品。反应后，积炭的催化剂经汽提后流化输送至再生器用空气烧去焦炭进行再生。再生后的高温催化剂再以一定的循环速率返回反应器使用，并提供裂解时高吸热反应所需要的热量，以维持反应-再生系统的热平衡操作[8]。三套 DCC 工业装置的原料油性质、操作条件和产物分布见表 1-3-5。

表 1-3-5　三套 DCC 装置的原料油性质、操作条件和产物分布

项　　目	安庆石化总厂	大庆油田助剂厂	泰国石油公司
原料油品种	管输 VGO	大庆 VGO+25%AR	HVGO+30%ATB
原料油性质			
密度(20℃)/(g/cm³)	0.8934	0.8636	0.8883①
残炭/%	0.29	1.28	1.07
氮/%	0.18	0.10	0.037
硫/%	0.44	0.09	0.199
碳/%	85.98	86.01	
氢/%	12.56	13.62	
操作条件			
反应压力/MPa(表)	0.08	0.088	0.073
再生压力/MPa(表)	0.10	0.11	0.088
反应床层温度/℃	550	560	555
再生床层温度/℃	700	710	708
空速/h⁻¹	4.0	4.0	3.1
剂油比	10.47	11.35	
回炼比	0.15	0.06	
预热温度/℃	275.5	337	275
产物分布/%			
干气	8.44	10.29	9.7
燃料气			4.68
碳二			4.78
硫化氢			0.24
液化气	38.35	48.52	36.89
丙烯			15.71
丙烷			3.45
碳四			17.73
汽油	24.37	21.63	30.40

续表

项　目	安庆石化总厂	大庆油田助剂厂	泰国石油公司
原料油品种	管输 VGO	大庆 VGO+25%AR	HVGO+30%ATB
轻油	20.22	11.41	15.79
焦炭	7.62	7.77	7.22
损失	1.00	0.38	0.0
合计	100.00	100.00	100.00
低碳烯烃产率/%			
乙烯	3.68	4.49	3.70
丙烯	17.34	24.05	15.71
总丁烯	14.04	18.43	10.12
异丁烯	5.75	7.70	4.06

①泰国石油公司油品密度均在 15.6℃ 下测定的。

从表 1-3-5 可以看出，DCC 工艺所加工的原料性质均属于优质的原料油，表现在残炭较低、金属含量较低、氢含量较高等特点。大庆油田助剂厂 DCC 装置加工的原料性质最好，属于石蜡基的原料；而安庆石化总厂 DCC 装置加工的原料属于中间基原料；泰国石油公司 DCC 装置加工的原料含有较多的加氢蜡油。早期的 DCC 装置使用 CHP-1 催化剂，工业试验成功后，开发出 CRP-1 专用催化剂。CRP-1 催化剂具有较高的催化剂裂解指数，从而大幅度地降低催化剂的消耗。三套 DCC 装置的操作条件基本相同，反应温度控制在 550~560℃之间，重时空速控制在 3.1~4.0h^{-1} 之间。因 DCC 工艺反应热较大，为保持再生-反应系统热平衡操作，剂油比控制在 10.0 以上。

对于易裂化石蜡基的大庆原料，DCC 工艺的丙烯产率高达 22.9%，而中间基的原料所产丙烯产率略低，但丙烯产率仍然超过 17%；在生产丙烯的同时，总丁烯的产率约为丙烯产率的 70% 左右，其中异丁烯与总丁烯之比超过 40%。

从表 1-3-5 可以看出，石蜡基原料的丙烯产率高达 24.05%，中间基原料丙烯产率为 17.34%，明显低于石蜡基原料；加氢蜡油丙烯产率只有 15.71%。在生产丙烯的同时，丁烯产率在 10.12%~18.43% 之间，其中异丁烯与总丁烯之比超过 40%，与热力学平衡值接近，而加氢蜡油所生成的丁烯产率较低，只有 10.12%。尽管 DCC 工艺可以大幅度提高低碳烯烃，但干气产率和焦炭产率较高，干气产率是常规蜡油催化裂化的 3~4 倍，焦炭产率是常规蜡油催化裂化一倍左右。也就是说，DCC 工艺的干气和焦炭选择性存在改善的空间。

CPP 工业试验装置于 1995 年 6 月建成投产，反再系统为提升管+密相流化床反应器和烧焦罐加密相流化床组成的并列式结构，并设有原料加热炉。反应与再生两器内构件的设计温度均为 750℃，转油线为冷壁设计。分馏塔设计温度为 475℃，吸收稳定系统为常规流程。工业试验成功后，CPP 技术应用到某化工企业，于 2000 年 10 月 30 日开车成功[31]。

在工业装置上进行了多产丙烯生产方案、兼顾乙烯和丙烯生产方案和多产乙烯生产方案考核标定。对于丙烯生产方案，采用较低的反应温度并保持沉降器内一定的催化剂藏量；对于乙烯生产方案，采用较高的反应温度和零料位操作来模拟纯提升管反应。标定时原料油为 45% 大庆蜡油掺 55% 大庆减压渣油的混合原料，其性质近似大庆常压渣油。工业 CPP 装置标定时原料油性质、主要操作条件和产品分布列于表 1-3-6。

表 1-3-6　工业 CPP 装置加工的原料油性质

项　目	丙烯	中间(丙烯+乙烯)	乙烯
密度(20℃)/(g/cm³)	0.9002	0.9015	0.9012
残炭/%	4.7	4.9	4.7
生产方案	丙烯	中间(丙烯+乙烯)	乙烯
进料量/(t/h)	9.73	8.00	5.90
反应温度/℃	576	610	640
反应压力/MPa(绝)	0.18	0.18	0.18
再生温度/℃	720	725	760
空速/h⁻¹	2.5	4.0	零料位
剂油比	14.5	16.9	21.1
水油比	0.30	0.37	0.51
产物分布/%			
干气	17.64	26.29	37.13
乙烯	9.77	13.71	20.37
液化气	43.72	36.55	28.46
丙烯	24.60	21.45	18.23
丁烯	13.19	11.34	7.52
裂解汽油	17.84	17.61	14.82
裂解轻油	11.75	8.98	7.93
油浆			
焦炭	8.41	9.67	10.66
损失	0.64	0.90	1.00
合计	100.00	100.00	100.00

从表 1-3-6 可以看出,CPP 装置反应温度和再生温度明显高于 FCC 装置。对于多产丙烯方案,CPP 装置反应温度与 DCC 装置相当;对于多产乙烯方案,CPP 装置反应温度高出 DCC 装置约 60℃,此时乙烯产率大幅度增加,丙烯产率与 DCC 工艺相当。裂解汽油和裂解轻油产率明显地降低。

此外,裂解汽油密度超过 0.8g/cm³,芳烃含量超过 78%,烯烃含量低于 20%,其他组分含量大部分在 5% 以下,RON 高达 102.5,MON 高达 89.2。裂解轻油密度高达 1.0g/cm³,日常也在 0.98g/cm³ 以上,芳烃和胶质含量之和在 85% 左右。

第四节　烧焦再生工艺演变历程

一、再生工艺作用

催化裂化催化剂在催化裂化工艺中起着两个重要作用:首先是提高催化裂化反应速率;其次为裂化反应提供所需的反应热,此时催化剂相当于热载体。实现这两大作用离不开催化剂再生工艺。由于待生催化剂在其表面及孔隙中集聚的焦炭占据了催化剂的活性中心,从而大大降低了催化剂的活性。催化剂烧焦过程是用空气烧去(氧化)因催化裂化反应集聚在催化剂颗粒表面和细孔内沉积的焦炭，恢复催化剂的活性以满足催化裂化反应对再生催化剂活性要求，同时焦炭燃烧产生的热量将催化剂加热到预定的温度，为反应部分提供所需要的热量。

从催化剂活性恢复角度来看，再生催化剂上的碳含量越低越好，但不能太低，这是因为再生催化剂碳含量降低将导致烧焦强度的下降，这就与工程上"要求较高的烧焦强度，减少再生器体积以降低投资，在保持高的平衡催化剂的活性前提下减少催化剂的消耗"相矛盾。同时，催化裂化反应不仅关注催化剂活性，更关注目的产物的选择性，例如多产低碳烯烃或高辛烷值汽油，过高的催化剂活性反而造成目的产物选择性变差。

待生催化剂再生从燃烧方式上分为部分燃烧和完全燃烧，从再生温度上分为低温再生、中温再生和高温再生。高温再生是指在较高的再生温度下，烟气中的氧气都燃烧掉，得到碳含量较低的再生催化剂，同时烟气中或者有少量过量氧气而没有CO，或者没有过量氧气而有不定量的CO。如果氧气过量，则为完全燃烧；如果CO过量，则为部分燃烧。随着助燃剂的出现，再生温度可以降低并仍能保持完全燃烧，因而开发出中间温度再生工艺。除非在密相段使用助燃剂以促进CO燃烧，否则中间温度再生操作不是很平稳。在低温、中间温度或高温，再生都有可能是部分或完全燃烧。在低温时，再生一般是不完全的，再生催化剂上的碳含量高，增加空气会导致后燃。在中间温度，再生催化剂上的碳含量降低。再生温度和燃烧方式的关系体现了三种"操作区"内在的局限性，见表1-4-1。

表1-4-1　三种不同再生方式"操作区"内在的局限性

项　目	部分燃烧方式	完全燃烧方式
低温（640℃）	烟气中 O_2、CO 和 CO_2 含量固定（少量的后燃）	不能实现
中间温度（690℃）	使用助燃剂时，可保持操作稳定，但再生催化剂上的碳含量较高	使用助燃剂时可以实现，且操作稳定
高温（730℃）	氧气不足，CO 含量高，CO/CO_2 比值高，操作稳定	操作稳定

在完全燃烧过程中，过量的反应物为氧气，因而较多的炭燃烧，产生较多的能量；在部分燃烧过程中，过量的反应物为炭，所有的氧气都被消耗，因而就意味着 CO_2 转变为 CO，产生较少的能量。焦炭燃烧过程热效应如下：

$$C+O_2 \Longrightarrow CO_2+32.79MJ/kg 碳$$
$$C+1/2O_2 \Longrightarrow 2CO+9.21MJ/kg 碳$$
$$H_2+1/2O_2 \Longrightarrow H_2O+120.06MJ/kg 氢$$

再生操作条件的变化和催化剂污染程度的不同，影响烟气中 CO_2/CO 的比值，而反应汽提条件的变化影响焦炭的氢碳比。因此，CO_2/CO 和 H/C 比值变化影响焦炭的燃烧热，从而影响焦炭提供给反应器的有效热量（即焦炭燃烧热扣除烟气和主风的焓差以及热损失）。

20世纪60年代之前，采用无定形硅铝催化剂，允许再生催化剂碳含量较高。当时工业催化裂化装置控制再生催化剂上的碳含量在 0.4%~0.8% 范围内，采用传统的单段再生工艺（1个密相流化床），再生温度为 590~610℃，表观气体流速为 0.2~0.3m/s，烧焦强度为 20~40kg/(t·h)，以适应水热稳定性较差的无定形硅铝催化剂。无定形硅铝催化剂经过数分钟的再生反应后，催化剂上的碳差（ΔC）值仍为 0.5%~0.6%。之后，随着无定形硅铝催化剂水热稳定性有所改善，再生温度有所提高，但也低于 640℃。在低温再生（大约 640℃）过程中，完全燃烧是不可能的，烟气中存在着较多的 O_2、CO 和 CO_2。20 世纪 60 年代后期，分子筛催化剂逐步取代无定形硅铝催化剂，再生温度随之也上升到 650~700℃。随着分子筛催化剂水热稳定性的改善，再生温度提高到 700℃ 以上。

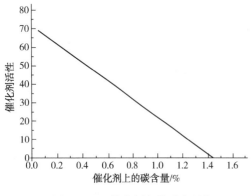

图 1-4-1　催化剂上的碳含量与
催化剂活性之间关系

分子筛催化剂上的碳含量对其活性影响极为显著，随着催化剂上的碳含量增加，其活性直线降低，如图 1-4-1 所示。因此，需要开发烧焦强度更高的再生工艺，将再生催化剂上的碳含量控制在 0.2% 以下，甚至更低。20 世纪 80 年代，开发出焦炭选择性更好的 USY 分子筛催化剂，对碳含量更为敏感。USY 分子筛催化剂要求再生催化剂上的碳含量不大于 0.1%，最好低于 0.05%。这是因为 USY 分子筛催化剂虽然具有较高的初活性，但由于随着焦炭的沉积，催化剂活性下降也较快，再生催化剂上的碳含量每增加 0.1%，其活性就会降低 2~3 个单位。

随着分子筛催化剂广泛应用，为了充分利用分子筛催化剂活性，要求再生催化剂上的碳含量从原来 0.7%~0.9%（质）的水平降低到 0.2%（质）以下，最好能达到 0.05%~0.10%。当要求待生催化剂与再生催化剂上的碳差（ΔC）值达到 0.7%~0.9% 时，只有在烧焦强度达到 100kg/(t·h) 以上方可实现，为此，需要大幅度地提高烧焦强度，从而促进了再生工艺发展。

二、完全再生方式

对于单段再生工艺，再生温度较早期提高了 60~80℃，表观气体流速增至 0.6m/s 以上，烧焦反应速度增加了 5~8 倍。采用 CO 完全燃烧技术后，再生温度进一步提高，再生催化剂上的碳含量可以降到 0.1% 以下，催化剂活性由此增加 1.5~4 个单位。采用大幅度提高再生温度来降低再生催化剂上的碳含量带来了两大不足：一是烟气中 CO 的含量增加，CO_2/CO 比值由无定形硅铝催化剂时的 1.3 降低到 0.5~1.0；二是高温再生会加速催化剂水热失活，这要求开发水热稳定性更好的催化剂。烟气中 CO_2/CO 比值降低对焦炭燃烧量的利用和防止环境污染均不利，更不利的是随着烟气中 CO 含量增加，容易引起二次燃烧。在稀相存在过剩氧的情况下，稀相中的催化剂仍继续发生燃烧反应，少量的 CO 缓慢地氧化为 CO_2，此时稀相温度一般比密相高出 10~15℃；当存在着足够的过剩氧的情况下，CO 极易在一级旋风分离器出口大量地燃烧，此时烟气中绝大部分催化剂已经除去，CO 燃烧产生的热量几乎全部用来加热烟气，烟气温度的升高又促进 CO 燃烧速度大大加快，在极短的时间内烟气温度由 600℃ 左右上升到 700~800℃，甚至 1000℃，就此发生了二次燃烧反应。发生二次燃烧反应的后果往往是相当严重的，会烧坏设备，造成催化剂非正常跑损，影响装置正常运转。

在上述缺陷的无形压力下，出现了完全再生工艺。完全再生工艺是 Amoco 公司在 1971 年首先提出的，是指在再生器密相流化床内使 CO 完全燃烧为 CO_2。完全再生工艺是催化裂化工艺在催化剂烧焦方面取得的一项突破性的再生技术[32]。完全再生分为两种类型：一是高温完全再生；二是采用 CO 助燃剂的完全再生。高温完全再生工艺的特点是对于分子筛催化剂采用较高的再生温度，使 CO 在密相流化床内燃烧，CO 燃烧热量的80%为催化剂所吸收，从而可以控制再生温度，尤其是稀相温度。即使如此，再生温度也高达760~815℃，再生器的材质和内部设备要能够经受如此的再生温度，在如此高温下再生肯定会使催化剂的平衡活性受到影响。20世纪70年代中期，CO 助燃剂开始在工业 FCC 装置上应用，从而实现依据装置热平衡和再生器内件材质情况，采用助燃剂既可以使 CO 完全燃烧，又可以使 CO 部分燃烧，增加再生过程操作的灵活性，同时降低再生操作苛刻度。

完全再生工艺有三点优势：一是充分利用了碳燃烧的化学能，和不完全再生相比，焦炭燃烧放出的总热量可以增加50%左右；二是消除了 CO 在稀相二次燃烧可能给设备带来的严重损害，从而提高装置运行的可靠性和平稳性；三是进一步降低再生催化剂上的碳含量，可降低到0.05%左右，从而有利于充分发挥分子筛催化剂的作用。同时，完全再生也存在着四点不足：一是除非安装取热系统，否则，焦炭产率的适应范围较窄；二是存在着二次燃烧的风险，特别在空气或待生催化剂分配系统不好的情况下；三是由于再生温度高，会导致剂油比降低，影响裂化反应的选择性；四是高温再生使催化剂水热失活更为严重。完全再生与不完全再生的再生型式、再生效果比较列于表1-4-2。

表1-4-2 完全再生与不完全再生的再生型式和再生效果比较

项　　目	完全再生	不完全再生
烟气组成	烟气中含有2%~4%的过剩氧	烟气中 $CO_2/CO=2.0$(体)，对重叠式
再生催化剂上碳含量/%	<0.1%	<0.1%
耗风指标	高	低
再生型式	烧焦罐+密相床；烧焦罐、单段密相流化床逆流再生	重叠式两段再生；并列式两段再生
应用场所	反应系统需热量大的工艺	大型或超大型重油催化裂化，焦炭产率高的装置
烟气中的污染物	烟气含有较多的 SO_3 和 NO_x 组分：密相流化床再生最多、烧焦罐+密相流化床次之，烧焦罐最低	含有 COS、CS_2、H_2S 等硫化物；含有氨气和 HCN 等氮化物，部分氮化物将在 CO 锅炉中被氧化成 NO_x，但总体上还是生成较少的 NO_x

三、两段再生方式

Kellogg 公司在1971年开发的分段烧焦再生工艺是一种保持催化剂高活性的再生方式。1978年，Kellogg 公司又再次提出了在流化催化裂化装置中采用两段再生问题，可见两段再生确有其特点，即在较低的再生温度和催化剂藏量下可将再生催化剂上的碳含量烧到相当低的程度[33]。

两段再生器结构为：采用隔板或内套筒将再生器隔开成两段，构成两个密相段和一个共同的稀相段。第一段催化剂从挡板上溢流，也可从挡板的连通口淹流，或两者同时采用。第一段再生温度为593~691℃，第二段再生温度为621~718℃，烟气中氧含量为0.1%~1.0%，床层气体线速为0.6~1.35m/s。

分段烧焦再生工艺基本思路是基于催化剂进入床层后，立刻与床内催化剂颗粒混合，由于床层返混原因，一部分催化剂颗粒停留时间较长，催化剂上的焦大部分被烧掉，而另一部分催化剂颗粒停留时间较短，催化剂上的焦炭部分被烧掉，仍含有较多的焦炭。如果增加再生段数，这种差别可逐渐减少，使每一个催化剂颗粒的停留时间和烧焦量等于床层中颗粒的平均停留时间和烧焦量。由于催化剂颗粒再生初期含有较多的炭，容易燃烧，可采取较低的再生温度，而催化剂颗粒再生末期含有较少的炭，不容易燃烧，可采取较高的再生温度，因此，采用增加再生段数，才能使再生催化剂上的碳含量更低。如不分段再生，尽管在高温（635~677℃）操作，可以保持适宜的烧焦强度，但再生催化剂上的碳含量只能降至 0.2% 左右。只有分段再生才能将再生催化剂碳含量下降到 0.05%~0.1%。

单个流化床再生器不仅可以形成错流两段再生工艺，也可以形成逆流两段（或多段）再生工艺。单器逆流两段再生可使高氧含量的气体只和低碳含量的催化剂相遇，低氧含量的气体则同高碳含量的催化剂接触，化学动力学速度比较均一，有利于提高总的再生效果。并且这种流程最终只排出一股烟气，不存在某些错流两段再生装置产生两股烟气需要分别处理或在混合时防止尾燃的问题。

两段烧焦再生工艺可以减轻催化剂水热失活程度，同时提高催化剂抗钒污染能力。这是因为在两段烧焦再生工艺中，一段再生烧去约 70%~80% 碳，同时烧去约 100% 氢，如图 1-4-2 所示，从而避免了在较高的再生温度，同时在较高的水蒸气分压下对待生催化剂进行烧焦。一段再生一般采用较低的再生温度和贫氧条件，造成烟气中含 CO。在这样的再生气氛中，即使水蒸气分压较高，催化剂水热失活程度会减轻。此外，金属钒难以与分子筛反应生成低熔点的 V_2O_5，破坏分子筛结构，从而提高催化剂抗钒污染能力；二段再生一般采用较高的再生温度和较高的过剩氧条件，但由于此时水蒸气分压较低，难以造成催化剂水热失活，同时 V_2O_5 生成钒酸 $VO(OH)_3$ 速度会降低，从而对分子筛结构破坏程度会减轻。工业装置运转数据也证明了催化剂在两段再生工艺中的抗金属污染能力明显高于一段再生工艺，如图 1-4-3 所示。

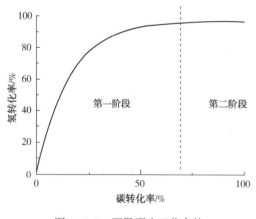

图 1-4-2　两段再生工艺中的
碳氢燃烧比例分布

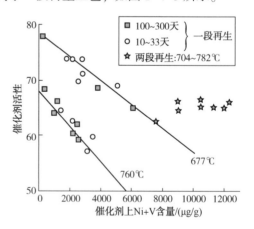

图 1-4-3　催化剂在两段再生与一段
再生工艺中的抗金属污染能力比较

四、循环流化床再生方式

对于单段湍动床再生器来讲，要实现再生催化剂碳含量能够降到 0.1%（质）以下这个目标值是比较困难的。原因在于气泡相和乳化相之间的物质传递阻力大；湍流床流态化是典型的返混床，这个特性使密相流化床中的催化剂的平均碳含量等于再生催化剂的碳含量，大大降低了烧炭动力学的推动力，也就是降低了烧炭强度。如果要使用单段湍动床再生器实现上述目标值的话，催化剂藏量要成倍增加，催化剂在床中的停留时间加长，这将加重在水蒸气分压 21.3~26.7kPa 条件下催化剂的水热失活。而快速床流态化的床层结构特性恰恰消除了湍动床流态化上述固有的缺点。存在于湍动流态床中的气泡不连续相转变成为连续相，而存在湍动流态床中的连续相-乳化相转变为时聚时散的絮状物不连续相，也就是说，快速流化床气固接触方式由气体为分散相、固体为连续相转化为气体为连续相、固体为分散相，实现了无泡气固接触。这种转变大大降低了相间的物质传递阻力，同时快速流态化固体颗粒和气体向上同向流动，给催化剂上碳含量梯度分布(边向上流动边进行烧炭)提供了可能，因而增加了烧炭动力学的推动力，从而大幅度地提高烧焦强度。循环流化床再生工艺是由 UOP 公司在 20 世纪 70 年代开发的，其烧焦再生工艺流程见图 1-4-4[34]。

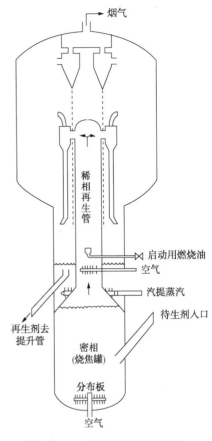

图 1-4-4　循环流化床烧焦再生工艺流程示意图

待生催化剂首先进入第一密相段(即烧焦罐)，在其中烧去大部分焦炭，并使温度提高到 677℃。空气自烧焦罐底部通过分布板送入，保持床层气体线速约为 1.5m/s，此时床层密度约 160kg/m³。烧去部分焦炭的半再生催化剂随气体进入稀相再生管，在再生管下部补入一部分空气，使气体中的氧含量达 5% 左右。这时 CO 就几乎全部变为 CO_2，温度可达 740℃。由于再生温度很高，同时出口氧浓度在 1.8% 左右，所以在稀相再生管中也烧去一部分焦炭，从而使再生催化剂上的碳含量降低到 0.02% 以下。再生后的催化剂经稀相再生管输送到第二密相段(汽提段)，在此进行催化剂汽提脱烟气，然后再返回到提升管底部。

五、再生工艺

(一) 单段湍动流化床再生工艺

单段再生工艺是使用一个流化床再生器一次完成催化剂的烧焦过程，工艺比较简单，设备也不复杂，这种再生工艺至今仍被广泛采用，但在工艺条件、设备结构和催化剂类型等方面已发生了较大的变化。单段再生工艺的催化剂进出再生器的方式可分为"上进下出"和"下进上出"两类。"上进下出"的待生催化剂由侧壁进入再生器密相段之一侧，或用催化剂分布器进入密相段中部。同轴式装置则由待生催化剂套筒进入密相段上部中心，再生催化剂经由设在分布管附近的淹流管排出。"下进上出"的待生催化剂通过待生催化剂密相提升管(或斜管)由再生器底部进入再生器内，再生催化剂由溢流管排出。生产实践证明，"上进下出"型的密相段内返混少，气固相接触和固体停留时间分布较好，催化剂循环量的调节可不受溢流管高度的限制。

对于湍动流化床单段再生，当再生温度为 650~680℃ 时，再生催化剂上的碳含量可以控制在 0.1%~0.12%。改进空气分布器结构和待生催化剂在密相流化床层的分布设施，并将再生温度保持在 700℃ 左右时，则湍动流化床单段再生的烧炭效果明显改善，再生催化剂上的碳含量可降到 0.1% 以下。采用改进待生催化剂分配和主风形成逆流接触、提高氧传质速度、降低床层的返混影响等技术措施，在不完全再生或再生温度较低时也可将再生催化剂上的碳含量降到 0.1% 以下。

在流化床再生器中，焦炭燃烧并非均属化学动力学控制，而在很大程度上受到床层内气体交换和物质传递的限制。湍动床流态化床层内气泡直径小，有激烈的湍动，这些特性有利于物质传递，且设备结构简单，催化剂的循环也较为简单，因此首先获得了较为广泛的应用。可满足再生催化剂碳含量低于 0.1% 的要求。湍动床流态化的设计主要包括密相流化床、空气分布器、稀相区、待生催化剂的导入和再生催化剂的导出以及旋风分离器系统。

（二）循环流化床高效再生工艺

循环流化床高效再生器结构形式与常规再生器迥然不同，烧焦罐是实现高效再生的核心设备，气速必须满足过渡到快速床的流态化条件。此外，良好的气-固接触和工艺参数（温度、氧分压、密度、碳含量等）都是十分关键的。

在循环床高效再生系统中，第二密相流化床烧焦效率过低导致此再生工艺综合烧炭强度只有烧焦罐的 40%~50%。为此提出了强化第二密相流化床烧焦技术措施，就是提高床层气速，降低密相流化床内催化剂密度，减少氧传递阻力。但是流化床面积不可能减少，烧焦空气流量受烧焦比例限制又不可能成倍增加，唯一可行的方案是把烧焦罐出口的烟气全部引入第二密相流化床，使流化床内气体线速达到 1.5~2m/s。第二密相流化床从鼓泡床变成快速床的浓相区，气相和颗粒团间的气体交换系数较鼓泡床增大 2~3 倍。虽然出入口的平均氧分压不到床第二密相流化床的一半，但氧气传递能力仍可成倍增加。全部烧焦空气（除去引入外取热器之外）都进入烧焦罐，可使其轴向各处的氧分压高于烧焦罐，尤其在其出口处氧分压的加大，使这个低碳低氧的动力学速率的瓶颈部位得到改善，烧焦罐的平均烧炭强度得以提高，或者在烧炭强度不变的条件下，再生催化剂上的碳含量降低。在烧焦罐高效再生工艺基础上，将烧焦罐（快速床）、湍流床的烟气进行串联布局，从而开发出烧焦罐串联再生工艺。

快速流化床串联再生工艺的再生效果好于常规烧焦罐高效再生工艺。再生温度高时，烧炭强度比湍动流化床高一倍左右，但综合烧炭强度的增加给 CO 完全燃烧带来问题，为此，要保持适当的二段再生温度或者足够的助燃剂浓度；同时第二密相流化床水蒸气分压与常规再生工艺相同，但远高于烧焦罐高效再生工艺的第二密相流化床。为了防止催化剂的水热减活，应根据其水热稳定性决定其最高床层温度，鉴于这一工艺的第二密相流化床藏量和稀相区藏量只有同等规模的常规再生器的 30%~50%，且可从此床层取热，所以可维持略高于烧焦罐的再生温度。快速流化床串联再生工艺可将反应再生系统的催化剂总藏量降低到 25kg/（d·t），再生催化剂上的碳含量降低到 0.1% 以下。

（三）双器两段再生工艺

双器两段再生工艺是随着渣油催化裂化工艺要求催化剂上的碳含量低于 0.1% 以下而发展起来的，可分为两器重叠或并列式再生工艺和两段逆流再生工艺，再加上有取热设施与无取热设施两种，从而形成多种不同类型的再生工艺。

1. 双器两段错流再生

无取热设施渣油催化裂化的双器两段再生，两段均采用湍流床，一、二段烟气分流，待生催化剂首先在第一再生器内采用常规再生方法，烧去部分催化剂上的部分焦炭，然后半再生催化剂进入第二再生器在高温下完全再生(不用助燃剂)。第二再生器内基本不烧氢，因而气体中水蒸气浓度较低，水热减活不严重，可允许更高的再生温度。按照生焦率和两器热平衡的需要来调节一、二段的烧焦比例，不设取热设施。由于二段温度可达800℃以上，故第二段再生器内无内件(旋风分离器、料腿、翼阀)，专门用于渣油催化裂化装置。设有取热设施的双器两段错流再生工艺，可允许焦炭产率在较大范围内变动(6%～11%)。另外，由于第一再生器的烟气与第二再生器的烟气合并，因而烟气能量利用较好，适用于高生焦量的渣油催化裂化装置。无取热设施的双器两段再生工艺称为第Ⅰ类；设有取热设施的双器两段再生工艺称为第Ⅱ类；设有取热设施，且使用CO助燃剂的双器两段再生工艺称为第Ⅲ类。这三类双器两段错流再生工艺差别列于表1-4-3。

表1-4-3 不同类型的双器两段错流再生工艺比较

类型	床层取热设施	是否用助燃剂	CO燃烧方式		两器烟气流向
			第一段	第二段	
第Ⅰ类	无	否	不完全	完全	分流
第Ⅱ类	有	否	不完全	完全	分流或合流
第Ⅲ类	有	是	完全	完全	合流

2. 双器两段逆流再生

UOP公司和Ashland公司于20世纪70年代末期共同开发的双器两段逆流再生工艺，其工艺流程是将第一再生器设置在第二再生器上部，大约20%的焦炭在第二再生器中烧掉，第二再生器的烟气进入第一再生器继续烧焦，离开第一再生器的烟气含有4%～6%的CO和约1%的O_2。由于两个再生器串联，只有一股烟气，有利于烟气的能量回收，同时也降低了空气的用量。再生催化剂上的碳含量可降至0.05%。

国内开发的重叠式双器两段逆流再生工艺在流程上与上述的双器两段逆流再生工艺类似，但在设备内部结构上有所不同。第二再生器的烟气流过大孔分布板产生足够压降，"托起"第一再生器的全部藏量。重叠式双器逆流两段再生工艺是将两个再生器重叠布置，一段再生器位于二段再生器之上。一再贫氧、CO部分燃烧；二再含过剩氧再生、CO完全燃烧。新鲜空气先进入第二再生器，与第一再生器来的碳含量较低的半再生催化剂充分接触烧焦，产生含有一定过剩氧的二段再生烟气通过分布板进入一段再生器。一段再生烟气过剩氧为0～0.2%，再生器内烟气无尾燃，采用烟道部分补燃措施，排烟气温度700～730℃，进入三旋除去携带的催化剂细粉后，烟气进入烟机回收烟气压力能，排出的烟气去余热锅炉回收烟气中CO的化学能和热能[35]。

再生工艺选择取决于多种因素。通常，当焦炭产率为4.5%～6.5%(质)时，可采用单段再生或高效再生。单段再生可部分燃烧或完全再生，完全再生可取消烟气CO锅炉；当焦炭产率在6.5%以上时，可以采用两段再生工艺。在第一段再生器部分燃烧，在较低的温度下，烧去焦炭中的氢气；在第二段再生器高温完全再生，使再生催化剂上碳含量降低到

0.1%以下，尽可能地恢复催化剂的活性。各种再生工艺的典型工艺指标列于表1-4-4。

表1-4-4　各种再生工艺的典型工艺指标

类别	形式	CO_2/CO 体积比	烧炭强度/[kg/(t·h)]	再生催化剂碳含量/%
单段再生	常规再生	1~1.3	80~100	0.05~0.20
	CO 助燃再生	3~200	80~120	0.05~0.20
两段再生	单器两段再生	1.5~200	150~200	0.05~0.10
	两器两段再生	2~150	80~120	0.03~0.05
	两器两段逆流再生	3~5	60~80	0.03~0.05
快速床再生	前置烧焦罐再生	50~200	150~320	0.05~0.20
	后置烧焦罐再生	3~200	60~250	0.05~0.20
	烧焦罐-湍流床串联再生	50~200	100~350	0.05~0.10

第五节　流化催化裂化工艺发展脉络

一、国外流化催化裂化工艺

自1942年第一套流化催化裂化装置实现工业化以来，流化催化裂化工艺面临着各种各样的问题，主要表现为装置规模持续增加，即装置大型化、加工原料日趋重质化与劣质化、产品质量标准却在逐渐严格、装置运行周期不断延长和生产过程清洁化。在过去的70多年中，各大石油公司与研究机构的研究者们进行了大量科学研究和技术创新，使流化催化裂化工艺技术处于不断完善与改进中，多次实现了台阶式进展。回顾流化催化裂化工艺的持续发展过程，这是工艺变革与催化剂、反应器更新互相促进、相辅相成的结果，也是设备制造等其他工业的发展相促进的结果[3,36]。国外FCC工艺发展历史进程见表1-5-1。

表1-5-1　国外FCC工艺发展历史进程

年　份	进展内容
1942	第一个处理量为12万桶/年的FCC工业装置（Model I上流式）在新泽西州巴吞鲁日标准石油公司的路易斯安那州炼油厂建成投产
1943	第一个下行床FCC装置研发成功，第一个TCC工艺开发成功
1947	环球石油公司（UOP）第一个FCC装置建成投产。M. W. Kellogg公司介绍了FCC装置新模式：Model III
1948	格雷斯公司的戴维森分部成功开发微球催化裂化催化剂
20世纪50年代	反应床层裂解工艺设计的发展
1951	M. W. Kellogg介绍了上流式催化裂化工艺
1952	埃克森公司开发新模式：模型IV
1954	引入高氧化铝（Al_2O_3）催化剂

续表

年　份	进展内容
20 世纪 50 年代中期	UOP 设计了肩并肩式反再系统
1956	Shell 公司发明了提升管裂化反应器
1961	Kellogg 公司和 Phillips 公司合作开发了第一套渣油裂化技术，在德克萨斯州博格尔的炼油厂投入生产
1963	第一套模式 I 型 FCC 装置在运行 22 年后停工
1964	美孚石油开发出超稳 Y（USY）和稀土交换超稳定 Y 型分子筛（ReY）FCC 催化剂，TCC 新装置施工完成
1972	Amoco Oil 发明了高温再生技术
1974	美孚石油公司成功生产出 CO 助燃剂
1975	菲利普斯石油公司开发了锑-镍钝化
1981	TOTAL 公司开发了两段再生技术
1983	Mobil 公司首次使用 ZSM-5 辛烷值/烯烃助剂
1985	Mobil 公司在 FCC 中安装封闭式旋风系统
1994	Coastaf 公司的超短停留时间、选择性裂化（MSCC）工艺进行了工业试验
1996	ABB Lummus Global 收购了 Texaco FCC 技术

二、中国流化催化裂化工艺

我国第一套 0.6Mt/a 同高并列式流化催化裂化装置于 1965 年 5 月 5 日在抚顺石油二厂建成投产。在抚顺石油二厂和大庆炼油厂两套 0.6Mt/a 同高并列式装置投产之后，1.2Mt/a 带有管式反应器的三器流化循环、具有创造性的催化裂化装置于 1967 年在胜利炼油厂投产。

20 世纪 60 年代后期，发达国家为适应分子筛催化剂而开发的提升管催化裂化工艺很快就引起我国炼油界的注意，并在 1974 年 8 月首先将玉门炼油厂 120kt/a 同高并列式装置改造成为高低并列式提升管装置。1976 年抚顺石油二厂同高并列式流化催化裂化装置密相流化床反应器改为提升管反应器，自此以后，国内催化裂化装置均以等直径提升管作为反应器。

裂化催化剂快速床再生是国外 20 世纪 70 年代实现工业化的一项新技术。我国从 20 世纪 70 年代后期起，对快速床再生技术进行系统研究，乌鲁木齐石油化工总厂工业催化裂化装置采用了具有内溢流管循环的快速床烧焦技术，荆门石油化工总厂催化裂化装置采用了具有外循环管的烧焦罐技术也相继实现工业化。到 20 世纪 80 年代，已掌握了鼓泡床、湍动床、快速床三种裂化催化剂再生技术、完全和不完全燃烧两种再生方式、单段、两段或两器等各种组合形式的再生技术，可将再生催化剂碳含量控制在 0.1% 以下，实现了高效再生。

重油催化裂化是重油深度加工提高炼油厂经济效益的有效方法。我国原油大多偏重，沸点>350℃ 的常压渣油占原油的 70%~80%，沸点>500℃ 的减压渣油占原油的 40%~50%，因此，重油催化裂化早就引起我国炼油界的重视。20世纪60年代中期我国就开始使用无定形硅铝催化剂，在中型流化床催化裂化装置上先后进行了大庆、大港和玉门常压渣油的催化裂化试验，并于1972年在玉门炼油厂以微球硅铝催化剂成功地进行了玉门拔头原油催化裂化工业试验。大庆常压渣油催化裂化技术攻关于1982年5月成立，石家庄炼油厂以任丘常压渣油为原料，残炭高达7.24%，外排部分油浆，焦炭产率11%~12%，轻质油收率也可接近70%；洛阳石油化工总厂以中原常压渣油为原料，残炭为6.5%，全回炼，焦炭产率11.55%，轻质油收率仍可达76.8%；九江石油化工总厂掺炼32.4%鲁宁管输原油的减压渣油，进料残炭为6%~24%，全回炼，焦炭产率10.21%，轻质油收率75.3%。这些重油催化裂化装置先后实现工业化，丰富了我国渣油催化裂化的技术经验，极大地推动了我国渣油催化裂化技术迅速发展。

20世纪80年代后期，我国引进了美国Stone and Webster公司的渣油催化裂化技术，用于镇海、武汉、广州、长岭和南京等5个炼油厂现有催化裂化装置的改建和新建，已陆续投产。经过对该技术的消化、吸收和改进，对我国渣油催化裂化技术的发展起了一定的作用。

在自主创新和引进吸收双重作用下，我国渣油催化裂化技术取得长足的进展，掌握了原料雾化、内外取热、提升管出口快速分离、重金属钝化、催化剂预提升等一整套渣油催化裂化的基本技术，同时系统地积累了许多成功的操作经验。

20世纪80年代中期以来，中国石化石油化工科学研究院一直致力于重油催化裂解制取低碳烯烃技术的研究，开发出了DCC、MGG等催化裂化家族技术，并实现了工业化，其中DCC工艺技术至今仍然是在全球范围内最具有竞争力多产丙烯的催化裂化工艺技术。在DCC技术成功工业化以后，又开发出了由重油直接制取乙烯和丙烯的催化热裂解（Catalytic Pyrolysis Process，简称CPP）工艺、由重油生产乙烯的接触催化裂化（Heavy-oil Contact Cracking，简称HCC）工艺。

随着我国汽车工业的迅速发展，车用燃料的消耗量与日俱增，由此导致汽车尾气中污染物释放到大气中的总量越来越大，因汽车尾气排放而造成的大气污染问题越来越严重。为此，我国汽油质量升级步伐不断加快，国Ⅴ车用汽油要求烯烃体积分数不得大于24%，且烯烃+芳烃体积分数不得大于60%，硫含量不高于$10\mu g/g$。而我国车用汽油大部分来自催化裂化汽油，而催化裂化汽油含有较高的烯烃和硫，因此降低催化裂化汽油中的烯烃含量和硫含量是我国催化裂化工艺在进入21世纪后所面临的第一个挑战。国内催化裂化研究开发和工程设计单位基于自身积累和优势，相继开发出几种独特的降低催化裂化汽油的烯烃含量和硫含量的催化裂化技术，较为典型的有变径流化床双反应区催化裂化工艺（MIP）和双提升管并联的催化裂化工艺（FDFCC和TRFCC）。其中MIP工艺系列技术已大面积地推广应用，目前共有59套工业装置正常运转，11套装置处于建设中，累计加工量约为120Mt/a，再加上未授权的44套装置，合计装置数超过100套。为了提高石油资源利用效率，催化裂化工艺从追求高转化率向追求高选择性转变，国内研究开发和工程设计单位已开发出高选择性的催化裂化工艺（HSCC），并加氢处理工艺集成，形成催化裂化和加氢处理集成工艺技术（IHCC），已于2014年实现了工业化，液体收率大幅度提高，焦炭产率明显地降低[1]。关于我国催化裂化工艺发展进展见表1-5-2。

表 1-5-2 我国催化裂化重大技术进展

年 份	工艺技术
1958	移动床催化裂化工业装置
1965	同高并列式流化床催化裂化工业装置
1967	同高并列式带管反 1.2Mt/a 催化裂化装置
1974	高低并列式提升管催化裂化装置
1977	同轴式半工业装置
1978	烧焦罐式高效再生装置；能量回收机组投运
1982	同轴式掺渣油(带内取热)工业装置
1985	高低并列式常渣催化裂化工业装置
1987	掺渣油两段再生工业装置(SWEC 技术)
1989	同轴式烧焦罐及床层两段再生工业装置
1990	多产低碳烯烃的催化裂解技术(DCC-I)
1994	多产丙烯和汽油技术(ARGG/DCC-Ⅱ)
1997	纯减压渣油催化裂化技术(VRFCC)
2000	重油直接制取乙烯和丙烯的工艺技术(CPP 和 HCC)
2002	降低汽油烯烃含量的工艺(MIP)
2004	生产丙烯兼顾汽油的技术 MIP-CGP、FDFCC 以及 TSRFCC
2009	降低干气和焦炭技术(DCR)
2013	再生烟气处理技术
2014	重质烃高效利用技术(HSCC/IHCC)
2020	多产丙烯与燃料油组分的催化裂化工艺(MFP)

我国第一套流化催化裂化装置于 1965 年实现工业化以来，催化裂化工艺作为炼油的主要转化技术，发展极为迅速。50 多年来，我国催化裂化装置从无到有，技术水平由低到高，装置规模和加工能力从小到大，研究思路从跟踪模仿到自主创新，取得了巨大的成就，已跻身国际先进水平。到目前为止，全国催化裂化装置总加工量已达到近 180Mt/a，其中渣油占催化裂化总进料约 40%，超过了延迟焦化装置，成为我国加工渣油的最主要手段。我国催化裂化装置生产的汽油占全国车用汽油总量的 70% 左右，生产的丙烯量约占全国丙烯总产量的 40%。同时，催化裂化装置还可以为烷基化装置和醚化装置提供原料。因此，催化裂化工艺对炼油行业提高轻质油收率和改善产品质量、提高经济效益起着举足轻重的作用[36]。

三、流化催化裂化工艺重大技术进展

催化裂化在炼油工艺中具有非常重要的地位，催化裂化装置加工能力通常占炼油厂加工能力的三分之一，对炼油厂的整体经济效益影响大，围绕催化裂化工艺的创新成为炼油厂的首要目标之一。流化催化裂化工艺自开发至今，新工艺、新设备和更加优越的催化剂不断呈现，其中台阶式重大技术进步列于表 1-5-3。主要表现在催化剂、设备和工艺等方面的技术进步不断产生，从而使催化裂化工艺技术水平不断提高，装置功能持续拓展，装置运行周期不断延长，成为现代炼油工业的核心工艺[37]。

表 1-5-3 流化催化裂化重大技术进展

年 份	工艺技术
1942	第一套 FCC 装置投产(埃克森)
1947	叠置式装置(UOP)小型装置堆叠
1948	喷雾干燥催化剂(改善流态化)
1952	合成高铝催化剂(高稳定性)
1955	提升管反应器裂化(壳牌)
1959	半合成催化剂(添加黏土)
1960	金属材料发展(允许更高再生温度)
1961	重油裂化(飞利浦-凯洛格)
1964	分子筛催化剂(美孚)
1972	完善 CO 燃烧过程(阿莫科)
1974	燃烧助剂(美孚)
1975	金属钝化(飞利浦)
1981	不限制再生温度的两段独立再生(道达尔)
1982	高性能雾化喷嘴进料系统
1982	密相床催化剂冷却器(亚士兰/UOP)
1987	气相急冷技术(阿莫科)
1987	混合温度控制(道达尔)
1988	密闭旋风分离系统(美孚)
1991	深度催化裂解(中国石化/石科院)
1996	强化分离设计(道达尔/科氏-格利奇)
2000	催化热裂解(中国石化/石科院)
2002	变径流化床反应器(中国石化/石科院)
2005	汽油裂化(凯洛格)
2011	下流床反应器(立邦/阿莫科/德西尼普-斯通 & 韦伯斯特/阿克森)
2014	多产高价值产品、低排放的催化蜡油加氢和选择性催化裂化集成工艺技术(石科院/中国石化)

这些革新涵盖了工艺的方方面面,使流化催化裂化技术满足不断变化的环境保护和产品性能等需求,并适应新的炼油技术发展,如图 1-5-1 所示。

环保法规和产品质量要求不断升级以及燃料产品消费不断减少,传统燃料性炼油厂面临转型发展的迫切需求。石油炼制行业约占全国工业能源消耗带来的碳排放量的 5%,其中催化裂化装置是主要影响因素。因此,传统催化裂化工艺面临着碳减排与产品转型两大挑战。对现有的生产低碳烯烃的蒸汽裂解、催化裂解、烯烃裂解和甲醇制烯烃技术特征进行分析,发现蒸汽裂解和催化裂解工艺存在着乙烯与甲烷比过低,且甲烷产率过高,而烯烃裂解工艺原料来源不足,甲醇制烯烃工艺原料主要来自煤制甲醇,造成高碳排放。为此,提出 CO_2 排放近零的高效生产低碳烯烃的靶向催化裂化工艺[38]。该工艺解决了系列问题,主要表现:一是以反应过程自身碳氢平衡优化实现碳氢再分布,大幅度减少小分子烷烃尤其是甲烷的生成;二是精准实施碳—碳键断裂,实现烯烃分子断裂生成低碳烯烃。

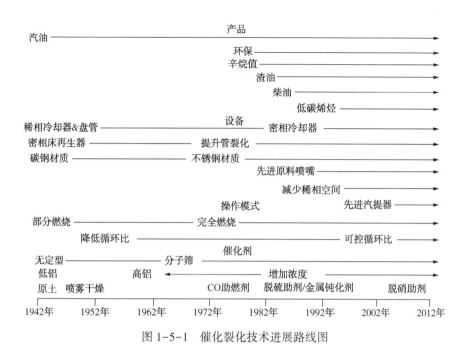

图 1-5-1 催化裂化技术进展路线图

靶向催化裂化工艺从原料结构、催化剂活性组元和催化反应工程三个方面进行创新，形成了高效生产低碳烯烃技术，其技术特点如下：

① 将现有的蒸汽裂解、催化裂解所加工的饱和烃原料高选择性转化为烯烃，再以烯烃为原料转化为低碳烯烃，精准实施碳—碳键断裂，提高碳效率的同时，满足低碳烯烃生产方案高效灵活切换。

② 将现有的催化裂解催化剂活性组元更换为中孔和/或小孔沸石，取代已使用近 60 年的大孔沸石，以尽可能提供烯烃产物的选择性，使催化剂开发与低碳烯烃生产相适应，实现催化剂技术开发跨越式进步。

③ 深度开发变径流化床催化反应工程技术，同时实现烯烃变换反应、饱和烃裂化反应、含氧烃转化反应。

靶向催化裂化装置将处于炼化一体化流程的核心位置，如图 1-5-2 所示。轻石脑油和抽余油直接输送到烷烃脱氢装置，生成的烯烃作为靶向催化裂化装置原料。蜡油、加氢重油直接靶向催化裂化装置原料。尤其蜡油是优质的原料，其大分子饱和烃经靶向催化裂化工艺加工，可以高选择性地转化为烯烃，成为低碳烯烃前身物，而加氢重油中的饱和烃高选择性裂解外，胶质和沥青质转化为焦炭，为靶向催化裂化工艺提供足够的热源。靶向催化裂化装置处理原料油馏程拓展到 C_5 或 C_4 馏分，从而可以整合现有的低碳烯烃生产技术，进而缩短炼油与化工一体化流程。

靶向催化裂化工艺具有较高的焦炭选择性，可以控制焦炭产率正好满足装置热平衡需求。焦炭产率低会减少装置的烧焦能力，再借助纯氧再生技术，使再生过程排放的烟气大部分 CO_2。当 CO_2 排放量收费特别高，CO_2 与 H_2 反应生产甲醇有经济效益时，可采用 CO_2 生产甲醇技术，甲醇作为靶向催化裂化工艺反应部分的原料，这样可以实现靶向催化裂化工艺近零 CO_2 排放。H_2 可来自烷烃脱氢装置，或者水电解，水电解所生成的 O_2 可提供给再生部分。

CO_2排放近零的靶向催化裂化工艺概念设计见图1-5-3。

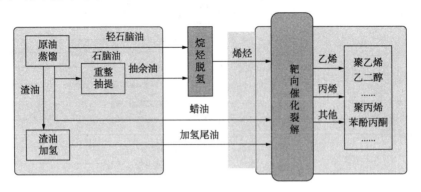

图 1-5-2　靶向催化裂化装置在炼化一体化流程中的位置

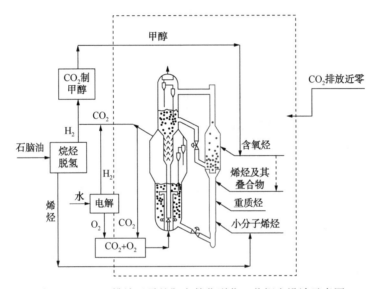

图 1-5-3　CO_2排放近零的靶向催化裂化工艺概念设计示意图

　　流化催化裂化工艺仍将在我国炼油行业的重大发展战略中发挥不可取代的作用，主要体现在产品质量优质化、目标产品多样化、生产过程清洁化和重质原料高效利用方面。这些方面仍有广泛的开发空间，特别是再生烟气中的CO_2及污染物排放将成为生产过程急需解决的问题，可能引起催化裂化再生技术发生革命性的变化。

参 考 文 献

[1] 陈俊武，许友好. 催化裂化工艺与工程[M]. 3 版. 北京：中国石化出版社，2015.

[2] 许友好，李宁，华仲炯. 催化裂化工艺技术手册[M]. 北京：中国石化出版社，2018.

[3] RezaSadeghbeigi. 流化催化裂化手册(Fluid Catalytic Cracking Handbook)[M]. 3 版. 王红霞，译. 北京：石油工业出版社，2018.

[4] 李浩，范传宏，刘凯祥. 渣油加氢工艺及工程技术探讨[J]. 石油炼制与化工，2012，43(6)：31-39.

[5] Baldassari M，Mukherjee U. LC-Max and other LC-fining process enhancements to extend conversion and on-streamfactor[C]. San Diego，CA：US AFPM Annual Meeting，2012.

[6] 贾丽, 栾晓东. 悬浮床与固定床渣油加氢改质技术的区别[J]. 当代化工, 2007, 36(5): 447-450.

[7] 孙丽丽. 劣质重油加工路线的选择对炼厂经济效益的影响[J]. 当代石油石化, 2007(8): 14-19.

[8] 汪燮卿, 舒兴田. 重质油裂解制轻烯烃[M]. 北京: 中国石化出版社, 2015.

[9] 孙丽丽. 高硫劣质原油加工与渣油加氢技术的适用性[J]. 当代石油石化, 2005, 13(9): 34-37.

[10] 牛传峰, 张瑞弛, 戴立顺, 等. 渣油加氢-催化裂化双向组合技术 RICP[J]. 石油炼制与化工, 2002 (01): 29-31.

[11] 蔡智. 溶剂脱沥青-脱油沥青气化-脱沥青油催化裂化组合工艺研究及应用[J]. 当代石油石化, 2007 (4): 16-20.

[12] 胡艳芳, 秦如意. 溶剂脱沥青-延迟焦化-加氢处理组合工艺[J]. 广州化工, 2012(13): 114-116.

[13] 李冬梅. 高硫原油加工组合工艺探讨[J]. 炼油设计, 1999(08): 73-76.

[14] 许友好, 戴立顺, 龙军, 等. 多产轻质油的 FGO 选择性加氢工艺与选择性催化裂化工艺集成技术 (IHCC)的研究[J]. 石油炼制与化工. 2011, 42(3): 7-12.

[15] Gillis, D., Yokomizo, G.. Residue conversion options to meet marine fuel regulations[J]. Petrol Technol, Q. 2010(3): 39.

[16] 许友好, 何鸣元. 重油在加工过程中的碳氢优化分布及有效利用的探索[J]. 石油学报(石油加工), 2017, 33(1), 1-7.

[17] 孙丽丽. 汽油吸附脱硫工艺与工程[M]. 北京: 中国石化出版社, 2019.

[18] 许友好, 徐莉, 王新, 等. 我国车用汽油质量升级关键技术及其深度开发[J]. 石油炼制与化工, 2019, 50(2): 4-14.

[19] 周建华. 催化裂化柴油加氢回炼技术探讨[J]. 石油炼制与化工, 2019, 50(9): 5-9.

[20] Avidan, Amos A, Shinnar, Reuel. Development of catalytic cracking technology. A lesson in chemical reactor design[J]. Industrial & Engineering Chemistry Research, 29(6): 931-942.

[21] Thomas C L. Conversion of hydrocarbons. US 2282922[P], 1942.

[22] Strother C W, Vermilion W L, Conner A J. Fcc getting boost from all-riser cracking[J]. Oil & Gas Journal, 1972, 70(20): 102-103.

[23] Plank C J. The Invention of Zeolite Cracking Catalysts: A Personal Viewpoint[G]. Am Chem Soc Monograph, 1983, 22: 253-271.

[24] Magee J S, Ritter R E, Rheeaume L, A look at FCCcatalyst advances[J]. Hydrocarbon Processing, 1979, 58(9): 123-127.

[25] 潘元青. 国外催化裂化催化剂技术进展[J]. 石化技术, 2007, (3): 57-61.

[26] Speronello B K, Martinez J G, Hansen A, et al. Jointly developed FCC catalysts with novel zeolite mesopores deliver higher yields[C]. NPRA Annual Meeting, AM-11-02. San Antonio, TX, 2011.

[27] 许友好. 我国催化裂化工艺技术进展[J]. 中国科学: 化学. 2014, 44(1): 13-24.

[28] 许友好. 变径流化床反应器理论与实践[M]. 北京: 中国石化出版社, 2019.

[29] 许友好, 张久顺, 龙军. 生产清洁汽油组分的催化裂化新工艺 MIP[J]. 石油炼制与化工, 2001, 32 (8): 1-5.

[30] 许友好, 张久顺, 徐惠, 等. 多产异构烷烃的催化裂化工艺的工业应用[J]. 石油炼制与化工, 2003, 34(11): 1-6.

[31] 谢朝钢, 汪燮卿, 郭志雄, 等. 催化热裂解(CPP)制取烯烃技术的开发及其工业试验[J]. 石油炼制 与化工, 2001(12): 9-12.

[32] Horecky Carl J, Robert James F, Robert James S, et al. Fluid catalytic cracking process with substantially complete combustion of carbon monoxide during regeneration of catalyst[P]. USP 3909392, 1975.

[33] Robert W P, Bronxville N Y, Luther W G, et al. Staged fluidized catalyst regeneration process[P]. US

3563911，1971.

[34] Stine L O，Conner A J. Fluidized catalyst regeneration by oxidation in a dense phase bed and a dilute phase transport riser[P]. US 3844973，1974.

[35] 李炎生. 双器并流与逆流催化裂化装置再生工艺技术的比较[J]. 炼油设计，1999(06)：17-22.

[36] 许友好. 我国催化裂化工艺技术进展[J]. 中国科学：化学，2014，44(1)：13-24.

[37] Letzsch W. Fluid catalytic cracking (FCC) in petroleum refining. In：Treese S.，Pujadó P.，Jones D. (eds) Handbook of Petroleum Processing. Springer，Cham，2015.

[38] 许友好，左严芬，白旭辉，等. 靶向生产低碳烯烃的催化裂化技术开发背景、思路和概念设计[J]. 石油炼制与化工，2021，52(8)：1-11.

第二章 原料与产品

第一节 催化裂化原料

一、催化裂化过程对原料的要求

虽然催化裂化工艺可加工的原料较多，但从可操作性和经济性考虑，需要对催化裂化原料提出一些限制指标。比如 Kellogg 公司和 UOP 公司都对催化裂化原料提出过指标要求，分别见表 2-1-1 和表 2-1-2。

表 2-1-1　Kellogg 公司催化裂化原料指标

残炭/%	金属（Ni+V）/（μg/g）	措　　施
<5	<10	使用钝化剂，常规再生
5~10	10~30	使用钝化剂，再生器取热，可完全再生
10~20	30~150	需加氢处理
>20	>150	进焦化装置加工

表 2-1-2　UOP 公司催化裂化原料指标

残炭/%	金属（Ni+V）/（μg/g）	密度（20℃）/（g/cm^3）	措施
<4	<10	<0.9340	一段再生
4~10	10~18	0.9340~1.0	二段再生
>10	100~300	>0.9659	需先脱金属

法国石油研究院（IFP）要求 R2R 重油催化裂化原料的残炭小于 8%，氢含量高于 11.8%，金属镍和钒含量之和小于 50μg/g。

可以看出，原料的残炭、金属含量、密度、氢含量为主要限制指标，采用预处理措施可拓宽催化裂化装置加工原料的范围。

（一）残炭

残炭是衡量催化裂化原料非催化生焦倾向的指标。残炭值主要与原料的组成、馏程、胶质和沥青质含量有关。通常，原料的沸点越高，其残炭值越高。对于相同馏程的原料，石蜡基原料的残炭值低于环烷基原料。

残炭一般由多环芳烃缩合而成，渣油中含有较多的芳烃、胶质和沥青质，而胶质和沥青质也含有大量的多环芳烃和杂环芳烃，因而实验室分析得到的残炭是生焦的前身物。

馏分油的胶质和沥青质含量很低，其残炭值一般低于 0.5%。渣油的胶质和沥青质含量较高，其残炭值也较高。一般常压渣油的残炭值为 3% ~ 10%，减压渣油的残炭值为 7% ~ 20%。

催化裂化原料允许的残炭值与催化裂化反应深度以及再生烧焦能力有关，通常低于 10%。对于残炭值较高的原料可以加氢处理脱残炭，以满足催化裂化进料要求。

（二）金属

催化裂化的原料中会含有镍、钒、铁等重金属以及钠、钙、镁等碱金属和碱土金属。虽然原料中的金属含量不多，但在反应过程中金属沉积在催化剂上，对催化裂化过程的影响很大。

镍具有脱氢活性，能促进脱氢反应，导致氢气和焦炭产率增加。为了降低镍的影响，可以采用孔径较大、比表面积较小的催化剂基质，使得镍在基质的大孔中堆积，控制镍的分散程度从而降低镍的脱氢活性。也可以采用金属钝化剂降低镍的脱氢活性，这是经济、便利、有效的方法，常用的钝化剂为含锑的化合物。

沉积在催化剂上的钒在再生器内被氧化成五氧化二钒，其在再生器内呈液相状态，会堵塞催化剂内的微孔，同时五氧化二钒还会与水蒸气反应生成强酸性的钒酸，与水蒸气一起导致沸石水解，破坏沸石的晶体结构，导致催化剂永久失活。

催化裂化原料允许的金属含量不仅与要求的催化剂活性值有关，还与允许的催化剂消耗量有关。对于金属含量较高的原料，可以加氢处理脱金属，以满足催化裂化进料要求。

（三）碱性化合物

催化裂化进料中的碱性化合物包括碱性氮化物和碱性金属化合物。碱性氮化物会中和催化剂上的酸性中心，使催化剂暂时失去活性，降低催化剂的活性和选择性。对于碱性氮化物含量较高的原料可以加氢处理脱除，以满足催化裂化进料要求。也可以将碱性氮化物含量较高的原料注入提升管主进料喷嘴的下游，碱性氮化物吸附在催化剂上并在再生过程中得到分解，通过将未转化的原料进行回炼达到脱除碱性氮化物的目的。对于碱性金属含量高的原料，应加强原油的电脱盐效果。

二、催化裂化原料的类别

催化裂化原料广泛，包括原油经过常减压蒸馏得到的 350 ~ 550℃的直馏馏分油、常压渣油和减压渣油，还包括经过二次加工得到的焦化蜡油、溶剂脱沥青油、加氢处理蜡油和加氢处理重油，也包括页岩油、动植物油和费托合成等非常规原料。

（一）直馏原料

减压塔侧线产品馏程为 350 ~ 550℃的直馏馏分油称为减压蜡油或减压馏分油（VGO），是使用最广泛、最传统的催化裂化原料。如果减压蒸馏系统采用深拔操作，VGO 的终馏点可以达到 565℃。减压馏分油的主要性质为：密度 0.85 ~ 0.90g/cm³，氢含量 12.5% ~ 13.8%，相对分子质量 350 ~ 400，残炭<0.5%，金属含量很低。几种国产原油的减压馏分油的性质见表 2-1-3，几种外国原油的减压馏分油的性质见表 2-1-4[1,2]。

表 2-1-3　几种国产原油的减压馏分油的性质

项　目	大庆	胜利	任丘	中原	辽河	孤岛	鲁宁管输	北疆	大港	惠州	塔中
占原油比例/%	26～30	27	34.9	23.2	29.7	22.2		25.73	28.73	33.77	20.65
密度(20℃)/(g/cm³)	0.8564	0.8876	0.8690	0.8560	0.9083	0.9353	0.8676	0.9109	0.8780	0.8620	0.9059
馏程/℃	350～500	350～500	350～500	350～500	350～500	350～500	350～520	350～500	350～520	350～500	350～500
凝点/℃	42	39	46	43	34	21	44	19	39	39	22
残炭/%	<0.1	<0.1	<0.1	0.04	0.038	0.18	0.07	0.11	0.02	0.03	0.02
硫含量/%	0.045	0.47	0.27	0.35	0.15	1.23	0.42	0.08	0.13	0.05	0.90
氮含量/%	0.068	<0.1	0.09	0.042	0.20	0.0	0.083	0.09	0.12		0.05
氢含量/%	13.80	13.8	13.9		13.40		13.26				
运动黏度/(mm²/s)											
50℃		25.26	17.94	14.18				15.71(80℃)	21.55	6.18(80℃)	51.45(40℃)
100℃	4.60	5.94	5.30	4.44	6.88	11.36	4.75	9.04	8.48	4.16	5.29
相对分子质量	398	382	369	400	366		360	376	375	413	357
特性因素	12.5	12.3	12.4	12.5	11.8	11.5		11.79	12.23	12.60	11.86
重金属含量/(μg/g)											
Ni	<0.01	<0.1	0.03	0.2	0.06	1.33	0.3	<0.1	0.02	<0.1	<0.1
V	0.01	<0.1	0.08	0.01		0.22	0.02	<0.1	<0.1	<0.1	<0.1
族组成/%											
饱和烃	86.6	71.8	80.9	80.2	71.6		34.5				
芳烃	13.4	23.3	16.5	16.1	24.4		22.9				
胶质	0.0	4.9	2.6	2.7	4.0		2.6				

表 2-1-4　几种外国原油的减压馏分油的性质

项　目	阿拉伯轻质	阿拉伯重质	伊朗轻质	伊拉克巴士拉重质	阿曼	印尼阿朱纳	印尼米纳斯	俄罗斯
占原油比例/%	24.3	23.3	25.9	21.9	23.37	24.8	32.7	32.1
密度(20℃)/(g/cm³)	0.9141	0.9170	0.9100	0.9310	0.8902	0.8781	0.8502	0.9051
馏程/℃	370～520	350～500	350～500	360～525	360～500	350～500	350～500	350～560
凝点/℃	34	30			24	43	47	22
残炭/%	0.12	0.15	0.17		0.06	0.11	0.02	0.15
硫含量/%	2.61	2.90	1.55	3.08	1.02	0.14	0.082	0.69
氮含量/%	0.078	0.07	0.13		0.57	0.06		0.12
氢含量/%	11.69		12.52	13.6				
运动黏度/(mm²/s)								
50℃					26.95		51.44	
100℃	6.93	6.87	5.20	8.74		6.82		7.924
相对分子质量	378	383				381		

续表

项　目	阿拉伯轻质	阿拉伯重质	伊朗轻质	伊拉克巴士拉重质	阿曼	印尼阿朱纳	印尼米纳斯	俄罗斯
特性因素	11.85		12.8	11.7	12.15	12.26		
重金属含量/(μg/g)								
Ni		0.52			0.06			0.21
V		0.07			0.04	0.33		0.45
族组成/%								
饱和烃	65.8							81.01
芳烃	31.6				12.34			15.37
胶质	2.6							3.57

　　常压塔底油称为常压渣油(AR)，可以不进减压塔、作为催化裂化的原料。常压渣油的主要性质为：密度高于 0.90g/cm³，残炭高于 5.0%，氢含量高于 11.5%。国产原油常压渣油的镍含量一般高于 4μg/g，钒含量一般低于 2μg/g。进口原油常压渣油的镍含量一般高于 7μg/g，钒含量一般高于 10μg/g。部分质量较好的常压渣油可以直接作为渣油催化裂化装置的原料。几种国产原油的常压渣油的性质见表 2-1-5，几种外国原油的常压渣油的性质见表 2-1-6[1,2]。

表 2-1-5　几种国产原油的常压渣油的性质

项　目	大庆	胜利	任丘	中原	辽河	孤岛	鲁宁管输	大港	惠州	塔中
占原油比例/%	71.5	68.0	73.6	55.5	68.9	78.2		73.11	50.67	41.85
密度(20℃)/(g/cm³)	0.8959	0.9460	0.9162	0.9062	0.9436	0.9876	0.9282	0.9213	0.8795	0.9488
馏程/℃	>350	>350	>350	>350	>350	>350	>350	>350	>350	>350
残炭/%	4.3	9.3	8.9	7.5	8.0	10.0	9.37	8.50	4.41	7.03
元素组成/%										
C	86.32	86.36		85.37	87.39	84.99		86.		86.79
H	13.27	11.77		12.02	11.94	11.69		12.56		11.78
S	0.15	1.2	0.40	0.88	0.23	2.38	0.82	0.19		1.08
N	0.2	0.6	0.49	0.31	0.44	0.70		0.32		0.17
运动黏度(100℃)/(mm²/s)	28.9	139.7	43.3	31.28	51.1	471.9		74.11	8.63	10.68
相对分子质量	563	593				651				
重金属含量/(μg/g)										
Ni	4.3	36.0	23.0	6.0	47.0	26.4	21.0	45.9	4.08	0.60
V	<0.1	1.5	1.1	4.5		2.4	2.0	0.54	0.98	4.10
族组成/%										
饱和烃	61.4	40.0	46.7		49.4					
芳烃	22.1	34.3	22.1		30.7					
胶质	16.45	24.9	31.2		19.9					
沥青质(C₇不溶物)	0.05	0.8	<0.1		<0.1					

表 2-1-6　几种外国原油的常压渣油的性质

项　目	阿拉伯轻质	科威特	阿曼	伊朗加奇萨兰	伊朗阿哈加依	印尼米纳斯	俄罗斯
占原油比例/%	52.5	56.7	51.8	55.1	53.2	63.9	48.6
密度(15.6℃)/(g/cm³)	0.9521	0.9643	0.8968(20℃)	0.9594	0.9529	0.9171	0.9295
API 度	17.05	15.15		15.9	16.92	22.71	
残炭/%	8.23	10.18	6.89	9.6	8.22	4.57	4.95
倾点/℃	15	17.5		22.5	25.0	47.5	13
灰分/%	0.01	0.017	0.013	0.03	0.024	0.008	0.03
运动黏度(50℃)/(mm²/s)	160.2	404.6	62.07(100℃)	353.7	225.6	26.8(75℃)	25.29(100℃)
馏程/℃							
初馏点	285	277		274	271	292	
5%	359	373		358	353	362	
25%	423	436		419	412	422	
45%	482	498		484	477	463	
50%	500				493	478	
相对分子质量	463	524	605	503	478	491	
元素组成/%							
C	85.19	84.38	85.99	85.27	85.41	87.10	86.62
H	11.19	10.99	12.10	11.04	11.06	12.64	12.25
S	2.10	4.04	1.74	2.67	2.51	0.12	0.86
N	0.05	0.11	0.17	0.28	0.33	0.37	0.27
重金属含量/(μg/g)							
Ni	7.6	15.3	11.35	39.6	28.7	14.0	9.10
V	23.1	55.0	13.00	126.0	96.8	1.1	10.62
族组成/%							
饱和烃	33.33	32.0	46.3	36.4	39.9	65.4	67.7
芳烃	47.2	48.3	40.6	44.4	41.9	20.5	22.9
胶质	11.1	12.6	12.6	12.3	13.4	7.4	9.0
沥青质(C₅ 不溶物)	5.4	7.1	0.5	6.9	4.8	6.7	
沥青质(C₇ 不溶物)	2.9	3.4		3.4	2.2	1.0	0.4

　　减压塔底油称为减压渣油(VR)，可以与馏分油掺混作为催化裂化的原料。减压渣油的主要性质为：密度高于 0.92g/cm³，残炭高于 10.0%，氢含量低于 11.0%。国产原油减压渣油的镍含量一般高于 10μg/g，钒含量一般低于 2μg/g。进口原油常压渣油的镍含量一般高于 15μg/g，钒含量一般高于 20μg/g。只有极少量的减压渣油可以直接作为渣油催化裂化装置的原料，大部分减压渣油必须经过预处理才能作为渣油催化裂化装置的原料。几种国产原油的减压渣油的性质见表 2-1-7，几种外国原油的减压渣油的性质见表 2-1-8[1,2]。

表 2-1-7　几种国产原油的减压渣油的性质

项　目	大庆	胜利	任丘	中原	辽河	孤岛	鲁宁管输	北疆	大港	惠州	塔中
占原油比例/%	42.9	47.1	38.7	32.3	39.3	51.0		48.75	44.54	19.91	21.20
密度(20℃)/(g/cm³)	0.9220	0.9698	0.9653	0.9424	0.9717	1.002	0.9685	0.9493	0.9646	0.9381	0.9888
馏程/℃	>500	>500	>500	>500	>500	>500	>500	>500	>500	>500	>500
残炭/%	7.2	13.9	17.5	13.3	14.0	19.4	15.3	9.10	14.5	13.96	16.18
硫含量/%	0.41	1.92	0.76	1.18	0.37	2.96	1.2	0.14			1.24
运动黏度(100℃)/(mm²/s)	104.5	861.7	958.5	256.6	549.9	1120		898.51	519.75	863.60	6607.26
相对分子质量	1120	1080	1140	1100	992	1030	929				
重金属含量/(μg/g)											
Ni	7.2	46.0	42.0	10.3	83.0	42.2	34.3	26.0	72.5	11.5	1.10
V	0.1	2.2	1.2	7.0	1.5	4.4	3.5	2.79	0.84	1.24	8.20

表 2-1-8　几种外国原油的减压渣油的性质

项　目	阿拉伯轻质	科威特	阿曼	伊朗加奇萨兰	伊朗阿哈加依	印尼米纳斯	俄罗斯
占原油比例/%	25.8	31.3	30.74	28.9	27.6	30.2	
密度(15.6℃)/(g/cm³)	1.0031	1.0148	0.9614	1.0110	0.9999	0.9539	
API度	9.48	7.85		8.38	9.93	16.75	
残炭/%	18.16	18.8	10.18	18.5	16.20	9.93	9.96
灰分/%	0.015	0.025	0.005	0.005	0.046	0.015	
相对分子质量	797	910		849	797	879	
元素组成/%							
C	85.10	83.97	86.06	84.80	85.62	87.13	86.74
H	10.30	10.12	10.93	10.24	10.45	12.04	11.93
S	3.93	5.05	2.02	3.45	3.22	0.16	1.01
N	0.22	0.31		0.49	0.49	0.47	0.32
重金属含量/(μg/g)							
Ni	16.4	27.3	22.78	73.7	56.2	31.1	
V	62.2	95.3	17.00	234.2	182.0	1.6	
族组成/%							
饱和烃	21.0	15.7		19.6	23.3	46.8	
芳烃	54.7	55.6		50.5	51.2	28.8	
胶质	13.2	14.8		16.6	15.9	12.2	
沥青质(C₅不溶物)	11.1	13.9		13.3	9.6	12.2	
沥青质(C₇不溶物)	5.8	6.1		6.9	4.4	1.8	

（二）加氢处理原料

加氢处理可以脱除原料中所含的硫、氮、重金属、残炭等，使其符合催化裂化工艺对原料性质的要求。加氢深度越大、耗氢量越大，对原料性质的改善越明显。表2-1-9为几种渣油加氢处理装置的渣油原料及其加氢重油的性质数据。

表2-1-9　几种渣油原料及其加氢重油的性质

项　目	国内 WP-ARDS	国内 WP-VRDS	国内 WP-ARDS	国内 WP-ARDS	国外 ARDS	国外 VRDS
渣油原料						
密度(20℃)/(g/cm³)	0.9669	1.000	0.9620	0.95	0.9620	1.022
运动黏度(100℃)/(mm²/s)		923	89.46		33	1100
S/%	4.24	3.58	2.29	1.03	3.34	4.2
N/%	0.29	0.28	0.30	0.29	0.207	0.31
Ni/(μg/g)	15	29	23.2	33.88	9	19
V/(μg/g)	75	57	39.2		40	101
残炭/%	12.8	21.0	10.26	10.74	9.5	22.0
沥青质(胶质)/%			1.22	2.7(20.3)		7.0
加氢重油						
密度(20℃)/(g/cm³)	0.9144	0.9371	0.9291	0.9383	0.9220	0.9630
运动黏度(100℃)/(mm²/s)			33.88		22	92
S/%	0.35	0.30	0.31	0.33	0.19	0.40
N/%	0.19	0.16	0.13	0.25	0.12	0.195
Ni/(μg/g)	3	5.3	9.96	17.21	<2.0	<4.0
V/(μg/g)	13	4.9	10.7		<2.0	<4.0
残炭/%	5.5	5.5	5.10	8.13	3.8	8.0
沥青质(胶质)/%			0.30	2.1(13.9)		0.8
脱硫率/%	92	91.6				
脱氮率/%	83	42.9				
脱残炭率/%	61	73.8				

从表2-1-9可以看出，渣油原料经过加氢处理后，加氢重油的硫含量、氮含量、重金属含量和残炭值均有明显降低，达到催化裂化工艺对原料性质指标的要求。

（三）焦化蜡油、脱沥青油

焦化装置分馏塔下部抽出的馏程高于350℃的馏分油又称为焦化蜡油，其特点是烯烃、芳烃、硫、氮的含量均高。尤其是焦化蜡油中的碱性氮含量较高，碱性的氮化物会中和催化剂上的酸性中心，使催化剂暂时失去活性，转化率下降，所以焦化蜡油直接作为催化裂化原料的比例通常不高于25%。

表2-1-10为几种减压渣油的延迟焦化蜡油的性质，数据表明焦化蜡油的氢含量高、苯胺点高、重金属含量低，烃族组成与直馏馏分油相近，经加氢处理脱除氮和其他杂质后是较好的催化裂化原料。

表 2-1-10　几种减压渣油的延迟焦化蜡油的性质

项　目	大庆	胜利	鲁宁管输	辽河	阿拉伯轻质
密度(20℃)/(g/cm³)	0.8763	0.9178	0.8878	0.8851	0.9239
馏程/℃					
初馏点		323	290	311	303
10%	342	358	337	332	340
50%	384	392	387	362	373
90%	442	455	486	411	422
终馏点		494	503	447	465
凝点/℃	35	32	30	27	
苯胺点/℃		77.5		77.3	
残炭/%	0.31	0.74	0.33	0.21	
元素组成/%					
C	85.51	85.48	86.62	87.07	
H	12.38	11.46	12.38	11.90	
S	0.29	1.20	0.60	0.26	3.8
N	0.37	0.69	0.40	0.52	0.21
运动黏度/(mm²/s)					
80℃	5.87	8.13	6.60		
100℃		5.06		3.56	
相对分子质量	323			316	315
重金属含量/(μg/g)					
Ni	0.3	0.5		0.3	5.6
V	0.17	0.01		0.01	0.05
族组成/%					
饱和烃			64.5	60.0	
芳烃			29.8	33.9	
胶质			5.7	6.1	

　　溶剂脱沥青是用小分子的烷烃作为溶剂，溶解渣油中的饱和烃和芳烃得到脱沥青油，分离出不溶的沥青质和胶质作为脱油沥青。与原料渣油相比，脱沥青油的氢含量较高，残炭值和重金属含量低，满足催化裂化工艺对原料性质指标的要求。表 2-1-11 为几种渣油及其脱沥青油的性质。

表 2-1-11　几种渣油及其脱沥青油的性质

项　目	大庆	胜利	大港	西德克萨斯	加拿大	中东
渣油						
占原油比例/%			33.3	29.2(体)	16.0(体)	22.0(体)
密度(20℃)/(g/cm³)	0.9225	0.9630	0.9557	0.9861	1.0028	1.0321
运动黏度(100℃)/(mm²/s)	146.09	614.60	304.88	1050	375.0	3100.0

续表

项　目	大庆	胜利	大港	西德克萨斯	加拿大	中东
重金属含量/(μg/g)						
Ni	12.1	54.0	37.0	16.0	46.6	29.9
V	0.2	5.2	0.6	27.6	309.0	110.0
Cu	<0.01		0.4	14.8	40.7	13.7
Fe	2.4		1.4			
脱沥青油(催化裂化原料)						
占渣油比例/%	78.5	56.8	60.0	62.9	64.1	42.3
密度(20℃)/(g/cm³)	0.9023	0.9188	0.9187	0.9365	0.9478	0.9580
残炭/%	2.72	2.66	3.28	2.2	5.4	4.5
运动黏度(100℃)/(mm²/s)	60.18	45.70	50.34	23(98.9℃)	54(98.9℃)	102(98.9℃)

（四）非常规原料

1. 页岩油和致密油

页岩油是指油页岩热加工时有机质受热分解所生成的类似天然石油的产物，特点是含有较多的不饱和烃类以及硫、氮、氧等非烃类有机化合物，国内的宝明、抚顺、桦甸页岩油性质见表2-1-12[3]。

采用水力压裂技术开采的泥页岩孔隙和裂缝中的原油，国际上通常称为致密油，国内称为页岩油。致密油的氢含量高、残炭值低、重金属含量低，是很好的催化裂化原料，已经得到开采利用。美国Bakken、Eagle Ford和Utica致密油和国内泌页HF1致密油[4]的性质见表2-1-12。

表2-1-12　几种页岩油和致密油的性质

项　目	宝明	抚顺	桦甸	Bakken	Eagle Ford	Utica	泌页
密度(20℃)/(g/cm³)	0.9023	0.9033	0.8789	0.8907	0.7903	0.8045	0.8660
残炭/%	1.3	1.63	1.28	0.8	0.0	0.4	3.88
凝点/℃	10	32	26				32
元素组成/%							
C	86.32	86.05	85.17				
H	11.50	11.51	12.23	13.8	14.3	14.66	
S	0.26	0.56	0.42	0.10	0.10	0.029	0.12
N	1.25	1.19	0.85	0.05	0.004	0.004	0.24
O	0.67	0.69	1.33				
运动黏度(50℃)/(mm²/s)	5.348	11.3	6.5				31.65
重金属含量/(μg/g)							
Ni				1	0	0	8.8
V				0	0	0	1.2
Fe				2	1	1	23.0
Ca							2.5
Na							7.4
蜡/%	3.8	20.0	5.9				29.7
胶质/%	16.75	42	35				12.1
沥青质/%	0.35	0.95	0.87				0.2
特性因数						12.43	12.3

2. 费托合成油

费托合成油是指合成气（H_2+CO）在催化剂作用下合成的液体烃类化合物，其中采用高温工艺得到的产物较轻，低温工艺得到的产物中重质油和蜡较多。表2-1-13列出了费托合成油轻馏分和重质费托合成油的性质[5,6]。

表 2-1-13　费托合成油的性质

项　　目	费托合成油轻馏分	重质费托合成油
密度（20℃）/（g/cm³）	0.742	0.8976
残炭/%		
凝点/℃	-38	>50
元素组成		
C/%	83.12	84.75
H/%	14.62	14.51
O/%	2.26	0.74
S/（μg/g）	<0.5	
N/（μg/g）	5.5	
馏程/℃		
初馏点	23	250
10%	51	328
50%	67	463
90%	164	670
终馏点	320	706
烃类组成/%		
正构烷烃		64.1
异构烷烃		34.9

费托合成油主要由烷烃构成，含有一定的含氧化合物，几乎不含硫、氮，是多产低碳烯烃工艺的优质原料。

3. 废塑料油

废塑料中大多数是热塑性树脂，其中聚乙烯占塑料总量的48%，聚丙烯占17.1%，聚氯乙烯占16.2%，其余是聚苯乙烯。废塑料可以通过热裂化或催化裂化技术转化为化学品或油品得到回收利用，其油品中的重质部分可作为催化裂化的原料。

三、原料性质的分析

催化裂化原料的性质是用馏程、密度、残炭、元素组成、金属含量、相对分子质量、烃族组成、折光率、苯胺点等分析数据来描述的。下面对原料的主要性质进行简单说明。

（一）烃族组成

烃族组成是决定催化裂化原料性质的重要数据，所谓"族"是指化学结构相似的一类化合物，比如可用烷烃、烯烃、环烷烃、芳烃的含量来描述原料的组成。

对于馏分油，可以通过吸附分离得到饱和分和芳香分两部分，然后分别进行质谱分析。饱和分通过分析得到七类饱和烃以及少量单环芳烃，芳香分通过分析得到十八类芳烃及三种芳烃噻吩。合并得到的组分有：链烷烃，单环、双环、三环、四环、五环和六环环烷烃，单环芳烃，烷基苯，环烷苯，二环烷苯，萘类，苊类/二苯并呋喃，芴类，菲类，环烷菲，芘类，䓛类，苝类，二苯并蒽，苯并噻吩，二苯并噻吩，萘苯并噻吩，以及未鉴定的芳烃等。

表 2-1-14 列出几种减压蜡油和焦化蜡油的质谱分析数据。其中，大庆、任丘和中原原油的减压蜡油的饱和烃含量在 80% 以上，芳烃含量仅 15% 左右，尤其大庆和中原原油的减压蜡油的链烷烃含量达到 50% 以上，是非常好的催化裂化原料。而胜利原油的减压蜡油的饱和烃含量为 71.8%，其中链烷烃的含量只有 30.5%，芳烃含量在 23% 以上，且胶质和噻吩类化合物达到 5.6%，其催化裂化性能差于大庆、任丘和中原原油的减压蜡油。羊三木原油的减压蜡油的链烷烃含量非常低，芳烃含量在 40% 以上，不是理想的催化裂化原料。

表 2-1-14　几种减压蜡油和焦化蜡油的质谱分析数据　　　　　　%

馏分	VGO									CGO	
原料名称	大庆	任丘	中原	辽河	胜利	羊三木	鲁宁管输	轻阿拉伯	伊朗	辽河	鲁宁管输
链烷烃	52.0	43.3	50.5	23.9	30.5	1.2	35.9	28.0	31.0	30.2	38.8
环烷烃	34.6	37.6	29.7	40.1	41.3	51.0	33.8	20.0	26.0	29.8	25.7
一环	14.8	7.6	10.9	8.3	9.7	2.8	9.8	9.0	16.0	11.5	12.5
二环	9.6	5.0	5.4	8.0	7.1	10.5	7.2			6.6	5.7
三环	5.5	7.2	3.9	8.8	8.6	17.2	6.8	}11.0	}13	4.5	3.7
四环	4.1	15.9	9.4	9.2	14.2	16.8	10.0			4.7	3.7
五环	0.6	1.5	0.1	5.3	1.5	3.6				2.5	
六环	0.0	0.4	0.0	0.0	0.2	0.1					
总饱和烃	86.6	80.9	80.2	64.0	71.8	52.2	69.7	48.0	57.0	60.0	64.5
一环芳烃	7.6	6.5	9.3	13.7	10.9	13.8	12.3	20	11	13.4	12.0
烷基苯	4.1	2.6	5.9	4.1	4.8	4.2	5.5			5.1	5.2
环烷苯	2.0	1.8	1.8	4.9	3.0	4.2	3.7			4.4	3.6
二环烷苯	1.5	2.1	1.6	4.7	3.1	5.4	3.4			3.6	3.2
二环芳烃	3.4	5.2	4.2	10.5	6.7	13.7	8.0			11.5	10.0
萘类	1.2	1.8	1.4	3.4	2.0	3.4	2.9			2.5	2.5
苊类/二苯并呋喃	1.0	1.8	1.5	3.6	2.4	4.7	2.7			4.2	3.9
芴类	1.2	1.6	1.3	3.5	2.3	5.6	2.4			4.7	3.5
三环芳烃	1.3	2.7	1.8	4.0	2.8	6.4	3.0	}13	}15	5.3	3.6
菲类	0.9	1.0	1.1	2.5	1.4	3.4	1.9			3.5	2.5
环烷菲	0.4	1.7	0.7	1.4	1.4	3.0	1.1			1.8	1.1
四环芳烃	0.6	1.1	0.8	1.4	1.2	3.9	1.3				
芘类	0.4	0.9	0.6	1.0	1.0	2.6	0.9			1.5	1.5
䓛类	0.2	0.2	0.2	0.2	0.2	1.3	0.4			1.5	1.3

续表

| 馏分 | VGO | | | | | | | | | CGO | |
原料名称	大庆	任丘	中原	辽河	胜利	羊三木	鲁宁管输	轻阿拉伯	伊朗	辽河	鲁宁管输
五环芳烃	0.1	0.1	0.1	0.3	0.1	0.9	0.1			0.4	0.3
茈类	0.1	0.1	0.1	—	0.1	0.6				0.2	—
二苯并蒽	0.0	0.0	0.0	—	0.0	0.3					
苯并噻吩	0.1	0.2	0.2	—	0.5	0.8					
二苯并噻吩	0.1	0.0	0.2	—	0.2	0.0					
萘苯并噻吩	0.0	0.1	0.0	—	0.0	0.2					
总噻吩类	0.2	0.3	0.4	0.2	0.7	1.0	0.9	19[②]	17[②]	0.7	2.4
未鉴定芳烃	0.2	0.6	0.5	2.9	0.9	3.6	1.3			0.8	0.2
胶质[①]	0.0	2.6	2.7	3.1	4.9	4.5	3.1		6.1	5.7	

①冲洗吸附分离结果。

②含硫化合物。

对于渣油很难用上述质谱分析的方法来准确描述其结构，目前多用四组分分离法来表征。此方法先用正庚烷(或正戊烷)作为溶剂分离渣油中的不溶物沥青，然后用氧化铝吸附分离可溶物中的饱和分、芳香分和胶质，再分别进行定量测定。

表 2-1-15 列出几种减压渣油的四组分以及蜡含量的分析数据。数据表明这几种减压渣油四组分组成中饱和分的含量范围为 17.1%~47.3%，芳香分的含量范围为 25.2%~58.0%，胶质的含量范围为 14.0%~50.8%。由于不同减压渣油的四组分组成相差较大，其催化裂化性能差异较大，进料的比例受到限制。

表 2-1-15　几种减压渣油的四组分和蜡含量分析数据　　　　　　%

渣油名称	饱和分	芳香分	胶质	庚烷沥青质	戊烷沥青质	蜡含量		
						饱和分蜡	芳香分蜡	合计
大庆	40.8	32.2	26.9	<0.1	0.4	21.5	9.2	30.7
胜利	19.5	32.4	47.9	0.2	13.7			
孤岛	15.7	33.0	48.5	2.8	11.3	4.2	4.1	8.3
单家寺	17.1	27.0	53.5	2.4	17.0	0.9	2.1	3.0
临盘	21.2	31.7	44.0	3.1	13.8			
高升	22.6	26.4	50.8	0.2	11.0	2.4	4.4	6.8
欢喜岭	28.7	35.0	33.6	2.7	12.6	2.6	2.8	5.4
任丘	19.5	29.2	51.1	0.2	10.1			
大港	30.6	31.6	37.7	0.3				
中原	23.6	31.6	44.6	0.2	15.5			
鲁宁管输	21.1	35.1	29.8	0.8	16.0			
新疆白克	47.3	25.2	27.5	<0.1	3.0	10.3	2.3	12.6
新疆九区	28.2	26.9	44.8	<0.1	8.5	4.4	2.7	7.1
印尼阿朱纳	34.5	43.7	15.6	2.2				
印尼苏门答腊	47.1	27.4	23.3	2.2				
科威特	25.1	48.1	19.3	7.5				
中东瓦夫拉	18.1	46.3	16.6	18.8				
阿拉伯轻质	21.1	58.0	14.0	6.9				
委内瑞拉	21.5	40.2	22.9	15.4				

(二) 结构参数

高沸点石油馏分的组成和分子结构非常复杂，可能在一个分子中同时有芳香环、环烷环和长烷基侧链，按烃族组成表示法很难准确划分，而目前的分析水平还无法得到详细的烃组成，可以用结构族组成表示。

结构族组成表示法是把石油馏分当作一个大的平均分子，这个平均分子由芳香环、环烷环、烷基侧链等结构单元组成。用平均分子上的芳香环数、环烷环数和总环数，以及芳香碳、环烷碳、链烷碳原子在某一结构单元上的百分数来表示结构族组成。

石油馏分的某些物理性质和其结构组成有关，可以用该馏分的物理参数来计算结构族组成，常用的是 n-d-M 法（n 为折光率、d 为相对密度、M 为相对分子质量）。用 n-d-M 法计算时可以用20℃时的折光率和相对密度，也可以用70℃时的折光率和相对密度，具体计算步骤见表2-1-16。

表 2-1-16   n-d-M 法计算步骤

在20℃测定		在70℃测定	
计算 $v=2.51(n-1.4750)-(d-0.8510)$ $w=(d-0.8510)-1.11(n-1.4750)$		计算 $x=2.42(n-1.4600)-(d-0.8280)$ $y=(d-0.8280)-1.11(n-1.4600)$	
$C_A\%$	如果 v 是正值 $C_A\%=430v+3660/M$ 如果 v 是负值 $C_A\%=670v+3660/M$	$C_A\%$	如果 x 是正值 $C_A\%=410x+3660/M$ 如果 x 是负值 $C_A\%=720x+3660/M$
$C_B\%$	如果 w 是正值 $C_R\%=820w-3S+1000/M$ 如果 w 是负值 $C_R\%=1440w-3S+10600/M$	$C_R\%$	如果 y 是正值 $C_R\%=775y-3S+11500/M$ 如果 y 是负值 $C_R\%=1400y-3S+12100/M$
R_A	如果 v 是正值 $R_A=0.44+0.055Mv$ 如果 v 是负值 $R_A=0.44+0.080Mv$	R_A	如果 x 是正值 $R_A=0.41+0.055Mx$ 如果 x 是负值 $R_A=0.41+0.080Mx$
R_T	如果 w 是正值 $R_T=1.33+0.146M(w-0.005S)$ 如果 w 是负值 $R_T=1.33+0.180M(w-0.005S)$	R_T	如果 y 是正值 $R_T=1.55+0.146M(y-0.005S)$ 如果 y 是负值 $R_T=1.55+0.180M(y-0.005S)$

表2-1-16中 M 为平均相对分子质量，$C_A\%$ 为芳香环上的碳原子数占总碳原子数的百分数，$C_N\%$ 为环烷环上的碳原子数占总碳原子数的百分数，$C_R\%$ 为总环上的碳原子数占总碳原子数的百分数，$C_P\%$ 为烷基侧链上的碳原子数占总碳原子数的百分数，R_A 为芳香环数，R_N 为环烷环数，R_T 为总环数。

几种减压馏分油采用 n-d-M 法计算得到的结构参数见表2-1-17。

表 2-1-17　几种减压馏分油的结构参数计算值

减压馏分油	结构族组成/%			C_N/C_P	特性因数(K)
	C_P	C_N	C_A		
大庆	74.7	16.5	8.8	0.22	12.5
中原	74.5	15.9	9.6	0.21	12.5
胜利	61.9	23.9	14.2	0.38	12.1
大港	64.5	17.6	17.9	0.27	11.9
辽河	62.5	23.5	14.0	0.38	12.2
任丘	66.5	22.3	11.2	0.34	12.4
南阳	71.5	17.4	11.1	0.24	12.6
江汉	70.6	17.7	11.7	0.25	12.6
江苏	81.6	9.40	9.0	0.12	12.8
青海	69.8	23.7	6.5	0.34	12.6
延长	66.3	22.6	11.1	0.34	12.3
二连	61.6	26.9	11.5	0.44	12.3
阿拉伯轻质	51.2	25.7	32.1		
新疆	64.0	29.4	6.60	0.46	12.3

（三）非烃化合物

催化裂化原料中不仅含有烃类化合物，也含有少量的非烃化合物，如硫、氮、氧的化合物以及微量金属（包括镍、钒、铁、铜、钙、钠等）的化合物，下面简要说明。

1. 硫化物

催化裂化原料中的硫化物主要为硫醇、硫醚（包括环状硫醚）、噻吩、苯并噻吩和二苯并噻吩等。

硫在催化裂化产物中的分布不仅与转化率、催化剂类型有关，还与原料性质有关。表 2-1-18列出几种催化裂化原料的产物硫分布[7]。

表 2-1-18　几种催化裂化原料的硫分布　　　　　　　　　　　　%

原　料	原料硫含量	H_2S	汽油	柴油	油浆	焦炭
直馏油						
胜利 VGO	0.65	44.1	7.4	20.2	13.9	13.2
孤岛 VGO	1.11	48.2	7.5	18.1	12.4	12.9
沙特轻质 VGO	2.07	49.8	7.2	18.2	11.6	11.8
沙特中质 VGO	2.27	51.0	7.5	17.7	11.2	11.3
伊朗 VGO	1.46	49.5	6.2	19.5	14.1	10.7
中原 AR	0.78	45.9	3.4	19.4	13.6	17.4
塔里木 AR	0.97	48.5	3.8	13.6	14.0	19.7
俄罗斯 AR	1.19	53.8	2.7	12.4	14.8	15.1
阿曼 AR	1.50	53.3	3.2	13.6	11.4	17.9

续表

原　料	原料硫含量	H_2S	汽油	柴油	油浆	焦炭
非直馏油						
胜利 CGO	0.92	31.8	8.9	18.5	11.4	27.9
辽河 CGO	0.26	30.4	7.2	19.2	13.1	29.8
沙特 HAR	0.65	28.7	5.6	17.8	12.2	34.8
伊朗 HAR1	0.41	29.8	3.6	15.9	12.7	37.5
伊朗 HAR2	0.43	32.8	3.1	18.2	12.7	33.5
孤岛 HVR	0.33	24.6	4.2	16.8	21.3	32.5

在催化裂化反应过程中大约有30%~50%的硫转化为硫化氢，随着转化深度的提高，产物中的硫化氢产率增加。当使用硫转移剂时，硫化氢的产率会提高。随着原料硫含量增加，不仅产物中的硫化氢产率增加，生成硫化氢所占硫的比例也增加。由于硫化氢产率增加，干气产率随之增加，汽油产率下降。

硫化氢在液态水存在的条件下对金属产生湿硫化氢腐蚀，生成硫化铁膜。硫化铁膜易脱落，能与氧气反应生成连多硫酸，加速腐蚀。加工含硫油催化裂化装置的分馏塔塔顶油气冷凝冷却系统、吸收稳定系统的设备腐蚀严重。

原料中的硫大约有3%~10%进入汽油产品中，10%~20%进入轻循环油产品中，10%~35%进入焦炭中。原料越重进入焦炭中硫的比例越高，二次加工原料进入焦炭中硫的比例高于直馏原料。

采用 MIP 工艺时，进入汽油中的硫占原料硫的比例比常规催化裂化工艺低很多。

进入焦炭的硫在催化剂再生过程中转化为硫氧化物（包括 SO_2 和 SO_3），硫氧化物随烟气排出装置，由烟气净化设施处理。

2. 氮化物

催化裂化原料中的氮化物主要包括碱性氮化物和非碱性氮化物。碱性氮化物主要包括吡啶、喹啉等，大分子的碱性氮化物还有苯并吡啶（苯并喹啉）、二苯并吡啶等多环氮化物。非碱性氮化物主要包括喹啉，大分子的碱性氮化物还有苯并吡咯（吲哚）、二苯并吡咯（咔唑）等。

催化裂化原料的氮含量用总氮含量和碱性氮含量两个指标表示，通常碱性氮含量大约是总氮含量的1/4~1/2。碱性氮化物会中和催化剂上的酸性中心，使催化剂暂时失去活性，降低了催化剂的活性和选择性，但其毒性是暂时的，在再生器内氮燃烧可以恢复催化剂的活性。

原料中的氮在催化裂化反应过程中可转化为氨气和氰化物。催化裂化产物中氮的分布与原料中的氮含量、含氮化合物的类型、催化剂性能和反应条件等有关。原料中的氮进入气体产物的比例大约为2%~5%，主要是氨（NH_3）和氰化氢（HCN），这部分氮化物会加速后续设备的腐蚀。进入液体产物中的比例大约为20%~40%，主要以吡咯和吡啶的形式存在于轻循环油和油浆中，这部分氮化物很容易氧化从而影响油品的安定性。进入焦炭的比例大约为30%~40%，这部分氮在再生过程中大约70%~90%转化为氮气（N_2），其余的氮转化为氮氧化合物（NO_x，包括 NO、NO_2、N_2O 等）。氮氧化物随烟气排出装置，由烟气净化设施处理。

3. 氧化物

催化裂化原料中的氧化物主要来自高酸原料、费托合成油以及废塑料处理生成油等。高酸原料中的氧化物主要为环烷酸，费托合成油中的氧化物主要为醇类，在催化裂化反应条件下原料中的环烷酸和醇类基本都分解了。

4. 氯化物

进入催化裂化原料中的氯主要是有机氯化物，在催化裂化反应条件下大部分有机氯化物分解了，进入水中的氯化物具有强腐蚀作用，剩余的氯化物进入催化裂化液体产品中，以氯代甲苯的形式存在。

5. 镍和钒的化合物

进入催化裂化原料中镍和钒主要是其卟啉化合物，金属卟啉主要集中在多环芳烃、胶质和沥青质中，金属非卟啉化合物主要集中在重胶质和沥青质中，因此镍和钒主要富集在渣油中。在催化裂化反应过程中，含金属的化合物分解，游离出金属镍和金属钒并沉积在催化剂上，使催化剂中毒。

沉积在催化剂上的金属钒在再生过程中转移到沸石上，与沸石的硅铝氧化物发生反应，生成熔点为632℃的低共熔点化合物，导致沸石晶体破坏、催化剂永久性失活。沉积在催化剂上的金属镍部分中和催化剂的活性中心，并促进反应过程中生成氢气。

6. 钠、铁、钙的化合物

进入催化裂化原料中的钠为有机钠盐，存在于渣油中。钠以氧化钠的形式存在于催化剂上。在再生条件下氧化钠与催化剂中的氧化铝形成低熔点共熔物，破坏沸石的晶体结构，造成催化剂失活，并且钠的存在使得钒对催化剂的破坏作用加剧。

进入催化裂化原料中的铁包括无机铁和有机铁，无机铁是管道、设备腐蚀带来的；有机铁为油溶性盐（如环烷酸铁）和络合物（如铁卟啉），来自原油本身，富集在渣油中。铁为亚铁，在再生条件下形成低熔点物，堵塞和封闭催化剂上的微孔，在催化剂颗粒表面形成一层壳，降低催化剂的可接近性，进而降低催化剂的裂化能力。铁污染严重时，催化剂呈暗红色，转化率损失可达10%。

进入催化裂化原料中的钙包括无机钙和有机钙，无机钙以氯化钙和碳酸钙形式存在，在原油开采过程中带入；有机钙以油溶性的环烷酸钙、脂肪酸钙、酚钙等形式存在，来自原油本身，富集在渣油中。钙以硫酸钙和磷酸钙的形式存在于催化剂上，在再生条件下会导致催化剂表面烧结，堵塞催化剂上的微孔，降低催化剂的裂化能力，并且钙也会中和催化剂的活性中心。

第二节　催化裂化产品

催化裂化装置将低价值的重质油转化为高价值的汽油和液化石油气，并生产干气、轻循环油、重循环油和油浆产品。

一、干气

催化裂化再吸收塔塔顶的气体产品以 C_2 及更轻的组分为主，通常称为"干气"。干气主要含有氢、甲烷、乙烷、乙烯和硫化氢，以及少量的丙烷、丙烯、丁烷和丁烯。干气中还含有再生催化剂携带到反应系统的烟气，包括二氧化碳、氮、氧和一氧化碳，以及微量的硫氧化物、氮氧化物等。

一般要求干气中的 C_3 及 C_3 以上组分的体积含量不大于3%，当用干气制乙苯时，要求其中的丙烯体积含量不大于0.5%。

干气中的硫化氢和其他酸性气体一般通过胺洗法脱除，脱后干气中的硫化氢含量一般不大于 $50mg/m^3$，部分装置要求不大于 $20mg/m^3$。

干气除了用作燃料气、生产乙苯的原料，还可以采用深冷、变压吸附、膜分离等方法回收干气中的氢用于加氢过程，或分出干气中的 C_2 馏分送至乙烯厂进一步加工利用。

干气不是催化裂化装置的目的产物，干气产率过高时会增加富气压缩机的负荷、成为装置操作的制约因素。导致干气产率增加的因素有：催化剂上金属（镍、钒等）含量的增加、反应或再生温度的增加、油气在反应器中停留时间增加等。

采用不同工艺得到的干气组成也有区别，表2-2-1为常规催化裂化（FCC）、多产异构烷烃的催化裂化（MIP）、催化裂解（DCC）的干气组成。

表2-2-1　干气组成

工艺类型	FCC	MIP	DCC
原料油构成	管输 VGO+30%VR+15%CGO		管输 VGO
原料油密度（20℃）/（g/cm³）	0.9188	0.9130	0.8934
干气产率/%	4.39	2.94	8.44
干气质量组成/%			
硫化氢	11.10	9.81	1.56
氢气	3.65	4.63	2.73
甲烷	33.71	33.02	30.55
乙烷	24.48	26.64	23.02
乙烯	22.05	20.61	40.60
丙烷	3.28	2.87	1.01
丙烯	0.94	0.67	0.53
总丁烷	0.41	1.32	
总丁烯	0.40	0.43	
合计	100.00	100.00	100.00

二、液化气

催化裂化稳定塔塔顶的液体产品是 C_3、C_4 的混合物，通常称为"液化石油气"，简称"液化气"。液化气中主要含有：丙烷、丙烯、异丁烷、正丁烷、异丁烯、1-丁烯、反-2-丁烯、顺-2-丁烯，并含有少量的硫化物、1,3-丁二烯、乙烷、乙烯、戊烷、戊烯。一般要求液化气中的 C_2 及 C_2 以下组分的体积含量不大于2%，C_5 及 C_5 以上组分的体积含量不大于1.5%。

液化气可作为民用燃料，也是很好的化工原料。通常催化裂化装置的液化气送至气体分馏装置分成：丙烯、丙烷和混合 C_4，丙烯、丙烷作为化工产品，混合 C_4 作为烷基化、醚化、烯烃叠合过程的原料或化工原料。

液化气中的硫化物多以硫化氢和硫醇的形式存在，硫化氢采用碱洗或胺洗法脱除，硫醇采用含催化剂的碱液抽提工艺脱除。

采用不同工艺得到的液化气组成也有区别，表 2-2-2 为常规催化裂化（FCC）、多产异构烷烃的催化裂化（MIP）、催化裂解（DCC）的液化气组成。

表 2-2-2　液化气组成

工艺类型	FCC	MIP	DCC
原料油构成	管输 VGO+30%VR+15%CGO		管输 VGO
原料油密度（20℃）/（g/cm³）	0.9188	0.9130	0.8934
液化气产率/%	12.47	15.44	38.35
液化气质量组成/%			
丙烷	9.02	12.33	7.11
丙烯	32.68	31.66	45.19
正丁烷	4.66	6.20	2.04
异丁烷	18.42	23.73	5.65
1-丁烯+异丁烯	19.02	14.34	21.24
反-2-丁烯	6.75	4.63	6.38
顺-2-丁烯	9.45	7.11	8.59
1,3-丁二烯			0.67
C_5			3.13
合计	100.00	100.00	100.00

三、汽油

催化裂化稳定塔塔底的液体产品称为催化裂化汽油，是催化裂化装置的主要目的产品，是我国车用汽油的主要组分。

（一）车用汽油指标

车用汽油关键质量指标是辛烷值、馏程和蒸气压。国标 GB 17903—2016 对车用汽油的质量指标要求见表 2-2-3，其中国Ⅵ（A）执行到 2022 年 12 月 31 日。

表 2-2-3　GB 17903—2016 车用汽油质量指标

项　　目		国Ⅵ（A）	国Ⅵ（B）
标号		89/92/95	89/92/95
抗爆性：研究法辛烷值（RON）	不小于	89/92/95	89/92/95
抗爆指数（RON-MON）/2	不小于	84/87/90	84/87/90
馏程：10%蒸发温度/℃	不高于	70	70
50%蒸发温度/℃	不高于	110	110
90%蒸发温度/℃	不高于	190	190
终馏点/℃	不高于	205	205

续表

项　目		国Ⅵ(A)	国Ⅵ(B)
蒸气压/kPa　11月1日~4月30日		45~86	45~86
5月1日~10月31日		40~66	40~66
硫含量/(mg/kg)	不大于	10	10
苯含量/%(体)	不大于	0.8	0.8
芳烃含量/%(体)	不大于	35	35
烯烃含量/%(体)	不大于	18	15
氧含量/%(质)	不大于	2.7	2.7
甲醇含量/%(质)	不大于	0.3	0.3

国标 GB 22030—2017 对车用乙醇汽油调和组分油的质量指标要求见表 2-2-4，其中国Ⅵ(A)执行到 2022 年 12 月 31 日。

表 2-2-4　GB 22030—2017 车用乙醇汽油调和组分油质量指标

项　目		国Ⅵ(A)	国Ⅵ(B)
标号		89/92/95	89/92/95
抗爆性：研究法辛烷值(RON)	不小于	87.0/90.0/93.5	87.0/90.0/93.5
抗爆指数(RON-MON)/2	不小于	82.5/85.5/89.0	82.5/85.5/89.0
馏程：10%蒸发温度/℃	不高于	70	70
50%蒸发温度/℃	不高于	113	113
90%蒸发温度/℃	不高于	190	190
终馏点/℃	不高于	205	205
蒸气压/kPa　11月1日~4月30日		40~78	40~78
5月1日~10月31日		35~58	35~58
硫含量/(mg/kg)	不大于	10	10
苯含量/%(体)	不大于	0.8	0.8
芳烃含量/%(体)	不大于	38	38
烯烃含量/%(体)	不大于	19	16
有机含氧化合物含量/%(质)	不大于	0.5	0.5

1. 辛烷值

辛烷值是指在标准试验条件下，将汽油样品与已知辛烷值的参比燃料在爆震试验机上进行比较，若爆震强度相当，则参比燃料的辛烷值即为样品的辛烷值。参比燃料由异辛烷和正庚烷混配而成，异辛烷的辛烷值规定为 100，正庚烷的辛烷值规定为 0，参比燃料中异辛烷的体积百分数即为其辛烷值。

根据不同的试验条件分为两种辛烷值：马达法辛烷值简称 MON，表示高苛刻度条件(发动机转速 900r/min、环境温度 149℃)下的汽油性能；研究法烷值简称 RON，表示低苛刻度条件(发动机转速 600r/min、环境温度 49℃)下的汽油性能。

研究法辛烷值和马达法辛烷值的平均值称为抗爆指数，简称 ONI，也是衡量车用汽油抗爆性能的指标，部分国家用抗爆指数作为车用汽油的标号。

部分烃的 RON 和 MON 见表 2-2-5。对于同碳数的烃类，其 RON 大小的排序为：芳烃>异构烯烃>正构烯烃>异构烷烃>正构烷烃。

表 2-2-5 部分烃的辛烷值

烃	RON	MON
正构烷烃		
正丁烷	93.6	90.1
正戊烷	61.9	61.7
正己烷	26.0	24.8
正庚烷	0.0	0.0
正辛烷		20.0
异构烷烃		
异丁烷	101.5	88.1
异戊烷	92.3	90.3
2,2-二甲基丙烷(新戊烷)	85.5	80.2
2,2-二甲基丁烷(新己烷)	93.4	91.8
2,3-二甲基丁烷	103.5	94.3
2-甲基戊烷	73.5	73.4
3-甲基戊烷	74.5	74.3
2-甲基己烷	46.0	42.0
2,2-二甲基戊烷	96.0	93.0
2,2,3-三甲基丁烷	>100	>100
2-甲基庚烷	23.6	21.7
2,2,4-三甲基戊烷(异辛烷)	100	100
烯烃		
1-丁烯		
反-2-丁烯		
异丁烯	101.5	88.1
2-甲基-1-丁烯	100.2	81.9
1-戊烯		77.1
2-戊烯		80
1-己烯	76	63
2-己烯	93	81
4-甲基-2-戊烯	99	84
1-辛烯	29	35
2-辛烯	56	56
3-辛烯	72	68
2,4,4-三甲基-1-戊烯	>100	86.5
2,4,4-三甲基-2-戊烯	>100	86.2
环烷烃		
环戊烷		85
甲基环戊烷	91	80
1,1-二甲基戊烷	92.3	89.3
1,2-二甲基环己烷	78.7	
乙基环己烷	67.2	61.2

续表

烃	RON	MON
芳烃		
苯	>120	115
甲苯	120	100
邻二甲苯	102	100
间二甲苯	118	115
对二甲苯	116	110
乙苯	107	98
C_9芳烃	117	98
C_{10}芳烃	110	92

　　研究法辛烷值与马达法辛烷值的差值定义为辛烷值的敏感性。催化裂化汽油的敏感性范围为 8.4~17.1，平均值为 11.7。催化裂化汽油中的烷烃辛烷值敏感性较好、烯烃敏感性较差，但正构烷烃的辛烷值较低、烯烃的辛烷值较高，异构烷烃的辛烷值较高。

　　2. 馏程和蒸气压

　　馏程和蒸气压是评定汽油气化性能的指标。10%蒸发温度表示汽油中所含低沸点馏分的多少，决定了汽油机的启动性能，该温度越低汽油机越易启动，但过低则易发生气阻。50%蒸发温度表示汽油的平均蒸发性能，决定了汽油机的加速性能，该温度低有利于汽油机加速。90%蒸发温度和终馏点温度表示汽油中所含高沸点馏分的多少，该温度高说明汽油不易完全蒸发和燃烧。

　　蒸气压是衡量汽油是否容易产生气阻的指标，蒸气压高蒸发性好、易于汽油机启动，但易于出现气阻；蒸气压低则不易启动。根据不同季节气温的差异，规定了 5 月至 10 月和 11 月至 4 月两个时间段的蒸气压。

　　蒸气压取决于汽油中轻组分的含量，尤其是 C_4、C_5 烃的含量。部分烃的沸点和蒸气压见表 2-2-6。

表 2-2-6　部分烃的沸点和蒸气压

名　称	沸点/℃	蒸气压/kPa
正丁烷	-0.5	69.552（-10℃）
异丁烷	-11.72	72.489（-20℃）
1-丁烯	-6.24	85.629（-10℃）
异丁烯	-6.90	89.606（-10℃）
顺-2-丁烯	3.72	58.166（-10℃）
反-2-丁烯	0.88	
1,3-丁二烯	-4.41	81.044（-10℃）
正戊烷	36.07	56.579（20℃）
异戊烷	27.844	76.646（20℃）
2,2-二甲基丙烷(新戊烷)	9.5	
1-戊烯	30.07	70.767（20℃）
顺-2-戊烯	36.93	
反-2-戊烯	36.34	
2-甲基-1-丁烯	31.155	
2-甲基-2-丁烯	38.555	
3-甲基-1-丁烯	20.055	

（二）催化裂化汽油

催化裂化汽油占车用汽油的比例为 30%~80%，对车用汽油硫含量和烯烃含量的贡献约为 90%，对辛烷值的贡献约为 60%~70%取决于炼油厂加工方案和工艺。因此，车用汽油质量升级的主要任务是降低催化裂化汽油的硫含量和烯烃含量，同时保持其辛烷值。

催化裂化汽油的烯烃含量较高，烯烃主要集中在轻馏分中。常规催化裂化工艺烯烃体积含量约在 30% 以上，MIP 工艺的烯烃体积含量多在 30% 以下。

催化裂化汽油中含有硫醇、硫醚和噻吩三类硫化物。馏程低于 70℃ 的馏分中主要含有硫醇和小分子硫醚，馏程在 70~110℃ 的馏分中主要含有噻吩和硫醇，馏程高于 110℃ 的馏分中只含有噻吩。噻吩类化合物的硫含量占总硫含量的 70% 以上。MIP 工艺的硫含量比常规催化裂化工艺的硫含量低。

采用不同工艺得到的汽油性质也不同，表 2-2-7 为 FCC、MIP-CGP、DCC 和 CPP 的汽油主要性质，可以看出不同工艺类型的汽油性质差别较大。

表 2-2-7　不同工艺汽油的主要性质

工艺类型	FCC	MIP	MIP-CGP	DCC	CPP
密度(20℃)/(g/cm³)	0.7137	0.7133	0.7274	0.7573	0.8450
实际胶质/(mg/100mL)	1.0		2.0	1.6	9.2
酸度/(mgKOH/100mL)	0.34	0.14	0.17		0.7
溴价/(g/100g)	77.8				29.1
二烯值/(gI₂/100g)				4.85	10.1
诱导期/min	586				106
蒸气压/kPa	58.7	56.0	60.0	46.6	30.3
硫醇硫/(μg/g)	28		35.1	66.8	
碱性氮/(μg/g)	48	25.2		95	
元素含量					
C/%		85.61	86.31		90.06
H/%		14.26	13.45		9.40
S/(μg/g)		94	140	942	356
N/(μg/g)		32	360	115	90
烃组成(色谱法)/%					
饱和烃	33.4	50.9	45.5	19.63	5.35
烯烃	54.5	34.3	28.9	40.31	12.35
芳烃	12.1	14.8	25.6	40.06	82.30
马达法辛烷值(MON)	78.0	80.2	81.8	82.3	90.4
研究法辛烷值(MON)	89.3	88.8	94.2	97.2	103.1
馏程/℃					
初馏点	43	42	39	44	45.4
10%	54	52	52	55	84.8
30%	72		64	65	108.6
50%	98	90	86	91	124.1
70%	128		124	137	141.8
90%	169	170	167	177	170.0
终馏点	191	198	199	200	200.9

采用不同工艺得到的汽油的烃类组成见表2-2-8。

表2-2-8 不同工艺汽油的烃类组成

工艺类型	FCC	MIP	MIP-CGP	DCC	CPP
正构烷烃	5.88	5.16	4.14	3.06	1.43
异构烷烃	22.36	36.52	29.51	7.40	3.39
环烷烃	7.32	6.43	8.33	3.32	2.12
链烯烃	40.56	24.08	27.34	13.11	4.38
环烯烃	6.15	5.71	3.57	5.81	3.03
芳烃	16.88	20.33	26.41	65.0	83.25
苯	0.43	0.40	0.83	2.1	15.70
甲苯	1.91	2.27	3.49	12.55	26.72
乙苯			1.14	2.58	3.79
二甲苯			6.35	18.20	18.48

（三）催化裂化汽油脱硫

为了满足车用汽油对硫含量的要求，通常需要对催化裂化汽油进行脱硫处理。根据催化裂化汽油烯烃含量高的特点，主要有选择性加氢脱硫和吸附脱硫两类脱硫工艺。

根据催化裂化汽油的烯烃主要集中在轻馏分的特点，选择性加氢脱硫工艺是在最大限度保护烯烃不被加氢饱和的前提下实现深度脱硫，通过对催化裂化汽油的重馏分进行加氢脱硫处理、减少烯烃饱和，从而有效避免辛烷值的大量损失，代表性技术有IFP-AXENS公司开发的Prime-G⁺技术、ExxonMobi公司开发的SCANFining技术、CDTECH公司开发的CDHydro/CDHDS技术、石油化工科学研究院开发的RSDS技术和大连（抚顺）石油化工研究院开发的OCT-M技术。为了进一步降低选择性加氢脱硫过程的辛烷值损失，实现深度脱硫的同时，将催化裂化汽油中烯烃转化为与其辛烷值相当或更高的异构烷烃，代表性技术有ExxonMobi公司开发的OCTGAIN技术、UOP公司开发的ISAL技术、石油化工科学研究院开发的RIDOS技术、中国石油大学开发的Gardes技术等。该类技术虽然能够生产满足国Ⅵ标准的清洁汽油，但辛烷值损失较大。

吸附脱硫技术是利用固体吸附剂选择性地吸附含硫有机化物，从而达到脱除硫化物的目的，代表性的技术是中国石化的S Zorb技术。该技术能够生产满足国Ⅵ标准的清洁汽油，辛烷值损失较小，已成为国内催化裂化汽油脱硫的主流技术。

四、轻循环油

催化裂化分馏塔中部侧线抽出经过汽提的产品称为轻循环油（Light Cycle Oil，简称LCO），通常其沸点在催化裂化汽油与330~360℃馏分之间。

早期国内催化裂化装置加工石蜡基原料，采用多产轻循环油方案，所产轻循环油性质较好，称之为催化裂化柴油，可作为商品柴油的调和组分。国内几种蜡油催化裂化的轻循环油性质见表2-2-9。

表 2-2-9　蜡油催化裂化的轻循环油的性质

原料油	大庆 VGO	胜利 VGO	辽河 VGO	塔河 VGO
密度(20℃)/(g/cm³)	0.9217	0.9208	0.9210	0.9366
元素含量				
C/%	89.57	89.3	89.24	89.73
H/%	10.43	10.7	10.76	10.27
S/%	0.2	0.91	0.26	1.6
N/(μg/g)	432	798	1450	556
烃组成/%				
链烷烃	22.5	15.3	11.5	10.3
环烷烃	6.5	11.7	13.4	8.9
一环烷烃	4.5	6.8	6.8	5.0
二环烷烃	1.5	3.6	4.7	2.9
三环烷烃	0.5	1.3	1.9	1.0
芳烃	71.0	73.0	75.1	80.8
单环芳烃	18.2	33.4	36.8	38.0
烷基苯	7.1	13.0	12.0	17.7
茚满或四氢萘	7.9	14.9	17.4	14.8
茚类	3.2	5.5	7.4	5.5
双环芳烃	46.7	36.5	34.8	40.1
萘	1.2	2.0	2.0	2.0
萘类	28.4	17.9	15.2	20.7
苊类	9.7	9.9	10.0	10.1
苊烯类	7.4	6.7	7.6	7.3
三环芳烃	6.1	3.1	3.5	2.7
合计	100.0	100.0	100.0	100.0

与蜡油催化裂化相比,渣油催化裂化轻循环油的芳烃质量分数高、十六烷值低、硫含量和氮含量高。对于苛刻度高的工艺,轻循环油产率减少、质量变差,表 2-2-10 为不同原料 MIP 工艺的轻循环油性质。

表 2-2-10　MIP 工艺的轻循环油性质

项　　目	偏石蜡基渣油	中间基渣油	加氢蜡油	偏石蜡基渣油
密度(20℃)/(g/cm³)	0.9375	0.9566	0.9630	0.9537
硫含量/(μg/g)	4000	9500	4300	4400
氮含量/(μg/g)	865	662	368	1069
十六烷值	<20	15.7	15.2	<20

续表

项　　目	偏石蜡基渣油	中间基渣油	加氢蜡油	偏石蜡基渣油
烃类组成/%				
链烷烃	13.1	8.0	8.4	12.8
总环烷烃	7.9	5.1	3.6	8.0
一环环烷烃	2.3			4.0
二环环烷烃	3.4			2.4
三环环烷烃	2.2			1.6
总芳烃	79.0	86.9	88.0	79.2
单环芳烃	21.3	28.7	19.0	11.9
双环芳烃	48.0	49.8	58.9	56.2
三环芳烃	9.7	8.4	10.1	11.1

　　由于催化裂化轻循环油的芳烃质量分数高达 70%~80%、十六烷指数低至 20，并且硫含量和氮含量均较高，安定性差，很难作为商品柴油的调和组分。通常需要经过深度加氢处理，脱除其中的硫和氮，并且降低其中的芳烃含量后才可调入柴油，花费的代价较大。

　　催化裂化轻循环油也可作为燃料油的调和组分，可用于增加馏分燃料油的密度，或用于降低残渣燃料油的黏度。

　　受催化裂化分馏塔分离精度的制约，催化裂化汽油的馏程与轻循环油的馏程容易重叠。当以多产汽油为目标时，应设法调整操作尽可能提高汽油的终馏点、提高轻循环油的初馏点。

五、重循环油

　　催化裂化主分馏塔中、下部侧线抽出的馏分称为重循环油，其馏程介于轻循环油和油浆之间，通常重循环油终馏点温度低于 500℃。

　　当装置的单程转化率较低时会产生一部分重循环油，当单程转化率较高时不产生重循环油。国内部分装置的重循环油性质见表 2-2-11。

表 2-2-11　部分装置的重循环油性质

原料种类	含硫 VGO	含硫 VGO	大庆 VR/VGO	低硫 VGO/VR	中原/阿曼/卡宾达 AR	中东 AR/VGO HDS-AR	加氢 VGO/AR
回炼比	0.067	0.24	0.23	0.106	0.13	0.18	0.0
密度(20℃)/(g/cm³)	0.9287	0.9720	0.9924	0.8919	0.9547	1.056	1.0242
凝点/℃				30.4		7	27
运动黏度/(mm²/s)	45(100℃)	95(80℃)	37(100℃)		14.2(80℃)	11.4(100℃)	11.31(80℃)
残炭/%	0.07	0.1	0.86	0.76			
馏程/℃							
初馏点	214	215	175	·183		318	278
50%	387	391	399	393		496(40%)	412
90%	428	439				611(93%)	437(95%)
100%			470				

续表

原料种类	含硫 VGO	含硫 VGO	大庆 VR/VGO	低硫 VGO/VR	中原/阿曼/卡宾达 AR	中东 AR/VGO HDS-AR	加氢 VGO/AR
元素含量/%							
C		87.94		87.1			90.26
H		10.33		11.7			9.03
S	0.98	1.31		0.19			0.66
N	0.07	0.13		0.20		0.14	0.15
烃族组成/%							
饱和烃		37.75				32.90	26.3
芳烃		59.48				57.12	72.5
胶质		2.77				9.19	1.2
沥青质						0.79	

重循环油可返回反应器作为回炼油进一步裂化,可以作为渣油加氢脱硫装置的稀释油,也可抽出作为重柴油或燃料油的组分。

重循环油中的芳烃含量较高,通常比原料油的芳烃含量高。如果抽提脱除重循环油中的芳烃,则抽余油的饱和烃含量较高,可掺入催化裂化原料进一步裂化。

重循环油可以通过选择性加氢饱和所含的多环芳烃,加氢后的重循环油返回催化裂化装置裂化可大幅度提高液体产品收率[8]。

六、油浆

催化裂化主分馏塔底部抽出的馏分称为油浆,油浆是催化裂化装置的副产物。通常油浆的馏程高于360℃。油浆中携带少量的催化剂细粉,采用油浆回炼可以回收这部分催化剂细粉。

在装置的操作过程中,可以采用油浆回炼作为调节装置热平衡的手段,当装置烧焦能力和取热负荷有余量时可以采用油浆部分回炼或全回炼,反之当装置烧焦能力和取热负荷不足时可以采用多排油浆的方法。通常产出的油浆占原料质量分数的3%~10%。

与馏分油原料相比,掺渣油原料的油浆产率高、密度大、芳烃和胶质含量高、残炭值高。随着反应苛刻度提高,油浆产率降低,但油浆的密度增大,芳烃、胶质和沥青质含量提高,残炭值提高。在相同反应深度下,与石蜡基原油相比,环烷基、中间基原油的油浆芳烃含量高。国内部分常规催化裂化装置的油浆性质见表2-2-12,部分MIP装置的油浆性质见表2-2-13。

表 2-2-12　部分常规催化裂化装置的油浆性质

原料种类	含硫 VGO	含硫 VGO	大庆 VGO	大庆 AR	低硫 VGO/VR	塔里木/中原/吐哈 AR	中原/阿曼/卡宾达 AR	中东 AR/CGO HDS-AR
密度(20℃)/(g/cm³)	0.9552	1.0459	0.9426	1.0164	0.9590	1.015	0.9895	1.043
凝点/℃				28				26
运动黏度/(mm²/s)	7.9 (100℃)	39.5 (80℃)	30.3 (100℃)		47.8 (80℃)			50.7 (100℃)
残炭/%	2.3	5.8	3.8	5.5	7.5	7.1		14.4

续表

原料种类	含硫 VGO	含硫 VGO	大庆 VGO	大庆 AR	低硫 VGO/VR	塔里木/中原/吐哈 AR	中原/阿曼/卡宾达 AR	中东 AR/CGO HDS-AR
馏程/℃								
初馏点	243	331				123	251	280
50%	422	398(30%)				546	427	495(10%)
90%	478					619(75%)		537
元素含量/%								
C		88.88			88.5	89.16		88.31
H		8.95			10.7	9.23		9.02
S	1.62	1.80	0.25	0.31	0.23	1.36	1.54	0.69
N	0.13	0.18	0.06	0.18	0.29	0.25		0.17
烃族组成/%								
饱和烃		20.32	50.3	31.1		31.0		24.43
芳烃		74.95	47.7	64.8		54.5		44.29
胶质		4.70	2.0	4.1		13.6		27.51
沥青质						0.8		3.77

表 2-2-13　部分 MIP 装置的油浆性质

装置序号	1	2	3	4	5	6	7
密度(20℃)/(g/cm³)	1.1028	1.0756	1.0935	1.1024	1.1432	1.0831	1.1000
运动黏度/(mm²/s)							
80℃	21.68	24.17	163.0	137.7	335.1	44.69	16.11
100℃	9.277	10.43	45.32	40.81	75.28	18.15	9.659
闪点/℃	202	206	229	239	235	191	205
残炭/%	4.51	7.22	14.8	12.5	17.3	9.68	3.91
灰分/%	0.12	0.26	0.27	0.53	0.70	0.24	0.122
元素含量/%							
C	91.24	90.75	91.96	90.12	91.28	90.96	92.56
H	7.19	7.94	8.07	8.38	6.90	7.64	7.06
S	1.60	0.70	0.48	1.00	0.91	1.00	0.75
N	0.09	0.28	0.33	0.41	0.34	0.22	0.07
烃类组成/%							
链烷烃	1.1	4.9	2.3	1.5	0.6	1.8	0.7
环烷烃	2.5	7.1	12.1	12.4	4.5	9.3	2.5
芳烃	89.2	77.8	73.7	74.7	78.9	76.8	90.3
胶质	7.2	10.2	11.9	11.4	16.0	12.1	6.5
四组分组成/%							
饱和烃	5.5	14.9	17.8	15.9	6.0	14.6	2.8
芳烃	86.6	71.4	63.9	62.6	60.5	65.6	87.3
胶质	7.2	10.7	9.4	14.2	18.9	15.7	9.4
正庚烷沥青质	0.7	3.0	8.9	7.3	14.6	4.1	2.8

工业生产中一般控制油浆密度在 $1.1g/cm^3$ 左右，油浆固含量不大于 $6g/L$。油浆固含量的分析方法有离心法、炭化灼烧法、灰分法。

油浆中含有催化剂细粉，经沉降和过滤分离后的澄清油可作为重质燃料油的调和组分，或作为延迟焦化装置、溶剂脱沥青装置的原料，也可以作为生产炭黑、针状焦、碳纤维、橡胶软化剂及填充油、塑料增塑剂、道路沥青及导热油等产品的优质原料。

可以采用减压蒸馏的方法将油浆分成轻馏分和重馏分；其中轻馏分的饱和烃含量较高，可掺入催化裂化原料进一步裂化；重馏分的芳烃、胶质含量高，可用于调和道路沥青。

七、焦炭

催化裂化反应过程中沉积在催化剂上的高度缩合的反应产物称之为焦炭。焦炭是催化裂化操作所必须的副产物，焦炭在再生器中燃烧释放出供给裂化反应所需的热量。催化裂化装置的焦炭主要由四部分组成：催化焦、附加焦、污染焦和可汽提焦。

① 催化焦：是进料裂化反应生成的副产物，与转化率、催化剂类型等有关。

② 附加焦：是进料中很重的部分或碱性物质吸附沉积在催化剂上形成的焦炭，与进料的残炭值、碱性氮含量等有关。

③ 污染焦：是进料中的镍、钒等重金属沉积在催化剂上使催化剂中毒，加剧脱氢和缩合反应所产生的焦炭，与催化剂上的重金属含量有关。

④ 可汽提焦：又称为剂油比焦，是催化剂汽提不完全而残留在催化剂上的烃类所产生的焦炭，与汽提段的效率和催化剂孔结构有关。

工业装置的焦炭量无法直接计量，是通过烟气-主风量平衡计算得到的，即通过烧焦所用的主风量和所产生烟气的组成计算焦炭量。该平衡计算还可以得到焦炭的氢含量，一般焦炭氢含量为 $6\%\sim9\%$。焦炭氢含量越高说明焦炭中轻组分多、也即可汽提焦多。降低焦炭氢含量也就减少了焦炭量。

焦炭燃烧满足裂化反应所需热量，过剩的热量可以通过设置取热设施产生中压或高压蒸汽。许多催化裂化装置产生的蒸汽不仅满足本装置的需要，还可以作为产品外供。

对于采用比较劣质原料的装置，其产生的焦炭可以在单独设置的气化器中产生燃料气，作为产品外供[9]。

参　考　文　献

[1] 陆婉珍，张寿增. 我国原油组成的特点[J]. 石油炼制，1979，(7)：1-9.

[2] 陆婉珍，张寿增. 我国原油组成的特点[J]. 石油学报，1980，1(1)：92-105.

[3] 金阳，韩冬云，曹祖宾，等. 新疆宝明页岩油性质分析及加工方案[J]. 当代化工，2016，45(1)：48-50.

[4] 章群丹，包湘海，田松柏，等. 河南页岩油与常规原油和油母页岩油性质比较[J]. 石油炼制与化工，2016，45(6)：1-8.

[5] 杨超，谢朝钢，李正. 费-托合成轻馏分油催化裂化反应性能的研究[J]. 石油炼制与化工，2011，42(4)：1-5.

[6] 樊文龙，谢朝钢，杨超. 重质费-托合成油在不同分子筛催化剂上的裂化反应性能研究[J]. 石油炼制

与化工，2014，45（4）：36-40.

［7］汤海涛，凌珑，王龙延. 含硫原油加工过程中的硫转化规律［J］. 炼油设计，1999，29（8）：9-15.

［8］许友好，刘涛，王毅，等. 多产轻质油的催化裂化馏分油加氢处理与选择性催化裂化集成工艺（IHCC）的研发和工业试验［J］. 石油炼制与化工，2016，47（7）：1-8.

［9］龙军，汪燮卿，吴治国，等. 一种劣质重油加工焦炭气化的组合方法［P］. 中国专利：ZL200910177441.8，2014-04-30.

第三章　催化裂化催化剂与助剂

第一节　催化裂化催化剂基础

认识催化裂化催化剂的组成特性及其发挥催化裂化作用的依据，了解其分析表征方法、设计生产及相关应用，以期选好用好催化裂化催化剂。

一、催化裂化催化剂的分类

催化裂化催化剂品种总计达上百种，目前常用的有 30 余种，其分类方式有两种。

（一）功能分类

按催化剂的功能分类主要可以分为：
① 重油裂化催化剂；
② 抗重金属裂化催化剂；
③ 高掺渣比裂化催化剂；
④ 高辛烷值汽油催化剂；
⑤ 汽油降烯烃催化剂；
⑥ 汽油降硫催化剂；
⑦ 与相应工艺配套的专用催化剂。

（二）催化性能分类

按催化剂的催化性能分类主要可以分为：
① 多产汽油的催化剂；
② 多产柴油的催化剂；
③ 高轻质油收率催化剂；
④ 多产液化气和丙烯的催化剂；
⑤ 高总液收的催化剂。

图 3-1-1　催化裂化催化剂工业产品

二、催化裂化催化剂的形貌及组成

（一）催化剂的形貌

如图 3-1-1 所示，表面皿里装的就是催化裂化催化剂的工业产品，可以看出催化裂化催化剂从外形上看就像河边沙滩上的细沙子一样，那么，像细沙子一样的催化裂化催化剂为什么能在催化裂化反应中起如此重要的作用呢？

　　为了更好地认识催化裂化催化剂的形貌及其重要作用，进一步用显微镜观察催化裂化催化剂的形貌，从图 3-1-2 中可以看出，形貌好的催化裂化催化剂在显微镜下观察就像一个个小球[见图 3-1-2(a)]，而形貌差的催化裂化催化剂就形状各异了[见图 3-1-2(b)]，有的像姜块，有的像土豆，有的像面包圈，有的形状不规则。利用显微镜的观察可以在生产中随时指导生产，及时调整生产操作条件，以得到形貌更好的催化剂，但是，利用显微镜观察的催化裂化催化剂的形貌图中并不能解释催化裂化催化剂能在催化裂化反应中发挥重要作用的原因。

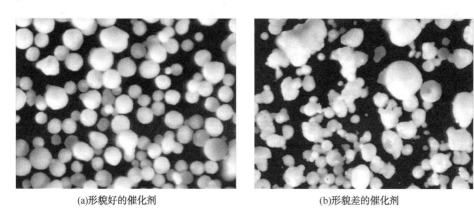

(a)形貌好的催化剂　　　　　　　　　　　　　　(b)形貌差的催化剂

图 3-1-2　催化裂化催化剂显微镜照片

　　为了能深入地认识催化裂化催化剂在催化裂化反应中的重要作用，进一步用扫描电子显微镜(SEM)观察催化裂化催化剂的形貌。如图 3-1-3 所示，利用扫描电子显微镜所观察的催化裂化催化剂的形貌像一个个美味的"肉丸子"，从右侧的 SEM 图(局部放大图)可以看得更清楚，催化剂的表面并不是光滑的，而是粗糙不平的。

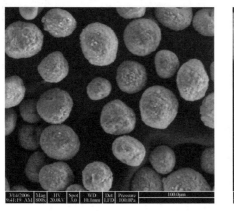

图 3-1-3　催化裂化催化剂扫描电子显微镜照片

　　进一步用扫描电子显微镜观察了催化裂化催化剂的单个微球，如图 3-1-4 所示。从图 3-1-4(a)中可以清楚地看出，催化剂的表面上分布有很多空隙，如果将单个微球破碎来看，如图 3-1-4(b)所示在催化裂化催化剂内部有多种物质，而且有很多空隙。

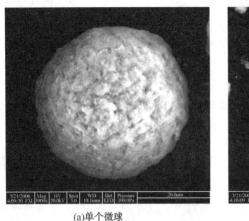
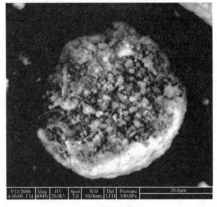

(a)单个微球   (b)单个破碎微球

图 3-1-4　催化裂化催化剂扫描电子显微镜照片

利用扫描电子显微镜对形貌不好的催化裂化催化剂也进行了分析观察，如图 3-1-5 所示。从图 3-1-5(a)中可以清楚地看出，形貌不好的催化剂的形状有多种，如果将 SEM 图局部放大来看，从图 3-1-5(b)可以看到，有的催化剂表面有较大的凹陷，有的破碎的催化剂内部是空心的，有的表面还有明显的裂纹。

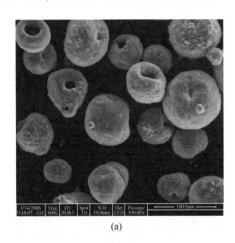
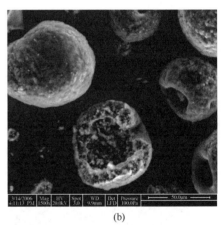

(a)   (b)

图 3-1-5　催化裂化催化剂扫描电子显微镜照片(形貌不好的催化剂)

如果进一步用扫描电子显微镜观察形貌不好的催化裂化催化剂的单个微球，如图 3-1-6 所示。从图 3-1-6(a)中可以清楚地看出，催化剂的表面有较大的凹陷，而且还有较大的裂纹，如果将单个微球破碎来看，从图 3-1-6(b)中可以看出，单个破碎微球催化裂化催化剂内部是空心的。

形貌不好的催化裂化催化剂在实际工业应用中很容易破碎，因此，在催化裂化催化剂的工业生产中要控制好操作工艺避免生产出形貌不好的催化剂，尽量生产像小球一样的催化剂。

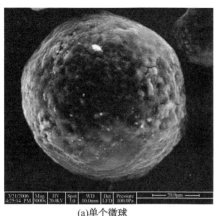

(a)单个微球   (b)单个破碎微球

图 3-1-6 催化裂化催化剂扫描电子显微镜照片(形貌不好的催化剂)

（二）催化剂的组成

从形貌图分析可作出催化裂化催化剂的内部结构示意图，如图 3-1-7 所示。催化裂化催化剂包含有活性组分分子筛、基质高岭土和黏结剂，并且催化剂中分布有黏结剂堆积孔和黏结剂填充孔。可以说是分子筛作为催化裂化催化剂的活性组分分散到高岭土中，再用黏结剂黏结，再经喷雾干燥而形成的微球，而且，催化剂微球中还含有黏结剂堆积孔及黏结剂填充孔。

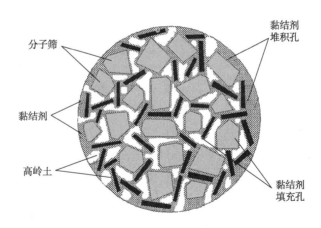

图 3-1-7 催化裂化催化剂内总结构示意图

目前，工业上常用的催化裂化催化剂的组分包括活性组元和基质两大部分，活性组元就是沸石，基质就是高岭土与铝溶胶、硅溶胶及拟薄水铝石等形成的半合成基质。催化裂化催化剂的特性取决于沸石与基质的性质。

如图 3-1-8 所示，如果用一颗"大树"形象地描述催化裂化催化剂的组成的话，那么可以很清楚地看出，催化裂化催化剂主要包括活性组元和基质两大部分。活性组元就是经过不同元素改性的分子筛，分子筛包括合成沸石和天然沸石，催化裂化催化剂中使用的主要是包括 ZSM-5 及八面沸石的合成沸石；对于八面沸石，对于催化裂化催化剂来说主要用的是经过不同方法改性的 Y 型分子筛。基质主要为黏结剂和黏土类材料等。

图 3-1-8　催化裂化催化剂的组成示意图

（三）催化剂的活性组元——沸石（分子筛）

1. 沸石（分子筛）的定义及种类

沸石的传统概念是一种多孔的晶体硅铝酸盐，具有一定均匀的空腔和孔道，在脱水之后，可以使不同分子大小的物质通过或不通过，起到筛选不同分子物质的作用，故又称"分子筛"。Smith 给出广义的表述：沸石是一种硅铝酸盐，其骨架结构含有被离子和水分子占据的空腔，这些离子和水分子能够较自由地移动，能够进行离子交换和可逆脱水。

有关对沸石的综述可参阅 Rabo[1]、Breck[2]、徐如人[3]等人的专著，本章将主要概述与裂化催化剂有密切关系的沸石及其基本性质[4]。

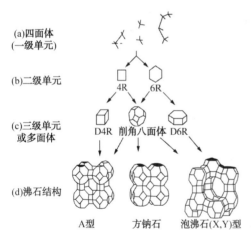

图 3-1-9　沸石结构的形成图

2. 沸石的基本结构

构成沸石的原始单元是 SiO_4、AlO_4 四面体；这些四面体单元以氧原子连接构成二级单元；由二级单元的互相连接构成三级单元或多面体；最后由多面体单元组成各种特定的沸石晶体结构，如图 3-1-9 所示。

可以看出 SiO_4 四面体或 AlO_4 四面体以氧原子连接成二级单元四元环或六元环，四元环、六元环相互连接成三级单元双四元环、双六元环或削角八面体，双四元环和削角八面体相互连接形成 A 型沸石，削角八面体自身相互连接形成方钠石，削角八面体和双六元环相互连接形成泡沸石（X，Y）型。

削角八面体是沸石结构中重要的结构单元，为了更好地认识沸石的结构及性能，将削角八面体结构的形成过程作图如图 3-1-10 所示。由图可知，削角八面体的每个顶点为 Si 阳离子或 Al 阳离子，削角八面体的每个边为氧离子，因此，在削角八面体单元共有 24 个 Si 阳离子或 Al 阳离子连接的 36 个氧离子，形成 8 个六元环和 6 个四元环。

（1）FAU 结构（X、Y 型）

Y 型和 X 型分子筛都为八面沸石（FAU 型）的结构，二者的骨架硅铝比不同，X 型分子筛的 SiO_2/Al_2O_3 比≤3，Y 型分子筛的 SiO_2/Al_2O_3 比>3。

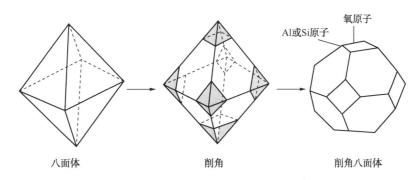

图 3-1-10　削角八面体形成

FAU 分子筛的结构主要是 β 笼，其排列结构与金刚石结构有相似之处，以 β 笼代替金刚石结构中的碳原子，且相邻两 β 笼之间通过六元环用 6 个氧桥相互连接。在 β 笼的这种连接方式中还有 2 种笼形结构：一种是六角柱笼；另一种是 β 笼和六角柱笼包围而成的大笼，即八面沸石笼，它是 FAU 结构沸石的主晶穴。八面沸石笼之间通过十二元环连通，即十二元环是 X 型沸石分子筛的主晶孔，孔径为 9~10nm。

八面沸石的结构模型及孔结构分别如图 3-1-11 和图 3-1-12 所示。它由方钠石单元和双六氧环所构成。这种以四面体排列的骨架结构形成了一系列的球形空腔（超笼），其直径在 1.2nm 左右。每个空腔以十二元氧环的孔道（直径 0.74nm）与另外 4 个相同的空腔相通，形成一种立方网络空间骨架。这种骨架结构是沸石中最开放的，其每个晶胞的总孔隙体积（包括方钠石笼）为 51%（占总体积），超笼本身的孔体积就占总体积的 45%。图 3-1-12 为 X、Y 型沸石的孔结构。

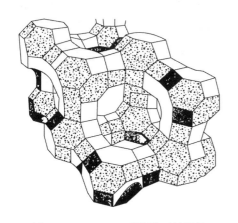

图 3-1-11　X、Y 型泡沸石的结构

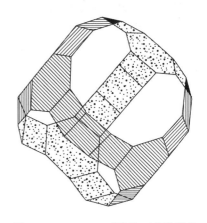

图 3-1-12　X、Y 型泡沸石的孔结构

NaY 分子筛的形貌图如图 3-1-13~图 3-1-16 所示，一般肉眼看 NaY 分子筛就是一种白色的粉末物质（图 3-1-13），如果借助 SEM 观察，则可看到 NaY 分子筛是一个个晶体，其实，形貌好的 NaY 分子筛就是正八面体，如图 3-1-15 所示，箭头所指的 NaY 分子筛是正八面体晶体，图 3-1-16 所示的 NaY 分子筛晶体理论计算结果就是非常完整的正八面体。

图 3-1-13　NaY 分子筛粉末

图 3-1-14　NaY 分子筛 SEM 形貌图

图 3-1-15　NaY 分子筛 SEM 形貌图
（局部放大）

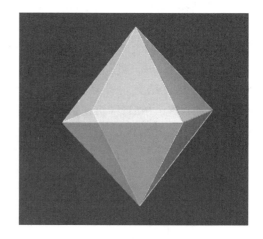

图 3-1-16　NaY 分子筛晶体理论
计算结果图

（2）MFI 结构（ZSM-5）

ZSM-5 的结构模型如图 3-1-17 所示，SEM 形貌如图 3-1-18 所示。ZSM-5 也是三维结构，包含两种互相交叉孔道。沿 b 轴向的孔道是椭圆形的，其直径为 0.51mm×0.56nm；沿 a 轴向的孔道是 Z 字形的，近似圆形，其直径为 0.54mm×0.56nm。ZSM-5 的孔是由十元氧环所构成，但它没有空腔，而只在两种孔交叉点有 0.9nm 左右的空间。从图 3-1-18 所示的 ZSM-5 分子筛的 SEM 形貌可以看出，ZSM-5 分子筛的形貌较规整，为两端接近椭圆的六方棱柱形。

（3）BEA 结构（β）

β 沸石由美国 Mobil 公司在 1967 年研究成功，属于立方晶系，晶胞参数为（1.204±0.014）nm。β 沸石是具有三维十二元孔道结构的大孔高硅沸石，且具有结构稳定、耐酸和抗结焦性好等特点，β 沸石的结构模型如图 3-1-19 所示。1988 年 Higgins J B 等[5,6] 给出了 β 沸石是由有序的 A 型、B 型和 C 型结构沿 [001] 方向堆积成堆垛层错结构，层错结构中 A 型、B 型和 C 型 3 种原型结构的出现概率分别是 0.31、0.36 和 0.33，十分相近。如此的层错结构在 [100] 和 [010] 方向保持了与 A 型、B 型、C 型一样的垂直相交的十二元环直通道，线性通道孔径约 0.57mm×0.75mm，而 [001] 方向仍为非线性通道，孔径约 0.56mm×0.65mm。由于 A 型、B 型、C 型同时以一定概率出现，从而加大了 [001] 方向通道的曲折度。

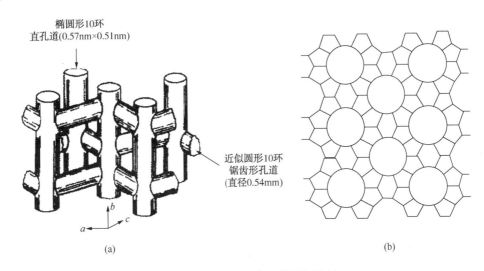

(a)　　　　　　　　　　　　　　　　(b)

图 3-1-17　ZSM-5 沸石的结构模型

图 3-1-18　ZSM-5 分子筛的 SEM 形貌图

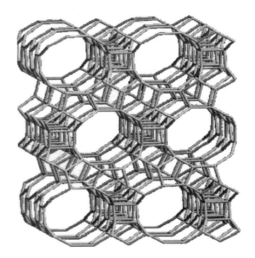

图 3-1-19　β 型沸石的结构

由 4 个五元环和 2 个四元环围成的船式双六元环构成 β 沸石的主要结构单元 I，如图 3-1-20 所示；另一种结构单元 II 由 4 个五元环和 3 个四元环构成，如图 3-1-21 所示。

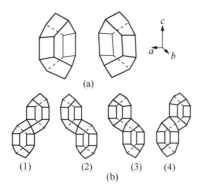

图 3-1-20　在 β 沸石中结构单元 Ⅰ
及其连接方式

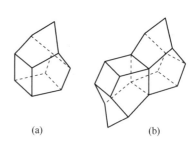

图 3-1-21　在 β 沸石中结构单元 Ⅱ
及其连接方式

结构单元 Ⅰ 之间通过共用五元环的两个棱，沿 [001] 方向连成链，在两个沿 [001] 方向平行的链中，结构单元 Ⅰ 以四元环和六元环交替地相对应。当两个结构单元 Ⅱ 以倒反的关系共用一个四元环连接成双结构单元 Ⅱ。图 3-1-21 的双结构单元 Ⅱ 中两个平行的四元环分别与两个平行于 [001] 方向链中的结构单元 Ⅰ 的四元环共用，其五元环与链中相继的结构单元 Ⅰ 的五元环共用两个棱，两个链即连成 bc 片。此 bc 片中存在由两个四元环、两个六元环和四个五元环围成的十二元环，如图 3-1-22 所示。两个平行的 bc 片再通过双结构单元 Ⅱ 连成三维结构。此时双结构单元 Ⅱ 与两个 bc 片上对应的结构单元 Ⅰ 除上述方式连接之外，同时还与连成 bc 片的双结构单元 Ⅱ 中的五元环的两个棱共用。片间相连形成的 ac 片中也存在由两个四元环、两个六元环和四个五元环围成的十二元环。由图 3-1-22 可见，三维结构中存在相互垂直的开口为十二元环的 [100] 和 [010] 直通道。由于双结构单元 Ⅱ 沿 [100] 和 [010] 方向与 [001] 方向链中相继的结构单元 Ⅰ 相连形成 bc 片和 ac 片。因此 [100] 向的上下十二元环直通道各有一部分与 [010] 方向同一十二元环直通道相交。反之，[010] 方向的上下十二元环直通道也有一部分与 [100] 方向同一直通道相交，这样在 [001] 方向构成了孔口为十二元环的非线性通道[7]。

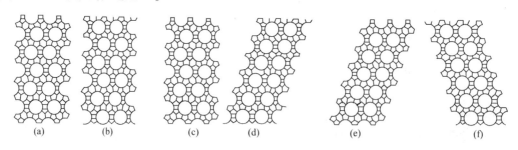

图 3-1-22　β 沸石 [100] 和 [010] 方向的投影

3. 沸石的孔结构

根据沸石的孔结构分为大孔、中孔和小孔三类。图 3-1-23 为有代表性的大、中和小孔三种沸石的模型及其孔道尺寸。

4. 沸石的化学组成

沸石是以 SiO_4、AlO_4（或杂原子）的四面体聚合而成的晶体聚合物，其基本的化学组成

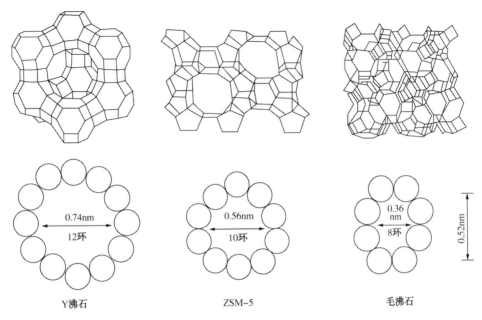

图 3-1-23 三种不同孔大小沸石的结构

是 Si、Al、O 和阳离子(一般为 Na)。在 SiO_4 四面体中硅为 +4 价，由于氧为两个四面体公用，因此，对每一个四面体来说，氧为 -1 价，因此，SiO_4 四面体显电中性，对于 AlO_4 的四面体来说，铝为 +3 价，氧为 -1 价，AlO_4 的四面体呈 -1 价，还需 +1 价阳离子来平衡。如下式所示：

沸石晶胞的化学通式为：$M_{x/n}[(AlO_2)_x(SiO_2)_y] \cdot zH_2O$

式中 M——可交换的阳离子；

　　x，y——结构中各元素的原子数；

　　z——水的分子数；

　　n——阳离子的价数。

5. 沸石分子筛的主要性能

(1) 沸石的离子交换性能

沸石中的阳离子，不在沸石的骨架上，而是在骨架外中和 $[AlO_4]^-$ 阴离子，如下式所示：

故其可动性较大，可被其他离子交换。沸石的离子交换性决定于交换离子的种类、尺寸、价态以及交换条件(如温度、浓度、溶液性质)等。合成沸石通过离子交换改性，是沸石的一项重要性质，人们可以通过交换不同离子改变沸石的性质，以适于不同用途。

(2) 沸石的酸性

沸石的开放性结构，其骨架上的所有原子都分布在孔腔和孔道上，绝大部分(特别是孔径大于 0.5～0.6nm)的骨架原子，都能够直接和反应物分子接触，沸石中的 B 酸(质子酸)、L 酸(非质子酸)以及质子的移动性都使得沸石具有一定酸性。由于多价阳离子水合解离而产生质子酸和非质子酸，对正碳离子反应起到催化作用。1 价阳离子沸石没有酸性，当沸石 1 价阳离子被多价阳离子取代后，显示极强的酸性和优越的催化活性。

(3) 沸石的化学和热稳定性

沸石的化学稳定性是指沸石在酸碱介质存在下结构的稳定性。由于沸石骨架中的 Al 容易被水解，在酸性或者碱性(主要是酸性)溶液里进行脱 Al，因而使沸石结构不稳定，有的沸石结构受到破坏。沸石在实际应用中都不同程度地需要和酸性介质接触，因此提高其耐酸性使其得到更好的应用很重要。

沸石的耐酸性大致可分为三类：

① 结构易被酸破坏，不能转化为酸性，此类沸石在酸性下不稳定；

② 可在一定酸介质中进行离子交换，转化为酸性而结构不被破坏，此类沸石可用酸溶液离子交换；

③ 可转为酸性，但必须通过间接方式，即先用 NH_4^+ 交换，然后脱 NH_3，成为 H^+ 型酸性沸石，此类沸石可用间接法转化。

在裂化催化剂的制备中，一般用 $RECl_3$ 溶液或其他 RE 盐溶液在 pH＝4 左右的酸性条件下与 NaY 交换，制成酸性的 REHY 沸石。在交换条件控制适当的情况下，沸石的结晶度保持良好。在制备 HY 型沸石时，需用 $(NH_4)_2SO_4$ 或 NH_4Cl 先进行铵盐交换，然后脱 NH_3，成为 H^+ 型酸性沸石。一般来说，沸石硅铝比的提高，其耐酸性增强。

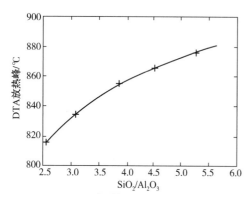

图 3-1-24　Na 型 X、Y 沸石 SiO_2/Al_2O_3 比与热稳定性的关系

沸石的硅铝比不但影响耐酸性，对热稳定性影响也很大。图 3-1-24 为不同硅铝比的八面沸石的热稳定性曲线[8]。DTA 放热峰温就是沸石晶格破坏放热的曲线峰的温度，DTA 放热峰温越高，其热稳定性越高。由图可见，SiO_2/Al_2O_3 之比越高，其热稳定性越高。

在催化领域中，沸石的热稳定性是一项重要的性能，特别是催化裂化催化剂，在反应-再生系统中要经历在高温下反复循环使用的考验，催化剂的热稳定性不好，活性丧失，就失去其使用价值。

沸石的热稳定性可通过不同离子交换进行改变。图 3-1-25(a)～(c)为不同离子对 X、Y 型沸石交换的热稳定性的影响曲线。由图可见：①沸石的硅铝比高，热稳定性好[图 3-1-25(a)括号内的 x 为硅铝比]；②不同离子交换，热稳定性差别较大，有些离子使热稳定性降低，如铜；③交换度对热稳定性有影响，大多数离子交换，其热稳定性随交换度增加而改善。超稳改性也可以显著提高沸石的热稳定性，图 3-1-26 为实验室对 RENaY 的超稳改性前后的热稳定性曲线。由图可见，超稳改性后的样品的热稳定性显著提高。

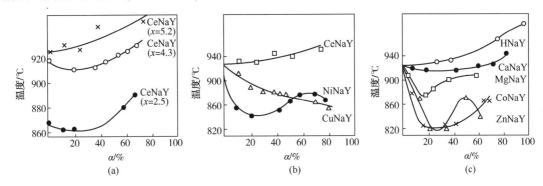

图 3-1-25 不同离子对 X、Y 型沸石交换的热稳定性

x—SiO_2/Al_2O_3 比；α—交换度

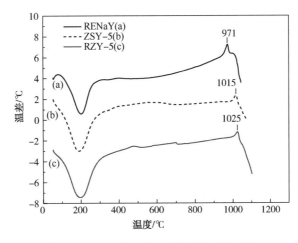

图 3-1-26 超稳改性 Y 型沸石的热稳定性

催化裂化催化剂在再生时，温度高且有水蒸气存在。在高温和水汽下，沸石骨架上的 Al 易于水解，引起结构的破坏。因此，在催化裂化催化剂的研究中，力求提高沸石的水热稳定性显得尤为重要。

6. NaY 型沸石的改性

（1）NaY 型沸石主要改性方法

为了制备适合催化裂化反应所需的催化剂，研究工作者以 Y 型沸石为对象，研究了各种改性的方法，其目的主要改进沸石的催化裂化活性、选择性和稳定性。成功的方法已有大量的报道，有些被应用于实际的工业生产中。综合起来，主要的方法如图 3-1-27 所示。

如图 3-1-27 所示的 NaY 型沸石分子筛改性方法，主要是对分子筛的两类改性，一类是对分子筛的离子改性，另一类是对分子筛的骨架改性。其中分子筛的离子改性，主要是采用含 RE^{3+}、NH_4^+ 等的盐类和分子筛中的 Na^+ 交换以降低分子筛中的钠含量，而分子筛的骨架改性主要对分子筛进行结构超稳改性，提高分子筛的骨架硅铝比，提高其稳定性。

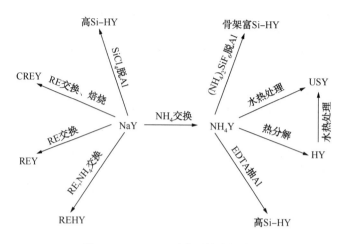

图 3-1-27　NaY 型沸石的改性方法

（2）HY 型沸石

HY 型沸石主要是用铵盐中的 NH_4^+ 和 NaY 沸石中的 Na^+ 交换，然后热分解去掉 NH_3，留下 H^+。该过程先后经 NH_4^+ 交换、洗涤、过滤及焙烧脱 NH_3 步骤，需要重复数次，才能得到结构保持完好的 HY 型沸石。HY 型沸石的制备过程是对 NaY 分子筛的离子改性，流程如图 3-1-28 所示。

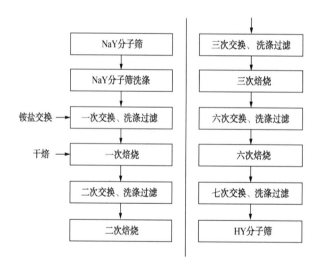

图 3-1-28　HY 分子筛实验室制备流程

工业上 NH_4^+ 的交换一般用 NH_4Cl、$(NH_4)_2SO_4$ 和 NH_4NO_3 等稀溶液，在交换罐中或带式滤机上进行。所制 NH_4Y 沸石可在真空下或在干燥的惰性气体下焙烧，在温度不高于 500℃ 条件下脱去 NH_3，留下 H^+ 与骨架上的 O 原子结合成·OH，如下式：

$$NH_4Y \xrightarrow[\text{干燥气氛}]{\frac{-NH_3}{300\sim500℃}} HY$$

HY 型沸石质子酸中心形成模型：

$$\left[\begin{array}{c} O \\ O \end{array} Si \begin{array}{c} O \\ \end{array} \begin{array}{c} Na_4^+ \\ O \end{array} Al \begin{array}{c} O \\ OO \end{array} O\right] \xrightarrow[\substack{300\sim500℃ \\ 干燥气氛}]{-NH_3} \left[\begin{array}{c} O \\ O \end{array} Si \begin{array}{c} OH \\ O \end{array} \begin{array}{c} O \\ O \end{array} Al \begin{array}{c} O \\ O \end{array}\right]$$

在焙烧温度高于 500℃ 时，沸石脱水转化成非质子酸，如下式：

$$2\left[\begin{array}{c} O \\ O \end{array} Si \begin{array}{c} OH \\ O \end{array} \begin{array}{c} O \\ O \end{array} Al \begin{array}{c} O \\ O \end{array}\right] \xrightarrow[>500℃]{-H_2O} \left[\begin{array}{c} O \\ O \end{array} Si \begin{array}{c} O \\ \end{array} \begin{array}{c} O \\ OO \end{array} Al \begin{array}{c} O \\ \end{array}\right] + \left[\begin{array}{c} O \\ O \end{array} Si \begin{array}{c} O \\ \end{array} \begin{array}{c} O \\ O \end{array} Al \begin{array}{c} O \\ O \end{array}\right]$$

质子酸中心　　　　　　　　　　　　　　　　　　非质子酸中心

从式中可见，2 个 B 酸转化成 1 个 L 酸。处理温度对 HY 型沸石酸中心的形态有很大的影响。HY 型沸石对于正碳离子反应的活性极高。有关研究工作表明：活性最高点往往超过最高 B 酸浓度的温度点[9]，说明对某些反应非质子酸也起着作用。纯 HY 在高温下极不稳定，加热到 600℃ 以上，晶体结构基本破坏，转化成无定形硅铝。因此，纯 HY 很难直接在工业中应用。

（3）REY 沸石

REY 沸石的制备是对 NaY 分子筛的离子改性过程，其流程如图 3-1-29 所示，通过用含 RE^{3+} 的盐在溶液中直接与 NaY 沸石的 Na^+ 进行交换，1 个 RE^{3+} 可取代 3 个 Na^+。

RE^{3+} 的交换是沸石在 RE 盐溶液中，在 <100℃ 温度下，搅拌一定的时间，然后过滤，再用新鲜溶液多次交换，以达到所需的交换度。在几次交换之间，进行焙烧，将 RE 的水合水剥离，使稀土离子由沸石大笼迁移至小笼，同时 Na^+ 由小笼迁移至大笼，再逐渐被交换脱除，尽可能降低沸石中的 Na 含量，提高沸石中的稀土含量。

对于 RE^{3+} 的酸性及催化活性在催化裂化发展，早期人们已经做出了很多重要的研究，其中 RE^{3+} 要与 3 个配位 Al 电子平衡，如下式：

```
NaY分子筛
  ↓
NaY分子筛洗涤
  ↓
一次交换、洗涤过滤 ← 稀土交换
  ↓
一次焙烧 ← 干焙
  ↓
二次交换、洗涤过滤 ← 稀土交换
  ↓
二次焙烧 ← 干焙
  ↓
REY分子筛
```

图 3-1-29　REY 分子筛制备流程

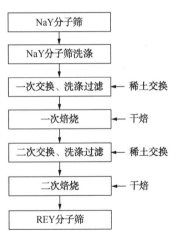

因此，围绕着 RE^{3+} 的电子场要比 2 价的其他金属强；除电子场的作用外，羟基酸中心也是其催化活性高的原因。Venuto P B 等人[10]提出 RE 沸石酸中心形成的模型：

$$RE^{3+} \cdot H_2O + 3 \left[\begin{array}{c} O \quad O \quad O \\ Si \quad Al \\ O \quad O \ O \quad O \end{array}\right] \Longrightarrow$$

$$RE(OH)^{2+} + 2 \left[\begin{array}{c} O \quad O \quad O \\ Si \quad Al^- \\ O \quad O \ O \quad O \end{array}\right] + \left[\begin{array}{c} O \quad OH \quad O \\ Si \quad Al \\ O \quad O \ O \quad O \end{array}\right]$$

Ward J W[11]提出金属离子将进一步水解成为：

$$RE(OH)^{2+} \cdot H_2O + 2 \left[\begin{array}{c} O \quad O \quad O \\ Si \quad Al^- \\ O \quad O \ O \quad O \end{array}\right] + \left[\begin{array}{c} O \quad OH \quad O \\ Si \quad Al \\ O \quad O \ O \quad O \end{array}\right] \Longrightarrow$$

$$RE(OH)_2^+ + \left[\begin{array}{c} O \quad O \quad O \\ Si \quad Al^- \\ O \quad O \ O \quad O \end{array}\right] + 2 \left[\begin{array}{c} O \quad OH \quad O \\ Si \quad Al \\ O \quad O \ O \quad O \end{array}\right]$$

（4）REHY 型沸石

H 型沸石含有较多的质子酸，但不稳定。金属型沸石稳定性好，但质子酸较少。根据 Venuto PB 等人的工作，每 6 个可交换的中心对 HY 来说最大可有 6 个质子酸中心生成，而对 REY 最多只有 4 个[12,13]。为了在催化剂中引入较多的质子酸，以增加催化活性[14]，可在金属离子交换时引入适量的 NH_4^+。引入的方式可以是金属盐溶液和 NH_4^+ 盐溶液按一定比例混合，然后和沸石进行交换；也可以是分别交换，交换温度一般在 80℃ 左右。研究结果表明，金属-NH_4^+ 交换的沸石比金属型沸石有更好的活性，且当 La^+/NH_4^+ 比为 3.6 时达到最高点，然后，随着 La^+ 与 NH_4^+ 之比降低时，其活性下降[15,16]。Na 含量对 REHY 的影响也是很大的。一般工业催化剂，沸石中 Na 含量最好在 1.0% 以下。

从 20 世纪 60 年代初开始，工业裂化催化剂就以稀土 Y 型沸石为主，通常都以 REY 为代表。但实际上纯 REY 是基本不存在的，确切地说都是 REHY，只是 RE/H 之比有所不同。RE 比例高，沸石的稳定性较好，但活性、选择性稍差，特别是焦炭的产率相对较高。因此，在沸石的交换中，调节和控制 RE/H 的合适值是改善活性和选择性的重要手段。经过十多年的实践，至 20 世纪 70 年代，裂化催化剂的性能有很大的改进，其表现特征即是选择性的改进，以汽油产率的增加、焦炭产率的降低为标志。图 3-1-30 为从 20 世纪 60 年代初开始至 70 年代后期的十多年中裂化催化剂水

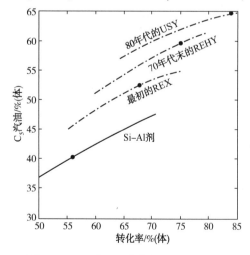

图 3-1-30　沸石裂化催化剂选择性的改进
●— 生焦量 4%的数据点

平的变化情况[17]。图中黑点是焦炭产率(对原料)在4%时各年代催化剂的转化率和汽油产率。由此可见，催化剂的焦炭选择性不断改进，即达到同样的焦炭产率，转化深度可大大提高，从而汽油的产率大幅度增加。但轻循环油产率降低，同时轻循环油质量变差。

采用液相离子交换法对 Y 型分子筛进行稀土离子改性后，一方面，进入分子筛 β 笼中的稀土离子与分子筛骨架 O 原子相互作用，增加 Al 和相邻 O 原子之间的作用力，提高了分子筛的结构稳定性；另一方面，稀土离子的引入能调变分子筛的酸性，使分子筛强酸中心数量减少，中等强度酸中心数量增多，且分子筛 B 酸中心数量介于 USY 和 HY 分子筛之间。

（5）Y 型沸石的超稳改性方法及原理

1）Y 型分子筛超稳改性原理

在 Y 型分子筛中，Al—O 键键长为 1.70~1.73Å，Al—O 键键能为 511kJ/mol，Si—O 键键长为 1.60~1.65Å，Si—O 键键能为 800kJ/mol，Al—O 键键长大于 Si—O 键键长，Al—O 键键能小于 Si—O 键键能，因此，Si—O 键比 Al—O 键更稳定。

为了提高 Y 型沸石的结构稳定性，对沸石分子筛的进行骨架改性，以 Si 原子取代 Al 原子提高分子筛的骨架硅铝比，使骨架上的 Si—O—Al 被 Si—O—Si 所代替，进而提高其稳定性，同时，分子筛的晶胞收缩。

2）水热法超稳

① 水热法超稳工艺流程如下。

1968~1969 年 McDaniel 等报道了有关水热法超稳化制备超稳 Y 型沸石[18,19]，所制沸石具有极高的热稳定性，因而称之为超稳沸石。将 NaY 先与 NH₄⁺盐溶液交换，然后在水蒸气气氛下焙烧，沸石晶胞可收缩约 1%(0.02~0.03nm)。还可以进一步将剩余 Na⁺再用 NH₄⁺盐溶液交换，然后再一次在高温水汽下焙烧，晶胞进一步收缩，结构超稳化。

如图 3-1-31 所示，在水热法超稳 Y 分子筛改性工艺中，两次铵盐及金属盐的交换过程都是对分子筛的离子改性，降低 Na 含量，两次水热焙烧都是对分子筛的骨架改性，提高分子筛的骨架硅铝比，使分子筛的结构得到超稳化，提高分子筛的稳定性。

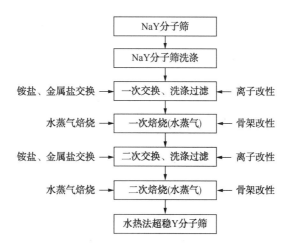

图 3-1-31　水热法超稳 Y 分子筛生产工艺流程

② 水热法超稳机理分以下几步：

（a）首先是 NH₄Y 脱氨。

$$O \quad O \quad \overset{NH_4^+}{\underset{|}{Si}} \quad O \qquad \longrightarrow \quad NH_3 + \quad O \quad OH \quad O$$

（b）所得 HY 水解脱 Al。

$$—Si—O—Al—O—Si— + 3H_2O \longrightarrow —Si—OH \quad HO—Si— + Al(OH)_3$$

脱下的 $Al(OH)_3$ 可与另外的 HY 反应生成 $Al(OH)_2^+$，$Al(OH)^{2+}$、Al^{3+}等。在水热处理过程中，几种价态的 Al 都可能存在。对样品的分析表明，阳离子的价数从 1 到 3 都有。

（c）脱羟基，硅迁移。

$$—Si—OH \quad HO—Si— + SiO_2 \longrightarrow —Si—O—Si—O—Si— + 2H_2O$$

在这一过程中水解脱 Al 和 Si 迁移是很关键的步骤，脱 Al 的速度过快，而 Si 迁移跟不上，将造成结构崩塌。

③ 水热法超稳 Y 分子筛改性工艺分析

水热法超稳 Y 分子筛的工业化生产较容易，工业上普遍采用。用水热法脱 Al 超稳化处理所得超稳 Y 分子筛，在较好地保留微孔的同时，能形成分布很宽的大量的二次孔。但是，采用水热法在脱铝过程中由于硅不能及时迁移，补入缺铝空位，易造成晶格塌陷。另外，脱铝生成的非骨架铝碎片堵塞孔道，不仅影响了反应分子的可接近性，也阻碍了稀土离子的进入。石科院对水热超稳法工艺进行优化，针对水热法超稳分子筛孔道堵塞问题，开发了结构优化分子筛(SOY)及其制备新技术，采用化学法分子筛孔道清理改性技术与稀土改性技术协同作用的方法有效地解决了分子筛孔道堵塞难题，在使超稳分子筛孔道畅通的基础上顺利地将稀土离子引入分子筛的晶体结构中，大大地提高了超稳分子筛中的有效稀土含量，从而使分子筛的结构与性能最优化[20]。

3）Y 型分子筛液相法超稳改性

① $(NH_4)_2SiF_6$ 抽铝补硅法如下所示。

UnionCarbideCo 公司于 1983 年成功地开发了一种"骨架富硅"超稳 Y 型沸石 LZ-210[21,22]，石科院开发出超稳 Y 型沸石 RSY 及催化剂[23]。这是一种用化学法对 Y 型沸石进行抽铝补硅的过程，所用化学剂为氟硅酸铵。首先将 NaY 用 NH_4^+ 交换，然后将 $NaNH_4Y$ 加到 $(NH_4)_2SiF_6$ 溶液中进行反应。其反应式为：

$$\underset{\text{固体}}{\begin{array}{c}\text{Na}^+\\ \text{O} \diagdown \quad \diagup \text{O}\\ \text{Al}^-\\ \text{O} \diagup \quad \diagdown \text{O}\end{array}} +\underset{\text{溶液}}{(SiF_6)^{2-}} \longrightarrow \underset{\text{固体}}{\begin{array}{c}\text{O} \diagdown \quad \diagup \text{O}\\ \text{Si}\\ \text{O} \diagup \quad \diagdown \text{O}\end{array}} +\underset{\text{溶液}}{(AlF_5)^{2-} + NaF}$$

该法的特点是可以制备 SiO_2/Al_2O_3 比为 20~60 或更高的超稳沸石，不存在非骨架 Al 或 Al_2O_3 碎片，结晶度在 90% 以上，SiO_2/Al_2O_3 比及热稳定性高。由于扩散的关系，脱 Al 不均匀而形成表面缺 Al，故称"骨架富硅"。同时造成 Y 型沸石晶体骨架的进一步缺损，产生更多的二次孔。但是脱铝过程中形成的难溶物 AlF_3 和残留的氟硅酸盐会影响水热稳定性，还会污染环境。

② EDTA 络合法[24,25]如下所示。

该法是用 EDTA（乙二胺四乙酸）的酸溶液（H_4EDTA）慢慢加入 NaY 浆液中，脱 Al 的沸石在惰性气体气氛下焙烧，使晶胞收缩（可收缩约 1%）。其反应式如下：

$$xH_4EDTA+NaAlO_2(SiO_2)_y \longrightarrow xNaAlEDTA \cdot H_2O+(NaAlO_2)_{1-x}(SiO_2)_y+xH_2O$$

式中，$x \leqslant 1$，$y \geqslant 2.5$。

反应控制在 25%~50% 的脱 Al 程度，在此范围内热稳定性最好，高于 50% 则结晶度下降。

4）Y 型分子筛气相法超稳改性

气相法超稳改性是用 $SiCl_4$ 在高温气相条件下对 NaY 进行脱 Al 和脱 Na 的方法。其反应式如下：

$$Na_x(AlO_2)_x(SiO_2)_y+SiCl_4 \longrightarrow Na_{x-1}(AlO_2)_{x-1}(SiO_2)_{y+1} + \underbrace{AlCl_3+ NaCl}_{Na(AlCl_4)} \quad (1)$$

$$\begin{array}{c}\text{Na}^+\\ \text{O} \diagdown \quad \diagup \text{O}\\ \text{Al}^-\\ \text{O} \diagup \quad \diagdown \text{O}\end{array} +SiCl_4 \longrightarrow \begin{array}{c}\text{O} \diagdown \quad \diagup \text{O}\\ \text{Si}\\ \text{O} \diagup \quad \diagdown \text{O}\end{array} +NaAlCl_4 \quad (2)$$

分子筛气相超稳改性的原理是在一定温度下气相四氯化硅中的 Si 原子与分子筛骨架上的 Al 原子发生同晶取代反应，脱铝补硅与脱钠同时进行，在提高分子筛的骨架 SiO_2/Al_2O_3

比的同时降低分子筛中的氧化钠含量。

气相超稳由于在高温气相条件下，$SiCl_4$可以很顺畅地进入分子筛的孔道中，和分子筛骨架上的 Al 发生同晶取代反应，因此，脱铝均匀，补硅及时，产品结晶保留度高、稳定性好、孔结构完整、孔道畅通，而且，生产过程中无氨氮污染，还可降低新鲜水用量及排污水量。但是，由于$SiCl_4$严重腐蚀设备并污染环境，工业化生产难度大，制约应用。自 20 世纪 80 年代 Beyer[26]提出气相超稳方法以来，人们仅对间歇性气相超稳工艺进行了较多的基础研究工作，一直未见工业化应用的报道。石科院先后进行了间歇性气相超稳工艺的实验室基础研究及中型试验研究，其优点是可以制备出晶胞常数小，结晶保留度高、热稳定性高的超稳分子筛。但是，由于间歇性的气相超稳工艺需要非常繁杂的间歇性人工操作，不但人工劳动强度大，而且，过量的$SiCl_4$还造成严重的环境污染，并且，生产效率很低，因此，间歇性的气相超稳工艺很难进行工业化生产。针对此问题，石科院首次成功研究开发出一种适用于工业化生产的连续化气相超稳工艺，与间歇性的气相超稳工艺相比，连续化气相超稳工艺的反应操作可以全部自动化连续化进行，人工劳动强度小，而且，生产效率高，产品性能稳定，分子筛连续化气相超稳工艺适用于工业化生产，利用连续化气相超稳工艺所开发的高稳定分子筛，具有热及水热稳定性高、酸性中心稳定性高及重油裂化能力强的特点。

5）水热、酸处理法

高温水热法虽能够使骨架脱铝，但得到沸石硅铝比不高。随着 Y 型沸石骨架硅铝比的提高，其表面酸中心密度减小，酸中心强度增强，可有效抑制催化裂化的氢转移反应，并改善反应焦炭选择性和提高裂化产物汽油的辛烷值。因此提高骨架硅铝比是改善催化裂化反应的关键，必须在真正意义上从沸石上脱除铝碎片。在水热处理的基础上用酸进行再处理，除去部分可溶的AlO_2^+，以改善沸石的反应选择性。

Dwyer 等人研究认为[27]水热处理的超稳 Y 型沸石，其非骨架 Al 有一部分要迁移到沸石的外表面，以 $Al(OH)^{2+}$、$Al(OH)_2^+$、AlO^+、$(Al_2O_2OH)^+$、$(Al_2O)^{4+}$ 等形态存在[28]。这些铝氧化物用酸和络合剂处理可以除掉。Corma A 等人[29]用草酸处理，发现只有 35% 的非骨架铝被抽掉。他们认为非骨架铝有两种：一种可用弱酸抽掉，另一种不能。可抽掉的铝是有活性的，对重油转化有作用，但生焦较高，汽油产率也较高。两种非骨架铝的比例与沸石处理方法和条件有关。

（6）超稳 Y 型沸石的基本性质

沸石分子筛的超稳过程中脱铝补硅，提高分子筛的骨架 SiO_2/Al_2O_3 比并使晶胞收缩，使结构超稳化。与未改性的分子筛相比，经过结构超稳化后的分子筛稳定性、酸性性质及裂化反应性能都有很大的变化。

1）稳定性

分子筛的稳定性包括热稳定性和水热稳定性。超稳化后由于脱掉了一些 Al，使原来 Si—O—Al 中的 Al 被 Si 替代，成为 Si—O—Si。O—Al 的键能为 511kJ/mol，而 O—Si 则为 800kJ/mol。因此 Si 取代 Al 后热稳定性增强，差热分析测定其结构崩塌温度都在 1000℃ 以上。在催化裂化的实际应用中，由于催化剂再生烧炭是在高温和有水蒸气存在下进行的，所以沸石的水热稳定性更受到关注。

2）酸性性质

理论上沸石中的每一个 AlO_4^- 四面体都有一个酸中心。原始 NaY 中每个晶胞一般含有 55 个 Al 原子，138 个 Si 原子，其 SiO_2/Al_2O_3 比在 5 左右。由于每四个配位 Al 存在一个潜在的酸中心 $[(AlO_4)^-]$，脱 Al 之后，酸中心数减少，酸中心密度降低，但酸强度增大。

NaY 分子筛只有当其孔道中的 Na^+ 被 H^+、NH_4^+ 及其他金属阳离子交换后，才能呈现出固体酸性，其中稀土离子是现阶段最为重要的金属阳离子交换介质。随着超稳 Y 型沸石中稀土含量的增加，沸石的强酸中心和弱酸中心增加，其裂化活性增高，裂化活性与沸石酸性呈较好的对应关系。超稳 Y 型沸石中稀土含量愈高，它们的抗水热蒸气稳定性愈好，这是由于稀土的存在致使沸石中出现了新的较稳定的酸性羟基。

3）裂化反应选择性

超稳 Y 型沸石的主要特点之一是可以改变裂化反应的选择性，减少氢转移反应，使汽油中烯烃含量高，辛烷值（RON）高。超稳 Y 催化剂随着脱 Al 程度的增加，晶胞收缩的程度增加，活性下降，$C_3^=$ 以下气体增加，辛烷值上升。随着晶胞的收缩，焦炭产率下降，汽油收率变化不大，而轻循环油增加，重油产率下降。由此可见，反应选择性变化是很大的。

4）几种脱铝超稳 Y 型沸石性质的比较

不同超稳方法制备的超稳沸石的性质不同，分别从以下几个方面进行比较分析：

① 非骨架铝分布有以下特点。

Corma A 等人[30]分别用水热法脱铝和 $(NH_4)_2SiF_6$ 法脱 Al 的超稳 Y 型催化剂对馏分油进行裂化，比较其活性和选择性。两种超稳 Y 型的 SiO_2/Al_2O_3 比都在 16 左右，但前者有骨架外铝，后者则没有。比较的结果发现，产品的分布有差异，反应选择性有不同。水热法超稳催化剂的汽油、$C_2^=/C_4$、焦炭产率都较高。而 $(NH_4)_2SiF_6$ 法的气体（特别是 C_1+C_2）产率较高。将水热法超稳 Y 样品用草酸处理除去骨架外铝，其结果就和 $(NH_4)_2SiF_6$ 法较接近

选择性差别可能是由于骨架外铝有裂化活性的缘故。用酸洗除去部分骨架外铝后，这种活性消失，选择性接近无骨架外铝的样品。

Addison S W 等[31]将水热法 USY 在不同条件下脱铝超稳化，并用稀 HCl 处理，考察不同非骨架铝含量对活性选择性的影响，发现含非骨架铝最多的，活性最高，汽油的选择性也最好，用酸洗去非骨架铝，重馏分油的裂化活性下降。

Pellet R J 等[32]用 $(NH_4)_2SiF_6$ 所制备的 LZ-210，以每个晶胞含 Al 原子从 45 至 17 的样品做成系列催化剂，然后用蒸汽处理，使之进一步脱铝而生成骨架外铝；用微反装置评价活性和选择性，发现有无非骨架 Al，其一次裂化反应的活性相同，但非骨架铝增加，汽油选择性下降。由此认为，非骨架铝能使汽油二次裂化生成气体。

② 沸石上的二级孔分布有以下特点。

结构完整的沸石，其孔道大小是一定的，经过水热或化学处理，Y 型沸石的骨架结构发生一定的变化，出现缺陷，产生二级孔。不同脱 Al 方法所产生的二级孔程度不同。Corma A[33,34]对水热法、$(NH_4)_2SiF_6$ 法和 $SiCl_4$ 法所制超稳 Y 型的二级孔进行了比较，其结果如图 3-1-32 所示。尽管水热法的 Si/Al 比只有 5.9，较另外两种低，而二级孔的量却较多。图 3-1-33 为水热法和化学法 USY 的结构差异模型图。

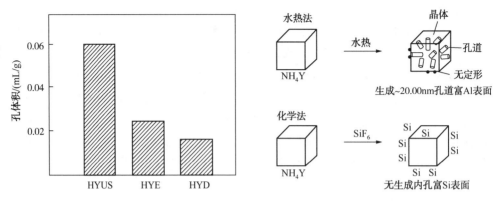

图 3-1-32　水热法(HYUS)、(NH₄)₂SiF₆ 法(HYF)
和 SiC₄ 法(HYD)的二次孔体积(2.0~6.0nm),
SiO₂/Al₂O₃ 比分别为 11.8、16.2 和 19.8

图 3-1-33　水热法和化学脱铝法模型

③ 酸性的差别如下:

脱 Al 超稳化的方法不同,酸性不同。这主要是由于骨架上和骨架外铝的分布不同所致。水热法脱 Al 过程条件不同(如温度、水汽分压、时间等)而使脱 Al 程度不同,骨架上 Al 的含量、位置以及骨架外 Al 的量和形态等出现较大差别。(NH₄)₂SiF₆ 法脱铝,其脱铝过程是从晶体骨架外向里的[35],是表面缺 Al 富 Si,而 Al 分布里外是不均匀的。虽然它与水热法不好绝对比较,但在相同 SiO₂/Al₂O₃ 比下,用 TPD 氨吸附法测定其酸性,(NH₄)₂SiF₆ 法所制沸石比水热法具有更多的酸中心。这种差别主要是由于水热法结晶度较低,并有非骨架铝阳离子中和了部分酸中心。红外光谱测定显示出(NH₄)₂SiF₆ 法沸石的非质子酸含量较少,而水热法由于有非骨架铝,非质子酸含量较多。

(四) 催化裂化催化剂的基质

1. 基质技术的发展

在催化裂化催化剂 60 多年的发展历史中,载体基质经历了多次较大的变革[36],第一次是以人工合成硅酸铝凝胶代替活性白土,使活性提高了 2~3 倍,选择性也明显改善;第二次是 20 世纪 70 年代中期以来改变载体路线,采用黏结剂和活性白土(高岭土)来代替合成硅酸铝凝胶,使轻质油产率提高了 3% 以上,磨损指数提高约 3 倍;第三次是近期对层状黏土基质的研究。对催化裂化催化剂总的要求是高的重油和渣油裂解能力、低焦炭选择性、强抗 Ni、V、Na、N 污染能力、良好的汽提性能和高水热稳定性。这一形势迫使在活性组分和载体上都要进行大的变革,活性组分从 Y 型分子筛到超稳 Y 型分子筛,再到杂原子分子筛、磷铝系列分子筛、层柱黏土等;载体从活性白土到硅铝凝胶,再到活性白土、层柱黏土。层柱黏土是国际上目前研究最活跃的新型催化材料之一,层柱蒙脱石的制备是当前的主攻方向。

(1) 人工合成无定形硅铝基质

在沸石催化剂问世初期,基质基本上是无定形硅铝,也就是沿用原来生产合成硅铝催化剂的工艺。将 10%~20% 的沸石加入其中,混合均匀和喷雾干燥,制成微球,即成沸石催化剂。研究表明,这种硅铝基质有如下作用[37,38]

① 有较大的表面积和一定范围的孔分布,可使沸石分散负载其中;

② 有一定黏结性能，可喷雾干燥，制成合适的筛分分布，并提供较好的磨损强度；

③ 有对沸石的活性起相辅相成的作用，增加催化剂的总体活性；

④ 有改善催化剂的热及水热稳定性的作用；

⑤ 有容纳从沸石迁移出的钠离子的作用，提高沸石的稳定性。

随着工业实践和研究工作的深入，发现以下问题：

① 合成无定形硅铝虽然有很大的表面积和较宽的孔分布，但是在工业催化裂化的使用中，经过长期的反应-再生循环，比表面积大大下降。

② 合成硅铝本身就是裂化催化剂，但其活性特别是选择性与沸石相比相差甚远，所以被沸石所取代。

③ 硅铝凝胶的磨损强度较差，而且堆积密度较小，因此必须对它进行改造。

（2）半合成硅铝基质

针对以上的发现和认识，20 世纪 70 年代中期出现了以下的变化：

① 用天然白土代替合成硅铝胶体；

② 以纯沸石裂化代替沸石和硅铝双重裂化；

③ 采用黏结剂将白土和沸石黏结在一起，提高催化剂的磨损强度和增加堆积密度。

（3）新型基质

为了改善对重油的裂化能力，从而进一步提高轻质油收率，开发了新型基质。裂化原料油一般是减压馏分油，其沸程在 330~540℃ 左右，Y 型沸石的自由孔道直径为 0.75nm，其窗口为 0.8~0.9nm，400℃ 以下的馏分油，进入沸石内孔是可能的；>400℃ 的馏分要进入内孔就有困难了。这部分的裂化，如只靠沸石的外表面，其转化率就很有限，因为沸石的外表面积只占其总表面积的 2% 以下。因此，为提高>400℃ 馏分的转化，就需要有其他的活性中心，这就要求基质也能够提供活性中心。但是，除沸石以外的其他活性中心，选择性都没有沸石好。为了避免焦炭生成过多，基质的活性需加以控制，理想的情况是希望它只将大分子切成中分子，然后迅速使其进入沸石孔内再裂化，不希望它有太强的裂化活性将反应进行到底。能裂化的大分子一般更容易裂化，故不需要太强的酸性中心。为了对其活性进行较有效的控制，采取了在"惰性"基质的基础上，添加活性基质的办法，即在已有的白土-溶胶体系中加了添加物。这种添加物大多是活性氧化铝，如 γ-Al$_2$O$_3$ 之类。

除活性之外，对基质的另一个重要要求是要有合适的孔大小和分布，使大分子能够通过基质的孔与沸石接触。图 3-1-34 为孔分布模型[39]其中有 A、B 和 C 三种大小的孔，还有沸石的小孔。在三种孔中，A 孔太小，大分子进不去；C 孔太大，虽大分子可自由进出，但表面积小。因此，最合适的孔大小是 B 孔，它既有足够大的孔，又能够有较大的总体表面积。有人认为合适的孔径大小应是大分子反应物直径的 2~6 倍[40]

2. 基质的性质与作用

一般认为，催化剂的活性组分对催化剂的活性、选择性和产品性质起主要作用。基质提供催化剂的孔结构、粒度、密度和耐磨性等，对催化剂的输送、流化和汽提性能起主要作用。事实上催化剂基质的作用远非如此，特别在当前原油重质化，市场对催化产品需求多样化，社会对环保的要求严格化的形势下，改进基质和赋予基质新的功能特别重要，它可能成为一个催化剂成败的关键。

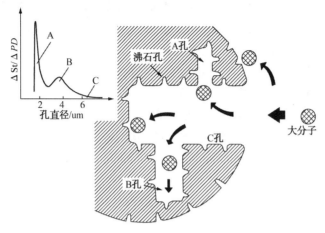

图 3-1-34　催化剂上的几种孔大小模型

（1）基质对重油裂化的作用

在馏分油催化裂化反应中，随着渣油掺炼量的增加，活性基质显得越来越重要，然而活性基质也带来非选择性裂化（即干气、焦炭）的增加。因此，对于特定的工业装置，其催化剂性能的设计不但要考虑基质的活性，而且要选择适当的沸石与基质的活性比，以达到最优的效果，既改善大分子裂解性能的同时，又能改善或至少不影响催化剂的焦炭、干气选择性。

（2）基质对产品选择性的作用

基质的酸中心及其强度的重要性还表现在：①如果酸性太强，裂化活性太高，大分子裂化迅速生成焦炭，引起堵孔，虽有合适的孔径大小，但大分子受阻于孔外，无法进入沸石孔内反应，如图 3-1-35 所示。如果基质无活性，虽有足够大小的孔可以使大分子进入，但仍然无法进入沸石孔内反应，而且由于经过再生后的催化剂颗粒温度很高，成为热载体，大分子进入孔内在高温下可能热裂化、缩合，生成焦炭和干气，使反应选择性变坏，所生成的焦炭还能堵塞沸石的孔。因此，对大分子的裂化，基质的性状是要精心设计制造的，必须控制好酸性、孔大小和表面积这些重要参数，同时与沸石的搭配比例要适当。而且这种比例又要针对原料油性质和产品分布的要求加以调整，总的原则是基质的活性比例适可而止。因为尽管活性基质是精心选择的，但其选择性终归不如沸石，伴随其活性而来的将是选择性变坏，焦炭产率增加，其差别只是增加量而已。

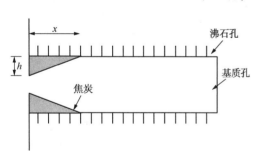

图 3-1-35　催化剂在反应后孔外生焦模型

基质的酸性中心形态对重油裂化及选择性有很大的影响。P. Van de Gender 等人[41]通过对不同活性基质，在孔分布相似、比表面积相近、总酸量相等下改变 B 酸与 L 酸的含量之比，发现 B/L 比大，生焦量低，重油裂化能力接近。一般认为基质的活性高，焦炭选择性变差，然而通过调整基质中的酸性，可以达到既提高重油裂化能力又不增加生焦量的效果。由此看来基质最好是含有较多的 B 酸，尤其是含较多的弱 B 酸。这样对重油裂化将表现在降低油浆产率，增加柴油馏分和汽油产率，降低液化气和干气；其氢转移能力较低，适合于较高苛刻度操作；能使过裂化点提高，因而提高转化率，提高轻质油收率。具有合适孔分布，用磷改性的活性 Al_2O_3 也是一种较好的基质组分[42]。

（3）基质的可汽提性

催化裂化的工艺是反应-汽提-再生的循环过程，反应物通过催化剂的内外表面反应，吸附着油气的催化剂在进入再生器之前，用蒸汽进行汽提，除去油气，避免油气被带入再生器烧掉。油气被汽提的干净程度与催化剂基质的孔结构关系很大，没有缩口的孔和较大的孔，一般汽提性较好。汽提性好的催化剂，油气被带入再生器与焦炭一起被烧掉的量就少，焦炭产率较低，汽提出的油气和裂化产物一起回收，增加油品的产率，提高了经济效益，因此，汽提性也是基质的重要性能之一。

（4）基质的稳定性

稳定性是基质的另一重要性能。催化剂经过反应-汽提-再生的长期循环，在再生器内温度一般是 $680 \sim 730 ℃$（更高），而且有水蒸气的存在下，用空气烧炭。在烧炭的过程中，基质颗粒的局部温度有时还更高，因此，抗水热老化而保持结构的稳定是基质必须具备的性能。

（5）基质作用小结

基质是催化剂的重要组成部分，其性能对催化剂有较大影响，因而要给予相当的重视，并不断改进。裂化催化剂的活性和选择性主要取决于沸石，应以沸石为主，充分发挥沸石的优越性。基质要有适当的活性，并和沸石起相辅相成的作用，但要加以控制，以免影响催化剂的反应选择性。

基质最主要的作用是提供良好的物理性能，即：有良好的孔分布，适当的表面积及在水热条件下的结构稳定性，有良好的汽提性能，再生烧焦性能，足够的机械强度和流化性能，在抗重金属污染方面，基质也能起一定作用。

3. 目前常用的基质及特点

目前，工业上常用的基质有高岭土、累托土及蒙脱石等天然黏土以及铝溶胶、硅溶胶、拟薄水铝石等黏结剂。

（1）黏土矿物

黏土矿物的特点是其在自然界分布很广，颗粒极细，粒度一般在 $1 \sim 2 \mu m$ 以下，具有层状结构的硅酸盐矿物，其种类很多，不同种类之间的差别在于其组成或结构。黏土矿物具有两种基本结构单位：一种是四面体层，由硅氧四面体构成，表示为 T，氧为最紧密堆积，硅在四面体空隙中；另一种是由氧或氢氧基团作为紧密堆积构成的八面体层，表示为 O，八面体空隙的 2/3 被铝离子占据，或被镁等离子占据。黏土矿物可分为三类：①TO 型结构，如：高岭土；②TOT 型结构，如：蒙脱石；③TOTO 型结构。

1）高岭土基质

高岭土是一种天然黏土，主要成分为高岭石（$Al_2O_3 \cdot 2SiO_2 \cdot 2H_2O$），其结构式是：$Al_4[Si_4O_{10}] \cdot (OH)_8$。高岭土主要由 $2\mu m$ 左右的微小片状高岭石族矿物晶体组成的，由一层硅氧四面体和一层铝氧八面体通过共同的氧原子互相连接形成的一个晶层单元，硅氧四面体和铝氧八面体组成的单元层中，四面体的边缘是氧原子，八面体的边缘是氢氧基团，TO

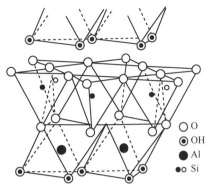

图 3-1-36　高岭土结构示意图

○ O
◉ OH
● Al
◉ Si

层结构，单元层之间是通过氢键相互连接的，属于1∶1型的二八面体层状硅酸盐矿物。结构示意图见图 3-1-36。高岭土的结构稳定，其阳离子不能被其他离子置换，利用差热分析结果表明，100℃时吸热峰，释放自由水，400～600℃吸热峰，释放结构水，转变为偏高岭土，采用 SEM 分析其形貌结构为片状结构。多水高岭土的化学式为 $Al_4(Si_4O_{10})(OH)_8 \cdot 4H_2O$，也为 TO 层结构，氧的排布略有不同，具有疏松多孔的结构特点，比高岭土密度低，差热分析结果与高岭土相似，利用 SEM 分析其形貌为棒状结构。

　　典型高岭土的 SEM 图一般有三种，分别为片状结构、棒状结构及片状和球棒状混合结构，如图 3-1-37 所示。苏州土、湛江山岱土及湛江塘鸭土是在工业生产中常用的高岭土，其 SEM 图如图 3-1-38 所示。不同的高岭土其元素组成不同，表 3-1-1 列出了几种常用高岭土的元素组成对比。

(a)片状颗粒　　　　　　　(b)球棒状颗粒　　　　　　(c)片状和球棒状混合

图 3-1-37　三种典型高岭土的 SEM 图

苏州土　　　　　　　　　　湛江山岱土　　　　　　　　　湛江塘鸭土

图 3-1-38　工业生产中几种常用高岭土的 SEM 图

表 3-1-1 不同高岭土的元素组成对比 %（质）

高岭土编号	S-1	A-1	L-2	KH-1
Al_2O_3	44.10	43.90	42.90	44.60
Na_2O	0.02	0.03	0.07	0.05
Fe_2O_3	0.66	0.77	1.45	1.30
K_2O	0.58	0.33	1.52	0.61
MgO	0.08	0.16	0.19	0.10
TiO_2	0.30	1.84	0.41	0.35
CaO	0.22	0.28	0.06	0.05
SO_3	1.30	0.09	0.22	0.64

以高岭土为主要组分的催化裂化半合成催化剂是石化工业的主体催化剂。目前的催化裂化催化剂主要是加入以高岭土为主要组分的"半合成"催化剂。这种半合成 FCC 催化剂与全合成沸石分子筛催化剂相比，具有比表面积小、孔体积较大、抗磨性能好、抗碱和抗重金属污染能力强等优点，更适宜制备掺炼重油或渣油的催化剂。

2）累托土基质

累托土（Rectorite）是自然界广泛存在的一种黏土，是一种硅铝酸盐矿物，由不可膨胀的类云母单元层和可膨胀的类蒙脱石单元层按照公用相邻的 2∶1 黏土层的方式交替相间、有序排列而形成的，其底面间距>1.70nm。其中 2∶1 黏土层的硅氧四面体上有同晶取代现象，层间域内有可交换的阳离子，当使用交联剂对可交换的阳离子进行取代时，可膨胀层就被撑开成为大孔结构的交联累托土。累托土结构示意图如图 3-1-39 所示。其化学结构式如下。

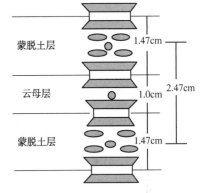

图 3-1-39 累托土结构示意图

云母层：$(Na_{0.79}K_{0.39}Ca_{0.26})_{1.44}Al_4[Si_6Al_2]_8O_{22}$

蒙脱土层：$(Ca_{0.55}Na_{0.02}K_{0.01}Mg_{0.03})_{0.61}(Al_{4.1}Fe^{2+}_{0.09}Mg_{0.07})_{4.26}(Si_{6.46}Al_{1.54})_8O_{22}$

表 3-1-2 列出了 XRF 分析的累托土化学组成，从表中可知累托土的主要组成为 Al_2O_3 和 SiO_2，其次含有较多的 TiO_2 和 CaO。

表 3-1-2 XRF 分析的累托土化学组成

样品	化学组成/%（质）								
	Na_2O	MgO	Al_2O_3	SiO_2	P_2O_5	K_2O	TiO_2	CaO	Fe_2O_3
累托土（初粹）	1.46	0.53	39.1	40.7	0.26	1.57	4.03	5.76	3.1
累托土（精矿）	1.52	0.56	39.3	42.0	0.22	1.66	4.37	5.66	1.95

对累托土的差热分析表明它的相变峰高达 1060℃，说明累托土具有较好的热稳定性。

利用 SEM 分析累托土，如图 3-1-40 所示，累托土呈片状结构。

图 3-1-40　累托土的 SEM 照片

累托土结构中的云母层是非膨胀层，而蒙脱土层是膨胀层，其中的补偿阳离子是可交换阳离子，可以被无机和有机阳离子交换，当使用交联剂对可交换的阳离子进行取代时，可膨胀层就被撑开成为大孔结构的交联累托土，撑开后的底面间距可达 1.9～5.2nm。交联后的累托土的孔径可调、具有优异的水热稳定性和热稳定性极强的重油转化能力，通常在催化裂化催化剂中可替代部分分子筛的作用。交联累托土材料具有大孔开口结构，优异的热及水热稳定性，孔径可从常规长廊到超级长廊的大范围可调节，高催化活性，强的重油转化能力。累托土裂化催化剂具有好的催化裂化性能，与传统的含高岭土担体的催化剂相比，具有更强的裂化重油的能力和更高的催化裂化活性，具有高汽油、柴油收率。通过对累托土的改性处理，可以显著改善累托土催化剂的焦炭选择性。

（2）黏结剂基质[43]

1）硅溶胶黏结剂

硅溶胶黏结剂是针对硅铝凝胶黏结剂的不足开发的。1973 年，Davison 公司开发出了以高岭土为分散介质，硅溶胶为黏结剂的分子筛催化剂[44]。该催化剂基质几乎无活性，催化剂的活性几乎全部由分子筛提供，由于分子筛的选择性比硅铝基质好，这样催化剂的选择性得到改善，使产品的轻质油收率提高了 3% 以上。同时因为硅溶胶的黏结性比硅铝凝胶好，催化剂的强度得到提高。催化剂的比表面积和孔体积低于硅铝凝胶为黏结剂制备的催化剂，结构稳定性好，减少了细孔的封闭现象，同时改善了汽提性。硅溶胶半合成催化剂仍然存在一些不足。分子筛的孔径较小，裂化重质油大分子烃的能力有限；基质抗金属污染的能力有限。加上高岭土的骨架密度大，催化剂的堆积密度也大为提高。这种硅溶胶半合成催化剂当时在世界上得到了广泛应用。

2）胶溶拟薄水铝石

1977 年的美国专利[45]最早报道了胶溶拟薄水铝石作为黏结剂。胶溶拟薄水铝石作为黏结剂具有以下特点：①黏结性能优于硅铝凝胶；②具有一定的活性，可与分子筛发挥协同作用，提高催化剂的重油裂化能力；③改善催化剂的中孔结构，增加催化剂的比表面积；④提高催化剂的水热稳定性；⑤具有一定的抗金属污染性能，与 Ni 形成镍铝尖晶石而钝化 Ni，对 V 也有一定的固定作用。胶溶拟薄水铝石作为黏结剂的不足之处是：焦炭选择性比硅溶胶和铝溶胶差，黏结性能比铝溶胶差；制备催化剂时浆液的固含量低，增加制备能耗。

拟薄水铝石的化学式为 $AlOOH \cdot nH_2O(0<n<1)$，是含水量大于薄水铝石而晶粒粒径小于薄水铝石的铝氧化合物[46]。它是合成氢氧化铝过程中易生成的一种晶相，结晶不完整，其典型晶型是很薄的皱褶片晶。Reichertzs 等[47]先后研究了薄水铝石的晶体结构，比较一致的看法是：它具有 D_{2h}^{17}-Amam 空间群，具有类似纤铁矿的层状结构，层与层之间以氢键连接。CalVet[48]根据低温下合成薄水铝石得到的产物具有衍射峰加宽、含过量水及更高的比表面积等特点，最早提出拟薄水铝石(Pseudoboehmite)的概念。Tettenhorst[49]等认为，薄水铝石与拟薄水铝石之间的差别主要是晶粒大小的变化。张明海等[50]认为拟薄水铝石的晶粒粒径一般小于10nm。胶溶拟薄水铝石的微观结构经 XRD 证实与拟薄水铝石的微晶结构相同，根据拟薄水铝石的微晶结构示意图[51, 52]可以画出胶溶拟薄水铝石的结构示意图，如图 3-1-41所示。HO-Al-O 形成链结构[图 3-1-41(a)]，多个 HO-Al-O 链平行排列形成层状结构[图 3-1-41(c)]，在这种排列方式中，相邻两链之间逆向平行排列，第二链的氧原子与第一链的铝原子在同一水平上，使铝原子成六配位结构。多链层状结构之间再以氢键结合形成胶溶拟薄水铝石微晶[图 3-1-41(d)]。

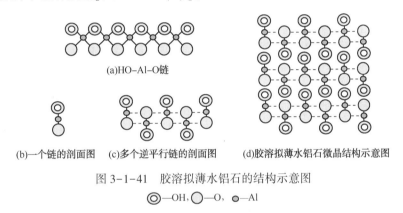

(a)HO-Al-O链

(b)一个链的剖面图　(c)多个逆平行链的剖面图　(d)胶溶拟薄水铝石微晶结构示意图

图 3-1-41　胶溶拟薄水铝石的结构示意图

◎—OH，○—O，●—Al

拟薄水铝石加酸可以胶溶生成胶溶拟薄水铝石。胶溶拟薄水铝石具有良好的黏结性能。拟薄水铝石经加热到450℃左右分解生成 γ-Al_2O_3，γ-Al_2O_3具有丰富的中孔结构，有一定的裂化活性和很好的热和水热稳定性。因此，拟薄水铝石广泛应用于石油化工行业中作裂化、加氢和重整催化剂的黏结剂或催化剂载体。

3）铝溶胶

铝溶胶(Alumina Sol)又称聚合氯化铝(Poly-aluminum Choride)或碱式氯化铝(Basic Aluminum Choride)。铝溶胶早在 1969 年[53]就被应用到催化剂制备中。由于铝溶胶中含有大量的氯，制备过程中以 HCl 形式释放出来腐蚀设备，而且制备铝溶胶的成本相对较高，因此铝溶胶的应用曾一度受到限制。铝溶胶不仅可以作为黏结剂，而且还是一种很好的减黏剂，美国专利4476239[54]报道了在催化剂浆液中加入铝溶胶可以显著降低催化剂浆液的黏度，提高将液固含量。随着晶胞小、酸中心数目少、氢转移活性低的高硅铝比分子筛的采用，裂化催化剂中分子筛的加入量明显增加，从而对黏结剂的要求更高了，胶溶拟薄水铝石已不能完全满足此要求。铝溶胶作为催化剂的黏结剂可以明显改善催化剂的磨损性能。因此，铝溶胶得到了广泛应用。

铝溶胶作为黏结剂具有以下特点：①黏结性能强于硅溶胶和胶溶拟薄水铝石；②具有一定的活性，活性低于胶溶拟薄水铝石，但焦炭选择性好于胶溶拟薄水铝石；③能提高催化剂的水热稳定性；④具有一定的抗金属污染性能。铝溶胶作为催化剂黏结剂的不足之处是：所制备催化剂的孔体积和比表面较小，重油裂化能力有限；制备过程中释放出酸性气体腐蚀设备；价格相对昂贵。

三、催化裂化催化剂的性质及分析测试方法

（一）催化裂化催化剂的质量指标说明

每批催化剂均有催化剂厂出具的催化剂的物理化学性质的质量检验报告，质量检验报告非常有用，需要密切关注，以确保催化剂的性质符合合同要求。表 3-1-3 列出了不同催化剂的质量指标。

表 3-1-3　催化剂的质量指标

项目	A	B	C
Al_2O_3/%（质）	≥45.0	≥47.0	≥45.0
Na_2O/%（质）	≤0.30	≤0.30	≤0.30
Fe_2O_3/%（质）	≤0.80	≤0.40	≤0.60
SO_4^{2-}/%（质）		≤2.0	≤2.0
灼烧减量（LOI）/%（质）	≤13.0	≤13.0	≤13.0
孔体积/（mL/g）	≥0.35	≥0.35	≥0.30
比表面积/（m²/g）	≥200	≥230	≥230
表观堆密度/（g/mL）	≤0.67	0.65~0.85	0.65~0.85
磨损指数/（%/h）	≤3.2	≤2.5	≤2.5
MA（800℃/4h）/%	≥74	≥77	≥74
粒度分布/%（体）			
0~40μm	≤20.0	≤20.0	≤22.0
0~149μm	≥92.0	≥90.0	≥90.0
平均粒径/μm	65.0~78.0		

（二）催化裂化催化剂的化学性质分析

1. 催化裂化新鲜催化剂的化学组成分析

新鲜催化剂的化学组成分析包括：灼烧减量、Al_2O_3、Na_2O、Fe_2O_3、Cl^-、SO_4^{2-} 和 RE_2O_3 等的含量。

（1）灼烧减量（LOI）/%

催化裂化催化剂的灼烧减量，表示催化剂经高温灼烧后跑损的水分以及挥发性盐分的量。

测定方法：准确称量 1~3g 试样，在 800~850℃下焙烧 1~4h。由灼烧前后的质量，计算灼烧减量

（2）Al_2O_3 含量/%

Al_2O_3 是催化裂化催化剂中的主要成分。一般有三个来源：基质中的黏结剂、高岭土中及分子筛中，其含量取决于催化剂的配方。

测定新鲜催化剂 Al_2O_3 含量的主要方法有 X 射线荧光法、滴定法、原子吸收法和等离子体发射光谱法等。目前，多采用 X 射线荧光法或等离子光谱法（ICP）来测定 Al_2O_3 含量。

（3）RE_2O_3/%

新鲜催化剂中的 RE_2O_3，来自催化剂中的沸石及采用含 RE_2O_3 助组分的催化剂基质。

分析方法：目前多采用 X 射线荧光法或等离子光谱法（ICP）测定 RE_2O_3 总含量及单一稀土元素的含量（即镧、铈、镨、钕和钐等的含量）。

（4）Na_2O/%

Na_2O 为催化剂中含有的杂质，主要来源于分子筛中 Na_2O 的残留。Na_2O 的迁移性强，是催化剂最严重的毒物，可中毒活性中心并降低分子筛的稳定性，使分子筛的结构崩塌。在催化剂的生产中应力求降低新鲜剂的 Na_2O 含量。

分析方法：分析催化剂中的 Na_2O，可将催化剂样品先进行消融分解，测定时取含 Na_2O 的萃取溶液，得到含 Na_2O 的萃取溶液用火焰光度计、原子吸收分光计或等离子体发射光谱法测定。目前，多采用固体粉末直接采用 X 射线荧光法来测定。

（5）Fe_2O_3/%

新鲜催化剂中的 Fe_2O_3 是催化剂中含有的杂质，Fe_2O_3 主要来自原材料和生产过程中设备的腐蚀。

分析方法：以前分析新鲜催化剂中的 Fe_2O_3 含量多采用光电比色计或分光光度计来测定，也可用原子吸收分光光度计，由已知浓度的含铁标准曲线，求出测定试样的 Fe_2O_3 含量。目前，主要采用 X 射线荧光法或等离子光谱法（ICP）测催化剂中的 Fe_2O_3 含量。

（6）SO_4^{2-}/%

新鲜催化剂中的 SO_4^{2-} 主要来自催化剂制备用的原料，如分子筛、高岭土及硅基黏结剂等。

分析方法：SO_4^{2-} 含量较高时，其测定是将样品用酸消解处理制得溶液，然后用氢氧化铵调节 pH 值至 2 左右，加 $BaCl_2$ 形成 $BaSO_4$ 沉淀，在 850℃ 下将沉淀灼烧至恒重，测得 SO_4^{2-} 含量。对酸处理后的提取液，也可以采用液相色谱仪来测定 SO_4^{2-} 的含量。当 SO_4^{2-} 含量不高时，采用沉淀法往往误差较大，因此主要采用液相离子色谱法测定。目前，主要采用 X 射线荧光法 SO_4^{2-} 含量。

（7）Cl^-/%

新鲜催化剂 Cl^- 含量主要来自催化剂制备过程及原料。

分析方法：目前主要采用 X 射线荧光法 Cl^- 含量。

2. 催化裂化平衡催化剂的化学组成分析

催化裂化平衡催化剂的化学组成包括：Ni、Cu、V、Fe、Sb、Ca、Na 和 C、S 含量，表 3-1-4 列出了常规的平衡催化剂分析结果。

（1）Ni、Cu、V、Fe、Na、Ca 和 Sb 含量/（μg/g）

Ni、Cu、V、Fe、Ca、Na 及 Sb 含量多采用 X 射线荧光法或等离子光谱法测定。

（2）C、S 含量/%

平衡催化剂上的 C、S 含量一般采用燃烧法测定。

目前，主要采用红外吸收法：试样在富氧高温炉中燃烧，生成 CO_2、SO_2 气体，气体经过滤干燥器后进入相应的吸收池，对相应的红外辐射进行吸收，可读出 C、S 的百分含量；

此方法具有准确、快速、灵敏度高的特点，高低 C、S 含量均使用。

表 3-1-4　常规的平衡催化剂分析

项目	PV/ (mL/g)	SA/ (m²/g)	ABD/ (g/mL)	粒度分布/%（质）				APS/μm
				0~20μ/ %（质）	0~40μ/ %（质）	0~105μ/ %（质）	0~149μ/ %（质）	
2018.09.12	0.28	107	0.87	4.2	26.5	88.5	98.1	57.8
2018.10.10	0.29	121	0.86	1.3	16.5	85.8	97.5	64.5
2018.10.22	0.28	128	0.84	0.7	16.5	86.1	98.9	64.8
2018.11.03	0.29	123	0.84	1.5	18.3	87.9	99.2	62.7

项目	金属含量/（μg/g）						再生 C/ %（质）	MA/ %（质）
	Fe	Na	Ni	V	Sb	Ca		
2018.09.12	4450	1760	9520	1160	3250	1110	0.03	63
2018.10.10	5070	1670	8200	1020	3660	1210	0.04	67
2018.10.22	5370	2520	7600	1010	3200	1102	0.04	70
2018.11.03	5180	1740	7280	970	3190	1204	0.03	68

（3）金属在平衡剂上的沉积

在平衡剂上沉积的主要金属有：Ni，V，Fe，Cu，金属在平衡剂上沉积的量取决于原料的进料量和新鲜催化剂的加剂量，金属在平衡剂上沉积对催化剂的活性和选择性均有影响。

1）镍（Ni）

镍的脱氢活性最高，镍沉积使氢气、干气烯烃及焦炭增加，汽油产率降低；当平衡剂上 Ni 含量>2000μg/g，影响值得关注，平衡剂上 Ni 含量>5000μg/g，影响显著，常使用钝化剂降低镍的影响。

2）钒（V）

钒在许多 FCC 原料中以较重的金属有机化合物存在，钒在催化剂上沉积可形成低熔点化合物使分子筛结构坍塌进而使催化剂失活。一般来说，钒的失活影响，当平衡剂上 V 含量>2000μg/g，需关注其影响，当平衡剂上 V 含量>3000μg/g 时，有显著影响，钒的脱氢活性约为镍的 1/4。

3）钠（Na）

钠对催化剂的活性影响巨大，其含量高时能使催化剂立即失活，来自原料中的钠对催化剂性能影响较大，一般来说，钠含量每增加 0.1%，活性下降 1~3 单位，取决于具体装置的情况，当钠与钒结合时会加剧催化剂失活。

4）铜（Cu）

一些原料中含有铜，它能催化加氢和脱氢反应，使得氢气和焦炭增加。

（4）平衡剂上的其他金属

1）锑（Sb）

锑为镍钝化剂，钝化剂的量根据平衡剂上锑和镍的量而定，通常平衡剂上锑的量是镍的 1/3~1/2，锑钝化可降低氢气和焦炭的选择性。

2）铁（Fe）

新鲜催化剂中含有铁，在原料中也存在，还有一部分来自装置操作中的腐蚀。

3）MgO

MgO 含量一般表明硫转移剂的添加量。

4）P_2O_5

P_2O_5 含量表明低碳烯烃助剂的添加量。

5）Pt

Pt 含量表明 CO 助燃剂的量，量很少难以分析，常用 CO 指数。

（5）平衡剂上的碳含量

再生剂上的碳含量（CRC）

CRC 值间接地反映了催化剂上炭的沉积量，CRC 能够提供反应器–再生器的操作的内在信息。再生器中的高温及高氧分压可以促进氧化作用，降低再生剂碳含量；一般来说平衡剂上碳含量每增加 0.1%，催化剂的微活指数约降低 3 个单位。

（三）催化裂化催化剂的物理性质及表征

催化裂化催化剂的物理性质包括：比表面积、孔体积、粒度分布、磨损指数

1. 比表面积（SA）

催化剂的比表面积为分子筛和基质的比表面积之和，通常是用 N_2 吸附法测定的。催化剂的比表面积与新鲜催化剂活性的相关性较好，比表面积越大，活性越高。一般来说，新鲜剂的比表面积一般为 $200 \sim 320 m^2/g$，平衡剂的比表面积约为 $100 \sim 200 m^2/g$。

BET 测定方法：样品在 1.33Pa、300℃条件下抽真空脱气.4h，然后在 77K 下与液氮接触，等温吸附、脱附，测定吸附、脱附等温线，利用 BET 公式计算比表面积和孔体积，利用 BJH 公式计算平均孔径。

2. 孔体积（PV）

单位质量催化剂所含有的空隙体积称为孔体积，可以通过氮吸附法（BET）测定孔体积，同时可获得孔径和孔径分布。水滴定法常用于催化剂孔体积的测试，水滴法的测定值一般大于 BET 方法的测定值。

水滴法测定催化剂孔体积的测定方法：40～200 目的样品 650℃焙烧 1h，冷却后取 25mL 加入 100mL 锥形瓶中，称量加入样品质量（w_2），酸式滴定管滴加蒸馏水到预期量的 90%左右，塞紧瓶塞，强烈摇动瓶子约 20s，然后慢速滴定。若放热升温过高，以冷水冷却到室温。滴定到样品粘在瓶壁上可达 2s 即为终点。记录滴定消耗的蒸馏水体积（V_{H_2O}）。

样品的滴水孔体积计算：$V_g = V_{H_2O}/w_2$

3. 磨损指数（AI）

磨损指数（AI）表明催化剂的硬度，催化剂的抗磨损性能。

测定方法：将一定量的微球催化剂放在特定的仪器中，用高速气流冲击 4h 后，计算平均每小时所生成的小于 15μm 的细粉质量占催化剂（细粉＋磨余物）总质量的百分数即为磨损指数。新鲜催化剂的磨损指数小于 3.0 为合格（一般情况），有的要求小于 1.5。

催化剂磨损指数的测定步骤：样品在 650℃焙烧 1h，冷却后称取 10g 于流化磨损指数测定仪的垂直管中，从管底通入流量一定的含湿的压缩空气，流化 1h 后，弃去滤纸筒（细粉收集器）中的细粉，重新装好滤纸筒，继续流化 4h，称量细粉收集器中的细粉质量（w_1）和垂

直管中残留的样品质量(w_2)，流化磨损指数计算式：$AI = w_1/(w_1+w_2)/4$。样品焙烧条件：空气为载气，流量 140mL/min，升温速率 10℃/min。

4. 催化剂的表观松密度

表观松密度是指单位堆积体积下处于自然堆积状态未经振实的固体催化剂颗粒的质量，其中所测催化剂的堆积体积包括固体颗粒中的固体所占体积、催化剂内部孔隙所占体积及催化剂颗粒间松散空隙体积。通常，催化剂的密度用表观松密度表示。表观松密度取决于催化剂的原材料和制备工艺，表观松密度（ABD）通常不变，除非催化剂的类型发生变化，在很高的再生温度下，催化剂的基质被烧结，会使催化剂的比表面积下降同时使得 ABD 增加。

催化剂的表观松密度测定方法[55]是将经过一定条件处理的催化裂化催化剂，在一定时间内通过一固定位置的漏斗，自然流入具有一定体积的专用量筒中，直至装满容器，注意不要碰撞量筒，则单位体积内催化裂化催化剂的质量即为样品的表观松密度。

测定仪器：内径为 20mm 的 25mL 量筒，并恰好在 25mL 刻度处割断磨平。测量时将量筒放在漏斗下，把样品倒在漏斗上，使样品在 30s 内连续装一筒并溢出，用刮刀将多余的催化剂刮平，擦净量筒外催化剂并称重，由此计算出催化剂的表观松密度，单位为 g/mL。

5. 粒度分布（PSD）

新鲜剂中粒径小于 40um 为细粉，其含量在 15%～20% 时流化性能较好，与新鲜剂相比，平衡剂的粒度分布范围较窄并且细粉量较少。PSD 是催化剂的流化特性、旋风分离器的性能及催化剂的耐磨性的重要指标，平衡剂的细粉含量下降，表明旋风分离器分离效果下降。平衡剂的细粉含量增加，表明催化剂的磨损增加。

目前，主要用激光粒度测定仪测定。激光粒度测定仪[56]是采用带微处理机的激光粒度检测池进行粒度测定，测定范围为直径 2～176μm 的粒子。该方法利用激光束穿过含催化剂粒子的悬浮液时，固体颗粒产生光散射的原理，采用微型计算机处理散射后的激光图像，能获得催化剂的粒度范围和粒度分布。本方法最突出的优点是能在 1min 内快速测得结果，并打印或绘制成所需的图表，特别适合于催化剂生产厂产品控制分析。

（四）催化剂的活性中心可接近性及测定

随着原料油的重质化，催化裂化过程中存在一些较重物质（如大分子烃类、常渣、减渣、胶质和沥青质等），对于这部分较重的物质来说，能否扩散到催化剂的活性中心是影响其裂化的关键；同时催化裂化过程中生成的气体能否快速离开催化剂孔道，也是影响转化深度以及催化剂裂化选择性的重要因素之一。这些均可归属于表示催化剂扩散性能的"活性中心的可接近性（acid-site accessibility）"。

Akzo Nobel 为了衡量"可接近性"，建立了一种测定方法，称为"AAI 指数"（Akzo Accessibilty Index）[57]，这是一种快速测定方法[58]，它用了一种大分子有机化合物，以液相吸附于催化剂孔来测定其扩散性状，有机化合物与催化剂不发生化学反应。应用无因次参数，如相对浓度和无因次时间（傅立叶数）将所得的液相结果与不同温度和不同相态下的扩散性状关联。大分子化合物的相对浓度是该化合物在一定时间的浓度除以实验开始的浓度，浓度用紫外可视光谱测定。具体对裂化催化剂测定所用的有机物是科威特 VGO 与甲苯的混合物，其浓度是每升甲苯含有 15g VGO。溶液里的大分子化合物百分含量与时间的平方根画曲线，取开始一段曲线的斜率定义为 AAI，如图 3-1-42 所示。AAI 测定流程如图 3-1-43 所示。

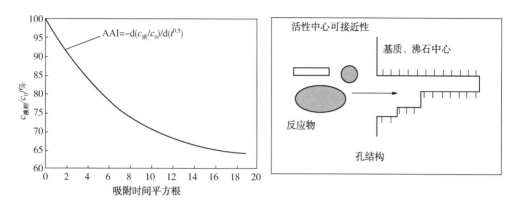

图 3-1-42　AAI 曲线及活性中心可接近性模型

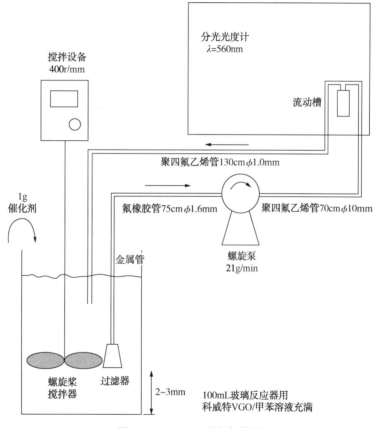

图 3-1-43　AAI 测定仪器图

四、催化裂化催化剂的反应性能评价方法

（一）催化剂老化及稳定性测定

1. 新鲜剂与平衡剂的差异

新鲜剂与平衡剂有许多不同之处。与新鲜剂相比，平衡剂具有以下特点：①平衡剂的比表面积、晶胞常数及孔体积低；②平衡剂的活性更低，③平衡剂上有多种金属沉积，例如

Ni、V、Ca、Cu、Fe、Na 等；④平衡剂中存在不同年龄分布的催化剂；⑤平衡剂上有不同氧化还原态的金属；⑥平衡剂的其他物理性质和 PSD 性质不同。

2. 新鲜剂老化的目的

只有平衡剂才能反映真实的工业应用性能，因此，通过对新鲜剂老化以模拟平衡剂的性能，另外，新鲜剂的活性太高也不能直接做裂化性能评价，因而，在评价新鲜 FCC 催化剂之前的首要和基本步骤是将新鲜剂进行适当的老化，以期能获得更接近真实的工业应用性能。

3. 催化剂老化方法

(1) 水热老化

水热老化反应器类型为固定床或流化床，其主要参数包括温度、蒸汽百分数及老化时间；对于水热老化方法，不同的催化剂供应商有不同的方法，老化条件不同，表 3-1-5 列出了几个催化剂供应商的水热老化条件；其中 ASTM D4463 为无金属污染的 FCC 催化剂新鲜剂的标准水热老化方法。

表 3-1-5 水热老化条件

项目	ASTM	Grace	Engelhard	Albemarle		CCIC	中国石化
标准或温和条件							
温度/℃	760	760	787	750	787	750	800
水蒸气/%	100	100	100	100	100	100	100
时间/h	5	6	4	17	2	17	4
压力/kPa	—	34.5	—	—	—	—	—
苛刻条件							
温度/℃	800	815	815	795	743		800
水蒸气/%	100	100	100	100	100		100
时间/h	5	5	4	17	2		17
压力/kPa	—	—	—	—	—		—

(2) 金属污染老化

当 FCC 装置使用重质原料，金属的影响不能忽视时，只用水热老化方法不能反映真实的情况，就需要进行金属污染老化，即将催化剂污染金属后再进行老化，通常考虑的金属有 Ni、V、Fe、Sb、Ca 等，金属污染老化的方法复杂多样。将催化剂金属污染老化再进行催化裂化性能评价，评价结果则更接近于工业平衡剂的性能。

1) Mitchell 方法

Mitchell 方法包括以下几个步骤：①将环烷酸盐(Ni, V, Fe, Sb, Ca……)溶解在有机溶剂中，通过催化剂上的金属含量计算溶液的浓度；②用环烷酸盐将催化剂均匀浸渍；③将催化剂在高温下焙烧将有机溶剂蒸发除去；④将催化剂进行水热老化。但是，此方法存在的问题是金属在催化剂上均匀沉积，没有年龄分布及氧化状态变化。

2) 循环污染(CD)

循环污染为 Albemarle 创建的方法，其反应器为固定床反应器，装剂量为 0.1~0.2kg，污染原料用环烷酸 Ni 或 V 含量高的 VGO/VR，进行多个反应-汽提-再生循环。其中，反应是在催化剂上沉积金属，汽提条件：温度为788℃，用N_2或者水蒸气汽提，再生条件为温度为788℃，用水蒸气/N_2/O_2/SO_x等，时间为30min。

3）循环金属浸渍（CMI）

循环金属浸渍为Grace创建的方法，原料为含有一定量金属的VGO，总计50次反应–再生循环，与CD方法类似，该法总体模拟平衡剂商业性能较好，但是试验时间长难于控制。

4）循环丙烯蒸气（CPS）

循环丙烯蒸气（CPS）是Grace创建的方法，用Mitchell方法在催化剂上沉积金属，温度为780℃，30次氧化还原，总预处理约为20h，金属浓度和年龄分布均匀，但是，金属的氧化还原状态以及脱氢和氢转移性能与工业平衡剂类似。

4. 催化剂的水热稳定性及其测定方法

催化裂化催化剂在再生器中，在高温下接触到少量水蒸气（10%～15%左右），会逐渐失去活性，因而存在催化剂耐高温水蒸气处理的问题，我们把催化剂耐高温水蒸气处理的能力叫催化剂的水热稳定性。

测定方法：在实验条件下，将催化剂在高温下经水蒸气处理，使其性能近似于装置中平衡催化剂的水平，然后用与反应装置相接近的条件，通入标准原料油，测定产物中汽油加气体的收率。分子筛催化剂是在800℃，通入100%水蒸气处理4h或17h。

（二）微反活性评价

1. MAT标准测试方法

MAT反映催化剂的相对催化性能，ASTM D–3907和D–5154提供了MAT标准测试方法，影响MAT结果的四个参数为原料质量、反应器温度、剂油比和空速，每个催化剂供应商进行MAT测试时使用的操作参数略有差异，因此，相互比较时必须考虑这些差异。

2. 石科院轻油微反活性测试

采用微型反应器来评价分子筛催化剂的活性，称为微反活性测定方法，它测得的活性数据就是分子筛催化剂的微反活性。

实验装置：北京石化信息自动化开发公司WFS-1D自动微反活性评定仪。原料油：大港直馏轻柴油239～351℃

实验方法：固定床反应器，催化剂装量为5g，反应温度为460℃，剂油比为3.2，重量空速为16h^{-1}，吹扫N_2流量30mL/min，汽提时间为10min。

裂化气和产品油分别收集进行离线色谱分析，生焦催化剂用离线热重法定碳，反应条件根据实验需要在一定范围内调整。

3. 石科院重油微反评价

为了适应工业FCC原料油变重的情况，RIPP开发了以VGO为原料的MAT自动程序控制微反活性测定方法。

实验装置：美国Xytel公司MAT-Ⅲ型微反评价装置。

原料油：镇海-VGO。

实验方法：固定床反应器，催化剂装量4g，反应温度480～500℃，重量空速为16h^{-1}，原位再生定碳，在线气体分析，产品油进行离线色谱分析，反应条件根据实验需要在一定范围内调整。

（三）催化剂反应性能评价方法

1. ACE 固定流化床微反评价

ACE 是美国 Kayser 公司的一种微型固定流化床反应装置。ACE 装置评价条件可调节范围大，更加灵活，重复性好。与固定床微反相比，ACE 评价结果与工业实际应用更接近。

实验装置：美国 KTI 公司 ACE-Model R$^+$型固定流化床微反装置。

实验条件：固定流化床反应器，原料油为武混三，催化剂装量 9g，反应温度为 500℃，剂油比为 5~8。

液相产物用乙二醇为介质的循环冷槽冷却收集在收油瓶中，气相产物用排水取气法收集。

2. FFB 评价

FFB（fixed fluidized bed system）的原理与 MAT 和 ACE 类似，石科院开发的 FFB 的主要特点：①规模相对较大，催化剂装量：150~300g；②在原料中引入水蒸气使得反应环境更接近于工业装置；③其他反应条件及原料性质与 ACE R$^+$类似。

3. 中型提升管 RU 评价

为了使评价结果更能反映实际工业应用的情况，石科院开发了 RU 评价方法，RU 评价的装置为小型提升管装置，与工业 FCC 装置类似。

实验条件：原料油进料速率为 200~1800g/h，原料油的最高残炭达 5%~7%，催化剂总藏量为 4~10kg，反应温度为 400~600℃，再生温度为 600~750℃，进料预热温度为 150~420℃，剂油比为 2.5~12，油气停留时间为 1~5s，物料平衡为 ≥97%。

（四）裂化产物分析方法

1. 裂化气烃类组成分析

方法：多维气相色谱全分析法。

仪器：美国惠普公司 HP5880A 型炼油厂气分析仪。

分析条件：阀室温度 358K，进样口温度 333K，色谱柱温度 323K，监测器温度 373K。

2. 液相产品的烃类组成分析

方法：单体烃 PONA 分析。

仪器：美国惠普公司 HP6890 型色谱仪。

分析条件：毛细管石英柱（50m×0.2mm），FID 检测器。采用双段程序升温，初始温度 303K，一段温度 453K，二段温度 523K。

（五）催化剂的选择性及其测定

将进料转化为目的产品的能力，称为选择性，裂化催化剂的选择性是指催化剂将原料转化成所需的目的产品，而尽可能地少生成不期望的副产品的能力，即多产汽油（或轻循环油、或气体烯烃）等高价值产品，少产干气、焦炭和油浆。另外催化裂化催化剂的选择性也表现在目的产品的性质上。

催化裂化催化剂的选择性，一般常用目的产物产率（汽油或汽油加柴油）和转化率之比，或以目的产物与非目的产物（焦炭）的产率之比来表示。工业上常用汽油产率与转化率之比表示催化剂生产汽油的选择性，这是以转化率为基准来表达的方式，如汽油/转化率。用焦炭/转化率的比值表示焦炭选择性；另一种常用的方式是以焦炭产率为基准来表达的方式，如用汽油产率与焦炭产率之比表示催化剂生产汽油的选择性，也很直观。另外，还用 H_2 与

CH_4 比值表示产氢的选择性，用 iC_4/nC_4 比值来表示异构化反应的选择性，用 $C_{3+4}^0/C_{3+4}^=$ 比值来表示氢转移反应选择性，等等。

第二节　催化裂化催化剂的配方设计

一、重油催化裂化催化剂的设计[59,60]

重油的特点分析：重油中含有较多的重馏分($>500℃$)，分子直径大，在正常催化裂化条件下难于裂化。重油中含有较多的重金属和碱土金属元素，包括 Fe、Ni、Cu、V、Na、Ca、Mg 等。这些杂质会污染催化剂，使其活性下降或影响反应选择性。重油含有杂环化合物、胶质和沥青质，硫和氮含量高，残炭高，H/C 比低。

重油催化裂化催化剂的设计要点：提高重油裂化能力、改善焦炭选择性、提高活性中心的可接近性、提高抗重金属污染性能及增强抗碱氮性能。

重油催化裂化催化剂的设计思路：

(1) 活性组元方面。采用复合分子筛为活性组元，采用 P-REHY 分子筛以提高活性稳定性，采用超稳分子筛 USY 以增加催化剂的二级孔，采用含稀土的超稳分子筛 REUSY 提高催化剂的活性及选择性，采用结构优化分子筛 SOY 分子筛及 HSY 分子筛以提高活性并可改善焦炭选择性，采用择型分子筛 ZSP 等分子筛提高择形裂化能力。

(2) 基质方面。采用活性氧化铝担体，适合于重油裂化；采用大孔基质材料，提高催化剂的活性中心可接近性，改善焦炭选择性。

采用上述思路设计开发了 Orbit 系列重油催化裂化催化剂及高轻质油收率的 RICC 等系列重油催化裂化催化剂。表 3-2-1 列出了 RICC 工业应用结果。

表 3-2-1　RICC-1 催化剂在齐鲁石化的应用　　　　　　　%

项　目	空白标定	总结标定	项　目	空白标定	总结标定
干气	3.23	2.94	油浆	2.79	3.24
液化气	12.19	13.05	焦炭	7.82	7.57
汽油	32.88	36.40	转化率	56.47	60.38
柴油	29.95	29.03	汽油+柴油	62.82	65.44
回炼油	10.79	7.35	总液收率	75.01	78.49

RICC-1 催化剂的工业应用标定结果表明，在催化剂占系统藏量 100% 时，汽油产率增加 3.5 个百分点，轻质油收率总增加了 2.6 个百分点，回炼油产率降低 3.7 个百分点，总液收增加 3.4 个百分点，产品分布明显改善，经济效益显著。RICC-1 型催化剂具有较好的抗重金属污染能力，在原料中重金属 Ni+V 含量大幅上升的情况下，换剂后干气中的 H_2/CH_4 反而略有下降。

基于上述思路开发的高轻质油收率的 RICC 及 COKC 等系列重油催化裂化催化剂已在国内多套 FCC 装置进行广泛应用。

二、抗 V 催化剂的设计[61]

V 污染的特点分析：重油的 V 存在于胶质、沥青质中，分子量大，当原料油与催化剂接触反应时，金属钒与焦炭一起，沉积于催化剂载体大孔表面上。当催化剂氧化再生时，V转化为 V_2O_5 的形式存在。在有 H_2O 存在的条件下，V_2O_5 在650℃以上，即能发生固相迁移，进入催化剂的活性组元分子筛的小孔内表面，导致分子筛破坏，催化剂失活。

表 3-2-2　　LV-23 在茂名石化的应用　　　　　　　　　　　%

催化剂	Ramcat	LV-23	催化剂	Ramcat	LV-23
原料>500℃	50.3	54.0	油浆	4.53	4.13
产品分布			焦炭	8.38	7.31
干气	4.51	3.34	转化率	70.25	75.76
LPG	12.10	14.40	轻收	69.20	69.52
汽油	43.98	49.41	总液收	81.30	83.92
LCO	25.22	20.11			

抗 V 催化剂的设计思路：针对 V 在平衡剂上是先沉积在载体上，然后迁移至分子筛中，进而破坏分子筛的行为特征，石科院设计了具有抗高 V 污染能力的重油裂化催化剂 LV-23。设计要点从两个方面：①在催化剂的活性组元采用了高硅铝比的分子筛，以提高活性组元的耐酸性；②采用了稀土型抗钒组元，重油裂化时，催化剂上沉积的 V 在氧化与高温加热条件下，易于向分子筛表面的迁移，由于稀土氧化物的存在，可阻断 V 向活性组元迁移，保护了分子筛的结构，避免了催化剂的失活。

抗 V 重油裂化催化剂 LV-23 在茂名石化的工业应用结果列于表 3-2-2 中，工业应用结果表明：①在较高的平衡催化剂污染水平（V 3600～4400μg/g、Ni 5000～8000μg/g）下，LV-23 具有优良的活性稳定性和抗重金属污染能力。在催化剂置换速率比对比剂低 0.3kg/t 时，LV-23 平衡催化剂仍维持了相当的活性。②LV-23 具有出色的重油转化能力，特别是在焦炭和干气产率很低的前提下表现了很好的重油转化能力。③LV-23 催化剂具有优良的汽油和汽油加液化气的选择性，同时汽油的安定性和辛烷值有所改善。

三、降烯烃催化剂 GOR-Ⅲ 的设计开发[62,63]

为了进一步提高降烯烃催化剂的降烯烃能力，提高降烯烃催化剂的水热稳定性，改善焦炭选择性，提高重油裂化能力。进一步完善降低汽油烯烃含量催化剂的性能，满足国内炼油厂对大幅度降烯烃和生产高辛烷值汽油的需求，进一步提高催化汽油质量，降烯烃催化剂 GOR-Ⅲ 的研究思路，通过主活性组元和择形分子筛以及基质的进一步改性，进一步增强催化剂的降烯烃幅度，提高催化剂的水热稳定性，改善焦炭选择性，提高重油裂化能力，改善产品分布，维持催化裂化汽油的辛烷值。

降烯烃催化剂 GOR-Ⅲ 的设计思路：①采用新型改性 Y 型分子筛，强化降烯烃功能，提高分子筛的水热稳定性，适当增加分子筛上可改善酸中心密度的金属元素的含量，并控制其形态，改善分子筛的酸中心密度，保证分子筛的氢转移活性；同时引入稳定晶胞，可同晶取代的另一金属元素，提高分子筛的稳定性，二者相辅相成，相互促进。②采用一种高活性大中孔基质材料，强化基质的预裂化作用，保证优良的扩散性能；对拟薄水铝石进行改性，改变其原有的单孔分布，使其形成部分大中孔；并使新基质材料具有高活性大中孔的同时，保证它的黏结性能。③采用 MFI 型分子筛为辅助活性组分，在基质中或者在 MFI 型分子筛中引入芳构化功能组分，促使烯烃芳构化，增加汽油中芳烃含量。

降烯烃催化剂 GOR-Ⅲ 的工业应用在武汉分公司的工业应用结果列于表 3-2-3 中，工业应用结果表明：GOR-Ⅲ 与第二代降烯烃催化剂相比，在相同的操作方案、相近的原料油性质和操作条件下，汽油烯烃含量降低 3.5 个百分点；在平衡催化剂上金属镍钒污染水平相当的情况下，催化剂的活性提高 3~4 个单位，同时汽油的抗爆指数提高，诱导期延长。

表 3-2-3　降烯烃催化剂 GOR-Ⅲ 在武汉分公司的工业应用结果

项　　目	空白标定	总结标定	项　　目	空白标定	总结标定
处理量/(t/h)	88.2	90.9	LCO	22.16	22.87
密度(20℃)/(g/cm³)	0.9193	0.9220	油浆	5.95	5.68
微反活性/%(质)	65	68	焦炭	9.59	9.71
物料平衡/%(质)			轻油收率/%(质)	58.83	59.58
干气	4.03	3.96	总液收/%(质)	80.14	80.34
液化气	21.31	20.76	汽油烯烃/%(质)	32.5	29
汽油	36.67	36.71	汽油 RON	91.5	92

四、MIP-CGP 工艺专用催化剂 CGP-1 的设计开发[64,65]

CGP 催化剂是为满足 MIP-CGP 工艺需要而开发的，以得到更高的氢转移活性和汽油烯烃裂化能力。MIP-CGP 设定的技术目标是：FCC 汽油馏分的烯烃体积分数小于 18%，丙烯产率大于 8%，同时保持较高的汽油辛烷值，这在常规 FCC 模式下是难以实现的。一般认为，降低汽油烯烃含量的技术思路是强化双分子氢转移反应，在酸密度大的 Y 型分子筛、有利于放热反应发生的中等反应温度和较长的反应时间条件下进行；而增产丙烯则是强化单分子裂化反应，在对小分子烃类有选择性裂化活性的中孔分子筛、有利于吸热反应发生的高温条件下进行，两者之间存在着难以调和的矛盾。为了解决这一矛盾而开发的 MIP-CGP 工艺，采用串联式双反应区的新型反应系统，将 FCC 反应过程分成两个反应区，重质原料油与再生催化剂在第一反应区底部接触，经高温和较短的剂油接触时间后，进入扩径的第二反应区，在较低温度和较长停留时间下继续反应。通过协调第一反应区的单分子裂化反应和第二反应区的氢转移、异构化和双分子裂化反应可使汽油中的烯烃转化为丙烯和异构烷烃，从而达到改善汽油品质和增产丙烯的目的。

由于两个反应区的反应侧重点有所不同，因此，在设计开发 CGP-Ⅰ 催化剂时，应兼顾各反应区的特点，以突出其优势作用。在 CGP-Ⅰ 催化剂制备过程中刻意改善了胶体性质，并且通过严格控制各组分的加入条件，达到调节基质孔分布和酸性的目的。开发的新基质具有适宜的孔结构，有着良好的容炭性能，因此减少了第一反应区生成的积炭对活性组元的污染，使其特点在第二反应区得以充分发挥。在活性组元方面，对活性组元 1 进行 R(R 指代某种元素)、P 元素改性，进一步强化 CGP 催化剂活性组元 1 的氢转移活性，提高其大分子一次裂化活性，多产轻质油；采用第二活性组元可选择性地裂化汽油中的小分子烯烃，达到进一步降低汽油烯烃含量、多产丙烯的目的。

MIP-CGP 工艺专用催化剂 CGP-1 首次工业试验在九江分公司完成，其工业应用结果列于表 3-2-4 中。工业试验标定结果表明，与常规 FCC 相比，采用 CGP-1 催化剂的 MIP-CGP 技术在生产烯烃体积分数小于 18% 的汽油组分的同时，丙烯产率达到 8% 以上。此外，汽油诱导期大幅提高，抗爆指数增加；总液体收率有所提高，干气产率下降，焦炭选择性良好。在成功工业试验的基础之后，CGP-1 相继在国内多套 MIP-CGP 装置进行应用，至今仍是广泛应用的催化剂[66]。

表 3-2-4　MIP-CGP 工艺专用催化剂 CGP-1 在九江石化公司的工业应用

工艺类型	FCC	MIP-CGP	工艺类型	FCC	MIP-CGP
产率分布/%(质)			转化率	72.89	78.58
干气	3.72	3.45	汽油性质		
液化气	19.11	27.37	密度(20℃)/(g/cm³)	0.7125	0.7225
汽油	40.66	38.19	诱导期/min	700	>1000
柴油	21.89	16.30	族组成(荧光法)/%(质)		
油浆	5.22	5.12	烯烃	41.1	15.0
焦炭	8.90	9.09	芳烃	15	25.1
丙烯(对进料)/%(质)	6.29	8.96	*RON*	91.6	93.5
总液收	81.66	81.86			

第三节　工业催化剂

一、催化裂化催化剂的工业生产

（一）催化裂化催化剂的工业生产流程[67]

1. 催化裂化催化剂基本生产工艺流程

催化裂化催化剂的基本生产工艺流程如图 3-3-1 所示，除了"原位"晶化催化剂生产流程以外，国内外制造商的催化裂化催化剂的基本生产工艺流程大同小异。一般都是先进行制备均匀的催化剂胶体，再经过喷雾干燥成型造粒，然后再进行洗涤、交换、改性、焙烧及干燥等后处理步骤制成微球催化剂成品。

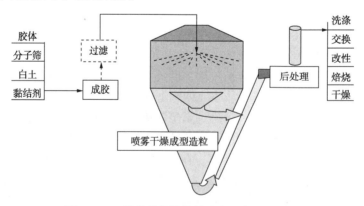

图 3-3-1　催化裂化催化剂基本生产工艺流程

2. 单黏结剂和双铝黏结剂半合成沸石催化剂

沸石裂化催化剂的催化活性及选择性主要是由裂化活性大大超出基质的分子筛沸石所决定的，为了让催化剂有更好的选择性，早期的沸石催化裂化催化剂着眼于开发低活性甚至是无活性的基质。随着催化裂化掺炼重油比例的提高，基质重油裂化活性对催化剂活性及选择性的贡献越来越受重视。不同的基质有不同的制备工艺，需要不同的生产流程；不同的生产流程制备的催化剂性能也不一样。不同的基质、黏结剂与沸石相配合，催化剂的裂化性能和耐磨损指数也不同。

半合成催化剂最早广泛使用的是单罐次序加入的制备技术，该技术又按照黏结剂是的使用种类分为单黏结剂制备流程（如图3-3-2所示）及双黏结剂制备流程（如图3-3-3所示），后者是两次加入黏结剂。

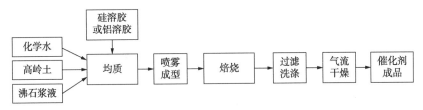

图3-3-2 半合成沸石催化剂制备流程（单黏结剂）

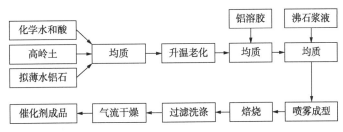

图3-3-3 半合成沸石催化剂制备流程（双铝黏结剂）

3. 高固含量催化剂制备流程

石油化工科学研究院开发的高固含量催化剂制备技术是根据胶体的相互作用原理，通过优化各组元的混合成胶次序，使得催化剂胶体在尽可能少的分散介质下进行酸化、交换、洗涤和干燥成型。应用这种工艺制备的催化剂球形度好，磨损性能优良，同时也显著降低了能耗，提高了生产效率，流程见图3-3-4。

4. BASF公司发展的制备流程

2006年，BASF收购Engelhard公司的催化剂业务，所以在此介绍的"原位"晶化催化剂生产流程实为原Engelhard公司研究开发的。"原位"沸石晶化流程与前述两个制备流程的主要差别是高岭土在经化学处理之前，就经过喷雾干燥制成微球状。喷雾干燥成微球的高岭土，先经高温焙烧形成所需的结构，并转变成偏高岭土。将NaOH加到焙烧过的微球高岭土浆液中，配成所需沸石的组成，进行晶化。晶化产物经洗涤除去盐分，用交换溶液进行离子交换，稳定沸石的结构。最后经洗涤和干燥，得到成品催化剂。

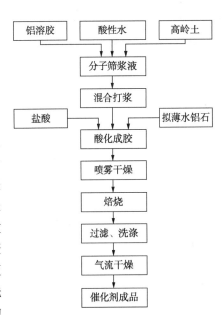

图3-3-4 高固含量催化剂制备流程

原位晶化沸石生产的催化剂密度大，强度高，自然跑损少，反应性能好；然而制备流程难度大，催化剂调节余地小，难以满足复杂的市场多样化的需求，如图 3-3-5 所示。但是，Engelhard 公司在 20 世纪 90 年代中期收购了 UOP 公司的催化剂厂（Katalystiks 公司 FCC 催化剂生产厂）后，在该半合成催化剂生产技术的基础上，原位晶化沸石催化剂生产有了大的调节空间，催化剂产品有了更加灵活的调节余地。

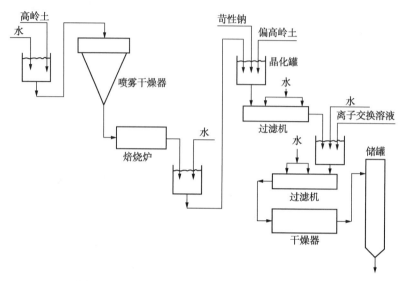

图 3-3-5　BASF(Engelhard)公司催化剂制备流程

5. 抗重金属污染的催化剂制备流程

利用多孔氧化铝在催化裂化-再生条件下与重金属（以及氧化硫 SO_x）的作用，以氧化铝为基质组分的催化剂制备流程在国内广泛采用，而国外在 20 世纪 80 年代中期也有类似制备方法。高岭土先与胶态氧化铝（羟基氯化铝、$\beta\text{-}Al_2O_3$ 等）混合，加入沸石后喷雾干燥成型，再经后交换洗涤处理，二次干燥即得成品催化剂，如图 3-3-6 所示。生产流程简单，产品质量好是其主要的特点，然而成本稍高。

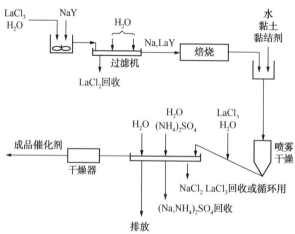

图 3-3-6　抗污染半合成铝基沸石催化剂制备流程

（二）催化裂化催化剂工业生产中质量指标控制

1. 化学组成及控制

（1）Al_2O_3

催化裂化催化剂中的 Al_2O_3 的含量主要取决于铝基基质的用量及分子筛的种类及用量，其含量与催化剂的配方有关，因此，在催化剂的生产中无需特意控制。

（2）Na_2O

催化裂化催化剂中的氧化钠含量与分子筛中的氧化钠含量有直接关系，因此，在分子筛的生产中首先要力求将其氧化钠含量尽可能降低，在催化剂及分子筛的生产中影响氧化钠含量的因素主要有：洗涤液的水筛比、洗涤浆液 pH 值、交换介质的用量以及带式滤机的操作工况，如：转速和水分布等。

（3）RE_2O_3

催化裂化催化剂中的 RE_2O_3 的含量与催化剂的配方有关，分子筛交换上去的稀土相对稳固，在催化剂制备中一般不会流失，但是在分子筛及基质上沉积的稀土不稳定，需要控制好焙烧温度及洗涤浆液 pH 值以免稀土流失。

（4）SO_4^{2-} 和 Cl^-

催化裂化催化剂中的 SO_4^{2-} 和 Cl^- 主要来源于分子筛的交换介质中，目前没有严格限制，但需关注，因为，SO_4^{2-} 和 Cl^- 容易造成设备腐蚀及分馏塔结盐，并且带来 S 的排放污染问题。

2. 物理性质及控制

（1）比表面积 SA

比表面积表示催化剂可以提供油气分子可以接触活性中心的位置的多少。催化剂的比表面积一般为 $200\sim320m^2/g$，其中基质的比表面积为 $30\sim100m^2/g$，分子筛的比表面积为 $170\sim220m^2/g$

在催化剂的制备中，比表面积的控制手段主要是调节分子筛的类型和比例及基质的配比。

（2）水滴法孔体积 PV

孔体积的大小反映了催化剂中空隙结构的情况，决定了可以提供油气分子多少活动空间。

在催化剂的制备中，孔体积的控制手段主要有三个：①相同基质情况下，分子筛含量越高，孔体积也越高，②分子筛类型，③基质：酸化程度，双铝黏结剂比例，铝溶胶用量。

（3）堆积密度（ABD）

催化剂的堆积密度是确保催化剂在催化装置反再系统中正常流化或流动的重要因素；在一定工艺条件下，ABD 必须在设计范围内，否则会引起催化剂在反再系统的循环不畅。装置设计可调节范围加大，该指标的要求范围较宽。

在催化剂的制备中，控制堆积密度 ABD 的主要手段有两个，一是调节双铝黏结剂的比例，二是调节催化剂喷雾干燥的气氛条件包括温度和湿度。

（4）磨损指数（AI）

磨损指数是表示催化剂磨蚀性能的指标。受环保要求的限制，为减少烟气中的固体含量，对催化剂的磨损指数要求越来越高。在催化剂的工业应用中，有两种造成催化剂细粉可能增加的情况：表面磨蚀、破裂，其中表面磨蚀的情况与催化剂的磨损指数密切相关，另外，催化剂的破裂可能与催化剂的球形度、工艺条件(热崩)及装置条件有关。烟气固体含量的高低与催化剂的磨损指数及三旋效果有关。

在催化剂的制备中，对 AI 的控制主要从四个方面进行：①强化分子筛的磨细程度，主要从 $D(v, 0.5)$ 和 $D(v, 0.9)$ 两个指标控制好分子筛的粒度分布。②在基质打浆过程中，从打浆时间和功率两个方面控制好高岭土的分散状况，使高岭土充分分散。③控制好拟薄水铝石的酸化，主要是控制好拟薄水铝石的胶溶情况，防止拟薄水铝石的过度胶溶和不完全胶溶。④调节铝溶胶的用量。

另外，在催化剂的制备过程中，一定要兼顾 PV、ABD 与 AI 三者之间的关系，三者之间是相辅相成的关系，在一定的配方和制备工艺下，存在最佳的平衡态，三者也是相互制约的，不可片面追求一项指标，要兼顾三者的关系，使催化剂的性能最佳化。

(5) 筛分组成

筛分组成表示不同颗粒大小催化剂的分布情况，催化剂的粒度分布呈正态分布，筛分指标主要是减少粒度为 $0\sim20\mu m$ 的细筛分，并且控制合适的平均粒径，根据装置中催化剂的流化和输送情况而确定合适的粒度分布，在催化剂的制备过程中可用分级机调节催化剂的粒度分布。

(6) 球形度

工业生产催化裂化催化剂颗粒主要是采用压力式喷雾干燥塔喷雾干燥成型的。催化剂浆液经过高压泵由塔顶均风器中间喷入塔内，经过喷头雾化成雾滴，雾滴与热风接触发生热交换，雾滴水分蒸发并干燥成粉状颗粒，落至喷雾干燥塔底。催化剂成品可能存在细粉含量过多，固含量低，粒度分布过宽，颗粒的形貌不好，棒状、苹果状颗粒或大颗粒上黏附小颗粒，甚至破碎颗粒多的情况。催化剂浆液的固含量、浆液温度、进风温度、塔内温度、排风温度、塔内真空度、雾化压力和浆液进料速度都对催化剂颗粒的粒度分布、颗粒形貌的球形度有很大影响。现有关于喷雾干燥条件对产品质量影响的报道中，表征颗粒形貌的手段只有从扫描电镜照片中的感官描述，并没有量化的表征颗粒形貌的数据。石科院首次开发了催化裂化催化剂球形度的分析测定方法[68]，可以量化表征催化裂化催化剂颗粒形貌，进而对催化剂喷雾干燥成型工艺做准确指导。

(7) 微反活性

微反活性表示催化剂的初始活性。催化剂在 800℃、100%水蒸气下老化 4h，使用轻柴油在 460℃下反应测定的活性。利用 4h 活性检验生产过程控制的指标及生产中配比执行情况及过程控制(酸化、焙烧、洗涤)情况。

二、催化裂化催化剂的工业应用中需关注的几个问题

在催化剂的工业应用中需关注的几个主要问题为：
① 催化剂的活性及稳定性；
② 筛分及强度；
③ 催化剂的选择性；
④ 催化剂的抗金属污染能力；
⑤ 催化裂化的产品品质。
为了使催化裂化催化剂在工业应用中发挥更好的作用，以上几个问题是需要关注的。

首先，催化剂的活性及稳定性，催化剂活性的高低代表催化剂的催化裂化能力的强弱，一般来说，催化剂的活性是关注的重点，催化剂的活性是催化剂最重要的性质之一，尤其要重视催化剂的活性，但是，同时还需要密切关注催化剂的稳定性，如果催化剂的稳定性较差，那么催化剂的初活性虽然很高，在装置应用中将会很快失活，也不能达到很好的工业应用效果。其次，催化剂的筛分、强度及催化剂的选择性也很重要，在催化裂化催化剂的工业应用中以上几个问题都需要关注。

(一) 金属污染原理

在催化裂化过程中，原料中的重金属镍、钒、铜及铁等沉积在催化剂上，镍主要起脱氢作用，而钒主要通过在催化剂颗粒内和颗粒间的迁移，与沸石发生多种形式的物理-化学作用，破坏沸石的晶体结构。重金属的中毒作用使催化剂选择性变差，活性下降，导致干气产率上升，轻质油收率下降。在催化裂化过程中的主要污染元素有：Ni、V、Fe、Cu、Na、Ca、N、S。以催化剂的污染指数表示催化剂被重金属污染的程度，其定义是：

$$污染指数 = 0.1(Fe + Cu + 14Ni + 4V)$$

式中　Fe——催化剂上的铁含量，$\mu g/g$；

　　　Ni——催化剂上的镍含量，$\mu g/g$；

　　　Cu——催化剂上的铜含量，$\mu g/g$；

　　　V——催化剂上的钒含量，$\mu g/g$。

抑制重金属污染的方法主要有原料预处理、催化剂脱金属及使用金属钝化剂，其中，使用金属钝化剂是最经济、便利和有效的方法。

(二) 催化剂的几种金属及碱氮中毒机理分析及其抑制方法

1. 催化剂的镍中毒机理分析及其抑制方法

催化剂的镍中毒机理：一般认为镍沉积在催化剂上，导致催化剂的裂化活性降低，脱氢活性升高，但不破坏分子筛的晶体结构。在催化剂颗粒内，镍能在基质上沉积，也可在沸石上沉积，在沸石上，镍沉积在孔隙内或沉积在表面上，在催化剂再生时，镍易于与基质结合生成 $NiAlO_4$ 类型的化合物。

催化剂的镍中毒的表现：当催化剂发生镍中毒时，从产品分布上可以看出，H_2/CH_4 比增加，严重时焦炭产率增加，总液收下降；对催化剂进行分析可以看出，催化剂的镍含量增加，严重时催化剂微反活性增加。

抑制催化剂镍中毒的主要措施是进行催化剂的镍钝化，一是在催化剂再生条件下，镍易于基质上的活性氧化铝结合，生成 $NiAlO_4$ 类型的化合物，使镍的脱氢活性大大降低；二是使用含锑的金属钝化剂，锑与镍结合形成尖晶结构的稳定的化合物。但是，锑也是分子筛的毒物，会中和活性中心，破坏分子筛结构，因此，锑钝化镍是"以毒攻毒"，需合理使用。

2. 催化剂的钒中毒机理分析及其抑制方法

催化剂的钒中毒机理分析：一般认为沉积在催化剂上的钒，在再生器内富氧及高温水蒸气环境下，转变成了可迁移的液态钒酸（H_3VO_4）：

$$V_2O_5 + 3H_2O \longrightarrow 2VO(OH)_3$$

它可迁移进入催化剂的活性组分——分子筛的晶体内，与分子筛结构上的铝发生作用，生成钒酸铝，分子筛的晶体结构被破坏，催化剂活性迅速下降。另外，钒酸有可移动性，不仅可在颗粒内移动，而且可在颗粒间迁移，因此破坏性很强。

催化剂的钒中毒的表现：当催化剂发生钒中毒时，从反应性能可以看出，重油裂化能力下降，油浆增多，高附加值产品下降；对催化剂进行分析可以看出，钒含量增加，微反活性急剧下降，比表面积很低。

抑制催化剂钒中毒的主要措施是催化剂的钒阱技术。

① 在催化剂上加入钒阱组分，常用的钒阱组分有稀土和氧化镁，可以和钒形成稳定的钒酸化合物：

$$RE_2O_3 + 2H_3VO_4 \longrightarrow 2REVO_4 + 3H_2O$$

$$2MgO + 2H_3VO_4 \longrightarrow Mg_2V_2O_7 + 3H_2O$$

② 降低再生温度，钒的熔融温度为690℃，低于该温度可以减弱钒的迁移性。

③ 使用贫氧再生，防止钒向高价化合物的氧化，只有+5价钒化合物才有毒性。

3. 催化剂的铁中毒机理分析及其抑制方法

催化剂的铁中毒机理及表现：铁沉积在催化剂外表面上，通过 SEM 技术分析催化剂表观形貌发现颗粒表面形成沟、岭、裂缝等结构变化，形成环绕颗粒的铁富集壳层，SiO_2-Fe_2O_3-Na_2O 形成低熔点共熔物。污染铁阻塞了催化剂活性中心的孔道，降低了催化剂活性中心的可接近性，从而降低渣油裂化能力，干气和氢气产率增加。

催化剂的抗铁技术：在催化剂上加入活性氧化铝，可以显著提高共熔温度，共熔物中含有一定量的氧化铝，可以使得共熔温度超过再生温度；采用大孔基质，为铁沉积提供空间；可使用液体抗铁助剂。

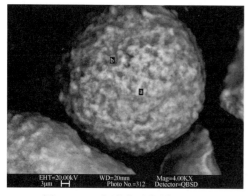

图 3-3-7　钙中毒平衡剂 SEM 照片

4. 催化剂的钙中毒机理分析及其抑制方法

催化剂的钙中毒机理：碱土金属中毒活性中心，高温水热气氛下，Ca^{2+} 会进入分子筛骨架与钠或氢交换，导致结晶保留度下降，催化剂活性下降。钙沉积在催化剂上，形成硫酸钙，阻塞孔道，催化剂可接近性下降；硫酸钙在水蒸气存在下形成黏结性很强的石膏，导致催化剂结块，流动性能变差，并可能造成烟机结垢。

钙中毒平衡剂 SEM 照片如图 3-3-7 所示。钙中毒平衡剂元素能谱分析结果列于表 3-3-1 中。

表 3-3-1　钙中毒平衡剂元素能谱分析

编号	组分/%（质）												
	Al_2O_3	SiO_2	P_2O_5	SO_3	K_2O	CaO	V_2O_5	FeO	NiO	La_2O_3	BaO	Ce_2O_3	MgO
a	43.64	33.15	3.57	4.8	0.08	4.29	0.58	1.18	1.58	2.13	0.36*	4.22	0.42
b	49.09	39.43	2.78	1.17	0.05*	1.04	0.23*	0.43	1.19	1.23	0.22*	2.85	0.29

催化剂的钙中毒表现：当催化剂发生钙中毒时，从反应性能可以看出，重油裂化能力下降，油浆增多，高附加值产品下降，对催化剂进行分析可以看出，钙含量增高，微反活性下降，催化剂的比表面积和孔体积都减少。

催化剂的抗钙技术：原料油脱钙，使用抗钙助剂。

抗钙助剂原理：原料中的钙与抗钙助剂中的某些元素反应形成高熔点稳定钙化合物，减少钙对催化剂的影响。

含抗钙助剂的催化剂比表面积、孔体积、结晶保留度均高于无助剂催化剂。Zr、Cr、Ti、P 都可作为抗钙组分。

5. 催化剂的碱氮中毒机理分析及其抑制方法

碱氮中毒机理：碱氮化合物含有孤对电子，具有强烈的络合和吸附性能，FCC 催化剂的活性中心是 L 酸和 B 酸，具有电子空轨道，二者结合形成强配位键的络合物使催化剂中毒失活。

催化剂碱氮中毒的表现：碱氮中毒是非永久性中毒，在再生器中转化为 NO_x 或 N_2 后，催化剂活性恢复，反应性能上看：重油裂化能力下降，油浆增多，高附加值产品下降，催化剂分析：无异常反应。

催化剂的抗碱氮技术：催化剂可提供更多的酸性位，一部分用于诱发正碳离子，另一部分可用于络合碱氮化合物，以减少碱氮化合物吸附后的位阻作用，并对含氮化合物侧链尽可能地裂化，防止焦中氢的增加，如：基质上增加少量的强酸性位。

三、催化裂化催化剂的研究进展

（一）催化裂化催化剂发展简要回顾

催化裂化是当今炼油厂的最重要的生产技术。催化裂化装置用于将重油和渣油转化为轻质燃料和化工原料。催化剂是催化裂化技术的核心。

20 世纪 40 年代，合成硅铝催化剂代替酸性白土，提高了催化剂活性，改善了汽油选择性。催化剂成型采用喷雾干燥技术，改善了催化剂的物化性质。

20 世纪 60 年代，出现了 Y 型分子筛催化剂，由于它具有活性高，选择性和稳定性好的特点，很快就被广泛采用，并且促进了催化裂化装置的流程和设备的重大改革。除了促进提升管技术的发展外，还促进了再生技术的迅速发展。

20 世纪 70 年代，以硅溶胶为黏结剂的分子筛催化剂开发成功。催化剂的强度和选择性得到进一步改善。

20 世纪 80 年代，超稳 Y 型分子筛的广泛采用和 ZSM-5 分子筛的引入，为重质油催化裂化提供更为合适的活性组分；同时显著地增加汽油辛烷值以及提高轻烯烃收率。

20 世纪 90 年代，新的氧化铝技术的引入更进一步提高了 FCC 装置对加工不断变重的原油的适应性，使其具有更高的抗金属 Ni 和 V 的能力。

21 世纪，人们环保意识的不断增强以及环保立法的日趋严格，推动着清洁燃料的生产，降烯烃降硫技术取得了较快的发展，并已成为研究的热点和难点。

（二）国外催化剂公司的催化裂化催化剂的重要技术进展

1. Grace Davison 公司的催化裂化催化剂的重要技术进展

（1）基质技术及其重油裂化催化剂

由一种性能可调的基质 TRMTM 和铝溶胶组合的系列催化剂，其孔分布和表面化学状态可以调整，可以更好地适应原料性质和剂油间的相互作用。基于这种基质并引入铝溶胶开发了 4 个系列催化剂：IMPACTTM、IJBRATM、POLARISTM、PINNACLETM。

（2）增产丙烯的 Apex 催化剂

Grace Davison 公司开发的 Apex 催化剂，采用专有的择形分子筛和基质技术，不但丙烯产率高，而且在污染金属存在的情况下，表现出较低的结焦活性和较高的重质原料裂化活性。

（3）降烯烃的 RFG 和 GOAl 催化剂

RFG 催化剂的工业应用结果表明，汽油烯烃含量可降低 25%～40%，同时还能保证汽油辛烷值和轻烯烃（C_3，C_4）产率不下降。该剂在中国石油抚顺石化分公司石油二厂 1.5Mt/a 催化裂化装置上进行了工业应用试验。

GOAl 催化剂利用了该公司独特的选择性活性基质专利技术，并使用了 CSX 和 Z-17 分子筛，其金属捕集能力强，特别适用于大幅度降低汽油烯烃含量或最大量生产汽油。

（4）降硫催化剂

GFS 系列降硫催化剂含有改性分子筛，该分子筛具有比常规 USY 分子筛更高的 L 酸中心比例，通过 L 酸中心与 B 酸中心协调作用来实现降硫目的，可使汽油硫含量降低 40%。

SuRCATM 系列催化剂除了常规的催化裂化活性和选择性外，还具有降低全馏分汽油硫含量的功能。

2. BASF 公司的催化裂化催化剂的重要技术进展

（1）FACT 平台

FACT 即燃料特效催化剂技术，是一种具有化学合成新材料及新工艺的独特技术平台。构成 FACT 平台的技术基础是 In-SL-ation 分子筛超稳技术和 Metagtor 基质制备技术。由 FACT 平台生产的产品配方独特，具有活性高、抗磨损能力强、油浆产率低和总价值高的特点。分子筛和基质组分可根据催化裂化装置的要求按不同的比例"裁剪"，使其在加工不同原料油时产生一种真实的催化反应环境。其中，In-SL-ation 是一种对水热和化学脱铝方法改进的 USY 分子筛制备技术，其采用先进的反应动力学进行沸石合成，然后采用水热/化学 Pyrochem 技术结合氧化硅直接取代。在合成稳定性高而可能无缺陷的分子筛后，选用适当硅源进行必要的修复反应，以修复超稳过程中的缺陷位，从而使沸石具有较高的新鲜表面积，提高了蒸汽老化稳定性并极大地减少了沸石结晶中的缺陷。这种变化提高了催化剂活性和稳定性，因而降低了催化剂补充量。Metagtor 是一种氧化铝基体制备技术，它通过对氧化铝的特殊化学处理，使这种基体具有良好的渣油裂化活性，同时能有效地固定 Ni 和 V 等重金属离子，提高 FCC 催化剂的抗重金属污染能力。这种独特的基质材料促进了捕获 Ni 并将活泼的 Ni 转变成不活泼 Ni 的化学过程。同样，基质也能成功地捕获 V，并将 V 结合在它的表面上，使沸石酸性活性表面免受破坏，防止非理想的焦炭和气体生成。这种基质系统的高活性也促进了塔底油的裂化。

（2）NaphthaMax 催化剂

NaphthaMax 催化剂采用新材料构成分散的基质结构（DMS），DMS 基质与 Pyrochem-Plus 分子筛采用独特方法相结合，分子筛存在于催化剂孔隙表面和内壁。采用这一技术，催化剂可使催化裂化进料在短时间内大量裂化为所需产品。这种催化剂可促进 FCC 进料选择性一次裂化，改善渣油性质而不多生成焦炭。该催化剂技术可提高加工灵活性，增加现有设备的生产能力。因该催化剂为高活性系统，无需提高压力和温度就可达到产品要求。炼油厂应用这种催化剂可提高汽油产率、增加 LPG 的烯烃度、减少重质产品（LCO 和 HCO）并减少焦炭生成。

（3）Flex-Tec 催化剂

BASF 公司推出的 Flex-Tec 催化裂化催化剂可使重质渣油大大提高汽油产率。Flex-Tec 催化剂适用于处理含污染金属如镍、钒和铁高的渣油原料，使基质结构（DMS）技术和 MaxiMet 技术产生协同效应。MaxiMet 是可改进污染金属的钝化的基质技术。DMS 基质基质技术，可改进进料分子扩散到位于催化剂外表面的预裂化活性中心。进料在沸石分子筛表面进行预裂化，从而可大大减少焦炭生成，预裂化可防止进料裂化过度，使之有较好的选择性。MaxiMet 技术可钝化重质渣油进料中的重金属，这一钝化作用可防止催化剂中毒，并最大限度地减少焦炭和气体的生成。

（4）MSRC 技术平台

MSRC（多段反应催化剂）技术平台是一个有突破性的新概念，在 FCC 催化剂颗粒内有多个不同的反应阶段，使得烃分子扩散通过催化剂颗粒时经历具有不同功能的阶段。这个多段反应催化剂的制备工艺基于 BASF 独特的原位（in situ）制备技术，其中每个反应段的活性组分按要求的量加入，赋予每个在 MSRC 概念下制备出来的催化剂以不同的特征。MSRC 开发成功的一个关键的因素是原位制备工艺所给予的黏结性质，使沸石能跨越不同催化剂段和界面生长，起到黏结剂的作用，并赋予催化剂颗粒抗磨损的性能。

基于 MSRC 平台的 Fortress™，针对镍主要沉积和聚集在催化剂外表面的实际情况，将捕获镍的氧化铝集中在催化剂的外层，更有效地解决问题。催化剂颗粒的内层反应段具有 DMS 结构，能加强重油大分子的扩散，其没有金属捕获功能，但具有高沸石活性，使汽油产率最大化。外层反应段也是基于 DMS 技术，但是其中富集了专用的氧化铝，直接在催化剂上沉积镍的地方将其捕获。这使得 FCC 装置能够在常规的焦炭和干气产率限制内达到最大的转化率。

3. Albemarle 公司的催化裂化催化剂的重要技术进展

（1）ADZ 分子筛和 ADM 基质技术

传统的水热超稳蒸汽处理技术生产的分子筛具有富铝表面，引起过多的二次反应，而化学脱铝随之补硅生产的分子筛具有贫铝表面，导致部分催化活性损失，Albemarle 公司通过全面调控分子筛的铝分布开发了 ADZ 分子筛技术，在一定程度上解决了上述问题，并结合其他各种工艺过程生产出一系列的改性 Y 型分子筛。

Albemarle 公司开发的 ADM 基质中包含具有一定裂化活性的氧化铝或硅铝氧化物大中孔，以增加塔底油的裂化能力。这些孔道属于 3~50nm 的中孔或 50nm 以上的大孔，经化学或物理改性后增加了裂化反应活性。

ADM 系列基质具有很强的重油转化能力、抗金属污染能力和优异的焦炭选择性，高 SiO_2/Al_2O_3 比的 ADZ 系列分子筛具有很高的水热稳定性和馏分油裂化能力，具有很高的汽油和 LPG 选择性。

（2）CAT 催化剂组合技术

Albemarle 公司将其开发的多种 ADZ 分子筛技术和 ADM 基质材料与适当的催化剂黏结剂技术相结合，以控制孔径分布，并使活性中心均匀分布，实现了 CAT 催化剂组合技术。"基质"设计的协同作用产生了一个独特的催化剂构架，它的开放孔结构有利于碳氢化合物迅速吸附和脱附。提出了选择催化剂的一些建议：对于受烧焦能力限制的渣油催化裂化装置，一般应选择焦炭选择性好的裂化催化剂，如 Opal、Sapphire、Coral 和 Centurion 催化剂；对于需要提高渣油转化率的催化裂化装置，可采用重油裂化能力强的高基质活性催化剂，如 Amer、Emerald 和 Ruby 催化剂。

（3）TOM 全面烯烃管理技术

Albemarle 公司称为"全面烯烃管理"的 TOM 技术基于两个原理，一是增加 Y 型分子筛的氢转移反应使烯烃饱和；二是利用 ZSM-5 组分选择性裂化汽油烯烃到液化石油气中。其中，TOM OPAL 878L 降烯烃催化剂使用强抗金属能力的 DM-60 基质及超稳定 ADZ 分子筛，改善了催化剂的物理性质，加快了原料分子向催化剂活性中心的扩散速度和催化裂化反应的速度。

（4）低稀土技术（LRT）[69]

雅宝（Albemarle）公司的低稀土技术（LRT）可使其 FCC 催化剂的稀土含量降低到常规量的 1/4，而活性和稳定性保持不变，并能根据客户需求定制产率、选择性。该技术已工业化并在炼油厂应用中得到证实。LRT 产品包括：用于加工减压蜡油的 GO LRT 和 AMBER LRT，用于加工渣油的 UPGRADER LRT 和 CORAL LRT，用于提高塔底油裂化能力和抗金属性的助剂 BCMT-500 LRT。

（5）Granite™技术平台[70]

为了应对劣质原料加工、市场多变、环保法趋紧等挑战，雅保（Albemarle）公司推出了 FCC 催化剂新技术 Granite™。该技术平台基于一种新型的基质/黏结剂体系，扩展了催化剂配方的调节范围，在取得目标产品收率的同时，塔底油改质性能、焦炭选择性和沸石稳定性都有进一步改善，从而提高了炼油商的盈利能力。使用 Granite™技术平台开发的第一批催化剂产品包括 Peak™、Everest™和 Denali™。

（三）国内开发的系列 FCC 催化剂

1. 石科院的催化裂化裂化剂重要日程

石科院的催化裂化裂化剂重要日程列于表 3-3-2 中。

表 3-3-2　国内开发的催化裂化裂化剂重要日程

开发的催化剂、助剂	时间
无定形硅铝催化剂	1965
REX 分子筛催化剂	1968
REY 分子筛催化剂	1975
CO promoter	1976
Ni 钝化剂	1978
REHY 低生焦催化剂	1988
SO$_x$转移剂	1985
辛烷值助剂，USY 高辛烷值催化剂	1986
渣油系列催化剂	1983
CHP、CRP、CIP（DCC 工艺）；RMG、RAG（MGG 工艺）	1990~1992
RFC（MIO 工艺）Orbit 系列、Comet、LV 系列催化剂	1995~1996
MLC-500、CC-20D、LANk-98 催化剂；LDC-971 助剂	1997~1998
DVR-1、LVR-60、CR005 催化剂	1998~2001
RGD 系列（MGD 工艺）、LRC-99	1999
CEP011（CPP 工艺）；GOR-I 系列催化剂	2000~2001
MS011、LGSA 助剂；GOR-II 系列催化剂；MMC-1、MMC-2（DCC 工艺）	2002
CR022（MIP 工艺）、GORA 助剂；CGP-MIP、GOR-Ⅲ	2003~2004

开发的催化剂、助剂	时间
DOS、DVR-3、MP051、DMMC、RSC	2005~2006
COKC、CDOS、RICC、VRCC、MAC、CTZ、ABC	2007~2008
HSC-1、RFS09(SO_x转移助剂)、VSG	2009~2010
Catalyst 5#、FLOS、LVR-60R	2011~2012
$RDNO_x$助剂、LV-23R、Epylene、OMT(CPP 工艺)、HCGP、HMIP(MIP 工艺)	2013~2014
SGC、SLG、RCGP、RMIP(MIP 工艺)；RBC、SLE、RFS16(SO_x/NO_x助剂)	2015~2016
GD Max、CMT、HOB	2017~2018
HBC	2019

2. 国内开发的系列 FCC 催化剂介绍

（1）Orbit 系列重油裂化催化剂[71]

Orbit 系列重油裂化催化剂使用范围很广，可适用于原料油质量较差、装置处理量大、剂油比较低的情况。该系列催化剂大分子裂化能力强，焦炭选择性好，具有较高的轻质油收率，同时可兼顾汽油辛烷值，该系列催化剂水热稳定性好，具有一定的抗重金属污染能力。例如在中国石化九江分公司 Orbit-3000 的工业应用结果表明：轻质油收率提高了 1.94%，总液体收率提高了 0.73%，汽油辛烷值略有提高，说明该剂平衡活性高，重油转化能力强，高价值产品收率高。

Orbit-3000 可提高汽油和柴油收率，装置加工能力提高 25% 以上；Orbit-3300 可改善催化剂的抗金属性能，适用于大加工量、低剂油比的重油裂化装置；Orbit-3600 是为高钒原料油设计的催化剂；Orbit-3600B 是基于 Orbit-3600 的抗钒降烯烃催化剂。

（2）抗钒污染系列催化剂[72]

抗钒污染的系列催化剂如 Orbit-3600、LV-23、CC-20D 均是高抗钒催化剂，这些催化剂均具有系列化产品，具有良好的焦炭选择性和异构化性能、较强的重油裂化能力及较强的抗金属污染能力，可用于平衡剂不同钒含量水平的装置。在茂名石化的工业应用表明：在高转化率下处理劣质掺渣油原料，LV-23 可使液化气、汽油、柴油三者收率的总和较高。在平衡催化剂中钒的质量分数达到 4200μg/g、镍的质量分数达到 6100μg/g 的前提下，干气和焦炭的产率很低，该催化剂性能明显优于同类进口对比催化剂。Orbit-3600 在西太平洋石油有限公司重油催化裂化装置上与国外催化剂进行了工业对比试验。试验结果表明：Orbit-3600 催化剂具有良好的抗重金属污染能力，在平衡剂(Ni+V)>11000μg/g 时，仍具有较高的催化裂化活性。使用该催化剂后，装置处理能力提高 12.1%。

3. Comet 系列重油裂化催化剂

Comet 系列重油裂化催化剂是使用范围很广的催化剂，可适用于原料油相对密度高、重金属含量高、装置处理量大、剂油比较低的情况。该系列催化剂大分子裂化能力强，焦炭选择性好，具有较高的轻质油收率。

4. 多产柴油的系列催化剂[73,74]

多产柴油系列催化剂以 MLC-500 和 CC-20D 为代表，该催化剂在较苛刻的条件下具有水热稳定性好、活性保留度高、机械强度好重油裂化能力强的特点，可用于加工重质油原料，与相应的工艺技术配合可提高柴油产率。例如 MLC-500 催化剂在沧州炼化公司的工业结果表明：与适当的工艺匹配，在保持加工量不变的情况下，轻质油收率提高了 3.25%，总液体收率提高了 4.63%，汽油辛烷值达到 91 以上，柴汽比提高了 0.8 个单位以上。该系列催化剂也是很好的重油裂化催化剂。

5. DVR 系列大庆减压渣油裂化催化剂[75]

DVR 系列催化剂是系列化产品，大庆类石蜡基原料掺渣率可达到 80% 以上，管输油中间基原料掺渣率可达到 35% 以上。该剂在燕山石化的工业应用达到了预期目标，结果表明：在镍含量高达 8800μg/g 的情况下，DVR-1 活性大于 60，掺炼减压渣油的比例达到 85.1% 时，转化率为 66.21%（质），总液收为 79.23%（质），汽油各项指标达到了 90 号汽油的指标。说明该剂抗镍污染能力强，重油转化能力强，产品选择性好。

DVR-1：为加工 100% 大庆减压渣油设计的催化剂，最大化掺渣比。DVR-2：改善了产品分布，同时降低汽油烯烃含量。DVR-3：为更差的原料油设计的重油催化剂。

6. CDOS 渣油裂化催化剂[76]

CDOS 催化剂是重油裂化催化剂，是 DOS 催化剂的系列产品，该催化剂应用开发的 DOSY 分子筛为活性组分，具有重油裂化能力强，总液收高的特点，适合于加工高重金属、高碱氮的重油裂化原料。

7. GOR 降低催化汽油烯烃的催化剂[77]

GOR 系列降低汽油烯烃含量催化剂具有十余种不同性能的品种，GOR 系列催化剂可调控氢转移的深度，控制氢分布，产生一定的异构化和芳构化反应，在降低汽油烯烃的同时，保持较好的焦炭选择性和较高的辛烷值。可满足各种原料油降低汽油烯烃的要求，并且可以调节产品分布。

8. DOS 系列降低汽油硫含量重油裂化催化剂[78]

DOS 系列降低汽油硫含量重油裂化催化剂，开发了有效的降硫组元，使得催化剂在保持优良重油裂化能力的同时，可以使得汽油硫含量降低 20% 以上。

9. 油化结合型的催化剂[79]

DMMC 系列催化剂是石科院开发的以重质馏分油为原料，多产气体烯烃的催化裂解工艺（DCC）（Deep Catalytic Cracking）的专用催化剂。该催化剂具有水热稳定性好，对重油大分子烃类转化能力强，低碳烯烃产率高，抗磨损性能好，汽油辛烷值高及平衡活性高等特点。

10. 渣油裂化催化剂[80,81]

RICC 系列催化剂是应用 MPC 基质技术和高可接近性的孔道通畅的分子筛 SOY 设计的用于加工高金属含量的渣油裂化催化剂。该催化剂应用了 MPC 基质的扩孔技术，因此具有较好的容钙容铁能力。

COKC 催化剂是应用孔道通畅的分子筛 SOY 设计的具有优良焦炭选择性的催化剂，该催化剂应用于受烧焦能力限制的装置，用于提高掺渣比和提高处理能力。

VRCC 催化剂是采用 MPC 基质技术和孔道通畅的分子筛 SOY 并应用微区设计技术制备的催化剂，可以广泛应用于渣油裂化中。

11. ABC 抗碱氮系列催化剂[82]

ABC 系列催化剂是针对高掺炼焦化蜡油和/或溶剂脱沥青油开发的重油裂化催化剂。ABC 抗碱氮催化剂具有较强的重油转化能力、较高的汽油产率，较好的产物分布和产品选择性，应用抗碱氮催化剂 ABC 可以得到更高的高价值产品产率。在原料油碱氮含量达到 1400ppm 时，ABC 催化剂仍然具有较好的塔底油裂化能力，有一定的降低汽油烯烃含量的效果，是一种高总液收的重油裂化催化剂。

12. 硅溶胶催化剂[83]

RSC-2006 催化剂是应用硅溶胶技术的催化剂，突破了传统硅溶胶催化剂活性低的弱点，该催化剂的特点是重油裂化活性和铝基催化剂相当，同时焦炭选择性和汽油选择性较好。该催化剂中引入抗金属污染组分，增强了催化剂的抗金属污染能力。

13. HSC 催化剂[84]

HSC 催化剂是石科院以气相超稳分子筛为活性组元及大孔基质材料开发的高活性、高稳定性催化剂，工业应用结果表明，催化剂 HSC 具有较强的重油转化能力，较高的汽油产率，较好的产物分布和产品选择性，应用催化剂 HSC 可以得到更多的高价值产品。

14. SGC 增产汽油催化剂[85]

增产汽油催化裂化催化剂 SGC 是针对重质原料油开发的增产汽油的催化裂化催化剂。SGC 催化剂具有稳定性高、裂化活性好、汽油和焦炭选择性好的特点，可应用于重油催化裂化装置，特别是需要增产汽油、降低焦炭的重油催化裂化装置。

15. 渣油 MIP 装置多产汽油催化剂 RCGP-1[86]

采用高稳定性 HSY 分子筛和高可接近性 SOY 分子筛为主要活性组元，匹配弱酸性低生焦和大孔活性铝基质技术，添加高开环裂化反应活性和低氢转移反应活性特点的多孔催化材料，以及抗金属污染组元和优异的制备技术，开发了渣油 MIP 装置多产汽油的 RCGP-1 催化剂。

该催化剂具有高的重油裂化能力和汽油产率，具有较强的抗重金属污染能力，有利于汽油辛烷值桶的提高。

16. 满足国际市场的催化剂

HGY 系列催化剂是针对国外公司装置和原料特点及对产品分布的要求设计开发的，主要特点是重油裂化能力强，汽油选择性好，抗重金属能力强。该系列催化剂成功应用于韩国 SK 公司 RFCC 装置、印尼 PLAJU 炼油厂、泰国 SPRC 炼油厂及新加坡 SRC 炼油厂等，FCC 及 DCC 催化剂及工艺在海外应用情况列于表 3-3-3 中。

表 3-3-3　国内开发的催化剂在海外应用情况

开始应用年份	国家/地区	类　型	开始应用年份	国家/地区	类　型
1996	泰国	DCC 工艺和催化剂	2010	美国	FCC 催化剂
2002	韩国	FCC 催化剂	2011	澳大利亚	FCC 催化剂
2003	印尼	FCC 催化剂	2011	伊朗	FCC 催化剂
2007	日本	FCC 催化剂	2012	印度	DCC 工艺和催化剂
2009	沙特	DCC 工艺和催化剂	2013~2015	苏丹、尼日尔	FCC 催化剂
2010	泰国	FCC 催化剂	2016	泰国	第二代 DCC 工艺和催化剂
2010	新加坡	FCC 催化剂	2017	俄罗斯	FCC 催化剂
2010	马来西亚	FCC 催化剂	2019	南非	FCC 催化剂

17. 与工艺配套的专用催化剂

与特有工艺配套的专用催化裂化催化剂，简单介绍如下：

(1) CRP 系列催化剂

CRP 系列催化剂是以重质馏分油为原料，多产气体烯烃的催化裂解工艺 DCC 的专用催化剂。该催化剂具有水热稳定性好，对重油大分子烃类转化能力强，低碳烯烃产率高，抗磨损性能好，汽油辛烷值高及平衡活性高等特点。

(2) RAG 系列催化剂

RAG 系列催化剂是以常压渣油为原料，最大量生产液化气和高辛烷值汽油的 ARGG(Atmospheric Residue Maximum Gas Plus Gasoline) 工艺的专用催化剂。该催化剂重油转化能力强、抗重金属污染性能好，适合于加工高掺渣比原料油。

(3) RMG 系列催化剂

RMG 系列催化剂是以减压馏分油或掺入部分减压渣油为原料，最大量生产液化气和高辛烷值汽油的 MGG(Maximum Gas Plus Gasoline) 工艺的专用催化剂。该剂重油转化能力强、抗重金属污染性能好。

(4) RFC 系列催化剂

RFC-1 是多产异丁烯和异戊烯的流化催化技术 MIO(Maximum Iso-Olefine) 的催化剂。使用 RFC-1 能最大量的生产异构烯烃和高辛烷值汽油。中型评价结果表明，RFC-1 催化剂具有良好的异构烯烃选择性，其中异构产物中烯烃与烷烃比及异丁烯和异戊烯的产率均比常规催化裂化高一倍以上。

(5) LCM 系列催化剂

LCM-Ⅰ型~LCM-9 型催化剂是用于 HCC(Heavy-oil Contact Cracking Process) 工艺的专用催化剂，HCC 工艺是目前国内外用重油直接裂解制乙烯的主要工艺技术之一。催化剂的性能对 HCC 工艺过程有极其重要的影响，既要传递大量的热量，又要起到催化的作用，并要长期经受苛刻的操作条件。催化剂评价结果表明，LCM-5 的烯烃选择性较 LCM-1 有明显的提高，LCM-8 的乙烯产率最高，LCM-9 的丙烯产率最高。LCM-8 和 LCM-9 的研究目前只达到小试阶段。这些催化剂具有优良的活性和选择性，并具有良好的水热稳定性和抗热崩溃性能，能够满足 HCC 工艺的要求。

(6) CEP 系列催化剂

CEP' 系列催化剂是 CPP(Catilytic Pyrolysis Process) 工艺专用催化剂，以重油为原料直接生产乙烯和丙烯等低碳烯烃。该系列催化剂适合于加工重质原料油，包括蜡油、蜡油掺渣油、焦化蜡油和脱沥青油以及全常压渣油等，采用独特配方，使其具有良好的催化剂活性、抗磨性能和水热稳定性。在大庆石化炼油厂的工业应用表明：以乙烯方案生产时，乙烯产率可达 20.37%(质)，丙烯产率为 18.23%(质)，三烯产率合计 46.12%(质)；以丙烯方案生产时，丙烯产率可达 24.60%(质)，乙烯产率为 9.77%(质)，三烯产率合计 47.56%(质)。可见对低碳烯烃具有较好的选择性。

(7) MGD 工艺专用催化剂 RGD

RGD 催化剂是 MGD(Maximum Gas & Diesel) 工艺专用催化剂，用于多产液化气和柴油，并具有降低汽油烯烃含量的功能。该催化剂是一种具有良好的重油大分子裂化能力的催化剂，能够有选择性地抑制中间馏分的再裂化，同时增强汽油馏分的二次裂化，实现在提高催化裂化装置柴油产率的同时，又能提高液化气产率，适当提高催化剂氢转移活性，降低了汽油中的烯烃含量。工业结果表明，液化气产率可增加3%以上，柴油产率增加1%以上，汽油烯烃含量下降8%(体)左右。

（8）MIP工艺技术专用催化剂RMI

MIP(Maximum Iso-Paraffin)是为了在降低汽油烯烃含量的同时改善汽油的辛烷值，而开发的MIP增产异构烷烃的催化裂化新工艺。并针对这一工艺进行了MIP工艺配套催化剂RMI的研制开发。工业应用试验结果表明，在MIP工艺下，CR022专用催化剂具有增加轻油收率、降低汽油烯烃含量、增加异构烷烃含量，同时还能保持汽油辛烷值等特点。

（9）MIP-CGP工艺技术专用催化剂CGP

石科院开发的MIP-CGP技术是应对我国石化企业进入21世纪后，所面临的更加严格的环保要求和市场对于丙烯增长需求的关键技术。针对MIP-CGP技术开发的CGP系列专用催化剂，充分发挥了MIP-CGP串联式双反应区的技术特点，其中，对于催化剂基质的孔结构和酸性特征的调变，减少了第一反应区的积炭对活性组元的污染，使催化剂进入第二反应区后仍保持适宜的氢转移和裂化活性。工业应用表明，与常规FCC相比，CGP专用催化剂在生产烯烃体积分数小于18%的汽油组分的同时，丙烯产率达到8%以上。此外，汽油诱导期大幅提高，抗爆指数增加；总液收提高，干气产率下降，焦炭选择性良好。

（10）LTAG工艺技术专用催化剂SLG[87]

为应对高辛烷值汽油短缺和柴油质量升级问题，中国石化开发了将劣质LCO转化为高辛烷值汽油或轻质芳烃的LCO选择性加氢-催化裂化新型技术[LTAG(LCO To Light Aromatics And Higher RON Gasoline)]。SLG催化剂是在LTAG技术的基础上，为进一步提高高附加值产品收率、改善产品分布、挖掘催化裂化装置边际效益而开发的专用催化剂。采用SLG-1催化剂可优化企业产品结构，高效利用石油资源。

第四节　助　剂

一、增产低碳烯烃助剂

低碳烯烃(乙烯、丙烯和丁烯)是重要的石油化工基础原料。催化裂化过程基于正碳离子反应机理，其气体产物中富含C_3、C_4烯烃，可有效填补丙烯和丁烯的市场缺口。因而长期以来，增产丙烯、丁烯一直是催化裂化领域的研究热点。尤其在炼油产能过剩压力不断增加的当下，催化裂化多产化工原料成为重要发展方向之一。其中，增产低碳烯烃助剂因具有操作灵活、见效快等优点而得到广泛应用[88]。

（一）丙烯助剂

增产丙烯助剂的基本原理是将FCC汽油产物中的直链烃进一步裂解为低碳烯烃。具有独特孔道结构和表面酸性的ZSM-5沸石是催化裂化增产丙烯助剂的主要活性组分。丙烯助剂技术发展至今已较为成熟。一般而言，丙烯助剂添加量2%~5%，丙烯产率可提高约0.5~1.5个百分点。随着助剂添加量进一步增加，丙烯产率还能有所提高，但增加幅度逐步趋缓。

国外丙烯助剂研发与工业应用起步较早，目前，Grace Davison、BASF、Albemarle和In-

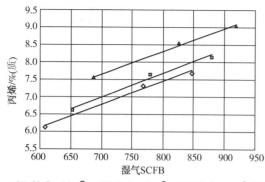

◇ 5% Olefins Max®　　□ 5% Olefinsultra®　　▲ 5% Olefinsultra® HZ

图 3-4-1　Olefinsultra HZ 助剂在湿气压缩机
负荷受限条件下增产丙烯

tercat 等公司均提供不同牌号的丙烯助剂。

Graee Davison 公司较早从事增产丙烯助剂开发，其主要产品包括 Olefins Max、Olefinsultra 和 Olefinsultra HZ。Olefinsultra 的活性比 Olefins Max 要高，其特有的基质不仅确保了最高的活性，而且使助剂有良好的抗磨性。Olefinsultra HZ 则采用了最新的 ZSM-5 分子筛技术，单位重量分子筛活性最高，水热稳定性和选择性均得到改善，尤其适用于存在湿气压缩机负荷限制的炼油厂，可以在不影响操作弹性的情况下得到更高的丙烯收率（见图 3-4-1）。据报道，Olefinsultra HZ 助剂已在全球 60 多套 FCC 装置进行应用，可在增产丙烯的同时亦增产丁烯，提高汽油辛烷值。

Intercat 公司开发的 ZSM-5 增产丙烯助剂，主要有 PENTACAT、PROPYL MAX、SUPER-Z 等牌号，ZUPER-Z 又包括多个改进系列。这些助剂在增产低碳烯烃的同时不会增加焦炭和干气产率，同时提高汽油辛烷值，增加异丁烷收率。

国内增产丙烯助剂技术虽然起步稍晚，但经过几年的研究，多家单位已相继开发出具有自主知识产权的丙烯助剂。

石科院（RIPP）经多年的研究，在原 ZRP 沸石技术基础上开发了 ZSP 系列增产丙烯沸石，并相继开发了 MP031 和 MP051 两代增产丙烯助剂[89,90]。MP051 采用新的磷和金属改性基质技术，最大限度地强化 C_4 烯烃的吸附、叠合与再裂化，从而较大幅度地提高对丙烯的选择性（见图 3-4-2）。工业应用数据表明，与不使用助剂的空白体系相比，在助剂加入量为 4% 的情况下，液化气中丙烯浓度提高 5%～7%，丙烯产率增加 1.35%（质）以上。MP051 助剂在制备工艺上也进一步优化，显著提高了助剂颗粒的球形度和耐磨损性能。经过持续的技术改进，增产丙烯助剂在丙烯选择性上已达到并优于国外助剂水平。

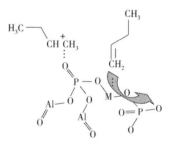

图 3-4-2　RIPP 丙烯助剂
设计思路

国内增产丙烯助剂产品还包括中国石化洛阳石化工程公司（LPEC）炼制研究所开发的增产丙烯助剂 LPI-1，中国石油兰州石化公司石化研究院开发的 LCC 系列增产丙烯助剂，岳阳三生化工有限公司的 LOSA 系列增产丙烯助剂，以及其他研究单位和企业的类似产品。

（二）丁烯助剂

ZSM-5 助剂在增产丙烯的同时也会增加丁烯收率。近年来对着 C_4 烯烃需求的不断增加，一些 C_4 烯烃选择性更高的分子筛材料受到关注，并应用到低碳烯烃助剂开发中。

Intercat 公司较早推出提高丁烯选择性的 ZMX-BHP 助剂[91]，可以提高汽油辛烷值和 LPG 产率，汽油收率损失较少，主要是促进了柴油的深度转化。ZMX 系列助剂相对常规 ZSM-5 助剂可以显著提高液化气中 $C_4:C_3$ 比，可通过大幅提高助剂在系统中的藏量来灵活调节液化气中低碳烯烃产率。

近年来，为在增产丙烯的同时提高异丁烯产率，石科院在丙烯助剂的基础上又开发了增产丙烯异丁烯助剂 FLOS。其关键技术在于采用了：①高活性中心利用率的 ZSP-4 沸石，②高异丁烯选择性 HSB 分子筛，③增强正丁烯异构化能力的基质材料。FLOS 可以通过两种独立颗粒的灵活匹配调节丙烯和异丁烯的收率。

FLOS 助剂工业应用数据表明（见表 3-4-1），裂化产物中液化气产量、丙烯和异丁烯的浓度均有增加，在助剂占系统藏量 6% 时，液化气同比增加 2.68 个百分点，丙烯收率同比增加 1.01 个百分点，异丁烯收率同比增加 0.54 个百分点。与此同时，汽油烯烃含量降低，辛烷值略有增加，柴油收率有所下降，总液收基本不变。

表 3-4-1　FLOS 助剂的工业应用结果

催化剂	Base	Base+FLOS	催化剂	Base	Base+FLOS
产品分布/%			转化率/%	84.38	86.51
H_2S	0.06	0.05	总液收/%	83.82	83.99
干气	2.96	3.10	丙烯产率/%	9.10	10.11
LPG	27.79	30.47	异丁烯产率/%	3.43	3.97
汽油	43.23	42.1	汽油性质		
LCO	12.80	10.71	*RON*	94.2	94.6
油浆	2.82	2.78	*MON*	82.5	82.8
焦炭	9.88	9.63	烯烃含量/%	35.6	31.1
损失	0.46	0.45			

BASF 最新的 Evolve 助剂，也是可以选择性提高 LPG 中 C_4 相对 C_3 烯烃的比例。适用于以最大化烷基化原料为目标的炼油厂，与汽油烯烃较高的主剂复配使用时，有助于提高低碳烯烃产率。但目前尚未见工业应用数据报道。

二、烟气环保助剂

（一）CO 助燃剂

CO 助燃剂可促进 CO 在密相床层内燃烧生成 CO_2，避免 CO"后燃"，从而防止超温对再生器及后续硬件设备的损坏；同时可回收热量，提高催化剂的再生效率，降低再生剂碳含量，提高催化剂的活性，并在一定程度上改善选择性。

CO 助燃剂作为最早的催化裂化固体助剂产品，其开发应用已有几十年的历史。按金属活性组分种类可分为贵金属和非贵金属两种类型。其中贵金属（Pt、Pd）型助燃剂的应用相对较为普遍。贵金属活性组分的质量分数通常在 $100 \sim 500 \mu g/g$。研究发现，助燃剂的有效性不仅取决于 Pt 的负载量，还取决于 Pt 的分散度、所用的载体材料的类型以及耐磨性和密度等特性[92]。

对于 CO 在 Pt 助燃剂上的氧化反应机理存在两种不同观点：一是 Pt 先吸附氧再与气态的 CO 发生反应生成 CO_2（Rideal 机理）；二是氧和 CO 同时吸附在固体表面，然后再彼此发生反应生成 CO_2（L-H 机理）。目前来看，第一种机理得到更为普遍的认可，且其决速步骤在于 CO 与 PtO 的化学反应。

Pt 基贵金属助燃剂的使用通常会造成再生烟气 NO_x 排放大幅增加，这在实验室和工业实践中都已得到验证[93,94]。而使用非 Pt 贵金属如 Pd、Ir 等替代 Pt 可显著降低 NO_x 排放，因而随着环保法规对 NO_x 排放限制的日益严格，非 Pt 助燃剂(也称低 NO_x 型助燃剂)得到了快速的推广和应用，例如美国很多炼油厂与国家环保局(EPA)签署的协议(Consent Decree)要求使用低 NO_x 型助燃剂[95]。

国外主要的催化剂和助剂公司大多同时提供 Pt 和非 Pt 型 CO 助燃剂。

Grace Davison 公司的 CP 3、CP 5 为 Pt 基助燃剂，其中 CP 3 助燃剂 Pt 含量更高，因而初始活性最高且抗中毒失活性能强；CP 5 的 Pt 含量较低，适用于希望 Pt 分散度更高的装置。CP P 和 XNOX 为非 Pt 助燃剂，具有与 Pt 助燃剂相当的 CO 氧化活性，但较少促进 NO_x 生成。BASF 公司的 Pt 基 ProCat 助燃剂特点是堆密度高，可更好地在密相床层发挥作用，减少稀相尾燃；耐磨损性能好，可以最大限度地保留系统中 Pt 含量。BASF 提供的低 NO_x 型助燃剂为 CONQUERNOX，结合了降低 NO_x 排放技术和碱金属氧化物技术，同样具有更高的堆密度($1.2g/cm^3$)和较长的助燃活性半衰期。CONQUERNOX 配方采用了碱金属氧化物，Cu 含量显著降低。Albemarle 公司的 Pt 助燃剂牌号为 KOC-15，其特点是单位 Pt 含量下对应的 CO 氧化活性最高，同时采用了独特的制备技术使 Pt 的分散度更高，从而有效抑制表面团聚失活，载体的高耐磨损性能可减少 Pt 损失。非 Pt 助燃剂 ELIMINOX 可在有效助燃 CO 的同时减少 NO_x 生成，相对 Pt 助燃剂可减少 NO_x 排放 40%~70%。Intercat 公司的 Pt 助燃剂主要为 COP 系列，Pt 含量和助燃活性可以灵活调整。非 Pt 助燃剂 COP-NP 是 EPA 认可的助剂技术，相对 Pt 助燃剂可减少 NO_x 排放 70%。总的来看，随着技术逐步成熟，国外助燃剂生产商逐步集中，牌号不断缩减，在国内市场的竞争力较弱。

国内与国外的趋势截然相反，虽然早期只有石科院和长岭催化剂厂提供助燃剂技术，但近年来助燃剂生产企业数量众多，据不完全统计，已有山东骏飞、山东久元等 30 多家企业生产十几种类型的助燃剂。市场竞争较为混乱，技术水平和应用效果参差不齐。总体趋势也是以 Pd 替代 Pt 降低 NO_x 排放，但也有部分装置 NO_x 排放达标时，倾向于选用传统的 Pt 助燃剂，以单位剂耗实现更高的助燃活性。

石科院在原有助燃剂技术基础上，通过采用高稳定性氧化铝载体和专有制备技术，开发出新型 CO-CP 系列 Pt 和 Pd 基助燃剂，其贵金属含量可在 $200~500\mu g/g$ 之间调整。由于载体的水热稳定性大幅改善、贵金属分散度显著提高，CO-CP 助燃剂相对贵金属含量相当的其他助燃剂样品，表现出更高的 CO 助燃活性和活性稳定性，具有较高的抗 SO_2 失活能力。CO-CP 助燃剂的工业应用数据表明，相对原助燃剂可将再生器稀相温度降低 5~10℃，长时间持续有效控制"尾燃"(见图 3-4-3)。

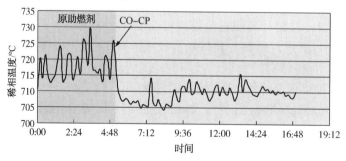

图 3-4-3　新型 CO-CP 助燃剂工业应用效果

（二）烟气硫转移剂

硫转移剂的开发应用也已有几十年的历史，其催化作用原理已有较多文献报道[96]，在再生器内，助剂中含有的氧化活性组分将烟气中的 SO_2 等低价态含硫化合物氧化为 SO_3，SO_3 与 MgO 等金属反应生成高温稳定的硫酸盐，实现 SO_x 的捕集；金属硫酸盐随再生催化剂循环到提升管反应器中，在 H_2、烃类和水蒸气等还原气体的作用下将硫酸盐还原为 H_2S 去硫黄回收，同时助剂 MgO 活性中心得以恢复，循环回再生器中可再次发挥捕集 SO_x 的作用。

因而硫转移剂不仅要有较高的 SO_x 初始脱除效率，还需要具备优异的水热稳定性、还原再生能力和耐磨损性能。早期的一些硫转移剂产品由于上述几方面性能不够理想，实现 SO_2 达到新环保标准限制的难度较大。因而自 2011 年以来，湿法洗涤装置 WGS（wet gas scrubber）成为控制烟气 SO_2 排放的关键技术，得到大范围推广应用。但经过几年的运行逐步发现，湿法洗涤处理装置不仅投资和运行成本高，而且存在蓝烟拖尾和高盐废水排放等二次污染问题，设备腐蚀也较为严重。石科院对蓝烟拖尾成因进行了分析探讨，并结合试验进行了采样检测，提出 SO_3 气溶胶产生的硫酸雾和循环浆液 TDS 含量高是其主要原因。采用硫转移剂可高效脱除湿法脱硫较难处理的 SO_3，同时有效减少 SO_2，降低碱液消耗和外排水 TDS 含量，从而在源头上解决蓝烟拖尾和外排废水盐含量过高问题[97]。

自 2015 年以来，石科院对硫转移剂技术进行持续改进和升级，开发出增强型 RFS 系列烟气硫转移剂，其主要技术进步包括：针对 SO_x 捕集提高了关键活性组分的含量；同时对储氧组分和还原添加剂组分的含量进行了调整，使其与主活性组分含量的变化相适应，以进一步提高助剂在低过剩氧含量、甚至不完全再生条件下对 SO_x 的脱除效率；此外，对助剂制备工艺进行了优化，以在活性组分含量大幅提高的情况下保持较好的耐磨损性能，避免助剂跑损对 SO_x 脱除效率及装置操作造成不利影响。增强型硫转移剂由中国石化催化剂有限公司生产，牌号为 RFS09、CRFS09 和 RFS-PRO。

增强型硫转移剂对烟气 SO_x 脱除效率大幅提高，对于完全再生装置，可在无烟气脱硫设施情况下直接实现 SO_2 达标排放。图 3-4-4 为增强型 RFS 硫转移剂在一套完全再生装置的应用情况，该装置原料硫含量约 0.2%，空白烟气 SO_2 浓度约 $400\sim500mg/m^3$，2017 年初曾使用其他硫转移剂，SO_2 浓度降低到 $200\sim250mg/m^3$；2017 年 4 月起试用增强型 RFS 硫转移剂后，7 月份时 SO_2 均值降低到 $42.4mg/m^3$，相对空白阶段脱除率约 90%，达到环保限值要求。

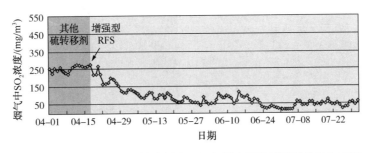

图 3-4-4　增强型 RFS 硫转移剂在无烟气脱硫设施情况下的工业应用

为示范性解决湿法脱硫蓝烟拖尾问题，2017 年 7 月在一套 2.9Mt/a MIP-CGP 装置进行了增强型 RFS 硫转移剂工业试验。该装置以加氢蜡油为主要原料，硫含量约 $0.35\%\sim0.4\%$，采用完全再生操作，过剩氧体积分数为 2.5%，脱硫塔入口 SO_2 质量浓度约 $600mg/m^3$，SO_3 为 $590mg/m^3$，外排废水 TDS 含量约 4%。脱硫塔外排烟气蓝烟拖尾现象严重，对厂区及周边环境产生严重影响。自 7 月 24 日起加注增强型 RFS 硫转移剂，9 月份占藏量约 1.5% 时，SO_2 降低 80%，SO_3 近 100% 脱除，外排水 TDS 低到 1%，COD 含量也大幅降低，脱硫塔蓝烟和拖尾得到有效控制，烟气外观更为清净，彻底消除了蓝灰色烟雾沉降于厂区及周边的情况（见图 3-4-5~图 3-4-7）。此外，经济性计算表明，硫转移剂通过大幅降低碱液消耗、回收硫黄，每年净增经济效益 200 万元以上。

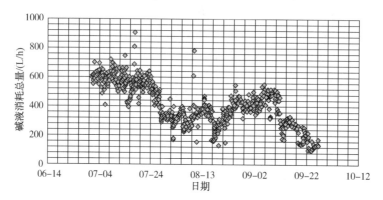

图 3-4-5　脱硫塔碱液消耗量变化趋势

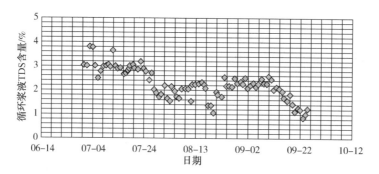

图 3-4-6　脱硫塔循环液 TDS 含量变化趋势

图 3-4-7　增强型 RFS 硫转移剂应用前后烟羽外观

增强型硫转移剂在不完全再生装置上也取得了显著超过预期的应用效果，以在一套 4.8Mt/a 的催化裂化装置的应用为例，在硫转移剂达到系统藏量 4% 时，SO_2 脱除率约为 55%，总 SO_x 脱除率约为 61%，碱液消耗总量降幅达 50% 以上，外排废水盐含量显著降低，蓝烟拖尾情况得到明显改善。

（三）降低 NO_x 排放助剂

催化裂化反应过程中，原料中的氮约 40%~50% 进入焦炭沉积到待生催化剂上（碱性氮 100% 进入焦炭）。再生过程中，焦炭中的氮化物大部分转化为 N_2，只有约 2%~5% 氧化形成 NO_x，其中大部分（约 95% 以上）是 NO。焦炭中的氮化物主要通过还原态中间物质（HCN、NH_3 等）进一步氧化生成 NO_x（主要是 NO），生成的 NO_x 可以被再生器中的 CO 和焦炭等物质还原为 N_2。

虽然目前很多催化装置配备了 SCR、LoTOx 等脱硝后处理设施，但 SCR 注氨量易过剩，造成硫铵在余锅结盐使系统压降增加，且温度过高时会促进少量 SO_2 生成 SO_3；LoTOx 则存在能耗高、废水总氮增加等问题。因而降低 NO_x 排放助剂（脱硝助剂）仍有普遍的应用。

对于完全再生装置，增加再生器的还原气氛可以减少 NO_x 排放；降低 NO_x 排放的助剂的作用是减少 NO_x 的生成或催化 NO_x 的还原反应。

不完全再生装置烟气中 NO_x 的形成过程与完全再生不同，再生器出口含氮化合物主要以 NH_3、HCN 形式存在，基本不含 NO_x；在烟气进入下游 CO 锅炉后，NH_3、HCN 等含氮化合物氧化生成 NO_x（在模拟 CO 锅炉工况下，NH_3 约 20%~40% 转化为 NO_x[98]）。通过控制 CO 锅炉温度、调节出口 CO 浓度等措施可以在一定程度上降低 NO_x 排放，但影响装置操作弹性。采用助剂将 NH_3 等还原态氮化物在再生器中转化，可从根源上减少进入 CO 锅炉的 NO_x 前驱物，从而降低烟气 NO_x 排放。

国外公司从事降低 NO_x 排助剂开发较早，助剂通常包括前文所述的低 NO_x 型助燃剂和 NO_x 还原助剂两种类型。Grace Davison 公司的 DeNOx 助剂在系统藏量 ≤2.5% 时，烟气 NO_x 脱除率通常在 40%~50%，2018 年 DeNOx 助剂工业应用数据表明，在于 CP P 低 NO_x 助燃剂组合应用时，烟气 NO_x 脱除率可到 65%。BASF 公司 2018 年介绍了其 CLEANOx 助剂在按新鲜剂补充量 1.4% 稳定加注时，烟气 NO_x 排放降低幅度达到 72%，不增加干气中 H_2 体积分数。INTERCAT 公司的 NOXGETTER 助剂，可在占催化剂藏量 2% 的情况下，降低 NO_x 排放 50% 以上，其优势是可以快速发挥作用；另一种助剂为 NONOx，其机理是选择性转化 NO_x 前驱物，因而也适用于不完全再生装置。总的来看，国外助剂技术趋于成熟，近年来技术更新趋缓，在国内的技术竞争优势不明显。

国内烟气污染物排放标准日益严格，有些地区提前执行更为严格的 NO_x 排放特别限值，而且要求尽可能低，因而国内市场对降低 NO_x 排放助剂技术有更为紧迫的需求。国内从事脱硝助剂生产的企业数量同样众多，技术来源和水平差别较大，有些产品只关注降低 NO_x 排放，使用了 Cu 等对裂化产物分布有严重负面影响的金属组分，且负载方式不合理，使用过程中造成明显的脱氢和生焦，对装置经济效益造成了负面影响。

石油化工科学研究院经过多年的探索研究，建立了能更客观的评价助剂降 NO_x 性能及其对 FCC 产品分布影响的评价方法，开发出 RDNOx 系列助剂（Ⅰ、Ⅱ两种型号）[99]。Ⅰ型为非贵金属助剂，主要是通过催化 CO 对 NO_x 的还原反应以降低 NO_x 排放；Ⅱ型为贵金属助剂，是用于替代传统的 Pt 助燃剂，在等效助燃 CO 的同时减少 NO_x 的生成。两类助剂可以单独使用，也可以结合使用。工业应用数据表明，在系统藏量 1.5%~2% 的情况下，可降低烟气 NO_x 排放 45%~70%。

2017 年以来，环保标准对 NO_x 排放限定进一步严格，有些地区甚至要求 NO_x 浓度瞬时值 ≤100mg/m³。这对助剂降 NO_x 性能提出了新的更高要求，通过大量基础研究和探索优化实验，RIPP 研制出基于多金属中心催化新材料，具有极高的 NH_3 等还原态氮化物催化转化活性和 NO 吸附能力，从而开发出全新 RDNOx-PC 系列助剂，对烟气 NO_x 脱除率可达到 80% 以上，在无脱硝设施的情况下实现 NO_x 排放稳定达到 ≤100mg/m³ 最新环保限值。此外，根据再生器流化床层中烟气组成变化规律，首次提出了降低助剂堆密度，使助剂易达到密相床层中上部，从而更有效发挥 NO_x 催化作用的设计思路。

2017 年在一套无脱硝设施的完全再生装置进行了工业应用试验[100]，原料 N 含量 600~800μg/g，烟气 NO_x 浓度约 500mg/m³，曾试用某脱硝助剂，NO_x 浓度仍在 350mg/m³ 左右，后采用降低主风量、降低汽提蒸汽量等非常规工艺手段，NO_x 勉强达到 200mg/m³ 左右，但装置操作难度增加、弹性受限，且平衡剂碳含量呈持续增加趋势。2017 年 8 月起试用 RDNOx 助剂，至 9 月底助剂占藏量约 2.5%、稳定加注时，NO_x 稳定在 ≤70mg/m³（图 3-4-8），脱除率达到 80%~90%，实现达标排放。且装置操作弹性提高，主风量及平衡剂碳含量恢复正常。2017 年 10 月底开始逐步降低助剂加入量，按新鲜剂补充量的 1.5% 加注时，NO_x 排放仍稳定达标。

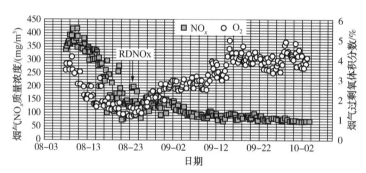

图 3-4-8　RDNOx 助剂在完全再生装置应用前后烟气 NO_x 变化趋势

2018 年在一套不完全再生装置进行了工业应用试验，该装置 2016 年烟气 NO_x 的质量浓度约 200~280mg/m³，2017 年锅炉改造后 NO_x 降低到 180~200mg/m³，工业试验数据表明（见图 3-4-9），在 RDNOx-PC 助剂占系统藏量约 1.5%，按新鲜剂补充量 2% 稳定加注时：外排烟气 NO_x 质量浓度降低到 100~130mg/m³；可在外排 CO 浓度降低的情况下稳定控制 NO_x 排放，有利于应对未来更严格的环保标准。

应用 RDNOx 助剂还可降低不完全再生烟气中的 NH_3 含量，例如一套废水氨氮超标的不完全再生装置应用表明，烟气中 NH_3 体积分数由 660μL/L 降至 200μL/L 左右，降幅接近 70%，同样可实现在较低外排 CO 体积分数下有效控制烟气 NO_x 排放，能够减少甚至停止 SCR 注氨，控制废水氨氮排放（质量浓度由约 150mg/L 降低到 40~60mg/L）。

（四）多效组合助剂

多数炼油厂希望同时降低烟气 SO_x、NO 和 CO 排放，因而对三效或多效助剂提出了一定的市场需求。多效助剂的优点是助剂加注过程更简单、加剂量相对少，但其缺点是组成配

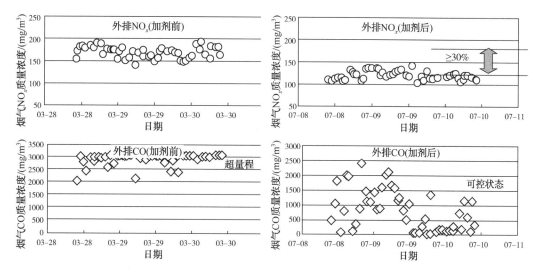

图3-4-9　RDNOx助剂在不完全再生装置应用前后烟气NO_x和CO变化趋势

比固定后，在原料硫、氮含量相对变化造成烟气SO_x、NO_x浓度不同比例变动时，响应将滞后，控制效果不及单功能助剂灵活有效。

国外公司除了低NO_x型助燃剂（可认为兼顾降低CO和NO_x）外，基本不提供多效助剂。国内较早从事多效助剂研发和生产的主要机构有中石化炼化工程（集团）股份有限公司洛阳技术研发中心（原洛阳石化工程公司炼制所）、中国石油大学、北京三聚环保、天津拓得等。从报道的工业应用数据来看，FP-DSN三效助剂在加入量占系统藏量2%的情况下，可降低SO_2排放75.5%，NO_x排放65.5%，对产品分布无明显负面影响[101]。TUD-DNS三效助剂与硫转移剂协同使用时[102]，在助剂占系统藏量3%的情况下，烟气中SO_2降低68%以上，NO_x降低近44%，该助剂含有Cu元素，但标定数据显示对产品分布未产生负面影响。总的来看，多效助剂应用并不广泛，只在少数装置有应用报道，对装置生产运行的影响和实际减排效果还需要通过长期生产实践进行检验。

2018年以来，根据部分炼油厂的实际需求，石科院开展了控制烟气污染物排放组合助剂CCA-1的研制开发，以烟气硫转移剂和降低NO_x排放助剂为基础技术，在脱除SO_x方面，针对性地提高了常规硫转移剂中关键活性组分MgO的含量，同时对储氧组分含量进行了调整，以进一步提高助剂对SO_x的脱除效率；在脱除NO_x方面，进一步发展完善了完全再生与不完全再生通用型助剂，采用独特的复合金属元素活性中心，辅以高稳定性载体，具有极高的还原态氮化物催化转化活性，可在根源上大幅降低NO_x的生成，同时可高效利用烟气中的CO，促进NO_x的还原反应，从而显著降低烟气NO_x排放；通过新型基础剂的复配（包括多种活性组元在助剂颗粒上的组装技术），转变了以往氧化气氛对脱除SO_x有利，还原气氛对脱除NO_x有利的常规认识，实现SO_x氧化与NO_x还原的组合催化。

2018年，CCA-1型多效组合助剂在国内某同轴式完全再生操作的催化裂化装置上进行了工业试验[103]。助剂自2月上旬开始加注，经过初始快速累积到系统藏量约4%。于3月上旬稳定加注期进行了总结标定。数据表明，CCA-1组合助剂的应用对裂化产物分布、产品性质和装置运行无负面影响，再生器稀密相温度、外取热产汽量基本稳定；三旋压降、烟气粉尘质量浓度、油浆固含量等未明显增加。脱前烟气 NO_x 浓度由原先的平均 $56mg/m^3$ 下降至 $25mg/m^3$，脱除率达到约 55%；SO_2 质量浓度由 $383mg/m^3$ 降低至 $30mg/m^3$，脱除率达 92% 以上；脱前烟气 SO_3 由约 $396mg/m^3$ 降低到 $19mg/m^3$，脱除率达到 95% 以上。脱硫塔蓝烟现象完全消除，烟气外观更为清净、拖尾情况显著改善。

多效助剂的应用需要根据装置烟气实际排放情况，循序渐进的优化完善组成配比，以实现污染物脱除效率最优化。需要继续深入研究污染物组合脱除机理，以进一步提高脱除效率，降低助剂用量。

三、其他助剂

（一）辛烷值（桶）助剂

辛烷值（桶）助剂又称辛烷值（桶）增进添加剂，是用来提高催化裂化汽油辛烷值的一类催化剂。汽油的辛烷值（抗爆性）取决于其化学组成，提高汽油中异构烃、芳烃和小分子烃含量，降低大分子正构烃含量，可以有效提高汽油辛烷值。

按照在提高汽油辛烷值的同时，汽油损失量的多少，可分为辛烷值助剂和辛烷值桶助剂。辛烷值助剂以牺牲汽油产量为代价，进行催化裂化汽油组成的再次调节；辛烷值桶助剂在对汽油组成再次调节的同时，强化汽油保留或者柴油组分的裂化，因此汽油损失小，汽油辛烷值桶高（辛烷值与汽油收率的乘积）。

Chevron 公司较早报道了高 SiO_2/Al_2O_3 比值（$525\sim1000$）的 ZSM-5 分子筛在烷烃裂化中产生的 C_3 明显减少，因而在提高辛烷值的同时，汽油产率下降较少。经工业试验证明在同样气体压缩机负荷下可取得更多的总丁烯和异丁烯产率，有利于生产新配方汽油。Chevron 公司把这种助剂和有关工艺命名为 Octamax[104]。Johnson Matthey（Intercat）公司推出了 ISOCAT 和 OCTAMAX 两种辛烷值桶助剂，ISOCAT 含有 Mobli 公司生产的改进型高硅铝比（约 400）ZSM-5 沸石，并采用惰性基体，改善了助剂的活性和稳定性。OCTAMAX 是在其专有的黏结剂中加入近乎纯硅（硅铝比>800）的 Pentasil（ZSM-5）型沸石，该助剂是基于烯烃异构化反应提高辛烷值，而不是以裂解烃类的方式进行，因而汽油产率损失很小[105]。

石科院于 20 世纪 80 年代开始开展新型分子筛的研制工作，相继开发出拥有高活性、稳定性及强异构化性能的 ZRP 系列（如 ZRP1、ZRP3、ZRP5）的稀土磷硅铝（RPSA）择形分子筛品种，结合不同基质材料，开发出 CHO 系列（CHO-1、CHO-2、CHO-4）和以 ZRP 系列分子作为活性元，开发了 CA（CA-1、CA-2、CA-4）系列辛烷值助剂。从 1986 年起先后在工业上试用 CHO 型和 CA 型辛烷值助剂。

近年来，石科院开发的辛烷值桶助剂 HOB-A，该助剂从促进重油裂化和汽油组成二次调整两个方面提高汽油辛烷值桶。促进重油裂化的关键在于促进胶质的转化，提高胶质转化中催化裂化比例，其核心思想是：①利用催化剂基质促进胶质、沥青质等大分子的选择性预裂化，再利用催化剂上的 B 酸中心对两者预裂化产物进行深度转化；②采用高稳定性 Y 型分子筛作为重油裂化活性中心，强化正碳离子反应，促进烷基芳烃转化，提高汽油选择性。具有优异孔分布和酸中心的载体与分子筛进行匹配，可以产生良好的协同效应，增加汽油收率。汽油组成二次调整主要通过裂化汽油中长链烯烃、烷烃，增加短链烯烃或者芳烃含量来提高辛烷值。HOB-A 采用高硅铝比 ZSM-5（硅铝比高于 100）分子筛选择性裂化汽油中辛烷值较低的 C_7 以上正构和带一个甲基侧链的烯烃和烷烃，提高汽油中高辛烷值 C_5、C_6 和芳烃组分来提高辛烷值，结合磷酸铝载体，进一步提高助剂稳定性，并减少汽油分子在助剂上的氢转移，进一步促进 C_5 和 C_6 烯烃异构；同时减缓助剂生焦。该助剂在中国石化某炼油厂工业应用试验表明：在辛烷值助剂添加量接近 10%，平衡剂重金属含量显著提高的情况下，汽油辛烷值桶相对提高接近 2%（如图 3-4-10 所示）。

Grace 近年来新研发的助剂 GBA，将汽油烯烃选择性的裂化成 C_4 烯烃，通过提高异构化活性来提高辛烷值。相比其开发的传统辛烷值助剂，可以有效提高液化气中 C_4 烯烃，维持较好的 C_4 烯烃/C_3 烯烃，提供更多潜在的烷基化汽油。

中国石油天然气股份有限公司石油化工研究院兰州化工研究中心采用自主开发的新型 SP 型黏结剂技术，制备了不同硅铝比 ZSM-5 辛烷值助剂 LEO-A、LEO-B。兰州石化公司催化剂厂采用新技术生产出特别适于配合降烯烃催化剂使用的 LRA-100 辛烷值助剂。国内其他公司如青岛惠城石化科技有限公司、西安启创化工有限公司、岳阳三生化工有限公司等也提供辛烷值助剂，在此不详细介绍。

图 3-4-10　应用辛烷值桶助剂后汽油辛烷值变化趋势

（二）重油转化助剂

将重油转化为高价值轻质产品是催化裂化技术的核心目标。在原油价格大幅度波动的情况下，为降低加工成本，很多炼油厂购进低价劣质油，这对提高重油转化深度提出了更高要求。重油转化助剂（又称塔底油裂化助剂或高液收助剂）可以帮助炼油厂挖掘催化裂化装置的重油裂化潜力，灵活地补充主剂的性能，使其适应原料油的频繁变化。

Chevron 公司较早开发出一种对 >343℃ 馏分有高的裂化能力的 BCA 助剂，针对原料油性质的变化，调整这种塔底重油裂化助剂在催化剂系统中的比例，将给催化裂化装置的操作带来灵活性。在助剂占催化剂藏量 10%~30% 之间，焦炭产率基本不变，油浆产率下降，汽油产率增加。Intercat 公司继续开发了 BCA-105 助剂，工业试验结果表明：在原料密度为 0.914g/cm³，残炭值为 2.8，BCA-105 用量为基础催化剂的 5.8% 时，油浆产率从 9.7% 降至 7.2%，轻循环油、液化气和干气产率都减少，而汽油产率增加 4.8%[106]。

BASF 公司的 Converter 助剂（现称为辅助催化剂"Co-Catalysts"）近年也在多家国内外炼油厂进行了工业应用[107]。Converter 是 BASF 采用最新的 DMS 基质技术，开发的一种新型的增加重油转化率、提高装置平衡催化剂活性的助剂。在 BP 公司位于澳大利亚的一家炼油厂的工业应用示例中，采用 Converter 助剂加入 BASF 的主催化剂中，代替 20% 的新鲜催化剂补充量。装置加工混合原料油，金属含量相当高，平衡剂上总的金属（Ni+V）含量约为 7000μg/g。使用 Converter 的目的是使汽油产率最大化，并在保持焦炭选择性不变的条件下维持高的处理量。表 3-4-2 数据表明了使用 Converter 所带来的好处，该炼油厂使用 Converter 后，LPG 增加了 108t/d，汽油增加了 181t/d，LCO 减少了 36t/d。这些增长来自澄清油的大幅减少。

表 3-4-2　使用 Converter 助剂的效果

项　目	基准/%	+20%Converter/%	差值
转化率	72.4	77.6	5.2
干气	2.93	3.06	0.13
LPG	15.7	17.8	2.1
汽油	46.3	49.8	3.5
LCO	14.6	13.9	-0.7
澄清油	13	8.5	-4.5

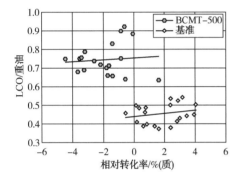

图 3-4-11　某 FCCU 应用 BMCT-500
后 LCO/重油比变化趋势

Albemarle 公司开发的 BMCT-500、BMCT-500 LRT(低稀土)重油助剂具有高活性中心可接近性，抗重金属失活性能和塔底油裂化能力[108]，同时可以优化汽油收率，对焦炭产率无负面影响。BMCT-500、BMCT-500 LRT 助剂已在多家炼油厂进行了工业应用。图 3-4-11 为某 FCCU 应用 BMCT-500 助剂后 LCO/重油比变化趋势，该装置期望增产柴油，平衡剂上 Ni 含量 3000~4000μg/g，V 含量 5000~4000μg/g。当 BMCT-500 占系统藏量 20%时，LCO/重油比增加幅度为 30%，且原料中常压渣油掺炼比例相对基准工况时增加 20%，提升管温度降低 9℃。

石科院(RIPP)开发的 SLE 系列催化裂化助剂是一种适用于渣油催化裂化工艺的高液体收率助剂，可促进塔底油深度、高效转化成高价值液体产品，尽可能降低生成低价值产品的反应选择性。SLE 系列助剂针对塔底油转化涉及的不同反应开发不同的功能材料，合理匹配。在助剂中构造弱酸性的、稳定的、有序的大中孔，消除重油大分子构型扩散限制，促进助剂和原料油之间的有效接触，通过热击及酸催化协同作用促进重油转化，减少热生焦量。

SLE 系列催化裂化助剂在多家炼油厂完成工业应用，表 3-4-3 是某 RFCC 装置应用 SLE 助剂后物料平衡表。当 SLE 助剂占系统催化剂质量分数达到 10.7%时，与空白标定相比，在掺渣率增加 3 个百分点的情况下，油浆产率降低 1.31 个百分点、焦炭产率降低 0.79 个百分点、柴油产率降低 4.60 个百分点，而汽油产率提高 5.56 个百分点，总液体收率增加 2.79 个百分点[109]。

湖北赛因化工有限公司生产的 RCA 重油助剂是一种高活性、高选择性 FCC 重油助剂，采用原位晶化工艺，提高了其活性稳定性和活性中心的可接近性，具有大中孔，有很好的重油转化能力和抗金属污染能力。RCA 重油助剂采用高稀土含量催化剂的超稳化技术，其稀土含量可根据装置实际情况进行调整。

表 3-4-3　某 RFCC 装置应用 SLE 助剂前后物料平衡表

项　　目	空白标定	中期测定	总结标定
产品分布/%(质)			
酸性气	0.59	0.59	0.50
干气	2.27	1.75	1.54
液化气	13.81	14.02	15.63
汽油	43.22	46.32	48.78
柴油	23.76	23.01	19.16
油浆	7.18	5.15	5.87
焦炭	8.95	8.96	8.16
损失	0.22	0.20	0.36
合计	100.00	100.00	100.00
轻质油产率/%	66.98	69.33	67.94
总液体产率/%	80.79	83.34	83.58

RCA 重油转化助剂在一套重油催化装置进行了工业应用。表 3-4-4 是某重油催化装置应用 RCA 重油转化助剂前后物料平衡表。在处理量相当，占系统藏量质量分数为 20%时，可提高汽油收率 3%，降低柴油收率 2%，同时干气、液化气收率、油浆均有不同程度的下降，焦炭产率基本持平[110]。

表 3-4-4　某重油催化装置应用 RCA 重油转化助剂前后物料平衡表

产品分布	试用前收率/%	试用后收率/%
干气	2.99	2.89
液化气	16.14	15.70
汽油	41.00	44.06
柴油	28.77	26.72
油浆	3.54	3.15

上海纳科助剂有限公司生产的 FCA-100A 是以氧化铝、尖晶石等高铝基质和改性高岭土为载体，分子筛分布在基质孔道的内外表面，采用高岭土微球原位晶化合成技术制备的催化裂化强化助剂。FCA-100A 催化裂化强化助剂在中国石油某石化公司的重油催化裂化联合装置进行了工业试验。表 3-4-5 是应用 FCA-100A 催化裂化强化助剂前后物料平衡表。通过近 2 个月的工业应用，从日常数据统计分析和工艺标定得出：FCA-100A 助剂在原料基本不变的情况下，可提高催化液收 0.79 个百分点(助剂比例达到 19.49%)，烧焦、油浆产率降低 1.22 个百分点；催化剂单耗下降 0.1kg/t 以上[111]。

表 3-4-5　应用 FCA-100A 催化裂化强化助剂前后物料平衡表

产品分布	试用前收率/%	试用后收率/%
干气	3.04	2.6
液化气	18.14	15.87
汽油	38.58	40.85
柴油	23.39	24.18
油浆	7.46	7.06
液收	80.11	80.9

总的来看，重油转化助剂是帮助催化裂化装置挖潜增效的重要技术手段，仍有广泛和长期的市场需求。

（三）重金属钝化捕集剂

原油中含有少量的杂环族金属有机化合物。其中镍和钒对裂化催化剂的活性和选择性造成危害，是使催化剂受到毒害的主要污染金属。通常认为 Ni 主要是通过脱氢作用影响催化剂的裂化选择性，而钒则主要是破坏分子筛骨架结构，同时影响裂化活性和选择性。

将某些助剂中的组分沉积到催化剂上，与沉积的重金属作用使之丧失其毒性的金属钝化的方法所采用的助剂称为金属钝化剂。

Phillips 公司首选了锑剂，并于 1976 年首次在 Borger 炼油厂的重油裂化装置上应用取得成效，此后美国的重油催化裂化装置大部分使用了锑型金属钝化剂。平衡剂上的 Sb/Ni 比值一般控制在 0.25~0.40（质量比）左右。关于锑对镍的钝化机理，目前认为是催化剂上可还原的镍与钝化剂中可还原的锑产生化学反应生成稳定的亚锑酸镍（$NiSb_xO_y$），从而改变了镍的电子性质，而降低其催化活性（毒性）[112]；另一种说法是生成表面富集锑的 Sb-Ni 合金抑制了镍的活性。

我国早期的钝化剂技术主要由石科院和洛阳石化工程公司开发，并分别在几套工业装置中应用，后基本由民营企业生产。

虽然锑基钝化剂对降低催化剂的镍中毒很有成效，但锑易随产品流失或者沉积在设备内，对人体健康有一定影响。锑化合物已被美国环保署列入危险化学品名单。后来研究开始采用铋基钝化剂取代锑基钝化剂，在降低氢产率和焦炭产率方面两种助剂的钝化效果相差不大，但铋也被认为属于危险化学品。Betz 工艺化学品公司研制了一种非锑基钝化剂，经在某个工业装置上试验，在镍量基本不变时维持了以前用锑基钝化剂的同等产氢水平。2016 年，BASF 公司推出 BBT 催化剂技术，分别为 BoroCat 和 BoroTec，该系列催化剂利用硼的迁移提高钝镍效率，硼与镍形成难以被还原的物相，该系列剂已推广应用至多家炼油厂，结果表明，应用该催化剂后，氢气、焦炭选择性下降，汽油和低碳烯烃收率增加，可以替代锑基催化剂的作用。

上述钝化剂都是钝镍剂，同时也是钝铁剂，钝化它们的脱氢活性。当 FCC 进料的钒含量较高时，特别是在钒、钠共存时，这个问题更严重。因此，钝钒剂钝化钒的脱氢活性是其次的，主要功能在于保护催化剂沸石的晶体结构，维持平衡催化剂活性，减少单耗。

在抑制催化剂钒毒害方面，Chevron 公司和 Nalco 公司于 20 世纪 80 年代研制了锡基的钝化剂[113,114]。锡对镍的钝化作用不明显，但其突出作用是钝化钒。锡可以形成薄膜覆盖在催化剂表面，如果使用正确，锡可以把钒破坏沸石活性的作用减少 20%~30%。国外从事钝钒剂的研究开发公司还有 Phillips、ExxonMobil、UOP、Betz 等[115]。

由于液体金属钝化剂在使用过程中易挥发产生有毒物质，且钝镍剂的效果更显著，应用也更为普遍，因而还开发了专门的固体捕钒剂将钒"固定"以降低其流动性和破坏作用。钒捕集剂（固钒剂）首先由 Chevron 公司在 20 世纪 70 年代后期开发，其作用机理是使沉积在催化剂上的钒在再生器环境中生成的五价钒酸与钒捕集剂中的碱性金属（Me = Ca，Mg，Ba，Sr）氧化物化合成为稳定的钒酸盐（$Me_2V_2O_7$）而失去在颗粒内和颗粒间的流动性，从而避免对沸石的破坏。

早期的钒捕集材料是 Ca 或 Mg 的化合物，捕集剂上的钒含量大致是催化剂上钒含量的 2~3 倍(捕钒因子=2~3)。Grace Davison、Chevron、Unocal 等公司均开展过固体捕钒剂的研究开发。但目前各大公司基本不单独提供捕钒剂产品，而是将其作为 FCC 催化剂的功能组分。

石科院开发了含 Mg 大孔金属捕集剂技术，其基本特点是具有一定的大中孔，与裂化催化剂相比能够优先吸附钒化合物；含有碱性物质，通过酸碱反应捕获钒酸，减少其对分子筛骨架酸中心的破坏；在再生器中与 V_2O_5 生成稳定的化合物，其分解温度或熔融温度高于730℃。表 3-4-6 的评价数据表明，该技术具有较高的捕钒能力，可提高裂化转化率，降低干气和焦炭选择性。

表 3-4-6　应用捕集剂前后裂化产物分布对比

催化剂	催化剂 A	催化剂 A+捕集剂	催化剂 B	催化剂 B+捕集剂
污染金属：Ni 6000μg/g，V 6000μg/g，780℃、100%水蒸气老化4h				
质量产率/%				
干气	2.63	2.52	2.64	2.46
LPG	16.05	16.28	17.32	16.98
焦炭	12.46	12.77	13.65	13.72
汽油	39.85	42.92	40.15	42.85
LCO	16.64	15.77	15.24	14.68
重油	12.38	9.74	11.01	9.31
转化率/%	70.99	74.49	73.76	76.01
总液收/%	72.54	74.97	72.71	74.51
焦炭/转化率	17.55	17.14	18.51	18.05
干气/转化率	3.70	3.38	3.58	3.24
H_2/CH_4	2.03	1.69	2.17	1.78

总的来说，通过应用金属钝化剂与钒捕集剂等技术措施可以帮助 FCC 装置应对 Ni、V 污染，随着原料油来源的复杂化和多样化，裂化催化剂受其他金属如 Fe、Ca 等污染的问题时有出现，有必要进一步开发 Fe、Ca 等金属的捕集剂或钝化剂，以及具有抗 Fe、Ca 等金属污染的催化剂和助剂。

第五节　催化剂日常管理

一、小型加料器加剂速度及加剂量管理

催化裂化装置运行期间，由于存在催化剂损耗，需要向系统内补充适量的新鲜催化剂，以维持系统内催化剂损耗量与补充量平衡。

1. 正常工况

在正常工况下，由于催化剂破损和磨损，造成催化剂自然跑损。催化剂自然跑损量相对比较稳定，因此，新鲜剂的补充量也相对稳定。可以根据原料性质、产品分布和产品性质等变化情况，通过调节新鲜剂的补充速率控制催化剂的活性。为了灵活控制催化剂补充速率，工业上已有多种类型的小型加料器推广应用。

2. 异常工况

当装置发生异常状况时，例如发生催化剂非自然跑损或催化剂重金属中毒等现象，需要提高新鲜剂的补充速率。如果催化剂非自然跑损严重，单纯补充新鲜催化剂不仅成本较高，还会造成系统催化剂活性过高。因此，必要时可以补充部分平衡催化剂或低磁剂等，在不影响催化剂活性的情况下，维持催化剂损耗量与补充量平衡。

3. 装置开工

对于检修装置，需要根据系统正常藏量，在装置停工前储备足够的平衡催化剂。对于新建装置，开工前通常需要外购平衡剂，要注意平衡剂的重金属含量和粒度分布等主要指标在正常范围内。一般情况下，装置开工初期原料性质较轻，要适当降低新鲜催化剂的加注量，避免系统催化剂活性过高。

二、各种液体助剂的注入量及固体助剂的加入量管理

1. 新型催化剂或助剂一般包含以下情况：

① 首次在本装置使用的催化剂或助剂。

② 同性能改变厂家或同厂家改变型号。

③ 由于竞标等原因中断使用，一般指中断两年以上。

④ 进口剂的国产化替代试验等。

2. 试用新型催化剂或助剂

引进新型催化剂或助剂，需要组织技术交流和论证，并签订技术协议。使用单位执行催化剂厂家提供的试用方案。根据试用方案控制加剂量，详细记录相关数据。试验结束后，使用单位对试用情况进行分析总结，并出具试用报告。

3. 新剂置换

工业装置在正常运行中换用新牌号的催化剂或添加新助剂时，需要对系统内原有的催化剂进行置换。置换方法有两种：一是快速置换，即以远大于正常补充量的速度加入新剂，同时也大量卸出旧剂。这种方法要求严格注意操作工况，以免产生较大波动。二是缓慢置换，即按正常的补充量或略大于正常量的速度补充新剂，可以保持操作条件的平稳过渡，但是置换时间较长。

新剂置换时间、新剂比例、置换率关系式如下：

$$\ln[(100-X_0)/(100-X_t)] = S \times t$$

式中　X_0——加注前系统中新剂比率（$X_0 = 0$），%；

　　　X_t——加注 t 天后系统中新剂比率，%；

　　　t——新剂加注时间，d；

　　　S——日置换率，S =（每天加入系统内新催化剂量/系统内催化剂总藏量）。

三、平衡剂采样、分析及结果收集整理

催化裂化装置正常生产时，需要对待生剂定碳和再生剂定碳进行日常分析，对再生剂的活性、比表面积、密度、筛分组成和化学组成等进行定期分析。必要时，还需对半再生催化剂、三旋细粉、外取热器中的平衡剂和油浆中的灰分等进行定期分析或加样分析。催化剂的分析项目一般包括 MAT 分析、物理性质、化学组成等。当装置出现催化剂破损、跑剂等异

常工况时，还需采用电镜分析等措施。

MAT分析：活性、CF(生焦因子)、GF(生气因子)、H_2/CH_4(氢甲比)等。

物理性质：比表面积、微孔比表面积、基质比表面积、孔体积、表观堆积密度、晶胞常数、磨损指数、灼烧减量、筛分组成等。

化学组成：Fe、Na、Ni、V、Sb、Ca、Mg、Al_2O_3、定碳等。

某催化裂化装置平衡催化剂分析数据见表3-5-1。

表3-5-1　某催化裂化装置平衡催化剂分析数据

采样时间			*年*月*日	*年*月*日	*年*月*日	*年*月*日
MAT分析	活性		65	63	64	68
	CF(生焦因子)		1.30	1.37	1.37	1.36
	GF(生气因子)		2.96	3.77	2.42	2.95
	H_2/CH_4(氢甲比)		15.38	13.38	12.13	12.63
物理性质	比表面积/(m^2/g)		120	120	119	123
	微孔比表面积/(m^2/g)		67	66	64	65
	基质比表面积/(m^2/g)		53	54	55	58
	孔体积(水滴法)/(mL/g)		0.30	0.30	0.30	0.3
	表观堆积密度/(g/mL)		0.865	0.867	0.859	0.865
	晶胞常数/Å		24.42	24.34	24.32	24.35
	筛分组成	0~10μm/%(质)	0.59	0.48	0.31	0.49
		0~20μm/%(质)	2.6	2.9	2.5	2.8
		0~40μm/%(质)	20.8	22.0	20.7	21.4
		0~105μm/%(质)	83.8	83.9	83.4	83.3
		0~149μm/%(质)	96.6	96.5	96.5	96.2
		APS/μm	63.4	62.6	63.7	63.2
化学组成	RE_2O_3/%		3.99	4.02	4.01	4.09
	Al_2O_3/%		48.7	48.7	48.7	48.7
	Mg/(μg/g)		1200	1000	1000	1200
	Fe/(μg/g)		3437	3347	3412	3438
	Na/(μg/g)		1355	1161	1141	1157
	Ni/(μg/g)		2817	2707	2879	2711
	V/(μg/g)		2009	1959	1988	1800
	Sb/(μg/g)		868	972	864	703
	Ca/(μg/g)		1848	1994	2077	2146
	Mg/(μg/g)		0.12	0.1	0.1	0.12
	定碳/%		0.01	0.01	0.01	0.01

四、催化剂装卸环保管理

催化剂在装卸过程中，如果不能实现密闭操作，容易造成粉尘污染，影响周围环境。另外，如果催化剂细粉被人体吸入，威胁作业人员身体健康。目前，在催化裂化装置中，针对催化剂粉尘治理的环保设施主要有以下几种：

1. 密闭装剂设施

① 集装箱液压升举密闭装剂(或卸剂)设施。

② 新鲜催化剂使用槽车运输，实现密闭装剂。如果运输距离较近，宜优先采用槽车运输方式。

2. 密闭卸剂设施

① 平衡剂罐底安装密闭卸剂设施。

② 三旋细粉收集罐底增设细粉专用密闭卸剂设施。

3. 催化剂罐顶除尘设施

新鲜催化剂在装剂时，无论采用抽真空还是压缩空气输送，都会有气体携带少量催化剂细粉排入大气；另外，在系统向平衡剂罐卸剂时，也会有携带催化剂细粉的高温气体从平衡剂罐顶排入大气。如果在新鲜催化剂罐顶部和平衡剂罐顶分别增设除尘设施，或共用一套除尘设施，即可回收催化剂粉尘，避免污染大气。

五、废旧催化剂管理

依据国家《危险废物名录》（2021 年版），废物类别：HW50 废催化剂；行业：精炼石油产品制造；废物代码：251-017-50；危险废物：石油炼制中采用钝镍剂进行催化裂化产生的废催化剂；危险特性：T。

对于没有采用钝镍剂的催化裂化装置，不明确废催化剂是否具有危险特性，应当按照国家规定的危险废物鉴别标准和鉴别方法予以认定。经鉴别具有危险特性的，属于危险废物，应当根据其主要有害成分和危险特性确定所属废物类别，并按危险废物类别代码进行归类管理。经鉴别不具有危险特性的，不属于危险废物，可以按照一般固废处置。值得注意的是，有些催化裂化装置虽然没有采用钝镍剂，但是由于加注复活剂或含有其他有害成分的助剂，可能会导致废催化剂属于危险废物。

对于采用钝镍剂的催化裂化装置，废旧催化剂的处置管理，需符合《中华人民共和国固体废物污染环境防治法》相关规定。

催化裂化废催化剂列入《危险废物名录》（2021 年版）附录《危险废物豁免管理清单》中，在所列的豁免运输环节，如果采用密闭罐车运输，则可以不按危险废物进行运输。

废旧催化剂一般管理要求：

① 按照国家有关规定制定废催化剂管理计划，并通过国家危险废物信息管理系统向所在地生态环境主管部门申报危险废物的种类、产生量、流向、贮存、处置等有关资料，以及减少固体废物产生、促进综合利用的具体措施，并按照排污许可证要求管理所产生的工业固体废物。

② 委托他人运输、利用、处置废催化剂的，应当对受托方的主体资格和技术能力进行核实，依法签订书面合同，在合同中约定污染防治要求。

③ 建立、健全固体废旧催化剂产生、收集、贮存、运输、利用、处置全过程的污染环境防治责任制度，建立废旧催化剂管理台账，如实记录产生固体废物的种类、数量、去向等信息，并采取防治措施。

④ 如果废旧催化剂不能实现及时出厂转移，则需倒运至危险废物库房暂存，避免在现场露天存放。对危险废物的容器和包装物以及收集、贮存、运输、利用、处置危险废物的设施、场所，必须设置危险废物识别标志。必须采取防扬散、防流失、防渗漏或者其他防止污染环境的措施，不得擅自倾倒、堆放、丢弃、遗撒固体废物。

　　⑤ 运输危险废物，必须采取防止污染环境的措施，并遵守国家有关危险货物运输管理的规定。转移固体废物出省、自治区、直辖市行政区域贮存、处置的，应当向生态环境主管部门提出申请，未经批准不得转移。

　　⑥ 按照有关规定制定意外事故的防范措施和应急预案，并向所在地生态环境主管部门和其他固体废物污染环境防治工作的监督管理部门备案。按照国家有关规定，及时公开固体废物污染环境防治信息，主动接受社会监督。

参 考 文 献

[1] Rabo J A. Zeolite chemistry and catalysis[G]. Ed by Smith J V. Am Chem Soc Monograph, 1976, 171: 285-331.

[2] Breck D W. Crystalline molecular sieves[J]. J Chem Educ, 1964, 41(12): 678-689.

[3] 徐如人，庞文琴，屠昆刚. 沸石与多孔材料化学[M]. 北京: 科学出版社, 2004.

[4] 陈俊武，许友好. 催化裂化工艺与工程[M]. 3版. 北京: 中国石化出版社, 2015.

[5] Higgins J B, Lapierre R B, Sehlanker J L, et al. The framework Topology of zeolite beta[J]. Zeolites, 1988, 8(6): 446-452.

[6] Higgins J B, Lapierre R B, Sehlanker J L, et al. The framework Topology of zeolite beta-a correction[J]. Zeolites, 1989, 9: 358.

[7] 孟宪平，王颖霞，林炳雄，等. β沸石堆垛层错结构的研究[J]. 物理化学学报, 1996, 12(8): 727-733.

[8] McDaniel CV, Maher P K. Zeolite stability and ultrastable zeolites[G]. Zeolite chemistry and catalysis. Ed by Rabo J A. Am Chem Soc Monograph, 1976, 171: 285-331.

[9] Hickson D A, Csicsery S M. The thermal behavior of crystalline aluminosilicate catalysts[J]. J Catal, 1968, 10(1): 27-33.

[10] Venuto P B, Hamilton L A, Landis P S. Organic reactions catalyzed by crystalline aluminosilicates: Ⅱ. Alkylation reactions: Mechanistic and aging considerations[J]. J Catal, 1966, 5(3): 484-493.

[11] Ward J W. The nature of active sites on zeolites: Ⅷ. Rare earth Y zeolite[J]. J Catal, 1969, 13(3): 321-327.

[12] Richardson J T. The effect of faujasite cations on acid sites[J]. J Catal, 1967, 9(2): 182-194.

[13] Hansford R C, Ward J W. Catalytic activity of alkaline earth hydrogen Y zeolites[G]. Molecular Sieve Zeolites-Ⅱ. Adv Chem Ser, 1971, 102: 354-361.

[14] Plank C J, Rosinsky E J, Hawthorne W P. Acidic crystalline aluminosilicates. New superactive, superselective cracking catalysts[J]. Ind Eng Chem Prod Res & Dev, 1965, 3(3): 165-169.

[15] Plank C J. The invention of zeolite cracking catalysis: A personal viewpoint[G]. Am Chem Soc Monograph, 1983, 222(Heterogencous Catalysis): 253-271.

[16] Maher P K, McDaniel C V. Ion exchange of crystalline zeolites[P]. The United States, US3402996. 1968-09-24.

[17] McDaniel C V, Maher P K. Stabilized zeolites[P]. The United States, US, 3449070. 1969-06-10.

[18] 周灵萍，李峥，杜军，等. 一种提高超稳Y型沸石稀土含量的方法[P]. CN200510114495.1, 2005.

[19] Skeels G W, Breds D W. Zeolite chemistry. V-substitution of silicon for aluminum in zeolites via reaction with aqueous fluorosilicate[C], Proc. of 6th Int. Zeolite Conf., 1984, 87-96.

[20] Donald W. Breack, Gary W. Skeels, Silicon substituted zeolite compositions and process for preraring same[P]. Union Carbide Corporation: The United States, US4503023, 1985-03-05.

[21] 胡颖，何奕工，侯军，等. 骨架富硅 Y 沸石放大产品的特性[J]，石油炼制，1992，(7)：32-35.

[22] Kerr G T. Chemistry of crystalline aluminosilicates：Ⅴ. Preparation of aluminum-deficient faujasites[J]. J Phys Chem, 1968, 72(7)：2594-2596.

[23] Kerr G T. Chemistry of crystalline aluminosilicates：Ⅵ. Preparation and properties of ultrastable hydrogen zeolite Y[J]. J Phys Chem, 1969, 73(8)：2780-2782.

[24] Beyer H K, Belenykaja I M. A new method for the dealumination of faujasite-type zeolites[G]. Catalysis by Zeolite. Studies in Surface Science and Catalysis. Elsevier, 1980, 5：203-210.

[25] Dwyer J, Fitch F R, Nkang E E. Dependence of zeolite properties on composition. Unifying concepts[J]. J Phys Chem, 1983, 87(26)：5402-5404.

[26] Shannon R D, Gardner K H, Stanley R H. The nature of the nonframework aluminum species formed during thedehydroxylation of H-Y[J]. J Phys Chem, 1985, 89(22)：4778-4788.

[27] Corma A, Fornes V, Monton J B, et al. Catalyticcracking of alkanes on large pore, high SiO_2/Al_2O_3 zeolites in the presence of basic nitrogen compounds. Influenceof catalyst structure and composition in the activity and selectivity[J]. Ind Eng Chem Res, 1987, 26(5)：882-886.

[28] Corma A, Herrero E, Martinez A, et al. Influence of the method of preparation of ultrastable Y zeolites on extra-framework aluminum and the activity and selectivity during the cracking of gas oil[J]. ACS Preprint, Argonne National Laboratory. Argonne, IL, USA, 1987, 32(3/4)：639-646.

[29] Addison S W. Role of zeolite non-framework aluminium in catalytic cracking[J]. Appl Catal, 1988, 45(2)：307-323.

[30] Pellet R J, Blackwell C S, Rabo J A. Characterization of Y and silicon-enriched Y zeolites before and after degradive steam treatments[C]. ACS Preprint, Argonne National Laboratory. Argonne, IL, USA, 1988, 33(4)：572-573.

[31] Corma A. Innovation in zeolite material science[M]. Ed by Grobet P J. Elsevier, 1988.

[32] Corma A. Zeolites：facts, figures, future[M]. Ed by Jacobs P A, Van Santen R A. Elsevier, 1989.

[33] Macedo A, Raatz F, Boulet R, et al. Innovation in zeolite material science[M]. Ed by Grobet P I, Morter W J, Van Sant E F, et al. Elsevier, 1988.

[34] 闵恩泽. 工业催化剂的研制与开发[M]. 北京：中国石化出版社，1997.

[35] Eastwood S C, Plank C J, Weisz P B. New developments in catalytic cracking[C]. Proc 8th World Petrol Cong, 1971, 4：245-254.

[36] 陈祖庇，闵恩泽. 裂化催化剂的发展沿革[J]. 石油炼制，1990，21(1)：6-16.

[37] Ruchkenstein E, Tsai H C. Optimum pore size for the catalytic conversion of large molecules[J]. AIChE J, 1981, 27(4)：697-699.

[38] Humphries A, Wilcox J. Zeolite/Matrixsynergism in FCC catalysis[C]. NPRA Annual Meeting, AM-88-71, San Antonio, Texas, USA, 1988.

[39] Van de Gender P, Benslay R M, Chuang K C, et al. Advanced fluid catalytic cracking technology[J]. AIChE Symposium Serier, 1996, 88：291.

[40] 侯祥麟. 中国炼油技术新进展[M]. 北京：中国石化出版社. 1998.

[41] 严加松. 铝基黏结剂及其黏结的 FCC 催化剂的强度和孔结构的研究[D]. 北京：石油化工科学研究院，2004.

[42] Elliott C H J. Process for preparing a petroleum cracking catalyst[P]. The United States, US3867308. 1975-02-18.

[43] Secor R B, Van Nordstrand R A, Pegg David R. Fluid cracking catalysts[P]. The United States, US4010116. 1977-03-01.

［44］ Milligan W O, Mcatee J L. Crystal structure of γ-AlOOH and γ-ScOOH［J］. Journal of Physical Chemistry, 1956, 60: 273-277.

［45］ Reichertzs P P, Yost W J. The crystal structure of synthetic boehmite［J］. Journal of chemical physics, 1946, 14(8): 495-501.

［46］ Calvet E, Boivinet P, Noel M, et al. Contribution a l'etude des gels d'alumine［J］. Bulletin de la societe chimique de france, 1953, 20: 99-108.

［47］ Tettenhorst R, Hofmann D A. Crystal chemistry of boehmite［J］. Clays and clay minerals, 1980, 28(5): 373-80.

［48］ 张明海, 叶岗, 李光辉, 等. 薄水铝石与拟薄水铝石差异的研究［J］. 石油学报, 1999, 15(2): 29-32.

［49］ Stiles A B 等著, 李大东, 钟孝湘译. 催化剂载体与负载型催化剂［M］. 北京: 中国石化出版社, 1992.

［50］ 朱洪法编著. 催化剂载体制备及应用技术［M］. 北京: 石油工业出版社, 2002.

［51］ Mitsche R T. Hydrocarbon conversion catalyst comprising a halogen component combined with a crystalline aluminosilicate particles［P］. The United States, US3464929, 1969-09-02.

［52］ Chiang R L, Scherzer J. Production of fluid catalytic cracking catalysts［P］. The United States, US4476239, 1984-10-09.

［53］ 杨翠定, 顾侃英, 吴文辉. 石油化工分析方法(RIPP 试验方法)［M］. 北京: 科学出版社. 1990.

［54］ 郭瑶庆, 朱玉霞, 宿艳芳, 等. 激光散射法测定催化裂化催化剂粒度分布的影响因素［J］. 石油炼制与化工, 2005, 36(3): 56-60.

［55］ Connor P O, Humphries A P. Accessibility of functional sites in FCC［J］. ACS Preprints, 1993, 38(3): 598-603.

［56］ Yong K Y, Jonker R J, Meijerink B. A novel and fast method to quantify FCC catalyst accessibility［J］. ACS Preprints, Division of petroleum chemistry, 2002, 47(3): 270-280.

［57］ 侯铁军, 孙立军, 闫霖, 等. RICC-1 型催化裂化催化剂在胜炼Ⅱ催化装置工业应用［J］. 齐鲁石油化工, 2010, 38(03): 187-193.

［58］ 国玲玲. RICC-3 催化剂在重油催化裂化装置上工业应用［J］. 齐鲁石油化工, 2015, 43(03): 217-219, +246.

［59］ 张久顺, 王亚民, 范中碧, 等, 新型重油抗钒裂化催化剂 LV-23 的开发与工业应用［J］, 石油炼制与化工, 1999, 30(8): 5-9.

［60］ 许明德, 田辉平, 毛安国. 第三代催化裂化汽油降烯烃催化剂 GOR-Ⅲ 的研究［J］. 石油炼制与化工, 2006, 37(8): 1-6.

［61］ 李炎生, 刘家海, 谢凯云, 等. 第三代降烯烃催化裂化催化剂的工业应用［J］. 石油炼制与化工, 2005(12): 24-27.

［62］ 邱中红, 龙军, 陆友保, 等. MIP-CGP 工艺专用催化剂 CGP-1 的开发与应用［J］, 石油炼制与化工, 2006, 05: 1-6.

［63］ 许友好, 张久顺, 马建国, 等. MIP 工艺反应过程中裂化反应的可控性［J］. 石油学报, 2004, 20(3): 1-6.

［64］ 刘汉坡. 新型 CGP-1J 催化裂化催化剂的工业应用［J］. 齐鲁石油化工, 2016, 44(03): 187-190.

［65］ 许友好, 陈俊武. 催化裂化工艺与工程［M］. 3 版. 中国石化出版社, 2015.

［66］ 郭瑶庆, 朱玉霞, 严加松, 等. Q/SH 3360 250-2015 催化裂化催化剂球形度指数测定法［S］. 北京: 中国石油化工股份有限公司石油化工科学研究院, 2015, 1-3.

［67］ Raul Arriaga, Yen Yung Applying Low Rare Earth Technology in Demanding Fluid Catalytic Cracking Operation, AM-12-28 March 11-13, 2012, Manchester Grand Hyatt, San Diego, CA.

[68] 程薇. 雅保公司推出新的 FCC 催化剂系列[J]. 石油炼制与化工, 2018, 49(04): 97.

[69] 刘环昌, 范中碧, 周素静, 等. Orbit 系列重油裂化催化剂的研究开发[J]. 石油炼制与化工, 1998 (09): 29-34.

[70] 徐元辉, 梁扬升. LV-23 抗钒催化剂在茂名石化二催化装置上的工业应用[J]. 广东化工, 2001(03): 36-38.

[71] 刘环昌, 吴绍金. 多产柴油催化剂 MLC—500 的开发和应用[J]. 齐鲁石油化工, 1999(02): 3-8.

[72] 杨永国, 鄢仕勤, 张伟, 等. CC-20D 催化剂的工业应用[J]. 精细石油化工进展, 2002(03): 10-12.

[73] 王明哲, 梁凤印. 全减压渣油催化剂在 VRFCC 上的应用[J]. 石化技术, 2001(02): 67-71.

[74] 徐志成, 王宇, 于波, 等. CDOS 渣油裂化催化剂在格尔木炼油厂重催装置的工业应用[J]. 工业催化, 2019, 27(05): 69-72.

[75] 殷喜平. 第三代降烯烃催化剂 GOR-Ⅲ 的开发和工业应用[J]. 化学工业与工程技术, 2005(03): 27-29, 57.

[76] 侯典国, 朱玉霞, 黄磊, 等. 降低催化裂化汽油硫含量的重油裂化催化剂 DOS 的工业应用试验[J]. 石油炼制与化工, 2007(10): 33-36.

[77] 黄晓华. 新一代增产丙烯 DCC 工艺催化剂 DMMC-1 的工业应用[J]. 石油炼制与化工, 2007(10): 29-32.

[78] 孙浩, 祝明鹏, 孙振光. COKC-1 催化剂工业应用[J]. 齐鲁石油化工, 2008(01): 17-20.

[79] 王志强. VRCC-1 催化剂在重油催化裂化装置上的应用[J]. 石油炼制与化工, 2010, 41(06): 30-34.

[80] 陈齐全, 邹圣武, 杨轶男, 等. 抗碱氮催化剂 ABC 在催化裂化装置上的工业应用[J]. 石油炼制与化工, 2012, 43(05): 54-58.

[81] 杨正顺, 杨凌, 殷喜平. 降低油浆和焦炭的裂化催化剂 RSC-2006 的工业应用[J]. 工业催化, 2010, 18(05): 44-45.

[82] 张志民, 周灵萍, 杨凌, 等. 新型重油催化裂化催化剂 HSC-1 的研究开发[J]. 石油学报(石油加工), 2012, 28(S1): 1-6.

[83] 杨轶男, 毛安国, 田辉平, 等. 催化裂化增产汽油 SGC-1 催化剂的工业应用[J]. 石油炼制与化工, 2015, 46(08): 28-33.

[84] 于善青, 倪前银, 刘守军, 等. 渣油 MIP 装置多产汽油催化剂 RCGP-1 的工业应用[J]. 石油炼制与化工, 2017, 48(10): 7-10.

[85] 王鹏, 严加松, 于善青, 等. LTAG 工艺专用催化剂 SLG-1 的研发与应用[J]. 石油炼制与化工, 2018, 49(12): 1-5.

[86] 许友好, 陈俊武. 催化裂化工艺与工程[M]. 3 版. 中国石化出版社, 2015.

[87] 许明德, 田辉平. 提高液化气中丙烯含量助剂 MP031 的开发和应用[J]. 石油炼制与化工, 2006, 37 (9): 23-26.

[88] Jiang Wenbin, Chen Beiyan, Shen Ningyuan, et al. Role and Mechanism of Functional Components in Promoters for Enhancing FCC Propylene Yield[J]. China Petroleum Processing and Petrochemical Technology, 2010, 12(2): 13-18.

[89] Smith G A, Evans M. Meeting changing gasoline specifications and variable propylene and butylene demand through the use of additives[C]. NPRA Annual Meeting, AM-98-17. 1998.

[90] 杜伟, 黄星亮, 郑彦斌. 国内外催化裂化 CO 助燃剂的现状与进展[J]. 石油化工, 2002, 31(12): 1022-1027.

[91] Barth J, Jentys A, Lercher J A. Development of novel catalytic additives for the in situ reducetion of NO$_x$ from fluid catalytic cracking units[J]. Stud Surf Sci Catal. 2004, 154: 2441-2448.

[92] 宋海涛，郑学国，田辉平 等．降低 FCC 再生烟气 NO$_x$ 排放助剂的实验室评价[J]．环境工程学报，2009，3(8)：1469-1472.

[93] Sexton, J A. FCC Emission Reduction Technologies through Consent Decree Implementation：FCC NO$_x$ Emissions and Controls. In：Advances in Fluid Catalytic Cracking[J]. Occelli M L (ed.)，CRC press，Boca Raton，2010，315-350.

[94] 蒋文斌，冯维成，谭映临，等．RFS-C 硫转移剂的试生产与工业应用[J]．石油炼制与化工，2003，12：21-25.

[95] 杨磊，王寿璋．宋海涛，等．控制蓝烟和拖尾的增强型 RFS 硫转移剂的工业应用[J]．石油炼制与化工，2018，12：10-15.

[96] 陈妍，姜秋桥，宋海涛，等．模拟不完全再生 FCC 装置 CO 锅炉中 NH$_3$ 的转化规律[J]．石油炼制与化工，2017，7：6-9.

[97] 宋海涛，郑学国，田辉平，等．降低 FCC 再生烟气 NO$_x$ 排放助剂的实验室评价[J]．环境工程学报，2009，3(8)：1469-1472.

[98] 余成朋，周巍巍，宋海涛，等．RDNOx 助剂技术在再生烟气 NO$_x$ 达标排放中的应用[J]．石油炼制与化工，2019，1：96-100.

[99] 隋亭先，谢晨亮，林春阳，等．FP-DSN 三效助剂在催化裂化装置上的工业应用[J]．工业催化，2017，7：76-80.

[100] 白云波，孙学锋，张伟，等．硫转移剂协同脱硫脱硝助燃三效助剂在催化裂化装置上的应用[J]．精细石油化工，2016，1：50-55.

[101] 闫成波，宋海涛，蔡锦华，等．CCA-1 脱硫脱硝助剂在高桥石化 2# 催化的应用[C]．中国石化催化裂化技术交流会论文集，北京：中国石化出版社，2018.

[102] Miller S J, Hsieh C R, Kuehler C W, et al. OCTAMAX：a new process for improved FCC profitability[C]. NPRA Annual Meeting，AM-94-58，1994.

[103] Smith G A, Evans M. Meeting changing gasoline specifications and variable propylene and butylene demand through the use of additives[C]. NPRA Annual Meeting，AM-98-17，1998.

[104] Smith G A, Santos G, Hunkus S F, et al. Optimizing FCC operations and economics by improving feed conversion and total liquid yield with BCA-105[C]. NPRA Annual Meeting，AM-94-63，1994.

[105] McGuirk T. Co-Catalysts Provide Refiners with FCC Operational Flexibility [C]. NPRA Annual Meeting，AM-10-110，2010.

[106] Kramer A, Arriaga R. Additives provide flexibility for FCC units and delayed cokers. PTQ，2013，Q3：1-7. (www. digitalrefining. com/article/1000848)

[107] 陈蓓艳，朱根权，沈宁元 等．FCC 过程高液体收率助剂 SLE 的工业应用[J]．石油炼制与化工，2017，5：31-36.

[108] 王国新．RCA 重油催化裂化强化助剂试用报告[J]．工程技术(文摘版)，2015，8：44.

[109] 许劲，谢胜利，齐兴国．FCA-100A 催化裂化强化助剂工业应用[J]．化学工程师，2012，6：45-47.

[110] Teran C K. How to get the most out of your nickel passivation program[C]. NPRA Annual Meeting，AM-88-70，Washington，USA，1988.

[111] English A R, Kowalczyk D C. [J]. Oil & Gas Journal，1984，82(29).

[112] Bertus B J, McKay D L. Cracking process employing catalyst having combination of antimony and tin[P]. The United States，US4321129. 1982-03-23.

[113] 钱伯章．催化裂化金属钝化剂的技术开发进展[J]．天然气与石油，2005，23(3)：43-44.

第四章 流态化与气固分离

第一节 流态化基本原理

流化催化裂化的反应器和再生器的操作情况、催化剂在两器之间的循环输送以及催化剂的损耗等都与气-固流态化问题有关。无论是建立数学模型、优化生产操作还是进行设计常常都离不开流态化的问题。因此，学习流态化原理并掌握其一般规律是十分必要的。

对于气-固流态化问题，已经有很多人做过大量的研究工作，涉及的内容较多、影响因素也很复杂，至今还有不少问题待进一步深入研究。本节只对与催化裂化有关的一些最基本的原理和现象做简要介绍[1]。

一、流化床的形成与流态化域

（一）流化床的形成

如果在一个下面装有多孔板分布器的圆筒内装入一些微球催化剂，让空气由下而上通过床层，并测定空气通过床层的压降 Δp，将会发现以下现象：当气体流速 u_f 较小时，床层内的颗粒并不活动，处于堆紧状态，即处于固定床状态，随着 u_f 的增大，床层压降亦随之增大（见图4-1-1）。当气速增大至一定程度时，床层开始膨胀，一些细粒在有限范围内运动，当气速再增大时，固体颗粒被气流悬浮起来并作不规则的运动，即固体颗粒开始流化。此后，继续增大气速，床层继续膨胀，固体运动也愈激烈，但是床层压降基本不变，见图4-1-1的 BC 段。气速再增大至某个数值，例如 C 点，固体颗粒开始被气流带走，床层压降下降。气速再继续增大，被带出的颗粒增多，最后被全部带出，床层压降下降至很小的数值。在此过程中，对应于 B 点处的气速称为临界流化速度 u_{mf}，对应于 C 点的气速称为终端速度 u_t，亦称带出速度。由上述过程可见：当气速小于 u_{mf} 时为固定床，气速在 u_{mf} 与 u_t 之间为流化床，气速大于 u_t 则为稀相输送。

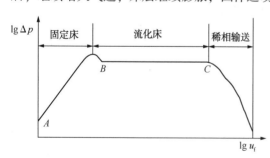

图4-1-1 床层压降与气体线速的关系

在固定床阶段，颗粒之间的孔隙形成了许多曲曲弯弯的小通道。气体流过这些小通道时因有摩擦阻力而产生压降。摩擦阻力与气体流速的平方呈正比，因此流速越大时产生的床层压降也越大。

当气速增大至 B 点，作用于床层的各力达到平衡，整个床层被悬浮起来而固体颗粒自由运动，即：

$$床层压降×床层截面积=床中固体重力-固体所受浮力$$

或 $$\Delta p×F=V(1-\varepsilon)\rho_p g-V(1-\varepsilon)\rho_g g \qquad (4-1-1)$$

式中　Δp——床层压降，Pa；

$\quad\quad F$——床层截面积，m^2；

$\quad\quad V$——床层体积，m^3；

$\quad\quad \varepsilon$——床层孔隙率；

ρ_p，ρ_g——固体颗粒及气体的密度，kg/m^3。

式(4-1-1)可以写成：

$$\Delta p×F=V(1-\varepsilon)(\rho_p-\rho_g)g$$

因 $\rho_p\gg\rho_g$，所以，可近似地写成：

$$\Delta p×F=V(1-\varepsilon)\rho_p g \qquad (4-1-2)$$

上式等号的右方就是固体颗粒的质量，当没有加入或带出固体时，它是一个常数。因此，在流化床阶段，当气速增大时 V 虽然增大，但 ε 亦随之增大，结果 $\Delta p×F$ 基本保持不变，也就是 Δp 基本不变。利用这个原理，在实验室或工业装置中可以通过测定流化床中不同高度的两点间的压差来计算床层中的固体藏量或床密度。

当气体流速超过终端速度时，床层中的固体质量因颗粒被带出而减小，于是床层压降减小，至全部固体被带出时，圆筒两端的压差就是气流通过空筒时的摩擦压降。

（二）气-固流态化域

固体颗粒的流化性能与其粒径及其他性质有关。在流态化研究中常根据不同颗粒的流态化特征将固体颗粒进行分类，常见的分类方法有 Geldart 的分类方法。Geldart 把固体颗粒分为 A、B、C、D 四类，裂化催化剂是典型的 A 类颗粒。A 类细粉颗粒流化床的流化状态与床层内的表观气速 u_f 有关。随着 u_f 的增大，床层可分为几种不同的流化状态，或称为不同的流化域（见图 4-1-2）。

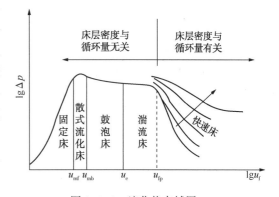

图 4-1-2　流化状态域图

① 固定床——固体颗粒相互紧密接触，呈堆积状态。

② 散式流化床——固体颗粒脱离接触，但均匀地分散在流化介质中，床层界面比较清晰而稳定，已具有流体特性。

③ 鼓泡流化床——随着 u_f 的增大，流化床中出现了气体的聚集相：气泡。在气泡上升至床层表面时，气泡破裂并将部分颗粒带到床面以上的稀相空间，形成了稀相区，在床面以下则是密相区。工业流化床汽提段属于此类。

④ 湍动（流）床——气速 u_f 增大至一定程度时，由于气泡不稳定而使气泡分裂成更多的小气泡，床层内颗粒循环加剧，气泡分布较为均匀。此时气体夹带颗粒量大增，使稀相区的固体浓度增大，稀、密相之间的界面变得模糊不清。工业流化床再生器多属此类。

⑤ 快速床——气速 u_f 再增大，气体夹带固体量已达到饱和夹带量，密相床已不能继续维持而要被气流带走，此时必须靠一定的固体循环量来维持，密相床层的密度与固体循环量

密切相关。催化裂化的烧焦罐再生器属于此类。

⑥ 输送床——当气速增大至即使靠固体循环量也无法维持床层时，就进入气力输送状态。催化裂化提升管反应器属此类。

（三）临界流化速度和终端速度

临界流化速度（亦称起始流化速度）u_{mf} 和终端速度（亦称带出速度）u_t 是与流化状态有关系的重要参数，许多学者对其进行了研究并提出了多种形式的计算方法。其中有的将此参数直接与固体颗粒的性质相关联，有的则采用无因次准数关联的方式。在本节，只列举一种计算方法如下：

$$u_{mf} = \frac{0.00059 d_p^2 (\rho_p - \rho_f) g}{\mu_f} \qquad (4-1-3)$$

$$u_t = \frac{g d_p^2 (\rho_p - \rho_f)}{18 \mu_f} \qquad (4-1-4)$$

式中　u_{mf}——临界流化速度，m/s；

　　　d_p——固体颗粒直径，m；

ρ_p，ρ_f——固体颗粒密度及气体密度，kg/m^3；

　　　g——重力加速度，9.81m/s^2；

　　　μ_f——气体黏度，Pa·s。

上述计算式中的气速都是指空塔（表观）气速。对于有一定粒径分布的固体颗粒，在计算时应采用有代表性的平均粒径。其计算公式如下：

$$d_{p,\,av} = \frac{1}{\sum x_i / d_{p,\,i}} \qquad (4-1-5)$$

式中，x_i 为直径为 $d_{p,i}$ 的颗粒在全部颗粒中所占的质量分数。

这类计算式大都是在冷态、小尺寸设备条件下试验所得的经验关联式。在使用时都应根据实际条件进行校正。

【计算示例】 某裂化催化剂的颗粒密度为 1300kg/m^3，其筛分组成如表 4-1-1 所示。

表 4-1-1　某裂化催化剂筛分组成

粒径/μm	0~20	20~40	40~80	80~110	110~150
x_i/%（质）	0.48	10.52	85.00	3.86	0.14

流化介质为 580℃、78kPa（表）下的再生烟气，在该条件下的密度为 0.733kg/m^3、黏度为 3.7×10^{-5}Pa·s。试计算其临界流化速度和带出速度。

解：

① 催化剂的平均粒径 $d_{p,av}$：

$$d_{p,\,av} = \frac{1}{\dfrac{0.48}{10} + \dfrac{10.52}{30} + \dfrac{85}{60} + \dfrac{3.86}{95} + \dfrac{0.14}{130}} \times 100 = 53\mu m = 5.3 \times 10^{-5} m$$

② 临界流化速度 u_{mf}：

$$u_{mf} = \frac{0.00059 \times (5.3 \times 10^{-5})^2 \times (1300 - 0.733) \times 9.8}{3.7 \times 10^{-5}}$$

$$= 0.057 \times 10^{-2} m/s$$

③ 带出速度 u_t：

$$u_t = \frac{9.80 \times (5.3 \times 10^{-5})^2 \times (1300 - 0.733)}{18 \times 3.7 \times 10^{-5}}$$

$$= 5.37 \times 10^{-2} \text{m/s}$$

④ 讨论：湍流流化床再生器的密相操作气速 u_f 一般在 0.6～1.1m/s，u_f 与 u_{mf} 之比（亦称流化数）达 1000 以上。从计算结果来看，u_f 比 u_t 也高出许多倍，但实际上仍能维持流化床操作，其主要原因是在流化床中，催化剂颗粒并不是以单个颗粒进行运动而是成团状进行运动的。并且，还有从一级旋风分离器料腿返回密相床层的相当大的催化剂循环量。

除了本节讨论的临界流化速度、带出速度外，还有一些用于判断流化状态的速度参数，例如起始鼓泡速度、各流化域之间过渡时的速度等，它们的定义及计算方法可参考有关文献。

二、流化床的基本特性

气-固流化床的各个流化域有其共同的特点（固粒处于流化状态），但是也各有其自己的特点，下面简要介绍处于不同流化域的流化床的基本特性。

（一）散式流化床

当气流速度超过临界流化速度不大时，流化床内没有聚集现象，床层界面平稳，此时床层处于散式流化状态。随着气速增大，床层的孔隙率增大，床层膨胀。若床层直径不变，则床高增加，可以用床高与起始流化时的床高之比 L_B/L_{mf} 来表示床层膨胀的程度，亦称膨胀比。影响膨胀比的因素有很多，如固体颗粒的性质和粒径、气体的流速和性质、床径和床高等。图 4-1-3 表示了气速和床径对膨胀比的影响，气速越大或床径越小则膨胀比越大。

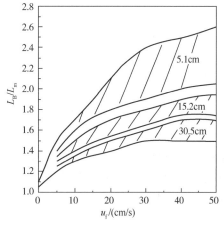

图 4-1-3　气速和床径对膨胀比的影响

（颗粒平均直径为 100 μm；图中标注数字为床径）

（二）鼓泡床和湍流床

在鼓泡流化床，固体颗粒不是以单个而是以聚团形式进行运动，气体主要是以气泡形式通过床层。因此床层不是均匀的而是分成两相：气泡相，主要是气泡，其中夹带少量固体；颗粒相（亦称乳化相），主要是流化的固体颗粒，其间有气体以接近于临界流化速度的流速通过。鼓泡流化床中的气、固流动状况很复杂，在这里只是介绍它的一些基本现象。

如果床层直径足够大，而且气流速度不太高，即器壁及各气泡之间的影响可以忽略时，可以观察到单个气泡的运动情况。气泡的上半部呈半球形，气泡的尾部则有一凹入部分，称为尾涡区（见图 4-1-4）。尾涡区夹带着固体颗粒，而气泡内则基本上不含固体颗粒。气泡在气流通过分布板进入床层时形成，然后在床层中向上运动。气泡向上

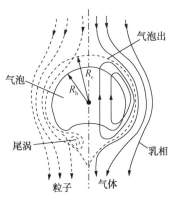

图 4-1-4　气泡形态

运动的速度大于气体在空床中的平均气速，气泡的直径越大，其上升的速度也越大。

气泡的运动是造成流化床中的固体颗粒和气体返混的主要原因。当气泡上升时，气泡周围的固体颗粒被曳引至尾涡区并随着气泡向上运动。当尾涡区夹带的颗粒增多时，它变得不稳定，于是在气泡上升过程中会甩下一部分夹带的颗粒而其余的颗粒仍被带着上升。当气泡上升至床层界面，气泡破裂，尾涡区的固体颗粒就散落下来，造成了流化床中固体颗粒的返混。气泡内的气体与周围颗粒相中的气体也互相交换。向下运动的固体颗粒借摩擦力将颗粒相中的气体曳引向下，当气泡与颗粒间的相对速度足够大时，这部分颗粒相中的气体由压力较低的尾涡区进入气泡，而气泡中部分气体由顶部透过气泡边界又渗入颗粒相中去，造成了气体在流化床内的返混。流化床内气体及固体的返混使床层各部分的性质（如温度、组成等）趋向于均一。

在实际应用的鼓泡流化床中往往同时存在大量气泡，由于它们之间的相互影响，气泡常变成不规则的形状。大量气泡向上运动时，小气泡会互相聚合成更大的气泡，因此，随着气泡的上升，气泡的直径也逐渐增大。气泡的长大对气-固非均相催化反应是不利的，因为气泡里的气体（反应物）与固体催化剂的接触很差。在大型鼓泡流化床中，气泡在整个床层截面上经常不是均匀分布而是形成几个鼓泡中心，气泡聚合后沿几条"捷径"上升。严重的鼓泡集中使气泡连续地沿着捷径上升而形成短路，这种现象称为沟流。发生沟流现象时，局部床层的压降下降，显然，沟流现象对催化反应是很不利的。如何使进入床层的气体均匀分布是大型流化床反应器设计的一个重要问题。

在小直径的流化床中，有时气泡可能长大到和床径一样大，形成了一层气泡、一层固体颗粒相，这种现象称为气节，亦称腾（节）涌。流化床产生气节时，气体必须渗过慢速运动的密相区，因此床层的压降比正常流化时的压降大。但当大气泡到达床层顶部时气泡崩破，颗粒骤然散落，床层压降突然降低，严重时还会发生振动。气节现象在直径小于50mm的流化床中很容易发生。实验室的小型流化床反应器常常不容易得到重复性好的试验数据与此现象有一定的关系。

鼓泡流化床的顶部有一个波动的界面，当气速增大时，界面起伏波动的幅度就越大。在界面以下的部分称密相床。对于催化裂化反应器和再生器，密相床的密度随气速等因素变化而变化，一般在 $200\sim550kg/m^3$ 的范围内。密相床界面以上的空间叫稀相。由于气流的夹带，稀相中也含有固体颗粒，其颗粒浓度随气速的增大而增大，在一般情况下，其密度比密相床的密度小得多。当气速较低时，稀相与密相之间的界面比较明显，但随着气速的增大，密相床的密度变小而稀相段的密度增大，两相之间的界面逐渐变得不很明显，如图4-1-5所示。

气泡在离开密相床层时产生的动能会把部分固体颗粒带入稀相。随着气流向上运动，被夹带的颗粒中的较大者（其带出速度高于稀相中的气速）在上升到一定高度后就会转而向下运动并返回密相床层，而较小的颗粒则继续随气体向上运动。因此，在密相床的某个高度，气体中夹带的固体颗粒浓度基本保持不变，这个高度就称为输送分离高度，简

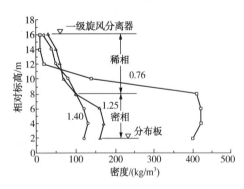

图4-1-5　再生器中的密度分布
［曲线上的标注数字是密相气体速度/(m/s)］

称 TDH。TDH 的大小主要取决于气速和床径。从 TDH 的定义来看，反应器中的旋风分离器的入口与密相床的界面之间的距离应大于 TDH 高度。许多研究者提出了计算 TDH 的公式，它们的计算结果也不尽相同。在此仅列举了 Zenz 和 Herio 提出的计算式：

$$\text{TDH}/D_T = (2.7D_T^{-0.36} - 0.7) \times \exp(0.7u_f \times D_T^{-0.23}) \tag{4-1-6}$$

式中，D_f 为床径，m；u_f 为气体线速，m/s。

在实际生产装置中发现，以上式（也包括多数其他公式）计算所得的结果偏低，其原因之一是实验装置的尺寸较小会存在一定的放大效应，更主要的原因是实验装置一般都采用同径流化床，而实际工业装置大多采用稀相扩大的变径结构。因此，在设计催化裂化再生器时，一般是采用将计算结果增加一定高度的方法来解决。例如当再生器直径为 9.6m、气体速度为 0.87m/s、催化剂平均粒径为 60μm 时，用式（4-1-6）计算得的 TDH 值为 7.0m，而设计时则多采用 10m 左右。（更多详细内容可参考梁凤印主编的《催化裂化装置技术手册》P78～139）。

当气速增大至一定程度时，流化床进入湍流床阶段。湍流床的机理研究尚不很充分，有的学者认为它是从鼓泡床到快速床之间的过渡形态，但仍可按鼓泡床的两相理论来处理，也有的学者用三相或四相流动模型来处理，还有一些学者则认为用轴相扩散和径向流动模型来处理更符合实际情况。从目前的研究状况来看，与鼓泡床比较，其主要特点是气速更高、气体及颗粒循环量加剧，而返混及气泡直径变小、气泡数量增多，因而气体与固体颗粒之间的传质系数也明显增大。

（三）快速流化床

快速流化床与湍流床的一个重要区别在于快速床的气速已增大到必须依靠提高固体颗粒的循环量才能维持床层密度。催化裂化装置的烧焦罐式再生器的操作气速多在 1～2m/s 范围内，大部分属于快速流化床。

在快速床阶段，气泡相转化为连续含颗粒的稀相，而连续乳化相逐渐变成由组合松散的颗粒群（絮团）构成的密相。或者说，气泡趋向于消失而在床内呈现不同的密度分布。一般情况下，上部密度小，称为稀区，下部密度较大，称为浓区；而在径向上则呈中心稀、靠壁处浓的径向分布。在快速床内，气体和固体颗粒也还有显著的返混现象。

影响快速床流化特性的因素除了气速、固体颗粒的性质等外，还有气体的入口方式、固体颗粒循环量的调节是属强或弱控制、出口结构型式等因素。

（四）流化床反应器的特点

基于对流化床的认识，流化床用作反应器时有以下几个特点：

① 由于流化床的传热速率高和返混，床层各部分的温度比较均匀，避免了局部高温现象，因此对强放热反应例如再生反应可以采用较高的再生温度以提高烧焦速率。

② 流化床中气泡的长大、气节及沟流等现象的发生使气体与固体颗粒接触不充分，对反应不利。因此一般的鼓泡床反应器要达到很高的转化率是比较困难的。在催化裂化再生器中，气泡的存在使气-固之间的传质速率降低，使烧焦反应过程常常表现为扩散控制而降低了烧焦速率。一些工业再生器的核算结果表明，实际的烧炭速率与本征烧炭反应速率之比只有 0.2～0.6。

流化床中的返混会对反应产生不利影响。对于催化裂化反应器，由于返混，造成催化剂在床层中的停留时间不均一，有些催化剂没有与反应物充分接触就离开床层，有些则沉积了过多的焦炭仍留在床层里，这一点对分子筛催化剂尤其不利。对于反应气体，有些未经充分反应就离开床层，而另一些则在裂化生成目的产物后仍滞留在床层继续进行二次反应，生成更多的气体和焦炭，降低了轻质油收率。在再生器里，由于返混，床层中的有效催化剂含碳量几乎降低到与再生剂含碳量相同，气体中的有效氧浓度也大为下降，于是降低了再生反应速度。催化剂颗粒在再生器内的停留时间不一致也导致烧焦效率降低。湍流床和快速床的应用可以在很大程度上改善上述的缺点。

③ 流态化使固体具有流体那样的流动性，装卸、输送都较为灵活方便，这对需要大量固粒循环的反应系统很有利。催化裂化反应器与再生器之间必须有大量催化剂循环，采用流化床可以较容易地实现此目的，而且还起到在两器之间传递热量的热载体的作用。由于这个原因以及流化床温度分布均匀的特点，催化裂化反应器和再生器内可以完全不用传热构件，极大地简化了设备结构。这些特点适应了催化裂化向大处理量、大型化方向发展的需要。

④ 在流化床反应器中，总有一些固体颗粒被带入稀相，进而带出反应器，而且在某些情况下这个带出量是很大的。因此，在气体离开反应器之前应通过旋风分离器(或其他气固分离器)回收固体催化剂。

⑤ 流化床中固体颗粒的激烈运动加剧了对设备的磨损，也使催化剂的粉碎率增大而加大了催化剂的损耗。应采取相应的措施。

从上述流化床反应器的特点来看，它既有有利的一面，也有不利的一面。对某一个反应过程，如果有利的一面占主导地位，则我们就采用它，例如催化裂化、丙烯氨氧化制丙烯腈、萘氧化制苯二甲酸酐、甲醇制烯烃(MTO)、丙烷脱氢等过程。同时，对于不利方面也不应当忽视，要通过分析流化床的内部矛盾来找出控制和克服的办法。

三、催化剂的输送与循环

催化剂在管路中输送时，根据颗粒浓度的大小可分为稀相输送和密相输送。流态化工程原理定义以 $100kg/m^3$ 为分界，凡浓度大于 $100kg/m^3$ 者为密相输送，而小于 $100kg/m^3$ 则属于稀相输送范畴。在催化裂化装置中，催化剂大型加料线、大型卸料线、小型加料和卸料线、稀相提升管和提升管反应器等均属于稀相输送，而再生剂和待生剂两条循环管线则属于密相输送。

(一)稀相垂直输送

以催化裂化提升管反应器为例，在提升管反应器中，气体线速比流化床高得多，其中的气-固运动有它自己的特点。由再生器来的催化剂通过斜管上的节流滑阀进入提升管的下端，先与预提升蒸汽(或干气、轻烃)会合，由蒸汽提升向上运动一段，再与油气混合，气-固混合物呈稀相状态同时向上流动。在提升管的出口，反应后的油气与催化剂分离。在提升管中，气-固混合物的密度约为 $40\sim60kg/m^3$，因此属于稀相输送的范畴。

在工业催化裂化提升管反应器中，一般油气进口处的线速为 $4.5\sim7.5m/s$。由于在向上流动的过程中，反应生成的小分子油气增加，气体体积增大，因此在提升管出口处的气体线速增大至 $8\sim18m/s$，催化剂也由比较低的初速度逐渐加快到接近油气的速度。催化剂颗粒是被油气携带上去的，它的上升速度要比气体的速度低些，这种现象称作催化剂的滑落，而气体线速 u_f 与催化剂线速 u_s 之比则称为滑落系数。在催化剂被加速之后，催化剂的速度应等于 u_f 与催化剂的自由降落速度 u_t(亦称催化剂的终端速度)之差，因此：

$$滑落系数 = \frac{u_f}{u_s} = \frac{u_f}{u_f - u_t} \qquad (4-1-7)$$

根据实验数据，微球裂化催化剂的 u_t 约为 0.6m/s。由式（4-1-7）可见，当 u_f 增大时，滑落系数减小，当 u_f 很大时，滑落系数趋近于 1，也就是 u_s 趋近于 u_f，此时催化剂的返混现象减小至最低程度。图 4-1-6 是在 $u_t = 0.6 \sim 1.2$m/s 的范围内，滑落系数与气速的关系。由图可见当气速增大至 25m/s 以后，催化剂的滑落系数几乎不再有变化，并且其值接近于 1.0。由于提升管内气速高，催化剂与油气在提升管内的接触时间短，而且催化剂滑落系数接近 1，即催化剂与油气几乎是同向、等速地向上运动，返混很小，大大减小了二次反应，这种情况对分子筛催化剂是特别有利的。

从图 4-1-7 讨论在提升管中的气-固运动形态。当固体质量流率 $G_s = 0$kg/（m² · s）时，即只有气体通过提升管时，单位管长的压降 $\Delta P/L$ 随气速 u_f 的增大而增大。此时 $\Delta P/L$ 主要是气体流动时的压降。当固体质量流率为某定值 G_{s1} 时，所测压降是混合物密度产生的静压与混合物流动压降之和。在高气速 C 点时，提升管内固体密度较小，流动压降占主导地位，因此，当气速下降时，静压虽由于密度的增大而增大，但摩擦压降却因气速下降而减小，故总的 $\Delta P/L$ 下降。当气速从 D 点再继续下降时，管内的固体颗粒密度急剧增大，于是静压的增大起主导作用，总的 $\Delta P/L$ 也随之急剧增大。至接近 E 点时，管内密度太大，气流已不足以支持固体颗粒，因而出现腾涌。E 点处的气体表观速度即称为噎塞速度。对于较大的固体质量流率，此转折点出现在较高的气速处，如图 4-1-7 中 G_{s2}。

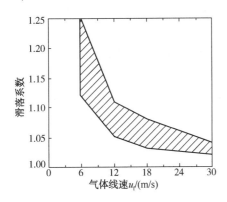

图 4-1-6 气体线速对催化剂滑落系数的影响

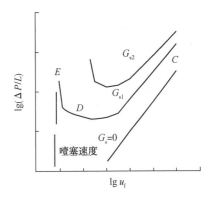

图 4-1-7 提升管中气固流动的形态

为了在提升管内维持良好的流动状态，管内气速必须大于噎塞速度。噎塞速度主要取决于催化剂的筛分组成、颗粒密度等物性。此外，管内固体质量流率或管径越大，噎塞速度也越高。根据实验数据，工业用微球裂化催化剂采用空气提升时的噎塞速度约为 1.5m/s，实际工业采用的气速在油气入口处为 4.5～7.5m/s，远高于此噎塞速度。但是在预提升段，由于预提升气的流量较小，应注意维持这一段的气速高于噎塞速度。采用过高的气速导致摩擦压降太大和催化剂磨损严重，因此，工业上也不采用过高的气速。

（二）稀相水平输送

水平输送较垂直输送复杂得多，在垂直输送中降低气速，固体将沉降于上升气流中，固体颗粒仍呈弥散状态，只是随着气速的降低固体滑落增加，但总趋势仍为向上流动。当水平输送时，降低气速会使固体颗粒沉积于管底，气体则由沉积层上部至管顶的通道中通过。沉积于管底部的固体流动情况与气速有密切关系。如果气速足够高，沿整个水平管可维持较均匀输送固体[见图4-1-8(a)]，当气速较低时，固体可以是"沙丘"状[见图4-1-8(b)]、齿状[见图4-1-8(c)]、节涌状态流动[见图4-1-8(d)]。

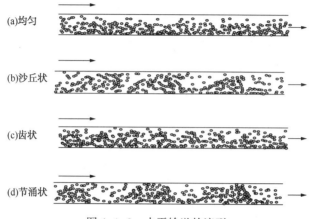

图 4-1-8　水平输送的流型

　　图4-1-9为稀相水平输送的相图，其横坐标为气速的对数，纵坐标为单位长度管线压力降的对数。*AB* 段为只有气体通过管线时的压力降曲线，当气速较高时固体以 G_{s1} 的质量流率引入管线，所有固体均呈悬浮状态通过管道而无沉积现象，见 *C* 点，气速降低时，压力降沿 *CD* 线下降，在气速降到 *D* 点时，颗粒开始在管底沉降，此时的气速称为沉积速度 u_{cs}，沉积速度为气固特性和管径的函数。若仍以 G_{s1} 的速率加入固体，颗粒层将增加，当固体颗粒较粗且大小均一时，约有相当于管截面一半的面积为颗粒层，上层仍为稳态输送，如 *DE* 线所示。气速进一步下降，沉积的颗粒层继续加厚，压力降也随之上升，如 *EF* 线所示。

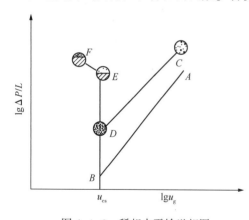

图 4-1-9　稀相水平输送相图

　　在水平输送中，适宜的气速是维持输送过程持续进行的必要条件。水平管气力输送需要比较高的气体速度，催化裂化提升管水平段即如此。然而，气速高摩擦压降大，颗粒磨损和管壁磨损快。为了使这些效应减至最低程度，气速不能过高。但是气速过低又会使颗粒沉积，为了保持颗粒不沉积，必须使气速大于沉积速度。

　　沉积速度可采用下述方法进行计算[2]。对于具有某个粒度分布的固体颗粒，首先根据图4-1-10估算出输送混合颗粒中单个最大颗粒和单个最小颗粒时所需的最低速度 $u_{cs,m1}$、$u_{cs,m2}$，同时在此图上求出这两点连线的斜率 n。图4-1-10中的数据都是在管径为 63.5mm 的管子中流动时所作出的，实际计算时还要对所选的 u_{cs} 按式(4-1-8)进行校正：

$$u_{cs,m} \propto D_t^{0.4} \tag{4-1-8}$$

　　式中，D_t 为实际使用的管径，换算时应取 $u_{cs,m}$ 两者中较大的数值来换算。然后再按图4-1-11或式(4-1-9)求 u_{cs}。

$$\frac{G_{\mathrm{s}}\,\rho}{G\,\rho_{\mathrm{p}}}u_{\mathrm{cs}}=B\times10^{-2}\left(\frac{u_{\mathrm{cs}}-u_{\mathrm{cs,m}}}{u_{\mathrm{cs,m}}}\right) \tag{4-1-9}$$

式中，B 为系数；当 $n\geqslant0.068$ 时，$B=21.4n^{1.5}$；当 $-0.11\leqslant n\leqslant0.068$ 时，$B=0.32$；G_{s} 和 G 分别为固体流率和气体流率，kg/s；ρ 和 ρ_{p} 分别为气体密度和颗粒密度，kg/m³。

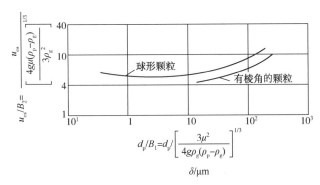

图 4-1-10 均一固体颗粒沉积速度
（管径为 6.35cm）

图 4-1-11 不均一颗粒沉积速度与
固体线速的关联

（三）密相输送基本原理

流化催化裂化的反应器和再生器之间必须有大量的催化剂循环，因为催化剂不仅要周期性地反应和再生以维持一定的活性水平，还要起到取热和供热的热载体的作用。能否实现稳定的催化剂循环，无论是在设计或生产中都是一个关键性的问题。

流化催化裂化装置的催化剂循环采用密相输送的办法，在Ⅳ型催化裂化装置采用 U 形管输送，而在提升管催化裂化装置则采用斜管或立管输送。在输送管内，固体浓度约 300～600kg/m³，故称为密相输送。

固体颗粒的密相输送有两种形态：黏滑（移动床）流动和充气（流化床）流动。当固体颗粒向下流动时，气体与固体颗粒的相对速度不足以使固体颗粒流化起来，此时固体颗粒之间互相压紧、阵发性地缓慢向下移动，这种流动形态称为黏滑流动。如果固体颗粒与气体的相对速度较大，足以使固体颗粒流化起来，此时的气-固混合物具有流体的特性，可以向任意方向流动，这种流动形态则为充气流动。充气流动时，气体的流速应稍高于固体颗粒的起始流化速度。黏滑流动主要发生在粗颗粒的向下流动时，例如移动床反应器内的催化剂运动就属于黏滑流动。充气流动主要发生在细颗粒的流动中，例如催化裂化装置各段循环管路中的流动都属于充气流动。但如果气体流速低于起始流化速度，则在立管或斜管中有可能出现黏滑流动，这种情况应尽可能避免发生。

为了说明催化剂循环的基本原理，先用图 4-1-12 为例说明。图中是一盛水的 U 形管，其右上侧有加热器，在该处水因受热而气化。

设 $P'_1=P'_2=P$，当阀关闭时：

阀的左方 1 点处静压 $P_1=\rho_{\mathrm{w}}gh+P$，式中的下标 w 和 v 分别表示水和蒸气。

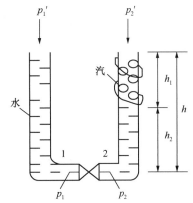

图 4-1-12 密相输送原理

阀的右方 2 点处静压　　$P_2 = \rho_w g h_2 + \rho_v g h_1 + P$

由于 $\rho_w > \rho_v$，因此 $P_1 > P_2$，当阀打开时，水就会从左管流向右管，而在流动时

$$P_1 - P_2 = \Delta P_f + \Delta P_a \qquad (4-1-10)$$

式中，ΔP_f 为流经阀和管线的摩擦压降，Pa，ΔP_a 是速度改变时引起的压降，Pa。当流速不大时，ΔP_a 数值较小，有时可以忽略。上式也可以看作是：

推动力 = 阻力

即由两侧的静压头之差产生的推动力用来克服流动时的阻力。显然，推动力越大，管路中的流率也越大。应当注意，P_1 和 P_2 是指流体静止时 1 点和 2 点的压力，当流体流动时，1 点和 2 点处的压力就会发生变化。

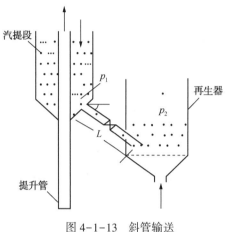

图 4-1-13　斜管输送

如果 P'_1 不等于 P'_2，上述关系仍然成立，但是 $(P_1 - P_2)$ 可能增大或减小，甚至会变成负值，此时流动的方向就变成由右向左。

显然，上述的关系式就是水力学中的能量平衡方程式。

Ⅳ型催化裂化装置的 U 形管输送原理与上述情况完全相同，只是在 U 形管右侧的上方不是用加热的方法而是用通入空气(增压风)的方法来降低这段管内的密度。在提升管式催化裂化装置中，常用斜管进行催化剂输送，上述输送原理也同样适用。催化剂在图 4-1-13 的斜管中流动时：

$$\left[P_1 + \rho g L \sin\theta \right] - P_2 = \Delta P_{f,T} + \Delta P_{f,V} \qquad (4-1-11)$$

式中，ρ 为斜管中的密度，kg/m³；$\Delta P_{f,V}$ 和 $\Delta P_{f,T}$ 分别为滑阀及管路的摩擦压降，Pa。方程式的左方即流动的推动力，显然，当推动力不变时，调节滑阀开度即可改变 $\Delta P_{f,V}$ 的数值，从而也使 $\Delta P_{f,T}$ 发生变化，于是催化剂循环量得到调节。$\Delta P_{f,T}$ 近似地正比于催化剂在管中的质量流速的平方。

在设计输送斜管时必须注意斜管的倾斜角度。图 4-1-14 是固体颗粒由垂直管通过底部小孔流动时的情景。在没有充气时，离底边 $H = (D/2)\tan\theta_f$ 处开始形成一个倒锥形的流动区，圆锥体以外的固体颗粒基本不流动，此 θ_f 称为内摩擦角。微球裂化催化剂的 θ_f 约 79°。由小孔流出的固体颗粒在下面堆成一圆锥体，锥体斜边与水平面的夹角 θ_r 称休止角。也就是说，当固体颗粒处在倾斜角小于 θ_r 的平面上时，固体颗粒就停留在斜面上而不会下落。因此，输送斜管与水平面的夹角应当大于 θ_r 以保证催化剂不至于停止流动。平均直径为 60μm 的微球裂化催化剂的休止角约为 32°。为了保证催化剂畅快地流动，在工业催化裂化装置中，输送斜管与垂直线的夹角一般采用 27°~35°。对于某些容器(如再生器、沉降器等)的底部及挡板(如

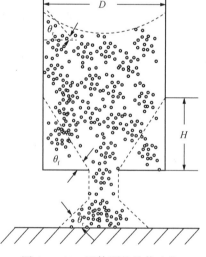

图 4-1-14　固体颗粒的休止角
和内摩擦角

汽提段里的挡板)等，应注意尽可能使斜面与水平面的夹角大于45°。

在斜管输送时，斜管里有时会发生一定程度的气固分离现象，即部分气体集中于管路的上方，从而影响催化剂的顺利输送，因此在气固混合物进入斜管前一般应先进行脱气以脱除其中的大气泡。

(四) 充气流动的压降

与一般流体流动相似，气-固混合物在流化状态下由 P_1 点截面流至 P_2 点截面，(见图 4-1-15)时的压降：

$$p_1-p_2=\rho g\Delta h+\Delta p_a+\Delta p_{f,T}+\Delta p_{f,V}$$

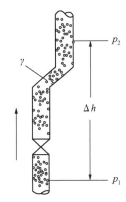

图 4-1-15　充气流动的压降

式中　　　ρ——两点间的平均密度，kg/m^3；

　　　　Δh——两点间的高度差，m；

　　　　Δp_a——因速度改变(包括转向及出口)引起的压降，Pa；

$\Delta p_{f,T}$，$\Delta p_{f,V}$——管路及阀的摩擦压降，Pa。

在向下流动时，上式中的 Δh 为负值。

现分别介绍各项压降的计算方法。

1. Δp_h

Δp_h 是由于液柱产生的静压差，在工业装置现场，经常称这项压差为静压。一般有两种计算方法：

① 由气体和固粒的流量计算气-固混合物的密度：

$$\rho=\frac{w_g+w_s}{v_g+v_s} \qquad (4-1-12)$$

式中　W_g，W_s——气体和固体的质量流量，kg/h；

　　　V_g，V_s——气体和固体的体积流量，m^3/h。

通常 $W_g<<W_s$，$V_s<<V_g$，所以式(4-1-12)常可简化成：$\rho=W_s/V_g$。

在应用式(4-1-12)计算 ρ 时，假定固粒的滑落系数为1.0，对于向下流动和气速很高(例如20m/s)的向上流动可以适用。但对气速不高的向上流动，计算 ρ 时应考虑滑落系数 φ，此时：

$$\rho=\varphi W_s/V_g$$

催化剂在提升管反应器中的 φ 值可参考图 4-1-6。IV 型催化裂化装置的上行管路中的 φ 可取 1.5。

从以上方法计算所得的 ρ 乘以两端的高差 Δh 及 g 即可得 Δp_h。

② 由实测两点压差计算：

在生产中常常是直接测定两点的压差，即 $p_1-p_2=\Delta p$。因此，

$$\Delta p_h=\rho g\Delta h=\Delta p-(\Delta p_a+\sum\Delta p_f)$$
$$\rho=[\Delta p-(\Delta p_a+\sum\Delta p_f)]/(g\Delta h) \qquad (4-1-13)$$

如果需要知道实际的密度，必须先计算出 Δp_a 与 $\sum\Delta p_f$。在实际生产和工艺计算中，由于计算 Δp_a 与 $\sum\Delta p_f$ 较麻烦，而且也不易算得很准确，因此式(4-1-13)常简化成：

$$\rho' \approx \Delta p / (g \Delta h)$$

ρ' 称作"视密度"，它同真实密度显然有些差别。一般情况下，$(\Delta p_a + \sum \Delta p_f) << \Delta p$，所以视密度 ρ' 一般很接近实际密度 ρ。由 ρ' 计算的 Δp 即：

$$\Delta p = \rho' g \Delta h$$

常称作"蓄压"，它与料柱产生的静压是有区别的，其中还包括了 Δp_a 与 $\sum \Delta p_f$，即：

$$\Delta p = \rho' g \Delta h = \rho g \Delta h + (\Delta p_a + \sum \Delta p_f) \qquad (4-1-14)$$

2. Δp_a

Δp_a 是由于速度变化(包括改变运动方向)引起的压降。

$$\Delta p_a = N u^2 \rho / (2g) \qquad (4-1-15)$$

式中　N——系数(加速催化剂，$N=1$；出口损失，$N=1$；每次转向，$N=1.25$)；

　　　u——气体线速，m/s；

　　　ρ——滑落系数为 1 时的密度，kg/m^3；

　　　g——重力加速度，$9.81m/s^2$。

3. $\Delta p_{f,T}$

$\Delta p_{f,T}$ 是气-固混合物在管路中流动时产生的压降。关于 $\Delta p_{f,T}$ 的计算，在不同的文献中有各种各样的计算公式，并且由不同的计算公式计算所得的结果常常差别很大。这主要是因为气-固混合物的流动状态比较复杂，而各种公式往往是来源于不同的流动条件下的实验数据。在这里只介绍一种形式比较简单埃索石油公司的计算公式：

$$\Delta p_{f,T} = 7.9 \times 10^{-8} \rho g u^2 L / D \qquad (4-1-16)$$

式中　L——管线的当量长度，m；

　　　D——管线的内径，m；

　　　ρ——滑落系数为 1 时的密度，kg/m^3；

　　　u——气体线速，m/s；

　　　g——重力加速度，$9.81m/s^2$。

4. $\Delta p_{f,V}$

$\Delta p_{f,V}$ 是催化剂流经滑阀时产生的压降，可以用下面公式计算：

$$\Delta p_{f,V} = 7.65 \times 10^{-7} \times G^2 / \rho A^2 \qquad (4-1-17)$$

式中　G——催化剂循环量，t/h；

　　　ρ——气-固混合物的密度，kg/m^3；

　　　A——阀孔流通面积，m^2。

（五）催化剂循环线路的压力平衡

为了使催化剂按照预定方向作稳定流动，不出现倒流、架桥及串气等现象，保持循环线路的压力平衡是十分重要的。实际上这个问题与反应器-再生器压力平衡问题是紧密相关的。两器之间的压力平衡对于确定两器的相对位置及其顶部应采用的压力是十分重要的。

表 4-1-2 和图 4-1-16 列举了高低并列式提升管催化裂化装置的压力平衡典型实例。

表 4-1-2　高低并列式装置典型压力平衡　　　　　　　　　MPa

线路	再生剂线路		待生剂线路	
推动力	再生器顶压力	0.17286	沉降器顶压力	0.14372
	稀相静压	0.00223	沉降器静压	0.00077
	密相静压	0.016	汽提段静压	0.03507
	再生斜管静压	0.0220	待生斜管静压	0.03304
	小计	0.21309	小计	0.21260
阻力	沉降器顶压力	0.14372	再生器顶压力	0.17286
	稀相静压	0.00033	稀相静压	0.10137
	提升管总压降	0.0175	过渡段压降	0.00086
	帽压降	0.0001	再生器密相静压	0.00674
	再生滑阀压降	0.05144	待生滑阀压降	0.03077
	小计	0.21309	小计	0.21260

四、流化床内的传热和传质

流化床反应器涉及复杂的传质及传热过程，例如流化床与器壁间的传热，固体颗粒与气相间的传热及传质等，这些过程中的传热和传质速率都会对流化床中的非均相反应产生直接影响。本部分首先介绍流化床内传热的主要形式和传热基本方程，并提出传热强化的思路和方法。在此基础上，通过类比传质和传热过程，介绍流化床各种流动模型所涉及的传质过程以及相应的理论。

（一）流化床换热器

流化床内的传热包括床层与容器壁以及床层与浸没于床内的换热管壁面的传热。流化床换热器大致可分为三类：直接利用设备壁面的夹套式换热器、在床内设置的垂直管和水平管换热器及设置在流化床外面的外取热器，下面分别介绍其各自的结构特征。

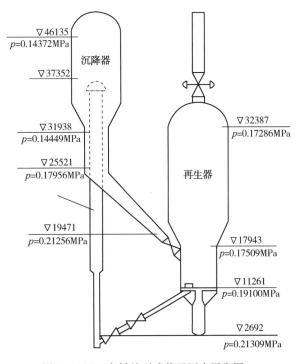

图 4-1-16　高低并列式装置压力平衡图

1. 夹套式换热器

如图 4-1-17 所示，在设备外壁焊上夹套，换热介质从夹套通过，以带走（或加入）工艺过程放出（或需要）的热量。这种换热器结构简单，不占据床层空间，不影响床层的流态化质量。

由于夹套换热受设备尺寸的限制，换热面积往往满足不了工艺要求，因此在大型装置中都在床中设置换热面或在流化床外部增设外取热器。

2. 管式换热器

流化床内常见的管式换热器主要包括单管式换热器、套管式换热器、U 形管换热器、排管式换热器、蛇管换热器等。

图 4-1-18 为单管式换热器,换热介质由底部总管进入,经过连接管到床内垂直换热管,换热介质在管内换热后,由上部连接管引出到床外的集液(或集气)管,此类换热器需考虑热补偿措施。

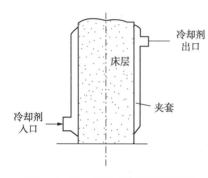
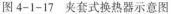
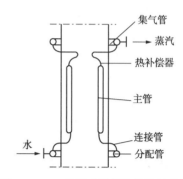

图 4-1-17　夹套式换热器示意图　　　　图 4-1-18　单管式列管换热器结构图

图 4-1-19 所示为套管式换热器,换热介质从液体分配管分配入各中心管,再流入外套管与中心管之间的环隙,与床层进行换热。换热后的传热介质上升进入集液(或集汽)管。这种结构因一端未固定,可不考虑换热管的热补偿问题,但换热管经不住床内气泡的冲击和换热管内"水锤"所造成的强烈震动,使换热管拐弯处容易产生裂纹。所以应在排管的底端设置"不联结"的定位结构。

图 4-1-20 为 U 形管式换热器,每排 U 形管在床外都有进出口阀门,液体分配管和集气管都设置在床外,这种换热器有足够大的传热面积,并能改善气-固接触状态,起到了垂直构件的作用。有时还在 U 形管上焊上套环来抑制固体返混,提高反应转化率。这种换热器在设备内的支撑必须牢固,但又不影响热膨胀。

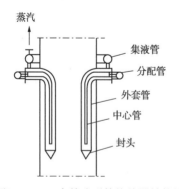
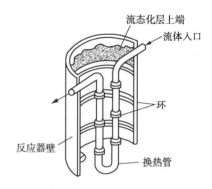

图 4-1-19　套管式列管换热器结构图　　　　图 4-1-20　U 形管换热器

图 4-1-21(a)和(b)为排管式换热器。其焊缝较多,由于液体分配管、集气管与支管的刚性不同,热膨胀情况不一样,在温差大的场合,焊缝容易胀裂。由于它对床层流态化质量有较大的影响,多数用于反应器的稀相区。

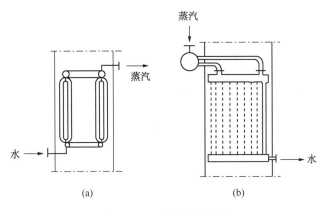

图 4-1-21　排管式换热器

图 4-1-22 为水平排管式换热器。由于上下换热管之间有屏蔽影响，其传热效果较垂直管差。它对流态化质量影响较大，一般都用在对流态化质量要求不高，而传热面积要求很大的场合，如沸腾燃烧锅炉及焙烧工艺中，这种换热器使用情况最多。

图 4-1-23 为蛇管换热器，它结构简单，没有热补偿问题，但也存在同水平排管换热器相类似的问题，即换热效果差，对床层流态化质量有影响。

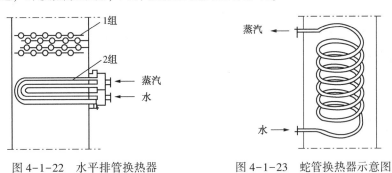

图 4-1-22　水平排管换热器　　　　图 4-1-23　蛇管换热器示意图

3. 外取热器

外取热器是在流化床外部设置一个单独的设备，通过颗粒循环管线与流化床连通。与内取热器相比，外取热器具有取热负荷调节灵活、操作弹性大、可靠性高且维修方便等优点。常见的外取热器包括上流式、下流式、返混式以及气控式等。

图 4-1-24 为上流式外取热器，高温催化剂从流化床底部进入外取热器，输送风携带热催化剂自下而上经过取热器主换热区到达其顶部，再经顶部出口管线返回密相床层。其内部流动属于快速流化床，换热管受热均匀，但传热效率低、耗风量大、且磨损严重。

图 4-1-25 为下流式外取热器，热催化剂经过上部入口进入取热器壳体内，自上而下流动，在底部流化气体的作用下，流化状态的催化剂颗粒在换热管表面频繁地进行接触更替，热量以对流传热的方式从热颗粒传递给换热管。经过换热的催化剂颗粒通过下部出口流出，完成催化剂颗粒的换热过程。催化剂循环量和密相料面高度可分别通过催化剂出口管线和进口管线上的滑阀进行调节。该结构具有流化状态良好、取热负荷调节范围宽、传热性能好、设备磨损小以及操作平稳性较高等优点。

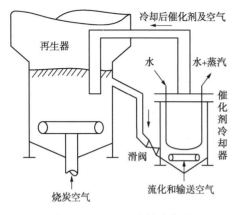

图 4-1-24　上流式外取热器

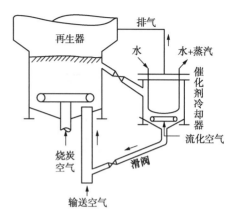

图 4-1-25　下流式外取热器

图 4-1-26 为返混式外取热器，流化床内热催化剂通过其底部的连通管进入下方的取热器，在取热器底部通入输送风使床层保持流化状态，输送风能够夹带冷却的催化剂经同一连通管返回密相床层，从而利用颗粒的返混实现热量交换。这种设计取消了带衬里的高温催化剂管道及昂贵的滑阀，具有造价低廉，结构紧凑，运行可靠等特点。但由于催化剂的循环速率和传热系数均受流化风的影响，因此取热负荷调节范围较小，适应性较差。

图 4-1-27 为气控式外取热器，热催化剂通过流化床底部的连通管进入取热器内部，密相床层内设有开口向下的提升管，冷却后的催化剂经提升管返回到流化床密相区。通过调节提升风量来控制外取热器内催化剂的循环量和热负荷，取热效果要优于返混式取热器。与一般上流式或下流式外取热器相比，它的优点在于节省了带隔热耐磨衬里的热催化剂管道、膨胀节以及昂贵的单动滑阀；冷却后的催化剂能及时返回流化床中，排除了取热器底部的低温区域；采用带翅片管束，可大幅提高传热效果。

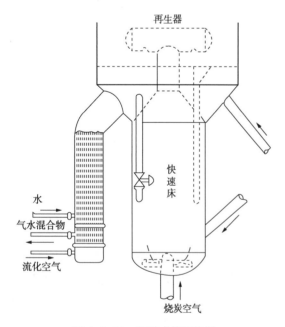

图 4-1-26　返混式外取热器

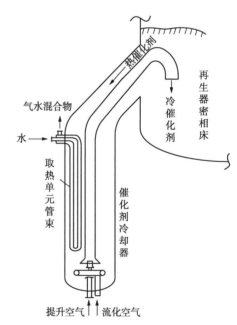

图 4-1-27　气控式外取热器

（二）流化床内的传热方程

流化床换热器的传热方向为热能从流化床层经器壁传给换热介质（如空气、水等），或者相反。通常，这种热交换的计算常采用式（4-1-18）：

$$Q = KA\Delta t \tag{4-1-18}$$

总传热系数 K 包括换热介质及床层的传热膜系数、传热接触面的导热系数（包括相应垢层的导热系数）之和：

$$K = \frac{1}{\dfrac{1}{\alpha_{介}} + \dfrac{1}{\alpha_{床}} + \sum \dfrac{\delta_i}{k_i}} \tag{4-1-19}$$

传热推动力则应为流化床层与换热介质之间的温差。

对于流化床层与换热接触面间的给热，依据牛顿冷却定律有：

$$q = \frac{\mathrm{d}Q}{\mathrm{d}\tau} = \alpha_{床}(t_{\mathrm{w}} - t_{\mathrm{b}})\mathrm{d}A \tag{4-1-20}$$

一般说来，床层与器壁的温差应按式（4-1-21）计算：

$$\Delta t_{\mathrm{m}} = t_{\mathrm{w}} - t_{\mathrm{b}} = \frac{1}{L}\int_0^L \Delta t \cdot \mathrm{d}l \tag{4-1-21}$$

但是，由于颗粒床层的剧烈湍动和混合，只在"分布板区"内存在温度梯度，而在其他区域温度基本是均匀的，因此式（4-1-21）写成式（4-1-22）更有意义：

$$\Delta t'_{\mathrm{m}} = t_{\mathrm{w}} - t_{\mathrm{b}} = \frac{1}{H_{\mathrm{a}}}\int_0^{H_{\mathrm{a}}} \Delta t \cdot \mathrm{d}l \tag{4-1-22}$$

其他区域的传热推动力则可近似为：

$$\Delta t''_{\mathrm{m}} = t_{\mathrm{w}} - t_{\mathrm{b}} \tag{4-1-23}$$

或采用对数平均温差：

$$\Delta t''_{\mathrm{m}} = \frac{(t_{\mathrm{w},1} - t_{\mathrm{b}}) - (t_{\mathrm{w},2} - t_{\mathrm{b}})}{\ln \dfrac{(t_{\mathrm{w},1} - t_{\mathrm{b}})}{(t_{\mathrm{w},2} - t_{\mathrm{b}})}} \tag{4-1-24}$$

在流化床层内设置的换热器，一般均处于分布板区以上的床层等温区内，故床层与浸没于床内的换热器壁面之间的传热推动力，可采用式（4-1-23）和式（4-1-24）进行计算。

与总传热系数 K 相应的传热面积，通常取导热系数较小的一侧的传热面积，当壁面两侧的导热系数相差不大时，则取两侧壁面积的平均值。在进行工业装置的设计时，实际选用的传热面积常比计算结果要大，一般取 1.3 左右的安全系数。流化床层与壁面的传热，则直接采用与流化床层相接触的壁面面积，作为传热面积。

由于与床层接触的壁面不断受到床层颗粒的剧烈冲刷，故在传热系数中一般不考虑床层一侧的垢层热阻，只需计及床层对壁面的传热膜系数。

一般说来，流化床与壁面的传热膜系数，比固定床要高一个数量级，其原因在于流化颗粒对壁面的冲刷及在传热表面的不断更新。

流化床层与壁面间的给热由三部分构成：

$$\alpha_{床} = h_{\mathrm{pc}} + h_{\mathrm{gc}} + h_{\tau} \tag{4-1-25}$$

式中　h_{pc}——颗粒对流分量，取决于床层颗粒与壁面之间的颗粒碰撞与循环引起的传热，对于 Geldart A 类和 B 类颗粒（$d_p = 40 \sim 800\mu m$），这种情况起支配作用；

　　h_{gc}——相间气体对流分量，取决于床层内空隙气体的对流引起的传热，它对颗粒与壁面的传热起到了强化作用，在大颗粒（$d_p > 800\mu m$）浓相床及高压下的 Geldart D 类颗粒床层中，对传热的作用是重要的；

　　h_τ——辐射传热分量，这一分量仅在床层温度高于 600℃ 且床层与壁面温差较大时，才需要考虑。

显然，对于一般的颗粒（$d_p = 40\mu m$），流化床换热器操作温度及压力又不是很高时，传热膜系数近似于颗粒的对流分量。

（三）流化床传热强化

流化床换热技术经历了从夹套式换热器到内置换热管式换热器再到设置外取热器的发展过程。其中，外取热器由于具备操作弹性大、可靠性高等优点，近年来在工业中得到了广泛应用。但是它的发展仍受多种因素限制，例如取热负荷偏低、催化剂循环不稳定、传热管易破裂等。因此，必须采用传热强化技术，针对这些限制因素对外取热器的设计和制造技术进行改进。

如图 4-1-28 所示，在外取热器内部，气体和催化剂颗粒在流化气体的作用下呈流化状态而与传热表面频繁地接触，热量以对流方式从热颗粒传递给传热管，进一步通过传热管内表面与传热管内的介质水的对流将热量传递给传热管内的介质水，水被加热变成水蒸气，带走热量。因此，外取热器内部的换热过程由三部分组成，即催化剂颗粒与换热管外表面的对流传热、换热管壁的导热以及水在管内汽化与换热管内壁的对流传热。其中，颗粒与换热管外壁之间的传热热阻为控制性热阻，传热性能的增强直接与颗粒在换热管外表面的流动状态相关。外取热器取热负荷的计算公式为：

$$q = hA_w(T_b - T_w) \tag{4-1-26}$$

根据式（4-1-26）可以得出，传热强化主要通过增大传热系数 h、传热面积 A_w 以及床层与传热管壁面之间的温差（$T_b - T_w$）三类方法来实现。

在工业生产过程中，增加颗粒循环量可以增大传热平均温差[3,4]。传热面积的增加通常采用在传热管上焊接翅片[5]或钉头棒[6]的方式。传热系数虽然受到多种因素的影响，但是当外取热器的几何结构固定后，传热系数仅可通过改变操作条件进行调节。根据颗粒团更新理论，换热管表面的传热系数直接受颗粒在换热管表面的接触频率和颗粒浓度的影响，如图 4-1-29 所示。

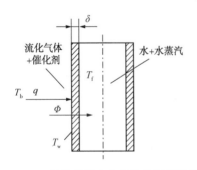

图 4-1-28　外取热器内热量传热过程示意图

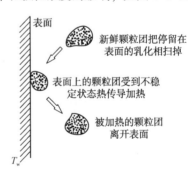

图 4-1-29　颗粒团更新模型的主要特征

在颗粒团更新模型的基础上，中国石油大学(北京)结合上流式和下流式外取热器的优势，借鉴气固环流流化床的设计理念，开发了一种能够有效提高传热系数和操作弹性的传热强化技术[7,8]。如图 4-1-30 所示，在外取热器底部设置两个气体分布器，每个气体分布器能单独通入流化气体并能控制气体流量，其中床中心位置为板式分布器，用于流化中心区域的颗粒；近壁区为环管式分布器，用于流化近壁区的颗粒。气体分布器上方的传热管束可以起到导流筒的作用，用于区分颗粒向上和向下运动的两个区域。由于板式分布器的气速大于管式分布器，所以颗粒在床中心区域向上运动，其流动状态类似于上流式外取热器的流动状态，在近壁区向下运动，其流动状态类似于下流式外取热器的流动状态，两个区域形成的密度差促使颗粒围绕传热管进行内循环运动，同时也增加了颗粒在传热表面的更新频率，有利于热量的传递。该环流床外取热器结构简单、传热效率高、调节灵活。工业应用结果表明，与传统外取热器相比较，可提高取热负荷 15% 以上，同时可通过调节中心区板式分布器的流化风量灵活调节取热负荷。

在传热强化技术的基础上，将环流取热器与汽提器进行耦合可以形成一种性能良好的催化裂化再生剂调温取热器[9]，如图 4-1-31 所示。由于在调温段下部耦合了流通面积较小的汽提段，仅用少量或不用汽提蒸汽即可实现烟气脱除的功能，从而最大限度地抑制再生剂在蒸汽气氛下的失活效应。该耦合设备亦可设置在催化裂化装置的再生剂循环管路中，使再生剂经调温并脱除烟气后直接进入到提升管反应器，既可同时提高催化裂化装置的剂油比、再生温度和原料预热温度，又可兼具烟气脱除的功能。

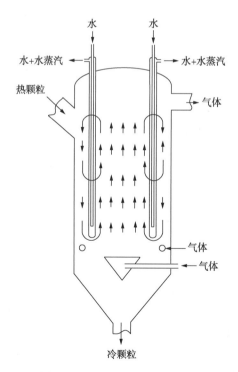

图 4-1-30 新型环流外取热器

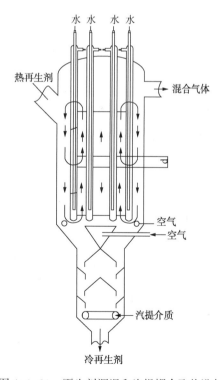

图 4-1-31 再生剂调温和汽提耦合取热设备

（四）流化床内的传质

1. 流体与固体颗粒间传质与传热的类比律[10]

传质研究的难度往往大于传热研究，通常传热有结论，而传质没有相应的关联式。在化学工程学中常用类比律的方法解决类似问题。在化学工程学中最为简便的是 Chilton-Colbum 类比律或称 J 因子法。

例如，圆管内膜传热系数为：

$$Nu = 0.023Re^{0.8}Pr^{0.33} \tag{4-1-27}$$

将上式两端除以 $Re \cdot Pr$ 得：

$$\frac{Nu}{Re \cdot Pr}Pr^{2/3} = 0.023Re^{-0.2} \tag{4-1-28}$$

式中，$\frac{Nu}{Re \cdot Pr} = St$，称为 Stanton 数。

令 $St \cdot Pr^{2/3} = J$，称为 J 因子。对照传热过程，J 因子以 J_H 表示：

$$J_H = 0.023Re^{-0.2} \tag{4-1-29}$$

在传质过程与传热过程准数关联式中，各准数对应关系如表 4-1-3 所示。

表 4-1-3　传质与传热准数对应关系

项　　目	传热准数	传质准数
物性	$Pr = \dfrac{C_g\mu}{\lambda_g}$	$Sc = \dfrac{\mu}{\rho_g d_g}$
传递系数	$Nu = \dfrac{hd_p}{\lambda_g}$	$Sh = \dfrac{Kd_p}{D_g}$
J 因子	J_H	J_M

上式中 K、D_g 分别为传质系数（m/s）与扩散系数（m²/s）。由于传质系数所在的传质速率关联式中的推动力单位（分压或浓度）不同，K 的单位也随之而异。

对于湍流传递过程的传质：

$$J_M = 0.023Re^{-0.2} \tag{4-1-30}$$

对于单颗粒圆球的传热与传质，

传热：Ranz 关联式：

$$Nu = 2.0 + 0.6Pr^{1/3}Re_p^{1/2} \tag{4-1-31}$$

传质：Froessling 关联式：

$$Sh = 2.0 + 0.6Sc^{1/3}Re_p^{1/2} \tag{4-1-32}$$

对于固定床中传热与传质：

传热：

$$Nu = 2.0 + 1.8Pr^{1/3}Re_p^{1/2} \tag{4-1-33}$$

传质：

$$Sh = 2.0 + 1.8Sc^{1/3}Re_p^{1/2} \tag{4-1-34}$$

2. 散式流化床传质

Beek 以固定床传质为基础，提出散式流化床床层与壁面之间的传质，结合实验结果，得到如下公式：

$$\frac{K}{u_f}\varepsilon Sc^{2/3} = (0.6\pm0.05)\left(\frac{u_f d_p}{v}\right)^{-0.5} \qquad (4-1-35)$$

3. 鼓泡床与湍动床传质

鼓泡床与湍动床中气体与颗粒的流态化规律，在床层再生器数学模型中有着重要意义。再生器内的起始鼓泡速度（u_{mb}）的气体量经乳化相流过床层，而（u_f-u_{mb}）的气体量以气泡形式通过床层。由于催化剂颗粒上载有焦炭，颗粒绝大部分在乳化相，极小量催化剂在气泡中携带，因而，再生器床层内的烧焦速度取决于乳化相反应物（氧）的浓度与催化剂接触状况。乳化相中氧与焦炭反应，使反应物氧在乳化相中浓度降低，引起气泡中氧向乳化相传递，乳化相得以补充氧，再进行氧化反应。当反应速率大于传质速率时，整个过程受传质速率控制，此时，传质速率成为提高反应能力的关键。鼓泡床与湍动床中表观气速增大，乳化相颗粒与气体循环增加，床内旋涡加剧，不仅使气泡直径变小，气泡数量增多，气泡相与乳化相相间界面扩大。与此同时，气固相返混，出现气体、颗粒轴向返混，存在气固轴向有效扩散，导致上流乳化相与下流乳化相之间的相间扩散。对此，应从以下几方面讨论：通过气泡壁向乳化相总传质，气泡-乳化相间的传质，乳化相中上流与下流乳化相相间传质，稀相区传质，分布器作用区传质。

（1）通过气泡壁向乳化相总传质

由于反应主要在乳化相中进行，气泡与乳化相间反应物浓度产生差异，所以出现反应物通过气泡壁向乳化相传质。不少流化床数学模型采用的传质过程为二相总传质系数；也有的采用气泡等膜传质系数分别计算气泡-气晕相间、气泡-乳化相间、气晕-乳化相间等传质系数，以串联通过的形式求得总传质系数。这里重点介绍前者，总传质系数通常以单位体积床层为基础，写成 $K_{ob}a_b$。K_{ob} 为气泡与乳化相总传质系数（m/s），a_b 为单位体积床层中气泡的表面积（m^2/m^3）。通过大量研究发现，总传质系数的影响因素较多，包括颗粒类别、颗粒粒径、表观气速、床径、床层高度等。对此，不同研究者也提出了相应的计算方法，这里选取 Wether 等以传质单元高度 H_a（或 HTU）表示总传质系数的方法进行介绍。

对于 A 类颗粒（FCC 催化剂，$d_p=60\mu m$，细分含量 $F_{44}=16\%$）：

$$H_a = 0.015\varphi_A(D_T)\cdot F_1(L_f,\ h^*)\cdot F_2(u_f-u_{mf}) \qquad (4-1-36)$$

式中，$\varphi_A(D_T)$ 为气泡上升速度系数，与床径 D_T 有关；L_f 为床层高度，m；h^* 为气泡直径最大时的高度，m。

当 $D_T \leqslant 0.1m$ 时，$\varphi_A = 1.0$；当 $0.1m < D_T \leqslant 1.0m$ 时，$\varphi_A = 2.5D_T^{0.4}$；当 $D_T > 1.0m$ 时，$\varphi_A = 2.5$。

当 $L_f > h^*$ 时：

$$F_1(L_f,\ h^*) = \frac{L_f}{0.18[1-(1+6.84L_f)^{-0.815}]+(1+6.84h^*)^{-1.815}(L_f-h^*)} \qquad (4-1-37)$$

当 $L_f \leqslant h^*$ 时：

$$F_1(L_f,\ h^*) = \frac{L_f}{0.18[1-(1+6.84L_f)^{-0.815}]} \qquad (4-1-38)$$

$F_2(u_f-u_{mf})$ 表明粒径与表观气速的影响：

$$F_2(u_f - u_{mf}) = [1 + 27.2(u_f - u_{mf})]^{0.5} \qquad (4-1-39)$$

（2）气泡、气晕、乳化相之间的传质

在流态化理论发展过程中，逐渐加深了对气泡、气晕以及乳化相规律的认识，同时，气、固之间气泡传质与气、液间的气泡传质过程有诸多相似之处，因此可以以传质机理为基础描述气固流化床中气泡、气晕、乳化相相间传质的规律。目前，常用的模型包括以非定态扩散物理吸收理论中的 Higbe 渗透理论为基础加以与气晕理论综合而成的模型，以及以非定态化学吸收的 Danckwert 理论为基础的传质模型。这里仅选取前者进行介绍，较为常用的为 Davidson-Harrison 传质模型，可由式（4-1-40）计算气泡与气晕间的传质系数 k_{bc}：

$$k_{bc} = 0.975 D_g^{1/2}(g/D_{be})^{1/4} \qquad (4-1-40)$$

式中　D_g——气体扩散系数；

　　　D_{be}——气泡直径，m。

（3）乳化相内传质

乳化相内的传质主要由于鼓泡床与湍动床的气泡流动，使乳化相内颗粒与气体产生轴向、径向返混，引起了乳化相内出现上流乳化相与下流乳化相，这部分乳化相内传质可以用轴向扩散模型表示，也可以由上流乳化相与下流乳化相相间传质表示。通过进行两者对比，可按乳化相内传质模型中上流与下流乳化相相间传质系数 $K_{ex}a_{ex}$ 形式，得到相间传质与轴向扩散系数 E_x 之间的关系，如式（4-1-41）所示：

$$K_{ex}a_{ex} = \frac{u_e^2}{\varepsilon_e E_x} \qquad (4-1-41)$$

利用式（4-1-41）可从 E_x 值求出 $K_{ex}a_{ex}$ 值。

（4）稀相空间传质

稀相空间在许多模型中忽略不计，但在湍动床稀相空间颗粒浓度较大，同时颗粒表面传质速度小于反应速度时，应考虑传质过程的影响。在稀相的物料衡算式通常以平推流流动模型写出：

$$-u_f \frac{\partial C}{\partial x} - \varepsilon k_r c = 0 \qquad (4-1-42)$$

式中无传质项，只考虑反应项。

也有一些模型考虑传质过程如 Yate-Rowe 模型考虑传质过程[11]，其传质方程如下：

$$-\frac{dc}{dt} = \frac{k_F A_p}{V_c}(C_{AF} - C_{AP})$$

上式假定稀相空间被夹带的颗粒是分散的，每个颗粒周围被一个气体膜所包围，气体膜的体积为 V_c，颗粒表面积为 A_p，传质系数为 K_F。可用式（4-1-34）计算 K_F。其中，

$$Sh = \frac{K_F d_p}{D_g} \qquad (4-1-43)$$

$$Re = \frac{u_t d_p \rho_g}{\mu} \qquad (4-1-44)$$

（5）分布器作用区传质

在流化床层反应器（包括再生器）中气体通过分布器孔口进入反应器，在分布器孔口处形成射流。由于孔口处反应物浓度最大，同时射流周围的乳化相产生较强的质量交换，对于

传质控制的反应过程，显得十分重要。对于多区多相流动模型分布器作用区传质是不能忽略的。目前的定量研究相对较少，主要是一些经验模型。例如，施立才等以实验数据按鼓泡床相间气体交换理论推理修正得到如下关联式[12]：

$$K_j = (0.7123+0.108u0+0.01245d_0)\left(\frac{D_{ef}}{0.26}\right)^{0.5}\left(\frac{M}{44}\right) \qquad (4-1-45)$$

式中　　D_{ef}——气体有效扩散系数，cm^2/s；

　　　　M——分子量。

4. 快速床传质

对于快速反应，因其是传质控制过程，传质过程不能忽略。然而，由于其过程复杂，目前的研究主要以实验所获得的关联式为主。

图 4-1-32 是以气体为平推流和颗粒为完全返混的模型得到传质系数与高度的分布图。结果表明在颗粒聚集及强烈混合时传质系增大，随着颗粒聚集程度减弱，传质系数也减小。随 u_f 增大传质系数也略有增加。

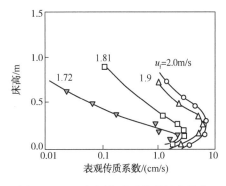

图 4-1-32　气固传质系数的轴向分布

第二节　气固分离

根据应用目的不同，气固分离可分为三大类：一是回收有用粉料，例如在气固流化床反应器中将催化剂回收并返回床层。二是获得干净气体，例如炼油催化裂化再生烟气能量回收系统，需将高温烟气中大于 $10\mu m$ 的颗粒基本除净，以延长烟气透平的寿命。三是净化废气保护环境。各国对于燃煤锅炉、炼钢炉、矿烧结机、水泥窑以及炭黑生产、石灰煅烧和复合磷肥等生产中排放的尾气中的含尘量都有明确的规定，例如最新的 GB 31571—2015《石油化学工业污染物排放标准》规定颗粒物最高排放浓度不得超过 $20mg/m^3$。

当然，上述三类目的也并非完全相互独立，对于大多数工业应用，更可能是两者甚至三者兼而有之。由于气固分离目的、条件和要求不同，所采用的分离方法也不相同。化工生产中常用的气固分离方式有四大类，即机械力分离、静电分离、过滤分离以及洗涤分离。近年来，气固分离技术广受炼油、化工及能源等行业的关注。特别是气固旋风分离设备，因为能在高温、高压和高浓度等苛刻条件下工作，且造价不高、维护简单，所以应用最为广泛。例如，炼油 FCC 反应-再生装置包括两套气固分离系统：反应沉降器的气固分离系统和再生器的气固分离系统。前者主要由提升管反应器出口初级快速分离器（快分）和一级旋风分离器（顶旋）构成，后者由再生器内的两级串联旋风分离器和器外的第三级旋风分离器组成。作为一种独特的分离器，提升管反应器出口快分不仅要实现反应油气与催化剂的高效分离（一般效率要求大于 98%），而且要保证油气在沉降器内的停留时间不超过 5s，这两者是相互矛盾的，实现难度很大。对于再生器的多级旋风分离器，虽然操作温度高达 700℃，入口催化剂浓度也高达十几 kg/m^3，但工艺仍要求其能够除净 $7\mu m$ 以上的颗粒，要求也极其苛刻。上述问题的解决还有赖于对气固分离过程的耦合强化，包括气固快速分离和气固旋风分离耦合强化两个方面。目标是形成高效的气固快速分离耦合强化和气固旋风分离耦合强化新技术。

对于气固快速分离过程的耦合强化,其主要任务是在高效回收催化剂颗粒的同时能够精确控制反应时间,以获得理想的产品分布并保证装置的长周期运行。难点和关键是需要在同一分离设备上同时实现"三快"和"两高"的功能。"三快"是指"油剂的快速脱离""分离催化剂的快速预汽提"和"油气的快速引出","两高"是指"催化剂的高效分离"和"高油气包容率"。以上"三快"和"两高"的要求相互制约、高度关联、缺一不可,因此开发难度极大。针对该系统"快"和"分"两个层面的苛刻要求,通过对其内部存在的稀相气固离心分离和浓相气固接触传质这两种大差异高度非线性的气固两相流动体系特性和调控规律的深入认识,采取了有效的耦合措施,克服了两者之间的不利影响,实现了两种体系的高效协同。在系统研究基础上,成功开发出了高效气固旋流分离、高效预汽提、提高油气包容率 3 项创新技术,通过集成创新形成了 5 种新型快分系统,可适用于目前所有构型的装置,最终创建了气固快速分离耦合强化的设计理论和方法。自 1996 以来,中国石油大学(北京)相继开发的挡板预汽提式粗旋快分(FSC)、旋流式快分(VQS)、密相环流预汽提快分(CSC)3 种国产快分系统已在国内 60 余套装置上成功应用,创造经济效益达 70 多亿元,并获 2010 年度国家科技进步二等奖。2006 年,又成功开发带有隔流筒旋流快分(SVQS)系统,并成功应用于 8 套工业装置,其中规模最大的为 3.6Mt/a 重油催化装置。该装置的封闭罩直径为 4.7m,分离效率高达 99% 以上,可使轻油收率提高 1.0 个百分点,而且可保证装置不因结焦而影响正常操作,操作弹性更好。

对于气固分离过程的强化,通常人们将分离强化的重点放在单个分离器单一性能的提升上,例如减轻顶灰环、削弱短路流、降低压降等。但实际上在许多场合旋风分离器采用多级串联或多组并联操作,有的还要附加其他的功能,比如承受高压力、抗结焦等。这些附加功能的实现往往与分离性能的提升是相互矛盾的。为此,中国石油大学(北京)通过大量的实验和理论研究,对旋风分离器内流场形成了系统、全面的认识,归纳总结出了影响气固分离的关键因素,不仅针对单个分离器提出了性能强化措施(如削弱二次流、控制短路流、改善旋流场的对称性等),并与附加功能的实现相耦合,成功开发了 PV-E 型旋风分离器、抗结焦顶旋等性能优异的新结构。同时,针对处理气量很大($10^5 m^3/h$ 以上)、分离要求也很高的大型工业装置采用的多级旋风分离器串联或多组旋风分离器并联的方式耦合强化问题,依据单级旋风分离器的性能计算方法并结合优化理论,建立了多参数的优化设计模型,可实现各级结构型式和压降的最佳匹配。对于并联旋风分离器,分析了性能强化的原理,特别是针对非"独立并联"的情况,发现了并联旋风分离器总效率不降反升的新现象,揭示了并联分离器的"旋流自稳定性"机制,提出了强化并联旋风分离器性能的新方法。基于这些实验和理论结果,形成了指导大型工业装置气固高效组合分离的优化设计方法和技术,设计的多种高效旋风分离器也在石化行业获得广泛的应用,综合性能优异。

一、提升管末端快分

(一)国外提升管末端快分技术

1. 惯性快分系统

惯性快分系统主要应用于 20 世纪 80 年代以前的蜡油催化裂化时期,典型的形式有伞帽形、T 形、侧槽式等。惯性快分系统主要依靠气固混合物流出提升管后急速转向 180° 所产生的两相惯性差异实现分离[13]。由于转向路径很短,气固两相间分离很不充分,油气上升所夹带的催化剂颗粒较多，分离效率通常只有70%~80%，后续的旋风器必须两级串联才能保证油浆中不会有偏高的固体含量。更严重的问题还在于反应后的油气在沉降器大空间内缓慢上行进入旋风分离器组，在两级旋风器间需要3~4s的时间才能进入分馏系统。这样在高温条件下，反应后的油气停留时间至少在15s左右，致使油气发生过度裂化，增加干气和焦炭的产率，使目的产品收率下降。

随着快分技术的进一步发展，三叶式快分得到了广泛的工业应用。三叶式快分（如图4-2-1所示）在工业应用中可有效提高系统的分离效率，但在渣油掺炼过程中容易造成二级旋风分离器料腿内结焦的问题。这样不但使操作工况发生变化，影响分离器的正常运行，而且在结焦达到一定厚度脱落时将堵塞旋风分离器的排料口，使得二级旋风分离器失效[14]。

为解决上述惯性快分系统油气在沉降器内停留时间过长的问题，美国 UOP 公司于1978年开发了弹射式快分[15]。如图4-2-2所示，油剂混合物从提升管反应器出口末端向上喷出后，催化剂颗粒由于惯性作用沿抛物线喷射到离环室较远处落入床层，而油气急转进入环室并从其侧面的多组水平导出管引出，再经垂直和水平管段进入旋风分离器。弹射式快分减少了油气的返混，油气停留时间较一般惯性快分短，而且提高了气固惯性差异，分离效率也有所提高，一般可达到80%~90%，最高可达到95%。但这种快分的压降较大，对旋风分离系统的压力平衡，特别是对料腿密封的稳定性有不利影响，因而必须解决好系统的压力平衡问题。由于催化剂与油气需要有足够大的惯性差异以实现高效分离，所以开工或停工时都要求油剂混合物在提升管出口处达到一定的线速度，这样就降低了其操作弹性。

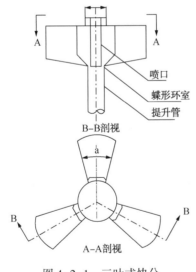

图 4-2-1 三叶式快分

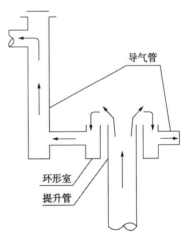

图 4-2-2 弹射式快分

2. 离心分离快分系统

（1）密闭旋风分离系统

目前，重油催化裂化装置上应用的旋风分离系统主要有密闭旋风分离系统[16]和 Ramshorn 轴向旋风分离系统[17]。

1985年，Mobil 和 Kellogg 公司联合开发了密闭旋风分离系统，如图4-2-3(a)所示。该分离系统中，提升管反应器出口末端直接与一级密闭旋风分离器相连，一级密闭旋风分离器的出口与二级密闭旋风分离器的入口直接相连，油气和催化剂可快速分离，大大缩短了油气在沉降器的平均停留时间，油气返混现象也明显改善。一、二级密闭旋风分离器的入口导管均有未封闭的环形入口，可使沉降器内汽提蒸汽和油气进入。据报道，该分离系统可将反应后油气的平均停留时间降到10s以下，干气减少1%（质），轻油收率增加2.5%（质），汽油辛烷值提高0.6%~0.8%。

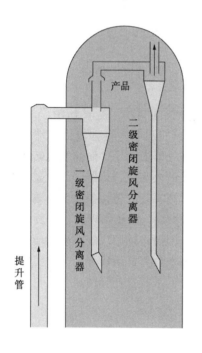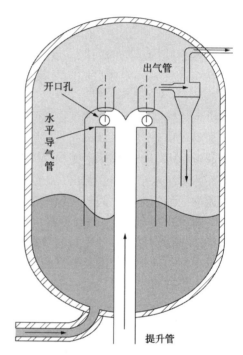

(a)密闭旋风分离系统　　　　　　　　　(b)Ramshorn 轴向旋风分离系统

图 4-2-3　密闭旋风分离系统

1992 年，石伟工程公司(S&W)开发了 Ramshorn 轴向旋风分离系统。如图 4-2-3(b)所示，油剂混合物从提升管反应器向上流动，到达其出口末端时被安装在上部的隔板及凹面分为左右两部分，流动方向发生改变。油剂混合物在器壁形成的空间以水平线为轴旋转 180°左右，旋转过程中利用离心力差异实现快速高效分离。分离后的油气，通过开口槽孔进入水平导气管，再从导气管进入顶旋；分离后的催化剂则沿切向进入料腿。该分离系统的气固分离效率较高，可达95%~98%；油气在沉降器内总停留时间也比较短。

（2）旋流快分系统

旋流快分系统可使油剂混合物在离开提升管反应器出口后直接形成旋转流场，从而达到分离目的。

1994 年，美国 UOP 公司开发了用于内提升管反应器的旋流快分系统（VSS）[6]。如图 4-2-4(a)所示，在提升管反应器的出口末端有一切向出口的旋流头，旋流头由几个弯成一定角度的水平弯臂构成。在旋流头外面的封闭罩中，封闭罩的上部是油剂混合物的离心分离空间，下部是催化剂的汽提段。油剂混合物从旋流头的弯臂喷出后在封闭罩内高速旋转，形成强旋流离心力场，油气与催化剂快速分离。分离后的油气由上部升气管直接进入顶旋，实现了油气的快速引出；分离后的催化剂落入下部汽提段中进行汽提，可实现高效汽提。在封闭罩下部的汽提段设置了几层环形挡板，催化剂在挡板上流动的过程中同时得到汽提。封闭罩上部的旋转气流能将汽提气夹带的催化剂再次分离下来，故 VSS 快分系统中汽提气对分离效率的影响不大。

　　另一种形式的 VSS 快分系统如图 4-2-4(b) 所示，油剂混合物自提升管反应器进入，从旋流头的弯臂中喷出后在封闭罩内高速旋转，形成强旋流离心力场，使油气与催化剂快速分离。分离后的油气由上部升气管直接进入顶旋，分离出来的催化剂落入下部汽提段进行汽提。顶旋的料腿出口与旋流头下部的汽提段直联，汽提气可直接进入顶旋，有利于进一步提高汽提效率。旋流头外罩的封闭罩与汽提段同径，结构更为紧凑，为旋流快分系统的发展提供了参考依据。

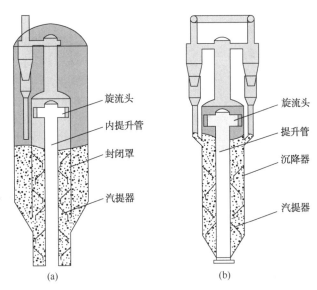

图 4-2-4　VSS 系统

(二) 国内提升管末端快分技术

　　为实现油气与催化剂颗粒间的分离，早期的提升管出口采用粗旋快分系统(如图 4-2-5 所示)，它将第一级旋风分离器(一般称为"粗旋")入口和提升管反应器末端直联，粗旋的升气管和料腿都悬空于沉降器内。油剂混合物经过粗旋后，油气从粗旋升气管排入沉降器空间，缓慢上升进入沉降器顶部的旋风分离器(一般称为"顶旋")入口，进一步分离油气夹带的催化剂颗粒；经粗旋分离的催化剂颗粒则由料腿排入汽提段。粗旋快分的分离效率高，但反应后的油气从粗旋排出后，要经过较大的沉降器空间才能进入顶旋，气体的停留时间较长，易发生过裂化和热裂化反应。

　　为解决上述问题，中石化洛阳工程公司开发了粗旋与顶旋的软连接结构(如图 4-2-6 所示)，以减少油气在沉降空间内的停留时间。其主要技术原理是将粗旋升气管出口提高到顶旋入口并水平对正，两口之间留有一定间隙，粗旋升气管出口截面积稍小于顶旋入口截面积[19]。该方案结构形式比较简单，易于实施。

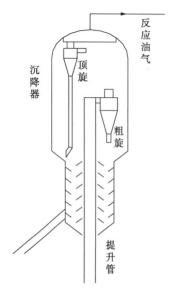

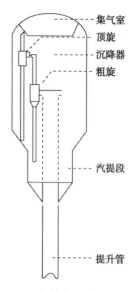

图 4-2-5　典型的粗旋快分系统　　　　图 4-2-6　粗旋与顶旋软连接结构

中国石油大学(北京)从理想快分系统需要具备的基本功能入手，通过高效离心分离强化实现油剂间的快速、高效分离，通过简单且高效的快速预汽提实现分离催化剂的快速预汽提，采用承插式油气引出结构和微负压差排料结构实现油气的快速引出和高油气包容率，形成了能够实现"三快""两高"的系列快分技术[20-22]。图 4-2-7(a)为挡板预汽提式粗旋快分系统(FSC 系统)。该系统将传统技术中的粗旋料腿改成一个具有独特挡板结构的预汽提结构，从而提高分离和预汽提效率。图 4-2-7(b)为密相环流预汽提粗旋快分系统(CSC 系统)。该系统将粗旋与环流预汽提相耦合，可实现分离催化剂的快速预汽提，有效降低焦炭和干气产率并提高轻质油收率。这两种快分系统都适用于外置提升管 FCC 装置。对于内置提升管 FCC 系统，提出了带有预汽提的旋流式快分系统(VQS 系统)，如图 4-2-7(c)所示。其独特设计的近乎流线型悬臂旋流头能够较好地实现油气和催化剂的低阻高效快速分离，使产品分布得到有效改善。该系统中，油气和催化剂向上运动到提升管出口，经过旋流式快分头后由原来的向上运动转为切向水平运动，通过旋转产生的强大离心力场将密度不同的油气和催化剂进行分离。旋流式快分系统运行稳定，分离效果好，操作弹性大。在 VQS 系统的基础上，通过在旋流头旋臂喷出口附近设置隔流筒来阻止气体直接从隔流筒和封闭罩之间的环隙上升逃逸，形成了气固旋流分离强化技术(SVQS 系统)，如图 4-2-7(d)所示。该技术消除了旋流头喷出口附近直接上行的"短路流"，另外在隔流筒外部、旋流头底边至隔流筒底部的区域内，带隔流筒旋流快分在该区域轴向速度全部变为下行流，消除了无隔流筒旋流分离器在该段区域内的上行流区，进一步强化了该区域的离心力场，延长了在下行流有利条件下的气固分离的时间，使颗粒的分离效率进一步提高。在此基础上，通过将惯性分离和离心分离各自的优势充分耦合协同，开发了一种超短快分系统(SRTS)，如图 4-2-7(e)所示。该分离器主要由一个拱门形分离空间和一根开有多条窄缝的中心排气管组成。装置运行过程中，气固混合物沿竖直向上方向从拱门形分离空间一侧进入分离器，由于固相的惯性远大于气相，所以固体颗粒沿拱门形分离空间经过 180°的圆周运动，从拱门形分离空间的另一侧排出；而气体在流经窄缝时发生方向偏转，从中心排气管排出，实现气固分离。超短快分系统具有停留时间短、效率高、结构简单紧凑、压降小、操作性能稳定等诸多优点。

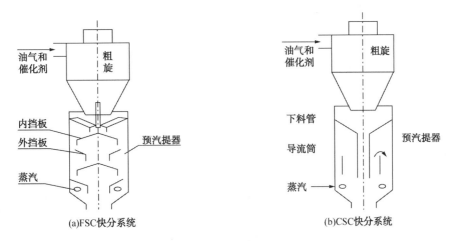

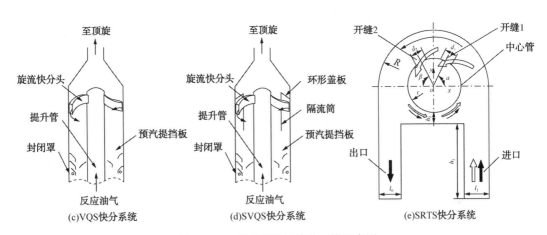

图 4-2-7　提升管出口快分系统示意图

上述系列快分技术均已得到广泛的工业应用，目前已成功应用于国内数十套工业装置。与国外技术相比，上述快分系统无论是在汽提效率、分离效率，还是操作弹性及稳定性方面，都具有明显优势，尤其在单套改造成本上，仅为国外技术的四分之一。

二、沉降器单级旋风分离器

旋风分离器是催化裂化反应再生系统不可缺少的气固分离设备。其工作原理是携带催化剂的裂化油气（沉降器中）或再生烟气（再生器中）以切线方式进入旋风分离器，在升气管与壳体之间形成旋转的外涡流，悬浮在气体中的催化剂在离心力的作用下被甩向器壁，并随气流旋转而下，最后通过旋风分离器料腿和翼阀返回到催化剂床层中，分离后气体以内涡流的形式通过升气管排出，使气固两相得到分离。

随着重油催化裂化原料的重质化和劣质化，沉降器结焦问题越来越严重。沉降器内顶部旋风分离器（简称顶旋）也面临着结焦问题，尤其是顶旋排气管外壁的结焦比较严重，国内发生了多起因顶旋内部所结的焦块脱落堵塞料腿的事故。因此，沉降器旋风分离器的重点是开发抗结焦高效顶部旋风分离器，解决结焦问题。

(一) 顶旋结焦现象

图4-2-8是国内某沉降器顶旋排气管外壁的结焦照片。面对分离器入口0°附近的排气管外壁的结焦物[图4-2-8(a)]表面光滑，有冲刷的沟槽，背对入口侧180°的结焦物[图4-2-8(b)]凹凸不平，呈尖牙状[23-25]。焦块与排气管外壁的黏结并不牢固，当装置操作波动或开停工时，因温度变化较大，两者膨胀量相差较大，焦块易从排气管外壁脱落。脱落的焦块会堵塞料腿或卡住翼阀，轻则使分离效率下降，重则可使分离器完全失效。

(a) 0°附近区域的结焦形式　　　　　　　　　(b) 180°附近区域的结焦形式

图4-2-8　旋风分离器排气管外壁结焦物照片

现场调查发现，由于顶旋结构及尺寸不同，排气管外壁结焦形式和位置不尽相同。从排气管圆周方向看，焦块分布一般有三种形式：焦块环绕排气管整个圆周表面，见图4-2-9(a)；焦块呈月牙形粘贴在排气管外壁，主要分布在0°~90°~180°区间，最大厚度部位在90°，见图4-2-9(b)；焦块呈月牙形粘贴在排气管外壁，最高部位在0~315°附近，见图4-2-9(c)。另从排气管的轴向看，焦块集中在排气管的中部区域，厚度在30~100mm之间，上下两端处较薄，表面有凹凸不平的冲刷流沟，见图4-2-9(d)。

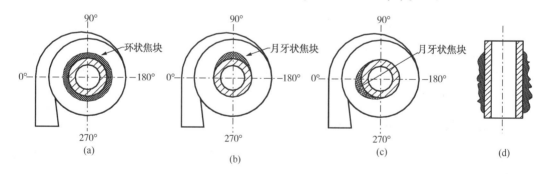

图4-2-9　沉降器顶旋排气管外壁结焦形式

(二) 顶旋结焦机理

顶旋结焦机理比较复杂，是一系列化学反应和物理变化的综合结果。结焦的物质条件是存在细催化剂粉和油汽，而流动条件是存在滞留层和足够的停留时间。

靠近排气管外壁的流动区域是滞留区，易造成细催化剂颗粒之间或与排气管外壁碰撞黏结[20]。图4-2-10展示出了排气管表面边界层内油汽液滴或催化剂颗粒的沉积和结焦过程。在顺压梯度边界层内，即0°~90°~180°区间，流体平稳地滞流减速向下流动，直至停止流动，这很适于催化剂颗粒和重组分的液滴的沉积和积累。而边界层分离区却没有这一特点，所以不适于颗粒或液滴的沉积。因此结焦一般发生在排气管外壁 0° ~ 90° ~ 180°（以入口处为0°）部位，这与结焦现象观察结果也是一致的。

此外，未汽化的雾状油滴和反应产物中的重组分达到露点时，凝析出来的高沸点的芳烃组分也很容易黏附在器壁表面形成"焦核"，在一定的停留时间内，使得凝结油气中的重芳烃、胶质、沥青质发生脱氢缩合反应，二烯烃发生聚合环化反应、缩合反应而生焦。结焦过程典型的机理分析如图 4-2-11 所示。

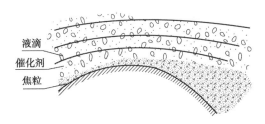
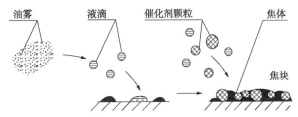

图 4-2-10　排气管表面附面层内
的沉积结焦过程　　　　　　　　　　图 4-2-11　结焦的产生过程示意图

对于含有快分和顶旋的沉降器，由于快分可将 98% 以上的粗催化剂从油汽中分离出来，故进入顶旋的催化剂负荷很小，颗粒也较细，对排气管外壁结焦层的冲刷力减弱，这是造成顶旋排气管外壁结焦物中含催化剂以及促使结焦不断发展的一个重要原因。初步形成的结焦物占据了环形的有效空间，使得切向速度进一步增大，顺压区的压力梯度也进一步增大，气流在排气管外壁的倾角更小，结焦进一步加剧，同时内部的软焦逐渐变硬。如此层层叠叠地增长，最后在顶旋排气管外壁形成月牙状粘贴焦块。当达到一定的结焦厚度时，环形空间的有效流动通道变窄，切向速度会显著变大，导致切向气流对排气管外壁结焦层的冲刷力变大，使结焦的厚度受到限制，在结焦表面冲刷出不均匀的沟条。

对实际结焦现象的观察也说明了结焦的机制是综合性的，除流动因素外，操作温度偏低会造成催化剂颗粒表面"湿润"程度增加，或者顶旋的处理量降低等，这都可使催化剂颗粒和重组分的液滴沉积在排气管外表面的倾向增大，造成旋风分离器排气管外壁结焦。显然，这种结焦物或焦块与排气管之间属于沉积黏附，相互结合得并不十分牢固，加上两者热膨胀系数不同，一旦装置操作条件如温度等出现大的波动，在重力及气流冲击等联合作用下，可能导致焦块从排气管表面脱落。如果脱落的焦块尺寸大于料腿内径，则焦块会被料腿或翼阀卡住，甚至堵塞料腿或翼阀，最终使顶旋失效。

（三）抗结焦顶旋结构特点

结焦既有物理和化学的因素，也与气固两相流动密切相关。其中，油汽产生和凝结是伴随催化裂化反应的，并会随原料重质化而更加严重，这是一个无法避免的现象。同样，油滴和催化剂颗粒向排气管壁面的沉积也由于排气管外壁的环形空间流动结构而无法避免，因此当前还不能单纯依靠工艺条件和设备来彻底防止结焦现象的发生，而只能从开发新型设备结构技术的角度，去适应这种现象，并设法消除结焦对装置生产运行带来的危害。解决的思路是开发一种能起到固定焦块的"抗结焦"结构，让其起到防止较大焦块脱落的作用，从而减轻或消除因结焦带来的危害。而如何破坏低速滞留、分割结焦区域，以防止大块焦的形成是抗结焦的主要措施。具体方法是在常规顶旋的排气管外壁设置"导流叶片"[27]，这种导流叶片的结构可分为两类，一类是水平导流叶片（见图4-2-12），一类是倾斜导流叶片（见图4-2-13），水平导流叶片可以设置为两环或三环，倾斜导流叶片与水平方向呈一定的夹角。导流叶片的设置，一方面可以提高排气管表面的切向速度，另一方面可以削弱二次涡的影响，加大排气管的外表面冲刷力，更重要的是可以起到减弱结焦、分割和固定焦块的作用。

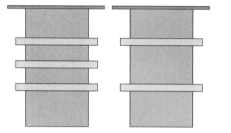

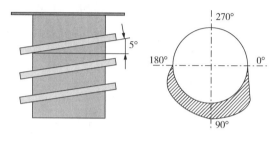

图4-2-12　直筒型排气管上加水平导流叶片　　图4-2-13　直筒型排气管上加倾斜导流叶片

（四）抗结焦顶旋的工业应用

某800kt/a重油催化裂化装置沉降器原用3台CSC快分，顶部配用3台E型旋风分离器。由于加工原料的重质化和劣质化，顶旋陆续出现结焦，且发生焦块脱落，卡死翼阀，进而造成催化剂跑损等事故，严重影响了装置的安全运行。为此，对该顶旋进行了改造，换用了新型抗结焦顶旋。

抗结焦顶旋的基本结构型式为PV型旋风分离器，导流片的结构型式如图4-2-14所示。

图4-2-14　抗结焦导流片照片

自改造投用后，装置操作平稳正常。从油浆固含量（4g/L以下）看，低于改造前的水平，说明抗结焦旋风分离器的分离性能满足工艺要求。装置未发生因焦块脱落而堵塞料腿/翼阀事故，顶旋运行的平稳性大为改善。

工业应用结果的现场实例参见图4-2-15，该图是在装置正常停工后拍摄的。由图4-2-15可以发现，在两叶片之间存在凸形的焦块，表明叶片对比较大的焦块进行了有效分割处理，使之成为数块比较小的焦块，同时叶片还对焦块起到了一定的支撑和加固作用。这也说明抗结焦导流片发挥了自身的作用，达到了设计预期。自采用抗结焦顶旋后，再也没有发生升气管外壁焦块脱落或堵塞顶旋料腿的事故。同时，新型抗结焦顶旋分离性能优异，催化剂的损耗和油浆固含量也处于正常范围内。

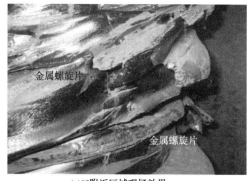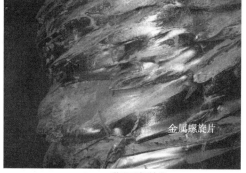

(a)0°附近区域现场效果　　　　　　　　　　(b)180°附近现场效果

图 4-2-15　新型抗结焦顶旋升气管外壁的结焦情况

三、再生器一、二级旋风分离器

（一）旋风分离器的类型和结构参数

在催化裂化系统的再生器内，为保证高的催化剂分离效率，再生器的旋风分离器通常采用多组两级串联的方式。

随着旋风分离器技术的不断发展，催化裂化装置以往常用的 Ducon 型和 Buell 型等老式旋风分离器逐渐被 GE 型、Emtrol 型以及国内自主研发的 BY 型、PV 型等高效旋风分离器所取代。表 4-2-1 列出了催化裂化装置常用的旋风分离器结构参数。

表 4-2-1　工业旋风分离器的结构参数

结构参数	Duncon	Buell	GE	Emtrol	PV	BY 一级	BY 二级
a/D	0.48	0.64				0.22	0.21
b/D	0.26	0.28				0.51	0.47
入口截面面积比	~6		4.5~7.5	4~6	3.7~6	4.8	5.55
D_e/D		0.56					
d_r/D	~0.54	0.4~0.55	0.44, 0.31, 0.25	0.44, 0.34	0.25~0.5	0.41	0.33
d_c/D	~0.3	0.4	~0.4	~0.4	~0.4		
S/a		0.35	~0.8		1~1.1	0.4	0.4
H_1/D	1.33	1.33	~1.33		~1.45	1.43	1.43
H_2/D	1.33	1.33	~2.05		~2.12	2.2	2.2
H/D	2.83	3.66	~4.96	~4.96	标准为5.2可灵活调整	5.61	5.32

注：a——入口管高度；b——入口管宽度；D——筒体直径；D_e——排气管上口直径；d_r——排气管下口直径；d_c——排尘口直径；S——排气管插入深度；H_1——圆柱高度；H_2——圆锥高度。

旋风分离器通过对筒体直径、入口截面面积比、芯管下口直径和入口气速的优化组合，可以实现分离效率的提高和压降的降低。这里选取国内自主研发的 BY 型旋风分离器和 PV 型旋风分离器进行介绍。

1. BY 型旋风分离器

旋风分离器的结构如图 4-2-16 所示。旋风分离器下部紧接料腿，一级料腿末端是防倒锥，二级料腿末端是全覆盖式翼阀。一级与二级的结构型式相同，只是尺寸有变化。

BY 型旋风分离器具有直径小、处理量大、效率高等特点，尤其适合再生器本体设备受限制的装置。其具体结构特点如下[28]：

① 入口面积及入口截面面积比大，一旋和二旋均是蜗壳式入口结构，进口外缘为渐开线，入口具有一定的切进度，可减少对出口气流的干扰影响，提高分离效率、降低分离器压降。

② 总长径比大，使旋风分离器的分离空间增大，有助于提高细颗粒的捕集效率，而压力降则不会增加。

③ 灰斗长，且灰斗体积较大，对漏风的敏感性减弱，抗料腿的窜气能力提高，有利于催化剂的聚集回收。

④ 全覆盖式料腿翼阀。一旋料腿下料处采用防倒锥型式，正常生产时，一旋料腿末端是埋在密相床内部，不需要翼阀，而在开工装催化剂时，一旋料腿很快被密封，催化剂质量流速大，因此设计为防倒锥型式，避免了因翼阀阀板一旦脱落而出现催化剂跑损等不安全情况发生。二旋料腿插入密相床内部，防止因气流和粉尘飞溅而影响翼阀密封性能，提高了抗床层波动能力。

2. PV 型旋风分离器

PV 型旋风分离器是 20 世纪 80 年代末我国自主研发的一种新型高效旋风分离器。如图 4-2-17 所示，它采用平顶、矩形蜗壳入口，主要结构特点是：

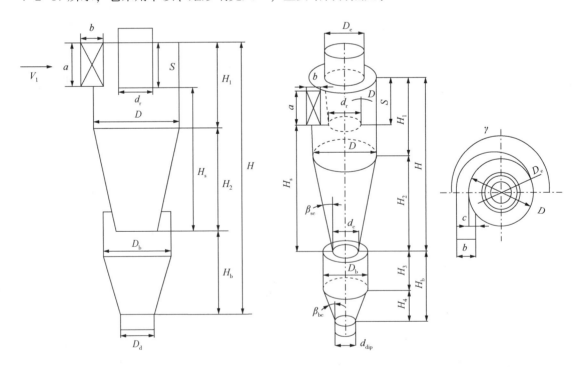

图 4-2-16 BY 型旋风分离器结构示意图   图 4-2-17 PV 型旋风分离器结构示意图

① 入口采用矩形 180°蜗壳式结构。

② 分离器顶板和蜗壳的底板都是水平的，结构简单，且可以避免出现垂直流动。

③ 分离器主体部分由圆筒加圆锥组成，高径比较大，可以增加气流在器内的停留时间和旋转次数，强化了灰斗返混流在上升过程中的二次再分离作用。

除结构简单、综合性能优异外，PV 型旋风分离器更主要的优点是有一套独特的设计方法。其技术核心由三部分构成，即旋风分离器尺寸分类优化理论、基于相似准数关联的性能计算方法以及旋风分离器(单级、多级)优化匹配技术，它们互相补充，构成了一个完整、有机的旋风分离器设计技术。

根据这套理论和技术，可以针对不同的操作条件和分离要求，给出"量体裁衣"式的设计，其直径可大可小，高度可高可矮，气速可快可慢。因此，它经受住了长期、广泛的生产实践的考验，得到了广大用户的认可。自 20 世纪 90 年代至今，取代了国外的 Ducon 型、Emtrol 型、GE 型等旋风分离器，在我国炼油、石油化工，煤化工等领域获得广泛的应用，特别是在炼油催化裂化装置、丙烯腈流化床反应器上的应用率高达 90%以上[29,30]。

(二) 影响旋风分离器分离性能的主要因素

旋风分离器内气固两相作为极复杂的三维强旋湍流运动，影响其分离性能的因素众多，其分离性能与结构尺寸、操作条件以及颗粒相参数之间存在复杂的关系。

1. 结构因素

影响分离性能的结构因素有入口结构、排气管结构、排尘结构以及筒体直径和高度等，其中前两者最为重要。

(1) 入口结构

切流式分离器常采用的结构型式有：直切式进口、螺旋面进口、蜗壳进口。如图 4-2-18 所示，直切式进口结构简单，易于制造，分离器外形紧凑，较为常用。螺旋面进口可有效减轻"顶灰环"的影响，避免相邻内外旋流中气流的相互干扰，但结构较为复杂，制造较为困

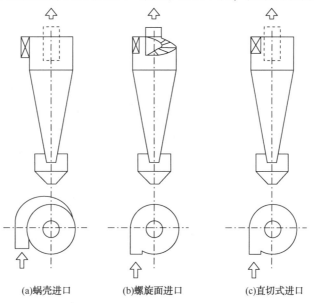

(a)蜗壳进口　　　　(b)螺旋面进口　　　　(c)直切式进口

图 4-2-18　旋风分离器入口结构

难。蜗壳进口宽度逐渐变窄，使得颗粒迁移到壁面的距离变短，而且外旋流与排气管距离增大，颗粒不易沿径向走短路，故可提高分离效率。与螺旋面进口相比，蜗壳形进口制造较为简单，且处理量大、压降较低，是目前广泛采用的进口形式。

除结构型式外，入口尺寸对分离性能也有很大影响[31]。评价入口尺寸影响的综合参数为入口截面面积比——K_A，它是筒体截面积与入口截面积之比，即：

$$K_A = \frac{\pi D^2}{4ab} \tag{4-2-1}$$

式中 D——分离器筒体直径，m；

a，b——分离器入口高度、宽度，m。

当气量和入口气速一定时，增大 K_A 就意味着分离器直径增大，气体在分离器内的停留时间延长，可以提高效率，且阻力系数变小。当 $K_A \geq 13$ 后，效率提高不再明显，而制造分离器所用材料和成本却大大提高。所以，一般对高效分离器取 $K_A = 6 \sim 13$；对大气量分离器常取 $K_A \leq 3$，而一般分离器可取 $K_A = 4 \sim 6$。

（2）排气管下口直径和插入深度

排气管下口直径是最重要的影响因素，它决定了分离器内、外旋流的分界点位置和最大切向速度的大小[32]，并且会影响流场对称性[33]。设计中常用排气管下口直径与分离器筒体直径的比值 $\tilde{d}_r$ 来反映这一影响。定义：

$$\tilde{d}_r = \frac{d_r}{D} \tag{4-2-2}$$

式中 d_r——分离器排气管直径，m。

$\tilde{d}$ 越小，外旋流区域越大，最大切向速度值也越大，分离效率越高，同时压降也随之增大。综合考虑，一般分离器取 0.3~0.5 为宜。

排气管插入深度 S 对分离性能也有影响[34]。若插入深度 S 太浅，进入分离器的气流易走径向短路流；反之，若插入深度 S 太深，则使分离器内的有效分离空间变短，分离效率降低，而压降却有所增加。一般取 $S = (0.8 \sim 1.2)a$ 为宜，a 为矩形入口的高度。

2. 操作因素

影响分离性能的主要操作参数是入口气速和操作温度。入口气速增大，离心力场增强，故可有效提高效率。但当入口气速超过一定值后，分离效率反而会出现下降，即分离效率和入口气速曲线呈"驼峰型"，其峰值点对应最佳入口气速，见图4-2-19。另外，因压降与入口气速平方呈正比，入口气速增大，压降迅速增大，所以必须综合考虑效率和压降来确定适宜的入口气速。此外，若含尘浓度也较高，则高的入口气速会加剧器壁磨损，分离器寿命会缩短。所以，入口气速并不是越高越好，而是有一个最佳值范围。入口气速一般取 12 ~ 26m/s，入口浓度较高时或压降控制严格时，入口气速

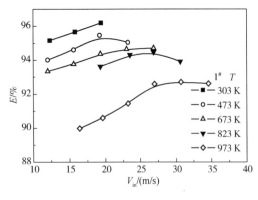

图 4-2-19 入口气速和温度对
分离效率的影响

选择小些，反之，入口气速可取大一些。

气体温度主要影响气体黏度。如图 4-2-19 所示，温度升高，气体黏度增大，颗粒绕流曳力增大，效率下降；同时，温度升高，气体密度减小，压降也降低[35]。所以对高温旋风分离器，可选用较大的入口气速和较小的筒体截面气速，即取较大的筒体直径和较小的入口面积。

至于操作压力，通常只影响气体的密度，从而间接影响压降。压力越高，气体密度越大，压降也越高，但对分离效率几乎没有影响。

3. 颗粒相参数

颗粒的一些物理性质如颗粒密度 ρ_p 和粒径 δ 会影响分离性能。颗粒密度和粒径越大，颗粒受到的离心力越大，效率就越高，且粒径比颗粒密度的影响更大，但它们对压降几乎没有影响。一般说来，对小于 $10\mu m$ 的颗粒，粒级效率较低；特别是对粒径小的非球形颗粒，分离能力更低。对于粗颗粒(如大于 $20\mu m$)，粒级效率可达 90% 以上。也因此旋风分离器常用作分离粗颗粒的预分离器。

颗粒密度越大，就越易获得分离；颗粒越细，密度的影响越显著。但当密度超过一定值之后，效率增加不再显著。分离效率与颗粒密度的关系可表示为：

$$\frac{100-E_a}{100-E_b}=\left(\frac{\rho_{pb}-\rho_g}{\rho_{pa}-\rho_g}\right)^{0.5} \tag{4-2-3}$$

式中　ρ_{pa}，ρ_{pb}——颗粒密度，kg/m^3；

　　　E_a，E_b——颗粒密度为 ρ_{pa}，ρ_{pb} 时的分离效率,%。

此外，入口含尘浓度 C_{in} 对效率和压降都有很大影响。大量研究表明，浓度增大，分离效率也越高。Muschelknautz[24] 指出：旋转气流对粉尘有一个"临界携带量 C_{cr}"。一旦入口浓度超过此临界携带量，则超出的那部分粉尘将 100% 地获得分离，而其余的粉尘则以一定的分离效率获得分离。Muschelknautz 提出的分离效率计算公式为：

$$E=1-\frac{C_{cr}}{C_{in}}+\frac{C_{cr}}{C_{in}}E_{cr} \tag{4-2-4}$$

式中　C_{in}——入口含尘浓度，kg/m^3；

　　　C_{cr}——临界携带量，kg/m^3；

　　　E_{cr}——入口浓度低于临界携带量时的分离效率,%。

罗晓兰[25] 还研究了入口浓度与粒级效率的关系，发现入口浓度对细小颗粒的分离效率有显著影响，而对粗大颗粒的分离效率影响不大，典型情况，如图 4-2-20 所示。

除了上述因素外，在工程实际中还需考虑制造安装质量对分离性能带来的影响。例如分离器筒体、锥体的椭圆度，排气管与分离器主体的同轴度。一般工业分离器的椭圆度不超过 $1\%D$、同轴度则应控制在 $(0.3\% \sim 0.5\%)D$ 以

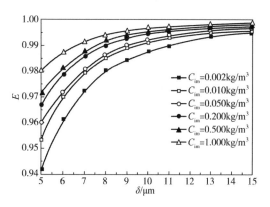

图 4-2-20　入口浓度对粒级
效率的影响规律

内。另外分离器内壁必须力求光滑。如果壁面凹凸不平，就容易产生气流旋涡，将停留在器壁上已分离下的颗粒重新卷扬起来，降低效率。对带衬里的分离器，一旦衬里脱落或表面出现凹凸不平，分离效率将迅速降低，影响正常操作。

四、再生烟气三级旋风分离器

催化裂化装置设置高温再生烟气的能量回收系统是一项重要的节能措施，第三级旋风分离器(简称三旋)是该系统的关键设备之一，其性能的好坏直接影响烟气轮机的运行效率和寿命。目前，国内催化裂化装置常用的三旋有立管式多管三旋、卧管式多管三旋、"大旋分式"三旋等，下面分别进行介绍。

(一)立管式多管旋风分离器

立管式多管旋风分离器是在一个大筒壳中设置多根旋风管，典型结构如图 4-2-21 所示。它是 20 世纪 60 年代由美国 Shell 公司首先开发的，适用于压力较高的情况。核心部件旋风管(又称单管)多采用轴向进气方式，通过导向叶片将含尘气体轴向流动转化成旋转运动，结构如图 4-2-22 所示。

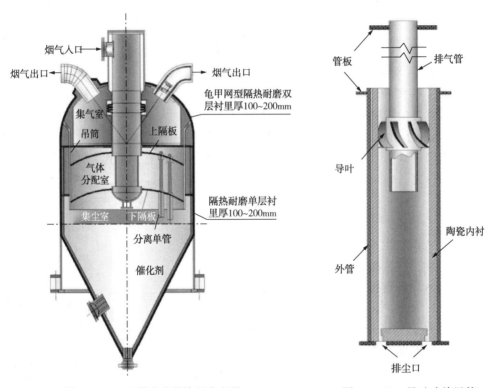

图 4-2-21 立管式多管旋风分离器　　　　图 4-2-22 导叶式旋风管

(二)卧管式多管旋风分离器

卧管式多管旋风分离器是美国 Polutrol 公司于 20 世纪 80 年代推出的一项专利，取名 Euripos 型。与立管式结构相似，它也是在一个大筒壳中放置多根单管，结构见图 4-2-23。但是，它的旋风管为卧式水平安装，且为切向进气。这样可以使含尘气流在进入旋风管前，利用惯性实现粗颗粒的预分离，有效提高效率、扩大操作弹性。在有些应用中，旋风管采取与水平方向呈一定角度的下倾式布置。

可见，多管式旋风分离器不同于独立并联旋风分离器，其分离性能不仅取决于每个单管，还取决于各单管之间的相互匹配度。这种并联方式的总效率要低于单管效率，主要原因是各单管的压降不可能完全一致、排布也难以完全对称，不仅导致各单管气量分配不均，而且公用灰斗内含尘气流极易倒流入那些压降较高的单管内，形成"窜流返混"。据报道，冷态条件下，Shell 公司旋风管对 $5\mu m$ 和 $10\mu m$ 的粒级效率分别可达 90% 和 97%，但工业装置实测效率要低得多。1980~2000 年间，Shell 公司对其售出的 50 套多管旋风分离器中的 15 套做跟踪评估，发现对维护良好的分离器，其切割粒径 d_{c50} 可保持在 $2\mu m$ 左右，但对长期失修的分离器，d_{c50} 则高达 $8~10\mu m$，且 $10\mu m$ 颗粒的粒级效率仅 65% 左右。为了强化分离性能，一般可采取如下措施：①开发高效单管。除了轴流式和切流式单管外，20 世纪 60 年代德国 Simens 公司开发了旋流式单管，简称 DSE 型

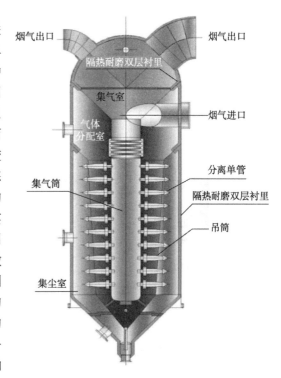

图 4-2-23　卧管式多管旋风分离器

（国内也称龙卷风型），这种单管曾在中国石化高桥石化、燕山石化使用，除尘效果不错。②严格保证单管的制造质量。各单管结构尺寸和压降要保证相同。③适当增大进气室的体积。若单管的压降较低，可采用减缩型进气室，但每根单管的排气管要长一些，以保证气量相同。若采用高压降单管，只要进气室体积稍大即可，不需其他设计措施。④抑制"窜流返混"。轴流式单管比切流式单管更易实现气量均匀分配，有利于减少"窜流返混"。实践上，可从灰斗底部抽出少量气体(约占总气量的 2%~3%)，来降低"窜流返混"的影响。

卧管式多管旋风分离器解决"窜流返混"的方式与立管式有所不同。对立管式结构，单管压降较高，各单管气量更易均匀分配，关键是要保证每根单管压降偏差不超过 0.5%。对卧管式方案，它有两个排尘通道，压力各不相同，因此，在汇合处要做成具有轴吸效应的结构，以保证两处排尘通道通畅。为保证气量分配均匀，应严格保证各单管压降的差值不超过 24.5Pa。

（三）"大旋分式"三旋技术及特点

目前，我国立管式和卧管式多管旋风分离器主要用作炼油催化裂化高温烟气净化的三旋。随着炼油催化裂化装置的大型化、原料掺渣比和再生温度的提高，也导致三旋出现了一些较为严重的问题，主要表现为：

①三旋压降偏高。立管式三旋压降一般在 15kPa 以上，过高的压降导致能量回收利用率降低。②单管磨损比较严重。单管内气速很高，一般可达 70~80m/s，导致颗粒对管壁产生剧烈的磨损，严重时会使管壁磨穿。③单管结垢严重。高气速还会造成颗粒破碎、细化，这些颗粒在高温下极易发生沉积、黏附并固化，并在内壁形成结垢，甚至堵塞排尘孔道。这些都会加剧单管间互相干扰和窜流，使总效率下降，严重时分离效率还不到 70%。

　　究其原因，主要是未能从系统的角度认知和设计多管旋风分离器。传统理论认为，为满足苛刻的分离要求，分离元件只能选用小直径的单管，不宜选用直径较大的旋风分离器。所以，为处理大量的烟气，一方面要提高单管的处理量，这就意味着要提高气速，加剧颗粒对器壁的磨损。另一方面是增加单管数量，通常是几十根甚至上百根并联使用。众多单管并联容易造成气量分配不均，加上各单管共用一个灰斗，单管之间没有采用任何"隔离"手段，极易因"窜流返混"导致总效率降低。可见，虽然单管效率很重要，但并联系统的总效率更为重要，应通过分离元件的合理选型以及相互协调匹配来保证。

　　对此，美国 UOP 公司提出了一种"大旋分式"三旋的方案，其整体采用内置式多个大直径的分离元件——切流式旋风分离器并联，见图 4-2-24。

　　实际上早在 1983 年，美国 Elliott 公司曾设计过由 8 个改进的 Ducon 型旋风分离器并联组成的三旋，如图 4-2-25 所示。分离器总压降约为 17kPa，可除净 20μm 以上的颗粒，但对专门捕集细粉的三旋来说，尚不能满足要求。但该三旋解决了立管式多管旋风分离器隔板变形的问题，同时取消了膨胀节，内构件受热变形不一致的问题也得到了解决。

　　但对照图 4-2-24 与图 4-2-25 不难看出，UOP 三旋与 Elliott 的三旋并不相同。Elliott 三旋的每个分离器不仅有单独的灰斗，而且还设计了单独的长料腿和翼阀，这样就可以形成一定的料封，各分离器之间不会发生"窜流返混"。所以，虽然也设有公共灰斗，但 Elliott 三旋各分离器实际上是独立并联的。而在 UOP 的方案中，各分离器的料腿很短且没有翼阀，各料腿下口之间是连通的而非"隔离"的，这样整体结构更简单，且三旋壳体总高度可以降低。

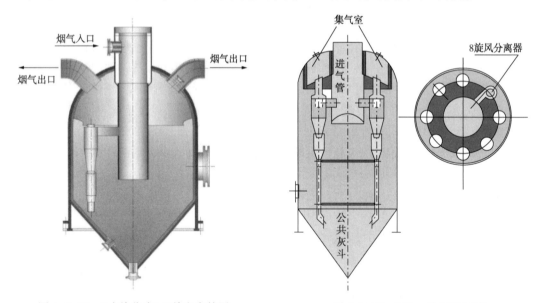

　　　　图 4-2-24　"大旋分式"三旋方案简图　　　　　　　图 4-2-25　Elliott 公司的三旋

　　中国石化工程建设有限公司开发了与 UOP 类似的 BSX 型三旋[26]，见图 4-2-26。BSX型三旋由壳体、隔板以及 8~10 个大尺寸的切流式旋风分离器组成。含尘烟气从顶部中心管引入，经布气分配后沿切向进入各分离器，净化气体从分离器顶部的排气管进入集气室，最后经烟气出口排出。捕集的粉尘由灰斗汇集到集尘室，在重力和抽气作用下从下部排出。

　　与多管旋风分离器相比，这种结构主要优点是：①切流式旋风分离器具有高效低阻的特点，采用大直径的筒体，便于加装耐磨衬里，入口气速可提高到 28m/s 以上，单台处理量可显著增大。②虽然各分离元件仍共用排气室，但各分离器底部设置了单独的灰斗，可形成一定的阻隔效应，有效控制返混夹带。应用表明，底部抽气量减少约 1%~2%，低于多管式的 3%~5%，故可多回收 2%~3% 的烟气能量。③取消了厚度较大的上、下隔板以及易损的膨胀节，降低了制造、安装高度，同时有效改善了内构件热膨胀不一致的问题，提高了抗热变形能力。

　　总之，"大旋分式"三旋结构简单，可抑制返混夹带，总效率高于传统的立管式三旋，可基本除尽 10μm 以上的颗粒。国内某 1.2Mt/a 催化裂化装置"大旋分式"三旋的应用表明，三旋出口烟气颗粒浓度为 70.5mg/m³，粒径大于 7μm 的颗粒基本除净。

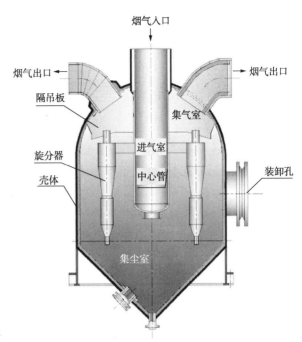

图 4-2-26　旋分式第三级旋风分离器

五、其他分离设备

(一) 四级旋风分离器

　　如前所述，催化裂化再生器三旋的作用是将前两级旋风分离器未能从再生烟气中分离出来的催化剂微粒分离出来，为烟气透平机提供净化的烟气，确保透平机长期稳定运转。为了保证三旋高效运行，需要设置临界喷嘴对其卸料口进行抽气，但生产中发现，临界喷嘴磨损比较严重，因而许多炼油厂在三旋与临界喷嘴间设置第四级旋风分离系统(四旋)，将三旋排出烟气中的催化剂进一步分离后再进入临界喷嘴，如图 4-2-27 所示。

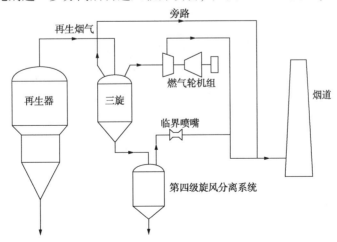

图 4-2-27　催化裂化能量回收系统流程

　　催化裂化装置四旋分离系统主要由四旋、收料罐两部分组成，根据其工艺流程不同可分为很多种类。图 4-2-28 是不同类型的四旋分离系统。图 4-2-28(a) 中，烟气由三旋排料口

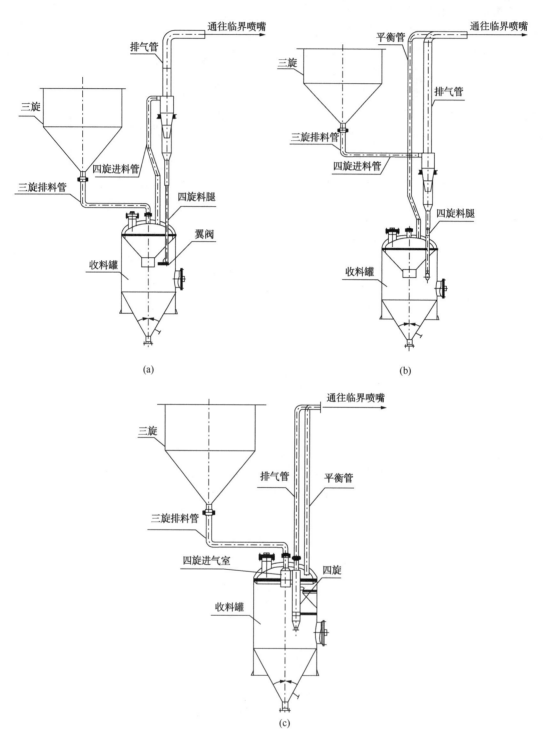

图 4-2-28　四旋分离系统结构示意图

排出首先进入收料罐，在收料罐中部分催化剂进行沉降，夹带催化剂烟气再由收料罐进入四旋，被分离下来的催化剂通过料腿排入收料罐，烟气由四旋出口进入临界喷嘴。图 4-2-28(b)中，烟气由三旋排料口首先进入四旋进行净化，催化剂由料腿排入收料罐，收料罐和四旋排气管之间由平衡管连接，起到泄压作用。在实际应用中，上述两种四旋分离系统都容易出现料腿磨穿磨破，料腿堵塞等故障。针对上述问题，中国石油大学（华东）对传统型四旋分离系统结构进行改进[27]，将四旋放在废剂罐内部，如图 4-2-28(c)所示。四旋采用 1 根导叶式旋风管，其结构形式如图 4-2-29所示。原三旋底部的排料管不变，进入四旋废剂罐后，沿轴向进入四旋的进气室，再由切向进入四旋预分离室，经初步惯性分离后，再转为轴向进入导叶式四旋单管，在四旋内完成最终分离。

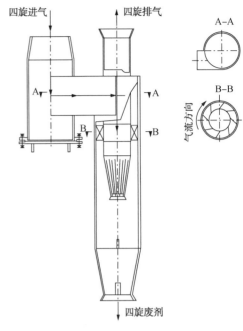

图 4-2-29　旋风管结构

中国石化工程建设有限公司开发了一种卧置第四级弯锥型旋风分离器[28]，其结构如图4-2-30所示。弯锥分离器宜在高风速、大处理量条件下操作，这样可以减小四旋的体积，便于安装和布局。在实施过程中有两种布置方案，如图4-2-31所示。图4-2-31(a)为膨胀节管系方案，其特点是占地较小，容易布局，但膨胀节是易损部件，容易破损泄漏，造成四旋系统使用寿命较短。图 4-2-31(b)是大弯管管系方案，管道要占据较多的空间，管系的热膨胀应力计算和布局存在一定难度，但使用寿命长，通常可安全操作 10 年以上，因此采用大弯管方案要安全得多。

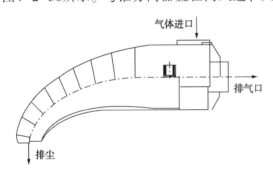

图 4-2-30　弯锥型分离器结构示意图

（二）催化剂罐顶除尘器

催化裂化过程催化剂的用量较大，且使用一段时间后催化剂活性会逐渐降低，需要经常补充新的催化剂。粉体催化剂的传统装料流程为：新鲜催化剂通过散装槽车、集装箱式车或卡车，从催化剂厂运输到催化裂化装置，人工将催化剂拆袋，倒入卸料槽中，再通过真空输送系统运输到新剂罐。在催化剂罐顶排气过程中，需要采取相应的措施防止催化剂跑损，以避免催化剂损失和对环境的污染。通常采用的方法为在新鲜催化剂储罐罐顶增设旋风分离器和除尘器。图 4-2-32 是催化剂储罐和其粉尘净化回收单元[29]。新鲜催化剂储罐中的含尘气体首先经过旋风分离器对含尘气体中较大的颗粒进行脱除，被脱除的催化剂颗粒经排料端沉降至储罐；气体携带少量未被脱除的细颗粒进入带有滤芯的除尘器内进行进一步气固分离，粉尘被滤芯拦截，净化后的气体排入大气；除尘器还需配有相应的反吹系统定期对滤芯进行反吹清理。

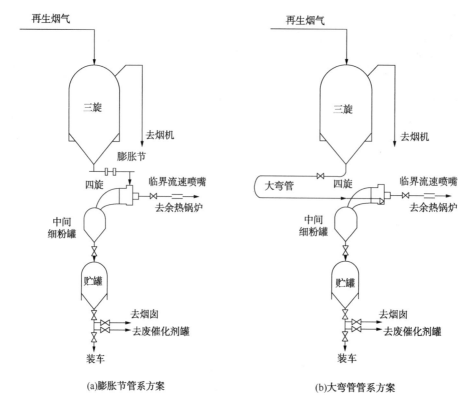

(a)膨胀节管系方案　　　　　(b)大弯管管系方案

图 4-2-31　弯锥四旋系统方案示意图

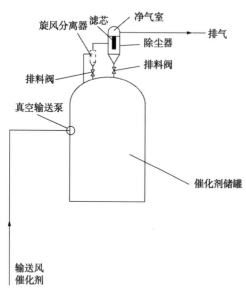

图 4-2-32　催化剂储罐粉尘净化系统示意图

（三）气固过滤除尘系统

采用流化床工艺的催化裂化（FCC）装置由于催化剂活性损失以及气相、液相（油浆）夹带，每年要损耗大量的催化剂，按催化裂化原料计算催化剂消耗比例约为 1.1kg/t。以催化剂气相损失中，大部分是在催化剂罐加剂、转剂过程中由载气夹带排出系统造成，大约占催化剂消耗总量的 1%～2%。为减小粉尘污染和催化剂损失，在这一环境中的除尘系统必须具有精度高（能回收小于 5μm 的固体颗粒）、过滤压差小、能处理高浓度含尘气体、耐高温等多方面的性能。

上海蓝科石化工程技术公司开发了 LANKE 高效工业气体除尘系统[30]，适用于各种高浓度、高温、腐蚀含尘尾气的过滤除尘，非常适用于催化裂化装置加剂、转剂过程的气力输送系统。如图 4-2-33 所示，该除尘系统包括一个过滤器，一个反吹气体稳压罐和一套自动控制系统。系统过滤器直接安装于含尘气体通道上，过滤和滤芯反吹再生操作均由系统独立自控完成。系统采用高精度、高通量多孔烧结金属滤芯，具有过滤精度高、压差低、耐高温，可以处理高浓度含尘气体等特点。其主要技术特点包括：①可以连续处理含尘质量浓度大于 $500g/m^3$ 的含尘气体，过滤效率大于 99.99%；②可以高精度回收小于 $5\mu m$ 的颗粒，适用于 300℃ 以上的高温；③最高过滤压差小于 0.02MPa，可用于负压操作系统除尘而不影响原系统的正常操作。

（四）布袋过滤器

布袋过滤器也称袋式除尘器，是一种干式滤尘设备，主要运用过滤的原理，收集除尘点的粉尘，从而达到净化气体的目的，如图 4-2-34 所示。其工作原理是当含有灰尘的气体进入布袋除尘器时，气体的速度会下降，相对密度大的粉尘颗粒由于重力作用率先沉降进入灰斗中，含有较为细小灰尘的气体在经过除尘布袋时，灰尘颗粒将会绕过布纤维组织，因为惯性作用与纤维发生碰撞而被拦截下来，从而使过滤的其他成分得到净化。但是当积攒的灰尘数量达到一定程度时，除尘布袋内外压力差则不能满足条件，所以应当定期给除尘布袋清灰。

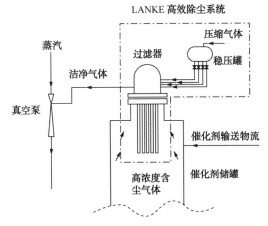
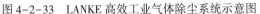
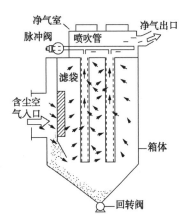

图 4-2-33　LANKE 高效工业气体除尘系统示意图　　　图 4-2-34　布袋过滤器结构示意图

布袋除尘器适用于净化细小、干燥、非纤维性粉尘；不适于净化含黏结、吸湿性强以及温度过高的含尘气体，否则将会产生结露，堵塞布袋。

滤袋是布袋除尘器的核心，其性能在一定程度上决定除尘器的使用寿命。过滤布袋材料必须有一定的技术性能：要有足够的强度能够承受多频次、高压力的喷吹清灰，要透气性良好，过滤效果好，使用寿命长，性价比高。布袋滤料的发展也经历了由以棉、毛等天然纤维为主，向性能优良的玻璃纤维、聚苯硫醚（PPS 针刺毡）、聚四氟乙烯（PTFE）等的过渡。近年来应用预涂层、表面覆膜的表面处理技术也得到了广泛应用。将不同纤维交织组合的滤料能发挥各自的优势，扬长避短。其中以针刺毡为主的传统滤料的过滤属于深层过滤机理，依靠粉饼层作用对颗粒物进行拦截，工作过程为保证持续高效脱除需定期对滤料进行清灰处理，且尽量避免破坏"一次粉尘层"。深层过滤对细颗粒物脱除效率较差，且运行过程中存在阻力大、操作困难、使用寿命短、综合效率较低等缺点。采用表面覆膜处理的滤料机理属于表面过滤技术，薄膜起粉饼层的作用，薄膜微孔多、孔径小，只有 $0.5\sim2\mu m$，薄膜的筛滤作用去除 $3\mu m$ 以上的尘粒，加上薄膜对粉尘的拦截、惯性碰撞作用，覆膜滤料一开始效率就很高，对于 $3\mu m$ 以上的尘粒具有很高的脱除效率，加之其表面光滑，摩擦系数小，表面很难形成很厚的粉饼层，粉尘能够自然脱落，克服了深层过滤布袋的缺陷，近年来应用较为广泛。

除滤袋的性能外，过滤的速度、含尘气体中颗粒物的尺寸、厚度、漏风等因素对布袋除尘器的效率也有直接影响[31]。

1. 过滤速度的影响

在布袋除尘器的工作过程中，过滤的快慢即含尘气体经过滤袋的速度最终会影响布袋除尘器的工作效果。为了提高布袋除尘器的过滤效率，应该对过滤的快慢进行一定程度的调整，根据具体情况调整过滤快慢。布袋除尘器中的滤袋过滤气体速度较快时，只能带来短期过滤效率的提高。随着滤袋不断过滤气体，滤袋表面积累粉尘颗粒层的速度也在不断加快，这又会导致过滤效率的下降。所以对经过滤袋含尘气体的过滤快慢的调节至关重要，也要根据布袋除尘器具体的工作状况进行调节。

2. 粉尘尺寸和厚度的影响

在布袋除尘器的工作过程中，含尘气体中颗粒物大小的不均匀性对布袋除尘器的过滤效率也有一定的影响。一般情况下，含尘气体中颗粒物越小，布袋除尘器的过滤效果越好。研究表明，当含尘气体中颗粒物大小为 $0.5\mu m$ 时，布袋除尘器的过滤效果最好。此外，如果布袋除尘器比较干净，除尘效率相对较低，而当布袋除尘器的表面积累了一定厚度的粉尘后，除尘效率会相应增加。

3. 漏风的影响

布袋除尘器的漏风率直接影响收尘器的收尘效果，在设计时一般要求漏风率小于3%。

第三节　与旋风分离器相关的微压力平衡

一、再生器旋风分离器料腿压力平衡

再生器一般设置两级旋风分离器(以下简称为"旋分")，表4-3-1列出某再生器旋分系统的压力平衡数据[1]。

表4-3-1　再生器旋分压力平衡

项　　目	一　　级	二　　级
阻力/kPa		
ΔP_1灰斗阻力	2.6	5.1
ΔP_2密相床以上静压	6.45	6.45
ΔP_3料腿在密相床部分的静压	13	9.1
ΔP_4防倒锥压降	忽略	
ΔP_4翼阀压降		0.35
合计	22.05	21
料腿内催化剂密度/(kg/m³)	400	350
料腿内料面高度/m	5.5	6

表中一级料腿催化剂密度为400kg/m³、二级料腿催化剂密度为350 kg/m³，该取值偏低，将其带入计算一、二级旋分料腿内压力平衡可覆盖绝大多数工况。为简化计算，再生器

床层密度取值与二级料腿相同，按 350kg/m³ 计，将二级料腿总阻力扣除 ΔP_3，平衡料柱需克服的压降为 11.9kPa，折算二级料腿内的料面高度需高出再生器密相床面 3.4m，高于此高度即可推开翼阀。由于排料时有一定惯性，对于存在背压的工况（二级翼阀浸没在床层内），排料后二级料腿内极限低料位仍高于再生器密相床面 0.1m，该高度差用于克服 0.35kPa 的翼阀压降。

此外设计二级料腿时，其总长度度需满足"旋分锥底到料腿内计算料面上表面的高度差需 ≥2.2m"的要求[1]。

再生一级料腿内的质量流率合理范围在 244～366kg/(s·m²) 之间，而部分工业装置设计较为保守，再生器一级旋分料腿内质量流速标定值低于 100kg/(s·m²)；料腿内质量流速低于建议下限存在串气风险，可导致一级旋分效率降低。

再生器二级料腿直径不受质量流速控制，但工程上取值一般 ≥DN150mm。如按照再生器一级料腿典型效率 99.4% 核算，二级料腿内的质量流率极低，按"高至触发翼阀开启"与"低至排料极限低值"间的料柱高差算出催化剂在二级料腿内的停留时间将达到分钟级。

二、沉降器粗旋料腿压力平衡

表 4-3-2 列出了某沉降器粗旋的压力平衡数据[1]。

表 4-3-2　沉降器粗旋压力平衡

项　　目	数　　值	二　　级
阻力/kPa		
ΔP_2 稀相静压	0.3	
ΔP_3 埋入密相静压	5	
合计	5.3	
ΔP_1 稀相($\Delta P_T - \Delta P_S$)	2.4	$\Delta P_T = 6.76$；$\Delta P_S = 4.36$
料腿内密度/(kg/m³)	400	
料腿内料面高度/m	0.73	对应压降 2.9kPa
实际料腿长度/m	2.5	

表 4-3-2 的例子考虑将粗旋料腿埋入汽提段料位，而实际操作中如果将汽提段料位控制在低负荷下，则粗旋料腿背压减小，进入"正压排料"模式。该模式下油气可能随催化剂排料逸出，有研究表明"正压排料"模式下粗旋料腿油气逸出率可达 5%～10%。

实际操作中汽提段料位高于粗旋防倒锥，而低于单级旋分翼阀的操作区间略为狭窄，如果料位在此基础上进一步提升，则可能埋住设计需外露的单级翼阀，导致严重的沉降器跑剂。因此，通过料位绑定方式降低粗旋料腿油气逸出率的控制方案操作弹性窄、灵活性不足。

在部分装置上，设计采用"料封斗"及"CSC 粗旋"等非料位绑定方案，同样可实现粗旋料腿排料从"正压排料"向"微负压"模式过渡，以降低或消除粗旋料腿的油气逸出率。

三、沉降器单级旋分(顶旋)料腿压力平衡

沉降器单级旋分效率是反再系统所有旋风分离器中最高的，可达 99.983%～99.99%。

为压缩沉降器总高度，多数沉降器单级旋分(顶旋)翼阀置于汽提段料面之上。如发生料位控制事故导致沉降器单级因排料受阻而引发的沉降器跑剂，在短时间内跑剂量可累积达到百吨量级，危害性极高。

少数装置在设计时要求汽提段料位埋过沉降器单级翼阀，除压力平衡以外，仍需满足"旋分锥底到料腿内计算料面上表面的高差需≥2.2m"的要求。

与再生器二级旋分相当，沉降器单级旋分(顶旋)翼阀的压降也在0.35kPa的水平。但与再生器二级旋分不同的是，沉降器单级翼阀的计算开启时间间隔仅约为5s。如此短的时间间隔导致翼阀可能寻求一种"有料位而连续排料"的操作模式，该模式下翼阀阀板不再频繁开闭，而是稳定在一个微小开度下，单级排料连续流经小开度形成的狭缝。该模式可在翼阀阀板上形成"上椭圆沟槽深、下椭圆沟槽浅"的磨痕。

参 考 文 献

[1] 徐春明, 杨朝合, 林世雄. 石油炼制工程[M]. 4版. 北京: 石油工业出版社, 2009.

[2] 卢春喜, 王祝安. 催化裂化流态化技术[M]. 北京: 中国石化出版社, 2002.

[3] 张福诒, 李占宝, 皮运鹏, 等. 气控内循环式催化剂冷却器[P]. 中国: ZL 90103413.4, 1990.

[4] 顾月章, 郝希仁, 李丽, 等. 翅片管及翅片管外取热器[P]. 中国: ZL 200820070111.X, 2008.

[5] Rüdisüli M, Schildhauer T J, Biollaz S, et al. Radial bubble distribution in a fluidized bed with vertical tubes[J]. Industrial & Engineering Chemistry Research. 2012, 51(42): 13815-13824.

[6] Di Natale F, Lancia A, Roberto N. Surface-to-bed heat transfer influidised beds: effect of surface shape[J]. Powder Technology. 2007, 174(3): 75-81.

[7] Yao X, Zhang Y, Lu C, et al. Systematic study on heat transfer and surface hydrodynamics of a vertical heat tube in a fluidized bed of FCC particles[J]. AIChE Journal. 2015, 61(1): 68-83.

[8] 卢春喜, 张永民, 刘梦溪, 等. 强制内混式催化裂化催化剂外取热器[P]. 中国, ZL201010034467.X, 2010.

[9] 张永民, 刘梦溪, 卢春喜. 一种用于实现催化裂化再生剂的调温和汽提的耦合设备[P]. 中国, ZL201010034466.5, 2010.

[10] 陈俊武, 许友好. 催化裂化工艺与工程[M]. 3版. 北京: 中国石化出版社, 2015.

[11] Yate J G, Rowe P N. Model for chemical reaction in the freeboard region above a fluidised bed[J]. Trans. Inst. Chem. Eng., 1977(55): 137-142.

[12] 施立才. 细颗粒流化床分布板区射流与相邻乳化相的气体质交换[J]. 化学反应工程与工艺, 1985(Z1): 62-69.

[13] 郭涛, 宋健斐, 陈建义, 等. FCC提升管快分器结构形式对油气在沉降器内停留时间的影响[J]. 炼油技术与工程, 2009, 39(07): 40-44.

[14] 崔新立, 蒋大洲, 金涌, 等. 催化裂化提升管三叶型气固快速分离装置的模型和工业试验[J]. 石油炼制与化工, 1991(02): 32-37.

[15] 赵伟凡. 弹射式气固快速分离器在催化裂化装置上的应用[J]. 石油炼制与化工, 1986, (02): 1-5.

[16] 张金诚. 重油催化裂化技术发展概况[J]. 石油化工, 2000, (02): 134-139, +165.

[17] Roggero, Sergio. A process and apparatus for separating fluidized cracking catalysts from hydrocarbon vapor[P]. EP Patents, 00532071, 1995.

[18] Cetinkaya I. B. External integrated disengager stripper and its use in fluidized catalytic cracking process[P]. US: 5314611, 1994.

[19] 高生, 刘荣江, 赵宇鹏. 催化裂化装置防结焦技术研究[J]. 当代化工, 2009, 38(4): 345-351.

[20] 卢春喜，时铭显．国产新型催化裂化提升管出口快分系统[J]．石化技术与应用，2007，25(2)：142-146.

[21] 刘显成，卢春喜，时铭显．基于离心与惯性作用的新型气固分离装置的结构[J]．过程工程学报，2005，(5)：504-508.

[22] 卢春喜，范怡平，刘梦溪，等．催化裂化反应系统关键装备技术研究进展[J]．石油学报(石油加工)，2018，34(03)：441-454.

[23] 魏耀东，燕辉，时铭显．重油催化裂化装置沉降器顶旋风分离器升气管外壁结焦原因的流动分析[J]．石油炼制与化工，2000，31(12)：33-36.

[24] 宋健斐，魏耀东，时铭显．催化裂化装置沉降器内结焦物的基本特性分析及其形成过程的探讨[J]．石油学报(石油加工)，2006，22(2)：39-44.

[25] 宋健斐，魏耀东，高金森，等．催化裂化装置沉降器内结焦物的基本特性及油气流动对结焦形成过程的影响[J]．石油学报(石油加工)，2008，24(1)：9-14.

[26] J. F. Song, Y. D. Wei, G. G Sun, J. Y. Chen. Experimental and CFD study of particle deposition on the outer surface of vortex finder of a cyclone separator[J]. Chemical Engineering Journal. 2017, 309: 249-262.

[27] 魏耀东，宋健斐，时铭显．一种防结焦旋风分离器 [P]．中国专利．ZL 200410097180.6，2004.

[28] 张红星，张金利，马文耀．BY 型旋风分离系统在催化裂化装置上的应用[J]．石化技术，2007，14(1)：39-43.

[29] 时铭显．PV 型旋风分离器性能及工业应用[J]．石油炼制与化工，1990，1：37-42.

[30] 陈建义，时铭显．丙烯腈反应器国产旋风分离器的性能及工业应用[J]．化工机械，2003，30 (6)：367-371.

[31] 李红，熊斌．不同入口高宽比旋风分离器内气固流动的数值模拟[J]．动力工程学报，2010，30(08)：567-572.

[32] 吴彩金，马正飞，韩虹．排气管尺寸对旋风分离器流场影响的数值模拟[J]．南京工业大学学报(自然科学版)，2010，32(04)：11-17.

[33] 孟文，王江云，毛羽，等．排气管直径对旋分器非轴对称旋转流场的影响[J]．石油学报(石油加工)，2015，31(06)：1309-1316.

[34] 杨景轩，马强，孙国刚．旋风分离器排气管最佳插入深度的实验与分析[J]．环境工程学报，2013，7(7)：2673-2677.

[35] 陈建义，卢春喜，时铭显．旋风分离器高温流场的实验测量[J]．化工学报，2010，61(9)：2340-2345.

[36] M. Trefz, E. Muschelknautz. Extended cyclone theory for gas flows with high solids concentrations [J]. Chem. Eng. Technol., 1993, 16: 153-160.

[37] 罗晓兰，陈建义，金有海，等．固粒相浓度对旋风分离器性能影响的试验研究[J]．工程热物理学报，1992，13(3)：282-285.

[38] 卢永，孙湘磊．BSX 型三旋在催化裂化装置的应用[J]．中外能源，2008，13：138-140.

[39] 任志刚，李希斌，张永民．重油催化裂化装置新型四旋系统的工业应用[J]．石油化工设备技术，2015，36(5)：25-27.

[40] 闫涛，张荣克，戴敏，等．一种旋风分离器及其应用 [P]．中国，ZL 200710099076.4，2008.

[41] 葛星，李东旭，孙君巍．粉体催化剂无尘化装料系统 [P]．中国专利，ZL 201720098614.7，2017.

[42] 张黎明，赵新强．LANKE 高效工业气体除尘系统在催化裂化装置中的应用[J]．石油化工设备，2012，41(6)：82-84.

[43] 焦春蕾．布袋除尘器过滤效率影响因素分析[J]．中国金属通报，2019，8：185-186.

[44] 曹汉昌．催化裂化工艺计算与技术分析[M]．北京：石油工业出版社，2000.

第五章　催化裂化工程

第一节　催化裂化反应动力学

一、催化裂化反应化学起源

本节从催化裂化反应类型、理论基础及反应过程等几方面简单讲述催化裂化反应的化学基础。

在裂化催化剂发现前，重油二次加工转化为轻质油品的工艺是热裂化反应，热裂化反应在高温下通过自由基机理进行，热裂化反应特点是产物中乙烯含量高，含有部分甲烷及 α-烯烃[1]。

当裂化催化剂出现后，在重油转化方面催化裂化取代了热裂化。在相同的温度下，两者的反应产物有较大不同，具体差异见表 5-1-1。

表 5-1-1　不同烃类热裂化与催化裂化产物比较[2]

烃类	热裂化产物	催化裂化产物
正十六烷	C_2 为主要产物	$C_3 \sim C_6$ 为主要产物
	甲烷量相当大	
	有 $C_4 \sim C_{15}$ 烯烃	没有大于 C_4 的烯烃
	无异构产物	产品中有异构烷烃
烷烃	500℃时芳构化很少	500℃下有大量芳构化
烷基芳烃	侧链裂化	脱烷基为主
正构烯烃	双键异构化反应缓慢，几乎没有骨架重排异构化	双键异构化及骨架重排异构化反应迅速
环烷烃	比烷烃裂化速度慢	与烷烃裂化速率相当

从表 5-1-1 可以看出，两者之间有较大的差异。可以确信这两种裂化反应是按照不同的机理进行的。1922 年，Meerwein 首先提出了烷基正碳离子这一概念，1947～1952 年期间，Hansford 及 Thomas 用正碳离子反应解释了催化裂化反应的机理。

后续研究发现，催化裂化反应包含九类反应，其中七类反应都是正碳离子反应。九类反应具体为：裂化反应、异构化反应、烷基转移反应、氢转移反应、歧化反应、环化反应、缩合反应、叠合反应、烷基化反应。其中，只有歧化反应和叠合反应不是正碳离子反应，如图 5-1-1 及图 5-1-2 所示。

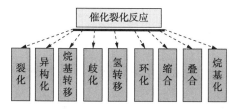

图 5-1-1　催化裂化反应类型

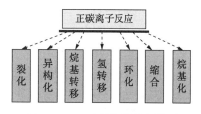

图 5-1-2　正碳离子反应类型

在表 5-1-1 出现的正十六烷，在催化裂化反应过程中，激活和链式反应可分四步[2]：

第一步：

正十六烷分子与催化剂表面上的质子或另一个较小的正碳离子反应，失去一个负氢离子生成十六烷基正碳离子，例如：

$$C_{16}H_{34}+C_3H_{7+} \longrightarrow C_5H_{11}-\overset{+}{\underset{H}{C}}-C_{10}H_{21} + C_3H_8$$

第二步：

正碳离子在 β 键断裂，生成一个 α-烯烃及另一个伯正碳离子，烯烃很可能先异构化后离开催化剂。例如：

$$C_5H_{11}-\overset{+}{\underset{H}{C}}-CH_2-C_9H_{19} \longrightarrow C_5H_{11}-CH=CH_2+H_2C^+-C_8H_{17}$$

第三步：

生成的伯正碳离子重排为仲正碳离子，然后在 β 位断裂。此过程连续进行，直到生成 C_3 或略大于 C_3 的正碳离子为止。例如：

$$H_2C^+-C_8H_{17} \longrightarrow CH_3-\overset{+}{\underset{H}{C}}-C_7H_{15} \longrightarrow CH_3-CH=CH_2+H_2C^+-C_5H_{11}$$

第四步：

最后生成的正碳离子与一个新的正十六烷分子反应，吸取其负氢离子生成一个小烷烃及一个新的十六烷基正碳离子，链反应如此继续进行。

该过程可解释表 5-1-1 中反应产物中 $C_3 \sim C_6$ 产物较多，且异构化倾向较强。

二、正碳离子化学

（一）正碳离子种类

研究和理解催化裂化工艺过程反应化学需涉及最重要的化学理论，即正碳离子化学理论，正碳离子化学的研究作为一种合理地揭示碳氢化合物反应科学的完整方法已被广泛地接受。

正碳离子可分为两种：一种是经典正碳离子 R_3C^+（三配位），是早已被广泛接受的一种形式；另一种是 20 世纪 70 年代发现的非经典的 R_5C^+ 型正碳离子（五配位）[1]。

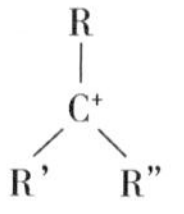

$$\overset{R}{\underset{R'\quad R''}{C^+}}$$

图 5-1-3　经典正碳离子

（二）裂化催化的酸性

裂化催化剂依据酸性可分为质子酸（Brönsted acidity）及非质子酸（Lewis acidity）两类。硅铝催化剂及沸石催化剂都具有质子酸和非质子酸，两种酸可以相互转化。

对于 Brönsted 酸而言，酸的强度是用给出质子的能力来表征的；而对于 Lewis 酸而言，酸的强度是用接受电子对的能力来表征。

（三）经典正碳离子形成方式

（1）Brönsted 酸质子 H^+（Proton）从饱和烃中抽取一个负氢离子 H^-。

（2）Lewis 酸或另一个正碳离子 R^+ 从饱和烃中抽取一个负氢离子 H^-。

（3）从烯烃中抽取一个负氢离子。从烯烃中抽取一个负氢离子与一个质子反应生成氢分子，或者与一个正碳离子反应，造成此正碳离子解吸生成烷烃。

（4）引入一个质子或一个正碳离子到具有双键或三键的不饱和烃分子。

（5）经典正碳离子还可经正碳离子的断裂、烷基化以及非经典正碳离子的断裂产生。

催化原料烃分子经三配位正碳离子中间过渡态引发链反应，可定义为双分子裂化反应。该反应的特征产物为 $C_3 \sim C_4$ 烯烃[3]。

（四）非经典正碳离子的产生

通常情况下，由于 $\sigma C—H$ 键和 $\sigma C—C$ 键的弱碱性，超强酸或是亲电试剂进攻 $\sigma C—H$ 键和 $\sigma C—C$ 键，可生成非经典正碳离子。

（1）质子 H^+ 对烷烃分子的 $\sigma C—H$ 键或 $\sigma C—C$ 键攻击，生成一个 3 中心 2 电子键的五配位正碳离子。其中质子 H^+ 攻击 $\sigma C—H$ 键可获得图 5-1-4 中（a）型非经典正碳离子；若质子 H^+ 攻击 $\sigma C—C$ 键可获得图 5-1-4 中（b）型非经典正碳离子。

（2）经典正碳离子的攻击。若经典正碳离子攻击烷烃分子的 $\sigma C—C$ 键，可生成图 5-1-4 中（c）型非经典正碳离子；此外经典正碳离子对氢分子的攻击，也可获得图 5-1-4 中（a）型非经典正碳离子。

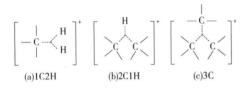

（a）1C2H　（b）2C1H　（c）3C

图 5-1-4　非经典正碳离子

非经典（五配位）正碳离子 R_5C^+ 是一种高能量正碳离子，通常是不稳定的，很容易发生 α 断裂生成经典的（三配位）正碳离子 R_3C^+。在断裂反应发生之前，重排反应发生的可能性可以忽略不计。

催化原料烃分子经五配位正碳离子中间过渡态引发链反应，可定义为单分子裂化反应。该反应的产物继续裂化生产三配位正碳离子时，同时伴生干气组分（氢、甲烷等）[3]。

（五）正碳离子稳定性

对于饱和经典正碳离子，叔正碳离子要比仲正碳离子稳定得多，而仲正碳离子要比伯正碳离子稳定得多，最不稳定的正碳离子为 CH_3^+（甲基碳正碳离子）。

稳定性排序：叔碳（CR_3^+）>仲碳（CR_2H^+）>>伯碳（CRH_2^+）>>>甲基碳（CH_3^+）

三、正碳离子反应机理

（一）异构化反应

正碳离子的异构化反应可划分为以下 3 种类型：

I_1——正电荷中心位置因负氢离子转移而产生改变，而含离子骨架碳未发生改变；

I_2——异构化反应是由烷基 R^- 转移发生，造成含离子骨架碳发生改变，但支链度没有改变；

I_3——通过正碳离子骨架重排发生异构化反应。

伴随着支链度的改变，从 I_1 到 I_3 异构化反应速率快速降低，I_1 反应最快。这三种异构化反应通常情况也可以分成 A 类和 B 类，A 类异构化反应没有改变含骨架碳的支链度（I_1 和 I_2）；B 类异构化反应改变了含骨架碳的支链度（I_3）。

烷基正碳离子通过环状非经典正碳离子直接异构化几乎是大多数烷基正碳离子 B 类重排反应的唯一途径。当遇到伯正碳离子参与 B 类重排反应，其 I_3 异构化反应速度会非常慢。

质子化环丙烷（PCP）型正碳离子可经 A 类、B 类两种途径发生异构化反应，其 A 类异构化反应速度至少是 B 类异构化反应速度的 1000 倍。PCP 型正碳离子（中间体）比伯正碳离子稳定得多。

（二）β 键断裂

在正碳离子的 C—H 键和 C—C 键断裂所有的机理中，到目前为止 β 键断裂反应机理是最为熟悉的。β 键断裂机理是指在带正电荷的碳 β 位的 C—H 键和 C—C 键处发生断裂，如图 5-1-5 所示。

典型的叔正碳离子结构发生 β 断裂反应是相当有利的，因为导致生成另一个较小的叔正碳离子和烯烃，这种结构称为 ααγ，如图 5-1-6 所示。

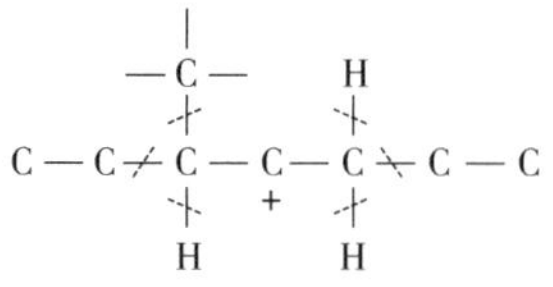

图 5-1-5　位于带正电荷的碳 β 位的 C—H 键
和 C—C 键和可能断裂的位置

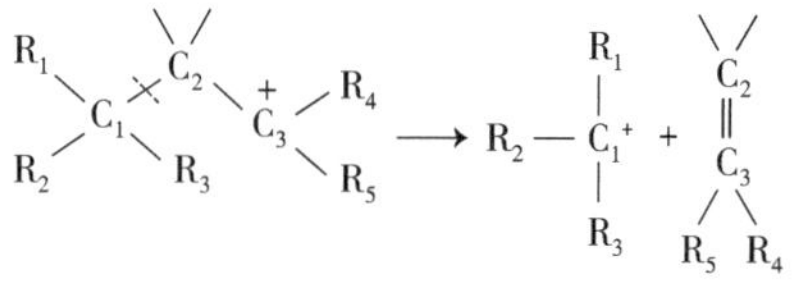

图 5-1-6　正碳离子 ααγ 结构
发生 β 断裂反应

正碳离子 $(C_mH_{2m+1})^+$ 的各种 β 断裂反应模式如表 5-1-2 所示。

表 5-1-2　各种 β 断裂反应模式（$m \geqslant 4$）[1]

模式	$m \geqslant$	成分	β 断裂产物		所涉及的离子	反应活性①
A	8	(C—C(C)(C)—C—C(+)—C，带两C支链)	C—C(C)—C	C=C(C)—C	T→T	VH
B1	7	(C—C(C)—C—C(+)—C(C))	C—C(C)—C	C=C—C	S→T	M 至 H
B2	7	(C—C(C)—C—C—C(+)，带C支链)	C—C—C(+)	C=C(C)—C	T→S	M
C	6	(C—C—C—C(+)—C(C))	C—C—C(+)	C=C—C	S→S	L
D	4	(C—C—C—C(+))	C—C(+)	C=C—C	S→P	VL

① VH—很高；H—高；M—中等；L—低；VL—很低。

通过各种异构化和裂化反应路径反应速率的比较，可以得到如下结论：

① 正碳离子的 A 模式异构化反应(烷基转移)较其他模式都快得多；

② 在所用于评价的操作条件下，β 断裂反应 D 模式的反应速率可被忽略；

③ 正碳离子具有 $\alpha\alpha\gamma$ 结构型的三侧链异构体时，A 模式 β 断裂反应才有显著 A 模式异构化反应；但这种 $\alpha\alpha\gamma$ 结构只有在碳数 $m \geq 8$ 时才可能出现；

④ 三侧链正碳离子结构一形成，紧接着就会发生 β 断裂反应(除了 2，2，3-TMB)；

⑤ B 模式异构化(经 PCP 改变了支链度)反应速率要比 C 模式 β 断裂反应稍微快一点，但比 B 模式 β 断裂反应稍微慢一点点；

⑥ 为了选择性地只发生异构化反应而不进行裂化反应，避免生成三侧链型异构体和过多双链异构体是必要的，即当出现大量的单侧链的异构体时反应就必须停止。

(三) π键或 σC—H 键/σC—C 键的亲电攻击反应

1.π键的亲电攻击反应

属于 π 键的亲电攻击反应包括：烯烃的聚合反应、烯烃和芳香烃的烷基化反应以及一些芳香烃的歧化-烷基转移反应。

在烯烃中加入一个正碳离子并形成一个更大的正碳离子，形成一个 π 型配合物反应中间体，如图 5-1-7(a)所示，随后 π 型配合物重排为 σ 型配合物，如图 5-1-7(b)所示。

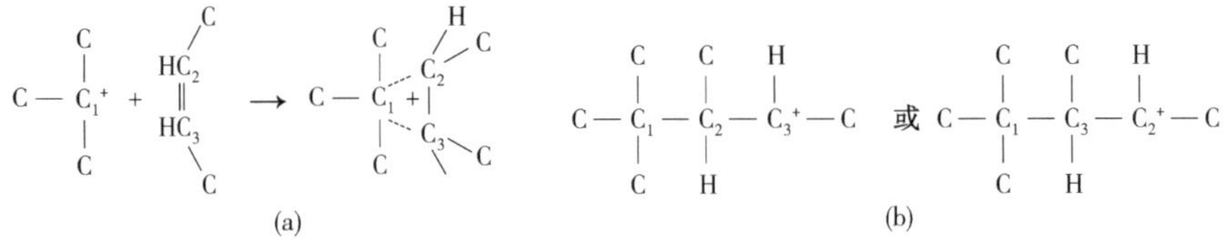

图 5-1-7　烷基正碳离子与烯烃的烷基化反应

较小的正碳离子对芳香核 π 键的攻击导致烷基芳香烃生成，如图 5-1-8 所示。该图列出两个例子，一是丙烯在苯环上发生烷基化反应生成异丙基苯，二是苯和苯甲基反应形成二苯甲烷。

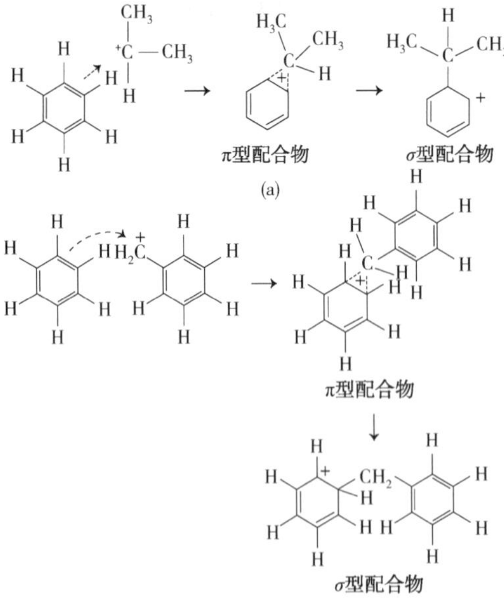

图 5-1-8　正碳离子与芳香环的烷基化反应

2. $\sigma C—H$ 键/$\sigma C—C$ 键的亲电攻击反应

如前文所述，经典正碳离子攻击烷烃分子的 $\sigma C—C$ 键，或者经典正碳离子攻击氢分子的 H—H 键，均可生成不同构型的 3 中心 2 电子键的五配位正碳离子。

对于链烷烃，若质子 H^+ 攻击链烷烃的 $\sigma C—H$ 键或 $\sigma C—C$ 键，可生成不同构型的 3 中心 2 电子键的五配位正碳离子。

（四）负氢离子转移反应

负氢离子转移反应基于经典正碳离子双分子反应机理，该机理认为三配位正碳离子一旦形成，三配位正碳离子就是负氢离子受体，而烷烃分子是负氢离子供体。在固体酸催化剂作用下，三配位正碳离子 R_{2+}，会从 R1 烷烃分子中抽取负氢离子发生负氢离子转移反应，自身转化成产物烷烃（R_2H）的同时，使 R_1 烷烃分子形成一个新的 R_{1+}，从而使裂化反应不断进行，反应式如下：

$$R_1H+R_2^+Z^- \longrightarrow R_1^+Z^- +R_2H$$

不同碳数正碳离子从烷烃抽取负氢离子所需能量的分子模拟计算结果列于表 5-1-3。

表 5-1-3　不同碳数烷烃负氢离子转移反应特性

烷烃	C_6			C_{16}			C_{32}		
正碳离子	C_4	C_6	C_{12}	C_4	C_6	C_{12}	C_4	C_6	C_{12}
能垒/（kJ/mol）	78.7	103.3	112.8	42.2	67.2	76.4	24.9	49.9	59.1

由表 5-1-3 可知，同碳数正碳离子从 C_6、C_{16} 和 C_{32} 烷烃中抽取负氢离子所需要的能量依次降低，如 C_4 正碳离子从 3 种烷烃抽取负氢离子所需要的能量依次为 78.7kJ/mol、42.4kJ/mol 和 24.9kJ/mol。这说明当反应体系中已存在相同的三配位正碳离子时，原料中烷烃碳数越高，越容易被抽取负氢离子发生双分子裂化反应。碳数越大的正碳离子抽取负氢离子所需要的能量也越高，这表明碳数大的正碳离子更容易发生 β 键断裂反应，而较难走负氢离子转移反应路线。

四、反应化学机理

在催化裂化过程反应中，涉及双分子裂化反应机理、单分子裂化反应机理、链反应机理及 PCP 质子化环丙烷裂化反应机理。

（一）双分子裂化反应机理

早期研究发现，经典正碳离子在进行 β 断裂反应时，可生成一个烯烃分子和一个更小的正碳离子。而更小的正碳离子可以发生脱附反应生成一个烯烃分子，同时再生一个表面活性位。经典的正碳离子作为一个链载体将 β 断裂反应和负氢离子转移反应联系起来，该类反应被称为"双分子裂化反应"。双分子裂化反应机理如图 5-1-9 所示。

如果通过 β 断裂反应路径生成甲烷和乙烷，需涉及高能量的三配位伯正碳离子，而这一路径的竞争力极差，因此 β 断裂产物中的最小的烷烃是丙烷。Haag 和 Dessau 通过实验发现即使外推到接近零转化率的情况下，产品中包含大量的氢

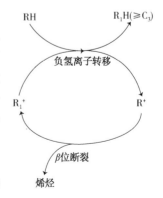

图 5-1-9　双分子裂化反应机理

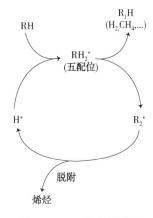

图 5-1-10　单分子裂化
反应机理

气、甲烷和乙烷，这样的产物特征无法通过双分子反应机理获得解释。

（二）单分子裂化反应机理

1984 年，Haag 和 Dessau 提出了单分子裂化反应机理。单分子裂化反应机理涉及非经典正碳离子，之后再发生 α 断裂生成经典正碳离子，伴生出小分子烷烃和氢气。该反应机理通常被称为质子化裂化反应，简称为"单分子裂化反应"。

Haag 和 Dessau 还发现高温、低烃分压和低转化率条件对单分子裂化反应有利；而低温、高烃分压和较高转化率对双分子裂化反应有利。

单分子裂化反应机理如图 5-1-10 所示。

（三）链式反应机理

链式反应分以下三个阶段。

1. 链引发阶段

链反应由 C—H 键和 C—C 键在 Brönsted 酸中心上引发，形成非经典（五配位）的正碳离子。此非经典的正碳离子断裂分为两种方式：一是断裂生成小分子烯烃，自身仍然是非经典的正碳离子，直至生成经典的正碳离子和小分子烷烃或氢气；二是直接生成经典的正碳离子和小分子烷烃或氢气。

2. 链传递

链载体即正碳离子通过异构化和负氢离子转移反应传递链反应。

3. 链终止

正碳离子脱附生成相应的烯烃后，链反应过程即告终止，Brönsted 酸中心恢复活性，稳态下达到脱附平衡。

1992 年，Shertukde 等尝试用链反应机理的概念对异丁烷和正戊烷在 HY 沸石上的裂化反应进行分析，以异丁烷为例，整个链反应过程如下：

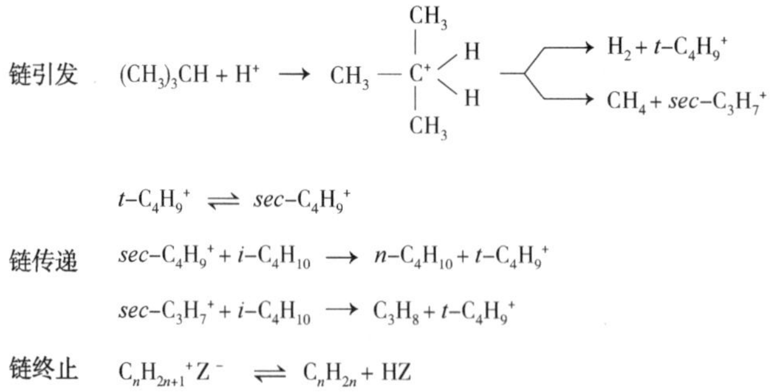

链引发　$(CH_3)_3CH + H^+ \longrightarrow CH_3-\underset{\underset{CH_3}{|}}{\overset{\overset{CH_3}{|}}{C^+}}\overset{H}{\underset{H}{\diagdown}} \begin{array}{l} \longrightarrow H_2 + t\text{-}C_4H_9^+ \\ \longrightarrow CH_4 + sec\text{-}C_3H_7^+ \end{array}$

$t\text{-}C_4H_9^+ \rightleftharpoons sec\text{-}C_4H_9^+$

链传递　$sec\text{-}C_4H_9^+ + i\text{-}C_4H_{10} \longrightarrow n\text{-}C_4H_{10} + t\text{-}C_4H_9^+$

$sec\text{-}C_3H_7^+ + i\text{-}C_4H_{10} \longrightarrow C_3H_8 + t\text{-}C_4H_9^+$

链终止　$C_nH_{2n+1}{}^+Z^- \rightleftharpoons C_nH_{2n} + HZ$

图 5-1-11　以异丁烷为例的链反应过程图

（四）质子化环丙烷裂化反应机理

该机理基于上文所述的质子化环丙烷（PCP）型正碳离子，PCP 型正碳离子（中间体）比伯正碳离子稳定得多，较大概率按照 A 类路径发生异构化反应。

(五) 小结

单分子反应机理、双分子反应机理、链反应机理及 PCP 质子化环丙烷裂化反应机理都能解释催化裂化过程反应中所呈现的规律和现象，但仅用其中一种反应机理来解释还不够完善，涉及多机理的组合。

当石蜡基原料进行催化裂化反应时，在初始阶段从烷烃分子中抽取负氢离子。研究表明高温、低烃分压和低转化率条件下对单分子裂化反应有利，因此在触发阶段对反应起重要贡献的是质子酸(Brönsted 酸)，B 酸攻击 $\sigma C—H$ 键和 $\sigma C—C$ 键形成五配位正碳离子，然后 α 键断裂生产三配位正碳离子，三配位正碳离子从大分子烷烃抽取负氢离子，发生双分子反应。随着反应进行，过渡到低温、高烃分压和较高转化率条件，且烯烃中间产品达到一定浓度，双分子裂化反应占据主导地位。由于烯丙基经典正碳离子要比相对应的饱和烷基经典正碳离子稳定，且缺氢分子较难从催化剂上脱附。在质子酸的作用下，烯烃继续裂化反应或氢转移反应为强势反应，直到生成焦炭，因催化剂积炭造成活性衰减。

由于质子酸对反应初期的贡献，催化剂上含有高浓度质子酸(如 Y 型沸石催化剂)时更易获得较高的转化率。

沸石结构也影响两种反应机理的相对贡献，如由于 HZSM-5 孔径小将抑制双分子裂化反应，因此更有利于单分子裂化反应的进行[1]。

五、反应化学的系统研究

(一) 裂化反应表征参数

前面已论述，裂化反应涉及链反应机理，通常分成三个阶段：①链引发初始阶段；②链传递阶段；③链终止阶段。

涵盖双分子反应机理及单分子反应机理的链式反应传递图，如图 5-1-12 所示。

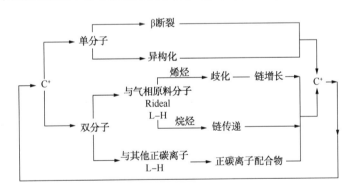

图 5-1-12　在链式反应中正碳离子传递示意图

在烷烃催化裂化反应过程中，单分子裂化反应机理和双分子裂化反应机理同时存在。最终产物分布将取决于两者发生的相对比例，1991 年，Wielers 提出了"裂化机理比例"概念，简称 CMR，用于定量描述正己烷裂化时双分子反应机理和质子化裂化反应机理发生的比例。

Wielers 认为如果质子化裂化反应机理反应占主导，产物将主要是干气组分(甲烷、乙烷和乙烯)；而如果双分子反应机理占主导，产物将主要是 $C_3 \sim C_4$ 烯烃等。

CMR 高（>1）表示质子化裂化反应显著；CMR 低（<1）则意味双分子反应机理占主要地位。

（二）异构化反应表征参数

由于骨架重排型 I_3 异构化反应速度远慢于 I_1 和 I_2 型。因此在催化裂化反应条件下，烷烃或环烷烃一般不会直接发生异构化反应。而烯烃由于存在双键，易发生 I_1 型正电荷沿碳链移动的反应。

Connor 在 1986 年提出了烯烷度（烯烃/烷烃）概念，在 1988 提出异构化指数 BI（异构烷烃/正构烷烃）概念，发现随着烯烷度的增加，催化裂化汽油研究法辛烷值提高，而马达法辛烷值没有明显提高。因为对马达法辛烷值有重要贡献的是支链化程度的增加。因此相比烯烃对异构化反应的贡献，汽油中的异构烯烃更容易进一步裂化生成气体。

张剑秋以正十二烷为原料在三种沸石上进行了异构烷烃生成反应的研究，研究结果表明：随着沸石孔径按 Y 型、β 型和 ZSM-5 的顺序减小，异构化指数 BI 是下降的；由于 ZSM-5 的尺寸更易于正构 C_5、C_6 烷烃的裂化，因此在 ZSM-5 沸石作用下，产物中的 C_5、C_6 正构烷烃含量明显下降，但从其 BI 指数下降看，异构烷烃的降幅更大。这说明沸石异构化性能随沸石孔径的缩小而减弱，孔径较大的 Y 型沸石的异构化性能最强。

（三）氢转移反应

单分子反应机理虽然能解释催化产物中干气组分的存在，但由于单分子反应同样会产生经典正碳离子，且当产生的烯烃达到一定浓度后，由于烯烃比烷烃更易接受质子，双分子裂化反应权重将提升起到主导作用。若遵循双分子裂化反应机理，其产物中烷烃与烯烃的比值应小于 1，但在大多数情况下，产物中烷烃与烯烃的比值大于 1。改变这一结果的关键反应就是"氢转移反应"。

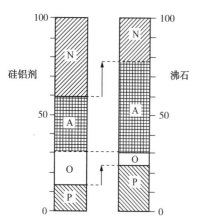

图 5-1-13　沸石催化剂对
汽油组成的改变

氢转移反应最早于 20 世纪 40 年代由 Thomas 提出。Weisz 在 1973 年考察无定形硅铝和沸石的反应特性时，发现汽油组成中 C_5 到 C_{10} 总烃的摩尔组成关系如图 5-1-13 所示。

由于沸石催化剂微反活性的提升，氢转移活性也较无定形硅铝催化剂有大幅提升，如图 5-1-13 所示，环烷烃和芳烃的总量不变，环烷烃降低，芳烃增加；烯烃和链烷烃的总量不变，烯烃降低，链烷烃增加。

随着沸石催化剂的广泛使用，从 20 世纪 70 年代起，对氢转移反应的认识达到一个新的高度。氢转移反应包括分子内的氢转移反应和分子间的氢转移反应，分子内氢转移反应的例子是异构烯烃易生成叔正碳离子而通过氢转移反应生成异构烷烃；而分子间氢转移反应的典型例子是烯烃与环烷烃反应生成烷烃和芳烃（Ⅰ型氢转移反应）。

$$3C_nH_{2n}+C_mH_{2m}\longrightarrow 3C_nH_{2n+2}+C_mH_{2m-6}$$

实际上，芳烃可能被催化剂吸附，继续释放负氢离子，从而发生Ⅱ型氢转移反应。

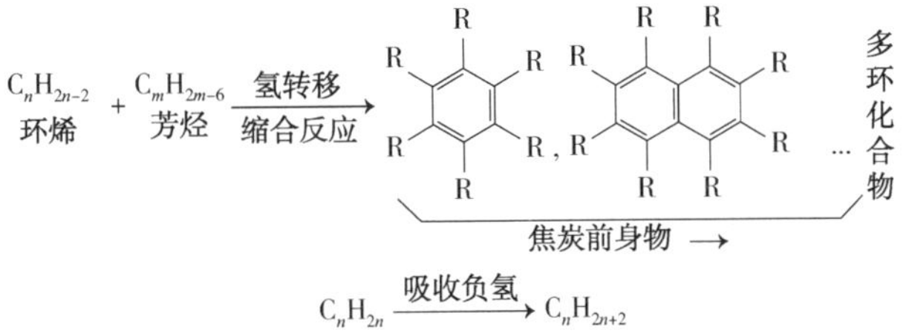

图 5-1-14　Ⅱ型氢转移反应示例

Ⅱ型氢转移反应将导致焦炭产率增加。

氢转移反应可解释在双分子反应为强势反应时，产物中烷烃与烯烃的比值大于 1 的现象。从产品质量需求角度，若希望在催化汽油中保留较高的烯烃度，则需抑制氢转移反应。20 世纪 80 年代的主力研究方向就是如何减少氢转移反应的发生，以提升汽油 RON 辛烷值。USY 沸石由于提升了水热稳定性，通过调整硅铝比，形成以弱酸和中酸为主的高酸量分布。在催化裂化操作条件下，氢转移反应速度要慢于馏分油裂化反应速度。USY 沸石由于其水热稳定性强、馏分油裂化活性高，配合较短的反应时间(约 2s)，可降低氢转移反应权重，提高汽油中烯烃含量，进而提高汽油辛烷值 RON。(注：USY 沸石从机理上并不具备抑制氢转移反应的特性，相反，若给予较低的空速和较长的反应时间，USY 沸石还可强化氢转移反应。)

21 世纪初，国内清洁汽油标准呼之欲出，此时的研究方向转为如何降低汽油烯烃，主旨回到选择性地强化氢转移反应上来，且需在降低汽油烯烃的同时，将环烷烃更多地转化为芳烃，兼顾强化异构反应，以弥补烯烃降低造成的辛烷值损失。具体来讲，为了得到异构烷烃和芳烃，需强化分子内氢转移反应及Ⅰ型分子间氢转移反应，抑制Ⅱ型分子间氢转移反应[4]。对氢转移反应方向起决定性作用的因素如下。

1. 反应温度的影响

实验结果表明[4]，汽油中烯烃在较高的反应温度有利于发生Ⅰ型氢转移反应；虽然氢转移反应从热力学角度看，放热反应似乎更希望低温。但氢转移反应热力学平衡常数较大，几乎不受热力学限制；在氢转移反应动力学涉及的三个环节"吸附""反应"和"脱附"中，降低反应温度，仅有利于烯烃吸附，不利于反应和产物的脱附；而产物脱附困难则更易发生Ⅱ型氢转移反应。因此，汽油降烯烃希望有较高的反应温度。

2. 空速、反应时间及酸密度的影响

实验结果表明[4]，汽油中烯烃在较低的空速下更有利于发生Ⅰ型氢转移反应。

将含烯烃汽油分别在 LV-23(REUSY 型)再生剂和待生剂上实验，其结果表明[4]在相同的汽油收率下，汽油烯烃相当，但经与待生剂反应，产生的焦炭较少，且汽油中芳烃较高、异构烷烃含量较低；若保持相同的操作条件，经与待生剂反应，汽油转化率低(汽油产品收率较高)、汽油烯烃保留较多，但焦炭产率较低；汽油中芳烃相当、异构烷烃含量较低。说明在待生剂上发生Ⅰ型氢转移反应比例较高，而在再生剂上发生Ⅱ型氢转移反应比例较高。在再生剂的作用下，裂化反应比例高于待生剂。随着反应时间的增加，部分烯烃被吸附在催化剂的强酸中心上，导致催化剂酸强度和酸密度下降，弱酸条件下，有利于有脱附需求的Ⅰ型氢转移反应，但不利于裂化反应。

再生剂由于具有较高的酸密度和酸强度，高密度的酸不利于烃类脱附，因此一旦烃类在较强的酸性位上形成正碳离子，就难以脱附。此时，该正碳离子与气相烯烃或环烷烃或周围的弱酸上正碳离子发生叠合反应并伴有Ⅱ型氢转移反应和裂化反应；因此，汽油降烯烃希望有较低空速、适当的积炭的催化剂和较长的反应时间。

3. 催化剂硅铝比的影响

将汽油组分在 CRC-1 型（REY 型）催化剂上进行实验，发现其焦炭产率较高。CRC 催化剂为低硅铝比催化剂，有较高的酸密度，因为在酸中心的作用下，质子化的烯烃与供氢分子（如环烷烃或烯烃）发生氢转移反应是控制步骤，该步骤与酸密度及反应物浓度相关。酸密度大，质子化的烯烃浓度也会因此增加，与气相烯烃、环烷烃或周围的弱酸上正碳离子发生叠合反应可能性增加。因此氢转移反应深度更深，但由于低硅铝比催化剂对烯烃吸附能力更强，产生的缺氢分子难以脱附，易沿着Ⅱ型氢转移反应路径生产较多的焦炭。

而将汽油组分在 CIP-1 型（REUSY+ZRP 型）催化剂上进行实验，则发现焦炭产率较低，汽油收率较高，汽油产品中烯烃、芳烃含量高。CIP 催化剂为高硅铝比催化剂，随着硅铝比的提高，沸石的酸密度降低、强酸量增加。在高硅铝比催化剂作用下，更易发生Ⅰ型氢转移反应。因为烯烃容易在酸中心上质子化形成正碳离子，随之与供氢分子（如环烷烃或烯烃）发生氢转移反应，在高硅铝比环境下，产物相对容易脱附。但总的氢转移反应深度变浅。

因此，汽油降烯烃若希望深化降烯烃反应深度，宜选择低硅铝比的催化剂；若在汽油降烯烃的同时兼顾焦炭产率，宜选择高硅铝比的催化剂。

4. 氢转移反应的氢来源

较早的观点认为氢转移反应的氢来自三个方面：①环烷及环烯转化成芳烃；②烯烃脱氢环化生成环烯；③芳烃缩合生成焦炭。近期发现还有第四个来源，就是催化 LCO 经加氢产生的四氢萘，在催化反应条件下脱氢供氢。

（四）裂化反应可控性

由于烃类分子链的长短不同，裂化反应所需的活化能也不同，随着烃类分子链的长度缩短，活化能增加，裂化反应难度也相应地增加。因此，可以有目的地设计工艺条件和选择催化剂活性组元，调控裂化反应深度。

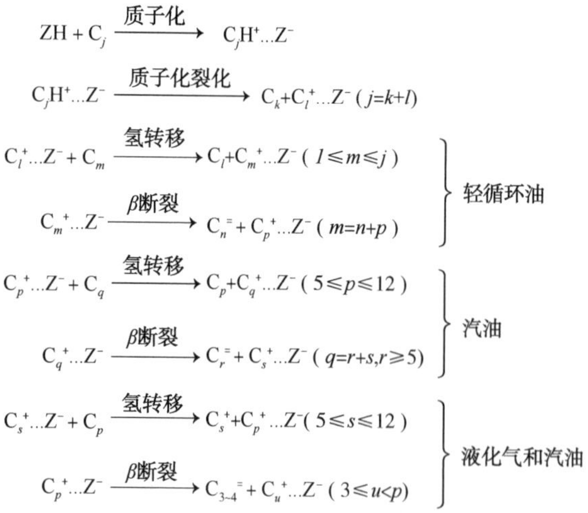

$$ZH + C_j \xrightarrow{\text{质子化}} C_jH^+\cdots Z^-$$

$$C_jH^+\cdots Z^- \xrightarrow{\text{质子化裂化}} C_k + C_l^+\cdots Z^- \ (j=k+l)$$

$$C_l^+\cdots Z^- + C_m \xrightarrow{\text{氢转移}} C_l + C_m^+\cdots Z^- \ (1\leq m\leq j)$$

$$C_m^+\cdots Z^- \xrightarrow{\beta\text{断裂}} C_n^= + C_p^+\cdots Z^- \ (m=n+p)$$

轻循环油

$$C_p^+\cdots Z^- + C_q \xrightarrow{\text{氢转移}} C_p + C_q^+\cdots Z^- \ (5\leq p\leq 12)$$

$$C_q^+\cdots Z^- \xrightarrow{\beta\text{断裂}} C_r^= + C_s^+\cdots Z^- \ (q=r+s, r\geq 5)$$

汽油

$$C_s^+\cdots Z^- + C_p \xrightarrow{\text{氢转移}} C_s^+ + C_p^+\cdots Z^- \ (5\leq s\leq 12)$$

$$C_p^+\cdots Z^- \xrightarrow{\beta\text{断裂}} C_{3-4}^= + C_u^+\cdots Z^- \ (3\leq u< p)$$

液化气和汽油

图 5-1-15 沸石催化剂对汽油组成的改变

为此，提出了对烃类裂化反应进行选择性地控制概念，即裂化反应的可控性，其中氢转移反应在裂化反应深度和方向上起着重要作用。氢转移反应作用是一方面饱和产品中烯烃，改变了产品质量；另一方面终止裂化反应，从而保留较多的相对大分子质量的产物，即增加汽油和柴油的产率，降低气体产率。因此利用氢转移反应终止裂化反应特性来实现控制烃类裂化反应深度，在催化裂化工艺中通常将烃类裂化反应深度控制在三个层次：即轻质油馏分、汽油馏分或汽油和液化气馏分，如图 5-1-15 所示。

第二节　催化裂化再生动力学

一、焦炭燃烧过程中炭的燃烧

（一）烧炭动力学

催化烧炭反应可以用下列方程式进行描述

$$-\frac{\mathrm{d}C}{\mathrm{d}t} = K_C P_{O_2} C \tag{5-2-1}$$

式中　C——催化剂的含碳量，%（质）；

　　　P_{O_2}——氧分压，kPa；

　　　K_C——烧炭反应速度常数，$1/(kPa \cdot min)$。

文献[5]采用齐鲁催化剂厂的 CRC-1 分子筛催化剂，筛选 $76 \sim 100 \mu m$ 粒径的颗粒作为试样。通过蒸汽老化、异丙苯挂焦后，测试了 CRC-1 催化剂在不同温度下的速率常数，回归出 CRC-1 催化剂 K_C 与温度的关系。

$$K_C = 1.65 \times 10^8 \exp\left(-\frac{161.2 \times 10^3}{RT}\right) \tag{5-2-2}$$

式中　R——气体常数，$8.319J/(mol \cdot K)$。

文献[6]在此基础上延伸，得出不同再生温度下烧去 80% 炭所需的时间，见表 5-2-1。

表 5-2-1　典型再生温度下烧炭动力学系数对比

再生温度/℃	650	700	750
$K_C/[1/(kPa \cdot min)]$	0.126	0.371	0.982
烧去 80% 炭所需的时间/s	35.9	12.2	4.6

其中 P_{O_2} 按空气计算。在常压空气中烧焦而空气大量过剩时，可认为氧分压固定，即 $P_{O_2} = 21.3kPa$

（二）烧炭过程中 CO 和 CO_2 的释放

当焦炭上的碳与氧反应时，CO 和 CO_2 并非一次形成，严格的动力学式也非式（3-1）那样简单。碳和氧反应首先生成某种中间氧化物，中间含氧物再一步反应才放出 CO 和 CO_2。

中间氧化物的生成可以从许多方面证明，例如：在再生反应初期，热重法实验中结焦催化剂的重量不但不减少，而是先增加，然后才逐渐减少。说明并不是立刻放出氧化产物，而是氧先吸附在焦炭上形成某种中间物，然后再进行二次反应。

二次反应可能包括两种反应，一是中间含氧物的进一步氧化放出 CO 和 CO_2；另一反应是中间含氧物热分解，放出 CO 和 CO_2。这个机理可以表述为：

焦炭 $\xrightarrow[k_1]{O_2}$ $C_y O_x$ $\begin{array}{c} \xrightarrow{O_2} CO + CO_2 \\ \xrightarrow{分解} CO + CO_2 \end{array}$

式中　$C_y O_x$——焦炭经氧化而生产的固体产物，也可看作是庞大的焦炭分子受到部分氧化的结果。

文献[7]描述在装有含焦催化剂的反应器内通入空气进行再生，用脉冲法烧焦(给结焦催化剂一个脉冲氧)观察反应产物(CO和CO_2)放出情况。

图5-2-1验证了峰值并不是在反应最开始时出现，而是在经过一段时间后，放出速度才达到最大，然后逐渐减慢；峰值的出现时间和峰值的相对高度与再生温度有关。

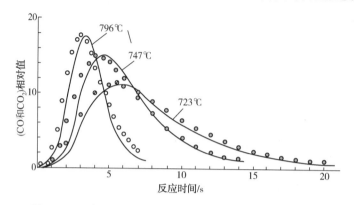

图5-2-1　高温再生烧焦反应模型实验值及模型计算曲线

（三）烧炭产生的 CO_2、CO 及其比值

烧炭的初级产物不单纯只是CO，而是有一定原生比例(初始比例)的CO_2及CO，该比值与催化剂类型及再生温度有关。

文献[8]实验考查了在660℃下几种催化剂在氧浓度为5.63%～21.65%内的CO_2/CO比值，结果见图5-2-2，由图5-2-2可知，在该实验条件下，CO_2/CO，值不随氧浓度变化而变化；同时实验还考察了在600～720℃温度范围内，氧浓度在21.65%和10.54%时几种催化剂的CO_2/CO值。结果表明，在600～680℃温度范围内，在两个不同的氧浓度下，CO_2/CO值基本上是一致的，但在720℃时，CO_2/CO值似有随氧浓度增加而增加的趋势。

为了便于理解，文献[9]记载了采用2000年上海石化催化装置上的待生催化剂在简化条件下测试不同氧含量对CO_2/CO的比值的影响。如图5-2-3所示，实验将温度限定在520℃，在此温度条件下初级产物之一CO并不继续二次转化。定义CO_2/CO的比例为γ值，测出γ值也只与温度有关，在氧含量变化时γ值基本保持恒定。

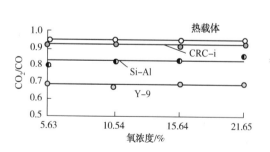

图5-2-2　660℃时不同氧浓度
下 CO_2/CO 比值

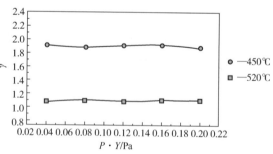

图5-2-3　氧含量对 γ 的影响(520℃以下)
注：γ 为生产的 CO_2/CO 的比值；Y 为氧摩尔分数,%

二、焦炭燃烧过程中氢的燃烧

准确地测定氢的燃烧速度在技术上有难度，是由于氢的燃烧产物水蒸气会部分吸附在催化剂及反应路径上的管线内，因此检测器难以真实地反应烧氢反应的进程。中国石油大学王光埙等基于烧氢反应是一级反应的特点，采用脉冲法烧氢克服了上述困难，从而测出了烧氢动力学常数。

烧氢反应动力学方程，可以用式（5-2-3）表述。

$$-\frac{\mathrm{d}H}{\mathrm{d}t}=K_{\mathrm{H}}P_{\mathrm{O}_2}H \tag{5-2-3}$$

式中　H——催化剂的含氢量，%（质）；

P_{O_2}——氧分压，kPa；

K_{H}——烧炭反应速度常数，$1/(\mathrm{kPa}\cdot\mathrm{min})$。

文献[10]测得烧氢动力学常数 K_{H} 为：

$$K_{\mathrm{H}}=2.44\times10^{8}\exp\left(-\frac{157.7\times10^{3}}{RT}\right) \tag{5-2-4}$$

式中　R——气体常数，$8.319\mathrm{J}/(\mathrm{mol}\cdot\mathrm{K})$。

得出 K_{C} 与 K_{H} 之后，不同温度下烧氢动力学常数与烧炭动力学常数比值计算如表5-2-2所示。

表5-2-2　典型再生温度下烧氢动力学常数与烧炭动力学常数比值

再生温度/℃	600	650	700
$K_{\mathrm{H}}/K_{\mathrm{C}}$	2.40	2.33	2.29

从上表可以看出，烧焦中氢的燃烧速度是烧炭反应的2.3~2.4倍，且对氢和碳来说均是一级反应，所以当催化剂上的碳85%被烧掉时，焦炭中的氢已几乎全部烧掉。

三、焦炭燃烧过程中氮的燃烧

(一) 氮氧化物的生成过程

研究表明，催化裂化焦炭中的 N 化物来自裂解原料中的氮。Babich[11]提出根据官能团不同，焦炭中 N 元素可分为吡咯 N、吡啶 N 和季氮（NR_4^+）。Zhao 及其团队[12]还指出 FCC 焦炭中的 N 主要以吡啶 N、吡咯 N 和苯胺的形式存在，其中吡啶、吡咯类氮化物中 N 原子主要存在于环上，苯胺及其衍生物中 N 原子主要存在-NH$_2$基上。

焦炭上的氮化物一次反应网络图如图5-2-4所示。

中间产物 HCN、NH$_3$ 可继续反应生成 NO$_x$ 及 N$_2$。其综合烧氮过程可以用图5-2-5表示[13]。

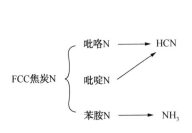

图5-2-4　氮化物一次反应网络图

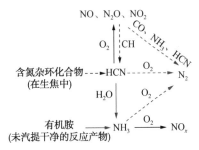

图5-2-5　再生器内 NO$_x$ 的生成反应网络图

对于完全再生方式，由于高温（约 700℃）及过剩氧的存在，烟气中的 HCN 会氧化为 N_2，NH_3 会燃烧生成 NO_x。再生器出口烟气中将检测不到 HCN 及 NH_3 的存在，但个别完全再生装置的再生烟气可测出微量（100mg/Nm^3 级）的 NH_3。这种现象一般是采用了过低的再生温度（650~660℃），与 NH_3 的起燃温度 651℃ 过于接近，NH_3 未起燃或燃烧不充分导致再生烟气可测出微量的 NH_3。

对于不完全再生方式，一般情况下烟气中会含有 5%（体）以上的 CO，存在较强的还原氛围，再生器内已生成的 NO_x 将与大量的 CO 及少量的 NH_3 还原剂发生反应，全部还原为 N_2。但由于再生器内 O_2 不足，未充分氧化的 HCN 和 NH_3 将会保留在再生器出口烟气中。对不完全再生工业装置实测发现，再生烟气中 HCN 浓度范围一般为 30~200mg/Nm^3，NH_3 最高浓度会接近 500mg/Nm^3。

图 5-2-5 显示即便是采用完全再生方式，NH_3 一步氧化为 N_2 的过程并不会在再生器内发生。因为该反应需要极高的温度，对于有纯氧条件的不完全再生装置，可在再生器出口设置烧氨喷嘴，注入少量纯氧实现一步氧化，将烟气中的 NH_3 跨过 NO_x 过程氧化为 N_2。

（二）热力型 NO_x 的问题

热力型 NO_x 来自空气中的 N_2，在高温下与 O_2 反应。热力型 NO_x 的生成过程是一个典型的连锁反应，但通常热力型 NO_x 只有在温度高于 1760℃ 且氧气充足的条件下才显著生成。再生器温度范围在 670~720℃，与 1760℃ 相距甚远，因此，可推测再生器内热力型 NO_x 的生成量可以忽略不计[14]。

（三）NO_x 在再生器内的还原

在完全再生条件下，催化剂床层存在烧炭的中间产物 CO，燃烧生产的 NO_x 在再生器内大部分被还原。NO 与 CO 反应式为：

$$NO+CO \Longrightarrow 1/2N_2+CO_2 \tag{5-2-5}$$

进入焦炭中的 N，仅有 3%~20% 的 N 以 NO_x 形式离开再生器，即超过 80% 甚至高达 97% 的 NO_x 在再生器内可被还原为 N_2。分析再生器出口 NO_x 组成发现其中约 95% 为 NO，另外 5% 为 NO_2。

完全再生烟气可以通过控制烟气中 CO 含量，实现再生器出口烟气中的 NO_x 尽量低。工业装置已验证的指标在 50~60mg/Nm^3，此时烟气中 CO 含量在 200~300/cm^3/m^3，对应的烟气过剩氧约为 2%（体），不超过 2.5%（体）。

不完全再生装置再生烟气中检测不到 NO_x 的存在，因为烟气中还原剂 CO 大量过剩，还原率为 100%。但未充分氧化的 NH_3 则保留在再生烟气中，工业装置上，当 CO/CO_2 比值超过 0.6，烟气中 NH_3 浓度将达到 300mg/Nm^3 以上，最高接近 500mg/Nm^3。烟气中这部分 NH_3 会在后续 CO 焚烧炉内燃烧，其中部分 NH_3 转化为 NO_x。

四、焦炭燃烧过程中硫的燃烧

文献[15]针对典型的催化原料中硫形态及分布进行研究，得出直馏 VGO 和渣油中噻吩类硫化物占总硫的 70%，而在焦化馏分油 CGO 和渣油加氢生成油这类非直馏的馏分中，噻吩类硫占总硫的比例更高，达 80% 以上。以直馏馏分为主的催化裂化原料，催化原料硫中约 10%~20% 进入焦炭中；加工全部非直馏馏分的催化裂化装置，原料硫中约 30% 进入焦炭中。

近年来，随着新建渣油加氢装置数量增多，面向数套以加氢重油为原料的催化装置，对其工业运行数据硫分配进行校核，发现多数情况下，约20%以下的原料硫会进入焦炭中。但如果原油中存在阿曼油，这类炼油厂催化裂化装置原料硫转移到焦炭中的分配比将明显偏高。如海南催化硫分布显示，有37.98%的原料硫进入焦炭中。

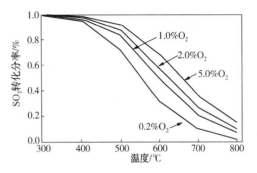

随焦炭进入再生器的硫化物燃烧产物有SO_2和SO_3，总称为SO_x。其中SO_2是一次生成，进一步催化氧化为SO_3。完全再生烟气中SO_3含量受烟气中过剩氧含量及V_2O_5的影响较大，在常规氧过剩条件下[2.5%~3.0%(体)]，完全再生烟气中SO_3占总SO_x摩尔比为5%~10%。

烟气中SO_3的热力学平衡分率如图5-2-6所示。

图 5-2-6　再生烟气中热力学平衡分率

文献[16]采用钍试剂法及原子吸收法对某完全再生装置采样测得数据见表5-2-3，单独用钍试剂法测得数据见表5-2-4。

表 5-2-3　钍试剂滴定法和离子色谱法测定结果

样　品	SO_3测定值/(mg/m³)		SO_2测定值/(mg/m³)	
	钍试剂滴定法	离子色谱法	钍试剂滴定法	离子色谱法
B 炼油厂烟气	62.0	69.0	794.4	835.1
C 炼油厂烟气	7.0	8.1	193.0	201.4

得出SO_3占总SO_x摩尔比范围为2.8%~6.2%。

表 5-2-4　钍试剂滴定法对 A 炼油厂烟气分析结果

样　品	测定值/(mg/m³)	
	SO_3	SO_2
A 炼油厂 1# 催化烟气，第一次采样	43.0	1107.8
A 炼油厂 1# 催化烟气，第二次采样	44.6	1003.6
A 炼油厂 2# 催化烟气，第一次采样	52.2	1021.6
A 炼油厂 2# 催化烟气，第二次采样	56.2	1042.5

得出SO_3占总SO_x摩尔比范围为3.0%~4.1%。

不完全再生装置再生器出口烟气中不含SO_3，但经过CO焚烧炉燃烧后烟气中SO_3占总SO_x摩尔比例也将达到5%~10%的水平。不完全再生烟气中NH_3在CO焚烧炉(空筒结构、低过剩氧、低氧分压的条件下)燃烧不充分。对于剩余的NH_3，只需17mg/Nm³的浓度就可以吸收80mg/Nm³的SO_3。因此再生器下游产生的SO_3极容易被未充分氧化的NH_3吸收掉，两者反应产生硫酸氢铵。

对于完全再生装置，可以在再生器内使用复配硫转移功能的主剂或使用弱氧化强吸收的脱酸雾助剂，可以将烟气中SO_3有效脱除，详见催化剂与助剂章节。

五、再生动力学小结

再生反应速度决定再生器的效率，它直接对催化剂的活性、选择性，装置的生产能力有重要的影响。烧焦反应是非催化反应，反应速度受化学反应控制。主要影响因素如下：

（一）再生温度

温度提高10℃，烧炭速度可提高15%~20%，但受到剂油比及再生器内件金属材质许用应力对应的温度限制（再生器操作温度上限一般为720℃），考虑10℃的稀密相温差，再生密相温度不宜超过710℃。

（二）氧分压及再生压力

碳的燃烧速度与氧分压呈正比，提高再生器压力可提高氧分压，从而加快燃烧速度；再生器压力的提升也将带动反应压力的提升，而适当低的反应压力有助于提升丙烯及汽油的产率。

在一定线速下，提高再生压力将降低再生器的尺寸，烧焦所需的藏量也对应降低，为达到提升氧分压与合理的烧焦强度之间的平衡，主风机出口压力不宜超过0.46MPa（绝）。

（三）氧浓度

对于已建成的工业装置若存在提升烧焦负荷需求时，可考虑采用富氧注入解决方案，该解决方案实施改造工作量较小，不涉及主风机组、再生器旋分、三旋、余热锅炉及烟气净化系统。在主风管道上注入VPSA制备来的90%氧气或空分来的99%氧气，可提高起始氧浓度及再生动力学常数。

对完全再生装置，设再生器入口氧浓度为21%（体），出口过剩氧为2.5%（体），氧气以平推流形式通过，则有效氧浓度为出口与入口浓度的对数平均值：

$$有效氧浓度=\frac{21\%-2.5\%}{\ln(21\%/2.5\%)}=8.69\% \tag{5-2-6}$$

若注入氧气使再生器入口氧浓度达25%（体），出口过剩氧仍为2.5%（体），这时的有效氧浓度为：

$$有效氧浓度=\frac{25\%-2.5\%}{\ln(25\%/2.5\%)}=9.77\% \tag{5-2-7}$$

氧浓度从21%（体）提升至25%（体），对应有效氧浓度提升12.41%。

只针对烧焦用风，注入富氧后的氧浓度（干基）对应处理量的提升详见表5-2-5。

表5-2-5　富氧浓度与处理量提升的对照表

氧浓度/%（体）（干基）	产能/%	氧浓度/%（体）（干基）	产能/%
21	基准	24	+16.21
22	+5.42	25	+21.62
23	+10.80	26	+27.02

同样以25%氧浓度计，从满足耗风需求看，处理量可提升21.62%。但从氧浓度对烧焦动力学的贡献看，烧焦强度只提升了12.41%，两者之间的差值需采取提高再生器藏量或其他强化烧焦手段加以弥补。

（四）催化剂含碳量

待生催化剂的含碳量越高，烧焦速度越快。但这不是一个优化方向，在提升管内，当催化剂上的积炭达到一定的限值时，催化剂上的微孔几乎被全部覆盖，使之后的反应时间成为无效反应时间，产品分布将受到影响。一般来说，待生催化剂上的定碳不宜超过 1.5%（质）。

（五）再生器催化剂藏量

增加再生器总藏量，有利于优化再生效果。这样做的实际效果是增加了催化剂在再生器内的停留时间，并降低了实际烧焦强度，拓宽了实际烧焦强度与合理烧焦强度上限之间的距离。

当使用增大藏量手段时，需注意两方面的问题。

1. 不宜将实际烧焦强度降至过低，如低于合理上限的 50%~60%

对于完全再生装置，当烧焦负荷相对较低时，如仍采用大藏量操作，实际烧焦强度低至合理上限的 50%~60% 时，烧焦能力出现过剩。使得烧炭中间产物 CO 在床层中过早地燃净，对于 NO_x 还原反应，还原剂的浓度影响其反应速度。当大部分床层体积缺乏 CO 时，NO_x 的还原反应终止，离开再生器出口烟气中的 NO_x 浓度可能达到 $800~1000mg/Nm^3$ 的水平，远高于 $240~300mg/Nm^3$ 的 NO_x 浓度正常范围。

2. 对烧焦罐+二密相的再生形式，增加藏量时需注重"有效藏量"的增加

对于烧焦罐+二密相的再生形式，烧焦罐的藏量即为"有效藏量"，因为在该区域有氧浓度高、碳差高、快速床烧焦的优点，有极高的烧焦强度，可实现 85%~90% 的烧焦比例。当强化烧焦时，需尽可能地把藏量增加到烧焦罐；反之，如将新增藏量加至二密相，由于二密相有效氧浓度相对较低、碳差已降至很低，这样的藏量增加对烧焦几乎没有正贡献。

第三节　催化裂化烧焦研究

一、再生器数学模型

在流化床内焦炭的燃烧并非均属化学动力学控制，在很大程度上受到床层内气体交换和物质传递的限制，不能单纯由化学动力学表达。需结合流化工程来解决建立符合工业流化床的反应工程数学模型。

（一）湍流床（鼓泡床）模型

再生器的类型虽然有单器单段、单器双段、双器、并列式和同轴式等很多种，但按流化状态划分则只有湍流床（鼓泡床）和快速床两种。再生器的工艺评价指标一般可用两种指标量化，①烧焦强度 CBI（单位 kg/t·h）；②再生效率（即再生定碳 C_R）。

动力学烧炭强度 CBI_K 可用下式表示：

$$CBI_K = K'_r P_{O_2} C_R \tag{5-3-1}$$

式中　C_R——催化剂的含碳量，%（质）；

　　P_{O_2}——氧分压，MPa；

　　K'_r——反应动力学常数，kg/（MPa·h·t）。

对于早期 Y 型沸石催化剂（如 Y-15，CRC 等）：

$$K'_r = 1.068 \times 10^{13} \exp\left(-\frac{17046}{T}\right) \tag{5-3-2}$$

式中　T——再生温度，K。

对于再生剂定碳，不同类型催化剂对再生效率的要求差别很大，早器的无定形催化剂对 C_R 值要求为 $0.4\% \sim 0.8\%$ 的范围，之后沸石催化剂对 C_R 值的要求为 $0.1\% \sim 0.2\%$，使用超稳分子筛之后到当前的催化剂对 C_R 值的要求为 $\leqslant 0.1\%$，较好的再生效果能达到 $0.01\% \sim 0.02\%$。

文献[17]对 14 套鼓泡床工业装置数据进行采集，数据汇总见表 5-3-1，

表 5-3-1　常规再生器主要操作条件及计算结果

项目	1	2	3	4	5	6	7	8	9	10	11	12	13	14
U_f	1.15	1.17	0.38	0.54	0.823	0.62	0.892	0.65	0.91	0.71	0.84	0.76	0.84	1.34
再生压力	0.206	0.208	0.235	0.18	0.243	0.259	0.265	0.259	0.27	0.237	0.233	0.244	0.21	0.266
W	15	15	25.6	93.7	60	56	28	30.7	35	45.6	36	32	29	14.4
CO_2/CO 值	1.124	1.124	3	34.5	500	500	163	150	1.3	10.4	145	32	1000	20
过剩氧	0.895%	0.74%	1.80%	3.45%	1.70%	2.60%	2.30%	3.45%	0.50%	3.66%	2.43%	1.20%	1.80%	3.40中
C_R	0.18	0.17	0.23	0.2	0.2	0.19	0.18	0.32	0.51	0.17	0.11	0.41	0.11	0.1
再生温度	670	670	598	604	670	682	664	615	683	639	652	647	673	680
ρ_{mf}	590	590	780	791	700	730	690	710	860	660	669	753	700	780
ρ_f	231	232	320	208	261	250	248	275	232	220	292	230	262	180
$K'_r C_R$	27126	25619	7778	7733	30140	35934	24161	15741	98273	13858	11661	39322	17555	18217
CBI_R	83.4	83.6	30	59.3	87.2	82	110	85	152	110	78	104	69	24.9
CBI_K	356	323	143	135	562	820	541	396	1455	326	234	664	288	468
D_{be}	0.108	0.107	0.142	0.116	0.114	0.136	0.112	0.135	0.113	0.130	0.113	0.126	0.120	0.065

注：U_f 为气体线速，m/s；W 为再生器藏量，t；ρ_{mf} 为固体临界流化密度，kg/m^3；ρ_f 为催化剂床层密度，kg/m^3；D_{be} 为气泡直径，m。

若假定气体为平推流，固体为全返混，氧和焦炭之间不存在传质限制，则按式(5-3-1)计算出来的动力学烧炭强度 CBI_K 比实际烧炭强度 CBI_R 大 $2 \sim 20$ 倍(见表 5-3-1)。CBI_K 与 CBI_R 差别如此大的原因，就在于工业装置的烧炭强度是化学动力学因素、传递扩散因素，以及流动状态因素等综合影响的结果。

一般来说，温度对化学反应速度影响很大，而对传递、扩散影响很小；但温度达到 600℃ 以后，传递、扩散影响就成为控制因素。很多学者研究证明，对于颗粒平均直径约 60μm 的微球催化剂来说，在催化裂化装置可能的操作条件范围内，无论是气膜扩散阻力或内扩散阻力影响都很小，可以忽略不计。因此，起关键控制作用的是氧气从气泡相传递至乳化相的速度。一般计算烧炭强度的通式为：

$$CBI = [(f_1(k_{be})''_b)^{-1} + (f_2(K''_r \cdot C_R)^{-1})^{-1}]^{-1} \Delta P_{O_2} \qquad (5-3-3)$$

式中　f_1——校正因数(交换系数)；

$(k_{be})''_b$——气泡与乳化相之间的氧交换系数也可表征为每吨催化剂的烧炭量，$kg_{(C)}/(MPa \cdot h \cdot t_{(cat)})$；

f_2——颗粒偏离全返混气体偏离活塞流的校正系数。

在流化床再生器中，超过临界流化速度的气体均以气泡形式通过床层，密相床层可以分为两相或三相，即乳化相、气晕相和气泡相。气泡相基本上不含固体，反应主要在乳化相中

进行。对于催化裂化装置来说，临界流化速度的数值很低，约 0.001m/s；只有操作线速的千分之一左右。因而绝大部分气体均以气泡形式通过床层，氧气必须经由气泡相到乳化相的传递后，才能和催化剂上的焦炭发生反应。

如果密相床采用三相模型，则反应物从气泡相传递到乳化相的催化剂处的速度可以采用气泡相与乳化相之间交换系数来衡量。

$$\frac{1}{(k_{be})_b} = \frac{1}{(k_{bc})_b} + \frac{1}{(k_{ce})_b} \qquad (5-3-4)$$

式中　$(k_{be})_b$——气泡与乳化相间的交换系数；

　　　$(k_{bc})_b$——气泡与气晕间的交换系数；

　　　$(k_{ce})_b$——气晕与乳化相间的交换系数。

研究者[14]kunii 推导出式(5-3-5)及式(5-3-6)。

$$(k_{bc})_b = 4.5\left(\frac{u_{mf}}{D_{be}}\right) + 5.85\frac{D_g^{0.5}g^{0.25}}{D_{be}^{1.25}} \qquad (5-3-5)$$

$$(k_{ce})_b = 6.78\left(\frac{\varepsilon_{mf}^2 1 D_g U_{br}}{D_{be}^3}\right)^{0.5} \qquad (5-3-6)$$

式中　U_{br}——气泡相对上升速度，m/s；

　　　D_g——扩散系数；

　　　ε_{mf}——u_{mf}时的床层空隙率。

利用 kunii 公式计算$(k_{be})_b$时需要知道气泡直径 D_{be}，工业再生器一般都属于湍动床(气体线速 $U_f > 0.6$m/s)，未找到准确的湍动床 D_{be} 的计算公式，若采用实验室得出的 D_{be}(一般为 0.03m 左右)，计算出的 CBI 在 300 以上，这显然与实际情况不符。因此，采用工业实测 CBI_R 反算气泡直径(定义为"当量气泡直径")，得出的尺寸有一定的规律性，即随气体速度上升而下降。但其大小一般都在 0.06~0.13m 之间(见表 5-3-1)，远大于前实验所得出的大小。

由表 5-3-1 可以看出，即使在 CBI_K 和氧分压相近的情况，CBI_R 仍可相差两倍多。甚至在 CBI_R 相近的情况下，氧分压高的装置的 CBI_R 反而比氧分压低的装置低，由表可知，这主要是由于不同床层气体速度不同，使氧气传递速率相差很大。这又有可能不通过气泡参数而直接用氧传递速率进行比较。因此延伸出 G_{O_2} 每立方米气泡每小时传递的氧气量和 G'_{O_2} 每单位氧分压下的氧气传递速率概念，定义为：

$$G'_{O_2} = G_{O_2}\Big/\left(P_{O_2} - \frac{CBI}{f_a K_r C_R}\right) \qquad (5-3-7)$$

式中：G_{O_2}——每立方米气泡每小时传递气泡量，m³/(m³·h)；

　　　G'_{O_2}——每单位氧气分压下的氧气传递速率，m³/(m³·h·MPa)。

将 14 套实际操作数据计算出来的 G'_{O_2} 以气体线速为横坐标绘图，见图 5-3-1。

由图可知 G'_{O_2} 随气体速度上升而增大，近似于

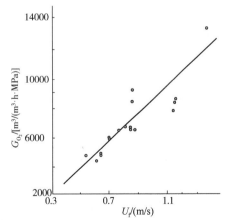

图 5-3-1　床层流速与氧气传递速率关系图

直线上升。但是 G'_{O_2} 不仅与气体线速有关，还应与再生器藏量、催化剂性质等有关。需特别注意，图 5-3-1 是以 $f_2=1$ 作出的，若 f_2 小于 1（固体偏离返混床，且存在偏流和死角），则图中的直线斜率将增大；若 f_2 大于 1（固体倾向于活塞流），则图中直线的斜率将减少。

湍流（鼓泡）床的气泡相与乳化相间的传递阻力对烧炭强度影响较大，即使床层气速高达 1.2m/s，再生温度达 600℃ 以上时，传递阻力可导致动力学算出的烧炭速度降低 2/3。

因为湍流床内颗粒流动接近返混床，其停留时间分布函数使整个床层的平均碳浓度等于再生催化剂含碳量 C_R，而 C_R 与 CBI_K 呈正比，再生程度越深将导致 C_R 越低即 CBI_K 也越低，对再生藏量的需求越大，这一矛盾成为湍流床再生的动力学的限制因素。

（二）快速床模型

快速流态化是 20 世纪 70 年代以来发展很快的再生技术，这种技术在国内外流化催化裂化再生中得到了广泛使用。快速流化床（烧焦罐）的特点是细粉催化剂在高于其自由沉降速度下操作，强化了气-固接触，克服了细粉在鼓泡床中传递速率低的缺点，大幅度提高了烧焦效率。由于快速床内存在的絮状粒子团迅速形成与破碎更新，造成了固相的滑落与返混，以及空隙率沿径向、轴向存在不同分布的特征，因而沿轴向存在密度分布、温度分布、碳氢浓度分布、氧分压分布和 CO/CO_2 值分布等。

催化剂相的返混造成密度沿径向分布有明显差异，特别是在底部的高密度区和加速区。而气相的返混较小，可近似地按平推流考虑。

烧焦罐实际操作达到的烧炭强度可超过 400kg/(t·h)，此时快速床已实现化学反应动力学控制，但是从烧焦罐再生器的轴向温度分布和催化剂含碳分布判断，和理想的平推流模型仍有一定程度的偏离。

用以表征返混的 Peclet 准数定义如下式：

$$P_{es} = \frac{U_S L}{E_{xs}} \tag{5-3-8}$$

式中　U_S——颗粒真实速度，m/s；

　　　L——从分布管算起的高度，m；

　　　E_{xs}——颗粒轴向扩散系数，m²/s。

若用一维轴向扩散模型结合化学动力学模型估算，例如含碳 1% 的催化剂，转化率为 80%，K_C 为 0.08，反算停留时间，可得如表 5-3-2 所示的结果。

表 5-3-2　扩散模型计算结果

P_{es}	0.01	0.25	1	4	16	100
τ	49	41	33	26	21	20
CBI	587	702	872	1107	1371	1440

从表 5-3-2 可以看出，对于不同 Peclet 值（P_{es}），CBI 变化范围很大。在低 P_{es} 值情况下（即接近全返混状态下）CBI 较小。当接近平推流时，CBI 较大。

烧焦罐虽然距平推流尚有一定距离，但它与全混流湍流床相比，烧焦效果有大幅提高。

如果把烧焦罐的气速提升到 1.2m/s 以上，而且使气体和催化剂向上同向流动，从上部将两种物料导出，使催化剂被气体带出的量和进入的量相等，就过渡到流态化域图中的快速床区域。在快速床气流作用下，催化剂颗粒不再存在于乳化相中，而是形成絮状的颗粒团进入分散相。这时烧焦的气体为连续相，十分有利于氧的传递，使反应过程基本上向化学反应动力学控制过渡, 强化了烧炭过程和一氧化碳燃烧过程。

工业装置上烧焦罐的典型的温度分布如图 5-3-2 所示。

再生外循环及待生催化剂均未设置分配器。工业装置上烧焦罐的典型的密度分布如图 5-3-3 所示。图中从 a 系列数据到 c 系列数据线速递增, 藏量递减。

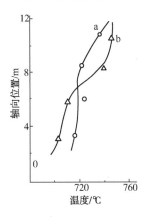

图 5-3-2　烧焦罐的温度分布

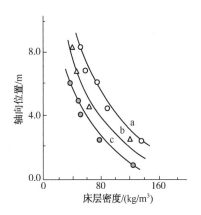

图 5-3-3　烧焦罐的密度分布

注: a 组数据为方位靠近外循环热催化剂一侧;
　　b 组数据为靠近待生催化剂入口侧。

由图 5-3-2 和图 5-3-3 的温度、密度分布来看, 烧焦罐的中部和上部, 轴向存在着明显的温度差和密度差, 并且接近于平推流形式。一般烧焦罐底部进入的物料有待生催化剂和烧焦空气, 以及循环回来的再生催化剂。待生催化剂(500℃左右)和空气(150~200℃)的混合温度低于 500℃, 加入再生外循环催化剂, 其混合温度也难以超过 600℃, 而烧焦罐实测底部温度一般为 660~680℃, 充分说明烧焦罐底部存在着固体返混区。

研究者[13]采用简化公式法确定相关各点的 C、O_2 浓度。

计算采用自顶到底的模式进行:

若二密相烧焦用风为主风量的 10%, 则 C_{R1} 可按式(5-3-9)求取:

$$C_{R1} = C_R + \frac{0.1(C_S - C_R)}{R+1} \tag{5-3-9}$$

式中　C_{R1}——烧焦罐顶部碳浓度,%(质);

　　　C_S——待生剂含碳量,%(质);

　　　C_R——再生剂含碳量,%(质);

　　　R——再生外催化剂循环量与待生催化剂循环量之比, 工业装置上 R 一般取 1.5。

已知烧焦罐顶、烧焦罐底 T_{R1}、T_{R2}, 则可用热平衡计算出 C_{R2}, 如式(5-3-10):

$$\left[100C_{PC} + B\left(\frac{C_S + RC_R}{R+1} - C_{R1}\right)C_{pf}\right](T_{R1} - T_{R2}) = (C_{R2} - C_{R1})H_C \tag{5-3-10}$$

式中　C_{R2}——烧焦罐底部碳浓度,%(质);

　　　C_{PC}——催化剂比热容, kJ/(kg·℃); 取 1.1;

　　　B——空气量, Nm^3/kg 碳, 取 12;

　　　C_{pf}——气体比热容, kJ/(Nm^3·℃); 取 1.4;

　　　H_C——碳的燃烧热, kJ/kg, 取 32700。

将各常数代入，可简化为：

$$C_{R2} = C_{R1} + \frac{\left[110 + 16.9\left(\dfrac{C_S + RC_R}{R+1} - C_{R1}\right)\right](T_{R1} - T_{R2})}{32700} \tag{5-3-11}$$

烧焦罐顶部氧浓度，O_{R1} 可假定近似等于再生器出口氧浓度。

可以用两种方法计算烧焦罐 CBI，第一种方法：简化法。将烧焦罐氧浓度按进口 0.21 和顶部 O_{R1} 对数平均，然后分别计算顶部和底部的 CBI_T、CBI_B。

$$CBI_T = (K_r)_T \cdot C_{R1} \times \frac{0.21 - O_{R1}}{\ln\dfrac{0.21}{O_{R1}}} \tag{5-3-12}$$

$$CBI_B = (K'_r)_B \cdot C_{R2} \times \frac{0.21 - O_{R1}}{\ln\dfrac{0.21}{O_{R1}}} \tag{5-3-13}$$

式中 $(K_r)_T$ 和 $(K'_r)_B$ 分别代表烧焦罐顶部和底部的反应速度常数，计算表明，CBI_T、CBI_B 相近，简化法将其平均得 CBI_K。

$$CBI_K = \frac{CBI_T + CBI_B}{2} \tag{5-3-14}$$

第二种方法：计入氧浓度的差异。先求出烧焦罐底部的出口氧浓度 O_{R2}，由于烧焦罐底部的烧焦效率很高，设定其耗氧量占 65%，中上部耗氧量约占 35%。则，

$$O_{R2} = O_{R1} + 0.35(0.21 - O_{R1}) \tag{5-3-15}$$

由此分别计算顶部和底部的 CBI_T、CBI_B

$$CBI_T = (K_r)_T \cdot C_{R1} \times \frac{O_{R2} - O_{R1}}{\ln\dfrac{O_{R2}}{O_{R1}}} \tag{5-3-16}$$

$$CBI_B = (K'_r)_B \cdot C_{R2} \times \frac{0.21 - O_{R2}}{\ln\dfrac{0.21}{O_{R2}}} \tag{5-3-17}$$

此时 CBI_K 为：

$$CBI_K = CBI_T \times 0.4 + CBI_B \times 0.6 \tag{5-3-18}$$

采用第一种方法计算出的若干工业装置烧焦罐的动力学烧炭强度 CBI_K 见表 5-3-3。CBI_R 与 CBI_K 的比值与 U_t 的关系如图 5-3-4 所示。随着气速上升，CBI_R 与 CBI_K 的比值增大。当线速由 0.9m/s 上升至 1.7m/s 时，其比值由 0.386 上升至 0.661，其函数关系近似一条直线，因而气体速度是影响烧炭强度的一个重要因素。

表 5-3-3　若干工业烧焦罐的计算结果

项目	1	2	3	4	5	6	7	8
P/MPa	0.222	0.235	0.217	0.228	0.2	0.332	0.321	0.26
T_R/℃	688	680	690	700	700	700	716	725
T_{R1}/℃	682	670	680	690	690	681	710	700

续表

项目	1	2	3	4	5	6	7	8
T_{R2}/℃	642	658	656	660	670	660	663	692
U_f/(m/s)	0.9	0.905	0.934	1.13	1.148	1.4	1.4	1.7
过剩氧/%	1.80	1.80	2.50	3	4	3.20	2.20	2.20
C_S/%	1.09	1.2	1.4	1.15	1.201	1.12	1.12	0.94
C_R/%	0.09	0.24	0.15	0.12	0.23	0.106	0.11	0.13
CBI_R	188	313	280	405	486	557	651	631
CBI_T	425	830	687	789	1113	940	1261	943
CBI_B	405	790	616	843	1061	927	1107	966
CBI_K	415	810	652	816	1087	934	1184	955
CBI_R/CBI_K	0.453	0.386	0.430	0.496	0.447	0.597	0.550	0.661

由于烧焦罐内气泡消失，因而有利于空气中氧气向催化剂上的炭表面扩散。此时，主要阻力是截面上气固分布和温度分布的不均匀程度。气速越大，气固分布的不均匀程度越低；气、固接触效率因此得到改善，使其越接近于动力学烧炭速度。

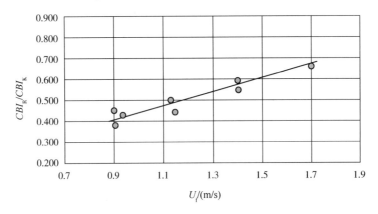

图5-3-4　烧焦罐 CBI_R 与 CBI_K 的比值与 U_f 的关系图

湍动床过渡到快速床，有一个渐变的过程，以表5-3-3序号3数据为例，其气体线速为0.943m/s（属湍动床上限），据此查图5-3-1得出 G'_{O_2} 为7400。若烧焦罐内催化剂平均密度为120kg/m³，孔隙率约为0.91，平均氧分压为0.0188MPa，则 G'_{O_2} 换算成氧气传递速度为560kg/(t·h)，由表5-3-3可知，序号3的 CBI_K 为652，因而可算出烧焦罐的烧炭强度为304，与表5-3-3序号3的 CBI_R 值为280出入不大。

这一结果说明在过渡阶段，湍动床和快速床单位气体体积的氧气传递速度大致相同，其 CBI_R 相差很大的原因主要是固体流动模型不同，前者为全返混流，单位藏量的气泡体积小，后者为气固同向流动，单位藏量的气体体积成倍增加。

第四节　再生工程

一、两器类型与再生

（一）U形管两器型式

中国催化裂化始于Ⅳ型催化裂化，Ⅳ型催化裂化两器构型如图5-4-1所示。

该类型两器实现了U形管密相输送，反应器和再生器循环量分别用滑阀控制，再生器为单段完全再生。由于国内早期使用的催化剂为酸性白土及小球合成硅铝催化剂，尚未进入沸石分子筛阶段，对再生催化剂活性恢复要求不高，用再生温度和催化剂藏量控制烧焦效果，单段再生可完全满足当时的反应活性及再生定碳需求。

（二）同轴式两器型式

同轴式两器型式最早由凯洛格公司开发，国内的同轴装置在正流催化基础上开发，设置了器内两段，有自主专利特征。同轴装置将沉降器置于再生器的顶部，汽提段嵌入再生器稀相空间内。在待生立管底部设置塞阀，控制循环量。在待生催化剂进入再生床层之前，设置待生套筒及待生分配器，再生催化剂一般自再生器底部引出。

该两器型式占地较小，抗逆流能力强，投资少，操作相对简单，在一段时期内获得了广泛的推广应用，装置规模从较小的30kt/a、70kt/a、150kt/a直至放大到2.0Mt/a。该两器构型如图5-4-2所示。

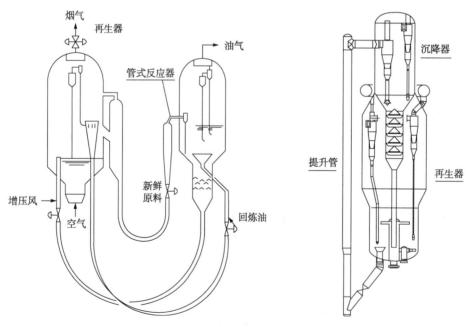

图5-4-1　Ⅳ型催化两器示意图　　　　　图5-4-2　同轴式两器示意图

该两器型式经多年工业实践，缺点也暴露得相当充分：

① 由于中心位置被待生套筒占据，至少需设置2支分布管，甚至需要设置2台辅助燃烧室，主风的分配有出现偏流的可能。

② 由于在非对称方位设置再生催化剂抽出，再生抽出侧为床层料面的低点，而与之相隔180°的方位(远端)易出现床层料面的高点，存在明显的料面梯度。

③ 在开工转剂阶段再生器藏量高，转剂时易出现床层料面梯度大幅变化，此时远端催化剂由于主风分配易出现短时局部死床现象，导致部分二级翼阀排料不畅，进而引发再生器大量跑剂。

④ 催化剂循环线路过于单一，在床层内存在催化剂高置换率循环线路(自待生分配器至再生抽出斗)和低置换率循环线路(高置换率线路以外的线路，特别是靠近器壁部分)，随时间累积，两条循环线线路上催化剂将出现寿命差异，可体现在催化剂活性上，底部抽出和侧面采样的平衡催化剂活性相差较大，差值可能达到3~5个单位。助剂使用效果滞后。

⑤ 由于加入助剂的相应速度慢，排放烟气中氮氧化物浓度超标风险高于其他两器型式。

⑥ 需要穿过两层金属的工艺松动点、仪表反吹风数量较多，在运行周期的末期容易出现关键仪表失灵(如待生塞阀压降缺失)、松动点断裂导致催化剂磨损短路等现象发生，长周期运行难度较大。

(三) 烧焦罐+稀相管两器型式

烧焦罐+稀相管两器型式最早由UOP公司开发，采用快速床烧焦强化烧焦，用最少的催化剂藏量实现高效烧焦，是所有再生型式中烧焦强度最高的。烧焦罐顶采用稀相管加以衔接，在稀相管末端设置快分，所接快分可以是粗旋，也可以是倒L、旋流快分等。与其他再生型式相比，该型式下主风机出口至烟机入口的总压降最低，有利于烟气压力能的回收，是最有可能实现烟机全年发电的再生型式。

该再生型式为快速床单段完全再生，该两器构型如图5-4-3所示。

图5-4-3所示的环形床，也可定义为该再生型式的"二密相"。进入二密相环形床的微量主风主要起到流化作用，对烧焦基本没有贡献。只依靠烧焦罐完成烧焦，对烧焦罐设计要求较高。首先需选取合理的线速，从提升力角度考虑，烧焦罐线速不宜低于1.4~1.5m/s，在待生催化剂和外循环管循环再生催化剂惯性作用下，烧焦罐催化剂分布有分层现象，下段高度约为5~6m，催化剂密度较高，可定义为主力烧焦区域。之后催化剂完成加速进入烧焦罐上段，该处烧焦气体为连续相，催化剂为分散相。从工业装置的烧焦罐温度分布看，烧焦罐上段温度沿轴向基本恒定。用主力烧焦区域的高度除以线速，烧焦罐最高效的烧焦时间仅为3~4s。在强化烧焦上，有以下几种工程手段[18]：

① 优化主风和待生催化剂的分配；采用更高效的主风分布器，如在烧焦罐底部设置主风分布板；设置有一定压降的待生催化剂分配器；

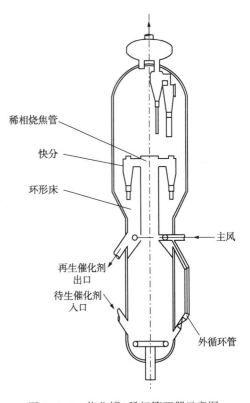

稀相烧焦管
快分
环形床
主风
再生催化剂出口
待生催化剂入口
外循环管

图5-4-3　烧焦罐+稀相管两器示意图

② 在再生器密相设置隔栅；

③ 在主力烧焦区域内合理布置外取热器和外循环管催化剂的分配器；

④ 采用适当高的烟气过剩氧，如 4%（体）。

在工程上将所有极致手段全部使用后，烧焦罐自身的烧焦效果依然有不尽人意的地方，就是在烟气中易出现 CO 浓度跳跃（区间为 20~上千 μL/L）。说明烧焦罐加稀相管不适合高烧焦装置，一般来讲该型式对应的生焦率上限为 7.5%（质），在更高的生焦率下，即使采用高过剩氧，该再生型式也会表现出烟气中 CO 含量不稳定，可能间歇超过 1000μL/L。

除了烧焦方面的问题，二密相环形床由于极低的主风量，甚至无法在全截面达到初始流化速度，催化剂水平流动能力不足，导致再生线路上催化剂循环量受限，不适用于有大剂油比需求的反应工艺。一般来讲该型式对应的剂油比上限为 8.0。

（四）逆流两段再生

该两器型式原生技术由 UOP 公司开发，针对重质原料，采用两段再生，其中一再在上，二再在下；一再为不完全再生、二再为完全再生，一再设置旋分、二再无旋分。该再生型式抗钒能力强，因为一再有烧氢和汽提段携带水蒸气的因素，将一再设置为贫氧，可有效抑制 V_2O_5 和钒酸的产生，减少重金属对催化剂骨架的侵蚀。在一再、二再中间设置大孔分布板，正常时仅有烟气上行单向通过，极端情况下允许少量一再催化剂下落至二再，此时烟气与催化剂双向逆流通过。

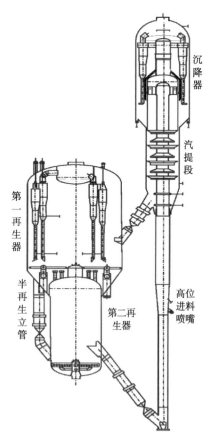

图 5-4-4　逆流两段两器示意图

该技术的变形是将一再设置为大小筒结构，可有效降低催化剂藏量，降低开工催化剂藏量，并有利于日常催化剂牌号的置换。还将外取热器返回冷剂提升至一再，可有效控制一再操作温度，并避开半再生立管的低负荷模式。

该两器构型如图 5-4-4 所示。

由于不完全再生有效氧浓度原因，该型式烧焦强度合理上限在 70kg/（t·h）。在使用 UOP 原生技术，工业装置经核算烧焦强度仅为 35kg/（t·h），与其能力上限相比预留出较大的上升空间。在将一再改进为大小筒结构后，总藏量降低，烧焦强度也会随之上升，但造成弹性空间缩减。

（五）快速床+湍流床两段再生

该技术为国内自主研发，用大孔分布板将烧焦罐的快速床与二密相的湍流床分开。该再生型式与"烧焦罐+稀相管"不同，二密相也具有烧焦功能，但再生总藏量略高于"烧焦罐+稀相管"型式。由于进入二密相的半再生催化剂碳差很低，需要为二密相设置较大的藏量，单以二密相的烧焦强度论，其数值不足 30kg/（t·h），但依赖烧焦罐的贡献，该再生型式烧焦强度合理上限为 105kg/（t·h）。经工业装置验证，实际烧焦强度在 88~105kg/（t·h）之间。

由于该型式采用完全再生,该两器型式应对金属钒污染的能力有限,对原料钒含量要求是≤10μg/g,如果有条件可要求≤6μg/g。由于21世纪初渣油加氢装置的大规模普及,目前钒含量≤6μg/g的要求也较容易满足。

该两器构型如图5-4-5所示。

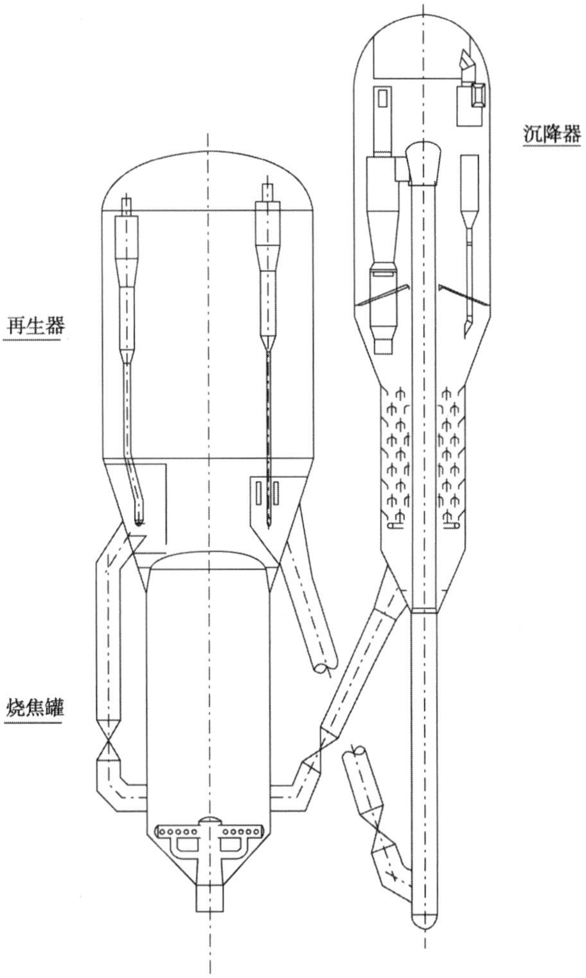

由于进入二密相的烟气中仍存在一定氧含量,该型式再生需防范CO尾燃。一般会有两种因素导致再生器尾燃,一是碳、氧分布不均,更主要是碳分布不均;二是CO燃烧速度不足,受再生温度或局部再生温度的影响。因此抑制尾燃是该完全再生型式必须考虑的问题,特别是针对重油催化,需考虑外取热器冷剂返回造成的尾燃。针对该因素,优化方案分为以下三个层级:

① 建议外取热器按大循环量、小温差操作;避免出现不足400℃的冷剂返回烧焦罐;

② 为外取热器设置分配器,分配器压降控制在1~1.5kPa;如果在烧焦罐内设置三层分配器,建议外取热器冷剂分配器置于最上层;

③如果设置2台以上的外取热器,需要将其中1台返回的冷剂进行提升,冷剂返回高于烧焦罐的主力烧焦区域(其下段的5~6m)。

采用以上优化手段后,可有效抑制由于CO燃烧速度不足造成的尾燃。

图5-4-5　快速床+湍流床两器示意图

第五节　催化裂化分馏过程

一、分馏原理

催化裂化分馏塔是对混合挥发液体进行分馏的化工设备,是石油二次加工的重要装置。催化裂化分馏塔的基本原理是利用气液相中各组分的相对挥发度的不同进行分离。在塔中,气相从塔底向塔顶上升,液相则从塔顶向塔底下降。在每层板上气液两相相互接触时,气相部分冷凝,液相部分气化。由于液体的部分气化,液相中轻组分向气相扩散使气相中轻组分增多;而气相的部分冷凝使气相中重组分向液相扩散,液相中重组分增多,进而使同一层板上互相接触的气液两相趋向平衡。进行催化裂化分馏必须满足以下三个条件:

① 必须有能够使气液充分接触，进行相间传热和传质的场所，即塔盘(或填料)。

② 每层塔盘上必须同时存在组成不平衡的气(上升油气)液(下降回流)两相。为了保证精馏每层塔盘上都有上升油气，就需要提供热源；为了使塔盘上有下降回流，塔顶及各全抽出斗的下方均需有外回流打入，以使其他塔盘上有内回流。

③ 为了达到精馏的目的，不仅要有一定的塔盘数，而且要有合适的回流量。

二、主要影响因素

(一) 混合物气液两相的物理性质

主要有温度、相对挥发度、扩散系数、表面张力和重度等。

液体黏度高，传质困难，板效率则低；相对挥发度大，液相传质阻力大，使效率降低。气液相的扩散系数及表面张力对板效率均有一定影响。

(二) 塔的结构

塔的结构主要有出口堰高度、液体在板上的流程长度、板间距、降液部分大小及结构，还有阀、筛孔、或泡帽的结构、排列与开孔率。

1. 出口液流堰高度

出口液流堰高度增高使板上的液层高度及滞液量增加，增大两相接触时间和传质面积，有利于板效率提高；但出口液流堰高度的增高，将使蒸气流经塔板阻力增大，雾沫夹带也有所增加。

2. 塔板上液流流程长度

塔板上液流流程长度增大，将减少板上的返混，使板效率增高；但进出口堰间的液面落差增大，特别是液流量大，结构复杂的塔板尤其如此，必将恶化气流均匀分布。

3. 齿形堰

在汽、柴油分离段，由于液体量小、气体量大，为防止该段出现干板现象，往往会选择适当高的开孔率。但如果希望实现尽量高的柴油初馏点，需降低柴油抽出层塔板的开孔率，为避免出现干板，该层塔板宜设置齿形堰。

(三) 操作变量

操作变量主要有气速、回流比、温度及压力等。

1. 气相速度

气相速度对于塔板效率产生复杂的影响。一方面，随着气速的增高，传质系数、传质界面增大，漏液可以消除，有利于塔板效率的提高；另一方面，随着气速的增高，雾沫夹带，塔板上流体混合程度的增强，两相接触时间变短，对塔板效率起不利的影响。

2. 液体流率(单位塔截面的液流量)

液体流率对塔板效率也产生复杂的影响。随液体流率增大，液体与气体接触时间减小，塔板上液体进口与出口处产生液面落差增大将影响气流均匀分布，随液流夹带进入下面塔板的泡沫量可能增多，将使板效率恶化；但液体流率的增大，返混情况将有所改善，传质系数和传质面积将有所增大。

三、催化裂化分馏塔特点

(一) 具有功能的脱过热段

催化裂化分馏塔的进料是高温并带有催化剂粉尘的过热油气。因此，在塔底设油浆循环回流以冷却过热油气并洗涤催化剂。

（二）全塔余热较大

催化分馏塔的进料是450℃以上的高温过热油气，全塔只有精馏段，没有提馏段，在满足分离要求的前提下，尽量减少顶部回流的取热量，增加温度较高的油浆及中段循环回流的取热量，以便于充分利用高能位热量换热和发生蒸汽。

（三）系统压降要求小

为提高气压机入口压力，降低气压机的能耗，提高气压机处理能力，应尽量减少分馏系统的压降，包括大油气管线的压降、各塔盘的压降、分顶油气管线和冷凝冷却器以及从油气分离器到气压机入口的压降。努力减少系统压降可表现在以下几个方面：

① 在适当部位选用填料。

② 不宜过多增加塔盘数。因为催化裂化产品的分离要求比较容易满足，因此不必过多增加塔盘，一般在28~34层。

③ 减少分馏塔塔顶油气管线及冷凝冷却器的压降。塔顶采用顶循环回流，对比冷回流，能有效降低系统压降，还可以使塔顶冷却面积减小，水、电等消耗降低，并回收部分低温位的热能。

分馏塔塔盘段总压降的合理下限为15kPa，在优化压降时不宜低于该值。如果低于该值，对于尺寸较大的分馏塔（例如直径>6m），可能出现局部漏液现象。要需特别关注油浆黏度，指标为100℃时的运动黏度≤30mm²/s。

四、分馏塔系统的调整原则

根据处理量、反应深度来调整操作，切割好相应的产品以获得最大的收率。同时，应掌握好分馏塔的热平衡和物料平衡，选择适宜的顶循环回流、一中循环回流、二中循环油回流和油浆循环回流的取热分配比例。注意全塔压降及各回流量，平稳塔的操作，保持良好的分馏效果，避免产品过重或过轻，防止相邻产品之间馏分的重叠，控制好分馏塔塔底的温度，防止油浆系统结焦。并应根据生产方案对产品质量的要求，及时调整操作，提高产品的馏出口合格率。

分馏塔的操作主要是掌握好热平衡和物料平衡。前者主要表现为塔内各段温差应合适，后者表现为产品馏出量应和进料量相等。调整手段就是根据反应深度和原料性质调节各回流取热量、产品馏出温度和馏出量，生产出合格的粗汽油、轻柴油产品。

第六节　催化裂化吸收稳定

一、吸收稳定系统任务

催化裂化生产过程的主要产品是气体、汽油和柴油，其中气体产品包括干气和液化石油气。催化吸收、解吸的工艺特点是在不采用冷媒水、中冷介质的前提下，在产品 C_2 和 C_3 组分间实现切割；稳定塔的作用是在产品 C_4 和 C_5 组分间实现切割。

吸收稳定系统主要由吸收塔、再吸收塔、解吸塔及稳定塔组成。从分馏塔塔顶油气分离器出来的富气中带有汽油组分，而粗汽油中则溶解 C_3、C_4 组分。吸收稳定系统的作用就是利用吸收和精馏的方法将富气和粗汽油分离成干气（≤C_2）液化气（C_3、C_4）和蒸气压合格的稳定汽油。

二、操作原则

（一）吸收塔工艺调整原则

吸收塔的作用是以汽油、粗汽油作为吸收剂，吸收富气中 C_3 以上的组分。吸收过程放出的热量由一至两个中段回流取走。

通过调节压缩机出口的空冷、冷却器控制进入吸收塔的富气温度为（40±5）℃；根据粗汽油流量调节补充吸收油流量，保证合适的液气比，尽量回收干气中的液态烃。

（二）再吸收塔工艺调整原则

再吸收塔的作用是用轻柴油作为吸收剂进一步吸收干气中 C_3 以上的组分，塔顶压力控制在 1.35MPa 左右，干气分为两路，一路至提升管反应器作预提升干气，一路至产品精制脱硫，作为工厂燃料气。再吸收塔液面是防止高压串低压的保证，需要控制在最低液面以上。干气主要是 C_1、C_2 组分，其中 C_3 及 C_3 以上组分含量不大于 3%（体）。

若催化干气下游至干气制乙苯装置，需控制干气中的丙烯含量不大于 0.7%（体）。若催化干气精制后作工厂燃料气，宜控制干气中的丙烯含量不大于 1%（体）。若催化干气下游去 C_2 回收装置，且回收的富乙烯气体去乙烯装置，该指标可适当放宽。

（三）解吸塔工艺调整原则

凝缩油罐中的凝缩油经泵打入解吸塔，通过由解吸塔中段重沸器、解吸塔塔底重沸器提供热源，以解吸出凝缩油中的 C_2 组分。通过调节解吸塔塔底重沸器的热源控制塔底温度，塔顶温度和塔顶解吸气流量，使稳定塔尽量不出不凝气。

（四）稳定塔工艺调整原则

通过稳定塔操作，将解吸塔来的脱乙烷汽油分离成合格的液态烃和汽油组分。

液态烃是 C_3、C_4 组分，通过操作调整使其 C_2 组分含量低于 0.5%（体），可含少量 H_2S 组分。在采样、分析化验环节，C_2 组分易挥发，液态烃中 H_2S 含量变成表征解吸效果的重要指标。

操作原则：根据化验分析的结果，改变回流量及塔内温度，及时调整操作，使产品质量合格。

参 考 文 献

[1] 陈俊武，许友好. 催化裂化工艺与工程[M].3 版. 北京：中国石化出版社，2015.

[2] 陈俊武. 催化裂化工艺与工程[M].2 版. 北京：中国石化出版社，2005.

[3] 谢朝钢，魏晓丽，龚剑洪，等. 催化裂化反应机理研究进展及实践应用[J]. 石油学报（石油加工），2017，33(2)：9.

[4] 许友好. 氢转移反应在烯烃转化中的作用探讨[J]. 石油炼制与化工，2002，33(1)：4.

[5] 莫伟坚，林世雄，杨光华. 裂化催化剂高温再生时焦炭中碳燃烧动力学Ⅰ. 实验方法及设备的建立和实验结果[J]. 石油学报（石油加工），1986(2)：16-23.

[6] 徐春明. 催化裂化再生动力学及工程[R].2016.

[7] 莫伟坚，林世雄，杨光华. 裂化催化剂高温再生时焦炭中碳燃烧动力学Ⅱ. 反应动力学模型的建立[J]. 石油学报（石油加工），1986(3)：16-24.

［8］徐春明，林世雄．裂化催化剂再生过程中密相床出口处 CO_2 与 CO 比值测定［J］．石油大学学报：自然科学版，1990，014（006）：84-93.

［9］燕青芝，彭玉洁，程振民，等．催化裂化待生催化剂再生时产物中 CO_2/CO 比的研究［J］．石油炼制与化工，2001，32（4）：3.

［10］彭春兰，王光埙，杨光华．裂化催化剂高温再生时焦炭中氢的燃烧动力学［J］石油学报：石油加工，3（1）：17-26.

［11］Babich IV，Seshan K，Lefferts L. Nature of nitrogen specie in coke and their role in NO_x formation during FCC catalyst regeneration［J］．Applied Catalysis B Environmental，2005，59（3-4）：205-211.

［12］Zhao，Peters，A. W，et al. Nitrogen chemistry and NO⎪sub x control in a fluid catalytic cracking regenerator［J］．Industrial & Engineering Chemistry Research，1997，36（36）：4535-4542.

［13］Mo，Xunhua，DE，et al. HCN and NOx control strategies in the FCC.［J］．Petroleum Technology Quarterly，2014.

［14］石君君．流化催化裂化（FCC）再生过程 NOx 生成机理研究［D］．广州华南理工大学，2016.

［15］汤海涛，凌珑，王龙延．含硫原油加工过程中的硫转化规律［J］．炼油设计，1999，29（008）：9-15.

［16］杨雪梅，林玉，白正伟．钍试剂滴定法测定硫化催化裂化烟气中二氧化硫和三氧化硫的含量［J］．理化检验：化学分册，2015，51（7）：4.

［17］陈俊武，曹汉昌．催化裂化反应工程的工业实践［R］．1995.

［18］董肖昱，郝希仁．评价催化裂化再生器床层烧焦的一种方法［J］．炼油技术与工程，2006，36（6）：3.

第六章　催化裂化工艺计算

了解催化裂化装置性能比较好的办法是定期收集和评估装置运转的数据，通过工艺计算对装置有深入的认识，并以此作为装置优化的基础。

第一节　物料平衡

催化裂化装置的物料平衡可以用来评估催化裂化装置的运行水平，相同原料产出的目的产品越多说明运行水平越高。

催化裂化反应部分的物料平衡是衡量裂化反应的基础，也是装置其他平衡的依据。

一、装置物料平衡及产品收率

装置的物料平衡计算一般采用物料量的质量平衡，即物料量的计量均采用质量流量。质量平衡的误差应在±2%之内，否则需重新进行。下面分别对物料量的计量进行描述。

（一）原料及产品的计量

1. 油品计量

油品计量常用的方法有：油罐检尺、在线流量计测量。在油品计量过程中应遵循已有的国家或行业标准。

（1）油罐检尺

油罐检尺得到一定时间段内油品体积的变化，由单位时间的油品体积和密度得到油品的质量流量。计量的同时要取油样及测定油罐中油品温度，要取油罐中上中下三处的油样，等量混合送样分析其密度；温度要取准确的平均温度。液位计精度和油罐尺寸也需要定期检验或标定。

油样送实验室测定密度，实验室测定油品密度时通常采用的温度为20℃，检尺计量时需换算成油罐温度下的密度。换算方法包括查表换算和公式换算。

① 查表：根据 GB/T 1885—1998《石油计量表》，查出实际温度下的密度。

② 公式计算：根据 20℃下的相对密度，换算到 $t℃$ 下的相对密度：

$$d_t = d_{20} - \gamma(t-20) \tag{6-1-1}$$

式中　d_t——油品在 $t℃$ 下的相对密度；

　　　d_{20}——油品在 20℃下的相对密度；

　　　t——油品温度，℃；

　　　γ——换算系数，$\gamma = 0.002876 - 0.003984\,d_{20} + 0.001632\,d_{20}^2$。

相对密度通常以 4℃的水为基准，由于水在 4℃时的密度等于 $1.000g/cm^3$，所以油品的密度和相对密度的数值是相等的。

【例 6-1-1】某装置原料油罐 24h 检尺结果为：蜡油体积为 5400m³、平均温度为 80℃，渣油体积为 2400m³、平均温度为 95℃。20℃蜡油相对密度为 0.8890、20℃渣油相对密度为 0.9332。求蜡油和渣油的质量流量。解：

蜡油：

$$d_{20} = 0.8516$$
$$\gamma = 0.0006240$$
$$d_{80} = 0.8516$$
$$G_{蜡} = 0.8516 \times 5400 / 24 = 191.60 t/h$$

渣油：

$$d_{20} = 0.9332$$
$$\gamma = 0.0005974$$
$$d_{95} = 0.8897$$
$$G_{蜡} = 0.8897 \times 2400 / 24 = 88.97 t/h$$

答：蜡油质量流量为 191.60t/h。渣油质量流量为 88.97t/h。

（2）流量计测量

工业生产中许多物料的计量只能依靠在线流量计测量，流量计显示的数值为瞬时流量，即单位时间内流过管道某一截面的流体量。通常在流量计上设置显示累积值，可以方便地用前后累积数据的差值得到一段时间内的平均流量。

流量计有很多种，可分类为质量流量计和体积流量计。

用质量流量计计量得到质量流量（如 t/h），可直接用于物料平衡计算。常用的质量流量计有科里奥利流量计和热式流量计。

用体积流量计计量得到体积流量（如 m³/h），体积流量计的仪表指示流量值会与实际流量有差别，通常需要校正。常用的体积流量计有两大类：方根刻度流量计和线型刻度流量计，这两类流量需采用不同的校正方法。

方根刻度流量计包括：孔板流量计、文丘里管流量计、皮托管流量计、靶式流量计等。

方根刻度流量计得到的流量数值是与测量参数的平方根呈正比的。比如孔板流量计是通过测定孔板两侧的压降，根据伯努利方程（压降与速度平方呈正比）得到体积流量与所测压降之间的关系，即：

$$V = C \sqrt{\frac{\Delta P}{\rho_{实}}} \tag{6-1-2}$$

式中　V——液体体积流量，m³/h；

　　　ΔP——孔板前后压差，kPa；

　　　$\rho_{实}$——操作条件下的液体密度，kg/m³；

　　　C——系数，与孔板尺寸、形状等有关。

使用时，体积流量计的显示数值是根据仪表设计条件给出的。但在生产过程中，实际的液体性质以及通过流量计时液体的温度与设计值不同，导致实际密度与设计选用的密度不同，因此实际流量与仪表显示流量值有差别，需要校正。校正方法如下：

$$V_{实} = V_{显} \sqrt{\frac{\rho_{设}}{\rho_{实}}} \tag{6-1-3}$$

式中　$V_实$——操作条件下的液体体积流量，m^3/h；

　　　$V_显$——设计条件下的液体体积流量，m^3/h；

　　　$\rho_设$——设计条件下的液体密度，kg/m^3；

　　　$\rho_实$——操作条件下的液体密度，kg/m^3。

油品在实验室测定密度的温度为 20℃，可按式(6-1-1)将 20℃下的密度换算成操作温度下的密度。则液体质量流量为：

$$G = V_实 \times \rho_实 = V_显 \sqrt{\rho_设 \times \rho_实} \tag{6-1-4}$$

式中　G——质量流量，kg/h；

　　　$V_实$——操作条件下的液体体积流量，m^3/h；

　　　$V_显$——设计条件下的液体体积流量，m^3/h；

　　　$\rho_设$——设计条件下的液体密度，kg/m^3；

　　　$\rho_实$——操作条件下的液体密度，kg/m^3。

线型刻度流量计包括：涡轮流量计、涡街流量计、电磁流量计、超声波流量计、转子流量计、容积式流量计等。

线型刻度流量计得到的流量数值是与测量参数呈正比的，即：

$$V_实 = V_显 \tag{6-1-5}$$

$$G = V_实 \times \rho_实 = V_显 \times \rho_实 \tag{6-1-6}$$

式中　G——质量流量，kg/h；

　　　$V_实$——操作条件下的液体体积流量，m^3/h；

　　　$V_显$——设计条件下的液体体积流量，m^3/h；

　　　$\rho_实$——操作条件下的液体密度，kg/m^3。

【例 6-1-2】某装置油浆流量采用靶式流量计计量，该流量计的仪表显示值为 $20.0m^3/h$，操作温度为 330℃，20℃油浆相对密度为 1.05，仪表设计相对密度为 0.8876，求油浆的质量流量。

解：
$$d_{20} = 1.05$$
$$\gamma = 0.0004921$$
$$d_{330} = 0.8975$$
$$V_实 = 20.0 \times \sqrt{\frac{0.8876}{0.8975}} = 19.89 m^3/h$$
$$G = 19.89 \times 0.8975 = 17.85 t/h$$

答：油浆量为 17.85t/h。

【例 6-1-3】某装置轻循环油流量采用涡轮流量计计量，该流量计的仪表显示值为 $65.0m^3/h$，操作温度为 60℃，20℃轻循环分析密度为 $0.9444g/cm^3$，仪表设计密度为 $0.8755g/cm^3$，求轻循环油的质量流量。

解：
$$d_{20} = 0.9444$$
$$\gamma = 0.0005691$$
$$d_{60} = 0.9216$$
$$G = 65.0 \times 0.9216 = 59.91 t/h$$

答：轻循环油量为 59.91t/h。

2. 液化石油气(液态烃)计量

液化石油气计量的常用方法是球罐检尺计量、体积流量计计量和质量流量计计量。

采用检尺方法时，用测得的体积乘以球罐条件下的液化石油气密度得到液化石油气质量。通常实验室的测定温度为 20℃，实验室测定温度下密度与球罐温度下密度的换算可通过查 SH/T 0221—1992 的附表得到。

液化石油气的密度也可根据其组成和各组分的标准密度由式(6-1-7)计算得到。

$$d = \sum_{i=1}^{n} (V_i \times d_i) \qquad (6-1-7)$$

式中　d——液化石油气的相对密度；

　　　d_i——液化石油气中 i 组分的相对密度(查数据手册得到)；

　　　V_i——液化石油气中 i 组分的体积分数，%；

　　　n——液化石油气的组分总数。

液化石油气采用体积流量计计量时，其体积流量的校正与前述油品体积流量校正方法相同。

【例6-1-4】某装置液化石油气球罐 24h 检尺结果为：体积 1780.0m³、平均温度 25℃。液化石油气组成如下：

项目	乙烯	丙烷	丙烯	异丁烷	正丁烷	1-丁烯	异丁烯	反-2-丁烯	顺-2-丁烯	C_5
含量/%(体)	0.18	5.68	47.27	10.87	2.89	2.51	16.01	8.28	5.95	0.36

求液化石油气的质量流量。

解：查数据手册得各组分在 25℃下的相对密度：

项目	乙烯	丙烷	丙烯	异丁烷	正丁烷	1-丁烯	异丁烯	反-2-丁烯	顺-2-丁烯	C_5
相对密度	0.21	0.4928	0.5053	0.551	0.573	0.5888	0.5879	0.5984	0.6154	0.62

$$d = \sum_{i=1}^{n} (V_i \times d_i)$$

项　　目	V_i/%(体)	d_{25}	$V_i \times d_{25}$
乙烯	0.18	0.21	0.0004
丙烷	5.68	0.4928	0.0280
丙烯	47.27	0.5053	0.2389
异丁烷	10.87	0.551	0.0599
正丁烷	2.89	0.573	0.0166
1-丁烯	2.51	0.5888	0.0148
异丁烯	16.01	0.5879	0.0941
反-2-丁烯	8.28	0.5984	0.0495
顺-2-丁烯	5.95	0.6154	0.0366
C_5	0.36	0.62	0.0022
合计	100.00		0.5410

计算得到 25℃时该液化石油气的相对密度为 0.5410；则：

$$G = 1780.0/24 \times 0.5410 = 40.12t/h$$

答：液化石油气量为 40.12t/h。

3. 干气计量

在催化裂化过程中催化剂在反应器和再生器之间循环，循环过程中再生催化剂会将再生器中的烟气带入反应器，这部分烟气最终进入干气，体现为干气中的非烃组分 N_2、O_2、CO_2、CO 等。

干气的流量多用方根刻度流量计计量，如孔板流量计、文丘里流量计等。干气的体积流量常用标准状态(0℃、0.101325MPa)下的体积流量表示，单位为 m^3/h(标)。

由于混合干气是可以被压缩的，体积流量计需要进行密度、压力、温度校正，校正公式如下。

$$V_{实} = V_{显}\sqrt{\frac{\rho_{设} \times P_{实} \times T_{设}}{\rho_{实} \times P_{设} \times T_{实}}} \tag{6-1-8}$$

式中　$V_{实}$——操作条件下的气体体积流量，m^3/h(标)；

$\quad\quad V_{显}$——设计条件下的气体体积流量，m^3/h(标)；

$\quad\quad \rho_{设}$——设计条件下气体的标准状态密度，kg/m^3；

$\quad\quad \rho_{实}$——操作条件下气体的标准状态密度，kg/m^3；

$\quad\quad P_{设}$——设计条件下气体的绝对压力，MPa；

$\quad\quad P_{实}$——操作条件下气体的绝对压力，MPa；

$\quad\quad T_{设}$——设计条件下气体的温度，K；

$\quad\quad T_{实}$——操作条件下气体的温度，K。

混合干气标准状态密度由混合干气的体积组成计算得到，见式(6-1-9)。

$$\rho = \frac{\sum_{i=1}^{n}(V_i \times M_i)}{22.4} \tag{6-1-9}$$

式中　ρ——混合干气标准状态密度，kg/m^3；

$\quad\quad V_i$——混合干气中 i 组分的体积分数；

$\quad\quad M_i$——混合干气中 i 组分的相对分子质量；

$\quad\quad n$——混合干气的组分总数。

则混合干气的质量流量为：

$$G = V_{实} \times \rho_{实} \tag{6-1-10}$$

式中　G——质量流量，kg/h；

$\quad\quad V_{实}$——操作条件下的干气体积流量，m^3/h(标)；

$\quad\quad \rho_{实}$——操作条件下的干气标准状态密度，kg/m^3。

干气的质量流量等于混合干气质量流量减去混合干气中的非烃组分质量流量。

【例 6-1-5】某装置干气采用孔板流量计计量，该流量计的仪表显示值为 16500.0 m^3/h(标)，操作压力为 1.2MPa，操作温度为 43℃；仪表设计的标准状态密度为 0.840g/cm^3，设计压力为 1.35MPa，设计温度为 40℃。干气组成如下，求干气的质量流量。

项　　目	含量/%(体)	项　　目	含量/%(体)
硫化氢	0.59	异丁烯	0.37
氢气	34.40	反-2-丁烯	0.42
甲烷	23.08	顺-2-丁烯	0.29
乙烷	12.87	C_5	0.42
乙烯	10.99	氮气	10.24
丙烷	0.25	氧气	0.15
丙烯	0.90	一氧化碳	0.76
异丁烷	0.90	二氧化碳	2.78
正丁烷	0.28	合计	100.00
1-丁烯	0.31		

解：

项目	V_i/%(体)	M_i	$V_i \times M_i$	W_i/%	G_i/(kg/h)
硫化氢	0.59	34.0825	0.20	1.11	0.14
氢气	34.40	2.0159	0.69	3.82	0.49
甲烷	23.08	16.0429	3.70	20.39	2.59
乙烷	12.87	30.0698	3.87	21.31	2.71
乙烯	10.99	28.0540	3.08	16.98	2.16
丙烷	0.25	44.0968	0.11	0.61	0.08
丙烯	0.90	42.0809	0.38	2.09	0.27
异丁烷	0.90	58.1238	0.52	2.88	0.37
正丁烷	0.28	58.1238	0.16	0.90	0.11
1-丁烯	0.31	56.1079	0.17	0.96	0.12
异丁烯	0.37	56.1079	0.21	1.14	0.15
反-2-丁烯	0.42	56.1079	0.24	1.30	0.16
顺-2-丁烯	0.29	56.1079	0.16	0.90	0.11
C_5	0.42	72.1508	0.30	1.67	0.21
氮气	10.24	28.0135	2.87	15.80	2.01
氧气	0.15	31.9989	0.05	0.26	0.03
一氧化碳	0.76	28.0105	0.21	1.17	0.15
二氧化碳	2.78	44.0100	1.22	6.74	0.86
合计	100.00		17.96	100.00	12.71

则干气标准状态密度为：

$$\rho = \frac{17.96}{22.4} = 0.8018 \text{kg/m}^3$$

干气校正体积流量为：

$$V_{实} = 16500 \times \sqrt{\frac{0.840 \times 1.2 \times (40 + 273.15)}{0.8018 \times 1.35 \times (43 + 273.15)}} = 15847 \text{m}^3/\text{h(标)}$$

干气质量流量为：

$$G = 15847 \times 0.8018 / 1000 = 12.71 \text{t/h}$$

其中非烃组分质量流量为：

$$G_{非烃} = 2.01 + 0.03 + 0.15 + 0.86 = 3.05 \text{t/h}$$

则扣除非烃的干气质量流量为：

$$G_{干气} = 12.71 - 3.05 = 9.66 \text{t/h}$$

答：扣除非烃的干气质量流量为 9.66t/h。

（二）焦炭量计算

在催化裂化过程中生成的焦炭沉积在催化剂上，焦炭在再生器中燃烧放出热量后以烟气的形式离开装置。焦炭量无法直接计量，是通过烟气-主风量平衡计算得到的。计算时需要知道进入再生器的主风量和再生器烧焦后的干烟气组成。

1. 主风量校正

主风的流量多用方根刻度流量计计量，如文丘里流量计、靶式流量计等。主风的体积流量常用标准状态下的体积流量表示，单位为 m^3/h（标）。

由于空气的密度变化很小，主风流量计通常进行压力、温度校正，校正公式如下。

$$V_{实} = V_{显} \sqrt{\frac{P_{实} \times T_{设}}{P_{设} \times T_{实}}} \tag{6-1-11}$$

式中　$V_{实}$——操作条件下的气体体积流量，m^3/h（标）；

$\quad\quad V_{显}$——设计条件下的气体体积流量，m^3/h（标）；

$\quad\quad P_{设}$——设计条件下气体的绝对压力，MPa；

$\quad\quad P_{实}$——操作条件下气体的绝对压力，MPa；

$\quad\quad T_{设}$——设计条件下气体的温度，K；

$\quad\quad T_{实}$——操作条件下气体的温度，K。

2. 烟气分析

再生器烟气通常用球胆或采样袋采样后送至实验室分析其组成，采样时应按照规程充分置换，排除采样误差。实验室分析通常使用奥式气体分析仪或气相色谱分析仪，使用奥式分析仪时应注意及时更换吸收液。

有许多装置采用在线分析仪，可在线得到干烟气组成，但在线分析仪应定期用标准气进行标定校正，保证数据准确。

再生烟气组成是焦炭量计算的关键数据，为减少采样、分析中的人为误差，应将几次分析数据中不合理数据剔除后取其平均值。

3. 焦炭量计算

焦炭量的计算是由干烟气组成和干空气量采用氮平衡方法求出干烟气量得到的，计算公式如下。

进入再生器的干空气量：

$$V_{干} = V_{湿} \frac{1}{1+\varphi} \tag{6-1-12}$$

式中　$V_{干}$——干空气体积流量，m^3/h（标）；

$\quad\quad V_{湿}$——湿空气体积流量，m^3/h（标）；

φ——空气分子湿度(见表6-1-1)，水蒸气/干空气(体积比)。

再生器烧焦量：

$$G_{焦}=V_{干}\frac{3.78+0.242CO_2+0.313CO-0.18O_2}{100-(CO_2+CO+O_2)}$$　　　　(6-1-13)

焦炭中的氢碳比：

$$H/C=\frac{8.93-0.425(CO_2+O_2)-0.257CO}{CO_2+O_2}$$　　　　(6-1-14)

焦炭中氢含量：

$$H\%=100\frac{H/C}{1+H/C}$$　　　　(6-1-15)

总湿烟气量：

$$V_{烟}=V_{湿}\times\left[2+\varphi-\frac{1100-CO}{1.266N_2}\right]\times\frac{1}{1+\varphi}$$　　　　(6-1-16)

式中　CO_2、CO、O_2、N_2——干烟气体积分数，%(体)，$N_2=100-CO_2-CO-O_2$；

　　　　$G_{焦}$——焦炭量，kg/h；

　　　　$V_{烟}$——总湿烟气量，m^3/h(标)。

表6-1-1　空气分子湿度表

项目	干球温度/℃							
相对湿度/%	-30	-20	-10	0	10	20	30	40
10							0.00425	0.00733
20						0.00464	0.00844	0.01478
30					0.00355	0.00697	0.01272	0.02233
40				0.00242	0.00487	0.00932	0.01702	0.02999
50			0.00128	0.00302	0.00600	0.01168	0.02138	0.03778
60		0.00061	0.00154	0.00363	0.00712	0.01405	0.02576	0.04567
100	0.00038	0.00102	0.00257	0.00606	0.01826	0.02361	0.04370	0.07850

【例6-1-6】某装置主风采用文丘里流量计计量，流量显示值已进行压力、温度补偿校正，该流量为4000.0m^3/min(标)。空气分子湿度为0.018，再生干烟气组成见下表，求焦炭的质量流量、焦中氢含量和总湿烟气体积流量。

项目	O_2	CO	CO_2	N_2
含量/%(体)	2.1	0.004	16.0	81.896

解：

$$V_{干}=4000\times60\times\frac{1}{1+0.018}=235756m^3/h(标)$$

$$G_{焦}=235756\times\frac{3.78+0.242\times16+0.313\times0.004-0.18\times2.1}{100-(16+0.004+2.1)}=20943kg/h=20.94t/h$$

$$H/C=\frac{8.93-0.425\times(16+2.1)-0.257\times0.004}{16+2.1}=0.0683$$

$$H\% = 100 \times \frac{0.0683}{1+0.0683} = 6.39$$

$$V_{烟} = 4000 \times 60 \times \left[2+0.018 - \frac{100-0.004}{1.266 \times 81.896}\right] \times \frac{1}{1+0.018} = 248378 m^3/h(标)$$

答：焦炭质量流量为 20.94t/h，焦中氢含量为 6.39%，总湿烟气流量为 248378m³/h（标）。

式(6-1-13)是根据空气中氧气体积分数为 21% 得到的，未考虑焦炭中的硫。对于在主风中注入氧气的装置，或在需要考虑焦炭中硫的情况下，必须采用氮平衡逐步计算，具体步骤如下。

干主风摩尔流量为 $m_{风}$、干烟气摩尔流量为 $m_{烟}$、干烟气中 N_2、O_2、CO_2、CO、SO_2、SO_3 的摩尔分数分别为 V_{N_2}、V_{O_2}、V_{CO_2}、V_{CO}、V_{SO_2}、V_{SO_3}。

根据氮平衡，干烟气中的氮气摩尔流量等于干空气中的氮气摩尔流量，假设干空气中氧气的摩尔分数为 n，则干空气中氮气的摩尔分数为 $100-n$。

则干烟气的摩尔流量为：

$$m_{烟} = m_{风} \times \frac{100-n}{V_{N_2}} \tag{6-1-17}$$

干烟气中 O_2 的摩尔流量为：

$$m_{O_2} = m_{烟} \times V_{O_2} \tag{6-1-18}$$

干烟气中 CO_2 的摩尔流量为：

$$m_{CO_2} = m_{烟} \times V_{CO_2} \tag{6-1-19}$$

干烟气中 CO 的摩尔流量为：

$$m_{CO} = m_{烟} \times V_{CO} \tag{6-1-20}$$

干烟气中 SO_2 的摩尔流量为：

$$m_{SO_2} = m_{烟} \times V_{SO_2} \tag{6-1-21}$$

干烟气中 SO_3 的摩尔流量为：

$$m_{SO_3} = m_{烟} \times V_{SO_3} \tag{6-1-22}$$

由此焦炭中碳的质量流量为：

$$G_C = M_C(m_{CO_2} + m_{CO}) \tag{6-1-23}$$

焦炭中硫的质量流量为：

$$G_S = M_S(m_{SO_2} + m_{SO_3}) \tag{6-1-24}$$

式(6-21)和式(6-22)中的 M_C 和 M_S 分别为碳和硫的相对分子质量。

进入再生器的氧为干空气中的氧，出再生器的氧包括干烟气中的氧、烧炭生成 CO_2 消耗的氧、烧炭生成 CO 消耗的氧、烧硫生成 SO_2 消耗的氧、烧硫生成 SO_3 消耗的氧以及烧氢生成 H_2O 消耗的氧。

则烧氢消耗氧的摩尔流量为：

$$m_1 = m_{风} \times \frac{n}{100} - \left(m_{O_2} + m_{CO_2} + \frac{1}{2}m_{CO} + m_{SO_2} + \frac{3}{2}m_{SO_3}\right) \tag{6-1-25}$$

生成水的摩尔流量为：

$$m_{H_2O} = 2m_1 \tag{6-1-26}$$

焦炭中氢的质量流量为：

$$G_H = 2M_H \times m_{H_2O} \qquad (6-1-27)$$

式(6-1-27)中的M_H为氢的相对分子量。

由此烧焦量为：

$$G_{焦} = G_C + G_H + G_S \qquad (6-1-28)$$

焦中氢为：

$$H\% = 100 \times \frac{G_H}{G_{焦}} \qquad (6-1-29)$$

焦中硫为：

$$S\% = 100 \times \frac{G_S}{G_{焦}} \qquad (6-1-30)$$

【例6-1-7】某装置烧焦用气体由压缩机来主风和外来富氧气组成，其中主风采用文丘里流量计计量，已进行压力、温度补偿校正，主风流量为186500.0m³/h(标)；富氧气采用文丘里流量计计量，已进行压力、温度补偿校正，富氧气流量为8395.0m³/h(标)，富氧气中氧气的体积分数为90.6%。空气分子湿度为0.02kmol 水/kmol 干空气，再生干烟气组成如下，求焦炭量、焦炭中氢含量、焦炭中硫含量和总湿烟气量。

项　目	O_2	CO_2	CO	SO_2	SO_3	N_2
含量/%(体)	2.2	18.4	0.0	0.12	0.02	79.27

解：

空气流量 = 186500/22.4 = 8325.89kmol/h

干空气流量 = 8325.89/(1+0.02) = 8162.64kmol/h

空气中的 H_2O 流量 = 8325.89-8162.64 = 163.25kmol/h

空气中的 N_2 流量 = 79/100×8162.64 = 6448.49kmol/h

空气中的 O_2 流量 = 21/100×8162.64 = 1714.15kmol/h

富氧气流量 = 8395/22.4 = 374.78kmol/h

富氧气中的 O_2 流量 = 90.6/100×374.78 = 339.55kmol/h

富氧气中的 N_2 流量 = (100-90.6)/100×374.78 = 35.23kmol/h

则：主风中的 N_2 流量 = 6448.49+35.23 = 6483.72kmol/h

主风中的 O_2 流量 = 1714.15+339.55 = 2053.70kmol/h

主风中的 H_2O 流量 = 163.25kmol/h

根据氮平衡：

烟气中的 N_2 流量 = 6483.72kmol/h

干烟气流量 = 6483.72/[(100-2.2-18.41-0.0-0.12-0.02)/100] = 8181.35kmol/h

则：烟气中的 O_2 流量 = 8181.35×2.2/100 = 179.99kmol/h

烟气中的 CO_2 流量 = 8181.35×18.41/100 = 1506.18kmol/h

烟气中的 CO 流量 = 8181.35×0.0/100 = 0.0kmol/h

烟气中的 SO_2 流量 = 8181.35×0.12/100 = 9.82kmol/h

烟气中的 SO_3 流量 = 8181.35×0.02/100 = 1.63kmol/h

碳的相对分子质量为 12.0111，硫的相对分子质量为 32.0666，则：

烧炭量 = (1506.18+0.0)×12.0111 = 18090.88kg/h

烧硫量 = (9.82+1.63)×32.0666 = 367.16kg/h

根据氧平衡：

主风中的 O_2 流量 = 2053.70kmol/h

烟气中 O_2 的总流量 = 179.99+1506.18+1/2×0.0+9.82+3/2×1.63 = 1698.44kmol/h

主风与烟气中 O_2 流量的差值 = 2053.70-1698.44 = 355.26kmol/h

生成 H_2O 的流量 = 2×355.26 = 710.52kmol/h

则：烟气中的 H_2O 流量 = 163.25+710.52 = 873.77kmol/h

氢的相对分子质量为 1.0079，则：

烧氢量 = 710.52×2×1.0079 = 1432.27kg/h

烧焦量 = 18090.88+367.16+1432.27 = 19890.31kg/h

焦炭中氢含量 = 1432.27/19890.31 = 7.20%

焦炭中硫含量 = 367.16/19890.31 = 1.85%

总湿烟气摩尔流量 = 8181.35+873.77 = 9055.12kmol/h = 202835m³/h(标)

答：焦炭量为 19890.31kg/h，焦炭中氢含量为 7.20%，焦炭中硫含量为 1.85%，总湿烟气量为 202835m³/h(标)。

(三) 产品收率

根据上述计量得到的进装置原料和出装置各股物料的流量即可做出装置的物料平衡，并得到产品收率。表 6-1-2 列出某装置的物料平衡数据及产品收率数据。

表 6-1-2　装置物料平衡及收率

项　目		流量/(t/h)	收率/%
原料	蜡油	191.60	68.29
	渣油	88.97	31.71
	合计	280.57	100.00
产物	干气	9.66	3.44
	液化石油气	40.12	14.30
	汽油	131.27	46.79
	轻循环油	59.91	21.35
	油浆	17.85	6.36
	焦炭	20.94	7.46
	损失	0.82	0.29
	合计	280.57	100.00

二、反应物料平衡及产物产率

催化裂化装置的物料平衡和产品收率是裂化反应、分离精度、操作水平的综合结果，受多种因素的影响，装置的物料平衡与反应部分的物料平衡有差异，产品收率与反应部分产物产率有差异，装置的物料平衡并不能完全表征裂化反应进行的程度。因此，为了考察催化裂化反应的优劣程度，需要剔除分离精度、操作水平的影响，将装置的物料平衡还原为反应的物料平衡，将产品收率还原为产物产率，即所谓的细物料平衡。

（一）干气和液化石油气组分重叠

当分离精度不高或操作波动时，干气中会携带 C_3、C_4 或 C_5 组分，液化石油气中会携带 C_2 以下组分。由于日常分析中含有干气和液化石油气各组分的数据，组分的重新划分容易实现。

（二）汽油中的液化石油气组分

C_5 以上组分为汽油，但考虑到稳定塔能耗、汽油辛烷值、汽油蒸气压等因素，会保留一部分 C_4 在汽油中。进行反应细物料平衡计算时，应归并到 $C_3 \sim C_4$ 中。

【例 6-1-8】某装置干气、液化石油气和汽油的质量组成数据如下，干气流量为 12.71t/h、液化石油气流量为 40.12t/h、稳定汽油流量为 131.27t/h，求该装置 $H_2 \sim C_2$、$C_3 \sim C_4$ 和 C_{5+} 的流量。

项　　目	干气/%（体）	液化石油气/%（体）	稳定汽油/%
硫化氢	0.59	0.03	
氢气	34.40		
甲烷	23.08		
乙烷	12.87		
乙烯	10.99	0.18	
丙烷	0.25	5.68	
丙烯	0.90	47.25	
异丁烷	0.90	10.87	0.27
正丁烷	0.28	2.89	0.44
1-丁烯	0.31	2.51	0.47
异丁烯	0.37	16.00	
反-2-丁烯	0.42	8.28	0.69
顺-2-丁烯	0.29	5.95	0.67
C_{5+}	0.42	0.36	97.46
氮气	10.24		
氧气	0.15		
一氧化碳	0.76		
二氧化碳	2.78		
合计	100.00		

解：

将干气和液化石油气体积组成换算成质量组成，见下表。

项　　目	干气		液化石油气	
	体积含量/%	质量含量/%	体积含量/%	质量含量/%
硫化氢	0.59	1.12	0.03	0.02
氢气	34.40	3.86		
甲烷	23.08	20.62		

项　目	干气		液化石油气	
	体积含量/%	质量含量/%	体积含量/%	质量含量/%
乙烷	12.87	21.55		
乙烯	10.99	17.17	0.18	0.10
丙烷	0.25	0.61	5.68	5.10
丙烯	0.90	2.11	47.25	40.52
异丁烷	0.90	2.91	10.87	12.87
正丁烷	0.28	0.91	2.89	3.42
1-丁烯	0.31	0.97	2.51	2.87
异丁烯	0.37	1.16	16.00	18.29
反-2-丁烯	0.42	1.31	8.28	9.47
顺-2-丁烯	0.29	0.91	5.95	6.80
C_{5+}	0.42	1.69	0.36	0.53
氮气	10.24	15.97		
氧气	0.15	0.27		
一氧化碳	0.76	1.19		
二氧化碳	2.78	6.81		
合计	100.00	100.00	100.00	100.00

根据干气、液化石油气和汽油的质量组成和质量流量，得到各组分的质量流量。

项　目	干气		液化石油气		稳定汽油		组分
	组成/%	流量/(t/h)	组成/%	流量/(t/h)	组成/%	流量/(t/h)	流量/(t/h)
硫化氢	1.12	0.14	0.02	0.01			0.15
氢气	3.86	0.49					0.49
甲烷	20.62	2.59					2.59
乙烷	21.55	2.71					2.71
乙烯	17.17	2.16	0.10	0.04			2.20
丙烷	0.61	0.08	5.10	2.05			2.12
丙烯	2.11	0.27	40.52	16.25			16.52
异丁烷	2.91	0.37	12.87	5.17	0.27	0.35	5.89
正丁烷	0.91	0.11	3.42	1.37	0.44	0.58	2.06
1-丁烯	0.97	0.12	2.87	1.15	0.47	0.62	1.89
异丁烯	1.16	0.15	18.29	7.34		0.00	7.48
反-2-丁烯	1.31	0.16	9.47	3.80	0.69	0.91	4.87
顺-2-丁烯	0.91	0.11	6.80	2.73	0.67	0.88	3.72
C_{5+}	1.69	0.21	0.53	0.21	97.46	127.94	128.36
氮气	15.97	2.01					2.01
氧气	0.27	0.03					0.03
一氧化碳	1.19	0.15					0.15
二氧化碳	6.81	0.86					0.86
合计	100.00	12.71	100.00	40.12	100.00	131.27	184.10

答：$H_2 \sim C_2$、$C_3 \sim C_4$ 和 C_{5+} 的流量分别为 8.13t/h、44.56t/h 和 128.36t/h。

（三）汽油、轻循环油实沸点馏分重叠

汽油和轻循环油是相邻馏分，实际生产过程中受分馏塔回流、换热以及塔盘操作等因素影响，会出现馏分重叠现象，在进行细物料平衡时应将汽油、轻循环油和油浆的产率调整为标准切割点的产率，即用实沸点馏程数据进行调整。通常采用的汽油实沸点蒸馏干点温度为 221℃，轻循环油实沸点蒸馏干点温度为 360℃。

实沸点蒸馏不是常规分析项目，常用的是恩氏蒸馏。可采用如下方法将恩氏蒸馏数据换算为常压实沸点蒸馏数据[1]。

$$T_{\text{TBP-50}} = 0.87180 \left(T_{6536-50} \right)^{1.0258} \tag{6-1-31}$$

式中　$T_{\text{TBP-50}}$——实沸点蒸馏50%点温度，℉；

　　　$T_{6536-50}$——恩氏蒸馏50%点温度，℉。

由 $T_{\text{TBP-50}}$ 换算得到其他蒸馏点的温度：

$$T_{\text{TBP-0}} = T_{\text{TBP-50}} - Y_4 - Y_5 - Y_6$$

$$T_{\text{TBP-10}} = T_{\text{TBP-50}} - Y_4 - Y_5$$

$$T_{\text{TBP-30}} = T_{\text{TBP-50}} - Y_4$$

$$T_{\text{TBP-70}} = T_{\text{TBP-50}} + Y_3$$

$$T_{\text{TBP-90}} = T_{\text{TBP-50}} + Y_3 + Y_2$$

$$T_{\text{TBP-100}} = T_{\text{TBP-50}} + Y_3 + Y_2 + Y_1$$

$$Y_i = A X_i^B \tag{6-1-32}$$

式中　Y_i——实沸点蒸馏中两个切割点之间的温度差，℉；

　　　X_i——恩氏蒸馏中两个切割点之间的温度差，℉；

　　A、B——常数，与切割点范围有关，见表6-1-3。

表6-1-3　式（6-1-32）常数

i	切割点范围	A	B
1	100%~90%	0.11798	1.6606
2	90%~70%	3.0419	0.75497
3	70%~50%	2.5282	0.820072
4	50%~30%	3.0305	0.80076
5	30%~10%	4.9004	0.71644
6	10%~0%	7.4012	0.60244

标准切割点的调整包括以下几个方面：

① 将汽油中221℃以上的馏分并入轻循环油中；

② 将轻循环油中221℃以下的馏分并入汽油中；

③ 将轻循环油中360℃以上的馏分并入油浆中；

④ 将油浆中360℃以下的馏分并入轻循环油中。

【例6-1-9】某装置汽油和轻循环油恩氏蒸馏数据如下，要求按实沸点蒸馏汽油干点221℃、轻循环油馏程221~360℃进行切割，求出汽油中高于221℃的量、轻循环油中低于

221℃的量、轻循环油中高于360℃的量。

馏出/%(体)	初馏点	10	30	50	70	90	95
汽油/℃	34	50	68	94	135	178	189
轻循环油/℃	215	245	263	273	307	341	354

解：采用上述方法对汽油及轻循环油分别进行换算，结果如下：

馏出/%(体)		初馏点	10	30	50	70	90	95	终馏点
汽油/℃	恩氏	34	50	68	94	135	178	189	201
	TBP	-6.7	24.4	57.3	94.0	141.8	186.8	202.0	218.6
轻循环油/℃	恩氏	215	245	263	273	307	341	354	363
	TBP	184.8	230.2	263.1	280.2	321.2	358.9	372.8	388.4

用汽油和轻循环油的实沸点蒸馏数据作图，如图6-1-1及图6-1-2所示。

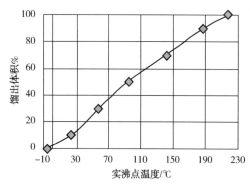
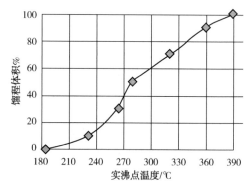

图6-1-1　汽油实沸点蒸馏曲线　　　　　图6-1-2　轻循环油实沸点蒸馏曲线

由图6-1-1和图6-1-2可得，汽油中没有高于221℃的馏分，轻循环油中低于221℃馏分的体积分数为6%、轻循环油中高于360℃馏分的体积分数为8%。

答：汽油中高于221℃馏分的量为0，轻循环油中低于221℃馏分的量为6%(体)，轻循环油中高于360℃馏分的量为8%(体)。

（四）油浆产品携带轻组分

催化裂化油浆产品中会夹带轻循环油组分，夹带量大致可通过油浆密度进行判断，油浆相对密度低于1时说明夹带的轻组分多。

【**例6-1-10**】某装置油浆实沸点蒸馏数据如下，求其中低于360℃的量。

馏出/%(体)	初馏点	5	10	30	50	70	80	85
油浆/℃	268	334	384	408	426	452	500	540

解：用油浆实沸点蒸馏数据作图，如图6-1-3所示。

由图6-1-3可得，低于360℃馏分的体积分数为8%。

答：油浆中低于360℃馏分的量为8%(体)。

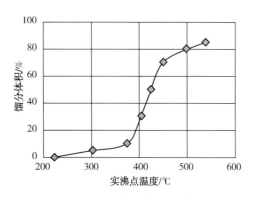

图 6-1-3 油浆实沸点蒸馏曲线

（五）产物产率

根据装置的物料平衡和上述组分划分、馏分重叠修正等方法，可以得到各反应产物的真实流量和产率，据此即可做出反应部分的物料平衡即细物料平衡，并得到产物产率。表 6-1-4 列出某装置的细物料平衡数据和产物产率数据。

表 6-1-4 反应部分物料平衡和产物产率

项 目	干气 /(t/h)	液态烃 /(t/h)	汽油 /(t/h)	轻循环油 /(t/h)	油浆 /(t/h)	合计 /(t/h)	合计 /%
硫化氢	0.141	0.008				0.15	0.05
氢气	0.485	0.000				0.49	0.17
甲烷	2.591	0.000				2.59	0.92
乙烷	2.708	0.000				2.71	0.97
乙烯	2.158	0.041				2.20	0.78
丙烷	0.077	2.048				2.12	0.76
丙烯	0.265	16.255				16.52	5.89
异丁烷	0.366	5.165	0.35			5.89	2.10
正丁烷	0.114	1.373	0.58			2.06	0.74
1-丁烯	0.122	1.151	0.62			1.89	0.67
异丁烯	0.145	7.339	0.00			7.48	2.67
反-2-丁烯	0.165	3.798	0.91			4.87	1.74
顺-2-丁烯	0.114	2.729	0.88			3.72	1.33
C₅~221℃（TBP）	0.212	0.212	127.94	3.20		131.56	46.89
221~360℃（TBP）			0.00	51.65	1.36	53.01	18.89
>360℃（TBP）				5.06	16.49	21.55	7.68
焦炭						20.94	7.46
损失						0.820	0.29
合计	9.66	40.12	131.27	59.91	17.85	280.57	100.00

三、元素平衡

（一）氢平衡

催化裂化是重油脱碳过程，焦炭、油浆、轻循环油是授氢体，其氢含量比原料低；干气、液化石油气、汽油是受氢体，其氢含量比原料高。通过低氢碳比的焦炭、油浆的生成，得到高氢碳比的汽油和液化气。

催化裂化的氢平衡可以用来检验物料平衡数据的合理性。

1. 液体物料的氢含量

原料和液体产品(汽油、轻循环油、油浆等)的氢含量可以分析测定,也可以用组成分析数据计算得到,可用的组成分析数据来源有:PONA、质谱、核磁共振。

在缺少分析数据时可以尝试采用经验关联式计算[2,3]。

汽油氢含量的经验计算式为:

$$H_w = 1.86 K_{UOP} - 0.0012 T_{me} - 8.33 \qquad (6-1-33)$$

轻循环油氢含量的经验计算式为:

$$H_w = 2.52 K_{UOP} - 0.005 T_{me} - 15.3 \qquad (6-1-34)$$

式中　　H_w——氢含量,%;

　　K_{UOP}——特性因素(UOP K 值);

　　T_{me}——中平均沸点,℃。

原料油和油浆氢含量的经验计算式为:

$$H_w = 52.825 - 14.260 n_{20} - 21.329 d_{15} - 0.0024M - 0.052S_w - 0.0575\ln v_{100} \qquad (6-1-35)$$

式中　　H_w——氢含量,%;

　　n_{20}——20℃折射率;

　　d_{15}——15℃相对密度;

　　M——相对分子质量;

　　S_w——硫含量,%

　　v_{100}——100℃运动黏度,mm^2/s。

2. 气体产品的氢含量

气体产品的氢含量可根据干气、液化石油气的组成数据和各组分的氢含量计算得到,其中干气应扣除非烃组分。

【例6-1-11】某装置干气、液化石油气组成数据如下,求其氢含量。

项　目	干气/%(体)	液化石油气/%(体)	项　目	干气/%(体)	液化石油气/%(体)
硫化氢	0.59	0.03	异丁烯	0.37	16.00
氢气	34.40		反-2-丁烯	0.42	8.28
甲烷	23.08		顺-2-丁烯	0.29	5.95
乙烷	12.87		C_5^+	0.42	0.36
乙烯	10.99	0.18	氮气	10.24	
丙烷	0.25	5.68	氧气	0.15	
丙烯	0.90	47.25	一氧化碳	0.76	
异丁烷	0.90	10.87	二氧化碳	2.78	
正丁烷	0.28	2.89	合计	100.00	
1-丁烯	0.31	2.51			

解:

分别将干气和液化石油气体积组成换算成质量组成,并根据各组分的氢含量进行计算。

项 目	$V_i/\%$（体）	$W_i/\%$	$G_i/(kg/h)$	$H_i/\%$	$G_i \times H_i/(kg/h)$
硫化氢	0.59	1.11	0.14	5.91	0.83
氢气	34.40	3.82	0.49	100.00	48.53
甲烷	23.08	20.39	2.59	25.13	65.12
乙烷	12.87	21.31	2.71	20.11	54.47
乙烯	10.99	16.98	2.16	14.37	31.01
丙烷	0.25	0.61	0.08	18.29	1.41
丙烯	0.90	2.09	0.27	14.37	3.81
异丁烷	0.90	2.88	0.37	17.34	6.35
正丁烷	0.28	0.90	0.11	17.34	1.98
1-丁烯	0.31	0.96	0.12	14.37	1.75
异丁烯	0.37	1.14	0.15	14.37	2.09
反-2-丁烯	0.42	1.30	0.16	14.37	2.37
顺-2-丁烯	0.29	0.90	0.11	14.37	1.64
C_5	0.42	1.67	0.21	15.40	3.27
氮气	10.24	15.80	2.01		
氧气	0.15	0.26	0.03		
一氧化碳	0.76	1.17	0.15		
二氧化碳	2.78	6.74	0.86		
合计	100.00	100.00	12.71		224.62

则干气氢含量为：

$$H = \frac{224.62}{12.71 - 2.01 - 0.03 - 0.15 - 0.86} = 23.24\%$$

项 目	$V_i/\%$（体）	$W_i/\%$	$G_i/(kg/h)$	$H_i/\%$	$G_i \times H_i/(kg/h)$
硫化氢	0.03	0.02	0.01	5.91	0.05
氢气				100.00	0.00
甲烷				25.13	0.00
乙烷				20.11	0.00
乙烯	0.18	0.10	0.04	14.37	0.59
丙烷	5.68	5.10	2.05	18.29	37.44
丙烯	47.25	40.52	16.25	14.37	233.60
异丁烷	10.87	12.87	5.17	17.34	89.57
正丁烷	2.89	3.42	1.37	17.34	23.81
1-丁烯	2.51	2.87	1.15	14.37	16.55
异丁烯	16	18.29	7.34	14.37	105.47
反-2-丁烯	8.28	9.47	3.80	14.37	54.58
顺-2-丁烯	5.95	6.80	2.73	14.37	39.22
C_5	0.36	0.53	0.21	15.40	3.27
合计	100.00	100.00	40.12		604.16

则：

$$H = \frac{604.16}{40.12} = 15.06\%$$

答：液化石油气氢含量为 15.06%。

3. 焦炭的氢含量

对于烧焦空气中氧气的体积分数为 21% 的情况，可以用式(6-1-14)和式(6-1-15)直接计算得到。对于烧焦空气中氧气体积分数不是 21% 的情况，需用式(6-1-17)～式(6-1-27)的方法计算。

通常焦炭中氢含量范围为 5%～9%，超出这个范围的需检验干烟气分析数据的准确性。

4. 氢平衡

表 6-1-5 为某催化裂化装置的氢平衡，其中干气、液化石油气和焦炭的氢含量为计算结果，其他产品为分析数据。

表 6-1-5　氢平衡

项　　目	流量/(t/h)	氢含量/%	氢流量/(t/h)	氢分布/%
入方				
蜡油	191.60	13.26	25.41	73.32
渣油	88.97	10.39	9.24	26.68
合计	280.57		34.65	100.00
出方				
干气	9.66	23.24	2.24	6.48
液化石油气	40.12	15.06	6.04	17.44
汽油	131.27	13.21	17.34	50.05
轻循环油	59.91	9.92	5.94	17.15
油浆	17.85	8.78	1.57	4.52
焦炭	20.94	6.39	1.34	3.86
损失	0.82		0.17	0.50
合计	280.57		34.65	100.00

（二）硫平衡

催化裂化原料中的硫在裂化反应过程中转移至产品和再生烟气中，产品中的硫主要以硫化氢和硫醇的形态存在，焦炭中的硫化物在再生烧焦过程中变成硫氧化合物进入再生烟气。

1. 液体物料的硫含量

原料和液体产品(汽油、轻循环油、油浆等)的硫含量可以通过分析测定得到。

2. 气体产物的硫含量

催化裂化过程中生成的硫化氢部分进入干气、部分进入含硫污水，焦炭中的硫化物在再生烧焦过程中变成硫氧化合物进入再生烟气。

【例 6-1-12】某装置干气、液化石油气组成数据同例 6-1-11，求其硫含量。

解：根据例 6-1-11 的计算，干气中的硫化氢含量为 1.11%，液化石油气的硫化氢含量为 0.02%，硫化氢中硫的质量分数为 0.9408；即：干气的硫含量为 1.11%×0.9408＝1.044%；液化石油气的硫含量为 0.02%×0.9408＝0.019%。

答：干气硫含量为 1.044%、液化石油气硫含量为 0.019%。

【例6-1-13】某装置的烧焦量20943kg/h、再生湿烟气量为248378m³/h(标)，再生湿烟气中的二氧化硫含量为152mg/m³(标)，求焦炭中硫的含量。

解：硫的相对分子质量为32.067，二氧化硫的相对分子质量为64.065，则

烟气中硫的流量 = 248378×152×10⁻⁶×32.067/64.065 = 18.897kg/h

焦炭中硫含量 = 18.897/20943 = 0.09%

答：焦炭中硫含量为0.09%。

3. 硫平衡

表6-1-6为某催化裂化装置的硫平衡，其中干气、焦炭的硫含量为计算结果，原料和其他产品的硫含量为分析数据。

表6-1-6 硫平衡

项　　目	流量/(t/h)	硫含量/%	硫流量/(kg/h)	硫分布/%
入方				
蜡油	191.60	0.11	211	44.12
渣油	88.97	0.30	267	55.88
合计	280.57		478	100.00
出方				
干气	9.66	1.044	101	21.11
液化石油气	40.12	0.019	8	1.60
汽油	131.27	0.03	39	8.24
轻循环油	59.91	0.16	96	20.07
油浆	17.85	0.38	68	14.20
焦炭	20.94	0.09	19	3.95
污水	30.0	0.48	144	30.15
损失	0.82		3	0.69
合计	280.57		478	100.00

第二节　热量平衡

在催化裂化反应过程中，裂化反应生成的焦炭沉积在催化剂上，焦炭在催化剂再生过程中燃烧放出大量高温位的热能，满足裂化反应的吸热需要。催化剂作为热载体在反应器和再生器之间循环流动，不断地从再生器取出热量供给反应器。催化裂化过程需要连续调节保持处于热量平衡状态，即反应和再生之间的热流量相等。

根据核算区域的不同，热量平衡可划分为反应部分、再生部分和反应-再生部分。再生部分的热量平衡可以计算催化剂循环量和剂油比，反应部分的热量平衡可以计算反应热。

反应-再生系统的热量供给为焦炭燃烧所放出的热量。对于反应部分，热再生催化剂携带的热量用于进料的升温汽化热、反应热、蒸汽的升温热和反应器的热损失。其中进料的升温汽化热占比为60%~85%，反应热占比为10%~35%，热损失约5%。对于再生部分，焦炭燃烧热的60%~70%被催化剂带走，其余的热量包括被再生烟气带走的热量、再生取热器带走的热量、再生器的热损失。

一、再生器的热平衡

再生器内催化剂上的焦炭发生燃烧，放出的热量大部分被催化剂带走，其余的热量由再生烟气带走以及被取热器带走。

焦炭是由高度脱氢的烃类物和未汽提掉的重质烃混合物组成，其中含有碳、氢、硫、氮等元素。计算焦炭燃烧放出的热量时不仅要考虑焦炭中各元素的燃烧热，还要考虑 C—H 键、S—H 键的键能。由于键能数值很小，习惯上在计算时只考虑元素燃烧热。

由于焦炭的燃烧热与温度有关，因此计算时需要确定基准温度。容易从手册中查到燃烧热数据多是在 25℃下测定的，通常采用 25℃作为计算基准温度。

在焦炭的燃烧过程中，反应物是焦炭和空气，产物是烟气，热量计算采用如图 6-2-1 所示路径进行。

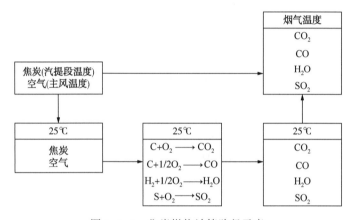

图 6-2-1　焦炭燃烧计算路径示意

除了焦炭燃烧，涉及再生器的热量还包括：主风升温热、焦炭脱附热、带入或注入水蒸气的升温热、取热设施取热、散热等，热量输入和热量输出的差值即为由再生催化剂带至反应器的热量。再生器的各部分热量见表 6-2-1，下面分别计算。

表 6-2-1　再生器的热量

入　　方	出　　方
焦炭带入热 Q_1	焦炭脱附热 Q_4
主风带入热 Q_2	烟气升温热 Q_5
焦炭燃烧放热 Q_3	水蒸气升温热 Q_6
	取热器取出热 Q_7
	再生器散热 Q_8
	给催化剂的热 Q_9

1. 焦炭带入热

$$Q_1 = \frac{C_{pcoke} G_{coke} (T_1 - 298.15)}{3600000} \tag{6-2-1}$$

式中　Q_1——焦炭带入热，MW；

C_{pcoke}——焦炭比热容，kJ/（kg·K）；

G_{coke}——焦炭量，kg/h；

T_1——汽提段温度，K。

其中，焦炭的比热容 C_{pcoke} 采用的数值为 1.675kJ/（kg·K）。

2. 主风带入热和烟气升温热

主风带入热和烟气升温热可根据其气体组分的比热容和流量计算，见式（6-2-2）和式（6-2-3）。

$$Q_2 = \frac{(C_{pN_2}m_{N_2}+C_{pO_2}m_{O_2}+C_{pH_2O}m_{H_2O})\cdot(T_2-298.15)}{3600000} \tag{6-2-2}$$

式中 Q_2——主风带入热，MW；

C_{pN_2}——N_2 平均比热容，kJ/（kmol·K）；

m_{N_2}——主风中 N_2 的流量，kmol/h；

C_{pO_2}——O_2 平均比热容，kJ/（kmol·K）；

m_{O_2}——主风中 O_2 流量，kmol/h；

C_{pH_2O}——H_2O 平均比热容，kJ/（kmol·K）；

m_{H_2O}——主风中 H_2O 流量，kmol/h；

T_2——主风温度，K。

$$Q_5 = \frac{(C_{pN_2}m_{N_2}+C_{pO_2}m_{O_2}+C_{pH_2O}m_{H_2O}+C_{pCO_2}m_{CO_2}+C_{pCO}m_{CO}+C_{pSO_2}m_{SO_2}+C_{pSO_3}m_{SO_3})\cdot(T_3-298.15)}{3600000}$$

$$\tag{6-2-3}$$

式中 Q_5——烟气升温热，MW；

C_{pN_2}——N_2 平均比热容，kJ/（kmol·K）；

m_{N_2}——烟气中 N_2 的流量，kmol/h；

C_{pO_2}——O_2 平均比热容，kJ/（kmol·K）；

m_{O_2}——烟气中 O_2 流量，kmol/h；

C_{pH_2O}——H_2O 平均比热容，kJ/（kmol·K）；

m_{H_2O}——烟气中 H_2O 流量，kmol/h；

C_{pCO_2}——CO_2 平均比热容，kJ/（kmol·K）；

m_{CO_2}——烟气中 CO_2 流量，kmol/h；

C_{pCO}——CO 平均比热容，kJ/（kmol·K）；

m_{CO}——烟气中 CO 流量，kmol/h；

C_{pSO_2}——SO_2 平均比热容，kJ/（kmol·K）；

m_{SO_2}——烟气中 SO_2 流量，kmol/h；

C_{pSO_3}——SO_3 平均比热容，kJ/（kmol·K）；

m_{SO_3}——烟气中 SO_3 流量，kmol/h；

T_3——烟气（再生稀相）温度，K。

气体组分的平均比热容可根据其随温度的变化关系式计算，见式（6-2-4），其中的系数 a、b、c 见表6-2-2[4]。

$$C_{pi} = a + b(T_1 + T_2) + c(T_1^2 + T_1 T_2 + T_2^2) \tag{6-2-4}$$

式中 C_{pi}——在 T_1 和 T_2 间的平均比热容，kJ/(kmol·K)；

表 6-2-2 气体比热容计算常数

项　目	a	$b \times 10^3$	$c \times 10^6$	温度范围/K
N_2	27.016	5.812	-0.289	300~1500
O_2	25.594	13.251	-4.205	273~1500
H_2O	30.204	9.933	1.117	298~1500
CO_2	26.748	42.258	-14.247	300~1500
CO	26.5366	7.6821	-1.1719	300~1500
SO_2	29.058	41.88	-15.874	300~1500
SO_3	29.636	83.92	-29.186	298~1500

3. 焦炭的燃烧热

常用的基准条件为 25℃、100kPa，该条件下的燃烧热数值见表6-2-3[4]。

表 6-2-3 不同反应的燃烧热

反　应	燃烧热/(MJ/kmol)	燃烧热/(MJ/kg)
$C + O_2 \longrightarrow CO_2$	-393.51	-32.762
$C + \frac{1}{2}O_2 \longrightarrow CO$	-110.52	-9.201
$H_2 + \frac{1}{2}O_2 \longrightarrow H_2O$	-241.80	-119.948
$S + O_2 \longrightarrow SO_2$	-296.83	-9.257
$S + \frac{3}{2}O_2 \longrightarrow SO_3$	-395.70	-12.340

计算时，用烟气中生成的 CO_2、CO、H_2O、SO_2、SO_3 组分的摩尔流量乘以该组分的燃烧热数据(见表6-2-3)得到焦炭的燃烧热。

烟气中还含有氮氧化合物，但氮氧化合物可由焦炭中的含氮化合物生成，也可由烧焦空气中的氮气氧化生成，无法区分。由于量非常小，通常忽略不计。

$$Q_3 = \frac{393.51 m_{CO_2} + 110.52 m_{CO} + 241.80 m_{H_2O} + 296.83 m_{SO_2} + 395.70 m_{SO_3}}{3600} \tag{6-2-5}$$

式中 Q_3——焦炭在基准条件下的燃烧热，MW；

m_{CO_2}——生成的 CO_2 流量，kmol/h；

m_{CO}——生成的 CO 流量，kmol/h；

m_{H_2O}——生成的 H_2O 流量，kmol/h；

m_{SO_2}——生成的 SO_2 流量，kmol/h；

m_{SO_3}——生成的 SO_3 流量，kmol/h。

4. 焦炭脱附热

$$Q_4 = \frac{\alpha G_{\text{coke}}}{3600} \qquad (6-2-6)$$

式中　Q_4——焦炭脱附热，MW；

α——系数，MJ/kg；

G_{coke}——焦炭量，kg/h。

其中，系数 α 的范围为 2.1~2.5MJ/kg。

5. 水蒸气升温热

$$Q_6 = \frac{C_{p1} m_1 (T_3 - T_4) + C_{p2} m_2 (T_3 - T_1)}{3600000} \qquad (6-2-7)$$

式中　Q_6——水蒸气升温热，MW；

C_{p1}——再生稀相温度与水蒸气注入温度间 H_2O 平均比热容，kJ/(kmol·K)；

C_{p2}——再生稀相温度与汽提段温度间 H_2O 平均比热容，kJ/(kmol·K)；

m_1——再生器注入水蒸气量，kmol/h；

m_2——待生催化剂带入再生器的水蒸气量，kmol/h；

T_3——再生稀相温度，K；

T_4——水蒸气注入温度，K；

T_1——汽提段温度，K。

6. 再生器取热

$$Q_7 = \frac{G_1 (H_2 - H_1) + G_2 (H_3 - H_1) + G_3 (H_5 - H_4)}{3600000} \qquad (6-2-8)$$

式中　Q_7——再生器取热量，MW；

G_1——排污水量，kg/h；

G_2——发生蒸汽量，kg/h；

G_3——过热蒸汽量，kg/h；

H_1——进水焓值，kJ/kg；

H_2——排污水焓值，kJ/kg；

H_3——发生蒸汽焓值，kJ/kg；

H_4——入口蒸汽焓值，kJ/kg；

H_5——过热蒸汽焓值，kJ/kg。

7. 再生器散热

$$Q_8 = \frac{K_{\text{Rg}} A_{\text{Rg}} (T_5 - T_6)}{1000000} \qquad (6-2-9)$$

式中　Q_8——再生器散热，MW；

K_{Rg}——再生器外表面总散热系数，W/(m^2·K)；

A_{Rg}——再生器外表面总散热面积，m^2；

T_5——再生器外表面平均温度，K；

T_6——大气环境温度，K。

其中，再生器外表面总散热系数可由式(6-2-10)计算。

$$K_{Rg} = \frac{1}{1.163} \cdot \left[3.72 \cdot \frac{\left(\frac{T_5}{100}\right)^4 - \left(\frac{T_6}{100}\right)^4}{T_5 - T_6} + 1.26 \left(T_5 - T_6\right)^{\frac{1}{3}} + 3.75 \cdot \frac{u_{air}^{0.6}}{D_1^{0.4}} \right] \quad (6-2-10)$$

式中　u_{air}——风速，m/s；

　　　D_1——再生器设备外径，m。

　8. 给催化剂的热

$$Q_9 = Q_1 + Q_2 + Q_3 - Q_4 - Q_5 - Q_6 - Q_7 - Q_8 \quad (6-2-11)$$

式中　Q_9——给催化剂的热量，MW；

　　　Q_1——焦炭带入热，MW；

　　　Q_2——主风带入热，MW；

　　　Q_3——焦炭燃烧热，MW；

　　　Q_4——焦炭脱附热，MW；

　　　Q_5——烟气升温热，MW；

　　　Q_6——水蒸气升温热，MW；

　　　Q_7——取热器取出热，MW；

　　　Q_8——再生器散热，MW。

　9. 催化剂循环量

$$G_{cat} = \frac{3600 Q_9}{C_{pcat}(T_7 - T_1)} \quad (6-2-12)$$

式中　G_{cat}——催化剂循环量，t/h；

　　　Q_9——给催化剂的热量，MW；

　　　C_{pcat}——催化剂平均比热容，kJ/(kg·K)；

　　　T_7——再生器密相温度，K；

　　　T_1——汽提段温度，K。

其中，催化剂平均比热容可由式(6-2-13)计算。

$$C_{pcat} = 0.00233 w_{Al_2O_3} + 1.08 \quad (6-2-13)$$

式中　C_{pcat}——催化剂平均比热容，kJ/(kg·K)；

　　　$w_{Al_2O_3}$——催化剂中 Al_2O_3 含量的质量分数，%。

二、反应器的热平衡

　　再生催化剂作为热载体将热量带入反应器，提供进料升温汽化、水蒸气升温、散热等热量消耗。在反应过程中，生成的焦炭附着在催化剂颗粒上，吸附为放热过程，也是热量输入。热量输入和热量输出的差值即为反应所消耗的热量。反应器的各部分热量见表 6-2-4。

表 6-2-4 反应器的热量

入 方	出 方
催化剂带入热 Q_9	进料升温汽化热 Q_{11}
焦炭吸附热 Q_{10}	水蒸气升温热 Q_{12}
	反应器散热 Q_{13}
	反应用热 Q_{14}

1. 焦炭吸附热

焦炭吸附热与焦炭脱附热在数值上是相等的。

$$Q_{10} = Q_5 \qquad (6-2-14)$$

2. 进料升温汽化热

$$Q_{11} = \frac{\sum G_i (H_{Vi} - H_{Li})}{3600000} \qquad (6-2-15)$$

式中　Q_{11}——进料升温汽化热，MW；

　　　G_i——各种进料的流量，kg/h；

　　　H_{Vi}——进料在沉降器温度下的气相焓，kJ/kg；

　　　H_{Li}——进料在注入状态下的焓，kJ/kg。

　　其中，进料焓的求取可以查有关图表，也可以用关联式计算。焓的数值取决于其选取的基准条件，即设定饱和液体焓值为零的条件。常用的基准条件有 2 种，其一为 101kPa、-128.89℃(-200℉)，另一为 101kPa、-17.8℃(0℉)。

　　本书选用的计算基准条件为：101kPa、-17.8℃(0℉)，即饱和液体在-17.8℃下的焓值为 0。计算时根据公式求出-17.8℃下的汽化潜热，用液体比热容公式积分计算液相焓，用气体比热容公式积分加汽化潜热计算气相焓，计算路径见图 6-2-2。

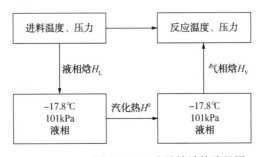

图 6-2-2 油品焓计算路径图

计算公式如下[5]。

(1) 液相焓

$$H_L = \{(0.055K+0.35)[1.8(0.0004061-0.0001521S)](t_1+17.78)^2 + (0.6783-0.3063S)(t_1+17.78)\} \times 4.1868 \qquad (6-2-16)$$

式中　H_L——液相焓，kJ/kg；

　　　S——进料在 20℃的液相密度，g/cm³；

　　　K——进料特性因素；

　　　t_1——进料温度，℃。

（2）汽化潜热

$$H^0 = \left[50+5.27 \left(\frac{140.32-130.76S}{0.009+0.9944S} \right)^{0.542} -11.1(K-11.8) \right] \times 4.1868 \quad (6-2-17)$$

式中　H^0——汽化热，kJ/kg；

　　　S——进料在20℃的液相密度，g/cm^3；

　　　K——进料特性因素。

（3）气相焓

$$H_V = H^0 + \left[0.556(0.045K-0.233)(1.8t_2+17.8) + \frac{0.556}{1000}(0.22+0.00885K) \right.$$

$$\left. (1.8t_2+17.8)^2 - \frac{0.0283}{1000000}(1.8t_2+17.8)^3 \right] \times 4.1868 \quad (6-2-18)$$

式中　H_V——气相焓，kJ/kg；

　　　S——进料在20℃的液相密度，g/cm^3；

　　　K——进料特性因素；

　　　t_2——反应温度，℃。

3. 水蒸气升温热

$$Q_{12} = \frac{C_{P4}m_{Rx}(T_8-T_4)}{3600000} \quad (6-2-19)$$

式中　Q_{12}——水蒸气升温热，MW；

　　　C_{P4}——水蒸气注入温度与沉降器温度间 H_2O 平均比热容，kJ/（kmol·K）；

　　　m_{Rx}——反应器注入水蒸气量，kmol/h；

　　　T_8——沉降器温度，K；

　　　T_4——水蒸气注入温度，K。

4. 散热

$$Q_{13} = \frac{K_{Rx}A_{Rx}(T_9-T_6)}{1000000} \quad (6-2-20)$$

式中　Q_{13}——反应器散热，MW；

　　　K_{Rx}——反应器外表面总散热系数，W/（m^2·K）；

　　　A_{Rx}——反应器外表面总散热面积，m^2；

　　　T_9——反应器外表面平均温度，K；

　　　T_6——大气环境温度，K。

其中，反应器外表面总散热系数与再生器外表面总散热系数的计算方法一样，可由式（6-2-27）计算：

$$K_{Rx} = \frac{1}{1.163} \cdot \left[3.72 \cdot \frac{\left(\frac{T_9}{100}\right)^4 - \left(\frac{T_6}{100}\right)^4}{T_5-T_6} + 1.26\,(T_9-T_6)^{\frac{1}{3}} + 3.75 \cdot \frac{u_{air}^{0.6}}{D_2^{0.4}} \right] \quad (6-2-21)$$

式中　K_{Rx}——反应器外表面总散热系数，W/（m^2·K）；

　　　T_9——反应器外表面平均温度，K；

　　　T_6——环境大气温度，K；

u_{air}——风速，m/s；

D_2——反应器设备外径，m。

5. 反应用热

$$Q_{14} = Q_9 + Q_{10} - Q_{11} - Q_{12} - Q_{13} \qquad (6-2-22)$$

式中　Q_{14}——反应用热，MW；

　　　Q_9——催化剂带入的热量，MW；

　　　Q_{10}——焦炭吸附热，MW；

　　　Q_{11}——进料升温汽化热，MW；

　　　Q_{12}——水蒸气升温热，MW；

　　　Q_{13}——反应器散热，MW。

6. 裂化反应热

$$H_{Rx} = \frac{3600 Q_{14}}{G_{oil}} \qquad (6-2-23)$$

式中　H_{Rx}——反应热，kJ/kg；

　　　Q_{14}——反应用热，MW；

　　　G_{oil}——原料油进料量，t/h。

式(6-2-23)中原料油进料量用新鲜原料油进料量计算得到的是对新鲜进料的反应热，用总进料量则是对总进料的反应热。

反应热与反应条件、催化剂性质和原料性质等有关，大致范围为 160~700kJ/kg。

三、反应再生系统的热平衡

反应再生系统热平衡的结果是再生器给反应器的热量与反应器的需热量相等。以下通过实例说明。

【例6-2-1】某催化裂化装置的标定数据如下表所示，计算剂油比和反应热。

项　　目	数值	项　　目	数值
空气流量/(Nm³/h)	186500	外取热器发汽压力/MPa(表)	3.86
空气湿含量	0.02	外取热器发汽流量/(kg/h)	63000
富氧气流量/(Nm³/h)	8395	外取热器排污温度/℃	248.2
富氧气中氧含量/%(摩尔)	90.6	外取热器排污压力/MPa(表)	3.86
主风进入再生器温度/℃	180	外取热器排污流量/(kg/h)	1800
再生器稀相温度/℃	710	反应再生系统外表面散热系数/(W·m²/K)	12.8
汽提段温度/℃	500	反应再生系统外表面平均温度/℃	130
干烟气组成/%(摩尔)		再生系统总外表面积/m²	2400
O₂	2.2	反应系统总外表面积/m²	2000
CO₂	18.41	环境大气温度/℃	25
CO	0.0	反应再生注入水蒸气温度/℃	250
SO₂	0.12	催化剂平均比热容/[kJ/(kg·K)]	1.097
SO₃	0.02	混合原料油进料量/(t/h)	280.57
再生器水蒸气注入量/(kg/h)	200	混合原料油相对密度	0.9026
待生催化剂带入再生器水蒸气量/(kg/h)	1925	混合原料油特性因素	12.0
外取热器上水温度/℃	213.5	原料预热温度/℃	200
外取热器上水压力/MPa(表)	5.57	反应温度/℃	505
外取热器发汽温度/℃	248.2	反应注入水蒸气总量/(t/h)	18.0

解：主风及烟气中各组分的流量计算见例 6-1-7：

主风中的 N_2 流量 = 6483.72kmol/h

主风中的 O_2 流量 = 2053.70kmol/h

主风中的 H_2O 流量 = 163.25kmol/h

烟气中的 O_2 流量 = 179.99kmol/h

烟气中的 CO_2 流量 = 1506.18kmol/h

烟气中的 CO 流量 = 0.0kmol/h

烟气中的 SO_2 流量 = 9.82kmol/h

烟气中的 SO_3 流量 = 1.63kmol/h

烟气中的 H_2O 流量 = 873.77kmol/h

生成 H_2O 的流量 = 710.52kmol/h

（1）再生器热平衡计算

① 按式（6-2-5）计算烧焦放热：

$Q_3 = (393.51×1506.18+110.52×0.0+241.80×710.52+296.83×9.82+395.70×1.63)/3600$

$= 213.35MW$

由表 6-2-2 和式（6-2-4），可以计算主风进入再生器温度与基准温度之间的平均比热容，见下表。

项　　目	T_1/K	T_2/K	$C_P/[kJ/(kmol \cdot K)]$
N_2	453.15	298.15	31.2585
O_2	453.15	298.15	33.7441
H_2O	453.15	298.15	38.1462

② 由式（6-2-2）计算主风带入热：

$Q_2 = (31.2585×6483.72+33.7441×2053.70+38.1462×163.25)×(453.15-298.15)/3600000$

$= 11.98MW$

由表 6-2-2 和式（6-2-4），可以计算烟气在基准温度与再生器稀相温度之间的平均比热容，见下表。

项　　目	T_1/K	T_2/K	$C_P/[kJ/(kmol \cdot K)]$
N_2	298.15	983.15	34.0732
O_2	298.15	983.15	36.9016
H_2O	298.15	983.15	44.4375
CO_2	298.15	983.15	61.6796
CO	298.15	983.15	34.7992
SO_2	298.15	983.15	61.3111
SO_3	298.15	983.15	97.8024

③ 由式（6-2-3）计算烟气升温热：

$Q_5 = (34.0732 \times 6483.72 + 36.9016 \times 179.99 + 44.4375 \times 873.77 + 61.6796 \times 1506.18 +$

$\qquad + 34.7992 \times 0.0 + 61.3111 \times 9.82 + 97.8024 \times 1.63) \times (983.15 - 298.15)/3600000$

$\qquad = 68.50MW$

④ 按式(6-2-1)计算焦炭带入热(汽提段温度为773.15K)：

$$Q_1 = 1.675 \times 19890.31 \times (983.15 - 773.15)/3600000$$

$$\qquad = 1.96MW$$

⑤ 按式(6-2-6)计算焦炭脱附热，其中，系数取2.2MJ/kg：

$$Q_4 = 2.2 \times 19890.31/3600$$

$$\qquad = 12.16MW$$

由表6-2-2和式(6-2-4)，计算水蒸气注入温度与再生器稀相温度之间、汽提段温度与再生器稀相温度之间的水蒸气的平均比热容，见下表。

项　　目	T_1/K	T_2/K	C_P/[kJ/(kmol · K)]
H_2O	523.15	983.15	47.1260
H_2O	773.15	983.15	50.2458

⑥ 由式(6-2-7)计算水蒸气升温热：

$$Q_6 = (47.1260 \times 200/18.015 \times (983.15 - 523.15) +$$

$$\qquad + 50.2458 \times 1925/18.015 \times (983.15 - 773.15))/3600000$$

$$\qquad = 0.38MW$$

查手册得到外取热器水、汽的焓值，见下表。

项　　目	温度/℃	压力/MPa(表)	焓值/(kJ/kg)
外取热器上水	213.5	5.57	914.89
外取热器发汽	248.2	3.86	2800.94
外取热器排污	248.2	3.86	1075.71

⑦ 由式(6-2-8)计算再生器取热：

$$Q_7 = (1800 \times (1075.71 - 914.89) + 63000 \times (2800.94 - 914.89))/3600000$$

$$\qquad = 33.09MW$$

⑧ 按式(6-2-9)计算再生器散热：

$$Q_8 = (12.8 \times 2400 \times (403.15 - 298.15))/1000000$$

$$\qquad = 3.23MW$$

⑨ 给催化剂的热：

$$Q_9 = 1.96 + 11.98 + 213.35 - 12.16 - 68.50 - 0.38 - 33.09 - 3.23$$

$$\qquad = 109.93MW$$

⑩ 按式(6-2-12)计算催化剂循环量：

$$G_{cat} = 3600 \times 109.93/[1.097 \times (973.15 - 773.15)]$$

$$\qquad = 1804t/h$$

(2) 反应器热平衡计算

① 焦炭的吸附热与脱附热相等，则：

$$Q_{10} = Q_4 = 12.16\text{MW}$$

② 原料升温汽化热：

按式(6-2-16)、式(6-2-17)和式(6-2-18)计算焓差：

$$\begin{aligned}H_V - H_L &= 50 + 5.27 \times \left\{ \left[(140.32 - 130.76 \times 0.9026)/(0.009 + 0.9944 \times 0.9026) \right]^{0.542} \right\} - 11.1 \times \\ &\quad (12.0 - 11.8) + 0.556 \times (0.045 \times 12.0 - 0.233) \times (1.8 \times 505 + 17.8) + 0.556/1000 \times \\ &\quad (0.22 + 0.00885 \times 12.0) \times \left[(1.8 \times 505 + 17.8)^2 \right] - 0.0283/1000000 \times \\ &\quad \left[(1.8 \times 505 + 17.8)^3 \right] - (0.055 \times 12.0 + 0.35) \times 1.8 \times (0.0004061 - 0.0001521 \times 0.9026) \times \\ &\quad \left[(200 + 17.8)^2 \right] - (0.6783 - 0.3063 \times 0.9026) \times (200 + 17.8) = 258.43\text{kcal/kg}\end{aligned}$$

则原料升温汽化热为：

$$\begin{aligned}Q_{11} &= 258.43 \times 4.1868 \times 280.57/3600 \\ &= 84.32\text{MW}\end{aligned}$$

由表6-2-2和式(6-2-4)，计算水蒸气注入温度与反应温度之间的平均比热容，见下表。

项　　目	T_1/K	T_2/K	C_P/[kJ/(kmol·K)]
H_2O	523.15	778.15	44.567

③ 按式(6-2-19)计算水蒸气升温热：

$$\begin{aligned}Q_{12} &= 44.567 \times 18000/18.015 \times (778.15 - 523.15)/3600000 \\ &= 3.15\text{MW}\end{aligned}$$

④ 按式(6-2-10)计算反应器散热：

$$\begin{aligned}Q_{13} &= \left[12.8 \times 2000 \times (403.15 - 298.15) \right]/1000000 \\ &= 2.69\text{MW}\end{aligned}$$

⑤ 反应用热：

$$\begin{aligned}Q_{14} &= 109.92 + 12.16 - 84.33 - 3.15 - 2.69 \\ &= 31.91\text{MW}\end{aligned}$$

⑥ 裂化反应热：

$$\begin{aligned}H_{RX} &= 3600 \times 31.91/280.57 \\ &= 409.4\text{kJ/kg}\end{aligned}$$

(3) 反应再生系统热平衡

反应再生系统热平衡计算结果汇总如下：

项　　目	热量/MW	比例/%
入方		
焦炭带入热	1.94	0.86
主风带入热	11.98	5.27
焦炭燃烧放热	213.35	93.87
合计	227.27	100.00

项　　目	热量/MW	比例/%
出方		
烟气升温热	68.50	30.14
再生水蒸气升温热	0.38	0.17
再生取热器取出热	33.09	14.56
再生器散热	3.23	1.42
进料升温汽化热	84.32	37.10
反应水蒸气升温热	3.15	1.39
反应器散热	2.69	1.18
反应用热	31.91	14.04
合计	227.27	100.00

四、装置生产过程中热量平衡的调节

(一) 热量不足的情况

由于反应需热量增加、进料性质轻质化、外取热器产汽量需要等因素，反应再生系统会出现热量不足的现象，表现为再生温度低、催化剂再生效果差等。可以从增加供入系统热量和减少系统消耗热量两方面进行热量平衡的调节。

1. 增加供入系统热量

① 改变原料性质。进料的残炭值直接影响生焦，适当增加进料掺炼渣油比例、提高进料残炭值可增加生焦量、增加烧焦放热量。

② 油浆回炼。油浆作为进料的生焦率可达 20% ~ 40%，采用油浆回炼可增加生焦量、增加烧焦放热量。

③ 降低汽提效果。在保证汽提段催化剂稳定流动的前提下，适当减少汽提蒸汽用量，增加催化剂上可汽提焦的比例，达到增加烧焦放热量的目的。

④ 采用一氧化碳助燃剂。控制一氧化碳的排放量，尽可能利用一氧化碳燃烧的化学能，增加烧焦放热量。

2. 减少系统消耗热量

① 降低主风量。在保证烧焦效果的前提下减少烧焦主风用量，减少烟气带走的热量。

② 采用富氧再生。引入工厂的富氧气体，将烧焦主风中的氧气含量提高到 23% ~ 24% (体)或以上，提高有效烧焦能力，减少烟气带走的热量。

③ 提高进料温度。优化换热流程、提高进料温度。对于部分轻质原料可以设置汽化器利用装置的余热将其汽化，采用气相进料的方式。提高进料预热温度会降低反应的剂油比。

(二) 热量过剩的情况

由于进料性质相对密度变大、外取热器故障产汽量受限等因素，反应再生系统会出现热量过剩的现象，表现为再生器温度超过工艺允许范围的上限，长时间超温会导致设备损坏。可以从减少供入系统热量和增加系统消耗热量两方面进行热量平衡的调节。

1. 减少供入系统热量

① 改变原料性质。适当降低进料掺炼渣油比例、降低进料残炭值可减少生焦量、减少烧焦放热量。

② 油浆外甩，增大油浆外甩量可有效减少焦炭产率、控制热量过剩。

③ 更换催化剂。选用焦炭选择性好、抗金属污染能力强、汽提效果好的催化剂，可减少生焦量、减少烧焦放热量。

④ 增加一氧化碳排放。通过控制参与烧焦的主风量和烟气中的过剩氧浓度、增加烟气中的一氧化碳浓度，有效减少再生器内的烧焦量。一氧化碳的化学能由后面设置的一氧化碳锅炉回收，这也是装置扩能时主风量受限的解决办法之一。

⑤ 改进汽提效果。通过采用高效汽提段气固接触构件、提高汽提段温度、增加汽提蒸汽用量等降低生焦中的可汽提焦部分，减少烧焦放热量。汽提效果好的可将焦炭中的氢含量降低到6%以下。

⑥ 改进喷嘴雾化效果。选用进料雾化效果好的喷嘴、减少未汽化油，控制生焦及热量过剩。

2. 增加系统消耗热量

① 注入终止剂。通过注入油或水在提升管内汽化、增加热量消耗，将过剩热量带至分馏部分回收。但注入终止剂提高了剂油比，会改变反应苛刻度。

② 增加主风量。在系统许可的前提下，通过增加主风量达到提高烟气带走热量的目的。这部分热量在烟气轮机和余热锅炉回收能够部分回收。

③ 降低进料温度。在保证雾化效果的前提下，通过降低进料温度可增加进料的升温热量消耗。但降低进料温度提高了剂油比，会改变反应苛刻度。

第三节　压力平衡

在催化裂化装置中，催化剂在系统中稳定循环流动是装置运行的先决条件。为了使催化剂和气体在循环系统中按照预定的方向稳定流动，保持循环系统中各设备之间的压力平衡十分重要。当出现催化剂流动不畅、催化剂循环量达不到设计要求，或是出现倒流、噎塞、气节、腾涌、窜气等现象时，大多是由于系统压力不平衡或局部压力分布遭到破坏所致。这些情况出现时不仅破坏装置的稳定操作，甚至会导致事故发生。因此，压力平衡不仅能保证催化剂循环满足工艺要求，也是安全生产的关键。

对生产装置进行反再压力平衡核算可以掌握设备内催化剂流化输送状况，掌握推动力、阻力平衡情况，发现制约提高催化剂循环量的瓶颈，提出解决催化剂流化输送问题的措施，保证装置的稳定操作和具有一定的操作弹性。

维持催化剂在装置内稳定循环流动的条件为：推动力＝阻力。通常将滑阀(塞阀)上游的压力及静压总和作为催化剂流动的推动力，将滑阀(塞阀)压降及下游的压力、静压总和作为催化剂流动的阻力。

对于反再并列式催化裂化装置，再生催化剂流动输送线和待生催化剂流动输送线的推动力和阻力项见表6-3-1。

表 6-3-1　催化剂流动的推动力项和阻力项

项　　目	再生催化剂流动输送线	待生催化剂流动输送线
推动力	再生器顶部压力 再生器稀相静压 再生器密相静压 再生立管、斜管静压	沉降器顶部压力 沉降器稀相静压 汽提段静压 待生立管、斜管静压
阻力	沉降器顶部压力 沉降器稀相静压 提升管出口分离器压降 提升管总压降 预提升段静压 再生滑阀压降	再生器顶部压力 再生器稀相静压 再生器密相静压 待生滑阀压降

一、密相流化床高度和静压

密相流化床的静压采用式(6-3-1)计算：

$$\Delta P = \rho g H \qquad (6-3-1)$$

式中　ΔP——流化床静压差，kPa；

　　　ρ——流化床密度，kg/m^3；

　　　g——重力加速度($g = 9.80665$)，m/s^2；

　　　H——流化床高度，m。

由于工业装置上测点数量有限，很难精确计算密相床高，可以采用估算的方法。如图 6-3-1 所示，装置上有三个测压点 A、B、C，其中，A 和 B 在密相内，C 在稀相中，则可用式(6-3-2)估算密相床高。

$$H_{f} = H_{1} + \frac{\Delta P_{1} + \Delta P_{2}}{\Delta P_{1}} \cdot H_{2} \qquad (6-3-2)$$

式中　H_{f}——密相流化床高，m；

　　　H_{1}——A 测点下方密相流化床高，m；

　　　H_{2}——测点 A 和测点 B 之间高度，m；

　　　ΔP_{1}——测点 A 和测点 B 之间压降，kPa；

　　　ΔP_{2}——测点 B 和测点 C 之间压降，kPa。

二、稀相提升管密度和压降

不考虑催化剂在稀相提升管内的滑落，可用式(6-3-3)计算提升管内的视密度。

$$\rho_{视} = \frac{G_{s} + V_{g} \cdot \rho_{g}}{\dfrac{G_{s}}{\rho_{p}} + V_{g}} \qquad (6-3-3)$$

式中　$\rho_{视}$——稀相提升管视密度，kg/m^3；

图 6-3-1　流化床测点示意图

G_s——稀相提升管中的催化剂质量流率，kg/h；

ρ_p——催化剂的颗粒密度，kg/m³；

V_g——稀相提升管中的气体平均体积流量，m³/h；

ρ_g——稀相提升管中的气体平均密度，kg/m³。

由于气体质量和催化剂颗粒体积所占比例较小，式(6-3-3)可以简化为：

$$\rho_{视} = \frac{G_s}{V_g} \qquad (6-3-4)$$

稀相提升管的总压降 ΔP_T 包括：提升管静压 ΔP_s、催化剂颗粒加速产生的压降 ΔP_a、气固混合物与管壁摩擦产生的压降。这三个压降可用式(6-3-5)~式(6-3-8)计算：

$$\Delta P_s = 1.5 \rho_{视} g L \qquad (6-3-5)$$

式中　ΔP_s——提升管静压，Pa；

　　$\rho_{视}$——提升管视密度，kg/m³；

　　g——重力加速度($g = 9.80665$)，m/s²；

　　L——提升管长度，m。

$$\Delta P_a = \rho_{视} \frac{u_g^2}{2} \qquad (6-3-6)$$

式中　ΔP_a——催化剂颗粒加速产生的压降，Pa；

　　$\rho_{视}$——提升管视密度，kg/m³；

　　u_g——提升管内气体表观线速度，m/s。

$$\Delta P_f = 77.4 \times 10^{-4} \rho_{视} u_g^2 \frac{L}{D} \qquad (6-3-7)$$

式中　ΔP_f——气固混合物与管壁摩擦产生的压降，Pa；

　　D——提升管内径，m。

$$\Delta P_T = \Delta P_s + \Delta P_a + \Delta P_f \qquad (6-3-8)$$

式中　ΔP_T——提升管的总压降，Pa；

三、反应再生系统的压力平衡

反应再生系统压力平衡的结果是催化剂在再生器和反应器之间稳定流动、再生以及待生滑阀/塞阀的压降稳定在合理范围内。通过以下实例进行计算。

【例6-3-1】某催化裂化装置的压力分布数据如下表所示，提升管气体平均线速为7m/s、提升管内径为2m，计算反应器、再生器压力平衡、待生滑阀和再生滑阀压降。

项　目	压力或压降/kPa	高度/m	密度/(kg/m³)
沉降器顶部	240.0		
沉降器稀相		12	10
提升管出口快速分离器	8.0		
提升管		30	40
预提升段		5	200

续表

项　　目	压力或压降/kPa	高度/m	密度/（kg/m³）
汽提段		9	600
待生催化剂立管		12	450
再生器顶部	270.0		
再生器稀相		12	20
再生器密相		5	400
再生催化剂立管		9	350

解：（1）各部分静压或压降计算：

① 沉降器稀相静压 $=\rho gH=10\times9.80665\times12/1000=1.2$ kPa

② 提升管静压 $=1.5\rho_{视}gH=1.5\times40\times9.80665\times30/1000=17.7$ kPa

提升管催化剂颗粒加速压降 $=\rho_{视}\dfrac{u_g^2}{2}=40\times\dfrac{7^2}{2}/1000=1.0$ kPa

提升管摩擦压降 $=77.4\times10^{-4}\rho_{视}u_g^2\dfrac{L}{D}=77.4\times10^{-4}\times40\times7^2\times\dfrac{30}{2}/1000=0.2$ kPa

提升管总压降 $=17.7+1.0+0.2=18.9$ kPa

③ 预提升段静压 $=\rho gH=200\times9.80665\times5/1000=9.8$ kPa

④ 汽提段静压 $=\rho gH=600\times9.80665\times9/1000=53.0$ kPa

⑤ 待生立管静压 $=\rho gH=450\times9.80665\times12/1000=53.0$ kPa

⑥ 再生器稀相静压 $=\rho gH=20\times9.80665\times12/1000=2.4$ kPa

⑦ 再生器密相静压 $=\rho gH=400\times9.80665\times5/1000=19.6$ kPa

⑧ 再生立管静压 $=\rho gH=350\times9.80665\times9/1000=30.9$ kPa

（2）待生线路压力平衡：

推动力 = 沉降器顶部压力 + 沉降器稀相静压 + 汽提段静压 + 待生立管静压

$\qquad=240.0+1.2+53.0+53.0$

$\qquad=347.2$ kPa

阻力 = 再生器顶部压力 + 再生器稀相静压 + 再生器密相静压 + 待生滑阀压降

$\qquad=270.0+2.4+19.6+$ 待生滑阀压降

$\qquad=292.0+$ 待生滑阀压降 kPa

根据压力平衡，推动力 = 阻力，则：

$\qquad\qquad$ 待生滑阀压降 $=347.2-292.0=55.2$ kPa

（3）再生线路压力平衡：

推动力 = 再生器顶部压力 + 再生器稀相静压 + 再生器密相静压 + 再生立管静压

$\qquad=270.0+2.4+19.6+30.9$

$\qquad=322.9$ kPa

阻力 = 沉降器顶部压力 + 提升管出口快分压降 + 提升管压降 + 预提升段静压 + 再生滑阀压降

$\qquad=240.0+8.0+18.9+9.8+$ 再生滑阀压降

$\qquad=276.7+$ 再生滑阀压降 kPa

根据压力平衡，推动力＝阻力，则：

再生滑阀压降＝322.9−276.7＝46.2kPa

压力平衡计算结果的汇总见下表：

待生线路			
推动力		阻力	
项　　目	压力或压差/kPa	项　　目	压力或压差/kPa
沉降器顶压力	240.0	再生器顶压力	270.0
沉降器稀相静压	1.2	再生器稀相压降	2.4
汽提段静压	53.0	再生器密相压降	19.6
待生立管静压	53.0	待生滑阀压降	55.2
合计	347.1	合计	347.1
再生线路			
推动力		阻力	
项　　目	压力或压差/kPa	项　　目	压力或压差/kPa
再生器顶压力	270	沉降器顶压力	240
再生器稀相静压	2.4	提升管出口快分压降	8.0
再生器密相静压	19.6	提升管压降	18.9
再生立管静压	30.9	预提升段压降	9.8
		再生滑阀压降	46.2
合计	322.9	合计	322.9

用滑阀压降的计算值与实测值进行比较即可检验估算的密相床高、测量的密度等的准确性。通常操作时，滑阀压降的范围为 20~70kPa，滑阀压降过小存在操作安全风险，滑阀压降过大导致滑阀磨损较大。

四、装置生产过程中压力平衡的调节

在装置生产过程中，通过压力平衡的调节以保证稳定的催化剂循环流动、保证合适的滑阀压降、降低能耗。

操作时可调节的参数有：反应压力、再生压力、再生器藏量、再生立管密度、待生立管密度等，下面分别简述。

1. 反应压力

提高反应压力对提高待生线路推动力有利，可用作提高待生滑阀/塞阀压降的手段之一。提高反应压力有助于提高富气压缩机入口压力，对降低汽轮机耗汽量及降低装置能耗有利。但反应压力对反应时间、旋风分离器入口线速以及反应生焦等都有影响，实际操作中可调节范围不大。

2. 再生压力

提高再生压力对提高再生线路推动力有利，可用作提高再生滑阀压降的手段之一。提高再生压力可提高氧分压、对烧焦有利，也有助于增加烟气轮机的能量回收。但再生压力的提高受制于主风机出口压力，实际操作中可调节范围不大。

3. 再生器藏量

对于单器再生过程，再生器密相藏量对烧焦过程有较大影响，实际操作过程中可调范围不大。对于两个再生器的再生过程，第二再生器的藏量对烧焦过程的影响不是很大，可以适当调节来改变压力平衡。提高第二再生器的藏量对提高再生线路推动力有利。

4. 再生立管和待生立管密度

在装置操作过程中可以通过改变立管松动气量、改变立管密度，从而改变立管静压，达到调节压力平衡的目的。但在实际操作过程中立管是保证催化剂在装置内稳定循环流动的关键设备，不宜大幅度调整。如果松动气量较大，导致立管内出现大气泡，则影响立管内催化剂的稳定流动。通常在保证立管内催化剂稳定流动的前提下，应尽可能减少立管松动气量，提高立管密度，增加立管的推动力，过剩的推动力消耗在滑阀/塞阀的压降上。

第四节　主要反应参数计算

一、催化剂循环量及剂油比

通过再生器热平衡得到催化剂携带到反应器的热，从而可以计算催化剂的循环量。由于滑阀或塞阀是流量调节装置，可以用滑阀或塞阀的压降来估算通过滑阀或塞阀的催化剂流量，从而得到催化剂循环量。

$$G_{\text{cat}} = 0.0159 C_{\text{S}} A_{\text{S}} (\Delta P \cdot \rho)^{0.5} \tag{6-4-1}$$

式中　G_{cat}——催化剂循环量，t/h；

C_{S}——滑阀或塞阀流量系数；

A_{S}——滑阀或塞阀流通面积，cm^2；

ΔP——滑阀或塞阀压降，kPa；

ρ——滑阀或塞阀上部立管内催化剂密度，kg/m^3。

其中，滑阀或塞阀流量系数由滑阀设计者提供，滑阀的流通面积可由滑阀开度计算得到。需要注意的是：通常滑阀阀口不是标准的矩形，因此滑阀的开度与滑阀的流通面积不是线性关系。

催化剂循环量与原料量之比即为剂油比，根据原料量的不同有基于新鲜原料油的剂油比和基于总进料的剂油比。

$$C/O = \frac{G_{\text{cat}}}{G_{\text{oil}}} \tag{6-4-2}$$

式中　C/O——剂油比；

G_{cat}——催化剂循环量，t/h；

G_{oil}——原料油进料量，t/h。

上式中原料油进料量采用新鲜原料量计算得到的是对新鲜进料的剂油比；如果用总进料量计算得到的是对总进料的剂油比。

剂油比也可以由进出再生器的焦炭量平衡得到，用焦炭产率和待生催化剂与再生催化剂上的炭差来计算，即：

$$C/O = \frac{y_{\text{coke}}}{C_{\text{Rx}} - C_{\text{Rg}}} \qquad (6\text{-}4\text{-}3)$$

式中　C/O——剂油比；

　　　y_{coke}——焦炭产率，%；

　　　C_{Rx}——待生催化剂炭含量，%；

　　　C_{Rg}——再生催化剂炭含量，%。

二、提升管线速及反应时间

进入提升管的物流有再生催化剂携带的烟气、预提升蒸汽、预提升干气、新鲜原料油、回炼油等，在提升管的不同位置注入，因此提升管的线速包括预提升线速、新鲜原料油入口处线速、提升管出口线速等，下面分别计算。

1. 预提升线速

进入提升管预提升段的气体有再生催化剂携带的烟气、预提升蒸汽、预提升干气，其中再生催化剂携带的烟气是再生催化剂颗粒携带的，可以由再生催化剂输送管内的密度和催化剂颗粒密度计算得到。

$$V_{\text{烟}} = 1000 \cdot G_{\text{cat}} \cdot \left(\frac{1}{\rho_{\text{B}}} - \frac{1}{\rho_{\text{P}}} \right) \qquad (6\text{-}4\text{-}4)$$

式中　$V_{\text{烟}}$——再生催化剂携带的烟气体积流量，m^3/h；

　　　G_{cat}——催化剂循环量，t/h；

　　　ρ_{B}——再生催化剂输送管内的催化剂表观密度，kg/m^3；

　　　ρ_{P}——催化剂颗粒密度，kg/m^3。

将烟气体积量换算成摩尔流量：

$$m_{\text{烟}} = V_{\text{烟}} \cdot \frac{273.15 \cdot P_{\text{管}}}{101.325 \cdot T_{\text{管}}} \cdot \frac{1}{22.4} \qquad (6\text{-}4\text{-}5)$$

式中　$m_{\text{烟}}$——再生催化剂携带的烟气摩尔流量，kmol/h；

　　　$V_{\text{烟}}$——再生催化剂携带的烟气体积流量，m^3/h；

　　　$P_{\text{管}}$——再生催化剂输送管内的压力，kPa(绝)；

　　　$T_{\text{管}}$——再生催化剂输送管内的温度，K。

预提升蒸汽通常为质量流量，换算成摩尔流量：

$$m_{\text{蒸汽}} = \frac{G_{\text{蒸汽}}}{18.01} \qquad (6\text{-}4\text{-}6)$$

式中　$m_{\text{蒸汽}}$——预提升蒸汽摩尔流量，kmol/h；

　　　$G_{\text{蒸汽}}$——预提升蒸汽质量流量，kg/h。

预提升干气通常为标况下的体积量，换算成摩尔流量：

$$m_{\text{干气}} = \frac{V_{\text{干气}}}{22.4} \qquad (6\text{-}4\text{-}7)$$

式中　$m_{\text{干气}}$——预提升干气摩尔流量，kmol/h；

　　　$V_{\text{干气}}$——预提升干气体积流量，m^3/h(标)。

预提升气体量为：

$$m_{预} = m_{烟} + m_{蒸汽} + m_{干气} \qquad (6-4-8)$$

$$V_{预} = m_{预} \cdot 22.4 \cdot \frac{101.325 \cdot T_{预}}{273.15 \cdot P_{预}} \qquad (6-4-9)$$

式中　$m_{预}$——预提升段气体总摩尔流量，kmol/h；

　　　　$m_{烟}$——再生催化剂携带的烟气摩尔流量，kmol/h；

　　　$m_{蒸汽}$——预提升蒸汽摩尔流量，kmol/h；

　　　$m_{干气}$——预提升干气摩尔流量，kmol/h；

　　　　$V_{预}$——预提升段气体总体积流量，m^3/h；

　　　　$P_{预}$——预提升段压力，kPa(绝)；

　　　　$T_{预}$——预提升段温度，K。

则预提升线速：

$$u_{预} = \frac{V_{预}}{S_{预}} \qquad (6-4-10)$$

式中　$u_{预}$——预提升线速，m/s；

　　　　$V_{预}$——预提升段气体总体积流量，m^3/h；

　　　　$S_{预}$——预提升段流通截面积，m^2。

2. 提升管原料入口处线速

计算提升管原料入口处线速时假设原料进入提升管即全部汽化，按气相状态进行计算。

$$m_{原料} = \frac{G_{原料}}{M_{原料}} \qquad (6-4-11)$$

式中　$m_{原料}$——进入提升管的原料摩尔流量，kmol/h；

　　　$G_{原料}$——进入提升管的原料质量流量，kg/h；

　　　$M_{原料}$——原料相对分子质量。

对于有回炼油、回炼油浆等与新鲜原料油一起进入提升管的情况，计算回炼物流的量：

$$m_{回炼} = \frac{G_{回炼}}{M_{回炼}} \qquad (6-4-12)$$

式中　$m_{回炼}$——进入提升管的回炼物摩尔流量，kmol/h；

　　　$G_{回炼}$——进入提升管的回炼物质量流量，kg/h；

　　　$M_{回炼}$——回炼物流的相对分子质量。

原料和回炼的雾化蒸汽为：

$$m_{雾化} = \frac{G_{雾化}}{18.01} \qquad (6-4-13)$$

式中　$m_{雾化}$——原料和回炼的雾化蒸汽摩尔流量，kmol/h；

　　　$G_{雾化}$——原料和回炼的雾化蒸汽质量流量，kg/h。

则提升管原料入口处的总气体量为：

$$V_{入口} = (m_{预} + m_{原料} + m_{回炼} + m_{雾化}) \cdot 22.4 \cdot \frac{101.325 \cdot T_{入口}}{273.15 \cdot P_{入口}} \qquad (6-4-14)$$

式中　$V_{入口}$——提升管原料入口处气体总体流量，m^3/h；

$m_{预}$——预提升段气体总摩尔流量，kmol/h；

$m_{原料}$——进入提升管的原料摩尔流量，kmol/h；

$m_{回炼}$——进入提升管的回炼物摩尔流量，kmol/h；

$m_{雾化}$——原料和回炼的雾化蒸汽摩尔流量，kmol/h；

$P_{入口}$——提升管原料入口处压力，kPa(绝)；

$T_{入口}$——提升管原料入口处温度，K。

则提升管原料入口处线速为：

$$u_{入口} = \frac{V_{入口}}{3600 \cdot S_{入口}} \tag{6-4-15}$$

式中　$u_{入口}$——提升管原料入口处线速，m/s；

$V_{入口}$——提升管原料入口处气体总体积流量，m³/h；

$S_{入口}$——提升管原料入口处流通截面积，m²。

3. 提升管出口处线速

计算提升管出口处线速时假设原料在提升管内完成全部反应，在分馏、吸收稳定部分得到的产物量即为在提升管出口处的产物量。

$$m_{产物} = \frac{G_{干气}}{M_{干气}} + \frac{G_{液化气}}{M_{液化气}} + \frac{G_{汽油}}{M_{汽油}} + \frac{G_{循环油}}{M_{循环油}} + \frac{G_{油浆}}{M_{油浆}} \tag{6-4-16}$$

式中　$m_{产物}$——提升管出口产物摩尔流量，kmol/h；

$G_{干气}$——产物干气质量流量，kg/h；

$M_{干气}$——产物干气相对分子质量；

$G_{液化气}$——产物液化气质量流量，kg/h；

$M_{液化气}$——产物液化气相对分子质量；

$G_{汽油}$——产物汽油质量流量，kg/h；

$M_{汽油}$——产物汽油相对分子质量；

$G_{循环油}$——产物循环油质量流量，kg/h；

$M_{循环油}$——产物循环油相对分子质量；

$G_{油浆}$——产物油浆质量流量，kg/h；

$M_{油浆}$——产物油浆相对分子质量。

则提升管出口处的总气体量为：

$$V_{出口} = (m_{预} + m_{回炼} + m_{雾化} + m_{产物}) \cdot 22.4 \cdot \frac{101.325 \cdot T_{出口}}{273.15 \cdot P_{出口}} \tag{6-4-17}$$

式中　$V_{出口}$——提升管出口处气体总体积流量，m³/h；

$m_{预}$——预提升段气体总摩尔流量，kmol/h；

$m_{回炼}$——进入提升管的回炼物摩尔流量，kmol/h；

$m_{雾化}$——原料和回炼的雾化蒸汽摩尔流量，kmol/h；

$m_{产物}$——提升管出口产物摩尔流量，kmol/h；

$P_{出口}$——提升管出口处压力，kPa(绝)；

$T_{出口}$——提升管出口温度，K。

则提升管出口线速为：

$$u_{出口} = \frac{V_{出口}}{3600 \cdot S_{出口}} \qquad (6-4-18)$$

式中　$u_{出口}$——提升管出口线速，m/s；

$V_{出口}$——提升管出口处气体总体积流量，m³/h；

$S_{出口}$——提升管出口处流通截面积，m²。

4. 提升管平均线速

通常用提升管入口线速和出口线速的对数平均值作为提升管的平均线速。

$$u_{平均} = \frac{u_{出口} - u_{入口}}{\ln\left(\dfrac{u_{出口}}{u_{入口}}\right)} \qquad (6-4-19)$$

式中　$u_{平均}$——提升管平均线速，m/s；

$u_{出口}$——提升管出口线速，m/s；

$u_{入口}$——提升管原料入口处线速，m/s。

5. 提升管反应时间

通常用提升管内的油气平均停留时间作为提升管的反应时间，即

$$s = \frac{L}{u_{平均}} \qquad (6-4-20)$$

式中　s——提升管反应时间，s；

L——提升管出口与原料入口之间的长度，m；

$u_{平均}$——提升管平均线速，m/s。

三、反应空速

对于催化裂化过程中的床层反应器，单位时间内通过单位质量催化剂的原料量是重要的反应参数，即重时空速。

$$WHSV = \frac{G_{原料}}{W_{催化剂}} \qquad (6-4-21)$$

式中　$WHSV$——重时空速，h⁻¹；

$G_{原料}$——通过催化剂床层的原料质量流量，kg/h；

$W_{催化剂}$——床层中的催化剂藏量，kg。

第五节　烟气脱硫脱硝部分计算

随着国内环保要求的日益严格，大部分催化裂化装置陆续增设烟气脱硫脱硝装置。

国内常用的烟气脱硫技术有 DuPont 和 BELCO 公司的 EDV 技术、ExxonMobil 公司的 WGS 技术以及中国石化的湍冲文丘里湿法除尘钠法脱硫技术，这三种技术的市场份额占 90%以上，均属湿法（钠法）烟气脱硫工艺工艺。

国内企业半数以上的装置选用的烟气脱硝技术为选择性催化还原法（SCR）脱硝技术，约三分之一的装置选用了 LoTOx 氧化法脱硝技术+钠法技术，少数装置选用了 SNCR 脱硝技术和 LoTOx+氨法脱硝技术。

相对于催化裂化主单元，烟气脱硫脱硝单元相对独立，在以往的催化裂化工艺计算中较少涉及，但通过对烟气脱硫脱硝单元的工艺计算可以为烟气脱硫系统的合理、经济和安全运行提供科学依据，指导装置的优化设计及优化运行。

一、烟气脱硫部分物料平衡

虽然不同专利商的湿法(钠法)烟气脱硫工艺特点有所差别，但在物料平衡和反应机理等方面差别不大。本节主要介绍湿法(钠法)烟气脱硫工艺物料平衡的计算过程。

计算气体的体积流量时在标准状态下，根据检测方法的不同烟气体积流量有干基数据和湿基数据。表 6-5-1 和表 6-5-2 为某催化裂化烟气脱硫塔出入口烟气的参数。

表 6-5-1　烟气参数

项　　目	入　口	出　口
烟气标况下体积流量(湿基)/(Nm³/h)	192424	214571
烟气标况下体积流量(干基)/(Nm³/h)	173708.8	
烟气压力/kPa(表)	4	常压
烟气温度/℃	175	55

表 6-5-2　烟气组成

项　　目	组　　成	质量流量/(kg/h)
CO_2/%(体)	14.61(干基)	49824
H_2O		15039
NO_x/(mg/Nm³)	230(干基)、208(湿基)	40
O_2/%(体)	2.99(干基)	7421
N_2/%(体)	82.33(干基)	178712
SO_2/(mg/Nm³)	958.2(干基)、876(湿基)	166.44
SO_3/(mg/Nm³)	106.4(干基)、97.3(湿基)	18.49
粉尘	0.02/%(体)(干基)、296/(mg/Nm³)(湿基)	57
合计		251277

由于 SO_3 含量的检测往往较为困难，一般情况下可按 SO_2/SO_3 含量比等于 1∶9 来估算 SO_3 的含量[6]。烟气中 SO_2/SO_3 含量比随再生方式的不同、硫转移剂的加入等因素而变化。

烟气湿法(钠法)脱硫属于化学吸收过程。由于再生烟气中含有 SO_2 及 CO_2，用 NaOH 溶液洗涤烟气时，首先 CO_2 与 NaOH 发生反应生成碳酸盐，但随即碳酸盐与 SO_2 发生置换反应，重新释放出 CO_2，所以浆液中会溶解少量的 CO_2，但总量有限。随着时间的延长，pH 值降至 7.6 以下时，发生吸收 SO_2 的反应。随着 Na_2SO_3 不断生成，SO_2 的脱除效率不断升高，当吸收液中的 Na_2SO_3 全部转变成 $NaHSO_3$ 时，吸收反应将不再发生，此时 pH 值降至 4.4。但随 SO_2 在溶液中进行物理溶解，pH 值仍继续下降，此时 SO_2 不发生吸附反应。因此，吸收液有效吸收 SO_2 的 pH 值范围为 4.4~7.6，在实际吸收过程中，吸收液的 pH 值应控制在此范围内，吸收反应的总反应式如下：

$$2NaOH+CO_2 \longrightarrow Na_2CO_3+H_2O \tag{6-5-1}$$

$$2NaOH+SO_3 \longrightarrow Na_2SO_4+H_2O \tag{6-5-2}$$

$$2NaOH+SO_2 \longrightarrow Na_2SO_3+H_2O \tag{6-5-3}$$

$$Na_2SO_3+SO_2+H_2O \longrightarrow 2Na_2HSO_3 \tag{6-5-4}$$

（1）脱硫计算

对于在用装置，通过检测烟气脱硫塔出口净化烟气的组成可计算出实际脱硫量。本节按 GB 31570—2015《石油炼制工业污染物排放标准》最低标准计算，即净化烟气 SO_2 浓度 $\leq 50mg/Nm^3$，粉尘浓度 $< 30mg/Nm^3$。

根据表 6-5-1 和表 6-5-2，吸收塔入口烟气量为 $192424Nm^3/h$，SO_2 浓度为 $876mg/Nm^3$，SO_3 浓度为 $97.3mg/Nm^3$，粉尘浓度为 $296mg/Nm^3$，出口烟气量为 $214571Nm^3/h$，SO_3 脱除率按 90% 计。

SO_2 脱除量：$192424Nm^3/h \times 876mg/Nm^3 - 214571Nm^3/h \times 50mg/Nm^3 = 157kg/h$

SO_3 脱除量：$192424Nm^3/h \times 97.3mg/Nm^3 \times 90\% = 17.01kg/h$

粉尘脱除量：$192424Nm^3/h \times 297mg/Nm^3 - 214571Nm^3/h \times 30mg/Nm^3 = 50.71kg/h$

（2）吸收剂计算

虽然在吸收过程中，根据吸收液 pH 值的变化，吸收液中 $Na_2SO_3/NaHSO_3$ 的比例将发生变化，导致吸收剂用量有差异。但在随后的氧化过程中，补入 NaOH 发生如下反应[7]。

$$NaHSO_3+1/2O_2+NaOH \longrightarrow Na_2SO_4+H_2O \tag{6-5-5}$$

所以总的吸收剂用量可按如下反应式计算：

$$2NaOH+SO_2 \longrightarrow Na_2SO_3+H_2O$$
$$\begin{array}{cccc} 80 & 64 & 126 & 18 \\ ? & 157 & ? & ? \end{array} \tag{6-5-6}$$

吸收 SO_2 所消耗 NaOH 的量：$(157/64) \times 80 = 196.25kg/h$

Na_2SO_3 的生成量：$(157/64) \times 126 = 309.09kg/h$

根据化学反应方程式

$$2NaOH+SO_3 \longrightarrow Na_2SO_4+H_2O$$
$$\begin{array}{cccc} 80 & 80 & 142 & 18 \\ ? & 17.01 & ? & ? \end{array} \tag{6-5-7}$$

吸收 SO_3 所消耗 NaOH 的量：$(17.01/80) \times 80 = 17.01kg/h$

Na_2SO_4 的生成量：$(17.01/80) \times 142 = 30.19kg/h$

所以总的 NaOH 消耗量为：$196.25+17.01 = 213.26kg/h$

（3）水平衡计算

根据表 6-5-2 进入脱硫塔的湿烟气量为 $192424Nm^3/h$，水汽质量流量为 $15039kg/h$，因此干烟气流量为：$192424-15039/18 \times 22.4 = 173708.8Nm^3/h$。烟气温度为 175℃，压力为 4kPa（表）。

脱硫塔操作温度为 55℃，操作压力为常压。工况条件下水的饱和蒸气压为 15694kPa，则饱和湿烟气中的水汽量为：

$$173708.8 \times 15694/(101325-15694) = 31836Nm^3/h$$

蒸发需补充水量为：$31836/22.4 \times 18-15039 = 10543.5kg/h$

在实际操作中为控制脱硫塔浆液浓度，需外甩部分浆液，该示例中浆液外甩量为15000kg/h，所以总工艺补水量为：15000+10543.5=25543.5kg/h。

（4）理论耗氧量

理论耗氧量可由下式计算：

$$2SO_2+O_2 \longrightarrow 2SO_3$$

$$128 \quad 32$$

$$157 \quad ? \tag{6-5-8}$$

理论耗氧质量流量：（157/128）×32=39.25kg/h

换算为体积流量：39.25/32×22.4=27.48Nm³/h

（5）脱硫总物料平衡

脱硫系统总的物料平衡如图6-5-1所示。

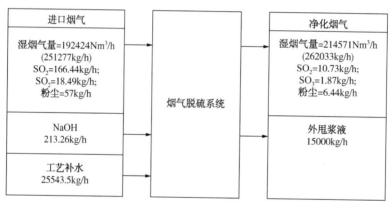

图6-5-1　脱硫总物料平衡示意图

二、烟气脱硝部分物料平衡

本节以SCR工艺为例讨论烟气脱硝部分物料平衡。

烟气脱硝的SCR反应器一般设置在余热锅炉或CO锅炉内，选取合适的温度窗口，较为常见的是设置在省煤器之前。

1. NO_x浓度换算

烟气组成可以通过分析获得，由于石油炼制工业污染物排放标准GB 31570—2005中要求氮氧化物污染物浓度标准检测方法按NO_2提供检测数据，一般装置的在线检测表按国家标准要求并不直接提供NO和NO_2的浓度数据。

烟气的NO_x中NO一般占95%以上，在线检测表测得的NO浓度数据一般按下列公式换算成NO_x浓度数据：

$$C_{NO_x} = 1.53C_{NO} \tag{6-5-9}$$

式中　C_{NO_x}——干烟气中NO_x测量浓度（标准状态下），mg/Nm^3；

　　　C_{NO}——干烟气NO浓度（标准状态下），mg/Nm^3。

所以，已知NO_x检测数据，可按下述方法换算成NO和NO_2浓度数据[8]：

$$C_{NO} = 0.62C_{NO_x} \tag{6-5-10}$$

$$C_{NO_2} = 0.05C_{NO_x} \tag{6-5-11}$$

式中　C_{NO_x}——干烟气中 NO_x 测量浓度(标准状态下)，mg/Nm^3；

　　　　C_{NO}——干烟气中 NO 浓度(标准状态下)，mg/Nm^3；

　　　　C_{NO_2}——干烟气中 NO_2 浓度(标准状态下)，mg/Nm^3。

根据石油炼制工业污染物排放标准(GB 31570—2005)实测的大气污染物排放浓度需换算成含氧体积分数为3%的大气污染物基准排放浓度。换算公式如下：

$$C_{3\%O_2} = C_{NO_x} \times \frac{21-3}{21-C_{O_2}} \tag{6-5-12}$$

式中　C_{NO_x}——干烟气中 NO_x 浓度(标准状态，实际氧含量下)，mg/Nm^3；

　　　　$C_{3\%O_2}$——干烟气中 NO_x 浓度(标准状态，氧体积分数3%下)，mg/Nm^3。

所以，一般装置在线检测得到的数据需经过上述两步换算，得到 NO 和 NO_2 浓度数据方可进行物料平衡计算，若测试仪器直接提供烟气中 NO 和 NO_2 浓度数据则无需进行换算。

2. 反应原理

SCR 反应机理是利用氨或尿素等还原性物质，在一定反应条件下，将再生烟气中的 NO_x 直接还原为 N_2。在有氧情况下，NH_3 与再生烟气中 NO_x 在催化剂上发生气固反应，催化剂的活性位吸附的氨与气相中的 NO_x 发生反应，生成 N_2 和 H_2O，产物 N_2 分子中一个原子 N 来自 NH_3、另一个来自 NO_x，其还原反应式如下[8]：

$$4NO+4NH_3+O_2 \longrightarrow 4N_2+6H_2O \tag{6-5-13}$$

$$NO+NO_2+2NH_3 \longrightarrow 2N_2+3H_2O \tag{6-5-14}$$

为便于计算，上式可表示为：

$$2NO_2+4NH_3+O_2 \longrightarrow 3N_2+6H_2O \tag{6-5-15}$$

3. 注氨量计算

根据式(6-5-13)及式(6-5-15)便可计算与 NO_x 反应的氨消耗量，可由式(6-5-16)求得：

$$W_a = \frac{V_q \times C_{NO} \times 17}{30 \times 10^6} + \frac{V_q \times C_{NO_2} \times 34}{46 \times 10^6} \tag{6-5-16}$$

式中　W_a——纯氨用量，kg/h；

　　　　V_q——入口干烟气量(标准状态，实际氧含量下)，Nm^3/h；

　　　　C_{NO}——干烟气中 NO 浓度(标准状态，实际氧含量下)，mg/Nm^3；

　　　　C_{NO_2}——干烟气中 NO_2 浓度(标准状态，实际氧含量下)，mg/Nm^3。

同理可求得反应过程中生成的氮气和产生的水。

4. 脱硝效率

在 SCR 反应过程中，由于存在反应效率，反应器入口的 NO_x 仅部分与氨反应，与此同时，也存在少量的氨未参与还原反应而直接离开催化剂床层、发生氨逃逸(以 r_a 表示)。在 SCR 反应中，通常以式(6-5-11)表示脱硝效率。

$$\eta_{NO_x} = \frac{C'_{NO_x} - C''_{NO_x}}{C'_{NO_x}} \times 100\% \tag{6-5-17}$$

式中　η_{NO_x}——脱硝效率,%;

　　C'_{NO_x}——入口干烟气中 NO_x 浓度(标准状态，含氧体积分数3%下)，mg/Nm^3;

　　C''_{NO_x}——出口 NO_x 浓度(标准状态，3%氧含量下浓度)，mg/Nm^3。

5. 平衡计算

根据某催化裂化装置烟气数据进行计算示例。

某催化裂化装置烟气脱硝单元入口湿烟气体积流量为 $192424 Nm^3/h$，干烟气体积流量为 $173708 Nm^3/h$，温度为350℃，脱硝效率为75%，SO_3/SO_2转化率为1%，氨逃逸率为 $1.5 mg/Nm^3$，烟气组成见表6-5-3，计算脱硝反应器物料平衡。

表6-5-3　烟气组成数据

项　　目	组　　成	质量流量/(kg/h)
$CO_2/\%$(体)	14.61(干基)	49824
H_2O		15039
$NO_x/(mg/Nm^3)$	230(干基)、208(湿基)	40
$O_2/\%$(体)	2.99(干基)	7421
$N_2/\%$(体)	82.33(干基)	178712
$SO_2/(mg/Nm^3)$	958.2(干基)、876(湿基)	166.44
$SO_3/(mg/Nm^3)$	106.4(干基)、97.3(湿基)	18.49
粉尘	0.02/%(体)(干基)、296/(mg/Nm³)(湿基)	57
合计		251277

解:

参与反应的 NO_x 浓度:

$$\Delta C'_{NO_x} = \eta_{NO_x} \times C'_{NO_x} = 75\% \times 230 = 172.5 mg/Nm^3$$

实际参与反应的 NO_x 浓度:

$$\Delta C_{NO_x} = \Delta C'_{NO_x} \times (21 - C_{O_2})/(21-3) = 172.5 \times (21-2.99)/18 = 172.59 mg/Nm^3$$

参与反应的 NO 与 NO_2 浓度:

$$C_{NO} = 0.62 \Delta C_{NO_x} = 0.62 \times 172.59 = 107.01 mg/Nm^3$$

$$C_{NO_2} = 0.05 \Delta C_{NO_x} = 0.05 \times 172.59 = 8.63 mg/Nm^3$$

参与反应的氨量:

$$\Delta W_a = \frac{V_q \times C_{NO} \times 17}{30 \times 10^6} + \frac{V_q \times C_{NO_2} \times 34}{46 \times 10^6}$$

$$= \frac{173708 \times 107.01 \times 17}{30 \times 10^6} + \frac{173708 \times 8.63 \times 34}{46 \times 10^6}$$

$$= 11.64 kg/h$$

同理消耗的氧气量: 5.49kg/h

生成的氮气量: 18.72kg/h

生成的水量：18.49g/h

逃逸的氨量：

$$W_a{}' = V_q \times r_a \times 10^{-6} = 173708 \times 1.5 \times 10^{-6} = 0.26 \text{kg/h}$$

总的注氨量：

$$W_a = \Delta W_a + W'_a = 11.64 + 0.26 = 11.9 \text{kg/h}$$

总的物料平衡如图 6-5-2 所示。

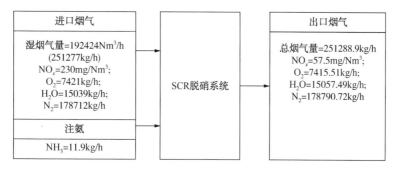

图 6-5-2　脱硝总物料平衡示意图

第六节　分馏及吸收稳定计算

一、油浆黏度计算

对于分馏来讲，催化油浆黏度是仅次于油浆密度的重要指标，用于考察反应深度。油浆黏度可在一定程度表征其中重芳烃、胶质及沥青质所占比例，油浆黏度出现变大的趋势时，将影响换热器的换热效果、油浆管道和换热器的压降以及油浆过滤系统的操作周期。操作中典型的油浆密度限值为 1120kg/m³，但在同一密度下，其100℃下黏度可能会落在一个较宽的范围内。为保证装置安全运行，在密度限值以外，还会对产品油浆100℃下的黏度提出建议，黏度限值建议≤25mm²/s，严控≤30mm²/s。当100℃下的油浆黏度超过50mm²/s，在较短的时间内就可能出现产品油浆外甩不畅、装置被迫停工的极端后果。

操作有必要实时掌控油浆黏度，以便判断油浆性质的恶劣程度，为调整操作提供指导。

以产品油浆界区位置点为例，通过如图 6-6-1 所示流程设置，在油浆管线直管段设置两组高精度压力计，两者间距≥10m。

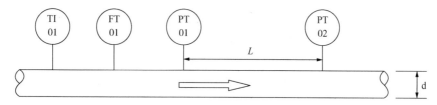

图 6-6-1　产品油浆压降测点示意图

可通过下式计算出油浆黏度[1]

$$v = K \cdot \frac{\rho^3 \cdot (P_1 - P_2)^4}{F^7} \qquad (6-6-1)$$

式中　K——常数，包含了对 L、d 等参数的校正，可通过计算得到、标定修正；

　　　ρ——油浆密度，kg/m^3；

　　P_1——PT-01 侧压力值，kPa；

　　P_2——PT-02 侧压力值，kPa；

　　　F——FT-01 测得油浆质量流量，kg/h；

　　　v——油浆的运动黏度，mm^2/s。

上式简化了黏度、流量、压降的关系，通过参数 K 的修正，可实时掌握油浆黏度情况。

二、油浆泵流量估算

有多套催化裂化装置的实际运行情况反馈，循环油浆上、下返塔流量计的工作寿命与长周期操作需求不符，由于受催化剂颗粒磨损的影响，在装置运行末期可能出现楔式流量计无读数、且无法在线更换的情况。

下式提供一种简化计算方法，通过油浆泵电机电流计算循环油浆量。

$$Q = k \times \frac{\eta}{P} \times I \qquad (6-6-2)$$

$$V = \frac{Q}{\rho} \qquad (6-6-3)$$

式中　Q——油浆泵质量流量，kg/h；

　　　V——油浆泵体积流量，m^3/h；

　　　K——常数，可通过计算得到，可按标定数据修正；

　　　η——油浆泵效率，为简化计算可取为定值，如 75%；

　　　ρ——油浆的密度，kg/m^3；可输入初始固定值，随温度修正；

　　　P——油浆泵出口压力，MPa(表)；

　　　I——油浆泵电流，A。

式(6-6-2)及式(6-6-3)主要用于预防楔式流量计失灵，用日常数据修正公式中的 K 常数，以备不时之需。

三、分馏塔的热量分配计算

催化分馏塔的最基础功能是传热，其次才是分离。进入分馏塔的油气带有高温位热量，通过分馏塔自下而上设置的油浆循环、二中段循环、一中段循环、循环油(贫吸收油、富吸收油)循环、顶循环油分别带走过剩热量，通过温度控制达到分离效果。

实际生产中产品分布、反应深度、产品性质、反应用蒸汽比例等诸多因素均可导致分馏塔的热量分配较设计值出现偏差。实际运行需核算出新工况下的热量分配比，以利于确认操作状态是否合理，为必要的操作调整提供依据。

图 6-6-2 表示了分馏塔典型的各中段取热情况。

不同段的取热量可分别按式(6-6-4)～式(6-6-7)计算。

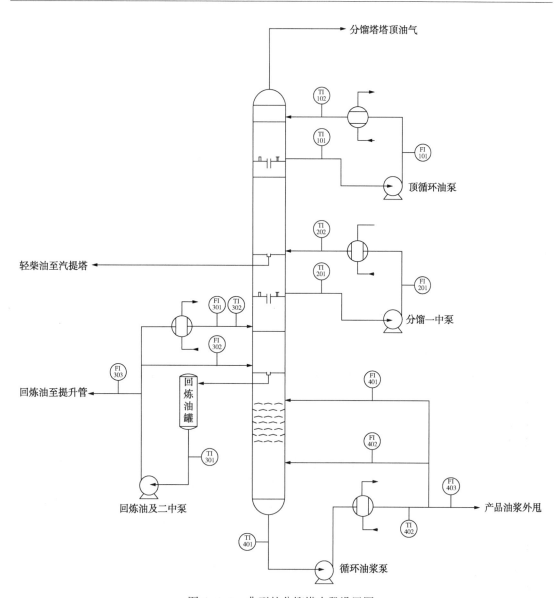

图 6-6-2　典型的分馏塔中段设置图

顶循环油段取热量可按式(6-6-4)校核：

$$Q_1 = F_1 \cdot C_{P1} \cdot (T_{11} - T_{12})\tag{6-6-4}$$

式中　F_1——顶循环油流量，kg/h；

　　　C_{P1}——顶循环油平均比热容，可取值为 0.60kcal/(kg·℃)；

　　　T_{11}——顶循环油抽出温度(TI-101 测量值)，℃；

　　　T_{12}——顶循环油返塔温度(TI-102 测量值)，℃；。

　　一中段回流取热量可按式(6-6-5)校核：

$$Q_2 = F_2 \cdot C_{P2} \cdot (T_{21} - T_{22})\tag{6-6-5}$$

式中　F_2——一中段回流流量，kg/h；

C_{P2}——一中段回流平均比热容，可取值为 0.56kcal/(kg·℃)；

T_{21}——一中段回流抽出温度(TI-201 测量值)，℃；

T_{22}——一中段回流返塔温度(TI-202 测量值)，℃。

二中段回流(如果有)取热量可按式(6-6-6)校核：

$$Q_3 = F_3 \cdot C_{P3} \cdot (T_{31}-T_{32}) \tag{6-6-6}$$

式中　F_3——二中段回流流量，kg/h；

C_{P3}——二中段回流平均比热容，可取值为 0.53kcal/(kg·℃)；

T_{31}——二中段回流抽出温度(TI-301 测量值)，℃；

T_{32}——二中段回流返塔温度(TI-302 测量值)，℃。

循环油浆段取热量可按式(6-6-7)校核：

$$Q_4 = F_4 \cdot C_{P4} \cdot (T_{41}-T_{42}) \tag{6-6-7}$$

式中　F_4——循环油浆总流量，kg/h；

C_{P4}——循环油浆平均比热容，可取值为 0.50kcal/(kg·℃)；

T_{41}——循环油浆抽出温度(TI-401 测量值)，℃；

T_{42}——循环油浆返塔温度(TI-402 测量值)，℃；

Q——热量，kcal/h。

循环油(贫吸收油、富吸收油)循环有取热实效，但一般不计入取热比例计算中。

大体来讲，顶循环油段的取热比例约占 20%，分馏一中段取热比例约占 30%，分馏二中段取热比例约占 10%，油浆循环取热比例约占 40%。如果沉降器旋分采用用密闭结构，分馏塔塔底温度要控制≤330~335℃，该工况下油浆段取热比例有所提升，取热比例有可能达到 45%，相应分馏二中段取热比例有所降低。

关于分馏塔的热量分配，操作中常见的误区有两个：一个是油浆段取热不足，导致热量上移，具体的表现是油浆产汽量偏低，分馏一中段取热严重过剩(曾经有某炼油厂大量通过分馏一中-热水换热器加热低温热系统)；或顶循段取热过剩(造成汽油中硫含量与原料硫含量的比值，即硫传递系数小于 5%)。另一个误区是在液化气产率或反应注酸性水量大幅提升时，未配套采取必要塔顶控温措施。

如将分馏塔各段取热负荷及取热比例纳入日常管理，可及早发现操作偏差，有利于装置的安全、平稳生产及节能工作。

四、分馏塔塔顶油气分离器气体线速、酸水性水停留时间计算

分馏塔塔顶油气分离器主控制因素为分离器内的气体线速，气速过高则易携带液相烃至装置下游的气压机；影响气速的主要参数为分离器内液位。

建议分馏塔塔顶油气分离器操作在低液位，宜在 40%处。当工况变化时，可利用已有仪表，通过公式计算气相在罐内的实际流速，同时估算气体携带液体的临界流速。

图 6-6-3 表示了典型的分馏塔塔顶油气分离器流程。

先通过式(6-6-8)及式(6-6-9)计算油气分离器内的气体流速：

$$v = 2.815 \times 10^{-5} \cdot \frac{F_1(1+T/273)/P}{0.25\pi D^2 - 0.25 D^2 \cos^{-1}\left(1-\frac{2H}{D}\right)+(DH-H^2)^{0.5}(0.5D-H)} \tag{6-6-8}$$

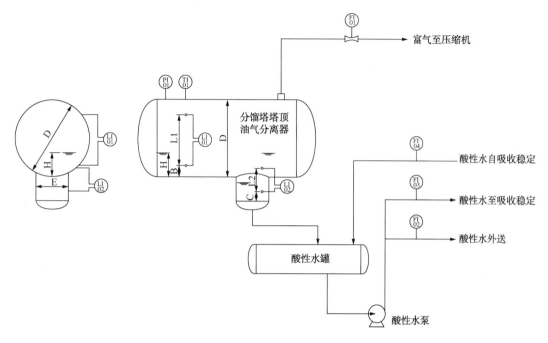

图 6-6-3　分馏塔塔顶油气分离器流程示意图

$$H = L_1 \times \varphi\% + B \qquad\qquad (6\text{-}6\text{-}9)$$

式中　v——油气分离器内气体流速，m/s；

F_1——流量计 FI-01 测量值，Nm^3/h；

P——油气分离器压力计 PI-01 测量值，MPa；

T——油气分离器温度计 TI-01 测量值，℃；

H——液位与分离器底部切线距离，m；

L_1——液位计 LI-01 量程，m；

$\varphi\%$——液位计 LI-01 的测量值；

B——仪表安装尺寸，m；

D——油气分离器直径，m。

再通过式(6-6-10)计算分离器临界气体流速：

$$v_0 = 0.0692 \cdot \left(\frac{\rho_L - \rho_v}{\rho_v} \right)^{0.5} \qquad\qquad (6\text{-}6\text{-}10)$$

式中　v_0——油气分离器内气体临界流速，m/s；

ρ_L——粗汽油密度，kg/m^3；

ρ_v——富气实际密度，kg/m^3。

对于分馏塔塔顶油气分离器，气体流速 v 为控制因素，其他诸如液相停留时间、水的停留时间一般都有较大余量。算出的油气分离器内气体流速 v 与 v_0 之间需留有的安全余量。当油气分离器采用双进单出配置时，算出的气体流速 v 可减半处理。

第七节　热工计算

一、再生器内、外取热器

当催化裂化装置再生侧热平衡存在过剩时，需要设置必要的取热设施。该取热设施亦称取热器，设置在再生器密相床层内的为内取热器，设置在再生器外的为外取热器。

（一）传热计算

1. 肋片管传热面积计算

（1）传热面积可按式(6-7-1)计算

$$F = \frac{Q}{K \times \Delta T} \tag{6-7-1}$$

式中　F——蒸发所需传热面积，m^2；

　　　Q——取热负荷，kcal/h；

　　　K——传热系数，$kcal/(m^2 \cdot h \cdot ℃)$；

　　　ΔT——气水混合物与催化剂间算术平均温差，℃。

（2）肋片蒸发管传热面积计算

有肋片面积按式(6-7-2)计算

$$F_L = \frac{D_A + 2 \times h}{1000} \times L_L \times n \times N \tag{6-7-2}$$

式中　F_L——肋片的传热面积，m^2；

　　　D_A——肋片的厚度，mm；

　　　h——肋片的高度，mm；

　　　n——每根蒸发管上的肋片个数；

　　　N——蒸发管的组数；

　　　L_L——肋片的计算长度，m。

无肋部分的传热面积按式(6-7-3)计算：

$$F_w = \left(\pi \frac{d}{1000}(L + 0.12) + \frac{\pi}{4} \left(\frac{d}{1000} \right)^2 - \frac{D_A}{1000} L_L \times n \right) N \tag{6-7-3}$$

式中　F_w——无肋部分的传热面积，m^2；

　　　d——蒸发管外径，mm；

　　　L——蒸发管的计算长度，m。

肋片管蒸发传热总面积：

$$F = F_L + F_W \tag{6-7-4}$$

式中　F——肋片管蒸发传热总面积，m^2。

2. 传热温差

气水混合物与催化剂间算术平均温差可按式(6-7-5)计算：

$$\Delta T = T_c - T_S \tag{6-7-5}$$

式中　T_c——催化剂密相平均温度，℃；

　　　T_S——气水混合物温度，℃。

3. 内取热器肋片管传热系数计算

（1）肋片管传热系数按式（6-7-6）计算：

$$K = \cfrac{1}{\cfrac{1}{\alpha_L} + \cfrac{\delta}{\lambda} + \cfrac{1}{\alpha_s} \times \cfrac{F}{F_n}} \tag{6-7-6}$$

式中　α_s——管壁至水的放热系数（可取值13000），kcal/（m²·h·℃）；

　　　α_L——对整个传热面积的催化剂至管壁的折算放热系数，kcal/（m²·h·℃）；

　　　δ——管壁厚度，m；

　　　λ——管子的导热系数（可取值37），kcal/（m²·h·℃）；

　　　F_n——蒸发管的内侧传热面积，m²。

（2）对于肋片管整个传热面积的催化剂至管壁的折算放热系数按式（6-7-7）计算：

$$\alpha_l = \left(\frac{F_l}{F} E\mu + \frac{F_w}{F} \right) \frac{\phi \times \alpha_k}{(1 + \varepsilon \cdot \phi \cdot \alpha_k)} \tag{6-7-7}$$

式中　E——肋片的有效系数，根据肋片形状及参数β_h及D_l/d计算；

　　　μ——肋片形状系数，对于等厚肋片$\mu=1$；

　　　Φ——肋片表面放热不均匀系数，可取值0.9；

　　　ε——污染系数（可取值0.001），（m²·h·℃）/kcal；

　　　α_k——催化剂至管壁的放热系数，kcal/（m²·h·℃）；

　　　D_l——肋片顶圆直径，mm，其中$D_l = d + 2 \times h$

（3）催化剂至管壁的放热系数α_K

当再生器密相温度在650~700℃范围，再生器表观速度为0.7~1.0m/s时，可取值为300~450kcal/（m²·h·℃）；当温度高时取大值，温度低时应取小值。

4. 实测总传热系数数据

国内一些炼油厂实测水平管总传热系数在300~420kcal/（m²·h·℃）之间，实测垂直管总传热系数在300~450kcal/（m²·h·℃）之间。

（二）水循环计算

1. 自然循环

（1）自然循环的基本方程式

$$P_a + H\gamma_j - \Delta P_{xj} = P_a + H\gamma_s + \Delta P_{sh} \tag{6-7-8}$$

式中　P_a——汽包内饱和蒸气压力，Pa；

　　　H——循环回路的高度，m；

　　　γ_j——下降管中水的密度，N/m³；

　　　ΔP_{xj}——下降管中水的流动阻力，Pa；

　　　γ_s——上升管中气水混合物的密度，N/m³；

　　　ΔP_{sh}——上升管中气水混合物的流动阻力，Pa。

自然循环气水循环流程示意图如图6-7-1所示。

（2）自然循环的计算步骤

① 根据热力计算，首先设计循环回路的结构，确定几何尺寸及位置，进行合理布置。选择流动条件相对苛刻的单管回路作为计算基础。

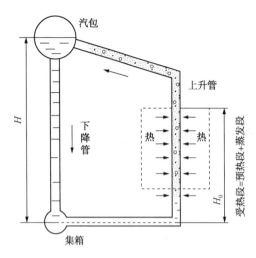

图 6-7-1　自然循环汽水循环流程示意图

② 采用试算法计算回路中各参数，假设三个循环倍率，分别计算出循环流速、流动压头、下降管阻力、上升管阻力和剩余有效压头等。

③ 以循环量为横坐标，压差为纵坐标，绘制图表作循环回路特性曲线。一个循环量值对应相应的下降管阻力和剩余有效压头。根据三组数据作出下降管阻力和剩余有效压头曲线，两条曲线的交点及所对应的流量就是循环回路的实际工作点。

④ 根据过剩热的负荷范围，进行最低热负荷时循环回路的补充校核计算。

⑤ 根据回路各参数，校对回路流动的安全可靠性。

（3）自然循环中的两个重要参数

1）循环流速

循环流速表示回路循环水进入上升管的流动速度。这个参数在循环回路中很重要：循环流速大，水侧放热系数大，受热管冷却效果好，能保证传热管安全使用；循环流速小则水侧放热系数小，传热管壁温上升。

循环流速的大小主要与上升管的受热程度、循环回路高度和循环回路中的各项阻力等因素有关。为了保证取热系统循环回路的安全运行，循环流速最小不能低于 0.3m/s，一般在 0.3~0.8m/s 之间。

2）循环倍率

循环倍率表示在循环回路中单位时间内通过的水量与单位时间内蒸汽产量之比，也就是 1kg 水变成蒸汽需要循环的次数。循环倍率大，表示气水混合物中水的比例大，上升管内流动时可以在管壁形成水膜，传热、冷却的效果好，还可以带走循环水汽化时沉积在管壁的盐分，防止在管壁上形成盐垢，提高传热系数。

循环倍率推荐值：中压为 15~25；次中压为 45~65；低压为 100~200。

（4）循环系统可能出现的不正常现象

1）循环停滞

某根或几根受热管，气水混合物流动速度很慢或不流动，只有蒸汽慢慢上升，在上升管上部，水量更少，大部分是蒸汽泡沫，受热管壁没有一层水膜传递热量，放热系数很低，管壁温度很快升高，容易引起材料破坏。当各上升管几何尺寸相同时，这种现象往往发生在热负荷偏小的取热管上。

2）循环倒流

循环倒流是上升管内的介质反过来向下流动的现象。这种现象往往是受热不均引起的，受热差的上升管密度比受热好的大，因此上升管间形成了压差，如果此时真正的下降管阻力很大，而受热差的上升管向下流动阻力不是很大时，有部分介质就会经过受热差的上升管向下流动，出现倒流。

3）气水分层

当上升受热管分为水平管和倾斜管，且进管循环流速很慢时（低于 0.3～0.5m/s），由于密度差的作用，水在管子底部流动，蒸汽在管子的上部流动，形成了气水分层的现象。

气水分层有一个临界循环流速，大于此速度就不会发生气水分层。

当倾斜角 < 7°时，临界循环流速分别为中压 2.6m/s，次中压 4m/s，低压 4.5m/s；

当倾斜角为 7°～15°时，临界循环流速分别为中压 0.9m/s，次中压 1.3m/s，低压 2m/s。

4）下降管带汽

下降混有蒸汽，使管内密度减小，回路的流动压头降低。同时带汽后使管内成为两相流，容积增大，流速提高，从而使管内阻力加大，对循环的安全性不利。

造成下降管带汽的主要原因是汽包内部结构设计不合理。

5）下降管蒸发

下降管蒸发是下降管内由于受热而产生蒸汽的现象，造成下降管蒸发的原因主要是下降管吸热、下降管内的水欠焓不够而管内阻力过大造成下降管底部蒸发。

6）回路的循环倍率不足

对回路中的循环倍率必须进行校核，对于垂直上升管，其循环倍率最低必须大于 3；对于水平或倾斜受热管，其循环倍率最低必须大于 5。在运行中必须注意取热器超负荷时，可能会造成整个或局部受热管循环倍率不足的问题。

2. 强制循环

（1）强制循环的特点

① 可采用管径较小的蒸发受热管，降低投资；

② 可任意布置受热管的位置；

③ 开停工启动升降速度较快；

④ 由于采用了强制循环泵，增加了设备制造和运行费用。该泵长期在高温高压下运行，且结构相对复杂，需提升设备制造品质，以防受其影响缩短运行周期。

强制循环气水循环流程示意图如图 6-7-2 所示。

（2）强制循环的计算步骤

① 根据热力计算，首先设计循环回路的结构，确定几何尺寸及相互位置；

② 采用三点法选取三个循环流量，中压强制循环的循环倍率一般为 4～8，求出 3 个循环回路的流动阻力，画出回路的水力特性曲线；

③ 选择相应的强制循环泵，得到泵的工作特性曲线；

④ 水循环回路的水力特性曲线和泵的工作特性曲线交点即是循环回路的实际工况点。

二、CO 燃烧炉

催化裂化再生方式有完全再生和不完全再生两种。对于不完全再生烟气中含有约 3%～10%（体）的 CO，需

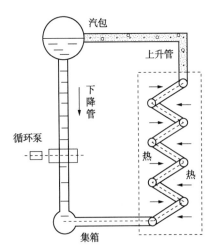

图 6-7-2　强制循环气水循环流程示意图

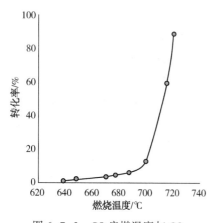

图 6-7-3　CO 启燃温度与 CO
转化率的关系

设置独立的 CO 燃烧炉回收其化学能，同时也起到保护环境的作用。

1. 启燃温度

CO 燃烧温度与 CO 转化率的关系如图 6-7-3 所示[9]。

如图 6-7-3 所示 CO 启燃温度为 639℃，在略高于启燃温度的启燃阶段，其转化率随温度的变化相对平缓；转折点在 700~710℃温度区间，可定义为爆燃温度段，而 639~700℃温度区间可定义为启燃温度段。

2. CO 燃烧反应过程经验动力学方程式

在操作压力 P 和温度 T 下，启燃经验动力学方程式见式（6-7-9）：

$$-\frac{d[CO]}{dt} = 2.72 \times 10^{19} e^{(-267.57/RT)} \times [CO] \times [O_2] \times [H_2O]^{0.5} \times \left(\frac{PT_0}{P_0 T}\right)^{2.5} \qquad (6-7-9)$$

式中　$[CO]$——CO 浓度，mol/mL；

　　　$[O_2]$——O_2浓度，mol/mL；

　　　$[H_2O]$——H_2O浓度，mol/mL；

　　　t——反应时间，s；

　　　P_0——标准状态下的压力；

　　　T_0——标准状态下的温度，℃。

在 710℃以上的高温下，理论上 CO 可在 0.05s 内完成燃烧。为保证燃烧顺利进行，设计 CO 燃烧炉时烟气在炉内的停留时间按 1s 量级取值。设计选择稍长的停留时间可保证足够的烟气混合和燃烧转化率，使炉出口 CO 浓度降低至 100μL/L 以下。

3. 燃料用量

（1）CO 燃烧所需理论空气量计算

$$V_k^o = 4.76 \times 0.5 \times G_{CO} \qquad (6-7-10)$$

式中　V_k^o——理论空气量，Nm^3/h；

　　　G_{CO}——烟气中 CO 流量，Nm^3/h。

（2）CO 燃烧产生的烟气量计算

$$V_y^o = V_k^o \times 0.79 + G_{CO} \qquad (6-7-11)$$

式中　V_y^o——理论烟气量，Nm^3/h。

（3）CO 燃烧输入的热量计算

$$Q = 3.51 G_{CO} \qquad (6-7-12)$$

式中　Q——输入的热量，kW。

根据以上三个公式，经迭代计算可确定 CO 燃烧后的烟气温度，及达到要求的燃烧炉出口温度所需的燃料量。另外，根据实际运行操作，过剩空气系数在 1.5~1.8 为宜。

三、余热锅炉

1. 余热锅炉热力计算的目的

余热锅炉热力计算的目的是根据给定条件，如热物流的组成、性质、流量、进出口温度、给水温度和蒸汽参数等，选定余热锅炉的形式和结构，并确定锅炉的容量、换热面积及换热部件的布置和尺寸。热力计算是余热锅炉设计的基础，完成了热力计算后，就能为水循环计算、强度计算等提供必要的数据和条件。

2. 热力计算步骤

① 根据热物流的组成和参数进行有关物性计算（黏度、导热系数、比容热、焓等）；

② 根据热物流的进出口条件由热平衡计算求出换热量，再确定余热锅炉蒸发量或过热量；

③ 选择余热锅炉的形式和结构，初步布置换热面、排列管束；

④ 计算冷热物流之间的平均温差；

⑤ 确定传热系数，可根据经验或参照同类型余热锅炉，预估传热系数，也可以根据管内、管外两侧的传热系数，计算出总的传热系数；

⑥ 根据传热基本方程式计算传热面积；

⑦ 如果设有 SCR 脱硝段，根据脱硝催化剂最优温度需求，选择温度段并预留空间；

⑧ 校核传热危险区域，主要包括可能超温或超过临界热负荷的区域。

参 考 文 献

[1] T. E. Daubert, Petroleum fraction distillation interconversions[J]. Hydrocarbon Process, 1994, 73(8): 75-78.

[2] 陈俊武，曹汉昌. 石油在加工过程中的组成变化与过程氢平衡[J]. 炼油设计，1990，20(6): 1-10.

[3] 陈俊武. 加氢过程中的结构组成变化和化学氢耗[J]. 炼油设计，1992，22(3): 1-9.

[4] 王松汉. 石油化工设计手册第1卷石油化工基础数据[M]. 北京: 化学工业出版社，2001.

[5] 李文辉，王兰田. 热焓计算及问题讨论[J]，炼油设备设计，1983，(6): 41-46.

[6] Bhattacharyya J A, Woltermann G M, Yoo J S, et al. Catalytic SO_x abatement: The role of magnesium aluminate spinel in the removal of SO_x from fluid catalytic cracking (FCC) flue gas[J]. Ind Eng Chem Res, 1988, 27(8): 1356-1360.

[7] 周晓猛. 烟气脱硫脱硝工艺手册[M]. 北京: 化学工业出版社，2016.

[8] 梁亮，全明. 浅析催化裂化装置余热锅炉烟气脱硝的技术要点[J]. 石油化工安全环保技术，2012，28(4): 52-64.

[9] 张德姜. 石油化工装置工艺管道安装设计手册[M]. 北京: 中国石化出版社，1994.

[10] 陈安民，张福诒. 催化裂化再生烟气 CO 器外燃烧技术及其应用[J]. 1995.

第七章　催化裂化专有设备

第一节　主　风　机

催化裂化装置中的主风机承担两项基本任务：一是为烧焦供氧；二是保障再生器压力，它的平稳运转对催化裂化装置长周期、安全、平稳运行起着至关重要的作用。

主风机的型式根据装置规模分为两类，处理量较小的装置主要采用离心式主风机，处理量较大的装置普遍采用轴流式主风机。2020 年，我国已建成多套公称规模超过 4.0Mt／a 的催化裂化装置，轴流机的使用已十分普遍，目前在新建装置中采用离心式主风机已较为少见。下面分别介绍这两种形式的压缩机，并以轴流式为主进行介绍。

一、轴流式压缩机

（一）轴流式压缩机的性能曲线

图 7-1-1 以某 AV90-12 为例介绍轴流机的性能曲线。

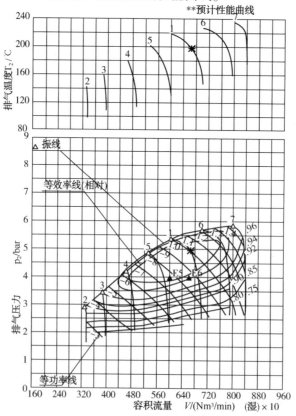

图 7-1-1　年平均气温条件下的预计性能曲线

基准点(*)参数, 对于曲线 1 如表 7-1-1 所示。

表 7-1-1　基准点(*)参数

项目	数据	单位	项目	数据	单位
风机转速	3650	r/min	内功率	27674.93	kW
质量流量	142.855	kg/s(湿)	容积流量	118.421	Am³/s(湿)
进气压力	0.98	bar(绝)	进出压比	5.0252	
进汽温度	9.0	℃(对应年平均)	相对湿度	0.66	(对应年平均)

对于不同的曲线, 其静叶角度见表 7-1-2。

表 7-1-2　静叶角度表

曲线 1	曲线 2	曲线 3	曲线 4	曲线 5	曲线 6	曲线 7
60°	24°	30°	40°	50°	70°	79°

如果将年平均性能曲线与冬季、夏季的性能曲线进行叠加, 可形成图 7-1-2。

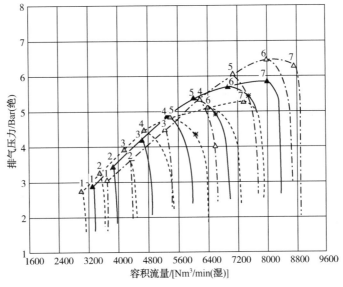

图 7-1-2　三个季节叠加后的预计性能曲线

注: 序号 1~7 代表不同静叶角度(22°~79°)

其中虚线为夏季, 温度为 24.7℃; 其中细线为年平均, 温度为 9℃; 其中粗线为冬季, 温度为-13.7℃。从图 7-1-2 可以发现:

① 同一压缩机在转速保持不变的情况下, 在冬季、年平均和夏季, 要达到同一主风量, 需调节到不同的静叶角度。例如, 如需主风机提供 6600Nm³/min(湿)的风量, 出口压力在 0.4MPa(绝), 见图 7-1-2 中的倒三角, 对应冬季, 其静叶角度为 40°; 而对应夏季, 其静叶角度需调整到约 64°。

② 同一台压缩机, 在转速不变情况下, 在夏季工况, 当静叶角度在 64° 下出口压力为 0.4MPa(绝)时, 可提供 6600Nm³/min(湿)的风量; 而在冬季同样的静叶角度和出口压力

下，可提供约 8400Nm³/min（湿）的风量。

（二）轴流式压缩机组的静叶调节系统

轴流压缩机的静叶调节有传统的气缸驱动，也有液压驱动。随着装置处理量的增大，轴流压缩机出口流量的增大，在静叶调节方式上，液压驱动先是取代了气缸驱动，近期电液执行机构逐渐成为更主流的调节方式。

1. 液压式执行机构

液压式静叶调节系统通常由动力油站、伺服马达、伺服阀和动力油管路等组成。在使用过程中，经常出现执行机构动作不灵活、伺服阀卡涩、静叶漂移和动力油系统渗漏等现象。主要有下面几类隐患：

① 动力油站漏油会污染环境，严重时会使液压系统失去动力，伺服阀失控，造成静叶不能调节。

② 动力油站的油质受环境影响较大，容易脏和老化，导致伺服阀卡涩。

③ 伺服阀卡涩会使静叶漂移，造成高炉鼓风量不能调节或突然增大或减小，使高炉风压波动，严重时会造成高炉塌料或冒顶。

④ 动力油站需要经常维护，如油质检测、油液过滤、更换油液或滤芯、伺服阀清洗等，维修工作量大、费用高。

2. 电液式执行机构

电液执行机构结构简单，无需外接油源和管路，彻底解决原系统油液污染导致的伺服阀卡涩问题，静叶漂移问题。它的主要优点有：

① 集成型模块化结构，无管路连接，无外供油源或气源，取消了庞大的液压油站系统，消除了漏油渗油等安全隐患。

② 采用专利的流量配对系统，取消了伺服阀等液压阀组，解决了伺服阀卡涩、静叶漂移等问题。

③ 液压油在全封闭的环境内流动，彻底解决因液压系统开放式循环导致的油液污染问题。

④ 不需要过滤和更换液压油，不需要过滤器、空气滤清器和冷却器，减少了备件费用。

⑤ 风机静叶保持原位时，其电机不工作，节约能源。

⑥ 基本免维护，降低了人力成本。

⑦ 可以在线维护，在不停机的情况下，更换零件。

（三）轴流式压缩机防阻塞控制

陕鼓动力股份有限公司（陕鼓公司）引进瑞士 Sulzer 技术开发生产的轴流式压缩机，在早期是没有设置防阻塞控制的，近期陕鼓公司对其 AV 系列轴流式压缩机产品增加了防阻塞控制。该控制需要将原来主风机出口单向阀下游的电动切断阀，改为气动调节蝶阀，将该阀的作用从切断型改为调节型，不仅可以实现切断功能，也可用于防阻塞控制。

（四）轴流压缩机的性能改进

提高轴流压缩机的单级压比，一直是轴流压缩机设计者追求的主要目标之一。

轴流压缩机的研发方向为：开发出新的叶型，提高单级压比，减少轴流压缩机的级数，缩短轴流压缩机的轴向尺寸，从而降低压缩机的单机质量。Man 透平公司的最新机型 AG-MAX1（如图 7-1-3 所示）在国内几家钢厂落户投用，极大地提高了轴流压缩机制造厂的研发力度。Man 透平公司将高功率密度压缩机与工业大容量压缩机(具有更大的稳定工作范围)的优势相结合，压缩机功耗得以显著降低，整个工作范围内的喘振问题也得到有效缓解。此外，全新的转子动力学设计对压缩机壳体结构产生了重大影响：转子级数变少，所需叶片数量更少，转子重量更轻，轴承体积更小，最终实现了整机的轻量化和紧凑化。

图 7-1-3　Man 透平研发的 MAX1 机型

(五) 焊接机壳的研发

目前，陕鼓公司设计制造的轴流压缩机依然使用的是铸造机壳，铸造机壳稳重、厚实，但给基础设计、机组安装和检维修带来了不少的麻烦。随着装置大型化，机组型号也在不断变大，特别是 AV100、AV90、AV80 这类大型化的机组，焊接机壳的研发就显得特别重要。

采用焊接机壳后，整机质量显著减轻，使得基础顶板的厚度尺寸减薄，基础的立柱截面积减小，进出口管道的布置更加宽松，如图 7-1-4 所示。但焊接机壳也有它的缺点，就是其噪声将会比铸造机壳大。

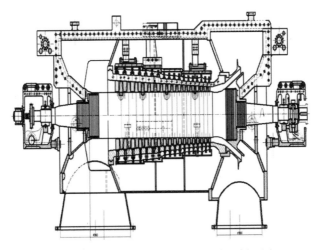

图 7-1-4　焊接机壳的轴流式压缩机剖面图

二、离心式主风机

在役的催化裂化装置与极少数新建小型催化裂化装置仍会用到离心式主风机。

一般来说离心式压缩机与轴流式主风机以风量为 2000Nm³/min、排气压力为 0.45MPa（绝）为界。由于缺乏向大型化延伸的研发需求，离心机技术进步较慢，对于离心风机最显著的技术进步就是三元叶轮的设计。大能量头叶轮的采用，使得原来的较大机型可选择减少一级叶轮，从而缩短轴向距离，甚至将叶轮直径降至一档甚至两档，再通过提升转速，以实现大机型才能达到的流量和压比。

其他方面，无论是选材，还是结构上，受风量的限制没有显著突破。

三、增压机

传统的增压机从主风机出口管道上，引出约 5%~8% 的主风，经单级悬臂式增压机增压 60~110kPa 供外取热器使用。此类增压机组，更接近一台大泵。

在改造装置或新建大型装置中，也采用过直抽大气模式的增压机。此类增压机名为增压机，实际上是一台小主风机。此类增压机风量分界为 1200Nm³/min（湿），在该风量之下，仍选用离心式风机；在该风量之上，可选用轴流风机。

此外，中石化洛阳工程有限公司与陕鼓公司近期合作研发了一款混流式轴流压缩机，在一台机上可以实现主风机和增压机两种功能。

轴流式主风机大多为 12 级左右，主风机出口压力在 0.4~0.46MPa（绝），增压机的风量为 250~400Nm³/min，出口压力在 0.47~0.56MPa（绝）左右。该设计将轴流式压缩机增加一级，新加的一级为离心式压缩机，可通过流道设计，把需要增压的部分通过一级大压比的离心叶轮实现增压，在轴流风机的末端设置两个排气口，一个为正常的主风出口，另一个为增压风出口。

混流式主风-增压机组的优点主要有：

① 少了两台一开一备的增压机组，设备数量减少，平面布置简化。

② 减少了从主风机出口管道引风到增压机的工艺管道和阀门。

③ 减少了润滑油，冷却水等的消耗。

目前，在 AV56 机型上已经完成了"轴流机-增压机一体化"方案设计，已完成气动、结构、转子动力学、成本分析等方面的细化工作，解决了两机转速匹配等问题。

但目前尚未有实际产品投用商业运行。

四、主风机组总成进展

关于机组总成，近期有下面几点技术进步。

（一）机组扭转临界转速计算

根据 API617 标准，轴系扭转临界转速至少应避开工作转速的 ±10%，且应避免二倍频与临界转速重合，此外，通常还应避开电网频率 ±10% 的区域。

因此，当进行催化裂化装置的三机组设计时，都会要求总成方提供一份"机组扭转振动自振特性计算分析报告"。这份报告中会给出三机组整个轴系运行以及脱开烟机时的两机组运行两种工况下的计算结果及操作裕度，并分别给出各阶临界转速及其对应振型的计算结果。

关于新建机组的扭转临界转速计算，都比较重视，在机组的设计审查会议期间，会有一个专门的话题讨论计算结果。同时在烟机冲转全机组启动过程中，尽量避开在一阶和二阶临界转速附近停留暖机，以免产生危害。

但对于现有机组的改造，不论是风量调整导致的压缩机通流部分改造，还是烟机流量变化引起的通流部分改造，甚至联轴器型式的更换，驱动主电机的功率变化，都会引起机组轴系沿轴向回转质量的变化，这就要求我们必须重新对机组改造后的扭转临界转速进行分析计算。

但在计算中往往会遇到资料缺失，如：联轴器的资料缺失、主电机力学模型资料的缺失、齿轮箱高低速转子力学模型资料的缺失、烟机转子简化力学模型的缺失，以及主风机简化力学模型资料的缺失等。无论缺失其中哪一项，轴系扭转临界转速的计算都进行不下去。即便存在各种困难，也需向完成试验方向努力，因为心存侥幸而不做扭转临界转速计算，会给今后的机组运行留下安全隐患。

（二）关于烟风联轴器中扭力计的选用

如果不采用数值模拟，在利用不同公式计算烟机功率时难以得到精确的结果，或者计算出不同的结果，互相难以说服。针对这种情况，2010年之后新建的催化裂化装置，开始引入扭力计设计，即在烟气轮机和主风机之间的联轴器上，增设扭力指示，它能够实时在机组控制系统中显示出烟风联轴器的转速，传递扭矩，传递功率以及联轴器护罩内的温度等指标。

带扭力指示的联轴器承设有两个套筒，受扭矩时两个套筒会产生一个扭转位移，该位移通过交错齿轮相对位置的变化显示出来，最终反映出联轴器中间节承受的扭矩大小。交错齿轮位移变化（也是相位变化）可通过单极传感器测得一连串的脉冲信号（转速信号）。当联轴器承受扭矩时，如图7-1-5所示的两个套筒之间会产生一个扭转位移，此时的脉冲信号与零扭矩时的脉冲信号存在一个相位差，通过计算转换，可得到转速、扭矩和传递功率，再将检测到的实际环境温度纳入进行修正，就可以得到烟机回收功率的瞬时值。传感器相位变化如图7-1-6所示。[1]

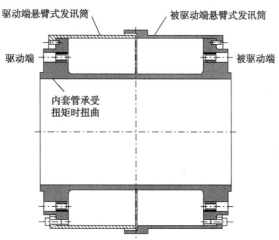

图7-1-5　交错齿轮示意图

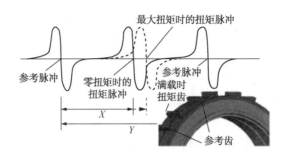

图 7-1-6　传感器相位变化

　　测量出的烟机回收功率不仅可以校验烟机效率，也可用于监控烟机的日常运行及突发事故的监测，有利于机组安全、长周期、高效率地运行。

第二节　烟气轮机

　　烟气轮机(简称烟机)是将催化再生烟气中蕴含的热能转换成机械功的旋转设备，属于典型的透平机械。烟机英文 Flue Gas Expander(烟气膨胀机)更好地诠释出烟机的工作实质，烟机是利用高温烟气在烟机内膨胀降压时向外输出机械功的，同时也使通过烟机后的烟气温度有所降低。

　　催化再生过程产生高温烟气，带压的高温烟气推动烟机做功，若处于同一轴系，烟机产生电能可用于降低主风机组用电，在最理想的情况下，烟机做功发电大于主风机组耗电进而实现三机组发电。

　　从能量高效利用角度上，把烟机和后续的余热锅炉装置看成一个整体，可以更全面地衡量烟机在节能方面的贡献。烟机的排气温度(490～550℃)与中压(4.0MPa)或次高压(6.4MPa)蒸汽动力循环，即朗肯循环的最高温度相接近。烟机的排气进入到余热锅炉仍然可以很好地发生蒸汽，将烟机和余热锅炉结合起来，形成一种工质初始温度高而最终放热温度低的烟气-蒸汽联合循环。在这个能量回收系统中再生烟气的热能从高品位到中低品位被逐级利用，形成了能源的梯级利用。

　　由于烟机的工作介质为高温气体(650～735℃)，而烟气中还含有一定数量的催化剂颗粒，因此烟机设计需满足耐高温、耐腐蚀、防冲蚀和防结垢等需求。烟机相对于其他透平设备，其工作环境更为恶劣，更容易发生运行故障。而在这些运行故障中，烟机流道的结垢及动叶片叶根断裂是目前最为突出的两大问题；另外，随着装置规模趋向大型化，烟机的功率也相应较大，在规模效应作用下，烟机的效率的小幅度提升也能带来相当大的经济效益。因此，烟机的长周期安全运行和高效节能对于烟机的设计者来说是目前最为重要的两大研究课题。

一、烟气轮机结构点

　　世界上绝大多数的烟机在结构上都采用了一种轴向进气、径向向上或向下排气的垂直剖分壳体结构，其转子为悬臂式转子，如国产 YL 型和 TP 型、Elliot 公司 TH 系列、美国的德莱塞兰公司和 GE Conmec 公司 E 系列等。烟机从级数上可分单级和双级两种，图 7-2-1 与

图 7-2-2 分别为双级烟机的 3D 剖面图与 YL 型烟机外形图。

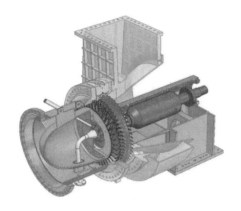

图 7-2-1　YL 型烟机 3D 剖面图　　　　　图 7-2-2　YL 型烟机外形图

烟机采用轴向进气，可以使烟气进入烟机静叶时更为均匀稳定，保证烟气中的催化剂颗粒的均匀分布，避免径向进气时由于气流转向的惯性分离作用而使催化剂颗粒分布不均，减少烟机的磨损和结垢，同时轴向进气结构也有助于减少气流在烟机进气壳体中的压力损失。烟机的进、排气机壳采用垂直剖分结构，保证进、排气壳体各自成为一个整体。进气和排气壳体依靠大法兰连接，这些大法兰具有很好的刚度，而且法兰这种环形结构具有很优秀的对称性，也可减少机体的变形，使得机壳热膨胀相对均匀，这一点对于热机尤为重要。轴向进气径向排气的垂直壳体剖分结构，使得烟机转子成为了悬臂式转子，其优点是烟机的冷热部件易于分离，烟机结构也变得简单，对于降低烟机的故障率十分有利。

国产 YL 型单级烟机的结构如图 7-2-3 所示，主要由转子、进气机壳、静叶组件、排气机壳、轴承箱及轴承、底座、轴封系统和轮盘冷却系统等部分组成，其中转子由主轴、轮盘和动叶片组成。为防止高温催化剂冲蚀叶片表面进行了耐磨层的喷涂。

YL 型烟机转子，通常采用刚性转子，意味着其一阶结构临界转速比工作转速高 20% 以上。高温部件如轮盘和动叶片采用高温镍基合金 GH864（美国牌号 Waspaloy）锻造而成，图 7-2-4 为该材质在不同温度下的机械性能。静叶片采用了高温的铸造镍基合金 K213。流道涂层一般采用长城一号（C-1）或长城 33 号（C-33）涂层，其中长城 1 号为合金基涂层，采用等离子喷涂工艺，长城 33 号为金属陶瓷基涂层，采用爆炸喷涂工艺。

单级烟机结构简单，维修方便，但效率低于双级烟机。双级烟机是在单级烟机基础上增加了第二级轮盘和动叶片，同时增加了第二级静叶组件，流通热部件增加了一倍，双级烟机效率高，烟气流速低，对叶片的冲蚀较小，但催化剂易在叶片和级间等部位产生堆积结垢现象，使稳定性变差。因此双级烟机的故障率高于单级烟机。

二、烟气轮机工作原理

烟机是一种简洁的轴流式透平机械，图 7-2-5 是一个单级 YL 型烟机的流道图，图中截面 a 为烟机入口，截面 b 为烟机出口，截面 0 为烟机静叶入口，截面 1 为烟机静叶出口，也是烟机动叶入口，截面 2 为烟机动叶出口。

当烟气由入口（截面 a）进入烟机的进气机壳时，通过进气壳体和内锥体组成流道均匀加

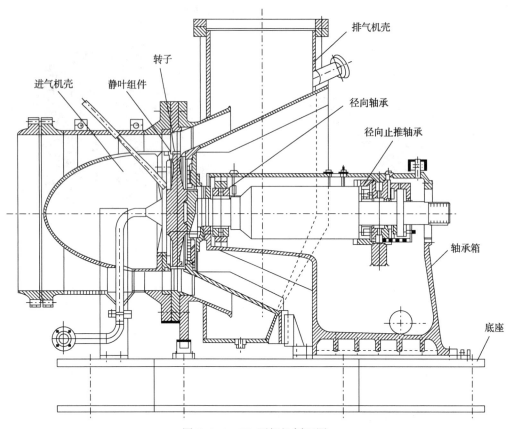

图 7-2-3　YL 型烟机剖面图

速，气流从截面 a 的 30~50m/s 加速到静叶入口（截面 0）的 80~100m/s，在这个膨胀过程中，压力和温度都会有小幅降低，如图 7-2-6 所示。当气流进入静叶栅时，由于静叶栅为喷嘴结构，烟气在静叶栅内剧烈膨胀，压力从 P_0 降到 P_1，温度从 T_0 降到 T_1，静叶出口气流速度 C_1 也会大幅提高，达到 500~700m/s，甚至会超过此条件下的音速。静叶栅内部膨胀过程的焓降占到烟机总焓降的 50% 以上，通常达到 70%~90%，烟气中的这部分焓降（热能）转化为气流速度的动能到达静叶出口（截面 1）。当烟气从动叶入口（截面 1）进入动叶通道后，一方面气流作用在动叶片本身上的冲击力冲动叶轮旋转，将其在静叶中所获得的动能转换为动叶上的机械功；另一方面，动叶栅本身也是一种收缩通道（如图 7-2-7 所示），将烟气经过静叶膨胀后剩余那部分 10%~30% 的焓降进一步膨胀，对动叶产生一个反作用力。这样，具有一定动能的气流不仅对动叶片产生冲动力，而且由于气流在动叶流道内继续膨胀，气流对动叶片施加了一反作用力，在两个力的合力作用下推动叶轮旋转，产生机械功，动叶出口的气流速度大为降低，使压力和温度都有所降低。烟气从动叶出口（截面 2）进入排气壳体进行扩压后从烟机出口（截面 b）流出，这个过程是烟机流道中的唯一的压缩过程，尽管压缩量很小，气流在排气机壳内会进一步地降速和升压（静压升压）以便将烟气排出机壳，相比于动叶出口其温度也会有略有增加，从这个过程中可以看到，烟机流道内部压力最低的位置是在动叶的出口（截面 2），而不是烟机的出口（截面 b）。

　　另一个有趣的现象是动叶入口（截面 1）的气流速度 C_1 远大于动叶出口（截面 2）的气流速

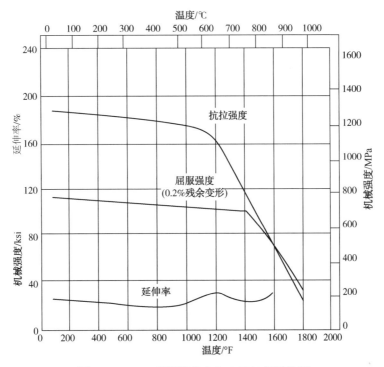

图 7-2-4　YL 高温镍基合金 GH864 机械性能

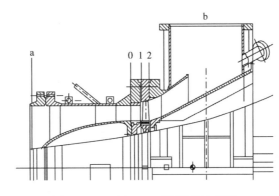

图 7-2-5　单级 YL 型烟机的流道图

度 C_2，看似与气流在动叶栅中膨胀相矛盾。其实，动叶片围绕着轮盘轴心以圆周速度 U 作周向旋转运动，如果观察者与动叶片一起做旋转运动的话，所观察到的动叶入口速度已经不再是 C_1，而是相对速度 W_1，而 C_1 则为绝对速度，所观察到的动叶出口速度也不再是绝对速度 C_2，而是相对速度 W_2。这就是著名的透平级的速度三角形，如图 7-2-7 所示。动叶入口（截面 1）的气流相对速度 W_1 小于动叶出口（截面 2）的气流相对速度 W_2，气流在动叶栅中依然是膨胀的。

三、烟气轮机结垢与动叶片断裂

(一) 烟机结垢

近年来烟机的催化剂结垢现象成为影响烟机长周期安全运行最主要的因素，根据中国石

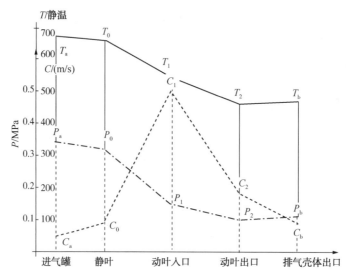

图 7-2-6　流道内烟气温度压力和速度典型分布

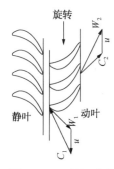

图 7-2-7　烟机进步
的速度三角形

化 2006 至今的数据统计[2]，由于烟机结垢造成的烟机故障占到了各类烟机停机故障的 3/4。而烟机结垢的关键原因在于三旋出口烟气中含有较高浓度粒径<2μm 的超细粉催化剂颗粒。对于轻微结垢或不结垢的烟机，三旋出口烟气中催化剂粒径<2μm 细粉的比例在 56% 以下，对于结垢严重的烟机，其三旋出口烟气中粒径<2μm 细粉的质量百分数可达到 67% 的水平。该数据表明烟机入口超细粉浓度和质量百分数对烟机结垢影响很大。

此外，烟机轮盘冷却蒸汽的温度及流量和烟机入口温度等因素也对烟机结垢有较大的影响，轮盘冷却蒸汽温度越低、流量越大越容易结垢；烟机入口温度越高，烟机结垢发生的比例越小；反之，烟机入口温度越低，烟机结垢的比例越高。

催化剂结垢严重的部位通常在动叶片内弧面的中后部位、动叶围带和静叶内弧中后部位，烟机动叶片内弧面的中后部位和动叶围带处的结垢一般比较松软，称为"软垢"，在烟机停机降温时会自行脱落。但也有的结垢比较坚硬，称为"硬垢"，需在检修时进行手工机械清理，甚至坚硬如陶瓷，须用金刚砂轮进行打磨。

当催化剂在动叶片上形成结垢，垢层有不断增厚的趋势，且初期结垢较为均匀，反映在烟机的振动值上的变化不大，或者振动值缓慢增大。但随着运行时间增加，气流冲刷或工况波动可导致结垢层的局部脱落，动平衡遭到破坏，烟机的振动值会瞬间增大，反映在振动频谱上主要是一倍频的增大，同时也会伴随着转子相位而变化，严重时会导致振动超标甚至非计划停工。

当催化剂在动叶围带部位结垢时，结垢层随着时间不断的积累，且垢样存在不同颜色的分层，说明结垢是逐渐形成的。当结垢层厚到可以接触到动叶顶部时，动叶顶部与围带结垢的摩擦，轻则引起烟机的振动加剧，重则导致烟机动叶叶根疲劳断裂，严重影响烟机的长周期安全运行。从振动频谱来看，除了一倍频的增大以外，还会产生许多高倍频幅值的增加。

而在静叶上形成的垢样，可清楚地显示出冲刷痕迹，当催化剂在静叶上形成结垢，通常不会造成烟机的机械运行故障，但会影响烟机的通流能力，使烟机的轴功率逐渐下降，体现在操作中就是双动滑阀的开度会逐步增大。

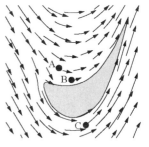

图 7-2-8　动叶栅的气流速度的矢量分布图

为了更好地分析烟机结垢的机理，首先需要了解烟机动叶的流场分布，图 7-2-8 是动叶栅的气流速度的矢量分布图，当气流离开静叶，气流通过一小段的缓冲后流动相对均匀，在动叶旋转坐标系中，气流被动叶前缘分离为两路，一路流向动叶内弧面，另一路流向动叶背弧面。由于内(凹)弧的曲面相对于背(凸)弧面的展开直线要短，内弧面的气流速度也会比背弧的气流速度慢，根据能量守恒定律内弧面的压力也会比背弧的压力大，内弧面的温度也比背弧的温度高。内弧和背弧的差压正是推动叶轮旋转做功的动力。

烟气中的催化剂颗粒随烟气气流在烟机的流道中运行，但由于催化剂固体颗粒存在质量惯性，其运行到烟机叶栅等曲线流道时，产生了延曲线切线运行的趋势。如图 7-2-8 所示，催化剂颗粒 A 和颗粒 B 存在向动叶片内弧表面运动倾向，而在背弧处的催化剂颗粒 C 就存在远离动叶叶片的趋势。

这样就造成了动叶内弧面中后部分催化剂浓度比较高，催化剂沉积速率增大，这一点从动叶栅的气流速度分布图中不难理解。由于内弧面对于动叶入口的气流形成了很大的迎风截面，气流沿内弧曲面弯折时，烟气中携带的催化剂固体颗粒会沿着这条气流流线的曲线切线在惯性的作用下冲向叶片内弧中后部，从动叶催化剂沉积速率图 7-2-9 中可以得到证实。而内弧靠近前缘的部分迎风面积不大，曲面更倾向于顺气流方向排列，动叶内弧前缘这一部分催化剂颗粒的沉积量也比较小。同样，对于动叶背弧，如图 7-2-10 所示，靠近前缘的那部分迎风面积较大，沉积区域也主要集中在叶片的前部，尤其是在入口处沉积速率相对较大，但与动叶内弧面中后部分催化剂沉积速率相比还是少了一个量级。

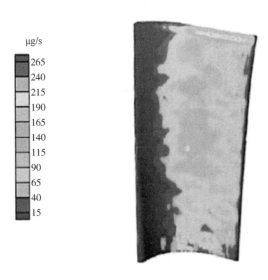

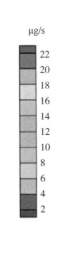

图 7-2-9　催化剂在动叶内弧的沉积速率　　　　　　　图 7-2-10　催化剂在动叶背弧的沉积速率

　　同理，烟机静叶片内弧的中后部分催化剂浓度也是比较高的，内弧面的气流速度也会比背弧的气流速度慢，内弧面的温度也比背弧的温度略高，为烟机的静片结垢提供了条件。与动叶相比，静叶片所处的环境温度要高，又由于低温（180～60℃）的轮盘冷却蒸气注入在静叶之后，静叶所处的环境水蒸气含量比起动叶也会少许多。

　　气流在叶片和围带等壁面相邻的区域产生一个速度梯度，越靠近壁面的气流速度越低，温度也越高。附于固体表面的这层流体在流体力学中被称为附面层，而烟机结垢的过程正是在这个附面层内发生的。动叶围带部位（叶顶间隙），由于动叶片旋转离心力作用，也是催化剂浓度比较大的区域，催化剂的沉积速率也比较大，气流速度受静止动叶围带壁面的影响较低，导致该区域更容易结垢。

　　许多人尝试探索催化剂在烟机结垢的机理，有文献[3]针对三旋回收细粉进行研究，在不同温度进行焙烧，观察高温焙烧对催化剂细粉的微观结构造成的变化。三旋细粉虽然在粒径上大于烟机入口的催化剂颗粒，但是在可大量获取的催化剂中是最接近烟机中的超细粉的一种，只是粒度大了一个量级。

　　当温度大于600℃时，三旋细粉中单个催化剂颗粒表面出现熔融现象，其熔融的程度相比500℃时明显增加，这个熔融过程被称为溶解收缩。加热使固体颗粒发生晶相变化，产生新的液相并开始溶解，催化剂表面出现明显的融合状态。当温度达700℃时，开始出现玻璃相，随温度进一步升高，大部分孔道被填充形成玻璃相致密结构。在1000℃时晶相完全消失，这个阶段被称为致密化阶段。此时晶体结构遭到破坏，细粉表面被熔融态金属盐所覆盖，密度达到或者接近陶瓷密度。

　　另有研究[4]，如果颗粒直径减小，且在金属氧化物富集和高温水热环境下，可强化细粉烧结过程。由于烟机内超细粉有更小的颗粒直径（<2μm）和更大的表面积，存在高温水热环境及金属氧化物，具备缩短烧结过程的条件，提升了烧结速率，有可能实现将烧结温度降低150～300℃。

　　这些研究也从烟机的垢样研究中得到了证实，当把平衡剂、三旋细粉和烟机垢样做比较时，发现烟机的垢样更为密实，垢样的比表面积和孔容率也更小，如表7-2-1所示。从X射线衍射图谱（见图7-2-11）可以看到，平衡剂的铝和硅谱系分峰清晰，与氧的配位完整，晶体结构良好；三旋细粉的铝和硅的配位结构遭到了部分破坏，三旋细粉峰强度比平衡剂明显减弱；而烟机的垢样未出现明显的晶相峰[5]。

表7-2-1　平衡剂、三旋细粉和烟机垢样的比表面积和孔容数据

项目	平衡剂	三旋细粉	烟机垢样
比表面积/（m²/g）	131	89	20
孔容/（mL/g）	0.155	0.107	0.04

　　对于垢样进一步研究发现烟机垢样的化学成分虽然依然以催化剂细粉为主，但烟机垢样均存在一些金属或非金属元素的富集，尤其是 S、Ca、Fe、Sb 的富集。将烟机垢样与平衡剂进行元素比较时，发现烟机结垢与金属含量密切相关。例如，当平衡剂铁质量分数大于6000mg/kg 时烟机均存在结垢问题，而铁质量分数小于3000mg/kg 的烟机均未发生结垢。表明催化剂的铁污染对烟机结垢影响很大

　　另外，在垢样的表面和断面硫的富集程度不同，越靠近叶片（即垢样存在时间越久）的

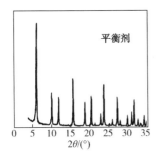 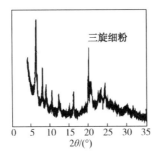 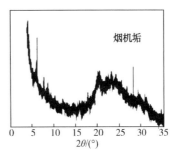

图 7-2-11　平衡剂、三旋细粉和烟机垢样 X 射线衍射图谱

部位硫含量越高。这种酸性物质富集表明，烟机垢样的形成除了范德华力吸引以外，还可能在熔融烧结的初期阶段，具备吸收烟气中的酸性物质（如 SO_x）的能力。

小结：

烟机结垢最关键的条件是高浓度和高质量百分数的催化剂超细粉颗粒的存在，从烟机的剖面图（见图 7-2-3）可知，烟机内部存在最小的流道截面，在催化剂在富集过程中，由于流场原因，动、静叶的内弧面中后部分和动叶围带是催化剂沉积速率最大的部位，同时，附面层的流体特性也决定了这些部位的气流速度较低，为超细粉在这些部位的沉积滞留创造了条件。

除了流场惯性和附面层特性，范德华力（包括静电吸附力）也促进了这一沉积过程，随着催化剂黏着沉积层不断增厚，结垢表面出现熔融态，催化剂细粉颗粒因为液相的黏结作用而逐步形成块状垢样。结垢表面薄层中的 Ca 和 Fe 等金属元素较高，吸收烟气中的酸性物质（如 SO_x 等）形成了熔融态盐类化合物，并逐渐富集起来，进一步黏结和捕获那些催化剂的超细粉。

在烟机内部存在高速的催化剂细粉的撞击，由其动能可瞬间转化为 20~30℃ 的温升。此外，烟机内静叶处的工作温度是最高的，在静叶片上的结垢也最为松软，通常可在停机冷却过程中自然剥落。符合上文所述的温度与结垢的关系，"烟机入口温度越高，烟机结垢发生的比例越小"，说明熔融烧结需要一个较高的初始温度，但更高的温度反而不利于这一过程，太高的温度会使得这些金属化合物变得不那么黏稠，降低了对于催化剂超细粉的捕捉能力。

（二）烟机叶片断裂

虽然烟机动叶片断裂发生的概率远低于烟机结垢，但此类事故带来的损失往往是巨大的。当动叶围带结垢充满动叶顶部间隙时，摩擦导致叶根疲劳断裂是由结垢导致叶片断裂的极端实例。

此外，烟气气流（包括催化剂）的一次流和二次流磨蚀是烟机叶片疲劳断裂的另一个主要原因，这些气流的冲蚀使叶片产生了局部破损，如果这个破损发生在敏感部位，就成为了疲劳断裂的裂纹源，随着裂纹的不断扩展，最终造成疲劳断裂的事故。

制造中的质量控制不严或不合理也是产生叶片断裂的重要原因，制造质量控制包括烟机叶片的材料质量控制、热处理工艺控制及机加工质量控制，20 世纪 90 年代末由于叶片热处理制度调整不当，出现过许多起叶片断裂事故。

最后一点是烟机叶片自振频率的控制，当叶片自振频率与气流的激振相近时，就会因叶片自振而发生叶片断裂，而发生断裂位置与叶片相应的自振频率的振型一致，比如发生在叶身 1/3 处或叶顶出气边的尖角处等，这需要在设计时加以避免。

四、烟气轮机的技术进展

针对上述烟机长周期安全运行所遇到的问题，为了提高烟机运行效率，近年来开发了许多的新技术。如叶根保护、马刀叶型、可调导叶、软叶顶和高效排气机壳等新技术，同时也开发了烟机转子振动敏感性分析和叶片工作状态下的动频分析等新技术软件，在提高烟机运行可靠性的基础上，也提升了烟机的运行效率。

图 7-2-12　动叶片与轮盘连接形式

（一）叶根保护技术

动叶叶根承担叶片与轮盘的连接工作，如图 7-2-12 所示，叶根形状宛如枞树，具有很好的承载能力，被称为枞树型叶根。叶片位于转子旋转半径的最大处，当转子旋转时，单个叶根不仅要承受叶片自身产生的十几吨到几十吨的离心力，还要承受气流产生的弯力矩。

尽管烟机已经采用了承载能力最好的枞树型叶根，并且动叶叶根榫齿理论上有着相当大的安全裕度，但仍然无法避免动叶叶根榫齿为烟机旋转部件中强度最薄弱的部件。

特别是现今单级大焓降烟气轮机的设计，选取了较高的轮周速度以提高轮周效率，使得动叶叶根榫齿强度裕度更进一步减小。当加工或材料本身有一些瑕疵时，或者烟机结垢产生动静碰磨时，叶根榫齿高应力区容易产生疲劳裂纹源，并可能最终导致叶片断裂。

降低枞树型叶根处的工作温度，提高其许用强度，是提高叶根承载能力简便和有效的方法。

老式叶根的冷却方式如图 7-2-13 所示，轮盘冷却蒸汽需沿轴向从轮盘中心进入，之后流经静叶组件、轮盘和动叶片。在压力差和轮盘转动带来的离心力的作用下，蒸汽会分为两路：大部分进入烟气流道；小部分经过动叶榫齿和轮盘榫槽的间隙，实现冷却叶根的作用。这小部分的烟气在通过间隙前已被烟气加热，冷却效果会有所降低；还可能在通过间隙时携带催化剂颗粒，缩小或堵塞流道，导致实际冷却效果会大打折扣。

如图 7-2-14 所示新型叶根保护技术巧妙地解决了上述问题。其技术是将动叶片幅板延长，与新增设的静叶蜂窝封形成一道密封，进行了蒸汽拦阻，将原来开放的轮盘冷却蒸汽通道改为蒸汽腔，蒸汽腔的气体压力高于原开放式通道。由于叶根在蒸汽腔内，叶根处可能存在的烟气被有效地拦截；动叶榫齿和轮盘榫槽间隙的流道（叶根冷却通道）中会有更多的蒸汽流过，因此不易造成通道间隙阻塞，叶根得到了更好的冷却，提高叶根的强度裕度。

新型叶根保护技术的优势主要体现在以下几个方面：

① 冷却技术的应用使得轮盘冷却蒸汽更加有效地用于冷却动叶叶根，从而降低动叶叶根温度，提高叶根的许用强度，保护动叶叶根；

② 进入叶栅流道的冷却蒸汽量显著减少，减少冷却蒸汽对烟机流场的干扰，提高烟机

的效率；

③ 进入叶栅流道的冷却蒸汽量显著减少，改善了烟机叶片结垢的条件，对烟机叶片结垢有缓解作用；

④ 轮盘冷却蒸汽用量显著减少，节省了蒸汽，节能效果明显。

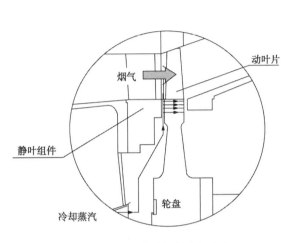

图 7-2-13　老式叶根的冷却方式

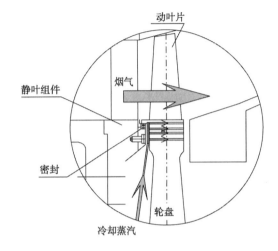

图 7-2-14　新型叶根的冷却方式

（二）马刀叶型的开发

马刀叶型开发的初衷是为了减缓催化剂在叶片根部和叶顶围带的催化剂结垢，同时带来气动效率的提升。从叶型上研究减缓结垢的方法，壁面附近的附面层中的二次流成为研究的重点。如图 7-2-15 所示，气流弯曲流动产生惯性力，形成内弧指向背弧压力场，一方面，它不仅在叶栅上、下端面的附面层中存在由内弧指向背弧的横向二次流，而且在叶身背弧和内弧的附面层中还存在低动量流体，即在径向压力梯度的作用下，由顶部向根部方向迁移的径向二次流。另一方面，叶身背弧处的径向二次流与根部流道端面的横向二次流在叶背出口的壁角处汇合，从而使叶根背弧出气端的附面层不断积聚，增厚以至分离，造成叶片根部气动性能的严重恶化。二次流不仅是与叶型损失同一量级的重大损失，也是进一步提高效率的主要障碍，更是烟机结垢的形成条件之一。基于 CFD 计算流体力学的马刀型变截面弯扭叶片成为当今设计的主要方向。

在设计时，为改变叶片根部和顶部围带处的流场，叶片根部引入了较大的正斜置值，可以使得根部附近的低压区位置上移，在根部产生压力梯度，使根部低能区的流体向中部流动，并被主流带走。在顶部引入少量的副斜置值，可以使得顶部附近的低压区位置下移，在顶部产生压力梯度，使顶部低能区的流体向中部流动，并被主流带走。这样就有效地改变了叶根部和顶部围带处的流场，降低了叶顶部和叶根部(2 个端部)的二次流，特别是二次流涡流，改变了原烟机这两个部位的结垢条件。同时烟气主气流流线也会更加平直和顺滑，提高叶片的气动效率，增加叶片的做功能力，使烟机的通流效率得到较大的提高，对缓解催化剂的结垢也起到了一定的作用。图 7-2-16 显示了烟机静叶片，从直叶片(截面不变)到扭曲叶片(变截面，扭曲)，再到马刀叶片(变截面，扭曲和弯曲)的演变形式。

马刀叶型的设计参考了汽轮机叶型上的最新进展，在原烟机扭曲叶型的基础上通过叶片

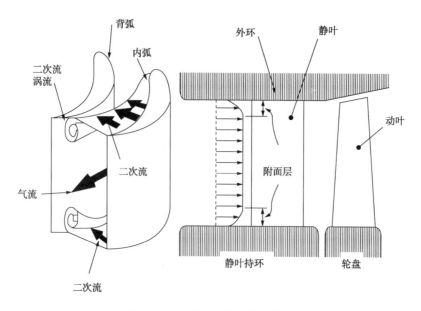

图 7-2-15　烟机叶栅中的二次流

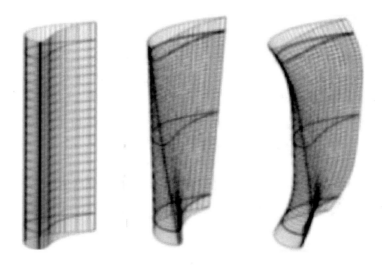

图 7-2-16　烟机叶型的演变

根部和顶部正负斜置的方法，开发了高效的马刀叶型。马刀叶型是变截面、扭曲和弯曲三项技术的综合体，新的马刀型叶片能有效调整等压线的分布形状，控制径向压力梯度和横向压力梯度，抑制叶片根部和顶部附面层分离现象，减少二次流损失，可有效减缓这些部位的结垢现象。

第三节　富气压缩机

催化裂化装置产生的富气，由气压机升压后送到后续流程进行分离，装置产生的富气量是一个动态的参数，这就需要随时调整气压机的送气量，以维持分馏塔塔顶的压力稳定。

调节气压机的送气量，最便捷的办法就是变转速调节。采用汽轮机驱动是主要的配置方式，也有极少数采用电机驱动的。汽轮机作为变转速调节的驱动机是最简便的驱动方式，也是最经济的驱动方式，既解决了现场的防爆问题，又利用了装置的自产蒸汽，还实现了变转速调节这一最经济的压缩机调节方式。

气压机组中的气压机、汽轮机、电动机，甚至干气密封，都已经是很成熟的产品，近期没有太大的技术进展。

第四节　进　料　喷　嘴

一、概述

进料喷嘴的作用是让原料油经喷嘴雾化后破碎成细微的雾状油滴颗粒。理论上希望催化裂化反应全部是在气相条件下进行的，若在有限的反应时间内油滴没有汽化完毕，则剩下的油滴生成焦炭的可能性大幅增加。有研究表明，一个直径 $60\mu m$ 的液滴与 $2\sim4$ 个催化剂颗粒接触，接触时间为 $0.02\sim0.04s$；而如果有液滴尺寸较大，原料以较厚的液层形式与催化剂接触，则需要接触 $20\sim40$ 个催化剂才能达到汽化热量需求，厚液层与催化剂的预估接触时间延长到 $0.15\sim0.3s$。而典型的催化剂油比为 6，大液滴接触到 20 个甚至 40 个催化剂颗粒的概率极低。所以雾化液滴越细，分散越好，在极短的时间内汽化越快，催化反应越完全。

（一）工程上对进料喷嘴的要求

优良的进料喷嘴至少应具备下列条件：

① 经雾化喷出的油滴粒度细、分散性好，与尽量少的催化剂颗粒接触即可迅速气化，进入反应阶段；

② 有一定的穿透力（原料经喷嘴雾化穿透催化剂的距离在 $500\sim600mm$）；

③ 经济的雾化蒸汽比例，即可降低能耗也可提升分馏塔顶操作温度；

④ 能满足至少 2 个周期的长周期使用；

⑤ 具有一定的操作弹性。

（二）与进料喷嘴相关的理论基础

液体射流的破碎过程主要取决于两种力的相互作用，一种是促进液体破碎的气动力，另一种是阻止液体破碎的表面张力，分别可以用物理量 $\rho_g\Delta V^2$ 与 σ/d_0 表示。

两个力的比值可用一无量纲数韦伯数（W_e）表征为：

$$W_e = \rho_g\Delta V^2 \cdot (d_0/\sigma) \qquad (7-4-1)$$

式中　W_e——韦伯数；

ρ_g——射流气相密度，kg/m^3；

ΔV——两相速度差，m/s；

σ——液体表面张力，N/m；

d_0——液滴直径，m。

韦伯数的物理意义为气动压力与液体表面张力之比，液滴开始变形、破碎时的韦伯数称为临界韦伯数。当韦伯数大于 14 时，大液滴均破碎为小液滴。韦伯数越大，气液两相速度差越大，式中可提高 W_e 的唯一可变量是速度差 ΔV，速度差越大，液滴就越细。原料油经过雾化喷嘴雾化后进入提升管，在提升管内部高温中汽化发生裂解反应。

（三）合理的喷嘴线速探讨

文献[6]搭建了数值模拟模型，计算了提升管反应器内的两相流动形态。模拟结果表明：提升管内流动并非完全对称流动，而是 S 型螺旋上升流动。受喷嘴区高速射流的影响，

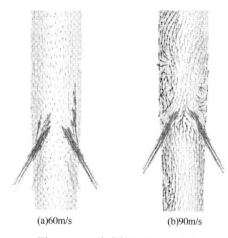

(a)60m/s　　　　(b)90m/s

图 7-4-1　喷嘴射流线速对喷嘴
区域气相速度场的影响

喷嘴上方固体颗粒呈向下流动趋势，形成一个诱导回流区域，即固体颗粒轴向滑落现象。并模拟出提升管内催化剂沿轴向的密度分布，在进料喷嘴附近催化剂密度变化巨大，从预提升段的 $400kg/m^3$ 下降到 $100kg/m^3$ 左右；并在提升管充分反应后，催化剂密度降至 $30kg/m^3$ 左右。

由于诱导回流区的存在，导致了催化剂在该区域容易吸附生焦，影响了催化裂化反应的选择性。这也从另一方面说明，在该区域需要保持一定的催化剂密度，以防止原料油射流穿透催化剂床层，形成屏障。当然，也可以通过改变喷嘴气速来防止原料油穿透催化剂床层，如图 7-4-1 所示，当喷嘴线速降低到 60m/s 时可有效避免提升管中心处驻点的形成。

二、常用的催化进料喷嘴

（一）KH-5 喷嘴

KH-5 喷嘴又称为内混合式双喉道型进料喷嘴，其结构如图 7-4-2 所示。

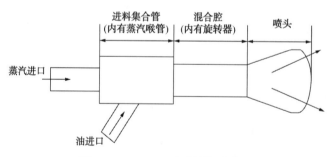

图 7-4-2　KH-5 喷嘴结构示意图

原料油以低速从侧面进入混合腔，雾化蒸汽通过第一喉道加速到超音速，冲击液体，利用气液速度差，使原料油第一次破碎。破碎后形成的气液混合相再通向第二喉道，在第二喉道产生第二次破碎，使进料雾化。据测定原料可雾化成为 $60\mu m$ 的微细颗粒。

喷嘴压降一般在 0.4MPa 以上，KH-5 喷嘴追求高的韦伯数，秉承高线速、细颗粒原则，控制喷嘴线速可达 70m/s 的量级。

由于 KH-5 喷嘴的气液两相共用通道，特别是在超负荷工况下（如负荷率在 110% 时），易出现雾化蒸汽比降低的现象，最低时雾化蒸汽比可能降至 3% 以下，而此时喷嘴压降也可能触及上限（0.6MPa）。

（二）CS-Ⅱ喷嘴

CS-Ⅱ喷嘴采用油、气预混技术，防止偏流、抢量；采用变形的文丘里结构，低压降、低速雾化，雾化粒径分布均匀合理；采用二次雾化蒸汽多角度"消音爆破"，喷嘴出口上方设置汽幕孔，屏蔽射流形成的低压液雾区，结构示意图如图7-4-3所示。

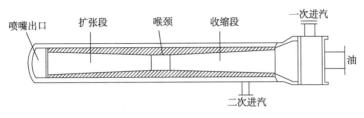

图7-4-3　CS-Ⅱ喷嘴结构示意图

由于采用了低速射流技术，在进料段与催化剂接触时降低了对催化剂的破碎，也减轻了射流对喷嘴的冲蚀，操作寿命提提升至2个周期，但建议在2个周期后进行更换。

CS-Ⅱ喷嘴选用约60m/s的线速也契合了文献[6]介绍的线速与扰流之间的因果关系。

（三）BWJ 喷嘴

BWJ型雾化喷嘴是双流体的液体离心式喷嘴，其结构特点是在喷嘴混合室后有一个气液两相旋流器。该喷嘴的雾化机理是，原料油从混合室侧面进入，雾化蒸汽沿轴线进入混合室，混合腔内的气液两相流体，在一定压力作用下进入涡流的螺旋通道，快速回旋激烈掺混，使液体的黏度和表面张力进一步下降，随着旋流室直径的减小，切向速度相应增大，液体在离心力作用下展成薄膜，在与气体介质的作用下实现第一次破碎雾化。

之后，汽液两相雾流再通过加速段和稳定段形成气液两相稳定的雾化流，在半球形喷头内进一步加速经扁槽外喷口喷出，实现第二次雾化，结构示意图如图7-4-4所示。

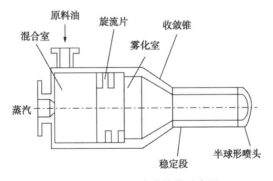

图7-4-4　BWJ喷嘴结构示意图

三、大型化催化裂化装置喷嘴的布置方式

在采用提升管反应器(非变径流化床反应器)的大型化(规模大于3.0Mt/a)装置上采样发现，待生催化剂会出现夹带白催化剂的现象，说明存在较大直径和进料喷嘴穿透能力有限之间的矛盾，进料段中心区域的催化剂未能接触到原料。

为消除这一不均匀性，在大型化装置上，可考虑组合式双圈布置进料喷嘴如图7-4-5所示。

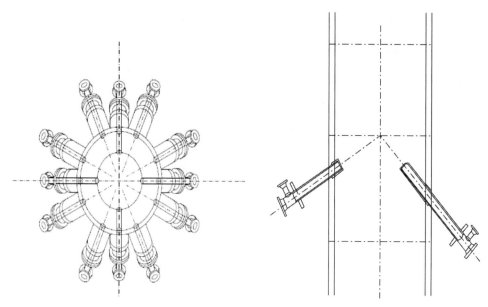

图 7-4-5　大型化催化裂化装置进料喷嘴的建议布置方式

三支喷嘴为一组，中间一支喷嘴向内延伸，覆盖中心区域，中心一支喷嘴与垂直方向的角度也不同于两侧的两支喷嘴，中间和两侧喷嘴的延长线，交于同一点。

第五节　汽 提 器

汽提器是催化裂化装置的关键装备之一，其作用在于用汽提介质置换出催化剂所夹带的油气或烟气，通常所说的汽提器主要指待生催化剂汽提器。对待生催化剂进行汽提主要是用蒸汽把催化剂颗粒之间及颗粒微孔内部的油气置换出来。约 3/4 油气存在于催化剂颗粒之间的空隙中，约 1/4 存在于颗粒微孔内部。进入汽提器内的油气占产品总量的比例最大可能达到 2%～4%，相当于汽提可降低焦炭产率，增加轻质油收率。

由于传统汽提器普遍存在汽提效率低、空间利用率低、偏流严重等问题，近年来，国内外研究者和各大石油公司推出了多种汽提器专利技术，在一定程度上提高了汽提效率。

一、汽提器的结构型式分类

汽提器从形式上分类主要有挡板式和格栅式两种。

（一）挡板式汽提器

挡板式汽提器内构件主要有人字型挡板和盘环型挡板两类。人字型挡板上通常不开孔，如图 7-5-1 所示，因此气固接触效果比较差。此外，挡板下部存在死区[7]，不但大大降低了空间利用率，而且由于大量的油气长期聚集在挡板下方，会造成严重的结焦现象。早期的研究者曾提出过一些改进措施，例如专利 USP5015363[8] 提出在人字挡板下缘设置了裙板，并在裙板上密集开孔，专利 ZL93247744.5 提出则在裙板上设置了喷嘴[9]，但这些方法并没有完全解决这一问题。

盘环型挡板又称为阵伞型隔板，通过在挡板上开孔，使汽提蒸汽穿过开孔形成射流，催化剂则沿挡板斜向下流动，蒸汽与催化剂总体上呈逆流流动，在挡板上则呈错流流动，因而可以大大提高汽固接触效率，如图7-5-2所示。

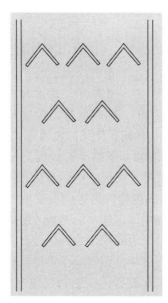

图7-5-1　人字挡板汽提器示意图

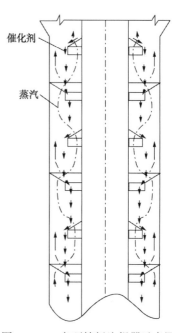

图7-5-2　盘环挡板汽提器示意图

目前，国内外各大石油公司都有各自的盘环型挡板技术。例如：专利 USP5531884 在挡板上设置开孔和催化剂导流管，以实现蒸汽和催化剂的良好接触效果[10]。专利 USP6780308 提出一种不均匀开孔的盘环形挡板，其中挡板下部的开孔率大于上部，可以加强挡板下部蒸汽与催化剂的接触[11]。专利 USP5910240 进一步在挡板上设置了旋转导流叶片，叶片之间设置有开孔，以期使催化剂在流经挡板时形成旋转流动，增强汽固间的接触[12]。UOP 公司提出了 AF trays 汽提技术[13]，该技术的核心思想是在盘环形挡板上密集开孔，以实现汽提蒸汽在截面上的均匀分布以及和催化剂的充分接触。每层挡板下缘都设置有 300mm 高的裙板，共设置三排开孔，孔径从上到下依次增加，水平方向上的射流长度也依次增加。汽提蒸汽在射流尽头速度衰减至零并改变方向向上流动，因此，控制不同的射流长度有望实现汽提蒸汽沿径向的均匀分布。中国石化石科院提出了一种汽提器[14]，如图7-5-3所示，在盘环形挡板的中心设置一个脱气管，脱气管在盘形挡板的下方有开孔，开孔率随高度的不同而不同，开孔部位设置多孔介质，可阻挡催化剂进入脱气管。这种结果可以将汽提出的油气快速引出汽提段，有效降低汽提段上部的油气分压，但为了保证汽提段内床层的流化质量，通常需要设置多个汽提蒸汽分布器。

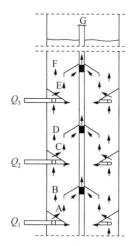

图7-5-3　快速脱气汽提技术示意图

（二）格栅式汽提器

类比于气-液间的传质过程，在催化裂化的汽提段设置填料可将汽提段空间分割成多个小的流动通道，强迫催化剂和汽提蒸汽在这些通道内流动并逆流接触，从而实现气、固相在整个汽提段空间内的良好接触。相对于气-液体系而言，气固流化床内悬浮颗粒的流动性能较弱，颗粒很容易沉积下来形成死区，因而填料式汽提段很少采用散装填料，更不能随意填装（乱堆）在汽提段内。其原因在于乱堆的散装填料很难控制好填料间的空隙，也无法保证汽提蒸汽均匀分布在这些空隙里，极易形成死区。为此，研究人员提出了格栅填料式汽提器。

Koch-Glitsch 公司提出了一种称作 KFBE 的规整填料，该填料由多个条形板交叉构成，如图 7-5-4 所示[15]。该结构可有效破碎气泡、消除汽固两相的返混、改善汽固间的接触效果。UOP 公司提出一种辐射状的格栅内构件[16]，如图 7-5-5 所示。每层有六个栅条，相邻两个栅条之间的夹角为 60°，相邻两层栅板之间错位 30°，同时栅板上设置开孔，以实现气体的再分配、强化气固接触。法国 Total 公司提出了一种相互交叉的波纹板式填料[17]，如图 7-5-6 所示，颗粒和汽提蒸汽在波纹板之间的空隙流动，但由于波纹板上没有开孔，颗粒和汽提蒸汽不能穿过波纹板流动，因而有可能会形成局部死区。中国石化石科院开发了一种导向板式汽提器内构件[18]，如图 7-5-7 所示。该形式内构件为导向板式填料结构，每层导向板分成多个区，各区由一组倾斜角相同且与垂直隔板固定连接的挡板片组成，利用导向板来破碎气泡，增大气泡相和乳化相间的传质面积。结果表明采用这种内构件汽提效率有所提高，产品分布得到一定程度的改善。中石化洛阳工程有限公司开发了多种高效格栅填料式汽提器构型，如图 7-5-8 所示[19]。其技术特点是：在汽提器内安装两层以上格栅填料内件；格栅填料具有均匀流化、破碎气泡、减少返混、延长停留时间的作用；固体催化剂颗粒在汽提器内与汽提介质得到了充分接触和均匀地分配，提高了汽提效率。其中的格栅填料构型有多种形式，如图 7-5-8(a) 是相互交错的板条组成的内构件，同一平面的相邻板条之间存在另一平面的板条，板条与汽提器轴向呈 45°，向同一方向倾斜的板条之间是相互平行的；图 7-5-8(b) 所示的格栅内构件是由大小相等的垂直六边形孔道组成，在床层轴向上各层间交错排列，形成菱形孔道。

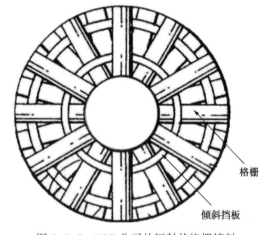

格栅

倾斜挡板

图 7-5-4　KFBE 型
　　　　　规整填料

图 7-5-5　UOP 公司的辐射状格栅填料

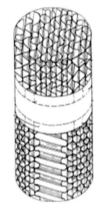

图 7-5-6　Total 公司波纹
板式填料

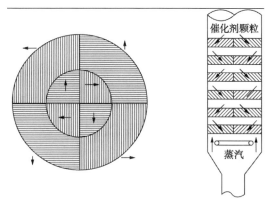

图 7-5-7　导向板式汽提器内构件

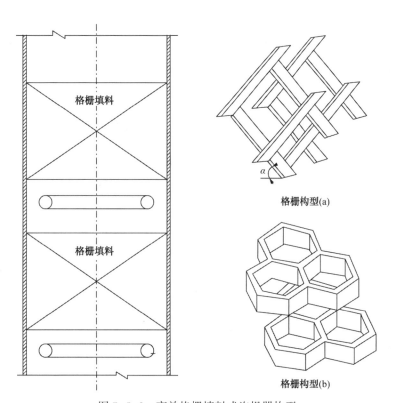

图 7-5-8　高效格栅填料式汽提器构型

二、组合式的汽提技术进展

（一）多级组合式汽提器

提高汽提器汽提效率有两个途径，即结构因素和工艺条件。中石化洛阳工程有限公司融合这两方面的优点[20]，开发了一种催化裂化新型汽提器及配套工艺技术——汽提器新型结构+两段汽提新技术，如图 7-5-9 所示。在结构方面，该技术着眼于增大气固接触空间，即汽提器内固相催化剂的填充率，加大气固接触面积，提高汽提效率，并对内外环挡板及裙板做了较大改进。在工艺方面多级汽提工艺则注重汽提蒸汽在汽提器内上、下区域的流向及分配，旨在提高汽提蒸汽的有效利用率，提高传质效率。

（二）高效环流汽提技术

进入汽提段的待生剂所携带的油气约有 1/4 被吸附在催化剂内孔内，这部分油气很难被汽提。蒸汽置换出催化剂内孔吸附的油气一般需要历经 5 个步骤：蒸汽由气流主体扩散至催化剂外表面、由催化剂外表面扩散进入催化剂内孔、置换油气、蒸汽-油气混合物扩散至催化剂外表面、蒸汽-油气混合物扩散至气流主体。因此，必须保证足够的催化剂-蒸汽接触时间。然而，仅仅一味延长气固接触时间并不能显著提高汽提效率，由于蒸汽在催化剂内孔中置换油气时，受到吸附-脱附平衡的限制，只有进入催化剂内孔的蒸汽是新鲜蒸汽时，才能最大限度地置换出吸附的油气，这就要求待生催化剂和新鲜蒸汽长时间进行接触。此外，还要保证待生剂能均匀地和蒸汽接触，才能保证高汽提效率。为满足上述要求，中国石油大学（北京）创造性地把气液环流理论移植到气固领域，保留了环流体系的诸多优点，形成了气固环流汽提新技术[21]。如图 7-5-10 所示，在鼓泡流化床中部设置一个同心布置的导流筒，将流化床分为导流筒区和环隙区，在导流筒区和环隙区的底部各设置一个气体分布器，分别控制通入的气体量。在导流筒区和环隙区形成两个床层密度不同的流化床，并在底部区域产生一个压力差，推动颗粒在导流筒区和环隙区间循环流动，从而实现汽提段内待生剂与蒸汽均匀、充分接触。

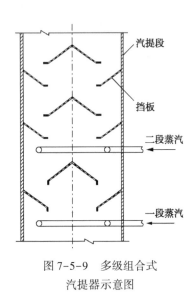

图 7-5-9　多级组合式
汽提器示意图

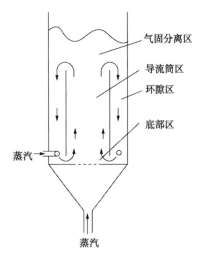

图 7-5-10　气固环流汽提器示意图

（三）新型组合汽提技术（MSCS）

为有效置换出汽提段催化剂微孔内的油气，中国石油大学（北京）在进行大量基础研究、结构优化和工业放大的基础上，"量体裁衣"式地耦合不同的汽提技术，有针对性地构建出适宜的气固接触环境，开发了新型高效组合汽提技术——MSCS（Multi-Stage Circulation Stripper）[22]。MSCS 汽提技术将高效错流挡板技术和高效气固环流汽提技术有机耦合在一起，分别用来置换催化剂携带的两种形式的油气，如图 7-5-11 所示。

三、汽提器的功能延伸

(一)反应因素的传递影响

随着 MIP 工艺的普及,汽提器用于降低焦炭中氢含量的需求有所减弱。因为如果 MIP 技术配合使用普通汽提器也可实现焦炭中的氢含量低于7%,而 MIP 技术配合使用高效汽提器可以将焦炭中的氢含量降至 6.5%甚至更低。

密闭直连技术也对汽提器有所影响,由于压力平衡原因,使用密闭直连后,为稳定沉降器压力,减少波动,汽提段料位宜操作在低料位区间,这样也牺牲了汽提器的停留时间,难以保证停留时间接近 2min。

但即便需求有所减弱,高效汽提的作用依然重要。因为将氢平衡向产品端转移,最终会提升产品质量。还需注意的一点是,当焦炭中的氢含量严重偏离能耗标准中的基准值时,需要在计算中加以修正。

(二)大型化对汽提器的需求

当汽提器的直径接近 5m 或更大时,若在单侧引出待生催化剂,在引出口对侧的汽提段底部区域易形成死区或置换率低的半死区状态。在设置仪表测点时,需特别避开该方位和标高,以避免测量值出现偏差。若采用格栅式汽提器时,在流道设计中需强化对侧面引出口的导向,消除或减小底部死区。在最新的设计中,工程上已使用衬里填出带有一定坡度的底平面,占据原有易形成死区的空间,也可实现消除或减小底部死区的功能。

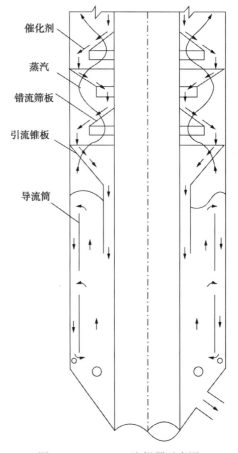

催化剂

蒸汽

错流筛板

引流锥板

导流筒

图 7-5-11　MSCS 汽提器示意图

第六节　特 殊 阀 门

一、单动滑阀及双动滑阀

滑阀按阀板数量可分为单动滑阀和双动滑阀(如图 7-6-1 所示),单动滑阀位于催化剂斜(立)管上,用于调节催化剂流量,以及开停工或发生事故时切断催化剂循环;双动滑阀位于三旋出口烟气管道上,用于调节再生器压力。滑阀按隔热形式可以分为外保温的热壁滑阀和内设隔热耐磨衬里的冷壁滑阀,目前新设计的催化裂化装置均选用冷壁滑阀。滑阀一般有节流锥,使介质在滑阀前有较好的流动状态,避免因紊流而产生的冲蚀,改善调节性能。

滑阀的阀体部分主要由阀体、阀盖、节流锥、阀座圈、阀板、导轨、阀杆等组成。单动滑阀所需阀孔面积可按式(7-6-1)计算[23]:

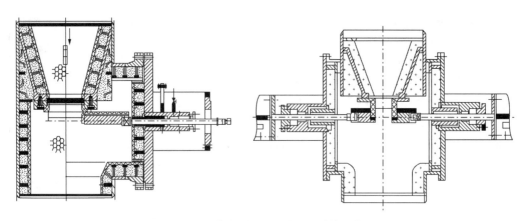

图 7-6-1　单动滑阀和双动滑阀结构示意图

$$A = \frac{6.29 \cdot G \times 10^{-2}}{C_s (\Delta p \cdot \rho)^{0.5}} \qquad (7-6-1)$$

式中　A——流通面积，cm^2；

　　　G——催化剂循环量，kg/h；

　　　Δp——滑阀压降，kPa；

　　　ρ——滑阀上游催化剂密度，kg/m^3；

　　　C_s——流量系数，取值见表 7-6-1。

表 7-6-1　滑阀流量系数表

项目	有节流锥	无节流锥
待生单动滑阀	0.90	0.75
再生单动滑阀	0.85	0.80

电液冷壁单动滑阀常用的规格范围为 $DN500 \sim DN1700$；

电液冷壁双动滑阀常用的规格范围为 $DN600 \sim DN2000$。

滑阀的适宜调节区间为"流通面积占滑阀总面积"的 $50\% \sim 60\%$。当面积比超过 70% 时已无调节性能，若此时进一步将开度增大至 100%，不仅起不到增压流通能力的作用，还可能出现串气、短路等现象。

二、塞阀及空心塞阀

塞阀最早用于凯洛格公司的正流催化裂化装置上，其作用是控制反应器和再生器间的催化剂循环量，以及在开停工或发生事故时切断催化剂循环。塞阀位于再生器或反应器底部，有空心塞阀和实心塞阀两种(如图 7-6-2 所示)。为适应装置开停工过程中立管随温度变化的膨胀和收缩，要求塞阀的执行机构具有可靠的自动吸收膨胀和补偿收缩能力。

塞阀的阀体部分主要由阀体、节流锥、阀座圈、阀头、阀杆和填料函组成。阀头和阀座间环流面积由公式(7-6-2)及式(7-6-3)计算：

$$A = \frac{2.78 \cdot G}{\rho \cdot u_f} \qquad (7-6-2)$$

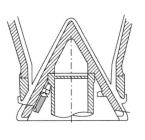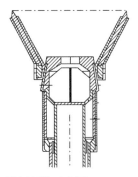

图 7-6-2　实心塞阀和空心滑阀阀体示意图

$$u_f = \left(u_0^2 + \frac{1.96 \times 10^3 C_0^2 \Delta p}{\rho} \right)^{0.5} \qquad (7-6-3)$$

式中　A——流通面积，cm^2；

　　　G——催化剂循环量，kg/h；

　　　Δp——滑阀压降，kPa；

　　　u_f——阀头和阀座间环形横截面催化剂流速，m/s；

　　　u_0——催化剂的初速度(由床层到提升管时此值为零)，m/s；

　　　C_0——流量系数，为 0.8。

塞阀正常工作区间宜在 33%~50% 范围内，国产电液塞阀常用规格为 DN450~DN1100。

三、烟机入口高温特阀

烟机入口阀是催化裂化烟气能量回收系统的重要组成部分，可靠性要求高，既要求烟气密封性能好又要调节性能良好，紧急动作迅速。

(一) 高温闸阀[24]

当烟气轮机入口水平段管线直径≤1200mm 时，可选用高温平板闸阀作为切断阀。气动铸造式高温平板闸阀的阀体结构如图 7-6-3 所示，采用双面软密封结构。

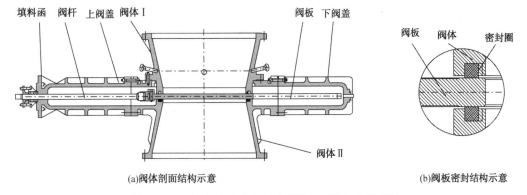

(a)阀体剖面结构示意　　　　　　　　(b)阀板密封结构示意

图 7-6-3　气动铸造式高温平板闸阀阀体结构示意图

气动高温平板闸阀在结构上有"缩径"设计，而且最大的实际流通直径为 900mm，在投资上具有竞争性，但流通压降略大。

电液高温平板闸阀为电液单面金属硬密封焊接式高温平板闸阀的阀体结构，如图 7-6-4

所示，阀板和阀座圈采用单面金属硬密封加蒸汽辅助密封结构。结构设计上无"缩径"，目前工业应用中该类闸阀的最大尺寸为 1200mm。

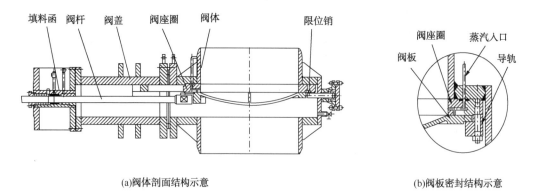

(a)阀体剖面结构示意　　　　　　　　　　　　(b)阀板密封结构示意

图 7-6-4　电液单面金属硬密封焊接式高温平板闸阀阀体结构示意图

中国石化荆门石化公司将一套催化裂化装置 *DN*900 的气动铸造式高温平板闸阀更新为电液高温平板闸阀后，改造前后压降变化为 3kPa。

（二）高温蝶阀

在催化裂化装置烟机入口，如果第一道阀门采用闸阀，第二道蝶阀为调节型。调节阀的作用是参与再生器压力控制。如果烟机入口的两道阀门均选用蝶阀，则第一道阀为切断型蝶阀，第二道阀为调节型蝶阀。第一道切断阀的作用是在烟机存在超速风险时，保护烟机-主风机三机组或单独发电的烟机发电两机组，避免联轴器断裂、烟机轮盘超速变形、烟机壳体破裂等次生风险。在紧急工况下，切断型蝶阀需要在 0.5~1s 内关闭，由于受执行机构能力的限制，大口径切断蝶阀一般无法实现全关，剩余开度可能在 6%~10% 的水平。但这不妨碍其实现切断烟气，降低烟机功率的功能。

如选用引进切断型高温蝶阀，常规会选用三偏心设计，可实现双向密封，其结构如图 7-6-5 所示。

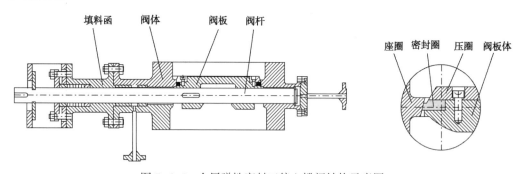

图 7-6-5　金属弹性密封三偏心蝶阀结构示意图

对于调节型高温蝶阀可选用台阶式高温调节蝶阀结构，此类蝶阀已国产化。台阶型调节蝶阀的密封性能可达到 II 级密封（泄漏率小于 0.5%）。

当蝶阀切断烟机入口烟气时，受阀的泄漏率和执行机构能力的影响，烟气难以实现完全密封，但足够为烟气轮机入口管线上安全地安装盲板创造条件，前提是烟机出口水封罐已上水封闭。

在目前在役催化装置的烟机入口蝶阀中，进口阀最大为尺寸为 $DN1800mm$，国产阀最大为尺寸为 $DN1650mm$。

第七节　外取热器

外取热器的作用是通过产生蒸汽，取走再生过程中的过剩热量。进入外取热器的热催化剂温度在 680~710℃，在较好的水平下，冷、热催化剂温差为 100~120℃；而产汽能力较大的外取热器在低负荷下操作时，其返回再生器的冷催化剂温度最低可达370℃。

外取热器是一项成套技术，国内主流的外取热器有三种型式：上流式、下流式和气控式。而对于气控式更精准的定义应为"无阀"的下流式外取热器。此三类外取热器均设有热催化剂进口及冷催化剂出口。还有一种非主流的外取热器将催化剂出、入口合并，可定义为"返混式"或"无循环式"。

一、上流式外取热器

上流式外取热器是应用较早的一种型式，如图 7-7-1 所示，采用自然循环或强制循环均可。热催化剂以密相态流入，在取热器内部提升，由于采用较高的气速（1~1.5m/s），取热器内部催化剂密度仅 70~200kg/m³。从压力平衡角度看，催化剂入口管为循环线路的"重腿"；取热器为循环线路的"轻腿"；密度差和滑阀开度决定了取热负荷。该型式外取热器由于气速较高，取热管束存在磨损风险，同时在较低的催化剂密度贡献下，该型式外取热器的传热系数也偏低，为 116~232W/（m² · K）[25]。

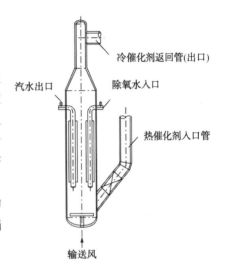

图 7-7-1　上流式外取热器

二、下流式外取热器

下流式外取热器是目前应用最广泛的一种型式，取热管可以是单根管束，也可以是联箱式组合管束；取热管外侧强化手段可以是肋片管，也可以是钉头管等。汽水系统可选用自然循环，也可以是强制循环。

下流式外取热器内部气速较低，仅为 0.2~0.3m/s，在含取热管的截面处，表观气速≤0.5m/s。在较低的气速下，下流式外取热器内部催化剂密度为 450~600kg/m³。若配置在烧焦罐+二密相型式、逆流两段或重叠式两段再生器上，热催化剂从标高较高的位置引出，经外取热器冷却后的冷催化剂返回到标高较低的位置。在此类流化线路的压力平衡中，推动力较为富裕，阻力较小，其返回管上设置的滑阀蓄压较大，滑阀压降一般可>40kPa。若配置在单段再生型式再生器上，或在其他返回位置标高与引出位置的标高相近的再生型式上，在其循环线路阻力增加，需采用较大的提升风量以降低提升线路上的催化剂密度。此时，外取热器下滑阀压降较低，为 20~25kPa。该型式外取热器的传热系数高于上流式外取热器，为 350~532W/（m² · K）[25]。

目前，单台该型式外取热器最大取热能力为 87.2MW，对应产 4.0MPa 级蒸汽能力约为

150t/h。

对于产汽负荷较大的外取热器，由于直径增大，操作中可能出现偏流的现象。靠近再生器一侧(定义为"近端")流化正常，而远离再生器一侧(定义为"远端")易发生死床现象。当近端与远端出现流化差异时，近端区域的取热管负荷增大，热强度及热应力过高，存在爆管风险，具体表现是产汽量"抖动"频率和幅度增加。此时增加或减少流化风量无法修正偏流差异，需要从源头上，即在设计阶段就将流化风环拆分为"近端"和"远端"两个半环，流程上用两组调节阀分别控制。此外，在取热器底部偏"远端"的位置设卸剂口，也能在一定程度上对外取热器内偏流起到缓解作用。

图 7-7-2 与图 7-7-3 表示了两种不同配置下的下流式外取热器。

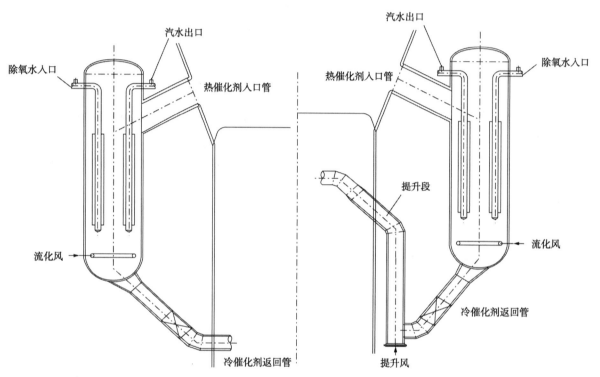

图 7-7-2　下流式外取热器配置 1　　　　　　图 7-7-3　下流式外取热器配置 2

三、气控式外取热器

气控式外取热器的催化剂流化线路与图 7-7-3 中的配置极为相近，但没有设置滑阀，通过调节流化风量和提升风量，改变催化剂循环量，改变取热负荷。当需要增大取热负荷时，需增大提升风量而降低流化风量，拉大"重腿"和"轻腿"的密度差。但该型式取热器有一个共性问题，就是其取热负荷的改变无法沿着一条调节曲线进退，调节缺乏重复性。该问题在较低的负荷下更容易凸显出来，例如荷降低至 50% 时，可能遇到产汽量陡降的情况，此时加大提升风量取热负荷不会随即增大，需要进行较长时间的操作调整，才能重新将取热负荷恢复到 50% 以上。

该问题的关键所在是提升风的去向问题，当气控式外取热器操作在较低负荷下，提升线路的阻力增加，而取热器下斜管内贴近上表面处易形成气相通道。提升风流经该气相通道的阻力更低，因此提升风逆流进入了取热器本体，催化剂循环中断，产汽量陡然降低。若需解决该问题，关键要在取热器下斜管处增加适当阻力。若空间允许可以增设下滑阀，若空间受限，也可增设一段节流锥结构，阻断取热器下斜管处气相通道。

四、返混式或无循环式外取热器

该类型外取热器在催化裂化装置上的应用相对较少，其优点是投资低，在再生器上只设置单一开口，但由于无循环存在，取热负荷难以做大。

该型式下典型的取热能力为9.3~11.6MW。

第八节　油浆过滤系统

催化油浆是分馏塔底部末端产品，在催化剂平衡上需接纳由单旋旋分实际效率与100%之间差值而从沉降器侧带出的催化剂。沉降器单级旋分效率在99.983%~99.993%之间，而油浆正常固含量在1.0~4.0g/L的水平。

催化油浆含芳烃比例至少是50%(质)，最多可超过80%(质)，是生产针状焦、炭黑、橡胶工业软化剂的优质原料，也可作为加氢原料或者燃料油调和组分。

若以催化油浆为原料生产炭黑或橡胶填充油，要求其固含需≤500mg/kg；若用与生产针状焦，则要求其固含≤100mg/kg；若用作固定床加氢装置进料，则要求其固含≤20mg/kg；若用作生产碳素纤维原料，则要求其固含≤10mg/kg。

当使用沉降分离剂时，沉降后的澄清油浆固含一般在500~1000mg/kg的水平，难以满足低固含要求。在选用合理的油浆过滤方式，实现澄清油浆固含可达50~100mg/kg的水平。使澄清油浆再进入油浆分离塔，减压分离后其拔头组分可满足固含量≤20mg/kg甚至≤10mg/kg的要求。

油浆过滤的难度在于油浆性质，由于是末端产品，其本身就含有一定比例的胶质、沥青质，而MIP工艺的广泛应用也对油浆过滤提出更高的要求。MIP工艺反应深度较深，氢的利用率较好，其油浆相对密度 $d_4^{20}>1.1$ 甚至>1.12。100℃下的油浆黏度可达25~30mm^2/s。还需注意的是，这样的性质还是已经加入一定比例的柴油馏分稀释后的结果，因为柴油组分可以由于分馏塔塔底操作温度较低的原因而被压入油浆，可也通过油浆泵的封油渠道混入到产品油浆中。

目前，在油浆过滤方式上有三种相对可行的方案。

一、金属烧结滤芯型式

金属烧结滤芯型式采用金属粉末烧结滤芯，实现单程过滤，压降在0.3MPa以内。金属烧结滤芯型式的过滤系统通常采用双罐式配置，负荷100%×2，一台操作，另一台反冲洗及热备；进料油浆一般从过滤器的下段进入，澄清油浆从过滤器的上段引出。金属烧结滤芯还分内表面过滤和外表面过滤两种模式，分别如图7-8-1和图7-8-2所示。

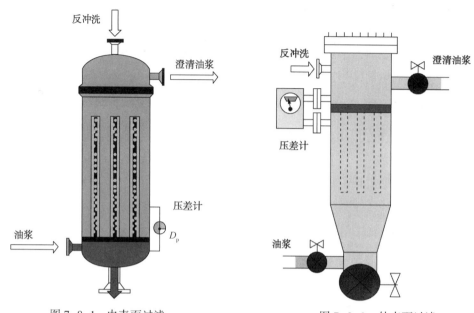

图 7-8-1　内表面过滤　　　　　　　图 7-8-2　外表面过滤

早期的金属烧结滤芯多采用内表面过滤模式，该模式的管板设在过滤器的底部，滤芯"扎根"在管板上。早期的金属烧结滤芯母材是条形的，卷制后焊接为滤芯，由于采用卷制加工工艺，其内表面的过滤精度更高，可达到 0.5μm 级。

内表面过滤的常见问题是运行寿命偏短，且随时间迁移过滤能力逐渐变差。究其原因是反吹后滤饼的脱落问题。由于滤芯长度为 1.5m、管径 DN50mm，经过多次反吹后，沿着滤芯内筒下行的滤饼有阻滞的可能性，增加了压降，减少了过滤面积和通量。运行实例显示操作中两台过滤器的切换频率日渐增高，切换时间间隔从初始的 2~3h 逐渐缩短到 1h，最严重的情况下运行 8 个月就需要更换一批新的滤芯。

外表面过滤模式的管板置于过滤器的顶端，滤芯"悬挂"在管板下。新型滤芯采用等静压成形工艺制成骨架层，外表面喷涂金属颗粒，形成过滤精度为 0.3~0.5μm 级的滤层。外表面过滤滤芯反吹时，滤饼脱落在外部空间，无"阻滞"风险。在使用 MIP 油浆的情况下，单个过滤器的运行周期可达 12h，远大于推荐的周期长度(3.5~4h)。外表面模式过滤在开发初期遇到的工程问题是反吹时悬挂的管束易发生振动，损坏滤芯根部与管板的密封。近期的优化设计已采用加固结构和末端导向固定，消除了反吹振动引发的设备损坏问题。该模式可实现油浆过滤与装置同一运行周期，即可连续运行 3~4 年。在计划停工后，根据评估情况，外表面过滤具备运行 2 个运行周期再更换滤芯的可能性。

在改进设计的外表面油浆过滤系统上，使用 MIP 油浆，可实现滤后澄清油浆固含量低至 50~100mg/kg 的水平，该型式油浆过滤系统最高可在 325℃下操作，适宜操作温度区间为 260~325℃。

二、无机膜过滤技术

较早期的无机膜油浆过滤由中天元环境工程公司开发，在长岭炼化公司两套催化裂化装置上分别试用。近期中国石化大连院在无机膜过滤方面有进一步的提升，研发出适用于高温油浆的专用膜材料，还配套研发了膜组件及密封件。该技术采用多孔过滤材料的微孔筛分原理，将杂质拦截，通过错流过滤实现油浆净化。

　　膜过滤可实现的过滤精度为 0.2μm 级或更高，可有效分离固体颗粒。同时，针对催化油浆的污染物特性，对膜表面进行改性处理，可有效防止膜污染；注重膜通量的恢复，提高膜的再生性能。无机膜油浆过滤初期滤出的澄清油浆密度较低(仅为 880kg/m³)，即该技术的分离精度高到可以先滤出混入油浆的柴油组分，当运行一段时间达到稳定后，澄清液才接近油浆性质。错流过滤示意图如图 7-8-3 所示，错流过滤使用的膜组件，如图 7-8-4 所示。

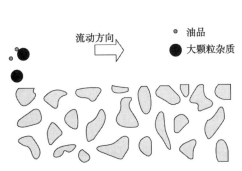

图 7-8-3　错流过滤示意图

图 7-8-4　错流过滤使用的膜组件

　　错流过滤的优点是降低了颗粒物对膜表面的冲刷，杂质颗粒不附着在膜表面上。但需配合使用大流量、小扬程的油浆泵进行循环，循环比为 50~100 倍。除产出澄清液，该过滤系统还需排出一定比例的浓缩液，外排量最低可占产品油浆的 10%。通过催化剂平衡计算，若入方油浆固含量以 2000mg/kg 计，澄清油浆固含量为 50mg/kg，外排 10% 的浓缩油浆，浓缩液中的固含量为 19550mg/kg，折合常用指标约为 20g/L；若外排 20% 的浓缩油浆，则浓缩液中的固含量为 9800mg/kg，折合常用指标约为 10g/L。

　　出于安全因素考虑，操作会选择较大的外排比例以降低过滤系统体系内的平衡浓度或浓缩油浆中的催化剂浓度。

三、离心式过滤

　　离心式过滤采用多个釜式并联、分批次操作，含固液体进入离心釜，通过高速电机旋转产生的离心力，实现两相分离。

　　离心分离采用的单个离心釜式设备容积约为 1m³，适宜的操作温度为 150℃，离心后可实现澄清油浆固含量为 800~1000mg/kg。

　　由于单个设备尺寸偏小，离心式过滤占地面积一般较大，因此该型式过滤系统更适用于装置规模较小的催化裂化装置。其优点是滤渣直接固化，没有排渣、高固含量浓缩液等遗留问题。

　　该过滤方式还需一定数量的操作人员，在总体的技术竞争力上不占优势。但可考虑与外表面金属烧结滤芯油浆过滤系统联合使用，使用离心法固化其过滤排渣。

参 考 文 献

[1] 徐平义. 非接触式在线监测扭力计在催化装置烟气能量回收机组中的应用[J]. 中外能源, 2010, 15 (6): 4.

[2] 李宁, 彭芳, 崔守业. 催化裂化装置烟机结垢原因分析及应对措施[J]. 石油炼制与化工, 2018, 49 (2): 6.

[3] 胡仁波. 催化裂化三旋催化剂细粉烧结及结垢机制[J]. 中国石油大学学报: 自然科学版, 2013, 37 (4): 6.

[4] 李丽霞, 贾茹. 硅酸盐物理化学[M]. 天津: 天津大学出版社, 2010.

[5] 许昀. 催化裂化装置烟机结垢原因的探索[J]. 工业石化, 2010, (3): 5.

[6] 侯栓弟. 重油催化裂化反应历程数值模拟——模型建立及流体力学性能模拟(1)[J]. 石油学报, 2005, 21(5): 9.

[7] Mckeen T, Pugsley T S. Simulation of Cold Flow FCC Stripper Hydrodynamics at Small Scale Using Computational Fluid Dynamics[J]. International Journal of Chemical Reactor Engineering, 2003, 1(1): 10907-12.

[8] Cetinkaya I B. FCC stripping method[P]. US, US 5015363 A. 1991.

[9] 郝希仁, 鲁维民, 田耕, 等. 催化裂化汽提器[P]. 中国, ZL93247744.5. 1993.

[10] Johnson D L, Senior R C. FCC catalyst stripper[P]. US, US 5531884 A. 1996.

[11] Hedrick B W, Nguyen T K T. Stripping process with disproportionately distributed openings on baffles[P]. US, US6780308. 2004.

[12] Senior R C, Smalley C G, Holtan T P. FCC unit catalyst stripper[P]. US, US 5910240 A. 1999.

[13] Hedrick B W. Stripping process with fully distributed openings on baffles[P]. US, CN 1151871 C. 2004.

[14] 鲁维民, 汪燮卿. FCC 再生催化剂快速汽提的研究[J]. 石油炼制与化工, 2002, 33(9): 9-12.

[15] Rall R R. Apparatus for contacting of gases and solids in fluidized beds[P]. US, US 6224833 B1. 2001.

[16] Zinke R J. FCC stripper with spoke arrangement for bi - directional catalyst stripping [P]. US, US5549814. 1996.

[17] Senegas M A, Patureaux T, Selem P, et al. Process and apparatus for stripping fluidized solids and use thereof in a fluid cracking process[P]. US, US5716585. 1998.

[18] 杨苏, 任鹏, 朱丙田, 等. 催化裂化填料式汽提器效率研究[J]. 广州化工, 2009, 37(9): 192-195.

[19] 李国智, 张振千, 田耕. 新型填料汽提技术开发[J]. 炼油技术与工程, 2011, 41(2): 34-37.

[20] 张振千, 田耕, 李国智. 新型催化裂化汽提技术[J]. 炼油技术与工程, 2013, 43(1): 31-35.

[21] Liu M X, Lu C X, Zhu X M, et al. Bed density and circulation mass flowrate in a novel annulus-lifted gas-solid air loop reactor [J]. Chemical Engineering Science, 2010, 65(22): 5830-5840.

[22] 王震. SVQS 和 MSCS 技术在重油催化裂化装置上的工业应用[J]. 石油炼制与化工, 2016, 47(9): 23-27.

[23] 曹汉昌. 催化裂化工艺计算与技术分析[M]. 北京: 石油工业出版社, 2000.

[24] 江寿林. 催化裂化装置烟气轮机入口阀门的配置, 2013.

[25] 梁凤印. 催化裂化装置技术手册[M]. 北京: 中国石化出版社, 2017.

第八章　催化裂化装置操作优化

第一节　催化裂化装置开停工

一、催化裂化装置开工

(一) 开工准备工作及注意事项

① 检查确认所有机泵等设备达到良好备用状态。仪表、联锁试验合格。

② 准备好足够的平衡催化剂、新鲜催化剂，CO 助燃剂、钝化剂、阻垢剂、Na_3PO_4 等开工用剂和开工用油。平衡剂罐催化剂检尺、采样分析，尤其关注筛分组成，防止大量跑损。

③ 彻底清扫三器内杂物，检查保证各组旋风分离器的料腿应畅通(进行通球试验和透光实验)，内壁无附着物，翼阀应开关灵活。检查各松动点、反吹点、流化点应畅通，并通风，检查再生器燃烧油喷嘴应畅通，安装正确，并打开反吹风。检查内件安装正确牢固。

④ 检查再生滑阀、待生滑阀、循环滑阀、外取热器下滑阀、双动滑阀、烟机高温闸阀、蝶阀、各主风蝶阀、单向阻尼阀等应安装完好，调节灵敏，阀位指示准确、正确，校准零位。

⑤ 检查各自保系统应动作正确，动作时间符合规定；检查各仪表控制系统应调节灵敏，阀位指示准确，各报警正确。检查 DCS 画面、分组及调节均符合要求。

⑥ 催化剂罐应充压，并贯通大、小型加剂线，保留适量的输送风(催化剂罐顶安全阀投用)。平衡催化剂已过筛处理。

⑦ 关闭反再系统所有蒸汽器壁阀和进料喷嘴器壁阀。

⑧ 反再系统封人孔，准备好肥皂水、气密瓶等气密试验用具。

⑨ 做好热工系统的水冲洗、水联运、水试压、煮炉、吹扫打靶工作，符合开工条件。将中压蒸汽引至减温减压器前，脱尽存水，根据吹扫情况可适当调整蒸汽量和低压蒸汽压力。联系计量部门投用蒸汽系统所有流量计，并校验。引除盐水进装置，投用除氧器，并向各汽包供水，放空阀开，循环水泵出口少量放空。

⑩ 烟气脱硫塔提前上水，建立正常循环。

⑪ 分馏、吸收稳定系统流程为贯通、吹扫、气密试验做好准备。汽包试压合格。

⑫ 循环水线冲洗试压完毕，将循环水引进装置。

⑬ 确认放火炬线等工艺流程畅通，盲板调整到位。

(二) 开工步骤

1. 贯通、吹扫、气密

(1) 反再气密

① 反再试压气密在第一阶段恒温期间(150℃恒温)进行。

② 打开大油气管线放空阀、大盲板前放空阀、沉降器顶和集气室的所有放空阀、提升管底部放空阀、外取热器放空、烟机入口放空阀以及再生、待生滑阀前的放空阀。各低点放空须做明显标示。

③ 全开再生滑阀、待生滑阀、循环滑阀、外取热器下滑阀、双动滑阀、二反循环滑阀、二反待生滑阀、余热锅炉旁路蝶阀和余热锅炉入口蝶阀等，反再系统流程确认正常。

④ 风机运行正常后，缓慢引主风进入再生器和烧焦罐。三器吹扫半小时后，关闭各放空阀，用双动滑阀调节两器压力，进行气密试验。

⑤ 以双动滑阀控制再生器气密压力，注意防止压力过高，引起主风机喘振。

⑥ 气密试验结束后，继续升温。

（2）分馏、吸收稳定系统

① 联系生产调度，做好低压蒸汽平衡，保证低压蒸汽压力在 0.9MPa 以上。

② 气密试验分原料、各段循环、侧线产品与分馏塔系统进行。

③ 引蒸汽对工艺管线、冷换设备、塔、容器等进行贯通、吹扫，检修动改部位重点吹扫。

④ 确认各液位计、界位计、压力表等引出点畅通，重点进行气密试验。

⑤ 塔顶放空与各低点导凝见汽后，关闭管线与塔容器连接阀，减少给汽量，憋压至蒸汽最高压力时进行气密试验。

⑥ 气压机机内及级间冷却系统用氮气进行气密吹。

⑦ 分馏塔、汽提塔、塔顶油气线及粗汽油罐联通后一起进行气密试验，吸收稳定系统各塔、罐联通后气密试验，关闭塔底排凝阀、塔顶放空，塔底给蒸汽，塔顶放空见汽后逐渐关小顶部放空，逐步提高塔顶压力至 1.25 倍正常生产操作压力，吸收稳定系统按蒸汽最高压力试压。

⑧ 现场检查相关流程，联系处理漏点。

⑨ 试压完毕后各管线、塔与容器低点排凝排尽存液。

（3）热工系统

① 汽包及除氧水管线引水冲洗。

② 汽包打水试压，每个汽包单独进行，上满水后，关闭放空，用给水泵出口循环线控制升压至操作压力的 1.25 倍进行试压。

③ 联系化验分析炉水水质，排水指标合格后关闭紧急放水。

（4）双脱系统

氮气气密时，注意各塔容器的压力，干气脱硫系统维持塔内压力 1.1~1.2MPa，液化气脱硫及液膜脱硫系统按 1.0MPa、1.5MPa 两个阶段逐步升压并进行气密检查。

2. 升温烘器

（1）主风引进再生器

① 打开沉降器顶放空、提升管底部放空、待生斜管、大油气线放空、外取热器放空、烟机入口高温蝶阀前等放空。

② 锅炉、烟气脱硫做好接收烟气准备工作，烟气脱硫系统控制 pH 值为 6~9。

③ 缓慢打开主风机出口阀，配合关小主风机出口放空阀，按照升温曲线引适量主风进入再生器进行升温。

④ 再生器、外取热器温度可用燃料量、主风量控制。沉降器温度可用再生滑阀、待生

滑阀和双动滑阀调节。

（2）点炉升温

① 反再升温严格按升温曲线进行。

② 利用主风温度以每小时5～10℃速度升温至150℃。

③ 150℃恒温24h，点炉升温。

④ 点火完毕后，以每小时10～15℃速度升温至第二阶段恒温温度（350℃）。升温过程中专人看管辅助燃烧室，控制炉膛温度≤950℃，出口温度≤700℃，再生器主风分布板下温度≤650℃，反应沉降器≤350℃。

⑤ 温度达250℃时，组织设备热紧。

⑥ 温度在200～300℃时，引蒸汽进锅炉、内取热保护盘管、外取热汽包保护设备，用内取热器出口放空量控制内取热出口蒸汽温度不大于450℃。

⑦ 沉降器温度达到350℃，注意防止沉降器内残余焦块自燃，一旦发现温度测点明显上升，立即开大汽提蒸汽，防焦蒸汽进行蒸汽保护，严格控制沉降器温度不超350℃。

⑧ 第二阶段恒温期间给各松动点、流化点、反吹汽、各喷嘴引入蒸汽保护。汽包给水系统保证最低流通量，保护炉管，并防止省煤器超压。

⑨ 第二阶段恒温结束后，以每小时15～25℃速度升温至第三阶段恒温温度（550℃）。反应沉降器不进入第三阶段恒温。

⑩ 投用烟气脱硝设施，确保排放烟气NO_x合格。

3. 引油循环

（1）收柴油、建立冲洗油循环

① 确认收柴油流程，尤其要做好柴油流程与其他系统的隔断，防止跑油、窜油。

② 联系生产调度，引装置外柴油进封油罐，并安排专人负责脱水。

③ 封油罐液位控制在80%，启用封油泵，建立冲洗油循环。

（2）一中流程充柴油、吸收稳定充汽油

① 关闭抽出与返塔器壁阀，打开循环抽出与返塔跨线阀。

② 从循环泵出入口分别充柴油、汽油，从换热器高点导凝排气。

③ 管线充满后，静置一段时间开低点导凝脱水。

④ 启运循环泵建立闭路循环，循环期间停泵，静置脱水，反复多次进行。

（3）引蜡油，建立塔外三路循环

① 蜡油从装置外引入，原料缓冲罐底部排空脱水，建立原料、油浆、回炼三路循环，严禁窜入分馏塔与其他系统。

② 确认原料油罐挥发线去向畅通，并加强监控，避免升温脱水憋压。

③ 三路循环建立后，适当降低引油量，用油浆外排控制，保持进出平衡。

④ 从油浆蒸汽发生器倒引蒸汽加热原料脱水，以不大于每小时25℃的速度升温，原料温度控制在100～150℃。

（4）分馏塔塔顶、吸收稳定充瓦斯

① 分馏塔进油前，塔外三路循环正常，升温脱水结束。

② 大盲板拆除，沉降器、分馏塔赶空气、汽封切换完毕，控制沉降器压力比再生器压力高10kPa。

③ 打开分馏塔底部排凝阀，脱尽存水后关闭排凝阀。

④ 原料油罐挥发线改进分馏塔。

⑤ 塔顶冷凝冷却系统投用正常，控制冷后温度不大于 50℃。

⑥ 分馏塔塔底液面计冲洗油引到手阀前，进油以后，仪表和玻璃板冲洗油及时投用。

⑦ 原料从分馏塔塔底抽出线倒入分馏塔塔底，将管线中的存水顶入塔内。

⑧ 分馏塔塔底见液面后，停止进油，再次脱水，联系仪表校对液面指示。

⑨ 打开塔底补油线，引原料油进分馏塔，液面升高到 30% 以上油浆泵改抽分馏塔底油，循环油浆改进分馏塔，建立带塔三路循环。

⑩ 逐步提高塔底温度至 180℃ 以上，防止低温带水引起的油浆泵抽空。备用油浆泵预热，开工过程中，定时进行油浆泵切换工作。装催化剂前，循环油浆上口返塔循环正常。

（5）吸收稳定建立三塔循环

① 联系生产调度、罐区引汽油建立三塔循环，从凝缩油罐脱液包脱水至含硫污水系统。

② 用蒸汽将稳定塔塔底的汽油提前升温到 140℃ 以上。

4. 拆大盲板、赶空气、切换汽封

（1）反应系统

① 三器升温结束，再生器维持在 500~600℃，关闭除沉降器放空外的所有放空阀。

② 确认气压机入口阀门关闭。

③ 将沉降器的各处蒸汽全部引至器壁阀前并疏水，待用。

④ 切断反应器与再生器联系，关闭待生滑阀，再生滑阀，改现场手动确认关闭。全开沉降器顶、集气室及大油气管线上的所有放空阀。

⑤ 开大双动滑阀，调节再生器压力尽可能低，并保持再生器恒温条件，必要时可适当降低主风量。

⑥ 打开所有反吹汽、松动点及各特阀的反吹汽、待生催化剂采样口的反吹气。启用重质原料喷嘴雾化汽、提升管预提升蒸汽、沉降器汽提蒸汽、罩外松动汽，赶空气。

⑦ 加大进提升管各蒸汽进量，沉降器顶部与大油气放空见汽 1h 后，关小各蒸汽阀，沉降器保持微正压，配合拆大盲板。

⑧ 大盲板拆完后，开大提升管与沉降器蒸汽，沉降器顶放空见汽后 1h 后，关闭沉降器顶部和大油气线放空，使沉降器蒸汽流向分馏塔。

⑨ 分馏塔顶放空大量见汽 1h 后，打开塔顶油气线电动阀，关闭分馏塔塔顶放空，启用分馏塔后冷凝冷却设备，完成切换汽封步骤。

⑩ 用分馏塔塔顶电动阀控制好沉降器顶部压力，并适当调整蒸汽量。

（2）分馏系统

① 分馏塔确认关闭各侧线抽出阀和返回阀，关闭分馏塔塔顶油气线电动阀。

② 分馏塔蒸塔并赶空气，塔顶放空见汽 1h，关小蒸汽，关闭塔顶放空阀，打开塔底排空排尽冷凝水，分馏塔保持微正压，配合拆大盲板。

③ 启动污水泵向污水汽提装置外排污水，不凝气至火炬系统，切换汽封过程中密切监控塔顶压力，防止超压。

5. 装催化剂，转催化剂，流化升温

① 分馏三路带塔循环正常，油浆回流改进分馏塔上口。

② 平衡剂已过筛，催化剂罐备剂充足，充压至 0.35MPa（表），大、小型加料线贯通，并保持正常输送风。

③ 两器维持微正压。再生器升温至 650℃。

④ 确认所有反吹点、松动点畅通，并打开松动介质。

⑤ 燃烧油引至再生器器壁阀前脱水，打开雾化蒸汽。

⑥ 提升管底部与待生滑阀前排尽凝结水，并监控提升管底部排凝，注意防止催化剂进入提升管。

⑦ 外取热器给水循环正常，发汽放空。

⑧ 关闭待生滑阀及再生滑阀、外循环滑阀、外取热滑阀，启用大型加料，向再生器装催化剂。待生滑阀、再生滑阀、循环滑阀、外取热器下滑阀必须投用"手动"，调至全关位置，转剂前严禁打开。

⑨ 装催化剂要先快后慢，先迅速封住旋分器料腿后，降低装剂速度，防止系统温度下降过快，控制再生器温度不低于 350℃。

⑩ 料位封住燃烧油喷嘴后，准备喷燃烧油升温。再生器升温至 400℃ 以上，喷燃烧油升温。

⑪ 燃烧油起燃后，关小辅助燃烧炉直至停炉，继续装催化剂，装剂速度应以维持床层温度不低于 400℃ 为基础。

⑫ 再生器温度达 600~650℃ 以上，装剂量达到正常系统总藏量的 90% 左右，向提升管、沉降器转催化剂，流化升温速度控制不大于 10℃/min。关闭提升管底与待生滑阀前放空，提高提升管底部预提升蒸汽与雾化蒸汽，缓慢开再生滑阀开始转剂，控制沉降器旋分器线速，避免大量跑剂，沉降器料位达到 10% 后，开待生滑阀，建立催化剂循环。转剂速度必须缓慢，控制提升管升温速度应小于 15℃/min，提升管出口温度不大于 600℃。

⑬ 转剂开始，注意监测。每隔 30min 油浆采样一次，目测检查油浆有无异常。转剂开始后若沉降器粗旋压降和沉降器单级旋风器压降频繁出现大幅波动，说明催化剂跑损严重，应及时停止转剂。

⑭ 各容器藏量满足正常生产后，停止装剂，继续流化升温，期间密切监控催化剂的跑损情况。

6. 喷油

（1）反应系统

① 喷油前，气压机运行正常，两器流化正常，再生器、沉降器控制正常生产压力。

② 烟气脱硫系统投用正常。

③ 提升管出口温度提高至 530~560℃，沉降器温度≥400℃，准备喷油。

④ 喷油过程中，确保雾化蒸汽量，保证原料雾化效果。对称投用喷嘴，控制每个喷嘴流量基本相同。控制喷油速度，提升管出口温度必须保证不低于 480℃。

⑤ 用气压机反飞动和转速控制好沉降器压力，进料后及时将富气并入吸收稳定系统。

⑥ 逐步提高进料量，提升管出口温度控制不小于 500℃。逐步调整原料组成至正常配比，逐步停喷燃烧油。

⑦ 控制好外取热汽包等汽包液位。过热蒸汽控制在 400~450℃，暖管后缓慢向系统并汽。

（2）分馏系统

① 反应喷油后达 60% 以上负荷，建立各循环回流取热，用冷回流控制塔顶温度。

② 粗汽油罐液位持续上升后，将粗汽油送出装置。

③ 柴油汽提塔液面上升后，改用自产柴油进封油罐，并联系生产调度将轻柴油送出装置。

④ 再吸收塔建立贫富吸收油循环。

⑤ 调整操作。

（3）吸收稳定

① 随处理量增加逐步提高气压机转速，关小反飞动阀门，机出口压力大于吸收系统压力时富气并入吸收塔。

② 一中循环建立后，逐步提高稳定塔塔底温度至 150℃ 以上，将粗汽油改进吸收塔。

③ 液态烃罐液位上升后，启用冷回流，控制塔顶温度为 50~60℃，液面持续上升后，送液态烃去双脱。

④ 因塔顶不凝气增加，稳定塔顶压力持续上升难以控制时，将不凝气排入气压机入口或级间罐。

⑤ 粗汽油进吸收塔后，适当降低补充吸收油量，干气进双脱系统。

⑥ 稳定汽油联系化验分析合格后出装置。

（三）开工关键步骤时间

从第一天 8 时开备用主风机到第六天 24 时喷油调整结束，总时间 136h。加工负荷在 2.0Mt/a 以上装置因系统较大可延长至 160h。开工关键步骤见表 8-1-1。

表 8-1-1　开工关键步骤统筹表（2.0Mt/a 催化裂化装置）

时间	主要工作内容	耗时/h	占总时间/h
第一天	主风机开机，再生器引主风，烟脱进水循环	48	48
	反再气密		
第二天	恒温 150℃ 烘衬里	24	24
第三天	引系统瓦斯，点 F101，反再升温 350℃，热紧，两器烘衬里，引 1.0MPa 蒸汽至放空保护内取热器	36	38
	分馏收原料油建立三路开工开路循环，原料油升温，150℃ 恒温	54	
第四天	反再 350℃ 恒温	4	26
	收柴油、汽油、瓦斯，分馏灌线，稳定建立三塔循环	38	
第五天	分馏原料油继续升温，180℃ 恒温，反再升温至 550℃ 并恒温	36	12
第六天	沉降器赶空气，拆大盲板，切换汽封	4	4
	油浆循环改塔内循环	4	4
	反再装平衡剂，喷燃烧油，装剂、转剂，建立流化，内取热等蒸汽系统建立保护	4	4
	分馏开气压机	2	
	提升管喷油	4	4
	分馏建立回流，调整操作，气压机提转速，富气进稳定		
	全面调整操作		

二、催化裂化装置停工

（一）停工准备工作

① 组织停工方案培训，考核合格，确保停工安全。

② 联系生产调度，做好中、低压蒸汽的平衡工作；安排好退料去向，保证有足够的容量；做好火炬气体的回收，防止气压机停机以后，火炬冒黑烟；储备足够的置换用柴油。

③ 统计需要拆除的临时盲板，包括蒸汽吹扫头、放空、导凝等。

④ 废催化剂罐检尺、卸剂，倒空热催化剂罐，保证停工系统卸剂有足够容量。

⑤ 试验气压机入口放火炬阀、双动滑阀等特阀，确保灵活好用，并确认火炬线后路畅通。

⑥ 再生器燃料油与燃料气及预提升干气线提前吹扫处理。

⑦ 确认大型卸料线与提升管底部卸剂线通畅。

⑧ 对于大型催化装置，由于藏量大，可提前从外取热器底部进行卸料，适当降低各床层的催化剂藏量。

⑨ 准备好停工吹扫流程图、装置停工盲板表及盲板牌，对现场拆装盲板进行确认。

⑩ 钝化剂、阻垢剂、碱液、液氨等助剂、药剂提前核算用量，停工前各助剂储罐尽量加注空。

⑪ 试用疏通轻、重污油系统管线，并处于备用状态，确保停工时轻、重污油管线畅通。

⑫ 停外来油掺炼线，用工艺吹扫处理好。

⑬ 油浆大排线吹扫、贯通，确认后路畅通。

⑭ 检查贯通以下流程，确保随时可用：联系调度，调度好油品罐区，产品进、出线、不合格线、退料线，确认油浆紧急放空线、放火炬线、不合格汽油线、开工循环线、外收柴油线系统流程贯通。

⑮ 催化装置与 S Zorb 装置联合的，要将 S Zorb 稳定塔顶不凝气、S Zorb 烟气切出装置，避免停工时流程互窜。

⑯ 停工前 1 天，停小型加剂线，并再次确认各卸料管线是否通畅。

⑰ 停工前 1 天，锅炉停止加药，并用水置换加药罐。

⑱ 停工前 1 天，停用油品在线分析仪表，脱开相关活接头。

⑲ 停工前 1 天，停用酸性水回炼流程，对管线和喷嘴进行扫线，安装急冷喷嘴 8 字盲板。

⑳ 停工前 1 天，将火炬分液罐的存液压空。

㉑ 停工前 1 天，停激波吹扫系统，瓦斯线向锅炉内吹扫干净。

㉒ 切断进料前，重油催化装置切出常渣、减渣，提高蜡油配比。有条件的可利用常、减渣管线界区放空阀用蜡油往装置内顶常渣、减渣管线。

㉓ 切断进料前，拉低原料缓冲罐、塔、容器等液位，减少停工退物料量。

㉔ 将烧焦罐燃烧油扫线，先扫进烧焦罐，后放空。

㉕ 停工向安环部门报备，确认各污水、废气等排放量及去向。

（二）停工步骤

1. 降压降量

① 逐步降量至60%~80%负荷，在降量过程中，适当提高雾化蒸汽量，必要时可停用部

分喷嘴，保证原料雾化效果。逐步降低再吸收塔压力至 0.6~0.65MPa。

② 调节气压机转速，增加气压机反飞动量，控制好反应压力，保证压力平衡、流化稳定。

③ 降量过程中，逐步降低主风流量，控制适宜的烟气氧含量。

④ 降量时，监控好各旋分器线速，适当增加提升管蒸汽量，防止提升管流化失常，保证各旋分器分离效果，防止催化剂大量跑损。

⑤ 用再生滑阀开度及时调节催化剂循环量及反应温度，但可以保持稍高的反应深度。

⑥ 降量过程中，完全再生烧焦工艺的装置要防止二次燃烧，及时加注助燃剂；再生器稀密相温差控制在±5℃。

2. 切断进料

（1）反应系统

① 各喷嘴以每次不大于 5t/h 的速率降量，反再系统平衡难以维持时，雾化蒸汽量调至最大，手动启动进料自保，切断提升管进料，关闭喷嘴第一道阀，保留喷嘴的雾化蒸汽，密切监控好沉降器各旋分器线速，防止大量跑剂。

② 切断进料后，控制两器差压 5~10kPa，关闭再生滑阀，将沉降器内催化剂转入再生系统，待沉降器藏量指示为零时，关闭待生滑阀。

③ 开大提升管底部预提升蒸汽，必要时开大控制阀副线，防止切断进料后提升力不足造成提升管咽塞。

④ 停原料油泵，原料线给汽顶油吹扫。

⑤ 反应压力用气压机转速与反飞动控制，维持好反应系统压力的平稳，避免油气烟气互串。

⑥ 吸收稳定系统退油结束后，气压机反飞动全开也难以维持正常运行，停气压机之后，用入口放火炬控制反应压力。放火炬前及时联系生产调度协调，防止对火炬气柜产生较大冲击。

⑦ 气压机停机后，关气压机出入口手阀，开气压机出口放火炬阀，并及时盘车和维护。

（2）分馏、吸收稳定系统

① 切断进料前，封油罐液位提至 80% 以上，保证切断进料后封油的正常供应。

② 分馏塔根据塔各段温度分布情况，逐步停回流及侧线抽出。

③ 维持油浆返上口循环正常运行，外甩油浆控制好分馏塔液位。

④ 稳定塔塔底重沸器油气返回温度<150℃时，禁止稳定汽油外送；产品改至不合格罐。

⑤ 吸收稳定系统维持压力不低于 0.6MPa，抓紧往外排油退烃，油压净后用蒸汽将各条管线内存油扫入塔内，再用水顶出装置。吸收解吸塔塔底存油转入稳定塔，继续自压出装置。

3. 两器转、卸催化剂

① 提前试卸催化剂，确认卸剂畅通，并且废剂罐预热。

② 必要时，视反应压力，电机电流逐步关小烟机入口阀，直至全关，切出烟气。

③ 催化剂继续流化烧焦，卸剂先慢后快，控制卸剂温度不大于450℃。

④ 在流化状态下，将系统各容器、斜管、外取热器内催化剂逐步转至再生器。

⑤ 始终控制沉降器压力高于再生器压力10kPa，避免油气烟气互窜。

⑥ 各路喷嘴通雾化蒸汽保护。

⑦ 匹配再生器压力与主风量，控制正常生产时的线速，防止催化剂大量跑损。

⑧ 斜管内催化剂利用正压差或反压差反复多次进行流化集中，压入再生器，确保卸剂完全，不留死角。

⑨ 再生器分布板上的催化剂可采用间断变化风量的方法，即第一次各系统藏量显示为零后，撤出主风 10~20min，再次通入主风卸剂，重复多次进行，确保卸剂干净。

⑩ 反再系统卸剂完后，现场手动关闭再生、待生滑阀。

⑪ 检尺确认卸剂总量。

⑫ 再生器继续通风降温，至再生器温度小于 200℃，停主风机。

⑬ 转剂完成后，全开预提升蒸汽、原料雾化蒸汽、汽提蒸汽、锥体松动蒸汽、沉降器反吹蒸汽、防焦蒸汽，沉降器用汽吹扫不小于 2h。

⑭ 引系统中压蒸汽供气压机使用，装置过热中压蒸汽改放空切出系统。

⑮ 汽包维持上水，汽包液位可以通过定排控制，保证省煤器内有水流动，防止省煤器憋压。

⑯ 烟气脱硫部分调整注碱量，保证塔底、滤清模块及外排水的 pH 值在控制指标内。加大新鲜水的注入量，增加外排水流量，监控烟气脱硫部分机泵电流，防止催化剂跑损增多对烟气脱硫部分造成影响。

⑰ 在系统催化剂卸完前，保证油浆返上口正常循环。

⑱ 卸剂完成后，烟气脱硫单元继续保持水联运 24h，塔、管线冲洗干净。

⑲ 反应卸完催化剂后，停止油浆循环(油浆换热器根据油浆反塔温度低于 200℃后停止给水)，将塔底存油拿尽。停油浆泵，出入口给汽扫线至罐区和分馏塔，将封油罐柴油退尽，停封油泵。

4. 装大盲板

① 将主风撤出再生器，打开沉降器顶部放空吹扫 1h。

② 关闭所有进入反应器的蒸汽器壁阀，保留少量汽提蒸汽与提升管底部预提升蒸汽，保持沉降器微正压。

③ 分馏系统一次粗扫结束，暂停向分馏塔内扫线，保留少量分馏塔塔底给汽，关闭塔顶油气线电动阀与各侧线器壁阀，开分馏塔塔顶放空，保持分馏塔微正压(约 5kPa)。

④ 装大盲板时，防止空气窜入分馏塔引起着火，万一发生着火，立刻开大分馏塔底搅拌蒸汽。

⑤ 实施装大盲板作业。

⑥ 大盲板装好后，重新引主风至再生器，对反再系统进行降温，再生器温度降至 200℃停主风机，沉降器保留少量蒸汽保护。

⑦ 装好大盲板后，关闭分馏塔塔顶放空，进行全面吹扫，再次拿尽塔内存油，塔底排凝打开。

(三) 密闭退油扫线

1. 分馏系统

① 原料管线经事故旁路进分馏塔，吹扫干净后，向喷嘴贯通吹扫，喷嘴吹扫好后，装原料喷嘴 8 字盲板。

② 分馏塔各侧线往分馏塔退油，吹扫侧线。

③ 粗汽油改直接出装置，控制分馏塔塔顶冷后温度在 40~50℃。

④ 分馏系统全面吹扫，全开分馏塔塔顶水冷器循环水，塔顶油气、蒸汽经塔顶冷却系统冷却后至油气分离罐，不凝气间断放火炬，污水送至污水汽提装置。塔底存油间断排至罐区。

⑤ 反再卸剂完后，油浆循环流程开始吹扫，用柴油置换循环冲洗，残油用油浆泵送至罐区。

⑥ 分馏系统吹扫分两次进行，一次粗扫结束后，配合装大盲板；大盲板装好后，分馏塔继续开大蒸汽吹扫；最后吹扫塔顶油气线，停分馏塔塔顶冷却系统，向火炬系统泄压吹扫。

⑦ 塔顶换热器与空冷要分组进行吹扫，防止支路短路，确保吹扫干净。

⑧ 密闭吹扫完毕后停所有扫线蒸汽，向分馏塔打水，塔底液位达 50% 后停注水，塔底给汽控制水温在 70~90℃，建立原料、二中、油浆循环水冲洗，通过塔底导凝排水监控清洗进度。完毕后，放尽系统存水。

⑨ 吹扫结束后自上而下打开塔器人孔，自然通风冷却至常温。

2. 吸收稳定

① 吸收稳定系统保压，用转速与反飞动维持气压机正常运行，控制系统压力在 0.6MPa 以上，以利于尽快退油。吸收稳定三塔及各容器全面向罐区退油退烃，干净后停泵。稳定退油后期要特别注意，防止压空，大量瓦斯压入轻污油线。

② 稳定系统打水退烃，完成后放尽存水。

③ 再吸收塔存油全部压送至分馏塔，向分馏塔吹扫。

④ 气压机级间罐凝缩油退至粗汽油罐或凝缩油罐，退油干净后凝缩油泵出口阀后给汽吹扫。气压机机体用氮气置换，向火炬撤压。

⑤ 退油完成后，先向瓦斯系统撤压，与瓦斯系统压力平衡后，向火炬系统撤压。

⑥ 从塔底往泵出入口用蒸汽吹扫，各塔内液相从塔底排出，塔顶经冷却系统冷凝后进入分别进入凝缩油罐与液态烃罐，冷凝水排入污水罐区，不凝气间断向火炬系统排放。

⑦ 塔顶换热器与空冷要分组进行吹扫，防止支路短路，确保吹扫干净。

⑧ 吹扫结束后自上而下打开塔器人孔，自然通风冷却至常温。

3. 火炬系统吹扫

① 在装置各系统泄压完毕，无需排火炬后，开始吹扫装置火炬系统。

② 打开各塔顶安全阀副线，温度明显上升后关闭安全阀副线。

③ 装置界区总火炬线温度明显上升后，停火炬系统吹扫蒸汽，开始氮气置换。

④ 系统降压过程中要慢，特别是向放火炬泄压时泄放量不能过大，与调度密切联系。

（四）钝化清洗

① 建议钝化清洗部位：分馏塔塔顶油气系统、吸收稳定系统、双脱系统。

② 分馏塔塔顶油气系统钝化清洗循环流程：钝化剂注入粗汽油罐，外接循环泵，入口从粗汽油罐抽出，出口至塔顶油气线出口。

③ 吸收稳定系统钝化清洗循环流程：钝化剂经稳定塔塔顶冷却系统注入液态烃罐，经冷回流进稳定塔，经补充吸收油进吸收塔，经富吸收油流程进入解吸塔，再经脱乙烷油流程

返回稳定塔。

④ 检查确认流程后，注入配置好的钝化清洗液，严禁串入其他系统。

⑤ 采样分析清洗液 pH 值(7~9)、活性离子含量间隔 1h 无变化即为合格。

⑥ 集中钝化水送至污水气提装置。

(五) 停工关键步骤时间

从第一天 9 时切断进料到第 6 天 9 时交付检修，总时间 120h。2.0Mt/a 以上装置因系统较大，退油、吹扫、钝化等时间增加，可延长至 144h。停工进度表见表 8-1-2。

表 8-1-2　停工进度表

时间	关键步骤	主要内容	耗时/h	占总时间/h
第一天	切断进料	降压降量	1	
		停进料，关闭喷嘴一次手阀	1	
	停气压机	停中压汽出装置，停气压机，直至停用中压蒸汽	6	
		气压机置换	8	
	退油粗扫	分馏系统退油、引柴油置换	8	8
		吸收稳定退油、退烃	8	
		分馏系统第一次粗扫	16	16
	卸催化剂	沉降器转剂、流化烧焦	4	
		卸催化剂、降温	24	
第二天	装大盲板	开沉降器、分馏塔塔顶放空	2	2
		装大盲板	3	3
	两器装盲板	沉降器吹扫、打水	7	
		两器装盲板、拆人孔通风	12	
		反再系统分析采样、交出检修	2	
	全面吹扫	分馏系统二次吹扫	48	48
		吸收稳定全面吹扫	72	
第三天	全面吹扫	继续全面吹扫		
第四天	全面吹扫	继续全面吹扫		
第五天	钝化处理	改流程，加注钝化液	8	7
		建立钝化循环流程	8	8
		钝化分析、排钝化液	8	8
第六天	装界区盲板		48	
	开人孔	反再系统人孔	24	
		分馏系统人孔	24	
		吸收稳定人孔	24	8
		通风、采样分析	72	4

第二节　催化生产日常管理

一、原料控制

（一）催化裂化过程对原料性质的要求

并非任何油品都可以作为催化裂化原料，国外主要石油公司对催化裂化，特别是重油催化裂化的原料提出了一些限制指标。法国 IFP 公司的 R2R 重油催化裂化要求原料油残炭<8%，氢含量>11.8%，重金属（Ni+V）<50μg/g。Kellogg 公司曾对催化裂化原料提出的指标见表 8-2-1[1]。UOP 公司曾提出的指标见表 8-2-2。

表 8-2-1　Kellogg 公司提出的原料指标

残炭/%	金属（Ni+V）/（μg/g）	措　　施
<5	<10	使用钝化剂，常规再生
5~10	10~30	使用钝化剂，再生器取热，可完全再生
10~20	30~150	需加氢处理
>20	>150	进焦化装置加工

表 8-2-2　UOP 公司提出的原料指标

残炭/%	金属（Ni+V）/（μg/g）	密度（20℃）/（g/cm³）	措　　施
<4	<10	<0.9340	可改造现有馏分油催化裂化装置，用一段再生
4~10	10~18	1~0.9340	RCC 技术，用二段再生
>10	100~300	>0.9659	要预脱金属

从表 8-2-1 和表 8-2-2 可以看出：

① 原料油性质不同，需要不同的预处理措施，如加氢脱硫、脱金属等，且随着催化裂化技术的进步，原料油适用范围逐步拓宽。

② 将密度、残炭、金属含量及氢含量列为主要限制指标。

Khouw 等[2]以渣油中的残炭和镍、钒含量作为限制指标，估计了全世界可供作催化裂化原料的潜在量，如图 8-2-1 所示。重油催化裂化工艺处理的原料油仍有较多的份额，再加上加氢处理技术为催化裂化工艺提供更优质的原料，从而具有更加良好的前景。

我国催化裂化技术，经过多年的研究和生产实践，除了已充分掌握馏分油催化裂化技术外，还开发了一整套重油催化裂化技术，拥有一大批处理高残炭和高金属含量原料的重油催化裂化装置，处理的原料包括常压渣油、减压渣油、掺渣油的重质原料和劣质原料以及加氢重油，见表 8-2-3。关于我国催化裂化装置加工原料的情况可作如下说明：

① 残炭为 4%~5% 的常压渣油和掺渣油的重质原料，有的装置也处理过残炭含量为 7%~8% 的减压渣油。

② 我国绝大多数原油中含的重金属以镍为主，含钒量极少，这是由于我国绝大部分原油系陆相生油。目前已能成功地处理镍含量小于 10μg/g 的重油原料。有的装置还处理过镍含量 25μg/g 和钒含量小于 1μg/g 的原料。当催化剂上的镍含量达到 9000μg/g 时，不加镍钝

化剂也可保持氢产率小于 0.5%。

③ 由于我国大多数原油是石蜡基原油，氢含量较高，因而一般重油原料都能保持氢含量大于 12%，相对密度一般要求小于 0.92，但对馏程没有限制。

④ 随着原油对外依存度增加，部分催化原料来自加氢处理重油，加氢重油一般氢含量在 12% 左右，相对密度大于 0.92，芳烃含量较高，可裂化性能变差。

⑤ 焦化馏分油虽然不属于重油，但氮含量若高于 0.3%~0.4%，也成为限制指标。

总的来说，重油催化裂化一般要求原料油密度（20℃）<0.940g/cm³，残炭值<6%，氢含量>11.8%，重金属（Ni+V）<15μg/g。对于再生型式为完全再生的装置，原料油钒含量一般要求低于 7μg/g。

表 8-2-3　我国催化裂化装置已达到的渣油掺炼水平

炼油厂简称	前郭	石家庄	洛阳	九江	武汉	济南	燕山	茂名
原油	吉林	大庆、华北	中原	管输	管输	临商管输	大庆	中东
常渣掺炼比/%		100	100					
减渣掺炼比/%	100			32.4	40.9	36.3	85	100(VRDS)
原料残炭/%	8.95	7.24	6.5	6.24	5.87	6.12	8.0	6.11
(Ni+V)含量/(μg/g)	7.0	25.0	5.4	14.0	13.0	10.1	7.0	25.6

（二）重金属对催化裂化的影响

不同油品的组成中，除含有各种烃类化合物之外，还含有少量非烃化合物，如含有硫、氮、氧及微量的多种金属（如铁、钠、镍、钒、铜等）的化合物。硫对催化剂的裂化性能基本没有不良影响，但高硫原料裂化得到的裂化气、汽油和柴油等产物的硫含量也高，会增加精制单元的负荷；氮化物，尤其是碱性氮化物，如喹啉、吡啶等多环氮化物，会使催化剂迅速失活，严重影响裂化转化率，一般要求原料的氮含量不大于 0.30%，碱性氮含量不大于 0.1%。下面重点讨论原料中重金属镍、钒和铁对反应过程的不良影响。

镍和钒通常以卟啉化合物的形态存在。图 8-2-2 展示出了四种类型金属卟啉的结构式。DPEP 型卟啉为其他类型卟啉的母体，即可以认为其他类型的卟啉是由它演变而成的，这种演变的化学反应实质是氢转移反应。每一类型的金属卟啉的碳原子数一般在 25~39，有时可达 60。

金属卟啉在石油中的含量一般在 1~100μg/g，沸点在 565~650℃ 之间，相对分子质量约为 500~800，是一种结晶状固体，极易溶解于烃类中。它主要富集在渣油中，沥青中含量最多。

原油中的金属卟啉化合物，热安定性好，蒸馏时被携带少量进入馏分油中。如果采用这类油品作催化裂化原料油，其中的金属卟啉就会在加工过程中发生分解，并因游离出金属钒和镍而使催化剂发生中毒。当采用常压或减压渣油作催化裂化原料时，就更容易造成催化剂中毒。镍钒非卟啉化合物多为含硫、氮、氧原子的四配位络合物，其典型结构如图 8-2-3 所示。金属卟啉化合物主要集中在多环芳烃、胶质和沥青质之中，而金属非卟啉化合物则主要集中在重胶质和沥青质之中，且在沥青质中的非卟啉化合物可能与沥青质的片层交联在一起。因此，金属非卟啉化合物更难以脱除。

原料油中的镍和钒对催化剂的污染机理是不同的，对催化剂活性和选择性的影响也存在

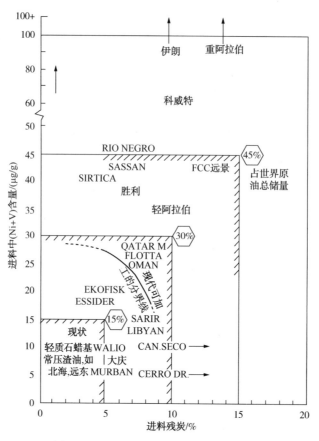

图 8-2-1　可供催化裂化作原料的潜在量

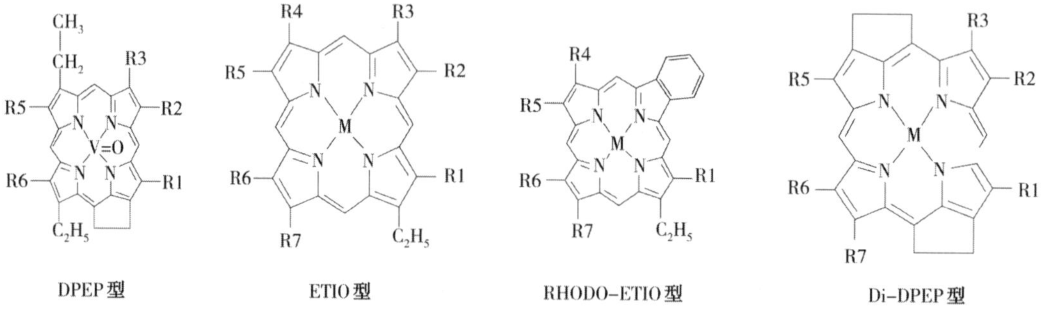

DPEP 型　　　ETIO 型　　　RHODO-ETIO 型　　　Di-DPEP 型

图 8-2-2　金属卟啉的四种类型

较大的差异。当含钒的卟啉在反应过程中分解时,钒极容易沉积在催化剂上,再生时钒转移到沸石位置上,与沸石中硅铝氧化物发生反应,生成熔点为 632℃ 的低共熔点化合物,沸石晶体被破坏,造成催化剂永久性失活。而 632℃ 是再生器极容易达到的温度,当再生条件比较苛刻和催化剂上有钠存在时,钒的影响更甚。镍沉积在催化剂上并转移到沸石位置上,主要沉积在催化剂外表面,镍不破坏沸石,镍仅部分地中和催化剂的酸性中心,对催化剂活性影响不大,但镍的存在有利于氢气的生成。

铁在石油中分布与钒、镍等金属元素相似,即随着沸点的升高,铁含量逐渐增高,而且大部分富集在重质油，特别是渣油中。大于500℃的馏分渣油中的铁含量，一般为原油铁含量的几倍到几十倍。原油中铁含量一般为1~120μg/g，其中孤岛等少数原油铁含量超过20μg/g，大于500℃的渣油中的铁含量超过50μg/g。铁在石油及其馏分中既能以悬浮无机物形式存在，又能以油溶性盐(如环烷酸铁)和络合物(如铁卟啉)的形式存在[3]。因此，催化裂化原料油中的铁通常分为无机铁和有机铁，无机铁是由管道、储罐或设备腐蚀所产生的，而有机铁是来自原油本身中，或者是原油中的环烷酸及其他腐蚀性组分对管道腐蚀生成的有机铁。存在于原油中的铁称为原有铁，而由于与油接触的管道、储罐和加工设备的腐蚀而导入的铁称为过程铁，一般过程铁的含量要大于原有铁。对于加工渣油的催化裂化装置，铁对催化剂产生危害较为明显。铁以亚铁状态存在于催化剂表面上，低熔点相的形成使黏结剂中的氧化硅易于流动，从而堵塞和封闭催化剂的孔道，使催化剂表面形成一层壳，呈现玻璃状。即使不熔化，由于熔点降低引起的烧结也会产生相似的效果，降低催化剂的可接近性，从而降低了渣油裂化能力。铁污染严重时造成的转化率损失可达10%。

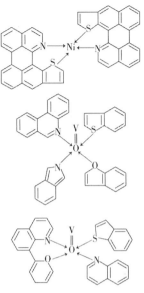

图8-2-3　金属与S、N、O等杂原子形成的混合四配位基络合物

二、优化操作获得最大汽油辛烷值桶

(一)操作变量对汽油产率和辛烷值的影响

1. 影响辛烷值的操作变量

(1) 反应温度的影响

一般情况下，反应温度增加10℃，汽油辛烷值(RON 和 MON)大致上升0.7~1.8个单位。在估计反应温度的影响时，通常认为反应温度每增加10℃，RON 上升1个单位。表8-2-4列出了反应温度影响辛烷值的工业数据[4]。

表8-2-4　反应温度对汽油辛烷值的影响

项　目	JN 炼厂		FS 炼厂	
操作条件				
反应温度/℃	505	530	505	520
剂油比	6.6	7.8	4.4	4.5
原料油	中间基 VGO+DAO		VGO+DAO+VR	
密度(20℃)/(g/cm³)	0.8983	0.8986		
残炭/%	0.62	0.39		
特性因数	12.1	12.1		
氢含量/%	12.63	12.48		
汽油辛烷值				
RON	95.8	97.0	87.1	88.8
MON	82.2	82.1	77.5	77.9

（2）转化率的影响

转化率对汽油的组成和辛烷值有很大的影响。这里所说的转化率定义为焦炭+裂化气+汽油的质量分数。

一般情况下，转化率增加10%，RON大致上升0.6~2个单位。图8-2-4列出了不同转化率下的汽油PONA分析数据。可以看出，在转化率60%（体）以前，随着转化率的上升，芳烃、烯烃增加，烷烃几乎保持不变，环烷烃当然减少。转化率在60%（体）~75%（体）之间时，烯烃下降幅度与芳烃上升幅度几乎相等，烷烃增加不多，当然环烷烃减少不多。对RON而言，各种烃类的顺序为芳烃>烯烃>环烷烃>烷烃。因此，在转化率接近80%（体）以前，随着转化率的提高，RON应当上升。图8-2-5是在微反活性测试装置上进行的试验，辛烷值是借助于气相色谱技术获得的，图中的数据证实了上述推断。

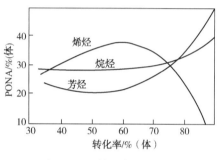 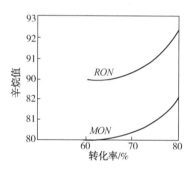

图 8-2-4　转化率对汽油的
PONA 组成的影响

图 8-2-5　转化率与汽油辛烷值的关系

在工业装置上要单独确定转化率对辛烷值的影响往往是困难的，因为反应温度本身影响辛烷值，同时也影响转化深度。因此，在关联转化率的影响时，需要扣除反应温度和进料性质对转化率的影响。

图8-2-6为工业数据，可以看出转化率对重汽油的RON有很大的影响，转化率增加10%，RON上升3个单位。通过计算，对整个汽油馏分而言，转化率增加10%，RON上升0.4~0.5个单位。

转化率增高，汽油的芳香性增加，因此辛烷值增加。相对而言芳烃的沸点更高，主要集中在重汽油馏分中，转化率增高对重汽油馏分的RON影响增大，这是显然的。

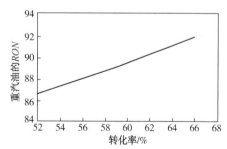

图 8-2-6　转化率与重汽油 RON 的关系
（炼油厂工业数据，恒反应温度，
汽油沸点范围160~205℃）

（3）其他工艺参数的影响

1）油气停留时间

对于常规催化裂化，减少油气停留时间，可减少过度裂化和抑制氢转移反应，有利于辛烷值的提高。通过提升管的设计缩短油气停留时间，同时依原料油的组成不一样，可以采用不同的油气停留时间，RON可以增加2~3个单位左右。

由于MIP系列工艺将提升管反应器分为两个反应区，且反应机理与常规催化裂化有一定差异，因此，反应油气停留时间对汽油组成和辛烷值的影响与常规催化裂化工艺有所不同，反应油气停留时间的延长主要在氢转移和异构化反应发生的二反区域，使汽油烯烃降低而异构烷烃和芳烃有所增加，使汽油的 RON 基本维持不变而 MON 有所增加。

2）再生催化剂碳含量

再生剂碳含量增加，降低了沸石的有效性，从而抑制了氢转移反应。再生催化剂碳含量增加 0.1%，RON 上升约 0.5 个单位，同时生焦选择性变差。由于再生催化剂碳含量变化引起的转化率改变对辛烷值的影响示意图如图 8-2-7 所示[5]。

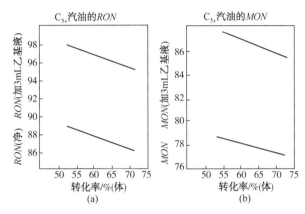

图 8-2-7　再生催化剂碳含量引起转化率改变对汽油辛烷值的影响

3）油气分压

当反应器中的油气分压升高 0.035MPa 时，汽油 RON 下降约 2 个单位。由于压力升高，反应速度增加，造成汽油中的烯烃含量下降。不同转化率下油气分压的影响如图 8-2-8 所示。

4）联合进料比

增加回炼比，新鲜进料的油气分压降低，回炼比增大，汽油的辛烷值增加。联合进料比增加 0.5，汽油 RON 上升约 1.0 个单位。

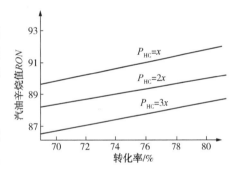

图 8-2-8　油气分压对汽油辛烷值的影响

5）剂油比

剂油比的变化会造成汽油烃类组成发生变化，相应地对汽油辛烷值产生影响，如图 8-2-9 和图 8-2-10 所示[2]。

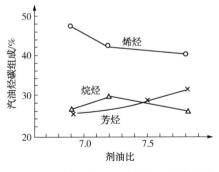

图 8-2-9　剂油比对汽油烃类组成的影响

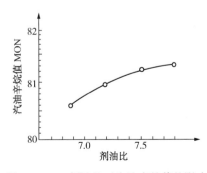

图 8-2-10　剂油比对汽油辛烷值的影响

2. 优化操作参数兼顾汽油产率和辛烷值

反应温度升高对提高汽油产率作用不明显，在增加汽油产率的同时，裂化气产率大大增加，它是增加汽油辛烷值最有效的方法之一。平衡催化剂活性的提高是增加汽油产率的最佳途径。表 8-2-5 和表 8-2-6 中所列数据均是工业数据，由此可以看出，高剂油比对于提高汽油产率也很有效，而且并不增大干气产率。因此，为了兼顾汽油产率和辛烷值，反应温度适当地升高，平衡催化剂的活性应高一些，并设法提高剂油比[6]。

表 8-2-5　剂油比和反应温度的影响

增加单位转化率的产率变化	增加反应温度	增加剂油比
干气/%	+0.3	-0.1
液化石油气/%（体）	+0.7	+0.5
汽油/%（体）	+0.1	+0.8
总液收/%（体）	-0.2	+0.3
焦炭/%	0	+0.1

表 8-2-6　剂油比影响产品选择性

条　　件	炼油厂 1	炼油厂 2	炼油厂 3	工业数据平均
剂油比变化/%	+25%	+13%	+15%	
转化率增加/%（体）	+2.7	+4.4	+6.0	
再生温度变化/℃	-18	-24	-2	
增加单位转化率的产率变化				
干气/%	-0.1	-0.2	0	-0.1
液化气/%	+1.0	+0.9	+0.8	+0.9
$C_3^=$	+0.39	—	+0.15	+0.27
C_3^0	+0.12	—	+0.02	+0.07
$C_4^=$	+0.21	—	+0.27	+0.24
C_4^0	+0.23	—	+0.35	+0.29
$n\text{-}C_4$	+0.06	—	0	+0.3
汽油/%（体）	+0.4	+0.7	+0.4	+0.5
轻循环油/%（体）	-0.9	-0.9	-0.3	-0.7
油浆/%（体）	-0.1	-0.1	-0.7	-0.3
焦炭/%	+0.2	+0.0	+0.1	+0.1
总液收率/%（体）	+0.4	+0.6	+0.2	+0.4

提高反应温度以实现最大辛烷值桶的操作方法，对于有烷基化、叠合装置的炼油厂，或者对液化气进行利用的炼油厂，或者液化气的价格很高的炼油厂，是可行的。对于液化气未找到很好出路的炼油厂，得视具体情况确定操作方案，比如改变原料配比使之有利于提高辛烷值，采用高辛烷值催化剂等，是否采用高反应温度应进行综合考虑。

（二）操作变量对汽油烯烃含量的影响

车用汽油的烯烃来源于催化汽油。降低催化汽油的烯烃含量，可以采用降低烯烃的催化裂化工艺、催化剂和助剂。催化裂化工艺类型是影响 FCC 汽油组成主要因素。针对市场的需求，国内催化裂化工艺开发出密相床 FCC、沸石催化剂加提升管 FCC、渣油 FCC、多产低碳烯烃的 DCC 和 CPP 和多产低烯烃汽油的 MIP 和 FDFCC 等。不同的催化裂化工艺，其汽油组成相差较大，FCC 汽油为高烯烃，MIP 汽油为低烯烃，而 DCC 汽油为高烯烃和高芳烃，CPP 汽油为高芳烃。这里，限于叙述其他操作变量对烯烃含量的影响。

1. 平衡催化剂活性的影响

表 8-2-7 列出了汽油烯烃含量与平衡催化剂活性的关系。平衡催化剂活性越高，汽油烯烃含量越低，同时，汽油和液化气的收率上升，轻循环油收率下降。在工业生产装置上应寻求最佳的平衡活性，既达到降低汽油烯烃含量的目的，又获得良好的产品分布[7]。

表 8-2-7　平衡催化剂活性与汽油烯烃含量的关系

项　目	平衡催化剂活性				项　目	平衡催化剂活性			
	50.0	55.0	58.6	60.8		50.0	55.0	58.6	60.8
提升管出口温度/℃	501	499	497	496	液化气	15.20	15.63	16.23	17.32
汽油烯烃/%（体）	67.46	60.1	56.1	55.53	干气	4.09	3.96	4.13	3.40
产品分布/%					油浆	6.28	5.30	5.00	4.04
汽油	37.40	33.82	40.50	41.01	总液体收率/%	81.30	81.8	82.93	84.04
轻循环油	28.70	27.35	26.20	25.71					

2. 反应温度的影响

反应温度对汽油烯烃含量的影响见表 8-2-8。表 8-2-8 为中型提升管装置试验数据，原料油为胜利 VGO 掺 10%VR，反应压力为 0.15MPa，剂油比为 5.8~6.2[8]。

表 8-2-8　反应温度对汽油烯烃含量的影响

项　目	提升管出口温度/℃				项　目	提升管出口温度/℃			
	500	515	530	544		500	515	530	544
产品分布/%					转化率/%	68.93	72.98	74.88	76.04
干气	2.76	2.94	3.23	3.68	异丁烷/丁烯（体积比）	0.92	0.9	0.73	0.4
液化气	15.63	16.92	17.8	18.83	异丁烷/异丁烯（体积比）	3.15	2.31	1.73	1.15
汽油	43.23	45.69	46.27	45.91	汽油组成（色谱法）/%				
轻循环油	22.45	21.3	20.04	19.3	烯烃	28.85	31.51	33.72	34.18
重油	8.62	5.72	5.08	4.66	芳烃	28.47	30.48	33.92	38.5
焦炭	7.31	7.43	7.58	7.62					

表 8-2-8 的数据表明，反应温度升高，汽油烯烃含量增加，反应温度超过 530℃，再增高反应温度，汽油烯烃含量增幅已很小。裂化是吸热反应，氢转移是放热反应，升高反应温度对裂化反应有利，对氢转移反应是抑制。而裂化反应是产生汽油烯烃的源头，氢转移反应消耗汽油的烯烃。所以，反应温度升高，汽油烯烃含量增加是必然结果。反应温度过高，汽油中的烷烃和烯烃部分裂化为液化气，表现为汽油产率增幅不大，甚至有所下降；而汽油烯

烃也增幅不大，甚至下降。

3. 剂油比的影响

剂油比增大，单位质量原料油接触的催化活性中心数增加，有利于裂化，单程转化率增加。同时活性中心数增加也有利于氢转移反应和芳构化反应，从而汽油烯烃含量减少。表8-2-9列出了剂油比对汽油烯烃含量的影响。中型提升管装置采用LV-23催化剂，反应温度为500℃，反应压力为0.15MPa。可以看出，以剂油比4.8为基准，剂油比每提高一个单位，汽油烯烃含量降低2.9~3.4个百分点。剂油比上升，焦炭中剂油比焦的比例增大。因此，在高剂油比的同时，应考虑增加催化剂的汽提效果[5]。

表8-2-9　剂油比对汽油烯烃含量的影响

剂油比	4.8	6.1	7.8	剂油比	4.8	6.1	7.8
产品分布/%				转化率/%	67.09	71.28	79.11
干气	2.51	2.66	2.80	异丁烷/丁烯（体积比）	0.43	0.46	0.52
液化气	13.75	15.19	20.89	异丁烷/异丁烯（体积比）	1.41	1.53	1.77
汽油	43.21	45.40	45.21	汽油性质			
轻循环油	23.37	21.68	17.46	烯烃/%（体）（FIA法）	54.6	50.3	44.4
重油	9.54	7.04	3.43	辛烷值（实测）　RON	88.9	88.8	89.7
焦炭	7.62	8.03	10.21	MON	78.0	78.2	79.0
				烯烃/%（色谱法）	43.45	40.66	37.04

4. 反应时间的影响

提升管催化反应的反应时间增长，原料油的单程转化深度增加，液化气、汽油产率增加；芳构化、氢转移反应更彻底。导致汽油的烯烃含量下降，而辛烷值变化不大。表8-2-10列出了反应时间对汽油烯烃含量的影响[5]。

表8-2-10　反应时间对汽油烯烃含量的影响

项　　目	提升管反应时间/s				项　　目	提升管反应时间/s			
	1.10	1.29	1.77	3.29		1.10	1.29	1.77	3.29
产品分布/%					转化率/%	56.87	64.62	68.17	
干气	2.19	2.28	2.97	3.08	异丁烷/丁烯（体积比）	0.56	0.57	0.57	0.84
液化气	11.59	12.86	15.33	16.92	异丁烷/异丁烯（体积比）	1.55	1.64	1.60	2.76
汽油	37.77	44.05	43.70	45.08	汽油性质				
轻循环油	25.63	23.83	21.59	22.02	辛烷值（实测）RON	92.10	91.70	91.70	91.70
重油	17.50	11.54	10.14	6.44	MON	78.60	78.90	78.50	79.80
焦炭	5.33	5.43	6.17	6.47	烯烃/%	38.97	35.91	33.03	24.64
					芳烃/%	26.78	29.37	31.76	37.78

5. 转化率的影响

在较低的转化率下，汽油烯烃含量随转化率增加而增加，当转化率超过某数值后，汽油烯烃含量随转化率增加快速下降，如图 8-2-11 所示[8]。当转化率超过一定值后，汽油的烯烃含量随转化率的提高而下降；在相同转化率下由大庆原料油所得的 FCC 汽油的烯烃含量更高。

汽油中的烯烃分子可以通过氢转移反应获得氢，饱和为烷烃，使汽油烯烃含量降低。异丁烷是氢转移反应的产物。定义异丁烷/丁烯(Y_1)和异丁烷/异丁烯(Y_2)为氢转移指数，用以关联 FCC 汽油的烯烃含量，发现它们之间基本上是线性关系，其关联式如下：

$$汽油烯烃含量 = 61.1 - 44.5Y_1, \%　　　　　　　(8-2-1)$$

$$汽油烯烃含量 = 55.8 - 11.9Y_2, \%　　　　　　　(8-2-2)$$

图 8-2-12 和图 8-2-13 清楚地表明了这种线性关系，原料油不一样，操作条件不一样都不影响这种关系。

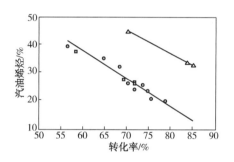

图 8-2-11　汽油烯烃含量与转化率的关系
●—胜利 VGO+10%VR；■—辽河 VGO；▲—大庆 VGO+30%VR

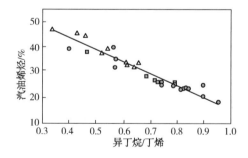

图 8-2-12　汽油烯烃含量与异丁烷/丁烯的关系
●—胜利 VGO+10%VR；■—辽河 VGO；
▲—大庆 VGO+30%VR

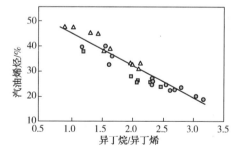

图 8-2-13　汽油烯烃含量与异丁烷/异丁烯的关系
●—胜利 VGO+10%VR；■—辽河 VGO；
▲—大庆 VGO+30%VR

6. 分馏和吸收稳定系统操作的影响

表 8-2-11 列出了汽油切割点对烯烃含量的影响。可以看出汽油烯烃主要集中在 C_5、C_6、C_7、C_8 组分中，C_9 以后的组分烯烃很少。因此，汽油的终馏点提高，烯烃含量降低。汽油终馏点降低 20℃，汽油烯烃增加 3.2%(体)~6.1%(体)。

表 8-2-11　汽油切割点对汽油烯烃含量的影响

项　目	大庆		胜利		项　目	大庆		胜利	
馏程/℃					色谱法烯烃含量/%				
50%	84	98	112	122	C_3	0.70	0.61	0.15	0.13
90%	137	156	153	174	C_4	5.10	4.04	1.02	0.88
终馏点	185	201	182	208	C_5	11.64	8.95	3.07	2.60
荧光指示剂吸附法					C_6	16.06	12.78	6.51	5.47
FIA组成/%(体)					C_7	12.61	11.25	8.46	7.11
饱和烃	28.4	30.9	46.8	45.4	C_8	8.43	8.51	8.10	6.74
烯烃	64.4	58.3	36.4	33.2	C_9	2.94	4.52	3.92	3.59
芳烃	7.2	10.8	16.8	21.4	C_{10}	0.62	1.01	1.61	1.69
					C_{11}	0.05	0.19	0.19	0.40

此外，在反应操作条件中，降低油气分压有利于裂化反应的进行，汽油的烯烃含量会有所增加。因此，以降低汽油烯烃为目的，原料雾化蒸汽和预提升蒸汽用量应适当。

总体说来，反应温度升高，汽油烯烃增加且 RON 升高，温度升高 5.6℃，汽油烯烃增加 1%，温度升高 11.1℃，RON 增加 1 个单位；剂油比增加，汽油烯烃降低，剂油比增加 1 个单位，汽油烯烃下降 1.5% ~ 3.0%；油气分压增加，汽油烯烃且 RON 降低；油气停留时间增加，汽油烯烃且 RON 降低；转化率增加，汽油烯烃降低，RON 增加。对于相同的生产方案，石蜡基原料生产的汽油芳烃少，烯烃和烷烃多，辛烷值较低；环烷基原料则相反。

（三）操作变量影响轻循环油的产率和性质

1. 转化率的影响

改变平衡催化剂活性（包括再生催化剂上碳含量水平）、操作苛刻度（剂油比、重时空速）、反应温度和回炼比均可改变转化率。这里所考虑的转化率改变，仅由反应温度和操作苛刻度引起。转化率升高，轻循环油收率和质量都下降，如图 8-2-14 所示。转化率升高，轻循环油苯胺点下降，说明轻循环油中芳烃含量增加，轻循环油的密度相应增大。图 8-2-14 还说明，轻循环油质量决定于转化率，几乎不受反应温度的影响。在反应温度为 510℃、538℃、566℃时，轻循环油产率决定于转化率，不受反应温度影响。但当反应温度为 427℃时，得出稍高的轻循环油收率，这是因为反应温度太低，要达到相同的转化率，势必采用更高的苛刻度（长的反应时间、或高剂油比）。轻循环油产率随转化率升高而下降，由图 8-2-15 的数据也可得出这一结论[9]。

2. 回炼比的影响

回炼比是改变操作苛刻度的非独立变量。把未被转化的>338℃的馏分与新鲜原料混合在一起再进反应器，轻循环油的收率增加。当转化率为 70%（体）时，联合进料比从 1.0 增加到 1.8，轻循环油产率增加 11.7%（体），而新鲜原料的处理量下降 44.4%。增加回炼比，轻循环油收率增加是由两个因素决定的，一是增大回炼比，新鲜进料的分压和停留时间降低，从而降低了新鲜进料的裂化苛刻度和转化率，因而轻循环油产率增加；二是一部分回炼油裂化，产生汽油、轻循环油、裂化气和焦炭。当采用高联合进料比和低活性催化剂时，轻循环油收率接近 60%（体）（以新鲜原料为基准）。

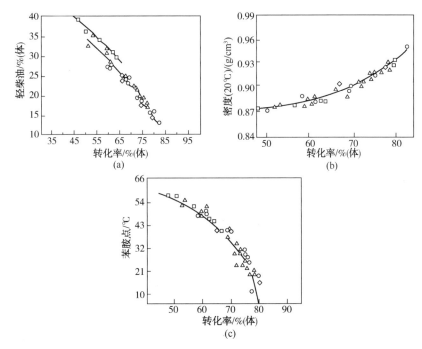

图 8-2-14　温度和反应苛刻度影响轻循环油产量和质量

平衡 DAS-250 催化剂；进料性质：密度(20℃)为 0.9067g/cm³，K = 12.1；Davison 中型提升管装置；

重时空速为 20~160；剂油比为 3~15 □—427℃；△—510℃；○—534℃；◇—566℃

（四）主风机组无扰动切换操作

1. 主风机组切换至备机机组运行

（1）切出前生产调整

① 通知调度，装置将要降低主风量和处理量，主风机切换至备用风机运行。

② 逐步关小 V1 阀，当主风机电机电流>500A时，逐步降低主风量至 117000~12000Nm³/h，再生压力降至 155kPa，控制原料处理量在合适范围。

③ 在降风降量的同时，密切关注两器差

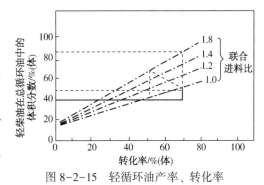

图 8-2-15　轻循环油产率、转化率和联合进料比的关系

压，及时调整气压机转速，保证两器差压不小于 10kPa。

④ 分馏塔操作配合降低处理量，调整各段负荷，保证产品质量合格。

⑤ 配合反应降压，逐步降低再吸收塔压力至 1.0MPa。降低再吸收塔压力过程要缓慢进行，避免压力大幅度变化造成设备损坏。

⑥ 在降风降量的同时，控制好反应深度及烧焦效果。控制好再生器料位，必要时可调整再生器小环风。同时密切关注烟机的运行状况。

（2）开备用风机

1）机 110 启动前的检查

① 机 110 按操作规程，机组联锁试验合格，润滑油系统工作正常。

② 各阀门位置如下：风机入口蝶阀开 14%、风机出口放空阀全开(两个)、风机出口电

动阀全关。

③ 机组电动盘车器工作正常。

④ 检查机组各启动条件正常。

⑤ 汇报调度及电气总变准备机组启动。

2）启动机 110 电机

① 汇报调度及电气总变准备机组电机启动。

② 启用机组允许启动开关，待指示绿灯亮时，通知现场启动机 110 电机。

③ 机 110 电机启动正常后，检查记录机组各部运行情况。

④ 机组按要求系统外运行 2h，准备切换操作。

（3）参数调整

① 缓慢提机 110 风机入口蝶阀 42%，检查记录机组各部运行情况。

② 首先全关风机出口放空手阀，然后缓慢关小机 110 放空阀，将机 110 出口压力提至比机 101 出口压力高 5~10kPa。

确定再生器操作压力为 155kPa，主风机出口压力 225~230kPa。在保留备用风机操作有一定安全余量，确定备用风机电机电流控制在 800A 左右，对应的主风流量为 117000Nm^3/h、出口压力为 235kPa。

（4）主风机切至备用风机

1）确定备用主风机切换前操作条件

主风机切换前操作条件的选择，是以备用风机正常操作为基准，通过核算主风机出口到再生器顶的压降为 70~75kPa。确定再生器操作压力为 155kPa；备用风机出口压力为 230~235kPa。在保留备用风机操作有一定安全余量，确定备用风机电机电流控制在 800A 左右，对应的主风流量 100000Nm^3/h、出口压力为 230kPa。装置备用主风机切换前操作条件见表 8-2-12。

表 8-2-12　备用主风机切换前操作条件

项目	再生器压力/kPa	备机出口压力/kPa	备机主风流量/（Nm^3/h）	备用风机电流/A	备用风机功率/kW
数值	155	230	100000	800	7200

2）确定主风机切换前操作条件

通过查阅装置主风机过去同时期操作参数，并进行核算。确定主风机出口流量为 98000Nm^3/h，对应的主风机入口静叶角度为 50°，主风机出口压力为 226kPa。主风机切换前操作条件见表 8-2-13。

表 8-2-13　主风机切换前操作条件

项目	再生器压力/kPa	主风机出口压力/kPa	主风机流量/（Nm^3/h）	主风机静叶角度/°	烟机回收功率/kW
数值	155	225	100000	50	2000~4000

3）机组切换

首先缓慢打开备用风机出口电动阀，注意观察主风总量为117000Nm³/h及主风机、备用风机出口压力的变化，直至备用风机出口电动阀全开。然后缓慢关小备用风机出口放空阀，开主风机出口放空，采用每次0.1%的调节幅度，多频次调节，维持主风量变化不超过2000Nm³/h。直至主风机出口压力等于主风总管压力时，此时主风机出口放空阀阀位至临界阀位58%，缓慢关主风机出口电动阀，直至全关，主风机切出系统运行。

（5）安全环保

① 在两机组切换过程中，三旋管线下方拉警戒绳，严禁站人。

② 在烟机切出过程中，若烟机振动突然上升超过联锁值，或其他原因导致装置联锁动作的，装置按紧急停工处理。

2. 备用主风机组切换至主风机组运行

装置开工先由备用主风机向再生器供风，待装置生产正常后将烟气引入烟机，由烟机将主风机组拖至80%~90%（有条件往上限靠）的额定转速后，再启动主风机电机，机组正常运行。

（1）主风机切换前操作条件

主风机组按操作方案，启动运行正常，缓慢提风机静叶角度至50°之后保持不变，缓慢手动关小主风机出口放空阀至其出口压力达225~230kPa。记录下此时主风机出口放空阀开度（58%）。备用风机运行正常，主要操作参数见表8-2-13。此时具备主风机切换条件。

（2）机组切换

首先缓慢打开主风机出口电动阀，注意观察主风总量100000~105000Nm³/h及主风机、备用风机出口压力的变化，直至主风机出口电动阀全开。然后缓慢关小主风机出口放空阀，开备用风机出口放空，采用每次0.1%的调节幅度，多频次调节，维持主风量变化不超过2000Nm³/h。直至备用风机出口压力等于主风总管压力时，记录下此时备用风机出口放空阀开度（70%），缓慢关备用风机出口电动阀，直至全关，备用风机切出系统运行。

备用风机出口放空阀在切出系统前，不能全开。由于切出机组出口完全放空后，并入机组的一部分主风将从切出机组出口放空阀跑掉，在切出机组的放空阀缓慢打开过程中，经历一个从供风到跑风的临界阀位。在此临界阀位主风流量及压力极易大幅波动。因此，前述记录放空阀位是必要的。主风机出口放空阀临界阀位为58%；备用风机出口放空阀临界阀位为70%。

（五）流化问题处理与诊断[10]

催化裂化装置必须安全、可靠、高效地运行，同时也必须符合国家和地方的环保要求。一个典型的催化裂化装置每分钟循环数百吨甚至数千吨的催化剂，处理不同类型的原料，并使用数以百计的控制回路，其中任何一处的故障都会使运行出现问题。恰当的故障排除将能确保装置最大程度可靠和高效地运行，同时符合环保要求。

故障排除的主要内容是识别和解决问题。问题可能是突发的，也可能是长期的。它们可能是产品不合格、效率低下、设备故障或者是环保超标。这些问题还可能涉及启动问题、检测仪表问题、公用工程损耗、装置磨损、操作条件的改变以及误操作。

本节概述了有效地进行故障排除的基本步骤，提供了一个用以开发解决方案的实用而系统的方法，提出了发现问题并确定诊断的一般准则。开始故障排除之前，必须了解该单元的

"正常"操作模式，并能够列出一些用来确定单元操作基准的主导指标。例如，催化裂化装置操作的主导指标是：安全、清洁（环保和满足产品规格）、稳定、运行于上限和下限范围内。

一旦发生异常状况时，应通过解决以下问题来启动有效的故障排除：问题的"主导指标"是什么？证实这种"异常问题"的证据有哪些？可用于解决异常情况的资源（如 DCS 数据/趋势，实验室数据分析，外部运营商的规范）有哪些？引起问题的原因有哪些（按重要性进行排名，并列出最重要的一项）？

长期的解决方案可以包括改进操作程序，定期培训，预防性维护，配置新的设备或控制元件。

1. 有效排除故障的一般准则

一个成功的故障排除任务需要做到以下几点：做一个好的倾听者；熟悉"正常"运行参数；收集历史背景资料；评估问题的"一般"和"特殊"原因；检查目标和限制条件，以验证当前操作的适用性。

管理、工程和运营部门以不同的方式看待问题。一般来说，熟悉操作的人最有可能了解这些症状，并有可能提供一个解决问题的办法。但由于种种原因，实施解决方案的当事人可能没有想过要问熟悉操作的人。通常情况下，最接近问题的是那些单元操作者和维护班长，他们将提供最有价值的信息。四个操作班次均需进行咨询。在收集到所有可用的事实之前，不要做出任何结论。

检查系统中以前出现过的类似问题，以确定如何进行诊断和解决。查看运行及维修记录。将当前问题操作与正常单元操作工况进行对比。确保所有的单元趋势是当前的，包括催化剂数据、热量平衡和物料平衡数据。注意到可能与问题有关的任何变化。可靠的历史数据总能有助于识别和诊断问题。

首先，通过"头脑风暴"的方法，列出所有潜在原因或原因组合。然后，有条理地排除每一个原因。不要太快排除不常见的原因；如果是简单的问题引起的，那么就会有人已经处理好了。

此外，确保工艺和设备文件所列的限制条件与实际操作的单位是一致的。

大多数催化裂化问题是原料、催化剂、操作变量、和/或机械设备的变化所致。如前所述，该解决方案可以实现产量的提高、避免停机或增加单元的可靠性。

目前，较多的故障排除任务大部分涉及催化剂循环问题，过量的催化剂损失，高于平均水平的二次燃烧，结焦，CO/NO_x 排放量过高，以及"不正常"的产品质量或数量。

关于催化剂循环问题，在解决限制因素和/或催化剂循环不稳定的问题上，对催化裂化催化剂关键物理性能和单元压力的认识至关重要。因此，接下来的主要内容包括物理性能的本质、压力平衡和催化剂循环。

2. FCC 催化剂的主要物理性质

① FCC 催化剂是由"微球状"颗粒组成的。

② 颗粒的粒度分布（PSD）范围在 $0.5 \sim 150 \mu m$ 之间。

③ FCC 新鲜催化剂的密度通常为 $0.65 \sim 0.85 g/cm^3$。

④ 密相流化床看起来非常像沸腾的液体，并显示出"类似液体"的行为。催化剂像液体一样从一个容器流动到另一个容器。

以下是 FCC 单元操作的基本概念。

① 对于像水一样流动的催化剂，压力必须穿过催化剂颗粒，而不会到达容器壁上。

② 常使用空气、燃料气、氮气或蒸汽以促进催化剂的流化或通气，它们必须是干燥的。

③ 当固定催化剂床层的压力降等于床的质量时，最低的表面气体速度被称为起始流化速度或最小流化速度。气流速度任何轻微的增加都会导致催化剂床层的增量上升或扩大。首次观察到气泡时的速度，被称为"最小鼓泡速度"。

④ 粒度分布(PSD)中细颗粒的存在有助于流态化。细颗粒可作为较大颗粒的润滑剂。这些较小的颗粒更容易在气体中移动。

⑤ 脱气是填料床的流动性损失。细料含量，以及催化剂的形状，都会影响脱气率。

⑥ 最小鼓泡速度与最小流化速度的比值，可用来有效地评估催化裂化催化剂的流动性。

⑦ 催化剂的粒度分布(PSD)、形状、颗粒密度在催化剂的流化能力中发挥着重要的作用。

3. 催化剂循环的基本原理

FCC 单元是一个"压力平衡"的操作，基本行为类似于水压力计。再生器和反应器容器之间的压力差是推动流态化催化剂在再生器和反应器之间循环的驱动力。位于再生器烟气管线上的滑阀或蝶阀可以调节再生器和反应器之间的压力差。反应器的压力由湿气压缩机(WGC)控制。

添加新鲜催化剂以补偿反应器或再生器中的催化剂损失，同时补偿催化剂活性的损失。通过定期回收再生器中的超量催化剂来控制装置中的催化剂藏量。

汽提段中的催化剂料位由待生催化剂立管上的滑阀或旋塞阀来控制。在大多数 FCC 单元中，通过调节位于再生器催化剂立管上的滑阀或旋塞阀，改变来自再生器的催化剂流量，对裂解温度进行控制。

催化剂的循环速度取决于下述参数：新鲜进料的速度、反应器温度、提升管进料温度、反应器和再生器压力、再生器密相段床层温度。

再生器密相床层的温度依赖于以下条件：进料品质、新鲜催化剂加入速率和/或其活性、环境条件和风机排气温度、催化剂冷却器负荷和/或其他脱硫方案、进料喷嘴和催化剂汽提运行效率、二次燃烧水平、再生器烟气中的 CO 浓度。

催化剂循环的"平稳"操作很大程度上受催化剂在装置中的物理分布和流态化性能的影响。催化剂循环速度较高的情况下要注意：

① 再生催化剂滑阀出口处的压力上升，主要是因为较高的压力差和通过 J 形弯头、三通截面以及提升管时较大的摩擦阻力损失。这将导致再生催化剂通过滑阀时的压差 ΔP 降低。

② 较高的催化剂循环速度一般会导致反应器/再生器旋风分离器中催化剂损失率的增加。这主要是因为旋风分离器中的催化剂载量过高和催化剂流失率过高。

③ 催化剂以较快的流速通过汽提塔，因此催化剂汽提塔的性能效率将会下降。当大多数装置不能随催化剂循环速度而调节汽提蒸汽速度时，这一点将尤为突出。

④ 较高的催化剂循环速度会把更多的烟气带入提升管。

⑤ 长期、较高的催化剂循环速度会对 FCC 设备的机械可靠性产生不利影响。

尽管存在上面提到的缺点，但对给定的 FCC 原料而言，较高的催化剂循环速率和由此带来的较高的剂油比，通常可以得到更多体积的液相产品，这往往会增加催化裂化装置操作的盈利能力。

平稳流畅的催化剂循环增加了操作员对催化裂解装置性能进行优化的信心和调节范围。例如，增加装置的进料、增加汽提蒸汽、以减少携带的焦炭，降低再生器温度；降低进料预热温度以提高剂油比；提高裂解温度，以产生更多的烯烃原料和/或增加汽油的辛烷值；从催化剂冷却器产出更多的蒸汽；在不完全燃烧操作时，可保持烟道气中较高的CO含量。

因此，对特定 FCC 单元的长期可靠性和收益而言，具有最大限度地提高催化剂循环速率的灵活性，是非常关键的。

影响 FCC 催化剂在立管顺利流动能力的关键因素如下：

① 催化剂进入立管口之前的状态。如果催化剂没有"恰当地"流态化，那么很难使其在立管中保持适当地流态化。

② 根据立管的长度/高度，可能需要使用补充流化，以补偿与催化剂一起向下移动的压缩气泡。干燥度、补充烟气量、以及注气阀门之间的间距都是非常重要的。此外，每个阀门注气流速测量的可靠性，或者阀门的设置，对立管的成功流化起着关键的作用。注气量太大可能会导致催化剂流的"架桥"，而注气不足会引起催化剂的"黏/滑流"。

③ 催化剂的粒度分布对催化剂循环的难易程度有着巨大的影响，尤其是在长立管和/或U形弯头中。

普通的立管必须在 1.2m 的高度上产生 7kPa 的压力。这种压力增加在立管整个高度方向上应该是一致的，对应的催化剂流动密度约为 561kg/m³，也有一些立管中催化剂流密度在 721kg/m³ 的范围内。

4. 催化剂损失

催化剂损失会对单元操作、环境保护和运营成本产生不利影响。催化剂损失表现为过量催化剂携带到主分馏塔或再生器中。

要解决催化剂损失过量，就必须确定损失是来自反应器（见表 8-2-14）还是再生器（见表 8-2-15）。在这两种情况下，以下一般原则会有助于解决催化剂损失：

① 确认汽提塔和再生器中催化剂的床层高度。

② 对反应器-再生器循环进行单独的压力测量，并利用分析结果确定催化剂的密度分布，验证各个蒸汽分布器的背压是否正常。

③ 进行温度扫描，以查明催化剂未流态化的区域。

④ 绘制平衡催化剂的物理特性。绘制的特性将包括粒度分布和表观容积密度。曲线图可以证实催化剂特性的任何变化。

⑤ 对"丢失"催化剂的粒度分布进行实验室分析。分析将为损失的来源和原因提供线索。

⑥ 比较旋风分离器的负荷与设计工况。如果进入旋风分离器的蒸汽速度偏低，可以向提升管增加补充蒸汽。如果质量流率偏高，可以提高进料的预热温度，以减弱催化剂循环。

⑦ 确认用于仪器清洗的节流孔板位于正常工作状态下，并且节流孔板都没有丢失。

⑧ 改用较硬的催化剂。作为短期的解决方案，如果损失是来自反应器，可把料浆回收到立管，如果催化剂损失来自再生器，可将催化剂细粒回收到装置。

表 8-2-14　反应器催化剂损失

证据	可能的原因
油浆灰分含量较高	反应器的液位较高
	料腿翼阀堵塞
	提升管末端设备（RTD）龙头处穿孔
	注入提升管的高炉蒸汽被留下来

表 8-2-15　再生器催化剂损失

证据	可能的原因
再生器未能提高液位	旋风分离器上有孔
静电除尘器（ESP）的料斗被以较快的速度填充	旋风分离器集气室穿孔翼阀挡板脱落
不透明度增加	翼阀下方的催化剂未流态化
在 0~40μm 粒级的平衡催化剂减少	料腿处的催化剂未流态化
在 80μm 粒级的平衡催化剂增加	料退直径过大
催化剂平均粒径增加	耐火衬里六角钢掉落，致使催化剂流量受限

5. 倒流

滑阀两端必须保持稳定的压力差。催化剂流动的方向必须始终保持为从再生器流到反应器，并从反应器通过汽提塔返回到再生器。再生催化剂滑阀的压力差为负值时，将使新鲜进料和浸油催化剂从立管逆向流动到再生器中。这种逆向流动可能会导致再生器中的燃烧失控，并可能会因极端高温而损坏再生器内件，造成严重的炼油生产损失和维修费用。

导致滑阀两端的压差损失的主要原因如下：主风机或湿气压缩机损耗；催化剂冷却器损耗；进料中有水存在；催化剂循环比过高，导致滑阀开口过度和压差过低；再生器或反应器的汽提塔床层高度损失；反应器温度控制器和反应器-汽提塔液位控制器故障；停机阀门附近的旁路被打开。

及时有效的故障排除很大程度上有赖于对"正常"工况的极其熟悉。因为它们涉及原料品质、催化剂性能、工作条件、反应器产量、压力平衡、设备性能参数等方面。本章还提供了在对 FCC 单元进行故障排除时可能会遇到的常见问题、征兆和可能的原因的例子。另外，列出了系统化的方法，以提供解决方案和纠正措施。所建议的解决方案必然是通用的，可适用于各种各样的单元。

第三节　催化裂化装置节能

一、催化裂化装置的用能过程和特点分析

（一）用能过程

催化裂化装置的用能过程为不可逆过程，输入能量一部分以反应热的形式进入产品，大部分的能量则转化为高于环境温度的低温位热能，因其回收利用不经济而排入环境。这两部分构成了催化裂化装置的能耗。输入能量中扣除前两部分后剩余的部分，则是催化装置向外

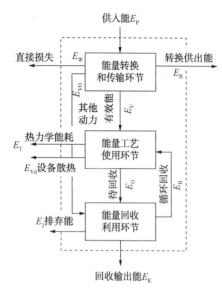

图 8-3-1　"三环节"能量平衡图

输送的能量。影响催化裂化装置能耗的因素有很多，是管理、技术和经济诸多因素（价格体系）的综合体现。

按照用能"三环节"分析模型，催化裂化装置的用能过程同其他炼油过程用能一样，可以归纳为能量的转换和传输、能量的工艺利用和能量回收三个环节。炼油装置能量平衡图如图 8-3-1 所示。

（二）用能特点

催化裂化装置自身的工艺特点，决定其用能有如下特点：

1）焦炭是输入能的主要组成部分。待生催化剂再生过程中必须将反应过程生成的焦炭全部燃烧，目前多数催化装置的焦炭燃烧能量高于装置能耗，焦炭燃烧放出热量转换为蒸汽和电力，可以基本满足催化装置内部蒸汽和风机耗的能量需求。对焦炭燃烧放出热量的充分合理利用，是装置合理用能的关键和最重要的因素。

2）蒸汽用量大且分散。蒸汽能耗在装置能耗中占有很大的比重，而且用汽点较多。蒸汽用量既涉及技术，也和管理有关，是合理用能的重点之一。

3）可回收利用能数量大、质量高。催化装置有高温高压烟气的压力能、高达 600℃ 以上的再生器余热和再生烟气显热、高于 300℃ 的油品显热。充分合理回收利用这些能量，对降低装置能耗有极大的意义。

4）低温热多。高能级的热量输入装置后，大量转化为低于 120℃ 的低温热。低温热中很大比例热量不能够回收利用，并且需要冷却介质冷却，是构成能耗的主要原因之一。低温热量的充分合理利用，对降低装置能耗有显著作用。

5）反应热随着使用催化剂的不同和催化裂化家族工艺的不同而不同，例如常规催化裂化反应热绝大部分为 180～300kJ/kg，多产低碳烯烃的工艺 DCC 和 MGG，反应热则达到 500～600kJ/kg。提升管回炼汽油、加氢柴油、轻烃或者注水等技术，使大量高温位热量转化为难以回收的低温位热量，装置的能耗上升。多产异构烷烃的 MIP 工艺技术，汽油中烯烃含量低于常规 FCC 工艺，反应热低于同等条件下的常规 FCC 技术。

二、催化裂化装置过程用能剖析

从催化裂化装置工艺用能的角度分析，分为反应再生过程、分馏过程、吸收稳定过程三个部分。

（一）反应再生部分

该部分能耗受诸多因素的影响。

1. 焦炭能量的利用率

催化反应过程生成的焦炭必须在再生器内烧掉，焦炭燃烧放出的热量不仅满足原料的升温、气化及反应热的需要，大部分装置再生系统设置取热系统以取出多余的热量控制再生温度，剩余热量被高温烟气携带走。高温烟气中的压力能和部分热量可以通过烟气轮机回收发电或者直接带动风机做功。完全再生装置中，通过烟气锅炉进一步回收烟机出口烟气的热能。不完全再生装置中，在CO锅炉中回收烟机出口烟气中CO组分的化学能和烟气的热能。

焦炭能量利用率是指：焦炭燃烧供给反应系统的热量、再生器取热器发生蒸汽及过热蒸汽的热量、烟气轮机做功的能量、余热锅炉产汽及过热蒸汽和预热水的能量，这些能量之和折合为一次能源的量与焦炭燃烧热的比。最终排入大气中的烟气温度、排入大气的烟气中CO组分含量、再生器系统的设备散热量等因素都影响焦炭的利用率。反再系统的能耗决定于焦炭的能量利用率，先进设计装置的焦炭利用率为90%以上，也就是说生焦增加1%，反再系统的能耗增长应小于41.87MJ/t(1kgEO/t)。

2. 主风压力能的回收利用

对于采用烟机-主风机-电动发电机的同轴三机组，其能否发电由主风机出口到烟机入口的压降、烟机入口的温度、烟气轮机的效率、从三旋临界喷嘴和烟机旁路泄漏的烟气量、主风机和烟机是否处于额定高效率运行工况等决定。特别是对于完全再生装置，其主风流量的控制应以"三机组"多发电或最少耗电为原则，其烟气的氧含量可以在较宽范围内操作。

3. 反再系统用汽能耗

催化裂化装置蒸汽主要消耗在反再系统，主要的工艺用汽包括进料雾化、汽提蒸汽、防焦蒸汽、预提升蒸汽以及反吹和松动等蒸汽，这些蒸汽的热能在工艺过程中的利用比例较低。进入反应系统的蒸汽进入分馏系统在塔顶冷却系统被冷冷凝，进入再生系统的蒸汽最终以气态排入大气。采用高效设备是降低反再系统蒸汽消耗的主要手段。

4. 反应热

反应热的大小与原料的性质、产品分布和性质有关，反应热上升41.87MJ/t(41.87kJ/kg)，装置能耗将上升1kgEO/t。

5. 回炼比

回炼油回炼时，需要从再生器得到高温热量使得回炼油气化，但是这部分回炼油的气相在主分馏塔内通过油浆循环、一中及二中循环回流大部分可以回收利用，因此回炼比的变化对装置能耗的影响不明显。

6. 提升管回炼汽油或水等其他介质

为了改变产品分布和产品性质，提升管内会回炼汽油或柴油等介质，以及采用液相水作为终止剂。特别是为增产丙烯等烯烃产品，某些催化家族工艺会大量回炼轻烃组分，同样需要再生器提供大量的高温热量。但是这部分介质的高温气相进入分馏塔后，只能以较低温位回收其中少量的部分热量，大部分的富裕热量需要利用空冷或循环水冷却器冷却，将显著增加装置的能耗。

（二）分馏部分

反应油气中蕴含的热量主要由分馏系统回收，分馏系统的主要能耗除了由冷凝冷却所需要的热量构成，还包括散热、蒸汽、冷却介质及泵的动力消耗。分馏系统回收的热量越多，需要利用空冷或者循环水冷却器冷却的热量就越少，能耗也越低。分馏系统的塔顶油气和轻柴油的低温段热量回收经济性较差，构成分馏能耗的主要部分。中段、油浆循环系统的热量基本能够全部回收，粗略认为不构成装置的能耗。因此主要采用顶循环回流控制塔顶温度，尽量减少冷回流的用量，有利于热量回收。

降低分馏塔的压降(分馏塔采用填料)以及塔顶油气系统的压降,在反应器顶压力不变情况下,能够提高富气压缩机入口压力,降低富气压缩机的能耗。

对于空冷、循环水冷却、机泵等通用类设备,通过采用高效设备或者提高效率,也能够降低能耗。

(三)富气压缩与吸收稳定部分

该部分能耗主要有富气压缩机的动力消耗,压缩富气的冷凝冷却、稳定塔顶产物和稳定汽油的冷凝冷却。一些装置解吸塔塔底再沸器采用蒸汽加热,再沸器的蒸汽消耗也构成该部分的能耗之一。催化装置干气和液态烃收率是影响这部分能耗的主要因素。

富气压缩机的能耗主要影响因素是气压机的出入口压力,气压机的动力驱动方式。在各种驱动方式中,背压式的蒸汽透平能耗最低。

对于吸收稳定系统,根据解吸塔进料方式的不同,可以分为"冷进料""热进料""冷热双股进料""中间加热(再沸器)"等四种流程。其中"中间加热(再沸器)"能耗是最低的,这种流程解吸气的流量是最低的,避免过多解吸气在吸收和解吸系统之间循环,增加吸收系统的冷却能耗和解吸系统的加热能耗。同时利用稳定汽油的余热作为解吸塔增加再沸器的热源,降低塔底再沸器的热量消耗。

稳定塔的能耗主要取决于稳定塔的回流比,采用高效塔盘和低的操作压力,能够降低回流比,从而降低能耗。

三、合理用能的若干问题及案例介绍

催化裂化过程的能耗除化学反应热移入产品外,其他能量都通过不同途径散失于周围环境中,减少这部分热量就是节能。装置节能的目的不是单从数值上追求低的能耗,合理能耗受价格体系制约,应以能耗经济成本最低为原则开展节能工作。

(一)先进的工艺技术是节能的前提

节能是工艺的一部分,采用先进的工艺和催化剂或者助剂能够带来巨大的节能效果。例如:对于再生系统,最大限度降低主风机出口到烟机入口的压降,提高烟机入口温度,能够使得烟机-主风机-电动发电机的三机组处于发电状态。对于反应系统,先进的工艺技术,如高效雾化和汽提技术、提升管出口快速分离技术等,以及优化的操作条件能够降低焦炭和干气的产率。降低焦炭能够降低烟气排弃的能量,降低干气能够降低富气压缩机和吸收稳定系统的能耗。

多产异构系统的 MIP 工艺自面世以来,迅速在国内外得到广泛应用,相比于常规 FCC 工艺,具有汽油烯烃含量低,辛烷值高,液体收率高等特点,其反应热较常规 FCC 工艺也有所降低,降低装置的能耗也是其技术优势之一。

1. 重油乳化进料工艺技术的应用

重油乳化进料是近年开发的一项利用微颗粒水与重油乳化后再进入提升高管喷嘴的技术,乳化重油为提升管的进料。乳化技术能够显著降低催化重油进料的黏度,大幅度降低进料油滴的粒径,改善雾化效果。另外,进入提升管反应器后,重油中的水滴颗粒可发生"爆破雾化",使进料的雾化效果大为改善。抚顺石油学院实验数据表明:重油经乳化后作为进料,催化裂化液收增加,焦炭产率降低 1.0~1.5 个百分点。[11]

目前重油乳化技术有两种,一种为利用机械的剪切作用进行混合乳化,一种为利用微纳米级的膜管混合器进行静态混合。催化裂化采用重油乳化进料技术后，能够降低雾化蒸汽比例，提高重油的催化裂化效率，增加剂油比，提高产品收率，降低生焦率。

荆门石化公司新建 2.8Mt/a MIP 装置应用金属膜管混合器，在重油中混入 1%~2% 的除氧水，采用 BWJ-4 型进料喷嘴。通过微纳米技术将乳化水切割成微纳米级液滴与原料油充分混合，制备微纳米级均质稳定的乳化重油。投用乳化技术进行对比，干气和焦炭的收率下降明显，液体收率上升，特别是汽油和液化气的收率增加显著。

2. 吸收稳定系统优化

(1) 粗汽油进吸收塔的位置下移一块塔盘

以某炼油厂 80kt/a 重油催化裂化装置为例，应用 Aspen plus11.1 流程模拟软件对吸收稳定系统进行计算发现，由于分馏塔塔顶油气分离器操作压力较高，粗汽油中 C_3 和 C_4 质量分数达到了 7%~15%，相当于一块理论板的吸收效果。因此将粗汽油进吸收塔的位置下移一块理论板，使粗汽油中携带的 C_3 和 C_4 在吸收塔中经过二次吸收，从而减少贫气中携带出的 C_3 和 C_4 组分，提高吸收塔吸收效率，在再吸收塔吸收效率不变的情况下，可减少干气中的 C_3 和 C_4 含量。反过来说，在维持干气中 C_3、C_4 含量不变的情况下，可在实际操作中减少补充吸收剂的用量，调整吸收塔吸收负荷，从而降低了稳定塔塔底和脱吸塔塔底重沸器的热负荷，达到节能的目的。

由模拟计算可以看出，将吸收塔粗汽油注入口下移一块理论板和用分馏塔塔顶循环回流代替轻柴油作为贫吸收油，均可以有效提高吸收稳定系统吸收效果，改善干气质量。在维持干气控制指标不变的情况下，将吸收塔上的粗汽油注入口下移一块理论板，可降低装置能耗 0.186MW。目前，多个催化装置均采用了这一设计。

(2) 采用顶循环油作为干气再吸收塔的吸收剂

催化裂化装置一般采用轻柴油作为贫吸收油。然而，根据"相似相溶"的原理，顶循环回流的性质比轻柴油更接近汽油的性质，可预想其再吸收效率更高，在满足干气控制指标的情况下，可以降低吸收塔的吸收负荷，减少补充吸收剂用量和吸收稳定重沸器的所需热量，达到装置节能的目的。因此，应用 Aspen plus11.1 流程模拟软件对此进行了模拟计算。

以某炼油厂 80kt/a 重油催化裂化装置为例，通过模拟计算优化分馏和吸收稳定流程，在维持干气控制指标不变的情况下，采用顶循环回流代替轻柴油作为贫吸收油，可降低装置能耗 0.493MW，获得可观的经济效益[12]。

某 80kt/a DCC-II 装置干气再吸收塔吸收剂由轻柴油改造为分馏塔塔顶循环油。改造后分馏塔汽柴油分割精度显著提高，循环冷却水耗量大幅度下降，轻柴油的初馏点上升 8℃，轻柴油气提塔蒸汽耗量下降 580kg/h，C_3 和 C_4 总吸收率上升 13.4 个百分点[13]。

(二) 高效的用能设备

采用高效的设备有明显、直接的节能效果。例如，高效的雾化喷嘴和汽提段，不仅能够降低焦炭和干气产率，而且能够降低蒸汽的消耗。节能电机、高效率的机泵，以及变频调速技术将使得机泵的耗电达到最低。高效塔盘的应用，能够降低吸收稳定系统补充吸收剂的流量和稳定塔的回流比。烟机-主风机-电动发电机的三机组和富气压缩机处于最高效率区域工作，能够降低大型机组的能耗。

1. 低压降烟气水封罐及辅助燃烧室[14]

主风机出口到烟机入口的压降，是影响催化装置主风机-烟机-电机"三机组"能量回收

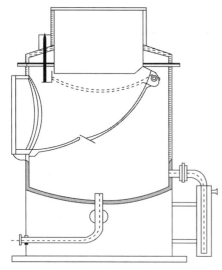

图 8-3-2　余热锅炉入口回转式水封罐

效率的重要参数之一。在主风及烟气流程中采用一些低压降设施能够提高烟机入口压力，取得显著节能效果。

如图 8-3-2 所示，余热锅炉入口回转式水封罐其特征在于密封装置置于水封罐体内部，具有一个开启位置和一个关闭位置，密封装置在开启位置和关闭位置之间移动。当水封罐作为烟气通道不截断时，由于密封装置处于开启位置，烟气在水封罐中平滑流动，避免折流和小角度涡流现象的产生，有效地降低了系统压降。

如图 8-3-3 所示，低压降辅助燃烧室与传统辅助燃烧室的区别主要表现在入口形式和辅助燃烧室内部结构两个方面。其一，主风在进入辅助燃烧室之前，将原来的两个进风口改为一个进风口，避免了管路分支及部分弯头的形成。其二，低压降辅助燃烧室与传统的辅助燃烧室内部结构有所不同：①改变了主风进口管的形状，将圆形进口管改为扁圆形锥状扩展口管，并将二次风通道面积加大，避免了主风喉口压降的形成；②加装了可以自由调节的二次风调节对称挡板和隔板，二次风调节对称挡板布置在主风进口管下部偏心处，挡板为轴对称圆形挡板；隔板与主风进口管的布置关系为主风进口管的偏心处，燃烧用一次风通道面积小于二次风通道面积。③加宽了二次风空气流道，使之近似于主风进口管面积。④在保证燃料完全燃烧效果的基础上，调整燃烧室内筒体的长度为 1~4m。⑤扩大了混兑空气的混兑进口尺寸。在开工和正常运行的不同工况下，通过调节二次风调节对称挡板的开度，既满足了辅助燃烧室在开工时，燃料稳定燃烧所需一次风在燃烧器喉口处的高压降，又降低了正常运行时二次风的压降，达到节能的目的。

某 1.4Mt/a 催化裂化装置采用中国石化洛阳石化公司开发的 ROCC-Ⅱ型工艺，通过对余热锅炉入口烟道水封罐和辅助燃烧室的改造，水封罐前后压降从原来 3kPa 下降至目前的约 1kPa，有效地降低了烟机出口压力，提高了烟气做功的能力；改后辅助燃烧室压降从原来的 6kPa 下降至目前的<1kPa，在再生压力不变的情况下，降低了主风机出口压力，降低了电机耗能。总计折算降低能耗 0.194kgEO/t 进料。

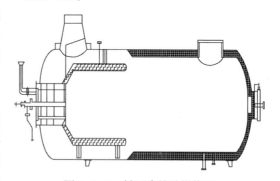

图 8-3-3　低压降辅助燃烧室

2. 气压机防喘振控制系统的应用[15]

催化裂化装置的富气压缩机通常为离心式压缩机，为避免压缩机喘振，在机组控制系统设置了"防喘振"控制系统。防喘振控制系统通过将压缩机组出口的一部分气体返回到入口，使得机组的操作点远离喘振区域，保证机组运行的稳定安全，但同时增加了机组的蒸汽消耗。

传统的防喘振控制基本上以喘振控制线，来调节防喘振控制阀门增加机组入口流量，这种方法的缺点是在正常运行的工况下仍存在大量的回流流量，这将造成能源的严重浪费。ITCC技术将透平转速控制、防喘振控制、工艺过程控制等三个基本控制模式综合为1个数字控制器。在不影响工艺过程的前提下提供最佳的防喘振控制方案，具有极大的经济和技术优势。ITCC按照贴近实际防喘振控制线实行防喘振控制，从而把不需要回流就可以安全运行的回流量节省下来，避免了浪费。

洛阳石化公司2#FCC装置采用ITCC技术对富气压缩机防喘振控制系统进行优化（如图8-3-4所示）。在保证气压机最小安全裕度条件下，应尽量减少汽轮机耗汽。一般将压缩机最小安全裕度设定为10，即压缩机的安全区域。以分馏塔塔顶压力为控制目标，投用气压机组性能控制系统。通过对比，采取手动控制时汽轮机消耗3.5MPa高压蒸汽50t/h，而使用性能控制系统时，则汽轮机消耗3.5MPa高压蒸汽47t/h，两相比较，可以节约过热蒸汽3t/h[16]。

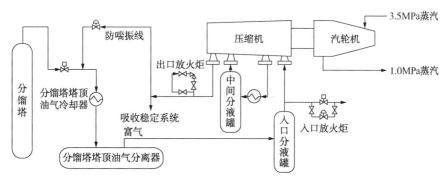

图8-3-4　富气压缩机工艺流程图

3. 提高烟机效率的改造

近年来，催化烟机多数采用单级模式，较以往双级烟机的效率降低，但在防结垢和长周期运行方面优势明显。为提高单机烟机效率，在叶片形式和节流锥等设计上进行较大幅度改进。

某1.4Mt/a催化裂化装置对烟机进行了改造，厂家应用了最新的设计理念。一是一对一柔性设计，采集现场实际工况参数，根据烟气轮机实际工况进行一对一的匹配设计，使烟气轮机的设计完全匹配实际工况；二是用CFD技术进行全三维有黏气动设计；三是安装新型高效马刀叶型动叶片，弯扭复合叶型的设计，新叶型最大的特点在于动叶由原来的简单变截面扭转叶型变为弯扭复合叶型，静叶片由原来的等截面叶型变为弯扭复合叶型。使不同半径上静叶片出气角和动叶片进气角相匹配，在整个径向上形成合理气动攻角，减轻气流与叶片之间的摩擦，整个流道气流通畅，流速均匀，使烟气能量得以充分回收。

对进气锥进行改造。新设计制造一组静叶组件、一件衬环及一件过渡衬环。静叶片同样采用高效弯扭复合叶型，能够有效调整等压线的分布形状，抑制根部附面层分离，减少二次流损失，使低能区的流量向主流流动，从而提高叶片的气动效率，增加叶片的做功能力，提高烟机的回收功率。对烟机壳体进行改制。去除原有支承板，并焊接新制的高效导流支承板，对壳体与过渡衬环配合面及止口进行校形返修工作，对气封体固定环与气封组装配合面进行校形返修工作。使动叶出口的参数趋近均匀，将余速损失减少到最小，有助于减少流动损失，提高透平效率。通过对烟机改造，效能增加，增加了烟气热量的回收，烟机回收功率提高 5%，达到 700kW。总计折算降低能耗 0.94 个单位[14]。

（三）按照能量的品质进行优化回收和逐级利用

能量回收在节能中的作用不可低估，优化匹配用能则可以更充分、更有效地利用能量。在能耗统计中，不同形式能量的能耗折算指标是不同的。折算时不是完全按照其焓值的数量等量折算，而是考虑到其"㶲"的数值，也就是说在能量回收过程，相同数量的能量转换为能级更高能量型式，折算后的当量标油数值更高，最终以当量标油统计装置的能耗也就更低。

催化裂化装置能够提供较多高品位的能量，在回收过程尽量将其转化为高品位的能量型式或者代替高品位的能量。例如装置烟气的能量首先去烟气轮机做功，油浆、外取热系统、烟气锅炉以产中压蒸汽、甚至 6.4MPa 次高压或 10.0MPa 蒸汽，这些中压蒸汽进入背压透平驱动气压机后，背压 3.5MPa 或 1.0MPa 蒸汽再用于装置内部。油浆的热量应先与蒸馏装置的拔头油换热，以顶替更高等级的瓦斯燃料等。

多数重油催化裂化装置再生器、烟气锅炉的热能用来发生 3.5MPa 中压蒸汽，但其温位高，可以发生高压等级（10.0MPa），有利于蒸汽的逐级利用，降低装置和全厂的能耗。在兰州石化公司 3.0Mt/a 重油催化裂化装置发生 6.4MPa 等级的次高压蒸汽运行基础上，积累了工程经验。

荆门石化公司 2.8Mt/a MIP 装置外取热及烟气锅炉系统发生 10.0MPa 高压蒸汽，投产后运行平稳，产汽设备的设计与制造、材质选择和安全运行方面都能够满足要求。设计中外取热器水循环采用强制循环方式，外取热器管束需要产生近 13MPa 的蒸汽压力，原中压外取热器管束已无法满足现装置的要求，需改变管束连接部位结构形式及制造方法。SEI 与制造单位紧密合作，试验、制作，完成高压管束集合箱研制工作，高压管束的集合箱均采用拔制结构，将取热管与集合箱的焊接形式由角接变为对接形式，提高了焊接质量的保证性及无损检测的准确性。现高压管束外取热器可产生工作压力为 12.329MPa 的蒸汽，满足装置需求。

外取热强制循环热水泵采用最新开发的，高压立式湿绕组型强制循环热水泵。无轴封循环泵同驱动电机完全形成一个封闭单元，内部充满液体，电机件通过热屏用主螺栓固定在泵体法兰上，所形成的密封体承受同外取热器水循环系统相同的温度和压力，泵垂直焊接在循环管路上，不设任何支撑。

（四）低温热的利用

低温热指低于 130℃ 的热量，要依赖于系统能否提供热井来利用。这部分热量可用于动力系统的原水或者除盐水水换热，也可以建立热媒水系统，将分散的低温热集中于热媒水系统内，热媒水可以作为常规气体分馏装置塔塔底再沸器的热源。热媒水也可以用于管线伴热、罐区维温、取暖、以及低温热发电等。

（五）能量回收设备的高效长周期运行

锅炉、烟机是装置最重要的能量回收设备，由于催化的烟气中含有催化剂颗粒，烟气中催化剂颗粒会引起烟机结垢、磨损和余热锅炉积灰的问题，烟气中含有 SO_x 等气体会组成锅炉省煤段的露点腐蚀问题。

确保锅炉和烟机能够长周期高效运行，是装置节能管理最重要的工作。特别是近些年出现的三旋和烟机结垢问题还没有得到根治，还需要从催化剂性质和操作条件等方面继续开展工作。对于一些处理加氢后原料的催化装置，烟气的硫含量降低后，烟气露点温度也随之降低。可以进一步降低烟气的排烟温度，以回收更多的烟气能量，降低能耗。

第四节　分馏吸收稳定系统操作优化

一、分馏操作优化

（一）汽柴油切割

1. 汽柴油脱空度的含义

在分馏塔对汽柴油进行切割时，常以相邻两馏分的恩氏蒸馏曲线的间隙或重叠程度，来衡量分馏塔或该塔段的分馏精确度。如果汽油馏分的终馏点低于柴油馏分的初馏点，这两点的温度差就是相邻馏分的间隔，称为馏分脱空。脱空程度大，说明分馏效果好；反之，汽油馏分的终馏点高于柴油馏分的初馏点，即这两个相邻馏分的头尾馏分有交叉重叠，称为馏分重叠，重叠程度越大，说明该塔段分馏精度越差。

不同馏分间的脱空并不是说的馏分中不存在这个沸程的组分，也不是在蒸馏中出现跑损，而是该段分馏塔精馏效果高于恩氏蒸馏的精馏效果所致。通过将恩氏蒸馏数据转换为实沸点数据，可以大致判断有多少汽油组分进入柴油中。提高汽柴油的脱空度，能够在提高本装置汽油收率的同时，减轻下游装置的处理负荷。

2. 提高脱空度的方法

从精馏的原理分析，提高汽柴油脱空度的方法主要有如下几点：

① 改进汽柴油切割段的塔盘设计和增加塔盘数量；

② 下移柴油抽出口位置，增加分离精度；

③ 排除因分馏塔塔顶结盐等故障导致的分离精度的下降；

④ 保证分馏塔内的温度梯度，增加轻重组分分离的推动力；

⑤ 提高柴油汽提塔汽提蒸汽用量，保证汽提效果。

3. 优化调整实例

（1）某公司汽柴油重叠的现象

某公司催化装置分馏塔自下而上计30层塔盘，经过 MIP 改造之后，出现催化分馏塔中上部负荷分布不均的情况，汽柴油重叠现象明显，装置操作现象如下：

① 分馏塔塔顶温度控制不稳，温度时高时低，粗汽油量变化较大，汽油终馏点经常超高，质量控制困难。

② 汽油质量可以稳定合格，但轻柴油馏程较轻，初馏点只有 150～160℃ 左右，终馏点经常低于330℃，同时，轻柴油抽出量无法提至较高值，轻柴油汽提塔液位经常处于低限。若提高柴油重组分，则汽油终馏点会超高。

③ 回炼油罐液位长时间处于高位，用反应深度调节不灵敏，分馏塔下部塔盘温度较低。

④ 分馏塔塔顶压力变化频繁，柴油拔出率较低。

（2）操作调整

出现汽柴油重叠现象后，该装置对一中流量进行了调整。一中回流的增大使得分馏塔中部液相负荷增加，在传热传质过程中，部分轻组分没有挥发到上部塔盘，这部分组分在中部循环，时间一长，积累量增多，就会产生液封现象，被上升的气相夹带至上层塔盘，从而操作产生波动，造成汽油终馏点超高等现象。因此，该装置对一中回流量进行了调整，逐步降低一中返塔温度，降低一中循环量。在满足稳定塔底热源的情况下，一中循环回流降至90～100t/h。表8-4-1中罗列了调整期间的分馏操作变化。从12日开始，一中量降至99t/h，顶循量维持前2天的170～180t/h，一中循环回流降低后，汽油终馏点得到有效控制，并且能保证连续合格，顶循量也相应降到180t/h以下，操作情况得到了改善。但此时柴油抽出量少，柴油馏出温度偏低，汽油终馏点和柴油初馏点重叠仍较高，为35℃，中部温度变化频繁，这说明仍有部分柴油组分夹带到汽油中，问题没有得到根本解决。

表8-4-1　汽油、柴油质量与分馏塔操作参数

日　期	分馏塔压力/kPa	塔顶温度/℃	28层抽出温度/℃	19层抽出温度/℃	16层液相温度/℃	一中温度/℃	一中流量/(t/h)	顶循流量/(t/h)	汽油终馏点/℃	柴油馏程/℃	重叠温度/℃
12-12	148	126	165	243	287	271	99	176	186	162～344	24
12-13	145	124	164	245	282	274	96	175	194	142～337	52
12-14	147	128	168	256	296	287	94	176	196	166～324	30
平均											35

进一步，装置在汽油终馏点合格的情况下，尝试提高柴油的初馏点和终馏点，以保证柴油的拔出率。从调整的结果看，当16层、19层温度提高时，柴油初馏点上升至180℃，但同时汽油终馏点也升至217℃，为了保证汽油终馏点合格，在维持一中循环量的前提下，将顶循又提至190t/h左右，但仍不能保证汽油柴油同时合格。从表8-4-2数据看，12月15～18日。顶循量和一中量变化不大，但汽油终馏点变化范围在193～217℃，汽油柴油重叠平均为48℃，说明塔内操作仍然不稳。

表8-4-2　汽油、柴油质量与分馏塔操作参数

日　期	分馏塔压力/kPa	塔顶温度/℃	28层抽出温度/℃	19层抽出温度/℃	16层液相温度/℃	一中温度/℃	一中流量/(t/h)	顶循流量/(t/h)	汽油终馏点/℃	柴油馏程/℃	重叠温度/℃
12-15	149	131	177	261	302	290	95	190	217	180～342	37
12-16	144	122	163	239	282	271	95	190	212	158～328	54
12-17	148	124	164	252	290	278	95	190	193	153～329	40
12-18	134	115	157	245	282	269	100	203	209	148～325	61
平均											48

（3）优化措施

1）工艺优化措施

经过分析，该装置认为分馏塔中上部柴油组分没有完全拔出，导致这部分馏分在塔内积聚，进而被气相夹带至上层汽油组分中，是导致塔内操作间歇波动，汽油终馏点超高，柴油抽出减少，馏分变轻的主要原因。因此，需首先着手解决柴油的拔出问题。考虑到一中的馏

程与柴油相差不多，将部分一中组分补充到柴油系统中，可以解决柴油在塔内拔不出来的问题。正常生产中，根据柴油终馏点来控制一中补入量的大小，使终馏点控制在360~370℃范围内，如果低于360℃，可增加一中补入量，如果高于370℃，则减少补入量。该装置从当年12月21日开始使用一中补柴油流程，通过一段时间的试验，证明此操作方法灵活方便，可操作性很强，有效解决了汽油柴油的重叠问题。根据经验，补入柴油系统的一中量在3~10t/h之间，分馏塔的操作平稳，汽油、柴油产品分配和质量控制稳定，汽油终馏点控制在205℃以下，柴油初馏点控制在180℃以上。部分缓解了汽柴油重叠的问题。操作参数见表8-4-3。

表8-4-3　汽油、柴油质量与分馏塔操作参数

日期	分馏塔压力/kPa	塔顶温度/℃	28层抽出温度/℃	19层抽出温度/℃	16层液相温度/℃	一中温度/℃	一中流量/(t/h)	顶循流量/(t/h)	汽油终馏点/℃	柴油馏程/℃	重叠温度/℃
12-21	136	130	174	258	300	282	72	158	191	184~357	7
12-22	141	129	170	254	296	275	73	165	197	182~360	17
12-23	153	128	170	250	295	275	73	170	205	171~355	34
12-24	155	132	174	255	296	278	78	155	198	190~370	8
12-25	155	132	175	251	293	274	83	155	190	168~374	22
12-26	162	130	177	249	292	275	74	153	196	173~361	24
12-27	160	130	174	252	295	278	76	150	198	178~363	20
12-28	157	129	176	254	298	281	75	150	199	187~362	11
12-29	161	132	176	256	295	279	76	150	198	193~370	5
12-30	160	136	180	260	300	282	76	149	198	180~368	18
平均											18

2）分馏塔一中抽出和返塔位置的调整

此后，该装置利用检修机会对分馏塔一中抽出和返塔位置进行了优化，将一中抽出位置由16层下移至13层，返塔位置由19层液位改为18层气相（19层为柴油集油箱）如图8-4-1及图8-4-2所示。改造完成后，汽柴油重叠度可长期维持在-10℃附近，彻底地解决了汽柴油重叠的问题。一中循环系统的优化主要带来两个好处：

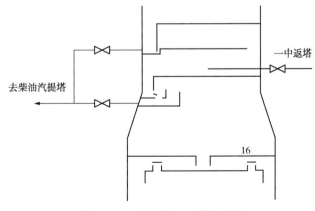

图8-4-1　分馏塔改造前示意图

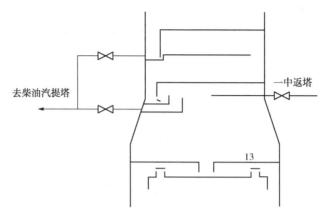

去柴油汽提塔

一中返塔

13

图 8-4-2　分馏塔改造后示意图

① 该分馏塔原先的一中返塔位于柴油抽出塔盘以上，以便将较重的一中组分补入柴油中，以实现提高柴油收率的目的。如今由于催化装置柴油的品质较差，大多数装置以增产汽油为目标，这就要保证汽柴油的分离精度。此时，当过冷的重组分进入柴油抽出后，为保证柴油终馏点合格，势必要降低分馏塔中上部温度，导致这部分塔盘分离精度下降，汽油"落回"柴油馏分中，显然已不能满足生产的需求。改造后，一中返塔位置改为柴油抽出塔盘下，18 层的气相为了向上"突破"返塔的一中液相，温度势必要显著提高，这就使得分馏塔中上部温度得到上移，扩大了分馏塔中上部的温度梯度，分离精度得以恢复，从而实现了汽柴油的充分切割。

② 一中抽出位置下移后，该循环的温位得到了提高，便于一中热源的充分利用。该装置改造后，一中被用作后续稳定塔底重沸器的热源，取得了很好的节能效果。

（二）顶循段结盐及处理

1. 顶循结盐的原理

当催化原料油中有较高含量的 N、Cl、S 等非金属元素时，这些物质在提升管反应器内与氢进行反应，生成 NH_3、HCl、H_2S 等无机物。氯化铵分解温度为 337℃，气态的 NH_3 和 HCl 随分馏塔油气上升温度逐渐下降，当低于氯化铵的分解温度时，便开始生产氯化铵，此时氯化铵状态为随气体上升的小颗粒。在实际操作中，分馏塔顶循返塔温度过低或顶循带水，分馏塔顶塔盘混合液的局部温度低于经过该环境下上升的水蒸气露点温度时，水蒸气就会凝结成液态水，形成 NH_4Cl 溶液。随顶循回流过程，带到下一层塔盘，液态水遇上升的高温油气又汽化，NH_4Cl 就会在塔盘或顶循集液槽中析出，形成具有黏性的盐垢。铵盐与腐蚀的金属杂质易聚集，随着聚集量的不断增加最终造成分馏塔塔盘斜孔堵塞，使得塔顶上部传质传热面积减少，影响分离效果。

上述反应如下反应方程式所示：

$$2RN \Longrightarrow R + 2NH_3$$

$$Cl^- + H_2O \Longrightarrow OH^- + HCl$$

当有水存在时：

$$NH_3(气) + HCl(气) \Longrightarrow NH_4Cl(气)$$

$$NH_4Cl(气)+H_2O(液) \Longleftrightarrow NH_4Cl(水溶液)$$

$$NH_4Cl(水溶液) \Longleftrightarrow H_2O(气)+NH_4Cl(固体)$$

2. 顶循结盐的影响因素

（1）原料性质的影响

目前，采油过程中时常因需要添加大量采油助剂，增大了原油中的氯离子含量。一旦常减压装置电脱盐效果下降，作为二次加工装置的催化裂化装置的原料中的氯离子含量将明显上升。催化粗汽油罐含硫污水氯离子和氨浓度上升，此时，催化油气中的 HCl 和 NH$_3$ 含量上升，为分馏塔塔顶铵盐的生成提供了条件。

（2）操作的影响

从分馏塔塔顶结盐的机理来看，在原料性质一定的条件下，减少分馏塔塔顶结盐的关键在于避免液相水的生成。根据气液相平衡原理可知，当分馏塔顶循返塔液相在塔盘的温度低于水蒸气在分离塔顶油气中的露点温度，即会形成液相水，从而引起塔盘结盐。因此，在分馏塔内存在 HCl 和 NH$_3$ 的前提下，提升管、沉降器及汽提塔用汽量越大，顶循返塔温度越低，越容易导致分馏塔结盐现象的发生。

分馏塔塔顶水蒸气分压及冷凝温度计算方法：

富气摩尔数：
$$n_{富} = \frac{\rho_{富} V_{富}}{M_{富}} \tag{8-4-1}$$

汽油摩尔数：
$$n_{汽} = \frac{m_{汽}}{M_{汽}} \tag{8-4-2}$$

水蒸气摩尔数：
$$n_{水} = \frac{m_{水}}{M_{水}} \tag{8-4-3}$$

水在分馏塔塔顶的气相摩尔分数：
$$y_{水} = \frac{n_{水}}{n_{富} \quad n_{富} \quad n_{富}} \tag{8-4-4}$$

含硫污水在分馏塔塔顶的气相摩尔分压：
$$P_{水} = P_{总} \cdot y_{水} \tag{8-4-5}$$

计算出分馏塔塔顶水蒸气分压后，查水的汽液相平衡表即可得到该分压下的露点温度，当分馏塔上部及顶循温度低于该温度时，即有液相水生成。

（3）分馏塔结盐的现象

一般而言，分馏塔结盐从塔顶油气冷却系统开始，逐渐进入分馏塔塔顶、顶循，严重可至柴油出口以上。主要的现象如下：

① 分馏塔压降大幅升高；

② 分馏塔顶温波动，顶循环量和返塔温度不稳定，严重时可导致顶循泵抽空；

③ 柴油抽出波动，严重时柴油无法抽出；

④ 分馏塔塔顶油气分离器水相分析氯离子在 5000μg/g 以上。

3. 水洗处理顶循结盐的步骤

为防止分馏塔结盐，一般采取在线水洗的方法，即向分馏塔塔顶打水，降低塔顶和顶循塔盘温度；根据铵盐易溶于水的特性，将铵盐融于水中，随着大量的水带出塔盘，以达到处理塔盘结盐的目的。具体步骤如下：

① 降低处理量，最大限度降低分馏塔压降。

② 利用塔顶冷却器注水线对塔顶油气冷却系统打水，清洗油气冷却系统，以解决分馏塔外结盐的问题。

③ 根据分馏塔塔顶压力，降低分馏塔中部至塔顶温度，确保需水洗的塔盘温度低于该压力下水的临界温度，从而实现铵盐的有效溶解。

④ 通过顶循泵或粗汽油泵将新鲜水或除氧水引入分馏塔，从柴油抽出，或从顶循泵及柴油泵入口进行脱水。汽柴油均去不合格罐，并注意保证装置封油质量。

⑤ 注意控制分馏塔中部温度，既要能够保证液相水的存在以清洗塔盘，又要避免分馏塔温度过低，液相水进入重油系统引起突沸。

⑥ 水洗过程中定时采样，观察含硫污水样颜色从黄黑色变为透明，且分析盐含量小于3000μg/g为止。

4. 减少分馏塔结盐的方法

① 从源头着手，合理进行掺渣，确保混合原料性质稳定。加强上下游装置沟通，提高常减压装置点脱盐效果，减少脱后盐含量和有机氯、总氯含量。一旦点脱盐出现异常，及时进行操作调整，降低反再用蒸汽量，优化分馏塔温度分布，适当提高顶循量和顶循返塔温度，避免结盐情况发生。

② 尽量不采用汽油冷回流控制分馏塔塔顶温度，在汽油终馏点指标范围内尽量高控塔顶温度，降低塔顶压力，以提高塔内水蒸气的露点温度。

③ 对有结盐风险的装置，尽量增加顶循回流量，提高塔顶循回流温度至102℃以上，保证分馏塔顶循混合液的温度高于经过该环境下上升的水蒸气露点温度，避免分馏塔塔内液态水的生成。

（三）分馏塔底结焦及防范

1. 分馏塔底结焦的机理

催化裂化装置分馏塔塔底油浆密度大，稠环芳烃含量多，操作温度高，并含有一定量的催化剂粉尘。在装置长周期运转中，油浆中含油的稠环芳烃、胶质、沥青质组分会在氧分子、容器器壁金属或催化中沉积的重金属的催化作用下，逐渐发生脱氢聚合反应，并沉积于分馏塔塔底死区、换热器管束、设备表面等。严重影响换热器的换热效果及分馏塔塔底油浆循环的正常运行。

一般而言，催化原料中的减压渣油等重质组分越多，油浆中稠环芳烃的含量越多，油浆密度越大，油浆呈现出的结焦倾向越明显。表8-4-4为某催化装置原料及油浆的分析数据。随着原料重质化的不断加深，油浆性质持续恶化。油浆中沥青质含量越来越高，形成的缩合物沉积于分馏塔塔底死区、或换热器流速小的部位。聚集的化合物达到某一极限时，稠环芳烃或其缩合物从油浆中析出，黏附于换热面上，影响传热效果，生成"软焦"。"软焦"对稠环芳烃起吸附作用，其"着床"后相互作用，生成更大分子的物质；并与催化剂颗粒相互碰撞，使得不同催化剂颗粒上的稠环芳烃发生缔合或者缩合。聚集的催化剂颗粒再与其他颗粒聚集，形成由有机物和无机物组成的混合油垢，结成硬度不同的焦块，即结焦。

表 8-4-4　某装置原料及油浆性质变化

项目	2002 年平均值	2003 年平均值	2007 年 1~6 月	2007 年 9~12 月	2005 年 1~6 月
原料性质					
密度/(kg/m)	894.8	895.4	886.4	896.9	898.3
微量残碳测定法/%(质)	2.76	2.86	2.83	3.01	3.12
含盐/(mg/L)	6.6	7.5	6.8	8.8	8.5
350℃/%	8.2	8.0	7.9	7.8	7.6
油浆性质					
密度/(kg/m^3)	998.6	995.6	990.7	>1010.6	>1010.6
黏度(100℃)(mm^2/s)	15.6	16.23	16.41	20.91	18.40
固含量/(g/L)	3.5~5.0	3.5~5.5	4.5~6.5	5.5~8.5	5.5~8.5

2. 分馏塔塔底结焦的影响因素和控制手段

（1）油浆性质

油浆性质变差是导致分馏塔底结焦的直接原因，其稠环芳烃的含量越多，油浆密度越大，油浆呈现出的结焦倾向越明显。另外，分馏塔油浆循环还起着洗涤油气中催化剂颗粒的作用，其固含物浓度越高，越容易结焦。同时，油浆的温度和黏度决定了其在管线中的流动性能，温度过低，黏度越大，越易结焦。

为维持油浆系统稳定运行，应控制油浆密度不大于 1100kg/m^3。为避免油浆性质恶化，装置应从原料源头抓起，尽量选择优质加氢精制原料，合理进行掺渣，避免原料中的胶质、沥青质含量过高，逆转油浆性质恶化。

（2）分馏塔塔底温度

分馏塔塔底温度对于结焦的影响有两个方面，一是过高的温度会加速油浆重质组分的结焦速度，加速结焦过程，二是将更多的轻质组分蒸发到塔上部，导致重质组分特别是沥青质含量的上升。当作为分散介质的沥青质含量超越以饱和烃及芳烃为分散介质的承受能力时，沥青质即作为焦物析出，从而导致结焦的发生。

另外，研究表明，沥青质的产生和融合温度在 360℃，340℃以下即可避免上述反应的发生。过低的塔底温度带来的是油浆收率的上升，因此实际操作时，建议分馏塔塔底温度应在 310~330℃之间，从而实现经济效益与长周期运行之间的平衡。

（3）油浆返塔温度

由于油浆蒸汽发生器是一个等温换热器，在饱和蒸气压力一定的条件下，未结焦时的油浆返塔温度由该压力下的饱和蒸气温度来决定。因此，油浆返塔温度的变化是表征分馏塔内油浆系统结焦最敏感的参数。一旦油浆返塔温度上升，则表明油浆蒸汽发生器因结焦而导致换热效率出现下降。更重要的是，返塔温度的上升还将导致整个油浆系统的温度上升，导致油浆系统结焦恶化。

当返塔温度较正常值上升 2℃ 以上时，需立刻通过降低反应深度、降低分馏塔塔底温度、提高油浆外排量、分馏塔塔底补油等手段，降低油浆系统的固含、密度及温度，以便于逆转油浆系统的结焦过程。一旦该温度上升8℃以上，塔底结焦情况将难以逆转。

（4）油浆系统的线速

从油浆结焦的机理来看，结焦更易发生在线速较低的位置，因此保证分馏塔塔底、管线及换热器内的油浆线速极为重要。

对于分馏塔塔底，要通过液位和循环量的控制，保证停留时间在3~5min。同时由于分馏塔结构设计的原因，塔底不可避免地存在死区，视情况引入适量油浆和蒸汽作为搅拌介质，避免油浆在死区沉积结焦。表8-4-5为某催化装置油浆循环量固定条件下的停留时间和塔底液位之间的关系。

表8-4-5　某装置塔底液位与停留时间

液位	10%	30%	50%	70%	100%
藏量/t	41	60	73	85	103
停留时间/min	3.1	4.5	5.5	6.4	7.7

对于换热器，合理的油浆线速在1.5m/s左右，可通过换热器堵管等手段实现。

（5）油浆系统固含量

油浆中的固体含量对于油浆系统结焦影响很大，当油浆中的催化剂含量过高时，会更容易在分馏塔塔底死区内沉积，吸附油浆中的重质组分形成结焦前驱体。并且催化剂间的碰撞还会加速沉积过程，生产大量的软焦，并不断转化为硬焦，影响油浆系统的正常循环。要降低油浆系统的固含要做到以下几点：

① 平稳反再系统操作，保证提升管快分和沉降器旋分的分离效率，减少油气带入油浆系统的催化剂量。

② 合理进行油浆外排，既可以降低油浆的密度，又能够将大量催化剂带出油浆循环，保证固含处于较低浓度。

③ 优化反应进料，合理选择反应深度。

④ 每日对油浆性质和固含进行化验分析，及时根据分析结果进行操作调整。

二、吸收稳定操作优化

（一）汽油蒸气压控制

近年来，市场对于汽油质量要求的不断提高，控制催化裂化汽油的蒸气压显得尤为重要。汽油的蒸气压控制的关键在于其中丁烷含量的高低，含量越高，蒸气压越高。催化稳定塔的主要作用是通过对C_4、C_5的切割，控制塔底稳定汽油的饱和蒸气压和塔顶液态烃的C_5含量，二者主要受稳定塔顶温度、压力和塔底温度等因素共同影响。

1. 稳定塔操作的影响因素

（1）塔顶温度的影响

稳定塔的塔顶温度主要受回流温度和回流比控制，一般而言，稳定塔塔顶温度越高，重组分更易蒸发，稳定汽油的蒸气压下降，液态烃C_5含量上升。某装置塔顶温度与产品质量的变化如表8-4-6所示。

表 8-4-6　某装置稳定塔顶温度与产品质量的变化

序号	塔顶温度/℃	饱和蒸气压/kPa	C$_5$含量/%
1	51	72.2	0
2	52	71.5	0.02
3	53	69.8	0.03
4	54	68.9	0.05
5	55	68.1	0.06
6	56	67.6	0.07

（2）塔顶压力的影响

稳定塔塔顶的压力上升，则重质组分更难蒸发，轻组分向塔底移动，因此稳定汽油蒸气压上升，液态烃 C$_5$ 浓度下降。

（3）塔底温度的影响

塔底温度低，轻组分汽化不出去，稳定汽油的饱和蒸气压高；塔底温度高，重组分汽化率增加，易造成液化气 C$_5$ 超标，同时造成稳定汽油收率下降。某装置塔底温度与产品质量的变化，如表 8-4-7 所示。

表 8-4-7　某装置稳定塔底温度与产品质量的变化

序号	塔底温度/℃	饱和蒸气压/kPa	C$_5$含量/%
1	161	69.5	0
2	161.5	69.15	0
3	162	68.8	0.02
4	163	65.3	0
5	168	63.6	0.02
6	171	59.6	0.04

（4）其他影响因素

稳定汽油蒸气压的控制还受到进料位置、进料温度的影响，通过调整进料位置，改变稳定塔精馏段和提馏段的塔板数，也可以对稳定汽油蒸气压和液态烃 C$_5$ 浓度进行控制。

值得注意的是，稳定塔产品的质量控制受到上述所有因素的共同作用。因此，稳定塔的操作调整需通盘考虑上述因素，并根据装置具体流程，考虑冷却负荷和流程压降对于稳定塔操作的影响。而所谓的操作优化，就是对当前影响产品质量的诸多影响因素中，边界效益最大的因素进行优化。

2. 稳定塔操作优化实例

优化一：稳定塔塔顶冷却系统的流程优化

问题描述：

某装置经过 MIP 改造后，液态烃负荷明显增加。经设计，在稳定塔塔顶油气干湿空冷器后串联增加了 4 台后冷器，4 台后冷器间为并联连接，工艺编号 EL112/5-8。随着当前市场汽油质量升级，汽油的蒸气压控制指标低至 62kPa。为达到这一控制指标必须提高稳定塔塔底汽油抽出前的控制温度，稳定塔塔底温度的提高造成塔顶温度和压力同时上升。在夏季由于循环水温度上升使得稳定塔塔顶温度和顶压控制困难。稳定塔塔顶压力上升又限制了汽油蒸汽压的降低，同时导致液态烃中的 C_5 控制困难。为确保产品质量合格，装置只有选择降量操作，通过降低处理量来确保汽油和液态烃质量，严重影响到装置整体效益的完成。

冷却流程分析：

对稳定塔塔顶油气冷却流程进行分析，即对稳态下油气冷却器两个分支的阀门开度、温度进行了测量记录，结果如图 8-4-3 所示。该装置优化前 EL112/1-2 出口阀门实际开度只有 3 扣，实际流量约为总回流量的 5% 左右。不能开大的原因是冷后温度高，经多次实际操作验证，调节此阀开度大于或小于 3 扣都会造成稳定塔塔顶温度、压力趋高。而另一路干湿空冷器后新增的 4 台后冷器油阀都是全开的，水阀门只开了 1~2 扣。

造成这一现象的根本原因是，EL112/1-2 与空冷及后冷器间为并联关系，但二者的压降不平衡。EL112/1-2 一路仅有两台换热器，压降较小；而空冷侧既有空冷又有冷却器，且流程曲折，压降较大。一旦 EL112 阀门开大，大量液态烃相当于从该流程短路，导致该冷却器冷后温度过高，同时空冷侧冷却能力得不到发挥。

流程优化：

如图 8-4-3 所示，该装置增加一根 DN100 的管线从 EL112/1-2 出口阀前接出，接入点为 EL112/8 的入口阀后，通过控制阀调整改线内液态烃流量。平时可以不用，如遇冷却负荷不足时投用。接入后通过控制阀开度均衡了两分支的冷却面积，消除了操作瓶颈，达到降低稳定塔 T107 塔顶至容 V-110 间的压降，增加稳定塔顶部物料的卸出而降低塔顶压力的目的。从而满足进一步降低稳定汽油蒸气压，生产高附加值汽油的要求。

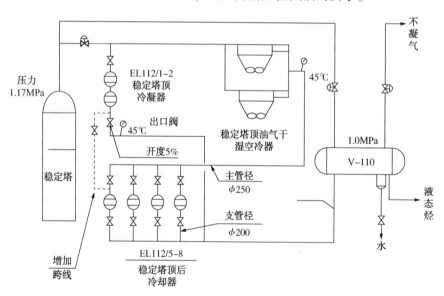

图 8-4-3 流程优化图

优化二：塔底温度与塔顶压力比例控制

（1）温压比的控制

控制稳定塔的压力就是为了让液化气在塔顶冷后温度下保证全凝。在压力不变的情况下，塔顶温度越低，液化气产率越低，汽油蒸气压越高。但是如何正确把握塔顶温度与压力的对应关系，使汽油和液态烃的切割最优，是操作优化稳定塔操作的主要目的。某装置对此进行了分析研究，为了更直观地表述温度与压力的相互关系，引入温压比的概念，即稳定塔塔顶温度与塔顶压力之比，表达式为：

$$R_2 = T_顶 / P_顶$$

式中　　R_2——温压比；

　　　　$T_顶$——塔顶温度，℃；

　　　　$P_顶$——塔底压力。

R_2 值越高，液化气的收率越高，但液化气中 C_5 含量也随之增加，比值越低，操作越保守，液化气产率越低。经过一个月的实践总结出：在保证回流比的前提下，温压比控制在 59~61 之间可以较好地兼顾汽油蒸气压和液化气的产率和质量。

温压比的概念，将塔顶温度和压力两个独立的参数结合起来，使其各自对塔顶操作的影响相互关联，成为直观判断稳定塔塔顶操作状况的综合参数，对稳定塔的平稳操作、产品质量的控制提供了重要依据。

（2）回流比的控制

温压比的引入，在一定程度上降低了操作的难度，提高了稳定塔的控制进度，保证了操作的平稳率。但在温压比相同的条件下，稳定塔塔顶可以是高温高压和低温低压，究竟在何种条件下操作更有利于稳定汽油蒸气压的控制，这就需要参考另一个参数：回流比。回流比，即塔顶回流量与液态烃出装置量之比。表达式：

$$R_1 = L/D$$

式中　　R_1——回流比；

　　　　L——回流量；

　　　　D——塔顶馏出液（出装置量）。

稳定塔塔顶回流是提供塔内液相回流的手段，回流量过大，造成塔顶冷却负荷和塔底重沸器加热负荷过大，不仅降低液态烃收率，还会使汽油蒸气压不合格并增加能耗。回流量过低，塔内气液相负荷不平衡，气相负荷过大，容易造成夹带而使液化气带 C_5，因此操作中有个最小回流比的问题。一旦实际回流比小于最小回流比，则塔内精馏过程处于失常状态，正常的传质传热过程被破坏，出现夹带、冲塔等现象，因此操作中要控制好合适的回流比。在液态烃回流罐液位处于自控的条件下，液态烃出装置量随馏出量的变化而变化，回流比具有实际意义，当液态烃回流罐液控采用手动控制时，用液态烃出装置量来作为回流比的分母其实并不准确，而应该是稳定塔的出烃量即配合分离罐的液面来判断这个值的准确性。

在总结了温压比对操作的指导作用后，该装置在恒定温压比的条件下，通过调整回流比来确定最佳的操作参数。回流比控制在 1.9~2 之间，可以兼顾汽油和液态烃质量的要求。

将温压比 R_2、回流比 R_1 添加到装置 DCS 稳定系统画面，以便能使操作人员更直观得看到，从而得到更好的控制。

优化三：稳定塔底液面及塔底油停留时间的控制

该装置经历 MIP 改造，稳定塔热源由二中改为一中，为弥补热源不足，将塔底原来的釜式重沸器改为虹吸式重沸器，以增大传热负荷，满足稳定塔的热量需要，如图 8-4-4、图 8-4-5 所示。

改造后，原来换热器的汽化空间没有了，原来换热器的液位控制改为稳定塔塔底液位控

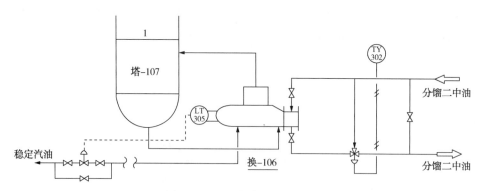

图 8-4-4　改造前稳定塔流程

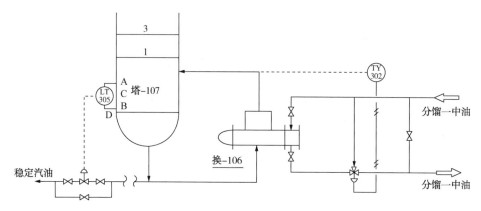

图 8-4-5　改造后稳定塔流程

制，汽油在塔底的停留时间较原来的相比，经计算：原来釜式重沸器的有效容积为 29.268m³，改为塔底控制后，液位计显示有效容积为 17.4m³ 相比改造前减少了 11.868m³。相应地油品在塔内停留时间也减少了 10.2min。重沸器改造后，稳定塔相当于减少一层理论塔盘，由于停留时间和塔盘的减少，汽油中 C₄ 以下的组分含量增加，使得液化气产率降低、汽油蒸气压上升。为此，将塔 107 液位控制由原来的 50% 提高到 85%，可以增加容积 2.5m³，增加停留时间约 2min。在一定程度上确保了塔底的汽化效果，从表 8-4-8 的数据来看，汽油蒸气压下降了 4~5kPa，液态烃收率增加 0.01~0.02 个百分点。

表 8-4-8　稳定塔底液位控制提高前后汽油蒸气压变化的比较

参数	塔底温度/℃	塔底液位/%	汽油蒸气压/kPa	液化气收率/%(质)
3 月 5 日	175	50	68	17.09
3 月 10 日	176	50	68	16.99
3 月 15 日	176	50	69	17.07
3 月 20 日	176	85	64	17.18
3 月 25 日	177	85	63	17.15
3 月 30 日	175	85	65	17.11

（二）稳定塔底开工热源

对于有条件的装置，使用蒸汽作为稳定塔热源可以更快地建立稳定塔塔底重沸器的热虹吸，更快地保证合格的催化裂化汽油出装置，从而加快催化装置的开工进程。然而，对于无法使用蒸汽作为稳定塔塔底开工热源的装置而言，如何能够更快地建立起稳定的分馏循环就成为了稳定单元开工的关键。本节以一中作为稳定塔热源的某装置为例，回流向塔内脱水流程如图8-4-6所示，稳定塔开工热源的建立需做好以下几点。

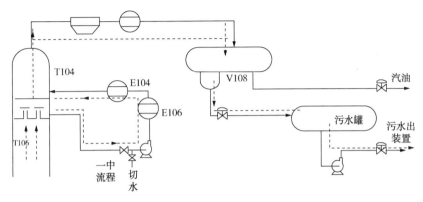

图8-4-6 回流向塔内脱水流程

1. 回流进塔脱水，加快分馏开工进度

在分馏塔进油后到反应器喷油前这段时间内，应为顶循环和一中线充柴油。一般而言，下一个步骤是流程脱水，但考虑到脱水不利于环保，且不能有利于满足喷油后回流建立，可考虑通过启动顶循环和一中泵，采取边循环、边充油、边脱水的做法。将水赶至分馏塔内，利用塔内温度在把水蒸至塔顶分液罐，再送至含硫污水罐。这个流程是正常的含硫污水处理流程，完全符合环保要求。

另外，在回路循环的过程中可逐步提高塔顶循环回流的温度，最终达到理想的效果。在反应喷油前就把顶循环回流建好，相较于在反应喷油后建回流，能更好地控制分馏塔塔顶温度，有利于提前出合格产品，而且也避免了在反应喷油后再建回流时易出现泵抽空、回流时有时无、分馏塔塔顶温度波动的混乱局面。

2. 抓住循环窗口期，建立分馏塔内循环

(1) 反应进料量

反应进料的瞬时量和反应进料累积总量是分馏开工建回流要了解的第一个重要参数。因为抢修开工塔内有介质存在，在反应喷油后塔内负荷上升较快(装置冷态开车用时长)，因此要掌握反应进料量以确定何时建回流。

(2) 分馏塔压力

一般在开工初期在负荷达到前把分馏塔压力提到100kPa以上。过低的分馏塔压力不利于油气冷凝，不利于塔盘上形成液层。

(3) 分馏塔建回流顺序

分馏塔建回流应自上而下依次建立，顺序为：①冷回流；②塔顶循环回流；③一中回流；④二中回流。上一级回流可以为下一级回流提供内回流，因此，自上而下地建回流，更容易建立起来。

(4) 分馏塔负荷

抽出层温度是分馏塔负荷的主要表现形式，抽出层温度达到多少时能够建立回流需要满足以下条件。某 1.3Mt 催化裂化开工反应进料后，分馏塔回流建立参考值见表 8-4-9。

表 8-4-9　分馏塔各回流建立对照参数

项　　目		各回流建立时应达到的参考值			开工初期稳态参数
条件	进料瞬时量/(t/h)	20	135	145	150
	进料总量/t	10	>100	>200	>250
	塔顶压力/kPa	100	100~125	125~140	145~155
	顶温度/℃	165	165~175	135~145	135~140
	顶循抽出/℃	—	—	165~175	165~175
	一中抽出/℃	—	—	265~285	255~265
回流初值	油浆循环量/(t/h)	>200	>200	>230	>250
	冷回流量/(t/h)	20~40	10~20	10~15	10
	顶循环量/(t/h)	0	20~80	80~120	120
	一中量/(t/h)	0	0	20~80	110
	二中量/(t/h)	0	0	0	15

① 冷回流：当反应进料的瞬时量达 20t/h，进料总量达到 10t/h 时，分馏塔塔顶温度达到 165℃，压力 100kPa 时建冷回流。

② 顶循环回流：当反应进料的瞬时量达 135t/h，进料总量大于 100t/h 时，分馏塔冷回流建立后，塔顶温度从 135℃上升到 175℃时建顶循环回流。

③ 一中回流：当反应进料的瞬时量达 145t/h，进料总量大于 200t/h 时，分馏塔塔顶冷回流和塔顶循环回流都已建好，一中抽出温度从 265℃上升到 285℃时建一中回流。

④ 开工初期稳态参数是装置设计参数，这里列出的数值是采集于正常生产时的参数数值。

⑤ 回流初值是回流在刚建立时不能过大，初值的确定应考虑返塔温度、管内存水对塔内负荷的影响等因素。

同时表中还列出了回流初值，这是因为在建立回流过程中，由于各种原因，在泵出量的初期，回流的量不能大，否则建好的回流也会中断。

3. 适时投用解吸塔低重沸器

在催化装置开工中，投用重沸器不难，难的是什么时间投用。以该装置为例，解吸塔塔底重沸器是由 1.0MPa 蒸汽为热源。注意解吸塔重沸器投用时间不能过早，过早投用，会造成三塔循环汽油温度上升，引起泵的气蚀发生，使得三塔循环只能断续循环而不能持续循环，进而导致吸收失效、烃气化、系统压力升高，造成被动排放火炬。具体的投用过程可分为两步，一是提前预热解吸塔重沸器，把蒸汽引至换前放空，避免出现投用时设备受热过快的问题，使换热器时刻处于备用状态。二是确定投用窗口，即在反应喷油后沉降器压力达到 120kPa，气压机开出口阀时立即开始投用，投用的给汽速度为 0.2t/min 蒸汽量，30min 达到 6t/h 蒸汽量。通过投用解吸塔重沸器，在稳定塔开始升温前，将汽油的温度提高到 100℃以上，相当于变相的为稳定塔底提供热源。

4. 吸收稳定系统进油后做好循环脱水工作

开工期间，一旦吸收稳定系统收汽油后，一定要利用三塔循环的机会静置脱尽系统内的存水。由于稳定塔、解吸塔塔底重沸器多为热虹吸式，且均位于吸收稳定流程的最低点，如若脱水不足，将导致大量水集聚于重沸器中。由于水的汽化潜热远大于汽油，大量的水将破坏重沸器的虹吸效果。此时，尽管一中热源已建立，稳定塔底温度仍然无法升高。甚至可能因一中取热负荷过低，导致分馏塔中部温度上升，严重时可能导致回流中断。

为避免这种情况的出现，除了做好切水工作外，还可以对流程进行优化，增设从稳定塔、解吸塔重沸器最低点至粗汽油罐的切水线，这样可有效避免吸收稳定系统的水在低点集聚导致的虹吸中断事故。

（三）干气中 C_3 含量的控制

催化吸收解吸系统的目的是实现干气与液态烃的分割，一旦催化干气 C_3 含量上升，则大量的高价值液态烃组分将进入干气中去，造成产品效益下降。因此，通过对吸收解吸系统的操作优化，降低干气中 C_3 以上组分的含量十分必要。

1. 干气 C_3 优化措施

（1）反应单元的优化

反再单元的操作直接影响催化装置的产品分布，通过对原料性质、催化剂活性、反应深度的控制，保证产品合理的分布，避免因催化剂中毒等原因导致干气量过大，从根源上减轻吸收解吸单元的处理负荷，对于干气 C_3 的控制有着重要意义。

（2）吸收塔温度的降低

由于低温高压有利于吸收效果，因此降低吸收塔温度可以有效降低干气 C_3 含量。主要手段有如下几个。

① 夏季高温期间，投用深冷水降低吸收塔温度。表 8-4-10 为某装置夏季使用深冷水对干气 C_3 的影响。

表 8-4-10　某装置夏季使用深冷水对干气 C_3 的影响

项　目	未使用深冷水	使用深冷水
冷却器进水温度/℃	30	13
吸收塔顶温/℃	38	28
吸收塔底温/℃	53	48
干气 C_3 含量/%	5.3	2.3

② 投用吸收塔中间冷却器。由于吸收过程是一个放热过程，通过中间冷却器的投用可以进一步取走吸收过程放出的热量，进一步增强吸收效果。

③ 提高吸收剂量。由于粗汽油和补充吸收油进塔前均经过冷却器冷却，根据热量平衡计算，在富气量不变的情况下，增加吸收剂量也可以降低全塔温度。

（3）增加吸收塔气液比

通过增加吸收塔气液比的方式，可以使吸收过程的推动力增加，从而降低干气 C_3 含量。一般而言，粗汽油量恒定，用稳定汽油做补充吸收油控制吸收塔气液比，但补充吸收油量的一味增加会带来能耗的上升。

（4）提高吸收塔压力

同样地，提高吸收塔压力也能够降低干气 C_3 含量。

优化实例：

以某装置为例，为改善干气产品中 C_3 质量，将吸收塔压力从 1.20MPa 提高至 1.30MPa，同时优化补充吸收油的加注。

措施实施：①首先对安全阀重新定压，起跳压力由原来的 1.25MPa 提高到 1.45MPa。然后缓慢提高吸收塔操作压力，由 1.21MPa 提高到 1.30MPa。②采用先进控制，保证粗汽油量和补充吸收油量之和在 103~110t/h 之间。当前富气进吸收塔的量在 22km³/h 左右，控制粗汽油量和补充吸收油量之和在 103~110t/h 之间保证吸收塔液气比在 5~6kg/m³，优化前后的操作参数如表 8-4-11 所示。经过优化，装置干气中 C_3 及以上组分含量由原来的 3.2% 下降到 2.5% 以下，下降了 0.7%，相应的液态烃产率约上升 0.7%，

表 8-4-11　措施实施前后吸收解吸操作变化情况

| 项目 | 解吸塔 | | 吸收塔 | | | | | |
	顶温/℃	底温/℃	返塔温度/℃	进料温度/℃	压力/MPa	塔顶温度/℃	塔底温度/℃	补充收剂/(t/h)
提压前	58	112	129	45	1.21	32	49	20
提压后	56	112	124	68	1.32	30	50	和粗汽油之和为 103~110t/h

2. 找准吸收解吸的平衡

对于采用双塔流程的吸收解吸系统而言，适当地过吸收和过解吸对于操作是有利的，而优化操作的关键就在于控制解吸塔的解吸程度。解吸不足，将导致 C_2 组分进入稳定塔，引起稳定塔压力上升，液态烃 C_2 超标，并可能导致重沸器腐蚀内漏。而一旦过度解吸，大量的液态烃组分将在吸收解吸塔间循环，使得吸收塔气相负荷大量上升，大于其处理能力，干气中 C_3 以上组分必然上升。如果不进行干预，过解吸操作必然导致过吸收，从而不断恶化吸收解吸单元的操作，造成大量能源浪费的同时，还会影响干气及液态烃成绩。

一般而言，合理的吸收解吸操作应满足以下两点：

① 解吸塔解吸气量稳定在解吸塔进料量的 7%~8%。

② 从产品分析成绩判断，液态烃分析中应不含 C_2，可含有少量 H_2S 组分。

（四）顶循作再吸收剂

催化裂化装置吸收稳定系统中，吸收塔采用汽油作为吸收剂，因此从吸收塔塔顶出来的气体中含有少量 C_5 以上组分和 C_3、C_4 组分，设置再吸收塔的目的是通过再次吸收来回收上述组分。干气 C_3 以上组分含量过多即造成干气带液。

1. 顶循作再吸收油的优势

再吸收塔的吸收剂为柴油，相较于柴油，顶循作再吸收塔吸收剂有如下优点：

（1）提高对干气中 C_3 组分的吸收效果

表 8-4-12 为某装置粗汽油、顶循和轻柴油的分析结果，从表中可见顶循油的组成介于粗汽油和柴油之间。由于较柴油要轻，根据"相似相溶"原理，其更易吸收干气中的 C_3 以上组分。

（2）提高再吸收塔的塔板效率

由于顶循较轻柴油更轻，其终馏点小于300℃，黏度较小，有利于与气体在再吸收塔内进行气液相接触，可提高再吸收塔的塔板效率。

（3）降低再吸收油入塔温度

由于顶循抽出温度远低于柴油抽出温度，经过同样的换热流程后，其进再吸收塔温度会更低，有利于吸收效果的提高。

（4）改善分馏塔汽、柴油重叠度

再吸收油吸收干气后，从分馏塔中上部返塔，顶循相较柴油的汽化潜热更低，可以减少分馏塔中上部的热量损失，避免影响分离效率，从而有利于汽柴油的切割。

表 8-4-12　粗汽油、顶循油、轻柴油馏程

馏出体积	初馏点	10%	50%	90%	终馏点
粗汽油/℃	23.8	48.2	107.8	182.8	204.6
顶循环油/℃	125.2	163.2	193.3	214.5	240.3
轻柴油/℃	212.8	247.8	276.8	338	359.8

2. 改造实例

（1）流程改造

某装置干气再吸收塔一直使用轻柴油作吸收剂，轻柴油通过封油泵升压，经冷却器冷却以后进入再吸收塔，将吸收塔塔顶汽吸收后返回分馏塔第23层。2015年8月停工时，从分馏塔塔顶循冷却器后引顶循环油，经再吸收油泵加压，进入注入再吸收塔作吸收剂，再吸收塔出富吸收油仍然返回分馏塔第23层。同年11月该流程正式投用。

（2）改造分析

干气中带液的成分主要是 $C_3 \sim C_5$，是汽油中的轻组分，通过表1可以看出，相较于轻柴油，顶循环油的流程更接近于汽油组分，由于"相似相溶"原理，顶循环油的吸收效果将大于轻柴油。

20世纪90年代中期以前，国内催化裂化柴油的密度（20℃）多数在 0.83~0.90g/cm³ 之间，而目前催化裂化柴油密度（20℃）多数为 0.93~0.96g/cm³，已经超过了催化裂化装置原料的密度。相对应的催化裂化柴油氢含量也明显低于原料，其族组成表明催化裂化柴油主要由多环芳烃组成，作为干气的吸收剂与理想吸收剂的要求相差越来越远。

用轻柴油作干气吸收油时，富吸收油返回分馏塔第23层，距离柴油抽出口较近，并且返塔温度较低，冷凝下来的轻组分不能在塔板之间完全挥发，使得轻柴油的闪点控制受到影响。20~23层塔盘气液相负荷增加也会使得汽柴油的分割精度受到影响。

顶循环油与轻柴油的相对分子质量不同，在吸收剂量相同的情况下，采用顶循环油的液气比要小于轻柴油，气液相负荷减少，有利于达到吸收效果。

（3）投用效果

经过改造以后，11月25日将再吸收塔吸收剂改为顶循环油，期间主要参数并未做大幅度调整，反应进料量为164t/h，掺渣为20.6%，反应温度为529℃，反应压力为195kPa，再吸收塔塔顶压力为1.15MPa，再吸收剂量为11.5t/h。

　　从表 8-4-13 可以看出，将吸收剂改为顶循环油以后，干气中 C_3 以上各组分明显降低，高价值的丙烯含量从 3.6% 降至 1.5%，C_3 以上组分含量从 6.0% 降至 2.9%，干气带液情况明显好转，表明改造后吸收效果提高。

表 8-4-13　改造前后干气 C_3 以上组分对比　　　　　　　　　%

项目	丙烯	丙烷	异丁烯	正异丁烯	正丁烷	反 2-丁烯	顺 2-丁烯	C_5 及以上	C_3 及以上
改造前	3.6	0.6	0.5	0.5	0.1	0.1	0.1	0.5	6.0
改造后	1.5	0.3	0.4	0.2	0.1	0.1	0.1	0.2	2.9

　　再吸收塔吸收剂改造以后，干气量也随之下降，干气中丙烯被吸收下来，进入液态烃，液态烃中丙烯含量也从 40.7% 上升至 41.88%，增加了高价值产品的产出。

　　从表 8-4-14 可以看出，轻柴油更换为顶循环油以后，柴油的初馏点从 212.8℃ 上升至 216.6℃，汽柴油的分离精度也因此加大，减少汽柴油重叠的可能性。

表 8-4-14　改造前后对比

项目	干气量/(m³/h)	干气 C_3 以上/%	液态烃中丙烯/%	柴油初馏点/℃
改造前	10325	6.0	40.7	212.8
改造后	9802	2.9	41.88	216.6

　　（4）存在的问题与改进

　　① 雾沫夹带量与液体表面张力的 0.5 次方呈反比。由于分馏塔塔顶循环油的表面张力比轻柴油小，所以使用循环油作吸收剂时雾沫夹带量可能会较大，气分脱硫前分离分液罐要加强切液。

　　② 由于 EL107 换热效果不佳，对吸收效果有一定影响，下次检修时对 EL107 进行抽芯清洗，增加冷却效果，使得吸收剂的温度进一步降低，增加吸收效果。

　　③ 为了进一步提高吸收效果，可以加大顶循作再吸收的量，但与此同时，分馏塔第 23 层的负荷也相应增加，分馏塔压降会略有提高。

　　（5）改造结论

　　再吸收塔吸收剂更改为顶循环油以后：①干气中 C_3 以上组分含量明显降低，干气带液现象明显好转；②干气中更多的丙烯被吸收下来，高价值产品得到更多的回收；③提高了柴油初馏点，加大了汽柴油分离精度。

第五节　烟气脱硫脱硝操作优化

　　随着我国国民经济的高速增长，工业发展与环境污染之间的矛盾越来越突出，2012 年，《中华人民共和国大气污染防治法》更将环境保护列入立法的范畴。炼油企业为满足国家法律法规的要求，催化裂化装置近 10 年间陆续增上烟气脱硫脱硝设施。FCC 再生烟气脱硫技术按照脱硫剂状态，脱硫方法可分为干法、半干法和湿法三种。湿法脱硫技术是利用碱性的吸收剂溶液脱除烟气中的 SO_2，通常带有除尘功能，形成脱硫、除尘一体化技术。其最大优点是脱硫率高达 95%，装置运行可靠性高，操作简单，SO_2 吨处理成本低。在世界各国现有的烟气脱硫技术中，湿法脱硫约占 85%，以湿法脱硫为主的国家有日本(占 98%)、美国(占

92%)和德国(占90%)。FCC 再生烟气脱硝工艺主要包括氧化法、还原法、吸附法、电子束法等。吸附法存在压降大、吸附剂易磨损等问题,电子束法则存在技术不成熟等问题,因而应用较少。在 FCC 再生烟气脱硝中已广泛应用的技术有臭氧氧化技术(LoTOx™)和选择性催化还原技术(SCR)。在炼化企业在中,催化裂化装置烟气脱硝脱硝单元的操作优化不仅对装置的节能和平稳有着重要影响,其对装置长周期、环保合规运行更有特别重要的意义。

一、烟气脱硫塔(综合塔)浆液 pH 值控制

对于湿法(钠法)脱硫,无论是采用美国 DuPont™BELCO® 公司的 EDV®、Exxon Mobil 公司的 WGS 技术,还是中国石化湍冲文丘里湿法除尘钠法脱硫技术,反应原理基本相同,主要通过浆液与再生烟气进行液/气接触,吸收烟气中的 SO_x 并转化为亚硫酸钠和硫酸钠,同时洗涤夹带的粉尘。具体的反应步骤如下。

(一)吸收反应

再生烟气与喷嘴喷出的循环碱液在吸收塔内有效接触,循环碱液吸收大部分 SO_2,反应如下。

$$2SO_2 + H_2O \longrightarrow SO_2(1) + H_2O(传质) \tag{8-5-1}$$

$$2SO_2 + H_2O \longrightarrow H_2SO_3(溶解) \tag{8-5-2}$$

$$SO_2 + H_2O \longrightarrow H^+ + HSO_3^-(电离) \tag{8-5-3}$$

$$H_2SO_3 \rightleftharpoons H^+ + HSO_3^-(电离) \tag{8-5-4}$$

(二)中和反应

吸收剂碱液保持一定的 pH 值,在吸收塔内发生中和反应,中和后的碱液在吸收塔内再循环,中和反应如下。

$$NaOH \longrightarrow Na^+ + OH^- \tag{8-5-5}$$

$$2NaOH + H_2SO_3 \longrightarrow Na_2SO_3 + 2H_2O \tag{8-5-6}$$

$$Na_2SO_3 + H_2O + SO_2(1) \longrightarrow 2NaHSO_3 \tag{8-5-7}$$

$$NaOH + NaHSO_3 \longrightarrow Na_2SO_3 + H_2O \tag{8-5-8}$$

$$Na^+ + HSO_3^- \longrightarrow NaHSO_3 \tag{8-5-9}$$

$$2Na^+ + CO_3^{2-} \longrightarrow Na_2CO_3 \tag{8-5-10}$$

$$2H^+ + CO_3^{2-} \longrightarrow H_2O + CO_2 \uparrow \tag{8-5-11}$$

中和反应本身并不困难,吸收开始时主要生成 Na_2SO_3,而 Na_2SO_3 具有脱硫能力,能继续从气体中吸收 SO_2 转变成 $NaHSO_3$ 时,吸收反应将不再发生,因为 $NaHSO_3$ 不再具有吸收 SO_2 的能力,而实际的吸收剂为 Na_2SO_3。

(三)氧化反应

部分 HSO_3^- 在洗涤塔吸收区被再生烟气中的氧所氧化,其他的 HSO_3^- 在氧化塔中被空气完全氧化,反应如下。

$$HSO_3^- + 1/2O_2 \longrightarrow HSO_4^- \tag{8-5-12}$$

$$HSO_4^- \rightleftharpoons H^+ + SO_4^{2-} \tag{8-5-13}$$

由于再生烟气中含有 SO_2,同时还含有大量的 CO_2,用 NaOH 溶液洗涤气体时,首先发生 CO_2 与 NaOH 的反应,导致了吸收液的 pH 值降低,且脱硫效率很低。随着时间的延长,

pH 值降至 7.6 以下时，发生吸收 SO_2 的反应。随主要吸收剂 Na_2SO_3 的不断生成，SO_2 的脱除效率也不断升高，当吸收液中的 Na_2SO_3 全部转变成 $NaHSO_3$ 时，吸收反应将不再发生，此时 pH 值降至 4.4。但随着 SO_2 在溶液中进行物理溶解，pH 值仍继续下降，此时 SO_2 不发生吸附反应。因此，理论上吸收液有效吸收 SO_2 的 pH 值范围为 4.4~7.6，在实际吸收过程中，吸收液的 pH 值存在一个合理的操作点，吸收液的 pH 值过低，容易导致净化后的烟气 SO_2 浓度超排放限值；pH 值太高不仅碱液消耗量大，而且容易导致外排的废水 pH 值过高从而影响炼油厂总排口的指标，此外，过高的 pH 值导致 CO_2 过渡吸收后形成碳酸盐结垢也会影响装置的长周期运行。

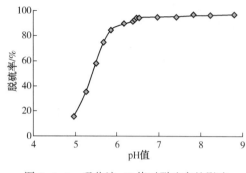

图 8-5-1　吸收液 pH 值对脱硫率的影响

邵维彧[17]等对催化裂化烟气脱硫进行了进一步的实验研究，实验发现，随着 pH 值的降低脱硫率逐渐变小。当 pH 值大于 7 时，脱硫率随 pH 值降低而减少，但减少的不多，均大于 95%；当 pH 值在 6~7 时，脱硫率随着 pH 值减小而缓慢降低，但脱硫率仍在 90% 以上；当 pH 值小于 6 时，脱硫率迅速下降；当 pH 值低于 5 时，脱硫率已经降低到 20% 以下。吸收液 pH 值与脱硫率的关系如图 8-5-1 所示。

在实际的生产过程中，根据催化裂化装置和原料不同烟气的 SO_2 含量一般在 300~3000mg/Nm³ 之间，而 GB 31570—2015《石油炼制工业污染物排放标准》规定在最严格地区，SO_2 排放指标为 50mg/Nm³，所以工业上一般要求催化裂化装置烟气脱硫设施总体脱硫率能保证在 98% 以上，以实现净化烟气稳定合格排放。所以在生产过程中一般要求保证 pH 值在 7 以上，此外因吸收液 pH 值在 6.6（吸收液温度约为 55℃）附近存在突变，为满足自控的需求，吸收液 pH 值避免控制在 6.6 附近。

基于以上的讨论及考虑到实际生产中仪表测量的误差，烟气脱硫塔（综合塔）浆液 pH 值控制存在一个最优点，其值在 6.8~7.3 之间。

二、滤清模块（消泡器）pH 值控制

在湿法（钠法）脱硫工艺中，美国 DuPont™BELCO® 公司的 EDV® 和中国石化湍冲文丘里湿法除尘钠法脱硫技术均设置末级吸收-滤清模块（消泡器），目的是进一步洗涤烟气中在吸收区没有被除去的 1~3μm 的固体颗粒及少量酸性气体，使烟气得到充分净化。这一区域的 pH 值控制和吸收塔底浆液 pH 控制模式基本接近，但也有所区别。吸收塔底浆液 pH 值的控制除考虑 SO_2 吸收率以外，还需考虑外排浆液的 pH 值是否会影响氧化罐的操作，而末级吸收循环的浆液 pH 值更多的是考虑外排烟气是否得到彻底的净化，同时从提高烟囱部分 pH 值减少腐蚀方面考虑，相对控制值应适当高于吸收塔塔底。但过高的 pH 值会引起 CO_2 的过渡吸收，若吸收塔补充水的硬度偏高极易引起管线结垢堵塞等问题。

某催化裂化装置，为提高对硫酸雾的捕捉能力，2012 年年初开始，洗涤塔滤清模块段循环浆液的 pH 值由 6.5~7.5 改控至 7.5~8.5，运行半年以后泵入口管线出现严重的结垢堵塞现象，垢体主要为 $CaCO_3$ 和催化剂细粉。分析认为，洗涤液在碱性较强的情况下溶解烟气中的 CO_2 是加速滤清模块循环泵入口管线结垢的主要原因，因此操作上应严格控制浆液的

pH 值不超过工艺指标(6.5~7.5)上限。为防止洗涤塔内壁和循环管线结垢，对工艺用水的硬度也有严格规定，要求 Ca^{2+} 质量浓度不大于 40mg/L[18]。

刘敦禹等研究了钠碱法脱硫过程 SO_2 和 CO_2 共吸收过程。当 CO_2 吸收到 NaOH 中，反应按照式(8-5-14)进行，在 pH 值为 12 左右，NaOH 完全转化成 Na_2CO_3。CO_2 继续加入，CO_2 能与 Na_2CO_3 反应生成 $NaHCO_3$。pH 值在 8 左右，Na_2CO_3 完全转化成 $NaHCO_3$，反应按照式(8-5-15)进行。

$$CO_2 + 2NaOH \xlongequal{\quad} Na_2CO_3 + H_2O \qquad (8-5-14)$$

$$CO_2 + Na_2CO_3 + H_2O \xlongequal{\quad} 2NaHCO_3 \qquad (8-5-15)$$

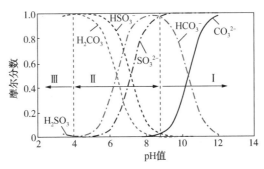

图 8-5-2　组分 H_2CO_3、HCO_3^-、CO_3^{2-}、H_2SO_3、HSO_3^- 和 SO_3^{2-} 的摩尔分数随 pH 值的变化

组分 H_2CO_3、HCO_3^-、CO_3^{2-}、H_2SO_3、HSO_3^- 和 SO_3^{2-} 的摩尔分数随 pH 值的变化如图8-5-2所示。当浆液体系 pH<8 时，$H_2CO_3/HCO_3^-/CO_3^{2-}$ 缓冲体系基本以 H_2CO_3/HCO_3^- 形式存在，随着 pH 值增加 HSO_3^- 浓度逐渐提高，在 pH 值为 8 附近达到最大值；当 pH>8 时，缓冲体系基本以 HSO_3^-/CO_3^{2-} 形式存在，随着 pH 值增加，HSO_3^- 逐渐转变为 CO_3^{2-}。由于 CO_2 的吸收主要受传质速率影响，当 pH 值大于 8 时，浆液中的 H_2CO_3 浓度基本为零，从而加速了 CO_2 的吸收。对于 H_2SO_3、HSO_3^- 和 SO_3^{2-} 存在同样的规律，在 pH 值为 10 时，HSO_3^- 完全转化为 SO_3^{2-}。同时，由于 $CaHCO_3$、$CaCO_3$、$CaSO_3$、$CaHSO_3$ 等无机盐在水中的溶解度存较大差距，CO_3^{2-} 和 SO_3^{2-} 的浓度上升容易形成难溶于水的钙盐，导致管线结垢。常见钙盐在水中的溶解度见表 8-5-1。基于上述考虑，滤清模块(消泡器)pH 值最大控制值应小于8。

表 8-5-1　常见钙盐溶解度表

无机盐	$Ca(HCO_3)_2$	$CaCO_3$	$CaSO_3$	$Ca(HSO_3)_2$	$CaSO_4$
溶解度(20℃)/[g/(100gH_2O)]	16.6	0.0013	0.0043	溶于水	0.2090(30℃)

三、烟气脱硫废水单元的优化操作

催化烟气脱硫废水处理单元(PTU)主要任务是降低外排水的悬浮物浓度和 COD，并调节 pH 值，实现净化水达标排放，其典型的工艺流程如图8-5-3和图8-5-4所示。洗涤塔塔底排出的洗涤液与一定浓度的絮凝剂混合进入澄清池或涨鼓式过滤器，脱除悬浮固态物后的澄清液体溢流进入三级氧化罐，溶解于液体中的亚硫酸盐在氧化罐中与强制空气中的氧气混合接触发生氧化反应形成硫酸盐以降低 COD。所以废水处理单元(PTU)中絮凝剂的加注、涨鼓式过滤器的维护和氧化罐的操作是优化关键因素。

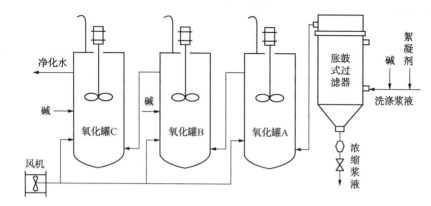

图 8-5-3　脱硫废水单元典型工艺流程一

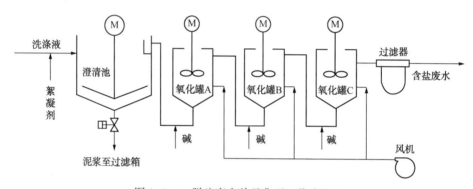

图 8-5-4　脱硫废水单元典型工艺流程二

（一）絮凝剂的使用和过滤器的优化

湿法脱硫废水温度高，一般在 50℃以上，催化剂悬浮物粒径细小、含量高，90%以上颗粒直径小于 5μm，使得水处理的难度增大。为控制外排废水悬浮物达标，除使用过滤器外，一般需要使用絮凝剂使悬浮物团聚，提高过滤效果或促进沉淀，实现水质达标。在催化湿法烟气脱硫废水单元中，常用的絮凝剂类型有无机高分子聚合物、有机高分子聚合物以及无机-有机复合型絮凝剂。

无机高分子聚合物，如聚合氯化铝（PAC），在水中存在多羟基络合离子，能强烈吸引胶体微粒，通过黏附、架桥和交联作用，促进胶体凝聚，同时还发生物理化学变化，中和胶体微粒及悬浮物表面的电荷，从而使胶体离子发生互相吸引作用，破坏了胶团的稳定性，促进胶体微粒碰撞，形成了絮状沉淀。[19] 从统计情况看，目前在催化装置烟气脱硫废水处理单元中使用聚合氯化铝（PAC）作为絮凝剂，虽然价格低廉，使用成本低，但废水的悬浮物排放较难以达到环保要求。

有机高分子絮凝剂与无机高分子絮凝剂的作用机理不同，主要是通过吸附作用将水体中的胶粒吸附到絮凝剂分子链上，形成絮凝体。絮凝效果受其分子量大小、电荷密度、投加量、混合时间和絮凝体稳定性等因素的影响。常用的有机高分子絮凝剂，如聚丙烯酰胺（PAM），与无机高分子絮凝剂相比，有机高分子絮凝剂用量少，絮凝速度快，但是高分子量的 PAM 会造成胀鼓过滤膜压力快速上升，很快堵塞胀鼓过滤膜而降低过滤速度，影响水处理的效果。

无机-有机复合絮凝剂的复配机理主要与其协同作用有关。一方面污水杂质为无机絮凝剂所吸附，发生电中和作用而凝聚；另一方面又通过有机高分子的桥联作用，吸附在有机高分子的活性基团上，从而网捕其他的杂质颗粒一同下沉，起到优于单一絮凝剂的絮凝效果。无机-有机复合絮凝剂因同时具有无机絮凝剂和有机絮凝剂的优点，在提高絮凝效果的同时又避免了絮凝剂对后续工艺的负面作用，在催化裂化脱硫废水处理单元的适应性更好。某装置在使用无机-有机复合絮凝剂后，对比使用有机絮凝剂时，外排水质合格率上升50%，涨鼓式过滤器压降明显下降，如图8-5-5所示[20]。

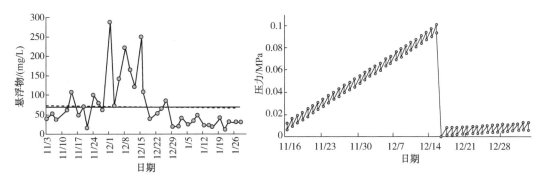

图8-5-5　某装置试用复合絮凝剂后悬浮物和涨鼓式过滤器压降变化趋势

值得注意的是，絮凝剂的使用除了絮凝剂的选型外，用量也是使用的关键因素之一。絮凝剂的投加量需要根据上游来水的水质和水量情况确定。通过静态模拟实验确定絮凝剂用量是比较可取的办法。当水质、水量发生较大变化时，应重新确定絮凝剂与助凝剂的最佳投加量，不可将其确定为一固定值。

（二）氧化罐的操作优化及 COD 控制

氧化罐的作用主要是将 Na_2SO_3 氧化成 Na_2SO_4，降低废水的 COD，在氧化罐中主要发生如下反应。

$$HSO_3^- + 1/2O_2 \longrightarrow HSO_4^- \tag{8-5-16}$$

$$HSO_4^- \Longleftrightarrow H^+ + SO_4^{2-} \tag{8-5-17}$$

在氧化过程中，理论上废水 pH 值应该下降。但在实际运行过程中，氧化罐装置即使不加入 NaOH，氧化罐出水 pH 值有时会高于氧化罐进水。主要原因是，烟气中含有 SO_2 的同时还有大量 CO_2，通过与 NaOH 反应，废水中主要生成 $NaHSO_3$、$NaHCO_3$，同时还溶解 CO_2 直至饱和。在进入氧化罐后，部分 $NaHCO_3$ 分解，部分 CO_2 逃逸，所以造成了氧化罐出水 pH 值升高。因饱和 $NaHCO_3$ 溶液 pH 值约8.0，pH 值升高后，出水很容易超过工艺限制的9.0标准。所以在运行过程中，塔底循环浆液 pH 值应该控制在8.0以下保证外排水 pH 在工艺要求范围内。

除了控制外排废水的 pH 值外，氧化罐的操作优化对 PTU 单元废水 COD 控制也起着关键的作用。对于氧化罐的操作主要存在如下问题：①废水在氧化罐停留时间不够，脱硫废水中的亚硫酸盐在氧化罐内未得到充分氧化；②氧化空气进入氧化罐时分布不匹配，致使氧化罐废气排放管带水串入后面的氧化罐或者造成 COD 超标；③空气分配器设计不合理，水中溶氧不足，氧化不彻底[21]。针对停留时间不足的问题，除将氧化罐改造扩能外，常用的手段还有利用胀鼓过滤器返综合塔流程，将部分浆液返回脱硫吸收塔，减少浆液至胀鼓过滤器的流量，延长在氧化罐内停留时间。

但装置 COD 的来源较为复杂，除湿法烟气脱硫过程中产生的过饱和的亚硫酸盐外，补充水中的有机物、悬浮物和催化剂，以及锅炉未完全燃烧带来的有机氧，均会产生较高的 COD，此外部分装置还观察到胀鼓式过滤器出水发黑、发臭，疑似有细菌滋生，也是外排废水 COD 超标的原因。

四、氧化法脱硝的操作与优化

LoTO$_x$™ 技术可以集成在湿法洗涤脱硫除尘系统中，利用臭氧将再生烟气中 NO$_x$ 氧化为水溶性的 N$_2$O$_5$ 并生成的 HNO$_3$，随后经洗涤器的喷嘴洗涤脱除并被装置中的碱性物质中和。由于 LoTO$_x$™ 技术反应温度低（<150℃），脱硝效果不受 SO$_2$ 和粉尘的影响，可稳定达到 80% 以上。

（一）反应机理

LoTO$_x$™ 原理在于臭氧可以将难溶于水的 NO 氧化成易溶于水的 NO$_2$，NO$_3$，N$_2$O$_5$ 等高价态氮氧化物。在实际脱硝过程中，再生烟气中的 H$_2$O、N$_2$O 和 HNO$_3$ 也会参与反应，其过程主要发生以下化学反应[22]。

$$NO+O_3 \longrightarrow NO_2+O_2 \qquad (8-5-18)$$

$$2NO_2+O_3 \longrightarrow N_2O_5+O_2 \qquad (8-5-19)$$

$$N_2O_5+H_2O \longrightarrow 2HNO_3 \qquad (8-5-20)$$

$$HNO_3+NaOH \longrightarrow NaNO_3+H_2O \qquad (8-5-21)$$

在理论上 O$_3$ 与 NO 可以发生以下总括反应：

$$1.5O_3(g)+NO(g)+0.5H_2O(l) \longrightarrow HNO_3(l)+1.5O_2(g) \qquad (8-5-22)$$

N$_2$O$_5$ 是高溶解性气体，可以与水瞬时发生反应。因此 N$_2$O$_5$ 很容易在 SO$_2$ 之前被系统脱除，这是由于 N$_2$O$_5$ 的溶解性至少是 SO$_2$ 的 100 倍。与湿式洗涤系统一体化时，NO 被 O$_3$ 氧化为 N$_2$O$_5$，并与 H$_2$O 发生反应生成 HNO$_3$，与 NaOH 发生反应生成 NaNO$_3$ 和 H$_2$O。此外，尽管 O$_3$ 对 SO$_2$ 的氧化效率较低，但臭氧对溶于水的 SO$_2$ 具有氧化作用，其氧化反应式如下：

$$O_3+SO_2 \cdot H_2O(aq) \longrightarrow H_2SO_4+O_2 \qquad (8-5-23)$$

$$O_3+H_2SO_3^- \longrightarrow H_2SO_4^-+O_2 \qquad (8-5-24)$$

$$O_3+SO_3^{2-} \longrightarrow SO_4^{2-}+O_2 \qquad (8-5-25)$$

如果 O$_3$ 对 SO$_2$ 的反应程度较高，一方面会促进 SO$_2$ 在湿法洗涤中的吸收，另一方面也会参与 NO 和 O$_3$ 的反应，加速 O$_3$ 的消耗。从降低能耗的角度出发，希望 O$_3$ 和 SO$_2$ 的反应程度越低越好。SO$_2$ 主要在湿法洗涤装置中脱除，在水相介质中生成亚硫酸盐或亚硫酸，而亚硫酸盐或亚硫酸也是除臭氧剂，使再生烟气中任何未反应的或过量的臭氧迅速被洗涤器中的水介质吸收，从而使离开脱除系统的烟气中的臭氧含量达到可忽略的程度。

（二）工艺参数对脱 NO$_x$ 效率的影响

影响臭氧脱硝效率的工艺参数主要有 O$_3$/NO 摩尔比、反应温度、反应时间、吸收液性质等，这些工艺参数对脱 NO$_x$ 效率都有不同程度的影响[23]。

1. O$_3$/NO 摩尔比

O$_3$/NO 摩尔比是指 O$_3$ 与 NO 摩尔数的比值，它反映了臭氧量相对于 NO 量的高低。NO

的氧化率随 O_3/NO 的升高直线上升。在 $0.9 \leqslant O_3/NO < 1$ 的情况下，脱硝率可达到85%以上，有的甚至达到100%。按反应式(8-5-18)，O_3 与 NO 完全反应的摩尔比理论值为1，但在实际中，由于其他物质的干扰，可发生其他一系列反应，如式(8-5-19)~式(8-5-21)，使得 O_3 不能100%与 NO 进行反应。

2. 反应温度

由于臭氧的生存周期关系到脱硝效率的高低，在25℃时，臭氧的分解率只有0.5%；在150℃条件下，臭氧的分解率也不高，当温度高于200℃时，分解率显著增加，随着温度增加到250℃甚至更高时，臭氧分解速度明显加快。

3. 反应时间

臭氧在烟气中的停留时间只要能够保证氧化反应的完成即可，在 ISHWAR K. PURI 研究中发现反应时间在 $1 \sim 10^4 s$ 之间对反应器出口的 NO 摩尔数没有什么影响，而且增加停留时间并不能增大 NO 的脱除率。这主要是因为关键反应的反应平衡在很短时间内即可达到，不需要较长的臭氧停留时间。

4. 吸收液性质

利用臭氧将 NO 氧化为高价态的氮氧化物后，再用吸收液吸收，常用的吸收液有水、NaOH、$Ca(OH)_2$ 等碱液。不同的吸收剂产生的脱除效果会有一定的差异，采用水吸收尾气时，NO 和 SO_2 的脱除效率分别达到86.27%和100%；采用 Na_2S 和 NaOH 溶液作为吸收剂，NO_x 的去除率高达95%，SO_2 去除率约100%，但存在吸收液消耗量大的问题。

五、选择性催化还原法(SCR)的操作与优化

选择性催化还原法(SCR)是在专有的反应器中，加入含氨或尿素等还原剂，在催化剂的作用下，NO_x 会发生选择性还原反应，得到 H_2O 和 N_2。选择性催化还原法的应用较多，且脱硝效率高达90%以上。SCR 工艺被证明是应用最多且 NO_x 脱除效率最高、最为成熟的脱 NO_x 技术，美国政府也将 SCR 技术作为主要的火电厂控制 NO_x 排放技术。SCR 工艺一般分为高温(450~600℃)SCR、中温(320~450℃)SCR 和低温(120~300℃)SCR。目前，商业应用比较广泛的是中温 SCR 催化剂。中温 SCR 反应器对催化余热锅炉或 CO 锅炉结构影响较大，在有的催化余热锅炉或 CO 锅炉上实施中温 SCR 技术难度很大。开发低温 SCR 催化剂，将低温 SCR 反应器设置在催化余热锅炉或 CO 锅炉后部，可以降低工程实施的难度。与催化余热锅炉或 CO 锅炉排烟温度(180~230℃)匹配的低温 SCR 催化剂开发是目前的研究热点。国外 FCC 再生烟气 SCR 脱硝工艺主要专利商为丹麦 TOPSOE 公司，其以板式脱硝催化剂为核心的氨选择性催化还原(NH3-SCR)法在国内外有超过30套的应用业绩。2012年，中国石化大连(抚顺)研究院成功开发了国产 FCC 再生烟气 SCR 技术，打破了国外的技术垄断，目前已有20余 FCC 装置应用业绩。

SCR 技术的关键是 SCR 反应器的设计和 SCR 催化剂，SCR 反应机理是利用氨或尿素等还原性物质，在一定反应条件下，将再生烟气中的 NO_x 直接还原为 N_2。在有氧情况下，NH_3 与再生烟气中 NO_x 在催化剂上发生气固反应，催化剂的活性位吸附的氨与气相中的 NO_x 发生反应，生成 N_2 和 H_2O，产物 N_2 分子中一个原子 N 来自 NH_3，另一个来自 NO_x，其还原反应式如下[24]：

$$4NO + 4NH_3 + O_2 \longrightarrow 4N_2 + 6H_2O \tag{8-5-26}$$

$$NO + NO_2 + 2NH_3 \longrightarrow 2N_2 + 3H_2O \tag{8-5-27}$$

在 NO/NH$_3$(摩尔比)接近 1, 氧气所占比例较小时, 式(8-5-26)是主要反应, 即 N$_2$ 是主要产物, 因此可用 N$_2$ 的产生率表示催化剂的选择性。对于选择性较高的催化剂, N$_2$ 的产生率应近似于 100%。此外 NO 和 NH$_3$ 还可以生成温室气体 N$_2$O, 式(8-5-28)是不希望发生的反应:

$$4NO+4NH_3+3O_2 \longrightarrow 4N_2O+6H_2O \tag{8-5-28}$$

当 NO/NH$_3$<1, 除了式(8-5-26)、式(8-5-27)外, NH$_3$ 还可以通过下述反应与氧气发生氧化反应。

$$2NH_3+3/2O_2 \longrightarrow N_2+3H_2O \tag{8-5-29}$$

$$2NH_3+2O_2 \longrightarrow N_2O+3H_2O \tag{8-5-30}$$

$$2NH_3+5/2O_2 \longrightarrow 2NO+3H_2O \tag{8-5-31}$$

当 SO$_2$ 存在时, 还发生下列副反应:

$$2SO_2+O_2 \longrightarrow 2SO_3 \tag{8-5-32}$$

$$NH_3+SO_3+H_2O \longrightarrow NH_4HSO_4 \tag{8-5-33}$$

$$2NH_3+SO_3+H_2O \longrightarrow (NH_4)_2SO_4 \tag{8-5-34}$$

反应式(8-5-26)、式(8-5-27)反应是期望发生的反应, 影响脱硝反应的主要因素是反应温度、脱硝催化剂的活性以及注氨的浓度和分配, 同时 SCR 反应器流场的设计也非常关键。对于 FCC 再生烟气脱硝反应一般要求反应窗口温度在 300~420℃ 之间, 反应温度过低会降低脱硝转化率增加氨逃逸量; 提高反应温度有利于脱硝反应, 但温度过高 NO$_2$ 生成量增大, 反而影响脱硝效率, 同时也会促进副反应的反应速度, 此外也容易造成催化剂的烧结和失活。图 8-5-6 是脱硝反应温度对脱硝反应和副反应的影响曲线[25]。

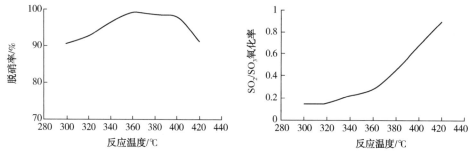

图 8-5-6　是脱硝反应温度对脱硝反应和副反应的影响

工艺参数主要有反应温度、停留时间和 NH$_3$/NO$_x$ 摩尔比, 选择合理的操作条件同样可以提高脱硝效率。

1. 反应温度

对于金属氧化物催化剂[V$_2$O$_5$-WO$_3$(MoO$_3$)/TiO$_2$] 等而言, 最佳的操作温度为 250~427℃。当温度低于最佳温度时, NO$_x$ 的反应速度降低, 氨逃逸量增大; 当温度高于最佳温度时, NO$_2$ 生成量增大, 同时造成催化剂的烧结和失活。

2. 停留时间

在反应温度为 310℃, NH$_3$/NO$_x$ 摩尔比为 1 的条件下, 停留时间与脱硝率的关系如图 8-5-7 所示。最佳的停留时间为 200ms, 当停留时间较短, 随着反应气体与催化剂的接触时间增大, 有利于反应气的传递和反应, 从而提高脱硝率; 当停留时间过大时, 由于 NH$_3$ 氧化反应开始发生而使脱硝率下降。

3. NH$_3$/NO$_x$摩尔比

按照式(8-5-26)，脱除1molNO要消耗1molNH$_3$。动力学研究表明，当NH$_3$/NO$_x$<1时，NO$_x$的脱除速率与NH$_3$的浓度呈正线性关系；当NH$_3$/NO$_x$≥1时，NO$_x$的脱除速率与NH$_3$的浓度基本没有关系，如图8-5-8所示。当NH$_3$/NO$_x$大约为1.0时，能达到95%以上的NO$_x$的脱除率，并能使NH$_3$的逃逸量控制在5μg/g以下。然而，随着催化剂在使用过程中活性降低，NH$_3$的逃逸量也在慢慢增加。为减少对设备的腐蚀，一般需将NH$_3$的逃逸量控制在2μg/g以下，此时，实际操作的NH$_3$/NO$_x$≤1。

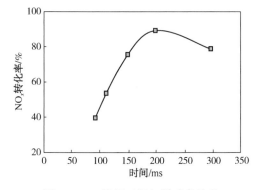

图8-5-7 停留时间与脱硝率关系

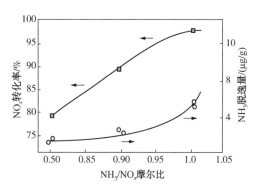

图8-5-8 NH$_3$/NO$_x$摩尔比与脱硝率和
NH$_3$的逃逸量的关系

六、SO$_3$的捕捉

由SO$_3$导致的催化裂化烟气湿法脱硫中的有色烟羽是近年来困扰企业的一项严重问题，不但影响环保及设备安全，还严重侵害企业员工的身体健康。SO$_3$是一种极易吸湿的物质，当温度超过200℃时，只要烟气中存在8%左右的水蒸气，则99%的SO$_3$将转化为H$_2$SO$_4$蒸气。当烟气温度低于H$_2$SO$_4$蒸气的露点温度时，H$_2$SO$_4$蒸气冷凝形成硫酸液滴，其中0.5~3μm的硫酸液滴会形成硫酸气溶胶和硫酸雾，二硫酸气溶胶和硫酸雾一旦形成，在湿法脱硫工艺中很难被浆液吸收，导致有色烟羽出现。如何有效捕捉SO$_3$，针对湿法脱硫工艺目前已工业应用的SO$_3$捕捉技术主要有以下3种：干粉注入系统、湿式静电除雾器、浆液深度冷却。

（一）碱基干粉喷射系统

碱基干粉喷射脱除SO$_3$技术属于非催化气固反应机制，如图8-5-9所示。碱基干粉颗粒对SO$_3$的捕集可分为外扩散、界面反应和内扩散3个过程，因此，提高碱基对SO$_3$脱除率关键在于提高干粉在烟气中分布的均匀性、提高固体颗粒对SO$_3$的吸附和化学反应能力、提高反应产物的稳定性等[26]。

碱基干粉的喷射位置一般布置在余热锅炉出口及烟气脱硫塔入口之间的烟道中。目前，用于脱除烟气中SO$_3$的碱基干粉主要有钠基、钙基和镁基等，根据化学反应的强弱及反应产物的稳定性，对SO$_3$的脱除能力为钠基>钙基>镁基。钠基主要有

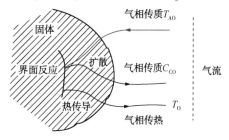

图8-5-9 气固反应机制

NaOH、NaHCO$_3$、Na$_2$CO$_3$、NaHSO$_3$、Na$_2$SO$_3$等，NaOH 成本太高，不宜大量用于废气治理，NaHCO$_3$ 在 100℃左右可分解成 Na$_2$CO$_3$、CO$_2$、H$_2$O，增加了比表面积，反应速率也大幅提高，但当温度超过 180℃后会发生烧结，反应速率下降，与直接使用 Na$_2$CO$_3$ 效果相当。钙基主要有 Ca(OH)$_2$、CaO、CaCO$_3$等，对 SO$_3$ 的脱除能力为 Ca(OH)$_2$>CaCO$_3$>CaO；镁基主要有 Mg(OH)$_2$、MgO 等，对 SO$_3$ 的脱除能力为 Mg(OH)$_2$>MgO。

（二）湿式静电除雾器（WESP）

湿式静电除雾器（WESP）的工作原理是通过直流高压发生器，将交流电变成直流电送至除尘器的阳极管束和阴极系统，在阳极管束（捕集极板）和阴极系统（管中放电线）之间形成强大的电场，使湿法除尘脱硫后烟气通过阳极管束时，其中的湿粒子分子被电离，瞬间产生大量的电子和正、负离子，这些电子及离子在电场力的作用下做定向运动，构成捕集含湿粒子的媒介。上述带负电子微粒电荷，在高压电场力的作用下，定向运动抵达到捕集的阳极管束内面板上，荷电粒子在极板上释放电子，于是含湿粒子被集聚，在重力作用下流到或被冲洗回收至除尘器下方的循环液体系中，从而达到净化除尘、除雾的目的。湿式静电除雾器工作原理示意如图 8-5-10 所示[27]。

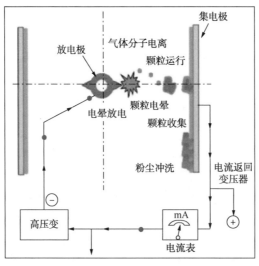

图 8-5-10　湿式静电除雾器工作原理示意

SO$_3$ 在湿电场中以硫酸气溶胶颗粒的形式存在，其脱除及与颗粒团聚机制如图 8-5-11 所示。湿电场中 SO$_3$ 脱除与湿电场的电场参数密切相关，相关实验研究表明，湿式电除尘器前预荷电装置的供电电压从 0kV 提高到 16kV，湿电场对 SO$_3$ 的脱除率可从 27.9% 提高到 82.4%[28]，但硫酸溶胶颗粒粒径非常小，大部分处在纳米级，因此，当 SO$_3$ 浓度过高时，会引起湿电场的电源运行参数下降。

从目前运行催化裂化烟气脱硫装置实际运行情况看，湿式静电除雾 SO$_3$ 酸雾的脱除效率较有限。某企业将湿式静电除雾器电压调整至 85kV 后，对再生烟气中硫酸雾浓度进行了检测分析，除雾器单独运行时再生烟气硫酸雾浓度为 51.8mg/m^3，硫酸雾脱除效率约 26%，脱除效率低于设计指标 85%，再生烟气拖尾及"烟羽现象"依然存在，且脱硫塔出现严重的腐蚀情况。

（三）烟气冷凝相变凝聚脱除 SO$_3$ 技术

目前烟气冷凝相变凝聚脱除 SO$_3$ 技术在催化裂化烟气脱硫装置尚未工业应用，中国石化

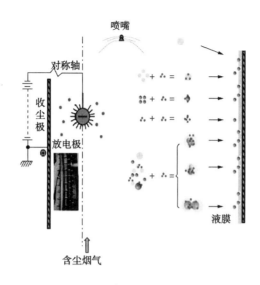

图 8-5-11 湿电场中 SO_3 脱除及颗粒团聚机制

部分企业已开始进行设计改造，主要技术方式分为两种：①"烟气冷凝"技术；②"浆液冷却"技术。

"浆液冷却"技术通过在吸收塔顶层、次顶层浆液循环泵出入口管加装浆液冷却器，烟气进入吸收塔后相继发生常温蒸发、低温冷凝、相变凝聚捕集，以实现烟气深度治理[29]。低温冷凝发生在加装浆液冷却器喷淋层，一般为顶层、次顶层喷淋层，主要通过向经过常温蒸发区域的饱和烟气喷入低温浆液，烟气中部分水蒸气转化为液态，降低烟气湿度。相变凝聚捕集主要是经低温冷凝后的烟气通过相变和碰撞实现凝聚，在除雾器作用下，灰尘和雾滴凝聚变大，加之此处烟气流速较低，且颗粒越大惯性力和离心力越大，机械携带减少。吸收塔出口烟气仍为饱和状态，但温度和湿度都较常规系统降低，此状态烟气从烟囱排出后，由于与环境温差减小，凝结水量相应减少，同时脱除部分 SO_3，"烟羽现象"减弱。

"烟气冷凝"相变装置一般布置在湿法脱硫装置后，利用氟塑料或钛管等进行换热，降低烟气温度，降温过程中实现烟气中水蒸气的冷凝，因凝结过程属于非均相成核过程，会优先在酸雾气溶胶等细颗粒物表面核化、生长，促进细颗粒物的成长。且凝聚器内布置较多换热管束，对流场起到扰流作用，在流场电力、换热断面非均匀温度场的温度梯度力等多场力作用下，颗粒物间、液滴间及颗粒与液滴间发生明显的速度或方向差异而发生碰撞，鉴于颗粒被液膜包裹，颗粒间一旦接触，会被液桥力"拉拢"到一起，团聚成更大粒径颗粒，继而被后续管壁上的自流液膜或高效除雾器脱除，从而实现脱除 SO_3+除尘+收水+余热回收等多重功能[30]。

参 考 文 献

[1] 张福诒. 我国重油催化裂化若干技术问题探讨[J]. 炼油设计，1990，(1)：11-20.

[2] Khouw F H H, Tonks G V, Szetoh K W, et al. The shell residue fluid catalytic cracking process[M]. AKZO Catalysts Symosium. Scheveningen, The Netherlands. 1991.

[3] 吕艳芬. 铁对催化裂化催化剂的危害及其对策[J]. 炼油设计，2002，32(3)：42-46.

[4] 曹汉昌，郝希仁，张韩．催化裂化工艺计算与技术分析[M]．北京：石油工业出版社，2000.

[5] Ritter R E. Tests make case for coke-free regenerated FCC catalyst [J]. Oil & Gas Jauncl, 1975, 73(36): 41-43.

[6] Leuenberger E L. Optimum FCC conditions give maximum gasoline and octane[J]. Oil &Gas J, 1988, 86 (12): 45-46, 50.

[7] 田勇，高金森，徐春明，等．优化工艺条件降低催化裂化汽油烯烃含量[J]．石油炼制与化工，2001，32(10): 26-29.

[8] 张瑞驰．催化裂化操作参数对降低汽油烯烃含量的影响[J]．石油炼制与化工，2001，32(6): 11-16.

[9] Ritter R E, Creighton J E. Cat cracker LCO yield can be increased[J]. Oil & Gas J, 1984, 82(22): 71-79.

[10] Reza Sadeghbeigi. Fluid catalytic cracking handbook (Third edition). 2012, Elsevier.

[11] 赵得智，曹祖斌，赵学波，等．重油乳化原料催化裂化工艺得探讨[J]．炼油设计，2000，30(3): 34-36.

[12] 徐永根．优化催化裂化工艺流程节约装置能耗[J]．炼油技术与工程，2004，34(9): 24-25.

[13] 曹红斌，朱亚东．用分馏塔顶循环油作干气再吸收塔的吸收剂[J]．石化技术与应用，2006，24(1): 32-34.

[14] 隋志国，赵欣，王乐，等．催化裂化装置节能优化改造[J]．化工科技，2018，26(4): 56~60.

[15] 袁利剑，李英俊，袁大辉，等.ITCC在压缩机防喘振控制中的应用[J]．化工进展，2003，22，(10): 1053-1056.

[16] 李玉飞，孙绍鹏，王春林，等．催化裂化装置蒸汽系统节能优化[J]．中外能源，2016，21(12): 88-91.

[17] 邵维彧，陈卫红，丁洪生，等．催化裂化烟气脱硫实验研究[J]．炼油技术与工程，2012，42 (12): 52-54.

[18] 潘全旺.FCC湿法烟气脱硫装置运行问题及对策[J]．炼油技术与工程，2013，43 (7): 12-16.

[19] 毛艳丽，张延风，罗世田，等．水处理用絮凝剂絮凝机理及研究进展[J]．华中科技大学学报，2008，25 (2): 78-82.

[20] 刘学东，曹志春．武汉石化催化裂化烟气脱硫废水处理研究[J]．湖北大学学报，2017，39 (2): 171-175.

[21] 孙博文，吴学金．催化裂化烟气脱硫废水 COD 控制[J]．绿色化工，2017，11: 65-66.

[22] Young Sun Mok, Heon-Ju Lee. Removal of sulfur dioxide andnitrogen oxides by using ozone injection and absorption reductiontechnique[J]. Fuel Processing Technology, 2006, 87: 591-597.

[23] ISHWAR K. PURI. The Removal of NO by Low-Temperature O_3 Oxidation[J]. COMBUSTION AND FLAME, 1995, 102: 512-518.

[24] 梁亮，全明．浅析催化裂化装置余热锅炉烟气脱硝的技术要点[J]．石油化工安全环保技术，2012，28(4): 52-64.

[25] 姜烨，高翔，吴卫红．选择性催化还原脱硝催化剂失活研究综述[J]．中国电机工程学报，2013，33 (14): 18-32.

[26] 刘含笑，陈招妹，王少权，等．燃煤电厂 SO_3 排放特征及其脱除技术[J]．环境工程学报，2019，13 (5): 1128-1138.

[27] 孙士勇．湿式静电除雾器在催化裂化装置上的应用[J]．石油化工安全环保技术，2019，35(1): 39-43.

[28] Yang Z D, Zheng C H, Zhang X F, et al. Highly efficient removal of sulfuric acid aerosol by a combined wet electrostatic precipitator[J]. RSC Advances, 2018, 8(1): 59-66.

[29] 廖国权，李皎，张文龙，等．燃煤电厂烟气深度治理探讨[J]．电力科技与环保，2019，35(3): 28-30.

[30] 谭厚章，熊英莹，王毅斌，等．湿式相变凝聚器协同多污染物脱除研究[J]．中国电力，2017，50 (2): 128-134.

第九章　腐蚀与防腐

第一节　腐蚀类型及特征

一、湿硫化氢腐蚀

（一）湿硫化氢腐蚀机理与特征

湿硫化氢腐蚀损伤的典型形式为同时均匀减薄，然而在有氧存在时，也会出现点蚀或垢下腐蚀。在含有 CO_2 的环境中，腐蚀可能伴随碳化物应力腐蚀开裂。300 系列不锈钢对点蚀非常敏感，也可能发生缝隙腐蚀或氯化物应力腐蚀开裂。

H_2S 浓度的增加往往会降低溶液 pH 值，pH 值甚至可达 4.5。H_2S 和 Fe 生成的 FeS，当 pH 值大于 6 时，能覆盖在钢的表面，有较好的保护性能，腐蚀率随着时间的推移而有所下降。

在湿硫化氢腐蚀环境中，H_2S 和 Fe 将发生下面的电化学反应。

硫化氢在水中离解：

$$H_2S \rightleftharpoons H^+ + HS^-$$
$$\longrightarrow H^+ + S^{2-}$$

钢在 H_2S 水溶液中发生电化学反应：

阳极反应：$\qquad Fe \longrightarrow Fe^{2+} + 2e$

二次反应过程：$\qquad Fe^{2+} + S^{2-} \longrightarrow FeS$

或：$\qquad Fe^{2+} + HS^- \longrightarrow FeS \downarrow + H^+$

阴极反应：$\qquad 2H^+ + 2e \longrightarrow 2H \longrightarrow H_2 \uparrow$
$$\longrightarrow 2H(渗透)$$

从上述过程可以看出，钢在这种环境中，不仅会由于阳极反应而出现一般腐蚀，而且还由于新生的原子氢具有很强的活性，进入钢的内部，导致钢产生鼓包或裂纹，称为湿硫化氢损伤。

湿硫化氢损伤一般包括四种形式：氢鼓包(HB)、氢致开裂(HIC)、应力诱导氢致开裂(SOHIC)和硫化物应力腐蚀(SSCC)。

氢鼓包是由于腐蚀产生的氢原子不能及时地结合成氢分子，氢原子扩散进入金属内部在夹杂物或空隙处聚集成氢分子，产生很大内应力，一旦超过金属的屈服极限，则产生明显的塑性变形，导致氢鼓包。

氢致开裂实际上是氢鼓包的一种扩展。氢鼓包可以在金属的不同深度产生，相邻近的氢鼓包相互扩展连接在一起，导致开裂。因此氢致开裂一般具有阶梯状的表面状况。

应力诱导氢致开裂与氢致开裂相似，是一种更具潜在破坏性的开裂形式，裂纹交错排列、首尾相接。应力诱导氢致开裂产生穿透性裂纹，而且裂纹一般垂直于表面，一般发生在焊接热影响区，可起源于 HIC 损伤、缺陷或其他裂纹。

硫化物应力腐蚀开裂是指在湿硫化氢环境中由于拉伸应力和腐蚀共同作用导致金属开裂的现象。硫化物应力开裂实际上是氢应力开裂的一种形式。

如果介质中 CN^- 的存在，可使 FeS 保护膜溶解，生成络合离子 $Fe(CN)_6^{4-}$，加速了腐蚀反应的进行：

$$FeS+6(CN)_6^{4-}\longrightarrow Fe(CN)_6^{4-}+S^{2-}$$

$Fe(CN)_6^{4-}$ 与铁继续反应生成亚铁氰化亚铁：

$$2Fe+Fe(CN)_6^{4-}\longrightarrow Fe_2[Fe(CN)_6]\downarrow$$

氰化亚铁在水中为白色沉淀物，停工时被氧化生成亚铁氰化铁—$Fe_4[Fe(CN)_6]_3$，呈普鲁士蓝色，这是在一般炼油厂中普遍出现的腐蚀形态。

介质中 CN^- 还产生有利于氢原子向钢中渗透的表面，增加氢通量，即增加氢鼓包、硫化物应力腐蚀开裂、氢致腐蚀开裂和应力诱导氢致腐蚀开裂的敏感性。

由于湿硫化氢腐蚀不但导致腐蚀减薄和点蚀等，而且导致氢鼓包、氢致开裂、应力诱导氢致开裂和硫化物应力腐蚀开裂，具有很强的破坏性，SH/T 3193—2017《湿硫化氢环境下设备设计导则》对湿硫化氢腐蚀环境进行了具体定义：设备接触的介质存在液相水，且具备下列条件之一时应称为湿硫化氢腐蚀环境。

① 在液相水中总硫化物含量大于 50mg/L；

② 液相水中 pH 值小于 4.0，且总硫化物含量不小于 1mg/L；

③ 液相水中 pH 值大于 7.6，氢氰酸(HCN)不小于 20mg/L，且总硫化物含量不小于 1mg/L；

④ 气相中(工艺流体中含有液相水)硫化氢分压(绝压)大于 0.0003MPa。

根据湿硫化氢腐蚀环境引起普通碳素钢及碳锰钢材料开裂的严重程度以及对设备安全性影响的程度，将湿硫化氢腐蚀环境分为 Ⅰ 类和 Ⅱ 类。

当操作介质温度不大于 120℃ 时，且具备下列条件之一者为第 Ⅰ 类腐蚀环境，应考虑 SSC 损伤。

① 液相水中总硫化物含量大于 50mg/L；

② 液相水的 pH 值小于 4.0，且含有少量的硫化氢；

③ 气相中硫化氢分压(绝压)大于 0.0003MPa；

④ 液相水中含有少量总硫化物，溶解的 HCN 小于 20mg/L，且 pH 值大于 7.6。

当操作介质温度不大于 120℃ 时，且具备下列条件之一者为第 Ⅱ 类腐蚀环境，除考虑 SSC 外，还要考虑 HIC 和 SOHIC 等损伤。

① 液相水中总硫化物含量大于 50mg/L，且 pH 值小于 4.0；

② 气相中硫化氢分压(绝压)大于 0.0003MPa，且水中总硫化物含量大于 2000mg/L，pH 值小于 4.0；

③ 液相水中总硫化物含量大于 2000mg/L，HCN 含量大于 20mg/L，且 pH 值大于 7.6；

④ 液相水中硫氢化胺(NH₄HS)浓度大于2%(质)。

（二）影响因素

1. pH 值

对于腐蚀减薄，pH 值越低，腐蚀性越强。对于湿硫化氢损伤，在 pH 值为 7 时，氢的渗透率和扩散率最低，pH 值无论增加或降低渗透率都会增加。在水中如有氰化物(HCN)则会显著地增加氢在碱性酸水中的渗透力。

2. H_2S 浓度

H_2S 浓度的越高，溶液的 pH 值越低，腐蚀性越强，氢的渗透率会也越高。一般说来，H_2S 浓度超过 50mg/L，就会引起湿硫化氢损伤；当操作介质的总压力≥0.5MPa，H_2S 分压≥0.35kPa 时，且水存在的条件下就会发生较严重的应力腐蚀开裂。

3. 氨的影响

介质中存在氨，氨可与 H_2S 发生下列反应：

$$H_2S+NH_3 \longrightarrow NH_4HS$$
$$NH_4SH+NH_3 \longrightarrow (NH_4)_2S$$

$(NH_4)_2S$ 能使 H_2S 在冷凝水中的溶解度大大增加，提高了 HS^- 的浓度；NH_4HS 的浓度越大，腐蚀性越强，一般用 H_2S 和 NH_3 的摩尔浓度的乘积 K_p 表征，

$$K_p = [H_2S] \times [NH_3]$$

K_p 值越大，NH_4HS 浓度越高，相应的腐蚀越严重。选用碳钢设备时，应控制 K_p 在 0.5%以下，而且流速建议控制在 4.6~6.09m/s；如果 K_p 大于 0.5%，流速低于 1.5~3.5m/s 或高于 7.62m/s 时，建议选用双相钢、Monel、Incoloy800 等。

另外，碳钢表面的腐蚀产物硫化亚铁与铵离子形成铁离子的氨络合物，其反应如下：

$$FeS+6NH_4HS \longrightarrow [Fe(NH_3)_6]^{2+}+6H_2S+S^{2-}$$

腐蚀产物硫化亚铁生成的铁离子氨络合物，剥离了碳钢金属表面的硫化铁保护膜，促进腐蚀。

4. 温度

对于腐蚀减薄，温度升高，腐蚀速率增大；对于湿硫化氢损伤，由于当温度升高时，虽然氢的扩散速度加快，但是向空气中的逸出量也增加，使钢中的氢含量反而下降，湿硫化氢损伤的敏感性下降。

在45℃、65℃、90℃进行硫化氢分压为0.1MPa、0.3MPa 和0.5MPa 的20G 腐蚀浸泡试验发现：温度为45℃时，6个腐蚀试片有5片出现氢鼓包，温度为65℃时，出现氢鼓包的有两片，而温度为90℃时，都没有出现氢鼓包。图9-1-1是在45℃时腐蚀试片在模拟环境中浸泡后去除产物后的形貌。

5. 材料

氢鼓包和 HIC 损伤很大程度上受钢材中的夹杂物和分层的影响，这些缺陷给氢在钢中的扩散和聚集提供了场地。控制钢材中的硫、磷含量，大幅度提高钢的纯净度，采用抗 HIC 用钢可大大降低氢鼓包和 HIC 损伤的敏感性。

焊后热处理(PWHT)可非常有效地防止和消除由残余应力和高硬度造成的 SSC，SOHIC 由局部高应力所驱动，所以 PWHT 有时在某种程度上也能减少 SOHIC 损伤。按照 NAC-ERP0472标准，炼油厂中使用一般的低强度碳钢可控制焊接工艺，使硬度≤200HBW。如果

不出现局部硬度高于 237HBW，这些钢材一般对 SSC 并不敏感。

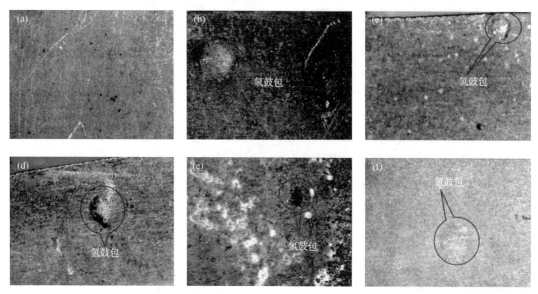

图 9-1-1　45℃腐蚀试片在模拟环境中浸泡后去除产物后的形貌

二、高温硫腐蚀

（一）高温硫腐蚀的腐蚀机理与特征

1. 温度范围

高温硫对设备的腐蚀从 240℃开始随着温度升高而迅速加剧，426~480℃，高温硫化物对设备腐蚀最快；温度大于 480℃，硫化氢近于完全分解，腐蚀速率下降。因此，高温硫腐蚀需要防护的温度范围为 240~480℃。

2. 腐蚀机理

原油中的硫，一部分作为单质硫存在，大部分则与烃类结合，以不同类型的有机硫化物的形式存在。不同的原油所含有机硫化物的种类和含量大不相同。

根据硫和硫化物对金属的化学作用，又分为活性硫化物和非活性硫化物，因此，高温硫腐蚀过程包括两部分。

活性硫化物如硫化氢、硫醇和单质硫，这些成分大约在 350~400℃时都能与金属直接发生化学作用，如下式：

$$H_2S+Fe \longrightarrow FeS+H_2$$
$$RCH_2CH_2SH+Fe \longrightarrow FeS+RCH=CH_2+H_2$$

硫化氢在 340~400℃时按下式分解：

$$H_2S \longrightarrow S+H_2,\ S+Fe \longrightarrow FeS$$

分解出来的元素硫比 H_2S 有更强的活性，使得腐蚀更为激烈。

在活性硫的腐蚀过程中，还出现一种递减的倾向，即开始腐蚀速度很大，一定时间以后腐蚀速度才恒定下来。这是由于生成的硫化铁膜阻滞了腐蚀反应进行。

非活性硫化物，包括硫醚、二硫醚、环硫醚、噻吩等。

原油中所含硫化物除硫化氢、低级硫醇和元素硫外，还存在大量的对普通碳钢无直接腐蚀作用的有机硫化物，如高级硫醇、多硫化物、硫醚等。原油中的硫醚和二硫化物在 $130 \sim 160^{\circ}\mathrm{C}$ 已开始分解，其他有机硫化物在 $250^{\circ}\mathrm{C}$ 左右分解反应也会逐渐加剧。最后的分解产物一般为硫醇、硫化氢和其他分子量较低的硫醚和硫化物，由于原油产地不同，各种硫化物的热稳定性也不一样，因此其分解作用的快慢和分解程度的高低也不同。这些有机硫化物分解生成的元素硫、硫化氢则对金属产生强烈的腐蚀作用。例如：戊硫醇$(C_5H_{11}SH)$在高温下由于分子引力而被吸附于有催化活性的碳钢表面上，使硫醇基 SH 断裂变成自由基：

$$\underset{\substack{|\ |\ |\ |\ |\\H\ H\ H\ H\ H}}{\overset{\substack{H\ H\ H\ H\ H\\|\ |\ |\ |\ |}}{H-C-C-C-C-C-SH}} \longrightarrow C_5H_{11}\cdot + SH\cdot$$

生成的自由基会进一步与尚未分解的硫醇 $C_5H_{11}SH$ 作用而生成硫化氢：

$$C_5H_{11}SH + SH\cdot \longrightarrow C_5H_{10}SH + H_2S$$

二硫醚的高温分解有两种方式，可以生成元素硫，也可以生成硫化氢：

$$\left.\begin{array}{l}RCH_2CH_2S\\RCH_2CH_2S\end{array}\right| \longrightarrow RCH_2CH_2SH + RCH = CH_2 + S$$

或

$$\left.\begin{array}{l}RCH_2CH_2S\\RCH_2CH_2S\end{array}\right| \longrightarrow \begin{array}{c}RCH = CH\\RCH = CH\end{array}\Big\rangle S + H_2S + 2H_2$$

（二）高温硫腐蚀影响因素

1. 硫化物种类

图 9-1-2 是采用直馏蜡油(密度为 912.6kg/m^3，硫含量为 $2592\mu g/g$，氮含量为 $1483\mu g/g$，基本不含酸，初馏点为 $275^{\circ}\mathrm{C}$，95%馏出温度为 $523^{\circ}\mathrm{C}$)加入单种形态的硫化合物(单质硫、甲硫醚、二甲基二硫醚、十二硫醇)10G 的腐蚀评价结果。根据腐蚀评价结果，推测了不同硫化合物的腐蚀过程：

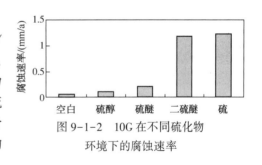

图 9-1-2　10G 在不同硫化物环境下的腐蚀速率

单质硫由于其外部电子结构，不像氧以分子状态存在，一般以硫原子的形式存在。由于这种原因，单质硫在高温下不需要离解或催化过程，可直接在金属表面吸附发生反应腐蚀金属，所以单质硫在较低的温度下造成金属的腐蚀比氧更为强烈。单质硫的这种性质致使单质硫表现出了最强的腐蚀性。

二硫化物，也称二硫醚官能团"—S—S—"，化学性质十分活泼，受热极易分解，生成硫自由基，因此对金属具有很强的腐蚀性。

硫化氢在高温下通过氢原子吸附在金属表面，其吸附作用和硫自由基相比稍弱，因此其腐蚀性应弱于元素硫和二硫化物。

硫醇在热作用下可以形成"·SH"自由基，也可以在金属表面催化腐蚀金属，因此腐蚀性比硫化氢弱，但强于其他非活性硫化物。

硫醚中的官能团"—S—"化学性质较为稳定，只有分解生成硫自由基才能腐蚀金属。

四氢噻吩分子中由于存在环状结构，共轭作用使其稳定性和硫醚相比提高很多，生成硫自由基的可能性大幅度下降，因此，其腐蚀性和硫醚相比下降很多。

噻吩类硫化物的双环作用，大大增强了其分子内的共轭作用，因此噻吩类化合物性质十分稳定，在热作用下几乎不分解，同时由于其强共轭作用，分散了硫的电子云密度，使硫具有一定的亲电性，因此其可以在金属表面具有一定的吸附量，因而在一定条件下，噻吩类化合物具有一定的缓蚀作用。

2. 温度

随着温度的升高，腐蚀速率可快速增加，图9-1-3是采用沙特重质原油（硫含量为2.84%，密度为0.8866g/cm³，氮含量为1853μg/g）对 Cr5Mo 的腐蚀评价结果。在260℃时腐蚀速率为0.2262mm/a，到340℃时腐蚀速率高达1.3593mm/a。所以，加工高硫原油，高温及高流速部位即使使用 Cr5Mo 也很难保证生产的安全运行。

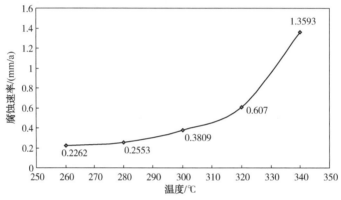

图 9-1-3　沙特重质原油 Cr5Mo 腐蚀评价结果

3. 材料

采用数理统计方法拟合了硫含量2%~3%的原油腐蚀速率与温度的关系，如图9-1-4所示。由于拟合数据是在高流速（液体流速为25m/s）下取得的，数据的使用需要根据条件进行换算，根据 APIRP581，如果估算静态情况下的数据，应将以下数据除以5。

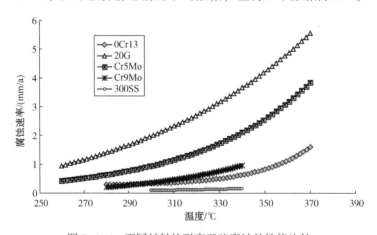

图 9-1-4　不同材料的耐高温硫腐蚀的性能比较

图9-1-4清晰地表现出了不同等级材料之间耐高温硫腐蚀的性能差别，同时也表明了对于硫含量2%~3%时各种材料的适用范围：碳钢在高温下耐蚀性能较差因此不适用于抗高

温硫腐蚀；Cr5Mo和碳钢相比耐蚀性能有较大幅度的提高，但是温度高于290℃时，其腐蚀速率随着温度的升高增加幅度加快。Cr9Mo和0Cr13：Cr9Mo在310℃左右存在腐蚀速率随温度的升高快速增加的温度点，0Cr13在330℃左右存在腐蚀速率随温度的升高快速增加的温度点。300SS具有优良的耐蚀性，在高温部位、高流速部位或塔内填料等情况均应考虑使用300SS。

三、氯化铵腐蚀

在催化热裂解反应过程中，原料油的氮化物约有7%～10%转化为氨，同时原料油中残余的氯化物在此反应过程中水解生成氯化氢，这两种物质在分馏塔上部聚集，一般在120～140℃（顶循抽出口附近）发生化合反应生成氯化铵（NH_4Cl）。NH_4Cl可以以细小的颗粒被油气携带到上层塔盘，也可在分馏塔内液相夹带，也能在塔内件表面沉积，从而造成堵塞，影响正常操作。NH_4Cl一旦沉积，易吸收水分潮解，对设备造成腐蚀。

（一）腐蚀特征

氯化铵是无色晶体或白色颗粒性粉末，极易潮解，吸湿点一般在76%左右，当空气中相对湿度大于吸湿点时，氯化铵即产生吸潮现象。氯化铵350℃以上可分解成氨气和氯化氢。

氯化铵是一种强酸弱碱盐，在水溶液中会发生水解反应：

$$NH_4Cl + H_2O \Longleftrightarrow HCl + NH_3 \cdot H_2O$$

温度升高有利于氯化铵进一步水解，溶液中的H^+浓度增大，可致使氯化铵水溶液的pH值随温度的升高逐渐降低。表9-1-1列出了不同温度、不同氯化铵浓度水溶液的pH值。

表9-1-1　不同温度、氯化铵浓度水溶液的pH值

NH_4Cl浓度/%（质）	25℃	30℃	40℃	50℃	60℃
0.005	6.63	6.47	6.28	6.20	6.17
0.05	6.02	6.04	5.91	5.81	5.72
0.5	5.63	5.55	5.35	5.18	5.07
1	5.37	5.26	5.09	4.95	4.81
5	5.34	5.18	4.99	4.78	4.60
10	5.26	5.11	4.90	4.67	4.54
20	5.36	5.20	4.99	4.75	4.57

炼化行业中氯化铵盐随高温工艺介质的冷却而沉淀，积盐温度与NH_3和HCl在工艺介质中的含量相关（氯化铵的沉积温度可用图9-1-5进行估算）。氯化铵腐蚀可表现为均匀或局部腐蚀，但通常表现为点蚀，一般发生在铵盐沉积处，在高于水的露点温度也能对设备造成腐蚀。在冲洗过程中形成的氯化铵溶液对设备造成的腐蚀也不能忽视。

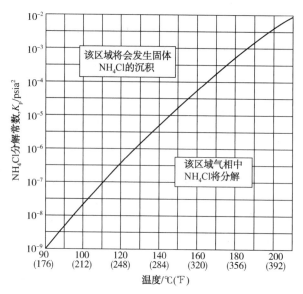

图 9-1-5　氯化铵沉积温度与氨和氯化氢 K_p 值的关系（API932B—2019 有新图）

（二）影响因素

1. 温度

随着温度的升高，一方面有利于金属腐蚀反应的进行；另一方面可使氯化铵在水中的水解程度增加，使溶液的酸性增强，从而促进了金属的腐蚀。图 9-1-6 是 20# 钢在不同温度下，在 1%（质）和 10%（质）氯化铵水溶液中的腐蚀速率。

2. 氯化铵浓度

氯化铵浓度越高，水溶液中由氯化铵水解生成的 H^+ 浓度越高，溶液的酸性越强，因此，20# 钢和 15CrMo 钢的腐蚀速率均随氯化铵浓度的升高而增大。图 9-1-7 是 20# 钢和 15CrMo 钢在 80℃不同浓度的氯化铵水溶液中的腐蚀速率结果。

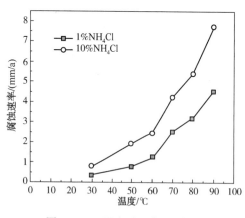

图 9-1-6　温度对 20# 钢在氯化铵水溶液中腐蚀速率的影响

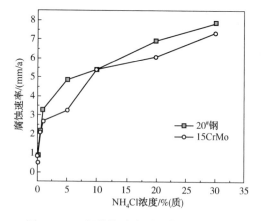

图 9-1-7　氯化铵浓度对 20# 钢和 15CrMo 在氯化铵溶液中腐蚀速率的影响

3. 材质

在 80℃，较高浓度的氯化铵水溶液中，对 316L、2205 和 825 合金进行耐蚀性能评价，结果见表9-1-2。虽然316L、2205和825合金在氯化铵水溶液中的耐均匀腐蚀性能优异，但对于氯化铵腐蚀还应该考虑耐点蚀性能和抗应力腐蚀的性能。

表9-1-2　五种金属材料在高浓度氯化铵水溶液中的腐蚀速率

材质	温度/℃	腐蚀速率/(mm/a)		
		10%(质)NH₄Cl	20%(质)NH₄Cl	30%(质)NH₄Cl
20#	80	5.426	6.943	7.870
15CrMo	80	5.419	6.088	7.333
316L	80	0.0031	0.0042	0.0037
2205	80	0.0041	0.0050	0.0053
825	80	0.0012	0.0014	0.0012

4. 流速

表9-1-3是不同介质流速下氯化铵水溶液20#钢和15CrMo钢腐蚀试验结果。在80℃、氯化铵的浓度5%(质)、流速为2.5m/s时，20#钢和15CrMo钢的腐蚀速率分别为42.83mm/a和20.05mm/a，因此，对于碳钢和低合金管线，在注水冲洗过程中要特别注意控制流速。

表9-1-3　不同流速条件下五种材料在20%(质)氯化铵水溶液中的评价结果

材质	温度/℃	NH₄Cl浓度/%(质)	不同流速下腐蚀速率/(mm/a)			
			0m/s	0.4m/s	1.1m/s	2.5m/s
20#	80	20	6.943	17.81	25.29	94.58
15CrMo	80	20	6.088	8.49	11.11	28.67

5. 垢下腐蚀

干燥的氯化铵盐不具有腐蚀性，但是由于其具有极强的吸湿性，沉积在金属表面以后，能够吸收油气中的水分，从而造成垢下腐蚀。20#钢和316L的垢下腐蚀试验，结果见表9-1-4。20#钢呈均匀腐蚀；316L在60℃时表面出现零星锈斑，无点蚀坑，整体光亮，腐蚀轻微，而在80℃时表面出现大量大小不一的点蚀坑。

表9-1-4　氯化铵垢下腐蚀失重试验结果

温度/℃	20#钢腐蚀速率/(mm/a)	316L腐蚀速率/(mm/a)
60	2.403	0.024
80	7.609	0.087

四、NO_x-SO_x-H_2O 应力腐蚀开裂

可能受影响的部位：再生器、旋风分离器、烟道及外取热器。

(一)腐蚀特征

再生烟气含有一定量的 NO_x、SO_x 以及水分，露点温度比较高(>115℃)，凝结液 pH 值也相对较低。再生烟气一旦在器壁结露，可以生成硝酸溶液，在应力共同作用下会造成应力腐蚀开裂，称为 NO_x-SO_x-H_2O 应力腐蚀开裂。

（二）影响因素

1. 温度

对混合烟气体系的热力学分析表明，在一定温度和压力下，混合烟气体系露点温度与硫酸蒸气的分压有关，与体系的总压有关，与氮氧化物、碳氧化物等气体的含量无直接关系。硫酸蒸气的分压越大，混合烟气体系的露点温度越高。氮氧化物、碳氧化物对露点温度的影响是通过对体系的总压影响表现出来的。

设备工作温度在露点温度以上，则可避免 NO_x-SO_x-H_2O 应力腐蚀开裂。如通过在再生器外部涂刷保温涂料，控制再生器壁温高于露点温度。

2. 应力

工作应力、装配应力、热应力、焊接残余应力等都会在构件中构成拉力。对于一定的材料和一定的腐蚀条件都存在一个相应的应力腐蚀临界开裂应力值（开裂门槛值）简称 σth。应力值小于 σth 时通常不会产生开裂。

催化再生烟气系统的再生器体积庞大，结构复杂，是一种比较复杂的焊接容器。筒体与封头在现场组对过程中，几十吨的预成型件焊接组对后在施焊的焊接部分产生很高的拉伸残余应力。同时由于接口错边量大，焊缝成型差，则其焊接残余应力水平将会达到相当高的水平。另外由于内压引起的膜应力等，会在焊缝附近区域造成相当可观的拉应力状态。当设备壳体的综合应力达到了开裂门槛值时，则具备了发生应力腐蚀开裂的内在（应力）因素。

绝大多数应力腐蚀裂纹都起源于焊缝及靠近焊缝的熔合区和热影响区等强度、应力偏大的区域，裂纹长宽不呈比例。

3. 材质

碳钢、低合金钢对 NO_x-SO_x-H_2O 应力腐蚀较为敏感，20R 比 16MnR 对 NO_x-SO_x-H_2O 的应力腐蚀敏感性低。

五、SO_3-SO_2-H_2O 腐蚀

催化裂化装置可能受影响的部位：再生烟气余热回收设备及烟囱。随着环保要求的提高，催化裂化增上烟气脱硫装置，烟气脱硫装置的烟气入口以及烟囱部位也发生 SO_3-SO_2-H_2O 腐蚀。

（一）腐蚀特征

油品中的硫化物高温分解后，一部分黏附在待生催化剂上进入再生器，使烟气中的 SO_2、SO_3 含量增加，低温（露点及以下）时遇到水蒸气形成亚硫酸和硫酸，或者溶于水形成亚硫酸和硫酸，对金属造成腐蚀，形成局部蚀坑，使材料穿孔或成为起裂源。受影响的材料包括碳钢、低合金钢和奥氏体不锈钢。碳钢或低合金钢表现为大面积的宽浅蚀坑，奥氏体不锈钢可发生环境开裂并形成表面裂纹。

因为烟气含有一定数量的水蒸气（主要来自催化剂上附着氢的燃烧、事故喷水、膨胀节的保护蒸气），停工降温到露点时，在局部易于积水的地方积存下来，造成局部腐蚀，尤其对膨胀节上的波纹管威胁很大，因为它不仅壁薄，且易于积水。

（二）影响因素

SO_3-SO_2-H_2O 腐蚀的主要影响因素有以下几点。

（1）硫含量

燃料中硫含量越高，发生腐蚀的可能性就越大，腐蚀程度就越严重。

（2）温度

当烟气接触的金属温度低于露点温度，就会发生硫酸和亚硫酸露点腐蚀。硫酸露点与烟气中 SO_3 浓度有关，大约为 138℃。

六、碳酸盐应力腐蚀开裂

催化裂化装置可能受影响的部位：分馏塔塔顶冷凝系统和回流系统、富气压缩系统的下游。

（一）腐蚀特征

碳酸盐应力腐蚀开裂是接触碳酸盐溶液环境的碳钢和低合金钢在拉应力作用下，焊接接头附近的表面发生开裂，是碱应力腐蚀开裂的一种特殊情况。裂纹通常起源于焊接接头内形成局部应力集中的缺陷位置，出现于母材，且沿平行于焊缝的方向扩展，有时开裂也出现在焊缝金属和热影响区，主要发生在碳钢和低合金钢中。

（二）影响因素

（1）应力

未消除应力的焊接接头、冷加工区域为重点腐蚀部位，即便残余应力较低。

（2）pH 值和碳酸盐浓度

随 pH 值和碳酸盐浓度升高，开裂敏感性均升高。未消除应力的碳钢在 pH>9.0，且碳酸根（CO_3^{2-}）>100mg/L 时，或 8.0<pH<9.0，且碳酸根（CO_3^{2-}）>400mg/L 时，均可发生开裂。

（3）杂质离子

氰化物能够促进开裂。硫化氢浓度≥50mg/L，且 pH≥7.6 时，也会发生碳酸盐应力腐蚀开裂。

（4）材料及热处理状态

奥氏体不锈钢基本不受该类型腐蚀的影响；碳钢和低合金钢焊接接头（包括补焊接头，内、外部构件焊接接头）进行焊后热处理，也可以显著减轻发生腐蚀开裂的敏感性。

七、高温气体腐蚀

催化裂化装置的高温气体，主要是催化剂再生过程中烧焦时所产生的烟气，因而主要的腐蚀部位是再生器至放空烟囱之间与烟气接触的设备和构件。

（一）腐蚀特征

再生烟气温度在 700℃左右，组成比较复杂，各组成成分之间的比例也是变化不定的，其主要成分为 CO_2、CO、O_2、N_2、NO_x 和水蒸气。CO_2 和 CO 来自焦炭燃烧，而为了使焦炭尽可能燃烧得完全一些，O_2 的供应量总会一些过剩，因此，烟气中总有一定量的剩余 O_2 存在。在高温和某种催化物质的作用下，N_2 和 O_2 生成氮氧化合物而使烟气中含有 NO_x。

在高温条件下，O_2 与钢表面的 Fe 发生化学反应生成 Fe_2O_3 和 Fe_3O_4。这两种化合物，组织致密，附着力强，阻碍了氧原子进一步向钢中扩散，对钢起着保护作用。随着温度升高，氧的扩散能力增强，Fe_2O_3 和 Fe_3O_4 膜的阻隔能力相对下降，扩散到钢内的氧原子增多。这些氧原子，与 Fe 生成另一种形式的氧化物 iFeO。FeO 结构疏松，附着力很弱，对氧原子几乎无阻隔作用，因而 FeO 层越来越厚，极易脱落，从而使 Fe_3O_4 和 Fe_2O_3 层也附着不牢，使钢暴露了新的金属表面，又开始了新一轮氧化反应，直至全部氧化完为止。

在再生烟气条件中，钢不仅会产生氧化，而且还会产生脱碳反应：

$$Fe_3C + O_2 \longrightarrow 3Fe + CO_2$$
$$Fe_3C + CO_2 \longrightarrow 3Fe + 2CO$$
$$Fe_3C + H_2O \longrightarrow 3Fe + CO + H_2$$
$$Fe_3C + 2H_2 \longrightarrow 3Fe + CH_4$$

氧化和脱碳不断地进行，最终将使钢完全丧失金属的一切特征(包括强度)，发黑、龟裂、粉碎。

（二）影响因素

（1）温度：碳钢随温度升高腐蚀加剧，在 538℃ 以上时氧化严重。

（2）合金成分：铬元素可形成保护性氧化物膜，故碳钢和其他合金的耐蚀性通常取决于材料的铬含量，300 系列不锈钢在 816℃ 以下有良好的耐蚀性。

第二节 工艺防腐

一、分馏塔铵盐沉积

由于近年来各个炼油厂特别是沿海沿江炼油厂加工的原料相对密度逐渐变大，且硫氮含量、酸值、氯含量逐年提高，使得进入催化装置的原料变差；另外随着减压深拔技术的普遍应用，催化装置的进料进一步劣质化。由此带来催化分馏塔氯化铵的沉积与腐蚀对生产影响越来越显著，不少企业出现塔盘、顶循泵相关管线结盐的情况，影响了装置的平稳操作及产品质量。

因此，在设计及生产操作中，需要既考虑预防氯化铵的生成，还需要设置氯化铵冲洗收集排除设施。

（一）分馏塔顶温度及回流控制

运行中应尽量避免在分馏塔顶部出现液态水，而且需针对氯化铵的沉积与腐蚀问题采取对应的设计措施。设计核算时，应计算塔顶油气中水露点温度控制。如果有可能使塔顶温度高于水露点温度 14℃ 以上，最好在 28℃ 以上分馏塔塔顶温度高于氯化铵结晶点，把氯化铵结晶放置到塔顶冷凝冷却系统处理。

对于设置有塔顶回流的分馏塔，塔顶回流温度应高于 90℃。如果低于此温度，在顶回流返塔的位置可能出现温度分布不均匀，局部温度过低出现液态水，进而引起 NH_4Cl 的沉积。

顶循系统的温度控制也应按照此原则。

（二）除盐设施

分馏塔顶部系统结盐后会出现以下现象：塔顶温度侧线温度容易波动；塔顶压力经常发生突变；侧线油品质量变大，馏程重叠严重时出现黑油；塔板压降增大；顶循泵抽空。

出现分馏塔顶部结盐后，应及时进行清理。这些盐垢一般都溶于水，可以在顶回流返塔前接除盐水或除氧水，将盐溶于水后洗掉。建议采用在线水洗的流程，可以在不停工情况下洗掉铵盐。含盐的污水从顶循集油箱抽出排至污水系统或和塔顶污水系统汇合送出装置。

分馏塔的在线除盐设备，具体工艺流程见图9-2-1，分馏塔顶循油经过冷却器，分离出一部分(约10%)顶循油进入混合器，与相对于洗涤油2.5%~10%的除盐水混合，保证水相均匀分散到循环油中，然后进入旋流萃取器，流体在旋流场内的速度分解为轴向、切向和径向三个分量，高进口流速使分量形成较大的剪切应力，显著加强油水的传质过程，保证萃取效果，另外水滴迁移相互碰撞长大，在超重力离心沉降作用下，油品在旋流作用向下逐渐形成径向流，进而形成向上的内旋转流，实现油水粗分离。粗分离后的油品从上部进入油水分离器，粗分离后的水相从下部进入油水分离器，在油水分离器实现油和水分离，脱盐顶循油与其他顶循油一起返塔，含盐污水进入装置酸性水系统，到下游污水汽提装置处理。

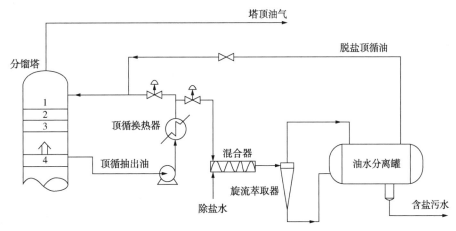

图 9-2-1　分馏塔除盐工艺流程示意图

二、塔顶及富气压缩机冷凝冷却系统

由于在催化热裂解反应过程中原料油的氮化物约有10%~15%转化为氨，溶解在冷凝水中，导致冷凝水呈碱性，因此在分馏塔塔顶及富气压缩机冷凝冷却系统油气管线上一般注入缓蚀剂和水。

注缓蚀剂的作用是使其在冷凝区域的金属表面形成一层保护膜，将金属与油气介质隔离开，起到保护金属的作用；此外缓蚀剂的表面活性作用使沉积物与金属表面的结合力降低，使沉积物疏松，为冲洗带来方便。

塔顶的注水主要作用是冲洗形成的铵盐与稀释腐蚀介质浓度，注水的量应保证有至少有25%的液态水析出。注水水质要求：可采用催化裂化装置含硫污水，补充水宜选择净化水或除盐水，见表9-2-1。注入方式宜采用可使注剂分散均匀的喷头，喷射角度以不直接冲击管壁为宜。

表 9-2-1　注水水质指标

成分	最高值	期望值	分析方法
氧/(μg/L)	50	15	HJ 506
pH 值	9.5	7.0~9.0	GB/T 6920

成分	最高值	期望值	分析方法
总硬度/(mg/L)	1	0.1	GB/T 6909
溶解的铁离子/(mg/L)	1	0.1	HJ/T 345
氯离子/(mg/L)	100	5	GB/T 15453
硫化氢/(mg/L)	—	小于45	HJ/T 60
氨氮	—	小于100	HJ 535 HJ 536 HJ 537
CN$^-$/(mg/L)	—	0	HJ 484
固体悬浮物/(mg/L)	0.2	少到可忽略	GB 11901

三、其他工艺防腐

(一) 烟气脱硫单元

1. 综合塔洗涤段

氨法除尘脱硫工艺、有机胺法烟气脱硫(FGD)工艺装置中的综合塔,为了洗涤烟气中的固体颗粒以及强酸性气体如 SO_3 和 HCl 等,在该环境下会形成含有氯离子的强酸性介质(某公司该部位的 pH 值最低达到 0.21),具有极强的腐蚀性。易导致冲刷腐蚀以及由固体颗粒物的沉引起的垢下腐蚀。在该环境下主要存在的腐蚀类型有点蚀、缝隙腐蚀和冲刷腐蚀。不锈钢耐缝隙腐蚀能力与环境的温度、氯离子浓度及 pH 值有关。调查发现,沧州分公司 FGD 装置综合塔塔底浆液温度大约为 60℃,氯离子浓度为 1500mg/L 左右,最高时为2300mg/L,pH 值为 1 左右。耐点蚀当量≤2507 的不锈钢在模拟洗涤水环境中具有明显缝隙腐蚀敏感性,而耐点蚀当量较高的 254SMO 没有明显的缝隙腐蚀敏感性。所以对于综合塔洗涤水环境,应控制洗涤水的 pH 值为 1~2,氯离子浓度在 1000~10000mg/L 范围。

2. Na 法脱硫洗涤吸收段

钠法烟气脱硫装置与洗涤液接触的设备部位及管道推荐选材:吸收塔塔壁选择 304L;冲刷严重的区域,如 Belco EDV 装置的滤清模块、水珠分离器选用 316L,喷头材料可选用 6Mo类超级奥氏体不锈钢。Na 法脱硫洗涤吸收段,操作温度为 65℃,氯离子浓度≤1000mg/L,pH 值≥6.5 的钠法脱硫液中,304L 具有良好的耐均匀腐蚀、点蚀和缝隙腐蚀性能。因此工艺控制指标:控制洗涤液氯离子浓度≤750mg/L,pH 值≥6.5。

3. 有机胺法脱硫吸收液环境

有机胺法吸收液环境中,pH 值为 5.0~5.5,304L、316L 在氯离子浓度≤5000mg/L 环境中具有良好的耐点蚀性能,在氯离子浓度为 1000mg/L 时具有良好的耐均匀腐蚀、缝隙腐蚀性能。因此,有机胺法吸收液环境中设备管道选用 316L 或 304L 不锈钢,有机胺液 pH 值5.0~5.5,氯离子浓度控制在≤1000mg/L 左右。

4. 氨法脱硫吸收液环境

氨法脱硫一般采用硫酸铵作为吸收剂,吸收烟气中的 SO_2 生成硫酸氢铵和亚硫酸氢铵,然后再通入空气把亚硫酸氢铵氧化成硫酸氢铵,通入氨气生成硫酸铵含量。实验表明 20%

的硫酸铵溶液中，pH 值大于 4.4，304L 具有良好的耐蚀性，如果硫酸铵浓度降低，硫酸根浓度随之降低，对氯离子的缝隙腐蚀、点蚀的抑制性能降低，可导致 304L 发生缝隙腐蚀或点蚀。氨法烟气脱硫洗涤液环境的选材选用 304L 或 316L，应氯离子浓度 ≤15000mg/L，pH 值为 4.5~6.0。

5. 硫酸露点腐蚀

对于湿法烟气脱硫装置净化后烟气接触部位，如吸收塔顶部、烟囱等，因排烟温度低（≤50℃），冷凝液硫酸浓度很低，pH 值在 2~6 范围之间，氯离子浓度 ≤100mg/L，可选用 304L 不锈钢。但是对于氨法、有机胺法烟气脱硫装置综合塔消泡器以上的位置，以及综合塔至脱硫塔之间的烟气管道，因烟气中的 SO_3 没有充分脱除，且温度较高（接近 60℃），析出冷凝液的硫酸浓度可能达到或超过 40%（质）。在这些位置最好选用玻璃钢等非金属材料，若选金属材料推荐选用哈氏合金 C-276、20 合金、超级奥氏体不锈钢。

硫酸露点环境腐蚀的主要影响因素为析出液的硫酸浓度，硫酸浓度与烟气中 SO_3 的浓度和烟气温度有关，SO_3 浓度越大，温度越高，析出的硫酸浓度越高。因而可以通过工艺调整降低析出液的硫酸浓度来控制腐蚀，可选择的措施有：①通过提高洗涤液循环量与 pH 值来增加 SO_3 的脱除率；②通过降低洗涤液温度来降低排烟温度，从而降低析出液的硫酸浓度。另外，还可以通过注水或者注洗涤液稀释冷凝液的方法控制腐蚀。

（二）循环冷却水控制

循环冷却水水质应符合 GB 50050 循环冷却水水质的控制指标要求。使用再生水作为补充水应符合 Q/SH 0628.2《水务管理技术要求　第 2 部分：循环水》的要求，具体见表 9-2-2。

表 9-2-2　循环水使用再生水作为补充水水质要求

项目	单位	控制值
pH 值（25℃）		6.5~9.0
COD	mg/L	≤60
BOD	mg/L	≤10
氨氮[a]	mg/L	≤1.0
悬浮物[a]	mg/L	≤10
浊度	NTU	≤5.0
石油类	mg/L	≤5.0
钙硬度（以 $CaCO_3$ 计）①	mg/L	≤250
总碱度（以 $CaCO_3$ 计）①	mg/L	≤200
氯离子	mg/L	≤250
游离氯	mg/L	补水管道末端 0.1~0.2
总磷（以 P 计）	mg/L	≤1.0
总铁	mg/L	≤0.5
电导率①	μS/cm	≤1200
总溶固	mg/L	≤1000
细菌总数	CFU/mL	≤1000

① 在满足水处理效果（腐蚀速率、黏附速率等）基础上，可对指标进行适当调整。

循环冷却水管程流速不宜小于 1.0m/s。当循环冷却水壳程流速小于 0.3m/s 时，应采取防腐涂层、反向冲洗等措施。循环冷却水水冷器出口温度推荐不超过 50℃。

四、腐蚀控制回路

腐蚀回路(Corrosion Loops)是在风险评估(RBI)分析中把将失效机理相同(一般是材料、温度、压力、介质相同)且彼此相连的设备划定为一个腐蚀回路，用于评估失效的可能性以及失效导致的后果。每个腐蚀回路使用一个唯一的代码标识，说明该腐蚀回路所用的材料、介质环境，工艺条件等。腐蚀回路可简化 RBI 分析，提高 RBI 评估的可靠性。

完整性操作窗口(IOW)是为了操作一个过程单元，对一些操作参数(温度、压力、流量、腐蚀性物质含量等)建立了一套操作范围和限制，操作参数在这些操作范围内变化，过程单元可安全可靠操作；操作参数超出这些操作范围和限制，过程单元安全性和可靠性都会受到影响。例如，按照标准 API 530，加热炉炉管设计温度为 950℉(510℃)，设计寿命100000h。如果高于设计值，则炉管实际寿命就会减少。因而，一旦生产运行温度超过设计温度(950℉)，操作人员就会按照程序调节加热炉，在预定的时间内把温度调到 950℉(510℃)以下。950℉(510℃)的温度限定就是加热炉管 IOW 设定的一个参数。

腐蚀控制回路是以物料回路为基础，分析可能腐蚀类型，确定腐蚀类型在物流前后设备之间变化，再采用完整性操作窗口对具体部位设定操作区间，保证工艺防腐措施连续性和有效性，从而达到控制腐蚀的目的。

例如催化分馏塔塔顶及冷凝冷却系统作为一个腐蚀控制回路，如图 9-2-2 所示。该腐蚀控制回路中包含催化分馏塔顶部、换热器、空冷器、后冷器、塔顶分液罐及相应管线等设备。

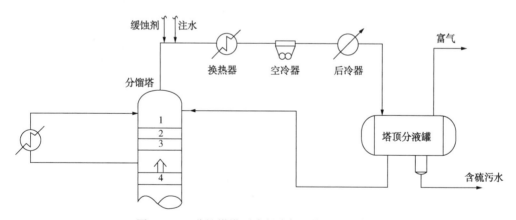

图 9-2-2　分馏塔塔顶冷凝冷却系统流程示意图

催化分馏塔顶部可能发生的腐蚀类型有氯化铵腐蚀、酸性水腐蚀。氯化铵腐蚀主要与原料中氯含量相关，塔顶温度、回流与顶循温度低于氯化铵沉积温度催化分馏塔顶部则会发生氯化铵沉积，导致氯化铵腐蚀。同时氯化铵随塔内液相向塔下部移动，影响顶循系统。据此可以设置塔顶温度、顶循返塔温度、冷回流温度及流量的操作范围，控制原料油的氯含量，避免氯化铵沉积。

分馏塔塔顶一级换热器是腐蚀控制的重点部位，为避免铵盐沉积，必须做好注水、注缓蚀剂工作。因此设置塔顶挥发线注水量、塔顶挥发线注缓蚀剂作为监测目标，再根据回流罐切水 pH 值和流罐切水铁离子评估工艺防腐效果，调整注入量。

物流出分馏塔塔顶一级换热器，后续设备、管道的主要腐蚀类型是酸性水腐蚀，腐蚀相对轻微。

总之，通过选择腐蚀控制回路，利用信息化控制监测的各种参数，及时调整，可以大幅度提高工艺防腐效果，避免发生设备腐蚀问题，保障生产安全。

第三节　装置选材

装置选材要考虑最严苛的条件，考虑使用年限，选择合适的材料，保障装置安全运行。

一、低温部位选材

催化装置低温的腐蚀类型是氯化铵腐蚀、酸性水腐蚀和 SO_3-SO_2-H_2O 腐蚀。

氯化铵沉积一般发生在催化分馏塔中上部，可影响顶循系统，其腐蚀是由于氯化铵水解形成的酸性环境。催化分馏塔氯化铵腐蚀一般应采取工艺防腐。所以催化装置低温部位选材主要考虑酸性水腐蚀。

催化分馏塔塔顶温度控制在水露点温度 14℃ 以上，最好是 28℃ 以上，且各种回流也在水露点温度之上，上部塔壁可选用碳钢+0Cr13，塔内件选择 0Cr13，塔顶挥发性线应选碳钢。催化分馏塔塔顶油气的空冷器或换热器(冷却器)一般考虑碳钢，腐蚀严重时管子可采用 022Cr19Ni10。

压缩富气的空冷器或换热器（冷却器）一般考虑碳钢，腐蚀严重时管子可采用 022Cr19Ni10。

吸收解析塔塔壁可选用碳钢+0Cr13，塔内件选择 0Cr13。稳定塔上部可考虑选用碳钢+0Cr13，其他筒体一般选择碳钢，塔内件选择 0Cr13。在吸收塔筒体一般选择碳钢，塔内件选择 0Cr13。

塔顶产品罐和其余设备管线选择碳钢。

碳钢在不同 pH 值酸性水中的腐蚀速率估算见表 9-3-1。碱性酸性水溶液中碳钢的腐蚀速率估算见表 9-3-2。

表 9-3-1　碳钢在不同 pH 值酸性水中的腐蚀速率　　　　　　　mm/a

pH 值	温度/°C			
	38	52	79	93
4.75	0.03	0.08	0.13	0.18
5.25	0.02	0.05	0.08	0.1
5.75	0.01	0.04	0.05	0.08
6.25	0.01	0.03	0.04	0.05
6.75	0.01	0.01	0.02	0.03

表 9-3-2　碱性酸性水溶液中碳钢的腐蚀速率估算

NH₄HS/%(质)	流速/(m/s)				
	3.05	4.57	6.10	7.62	9.14
2	0.08	0.10	0.13	0.20	0.28
5	0.15	0.23	0.30	0.38	0.46
10	0.51	0.69	0.89	1.09	1.27
15	1.14	1.78	2.54	3.81	5.08

注意：1. 如果硫化氢分压 P_{H_2S}<345kPa，腐蚀速率按下列计算公式调整：

$$CR = Max \left\{ \left[\frac{基础腐蚀速率\ CR}{173} \times (P_{H_2S} - 345) + 基础腐蚀速率\ CR \right], \ 0 \right\}$$

2. 如果硫化氢分压 P_{H_2S}≥345kPa，腐蚀速率按下列计算公式调整：

$$CR = Max \left\{ \left[\frac{基础腐蚀速率\ CR}{276} \times (P_{H_2S} - 345) + 基础腐蚀速率\ CR \right], \ 0 \right\}$$

$SO_3-SO_2-H_2O$ 腐蚀主要发生在再生烟气余热回收设备及烟囱。随着环保要求的提高，催化裂化增上烟气脱硫装置，烟气脱硫装置的烟气入口以及烟囱部位也发生 $SO_3-SO_2-H_2O$ 腐蚀。对于烟气脱硫装置氨法除尘脱硫工艺、有机胺法烟气脱硫(FGD)工艺装置中的综合塔，选材应不低于 254SMO 超级奥氏体不锈钢；其他部位一般选择 304L 或 316L；发生硫酸露点腐蚀部位可考虑哈氏合金 C-276、20 合金、超级奥氏体不锈钢，或者选用 304L 或 316L 并配合工艺防腐。

二、高温部位选材

催化装置高温部位腐蚀主要是高温硫腐蚀，再生器及高温烟气接触部位还有高温氧化腐蚀，催化剂接触部位有催化剂磨蚀等。由于反应器、再生器内部衬有耐磨隔热衬里，催化装置高温部位选材主要考虑高温硫腐蚀。

高温硫腐蚀与温度关系密切，一般按照原料油情况结合温度段选材，在低于 240℃，一般选择碳钢，240~288℃，对于高硫原油可选 Cr5Mo，高于 288℃，对于高硫原油可选 Cr9Mo、OCr13、奥氏体不锈钢。

三、选材推荐

随着原油劣质化，国内炼油厂加工高硫、高酸值原油的比例越来越大，为解决炼油装置的腐蚀问题，中国石化编制了加工高硫原油选材导则(SH/T 3096)。加工高硫原油选材导则的颁布与实施，基本上消除了材料选择导致的腐蚀问题。

在生产装置合理采用工艺防腐措施且达到规定的工艺技术指标的情况下，加工高硫原油选材导则给出了炼油常规装置的推荐选材。表 9-3-3 是加工高硫低酸催化装置主要设备推荐用材，表 9-3-4 是加工高硫低酸催化装置主要管道推荐用材。

表 9-3-3　加工高硫原油催化装置主要设备推荐用材

类别	设备名称	设备部位	设备主材推荐材料	备　注
反应再生系统设备	提升管反应器 反应沉降器 待生斜管等	壳体	碳钢	内衬隔热耐磨衬里
		旋风分离器	15CrMoR	
		料腿、拉杆	碳钢	
		翼阀	15CrMoR	
		汽提段	15CrMoR	无内衬里
			碳钢	内衬隔热耐磨衬里
		一般内构件	碳钢	
	再生器、三旋、 再生斜管等	壳体	碳钢[a]	内衬隔热耐磨衬里
		内构件	07Cr19Ni10[bc]	
	外取热器 （催化剂冷却器）	壳体	碳钢[a]	内衬隔热耐磨衬里
		蒸发管	15CrMo[d]	指基管，含内取热器
		过热管	1Cr5Mo[d]	
		其他内构件	07Cr19Ni10[b]	
塔器	催化分馏塔	顶封头、顶部筒体	碳钢+06Cr13 （06Cr13Al）	含顶部 4~5 层 塔盘以上塔体
		其他筒体、底封头[e]	碳钢+06Cr13[f]	介质温度≤350℃
			碳钢+022Cr19Ni10 或 碳钢+06Cr18Ni11Ti	介质温度>350℃
		塔盘	06Cr13	介质温度≤350℃
			06Cr19Ni10 或 06Cr18Ni11Ti	介质温度>350℃
	汽提塔	壳体	碳钢	介质温度<240℃
		壳体	碳钢+06Cr13	介质温度≥240℃
		塔盘	06Cr13	
	吸收塔解吸塔	壳体	碳钢+06Cr13 （06Cr13Al）	
		塔盘	06Cr13	
	再吸收塔	壳体	碳钢[g]	
		塔盘	06Cr13	
	稳定塔	顶封头、顶部筒体	碳钢+06Cr13 （06Cr13Al）	含顶部 4~5 层 塔盘以上塔体
		其他筒体、底封头	碳钢[g]	
		塔盘	06Cr13	
容器	塔顶油气回流罐 塔顶油气分离器 压缩富气分离器	壳体	碳钢[g]	采用一般碳钢时 可内涂防腐涂料
	一般容器	壳体	碳钢	油气温度<240℃
			碳钢+06Cr13[h]	油气温度≥240℃

续表

类别	设备名称	设备部位	设备主材推荐材料	备 注
空冷器	塔顶油气空冷器 压缩富气空冷器	管箱	碳钢[g]	
		管子	碳钢[i]	采用碳钢时可内涂防腐涂料
	一般空冷器	管箱	碳钢[j]	
		管子	碳钢	
换热器	塔顶油气冷却器 压缩富气冷却器	壳体	碳钢[g]	指油气侧
		管子	碳钢[ik]	采用碳钢时油气侧 可涂防腐涂料
	油浆蒸汽发生器 油浆冷却器	壳体	碳钢	
		管子	碳钢[k]	
	解吸塔塔底重沸器	壳体	碳钢	
		管子	022Cr19Ni10 或 06Cr18Ni11Ti	
	稳定塔塔底重沸器 其他油气换热器 其他油气冷却器	壳体	碳钢[j]	油气温度<240℃
			碳钢+06Cr13[h]	油气温度≥240℃
		管子	碳钢[k]	油气温度<240℃
			022Cr19Ni10 或 06Cr18Ni11Ti[l]	油气温度≥240℃
余热锅炉	管束	对流段	碳钢	
		辐射段	15CrMo、 12Cr1MoVG 或 1Cr5Mo	
		省煤器	碳钢	
			09CrCuSb	

a 当考虑再生烟气应力腐蚀开裂时应采用 Q245R。

b 再生器、三旋和外取热器等设备的内构件应考虑高温氧化腐蚀，见附录 A 表 A.1。

c 当再生器的操作温度大于 750℃ 时，其重要内构件的材质也可采用 06Cr25Ni20。

d 内外取热器的蒸发管可根据管壁温度和结构特点选择 15CrMo 或碳钢等钢管，过热管可根据管壁温度和结构特点选择 15CrMo、12Cr1MoVG、1Cr5Mo 或 1Cr9Mo 等钢管。

e 催化分馏塔的油气入口温度一般在 500～550℃ 左右，如结构上不能确保油气入口附近设备壳体的壁温不超过 450℃，则该部位附近的设备壳体应采用 15CrMoR（采用复合板时指基层）或不锈钢。

f 对于催化分馏塔的塔体（顶封头和顶部筒体除外），当介质温度小于 240℃ 且腐蚀不严重时可采用碳钢。

g $H_2O+H_2S+CO_2+HCN$ 腐蚀环境，腐蚀严重时可采用抗 HIC 钢。

h 当介质温度小于 288℃ 且馏分中的硫含量小于 2% 时，容器或换热器的壳体可采用碳钢，但应根据腐蚀速率和设计寿命确定腐蚀裕量。

i 对于催化分馏塔顶油气和压缩富气的空冷器或换热器（冷却器），当腐蚀严重时管子可采用 022Cr17Ni12Mo2，空冷器管箱或换热器（冷却器）管板及其他构件的耐腐蚀性能应与之相匹配。

j 当介质为吸收塔或解吸塔中段油、解吸塔底油（脱乙烷汽油）、再吸收塔塔底油（富吸收油）时，与此介质接触的空冷器管箱或换热器壳体应考虑 $H_2O+H_2S+CO_2+HCN$ 腐蚀。

k 对于水冷却器，管束采用碳钢时水侧可涂防腐涂料。

l 介质温度为 240～350℃ 的换热器管子也可根据需要采用碳钢渗铝管（含催化剂颗粒的介质除外）或 1Cr5Mo，管板及其他构件的耐腐蚀性能应与之相匹配。

表 9-3-4 加工高硫低酸原油催化装置主要管道推荐用材

管道位置	管道名称		管道主材推荐用材	备注
原料系统	进料管道		碳钢	
反应系统	冷壁壳体油气管道		碳钢	内衬隔热耐磨衬里
	热壁壳体油气管道		15CrMo	
再生系统	冷壁壳体烟气管道		碳钢[a]	内衬隔热耐磨衬里
	热壁壳体烟气管道		07Cr19Ni10 或 07Cr17Ni12Mo2	
	波纹管膨胀节		NS1402/NS3306	
分馏系统	塔顶油气管道		碳钢	
	塔侧回炼油管道		碳钢	<288℃
			1Cr5Mo	≥288℃
	油浆管道(至反应器)		1Cr5Mo	
	循环油浆线	蒸汽发生器前	1Cr5Mo	
		蒸汽发生器后	碳钢	<288℃
			1Cr5Mo	≥288℃
吸收稳定系统	塔顶冷凝管道		碳钢	
富气压缩机系统	进出口管道		碳钢	
其他	$t<288℃$ 含硫油品油气管道		碳钢	
	$288≤t<340℃$ 含硫油品油气管道		碳钢/1Cr5Mo[b]	
	$t≥340℃$ 含硫油品油气管道		1Cr5Mo	

a 在重油催化装置再生烟气管道系统中，应考虑应力腐蚀开裂的防范措施。

b 可根据操作条件从碳钢、1Cr5Mo 中计算腐蚀裕量选用合适的材料。

第四节 腐蚀监检测技术

一、腐蚀监检测的意义

炼油化工是高风险领域，在大量地加工含硫含酸原油以来，炼化企业不断出现腐蚀问题，影响了装置长周期运行，导致很多腐蚀事故发生，甚至发生过人员伤亡，使企业遭受经济损失和产生不良社会影响。腐蚀监检测对于减缓腐蚀延长装置运行周期和防止由于设备腐蚀带来的安全事故是尤为重要，它的意义在于，第一，使生产装置处于监控状态，例如在关键工艺管线上设置腐蚀探针，对腐蚀发生和发展状况进行实时监测；在设备冲刷部位、弯管及泵出口等部位布置测厚点进行超声波定点测厚，对管道或设备的减薄情况进行监测；第二，指导工艺防腐，指导药剂加注，有效减缓腐蚀，延长设备运行周期；第三，掌握设备运行状态，及时发现安全隐患，为准确的安全预警提供科学数据，并进行预知维修，避免安全事故；第四，通过大量的监测，积累数据，建立分析模型，定期地对设备以往运行情况进行腐蚀评估，对未来的腐蚀情况进行预测；第五，实现自动化、智能化、科学化设备腐蚀管理，提高生产管理水平。腐蚀等级划分见表 9-4-1。

表 9-4-1　腐蚀等级划分

项目	级别			
	1	2	3	4
腐蚀程度	无腐蚀	有腐蚀	有腐蚀	严重腐蚀
腐蚀速率/（mm/a）	<0.05	0.05~0.13	0.13~0.25	>0.25
腐蚀裕量/mm	0	≥1	≥2	≥3

二、腐蚀监检测方法

（一）分类

为研究和解决腐蚀问题所采取的监测方法都是腐蚀监检测方法，以往腐蚀监检测方法分类按离线检测和在线检测或电化学和非电化学方法分类，但是由于近年来在线监测应用越来越广泛，腐蚀监检测总体是朝着在线监测发展。常规的定点测厚也在往在线检测发展，而按照电化学和非电化学方法分类，只是着眼于方法本身和腐蚀类型，脱离了要解决的实际问题。另外人们常常混淆探针监测腐蚀速率和定点测厚检测实际壁厚，或将两者对立起来，所以传统的分类方法已不适于当今的发展和工作需要；生产设备会产生腐蚀是因为有众多的腐蚀影响因素，比如原油中含有腐蚀性介质，硫化氢、水、氯离子、硫、环烷酸，以及促进腐蚀的基本条件，温度、流速、压力等，众多影响因素促成了设备的腐蚀。如果能将各种影响因素控制好腐蚀就会被控制。注氨控制 pH 值、电脱盐控制氯离子含量，原油混炼控制硫含量和酸值都是从腐蚀影响因素也是从腐蚀的源头加以控制，所以需要大力发展腐蚀影响因素的在线监测。实际生产中腐蚀仍无法消除，所以在管道或设备里添加缓蚀剂来抑制腐蚀的发生和发展，减缓腐蚀，注剂效果是否达到预期，腐蚀波动或超标是生产操作问题还是药剂质量问题需要实时掌握，所以加强腐蚀发生和发展过程的监测非常重要，电化学探针、电阻探针、电感探针等都是腐蚀发生发展过程监测的有力手段，可以及时地给出腐蚀速率及腐蚀趋势，近来年腐蚀探针的发展最为显著。人们不仅希望了解腐蚀过程，还想知道实际腐蚀结果，设备和管道的剩余壁厚是多少，会不会超出设计值，有没有安全隐患。目前，各企业都采用超声测厚进行剩余壁厚，此外，找出减薄点主要凭经验进行选点，超声导波方法可以对几十米的管线进行定位和半定量检测，然后可以采用超声测厚方法进行具体检测，超声波测厚和超声导波都是对设备和管道的腐蚀结果的监测。因此，腐蚀监测方法按腐蚀影响因素监测、腐蚀发生发展过程、腐蚀结果监测分类在实际应用中更有意义，也便于我们找出生产中腐蚀监测的有不足，以便进一步寻求解决方案以及开发创新方法。

（二）几种主要监测方法

几种主要的监测方法见表 9-4-2。

表 9-4-2 腐蚀监测方法

腐蚀监测类别	腐蚀影响因素监测	腐蚀发生发展过程监测	腐蚀结果监测
监测技术	Cl 离子分析、pH 值分析、S 含量分析、酸值分析、温度计、流量计	电化学探针、电感探针、电阻探针、电化学噪声、挂片、Fe 离子分析	超声波测厚、涡流法测外表面缺陷、超声导波
成熟的在线监测技术	在线 pH 值监测、在线热电偶、在线流量计	在线电化学探针、电阻探针、电感探针	在线超声波测厚
需发展的在线监测技术	Cl 离子监测、S 含量监测、酸值监测	电化学噪声探针、Fe 离子在线分析	在线超声波测厚、指纹法在线监测、内置监测技术

1. 氯离子分析

Cl^- 离子在塔顶油气中含量较高，是发生局部腐蚀、应力腐蚀破裂的主要因素，准确测定介质的 Cl^- 离子含量是进行腐蚀预测的主要依据。测定氯离子的方法一般有硝酸银滴定法、硝酸汞滴定法、电位滴定法、离子色谱法。炼化企业进行实验室分析时一般采用硝酸银滴定法，测定过程是取塔顶冷凝水并调整其 pH 值到 8.0 左右，加入铬酸钾指示剂，用硝酸银溶液滴定，由于氯化银的溶解度小于铬酸银的溶解度，氯离子首先被沉淀，而后铬酸银才以砖红色沉淀出来，表示氯离子滴定的终点，利用硝酸银的量计算氯离子含量。硝酸银滴定法适于氯离子含量在 $5 \sim 250mg/L$ 的介质的测定。

目前，炼化企业未见应用在线监测手段测定氯离子含量，但是电力企业有采用电位滴定法在线测量水中的氯离子含量。电位滴定法是在用标准溶液滴定待测离子过程中，用指示电极的电位变化代替指示剂的颜色变化指示滴定终点，电位滴定法可以连续滴定和实现自动测量与分析。

2. pH 值的在线监测

pH 值是判定塔顶挥发线介质腐蚀性的一项重要指标，是溶液的酸度单位，根据溶液中氢离子的浓度定义溶液的酸碱度。

$$中性溶液中 [H^+] = [OH^-] = 1.0 \times 10^{-7} mol/L$$
$$酸性溶液中 [H^+] > 1.0 \times 10^{-7} mol/L > [OH^-]$$
$$碱性溶液中 [H^+] < 1.0 \times 10^{-7} mol/L < [OH^-]$$

根据以上定义，只要测量氢离子的浓度就可获得溶液的酸碱度。

（1）pH 值的表示方法

氢离子的活度代表溶液的酸碱度，直接用离子的活度表示溶液的酸碱度书写十分不便，为此定义 pH 值即为氢离子活度 a_{H+} 的负对数值来表示：

$$pH = -\lg a_{H+} \tag{9-4-1}$$

由于稀酸，稀碱溶液中氢离子浓度较小，活度系数趋近于 1，所以氢离子活度近似等于氢离子浓度。通常 pH 值是指氢离子浓度的负对数。

$$pH = -\lg(H^+) \tag{9-4-2}$$

溶液酸碱度的强弱用 pH 值的表示划分。

在 25℃时，纯水的 pH 值是 7.00，这也就是我们通常所说的中性。pH 值小于 7 时，这样的溶液称为酸性；pH 值大于 7 时，这样的溶液称为碱性。由于离子积对温度的依赖性很强，纯水的中性点也会随温度的变化而变化。酸和碱是用水稀释的，也会有上述的 pH 值依赖于温度的情况。

对于过程控制的 pH 值，必须同时知道溶液的温度特性；只有在被测介质处于相同温度的情况下才能对其 pH 值进行比较。

（2）pH 值的在线测量

pH 值的在线测量采用电位法，精度高，测量速度快。测量传感器由测量电极和参比电极构成，如图 9-4-1 所示，玻璃电极头是半透膜结构，需要电极内溶液的离子向外渗透，pH 值测量即是对 pH 值探针在待测溶液中产生的电动势测量，也就是两个电极电动势的测量：

$$E = \Phi_{\text{参}} - \Phi_{\text{测}} = \Phi_{\text{参}} - (K - 0.059\text{pH}) \tag{9-4-3}$$

式中，$\Phi_{\text{参}}$ 为参比电极的电位，是一常数，L；K 也是常数，令 $\Phi_{\text{参}} - K = K'$ 则：

$$E = K' - 0.059\text{pH} \tag{9-4-4}$$

式（9-4-4）表明电池电动势与溶液的 pH 值呈线性关系。

被测电极和参比电极之间的电势差遵循能斯特（Nernst）公式：

$$E = E_0 - 2.30259\frac{RT}{F}\text{pH} \tag{9-4-5}$$

式中　E_0——参比电极的标准电位，V；

F——法拉第常数，C/mol；

R——气体常数；

T——温度，K；

R——体常数，$R = 8.314\text{J}/(\text{kmol})$。

若在测量时用已知的标准溶液进行标定，并保持相同的测量条件，可消除 E_0，代入法拉第常数 F（96487C/mol）和气体常数 R：

$$E_{\text{待测液}} - E_{\text{标准液}} = -58.16\frac{273 + t}{293}(\text{pH}_{\text{待测液}} - \text{pH}_{\text{标准液}}) \tag{9-4-6}$$

标定时测得 $E_{\text{标准液}}$，测量时得到 $E_{\text{待测液}}$，代入式（9-4-5）后就可计算 pH$_{\text{待测液}}$。

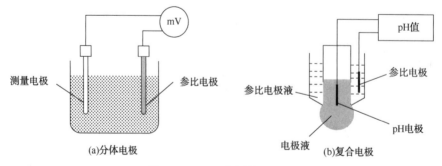

图 9-4-1　pH 值测量原理图

由于 pH 值探针前端是玻璃半透膜，所以 pH 值探针使用的温度和压力是有限制的，一般在 0.5kg 以下和 70℃ 以下使用。另外当把 pH 电极安装到现场管道后，易受介质污染，则需要定期清洗，或者采用一种自动清洗加保护的方式延长电极的使用寿命。图 9-4-2 为现场直插式电极安装方式。

3. 铁离子分析

介质中铁离子含量与设备及管线的腐蚀程度或腐蚀速度是呈正相关的，准确测定铁离子含量可以帮助我们分析设备及管线的腐蚀，从而采取有利手段控制腐蚀。铁离子的测定方法有邻菲啰啉比色法、邻菲啰啉分光光度法和电化学溶出伏安法。目前，实验室多数采用邻菲啰啉分光光度法分析铁离子，如图 9-4-3 所示。为了测定总铁含量，在水样经加盐酸煮沸使各种状态的铁完全溶解成铁离子的条件下，首先利用盐酸羟胺将三

图 9-4-2　冷凝水出口在线式 pH 值探针

价铁离子还原成二价铁离子，之后使亚铁离子在 pH 值为 3~9 的条件下与邻菲罗啉（1，10-二氮杂菲）反应，生成橘红色络合离子，颜色的深浅与铁离子含量呈正比，在最大吸收波长（510nm）处，用分光光度计测其吸光度，从而测定铁离子含量，反应框图如图 9-4-3 所示。在测定铁离子时，介质中的硫化物和 NH_3 会产生干扰，通常用双氧水去除硫化物的影响，用加热的办法去除 NH_3 的影响。

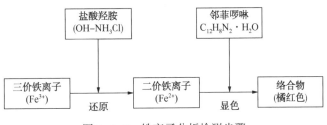

图 9-4-3　铁离子分析检测步骤

4. 电化学探针

用于现场的电化学探针基于线性极化法或弱极化法，线性极化法对电极的影响最小，它是在被测电极上施加小于 10mV 的扰动信号，响应电流与扰动信号呈线性关系，极化阻力 $R_p = \Delta E/I$（R_p 中包含介质电阻），腐蚀速率 $I_{corr} = B/R_p$，B 是塔菲尔系数，需要估算，所以线性极化法误差比较大。为此，郑丽群、曹楚南等开发了一种弱极化测量技术，可以用 30~40mV 的极化测出塔菲尔系数 B，减小了测量误差，但是弱极化法依然不能消除介质电阻的影响及其所带来的误差。郑丽群等人研究了交流阻抗与弱极化相结合的方法，利用交流阻抗测量的高频特点有效地消除介质电阻的影响，使测量更可靠，尤其对于准确筛选缓蚀剂和现场监测。图 9-4-4 为在线电化学测量探针和仪器。

电化学探针的检测条件是介质中存在电解质，使得在测量探针上形成导电回路，其测量原理是如图 9-4-5(a)所示，一个三电极体系，研究电极 WE、参考电极 RE、辅助电极 CE，A_1、A_2、A_3 为测量电路运算放大器，根据图示的设计各点电位分别为 $U_7 = U_1 = U_2$、$U_3 = U_4 =$

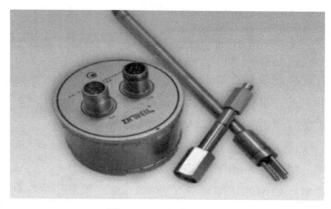

图 9-4-4 电化学探针

0V、$U_5 = U_6 = 0V$、$I_1 + I_2 = I_3$，S1 和 S2 是由 CPU 控制的电子开关，ΔE 是极化电压，分别是对研究电极施加的线性极化电压、弱极化电压、高频小幅值正弦波电压。首先 S1 断开，由 A_1 测出参考电极和研究电极的自腐蚀电位，即 $U_7 = -E_{corr}$，由 CPU 控制将 $-E_{corr}$ 经 A/D（模/数）转换器将模拟信号量转成数字信号，再取负数得到 E_{corr}，经过 D/A（数/模）转换成模拟信号施加到 A_2 的反相输入端，这时将 S1 闭合，由 A_1，A_2 和腐蚀体系构成负反馈恒电位电路，可有：$(E_{corr} - U_5)/R + (\Delta E - U_5)/R = (U_5 - U_7)/R$，因：$U_5 = 0V$，所以 $U_7 = -(E_{corr} + \Delta E)$。因 $U_2 = U_7$，此时在自腐蚀电位基础上对研究电极施加线性极化电压 ΔE，腐蚀体系产生极化电流 I_4，如图 9-4-6(b) 电化学等效电路，极化电压被施加在极化电阻 R_p 和介质电阻 R_s 上，因此有 $I_4 = -\Delta E/(R_p + R_s)$，$I_4$ 通过电流/电压转换器即零电阻电流计 A_3 将电流转换成电位信号输出，有 $I_4 = I_5$ 和 $U_8 - U_3 = -I_5 \times R_f$，因此得：$R_p + R_s = \Delta E \cdot R_f/U_8$。$R_f$ 是由 CPU 控制电子开关所选择的取样电阻，是已知的，所以 $R_p + R_s$ 即可求得。在施加直流极化电压时界面电容 C_d 需要充电，CPU 读取 U_8 时要等待充电结束，对于该电路 CPU 读取 U_8 延时 5s。

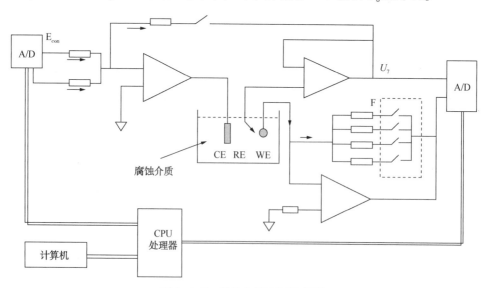

图 9-4-5 测量电路原理示意图

测量介质电阻 R_s 是利用交流阻抗技术的高频端，对研究电极施加幅值小于 10mV 的高频正弦波信号，图 9-4-6 示出了简单电化学等效电路，$R_p \gg Z_{Cd}$，又 $Z_{Cd} \ll R_s$，所以高频信号电压降都降落在 R_s。可得到 $R_s = \Delta E \cdot R_f / U_8$，（$\Delta E$ 为施加的正弦波峰值，U_8 为采集到的输出信号峰值）。

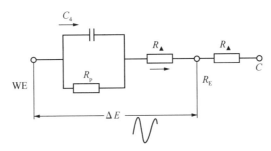

图 9-4-6　简单腐蚀体系电化学等效电路

由线性极化测得的 $R_p + R_s$ 减去施加高频信号所测得的 R_s 可求出实际的极化电阻值 R_p，消除了介质电阻的影响。

腐蚀速率 $I_{corr} = B / R_p$，B 值是腐蚀体系的塔菲尔系数，由弱极化技术求得。在弱极化区对研究电极分别施加阳极极化和阴极极化，测取阳极极化电流 I_a 和阴极极化电流 I_c（I_5），则

$$B = \frac{|\Delta E_{弱}|}{2\sqrt{6}(a-1)}，$$ 式中 $a = R_p \sqrt{\dfrac{|i_a| \cdot |i_c|}{|\Delta E_{弱}|}}$。腐蚀速率可以直接用腐蚀电流密度 I_{corr} 表示，

也可以折算成年腐蚀深度。碳钢的换算关系为 $1mA/cm^2 = 11.7mm/a$。

对基本参数的设计，因线性极化区的范围是 $-10 \sim 10mV$，极化值越小，电流响应越接近于线性，所以本设计采用 $\pm 5mV$ 极化；弱极化区的范围是 $\pm 10 \sim \pm 70mV$，测得 a 值在 $1.10 \sim 1.175$ 之间时其测量结果才准确[3]。这主要取决于弱极化值，当程序判断出测量的 a 值偏离较远时，减小弱极化值重新测量一次 a 值；在进行弱极化区测量时也有 IR 降产生，从计算 a 值和 B 值的数据模型看，IR 降是可以消除的，但实际腐蚀体系是一个非常复杂的问题，所以在求解 a 和 B 的计算公式中代入的 R_p 值为包括 R_s 的值，极化值为实际施加在研究电极和参比电极两端的电压。

应用交流阻抗方法时极化值也取在线性区，信号的频率根据实际体系的极化电阻、介质电阻和界面电容的大小来综合确定。根据参考文献，极化电阻越大的体系，界面电容越大，相应的介质电阻也较大。一个体系在腐蚀过程中当极化电阻减小时，界面电容增大，则有利于介质电阻的测量。据文献[1]，316L 在含 SO_4^{2-} 的稀 HCl 中的电化学行为，通过阻抗谱分析，当温度升高到 60℃ 时腐蚀体系有两个时间常数，其中多孔膜的电容和电阻分别为 $111\mu F/cm^2$ 和 $3940\Omega cm^2$，金属基体/膜的界面电容和电荷转移电阻分别为 $223\mu F/cm^2$ 和 $63600\Omega cm^2$，介质电阻 R_s 是 $35.2\Omega cm^2$。如果施加频率大于 10kHZ 的信号，多孔膜的电容产生的阻抗为 $0.14\Omega cm^2$，远小于多孔膜电阻和介质电阻，界面电容产生的阻抗为 $0.07\Omega cm^2$，远小于电荷转移电阻和介质电阻。据文献，由环氧粉末涂层的交流阻抗谱求出了涂层电阻为 $3.872 \times 10^7 \Omega cm^{2[2]}$，涂层电容为 $3106PF/cm^2$，涂层电容产生的阻抗为 $5.12 \times 10^2 \Omega cm^2$，远远小于涂层电阻。因此，施加 10kHZ 的交流信号可以满足测量要求。通过分析可以确定检测

装置的参数：稳态线性极化为 ±5mV；稳态弱极化为 ±40mV；交流正弦波极化为 ±5mV、10kHZ。

5. 电感探针

电感探针是近年发展的一种灵敏度高、耐候性强的监测方法，探针有片状结构和管状结构，适用于不同管径和工艺条件，小于 159mm 的管线一般采用片状探针，电感探针的温度补偿片距离测量试片很近，所以补偿效果好。图 9-4-7 为管状电感探针及其安装示意图。电感探针由于激励信号是高频信号，抗干扰性好，测量灵敏度高，并且可以用在低温和高温介质里以及电化学和非电化学腐蚀介质，目前在指导工艺防腐方面电感探针发挥着重要作用。其测量原理是：

图 9-4-7　电感探针

测试系统工作时，测量的是探针内围绕试样的线圈电感 L，它由匝数 N 的平方和磁阻 R_M 决定：

$$L = N^2/R_M \qquad (9-4-7)$$

线圈的电阻可以写成磁力线的长度 S 与通过磁力线的截面积 A、真空中的磁导率 μ_0 和材料相对磁导率 μ_r 三者之积的商：

$$R_M = S/(\mu_0 \times \mu_r \times A) \qquad (9-4-8)$$

磁阻探头由内置线圈中间并起到"铁芯"作用的试样组成。磁力线回路分为三部分：通过"铁芯"中的部分，磁力线长度为 S_{Fe}，截面积为 A_{Fe}；通过线圈内空气中的部分，磁力线长度为 S，截面积为 A；通过线圈外空气中的部分，磁力线长度为 S_a，截面积为 A_a。其中第一项和第三项分别由于铁的相对磁导率 μ_r 远大于 1 和线圈外部可通过磁力线的面积 A_a 远大于线圈内部截面积而可以忽略不计，于是线圈的磁阻为：

$$R_M = S/(\mu_0 \times A) \qquad (9-4-9)$$

当探针表面试样由于腐蚀或磨蚀而变薄时，线圈内空气中磁力线长度 S 增大。

将式(9-4-9)代入式(9-4-7)可得线圈电感 L：

$$L = (\mu_0 \times A \times N \times N)/S \qquad (9-4-10)$$

式(9-4-10)对 S 微分得：

$$E = dL/dS = -(\mu_0 \times A \times N \times N)/(S \times S) = -L/S \qquad (9-4-11)$$

则：

$$dL/L = dS/S \qquad (9-4-12)$$

对 L 和 S 作标定后，测量出线圈电感的变化 ΔL，即可测得磁力线长度 S 的变化 ΔS，从而确定腐蚀或磨蚀损失量。测量时对探针分别施加直流和一定频率的交流信号，由二者阻抗

便可得到线圈感抗 ωL 和电感 L，再由式(9-4-12)可得到探头表面试样的腐蚀损失量。

对探针试制可以采用如下办法，如图9-4-8所示，当交流信号加至线圈两端时，在线圈周围就会产生电磁场。而置于其中的金属导磁材料就会影响磁场强度，间接影响线圈电感量 ΔL。金属式样厚度及材质不同，对磁场强度影响也不同，带来的线圈电感量 ΔL 也不同。

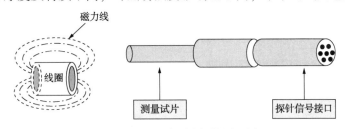

图9-4-8　电感测试探针原理图

所以，将金属试片置于测试线圈所产生的磁场中，当金属试片腐蚀减薄时，会影响测试线圈的等效电感及感抗，通过检测电感变化量 ΔL，就可推算出金属试片的腐蚀减薄量。激励信号及反馈信号都通过探针的信号接口与检测仪器相连。

6. 电阻探针

电阻探针是一种传统的在线腐蚀探针，其优点和电感探针一样可以用于电化学和非电化学介质，但是由于电阻探针的灵敏度远低于电阻探针，对工艺防腐反应不及时，所以近年来电阻探针的应用较少。其测量原理是在腐蚀性介质中，作为测量元件的金属丝或金属片被腐蚀后，金属丝长度不变、直径减小，或金属片减薄，其电阻值增大，通过测试电阻的变化来换算出腐蚀减薄量，根据腐蚀时间就能够计算出腐蚀速率。由于采用了电子技术实现了连续在线监测，将数据采集器与电阻探针相连，便可实时采集数据，通过电缆线传送到控制室，也可以采用无线传输方式进行数据收集。电阻探针的优点与挂片失重法相同，适用于电化学腐蚀和化学腐蚀，与挂片失重相比优点是监测周期大大缩短了，可以在几小时至两三天获得结果。

金属材料电阻率随温度而变化，为避免因介质温度变化引起的测量误差，一般在探头杆内置入温度补偿元件，并与测量元件串联在电路中，通过数学模型的处理，温度对测量数据的影响可消除。数学模型推导如下。

金属材料在某一温度下电阻值：

$$R = \rho \times L/S \tag{9-4-13}$$

式中　ρ——材料的电阻率；

　　　L——材料的长度；

　　　S——材料的截面积。

长度一定的金属材料在腐蚀减薄后其截面积减少，电阻值增大，只要测得其电阻的变化值，即可算出其减薄量。

根据图9-4-9有腐蚀深度计算公式：

$$H = r_0 \times \left[1.0 - \sqrt{1.0 - \frac{(R_t - R_0)}{R_t}} \right] \tag{9-4-14}$$

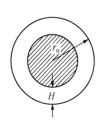

图9-4-9　探针测量元件截面

式中　r_0——丝状试片原始半径；

　　　R_0——腐蚀前电阻值；

R_t——腐蚀后电阻值。

腐蚀率计算公式：

$$V = \frac{8760 \times (H_2 - H_1)}{T_2 - T_1} \qquad (9\text{-}4\text{-}15)$$

式中　$T_2 - T_1$——两次测量时间间隔，

　　　$H_2 - H_1$——两次测量腐蚀深度的差值。

图 9-4-10 中显示了电阻探针实物图片，分别为可带压拆卸型和不可带压拆卸型。

（a）可带压拆卸型式　　　　　　　　（b）不可带压拆卸型式

图 9-4-10　电阻探针

如果介质里含大量的硫化氢则需要采用全密闭拆装器，图 9-4-11 为全密闭拆装器的工程示意图。

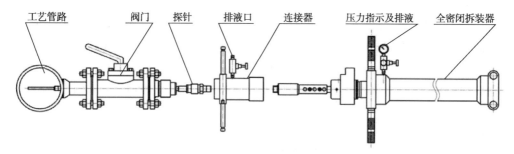

图 9-4-11　全密闭探针拆装器工程示意图

7. 挂片

挂片是经典的监测方法，也是较正各种新方法的工具，图 9-4-12 是各种形式的挂片和挂片架，其中探针挂片器是将在腐蚀探针和挂片连接成一体，同时使用。

8. 超声波测厚方法

超声波测厚已成为石化企业设备常规检测方法，其原理是采用超声波脉冲反射原理，通过探头发射超声波脉冲到达金属材料表面，超声波会在材料里传播，当到达材料分界面时，脉冲被反射回探头，通过测量出超声波在材料中传播的时间来确定被测金属材料的厚度。中国石化加工高含硫原油装置设备及管道测厚管理规定[9]要求测厚精度不低于 0.1mm，测量误差应在 $\pm(H\% + 0.1)$mm 范围内（H 为壁厚，mm），规定也指出可以用两次测厚的差除以时间间隔来计算腐蚀率。通过计算发现，如果两次测厚的测试间隔为 6 个月，壁厚减薄为 0.1mm，计算得腐蚀速率为 0.2mm/a，但由于超声测厚误差为 0.1mm，所以实际壁厚减薄可以为 0.2mm，实际腐蚀速率可以为 0.4mm/a，误差为 100%，所以利用超声波测厚取得腐

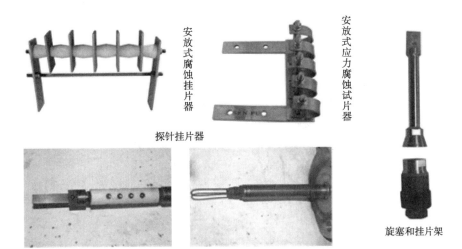

图 9-4-12　挂片器

蚀速率可能会造成误判。由于超声测厚的灵敏度和精度相对于在线腐蚀探针是很低的，所以它不适用指导注剂等工艺防腐，但是在剩余壁厚检测和寿命预测、安全评估方面是必备的手段。图 9-4-13 为测厚选点和现场检测。

(a)带保温高温部位测厚点　　　　(b)低温弯管测厚　　　　(c)储罐测厚

图 9-4-13　超声测厚组图

9. 超声导波方法

对管线、设备腐蚀缺陷用上述超声波方法检测需要进行逐点拆除保温，只给出单点减薄或缺陷，而且那些很难接近的部位不易检测。超声导波方法是利用发射主机发出 2~3 种扭转波和纵波、横波，依靠捆绑在管道上的探头向管道传播，在遇到管道壁厚发生变化的位置，无论壁厚增加或减少，都会有一定比例能量被反射回到探头，依据信号频率变化情况和曲线形状来分析和确定设备或管道缺陷部位和减薄程度，如图 9-4-14 所示。一般可以检测 10m，如果没有三通、弯管、焊接、支撑等可以一次测到 100m 长管段，所以超声导波方法可以最大限度地避免拆除保温，能照顾到难以攀爬的部位，测试效率高。超声导波检测时不需要液体进行耦合，采用机械或气压施加到探头上可以保证探头与管道表面接触，从而达到超声波良好的耦合，便于现场操作。超声导波检测在镇海炼化等企业已开始应用，未来还会有更广泛的应用。

10. 电化学噪声方法

由于不锈钢的抗高温腐蚀性能和抗晶间腐蚀性能较好，所以它在石化企业广泛使用，但是由于不锈钢在使用中易受 Cl^- 离子及以 Cl^- 为代表的卤素离子的侵蚀，而易发生局部腐蚀，严重影响设备的安全性能和使用寿命。在众多的腐蚀监测方法中，大多数只能检测出均匀腐

图 9-4-14　超声导波方法现场检

蚀信息，而更具破坏性的是金属设备的局部腐蚀，因此监测局部腐蚀的发生、发展趋势对进一步采取有效对策来抑制和消除局部腐蚀是非常有意义的。电化学噪声（Electrochemical Noise，简称 EN）是一种局部腐蚀监测方法，它可以提供局部腐蚀信息，其测量原理是，将两个材质相同的金属电极浸在腐蚀介质中，测量两个电极之间的电流噪声和其中一个工作电极与参比电极之间的噪声电位。下面通过图 9-4-15 来解释电化学噪声信号与局部腐蚀的关系。

这是一组采用三电极体系，其中两个工作电极为 304 不锈钢、参比电极为饱和甘汞电极、腐蚀介质为 0.5mol/L 的 $FeCl_3$ 溶液所获得的曲线。该组曲线通过 PARSTAT2273 电化学工作站电化学噪声模块（ZRA）获得。电化学噪声图谱包含大量的特征暂态峰，不同的特征噪声峰对应不同的腐蚀过程。从电化学噪声的时域谱中可以看出，腐蚀过程大致可以分为以下几个阶段。

第一阶段：钝态期，电流电位曲线大幅漂移

如图 9-4-15 所示，304 不锈钢在 0.5mol/L $FeCl_3$ 溶液中的电化学噪声（阶段 1），在测量初期，噪声时域谱表现为电流噪声和电位噪声的随机大幅漂移，没有明显的暂态峰出现。这可能是溶液中的 Cl^- 在电极表面大量吸附，304 不锈钢受到 Cl^- 的侵蚀性作用，表面钝化膜（钝化膜成分为铬氧化合物）的厚度减薄造成的。但是此时整个电极表面仍然有完整的钝化膜覆盖，处于钝化状态。

第二阶段：亚稳态点蚀期，暂态峰出现，电位电流保持同步同向变化

试样浸泡 85h 左右时，电位、电流噪声出现了少量的暂态峰，峰值较小，同时伴随大量的高频波动电位峰，如图 9-4-16（a）（阶段 2）所示。这一过程表明：具有侵蚀性的 Cl^- 在样品表面富集，使得钝化膜的局部离子电导增大，保护性能降低。此时试样由钝化态向亚稳态点蚀过渡。

随着浸泡时间的进一步增加，噪声峰的数量和强度明显增加。蚀点在形成后迅速发生再钝化，如图 9-4-16（b）（阶段 2）所示，在这一阶段，电位电流噪声峰较明显地成对出现，但持续时间较短，标志着亚稳态点蚀的形成。在亚稳态点蚀的过程中，每一次电位的突变，都对应一次钝化膜的破裂，随后电位恢复，对应再钝化过程的发生。

第三阶段：稳态点蚀期，暂态峰强度增大，电位电流同步异向变化。当浸泡时间继续增大到 200h 左右时，时域图谱中的电位电流峰转变为同向的暂态峰，且持续时间较长，此时

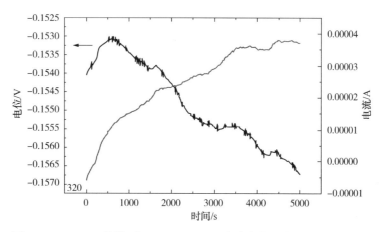

图 9-4-15 304 不锈钢在 0.5mol/L FeCl$_3$溶液中的电化学噪声(阶段 1)

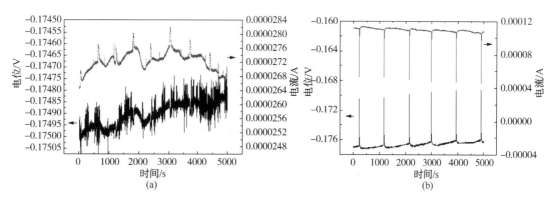

图 9-4-16 304 不锈钢在 0.5mol/L FeCl$_3$溶液中的电化学噪声(阶段 2)

304 不锈钢试样表面已经发生了稳态点蚀,且点蚀不断长大,如图 9-4-17(阶段 3)所示。此时电流噪声的寿命与电位噪声基本相当,持续时间均在 500s 以上。

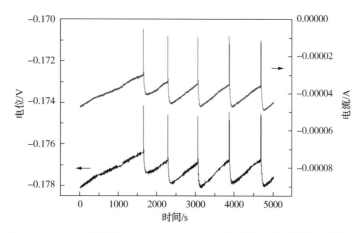

图 9-4-17 304 不锈钢在 0.5mol/L FeCl$_3$溶液中的电化学噪声(阶段 3)

在钝化膜局部溶解穿透后,进入蚀孔的发展阶段,此时整个金属的表面由两部分组成:大部分表面是钝化膜完整的表面,另外在面积很小的局部表面区域是钝化膜已经穿透的表

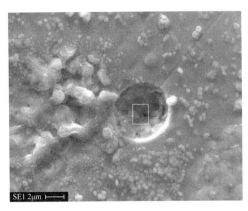

图 9-4-18　在扫描电镜下观察到的局部腐蚀

面, 在这部分区域金属直接同溶液接触, 进行阳极溶解过程。这一过程的电位已经达到点蚀电位, 阳极电流密度非常大, 使得这些区域的金属表面很快凹陷下去。同时很高的阳极电流密度还使侵蚀性离子如 Cl^- 向这些表面区域迁移, 溶解下来的金属离子的水解又使得这部分表面附近溶液中的 H^+ 的浓度升高。图 9-4-18 为在扫描电镜下观察到的局部腐蚀情况。

第四阶段: 稳态腐蚀后期, 重新回到随机漂移阶段。

此时在扫描电镜 (SEM) 下已经能观察到明显的蚀点, 如图 9-4-18 所示, 这样的蚀点一旦形成, 周围的金属表面区域上孔核的生长过程就停止或大为减弱, 表现在电化学噪声上, 一旦在金属试样表面上有腐蚀孔形成, 电流或电位的随机波动就消失或大为减弱, 并呈现出类似均匀腐蚀的特征。此时的噪声图谱又逐渐恢复到大幅漂移阶段, 伴随着大量呈泊松分布的小幅暂态峰, 如图 9-4-19 (阶段 4) 所示。

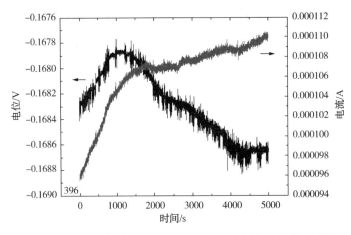

图 9-4-19　304 不锈钢在 0.5mol/L $FeCl_3$ 溶液中的电化学噪声 (阶段 4)

采用电化学噪声方法进行局部腐蚀检测时重现性不是很好, 受外界信号干扰也明显, 所以目前该方法在实验应用较多, 在炼化企业工业应用很少。

11. FSM 矩阵壁厚监测技术原理和应用

区域特征检测法 (Field Signature Method, FSM) 是一种通过监测电场变化来识别管道区域腐蚀的在线腐蚀监测技术。由于是以矩阵方式进行测量电极排列, 所以国内对此技术命名为电场矩阵壁厚监测技术。

图 9-4-20 为 FSM 结构组成示意图, 给一段金属管道或管道的某一部分区域施加安全恒流电流, 在被测区域形成一个稳定的电场。电场是由电势梯度和电流线来表征的, 以矩阵的形式在被测区域表面焊接电极柱, 用电极柱把被测区域表面分割成若干个区块, 通过监测电极柱的电压来表征电场在所有区块的客观分布, 所说的"区域特征检测法", 即是通过检测这些区块的电场特征来识别以区块为单位的腐蚀存在、发生和发展。

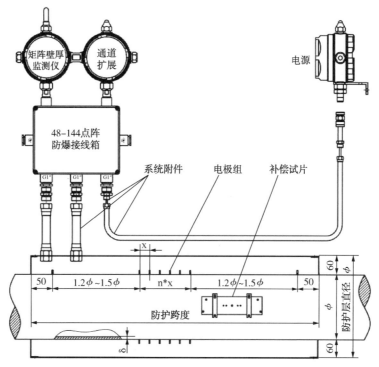

图 9-4-20　FSM 矩阵壁厚监测系统组成

影响电场分布的唯一因素是区域电阻，如果管道厚度及其金属特性是均匀的，则其电场分布一定是均匀的。如果管道电阻分布不均匀，则施加的电场会根据管道电阻的分布特性而呈现出相对应的分布，即其电场特征与管道电阻特性是对应的。可以把初始电场特征数据储存起来，像人的指纹一样作为识别管道身份及其后续变化的依据，所以区域特征检测法又叫电指纹法。不管初始电场怎样分布，后续管道的减薄、点蚀坑蚀、裂纹等任何能引起管道电阻分布改变的因素，都会引起电场相应的变化，而且这种变化是规律的，具有平移性、对称性和可叠加性等特点。以电场的初始特征，初步分析和判断管道腐蚀的区域分布，以电场后续的变化来识别管道区域腐蚀的发生和发展，此为 FSM 法监测腐蚀的基本原理。

FSM 法的特点和适用条件如下：

① 能同步监测一小段管道的全周向腐蚀，能监测环焊缝的全周向腐蚀，或能同步监测一个矩形区域的腐蚀，同步监测的面积大，效率高；

② 只在管道外表面浅焊电极，不用在管道上开孔，相对更安全可靠，特别适合高硫化氢腐蚀环境；

③ 直接测量管壁，所测即所得，属于一种特殊形式的直接测量方法；

④ 以区块为单位来表征腐蚀，能测量区域腐蚀是其独有的特点；

⑤ 只要能实施且环境条件稳定即可持续测量，适用条件基本上不受被测管道工艺条件限制，高温、高压、埋地管道等均可实施。

⑥ 测量精度为壁厚的 5‰，所以适合于高温管道或埋地管道等长期风险监测，不适用于短期腐蚀速率测量；

⑦ FSM 法是基于一种已经证明的技术。

如图 9-4-21 所示，FSM 产品除了可以显示每个矩阵单的腐蚀减满曲线外，还可以把被测区域部分的腐蚀以三维曲面的形式形象的展现。

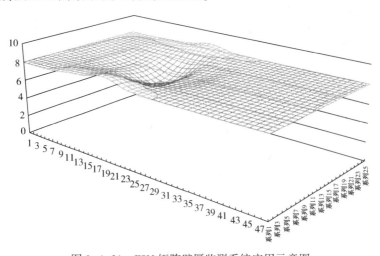

图 9-4-21　FSM 矩阵壁厚监测系统应用示意图

FSM 矩阵壁厚监测技术的问世为延迟催化等炼油装置的腐蚀在线监测提供先进技术，可以实现壁厚减薄实时监控和风险预警。目前国内和国外都开展了相关研究，国内中科韦尔等专业机构开展了先导性开发研究。

12. 在线超声测厚原理和应用

在线超声监测方法是源于对重点设备实行在线监控，进行实时的风险预警。在线的超声波定点测厚技术是从常规手持超声测厚技术引申出来的一种厚度测量技术。其测量原理是同根的，通过测量设备外壁和内壁返回声音的时间差，根据声音在介质中的传播时长来计算被测物壁厚的。

在线超声测量精度一般能达到 0.01mm，电感探针测量灵敏度 100nm，采用短期超声测量数据来进行腐蚀率计算会放大测量误差，所以，超声波定点测厚比较适合于监测壁厚减薄和腐蚀风险预警，指导检维修，而电感探针灵敏度高更适合腐蚀率监测和指导工艺防腐。

但是，与常规超声测厚技术不同的是，超声探头的晶振发声特性只在低温条件下成立，一般温度超过 65℃时，超声的振动会衰减，并在短时间内就减弱到不能识别的程度。而需要长时间定点监测的高风险管道是高温管道。所以选择偏振横波超声波为测量媒介，根据其偏振特性，国内专业机构中科韦尔发明了一种弧面聚声波导技术，在保证偏振横波在波导中传导顺畅、衰减小的同时，通过波导把振动发声晶片与被测管道隔离开来，使超声晶片所处的环境低于 65℃，保证其振动特性。与常规超声测厚技术相比，只是在探头与管壁之间加了一段波导，作为声音往返公共通道，其测量厚度还是通过内、外壁返回声音的时间差来计算。英国帝国理工大学发明了一种片状波导，实现了在设备外壁超过 65℃时的超导连续监测技术，如图 9-4-22（a）所示国内在线超声技术图例和图 9-4-22（b）所

(a)国内技术　(b)国外技术

图 9-4-22　在线超声技术图例

示国外在线超声技术图例。

此外，超声波定点测厚技术强化了声音接收和识别功能，通过高达 40MHz 的数据采集频率记录声音从发出到返回过程中的全部波形数据，如图 9-4-23 所示。再通过波形识别、数字滤波技术等，把内、外壁返回的波峰作为一个整体形状来识别。高频数据采集能提高测量精度并记录波形，波形识别技术能提高声音定位精度，二者相辅相成，提高了测量精度和稳定性。

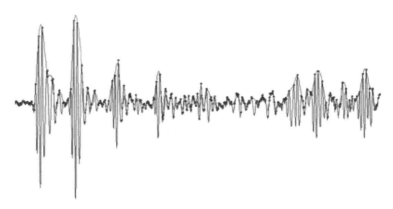

图 9-4-23　在线超声波测厚技术回波示意图

因此，催化等炼油装置的在线监测和实时预警技术发展到了一个新阶段。

超声波定点测厚技术的特点及适用条件：

1）通过卡具卡接或通过在管道表面点焊螺柱的方式固定，不在管道上开孔，所以适合高硫化氢腐蚀环境及高温环境；

2）适用于 500℃ 的高温管道；

3）只一次性安装，长期在线盯住一个点测量，减少人为操作的误差，数据实时连续，有效体现腐蚀的发生和发展。

4）在线超声测量精度为 0.01mm。

三、催化装置的测点及技术选用

每种腐蚀监测方法都有各自的适用范围和优缺点，因此对于催化裂化装置而言，针对不同的腐蚀部位选用有针对性的腐蚀监测方法就变得尤为重要。合理的腐蚀监测能给整个的腐蚀与防护工作带来正确的指导和参考价值。下面就以一个典型的延迟催化装置为例，举例说明各种腐蚀监测方法如何应用在延迟催化装置，详情见表 9-4-3。

表 9-4-3　延迟催化装置在线腐蚀监测位置及类型

序号	监测点位置	腐蚀监测类型	监测目的
1	分馏塔顶冷换设备(第 1 级)入口管线，注水点后	腐蚀探针或腐蚀挂片探针	监测分馏塔顶油气管线注水点后的露点腐蚀、冲刷腐蚀
2	分馏塔顶冷换设备(第 1 级)出口管线	腐蚀探针或腐蚀挂片探针	监测分馏塔顶油气冷凝液腐蚀
3	分馏塔顶循换热器(第 1 级)入口管线	腐蚀探针或腐蚀挂片探针	监测顶循油冷却前腐蚀
4	分馏塔顶循换热器(第 1 级)出口管线	腐蚀探针或腐蚀挂片探针	监测顶循油冷却后腐蚀

续表

序号	监测点位置	腐蚀监测类型	监测目的
5	富气压缩机出口冷换设备(第1级)入口管线，注水点后	腐蚀探针或腐蚀挂片探针	监测富气压缩机出口管线注水点后的腐蚀、冲刷
6	富气压缩机出口冷换设备(第1级)出口管线	腐蚀探针或腐蚀挂片探针	监测压缩富气及凝缩油的腐蚀
7	分馏塔顶油气分离器酸性水出口管线	pH值电极(在线pH值监测)	监测分馏塔塔顶油气分离器酸性水pH值
8	富气压缩机出口油气分离器酸性水出口管线	pH电极(在线pH值监测)	监测富气压缩机出口油气分离器酸性水pH值
9	分馏塔顶油气管线的弯头(注水点前)	在线超声测厚或FSM	监测分馏塔塔顶油气管线的壁厚及冲刷腐蚀趋势
10	分馏塔顶冷换设备(第1级)入口管线弯头(注水点后)	在线超声测厚或FSM	
11	分馏塔顶冷换设备(第1级)出口管线弯头	在线超声测厚或FSM	
12	分馏塔顶顶循抽出口管线弯头	在线超声测厚或FSM	监测分馏塔顶循油气管线的壁厚及冲刷腐蚀趋势
13	分馏塔顶循换热器(第1级)入口管线	在线超声测厚或FSM	
14	分馏塔顶循换热器(第1级)出口管线	在线超声测厚或FSM	
15	催化加热炉进料管线	在线超声测厚或FSM	监测催化加热炉进料管线的壁厚及冲刷腐蚀趋势

参 考 文 献

[1] 李谋成，曾潮流. 不锈钢在含 SO$_2$-稀 HCl 中的电化学腐蚀行为[J]. 腐蚀科学与防护技术，2002，14 (3)：132.

[2] 骆素珍，郑玉贵. 环氧粉末涂层中介质传输的交流阻抗谱特征[J]. 腐蚀科学与防护技术，2001，13 (4)：199.

第十章　过程控制与优化

第一节　催化裂化装置的自动控制

催化裂化装置包括提升管反应器、沉降器(稀、密相床层)、再生器(稀、密相床层)、外取热器、辅助燃烧室、主风机、富气压缩机、分馏塔、轻循环油汽提塔、分馏塔塔顶油气分离器、解吸塔、吸收稳定塔、余热锅炉等生产设备，下面就催化裂化装置的自动控制仪表系统进行阐述。

一、催化裂化装置的自动控制系统

(一) 分散型控制系统

分散控制系统(Distributed Control System，简称 DCS)是一种分散型计算机网络，随着 DCS 技术的更新换代，其控制功能更加完善，算法更为丰富和灵活，有效克服了常规仪表系统在人机接口方面的缺点。除了能完成各种常规的过程控制和逻辑控制外，DCS 还能够实现先进过程控制，实现在线优化，使能源得以充分利用，提高经济效益，并可与工厂管理网络联网，将生产过程控制、操作和管理自动结合起来，为提高装置和工厂的生产管理水平提供了良好的环境。

DCS 融合了计算机技术、通信技术和图形显示技术，以微处理器为核心，具有精确度高，可靠性好和维护工作量少等特点。装置内所有现场检测及过程控制信号都将送入 DCS 系统，DCS 进行集中监视和控制，以保证装置的平稳操作和安全生产，同时，这些信号经过处理将分别用于实时控制、实时显示报警、并生成各种生产和管理用的记录报表。

DCS 包括操作员站实时监控软件、现场控制站实时控制软件和工程师站组态软件三大部分。三大部分软件分别运行在不同层次的硬件平台上，通过控制网络、系统网络相互配合、相互协调、交换各种数据及管理、控制信息，完成工艺过程的管理、控制、检测、操作、报警、采集数据和事件记录、数据存储等功能。其中监控软件包括用于完成画面及流程显示、趋势显示(实时显示和历史显示)、报警功能、报表功能。控制软件包括：数据采集、转换及输出、实时控制、控制算法、先进控制、实时优化、通讯功能、冗余功能、网络功能、故障诊断与恢复、事件记录功能、时钟同步等功能。组态软件包括：工程管理、实时数据库、系统硬件、图形、报表、报警、历史记录、组态、在线调试、组态文件下装等功能。

DCS 系统由操作站、工程师站、辅助操作台、打印机、PC 机、控制站、I/O 机柜、安全栅或/及端子柜、总线设备、配电柜及网络设备等组成。DCS 的控制站及附属设备全部置于现场机柜室内，显示操作站置于中心控制室进行集中操作、控制和管理。工程师站用于组态维护、故障诊断及开车。在过程控制层基础上设置与工厂管理层的实时数据通信接口(硬件平台)设备从而实现控制、管理、经营一体的现代化生产模式。

DCS 系统应具有 ISO 9001 质量体系认证，DCS 系统的所有设备应是通过 CE 认证的。

(二)安全仪表系统

根据国家安监局第 40 号令，催化裂化装置操作介质有易燃、易爆的属性，因此催化装置被纳入一级重大危险源进行管理。为了保证生产装置安全平稳的开停车和长周期、安全连续运行；保护操作和生产管理人员的安全；保护重要生产设备的安全；应设置过程控制安全仪表系统(Safety instrumented System，简称 SIS)系统。

为保障催化裂化装置的正常生产，保持反应-再生系统的压力平衡和催化剂循环是必要的条件。同时，主风机及烟气能量回收机组、增压机和富气压缩机组的安全运行也是安全生产的关键。因此，需配套设置与装置安全等级相适应的安全仪表系统，用于装置紧急事故切断及自动联锁保护。

SIS 系统的安全综合等级评估应根据目前按国内 SIL 分级的方法：HAZOP+LOPA 分析方法进行。这个分析方法是结合半定量的风险矩阵，使用 HAZOP 分析方法进行定性的风险辨识、风险分析以及风险评价和风险应对，以确定与 SIS 系统有关的危害事故场景。对于所有与 SIS 系统有关的危害事故场景采用 LOPA 分析法来进行半定量的风险评估、风险分析、风险评价以及风险应对，以确定安全仪表系统的安全完整性等级即 SIL 等级。即对催化裂化装置的工艺流程结合自保联锁逻辑框图(自保联锁因果图)的逻辑节点，对 SIL 控制回路进行 SIL 评级，从而确定 SIL 控制回路的 SIL 等级，确定安全仪表系统 SIS 的 SIL 等级。

催化裂化装置的 SIS 系统采用 IEC 标准 SIL3 级(DIN 标准 TUV-AK6 级)。按照事故安全型设计要求，SIS 系统需独立设置，与装置 DCS 进行通讯。SIS 系统的控制站要求冗余容错、TMR(或 GMR)、四重化。SIS 系统设置工程师站、SOE 站，相应的报警及操作通过独立的 SIS 操作站(或 DCS 系统操作站)和辅助操作台上的开关、按钮声光报警装置来完成。

SIS 制造厂应具有 ISO 9001 质量体系认证，SIS 系统的所有设备应通过 CE 认证。

(三)机组控制系统

催化裂化装置的主风机组是整个装置的心脏，是催化剂流化循环的动力源泉。催化裂化的富气压缩机组是保证反应压力的重要手段，富气压缩机组一般采用多级离心式气体压缩机。

主风机组和富气压缩机组均是复杂的大型旋转机械。因此，为保证压缩机安稳运行和远程操作，设置机组监测和控制系统(Compression Control System，简称 CCS)，采用专有的控制器和控制软件来完成机组的调速控制、反喘振控制、负荷控制、过程控制以及超速保护、紧急停车和安全联锁的等功能，机组控制系统可以独立设置也可以随机组成套。

CCS 生产工厂应具有 ISO 9001 质量体系认证，CCS 的所有设备和技术资料必须是通过 CE 认证的。配备的 CCS(全部板卡)的安全等级应取得 IEC61508 SIL3 或 TÜVAK6 级以上认证。配备的 CCS 应具有完备的冗余、容错技术。所有设备和部件必须为 2oo3 方式的三重冗余、容错结构或 2oo4 方式的冗余、容错结构。CCS 系统与装置 DCS 进行通讯。

二、主要控制方案

(一)反应压力控制

反应压力是催化裂化装置十分重要的控制参数，反应压力控制正常与否不仅影响催化剂的正常流化循环，也影响产品分布和产品质量。此外，反应压力的波动还是沉降器侧催化剂跑损的主要原因之一。在不同的操作阶段，反应压力的控制有不同的实现方式。为追求更快的控制回路的响应速度，在某些阶段会选取分馏塔塔顶压力作为直接控制点，间接控制反应压力。反应压力控制方案示意图如图10-1-1所示。

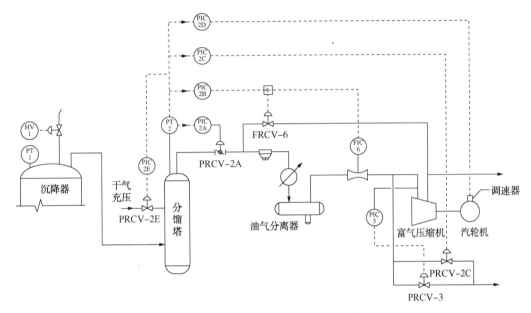

图 10-1-1　反应压力控制方案示意图

1. 两器衬里烘器阶段

根据沉降器顶压力指示(PR-1)通过沉降器顶遥控放空阀(HV-1)控制沉降器顶压力，控压的同时还可起到控制沉降器侧升温速度的作用。

2. 装剂、转剂、两器流化试验阶段

在建立汽封至拆除油气管线大盲板之前，继续通过遥控沉降器顶放空阀(HV-1)，控制沉降器顶压力。

3. 拆除油气管线大盲板至反应进油前

在此阶段，采用分馏塔塔顶油气主路蝶阀(PRCV-2A)或支路蝶阀、分支换热器前手阀控制分馏塔塔顶压力，间接控制沉降器顶压力，使其高于再生器顶压力约20kPa。同时做好气压机开机前的准备工作。

4. 开工喷汽油阶段

2010年以后，越来越多的装置在开工过程中考虑增设喷汽油环节，在低速启动气压机前，需先启用干气充压(PRCV-2E)控制回路进行过渡，接管蝶阀或换热器前手阀的控制权。当反应岗位喷汽油后，提高气压机转速，跨越气压机一阶临界转速。喷汽油之前反再部分的催化剂循环量仅能维持在正常催化剂循环量的10%左右，在喷汽油之后催化剂循环量与设计点的比值可提升到约0.3。在此阶段，气压机反飞动调节阀(FRCV-6)已参与分馏塔塔顶的压力控制。

5. 反应进原料阶段

在反应岗位喷油后，随进料量的增加，富气压缩机入口的温度和压力逐步上升。此时分馏塔塔顶压力由气压机转速、充压干气流量、气压机反飞动调节阀(FRCV-6)联合控制。随进料量的提升，充压干气流量降低直至全关，气压机反飞动阀的开度逐渐减小。

6. 富气压缩机正常运行后

装置负荷率达到70%之后直至满负荷阶段，分馏塔塔顶压力以汽轮机调速器控制为主，辅以气压机反飞动调节阀开度控制，实现分馏塔塔顶压力控制稳定，间接实现沉降器顶压力稳定。

在2000年以前的开工规程中，仍会采用富气压缩机放火炬大、小阀(PRCV-3，PRCV-2C)参与开工阶段的分馏塔塔顶压力的控制。在开工不放火炬的要求下，近期已不再将放火炬大、小阀纳入正常开工过程参与压力控制。

但需注意的是，如在开工阶段判断有含氧气体在放火炬阀前盲端存在积聚风险时，可间断、小幅度开启放火炬阀进行排空操作。

7. 富气压缩机故障工况

在气压机故障工况时，可通过调节放火炬大、小阀以保证压缩机入口压力平稳不超压。此时，气压机入口的压力设定值比正常操作值高 10~20kPa。

(二) 再生压力和两器差压控制

再生器压力控制或两器差压控制是反应-再生系统的关键回路控制，是衡量两器压力平衡、催化剂流化状态、催化剂循环量稳定性的重要指标；也是主风流量控制和烟气能量回收机组控制的保证。常见的再生器压力控制方案有以下几种：

1. 再生器压力定值控制

再生器按恒压操作，由双动滑阀和烟机入口调节蝶阀控制。此方案有利于主风流量控制和主风机组的平稳运行，在一定程度上可消除反应压力波动的影响。

如图 10-1-2 所示，该控制回路简单、操作变量少，实际操作中再生压力在趋势图上可显示为一条无抖动的水平线。相比之下，导致反应压力变化的变量众多，如：汽轮机转速、反飞动阀的开度、分馏塔各段回流的流量(影响液层高度)、分馏塔各段取热情况(影响塔的温度分布)、催化剂的活性(影响产品分布)、反应注入蒸汽量的大小，甚至还有平衡催化剂的筛分情况(影响流化状态)等。导致反应压力难以绝对稳定，会存在小幅波动，波动幅度≤2kPa 即可视为理想状态。反应压力波动时，两器压差随之变化。如遇到原料带水工况，反应压力的波动幅度可达 10kPa 量级，此时可通过调整操作恢复稳定。

在 SIS 系统设置的两器压差联锁，可用于防范波动幅度较大的、可能导致流化中断或逆流的风险。如：外取热器单支取热管爆管，可导致再生压力出现 15~25kPa，甚至更高的增幅；气压机故障也可导致反应压力出现 20kPa 或更高的波动。

再生压力定值控制适合于绝大多数工况，小幅的震荡可以通过操作优化得以收敛。当遇到导致两器压差大幅变化的异常工况或事故时，设在 SIS 系统内的两器压差安全联锁可有效进行隔断、保护装置，不发生次生危险。

2. 两器压差定值控制

鉴于反应压力控制的不稳定性以及再生压力灵敏、可控的特点，可以将两器压差设定为恒定值，通过调整再生压力以保持两器压差恒定。该模式可追溯到 20 世纪 40 年代的Ⅳ型催化，再生压力由双动滑阀和烟机入口调节蝶阀控制，再生器压力的设定值为反应压力加上给定的两器压差。此方案有利于催化剂循环量的稳定，为反应创造更好的条件。

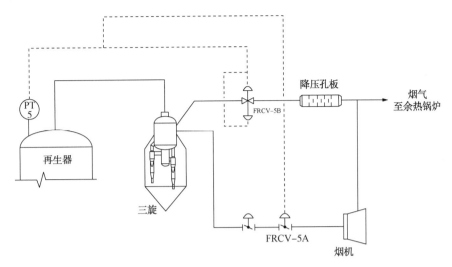

图 10-1-2　再生压力控制方案示意图

　　再生器顶压由双动滑阀与烟机入口调节蝶阀分程控制，但在多数工况下，由双动滑阀担负调节责任，采用两器差压定值控制的装置还可能配置大旁路蝶阀替代双动滑阀，在该控制模式下，双动滑阀(大旁路蝶阀)动作较为频繁，这是该模式需重点关注的问题之一。该模式对稳定催化剂循环量有利，但提升了主风机组的操作难度。

　　上述两种再生器压力控制方案各有优点，也有需特别关注的问题。在设计之初由专利商确定。

(三) 大型轴流式风机的控制

　　轴流式主风机的典型的控制方案，如图 10-1-3 所示。

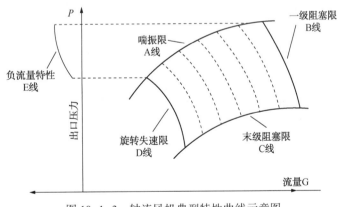

图 10-1-3　轴流风机典型特性曲线示意图

　　轴流式风机具有结构紧凑、动静叶片间隙小、流量-压力特性曲线陡等特点，其稳定工况区虽宽，但限制多且严，还需防范逆流等极端工况。其控制保护系统的特殊要求如下。

　　1. 负荷控制

　　轴流式负荷采用可调静叶转角开度进行控制，流量测量信号取自风机出口(入口流量作为反喘振及反阻塞控制的测量信号)。流化催化裂化装置的大型轴流式风机的可调静叶的要求见表 10-1-1。

表 10-1-1　与风机相关的各种自动阀门一览表

编号	名称	用途	主要性能	自动保护时的性能要求	配用的联锁或加速电磁阀
V-5	风机可调静叶片	负荷调节自动保护	气关式 F.O	紧急停车时开至最大/主风低流量自保（但不停车）时关至最小允许开度	正常通电自控，断电开至最大/主风低流量自保（但不停车）时关至最小允许开度
V-5A	风机入口蝶形调节阀	负荷调节	气关式 F.O 设置最小开度机械限位		
V-6	风机放空调节阀	反喘振控制及自动保护	气关式 F.O/偏心旋转阀或泄露量小的蝶阀动作时间小于 3s	自动调节，快开	正常通电自控断电全开
V-7	风机出口蝶形调节阀（可选）	轴流风机反阻塞控制或出口切断阀	气关式 F.O	自动调节或遥控	正常通电自控断电全开
V-8	风机出口阻尼单向阀（可选）	轴流风机反逆流自保	气开式 F.C 两位式带行程开关	快关	正常通电全开断电快关
V-9	主风阻尼单向阀	主风低流量自保，防止催化剂倒流	气开式 F.C 两位式带行程开关	快关	正常通电全开

2. 大型轴流式风机的反喘振流量控制系统

图 10-1-3 中 A 线是轴流风机的喘振限，大型轴流风机的反喘振流量控制宜采用随动反喘振流量控制系统。

机组喘振对轴流机的危害大于离心机，若喘振得不到有效控制，可能会使机组进入最危险的逆流工况。逆流会使压缩机内温度瞬间陡升，引发压缩机严重损坏，因此，反喘振控制十分重要。通过调节压缩机出口放空阀的开度，以确保压缩机在操作工况下，其入口流量大于该工况下的喘振流量，从而保证压缩机正常运行。

为保护轴流风机，在操作区间的绘制上增加一条虚拟的防喘振线，根据厂家提供的喘振线向右移出 7%~10% 的控制余量，即可得到防喘振线，如图 10-1-4 所示。[1]

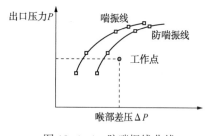

图 10-1-4　防喘振线曲线

3. 大型轴流式风机的反逆流保护

反逆流保护的关键措施如下：

① 反喘振控制是预防逆流工况的根本措施；

② 将装置的主风低流量自保系统与机组的自保系统联锁起来，主风低流量自保系统必须是全自动的；

③ 在风机出口设置动作可靠的随动（或强制）止回阀。

4. 反阻塞控制

图 10-1-3 中的 C 线是轴流式风机的阻塞限。当轴流式风机出口压力降低致使末级附近

叶栅处的流速达到声速时，风机进入阻塞工况。阻塞工况下叶片压降增大，可能导致后面几级叶片疲劳损坏。

反阻塞控制的实质是轴流风机的上限流量，其控制流程与反喘振控制类似。宜采用风机出口给定的反阻塞随动流量控制方案，不同的是当风机流量过大时关小风机出口蝶阀 V-7。

在催化裂化装置中，轴流式风机发生阻塞的概率很低，一般只在开机和开工烘两器阶段操作失误时才可能发生，发生后危险也相对较小(机组较长期处于阻塞状态才能造成叶片疲劳损坏)，机组是否需要反阻塞控制一般都由制造厂根据叶片结构来确定，叶片具有较高结构强度的轴流风机就不需要反阻塞控制。

5. 旋转失速限

图 10-1-3 中的 D 线是轴流式风机的旋转失速限，低于此限就表明风机入口叶栅冲角过大(静叶片开度角过小)，叶片背面气流产生脱离，机内气流形成脉动流将会导致叶片疲劳损坏。防止措施是严格限制风机静叶片开度在不小于制造厂规定的最小允许开度下操作，在风机启动时，应尽快通过旋转失速区。

现在轴流机组制造厂已将风机的最小启动角设定为风机静叶最小允许开度 22°，旋转失速现象已通过机械结构得以根治[1]。

(四) 烟机转速的控制及超速停机保护

对于含有烟机-电机的轴系(可以是三机组也可以是单独发电烟机)需配置烟机转速调节系统，该系统与再生压力和两器差压构成自选调节系统。若低选，调节器 SIC 为反作用；若高选，调节器 SIC 为正作用。

转速调节器为额定转速的 101.5%，具有抗积分饱和功能。

烟机超速保护，超速信号为"三取二"表决，烟机轴承至少设置 5 个以上转速探头。三个表决，一个进转速调节器，一个现场指示。

烟机超速保护动作时，切断型烟机入口蝶阀需要在 0.5~1s 关闭。若装置配置有大旁路蝶阀，该阀也需要在 0.5~1s 打开到适当位置(注意不是全开)接管再生器压力控制权；若装置配置为双动滑阀，由于阀板运行速度较慢，再生器顶压将产生一次 15~25kPa 幅度的憋压。

(五) 反应温度控制

反应温度是影响产品分布和产品质量的重要参数，影响反应温度的因素包括：①装置进料量；②原料性质；③原料油预热温度；④进料喷嘴特性及原料油雾化蒸汽量；⑤再生温度和再生催化剂含碳量；⑥两器差压；⑦催化剂活性；⑧催化剂筛分；⑨反应段其他物料注入(如终止剂、LTAG 柴油、MTC 控温石脑油等)。

在其他因素不变的情况下，其中可控的因素是原料油预热温度和催化剂循环量。

1. 原料油预热温度控制

对于大多数催化裂化装置，进喷嘴前的原料的末级换热器是油浆-原料油换热器，在流程上原料油侧设有旁路温控阀，通过该回路控制原料油预热温度。

2. 通过再生滑阀开度控制反应温度

对于常规提升式催化装置，反应温度控制点一般设在提升管的末端。但对于采用密闭直连防结焦措施的反应器，也可考虑将反应温度控制点设在沉降器顶的油气管线上，以防止与内提升管相关的测温、测压点接管断裂损坏，影响防结焦效果。对于采用 MIP 家族工艺技术的反应器，反应温度控制点设置在一反出口处。

为防止反应进料逆流通过再生线路倒窜到再生器，需在反应温度控制回路上增设"反应温度-再生单动滑阀压降自动低选控制"。该低选的触发压降为 15kPa，若再生滑阀压降大于该值时，不触发低选，此时若需提高反应温度，再生滑阀开度增加。当再生线路催化剂流化异常而导致推动力不足或由其他原因导致反应压力升高时，再生滑阀压降 PdRCA 测得低于 15kPa 的压降值，低值选择器就会自动选择 PdRCAL 去控制再生滑阀，此时即使存在增加反应温度的需求，再生滑阀的开度也不会随之开大，而会随再生滑阀压降变化而改变，如再生滑阀差压继续下降，则 PdRCAL 继续关小，直至全关为止。

（六）反应沉降器(汽提段)藏量控制

反应沉降器(汽提段)的藏量控制主要是通过控制待生单动滑阀(塞阀)的开度来调节汽提段出来的待生催化剂量，使其与进入沉降器内的待生催化剂量保持平衡。

从压力平衡角度分析，待生线路上方存在大容量、高密度的密实催化剂床层。再生烟气从待生线路倒窜的可能性为零，即使待生滑阀(塞阀)压降归零，其后果只是终止流化。因此原则上不需要为待生滑阀(塞阀)-沉降器藏量控制增设压降低选。

（七）再生烟气分析

对于完全再生方式，需重点监控烟气中的氧含量、CO_2 含量。对于烧焦处于上限的装置，建议也设置 CO 在线分析仪。

氧浓度分析仪建议采用热磁式或磁力机械式氧气分析仪。测量范围为 0%~5%(正常工况)、0%~10%(开工工况)；CO_2 及 CO 含量采用红外线式气体分析仪，对于 CO_2，测量范围为 0%~20%，对于 CO，测量范围为 0%~1.5%。

对于不完全再生方式，需监测烟气中 CO、CO_2 及氧含量。但量程不同于完全再生。对于 CO，测量范围为 0%~8%；对于氧含量，测量范围为 0%~1%(正常工况)、0%~10%(开工工况)。

（八）分馏塔油浆系统的控制

分馏塔下部油浆循环有两个目的，其一是洗涤反应油气中的催化剂；其二是回收反应油气的高温位热量。

油浆系统控制的难点是油浆中含有一定比例的固含量，沉降器系统优化且沉降器旋分效率高时，油浆固含的下限可低至 1~2g/L；长期运行可接受的上限为 6g/L。油浆流量计量不得使用孔板，可考虑使用楔形流量计，还有少数装置采用了超声波流量计。

当装置操作异常，油浆固含量持续上升，油浆固含达到约 15~20g/L 时，超声波流量计会出现读数异常或归零；当油浆固含约达到 20~30g/L 或更高时，分馏塔塔底液位将会出现测量异常或归零。

1. 分馏塔塔底温度控制

为防止分馏塔塔底和油浆系统结焦，塔底温度不宜超过 330℃。对于采用硬连接防结焦设施的装置，分馏塔塔底温度不应超过 335℃。

由于油浆末级换热多采用蒸汽发生器，因此油浆返塔温度可视为定值(265~270℃)，这样改变分馏塔底取热负荷的变量只剩油浆流量这一单一变量。正常情况下，油浆下返塔流量增加，塔底温度下降；反之上升。设计建议的油浆上、下返塔比例是 6：4，而操作中有部分装置将这一比例倒置，按上、下返塔流量比为 4：6 操作，这样的分配比看似更有效、更直接地控制塔底温度，但不利于油浆脱过热段（洗涤段）的操作，使得油浆的热量上移，增加了一中或顶循环油的取热比例，现象是测得脱过热段（洗涤段）上方气相温度偏高。如果测得第 1 层塔盘（编号自下而上时）下部气相温度达 355℃ 或更高，则需修正上、下返塔流量比例。

实际操作中也可能遇到未调整上、下返塔比例，而第 1 层塔盘下部气相温度上升的情况，这是产品分布中油浆产率上升的表现，需调整反应深度，或临时提高油浆回炼量或外甩量。

2. 分馏塔塔底液位控制

分馏塔塔底液位最难控制的阶段在开工初期，特别是使用活性较高的平衡剂开工时。由于开工初期原料性质好，反应深度深，分馏为了控制油浆固含，外甩油浆量往往较大，导致分馏塔塔底液位难以维持，此时需采用的极端手段是将原料油补充到分馏塔塔底。

正常运行时，影响分馏塔底液位的因素有①油浆外甩量。产品油浆外甩量增加，液位下降；反之上升。②反应深度。反应深度大，液位下降；反之上升。③油浆循环量。循环量增加，液位上升；反之下降。

从实际运行经验反馈，控稳了分馏塔塔底温度，分馏塔塔底液位也会相对稳定。在 PID 控制回路中产品油浆量是控制液位的最直接变量，但产品油浆量的调节需优先满足以下两点要求：①使产品油浆密度在 $1.08 < d_4^{20} < 1.12$ 范围内；②使产品油浆 100℃ 下黏度 ≤25 ~ 30mm²/s。在异常工况下产品油浆量还担负稀释油浆固含量的任务。因此，在某些阶段产品油浆量可能受到其他限制，不能响应液位控制需求。此时需通过调整油浆循环量、反应深度甚至是原料补塔流量来稳定分馏塔塔底液位。

（九）催化轻循环油流量的控制

对于全抽出模式，轻循环油质量由抽出层下的中段回流取热负荷来控制，用汽提塔的液位控制出装置轻循环油流量。对于部分抽出模式，其控制方案是在进轻循环油汽提塔管线上设置液控阀，用于控制轻循环油汽提塔的液位。

（十）分馏塔塔顶油气分离器液位控制

分馏塔塔顶油气分离器的适合操作液位是 ≤50%，可接受长期在低液位下操作（如 40%），需严控液位不超过 60%。其影响因素有：反应深度变化、切水量变化、粗汽油外排量变化及外来油量变化等。

控制回路特征为：由液位和粗汽油泵出口流量组成串接控制，外排粗汽油量上升，液面下降，同时还需控制好油水界位。

（十一）粗汽油干点控制

粗汽油干点不仅影响产品质量，还影响到催化汽油的硫含量。其影响因素有分馏塔塔顶温度、产品分布（原料性质、反应深度）、冷回流投用情况及反应蒸汽用量。

控制回路特征为：通过调节顶循环油的取热比例来控制粗汽油干点，具体措施是调节顶循环油流量与温差的乘积。当顶循环油流量增加或返塔温度下降，塔顶温度下降，粗汽油干点下降；反之上升。如投用冷回流时，冷回流量增加，汽油干点下降；反之上升。

（十二）吸收、解吸控制

1. 干气中 C_{3+} 含量的控制

干气主要是 C_1、C_2 组分，其中 C_3 及 C_{3+} 组分含量基本要求不大于 3%（体）。后续由干气制乙苯装置时，需控制干气中丙烯含量≤0.7%(体)。

如果干气脱硫后至燃料气管网，需控制干气中 C_{3+} 含量越低越好，以减少丙烯损失。如果干气脱硫后去 C_2 分离装置， C_3 组分可随富乙烯气体至乙烯装置回收， C_{3+} 指标可适当放宽。控制干气中 C_{3+} 含量的关键指标是补充吸收剂量大，吸收效果好；补充吸收剂和粗汽油的温度低，吸收效果好；粗汽油进料位置低，吸收效果好；吸收塔压力高，吸收效果好；若在吸收中段、粗汽油及补充吸收剂进吸收塔前使用冷媒水换热，吸收效果更好。此外，若解吸塔塔底温度过高，解吸气量过大时，吸收塔由于负荷变大也将导致吸收效果变差。

2. 干气带液控制

由于表面张力、易发泡体系等因素的影响，当再吸收剂量较大时易发生再吸收塔塔顶干气产品带液情况，多数流程上在再吸收塔下游会设置一台干气分液罐。

轻循环油的表面张力可达 30mN/m，当用作再吸收剂(贫吸收油)时，运行实例显示操作贫吸收油量无法达到设计值，只能达到设计值的一半甚至更低。发现这一问题之后，尝试采用增大塔径、拆除上段塔盘及顶部局部扩径等措施，但均无法根治这一问题。证明其不是水力学方面的问题，而是轻循环油与干气在塔内形成乳化相造成的。

将顶循环油改作再吸收剂可避开发泡体系，再吸收剂量的实际操作值可与设计值吻合，且不产生干气带液现象。但需注意的是，吸收后干气中 C_{4+} 含量将大于采用轻循环油作再吸收剂的工况。此外，顶循环油对干气中硫化物也有较好的吸收效果，造成顶循环油(富吸收油)腐蚀性增强，需在设备防腐方面重点关注。

还有一种解决方案是通过改变气液动量参数 Ψ 避开发泡体系，仍以轻循环油作再吸收剂，贫吸收油采用分段进料，可实现等量的吸收效果且可以解决干气带液问题[2]。

3. 液化气中 C_5 含量的控制

影响稳定塔精馏段分离效率的因素有：脱乙烷汽油中 C_2 含量高，不凝气量大；稳定塔的温度整体偏高；塔顶回流比未控制在合理范围，回流比过小导致分离效果差，回流比过大，可能出现液封冲塔；塔顶操作压力低；进料位置上移。

针对以上原因作相应调节。

4. 液化气中 C_2 含量的控制

液化气中 C_2 含量由解吸效果控制，影响因素有提升解吸塔塔底温度，尽量降低脱乙烷汽油中 C_2 含量，指标是≤0.5%(体)；调整解吸塔塔顶温度。

实际运行的分析化验结果中罕有液化气中 C_2 含量超出 0.5%(体)的现象，甚至还可能出现零值。但这不代表解吸效果好，还需关注液化气中硫化氢的含量，如果计算硫平衡分配到液化气中的分配比大于液化气收率的一半，即使液化气中 C_2 含量显示为零，也需提升解吸效果，避免在"强吸收、弱解吸"模式下操作。

5. 稳定汽油蒸汽压的控制

稳定汽油蒸气压的控制等同于汽油中 C_3 、 C_4 含量控制，若汽油蒸气压高，则需提出塔底重沸器的热负荷，以利于降低汽油中 C_3 、 C_4 含量。

6. 稳定塔塔压力控制

稳定塔塔顶压力控制有两种模式，一种是"热气体旁路"控制；另一种是"卡脖子"式控制。这两种控制方式定型已久，各有特点，文中不再赘述。

三、催化裂化装置的自保联锁

（一）基本自保联锁

催化裂化装置是炼油企业的核心装置，它的多变量特性决定了其操作的复杂程度。当遭遇到的异常情况反-再系统及主风烟气能量回收机组需要停车时，操作在短时间需完成一系列操作，且这一整套动作不允许出现任何错误，否则将导致次生危害。为实现装置安全平稳停车，在 SIS 系统内设置了一套完整的自动联锁保护系统，可有序切断装置进料联锁程序、两器差压超限联锁程序、主风低流量联锁程序、增压风联锁程序等相互关联的自保程序。

1. 切断提升管进料

当出现下列情况之一时，切断提升管进料。此时，进料切断阀关闭，进料返回阀打开，回炼油、回炼油浆进料调节阀关闭，预提升干气调节阀关闭，预提升蒸汽调节阀开启。

① 提升管反应温度低低；

② 两器差压超限；

③ 主风流量低；

④ 主风机组停机或安全运行。

2. 切断两器催化剂循环

当出现下列情况之一时，切断两器循环。此时，待生滑阀（塞阀）关闭，再生滑阀关闭，同时切断原料进料子逻辑段。

① 两器差压超限；

② 主风流量低；

（3）主风机组停机或安全运行。

3. 切断主风

当出现下列情况之一时，切断主风。此时，再生器主风阻尼单向阀关闭，主风机组安全运行。同时，切断两器循环子逻辑段和原料进料子逻辑段。

① 主风流量低低；

② 主风机组停机或安全运行。

4. 切断增压风

当出现下列情况之一时，切断增压风。此时，外取热流化风调节阀关闭，外取热提升风调节阀关闭，外取热器下滑阀关闭。

① 主风流量低；

② 主风机组停机或安全运行。

（二）附加自保联锁

1. 富氧注入系统附加联锁

当催化裂化装置增设富氧注入系统时，需配套增加附加联锁。当出现下列情况之一时，将切断富氧注入系统。

① 氧浓度分析仪测得混合后主风氧浓度高高如 28%（体）；

② 主风机组停机或安全运行。

2. 紧急隔离阀附加联锁

随 GB 50160—2008《石油化工企业设计防火规范》升版至 2018 版，为大、中型催化裂化装置设置紧急隔离阀成为标配。在满足规范的其他技术要求下，球阀、闸阀和蝶阀均可用于紧急隔离阀，但不得选用截止阀（Globe Valve）。对用于公称通径 $DN \leqslant 200$ 的阀门宜选用球阀或闸阀，对公称通径 $DN>200$ 的阀门宜选用闸阀、三偏心蝶阀或双偏心高性能蝶阀。紧急隔离阀的阀体应符合 API 607 或 API 6FA 耐火试验标准。

设置在催化裂化装置内的紧急隔离阀与其下游机泵的对应关系如下。

① 分馏塔塔底油浆管线隔离阀与循环油浆泵联锁；

② 回炼油罐底隔离阀与回炼油泵联锁；

③ 分馏塔塔顶油气分离器粗汽油抽出口隔离阀与粗汽油泵联锁；

④ 气压机出口油气分离器凝缩油抽出口隔离阀与解吸塔进料泵联锁；

⑤ 吸收塔塔底出口隔离阀与吸收塔塔底油泵联锁；

⑥ 解吸塔塔底出口隔离阀与稳定塔进料泵联锁；

⑦ 稳定塔塔顶回流罐液化气抽出口隔离阀与稳定塔顶回流油泵联锁；

⑧ 稳定塔塔底管线隔离阀与稳定汽油泵联锁。

紧急隔离阀在现场设有就地操作按钮，该按钮距对应泵的间距不应小于 15m；在控制室内也设有关阀按钮。为防止误操作，在 SIS 内还需设置复位软按钮。在现场或控制室内关闭紧急隔离阀后，给对应的机泵发出电气停泵信号。事故处理完成后，紧急隔离阀的阀位回讯显示该阀处于开启状态时，方可允许对应的机泵启动。

第二节　催化裂化先进控制

一、先进控制概述

先进控制（Advanced Process Control，简称 APC），是相对于基于比例积分微分（PID）控制的传统经典控制技术而言的，是基于现代控制理论的高级过程控制技术。现阶段工业过程控制中应用最成功、最具发展前景的先进控制技术是模型预估控制。

（一）先进控制的特点

1. 与常规 PID 控制的不同

在生产过程自动控制中使用最为广泛的是 PID 控制算法，这是缘于 PID 算法鲁棒性强、操作简单方便。常规 PID 适用于单回路对象或者由主副回路组成的串级控制对象，但无法将一个操作单元作为整体对象来处理。先进控制可以理解为一个多对多的大串级控制器，与常规串级控制的区别是其采用的算法不是 PID，而是基于对象模型矩阵的预估控制算法。

PID 控制算法是单输入单输出简单反馈控制回路的核心算法，其理论基础是经典控制理论，主要采用频域分析方法进行控制系统的分析设计和综合。预估控制是直接从工业过程应用中提出的一类基于模型的优化控制算法，它的产生是工业实践的迫切需求，也是来自对生产过程及其特点深入观察研究的灵感；它的出现使得过程控制中强耦合、大迟延等难题迎刃而解，为过程控制技术增添了新的活力。

2. 对于装置对象的针对性

常规 PID 控制仅有三个参数可以调整，比例度 P、积分时间 I、微分时间 D，无法准确应对被控对象的动态特性与稳态特性，控制效果不一定是最佳的。

预估控制普遍采用参数模型或者非参数模型，能够有效地表达被控指标(因变量)受调节手段以及干扰因素(自变量)的影响结果。

3. 系统实现与运行特点

先进控制系统的实现，往往需要基于大规模的计算：数据处理与传输，模型辨识与预测计算，控制规律的计算，稳态寻优，控制性能的评价，整体系统的监视(包括统计计算、各种图形显示)等，因而需要借助于计算机上位机的计算资源来实现。

先进控制系统采取周期性方式运行，根据对象的时间常数特性确定合适的运行间隔，多数情形为 1~2min 或 30s。每一运行周期，首先从 DCS 控制系统读取变量参数数据，进行计算，然后输出到 DCS 控制系统执行。

(二) 先进控制的作用

1. 先进控制最基本的作用是提高装置运行的平稳性

先进控制通过装置或过程单元的多变量协调控制和约束控制，可以充分发挥 DCS 常规控制回路的潜力，协调管理各调节回路，降低各被控参数的运行波动，如图 10-2-1 所示，先进控制能提高装置操作的平稳性。

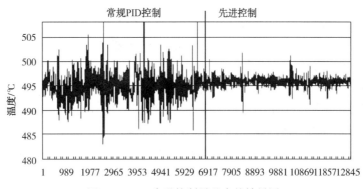

图 10-2-1　先进控制最基本的效果图

2. 先进控制能提高装置自动控制水平，降低操作人员劳动强度

先进控制通过软仪表或在线质量分析仪，实现产品质量的在线实时检测和直接闭环控制；为装置操作人员提供一个方便的协调控制工具，承担大多数常规平稳操作的任务，相当于一个优秀的操作员全天 24h 持续工作；能降低操作人员的劳动强度。

3. 先进控制可以获得直接经济效益

在提高装置平稳性的基础上，先进控制器采用成熟的寻优技术，在操作弹性区域中找出最优操作点，并协调管理各调节回路，实现卡边操作，将装置稳定在最优点，从而提高高价值产物的收率、提高装置处理量、降低装置能耗等，从而获得直接经济效益，如图 10-2-2 所示。

二、先进控制技术基础

(一) 基本术语

1. 被控对象

先进控制器所控制的工艺单元或装置，称为被控对象，也称为被控系统、或被控过程。

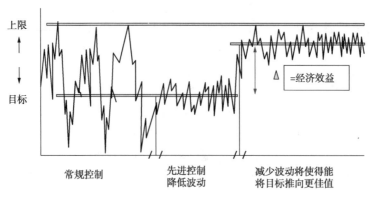

图 10-2-2　先进控制器通过卡边优化实现经济效益

炼油化工装置，通常由一系列大型工艺处理设备为核心的基本工艺单元组成，例如：反应、再生、加热炉、精馏塔、吸收稳定、萃取单元等。一个先进控制器，一般设计为控制一个基本工艺单元，或包含及其附属基本单元，或相互关系复杂密切的两个或多个基本工艺单元。

2. 被控变量

被控变量（Controlled Variable，简称 CV），是先进控制器的非独立变量（Dependent Variable），指在被控对象中不能直接进行调节，只能受操作变量、干扰变量的变化而改变的变量，可以理解为数学意义上的因变量。

从过程控制动态特性角度考虑，被控变量可被划分为：自衡被控变量、积分变量。

自衡被控变量：当系统的平衡关系被破坏后，经过一定时间后，能自动地稳定在新的平衡点上的被控变量，称为自衡被控变量。

积分变量（Integrating Variable）：积分变量也称为斜坡变量（Ramp Variable）。当系统的平衡关系被破坏后，经过一定时间后，不能自动地稳定在新的平衡点上的被控变量。

3. 操作变量

操作变量（Manipulating Variable，简称 MV），是先进控制器的可操作调节的独立变量（Independent Variable），其值不受被控系统内其他变量的影响。例如：设计为 MV 的常规 PID 控制回路的设定值、常规手操回路的输出（阀位）值。

4. 干扰变量

干扰变量（Disturbing Variable，简称 DV），也称为前馈变量（Feedforward Variable，简称 FF）是先进控制器的不可调节的独立变量，其值不受被控系统内其他变量的影响。有测量信息、对被控对象有影响的、本系统中不能调节的变量，均应设计为干扰变量，例如：被控单元无法控制的进料压力、随天气改变的冷却水温度、外来物料温度等。

5. 控制器模型

控制器模型是用来在控制算法中表达被控对象特性的数学模型，用模型预测未来时刻被控对象的运动和误差，以作为确定当前控制作用的依据。一般可以是阶跃响应曲线、脉冲响应曲线、传递函数等。

现阶段，炼油化工装置应用的先进控制系统，采用商品化先进控制软件辨识、调整装配、展示控制器模型时，通常表现为阶跃响应曲线矩阵，如图 10-2-3 所示。

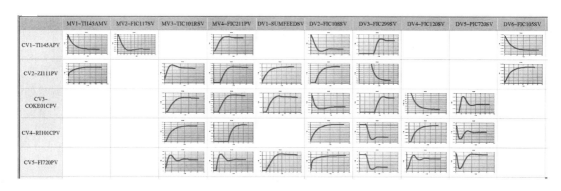

图 10-2-3　先进控制器模型矩阵示例

图 10-2-3 以表格状图示形式展示出一个"5CVs-4MVs-6DVs"的控制器模型。最左一列列出了 5 个 CVs 变量的位号，顶上一行，从左至右依次列出了 4 个 MVs 变量和 6 个 DVs 变量的为位号。每一个基于绿底网格(或蓝底网格)的模型曲线，表示一个"子模型"，即该 CV 对于该 MV 或 DV 的单位阶跃响应曲线。

CV 行和 MV/DV 列相交的子模型区域为空白，表示该 MV/DV 的变化，对该 CV 没有影响，或影响极小、可忽略。

(二) 预估控制

预估控制，也称预测控制，大体可以用以下三个基本特征：

1. 模型预估

用模型来预测未来时刻被控对象的运动规律和被控参数的误差，以之作为确定当前控制作用的依据，使控制策略适应被控对象的存储性、因果性和滞后性，可得到预想的控制效果。

2. 反馈校正

利用可测信息，在每个采样时刻对被控参数的预测值进行修正，抑制模型失配和干扰带来的误差。用校正后的预测值作为计算最优控制的依据，使控制系统的鲁棒性得到明显提高。

3. 滚动优化

预估控制是一种最优控制策略，其控制目标是使某项性能指标最小，并采用预测偏差来计算控制作用序列，但只有第一个控制作用序列是实际加以执行的。在下一个采样时刻还要根据当时的预测偏差重新计算控制作用序列。这种控制作用序列的计算，不像最优控制那样一次计算出最优结果，而是按采样时间周而复始地不断进行，故被称为滚动优化。

预估控制的上述三个基本特征，是控制论中模型、反馈控制、优化概念的具体体现。它继承了最优的思想，提高了鲁棒性，可处理多目标及各种约束，因而符合工业过程的实际要求，故在理论和应用中得到迅速发展。

(三) 先进控制器中的实时优化

1. 动态控制与稳态优化

生产过程处于不断变化的动态中，但是稳态过程才是操作追求的终极目标。在先进控制系统中，稳态优化为动态控制提供终值目标，动态控制是实现稳态优化的具体调节手段。常规思路是通过建立线性规划模型求解稳态优化问题，然后通过一系列动态控制步骤来实现稳态优化目标。

2. 线性规划

先进控制实施的目的是平稳操作，卡边优化，实现经济效益，经济效益可以看作是产品收益增加或者生产成本的降低。稳态优化一般针对经济效益指标，其目标是最小化一系列操作手段的成本之和，或者最大化一系列产品收益之和，以及前两者的某种线性组合，多采用线性规划来计算。一个标准的线性规划如下面描述的数学表达式：

$$\text{minimize} \quad c^T x$$
$$\text{subject to} \quad Ax \leq b$$
$$\text{and} \quad x \geq 0$$

求解上述问题，可以得到 X 向量的各个决策变量数值。

3. 先进控制器的实时优化设计

在先进控制器的每个控制周期，首先进行稳态优化计算，确定 CV、MV 的稳态目标值，然后通过优化求解，计算 MV 动作序列，使得过程对象从当前状态平稳过渡到稳态目标值，并执行第一步动作；采用这种滚动时域（Receding Horizon Control）的方式周而复始。

（四）软仪表技术

软仪表（Soft-Instrument）也称为软测量（Soft-Sensor）。它是对一些难于测量或暂时不能测量的重要变量，选择过程对象中相关的一些常规仪表测量的变量（称为输入变量），通过构成某种数学关系用计算机软件来推断和估计，以用来代替仪表功能。

如图 10-2-4 所示，软仪表通过一种建模方法，得到主导变量与输入变量的数学关系，从而在线实时估计主导变量的值。

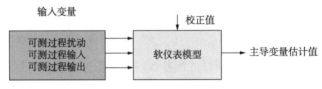

图 10-2-4　软仪表建模

主导变量，即被软仪表估计（/观测）的工艺参数，通常是产品质量指标，也可以是反应再生等复杂过程的一些难以采用常规仪表直接检测的过程参数。

从输入变量到主导变量的数学关系，称为软仪表模型。

软仪表建模的理论依据，基于工艺过程机理分析、物理化学理论、化学工程理论和技术、线性系统理论及方法，以及过程数据统计分析等。

1. 软仪表可行性

软测量与常规测量仪表相比，在原理上并无本质的区别，像流量变送器将压力传感器测量信号通过变送器内的电子元件或气动元件转换为流量输出信号、早期通过单元组合仪表实现分馏塔的内回流的计算，也是利用类似的方法得到不能直接测量的变量，只不过它们是利用测量仪表内的模拟计算元件或模拟单元组合仪表来实现简单的计算，而不是利用计算机软件来实现的。

2. 软仪表建模

软仪表建模方法，一般有机理建模、半机理建模、黑箱回归建模三种。

（1）机理建模

机理建模就是依据物理化学原理和工艺过程机理，推导出主导变量和输入变量的数学关系，逐步解构、组合成主导变量与中间变量的简单数学关系。机理模型的系数，通常可由工艺设计、运行数据计算获得。有时，为简化计算，也可由生产运行数据回归获得。

（2）半机理建模

同机理建模过程基本相同，模型型式需要解构组合成中间变量（X_1、X_2、…）的简单线性关系：

$$Y = A_0 + A_1 \times X_1 + A_2 \times X_2 + \cdots$$

因工艺过程的复杂性，在机理推导过程中，需要确定一些经验假定，并采用线性系统理论来处理一些难以确定的局部数学关系。模型系数通常难以直接计算得出，而是采用实际运行数据回归获得，因此，称为半机理模型。对于半机理模型，上式中线性项的系数（即模型系数）的正负应当是明确的，线性项不应过多，以 1、2 项或 3 项为常见。零位项 A_0 通常也是能够确定正负的。

（3）黑箱回归建模

采用机理、半机理建模方法无法建立主导变量与输入变量确定的简单数学关系时，就只能采用黑箱回归方法来建立软仪表模型。

黑箱回归建模方法，基于非线性系统线性化理论。线性系统理论的基本结论指出：非线性系统可以通过划分工作点区间，分段线性化。对于炼油化工过程单元，从温度、压力、流量等可测参数，到质量指标，通常是严重非线性的，但过程单元通常运行在比较小的波动范围。因此，在正常操作条件下，可以将它们之间的关系线性化。

先进控制工程应用经验表明：模型关系越简单（输入变量少），模型稳定性越好；反之，模型关系越复杂（输入变量多），模型稳定性越差。

3. 实时校正

多数软仪表采用半机理或黑箱回归模型，并非严格的机理推算建模，因而具有对不同工况的适应性；并且，建模数据中的化验数据，采样和化验均为人工操作，存在较多的随机误差，模型系数本身就存在一定偏差；而装置原料性质、反应深度、操作条件的变化，必然会造成新的模型偏差，特别是零位飘移。因此，实时校正是必要的。

实时校正数据源，通常有化验数据、在线分析仪数据。

既然有了在线质量分析仪，为啥还要建立软仪表呢？由于在线分析仪数据存在一些不持续准确的因素：有的分析仪，需要周期性的停用来清洗采样系统等保养维护；有的分析仪，本身采样间隔就比较长，例如数十分钟。建立软仪表，可以充分发挥计算机软件的优势，剔除非正常数据、侦测分析仪不出结果的时间段里的过程变化。

先进控制软件中的软仪表组件，本身均具有实时校正模块，在系统建设时完成组态配置，即可实现实时校正功能。

（五）控制策略

先进控制器的控制策略包括三个方面：其一，先进控制器的变量表，即 CV、MV、DV

变量设计；其二，控制器模型矩阵结构；其三，由先进控制控制器组件的逻辑运算功能实现的特殊执行策略。第二、第三两个方面的策略，与装置的工况特点、设备状况和先进控制设计实施经验密切相关。本文后续的介绍，只涉及第一点。

另外，对于各被控变量的区别管理，也可以称为控制策略的组成部分。

例如：在先进控制器的操作和运行管理中，被控变量通常分为两种情形：被控目标；安全约束变量。

被控目标 CV 是指需要被控制在较窄范围内的工艺参数，如粗汽油终馏点、稳定汽油蒸气压、稳定塔上部灵敏温度等。被控目标 CV 的控制高/低限，一般设置得比较窄。

安全约束 CV 是指为保证安全生产、物流平衡，而需要限制在一定范围内的工艺参数，如回流罐液位、循环油浆总量、塔底油浆温度等，以及 CV 中一些 MV 控制回路的输出(阀位)约束等。安全约束 CV 的控制高/低限，一般可设置得比较宽。

(六) 无扰切换和安全管理

1. 无扰切换的机理

常规自动控制回路的控制模式无扰切换体现在：在控制模式切换时，控制回路的输出是连续的，没有明显的阶跃性或脉冲性变化。先进控制与常规控制之间的无扰切换，也参照这一原则要求。

先进控制器的 MV，通常是 DCS 常规控制回路的设定值。当然也有先进控制的 MV 直接设计为控制回路阀位(输出值)的情形。

先进控制器的每一周期，首先读取 MV 当前值，控制器运算得出是控制增量，叠加到读入的 MV 当前值上，最终给出的 MV 控制输出，受到 MV 控制步幅(通常很小，是正常运行所允许的)的限制。先进控制器 MV 从常规控制切换到先进控制，一个运行周期的调节动作幅度，相当于操作员对设定值(或输出值)的正常人工调节，幅度甚至更小，符合无扰动的要求。先进控制器 MV 从先进控制切换到常规控制，只要没有 DCS 控制回路、没有其他因素导致设定值(或输出值)突变，就不会有扰动。

因此，先进控制与常规控制的切换是无扰动的。

2. 安全管理与紧急切除

先进控制系统通常运行在上位机服务器上，上位机与 DCS 通过以太网连接。为确保通信故障、先进控制器中止、装置工况异常等情况时，DCS 上的 MV 控制回路能做出正确、及时的响应，需要在 DCS 建立安全管理与紧急切除逻辑，实现以下要求：

① 上位机与 DCS 通讯监控(看门狗)：通讯中断、先进控制器程序中止时，将各控制回路切出先进控制模式，返回到预先确定的常规控制模式。

② 当装置工况异常或较大波动时，一键整体切除先进控制。

③ 检查 MV 控制回路的模式是否符合先进控制设定的模式要求，确保先进控制能够正常地调节。

为防止通信接口中异常因素的影响，也可以在安全管理逻辑中增加调节幅度检查限制以及其他实时跟踪措施。

(七) 先进控制系统集成架构

先进控制系统的集成结构一般采取上位机方式，通信接口实现上位机与 DCS 之间数据的实时交换。常规 PID 控制运行在 DCS 上，多变量预估控制器、软测量在上位机运行，并最终通过常规 PID 控制来实现。另外上位机服务器可与企业管理网相连，如图 10-2-5 所示。

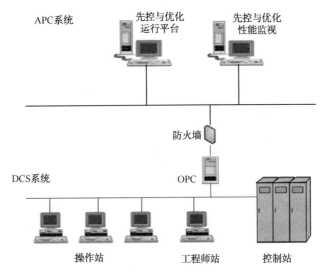

图 10-2-5　先进控制系统集成架构示意图

三、催化裂化装置先进控制策略

(一) 催化裂化装置的特点和控制要求

1. 催化裂化装置工艺特点

催化裂化装置是国内炼油生产中工艺最为复杂的装置，不同企业由于建成投产时代不同，催化裂化装置，特别是反应再生部分，工艺差别很大。例如：催化剂再生烧焦、反应器沉降器以及烟气能量回收等，中国石化各企业中的催化裂化装置就存在很大的差异。

另外，循环催化剂采用流态化循环输送、空气烧焦再生；催化剂再生烧焦产生大量的热，由外取热器汽包发生蒸汽和烟气轮机回收；分馏塔底油浆循环的高温位取热，通常用于加热常减压蒸馏装置的原料；分馏塔顶循，又往往作为气体分馏装置的塔底重沸热源；分馏塔一中回流，一般设计为稳定塔和/或解吸塔的塔底重沸热源；再吸收塔的再吸收溶剂，有的装置采用轻循环油，有的装置采用分离塔顶循油，吸收贫气中汽油组分后的富吸收油，再返回分馏塔上部。反应进料中，除被处理的主要原料之外，有时会有其他装置的一些重质污油掺入；而在分馏塔上部或粗汽油罐，往往会接纳一些外来的轻质油气，有些外来物料时断时续，甚至连流量测量仪表也没有配置，如此等等，导致催化裂化装置的工艺流程复杂，关联耦合严重，装置自动控制和平稳操作的难度较大。

2. 催化裂化装置的控制要求

催化裂化装置的过程控制要求，主要体现在四个方面：

① 平稳装置的操作：实现装置安全、平稳运行；平稳控制再生器-沉降器两器压力平衡和再生催化剂温度，确保流化催化剂循环良好和合适的反应条件。

② 平稳控制再生器及其烟气的温度，提高再生烧焦过程的热回收效率。

③ 产品质量控制：实现干气、液化气、汽油、轻循环油、油浆的主要质量指标平稳有效控制。

④ 在平稳控制、产品质量合格的基础上，实现卡边操作，提高高价值产品的收率、提高掺渣(重)油比或装置处理量、降低装置综合能耗。

（二）先进控制策略

1. 反应再生过程的控制策略

反应再生过程主要控制点在于：两器差压；再生器密相、稀相、再生烟气出口温度；再生烟气氧(或一氧化碳)含量；反应温度、进料量、原料预热温度、剂油比、掺渣(重)油量、回炼油量、反应终止剂量等见表10-2-1。两器差压通常采用常规单回路自动控制策略，保持平稳控制即可。其他的控制点，一般以再生烧焦热回收最大化、提高裂化反应转化率、提高掺渣(/重)比或处理量为控制目标，建立多变量协调先进控制器。

此外，催化剂循环量、烧焦量、反应时间、裂化反应转化率、旋风分离器线速、再生剂定碳、催化剂活性等关键指标，对于反应再生过程的平稳控制具有非常重要的意义。但这些指标通常难以直接测量，需要建立在线实时工艺计算或软仪表，为操作员和工艺技术人员提供及时的变化趋势参考。

表 10-2-1　某催化裂化装置反应再生过程先进控制器变量表

被控变量 CV	操作变量 MV	干扰变量 DV
再生器烟气氧含量	外取热器滑阀开度	原料油总量
再生器密相床层温度	外取热器提升风流量设定	混合原料密度
再生器希相温度	重油提升管出口温度设定	主风流量
外取热汽包产汽量	原料预热温度	热蜡油流量
反应转化率	进装置加氢重油流量设定	沉降器出口压力
原料掺重比	回炼油流量设定	预提升干气流量
气压机入口富气总流量	反应终止剂量设定	
再生滑阀阀位		

2. 分馏过程的控制策略

分馏过程主要包括：主分馏塔、轻循环油汽提塔、塔顶回流罐和循环取热系统。分馏过程的主要生产任务是从反应油气中分离出反应产物。提高轻循环油和粗汽油的分离精度，同时控制油浆质量指标，将轻循环油组分从油浆中充分拔出，是提高经济效益的基本方法。

分馏塔粗汽油的质量指标主要控制其终馏点，轻循环油的质量指标通常控制95%馏程温度和初馏点，油浆的质量控制通常控制塔釜温度。反应产物(汽油、液化气、干气)的进一步分离，则在吸收稳定过程进行和控制。

分馏塔一般设有五个循环回流：塔顶冷回流、顶循环回流、一中回流、二中回流、油浆循环上/下回流，一些分馏塔年度生产多数时间里已经不需要打冷回流，还有少数分馏塔取消了二中回流，或正常操作时调节极少。

先进控制器的控制策略通常设计为：协调调节各循环回流流量和顶循温控三通阀、一中温控三通阀，以及轻循环油汽提塔汽提蒸汽流量、分馏塔油浆外甩流量，以分馏塔顶温度、轻循环油抽出温度、分馏塔人字挡板气相温度、分馏塔塔釜液位、塔釜温度为关键约束/被控变量，充分考虑分馏塔和前后过程单元的关联耦合、外来物料的干扰因素之前馈影响，实现粗汽油终馏点、轻循环油95%馏程温度和初馏点等质量指标直接闭环控制见表10-2-2。

在提高控制平稳性的基础上，通过粗汽油、轻循环油质量指标的实时卡边优化，提高高价值产品的回收率。

表 10-2-2　某催化裂化装置分馏过程先进控制器变量表

被控变量 CV	操作变量 MV	干扰变量 DV
粗汽油终馏点温度	分馏塔顶温度设定	主分馏塔顶压力
轻循环油初馏点温度	分馏塔顶循流量设定	反应进料总量
轻循环油95%馏程温度	分馏塔一中流量设定	混合原料密度
分馏塔人字挡板气相温度	分馏塔一中温度设定	反应出口温度
分馏塔底油浆温度	分馏塔二中流量设定	再生滑阀阀位
油浆产率	分馏塔二中温度设定	回炼油流量
分馏塔底液位	循环油浆上返塔流量设定	主分馏塔顶压力
分馏塔顶温控阀位	循环油浆下返塔流量设定	进分馏塔蒸汽总量
分馏塔一中温控阀位	循环油浆返塔温度设定	轻循环油汽提蒸汽流量
分馏塔二中温控阀位	产品油浆流量设定	富吸收油流量
解吸塔重沸返塔温控阀位		回炼油返塔流量
		塔顶外来物料

3. 吸收稳定过程的控制策略

吸收稳定过程一般包括压缩富气凝缩油罐、吸收塔、再吸收塔、解吸塔、稳定塔及其回流罐。吸收稳定过程的生产任务是将汽油、液化气、干气按质量指标要求分离，提高高价值产品回收率见表10-2-3。

吸收稳定过程控制的产品质量指标一般是：干气 C_{3+} 含量，液化气 C_{2-} 含量、C_{5+} 含量，稳定汽油蒸气压(/初馏点)。调节手段主要有：补充吸收剂、再吸收剂的流量，解吸塔、稳定塔的塔底重沸返塔温度，稳定塔顶回流量，以及再吸收剂流量、再吸收塔顶压力、稳定塔顶压力。有些催化裂化装置的解吸塔，有解吸塔进料加热温度控制或中段回流，如果可控，也应该纳入先进控制器。

吸收稳定先进控制，在质量指标在线检测比较可靠时，主要的约束变量只需要考虑：吸收塔液气比、解吸塔底温度解吸塔顶(/上部)温度、稳定塔上部灵敏温度(/回流比)、稳定塔顶回流罐压控阀阀位(/不凝气排出量)。

表 10-2-3　某催化裂化装置吸收稳定过程先进控制器变量表

被控变量 CV	操作变量 MV	干扰变量 DV
干气 C_{3+} 含量	补充吸收剂流量设定	补充吸收剂进料温度
液化气 C_2 含量	贫吸收油流量设定	粗汽油进料流量
液化气 C_{5+} 含量	再吸收塔顶压力设定	吸收塔富气进料流量
稳定汽油蒸汽压	解吸塔顶冷进料流量设定	解吸塔进料流量
吸收塔进料液气比	解吸塔重沸返塔温度设定	解吸塔顶冷进料温度
解吸塔顶温度	稳定塔顶压力设定	脱乙烷汽油流量
稳定塔上部灵敏温度	稳定塔顶回流流量设定	稳定塔进料温度
稳定塔顶压控阀阀位	稳定塔重沸返塔温度设定	

4. 质量指标的在线检测

随着炼油化工工业对生产过程控制、计量、节能增效和运行可靠性等要求越来越高，常规过程检测仪表仅获得温度、压力、流量、液位等过程参数，已经不能满足工艺操作和控制的要求。随着经济发展和环境管理的进步，生产装置对产品质量控制要求越来越高。分馏塔的产品终馏点、闪点、其他馏程温度等，以及轻组分分离过程的产物组成等质量指标，在线实时检测需求越来越强烈。

为解决工业过程的测量需求，经常采用两种测量途径：一是实现直接测量，即采用在线分析仪表；二是采用间接测量，即利用直接获得的有关常规测量信息，通过计算机来实现对常规不可测变量的预测计算，即软测量。

采用在线分析仪表，需要较大的设备投资，后续维护投入也比较大。采用软仪表，需要准确可靠的足够的建模数据，通常需要准确的化验数据并经常校准。随着数字化智能化技术的发展，软仪表模型推断技术将取得进一步的突破，日益成熟。

催化裂化装置的先进控制器设计实施中，通常考虑的质量指标参数有：

① 粗汽油终馏点温度，轻循环油初馏点温度，轻循环油 95% 馏程温度。

② 干气 C_{3+} 含量，液化气 C_2 含量、C_{5+} 含量。

③ 稳定汽油蒸汽压(或初馏点温度)，稳定汽油终馏点温度。

汽油终馏点温度、轻循环油初馏点温度、轻循环油 95% 馏程温度、干气 C_{3+} 含量，在先进控制系统建设中，一般建议采用在线分析仪。

液化气 C_2 含量、C_{5+} 含量、稳定汽油蒸气压，经过石化盈科十多年的努力，探索总结出比较成熟的软仪表建模经验，并形成了发明专利，通常可以构建预测趋势比较准确的软仪表模型。

四、催化裂化装置先进控制的经济效益

(一) 先进控制的经济效益

先进控制的经济效益，体现为间接经济效益和直接经济效益。

不便于核算的或核算方法复杂的、但显然具有的经济效益，一般称为间接经济效益。

例如，装置平稳性的提高和产品质量的直接闭环控制，可以降低操作人员劳动强度，降低产品的不合格率，显然具有经济效益。但降低操作人员劳动强度所形成的经济效益，通常难以准确核算。而不合格产品，通常要返回处理或进污油系统，因此，降低产品不合格率最终体现在装置能耗或操作费用的降低、和/或装置处理量的提高。不合格产品的处理通常涉及其他装置，效益核算比较复杂，且不一定能单独准确核算。这两方面的效益，通常归入间接经济效益。

可以通过本装置相关数据、简单核算得出数据的经济效益，称为直接经济效益。例如：提高高价值产物的收率、提高装置处理量、降低装置能耗等，就是可以简单核算的直接经济效益。

（二）催化裂化装置先进控制直接经济效益的核算

对于催化裂化装置，先进控制的直接经济效益体现在：

① 汽油、液化气、轻循环油等高价值产品收率的提高，干气中 C_{3+} 组分跑损的降低。

② 再生烧焦和分馏塔油浆换热等热回收效率的提高和解吸塔稳定塔能耗的降低。

③ 掺渣（/重油）比、装置处理量的提高。

提高汽油和轻循环油收率，通常伴随着分馏塔热回收的降低；降低干气中 C_{3+} 组分跑损，通常伴随吸收解吸过程能耗的增加，核算时应当考虑在内。

经济效益的核算，需要首先确定对比数据时间段，并考虑数据可获得性、原料性质变化、产品方案变化等因素。为简化核算过程，通常选择先进控制全面投用后一段时间的数据，和阶跃测试之前的相同时间长度的数据。

时间长度可以是一周、两周、一个月，更长时间的数据是没有必要的。如果原料性质不稳定、产品方案有变化，反而影响对比结果的客观性。

对比数据的获得方法，可以是装置标定数据，也可以是实际运行数据。

表 10-2-4 为催化裂化装置先进控制的直接经济效益核算的一个实例。

表 10-2-4　某催化裂化 APC 投用前后装置经济效益对比核算表

对比项	APC 实施前	APC 投用后	对比差值	产品价格/（元/t）	年总价差值/万元
时间段	30 天	30 天			
原料加工量/（t/h）	360.00	360.00	—		
汽油产量/（t/h）	220.60	221.75	1.15	5983	5779.578
轻循环油产量/（t/h）	94.00	93.00	−1.00	5322	−4470.48
液化气产量/（t/h）	89.90	89.75	−0.15	4393	−553.518
合计经济效益					755.58

注：（1）单价为当前中国石化产品价格；（2）APC 的投用对三剂的使用量没有影响；（3）本装置 APC 的投用对装置总能耗的影响很小，不做对比分析；（4）年平均开车时间 8400h。

第三节　催化裂化流程模拟

一、流程模拟概述

（一）流程模拟的概念

流程模拟是一种采用数学方法来描述过程的静态/动态特性，通过计算机进行物料平衡、热平衡、化学平衡、压力平衡等计算，对生产过程进行模拟的过程[1]。可以将流程模拟系统定义为应用过程工程理论、系统工程理论、计算数学理论同计算机系统软件相结合而建立起来的一种计算机综合软件系统，专用于模拟流程工业的过程和设备以及整个流程系统。

流程模拟技术可以在项目规划阶段对工艺过程进行可行性分析，评价各种方案；在研究阶段进行概念设计，弄清研究的重点；在进行实验室研究的同时开展数学模型的研究，进行模拟实验，使两者互相补充，提高研究质量，加快研究进度；在工程设计阶段对初步设计进行方案比较，寻求最优设计；在生产阶段通过对过程性能进行监控，克服"瓶颈"，实现操作优化，离线指导生产来实现企业节能降耗、挖潜增效、提高经济效益的目的。总而言之，流程模拟技术在流程工业中应用十分广泛。相对一般的化工过程，石油化工和炼油工业的大型化为流程模拟技术的应用带来了更大的舞台和应用空间。

（二）流程模拟的基础

流程模拟软件系统需要涉及基础物性、物性参数、物流数据、能流数据、单元模块数据、各功能模块数据等各种数据。需要对这些数据进行有效的管理，以实现不同模块之间、不同功能之间，以及同其他系统之间进行数据的传递与共享。

1. 物性数据库

物性系统在流程模拟中具有重要的意义。这可以从两个方面来看：一方面，模拟的质量好坏显然首先取决于数学模型的质量，但最终却受物性数据的准确程度限制；另一方面，在整个模拟计算中，物性的计算占有举足轻重的地位。

物性分为平衡性质(热力学性质)和非平衡性质(传递性质)。热力学性质又可分为：体积或密度，是与状态方程有关的物性；热焓、熵及自由能的计算，这是计算热量平衡以及化学反应能量平衡时所需的物性；气-液平衡计算所需的物性为平衡常数 K 值及逸度系数等。传递性质有热导率 λ、黏度 μ、扩散系数 D_{ab}、表面张力 σ 等。

2. 物性估算

石油化工过程涉及化合物的数量和种类非常多，即使物性数据库包括的组分数再多或允许用户添加纯组分物性，要使模拟软件具有通用性和更大的应用范围，流程模拟软件也必须具有物性估算功能，否则就不能处理包括物性数据库中没有、用户无法添加的组分的模拟与优化。物性估算通常包括基础物性估算(包括临界物性估算、偏心因子、理想气体热容等)、传递物性估算(包括气液黏度、导热系数、扩散系数、表面张力)和热力学性质估算(包括液体密度、饱和蒸气压、汽化潜热，气液热容等)；由于流程工业涉及的物质种类非常多，具有不同的特性，需要分门别类地建立其物性估算方法，因此，模拟软件具有适用的物性估算方法也成为关键技术之一。

3. 热力学性质计算

即使有了纯组分的物性数据，模拟软件需要采用适用的热力学性质计算技术来计算模拟所需要的各种热力学性质。热力学性质计算方法是化工分离计算的基础，可用于计算焓、熵、逸度系数、活度系数等，决定相平衡计算、热负荷计算、分离计算的准确性和可靠性。不同热力学方法适用于不同的操作体系。热力学计算方法从功能上分为立方形状态方程、多参数状态方程、活度系数模型、经验关联式等，以及每种模型的默认路线和方法。

4. 石油馏分计算

当工艺流程中包含石油成分时，石油成分往往只能得到实验蒸馏数据，而分离计算只能对普通化合物进行处理。这就需要将蒸馏数据转换为虚拟组分，并估算虚拟组分物性，然后作为普通组分进行计算，最后再次拟合为蒸馏曲线。石油馏分的处理包括蒸馏数据的转换、拟合、外延，虚拟组分物性的估算，初馏点、终馏点的处理，虚拟组分拟合为蒸馏曲线等。

5. 单元模块模拟

石油化工过程涉及各种各样的过程。不同的过程包括不同的设备，对应于过程模拟软件中不同的单元模块。因此，单元模块的数量与种类将决定着过程模拟系统的应用范围和推广应用程度。单元操作模块是对实际工业装置的抽象和建模，包含进料和出料，可对实际工业装置在计算机环境下进行模拟计算，确定操作所需的进料条件，以及出料产品的状态与指标。单元操作模块从功能上可以划分为塔系列、压力改变系列、分离系列、反应器系列等，适用于不同的工艺过程。

6. 流程模拟算法

有了过程涉及的纯组分数据、热力学性质计算方法和单元模块模拟技术，还需要能处理整个过程系统模拟的模拟算法。流程模拟算法用来对复杂的流程尤其是循环流程进行流程的分块、判断撕裂流股、撕裂流股赋初值、判断求解次序，并对流程求解过程进行加速等。流程模拟系统依据模拟方法可分为：序贯模块法模拟系统，联立方程法模拟系统，联立模块法模拟系统[2]。

（三）流程模拟的必要性

炼油与石油化工是化工过程中两个非常重要的与石油相关的行业，因为它们是提供能源、化学纤维，尤其是交通运输燃料和有机化工原料的最重要的流程工业[3]。与其他化工过程一样，希望其设计和操作都处于最优状态。在计算机技术日益渗透到各领域的今天，为炼油与石油化工过程的最优设计和最优操作与控制创造了物质基础。

目前通用石油化工过程模拟软件在工程设计、科研和炼化生产单位中广泛应用，已成为石油化工科研、设计和生产部门开发新技术、开展工程设计、优化生产运行不可或缺和极为重要的辅助工具，且依赖性日益加大。流程行业目前正在进行智能工厂的建设，智能工厂的一大特征就是模型化，对生产的感知能力、预测能力和分析优化能力，这也是智能工厂的几个关键能力之一，这一切也都离不开流程模拟技术作为支撑。

二、催化裂化工艺流程建模

（一）数据准备

建模过程中需要原料和产品的化验分析数据、装置流程及装置操作数据、设备数据、物料平衡数据等。

以某套催化裂化装置数据为例进行说明数据见表10-3-1~表10-3-11。

1. 分析数据

表10-3-1 进料减压蜡油分析数据

项目	数值	项目	数值
进料类型	减压蜡油	碱性氮/($\mu g/g$)	726
密度(20℃)/(g/cm^3)	0.9233	氮总量/($\mu g/g$)	2178
馏程(实沸点)/℃		总氮/碱氮含量比	3.0
初馏点	262.0	硫/%	0.66
5%	335.5	进料脱硫率/%	50
10%	360.7	康氏残炭/%	1.95
30%	418.6	金属含量/($\mu g/g$)	
50%	460.1	钒	0.5
70%	500.0	镍	5.0
90%	550.3	钠	0.3
95%	570.3	铁	3.5
终馏点	620.2	铜	0.1

表10-3-2 平衡催化剂分析数据

项目	数值	项目	数值
催化剂热容/[$kJ/(kg \cdot ℃)$]	1.13	钠	3103
焦炭热容/[$kJ/(kg \cdot ℃)$]	1.675	铁	5553
平衡催化剂金属含量/($\mu g/g$)		铜	57
钒	5000	催化剂藏量/(kg)	150000
镍	4044	平衡催化剂活性 MAT/%	66

表10-3-3 轻组分产品分析数据

项目	干气	酸性气	液化气	石脑油
质量流量/(kg/h)	4833	667	19542	
组成/%(体)	摩尔/%	摩尔/%	液相体积/%	液相体积/%
N_2	22.46	0.6	0.00	0.00
O_2	0.00	0.00	0.00	0.00
CO	1.74	0.00	0.00	0.00
CO_2	1.78	30.5	0.00	0.00
H_2S	0.00	68.5	0.00	0.00
H_2	25.51	0.00	0.00	0.00
甲烷	23.33	0.2	0.00	0.00
乙烷	11.23	0.2	0.01	0.00
乙烯	11.26	0.00	0	0.00

续表

项目	干气	酸性气	液化气	石脑油
组成/%(体)	摩尔/%	摩尔/%	液相体积/%	液相体积/%
丙烷	0.25	0.00	13.55	0.00
丙烯	1.01	0.00	41.51	0.00
正丁烷	0.24	0.00	4.68	0.14
异丁烷	0.44	0.00	18.03	0.35
异丁烯	0.38	0.00	12.50	0.04
1-丁烯	0.00	0.00	0.00	0.04
反二丁烯	0.00	0.00	4.01	0.3
反二丁烯	0.00	0.00	5.735	0.23
丁炔	0.00	0.00	0.00	0.08
正戊烷	0.00	0.00	0.00	2.00
异戊烷	0.00	0.00	0.00	8.34
环戊烷	0.00	0.00	0.00	0.12
3-甲基-1-丁烯	0.00	0.00	0.00	0.37
1-戊烯	0.00	0.00	0.00	1.10
2-甲基-1-丁烯	0.00	0.00	0.00	0.24
正-2-戊烯	0.16	0.00	0.00	1.39
反-2-戊烯	0.23	0.00	0.00	2.38
2-甲基-2-丁烯	0.00	0.00	0.00	3.66
环戊烯	0.00	0.00	0.00	0.15
甲戊二烯	0.00	0.00	0.00	0.31
苯	0.00	0.00	0.00	0.83
分脑油	0.00	0.00	0.00	77.93
总计	100	100	100	100

表 10-3-4　重组分产品分析数据

项目	石脑油	轻循环油	塔底油浆
质量流率/(kg/h)	46583	24333	4125
温度/℃	25	220	235
压力/kPa	300	310	320
蒸馏类型	D86	D86	TBP
馏程/℃			
初馏点	35.7	217.9	221.0
5%	40.8	235.9	314.0
10%	45.6	246.6	343.3
30%	64.7	275.7	382.2
50%	86.4	300.3	426.7

续表

项目	石脑油	轻循环油	塔底油浆
70%	115.0	326.9	468.3
90%	165.4	365.4	496.1
95%	191.4	382.5	545.1
终馏点	255.4	418.9	649.0
相对密度	0.7276	0.9526	1.021
硫/%	0.06	0.91	1.96
RON	92		
MON	82		
烯烃/%(体)	28.5		
环烷烃/%(体)	8.53		
芳香烃/%(体)	23.6		
浊点/℃		−10	
康氏残炭/%	0.01	0.11	0.38
碱性氮/(μg/g)	3	42.6	108.1

2. 操作数据

(1) 反应器操作数据

表 10-3-5 减压蜡油进料操作条件

项目	数值	项目	数值
质量流量/(kg/h)	104625	压力/kPa	601.3
温度/℃	175	进料位置	提升管

表 10-3-6 雾化蒸汽操作条件

项目	数值	项目	数值
雾化蒸汽质量流量/(kg/h)	5200	雾化蒸汽压力/kPa	1301
雾化蒸汽温度/℃	200		

表 10-3-7 提升管操作条件

项目	数值	项目	数值
提升管出口温度/℃	518	汽提蒸汽质量流量/(kg/h)	5000
提升气体体积/(Nm³/h)	0	汽提蒸汽温度/℃	200
提升气体温度/℃	25	汽提蒸汽压力/kPa	1301
提升气体压力/kPa	101.3		

表 10-3-8　再生器操作条件

项目	数值	项目	数值
密相床温度/℃	680	鼓风机排气温度/℃	180
烟道气 O_2，干基/%	2.8	催化剂库存/kg	150000
增加 O_2 质量流量/(kg/h)	0	烟道急冷水流率/(kg/h)	0
增加 O_2 压力/kPa	101.3	烟道急冷水温度/℃	101.4
增加 O_2 温度/℃	100	烟道急冷水压力/kPa	687.4

（2）分馏塔操作数据

表 10-3-9　主分馏塔操作条件

项目	数值	项目	数值
塔顶压力/kPa	255	二中流量/(kg/h)	46000
塔底压力/kPa	301.7	二中返塔温度/℃	272
塔顶温度/℃	140	油浆上返塔流量/(kg/h)	24000
塔底温度/℃	345	油浆上返塔温度/℃	257
塔底油浆采出量/(kg/h)	5000	油浆下返塔流量/(kg/h)	8330
石脑油循环量/(kg/h)	10000	油浆下返塔温度/℃	257
粗汽油采出量/(kg/h)	44580	塔底蒸汽流量/(kg/h)	2000
轻循环油侧采量/(kg/h)	44000	塔底蒸汽温度/℃	240
顶循流量/(kg/h)	10000	塔底蒸汽压力/kPa	1351
顶循返塔温度/℃	82	轻循环油汽提塔蒸汽流量/(kg/h)	370
一中流量/(kg/h)	100000	轻循环油汽提塔蒸汽温度/℃	240
一中返塔温度/℃	182	轻循环油汽提塔蒸汽压力/kPa	1351

3. 设备数据

（1）反应器设备数据

表 10-3-10　反应器设备数据

项目	数值	项目	数值
提升管数量	1	再生器密相床直径/m	6.000
再生器段数	1	再生器稀相直径/m	9.000
是否有终止剂和其他进料位置	无	再生器界面直径/m	9.000
提升管总长度/m	36.58	再生器旋风分离器进口高度/m	15.24
提升管直径/m	1.00	再生器旋风分离器入口直径/m	2.286
再生器密相床高度/m	4.572	再生器旋风分离器出口直径/m	1.249

（2）分馏塔设备数据

表 10-3-11　主分馏塔设备参数

项目	数值	项目	数值
塔板数	17	一中返塔位置	7
油汽进料位置	16	二中抽出位置	14
汽提蒸汽进料位置	17	二中返塔位置	11
循环石脑油抽出位置	9	油浆上返塔抽出位置	17
顶循抽出位置	2	油浆下返塔返回位置	15
顶循返塔位置	1	油浆上返塔抽出位置	17
一中抽出位置	8	油浆下返塔返回位置	17

（二）物性系统准备

物性方法是进行流程模拟的基础，不同的物性方法，模拟结果大相径庭。对于不同的体系或流程，选择合适的物性方法至关重要。物性方法可以计算焓差、熵差、摩尔体积等热力学物性，以及在相平衡计算中需要的逸度系数、活度系数。一般适用于石油组分的物性方法有四种，如表 10-3-12 所示。

表 10-3-12　适用于石油组分的物性方法对比

物性方法	选用模型	适用温度/℃	适用压力/atm	其他
BK10	Braun K10K-值模型	大于-140 小于 826	<10	不适用有轻气体的混合物
CHAO-SEA	Chao-seader 液相逸度；Scatchard-Hildebrand 活度系数	大于-73 小于 260	<140	不适用含氢气的混合物
GRAYSON/GRAYSON2	Grayson-Streed 液相逸度，Scatchard-Hildebrand 活度系数	大于 16 小于 426	<204	不适用于近沸点组分的分离
MXBONNEL	Maxwell-Bonnell 液相逸度		<10	与 BK-10 类似，可用于混合物临界点附近

GRAYSON 属性方法是为含有碳氢化合物和轻质气体的系统开发的，例如二氧化碳和硫化氢，当系统含有氢时，建议使用 GRAYSON 方法。

对非极性或弱极性混合物，适合使用 RK-SOAVE 属性方法。实例是烃和轻质气体，例如二氧化碳、硫化氢和氢气。因此在吸收稳定部分选用 RK-SOAVE 方程。

（三）催化裂化装置工厂模型开发

1. 建模范围

本次建模过程包含催化裂化反应器以及主分馏塔部分和吸收稳定部分的建模，不包含后续产品的加氢和脱硫过程。

2. 流程建模

（1）反应器建模

1）导入催化裂化装置建模需要的组分包，如果当前组分包中缺少实际模拟时所缺少的组分，可手动添加来完成。

2）物性方法的选择；

催化裂化装置模拟选择 Peng-Robinson 物性包。

3）反应器设置，包括设置反应器尺寸及催化藏量；

4）输入原料分析参数；

5）输入提升管/再生器操作条件。

完成上述操作后，完成催化裂化装置反应器的建模，流程见图 10-3-1。

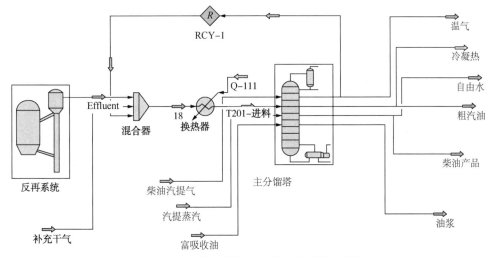

图 10-3-1　催化裂化反应器及分馏塔流程图

（2）分馏部分建模

分馏部分包括分馏塔和吸收稳定塔，分馏塔、吸收塔、解析塔、稳定塔均采用 Petro Frac 模型，其中，分馏塔和稳定塔均为板式塔，解析塔为板式、填料混合装填，吸收塔、再吸收塔为填料塔。分馏塔塔顶使用部分气液冷凝，中部有四个循环回流，用来取走多余的热量，分馏塔侧壁带有一个轻循环油汽提塔，馏出轻循环油产品；稳定塔底经重沸器加热，塔顶采用全气液冷凝。分馏塔系统模拟流程见图 10-3-2，吸收稳定系统模拟流程见图 10-3-3。

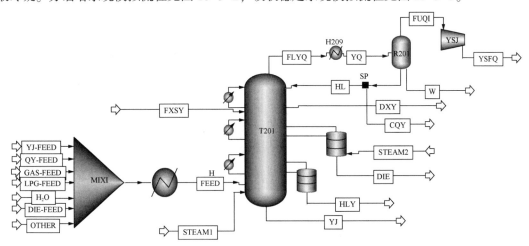

图 10-3-2　分馏塔系统模拟流程图

T201—主分馏塔；FXSY—富吸收油；YSFQ—富气去吸收；DXY—富吸收油；

CQY—粗汽油；DIE—轻轻循环油；HLY—回炼油；YJ—油浆

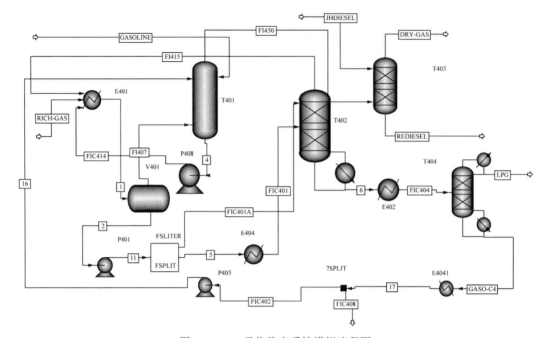

图 10-3-3　吸收稳定系统模拟流程图

T-401—吸收塔；T-402—解析塔；T-403—再吸收塔；T-404—稳定塔

3. 催化裂化装置模型应用

（1）催化裂化主分馏塔模型应用

应用催化裂化装置主分馏塔模型可以做如下分析：

1）模拟主分馏塔温度、压力分布

一般工业催化裂化装置的分馏塔均有几个测温点和测压点，但无法知道全塔的温度分布和压力分布，通过流程模拟就很容易做到这一点。图 13-3-4 和图 10-3-5 分别是某催化裂化装置的温度剖面图和压力剖面图。

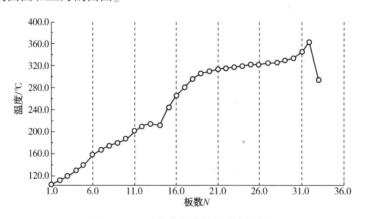

图 10-3-4　主分馏塔的温度剖面图

2）模拟主分馏塔气液相负荷分布

通过模拟，我们可以知道主分馏塔的气、液相负荷沿塔板的分布，从图 10-3-6 中可以直观地判断其气、液负荷分布是否合理。

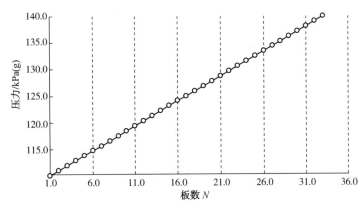

图 10-3-5　主分馏塔的压力剖面图

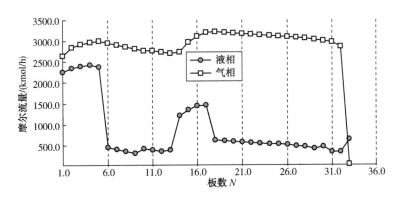

图 10-3-6　主分馏塔的气、液相负荷分布

3）模拟汽油产品的质量控制

　　汽油是催化裂化装置的主要产品，一般通过顶循的抽出量、返回温度和塔顶冷回流量来控制汽油的终馏点。通过模拟，我们可以清晰地知道顶循的抽出量、返回温度、塔顶冷回流与汽油终馏点的关系，分别见图 10-3-7、图 10-3-8。

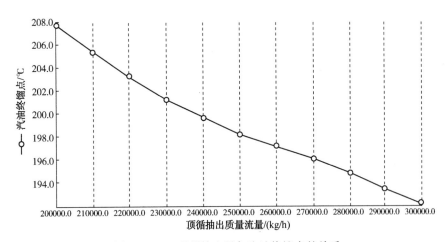

图 10-3-7　顶循抽出量与汽油终馏点的关系

由图 10-3-7 可以看出，在固定顶循返回温度的情况下，汽油终馏点随着顶循抽出量增多而降低，即顶循抽出越多，也就是顶循取热量越大，汽油的终馏点越低。

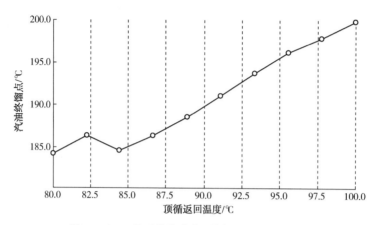

图 10-3-8　汽油终馏点与顶循返回温度的关系

由图 10-3-8 可以看出，在固定顶循抽出流量的情况下，汽油终馏点随顶循返塔温度升高而升高，即顶循返塔温度越高，也就是顶循取热量越小，汽油的终馏点越高。

4）模拟轻循环油产品的质量控制

在实际装置操作中，一般通过控制中段回流以及轻循环油抽出量来控制轻循环油的终馏点（轻循环油一般控制 95% 点）。通过流程模拟，可以很清晰地知道这些变量和轻循环油终馏点的一一对应关系，分别见图 10-3-9~图 10-3-11。

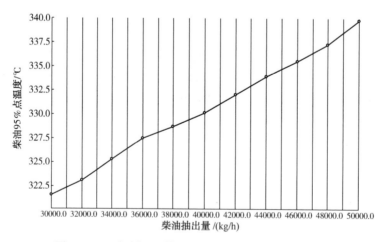

图 10-3-9　轻循环油抽出量和轻循环油 95% 点的关系

从图 10-3-9 可以看出，轻循环油的 95% 点馏出温度随着轻循环油抽出量的增高而增加，几乎呈线性关系。

从图 10-3-10 看出，在固定中段循环量的情况下，随着中段循环返回温度越高，也就是中段取热量越少，轻循环油 95% 点馏出温度越高。

从图 10-3-11 可以看出，在固定一中循环返回温度的情况下，一中循环抽出越多，即

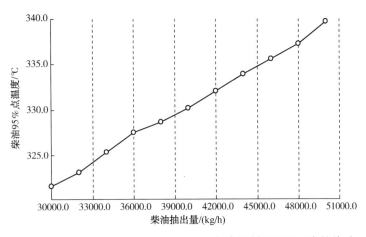

图 10-3-10　轻循环油 95%点馏出温度与中段循环返回温度的关系

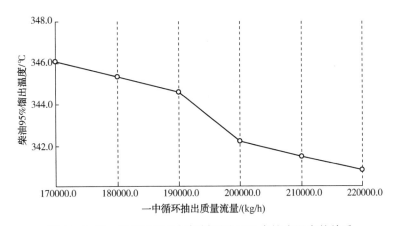

图 10-3-11　中段回流量与轻循环油 95%点馏出温度的关系

一中取热量越大，轻循环油 95%点馏出温度越低。

　　5）通过模拟优化主分馏塔的取热分布

　　由于进入主分馏塔的绝大部分热量是由反应油气在接近反应温度的过热状态下带入分馏塔的，除塔顶产品以气相状态离开分馏塔外，其他产品均以液相状态离开分馏塔。因此，在分馏过程中需要取出大量显热和液相产品的冷凝潜热，一般，这些热量通过顶循、一中循环、二中循环、油浆循环的方式将塔的过剩热量取出。

　　分馏塔自上而下取出热的温位逐步提高，利用价值也越来越大。故在满足产品质量要求的情况下，可尽量多取高温位热量。通过对主分馏塔的流程模拟，我们可以优化分馏塔的取热分配，多取高温位热量并多产高压蒸汽。

　　（2）催化裂化吸收-稳定模型的应用

　　应用催化裂化装置吸收-稳定系统模型可以进行如下分析：

　　1）运用模拟技术解决干气不干问题

　　催化裂化的干气产率一般为 3%~6%，干气中除富含乙烷、乙烯、甲烷及氢外，还含有在生产过程中带入的氮气和二氧化碳等。由于吸收稳定系统操作条件的限制，干气中还有一定的丙烷、丙烯甚至少量较重的烃类。

一般规定，催化裂化干气中 C_3 含量 $\not> 3\%$（体），有的企业甚至要求更低。如何降低干气 C_3 含量，增产液化气，是工厂非常关注的问题。通过模拟，可以找出干气 C_3 含量的影响因素与其之间的对应关系。图 10-3-12 是补充吸收剂量与干气 C_3 的关系，图 10-3-13 是吸收塔粗汽油+补充吸收剂量与干气 C_3 的关系。

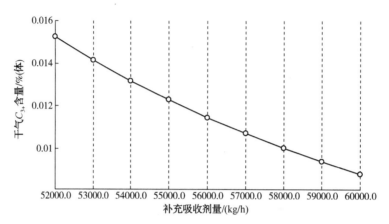

图 10-3-12　吸收塔补充吸收剂量与干气 C_3 含量的关系

由图 10-3-12 可以看出，干气 C_3 含量与补充吸收剂量基本成反比关系，补充吸收剂用量越大，干气中 C_3 含量越低，但操作成本越高。

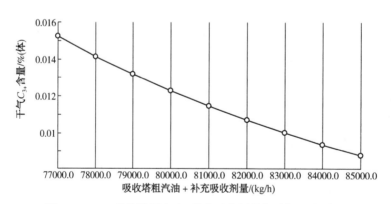

图 10-3-13　吸收塔粗汽油+补充吸收剂量与干气 C_3 的关系

2）运用模拟技术解决液化气质量问题

催化裂化装置的液化气产量大约在 8%～15%，因此也是催化裂化的主要产品。液化气的主要组成是 C_3 和 C_4，还有少量的 C_5。其中 C_3 约占 30%～40%，C_4 约占 55%～65%。在 C_3 中，丙烯约占 60%～80%；在 C_4 中，总丁烯约占 50%～65%。

一般规定，液化气中 C_2 含量 $\not> 0.5\%$（体），液化气中 C_5 含量 $\not> 5\%$（体），故使 LPG 的质量达标也是技术人员所关注的问题。液化气由稳定塔塔顶采出，故一般控制稳定塔顶的采出量和回流比来控制 LPG 的质量。图 10-3-14 是稳定塔回流比与液化气 C_5 的关系，图 10-3-

15 为稳定塔塔顶采出与 LPG 中 C_5 的关系。

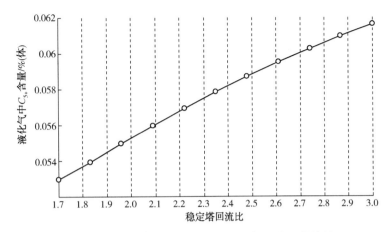

图 10-3-14 稳定塔回流比与液化气中 C_5 含量的关系

由图 10-3-14 可以看出，随稳定塔顶回流比增大，液化气中 C_5 含量逐渐增多，但增幅不是很明显。

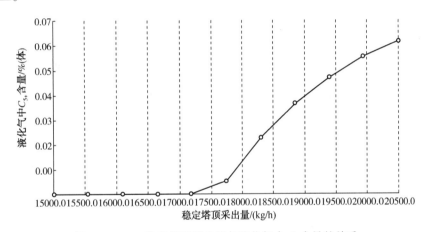

图 10-3-15 稳定塔顶采出量与液化气中 C_5 含量的关系

由图 10-3-15 可以看出，稳定塔顶采出量较小时，液化气中基本不含 C_5，随着采出逐渐增大，液化气中 C_5 含量逐渐增多，而且增幅明显，故稳定塔顶采出是主要调节手段。

3）运用模拟技术降低不凝气量

一般催化裂化装置在正常操作条件下停出不凝气，但由于为了满足吸收率的要求，脱吸塔底的温度不能控制得很高，因此常会有一部分 C_2 被带入稳定塔，使稳定塔顶压力升高，不得不放出不凝气。控制稳定塔塔顶的温度可以控制不凝气的排放。

由图 10-3-16 可以看出，稳定塔顶温度对不凝气的排放影响非常大，随稳定塔顶温度升高，不凝气排放量增加非常明显。

（3）催化裂化反-再部分模型的应用

1）平衡催化剂活性对产品分布的影响

变换平衡催化剂活性值，考察其对催化裂化产品分布的影响，结果见表 10-3-13。

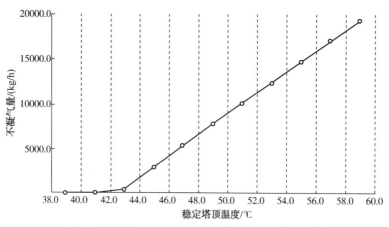

图 10-3-16　稳定塔塔顶温度与不凝气排放的关系

表 10-3-13　平衡催化剂活性对催化裂化产品分布的影响

项目	平衡催化剂活性 MAT				
	64%	67%	70%	73%	75%
轻端产率	25.41%	25.83%	26.17%	26.53%	26.62%
汽油产率	40.09%	41.05%	41.82%	42.44%	42.84%
轻循环油产率	24.16%	23.18%	22.33%	21.56%	21.06%
焦炭产率	4.70%	5.25%	5.71%	6.09%	6.32%
转化率	70.2%	72.13%	73.70%	75.07%	75.78%

平衡催化剂活性对催化裂化反应性能的影响如图 10-3-17 所示。

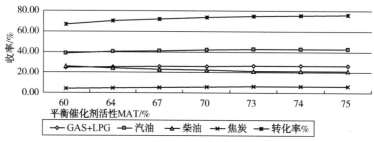

图 10-3-17　平衡催化剂活性对产品分布的影响

由图 10-3-17 可以看出，随着平衡催化剂活性的升高，轻端产品收率变化不大，汽油产率和焦炭产率增高，轻循环油收率下降，转化率增大。

2）原料预热温度对产品分布的影响

原料预热温度对产品分布的影响，见表 10-3-14。

表 10-3-14　原料预热温度对产品分布的影响　　　　　　　　　　%

产品分布	原料预热温度				
	140℃	160℃	185℃	200℃	220℃
轻端收率	26.48	26.51	26.53	26.45	26.48
汽油收率	42.62	42.53	42.42	42.31	42.16
轻循环油收率	21.17	21.39	21.62	21.86	22.11
焦炭收率	6.54	6.28	6.03	5.79	5.56

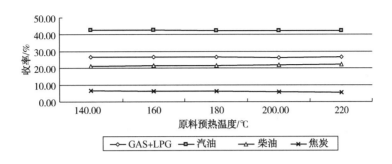

图 10-3-18　原料预热温度对产品分布的影响

从图 10-3-18 看出，随原料预热温度的升高，轻端产品收率变化不大，汽油收率下降，轻循环油收率升高，焦炭收率下降较明显。

3）进料位置/停留时间对产品分布的影响

表 10-3-15　进料位置对产品分布的影响　　　　　　　　　　　%

产品分布	进料位置			
	2m	5m	8m	10m
轻端收率	26.89	26.66	26.53	26.28
汽油收率	43.37	42.95	42.44	42.10
轻循环油收率	20.48	20.97	21.56	21.97
焦炭收率	6.39	6.25	6.09	5.99

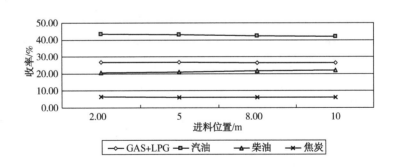

图 10-3-19　进料位置对反应性能的影响

进料位置与停留时间成反比关系，即进料位置越高，原料油在提升管的停留时间越短，反应深度越低。

从图 10-3-19 和表 10-3-15 可以看出，随进料位置上移，汽油收率下降，轻循环油收率增加，焦炭产率略有降低。

4）反应温度对产品分布的影响

表 10-3-16　反应温度对催化裂化反应性能的影响　　　　　　　%

反应性能	反应温度						
	499℃	502℃	505℃	508℃	512℃	515℃	520℃
轻端收率	25.68	25.93	26.09	26.26	26.64	26.82	27.21
汽油收率	41.47	41.76	42.04	42.31	42.61	42.83	43.13
轻循环油收率	23.17	22.76	22.31	21.86	21.25	20.75	19.95
汽油+轻循环油收率	64.64	64.52	64.36	64.17	63.85	63.58	63.08
焦炭收率	5.42	5.58	5.76	5.95	6.24	6.48	6.91
转化率	72.57	73.27	73.89	74.53	75.49	76.13	77.25

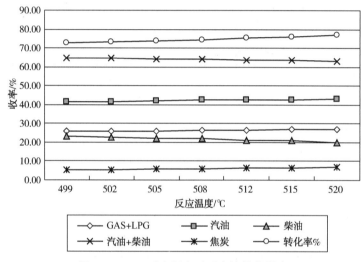

图 10-3-20　反应温度对反应性能的影响

反应温度是影响催化裂化反应最重要的参数，由图 10-3-20 和表 10-3-16 的结论可知，随着反应温度升高：轻端收率略有增加；汽油收率增加幅度较大；轻循环油收率下降明显；汽油+轻循环油收率下降；焦炭收率增加幅度较大；转化率升高。

4. 催化裂化装置模拟应用案例

(1)中国石化催化裂化装置流程模拟应用业绩

在中国石化总部推动下，由石化盈科联合中石化下属生产企业，利用流程模拟技术，对近 30 套催化裂化装置进行优化，提出并实施了优化方案，取得直接经济效益 6703 万元/年，各装置应用效益点汇总见表 10-3-17。

表 10-3-17　催化裂化装置应用汇总表

编号	装置名称	优化应用	经济效益万元/年
1	镇海Ⅰ催化裂化	调整补充吸收剂量，干气中丙烯收率下降 1.01%	786
2	镇海Ⅱ催化裂化	对影响吸收稳定的各个变量进行模拟，并以降低干气 C_3^+ 含量，增产液化气为目标提出优化建议	

编号	装置名称	优化应用	经济效益万元/年
3	青炼催化裂化	对降低干气中 C_{3+} 含量提出优化改造方案	—
4	天津催化裂化装置	提高汽油、轻循环油产品质量合格率；减少汽油内循环，降低装置能耗；优化催化分馏塔，提高轻收 0.1%	243
5	金陵Ⅰ催化裂化	核算分馏塔一中补轻循环油哪种方案合适，一中循环油补轻循环油补至轻循环油泵出口后，一中循环油泵、轻循环油泵每小时耗电可节约 19.2kWh，节电效益 8.8 万元/年	218.8
6	金陵Ⅱ催化裂化	将解吸塔底温度由 128~129℃ 降低至 123~126℃，解吸塔底重沸器热源蒸汽用量由 12~13t/h 降低至 9~11t/h，减少蒸汽用量达 2t/h，装置能耗降低 1.27kgEO/t，而干气中 C_3 以上含量由 1.2~2.5% 下降到 0.9%~1.7%，液化气中 C_2 含量仍维持在 0~0.7%，没有明显上升	
7	九江 1# 催化裂化	降低干气 C_3 含量，增产 LPG0.15t/h；发现两个仪表瓶颈；使产品质量调节更快捷，相应提高汽轻循环油产品的质量合格率	430
8	九江 2# 催化裂化	解决再吸收塔操作带液问题，干气中 C_{3+} 含量降低 0.48%；优化稳定塔，提高 LPG 收率 0.17%，提高稳定汽油蒸汽压合格率；优化各塔回流比，降低系统能耗	
9	青石催化裂化	结合分馏塔中段取热，指导吸收稳定调整，吸收塔、解析塔顶汽液相负荷更趋于合理，分馏塔中段温度操作弹性增加，产品质量更容易控制	—
10	荆门Ⅰ催化裂化	顶循环返塔温度由 54℃ 提高到 62℃，分馏塔顶冷回流维持低流量 4~6t/h 控制，汽油收率增加 1.02%，轻循环油降低 1.22%。调整分馏塔和吸收稳定，使之热量匹配，调整后，油浆系统增加产汽 0.4t/h，胺液再生塔减少 1.0MPa 蒸汽消耗 0.2t/h	666
11	荆门Ⅱ催化裂化	应用模型验证汽油反炼处理量和液态烃小于碳三组分关系，并进一步优化副分馏塔及稳定操作。最终汽油反应器处理量由以前的 40t/h 降至现在的 32t/h 左右，按照汽反回炼汽油 1% 的生焦和损失	
12	湛江催化裂化	对解析塔冷热进料进行调整，干气中 C_{3+} 组分由 4.8% 降至 3.85%，增效 120 万元/年，解吸塔重沸器用 1.0MPa 蒸汽量由 4.3t/h 降至 3.6t/h，节能效益 117.6 万元/年，合计 237.6 万元/年；提出提高富吸收油返主分馏塔温度，有利于改善分馏塔热量分布，已改造	237.6

编号	装置名称	优化应用	经济效益万元/年
13	海南催化裂化	在保证产品质量的前提下，优化分馏塔取热。调整各中段回流量、关小甚至关闭油浆上返塔热旁路等措施，使得油浆上返的返塔温度从原来的330℃下降到调整后的260℃，两个油浆汽包产3.5MPa蒸汽的总发汽量由调整前的40t/h左右增加到目前的45t/h左右	546
14	济南Ⅰ催化裂化	为催化顶循—气分热联合提供支撑，降低气分装置1.0MPa蒸汽4.5t/h，降低顶循循环水消耗80t/h	474.29
15	济南Ⅱ催化裂化	优化分馏塔，增产汽油0.3%；优化解析塔，减少1.0MPa蒸汽1.0t/h	
16	洛阳1号催化裂化装置	诊断装置问题：发现分馏塔顶塔板脱落；优化分馏塔取热，3.5MPa过热蒸汽消耗减少4.06t/h；顶循环抽出温度由106℃提高到125℃，有利于解决装置低温热利用；油浆蒸汽发生器多产3.5MPa蒸汽2.6t/h	633.5
17	洛阳2号催化裂化装置	优化分馏塔取热分布	
18	石家庄Ⅰ催化裂化	优化稳定塔操作，塔顶回流由70t/h降低至60t/h，LPG合格，节约蒸汽0.3t/h；优化解析系统，解析塔底温度由118℃降至112℃，LPG中C_2卡边，节约蒸汽0.43t/h	71.1
19	石家庄Ⅱ催化裂化	以提高热量利用为目标，对催化主分馏塔取热分配优化提出建议	
20	巴陵催化裂化装置	诊断稳定塔存在问题优化汽油分割塔，降低1.0MPa蒸汽3t/h；优化分馏塔，多产3.5MPa蒸汽5t/h	640
21	沧州催化裂化	解析塔热进料温度由78℃降至70℃，干气C_3^+含量由3.9%降至3.39%，液化气收率增加0.16t/h，实现年增效685.44万元/年	685.44
22	安庆催化裂化装置	实现轻循环油干点卡边操作，提高轻循环油质量合格率；优化吸收稳定操作，降低1.3MPa加热蒸汽量1.0t/h	92.4
23	武汉催化裂化装置	优化稳定塔，增产液态烃产品359.7t，增产粗丙烯119t；优化分馏塔换热流程，多产1.0MPa蒸汽2.0t/h；探索油浆由产1.0MPa蒸汽改产3.5MPa蒸汽的可能性	730.8

续表

编号	装置名称	优化应用	经济效益万元/年
24	高桥 I 催化裂化	通过调整吸收塔压力、补充吸收剂量、解吸塔底温度、解吸塔进料温度和贫吸收油的性质，干气 C_{3+} 含量由 2.14%(体)降低到 1.90%(体)，增产 LPG	117.6
25	高桥 II 催化裂化	对分馏塔和吸收稳定进行模拟，提出改进方向	
26	高桥 III 催化裂化	模拟用催化顶循顶替贫吸收轻循环油做吸收剂后对吸收效果的影响	
27	西安催化裂化	解决干气不干。对吸收稳定系统的 4 台空冷器逐个进行了清洗，降低粗汽油、稳定汽油冷后温度，并适当提高液气比，干气中的 C_{3+} 组分含量由 6.5%降低到 3%(体)以下，降低了 3.5 个百分点，相当于增产 LPG0.0625t/h	131

（2）流程模拟应用案例

以下选取几套催化裂化装置典型的流程模拟应用案例来阐述。

1）洛阳石化 2#催化裂化装置

通过对主分馏塔的模拟，发现分馏塔顶部 1#~4#塔板效率极低，在对这四层塔板进行水力学核算，发现存在严重漏液问题。在装置停工时，打开分馏塔检查发现顶部 1#和 5#塔板脱落，验证模型的准确性。塔板恢复后，通过模型对主分馏塔的油浆循环、一中段回流、顶循环回流取热负荷进行优化调整。优化调整后，大大减少了分流塔顶冷回流用量，冷回流由 50t/h 大幅降到 15t/h，顶循环流量由 400t/h 降到 300t/h，主分馏塔的气、液相负荷分布趋于合理，顶循环温度由原来的 105℃上升到 125℃，塔板漏液明显减轻，同时解决了装置低温热水出装置温度低而不能利用的问题。由于主分馏塔顶冷回流用量大幅度降低，减少了塔顶冷凝冷却器负荷，降低了分馏塔到气压机入口的压降，气压机入口压力提高了 5kPa，减少气压机中压蒸汽用量，3.5MPa 过热蒸汽消耗量减少了 5t/h，效益非常明显。

2）九江石化 2#催化裂化装置

在某个时间，九江石化 2#催化裂化装置主分馏塔顶循返塔温度异常上升到 92℃，循环量最高只能到 210t/h。经过模拟核算，取热负荷仅为正常操作条件下（返塔温度 82℃，循环量 230t/h）的 69%，因此判断为相关换热器效果下降，检查后，发现换热器结垢严重，流通面积减少。清洗投用后，取热负荷上升到正常条件下的 95%。

通过模型对吸收稳定系统进行优化，运用灵敏度分析工具在实现液化气 C_5 含量卡边的情况下，尽量多产液化气，效果明显。优化后，每小时液化气新增 0.15t/h，扣除液化气中重组分价格的因素，新增液化气按每吨 0.4 万元计算，一年按 8000h 计算，年效益为 480万元。

3）安庆石化催化裂化装置

安庆石化催化裂化装置运用模型分析计算出解析塔底重沸器热负荷和 LPG 中 H_2S 含量和重沸器出口温度的关系，然后再找出解析塔底重沸器加热蒸汽量与热负荷的关系。参考这两个关系曲线，在满足液态烃中 H_2S 含量的前提下，逐渐降低解吸塔塔底重沸器加热蒸汽量，由 6.8t/h 降至 5.5t/h，液态烃中 H_2S 含量基本控制在 0.2%~1.1%之间，降低了装置蒸汽消耗，降低装置能耗。

4）长岭石化 1# 催化裂化装置

长岭 1# 催化裂化装置于 2006 年 3~4 月进行了 FDFCC-Ⅲ 工艺技术改造，4 月 18 日开工一次成功，效果明显，以至于可以停开轻重汽油分离装置和催化重汽油选择性加氢装置。如果不开轻重汽油分离装置，副一中热量无法取走，根据模型计算，如果停用轻重汽油分离部分，副一中的热量可以满足解吸塔的热负荷要求，这样解吸塔可以不用蒸汽加热，增加一根管线将副一中引至解析塔。脱吸塔两台换热器均用副一中供热，满足脱吸塔的热负荷要求，节约 7.0t/h 蒸汽，同时由于副一中的热量可以取走，轻重汽油分离部分也可以停开，节约操作费用，降低装置能耗。

参 考 文 献

[1] 朱锦智. 炼油催化裂化主风机组控制系统原理及技术，2005.

[2] 王守福. 催化再吸收塔干气带液原因分析及对策，2015.

[3] 韩方煌，郑世清，荣本光. 过程系统稳态模拟技术[M]. 北京：中国石化出版社，1999.

[4] 张瑞生，王弘轼，宋宏宇. 过程系统工程概论[M]. 北京：科学出版社，2001.

[5] 林世雄. 石油炼制工程[M]. 3 版. 北京：石油工业出版社，2007.

第十一章 生产过程绿色化

第一节 催化裂化装置 HAZOP 分析

一、催化裂化装置 HAZOP 分析

(一) HAZOP 分析简介

危险与可操作性分析(Hazard and Operablity Study，简称 HAZOP)，最初起源于英国帝国化学工业公司(Imperical Chemical Industries，简称 ICI)对新建苯酚厂潜在风险分析的方法，后经 ICI 与英国化学工业协会(CIA)推广，HAZOP 分析方法逐渐由欧洲传播至北美、日本及沙特等国家。HAZOP 分析是目前全球应用最广泛的工艺危害分析方法之一，是构成企业工艺安全管理(PSM)最重要的要素之一。

2007 年 HAZOP 分析方法逐渐开始在国内推广与应用。2008 年，国务院安委会办公室在《关于进一步加强危险化学品安全工作的指导意见》中指出，有条件的中央企业应用危险与可操作性分析技术(HAZOP)，提高化工生产装置潜在风险辨识能力；同年，国家安全监管总局 76 号文中规定，建设单位在建设项目设计合同中应主动要求设计单位对设计进行危险与可操作性(HAZOP)审查，并派遣有生产操作经验的人员参加审查，对 HAZOP 审查报告进行审核，涉及重点监管危险化工工艺、重点监管危险化学品和危险化学品重大危险源(简称"两重点一重大")和首次工业化设计的建设项目，必须在基础设计阶段开展 HAZOP 分析；同年，安监总管 88 号文明确提出建立风险管理制度，对涉及"两重点一重大"的生产储存装置进行风险辨识分析，要采用 HAZOP 技术，每 3 年进行一次。自此 HAZOP 分析成为石油、化工建设项目中不可或缺的环节。

HAZOP 分析通过阐述工艺过程，包括各种预计的设计条件和意图，系统地检查工艺过程的每一环节，以找出与原设计条件可能发生的各种偏差，确定可能导致危害或引起操作问题的偏差。HAZOP 分析方法包括引导词法、经验式法。经验式法是将装置设计与最佳设计规范进行比较，并利用相应的审查表作为辅助工具进行审查，经验式法主要依托审查人员的既有经验对复用项目的相关及改变部分做 HAZOP 研究，有选择性地采用引导词；引导词法是利用引导词来定性或定量地给出设计意图，激发头脑风暴式的思维，发现偏差与安全隐患问题，在工艺过程的每一节点，将每一个引导词用于工艺变量。引导词法广泛用于对新的项目做系统的工艺和操作危害研究，对于大型、复杂的工艺装置，推荐采用引导词法进行深入的 HAZOP 分析研究。行业标准《危险与可操作性分析(HAZOP 分析)应用导则》AQ/T 3049 规定了采用引导词对系统进行 HAZOP 分析的过程技术要求和步骤，包括定义、准备、分析会议、结果记录及跟踪等。常规的 HAZOP 分析的工作流程见图 11-1-1。

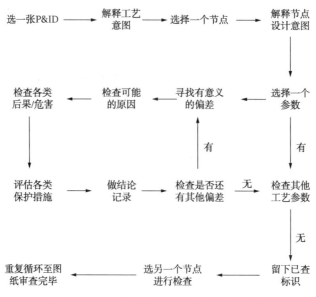

图 11-1-1　典型的 HAZOP 研究工作流程

　　HAZOP 分析要对因偏差导致的风险进行分类，对于每一个分析场景，HAZOP 分析小组需要判断该场景的后果严重程度与初始事件的失效概率，根据风险矩阵以及矩阵中的评价指数，对风险进行分类。随着 HAZOP 分析在国内应用日益广泛，各大石油石化公司纷纷建立各自的风险矩阵，表 11-1-1 为 2018 年版的中国石化安全风险矩阵，红色区域为重大风险，橙色区域为较大风险，黄色区域为一般风险，蓝色区域为低风险；按照是否能够被接受，风险区域又分为不可接受风险区域、允许接受的风险区域。

表 11-1-1　中国石化安全风险矩阵 (2018 版)

安全风险矩阵		发生的可能性等级——从不可能到频繁发生—→							
		1	2	3	4	5	6	7	8
事故严重性等级(从轻到重)↓	后果等级	类似的事件没有在石油石化行业发生过，且发生的可能性极低	类似的事件没有在石油石化行业发生过	类似事件在石油石化行业发生过	类似的事件在中国石化曾经发生过	类似的事件在本企业相似设备设施(使用寿命内)或相似作业活动中发生过	在设备设施(使用寿命内)或相同作业活动中发生过 1 到 2 次	在设备设施(使用寿命内)或相同作业活动中发生过多次	在设备设施或相同作业活动中经常发生(至少每年发生)
		$\leqslant 10^{-6}$/年	$10^{-6} \sim 10^{-5}$/年	$10^{-5} \sim 10^{-4}$/年	$10^{-4} \sim 10^{-3}$/年	$10^{-3} \sim 10^{-2}$/年	$10^{-2} \sim 10^{-1}$/年	$10^{-1} \sim 1$/年	>1/年
	A	1	1	2	3	5	7	10	15
	B	2	2	3	5	7	10	15	23
	C	2	3	5	7	11	16	23	25
	D	5	8	12	17	25	37	55	81
	E	7	10	15	22	32	46	68	100
	F	10	15	20	30	43	64	94	138
	G	15	20	29	43	63	93	136	200

现代石油化工装置的安全防护策略按不同层次进行划分，可用洋葱模型来表示，图11-1-2为典型的洋葱模型实例，该模型从内到外分别代表：本质安全设计、基本工艺控制（BPCS）、报警以及操作员干预、紧急停车系统（ESD系统）、安全泄放系统、应急响应（水喷淋、应急响应）、工厂和社区的应急响应，洋葱模型的几个层次的防护策略成为互相独立的保护层。HAZOP分析中出现的不可接受风险，需要不同的保护层之间需求解决方案，降低风险概率，将风险矩阵中不可接受的风险区域转移到允许接受的风险区域。

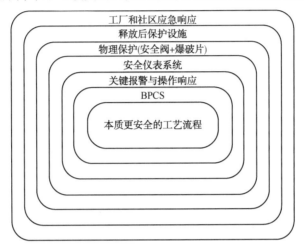

图 11-1-2　典型的洋葱模型

（二）催化装置 HAZOP 分析

催化裂化装置是炼油工业最重要的二次加工装置之一，自1965年我国第一套流化催化裂化装置建成投产后，国内催化技术发展迅速，目前已经形成了种类齐全的催化工艺技术，拥有了完全自主知识产权的两器形式。催化装置作为成熟的炼油工业装置，通过HAZOP分析，能够发现催化装置目前已有安全防护策略的不足之处，通过改进以提高催化装置生产的安全性。

催化装置一般由反应-再生部分、能量回收部分、分馏部分、气压机部分、吸收稳定部分、余热锅炉部分组成。其中反应-再生部分为催化装置所独有，具有特殊性与复杂性。本节主要介绍反应-再生系统由于操作参数偏差易造成的各种事故以及出现的危险场景。要消除或降低初始事件的发生概率，除了可以选择应用各独立保护层的安全策略，还要从最根本的两器设计、流程设计中寻求解决方案。

二、催化装置风险分析与评估

本节借用HAZOP分析采用的研究参数与引导词，列举催化装置反应-再生部分可能发生的风险事故，分析其发生的原因与引起的后果，并提出一些方案降低风险概率。鉴于不同石化企业具有不同的风险矩阵，本节不对危险场景的风险等级进行具体评定，仅从不同角度给出建议，供设计、操作、管理等各部门进行参考。

（一）再生器操作参数偏差

1. 再生温度高

再生温度高除了目的性调高外，其他均属于故障高。再生温度高的原因主要包括：原料油变重、再生催化剂流量低、汽提段效率降低、烟气尾燃等。

再生温度高带来的后果有：剂油比减小，裂解反应的目标产品收率降低；对于单个再生器，再生温度过高易造成催化剂水热失活，对于两个或多个再生器，催化剂水热失活有所减缓，但温度过高也会影响催化剂的热稳定性，设备内件应力疲劳易损坏，装置寿命缩短；烟机入口管线温度超过设计温度，膨胀节发生不可逆形变，管支架失效，危险系数增加；烟气发生尾燃，瞬时温度超过设备材质的设计温度，使内件、下游设备损坏。

针对再生温度高采取措施，首先要甄别由何种原因引起，不同的原因需要采取不同的措施：如果催化装置加工的原料油变重，残炭增加，而再生器的取热能力又受到限制，从安全生产角度出发，装置需降低处理量；如果还要维持甚至增加装置的处理能力，需要进行改造，增加再生器取热能力，主风量不足还可考虑富氧再生技术。催化装置汽提段效率降低，待生催化剂焦炭中的氢含量上升，也可引起再生温度升高，装置操作可适当增加汽提蒸汽量；在装置设计的初始阶段，汽提段技术选择要兼顾高效性、稳定性，保证长周期运行。再生烟气尾燃长期困扰催化装置的安全运行，烟气发生尾燃的根本原因是主风中的氧气与催化剂颗粒未充分接触，通过密相与稀相温度差值可判断尾燃的严重程度；利用三级旋风分离器出口的氧分析仪测量烟气中的氧含量并设报警，氧含量过高则易发生尾燃；实际操作中，可采取加入 CO 助燃剂、调整再生器藏量的措施防止或抑制尾燃；优化主风分布板/分布管的设计，一般说来，主风分布板对主风的分配优于分布管；对于主风经多路进入再生器的工艺流程，每一支路上增加节流设施，操作中出现了偏流亦可进行调节；待生催化剂进入再生器设置分配器，外取热器返回的冷催化剂进再生器也要设置分配器，特别是对于大型、超大型装置，分配器作用尤为重要；密相床内设置烧焦格栅也有强化烧焦、抑制尾燃的作用。

2. 再生温度低

再生温度过低的原因有：原料油变轻、内取热器与外取热器的取热量过多、再生器内蒸汽盘管泄漏等。

一般认为当完全再生的再生温度低于680℃时，催化剂定碳受到影响，进而影响到催化裂解反应。原料油变轻，生焦率降低，再生器烧焦热量减少；当内取热器与外取热器的取热量过多，都会拉低再生温度，再生器设置温度报警，当温度低报时，通过减小外取热器滑阀开度减小取热量。如果是因为蒸汽盘管泄漏造成的再生温度降低，可通过各路盘管管线上的压力指示判断发生泄漏的盘管管并将其切出。

无论提升式外取热器还是下返式外取热器，建议在催化剂返回管上设置滑阀对催化剂流量进行节流，方便控制外取热器的取热负荷。反混式外取热器、气控式外取热器取热负荷可调性差，不建议采用。

3. 再生压力偏差

设置烟机的催化装置，再生压力一般由烟机入口蝶阀、双动滑阀分程控制，其中烟机入口蝶阀的调节范围较窄，目的是维持烟机稳定运行；未设置烟机的催化装置，再生器压力则由双动滑阀控制。

再生压力高的原因主要有：双动滑阀开度故障减小，烟机入口蝶阀故障关小；内取热器、外取热器的换热管泄漏或爆管。

再生压力低的原因主要有：双动滑阀开度故障开大；主风机组静叶角度减小，输出压力降低。

再生压力偏差导致两器压差变化，进而影响两器之间催化剂循环量。再生压力升高，两器压差增大，至提升管的再生剂流量有增加趋势，剂油比增加，反应温度升高；返回再生器的待生催化剂流量减少，汽提段内料位升高。再生压力降低，再生线路的推动力减小，相应再生滑阀的压降减小，油气可能倒串至再生器，带来安全隐患。

针对再生压力偏差，催化装置现有的安全策略主要为：针对再生器压力对催化剂循环量的影响，利用提升管出口温度控制再生催化剂的流量，利用汽提段的料位控制待生催化剂的流量，利用滑阀的压降平衡两器压差对催化剂流量带来的影响。针对引起再生器压力发生偏差的原因，烟机入口蝶阀、双动滑阀作为催化装置的特殊阀门，选型时首先要考虑性能可靠的阀门与执行机构；内取热器的换热盘管选材考虑最苛刻工况，布置方式考虑热应力因素，在工艺流程上可实现单管离线切出；外取热器的管束在热应力集中的位置采用特殊结构，消除局部应力，并且工艺流程上要做到管束的每根换热管均可单独切出。针对再生压力低引起再生滑阀压降低、油气倒串的问题，再生滑阀设置超驰控制，即当滑阀压降低至15~20kPa时，滑阀开度由其压降来控制。

4. 再生器料位偏差

再生器料位表示再生器的藏量，在其他条件不变的情况下，藏量是再生器烧焦能力的体现，提高藏量可延长烧焦时间，增加烧焦能力。再生器料位一般不直接作为控制参数，小型加剂量、间歇卸剂量对料位有影响。

再生器料位高的原因主要有：再生器至提升管的再生催化剂流量低，而返回再生器的待生催化剂流量高；再生器补充的新鲜剂过多；如果装置设有多个再生器，催化剂藏量在不同再生器之间的分配偏离正常值，则某个再生器的藏量偏高。

再生器料位高带来的后果与其原因密切相关：再生催化剂与待生催化剂流量不匹配，再生器内增加的藏量实际为汽提段减少的藏量，汽提段内料位降低的风险参见汽提段料位偏差分析；再生器内补充的新鲜催化剂过多，催化剂的活性高，单程转化率增加，干气与焦炭收率增加，产物的组成发生改变；不同再生器之间催化剂藏量分配比例变化可能导致多种后果，藏量少的再生器可能完不成烧焦任务，当催化剂不能埋住旋风分离器料腿的防倒锥时，会出现大量跑剂事故。

再生器料位低的原因主要有：再生器至提升管的再生催化剂流量高，而返回再生器的待生催化剂流量低；再生器补充新鲜剂量少；再生器大量跑剂，拉低料位。

再生器料位低带来的后果主要有：再生催化剂与待生催化剂流量不匹配，再生器内减少的藏量实际为汽提段内增加的藏量，汽提段内料位升高的风险参见汽提段料位偏差分析；再生器内补充新鲜催化剂量不足，催化剂的活性低，催化反应转化率低，产品收率受到影响；再生器料位低，藏量不足，造成再生器的烧焦能力不足，再生剂定碳高，甚至形成碳堆，催化剂活性低，催化反应受到影响；再生器内料位低至不能掩埋一级旋风分离器料腿的防倒锥时，会出现大量跑剂事故。

再生器料位设置报警，操作员工根据料位指示、催化剂活性等因素加剂或者卸剂，再生器的藏量基数大，除非出现旋风分离器等硬件损坏，否则藏量出现大规模波动可能性较小。

5. 再生器床层密度

通过再生器密相床的密度可判断床层的流化状态，影响床层密度的主要因素为线速。主风量增加，密相床的线速高于正常线速，且高于颗粒带出速度，此时床层密度变小；主风量减少，再生器线速低于正常线速，再生器床层密度增加，而当线速低于催化剂的起始流化线速时，再生器死床，(稀相)密度测量值归零。另外，密相床同一径向的密度并不均匀，流化介质分布不均，会造成床层局部线速高、密度小，床层局部线速低、密度大，严重时形成偏流，通常来说，密相床外侧区域密度较大，中心区域密度较小。

催化装置设有主风流量低低联锁，再生器线速低可控在一定范围内，催化剂床层密度因线速低而增加的趋势可忽略；装置的主风流量受到主风机能力的限制，再生器线速高也控制在一定范围内，催化剂床层密度减小趋势也可忽略。再生器密相床要避免偏流，主要对主风分布管或分布板、二次分布器进行优化设计。

6. 催化剂定碳

再生催化剂定碳是衡量再生器烧焦效果的重要参数。再生剂定碳的影响因素有：再生温度、藏量、烟气氧含量、再生剂循环量等。

再生催化剂定碳过高的原因主要有：再生温度偏低，再生温度低于 680℃，烧焦效果不佳；再生器藏量偏低，催化剂停留时间较短，不能完成烧焦任务；主风量不足，烟气中氧气浓度过低；对于设有外循环管的再生器，催化剂循环量偏低，再生器起始烧焦温度低，不能充分利用有效藏量。如果再生剂定碳过高，催化剂活性低不能完全恢复，则催化反应转化率低，产品收率低。

通过高温再生、高藏量等措施过度追求再生催化剂低定碳亦无必要，再生剂能够恢复反应活性即可，否则也会为装置带来不利影响：高温再生，剂油比减小，再生温度过高也会引起严重后果；高藏量意味着较高的床层压降，不利于能量的利用，高藏量同样意味着催化剂更新周期长。

（二）反应器操作参数偏差

1. 反应温度偏差

催化装置根据选择的工艺技术路线设定最佳反应温度，利用提升管出口温度(即反应温度)控制再生滑阀开度，即通过再生催化剂的流量控制反应温度。反应温度是催化装置至关重要的独立变量，是最重要的控制参数。

反应温度控制回路可有效平衡提升管进料流量、预热温度等操作参数偏差带来的影响，但如果该仪表回路自身出现故障，反应温度出现偏差，产品收率发生变化，主要产品的组分也会发生变化：再生滑阀故障开大，反应温度升高，剂油比增加，干气、焦炭的产率增加；再生滑阀故障关小，提升管剂油比减小，单程转化率降低；当反应温度降低到一定程度时，致使原料油重组分雾化不充分或者不能雾化，会带来沉降器内严重结焦的后果，为装置的安全运行带来危险。

反应温度控制回路是催化装置最重要的控制回路之一，提升管出口温度设置多个测量点，必要时可切换，控制回路的软、硬件要及时、可靠，再生滑阀的调节性能、调节范围要做到最佳，执行机构要安全、可靠。日常生产中，反应温度是重点监控参数，设置温度高、低报警；反应温度低低触发切断提升管进料联锁。提升管的反应深度可参考回炼油罐的液位，回炼油罐内液位升高，回炼油量增加，说明单程转化率过低，需要适当提高反应温度或者增加催化剂活性；回炼油罐内液位降低，回炼油量减少，说明单程转化率过高，适当降低反应温度或降低催化剂活性。

2. 反应压力偏差

催化装置的反应压力是生产中监控的重要参数之一，控制好反应压力对装置平稳操作与安全运行至关重要。反应压力一般由富气压缩机转速控制，并由反飞动流量辅助调节，压力测点一般设置在分馏塔顶或者沉降器顶。

反应压力高的原因主要有：汽轮机调速设施出现故障，转速减小甚至停机；气压机反飞动调节阀开度故障增大；气压机发生喘振现象，反应压力上升且大幅度波动；分馏塔压降增大，例如顶循段塔盘结盐或者油浆洗涤段堵塞；原料油带水引起反应压力上升且大幅波动；分馏塔顶油气分离器液面过高对油气管线入口形成液封。

反应压力低的原因主要有：汽轮机调速设施出现故障，转速增加；气压机反飞动调节阀开度故障减小或关闭；提升管剂油比减小或者催化剂活性降低，提升管的单程转化率降低，反应油气量减少，导致反应压力降低。

反应压力偏差会破坏反再系统压力平衡，使两器压差改变（两器压差的影响见再生压力偏差分析）；反应压力大幅波动，装置操作紊乱。反应压力升高，严重时会导致沉降器、分馏塔超压，汽提段藏量存在压空的风险。反应压力降低，待生线路的推动力降低，待生滑阀压降减小，烟气可能倒串至沉降器，存在安全隐患。

气压机转速调节配合反飞动流量调节是控制反应压力的有效方法；当反应压力快速上升时，还可打开气压机入口放火炬阀迅速降低压力，对于超压风险，分馏塔顶还设置安全阀作为保护措施。反应压力带来两器差压的影响，可以采取将两器压差作为目标参数的控制方案。针对反应压力低引起的待生滑阀压降小、烟气倒串风险，待生滑阀设置超驰控制，即当滑阀压降降低到15~20kPa时，滑阀开度由其压降来控制。

（三）汽提段

汽提段利用汽提蒸汽置换夹杂在待生催化剂颗粒间与孔隙内的油气组分，降低待生催化剂携带焦炭中的氢含量，同时汽提蒸汽也是汽提段的流化介质，汽提蒸汽通过分布器在汽提段内均匀分布。

1. 汽提蒸汽流量偏差

汽提蒸汽流量高，其原因是蒸汽管线的流量控制回路故障，调节阀开度增加或者全开。当蒸汽流量高于正常值一倍以上时，可能损坏汽提段内件，内件损坏，汽提蒸汽发生短路，汽提效率降低，待生剂焦炭中的氢含量增加，再生器温度升高；汽提蒸汽流量高，待生剂携带进入再生器的蒸汽量增加，催化剂易热崩，细粉含量增加，跑损催化剂量增加，剂耗增加。

汽提蒸汽流量低，其原因是蒸汽管线的流量控制回路故障，调节阀开度减小或者关闭。汽提蒸汽流量降低，待生催化剂携带较多的氢组分进入再生器，再生器温度升高；汽提蒸汽流量继续降低甚至中断，汽提段内催化剂"死床"，待生催化剂不能顺利送至再生器，两器间的催化剂循环中断，造成装置停工。

通过汽提蒸汽流量指示以及分馏塔顶油气分离器分离出的酸性水量可分析判断汽提蒸汽流量是否在正常范围内；当再生器温度故障升高时，汽提段的操作状态是重点检查项，汽提段的密度指示可以反映出汽提段的流化状态。

2. 汽提段料位偏差

汽提段料位高的主要原因是待生线路出现问题，待生斜管的流通能力降低，例如：沉降器焦块脱落，堵塞待生滑阀的流道；或者汽提段料位控制的仪表回路故障、待生滑阀故障关小等。

汽提段料位持续升高，当影响到单级旋分料腿料翼阀开启时，会引起沉降器跑剂事故，分馏塔底油浆中的催化剂浓度增加，造成油浆泵、管线以及阀门的磨损，严重时发生泄漏引发火灾；汽提段料位高是由待生线路中催化剂流通不畅引起，两器间的催化剂循环不能正常进行，无法通过外部调整处理时，则需要装置停工处理。目前装置主要的安全措施有：在汽提段料位控制回路之外，单独设置料位高报警；针对沉降器结焦问题，一方面优先选择先进的提升管末端防结焦技术减少或杜绝结焦，另一方面在汽提段上部增加防焦格栅，在单级旋分的升气管等易结焦的局部位置采用特殊结构；装置开工时推荐采用汽油开工，避免沉降器出现低温，避免开工过程结焦；另外，待生滑阀及其执行机构要满足长周期运行要求。

汽提段料位低的主要原因是料位控制回路故障，待生滑阀开度增加，待生催化剂流量增加，拉低甚至拉空汽提段料位。

汽提段料位低，待生催化剂停留时间不足，汽提效率降低，再生器烧焦氢含量高，再生温度升高；当汽提段料位极低或者无料位时，待生推动力降低，待生滑阀的压降变小，烟气可能倒串至沉降器，带来安全隐患。针对汽提段料位低带来的风险，可在汽提段料位控制回路之外单独设置料位低报警，操作中还要注意料位的变化；由料位低引起的烟气倒串风险，也可通过待生滑阀设置超驰控制来保护。

（四）外取热器

再生器烧焦热量过剩，需要通过外取热器产中压饱和蒸汽将过剩热取出，将再生温度控制在合适范围内。外取热器的取热量与生焦率、焦中氢含量、反应热、回炼比、原料油预热温度等因素相关。

实际生产中外取热器的取热量增加，其原因主要有：外取热器滑阀或塞阀的开度故障增加或者全开，使催化剂流量增加；再生温度升高；外取热器汽包的压力降低等。

取热量增加可能引起的后果：滑阀开度增大导致冷催化剂流量增加，再生温度降低；再生温度升高，进入外取热器的催化剂温度高，取热量增加，但取热量增加的幅度不足以将再生温度恢复正常；外取热器汽包压力降低，除对取热量造成影响外，还需评估对中压蒸汽管网系统的影响。

实际生产中外取热器取热量减小，其原因主要有：外取热器滑阀或塞阀的开度故障使其关小或者关闭，催化剂流量减少；底部流化风在一定范围内流量增加，催化剂密度减小，管束换热强度降低；底部流化风量持续减小甚至中断，外取热器内催化剂失流化，取热量归零；再生温度降低；外取热器汽包的压力升高。

取热量减小可能引起的后果：滑阀开度减小导致冷催化剂流量减少，再生温度升高，其影响参见再生温度高偏差分析；再生温度降低，进入外取热器的催化剂温度降低，取热量减小，取热量减小的幅度不足以恢复正常的再生温度；外取热器汽包压力升高，除对取热量造成影响外，还要评估超压风险，看其是否对中压蒸汽管网系统造成影响。

外取热器的取热量通过直接给定外取热器滑阀或塞阀一定的开度进行控制，不建议将再生器温度与滑阀开度相关联，滑阀执行动作较慢，而再生温度波动而不易回归。外取热器的底部流化风采用增压风外，另备用一路主风；对于较大规模的催化装置，外取热器设置两台或多台，灵活性、操作性更佳。

（五）提升管预提升段

来自再生器的催化剂进入提升管预提升段，在此段改变催化剂流动方向并整流催化剂，使催化剂连续、均匀地向上流动，以最佳状态与雾化后的油气接触。预提升段的提升介质为干气，可切换为蒸汽。预提升段的操作偏差主要指预提升介质的流量高或低，其原因是流量控制仪表回路故障，使调节阀开度增大或减小。

预提升介质流量增加，即干气流量增加，催化装置的后续处理系统的负荷增加，对于改造装置，如果气压机、吸收稳定单元处理能力受到限制，则产品分离精度变差。

预提升介质流量减少，即干气流量减少，预提升段密度增加，可能出现噎塞现象，反应温度下降，提升管的压降、密度大幅波动，提升管带动再生斜管振动，存在安全隐患。

目前预提升段的工艺流程同时设置了干气、蒸汽两套系统，当其中一套系统的流控回路发生故障时，可切换为另一套系统；可利用预提升段的密度指示判断流化状态，及时调整预提升段的操作。

（六）密相输送异常

再生催化剂通过再生斜管送至提升管反应器，待生催化剂通过待生斜管返回再生器，再生斜管与待生斜管一般采用密相输送的方式。

1. 再生斜管操作异常

再生斜管操作异常的原因主要有：催化剂脱气不畅，再生斜管内有大气泡生成并破碎；两器压差减小，再生线路推动力不足；再生滑阀卡塞。

再生斜管的平稳操作是催化裂解反应顺利进行的前提，再生催化剂输送线路出现故障，剂油比减小，提升管反应受到影响。催化剂脱气不畅，形成大气泡破裂，引起再生斜管振动，严重时带动提升管一起振动，长期操作产生金属应力疲劳，存在安全隐患。

再生斜管操作异常，需要根据其原因采用相应的措施：再生斜管脱气不畅时，改进再生斜管结构；如果装置采用脱气罐设施，其设计要合理，避免过脱气现象；另外，设置合适的松动点，一方面用于补气，另一方面可用于破坏形成过程中的气泡，创造气相通道；两器压差减小造成的推动力不足，要针对反应压力高或再生压力低分别采取相应的措施，可选择双动滑阀的调节以两器压差稳定为控制目标。

2. 待生斜管操作异常

待生斜管操作异常的原因一般是沉降器内焦块脱落，待生滑阀堵塞。

待生斜管上的待生滑阀被沉降器掉落的焦块堵塞，流通能力大幅下降，大量的待生剂不能送至再生器，汽提段内料位上升，其影响参考汽提段料位偏差分析。如果无法及时疏通待生线路，装置只能停工处理。

要解决待生线路内焦块堵塞滑阀通道的问题，就要减少或者避免沉降器内结焦，即便沉降器内结焦，也要防止焦块脱落。具体措施参见汽提段料位偏差分析。

（七）催化装置跑剂

跑剂一直是困扰催化装置安全运行的主要风险之一，特别是沉降器跑剂，油浆中的固含量增加，对油浆泵本体、阀门、管线的磨损严重，如果不能及时处理，存在很大的安全隐患。通过油浆取样分析、油浆泵电流强度都可判断出沉降器的跑剂程度，跑剂严重时可临时通过加大外甩油浆量以降低油浆固含量，但跑剂问题不能从根本上解决，最终会造成装置停工。

造成装置跑剂的原因很多，不同原因引起的跑剂现象也不尽相同。

　　如果蒸汽松动管线的限流孔板未安装或孔径过大，大量蒸汽进入再生器，高温下的催化剂发生热崩，催化剂细粉含量增加。该种情况下，沉降器侧发生轻微跑剂，油浆中的催化剂含量高于正常值；再生器侧烟气中的催化剂颗粒含量较高，三旋回收的细粉量增加。

　　如果两器内件出现硬件破损，会出现大量跑剂的危险情况。例如，再生器旋分料腿断裂，或沉降器单级旋分器肩膀或者升气管位置被防焦蒸汽磨穿，此种情况下，要预判硬件损伤位置，装置立刻停工处理。

　　如果旋风分离器的料腿设计不合适，影响旋分效率，也会发生跑剂现象。例如，单级料腿长度不足，分离出的催化剂重新被带入油气中；或再生器旋风分离器的料腿转弯角度过大，催化剂细粉下料不畅。此种情况为轻微跑剂或间断跑剂，但会伴随装置的整个操作周期。

　　还有操作原因造成的跑剂，例如，沉降器内催化剂料位过高，埋住单级旋风分离器料腿翼阀；或再生器内料位过低，再生器一级旋风分离器的料腿防倒锥未完全封住，此种情况下，通过及时调整操作参数，跑剂可控。

　　原料油带水进入提升管，反应压力忽高忽低波动，造成催化剂跑损。此种情况下，需要联系罐区对原料油进行脱水处理，即可恢复正常操作。

　　沉降器单级旋风分离器升气管外壁结焦，因温度变化脱落造成料腿堵塞或者翼阀的阀板卡住，导致催化剂大量跑损。该种情况一般发生在装置切断进料联锁后又重新恢复进料，此种情况下，装置大概率停工。可在单级旋分升气管外壁设置旋流板或者锚固钉，达到避免生焦或者挂焦的目的。

（八）泄漏

1. 高温重油泄漏

　　催化装置的油浆、回炼油等重油自燃点低，如果因为法兰连接不严、垫片损坏、管线破损等原因发生泄漏，极易引发火灾，威胁装置安全运行。

　　对于油浆、回炼油等重油介质的管线与设备，其材质选择要满足要求，最好实现全线监控无死角，特别是对于油浆管线，在油浆介质中催化剂颗粒的冲蚀作用下管壁减薄，对于冲蚀最严重的弯头位置，可考虑采用大曲率半径弯头。另外，日常的壁厚检测与维护也十分必要。

　　重油泄漏风险重在预防，还要形成紧急处理预案：一旦发生泄漏，首先报警通报事故；将泄漏点的上游、下游阀门切断；关闭泄漏管线上游的紧急切断阀；如果泄漏点未自燃，利用蒸汽对泄漏点降温，如已有明火，利用蒸汽或者灭火器进行灭火，如果火势严重，组织人员向安全地点撤离，等待消防队员扑救火灾。反应-再生区域发生重油泄漏引发火灾后，要切断提升管进料，按照紧急停工处理。

2. 燃料气泄漏

　　本节主要讨论反应-再生区域的燃料气出现泄漏的情况。反应-再生区域燃料气用户主要有两个：一个用户为开工期间的辅助燃烧室用燃料气，另一个用户为提升管的预提升干气。

　　预提升干气泄漏，极易在高温反应区域内形成爆炸气体，一旦遇到明火，后果极其严重。预提升干气泄漏后，可燃气报警仪发出信号，操作人员要及时处理：查找泄漏点并切除泄漏源，可立即关闭干气自吸收稳定单元来的总阀；如果泄漏不严重，将预提升介质流程由干气系统改为蒸汽系统,不影响提升管正常操作;如果泄漏严重,需要人员紧急疏散。另外,停止附近区域的明火作业,严禁各种车辆靠近事故区域,有条件的可采用蒸汽进行稀释,防止浓度达到爆炸极限。

辅助燃烧室在烘衬阶段、开工初期利用燃料气的燃烧热量来加热主风。当可燃气体报警仪发出信号或者现场人员闻到瓦斯味时,要及时关闭燃料气管线总阀,熄灭燃烧室炉膛火焰,处理方案同预提升干气泄漏。当辅助燃烧室内的炉火故障熄灭时,燃烧器成为燃料气的泄漏点,大量的燃料气随主风进入再生器,存在安全隐患。辅助燃烧室的安全措施有:辅助燃烧室本体、出口管线设有温度报警仪,燃烧室还设有火焰检测仪,建议辅助燃烧室的工艺流程增加联锁动作:当火焰检测仪探测到炉火熄灭时,迅速切断燃料气主管总阀。

(九) 剂油比

剂油比定义为催化剂循环量与进料量的比值,是催化装置的一个因变量,受到多个因素的影响,包括原料油性质、预热温度、再生温度、反应温度、回炼比、反应热、反应终止剂流量等。

HAZOP 分析将剂油比单独作为一个研究参数,可以借此分析影响剂油比的诸多因素对催化反应的影响。通常用于调整剂油比的操作参数包括原料油预热温度、反应温度、反应终止剂流量,当装置设置了再生催化剂混合器,再生剂的温度成为独立变量时,也可以用于调节剂油比。

剂油比增大,减少了待生催化剂与再生催化剂的炭差,有效增加了催化剂的活性中心,提高了催化反应速率,转化率增加。随着剂油比增加,则干气、焦炭产率增加,液化气产率增加,汽油的产率先增加而后略有减少,汽油的辛烷值增加,烯烃含量有降低的趋势。但当剂油比增加到一定程度时,不利的缩合反应大幅增加,汽提段催化剂停留时间缩短,汽提效果变差,再生器烧焦热量增加,再生温度升高。剂油比过高,应及时分析是由何种原因引起的,采取相应措施适当降低剂油比。

剂油比减小,催化反应速率降低,转化率降低,柴油、油浆的产率升高,催化装置的目标产品(汽油、液化气)产率降低,装置的效益降低。此种情况下,应及时分析剂油比低的具体原因,采取相应的措施提高剂油比。

三、催化装置风险分析与评估案例

(一) 再生器系统

1. 节点描述

积炭的待生催化剂经沉降器旋分器料腿进入汽提段,在此与汽提蒸汽逆流接触,以汽提催化剂中携带的油气。汽提后的催化剂分为两路,大部分沿待生斜管下流经待生滑阀进入再生器的烧焦罐下部,与自二密相来的再生催化剂、外取热来的催化剂混合烧焦,在催化剂沿烧焦罐向上流动的过程中,烧去约90%的焦炭,同时温度升至约690℃。较低含碳的催化剂在烧焦罐顶部经大孔分布板进入二密相,在700℃的条件下最终完成焦炭及 CO 的燃烧过程。再生催化剂经再生斜管及再生滑阀进入提升管反应器底部,另一部分催化剂经循环斜管、外取热斜管返回再生器。

2. 主要设备

再生器,烧焦罐,外取热器,循环斜管,再生斜管。

3. 主要控制指标及相关控制

烧焦罐起燃温度，再生器密相温度。

催化装置再生器系统风险分析与评估见表11-1-2。

（二）反应器及沉降器系统

1. 节点描述

Y段来催化剂与喷嘴来的原料油混合后，在提升管第一反应区内反应，反应后的油气及催化剂继续上行，通过特殊设计的大孔分布板进入第二反应区，反应后的油气携带着催化剂经提升管出口粗旋分离催化剂后进入沉降器，再经单级旋风分离器进一步除去携带的催化剂，经集气室、大油气管线进入分馏塔的下部；积炭的待生催化剂经沉降器旋分器料腿进入汽提段，在此与汽提蒸汽逆流接触，以汽提催化剂中携带的油气。汽提后的催化剂分为两路，大部分沿待生斜管下流经待生滑阀进入再生器的烧焦罐下部，另一路走二反循环管返回第二反应区(一般不用)。

2. 主要设备

提升管反应器，沉降器。

3. 主要控制指标及相关控制

反应温度，沉降器压力。

催化装置反应器及沉降系统风险与评估见表11-1-3。

（三）分馏塔顶循环油系统

1. 节点描述

顶循环回流自分馏塔上部塔盘抽出，用顶循环油泵升压，先为气分装置供热后再经顶循环油-热水换热器将温度降至90℃后返回分馏塔顶。

2. 主要设备

顶循泵。

3. 主要控制指标及相关控制

顶循环温度，顶循流量。

催化装置分馏塔顶循环油系统风险分析与评估见表11-1-4。

（四）富气压缩机系统

1. 节点描述

分馏塔顶油气分离器出来的富气进入气压机一段进行压缩，然后由气压机中间冷却器冷至40℃，进入气压机中间分离器进行气、液分离。分离出的富气再进入气压机二段。二段出口压力1.2MPa(绝)。气压机二段出口富气与解析塔顶气及富气洗涤水汇合后，先经压缩富气干式空冷器冷凝后与吸收塔底油汇合进入压缩富气冷凝冷却器进一步冷至50℃后，进入气压机出口油气分离器进行气、液、水分离。

2. 主要设备

富气压缩机。

3. 主要控制指标及相关控制

气压机出口压力。

催化装置分馏塔顶循环油系统风险分析与评估见表11-1-5。

表11-1-2　催化装置再生器系统风险分析与评估

危险事件编号	详细偏差	原因	后果	使能条件/条件概率	初始风险等级	保护措施								现有风险等级	建议措施	建议措施后风险等级
						本质安全设计	BPCS调节控制或安全联锁	关键报警与人员响应	SIS	物理保护	泄漏、火灾、爆炸减缓措施	其他独立保护层	其他保护措施			
U001-N005S0001	主风流量过低	主风机阀门故障部分主风放空	1. 可能导致催化剂烧焦不完全,造成碳堆积,在处理过程可能造成尾燃,损坏设备;2. 可能导致流化中断,烟气倒窜,造成反应系统发生火灾爆炸		E6		1. 主风量低流量联锁;2. 再生器压控高低报		主风流量低联锁					E3		E3
					E6									E3		E3
		0.1	E		E6									E3		E3
					E6		1.00E-002		5.00E-002					E3		E3
					E6									E3		E3
U001-N005S0002	主风流量过低	再生器压力过高	1. 可能导致主风机端振,严重时损坏机组设备;2. 可能导致催化剂烧焦不完全,造成碳堆积,在处理过程可能造成尾燃,损坏设备		E6		1. 主风量低流量联锁;2. 再生器压控高低报		主风流量低联锁					E3		E3
					E6									E3		E3
					E6									E3		E3

续表

危险事件编号	详细偏差	原因	后果	使能条件/条件概率	初始风险等级	保护措施								现有风险等级	建议措施	建议措施后风险等级
						本质安全设计	BPCS调节控制或安全联锁	关键报警与人员响应	SIS	物理保护	泄漏、火灾、爆炸减缓措施	其他独立保护层	其他保护措施			
		0.1	E		E6		1.00E-002		5.00E-002					E3		E3
U001-N005 S0003	主风流量过高	主风机静叶失灵全开	可能导致再生器压力过高，造成催化剂跑损，导致烟机磨损加剧		E6		1. 主风量低流量联锁；2. 再生器压控高低报；3. 两器差压高报		主风流量低联锁					E3		E3
					E6									E3		E3
					E6									E3		E3
					E6									E3		E3
		0.1	E		E6		1.00E-002		5.00E-002					E3		E3
U001-N005 S0004	主风逆流	主风机故障停	可能导致逆流，严重时引起机组损坏		E6		1. 主风量低流量联锁；2. 防逆流喉部差压低联锁；		主风流量低联锁					E3		E3
					E6									E3		E3
					E6									E3		E3
		0.1	E		E6		1.00E-002		5.00E-002					E3		E3

续表

危险事件编号	详细偏差	原因	后果	使能条件/条件概率	初始风险等级	保护措施								现有风险等级	建议措施	建议措施后风险等级
						本质安全设计	BPCS调节控制或安全联锁	关键报警与响应人员	SIS	物理保护	泄漏、火灾、爆炸减缓措施	其他独立保护层	其他保护措施			
U001-N005 S0005	再生器温度过低	原料性质过轻	可能导致反应温度低，烧焦效果差，造成催化剂带油，造成再生器超温，损坏设备，严重时造成装置停车		E6		反应温度控制	1. 再生器密相温度高报； 2. 烧焦罐温度高报						E3		E3
		0.1	E		E6		1.00E-001	是 1.00E-002						E3		E3
U001-N005 S0006	再生器温度过低	3. 外取热器取热过度	可能导致反应温度低，烧焦效果差，造成催化剂带油，造成再生器超温，损坏设备，严重时造成装置停车		E6		反应温度控制	1. 再生器密相温度高报； 2. 烧焦罐温度高报						E3		E3
		0.1	E		E6		1.00E-001	是 1.00E-002						E3		E3
U001-N005 S0007	再生器温度过高	外取热器取热过少	严重时可能导致外取热管束超温损坏		E6		反应温度控制	1. 再生器密相温度高报； 2. 烧焦罐温度高报；						E3		E3

危险事件编号	详细偏差	原因	后果	使能条件/条件概率	初始风险等级	本质安全设计	BPCS调节控制或安全联锁	关键报警与人员响应	SIS	物理保护	泄漏、火灾、爆炸减缓措施	其他独立保护层	其他保护措施	现有风险等级	建议措施	建议措施后风险等级
U001 -N005 S0008	再生器温度过高	0.1	E		E6		1.00E-001	是 1.00E-002						E3		E3
		反应温度过低	严重时可能导致外取热管束超温损坏		E6		反应温度控制	1. 再生器密相温度高报；2. 烧焦罐温度高报						E3		E3
					E6									E3		E3
					E6									E3		E3
					E6									E3		E3
U001 -N005 S0009	再生器压力过低	0.1	E		E6		1.00E-001	是 1.00E-002						E3		E3
		主风流量过低	可能导致催化剂流化异常，严重时造成两器互窜，引发火灾爆炸		E6		1. 主风量低流量联锁；2. 再生器压控高低报；3. 两器差压高报		主风流量低联锁					E3		E3
					E6									E3		E3
					E6									E3		E3
U001 -N005 S0010	再生器压力过高	0.1	E		E6		1.00E-002	是 1.00E-002	5.00E-002					E3		E3
		主风流量过高	可能导致催化剂流化异常，严重时造成两器互窜，引发火灾爆炸		E6		1. 主风量低流量联锁；2. 两器差压高报；3. 再生器压控高低报		主风流量低联锁					E3		E3
					E6									E3		E3
					E6									E3		E3

续表

危险事件编号	详细偏差	原因	后果	使能条件/条件概率	初始风险等级	保护措施								现有风险等级	建议措施	建议措施后风险等级
						本质安全设计	BPCS调节控制或安全联锁	关键报警与人员响应	SIS	物理保护	泄漏、火灾、爆炸减缓措施	其他独立保护层	其他保护措施			
U001-N005 S0011	再生器二密藏量料位过低	0.1　待生滑阀故障关小	E　可能影响再生斜管下料,导致催化剂流化异常,严重时造成两器互窜,引发火灾爆炸		E6		1.00E-002		5.00E-002					E3		E3
					E6		沉降器料位控制低报	1. 再生器总藏量高报; 2. 烧焦罐藏量低报						E3		E3
U001-N005 S0012	再生器二密藏量料位过低	0.1　再生滑阀故障开大	E　可能影响再生斜管下料,导致催化剂流化异常,严重时造成两器互窜,引发火灾爆炸		E6		1.00E-001	是 1.00E-002						E3		E3
					E6		沉降器料位控制低报	1. 再生器总藏量高报; 2. 烧焦罐藏量低报						E3		E3
U001-N005 S0013	烧焦罐料位过低	0.1　循环滑阀故障关小	C　可能导致烧焦效果差,严重时再生器稀相尾燃,损坏烟机叶片		C6		1.00E-001	是 1.00E-002						C5		C5
					C6			烧焦罐藏量低报						C5		C5
					C6		1.00E-001							C5		C5

续表

危险事件编号	详细偏差	原因	后果	使能条件/条件概率	初始风险等级	本质安全设计	BPCS调节控制或安全联锁	关键报警与人员响应	SIS	物理保护	泄漏火灾爆炸减缓措施	其他独立保护层	其他保护措施	现有风险等级	建议措施	建议措施后风险等级
U001-N005-S0014	烧焦罐料位过低	循环斜管堵塞	可能导致烧焦效果差，严重时再生器稀相尾燃，损坏烟机叶片		C6			烧焦罐藏量低报						C5		C5
					C6									C5		C5
					C6									C5		C5
			0.1	C	C6			1.00E-001						C5		C5
U001-N005-S0015	烧焦罐料位过低	主风量过大	可能导致烧焦效果差，严重时再生器稀相尾燃，损坏烟机叶片		C6			烧焦罐藏量低报						C5		C5
					C6									C5		C5
					C6									C5		C5
			0.1	C	C6			1.00E-001						C5		C5
U001-N005-S0016	烧焦罐料位过低	外取热器下料不畅	可能导致烧焦效果差，严重时再生器稀相尾燃，损坏烟机叶片		C6			烧焦罐藏量低报						C5		C5
					C6									C5		C5
					C6									C5		C5
			0.1	C	C6			1.00E-001						C5		C5

续表

危险事件编号	详细偏差	原因	后果	使能条件/条件概率	初始风险等级	保护措施								现有风险等级	建议措施	建议措施后风险等级
						本质安全设计	BPCS调节整差或安全联锁	关键报警与人员响应	SIS	泄漏、火灾、爆炸减缓措施	物理保护	其他独立保护层	其他保护措施			
U001-N005 S0017	烧焦罐料位过低	外取热器下滑阀故障关小	可能导致烧焦效果差，严重时再生器稀相尾燃，损坏烟机叶片		C6			烧焦罐藏量低报						C5		C5
					C6									C5		C5
					C6									C5		C5
		0.1	C		C6			1.00E-001						C5		C5
					C6									C5		C5
U001-N005 S0018	烧焦罐料位过低	再生器压力低	可能导致烧焦效果差，严重时再生器稀相尾燃，损坏烟机叶片		C6			烧焦罐藏量低报						C5		C5
					C6									C5		C5
					C6									C5		C5
		0.1	C		C6			1.00E-001						C5		C5
U001-N005 S0019	烧焦罐料位过高	循环滑阀故障开大	可能导致主风机出口背压升高，严重时造成喘振，损坏压缩机		E6		1.主风机防喘振控制阀；2.防逆流喉部差压低联锁	烧焦罐藏量低报						E3		E3
					E6									E3		E3
					E6									E3		E3
					E6									E3		E3

续表

危险事件编号	详细偏差	原因	后果	使能条件/条件概率	初始风险等级	本质安全设计	BPCS调节控制或安全联锁	关键报警与人员响应	SIS	物理保护	泄漏、火灾、爆炸减缓措施	其他独立保护层保护措施	其他保护措施	现有风险等级	建议措施	建议措施后风险等级
U001 -N005 S0020	烧焦罐料位过高	主风量过小	可能导致主风机出口背压升高，严重时造成喘振，损坏压缩机		E6		1. 防逆流喉部差压低联锁；2. 主风机防喘振控制阀	烧焦罐藏量低报						E3		E3
		0.1	E		E6		1.00E-002	1.00E-001						E3		E3
					E6									E3		E3
					E6									E3		E3
					E6									E3		E3
U001 -N005 S0021	烧焦罐料位过高	外取热器下滑阀故障开大	可能导致主风机出口背压升高，严重时造成喘振，损坏压缩机		E6		1. 防逆流喉部差压低联锁；2. 主风机防喘振控制阀	烧焦罐藏量低报						E3		E3
		0.1	E		E6		1.00E-002	1.00E-001						E3		E3
					E6									E3		E3
					E6									E3		E3

续表

危险事件编号	详细偏差	原因	后果	使能条件/条件概率	初始风险等级	保护措施								现有风险险等级	建议措施	建议措施后风险等级
						本质安全设计	BPCS调节控制或安全联锁	关键报警与人员响应	SIS	物理保护	泄漏、火灾、爆炸减缓措施	其他独立保护层	其他保护措施			
U001 -N005 S0022	烧焦罐料位过高	再生器压力过高	可能导致主风机出口背压升高，严重时造成喘振，损坏压缩机		E6		1. 防逆流喉部差压低联锁；2. 主风机防喘振控制阀	烧焦罐藏量低报						E3		E3
		0.1	E		E6									E3		E3
					E6		1.00E-002	1.00E-001						E3		E3
					E6									E3		E3
					E6									E3		E3
U001 -N005 S0023	卸剂线手阀及管线弯头部件冲蚀	卸剂时高温催化剂对手阀及管线弯头部件磨蚀冲刷	可能导致高温催化剂泄漏，污染环境，造成人员烫伤		D2		1. 主风机防喘振控制阀；2. 防逆流喉部差压低联锁	烧焦罐藏量低报						D1		D1
		0.00001	D		D2									D1		D1
					D2		1.00E-002	1.00E-001						D1		D1
					D2									D1		D1
					D2									D1		D1

表11-1-3 催化装置反应器及沉降系统风险分析与评估

危险事件编号	详细偏差	原因	后果	使能条件/条件概率	初始风险等级	保护措施								现有风险等级	建议措施	建议措施后风险等级
						本质安全设计	BPCS调节控制或安全联锁	关键报警与人员响应	SIS	物理保护	泄漏、火灾、爆炸减缓措施	其他独立保护层	其他保护措施			
U001-N004 S0001	汽提蒸汽流量过低	蒸汽管网压力过低	可能导致待生剂带油,造成再生器超温,损坏再生器设备部件		E6		沉降器汽提蒸汽流控	1. 再生器温度高报;2. 再生器密相温度高报						E3		E3
		0.1	E				1.00E-001	1.00E-002						E3		E3
U001-N004 S0002	汽提蒸汽流量过低	汽提蒸汽管线流量自动控制回路失效,导致故障关小	可能导致待生剂带油,造成再生器超温,损坏再生器设备部件		E6		沉降器汽提蒸汽流控	1. 再生器温度高报;2. 再生器密相温度高报						E3		E3
		0.1	E				1.00E-001	是 1.00E-002						E3		E3

续表

危险事件编号	详细偏差	原因	后果	使能条件/条件概率	初始风险等级	本质安全设计	BPCS调节控制或安全联锁	关键报警与人员响应	SIS	物理保护（泄漏、火灾、爆炸减缓措施）	其他独立保护层	其他保护措施	现有风险等级	建议措施	建议措施后风险等级
U001-N004 S0003	防焦蒸汽流量过低	防焦蒸汽管网压力低	可能导致沉降器顶部结焦，严重时焦块脱落，造成装置停车		C6			1. 再生器相密度高报；2. 再生器温度高报					C5		C5
		0.1	C		C6			否 1.00E-001					C5		C5
					C6								C5		C5
					C6								C5		C5
					C6								C5		C5
U001-N004 S0004	防焦蒸汽流量过低	防焦线流量自动控制回路失效，导致故障关小	可能导致沉降器顶部结焦，严重时焦块脱落，造成装置停车		C6		沉降器汽提蒸汽流控	1. 再生器相密度高报；2. 再生器温度高报					C4		C4
		0.1	C		C6		1.00E-001	否 1.00E-001					C4		C4
					C6								C4		C4
					C6								C4		C4
					C6								C4		C4

续表

危险事件编号	详细偏差	原因	后果	使能条件/条件概率	初始风险等级	保护措施 本质安全设计	BPCS调节控制或安全联锁	关键报警与人员响应	SIS	物理保护	泄漏、火灾、爆炸减缓措施	其他独立保护层	其他保护措施	现有风险等级	建议措施	建议措施后风险等级
U001 -N004 S0005	一反出口温度过高	温度控制回路失效,导致再生滑阀开度过大	可能导致反应系统超压,严重时间后温度降低,引起两器流化中断,导致再生器超温损坏		E6		1.反应温度控制; 2.两器差压高报	再生滑阀阀位低报						E3		E3
					E6									E3		E3
		0.1	E		E6		1.00E-002	是 1.00E-001						E3		E3
					E6									E3		E3
U001 -N004 S0006	一反出口温度过高	再生器密相层温度高	可能导致反应系统超压,严重时间后温度降低,引起两器流化中断,导致再生器超温损坏		E6		1.两器差压高报; 2.反应温度控制	再生器密相温度高报						E3		E3
					E6									E3		E3
		0.1	E		E6		1.00E-002	是 1.00E-001						E3		E3

续表

危险事件编号	详细偏差	原因	后果	使能条件/条件概率	初始风险等级	保护措施								现有风险等级	建议措施	建议措施后风险等级
						本质安全设计	BPCS调节控制或安全联锁	关键报警与人员响应	SIS	物理保护	泄漏、火灾、爆炸减缓措施	其他独立保护层	其他保护措施			
U001-N004 S0007	一反出口温度过低	温度控制回路失效，导致再生滑阀开度过小或关闭	可能导致催化剂带油，严重时造成再生器超温，损坏设备		E6		1. 反应温度控制；2. 两器差压高报	再生滑阀阀位低报						E3		E3
					E6									E3		E3
					E6									E3		E3
		0.1	E		E6		1.00E-002	是 1.00E-001						E3		E3
U001-N004 S0008	一反出口温度过低	再生器床层温度低	可能导致催化剂带油，严重时造成再生器超温，损坏设备		E6		1. 两器压差高报；2. 反应温度控制	再生器密相温度高报						E3		E3
					E6									E3		E3
					E6									E3		E3
		0.1	E		E6		1.00E-002	是 1.00E-001						E3		E3

续表

危险事件编号	详细偏差	原因	后果	使能条件/条件概率	初始风险等级	保护措施 本质安全设计	BPCS调节控制或安全联锁	关键报警与人员响应	SIS	物理保护	泄漏、火灾、爆炸减缓措施	其他独立保护层	其他保护措施	现有风险等级	建议措施	建议措施后风险等级
U001 -N004 S0009	沉降器反应压力过低	原料油进料过低或中断	可能破坏两器压力平衡，造成两器流化失常，严重时主风窜入反应器引发着火爆炸		E6		1. 提升管进料流控；2. 反应温度控制	二反出口温度高报						E3		E3
		0.1	E		E6		1.00E-002	是 1.00E-001						E3		E3
U001 -N004 S0010	沉降器反应压力过低	反应温度过低	可能破坏两器压力平衡，造成两器流化失常，严重时主风窜入反应器引发着火爆炸		E6		两器差压高报	1. 再生器密相温度高报；2. 烧焦罐出口温度高报；3. 沉降器顶压力高报						E3		E3
		0.1	E		E6		1.00E-001	是 1.00E-002						E3		E3

续表

危险事件编号	详细偏差	原因	后果	使能条件/条件概率	初始风险等级	保护措施								现有风险等级	建议措施	建议措施后风险等级
						本质安全设计	BPCS调节控制或安全联锁	关键报警与人员响应	SIS	物理保护	泄漏、火灾、爆炸减缓措施	其他独立保护层	其他保护措施			
U001-N004S0011	沉降器反应压力过高	气压机故障停	1. 可能导致沉降器超压损坏，严重时造成物料泄漏，遇点火源引发火灾爆炸；2. 可能导致油气窜入再生器，引起火灾爆炸；3. 可能造成分馏系统超压，见分馏塔超压分析		E6		1. 反应温度控制；2. 气压机入口放火炬	沉降器顶压力高报		1.0405 分馏塔顶安全阀(南起1)				E2		E2
		0.1	E				1.00E-001	否 1.00E-001		1.00 E-002				E2		E2
U001-N004S0012	沉降器反应压力过高	反应温度超温	1. 可能导致沉降器超压损坏，严重时造成物料泄漏，遇点火源引发火灾爆炸；2. 可能导致油气窜入再生器，引起火灾爆炸；3. 可能造成分馏系统超压，见分馏塔超压分析		E6		HC503 气压机入口油气窜放火炬	1. 再生器密相温度高报；2. 沉降器顶压力高报		1.0405 分馏塔顶安全阀(南起1)				E2		E2
					E6									E2		E2

续表

危险事件编号	详细偏差	原因	后果	使能条件/条件概率	初始风险等级	本质安全设计	BPCS调节控制或安全联锁	关键报警与人员响应	SIS	物理保护	泄漏、火灾、爆炸减缓措施	其他独立保护层	其他保护措施	现有风险等级	建议措施	建议措施后风险等级
U001-N004 S0013	沉降器反应压力过高	0.1	E		E6		1.00E-001	否 1.00E-001		1.00 E-002				E2		E2
		气压机出口防喘振阀故障，阀门关开	1. 可能导致沉降器超压损坏，严重时造成物料泄漏，遇点火源引发火灾爆炸；		E6									E2		E2
			2. 可能导致油气窜入再生器，引起火灾爆炸；		E6		气压机入口放火炬	沉降器顶压力高报		分馏塔顶安全阀				E2		E2
			3. 可能造成分馏系统超压，见分馏塔超压分析		E6									E2		E2
					E6									E2		E2
U001-N004 S0014	沉降器料位过低	0.1	E		E6		1.00E-001	1.00E-001		1.00 E-002				E2		E2
		待生滑阀开度过大	可能造成油气窜，再生器超温，严重时造成火灾爆炸		E6		1. 待生滑阀压降控制；2. 沉降器料位控制料低报	再生器温度高报						E3		E3
					E6									E3		E3
					E6									E3		E3
					E6									E3		E3

续表

危险事件编号	详细偏差	原因	后果	使能条件/条件概率	初始风险等级	保护措施								现有风险等级	建议措施	建议措施后风险等级
						本质安全设计	BPCS调节控制或安全联锁	关键报警与人员响应	SIS	物理保护	泄漏、火灾、爆炸减缓措施	其他独立保护层	其他保护措施			
		0.1	E		E6		1.00E-002	是 1.00E-001						E3		E3
U001 -N004 S0015	沉降器藏量过高	待生斜管流化失常	可能导致催化剂从旋风分离器跑损，造成分馏塔油浆系统磨损、堵塞、泄漏、着火等		E6		1. 反应温度控制；2. 沉降器料位控制低报	1. 再生器总藏量高报；2. 烧焦罐藏量低报						E2		E2
					E6									E2		E2
					E6									E2		E2
					E6									E2		E2
		0.1	E		E6		1.00E-002	是 1.00E-002						E2		E2

表 11-1-4　催化装置分馏塔顶循环油系统风险分析与评估

危险事件编号	详细偏差	原因	后果	使能条件/条件概率	初始风险等级	保护措施								现有风险等级	建议措施	建议措施后风险等级
						本质安全设计	BPCS调节控制或安全联锁	关键报警与人员响应	SIS	物理保护	泄漏、火灾、爆炸减缓措施	其他独立保护层	其他保护措施			
U002 -N016 S0001	顶循环油流量过高	顶循环回油泵出口流量控制回路失效，导致开度过大	1. 导致顶循环回流泵P-116电机超电流损坏；2. 可能导致分馏塔顶温度过低，见"分馏塔塔顶温度过低"；3. 可能导致气分装置脱丙烷塔及脱乙烷塔顶超压	0.1	E6									E2		E2
					C6	顶循环温度控制阀	顶循环流控							C2		C2
					C6									C2		C2
					C6									C2		C2
U002 -N016 S0002	顶循环油流量过低	顶循环回油泵出口流量控制回路失效导致开度过小或关闭	1. 可能导致分馏塔顶温度高，见"分馏塔顶温度过高"；2. 可能导致气分装置热源不足，使液态烃经出装置后路不畅，严重导致装置停工		E6	1.00 E-003	1.00 E-001							E2		E2
					C6	顶循环温度控制阀	顶循环流控							C2		C2
					C6									C2		C2
					C6									C2		C2

危险事件编号	详细偏差	原因	后果	使能条件/条件概率	初始风险等级	保护措施								现有风险等级	建议措施	建议措施后风险等级
						本质安全设计	BPCS调节控制或安全联锁	关键报警与人员响应	SIS	物理保护	泄漏、火灾、爆炸减缓措施	其他独立保护层	其他保护措施			
		0.1	C		C6	1.00 E-003	1.00 E-001							C2		C2
					E4									E3		E3
U002 -N016 S0003	顶循环油-热水换热器内漏	管线老化、腐蚀、磨损；安装不当；操作波动等	1. 循环油-热水换热器内漏，导致热媒水系统压力下降，机泵损坏；2. 导致酸性水量增大，使含硫污水管线腐蚀加剧甚至破损。		C4		1. 粗汽油罐界控；2. 液位控制；							C3		C3
					C4									C3		C3
					C4									C3		C3
		0.001	E		E4		1.00E-001							E3		E3

表 11-1-5　催化装置分馏塔顶循环油系统风险分析与评估

危险事件编号	详细偏差	原因	后果	使能条件/条件概率	初始风险等级	保护措施								现有风险等级	建议措施	建议措施后风险等级
						本质安全设计	BPCS调节控制或安全联锁	关键报警与人员响应	SIS	物理保护	泄漏、火灾、爆炸减缓措施	其他独立保护层	其他保护措施			
U002-N020S0001	气压机中间分液罐液面过低	气压机中间分液罐液位自动控制回路失效，导致开度过大	可能导致富气窜至，严重时引起反应器超压，见"反应器压力过高"		E6		1. 气压机级间罐液控；2. 反应温度控制	沉降器顶压力高报						E3		E3
		0.1	E		E6		1.00E-002	是 1.00E-001						E3		E3
					E6									E3		E3
					E6									E3		E3
U002-N020S0002	气压机中间分液罐液面过高	气压机中间分液罐液位自动控制回路失效，导致开度过小	可能导致富气带液至压缩机，引起压缩机振动过大，严重时引起压缩机损坏		E6		1. 气压机级间罐液控；2. 压缩机振动高联锁	沉降器顶压力高报						E3		E3
					E6									E3		E3
					E6									E3		E3
					E6									E3		E3

续表

危险事件编号	详细偏差	原因	后果	使能条件/条件概率	初始风险等级	保护措施								现有风险等级	建议措施	建议措施后风险等级
						本质安全设计	BPCS调节控制或安全联锁	关键报警与人员响应	SIS	物理保护	泄漏、火灾、爆炸减缓措施	其他独立保护层	其他保护措施			
		0.1	E		E6		1.00E-002	是 1.00E-001						E3		E3
U002 -N020 S0003	气压机干气密封氮气封氮气压力过低	系统氮气压力低	可能导致氮气密封差压降低，干气密封损坏		D5		压缩机氮气密封差压低联锁							D4		D4
					D5									D4		D4
					D5									D4		D4
		0.01	D		D5		1.00E-001							D4		D4
					D5									D4		D4

第二节　绿色开停工

一、完善密闭排放流程

催化裂化装置停工吹扫过程中易产生较多的污水、污油、废气，造成现场气味较大，污油较多，不利于职工的身体健康，更不能满足日益严格的环保要求。国内较早设计的催化裂化装置很少涉及绿色停工，随着装置大型化和环保压力的增加，如何实现密闭吹扫，减少污水、污油、废气的排放，在保证装置平稳安全停工的同时实现绿色停工，成为各炼油装置研究的课题。

（一）催化装置退料介质

催化装置退料介质达20多种，可分为重质油、轻质油、液体烃、瓦斯气、液碱、含油污水、含硫污水、蒸汽、冷凝水等见表11-2-1。

表11-2-1　催化装置退料介质总汇

序号	分馏单元	吸收稳定单元
1	油浆	柴油
2	重质原料	汽油
3	回炼油	液态烃
4	二中油	干气(瓦斯)
5	一中油(重质柴油)	含硫污水
6	柴油	液碱
7	顶循环油	中和水(盐水)
8	粗汽油	含硫污水
9	油气	含油污水
10	含硫污水	含碱污水
11	含油污水	
12	高盐水	

（二）退料输送设备与输送介质

1. 退料输送设备为装置原有机泵

2. 输送介质为蒸汽、非净化风(压缩空气)、氮气等

3. 输送条件

冷却器，即风扇式空气冷却器、管壳式水冷却器等，是装置密闭吹扫中必不缺少的条件。运用冷凝原理退料，即蒸汽经冷却器冷凝后体积缩小使得给汽点与排汽之间产生压差的原理，实现液体物料在密闭管线内的流动，再配合使用机泵动力，将被输送介质退出装置。

二、装置不同介质退料点的确定

（一）分馏单元

分馏单元的流程单一、被退料介质重组分多，其退料点为：重质油由分馏塔底退向罐区、轻质油由各自流程直接退向罐区。其中，油浆、重质原料、回炼油、二中油、一中油进

油浆流程退往重质油罐，轻循环油经轻循环油出装置流程退至柴油退料罐，顶循环油、粗汽油经汽油出装置流程退出，油气经富气压缩机至吸收稳定单元，含硫污水排至含硫污水罐。

（二）吸收稳定单元

1. 吸收稳定单元轻质油退出点（路径）的确定

从单元流程中可以看出，吸收稳定单元把汽油退出装置可以从解吸塔底和稳定塔底两条线路。如果选择从解吸塔底退出装置，有部分物料要从 T106/2 底至塔 T107 底再到解吸塔底，即要多走一个来回。另外，稳定塔要进行烃油分离操作，就要把所有吸收单元的油全部送到稳定塔再回到解吸塔，这样势必增加蒸汽用量和操作人员的工作量。由稳定塔底退出装置除上述优点外也顺应了从前到后的工艺介质流向，据此决定吸收稳定单元退料从稳定塔底退出装置。

2. 液体烃的退出点的确定

液体烃的退出点由自身流程直接退向球罐区。

3. 再吸收塔、吸收塔、解吸塔瓦斯气（油气）的退出点确定

从吸收稳定单元的流程图中可以看出，直接开塔顶放火炬跨线向气柜泄压是最简单的办法。但这样做的后果是蒸汽高温对火炬管线的热膨胀问题，严重时会造成火炬管线因受热拉裂造成损毁设备事故，因此是不可行的。

依据现有吸收解吸单元流程条件，对流程做如下改动，使得蒸煮蒸汽都能得到冷却，以避免对管网火炬线的冲击。

4. 稳定塔瓦斯气（油气）的退出点确定

进入稳定塔的蒸汽经冷却后到液态烃罐，不凝气从液态烃罐顶引出至火炬线，蒸煮的污水从液态烃罐底脱水包送至含硫污水罐至硫黄水罐。稳定塔顶放火炬阀（安全阀跨线阀）不开。

三、绿色开停工的关键步骤

（一）绿色开工注意事项

① 开工前准备工作要充分，尤其反再仪表测点，不得有遗漏。

② 封三器前做好各滑阀的限位、零位检查确认，并做好记录。

③ 气密试验前确认各喷嘴盲板装好，盲-201 装好。

④ 扫线要脱尽存水，避免水击。

⑤ 贯通吹扫前要进行盲板拆卸确认，按要求吹扫、试压。

⑥ 引瓦斯时，岗位之间应互相配合，防止瓦斯串入其他设备和管线。必要时打开导凝监视。此时装置动火按一级用火规定。

⑦ 开工收油要严格按操作规程，三级流程确认，以防窜油和跑冒。

⑧ 升温脱水过程要控制速度，以免设备超压。

⑨ 三器衬里烘烤期间，滑阀动试避免突关（自保动作），引起主风机憋压。

⑩ 切换汽封前后反再保持 10~20kPa 正差压。

⑪ 赶空气要按规程要求，确保反应部分不留死角。

⑫ 装催化剂时采用先快后慢（尽快封住料腿，减少跑剂）。

⑬ 烧焦罐喷燃烧油要适量控制，以免过量，烟囱冒黄烟。

⑭ 转剂过程中要保持压力和两器差压稳定，避免催化剂大量跑损。

⑮ 转剂开始后，要连续监控油浆固体含量，以判断沉降器旋风器效率。

⑯ 开工过程中，要采取间断放火炬，以免空气聚集发生硫化物自燃。

⑰ 提升管喷油适当控制较高的反应温度，控制好喷油速度。

⑱ 在解吸塔、稳定塔塔底温度没有达到工艺指标控制要求前仍采用粗汽油直接出装置，不准将稳定汽油改出装置，防止汽油带烃造成罐区污染和安全隐患。

⑲ 由于此次烟机入口闸阀与蝶阀重新安装，在闸阀前与蝶阀后的 2 个膨胀节处分别增加 1 个膨胀观测点，在烟机升温及开工后做好记录。

⑳ 所有需要在高温下开启蒸汽保护的阀门(烟机入口各阀门阀道吹扫器及沉降器放空反吹汽)，开启前必须脱水暖管确认。

(二) 绿色停工注意事项

① 停工前将容-002 催化剂卸尽，催化剂卸完后打开三旋容-001 放烟道阀门，把三旋系统的催化剂吹净。

② 停工前，提前确认硫黄污水大罐尾气回收单元所用柴油与管网用柴油的来源与去向，确保不影响其正常运行。

③ 反应转卸催化剂时，要控制正压差 5~10kPa，注意再生滑阀压降，防止油气或空气倒流。

④ 分馏退油浆时，要控制速度，冷-109 出口温度不得大于 100℃。

⑤ 反应切断进料前，稳定将脱臭系统切出，以免退油快容-112 憋压，尽量控制退油速度，以免汽油带气。

⑥ 反应卸完催化剂后，停止油浆循环(换 101/1~4 根据油浆反塔温度低于 200℃后停止给水)，将塔底现有液面拿空，停止油浆外甩。

⑦ 停工扫线前，提前与生产计划处沟通各管线膨胀问题，确保在夏季高温时管线的安全问题。

⑧ 反再、分馏工艺管线应按工区安排，明确吹扫流程、吹扫程序和时间。分馏扫线要注意管线死角，特别是与冷换系统连接的管线。吸收稳定按要求退油、粗扫。吹扫完后，由主操签字，以防遗漏或串油。

⑨ 停工严格按操作规程停工方案和程序表要求进行退油、蒸塔、水洗、吹扫等工作，吹扫原则按密闭吹扫进行，在未吹扫干净前严禁大量污油排放，吹扫时分馏塔顶蒸汽经空冷至容-108 排至高含硫装置，容-108 排水经环保部门监测合格后直接改从含油系统排放。吸收逐步向稳定部分转油，退尽各塔及容器存油。分馏系统在塔、容器吹扫结束之前，贯通至各拆放点管线烫手为止，联系生产计划处调度室，装好火炬出装置线大盲板后，再进一步放空吹扫。

⑩ 吹扫干净的设备、管线，应打开低点排凝和放空线，撤压并排除积水。禁止低点排放瓦斯、液态烃、汽油等。与装置外相通的原料、回炼、油浆及其他压油线等在确认吹扫干净后，必须先关闭进装置第一道阀和出装置最后一道阀门，然后撤压，按工区安排装好盲板。

⑪ 每块盲板有专人负责、登记、编号，谁装谁拆，以防漏加和漏拆，或加错部位，造成事故。

⑫ 塔、容器内温度降至 40℃ 以下方可打开人孔，塔和容器打开人孔前准备好水带并安排人员进行监护。人孔打开后要从塔或容器和换热器上方给水喷淋，防止内部残存垢物自

燃。沉降器打开人孔后，加强监测和巡检，发现自燃，通过临时水带浇水冷却。

⑬ 吹扫、清洗结束后，按环保部门安排有计划进行排污。

⑭ 为了做好硫化物自燃的防范工作，在 DCS 系统停用前，各岗位必须每 30min 巡检一次，并每 30min 记录各塔和容器的各点温度一次，对于没有温度监控点的容-108，采用手持式红外测温仪进行定点测量并做好记录。发现异常情况必须及时汇报，并采取打水等措施。

⑮ 塔和容器的人孔开启应在确认内部操作介质完全放空、温度下降以后，按从上到下的顺序打开，打开时，人应站在上风口。经质检中心采样做有毒有害、爆炸气体分析和氧含量分析(沉降器也要做爆炸分析和氧含量分析)合格后，由工区和安环处同意开作业票后方可进入检查或施工。每次进入塔和容器作业时必须要有有效作业票和专人监护。

⑯ 装置放火炬总管的盲板，需有安环处、生产计划处、职防所、工区等有关人员到场，经硫化氢含量分析合格后，戴好防毒面具，方可装、拆。

(三) 催化装置停工退料

共分为三个阶段：退油阶段、蒸煮阶段、停蒸汽开放空阶段。

1. 退油阶段

分馏单元自反应切断进料后开始粗扫，为防止与稳定单元串线，分馏汽油线要先进行 30min 的粗扫，把隔断阀后进入稳定单元内的粗汽油流程扫好，扫好后停蒸汽，关闭隔断阀改为退油流程。分馏大油汽线盲板装好后分馏单元开始精扫，各流程内的油全部集中到分馏塔内，落入塔底的重油全部从油浆线退至罐区；到达分馏塔顶分液罐的轻油用泵退至罐区汽油不合格罐。顶部少量气体可经放火炬线退至低压瓦斯管网火炬线回收气柜。吸收稳定单元第一阶段是要把单元内的液态烃、液体油集中到稳定塔，用稳定塔底重沸器加热在塔内进行烃油分离操作(一中流程用蒸汽扫线)，分离结束后塔顶液态烃退至球罐、塔底汽油退至罐区不合格罐(粗汽油与此线一起退)。

2. 蒸煮阶段

分馏精扫完成后，各流程根据情况留少量蒸汽进入蒸塔，此时有 6 路并联的分馏塔顶油气线流程要进行强制分组，借此处理干净油气系统。单元蒸煮产生的污水排至含硫污水罐至硫黄罐区。落入塔底的重质油由油浆泵连续送往罐区。吸收解吸稳定单元在没有了液体油的情况下按系统的密闭吹扫和蒸煮流程进行流程改动。使得进入吸收塔的蒸汽自塔顶流程至再吸收塔，经再吸收塔顶临时线至稳定塔顶冷却器。进入解吸塔的蒸汽经塔顶流程进入稳定塔顶冷却器。两路蒸汽经稳定塔顶冷却器冷却后至容气压机出口分液罐。罐内不凝气自罐顶至吸收塔平衡线(进吸收塔器壁阀关闭)改流程至液态烃罐放火炬线，可将气压机出口分液罐内的不凝气排至低压瓦斯管网火炬线回收气柜，气压机出口分液罐底污水排至含硫污水罐至硫黄酸性水罐。进入稳定塔内的蒸汽自塔顶冷却器冷却后进入液态烃罐，罐内不凝气自罐顶放火炬线排至低压瓦斯管网火炬线回收气柜，罐底污水排至含硫污水罐至硫黄罐区。

3. 停蒸汽开放空阶段

分馏塔打水洗塔，洗塔后的含油污水排至装置含油污水系统(与安环科联系开排污票)。洗塔干净后开塔顶、底放空。

吸收解吸、稳定单元停蒸汽，打开塔顶安全阀跨线向火炬线排放(因有蒸汽，量不能大)，打开瓦斯界区盲板前放空阀，确认正常后，关闭界区瓦斯大阀，打开吸收解吸、稳定单元塔顶放空、塔底放空阀，装盲板。至此，装置密闭吹扫结束。

（四）扫线原则

① 各岗位公用管线要相互配合，同时吹扫，在吹扫一条管线时要不留死角，并防止污染相连管线。先扫重油线，后扫轻油线，管线内和设备中的存油都集中到塔和容器中，然后用泵送出装置，严禁到处放油。

② 吹扫装置外部管线（包括需用水冲洗，氮气置换），一定要和调度及相关单位协调联系好。

③ 塔器吹扫时，要开塔顶空冷和水冷，防止塔顶压力过高。低压容器、塔吹扫时要防止超压；主线及分支线都要吹到、吹干净。

④ 扫线时所有的连通线、正副线、备用线、盲肠等管线、控制阀都要扫尽，不允许留有死角，各采样点在吹扫时关闭，待主管线干净后再进行吹扫。

⑤ 蒸汽扫线至冷换设备时，应先走副线，后走正线，冷却水进出阀关死，放空阀打开。蒸汽通过冷换设备一程时，另一程必须打开放空或有泄压处，严禁整压，管壳程同时吹扫时例外。

⑥ 吹扫塔、设备时，汽量由小到大，严防冲翻塔盘；吹扫泵缸时，应注意给上端封和轴套冷却水，但不能长时间吹扫，防止损坏密封，同时泵的副线、预热线也要吹扫干净。

⑦ 吹扫前联系仪表部门做好相关工作，清洗过程中要求按清洗流程和时间进度维护好仪表，各流量计应关死上下游阀并开副线。

⑧ 牵涉到油气进入火炬系统的管线吹扫，装置在火炬总管发烫 5min 后应立即关闭进火炬阀，严禁蒸汽大量进入火炬系统。

⑨ 需要进行放空吹扫时，必须由安环处/安环科专业管理人员现场检测合格后才能对大气进行放空吹扫。

⑩ 含硫污水罐禁止进入蒸汽，不得将油带入含硫污水系统，含硫污水罐温度控制不大于 80℃，压力控制不大于 0.1MPa。

⑪ 同一流程上不同给汽点压力保持一致，扫线给汽点压力不低于 0.5MPa，避免物料倒窜至蒸汽系统。

⑫ 扫线过程中绝不允许在各低点、放空点排放，各低点放空只能作为检查扫线情况并要及时关闭。

⑬ 吹扫完毕后，全面检查吹扫质量，物料要退净，扫线净，不水击，设备内部清扫干净，采样分析达到安全动火条件。扫线结束后，设备要降温，凝积水放尽后才能打开人孔。不合格应重新吹扫。

⑭ 碱线用水洗。

四、化学清洗

（一）化学清洗要求

催化装置全面大修，由于装置运行周期较长，在整个系统内蕴藏着一定量的硫化亚铁。在停工检修设备开放之前，这些硫化亚铁若不预先消除，必然有产生自燃的可能，给设备和人员的安全构成严重威胁。所以硫化亚铁的钝化处理，是装置停工的第一道和必须的安全工序。

在催化裂化工艺中，含有硫化亚铁的主要设备是吸收塔及附属管线、换热器等，化学清洗主要针对吸收塔进行。

（二）化学清洗步骤

① 系统吹扫合格。

② 相关管线设备隔离。在钝化过程中，对于钝化液可能进入的设备、管线，必须关闭隔断阀，如果此隔断阀离设备较远而且管线的容积较大，则需加注水，以减少药剂的浪费。

③ 新接临时线，打通钝化流程。药剂从吸收塔顶吸收油流控阀处新接一药剂注入口，将药剂从此加入吸收塔顶，利用吸收塔底抽出泵作为输送动力，并在出口流控阀处加一临时线接至吸收塔顶吸收油流控阀处，做到吸收塔自身循环。

④ 从吸收塔顶向塔内注水，直到塔底液面到 1/2，如果塔内水温过高，则置换塔内水，直到水温达到安全钝化温度范围内。

⑤ 开吸收塔底抽出泵建立水循环，塔底液位在半小时内不下降，则可以加注钝化剂，进行循环钝化。

⑥ 打开塔顶放空阀。

⑦ 按规定采样分析，进行过程控制。

⑧ 循环 8h 确认钝化合格后，将钝化液向钝化槽转移。

⑨ 待全部钝化完全后化验合格并开具排污票后，用临时泵将钝化水及系统冲洗水经临时线送至硫黄装置。

第十二章　催化裂化装置故障诊断及典型案例

第一节　催化剂跑剂问题及处理

催化剂跑剂是指催化剂被反应油气带入主分馏塔或被烟气从再生器带入烟气处理单元的跑损量超过正常值的现象。催化剂跑损是催化裂化装置常见问题之一，也是影响装置长周期安全稳定运行的主要因素，大量催化剂跑损可能使装置停工，还可能严重影响烟机运行，包括大气固体污染物量增加等。催化剂跑剂主要表现在以下几个方面：

① 反应器汽提段或再生器催化剂料位逐步降低，系统藏量降低。

② 分馏塔底油浆中的灰分和催化剂固体含量增加，油浆泵或油浆管线磨损增加，油浆泵电流增大。

③ 三旋进口固体含量负荷增大，从烟气除尘系统(包括静电除尘和布袋除尘等)和第三旋风分离器中回收的催化剂细分，以及烟气湿法净化工艺中产生的泥饼量增加。

④ 平衡剂 $0\sim40\mu m$ 组分减少，$80\mu m$ 组分增加，催化剂平均粒径变化。

一、典型的跑损

(一)跑损的类型

根据装置运行情况，可以将催化剂跑损分为自然跑损和非自然跑损[1]。

自然跑损是指操作正常且设备没有发生故障，但催化剂中小于 $40\mu m$ 的细粉含量超过正常范围，旋风分离器无法对催化剂细粉进行充分回收造成的催化剂跑损。

发生自然跑损时，通过调整新鲜催化剂中小于 $40\mu m$ 的细粉含量，并适当提高催化剂的性能，可以减少催化剂的跑损[1]。

非自然跑损，又称故障跑损，是指操作失常或者设备发生故障，导致旋风分离器无法正常运行引起的催化剂跑损。发生非自然跑损时，则需要分析是操作失常导致催化剂细粉含量过高而造成的催化剂跑损，还是设备故障导致旋风分离器无法高效运行造成的催化剂跑损。如果是操作失常，则需要根据装置运行情况调节操作参数，减轻催化剂在装置中的磨损，从而降低催化剂中细粉的含量；如果是设备故障，则需要根据设备故障的严重程度进行处理[2]。

如果设备故障造成的催化剂跑损量较小，可以通过补充新鲜催化剂来弥补两器中催化剂藏量的损失。只有设备故障比较严重、催化剂跑损量较大或对装置的平稳运行造成一定的影响时，才进行停工检修。

(二)跑损的原因

1. 催化剂本身内因

催化剂粒子的粉碎机制通常有两类：一是研磨机制，粒径不同的各种级别的粒子经过表面研磨后主体逐级递减，同时生成较小一级的粒子；二是崩碎机制，即一个大粒子一次崩碎为几个级别低的小粒子。在工业生产过程中，两种机制都在进行，各自所占份额因设备结构和操作条件以及催化剂机械性质不同而异。催化剂的粒径分布、机械强度、抗重金属污染能力和水热稳定性对催化剂的跑损有很大影响。

催化剂出现跑损，应首先分析新鲜剂的细粉含量不超过指标。一般情况下，新鲜剂中的 $0\sim20\mu m$ 细粉不大于3%，如果新鲜剂中细粉含量超过指标，会从源头上增加催化剂的跑损。

催化剂的机械强度用磨损指数表示，当新鲜催化剂的磨损指数大于 3.5，则催化剂不具备理想的抗磨损性能，会造成催化剂的磨损加剧，导致催化剂跑损增加，催化剂单体颗粒和黏结剂强度、表面光滑度、球形度等性质对催化剂磨损有一定的影响[3,4]。

原料中重金属，如钒、钠、钙等，在再生器的高温环境下反应成液态熔融物并沉积在催化剂颗粒上，这种熔融物与催化剂中的稀土组分继续反应生成液态物 $REVO_4$，加速催化剂颗粒的破碎[6]，因而，催化剂本身应该具备一定的抗重金属污染能力。

催化裂化反应过程中，镍、钒、铁、钠、钙等金属元素会富集在催化剂表面，并向分子筛孔道中扩散，一方面会影响催化剂的反应活性和选择性，提高干气和焦炭的产率，导致再生器稀相床层超温，造成催化剂热崩，细粉含量增多，催化剂跑损加重；另一方面会转化成低熔点的共熔物，在高温条件下破坏催化剂的结构，使催化剂的表面粗糙度与球形度发生变化，加速催化剂在流动过程中的磨损[5]。因此，催化剂的抗金属污染能力越强，催化剂的结构越稳定，在处理金属含量较高的原料油时，越不易发生结构变化而造成磨损。

裂化催化剂不仅需要具有良好的抗高温稳定性，而且还需要具备在该温度下抗水蒸气减活的能力，即应具备较好的水热稳定性。催化剂的水热稳定性是衡量催化剂在高温水热条件下保持稳定结构和裂化性能的指标。由于催化裂化的再生温度高达 650~700℃，水热稳定性较差的催化剂很容易发生热崩和破损，导致催化剂颗粒中的细粉含量增加，催化剂跑损严重[6]。因此，在制备催化剂时，通常会加入一些超稳分子筛，以提高催化剂的水热稳定性。

在更换不同型号的催化剂或更换磨损指数差别较大的同类型不同批号的催化剂时，不同硬度性质的催化剂之间相互摩擦产生细粉的概率会相应增加，从而增加催化剂磨损[7]。

2. 操作条件变化

在催化裂化装置运行过程中，如果出现操作失误，或者操作参数频繁且大幅度波动的情况，油剂混合物的流化状态会受到影响，导致催化剂受到冲击，加速催化剂的磨损[8]。

在装置开停工时，由于催化剂的加入量和卸出量很大，再生器内的床层线速波动很大，旋风分离器入口处催化剂浓度和线速往往偏离设计范围，导致旋分器无法完全收集催化剂颗粒，造成催化剂跑损。

在装置平稳运行过程中，如果突然提高处理量，催化剂的循环量会发生变化，使得再生器内床层的料位出现不均匀的现象，催化剂受到较大的冲击，造成催化剂磨损。

再生器床层超温会导致催化剂在高温下发生热崩和熔解，细粉含量增加，造成跑损。同时，催化剂的物理性质发生变化，催化剂的选择性变差，生焦量继续增大，再生器床层超温加剧，催化剂热崩加剧，细粉含量继续增加，跑损加重，造成恶性循环。如果内、外取热器发生破裂，此时再生器内漏入较多的蒸汽，会导致催化剂热崩更加严重，产生大量细粉，加剧催化剂的跑损[9]。

旋风分离器工况变化对旋风分离器效率有很大的影响：

① 旋风分离入口线速：入口线速低，催化剂颗粒向内壁的运动速度就减小，回收催化剂颗粒的直径增大，旋风分离器的回收效率低。

② 旋风分离器入口催化剂浓度：旋风分离器入口催化剂浓度对催化剂的跑损影响很大，在旋风分离器效率及粉尘粒度分布不变的情况下，催化剂跑损与入口浓度成正比。

③ 在床层线速一定的情况下，影响旋风分离器入口浓度的主要因素是床层料面的高度。

④ 反再系统压力、差压波动大，操作不平稳，也会造成催化剂的跑损。

主风量的变化直接影响催化剂颗粒的运动速率，对于非球形的颗粒，增加主风量意味着增加颗粒自身旋转速率，增加颗粒与设备间的断裂和剥层损失。主风量的变化同时会增加颗粒之间的返混，使颗粒间碰撞的概率大大提高，增加颗粒间的磨损[2]。

另外，雾化蒸汽的波动或者原料油预热温度过高、喷嘴高速混合后的原料油与雾化蒸汽与催化剂之间的气固接触、富含稠环芳烃的油浆通过回炼油浆喷嘴高速喷出后与平衡剂接触瞬间的带碳失活、催化剂在反再系统循环流化时催化剂颗粒与设备器壁之间和催化剂颗粒之间发生高速碰撞都会导致催化剂跑损量的增加[3]。

3. 机械故障

由于介质气速高，且携带大量催化剂细粉，会导致容器内构件以及旋风分离器发生磨损、变形、开裂等异常机械故障。常见故障如下：

① 流动磨损。料腿和分离器灰斗连接处气体磨损，使料腿形成孔洞；由于热应力或气固流动磨损，内集气室或分离器出口连接管处形成裂缝；翼阀磨损严重，料腿串气，旋风分离器形成短路，分离效率下降。

② 结焦堵塞。堵塞料腿，分离器上部的焦块或其他固体物沉积在料腿处；堵塞翼阀，造成翼阀开关不畅，在分离器料腿中催化剂料位过高使分离下来的催化剂不能及时排出，形成二次夹带[10]。

③ 翼阀脱落，设备变形。由于支撑条不够和/或再生器中表观气速高，引起翼阀脱落；由于超温，导致旋风分离器入口变形，造成介质流动速度以及初始流动角度发生变化，导致分离精度下降。

④ 设计安装问题。料腿直径太小或太大，亦或料腿质量流率值设计不适当；翼阀阀板角度不当也会导致翼阀启闭不正常，影响旋分的正常运行，造成催化剂跑损[11]。

磨损是催化裂化装置内构件故障之一，主要有：翼阀磨损、料腿穿孔或断裂脱落、旋分出口管或集气室磨穿、旋分内部龟甲网衬里损坏等，设备磨损如图 12-1-1 所示。

在沉降器穹顶、顶旋升气管外壁、排尘口外环、料腿内等部位结焦危害性很大，焦块堵塞或是焦块脱落堵塞影响旋分正常回收催化剂，从而造成跑剂。图 12-1-2 是典型的焦块堵塞的位置，造成旋分料腿排料不畅甚至堵塞。

（三）与催化剂跑损对应的分析

跑损催化剂的颗粒物性与催化剂跑损故障密切相关，通过分析催化剂的一些基本物性，例如催化剂的粒度分布、微观形貌、重金属含量等，可以对其故障进行诊断[12]。

(a)翼阀磨损

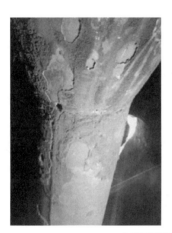

(b)料腿与灰斗连接处磨损穿孔

图 12-1-1　磨损类型

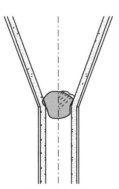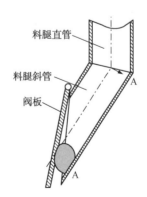

(a)焦块堵在料腿上口　　　　　(b)焦块堵在翼阀阀板处

图 12-1-2　结焦堵塞旋风器料腿或翼阀

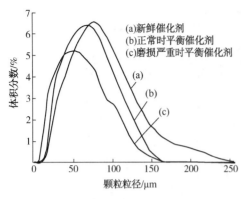

图 12-1-3　典型的催化剂粒径分布曲线

1. 不同类型催化剂的粒径分布

典型的催化剂粒径分布[13]如图 12-1-3 所示，新鲜催化剂颗粒集中分布在 50～120μm，平均粒径在 65μm 左右。在催化裂化工艺过程中，由于催化剂间的磨损、催化剂和设备间磨损以及水热失活等因素的影响，平衡催化剂中大颗粒催化剂会减少，150μm 以上的颗粒基本不会存在。在正常生产过程中，平衡催化剂的颗粒集中分布在 30～100μm，平均粒径在 55μm 左右，但粒径分布曲线形状与新鲜催化剂差异不大。若催化剂本身耐磨指数降低，或两种强度差异较大的催化剂混用，或催化剂流化系统中局部线速过高，或水热失活严重导致催化剂过度磨损，平衡催化剂中 40μm 以下小颗粒明显增多，催化剂平均粒径降低至 45μm 以下，粒径分布曲线与新鲜催化剂相比明显发生变化。

2. 不同部位催化剂的粒径分布

油浆中催化剂的粒径和再生烟气中细粉粒径分析如表 12-1-1、表 12-1-2 所示，颗粒粒径分布曲线如图 12-1-4 所示。

表 12-1-1　再生器出口烟气中催化剂颗粒粒度分布

颗粒尺寸/μm	筛下累积/%	颗粒百分比 n/%	颗粒尺寸/μm	筛下累积/%	颗粒百分比 n/%
1.9	0.0	0.0	20.5	48.0	9.8
2.2	0.0	0.0	23.8	57.4	9.4
2.6	0.2	0.1	27.6	65.9	8.5
3.0	0.2	0.1	32.0	73.3	7.5
3.5	0.4	0.2	37.1	79.7	6.4
4.1	1.1	0.7	42.9	84.9	5.2
4.7	2.1	1.0	49.8	89.3	4.4
5.4	3.5	1.4	57.7	92.8	3.5
6.3	5.4	1.9	66.9	95.6	2.8
7.3	7.0	1.6	77.5	97.4	1.8
8.5	8.6	1.6	89.9	98.2	0.8
9.8	10.8	2.2	104.0	98.6	0.4
11.4	14.4	3.6	121.0	99.1	0.5
13.2	20.1	5.7	140.0	99.5	0.4
15.3	28.5	8.4	162.0	99.0	0.3
17.7	38.2	9.6	188.0	100.0	0.1

表12-1-2 分馏塔塔底油浆中催化剂颗粒粒度分布

颗粒尺寸/μm	筛下累积/%	颗粒百分比 n/%	颗粒尺寸/μm	筛下累积/%	颗粒百分比 n/%
1.2	2.3	0.2	12.9	45.1	7.1
1.4	3.1	0.8	15.0	49.0	3.9
1.6	3.6	0.8	17.4	52.2	3.2
1.9	4.7	0.8	20.1	59.9	7.7
2.2	5.8	1.1	23.3	72.1	12.2
2.6	7.2	1.4	27.0	85.7	13.6
3.0	10.2	3.0	31.3	95.9	10.2
3.4	13.6	2.9	36.3	98.1	2.2
4.0	15.5	2.4	42.1	98.6	0.8
4.6	17.8	2.4	48.8	99.3	0.7
5.3	20.3	2.5	56.6	99.9	0.6
6.2	22.7	2.3	65.6	100.0	0.1
7.2	24.4	1.7	76.0	100.0	0.0
8.3	26.8	2.4	88.1	100.0	0.0
9.6	31.5	4.7	102.1	100.0	0.0
11.1	38.0	5.5	118.4	100.0	0.0

由于再生器和沉降器内的工作介质、操作温度和压力不同，跑损催化剂的粒径分布有一定区别，再生器烟气中大尺寸颗粒所占比例高于油浆中的，明显反映在大于20μm的颗粒范围。从表中可以看出，油浆中催化剂中位粒径小于再生烟气中催化剂中位粒径，这表明再生器中旋风分离器效率低于沉降器中旋风分离器效率，其原因是再生烟气黏度高于沉降器油气黏度，一般情况下，旋风分离器的临界粒径的平方与介质黏度成正比，

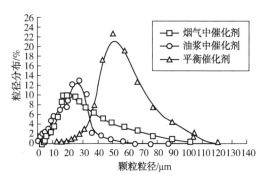

图12-1-4 颗粒粒径分布曲线

黏度上升使分离阻力增大，导致分离效率下降，但两者相对平衡催化剂中位粒径小得多，说明旋风分离器对大颗粒有极高的分离效率[14,15]。

催化裂化装置再生器中催化剂各采样点及各采样点催化剂的粒度分布见图12-1-5，颗粒磨损示意图见图12-1-6。从图12-1-5可以看出，磨损后颗粒粒度分布曲线为双峰分布曲线，而破碎后的平均粒径减小，为典型的单峰分布曲线，因而，根据催化剂分布可以较好地区分催化剂的磨损与破裂[16]。

3. 再生烟气粉尘浓度和粒径分布

为了能更加精细地监控两器的运行，掌握两器的设备状况，运用再生烟气等动力采样设施，通过人工采样分析该部位的再生烟气粉尘浓度和粒径分布，以监控再生器旋分效率以及催化剂细粉跑损量的变化情况，为判断催化剂跑损原因提供直接的依据。等动力采样装置示意图如图12-1-7所示。

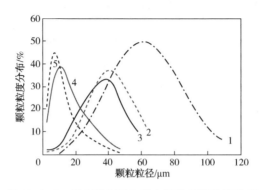

图 12-1-5　催化裂化再生器中催化剂的粒度分布

1—密相空间；2—稀相空间；3——级旋风分离器入口；4—二级旋风分离器入口；5—烟道

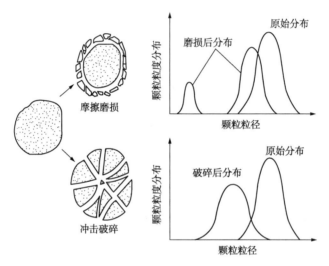

图 12-1-6　颗粒破碎模型示意图

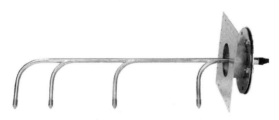

图 12-1-7　等动力采样装置示意图

依据等动力采样器的分析数据，总结出了如下规律性的对比曲线：

① 正常情况下，等动力采样装置监控分析的烟气催化剂细粉粒径分布呈明显的三峰分布，主峰在 20~30μm，次峰在 0~5μm，最小的峰在 10~15μm。粒径分布如图 12-1-8 所示。

② 如催化剂磨损加剧，其现象是主峰往小颗粒方向移动，高度变低，磨损产生的细粉变成主要的峰。粒径分布如图 12-1-9 所示。

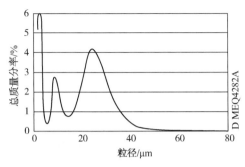

图 12-1-8 正常情况再生烟气粒径分布曲线

③ 如果是一级旋风故障，在主峰的右侧出现一个次峰，粒径约 70μm 左右，粒径分布如图 12-1-10 所示。

④ 如果是二级旋分故障，磨损的细分小峰消失，在主峰右侧出现一个次峰，粒径 45~50μm 之间。粒径分布如图 12-1-11 所示。

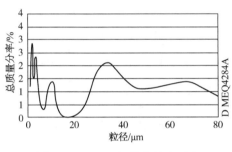

图 12-1-10 一级旋分故障再生
烟气粒径分布曲线

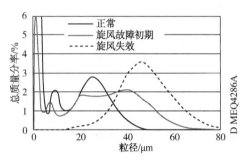

图 12-1-11 二级旋分故障再生
烟气粒径分布曲线

4. 典型的催化剂电镜分析

① 正常的催化剂

从催化剂外观来看，新鲜催化剂为比较规则的球形颗粒，外表比较光滑，颗粒饱满，没有碎剂和空心，如图 12-1-12 所示。

② 磨损破碎加剧的催化剂

平衡催化剂由于磨损，颗粒表面发生破损，开始有不规则的颗粒出现。磨损加剧时，催化剂颗粒表面发生剥落现象，部分催化剂破裂成不规则的小颗粒，如图 12-1-13 所示。

③ 铁污染严重的催化剂表面

铁沉积在催化剂表面，在催化剂表面形成了不规则的颗粒状态，影响活性中心的可接近性，严重时堵塞孔道。当催化剂被铁污染时，易在催化剂表面生成氧化铁，使催化剂的颜色呈桔黄色[17]，如图 12-1-14 所示。

④ 三旋细粉

一般正常情况下，一、二级和三级旋风分离器应分别将 20~30μm 以上和 10μm 上的催化剂颗粒基本除净，三级旋风分离器出口浓度应小于 200mg/m³。当装置催化剂跑损较大时，可首先对三级旋风分离器回收细粉采样进行观察。

图 12-1-12　正常催化剂电镜分析图

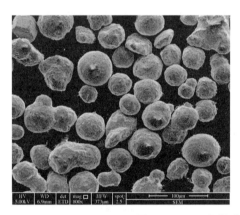

图 12-1-13　磨损破碎加剧催化剂电镜分析图

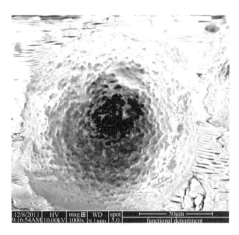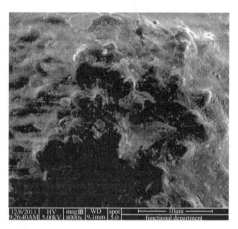

图 12-1-14　铁污染严重催化剂电镜分析图

当三级旋风分离器细粉颗粒基本小于 $10\mu m$，且烟气粉尘浓度高(或三级旋风分离器细粉回收量多)时，可以判断旋风分离器系统运行正常三旋细粉催化剂电镜图多为不规则形状，如图 12-1-15 所示。从颗粒粒径很明显反映出三旋效果好，此时应重点查找造成催化剂细粉多的原因[18]。

图 12-1-15 三旋细粉催化剂电镜分析图

（四）小结

① 催化剂跑损分为自然跑损和非自然跑损。自然跑损多为崩碎与磨碎导致，非自然跑损则主要由工艺操作参数与设备故障引起。

② 通过以上讨论，催化剂跑损原因归纳如图 12-1-16 所示。

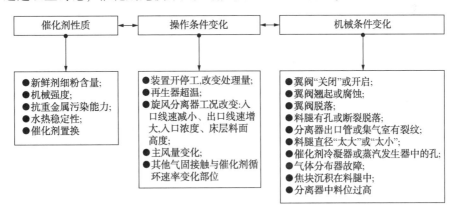

图 12-1-16 催化剂跑损原因归纳图

③ 每种类型催化剂都有对应的催化剂分析手段，借助催化剂粒度分布和电镜分析，可以更好地分析催化剂跑损的部位并做出相应的处理对策。

二、跑剂处理

（一）操作调整

处理跑剂问题，首先要理清催化剂损失来自哪里，要确认跑剂是源自反应器还是再生器，不同部位跑剂有不同的现象。基本做法如下：

① 确定汽提段和再生器中的催化剂床层料位，提高或降低床层高度；

② 确定催化剂密度分布情况；

③ 确认系统节流孔板处于正常工作状态下；

④ 绘制平衡剂的物性曲线，包括粒径分布和表观堆积密度，从而确认催化剂性质发生的任何变化；

⑤ 分析"跑损"催化剂的粒径范围，为损耗的源头提供线索；

⑥ 将旋风分离器负荷与设计值进行比较。如果反应器旋风分离器的线速低，可考虑添加辅助蒸汽到提升管；如果质量流率高，则考虑提高进料的预热温度，以减少催化剂循环；

⑦ 考虑更换"坚硬些"的催化剂；

⑧ 如果催化剂损耗来自反应器，作为短期措施，视情况将油浆循环改至提升管，部分原料改进主分馏塔，加大油浆置换；如果催化剂损耗来自再生器，则可将回收催化剂细粉循环回装置。反应器和再生器的催化剂跑损的原因及现象见表 12-1-3、表 12-1-4。

表 12-1-3　来自反应器的催化剂跑损

现　象	原　因
1. 样品显示灰分含量较高；	1. 反应器的料位高；
2. 油浆固含量过高；	2. 料腿翼阀堵塞；
3. 油浆泵的磨损等；	3. 提升管末端设备(RTD)处穿孔；
4. 油浆泵电流高	4. 注入提升管的蒸汽管爆裂

表 12-1-4　来自再生器的催化剂跑损

现　象	原　因
1. 再生器料位下降；	1. 旋风分离器上有孔；
2. 三旋灰斗收料速度快；	2. 旋风分离器集气室穿孔；
3. 烟气突然不透明度增加；	3. 翼阀挡板脱落；
4. 0~40μm 粒级的催化剂减少；	4. 翼阀下方的催化剂未流态化；
5. 80μm 粒级的催化剂增加，催化剂平均粒径增加	5. 料腿处的催化剂未流态化；
	6. 料腿直径过大衬里掉落，致使催化剂流量受限

(二) 旋风分离器相关核算[19]

1. 旋分效率计算

一、二旋分效率计算如下：

(1) 粒级效率可由下式求得：

$$E_i = 1 - \exp[1 - 0.693(d_p/d_c^{50})^{1/(n+1)}] \qquad (12\text{-}1\text{-}1)$$

(2) 由粒级效率 E_i 和粒级组成 X_i 可以计算综合分离效率 E：

$$E = 1 - \sum_{i=0}^{n}(1 - E_i)X_i \qquad (12\text{-}1\text{-}2)$$

(3) 效率校正公式：

$$\frac{1 - E_{i校正}}{1 - E_{io}} = \left(\frac{C_o}{C_i}\right)^n \qquad (12\text{-}1\text{-}3)$$

式中　C_0——基础浓度。

2. 旋分压降计算

尽管各种旋风分离器的具体尺寸不同，但重要的结构参数即该尺寸与筒体内径的比值彼此接近。石油大学时铭显教授在研究了主要结构参数的优化匹配后指出：$K_A = \pi D^2/(4ab)$ 和 d_r/D 值是影响分离效率和压降的两个关键参数，把它们与入口气速和筒体直径进行优化组合就能选出在一定压降下效率最高的结构参数。

$$K_A = \frac{\pi D^2}{4ab} \tag{12-1-4}$$

$$\overline{d_r} = d_r/D \tag{12-1-5}$$

$$\overline{d_c} = d_c/D \tag{12-1-6}$$

式中　D——筒体直径；

　　　a——入口管高度；

　　　b——入口管宽度；

　　　d_c——排气管上口直径；

　　　d_r——排气管下口直径。

携带颗粒的气体进入旋风分离器以后产生的压力损失包括：入口摩擦阻力和颗粒加速度；进入分离器后的突然膨胀；器壁摩擦阻力；器内旋流引起的动能损失；进入排气管的突然缩小；排气管内的摩擦阻力等。其中前三项和第四项的大部分构成入口到灰斗上方的损失，又称为灰斗抽力，以 Δp_s 表示。全部六项之和扣除在排气管内由于速度降低的能量回收项构成旋风分离器的总压降，以 Δp_T 表示。现在常用的新的旋风分离器压降 Δp_T 及其灰斗抽力 Δp_s 的计算公式及方法介绍如下。

1. 方法一

（1）对单级：

$$\Delta p_s = \frac{u^2}{2}[K_1(C_i + \rho_g) + K_4 K_3 \rho_g] \tag{12-1-7}$$

$$\Delta p_T = \frac{u^2}{2}[K_1(C_i + \rho_g) + K_4 K_2 \rho_g] \tag{12-1-8}$$

（2）对两级串联：

$$\Delta p_s = \{u^2_1[K_1(C_i + \rho_g) + K_4 K_{31} \rho_g] + u^2_2 K_{32} \rho_g\}/2 \tag{12-1-9}$$

$$\Delta p_T = \{u^2_1[K_1(C_i + \rho_g) + K_4 K_{21} \rho_g] + u^2_2 K_{22} \rho_g\}/2 \tag{12-1-10}$$

式中　Δp_s——灰斗抽力，用于计算料腿料封；

　　　C_i——一级旋风分离器入口浓度，kg/m^3；

　　　ρ_g——气体密度，kg/m^3；

　　　K_1——与固体粒子加速度有关的压降系数，一般取 1.1；

　　　K_4——与 C_i 有关的系数，见表 12-1-5。

$$K_{2i} = \frac{3.67}{K_A \overline{d_r}}\left[\left(\frac{1-n}{n}\right)(\overline{d_r}^{-2n} - 1) + f\overline{d_r}^{-2n}\right] \tag{12-1-11}$$

$$K_{3i} = \frac{3.67}{K_A \overline{d_c}}\left[\frac{1}{n}\overline{d_c}^{-2n} - \frac{1}{n}\right] \tag{12-1-12}$$

$$f = 0.88n + 1.70 \tag{12-1-13}$$

式中　n——旋流指数，$n = 1-(1-0.67D^{0.14})(T/288)^{0.3}$；

　　　T——旋风分离器入口气流温度，K。

以上 K_{2i} 和 K_{3i} 应按一、二级旋风分离器的结构参数分别计算。

表 12-1-5 再生器旋风分离器压降(方法一)

C_i	0.1	0.5	1	3	5	10
K_4	0.896	0.850	0.812	0.686	0.595	0.45

2. 方法二

Emtrol 公司发表了 Δp_s 与 Δp_T 的曲线,分别与 C_i 及结构参数 d_r/D, L_s/D 和型号参数 M 关联。经变换为阻力系数形式:

$$\Delta p_s = \frac{u^2}{2}[K_s \rho_g + K_a(C_i + \rho_g)] \qquad (12-1-14)$$

$$\Delta p_T = \frac{u^2}{2}[K_T \rho_g + K_a(C_i + \rho_g)] \qquad (12-1-15)$$

$$K_s = 32.2(1 - 0.075C_i^{0.65})(\overline{d_r})^{-0.74}\left(\frac{Ls}{D}\right)^{-0.74}K_A^{-0.6} \qquad (12-1-16)$$

$$K_T = 8.55(1 - 0.075C_i^{0.65})(\overline{d_r})^{-2.3}K_A^{-1.0} \qquad (12-1-17)$$

式中 K_a——颗粒加速度有关的系数,可取值 1.0。

3. 旋风分离器压力平衡

如图 12-1-17 所示,通过压力平衡可得出旋分料腿内料位。

对于一级料腿:

$$P_1 + H_1\rho_{稀}g + H_2\rho_{密}g = P_2 + (H_1 + Z_1)\rho_1 g - \Delta p_{防} \qquad (12-1-18)$$

对于二级料腿:

$$P_2 + H_1\rho_{稀}g + H_3\rho_{密}g = P_3 + (H_3 + Z_2)\rho_2 g \qquad (12-1-19)$$

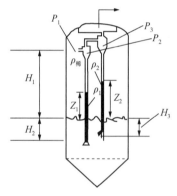

图 12-1-17 旋分系统压力平衡示意图

另:

一级旋分压降 $\Delta P_1 = P_1 - P_2$

二级旋分压降 $\Delta P_2 = P_2 - P_3$

一、二级旋分总压降 $\Delta P_{1,2} = \Delta P_1 + \Delta P_2 = P_1 - P_3$

(三) 催化剂跑损处理与解决对策

工业生产出现催化剂跑损,首先应根据跑剂现象进行分析,确定跑剂的原因。当跑损为磨损与工艺操作条件变化引起,应从催化剂管理与工艺操作方面进行优化调整;如果为机械故障时,则应停工检修,从防结焦与优化旋分系统设计方面解决跑剂问题。

1. 优化旋分系统设计

1) 旋分系统设计

首先选用国内外技术先进的旋风分离器技术,然后考虑:

① 基于全系统设计:涉及旋风分离器、料腿、翼阀、催化剂、气体分布器等及其匹配关系。

② 基于全操作过程设计:涉及开工、状态过程波动、设计状态。

③ 基于全寿命的质量保证体系设计:严格按图纸要求制造,所有检测数据及设计文件

保留存档，要有良好的安装质量，要严格按设计要求施工。

④ 基于全操作过程监测与优化：实时监测系统运行状态，准确确定运行参数变化与设计值差异。

2）局部优化设计

将反应器内旋风分离器系统设计防结焦、掉焦堵塞结构。例如：

① 沉降器旋分出口设置一定的角度，降低穹顶焦块掉落进入旋分的可能性如图 12-1-18 所示。

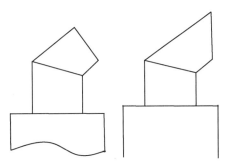

图 12-1-18　旋分出口防焦设计

② 在升气管外壁增设铆固钉、导流片等固焦设施，防止焦块不稳定脱落。如图 12-1-19 所示。

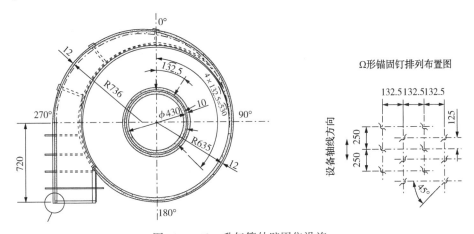

图 12-1-19　升气管外壁固焦设施

③ 优化料腿与翼阀阀板设计，防止焦块脱落堵塞料腿或阀板。如图 12-1-20 所示。

④ 使用防"紊乱"影响的翼阀结构，改善翼阀处的流动情况。

⑤ 设计时要考虑旋风分离器顶板刚度和吊杆强度。

2. 催化剂管理

① 做好催化剂进厂管理。对进厂催化剂进行抽样检测分析，并与催化剂出厂合格证对照，确保进厂催化剂各指标合格。

② 做好催化剂储存管理。尤其是要做好防潮，严禁露天存放，应设有专门的库房。

③ 做好催化剂日常分析。

以催化剂分析评价为例，生气因子(干气/二级转化率)、生焦因子(焦炭/二级转化率)

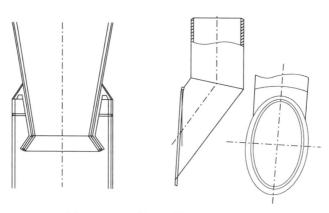

图 12-1-20　料腿与翼阀阀板优化设计

等平衡催化剂评价指标在国外催化裂化装置已被广泛应用，主要用于衡量平衡剂性能及重金属污染水平。一个完整的催化平衡剂分析评价台账，便于及时分析和追溯各项数据的变化趋势，论证催化剂重金属污染水平和非目的产物选择性的高低，对提高装置运行管理水平有利。

对催化剂的日常管理分析项目包括 MAT 分析(活性 ACT、生气因子 GF、生焦因子 CF、氢甲比等)、物理性质分析(粒径、比表面、孔体积等)、元素分析、稀土含量分析等，进一步提升对催化剂的管理，完善催化剂分析台账，可及时发现催化剂异常，避免装置产生操作波动或经济损失。

第二节　沉降器结焦问题及处理

催化裂化的原料一般为重质馏分油，然而随着掺渣率的提高，重油催化裂化装置设备结焦日趋严重。催化裂化提升管、沉降器及分馏系统中结焦非常普遍且严重，特别是沉降器结焦对催化裂化装置的影响最为严重。因结焦造成工业装置非计划停工次数几乎占总停工次数的 2/3，是重油催化裂化(RFCC)工业装置长周期运转的严重制约因素[20]。

一、沉降器结焦机理

油气在提升管内进行的催化裂化反应中，主催化反应的同时伴有副反应发生，由副反应生成焦。焦产生于催化剂的活性中心，这些焦的形成与催化剂密切相关。而在沉降器内油气形成焦的过程中既有与催化剂有关的催化反应，也有油气自身的热裂化反应，以热裂化反应为主；既有气相反应，也有液相反应，以液相反应为主。在催化裂化工艺中，根据焦的产生方式可以划分为以下 4 类[21]：①催化焦(C_{cat})：烃类在催化剂活性中心上反应时生成的焦，其氢/碳质量比较低，约为 0.05；②附加焦(C_{add})：原料中的生焦前身物(主要是胶质、沥青质等高沸点、稠环芳烃化合物)在催化剂表面或其他表面上脱氢缩合反应生成的焦；③可汽提焦(C_{st})：也称剂/油比焦，在汽提段内因汽提不完全而残留在催化剂上的重组分烃类生成的焦，其氢/碳比较高，可汽提焦的量与汽提器的汽提效率、催化剂的孔结构状况等因素有关；④污染焦(C_{ct})：重金属沉积在催化剂的表面上，促进油气脱氢缩合反应而产生的焦。上述 4 种焦的生成不仅与催化剂性质相关，还与原料、重质油的转化深度、转化率和操作方式（如回炼方式）等因素有关。

催化焦、污染焦和可汽提焦均产生于催化剂表面和内部，最终被催化剂颗粒带入再生器内烧掉。而附加焦则是原料油中高沸点组分在进料段难以全部汽化而形成的液滴，或在低温环境下冷凝成的液滴并黏附在固体表面生成的焦。所以附加焦的前体是液滴，它既可以黏附在催化剂表面上，也可以黏附在器壁上，再逐渐固化形成焦；也可以液滴的方式先结焦再沉积在固体表面，形成无一定取向的小晶粒无定形焦。黏附在催化剂表面的焦被带入再生器烧掉；而黏附在器壁上的焦滞留下来，对沉降器运行产生危害的正是这部分结焦。

二、沉降器结焦横向及纵向比较

（一）沉降器结焦横向比较

总的来讲，催化裂化装置内不同部位的结焦其主要成分有很大的差异，这种差别与油气成分、温度、停留时间、流动状态等因素有关。

1. 结焦外观特性的横向比较

从现场采集焦块的外观特性可把焦划分为软焦和硬焦。软焦表面为黑灰色，焦块松散，易粉碎，含有大量催化剂颗粒，焦块内部呈层状结构，含有空隙部分，焦的主体是催化剂颗粒。硬焦表面黑色光亮、结构致密、质地坚硬，敲击有金属声音，含有少量催化剂颗粒，焦的主体是炭，炭连成一体，催化剂颗粒嵌在炭体之间[22]。

软焦多发生在沉降器的内壁、水平台阶、旋风分离器的外壁等油气流速比较低或相对静止的区域[23]。油气液滴和催化剂颗粒以沉降或扩散的方式落在器壁表面，油气液滴和颗粒催化剂交错层叠，松散地堆积在一起，有时油气液滴包裹着催化剂颗粒或夹在堆积的催化剂颗粒之间。这些液滴发生脱氢缩合反应形成焦体时，结焦物中含有比较多的催化剂颗粒、空洞和空隙，颗粒粒度比较大，结焦焦块疏松，称为堆积型结焦。软焦焦块在没有空间约束的条件下，可以形成尺寸很大的焦块，如悬挂在器壁上形成"钟乳石"状焦炭柱。若在结焦过程中，油气液滴的量增大，则软焦会趋于硬化。软焦的结焦量很大，也是危害最大的一种焦[24]。

硬焦主要产生在油气流速比较高、催化剂浓度比较低的区域。一方面，由于油气流速比较高，油气和颗粒扩散能力强，向壁面的附着力增大；另一方面，器壁表面存在着滞流底层，滞流底层内的流体流速极低，油气液滴和细小的催化剂颗粒以黏附方式沉积在器壁表面，大量的液滴相互溶解并包裹催化剂颗粒，催化剂颗粒挤在液相的重组分油内形成致密的沉积层，内部含有比较少的细小催化剂颗粒和空隙，焦块致密，称为沉积型结焦[25]。

有时也可以看到另一种形式的焦，结构松散、混有大量催化剂颗料，升温后变黏稠。这种焦大部分为未汽化的重组分油黏附很多催化剂，一般认为是在反再系统停工后，未汽化及未反应的原料油中重组分停留在汽提段催化剂床层上形成的[26]。

2. 结焦微观结构的横向比较

魏耀东等[23]对沉降器内结焦的微观结构进行分析，结果表明，结焦形态主要有4种，丝状焦、滴状焦、块状焦和颗粒状焦。各种结焦形态的成因机理不同，微观结构及生长过程也不同。

丝状焦是由铁、镍金属元素催化烃类气体，以及易生焦物发生脱氢缩合反应，以催化剂颗粒形成结焦中心并逐渐长大形成细丝状焦炭。

　　滴状焦是由稠环芳烃脱氢缩合反应而生成，高沸点未汽化油滴黏附在催化剂颗粒或器壁表面形成"焦核"，即由重芳烃、胶质、沥青质发生脱氢缩合反应和二烯烃聚合环化反应而生成的。

　　块状焦是高沸点未汽化油滴相互溶解后，再经脱氢缩合反应或聚合环化反应而形成的结焦。

　　颗粒状焦是油气在气相中经脱氢缩合反应或聚合环化反应形成的微小结焦颗粒相互团聚形成的颗粒簇。

　　催化裂化装置沉降器内的结焦一般是上述几种结焦过程的组合，是催化结焦和非催化结焦过程共同作用的结果。

（二）沉降器结焦纵向比较

　　布志捷等[27]认为绝大部分装置在沉降器顶、内外集气室外壁及死区、旋风分离器升气管内壁及二级料腿等处结焦最为严重。虽然在装置平稳生产的条件下，沉降器顶结焦的矛盾不容易暴露出来，但是当反应-再生系统出现大幅度波动时（如切断进料、停止流化和再生器闷床等操作），由于温度、压力及大油气管线油气线速的大幅度变化，平时沉降器顶部形成的焦块就很容易破碎脱落进入汽提段，堵塞待生滑（塞）阀，直接影响催化剂的循环量。而旋风分离器入口、升气管及料腿结焦，必然会大大降低旋风分离器的分离效率，导致催化剂的跑损增加。

　　从工业现场来看，相关石油化工企业基于以上几点考虑采取相应的改进措施。例如锦州石化公司炼油厂[28]通过安装油浆过滤器、增设油浆沉降罐、在沉降器顶部加装防焦蒸气环管、改进油浆系统的操作条件来减少结焦。黑龙江石化厂[29]通过改进汽提段结构，使蒸汽和催化剂充分错流和逆流接触，并延长油气在汽提段停留时间；在拱顶外壁加强保温措施；以及合理布置拱顶处的防焦蒸气盘管位置，改进其上喷气孔喷气方向、数量和大小等措施来改善和防止沉降器结焦。

　　现场清焦中发现，越是油气流速小的地方，焦层厚度越大，比如旋分器肩部、沉降器穹顶内壁等处。若装置的操作条件使得结焦很容易形成，那么结焦速率就主要与油气流动速度成反比，而与油气停留时间成正比。油气流速越低，油气中的生成焦越易沉积。油气停留时间越长，生成焦的沉积量就越大。因此，反应油气和催化剂快速分离技术[30]得以广泛应用。提升管出口快分的主要型式有提升管出口粗分+沉降器旋风分离器的"软连接"型式、提升管出口粗旋+沉降器旋风分离器的"直连接"型式、旋流快分型式（VQS或VSS）、环形挡板式汽提粗旋型式（FSC）、密相环流汽提粗旋型式（CSC）等。其中工程上应用较多的有"软连接"型式和旋流快分型式，对抑制和减缓沉降器结焦和降低焦炭产率起到一定作用。有的重油催化裂化装置（RFCCU）把粗旋改为直联式旋流快分系统等形式，减少了油气在沉降器停留时间，取得了很好的防结焦效果。但在另一方面，该措施虽然注重了催化剂分离效率的提高，使产物与催化剂快速分离，从而减少了二次反应[31]，但却忽视了由于少量油气在沉降器内停留时间的增加所带来的影响，所以还有待进一步改进和研究。

　　除此之外，在沉降器旋风分离器升气管外壁一般通过增设扰流片的方式改变升气管外壁附近气相流场分布，并起到固定焦块和防止焦块脱落的作用。

三、抑制沉降器结焦的措施

　　影响催化裂化沉降器结焦的因素有内、外因两方面。其中，反应油气中的重组分冷凝为液相是结焦的内因，而沉降器内的流动、传热及传质环境是结焦的外因，内因通过外因发挥作用[32]。沉降器结焦是一系列物理变化和化学变化共同作用的结果，反应油气含有催化剂颗粒及其重组分的冷凝是沉降器结焦的物理原因，而重芳烃、胶质、沥青质的高温缩合和油气中烯烃和二烯烃的聚合、环化反应则是沉降器结焦的化学因素[31]。基于上述影响结焦的因素，可采取如下抑制措施。

（一）选择适当的原料性质

原料性质差、残炭高是沉降器结焦的内在因素。王刚等[33]选择了沉降器结焦严重的长岭重催装置油浆和沉降器轻微结焦的大庆重催装置油浆作为研究对象，利用自制的热转化生焦实验装置和热重分析仪，考察了反应条件和油浆性质对油浆重馏分热转化生焦的影响。结果表明，油浆的H/C、残炭值、结构族组成等性质对其生焦率的影响要远大于反应时间、反应温度和油浆中催化剂含量等反应条件的影响。油浆中重组分馏分沸点的高低不能有效反映其生焦倾向，而重组分中的沥青质和胶质是生焦的主要前驱物，其芳碳率与生焦率有较好的线性对应关系。改变沉降器的操作条件可以缓解沉降器的结焦程度，但防止结焦的根本途径是通过调节主提升管的反应条件，从而减少进入沉降器的油气中结焦前驱物胶质和沥青质的含量。

（二）选择适当的反应温度并减少温降

在一定压力条件下，对于一定组成的油气混合物，当温度降低至其中某组分的露点温度时，该组分就会凝析为液滴。油气中稠环芳烃、胶质和沥青质等重组分含量越高，其油气分压也相应增大，如果温度低于这些组分在该油气分压下的露点温度时，它们就会凝析出来。实际工业操作条件下，若温度降低到一定程度，重油催化裂化沉降器内的油浆馏分以气、液两相存在[32]。这些液相组分黏附性很强，或弥漫在沉降器大空间内，或吸附在催化剂颗粒的表面，或黏附在器壁表面。黏附在沉降器内器壁上的重组分液滴的绝对数量决定着其上结焦的量。

由于原料性质和生产方案的不同，不同装置沉降器内温度各不相同，一般为480~510℃。但反应油气自提升管出口至离开沉降器，由于对流传热以及通过沉降器内壁散热等途径，会产生约10~20℃的温降。温度相对低的区域一般是远离提升管出口的位置。温度降低使得部分重组分达到露点而冷凝为液滴，导致局部区域液滴数量增加，粘壁概率增大，在壁上生成结焦的机会加大[34]。

（三）缩短系统的反应时间

油浆在反应系统中的停留时间越长，热反应就越容易发生，结焦当然就会越严重。导致油浆在反应系统中停留时间过长的原因有很多，如由于沉降器顶、旋分系统[29]、沉降器旋分器入口到上拱顶广大空间是油气流动的盲区，且内壁粗糙，油气在此流动缓慢并积聚。当它们接触到较低温度的器壁时，反应物中的重组分就会达到其露点而凝析，这些析出的高沸点组分和油气中未气化的油滴很容易黏附在器壁表面而形成"焦核"，并逐渐长大炭化结焦。渣油和其中难裂解的沥青质在357~478℃范围内会发生激烈的分解反应，生成挥发物及焦炭，产生较多的二烯烃[35]。油气中的烯烃和二烯烃等不饱和烃的含量增加，与芳烃进行芳构化、缩合、氢转移等反应，最终生成高度缩合的焦炭。当反应沉降器的温度在480~520℃之间时，油浆中含有的大量多环芳烃和一定量高分子烯烃在高温下易发生缩合反应。如果停留时间足够长，则会进一步缩合生焦，所以在可行的情况下尽可能缩短系统的反应时间。

（四）控制油气中催化剂的颗粒浓度

油气中的催化剂颗粒和液滴是否向器壁沉积还取决于两者浓度之间的关系[34]。油气中的催化剂颗粒浓度和液滴浓度之间存在着一定的平衡。当油气中含催化剂的浓度较高时，流动的催化剂颗粒有利于对黏附在器壁上的结焦母体起到"冲刷作用"，同时对弥散在沉降器的液滴也有"清扫作用"，颗粒与液滴碰撞，夹带液滴，减少了液滴向器壁沉积的可能性和结焦的概率。因此在催化剂颗粒浓度比较高的油气上游区域和密相床层区域，催化剂颗粒的粒径很大，对油气的夹带能力大，使之不易沉积下来，同时催化剂颗粒对器壁上的结焦有很强的冲刷力，使结焦不易滞留在器壁上，也不会形成较大的焦块。例如在粗旋和顶旋的内壁表面一般没有结焦存在。

结焦一般发生在沉降器内催化剂颗粒浓度相对比较低、液滴相对比较多的区域。例如在汽提段的上部区域，催化剂浓度急剧下降，而刚汽提的油气液滴比较大，上升高度有限，液滴易直接黏附在器壁上，常常形成一段很厚的焦块。又如在顶旋的升气管外壁，此处催化剂浓度比较低，催化剂颗粒的冲刷作用小，细小的液滴在扩散力的作用下不断沉积在器壁上固化长大，逐渐形成很厚的焦块。

与此同时，焦块中催化剂所占的比例是影响结焦物软硬程度的主要因素，而影响焦块中催化剂含量的主要因素是重组分油和催化剂颗粒在结焦时的流动状态。不同流动状态下的重组分油与催化剂颗粒的结合方式存在很大差别，在器壁表面的黏附形式也不同，进而导致结焦物中催化剂的含量不同，使结焦物的软硬程度不同[36]。

（五）改变油气的流动状态

对沉降器内的流场进行分析[22,37]表明：沉降器内各个区域的油气流速有很大的差别。根据油气流速的大小可以将沉降器内空间划分为3类区域，即油气静止区域、油气低速流动区域和油气高速流动区域。油气的流动速度决定着器壁表面的剪切力，影响液滴或颗粒的沉积与扬起。

① 在沉降器内的油气静止空间，流动的催化剂颗粒或液滴进入该空间后在重力的作用下以自由沉降方式堆积在器壁表面。这种堆积有一定的方向性，主要发生在水平表面上。这种焦表面的剪切力很小，焦块的增长不受限制，可以形成较大的焦块。

② 在油气低速流动空间，液滴和颗粒在扩散力作用下沉积在层流底层内，液滴之间溶解连成一体，包裹催化剂颗粒，最后经固化反应形成焦块。由于结焦表面的油气流速比较小，产生的剪切力不足以影响后续的液滴和催化剂颗粒的继续沉积，所以结焦不受空间尺寸的限制，可以形成很厚的结焦，如产生在沉降器内壁、旋风分离器外壁的焦块。

③ 在油气流速比较高的壁面区域，液滴和细小催化剂颗粒在强扩散作用下沉积在器壁上形成结焦。但由于结焦占据了流通面积，提高了油气的流速，增加了器壁表面的剪切力。当这个剪切力大于液滴和细小催化剂对器壁表面的黏附力，使之不能沉积，就可以限制结焦厚度的增长。此时液滴和颗粒的沉积与扬起保持平衡，结焦厚度基本恒定。通常这种结焦主要发生在与油气流动方向垂直的表面上，结焦表面光滑，有冲刷的沟流痕迹，如旋风分离器升气管外壁、集气室内壁、油气管道内壁、流道尺寸变化比较大的阀门处等的结焦。

因此，油气的流动状态不仅影响油气的停留时间，而且输送着油气液滴和催化剂颗粒，影响油气液滴和催化剂颗粒向器壁的沉积形式，最终影响结焦的厚度。

（六）降低油气的分压

反应油气中稠环芳烃、胶质及沥青质等重组分的含量越高，其油气分压也相应增大，如果油气温度低于其重组分油气分压下的露点温度时，油气重组分就会凝析出来[38]。为防止沉降器结焦，一般在沉降器顶部位置设置防焦蒸汽。

防焦蒸汽降低了沉降器区域的油气分压，从而降低了沥青质等重组分的露点温度，使其不能冷凝为液滴，从而避免了结焦。充足的防焦蒸汽流量及合适的防焦蒸汽管布置方式可以有效地防止沉降器顶部的结焦。但是必须指出，防焦蒸汽只能有效地抑制结焦，而不能从根本上杜绝结焦。

（七）强化喷嘴的雾化效果

喷嘴的主要作用是将液相进料雾化成与催化剂粒径较为接近的油滴，以便与催化剂颗粒接触后能够迅速汽化并在催化剂内外表面上发生反应，因此喷嘴雾化效果好坏直接影响到进料的汽化效果。喷嘴雾化后的油滴粒径越与催化剂粒径接近，油滴汽化的效果越好[39]。反应温度高，催化剂循环量大，单位时间内通过提升管横截面的催化剂颗粒数越多，单位时间内雾化油滴也就能够接触到更多的催化剂颗粒，汽化的效果越好。如果油滴过大，势必增加油滴的汽化时间，有可能部分稍大的油滴在提升管内停留的时间里不能够完全汽化掉，而以液相油形式进入沉降器内，这就为沉降器内结焦提供了物质基础。

原料经过喷嘴雾化成细小的油滴，其粒度越小，其汽化的表面积越大，汽化效果越好。从原料喷嘴前后的温降可以判断出原料的汽化效果，其温降越大，原料汽化效果越好。根据相平衡原理，在一定压力下，当提升管内混合段温度高于混合原料油的露点温度时，原料油完全汽化。如果原料油与催化剂的混合温度低于原料油的露点温度，则原料油部分汽化。未汽化的油滴直径要比催化剂的孔径大得多，不能进入催化剂内部进行反应，而是黏附着催化剂颗粒，从粗旋直接进入沉降器内，由于这些油滴密度较油气大，不能迅速进入顶旋，在沉降器内长时间停留，有些油滴黏附在沉降器内构件上，发生缩合反应，放出热量，逐渐形成软焦，挂在沉降器内可附着物上。因此在一定条件下，原料油未汽化率决定沉降器内生焦的程度。

喷嘴雾化效果与喷嘴的性能、雾化蒸汽的品质和雾化蒸汽量、油品的黏度有关。目前喷嘴射流的速度降到 $60\sim90m/s$，主要是防止对喷嘴的磨损和对催化剂的破坏。正常雾化蒸汽与进料的比例在 $3\%\sim5\%$，有些重油催化装置的雾化蒸汽比例达到 $6\%\sim8\%$，尽管能够弥补喷嘴的雾化效果，降低沉降器内油气分压，提高沉降器内流体的线速，但从喷嘴的磨损和能量的消耗来讲是不可取的。

（八）优化设备设计

在优化设备设计方面可采取的预防结焦措施可从以下几方面考虑[40]：

① 防焦蒸汽采用二级孔喷嘴，使喷嘴指向顶部油气滞留空间，避免出现死角[41]。

② 采用新型快速分离装置，减少油气在沉降器内的停留时间，减少二次反应，降低沉降器和旋风分离器入口处结焦。如采用粗旋、三叶型、密闭直联快速分离器等。

③ 沉降器内采用快速分离器加一级高效旋风分离器取代二级旋风分离器。可避免旋风分离器二级料腿结焦问题[28]。

④ 改进汽提段设计，采用高效汽提技术，降低待生催化剂碳含量，达到减少结焦的目的。

⑤ 优化沉降器结构设计，消除油气流动死区。

⑥ 优化进料喷嘴的设计。为保证原料油进入喷嘴后有较好的雾化效果，要求各喷嘴雾化后的射流流量一致，而且还要耐磨，否则容易结焦。有部分装置因几个喷嘴共用一个控制阀以及喷嘴的磨蚀造成喷嘴流量不均、偏流导致喷嘴上方或沉降器结焦[39]。

⑦ 优化料腿的设计。一些加工量稍小的催化裂化装置，因沉降器尺寸较小，旋风分离器料腿较短，不能插入汽提段催化剂料位中，为减少催化剂流通量或料腿出来催化剂冲刷沉降器内壁，因此在料腿出口或有翼阀或有开口较小的斜板，而且一般情况下较细的料腿出口的一段内壁没有衬里。这种结构很容易导致因结焦脱落堵塞料腿出口翼阀和斜板。当料腿出口内壁上结焦后，因此段内壁上没有衬里，焦块接到金属表面上，附着力不强，当发生温度大幅度变化时，焦块就会脱落，堵在翼阀或出口斜板上，导致跑剂停工[39]。

⑧ 优化设备保温的设计。沉降器内壁和转油线（大油气管线）是容易发生重组分油气冷凝结焦的地方，而且保温效果越差或壁温越高，结焦量越大。部分地处北方的催化裂化装置冬季结焦量大，也是由于壁温低的原因。由于壁温低，高沸点组分遇冷凝结，从油气中析出，黏附在器壁上缩合成焦[39]。

四、抑制沉降器结焦的辅助手段

（一）开工阶段喷汽油

在催化裂化装置转剂喷油的过程中，如果转剂时间偏短，沉降器稀相空间内的温度难以升至正常操作水平。如果此时提升管内喷入重质原料，较高沸点的反应油气则因温度较低而冷凝成液滴，与稀相中的催化剂颗粒黏附于沉降器稀相空间的内构件上，随着温度升高而结焦。

开工喷原料前，先进行喷汽油，再对沉降器进行升温，可以缩短升温时间，以防止反应油气中的重组分凝析成液滴，并且沉降器压力控制平稳，可减少因压力波动造成跑剂的风险。喷汽油以后，催化剂轻微挂炭，有利于催化剂流化状态的稳定和沉降器内升温均匀，从而改善开工初期沉降器的温度场，避免因较大的温差而导致内构件受损。在再生器和沉降器循环中，有利于沉降器、油气线和分馏塔升温，缩短开工时间，并且可以避免大量蒸汽滞留在分馏塔而影响操作[42]。与此同时，避免了高温的再生催化剂与大量蒸汽接触而导致水热失活。裂化生成的气体也有利于保持富气压缩机平稳运行。

（二）加大剂油比或反应深度

再生剂的剂油比和温度决定进料油和催化剂混合后的温度。剂油比决定了再生剂带给进料油汽化和反应所需的热量，再生剂温度和剂油比越高，再生剂带给进料油的热量越多，汽化和反应越完全。而两者互为矛盾，降低再生剂温度，可以加大剂油比，提高进料油的汽化表面积，相应提高了汽化率，又可以增加催化剂的有效活性中心，提高反应深度，改善产品分布[39]。对于掺渣率在40%以上的混合原料而言，500℃馏出率一般在45%以下，通过计算，混合原料的露点温度在560~590℃，加上反应吸热、预提升干气和蒸汽的吸热以及预提升段的返混，因此再生剂温度不能低于630℃。

如果考虑到回炼油和油浆的影响，再生温度保持在660℃以上较为合适。如果再生剂温度过低及剂油比小，会影响油料的汽化率，导致湿催化剂增多。因此在正常生产时，一般保证重油催化反应控制在一个合适的温度，较蜡油催化反应温度要高10℃以上。

根据催化裂化原料性质、产品要求和催化剂特性，合理设计提升管反应器，控制适量的反应深度，在合适的反应压力、温度和剂油比条件下操作，严格执行开（停）工程序和步骤，避免在小剂油比工况下操作，避免出现未汽化油和"湿"催化剂是抑制和减缓沉降器结焦的有效手段[30]。

（三）催化剂循环量保持平稳

催化剂的循环量对于反应器内的压力、温度及物料平衡具有较明显的影响。再生剂下料不畅时，因其流化不稳定，而造成与原料的不均与接触，受其影响，如果反应温度波动较大，导致附着于催化剂表面上尚未汽化的重组分油在较高温度下缩合生焦，即使可在汽提段被汽提，也形成了沉降器结焦的前身物。

受催化剂循环量波动的影响，反应温度的波动会直接影响到原料与催化剂的接触，易造成雾化不良或反应不均。另外，再生器和沉降器在差压波动较大情况下，会造成大量没有汽化和反应的液相油料黏附催化剂并进入沉降器内而结焦，特别是反应压力大幅度波动容易造成沉降器内软连接处油气未直接导出，而串入沉降器内导致结焦[43]。

五、抑制沉降器结焦技术展望

选取更为先进的生产工艺及设备，优化操作参数，可改善催化裂化装置的结焦情况。通过分析催化裂化装置沉降器的结焦情况以及国内外在这方面所采取的一些措施和相应的研究工作，要完全解决催化裂化沉降器结焦问题的困难主要在于对其结焦机理的模糊认识、没有可靠的理论预测模型来指导对相关设备的改进和对某些反应条件的控制等方面。所以，今后可在如下几个方面进行加强或改进[40]：

① 加强对催化裂化沉降器生焦结焦机理的研究，以便合理地控制反应条件并对相关设备进行有目的的改造或重新设计。

② 积极利用数值模拟技术对相关设备进行多状态、全流场模拟，从而对相关设备结构的优化提供理论指导，对催化裂化沉降器的生焦性能提供评估和预测依据。

第三节　催化剂流化问题及处理

催化裂化装置流化出现问题，主要表现为催化剂流动不畅、催化剂循环量达不到设计要求等，催化剂在立管或斜管中出现架桥、噎塞、气节、滞流、腾涌、倒窜气甚至不能按预定的方向流动等现象，这与所使用的原料、催化剂的物性有关，同时还与输送管线的结构、松动风量、操作者水平高低等因素密切相关。若某一环节运用不当，轻者会造成局部架桥，降低处理量；重者会造成切断进料，甚至出现事故。

一、催化剂性质的影响

（一）催化剂流化特性的影响

催化剂的密度和筛分是影响流化的重要方面，而起始流化速度 U_{mf}、起始鼓泡速度 U_{mb}、流化指数 F 等是关键参数。一般认为，U_{mf} 越小，颗粒越易流化[44]。起始鼓泡速度 U_{mb} 也与催化剂本身的性质有直接关系，最小鼓泡速度越高越好，因为气泡易限制斜管中催化剂的流动。流化指数 F 越高，说明在其最小流化速度和最小鼓泡速度之间催化剂能保持越多的气体，这意味着可增加风量以改善流化质量，并且不形成气泡。流化指数的高低，直接同催化剂的性质、系统内的细粉含量及颗粒的平均直径有关。催化剂堆积密度越大，细粉含量越小，平均颗粒直径越大，流化指数就越小。较低的催化剂堆积密度和颗粒直径，较高的催化剂细粉含量，有利于催化剂的流化；较低的催化剂流化指数说明催化剂流化可能处于一种临界状态，系统稍有改变，就会使均匀的流化遭到破坏，成为气泡床或者填充床。

（二）催化剂的金属污染

作为催化剂的两种主要成分，氧化铝和氧化硅都有很高的熔点，前者的熔点为2050℃，后者则为1713℃，但在含有钠、钙和铁时，其混合相的熔点则明显下降。钠和钙都可使氧化硅的熔点显著下降，但两者相比，钠是更有效的氧化硅流动促进剂。氧化硅、氧化亚铁与钠结合时，其混合相的初始熔点低于500℃，亦即低于提升管和再生器的操作温度。铁在催化裂化装置中大部分时间处于亚铁状态。低熔点相的形成使黏结剂中的氧化硅易于流动，使催化剂表面呈现玻璃状。即使不熔化，由于熔点降低引起的烧结也会产生相似的效果[46]。再生器内催化剂烧焦时催化剂颗粒温度可达900℃以上，催化剂表面的熔融态导致催化剂的粘连，影响催化剂的脱气效果，进而影响平衡剂的流化性能。平衡剂钙、铁含量高的装置不同程度地出现再生器稀相密度升高现象，进而引起再生器内旋风分离器入口催化剂浓度升高，导致催化剂损失量增加甚至跑剂的情况。

二、松动风的影响

为保持催化剂在立管或者斜管中按预定方向稳定地流动，不出现波动、失流、倒流等现象，在立管上设置一定数量的松动点，对不同松动点通入适量的松动风是必要的。

（一）松动风点的设置

松动点通入松动风处以气泡的形式进入立管，气体通入得多，气泡大，催化剂的流通面积则会减小。对催化剂而言[47]，松动点好像是一个喉管，松动点过多、过密对催化剂的流动并不好。

根据对立管、斜管、松动点位置的试验结果分析认为，松动点位置设置应考虑以下几点[48]：

① 在立管变径段以上应设置一松动点，该点愈接近变径段愈好，该点优于设置在变径段以下。

② 垂直立管上松动点的间距为4~4.5m，同时也要根据催化剂的物理性质有所变化。

③ 垂直立管较长时，在其底部0.6~0.7m需要设一个松动点。

④ 在管线拐弯处应考虑设一个松动点，已在管线拐弯处以上0.3m为好，正对管中心设松动点效果不佳。

⑤ 斜管底部1.5m范围内不得设松动点，因为在此范围内通入松动风（汽），将会使催化剂流动不畅。

有资料给出松动点的最大间距经验公式如下：

$$H_d = 2.15 \times 10^{-3} \frac{\left(\dfrac{\rho_s}{\rho_1} - \dfrac{\rho_s}{\rho_2} \right) \rho_2 p}{(\rho_s - \rho_2)(\rho_1 + \rho_2)} \tag{12-3-1}$$

$$L_2 = 2.04 \times 10^5 \frac{(\rho_2 - \rho_1)\rho_s p}{(\rho_s \rho_1 - \rho_1 \rho_2)(\rho_1 + \rho_2)} \quad (12-3-2)$$

式中　H_d——松动点最大间距，m；

　　　L_2——松动点最小间距，m；

　　　ρ_s——催化剂骨架密度，kg/m^3；

　　　ρ_1——立管顶部的催化剂密度，kg/m^3；

　　　ρ_2——立管内允许的催化剂最大密度，kg/m^3；

　　　P——立管压力，MPa(表)。

按式(12-3-1)计算出立管松动点最大距离约为2.8~4.0m[48]。设计通常采用由式(12-3-2)计算值的一半。

(二) 敏感松动点和一般松动点

对催化剂流动影响较大的松动点称为敏感松动点，除此之外的松动点称为一般松动点。据文献报道[47]，管线拐弯、阀(滑阀、塞阀)以上600~700mm处和变径处的松动点对催化剂流动影响较大，属于敏感松动点。变径处松动点一般设在变径处以下，越接近变径处越好。还有就是管线拐弯处，对催化剂的流动也是至关重要的。故一般把管线拐弯处、变径处以及滑阀上的松动点确定为敏感松动点，其余为一般松动点。

(三) 松动风量的大小

流化床流动时固体的速度大于气体速度，气体在下流过程中被压缩，因此气体速度响应降低，使立管中的固体密度增加，为了保持流化床向下流动和具有较大的流动能力，必须通入适量的气体，理论上讲，气体被压缩了多少相应的就通入多少气体量。通入的气体量较少时，抵消气体被压缩的影响，达不到松动的目的，尤其是立管较长时尤为严重。通气量过多时，限制固体流动，由于气泡的聚集，当气泡的直径大到和立管直径相同时，形成架桥。所以，通气量不能过多或者太少

对于低密度和松散的催化剂，单位压头较低的立管中，只需通入少量的松动气，如果立管密度保持不变，Zenz[49]建议每30.5m的立管每吨催化剂通入气体量为24Nm³。另一个松动气量公式为[48]：

$$Q = 611.8\varepsilon\omega_c\rho_B H_p/T \quad (12-3-3)$$

式中　Q——松动气量，m^3/h；

　　　ω_c——催化剂流量，t/h；

　　　ρ_B——催化剂视密度，t/m^3；

　　　T——温度，K；

　　　H_p——立管长度，m；

　　　ε——管内催化剂空隙度，m^3/t。

近似数值是每100m立管内每吨催化剂通入气量为1~1.5Nm³。

洛阳石化工程公司设备研究所通过试验数据回归得到：

$$Q_总 = k(\ln\omega_s)\left(\frac{D}{B}\right)^2\left(\frac{L}{c}\right) \quad (12-3-4)$$

式中　$Q_总$——松动气量，m^3/h；

ω_s——催化剂循环量，t/h；

L——立管长度，m；

D——管径，mm。

（四）松动风量调整

对再生线路进行计算，确定该管道应通入的总风量，待总风量确定以后，还存在每个松动点应通入多少松动风的问题。在以往的设计中，每个松动点通入相同的风量，而根据该装置多年来的实践及洛阳石化工程公司设备研究所观点，将一般松动点和敏感松动点通入的风量区别对待，原则是敏感松动点通入风量是一般松动点的 2~6 倍，这样就确定了各种松动点应通入的松动风量，据此可以计算每个松动点处限流孔板的孔径。回顾装置发生流化问题时，绝大部分是由于再生滑阀前的敏感松动点堵塞或者风量过小所致。

调节松动点[50]，按敏感松动点和一般松动点分类进行调节。首先开大或者关小敏感松动点的风量，用听诊器判断再生立管中催化剂流动状态平稳、声音平顺；然后再据催化剂流动状况调节一般松动点。当松动点调节完毕，再生立管当中催化剂流动声音平顺、温和后，将再生滑阀改为自动状态，观察并记录再生滑阀开度以及再生斜管密度变化情况，如波动曲线不大、平稳就可以保持现状，调节结束；如波动曲线较大，可重复调节直至平稳。

三、反再各线路流化及振动问题

（一）再生线路流化及振动问题

再生线路流化及振动问题除催化剂和松动风因素外，主要是斜管入口问题。

部分装置存在再生斜管入口溢流斗截面过小，不能满足催化剂循环量的要求，脱气能力不足，导致进入再生斜管的催化剂孔隙率过高，造成斜管内出现架桥等问题。针对此问题，一方面对溢流斗进行核算改造，一方面操作过程中控制稳定再生器主风量，控制稳定再生器床层线速[51]。

部分装置存在再生器床层未设置流化风，造成再生器内床层不稳定，进入斜管催化剂不稳定等问题。针对此问题，应增加流化风，改善床层流化状态。

（二）待生线路流化及振动问题

待生线路流化及振动问题除催化剂和松动蒸汽因素外，主要是沉降器结焦脱落造成[52]。针对此问题：

① 在沉降器内或待生斜管入口增加格栅，防止脱落的焦块进入待生斜管。

② 如果发生脱落，可利用蒸汽通入待生滑阀前进行反吹，但要防止反吹过程中损坏斜管衬里。打开阀门进行反吹，并迅速关闭，利用蒸汽瞬间的冲力吹走堵塞在待生斜管和汽提段蒸汽环管的焦块，打通催化剂循环通道，使待生斜管流化畅通。

（三）半再生线路流化及振动问题

半再生线路流化及振动问题除催化剂和松动风因素外，主要是斜管入口问题[53,54]。

以某逆流两段再生催化裂化装置为例。半再生斜管入口在第一再生器密相床层内没有任何脱气设施，而第一再生器床层除了第一再生器主风外，还有从第二再生器来的大量高温烟气，二者都从床层的下部通入，均匀地分布于第一再生器床层，可能形成几个鼓泡中心，气泡汇合后沿捷径上升，会造成床层密度大幅度波动，严重影响流化。气泡携带催化剂一旦进入斜管，催化剂向下流动，而气体由向上运动进入溢流口，气-固两相的相向运动会影响整个斜管的流化。这时，半再生斜管的出料口会逐渐地失去料封，第二再生器主风同时发生倒窜，从而停止流化。针对此问题，一是增加溢流斗，二是在入口增加隔板，三是在斜管增加气相返回线。

1）床层密度达不到输送要求

斜管入口催化剂密度过低。针对此问题，在操作上优化操作压力，降低床层线速，增加了稀、密相床层界面之间的催化剂密度，改善了催化剂流化质量

2）主风分布管布孔不合适

某催化裂化装置，半再生斜管出口位置风量过大，对半再生斜管下料产生直接阻力。针对此问题，对再生器主风分布管进行改造，分布管重新进行了布孔，在半再生斜管以及外取热下斜管出口处所在的 $1/2D \sim 3/4D$ 和 $3/4D \sim D$ 区域，孔率明显减少，这样就减少了第二再生器主风对斜管出口的直接冲击，保证了催化剂下料顺畅，减少了主风倒窜的影响。

第四节　烟气轮机结垢问题及处理

烟气轮机（简称烟机）是催化裂化装置的关键核心设备之一，是重要的能量回收设备，长期以来，烟机运行普遍出现结垢现象，对装置长周期安全运行带来较大影响，据2013~2018 年的不完全数据统计，中国石化各炼厂共计发生各类烟机停运故障 150 余起，其中与结垢有关的超 70%。以 2016 年中国石化专项调研数据为例，烟机结垢严重影响了装置正常运行的有 13 套；结垢较为严重但不影响装置正常运行的有 2 套；结垢轻微的有8 套；结垢不明显或不结垢的仅 11 套，统计数据见图 12-4-1。总体上烟机结垢问题已严重影响到催化装置的运行安全。

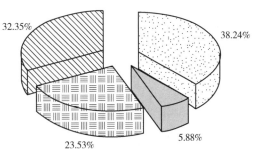

图 12-4-1　烟机运行情况图

32.35%　38.24%　23.53%　5.88%

□ 结垢　▨ 结垢但可运行　▥ 轻微　▨ 不结垢

一、烟机结垢机理

针对烟机结垢机理的研究非常多，但总体缺乏系统性。烟机结垢是一个多因素相互作用的结果，如催化剂性质、烟机结构、工艺操作条件、反再核心设备运行状况等均不同程度影响到烟机结垢。

有相关研究表明[55]：催化剂颗粒在烟机流道结垢分为三个过程：①颗粒在叶片表面的首层"黏附"，进而在叶片表面形成一层较薄的垢层（1~10μm）。对于干基催化剂颗粒，范德华力和静电吸附力（主要是范德华力）是发生黏附的主要动力，表面粗糙度是发生"黏附"的主要影响因素；对于湿基催化剂颗粒，发生黏附的主要动力除了范德华力还有液桥力。②颗粒在首层黏附物上的继续黏附及进一步生长，但后续的垢层增厚程度又存在显著的差异，有些区域垢层没有明显增厚，而有些区域垢层则快速增厚，达到 1~2mm，垢层增厚则会开始影响烟机的正常运行；③随着堆积垢层的增厚，堆积颗粒容易发生高温烧结，形成坚硬致密的烧结物。

有实验表明[55]：在动叶的压力面，叶根处的相对速度明显低于叶尖处的速度，且相对速度基本随着叶高的增大而增大，而在叶根区域，其相对速度急剧下降，在叶根处基本接近于零。在烟机内部流场中，速度较小的地方，由于流动相对较为缓慢，使得催化剂颗粒受到壁面范德华力和静电吸附力的作用时间越长，催化剂颗粒更易发生向壁面迁移，进而引起颗粒的吸附而沉积在叶片表面的首层黏附上，并在适当的环境下结垢。

因此，对于烟机的结构机理基本可理解为随高温烟气流动的超细催化剂颗粒（10μm 以下，绝大部分在 5μm 以下）以较高线速度撞击到烟机流道部分表面时，由于颗粒受到的分子间范德华力、液桥力、静电力等黏附力作用，使得部分超细粉在烟机流道表面相对低速区发生黏附，形成首层垢，并在此基础上继续生长增厚，进而发生高温烧结粘连生成硬垢。

此外，烟气经过烟机流道的流场不均匀、扰动大，也为烟机结垢提供了很好的环境，影响流场的因素除叶型外，主要受叶片的表面粗糙度、轮盘冷却蒸汽流量/温度的影响；其次，平衡剂脱附的金属、烟气中细粉（尤其是超细粉）与烟气的水汽、硫等介质相互作用，加剧叶片表面的粗糙度，更易造成烟机结垢。

二、影响烟机结垢的主要因素分析

（一）催化剂细粉的影响

1. 催化剂细粉的粒径

催化剂细粉颗粒是烟机结垢的基础，催化裂化装置再生器出口烟气中的催化剂浓度一般在 0.3~1.0g/m³，平均粒径为 15~20μm。要确保烟机长周期运行，必须通过高效三旋将烟气中的细粉颗粒浓度降到 0.2g/m³ 以下，并保证基本除净 10μm 以上大颗粒。而按照三旋当前的设计程度，正常工作情况下，也只能分离直径大于 10μm 的颗粒，直径在 1~10μm 之间的颗粒必然会被烟气一起带入烟机，典型的三旋出口烟气中催化剂细粉粒径分布见图 12-4-2。

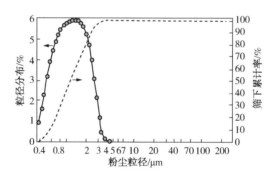

图 12-4-2　典型的三旋出口烟气中催化剂细粉粒径分布图

2. 催化剂细粉的来源

催化剂细粉主要由新鲜剂、平衡剂破碎、旋风分离器效率下降或跑剂等原因产生。

1）新鲜剂的制备

新鲜催化剂自身所含细粉是烟机入口细粉的来源之一。如新鲜剂的灼烧减量高、磨损指数大均会造成平衡剂的细粉多。随着催化剂生产企业技术进步，新鲜剂本身制造中细粉含量已明显下降，一般不含<20μm 以下细粉颗粒，但仍能发现部分企业新鲜催化剂中细粉含量

高，<20μm 颗粒在 3%左右。

受新鲜催化剂制备工艺影响，若新鲜剂球形度下降，出现空心剂颗粒或产生许多大颗粒（由小颗粒粘连），这种新鲜剂加注到系统后，容易产生细粉，主要原因是这些催化剂颗粒通常强度一般较低。

此外，在冷态新鲜剂加注到再生器密相床过程中，由于新鲜剂的温度会突然由常温直接升至 680℃以上，由于热震应力及吸附空气的突然膨胀原因，容易导致新鲜剂颗粒出现热崩，从而产生细粉，因此新鲜剂单耗越高，系统产生的细粉越多。

催化剂分子筛复配工艺不同，易产生细粉的程度也不同。为保证装置经济效益，很多催化裂化工艺采用 Y 型分子筛和 ZSM-5 分子筛复配，以达到在保证重油转化能力的同时增产低碳烯烃，但由于硅铝比的差别，Y 型分子筛和 ZSM-5 分子筛自身强度以及与基质的黏合度差异较大，因此易产生细粉。

2）系统催化剂的循环破碎

系统初始催化剂平衡剂的颗粒较为完整，基本呈球形，表面较为光整，一般平均粒径在56~58μm 左右，但由于平衡剂在整个反应过程中存在多个较高的线速度运行点，如原料喷嘴、旋风分离器、分布板或分布管等，系统催化剂在循环过程中由于催化剂颗粒之间相互碰撞，极易导致部分催化剂颗粒的破碎，从而形成较小的催化剂细粉。

此外，运行参数的控制不当也容易造成催化剂的循环破碎。如再生温度控制超高、二次燃烧、反再系统蒸汽使用过量或出现泄漏、烟气（水汽）比高等，均容易导致催化剂破碎，产生大量细粉。

3）助剂的使用

催化装置当前加注的典型助剂主要有助辛剂、丙烯助剂、降烯烃助剂、重油裂解剂、硫转移剂、脱硝剂等。

多种助剂与主剂混用需要关注两个问题：一是不同配方和工艺制造出来的催化剂，其理化性质存在一定的差异。当这些催化剂混合使用或在反再系统中同时并存时，可能会加剧某一品种催化剂的磨损，产生大量细粉，造成烟机结垢倾向增大；二是部分助剂中稀土含量高，有观点认为稀土容易产生静电，强化小颗粒的吸附作用，使催化剂更容易聚团。

4）设备运行效率

催化裂化装置中减少烟气中催化剂浓度的关键设备是旋风分离器，一般再生器中设置两级旋风分离器，回收绝大部分颗粒>40μm 的催化剂，在烟机入口设置三级旋风分离器以去除>40μm 的催化剂颗粒，当某一级旋分效率下降，催化剂细粉回收率低，容易造成烟气中细粉浓度上升，加剧烟机结垢。

3. 催化剂细粉对烟机结垢的影响

系统催化剂的颗粒尺寸和性质（如几何形状和颗粒密度）是影响旋分效率的主要影响因素，催化剂的细粉越多，分离效率越低。按照 Barth 等人提出的平衡轨道假说，当旋分内某处有一颗粒受离心力的作用向旋分器壁移动，同时又受向心气流力而向中心移动，在不考虑其他作用力时，当两者力相等时，该颗粒不会发生径向移动，而是在所处的半径上做圆周运动，该半径即为平衡轨道半径。如该轨道半径位于下行气流（外漩涡）处，颗粒可以分离下来；但当处于上行气流（内漩涡）处，颗粒就无法被分离下来。催化剂粒径越小，越容易进入到内漩涡处，造成催化剂的跑损增大。

若系统催化剂细粉含量尤其是 20μm 以下超细粉含量越高，势必会造成再生器旋分效率下降，三旋入口粉尘浓度越高，回收后三旋出口细粉浓度越高，对烟机运行影响越大。

研究表明，催化剂细粉粒径越小，对烟机结垢影响越大。不同粒径的催化剂颗粒在烟机流道内受气相流场的影响程度不同，这些催化剂细粉会继续被带入烟气中，通过扫描电子显微镜观察烟机垢样表明，烟机垢样的表面并不光滑，是由许多粒径在 1～2μm 之间的催化剂颗粒组成。

（二）催化剂金属含量的影响

通过对 18 组各企业烟机垢样及平衡剂分析相关数据及三套装置平衡剂与三旋废剂的金属含量分析数据，结果见表 12-4-1～表 12-4-3。

表 12-4-1 催化剂铁含量与烟机结垢情况统计

Fe 含量/(μg/g)	结垢/台	轻微结垢/台	不结垢/台	结垢概率/%	结垢或轻微结垢概率/%
>6000	3	1	0	75	100
5000～6000	2	0	1	66.67	66.67
4000～5000	7	3	2	58.33	83.33
3000～4000	6	2	6	42.86	57.14
<3000	0	0	3	0	0

表 12-4-2 催化剂钙含量与烟机结垢情况统计

Ca 含量/(μg/g)	结垢/台	轻微结垢/台	不结垢/台	结垢概率/%	结垢或轻微结垢概率/%
>2000	1	1	0	50	100
1500～2000	5	0	1	83.33	83.33
1000～1500	2	3	2	28.57	71.43
<1000	10	2	10	45.45	54.55

表 12-4-3 催化剂镍含量与烟机结垢情况统计

Ni 含量/(μg/g)	结垢/台	轻微结垢/台	不结垢/台	结垢概率/%	结垢或轻微结垢概率/%
>8000	5	1	1	71.43	85.71
6000～8000	4	3	3	40	70
4000～6000	5	2	6	38.46	53.85
2000～4000	2	0	1	66.67	66.67
<2000	2	0	2	50	50

1. 铁含量对烟机结垢的影响

从表 12-4-1 可以看出，三旋细粉中 Fe 含量较平衡剂中 Fe 含量成倍增加，平衡剂铁含量在 6000μg/g 以上的烟机都存在结垢问题，而铁含量小于 3000μg/g 的烟机都没发生结垢。国产半合成催化剂铁含量一般在 3000μg/g。

对于催化原料未使用前加氢工艺处理的装置，铁含量一般偏高，且原料中的铁以有机铁为主，主要沉积在催化剂表面。根据 Intercat 的研究，沉积在催化剂表面的铁在反复再生过程中易聚集形成突结，且以 $\gamma\text{-}Fe_2O_3$ 的晶型存在而具有磁性，在流化碰撞过程中容易脱落，从而在催化剂之间迁移或形成细粉，形成细粉的金属进入三旋废剂或悬浮在烟气中，导致三旋废剂中铁含量明显高于平衡剂。这表明催化剂的铁污染对烟机结垢影响很大。

2. 钙、镍、锑含量对烟机结垢的影响

从表 12-4-2、表 12-4-3 可以看出，平衡剂钙、镍含量升高时烟机结垢的趋势增强。

金属钙主要沉积在催化剂表面，较容易脱落，对于掺炼减渣量较大的装置，更容易出现钙的富集。

镍在催化剂的沉积以氧化镍和铝酸镍的形式存在，其中铝酸镍高度分散在基质中，在反复高温再生过程中也较容易出现聚集，形成金属颗粒，且镍在此环境下的形态具有磁性，使得烟气中的金属颗粒在高温下容易吸附在烟机叶片上。

金属钝化剂的有效成分均为锑，在使用过程中均存在锑流失的情况，即不能与镍有效结合，此部分锑在再生环境下以 Sb_2O_3 的形式存在，Sb_2O_3 的熔点仅为655℃，且在高真空下升华温度仅为400℃，因此在再生器内有流动性且能一部分升华至烟气中，增加了细粉的粘连性，更容易受壁面的力影响而被吸附，得到富集生长。

3. 烟机叶片垢样元素含量的变化分析

将收集到的烟机垢样与平衡剂元素进行分析，并将烟机垢样与平衡剂元素富集比列于表12-4-4中。通过表12-4-4所列数据与平衡剂中元素含量进行比对分析，发现烟机垢样均存在一定金属或非金属元素的富集，尤其是S、Ca、Fe、Sb的富集多，可进一步证明烟机结垢与金属的聚集有关。

表 12-4-4 烟机垢样/平衡剂元素富集比

样品	Fe	Ca	S	Sb	Ni	V
样品 1	3.429	7.968	10.51	—	1.26	0.831
样品 2	1.169	1.123	2.544	3.392	1.623	8.042
样品 3	2.131	4	42.857	1.45	0.836	11.071
样品 4	2.807	2.521	—	—	1.26	0.831
样品 5	2.852	2.571	6.077	1.605	1.828	1.154
样品 6	4.205	10.667	3.25	—	3.194	1.667
样品 7	2.5	7.706	1.697	—	1.265	2.286
样品 8	1.727	3.118	8.462	2.235	1.263	1.108
样品 9	2.131	4	42.857	1.45	0.836	11.071
样品 10	5	3.429	1.667	—	1.909	1.7
样品 11	2.625	4.375	1.625	2.308	1.25	1.067
样品 12	2.654	4.62	—	4.62	1.541	1.105
样品 13	2.326	2.091	2.442	1.941	1.78	1.073

有研究单位对催化裂化催化剂进行模拟高温烧结实验，结果发现金属含量低的催化剂烧结后仍然松散，但加入Na、Fe、Ca、Ni等重金属后的样品很容易形成固定形状垢块，具体

对比图如图 12-4-3 所示。而且金属加入质量越大，垢块质量越大越结实，硬度越大，说明金属含量对结垢的影响作用明显。

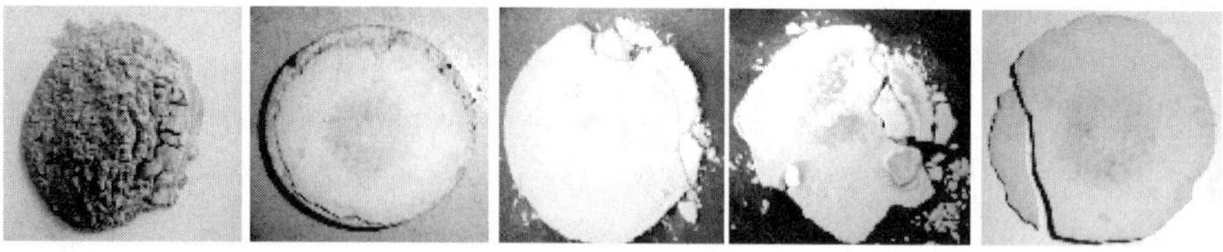

(a)新鲜剂烧结　(b)加入Fe后烧结　(c)加入Na后烧结　(d)加入Ca后烧结　(e)加入Ni后烧结

图 12-4-3　催化剂静态烧结后的对比照片

4. 烟机垢样断面元素分析

对烟机垢样断面元素含量进行分析，结果列于表 12-4-5 中。通过分析烟机的 4 个垢样，对垢样的外表面和断面(烟机叶片侧)进行 XRF 半定量分析，从表中可看出，铁、镍、钒、钙等原料中带入的污染金属，垢样中金属含量均远高于平衡剂，作为钝化剂的锑在垢样中含量也远高于平衡剂；在垢样上的硫、钒、镍、铁、锑在内外含量也明显存在一定差异，其中硫是断面远高于外表面。这种富集梯度的形成表明，烟机结垢与烟气中的硫逐渐富集密切相关，组成从结垢部位向垢的厚度增长方向上不均匀。催化剂基质中含有 1.5% 左右的硫酸根，折合硫含量为 0.5%，硫酸根是催化剂制备时产生，易与金属反应，生成低熔点硫酸盐。再生烟气中一定会含有一定的 SO_3，SO_3 能够与水反应生成硫酸，有可能发生硫酸与金属反应而导致垢样中硫含量变化。

表 12-4-5　烟机垢样不同断面相关元素的富集比(垢样断面/表面)

样品	S	Fe	P	Ni
样品 1	3.39	1.75	0.70	1.11
样品 2	3.27	0.87	1.23	0.89
样品 3	2.97	1.16	1.55	0.81
样品 4	1.86	1.66	1.05	0.91

综上分析可知，催化剂上污染的金属含量，如铁、镍、锑、钙等，与烟机结垢的关联度较大。催化剂金属含量对烟机结垢的影响顺序为：Fe/Sb>Ca>Ni。

(三) 轮盘冷却蒸汽的影响

轮盘蒸汽温度及流量对烟机结垢影响也较为明显，而且温度越低、流量越大越容易结垢。以 2016 年中国石化专项调研数据为例，轮盘冷却蒸汽温度低于 240℃ 的有 14 套装置，64.3% 的装置出现结垢问题；低于 220℃ 的有 8 套装置，75% 的装置出现结垢问题；轮盘蒸汽流量超过 1000kg/h 的有 15 套装置，73.33% 的装置出现结垢问题。

有研究表明[56]：烟气中水汽浓度在动叶片的压力面较其他位置处要大，特别是加上轮盘冷却蒸汽的注入后，大大增加了静叶与动叶之间环境的湿度，环境湿度的增加使得叶片上滞留并堆积在一起的催化剂颗粒更容易在接触点形成液桥，液桥一旦形成，颗粒的行为将大大限制于毛细力的作用，催化剂颗粒间的团聚或堆积效应会进一步增强。烟气湿度增加是形成烟机结垢的重要因素。

华东理工大学为 GZSH 轻催烟机结垢问题进行的专题研究也提到：烟气湿度是低熔点共

晶体生成的主要因素，烟气湿度在10%（体）以下，有利于抑制低熔点共晶体的生成，最好控制在7%~8%（体）。改变烟气湿度、温度，会破坏低熔点共晶体的生成条件，亦可抑制烟机结垢。

综上所述，控制冷却蒸汽量并提高蒸汽品质、降低焦中氢含量，改变烟气湿度、温度，改善烟机的流场，减少涡流区，使黏稠的催化剂细粉没有滞留的地方，能够缓解烟机结垢。

（四）烟机结构的影响

通过统计各家企业运行数据，其中有8台为两级烟机，其中7台有结垢问题，结垢概率为87.5%，单级烟机为25家，结垢较严重的为9家，比例为36%。虽然两级烟机效率比单级烟机的效率高出5%左右，但结垢概率明显高于单级烟机。随着烟机设计及制造水平的进一步提升，单级烟机的效率已能达到80%，对比传统两级烟机容易结垢问题，优势将越来越明显。

烟机叶片的表面耐磨喷涂层的材料主要集中在长城C-1及长城C-33，从表12-4-6中数据看出，采用长城C-33喷涂材料的结垢概率比采用长城C-1的概率低23%。从表12-4-7 C-33与C-1涂层数据对比看，C-33各项指标均有所改善，尤其是叶片的表面光洁度有大幅提升。根据Eck氏估算公式[58]，不会黏附在叶片表面上的颗粒直径K随着凹凸度的增加而增加，因此增加叶片表面的光洁度能缓解烟机结垢。

表12-4-6　叶片不同喷涂材料结构情况统计

喷涂材料	调研烟机/台	结垢或轻微结垢烟机/台	不结垢烟机/台
长城C-1	14	11	3
长城C-33	9	5	4

表12-4-7　喷涂材料C-33与C-1的参数对比

项目		C-33	C-1
类型		金属陶瓷	合金
主要成分		CrC-NiCr	CoCrNiWSiC 等
工艺		D-gun	APS
主要组织		Cr3C2、Cr7C3、NiCr 等	γ-CoCr、大量碳化物等
厚度/μm		100~150	300
空隙率/%		1~2（0.45）	3~5
显微硬度（HV）/（kg/mm）		750~950	600~800
氧化性能/（mg/mm^2）	700℃/100h	0.39	1.82
	800℃/100h	0.47	2.1
S的最大穿透深度		100~120（涂层内）	125（涂层内）
结合强度/MPa		>70	58.1
800℃淬火次数		>10	>10

此外，新技术的应用也有效减缓了烟机结垢。如大庆炼化对动、静叶围带采取了毫克能光整处理技术，可大大延缓烟机结垢，为工程使用提供了数据支持，毫克能光整处理技术源

于乌克兰军工技术，表面粗糙度可达到 Ra0.02(镜面水平)，可取代喷涂技术。广州石化为解决烟机结垢问题，同样考虑了对动、静叶外表面均采用提高光洁度的工艺措施，以此缓解催化剂结垢。

有研究表明[57]，动叶片不同部位的气相相对速度不一样，速度相对低的部位会使催化剂颗粒受到壁面的力(范德华力、静电等)作用时间延长，使催化剂更容易向壁面迁移，引起颗粒的聚集和堆积。叶片压力面上若局部气相速度分布较低、水分含量较高的微环境下，使得该部位极易滞留并堆积大量的催化剂颗粒，为催化剂出现熔融或烧结提供物质基础。

叶片的动力学设计主要影响烟气流过烟机时在动静叶片上的速度场、温度场的分布。随着叶片叶型的发展，弯扭复合型叶片上的温度场、压力场更均匀，效率更高。如广州石化对烟机改造时采用带有弧形板设计的高效排气壳体，动、静叶采用高效弯扭复合叶型，烟机结垢明显缓解；大庆石化将直叶片改为高效弯扭复合叶型，烟机结垢也有所缓解。

因此，叶片速度场、温度场模拟设计越均匀、干扰越少，对缓解烟机结垢越有利；改善烟机的流场，减少涡流区，使黏稠的催化剂细粉没有滞留的地方，也能抑制烟机的结垢。

三、抑制烟机结垢的措施

综合分析多方因素，影响烟机结垢的主要矛盾点集中在平衡剂细粉含量高或再生器跑剂、三旋分离效率差、平衡剂金属含量高、催化剂及助剂使用不规范、轮盘冷却蒸汽使用不规范、烟机结构设计及制造上的缺陷等方面。主要抑制烟机结构的措施集中在五个方面。

(1) 严格控制好烟机入口催化剂浓度，尤其是超细粉浓度

可从 7 个方面控制好烟机入口的细粉浓度：①高度关注三旋分离效率，控制烟机入口粉尘浓度尽量不大于 $120mg/m^3$。②严控新鲜剂品质，减少催化剂的磨损。生产企业应严格按照质量标准对催化剂进行入厂质量检查，建议采用催化剂显微评价技术对新鲜剂、平衡剂、催化剂细粉进行显微观察，对于细粉含量高、颗粒不规则、空鼓多的催化剂应重点关注，并采取措施，防止烟气中细粉过多造成的烟机结垢。同时建议研发低稀土含量、低磷含量、高颗粒、球形度、低磨损指数催化剂，降低烟机入口粉尘浓度和颗粒结垢倾向。③保持合理的平衡剂细粉质量分数，粒径小于 $20\mu m$ 催化剂颗粒质量分数应不超过 3.0%，同时保持操作平稳、预防催化剂崩裂。④对催化装置的目标任务进行优化，避免多种主剂及助剂的混合使用。⑤严格控制操作条件，避免损坏设备。⑥开工后加大催化剂置换速率，减少系统内性能下降的催化剂比例。⑦优化钝化剂的品种及加注量，开发新型钝化剂，避免应用低熔点金属，提高现有钝化剂的挂锑率，同时应明确钝化剂中锑含量，避免过度加注。

(2) 严格控制好平衡剂金属含量

可从 4 个方面对平衡剂的金属含量进行控制：①对催化原料进行优化，控制平衡剂的铁含量不高于 $5000\mu g/g$、镍含量不高于 $6000\mu g/g$。②对于以加氢重油为原料的装置，在催化剂级配上应考虑容铁容垢的保护剂。③对新鲜剂的配方进行优化调整，以增加催化剂的抗铁能力。④开发新的助剂，降低铁对系统的影响。

(3) 控制优化轮盘冷却蒸汽的流量及温度

可从 3 个方面轮盘冷却蒸汽的流量及温度进行优化：①严格控制轮盘冷却蒸汽用量，在轮盘中心温度不超设计上限(一般为 350℃)时，尽量降低轮盘蒸汽量，进入轮盘的蒸汽流量建议控制在 800kg/h 以内。②提高轮盘蒸汽品质，蒸汽温度建议控制在 250~260℃。③新设

计的叶根保护技术，能降低冷却蒸汽对烟气流场的干扰和烟气中水蒸气含量，提高叶片叶根和轮盘榫齿的许用强度，值得推广。

（4）把好两器检修质量关

相关设备的性能能否充分发挥，对烟机结垢有很大影响。再生器应采用可靠、高效的一、二、三级旋风分离器，并对反应器、再生器的检修质量进行严格地评估把关，保证反应器、再生器内构件能够发挥最高效率（重点检查验证部位应包括进料喷嘴选用、安装是否合理；一、二再主风分布环的安装及线速度选用；临界流速喷嘴是否磨损、泄气量是否合理；一、二、三级旋风分离器相关部位的堵塞、磨损情况等），防止不必要的催化剂磨损产生过多细粉和分离效率过低造成烟机入口粉尘浓度高。

此外，三级旋风分离器单管泄料口结垢堵塞是影响三级旋风分离器效率的关键，与烟机结垢堵塞的成因相似。在三级旋风分离器泄料口逐步结垢并导致堵塞过程中，随着三级旋风分离器效率的降低，即当三级旋风分离器单管泄料口结垢导致效率下降或"失效"时，将很快引起烟机结垢，必须保证三级旋风分离器长周期高效运行。

（5）对烟机的结构进行优化

可从4个方面对设备的结构进行优化：①优化气动部分设计。采用CFD流场分析软件、全三维黏性气动设计方法等，进行一对一柔性设计，选用合理的动、静叶型，使机组设计点与运行点保持一致，机组保持高效、低结垢倾向运行，解决烟机运行效率低、气流冲刷、结垢等问题。②采用新型保护动叶叶根技术，改进烟机轮盘及动叶叶根冷却方式，在保证轮盘、叶根温度的前提下，降低轮盘冷却蒸汽量，从而降低冷却蒸汽对流场的干扰，提高烟机效率并减少结垢。③动叶片采用新型表面喷涂材料，提高通流部分表面光洁度和抗磨性能，降低结垢倾向。部分炼化企业的实践表明：对烟机本体结构进行改进，不仅能够降低烟机结垢倾向，而且大大提高了烟机的做功能力。④探索静电分散的解决方法，通过对催化剂颗粒荷上相同的电荷，使得静电力从黏附力变为斥力，使得催化剂颗粒远离表面，从而起到抑制垢层增厚的目的，该方法目前还有待实验的进一步验证。

第五节　烟气脱硫脱硝问题及处理

一、烟气湿法（钠法）脱硫典型故障及处理

国内外应用较多的湿法（钠法）脱硫技术有 DuPont™ BELCO® 公司的 EDV® 和 ExxonMobil 公司的 WGS 技术以及中国石化开发的湍冲文丘里湿法除尘钠法脱硫技术。三种技术有各自不同的特点，在国内各装置运行过程中出现了浆液泵机泵和喷嘴等设备磨损、设备腐蚀、系统管线结垢、有色烟羽等共性问题，也出现了电除雾器故障等专属问题。

（一）洗涤单元设备磨损

大部分再生烟气中携带的催化剂颗粒进入脱硫塔后被循环浆液洗涤脱除，少部分被净化烟气携带排入大气，因此烟气和循环浆液中都会含有催化剂颗粒；同时循环浆液中 NaOH 与烟气中 SO_x 反应生成盐，在循环浆液中饱和后结晶析出，形成固态盐颗粒。脱硫系统浆液喷嘴、水珠分离器等内构件及浆液循环泵的蜗壳、叶轮等处在与烟气、循环浆液高速接触的环境，烟气、浆液中的固体颗粒会对设备造成冲刷磨损，如图12-5-1所示[59]。

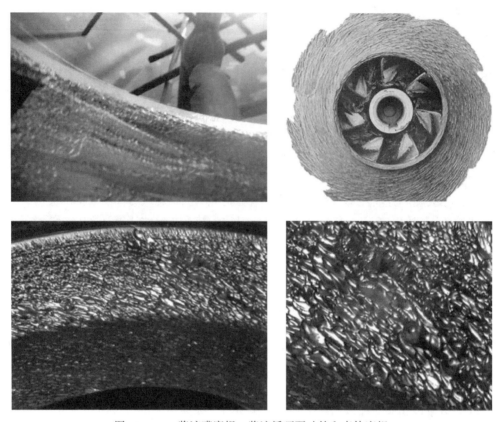

图 12-5-1　浆液嘴磨损、浆液循环泵叶轮和壳体磨损

除了浆液泵磨损外，浆液喷嘴磨损也较为常见。EDV®湿法洗涤单元急冷段和洗涤段一般采用 Belco 公司专有的 G400 喷嘴，其孔径大、不易堵塞。但浆液中的催化剂粉尘对接触界面的长期磨损会导致 G400 喷嘴厚度减薄，G400 喷嘴磨损截面示意图见图 12-5-2。滤清模块区配置有较多的 F130 喷嘴，虽然浆液浓度较低，但 F130 喷嘴流通面积小，喷嘴前压力高，长期使用以后，浆液会对喷嘴的喉部及其整个圆周产生磨损(如图 12-5-3 所示)[60]。

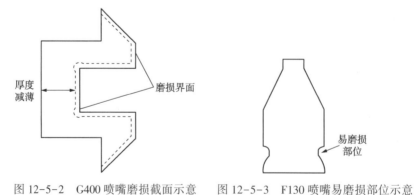

图 12-5-2　G400 喷嘴磨损截面示意　　图 12-5-3　F130 喷嘴易磨损部位示意

1. 洗涤单元设备磨损的表现形式

① 脱硫洗涤塔浆液泵机泵和叶轮磨损可以通过以下方式确定：浆液循环泵出口压力下降；浆液循环泵电流下降。

② 浆液喷嘴磨损可以通过以下方式确定：浆液循环泵出口压力下降；浆液循环泵电流上升；洗涤塔吸收效率下降。

2. 洗涤单元设备磨损的原因

洗涤单元设备磨损的原因有：再生烟气性质发生变化；操作参数发生变化；设备材质选型。

（1）再生烟气性质的变化

正常情况下，FCC 装置再生烟气中的催化剂被再生器一、二、三级旋风捕获，三旋出口烟气粉尘浓度一般小于 $150mg/Nm^3$，颗粒直径<5μm，但在设计上三旋回收后的催化剂细粉经四旋后又部分返回锅炉入口烟道，且一般催化装置四旋效率小于 80%，所以进入烟气脱硫系统的烟气中催化剂浓度高、粒径大。在实际生产中，因催化裂化装置容易出现设备故障或运行周期末期旋风效率下降导致催化剂跑损，会增加烟气脱硫系统的除尘负荷，从而引起洗涤单元设备磨损。

烟气中的烟气中 SO_x 反应生成盐，在循环浆液中饱和后结晶析出，形成固态盐颗粒，这是洗涤单元设备磨损的原因之一。所以催化裂化反应原料的硫含量以及硫在烟气中的分布变化，也会导致洗涤单元设备磨损。

（2）吸收洗涤单元操作参数变化

脱硫洗涤单元循环浆液中的悬浮物和盐主要来自烟气中的催化剂颗粒以及 SO_x，若浆液外排量过小，容易导致循环浆液中悬浮物和盐过高，对设备产生磨损。

此外，补充水硬度过高，其中的 Ca、Mg 离子和烟气中 CO_2 反应生成的 $CaCO_3$、$MgCO_3$ 垢物也会对设备产生影响。

对于浆液碰嘴而言，除了控制浆液中固含量不超标外，防止喷嘴超压、超负荷运行也很关键。

（3）设备材质选型

离心机泵叶片和壳体的磨损程度除与浆液特性有关外，还与设备材质选型有很大关系。使用耐磨材质，如 Cr30A 合金钢等，能延长浆液泵使用寿命。

3. 洗涤单元设备磨损应对措施

为防止洗涤单元设备腐蚀，可采取如下措施：

（1）控制烟气中的催化剂浓度和 SO_x 含量

① 精细操作、平稳调整，确保再生器内部两级、三级和四级旋风分离器的运行状态良好，保证旋风分离器分离工作效率。

② 合理选用新技术、新装备，如使用高效旋风分离器，四级旋风分离器改为高精度过滤器、增设电除尘器等，尽可能减少进入烟气脱硫系统的催化剂数量。

③ 监控好催化控制催化进料硫含量，并及时调整。

④ 使用硫转移助剂等手段，降低烟气中的硫分布。

（2）选择合理的操作参数，控制洗涤单元

① 及时调整循环浆液外排量和新鲜水补充量，避免浆液中催化剂颗粒和总盐含量超标。

② 监控新鲜水硬度，减少 $CaCO_3$、$MgCO_3$ 垢物形成。

③ 精细操作、平稳调整。

（3）使用喷涂耐磨陶瓷等技术手段

某企业对浆液泵喷涂碳化硅高分子耐磨防腐材料，泵壳的喷涂厚度约 3mm，经过近 4 年的使用，耐磨层有部分脱落，但总体情况仍较好，基本能满足装置生产周期需要，如图 12-5-4 所示。[60]

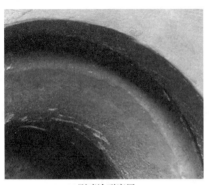

(a)刚喷涂耐磨层　　　　　　　　　　　(b)喷涂后使用4年

图 12-5-4　刚喷涂耐磨层及喷涂后使用 4 年的泵壳

（二）洗涤单元设备腐蚀

催化裂化烟气湿法脱硫装置设备腐蚀问题是装置运行中的常见问题，如塔壁、烟囱腐蚀减薄及穿孔泄漏，浆液喷嘴等塔内件腐蚀及磨损，浆液循环泵叶轮腐蚀减薄等，影响装置长周期稳定运行，如图 12-5-5 所示。

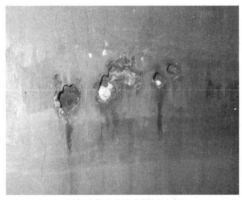

(a)石家庄某企业吸收塔器壁腐蚀　　　　　　(b)天津某企业综合塔锥段器壁腐蚀

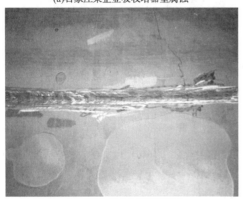

(c)上海某企业吸收塔器壁腐蚀　　　　　　(d)南京某企业吸收塔接管焊缝腐蚀

图 12-5-5　脱硫装置常见设备腐蚀部位

1. 洗涤单元设备常见的腐蚀部位

洗涤单元设备常见的腐蚀部位有：塔器及接管腐蚀；洗涤塔技术烟囱腐蚀；塔器内构件腐蚀；浆液循环泵叶轮腐蚀。

2. 洗涤单元设备腐蚀的原因

(1) H_2SO_3/H_2SO_4 露点腐蚀

催化裂化装置再生烟气腐蚀介质有 SO_x、NO_x 和 CO_2 等气体，各类气体含量因催化裂化原料硫含量及工艺类型不同而不同，总体来说，原料硫含量越高，再生烟气中 SO_x 含量越高。催化再生烟气在进入脱硫塔湿法洗涤脱硫过程中，99%的 SO_2 被脱除，但是 SO_3 脱除率较低，并会形成不易捕集的 H_2SO_4 雾气溶胶。脱硫塔中上部温度相对较低，约60℃左右，脱硫烟气中 H_2SO_4 雾气溶胶和残存 SO_2 易在设备表面结露，形成常温强酸腐蚀环境(pH 值普遍在 2~4 之间)，特别是在脱硫塔的锥段、烟囱焊缝和接管处，酸性凝液更易聚集和浓缩，使腐蚀加剧。

(2) 氯离子点蚀和应力腐蚀开裂

烟气脱硫系统循环吸收液中含有氯离子，其主要来源于催化裂化原料、各类助剂(如絮凝剂聚合氯化铝)以及补充的新鲜水，并随着浆液的蒸发在浆液中富集。氯离子半径小、穿透和吸附能力强，能穿透氧化膜内极小的孔隙到达金属表面，并与金属相互作用形成氯化物，使氧化膜的结构发生变化，导致金属产生点蚀或坑蚀，而氯化物与金属表面的吸附并不稳定，形成了可溶性物质，从而导致了腐蚀加剧。

氯离子还会使脱硫系统中奥氏体不锈钢设备发生应力腐蚀开裂。主要原因是设备存在焊接残余拉应力和钝化膜带来的附加应力，氯离子使局部保护膜破裂，破裂处的基体金属形成微电池阳极，产生阳极溶解，在拉应力作用下保护膜反复形成和反复破裂，就会使局部金属腐蚀加剧，最后形成孔洞。孔洞的存在造成应力集中，更加速了孔洞表面的塑性变形和保护膜破裂，最终导致金属应力腐蚀开裂。

(3) 不锈钢材料及焊接质量不合格

催化烟气脱硫系统设备及内构件材质一般选择 304 和 316 等 300 系列不锈钢，既能耐氧化介质腐蚀，也抗还原介质腐蚀，同时 316 材料还含有 Mo 和 Ti，具有良好的抗点蚀和晶间腐蚀能力。但在实际使用中，少数企业不锈钢材质的设备出现了严重腐蚀，主要原因有两个：一是不锈钢原材料制造质量存在问题，耐蚀元素含量不达标；二是在设备现场安装过程中，焊接质量差，焊缝存在较多缺陷。

3. 洗涤单元设备腐蚀应对措施

(1) 控制工艺参数平稳

按照设计条件和工艺卡片要求控制循环浆液的 pH 值。要综合考虑装置原料性质、生产调整负荷变化等因素，提前调整碱液注入量，避免循环浆液 pH 值出现大幅波动。监测和控制烟气脱硫系统中氯离子总量，一是烟气脱硫系统禁用含氯助剂，如可将聚合氯化铝絮凝剂改为聚丙烯酰胺；二是控制好循环浆液置换量和新鲜水补充量，避免氯离子浓缩富集；三是监控 NaOH 溶液质量，避免溶液中氯离子超标。

(2) 改进设计

优化内构件等结构，避免酸液富集。将烟囱内部接管、套管和采样杆等由水平布置改为向下倾斜10°；塔器及烟囱内部焊缝、焊接飞溅物和临时支撑焊点等打磨平整。增设工艺防腐蚀措施，如在脱硫内酸液易富集的锥段增设器壁碱液喷淋设施，中和器壁强酸性凝液。

（3）材料和施工质量控制

加强不锈钢等材料入场质量复验管理，确保材料各类耐蚀元素达标。控制设备安装和维修质量，严格控制焊接工艺的实施，避免焊缝产生易腐蚀的马氏体组织，确保焊缝接头金相组织的耐蚀性。

（4）材质升级

在易腐蚀部位可选择 317L、双相钢或更高耐蚀等级材料，或选用高分子防腐蚀材料。部分企业在洗涤塔或综合塔塔底、烟囱等部位选用内衬玻璃钢、聚脲及塑胶等高分子材料防腐蚀，但运行中存在开裂、剥离等问题，需谨慎选用。

（三）净化烟气有色烟羽问题及处理

烟气的蓝色或黄色烟羽问题是催化裂化装置配套实施了烟气除尘、烟气脱硫、烟气脱硝后产生的一个较为普遍的问题。相对于干法脱硫，湿式排烟对蓝色烟羽更加敏感。通常干式脱硫排烟只有在冬季才可见蓝色烟羽，而湿式脱硫排烟只要 SO_3 质量浓度达到 $10\mu g/g$ 就可见蓝色烟羽，达到 $20\mu g/g$ 时蓝色烟羽非常明显，达到 $30\mu g/g$ 时非常严重[61]。

1. 有色烟羽的成因

（1）再生烟气中的 SO_3 浓度

通常，催化裂化再生烟气中 SO_3 约占硫氧化物（SO_x）的 $5\%\sim10\%$，但也有例外，某催化裂化再生烟气中 SO_3 约占 SO_x 的 $30\%\sim50\%$，个别催化裂化装置甚至达到 65%，这和催化裂化的原料构成、催化剂、再生形式等因素有关。SO_3 危害远高于 SO_2，会直接导致烟气露点温度提高，产生严重低温设备腐蚀，还会形成蓝色烟羽，是影响净化烟气烟羽颜色和烟气不透明度（浊度）的主要原因。当净化烟气中 SO_3 浓度较高且含有硫酸气溶胶及其二次粒子时，其颗粒直径与可见光波长相当，对光线产生瑞利散射（Rayleigh Scattering），短波的蓝色光线散射要比长波的红色光线强，太阳光照射的反射侧烟气的烟羽呈现蓝色，另一侧（透射侧）则呈现黄褐色。

SO_3 是一种极易吸湿的物质，当温度超过 200℃时，只要烟气中存在 8%左右的水蒸气，则 99%的 SO_3 都将转化为 H_2SO_4 蒸气。当烟气温度低于 H_2SO_4 蒸气的露点温度时，H_2SO_4 蒸气冷凝形成硫酸液滴，其中 $0.5\sim3\mu m$ 的硫酸液滴会形成硫酸气溶胶和硫酸雾，二硫酸气溶胶和硫酸雾一旦形成，在湿法脱硫工艺中很难被浆液吸收，导致蓝色或黄色烟羽出现。

（2）选择性催化脱硝催化剂（SCR）的使用

SCR 脱硝工艺是在一定的温度条件和 NH_3、O_2 及催化剂的共同作用下将氮氧化物（NO_x）还原为 N_2，工业应用最多的是氧化钛基 V_2O_5-WO_3（MoO_3）/TiO_2 系列催化剂，主要由 TiO_2、V_2O_5、WO_3 或 MoO_3、SiO_2、Al_2O_3、CaO、MgO、BaO、Na_2O、K_2O、P_2O_5 等物质组成。在 SCR 脱硝催化剂活性中心（Bronsted 酸）上，NO_x、NH_3 和 SO_2 存在竞争吸附，仅有少量活性中心被 SO_2 占据，在不投用还原剂或还原剂数量不足的条件下，会导致更多的 SO_2 被氧化成 SO_3。TiO_2 具有较强的抗 SO_2 性能，WO_3 有助于抑制 SO_3 的生成，但 V_2O_5 或 V_2O_5-WO_3、V_2O_5-MoO_3 能促进 SO_2 转化生成 SO_3[62]。在氧化钛基 V_2O_5-WO_3（MoO_3）/TiO_2 系列催化剂的 SCR 脱硝反应过程中，尚未见能将 SO_2/SO_3 转化率降到零的报道，SO_2/SO_3 转化率普遍在 1%左右，在 SCR 脱硝后续的湿法脱硫过程中多产生的 SO_3 以硫酸气溶胶的形式排放，形成蓝色或黄色烟雨。

（3）烟气脱硫塔的设计

大部分湿法脱硫工艺的脱硫塔的设计是以脱除 SO_2 和颗粒物为主要目的，设计时并没有过多考虑 SO_3 因素的影响。烟气进入脱硫塔后被快速冷却至露点温度以下，大大高于烟气中 SO_3 气体或硫酸蒸气被吸收所需要的温度条件，且这种冷却速度比 SO_3 气体或硫酸蒸气被吸收液吸收的速度快得多，导致亚微米级的硫酸雾的快速形成，粒子直径相对较大的硫酸液滴很容易被吸收液吸收，但相当一部分粒子直径微小的硫酸液滴以硫酸气溶胶的形式存在而无法被吸收液吸收，SO_3 脱除效率通常只有 $30\% \sim 50\%$[63]，因此常规设计的烟气脱硫塔较容易形成有色烟羽。

2. 净化烟气有色烟羽问题的应对措施

（1）避免催化剂重金属中毒

当催化裂化原料中 V、Fe 含量较高时，应关注平衡催化剂上 V_2O_5、Fe_2O_3 的含量。当 V_2O_5 含量较高时，使用非 Ce 金属钝化剂可以抑制 V_2O_5 的催化氧化性能。当 V_2O_5、Fe_2O_3 含量较高时，特别是 Fe_2O_3 含量较高时，还可以通过增加平衡催化剂卸出量来降低再生烟气中的 SO_3 含量和解决重金属平衡问题，避免出现催化剂 V、Fe 中毒现象。

（2）使用硫转移催化剂（助剂）

硫转移催化剂（或助剂）的化学反应机理是在再生器氧化气氛条件下，转移剂中的催化氧化组分将烟气中的 SO_2 氧化成 SO_3，同时吸附组分对烟气中的 SO_3 进行化学吸附形成稳定的金属硫酸盐。在提升管反应器氢气（或低碳烃类）还原性气氛条件下，金属硫酸盐分解释放出 H_2S 或转化生成金属硫化物。在沉降器（汽提段）蒸汽气氛条件下，金属硫化物进一步分解释放出 H_2S。据报道，使用硫转移催化剂（或助剂）可使 SO_3 脱除率达到 90% 以上，能有效抑制蓝色烟雨的产生。

（3）优化脱硝催化剂配方设计

在选择 SCR 脱硝催化剂和设计 SCR 脱硝反应器时，应综合考虑脱硝效率和 SO_2/SO_3 转化率。催化剂专利商（或供货商）一般通过催化剂结构设计和配方设计来降低 SO_2/SO_3 转化率，并在脱硝效率和 SO_2/SO_3 氧化率之间寻找平衡点。通过合理调整金属组分 V 和 W 的配比，适当缩小催化剂壁厚，可以在不影响脱硝效果的前提下，有效控制 SCR 脱硝过程 SO_2/SO_3 氧化率，减少 SO_3 生成量。

（4）优化烟气脱硫塔设计

湿式静电除尘除雾器（WESP）是目前烟气脱硫塔设计中针对净化烟气蓝色烟羽较为有效的手段，WESP 可以有效地收集亚微米颗粒和酸雾，主要用于脱除含湿气体中的粉尘（PM2.5）、酸雾、液滴、气溶胶等。WESP 与钠法脱硫塔组合，将 WESP 置于脱硫塔出口，可以有效捕捉烟气中的 H_2O（液滴）、硫酸液滴和硫酸雾，对 SO_3 脱除率可以达到 95%。控制净化烟气中硫酸雾质量浓度小于 $10mg/m^3$，烟气不透明度（浊度）就可以到达或接近于零。目前已经有一部分催化裂化装置采用 WESP 技术，效果比较理想，但其建设费用和运行费用较高。另外，是否能够满足长周期稳定运行的要求，还有待进一步考察和验证。

（四）烟气湿法（钠法）脱硫其他典型故障[64]

1. 刀型闸阀问题

大多数烟气净化装置循环浆液管道上的阀门选用的是刀型闸阀（见图 12-5-6），但由于国产阀门在产品制造环节和质量控制方面的差距，刀型闸阀密封不严也是目前比较常见的问题之一。如果采用硬密封，泄漏量太大；如果采用软密封，很容易出现软密封材料脱落情况。

图 12-5-6　刀型闸阀密封试验(泄漏严重)

如果循环浆液管道上的阀门泄漏量太大，就会给机泵维修造成很大困难。建议选用正规阀门厂家，并在开工前认真进行刀型闸阀的密封试验。

2. 在线仪表故障率高

烟气脱硫脱硝在线仪表故障率较高，甚至导致在线仪表无法正常投运。另外，催化裂化装置烟气量较大，还夹带较多的催化剂细粉颗粒，容易造成净化烟气在线仪表测量偏差大。由于洗涤塔浆液中的盐含量相对较高，使得在线监测仪表及 pH 计探针结垢，也会造成测量不准。

《石油炼制工业污染物排放标准》GB 31570—2015 明确规定的催化裂化烟气排放标准，所有企业都要保证仪表的准确性，并按照《固定污染源烟气(SO_2、NO_x、颗粒物)排放连续监测技术规范》(HJ 75—2017)严格执行。

3. 废水单元 COD 超标

从国内已运行的装置分析，部分装置存在 COD 超标现象，COD 排放不达标的原因有很多。虽然有的烟气脱硫系统补水本身 COD 不高，比如净化水、新鲜水、循环水或其他补水，但是经蒸发后，就会对 COD 起到提浓作用，导致排水 COD 超标。PTU 单元氧化罐的氧化效果对 COD 影响也很大，常见故障有氧化罐介质互窜、氧化罐布风分布腐蚀或堵塞、氧化罐的处理能力超负荷等。再生烟气组成变化也会影响排水 COD，尤其是不完全再生装置。此外，部分装置也发现在废水处理单元厌氧菌的存在而导致外排废水 COD 超标。

4. 脱硫塔衬里脱落

聚脲衬里脱落也是常见问题，如图 12-5-7 所示。衬里脱落后会堵塞浆液循环泵入口过滤网及管线，直接影响浆液正常循环运行，衬里脱落后还会加速塔壁腐蚀。聚脲涂料的施工工艺主要分为底材处理、底漆涂刷和聚脲涂料喷涂等，施工过程中要严格控制施工质量。另外，当发生衬里脱落时，适当提高 pH 值可以减缓综合塔壁的酸性腐蚀。

5. 湿式静电除雾器(WSEP)故障

国内部分企业从消蓝烟角度出发陆续增设了湿式静电除雾(WSEP)设备，但在运行过程中大部分装置均出现设备故障，电极挡位只能维持低挡运行或运行不正常。如某企业阴极线内芯材质为 20 号钢，外层材质为铅，但是部分阴极线存在制造缺陷，铅质外层有穿孔导致内心直接与工艺介质接触，内芯难以抵抗含硫烟气的腐蚀，致使内芯断裂，导致整根阴极线不能抵抗底部重锤(重量为 8kg)而断裂，造成电场分布不均，静电除尘设备不能正常运行。需更换全部阴极线，并将材质升级为 2205 双相钢。

此外，因湿式静电除雾(WSEP)设备回收的酸性液滴酸性低至 pH 值为 1~2，具有较强的酸性腐蚀能力，对采用金属材质的烟气除尘脱硫综合塔塔壁、塔内件具有较强的腐蚀作

(a)聚脲衬里脱落　　　　　　　　　　　　　　(b)聚脲衬里鼓包

图 12-5-7　聚脲衬里脱落

用。在设计过程中需通过设备材质升级，增加酸液回收、喷淋、冲洗等技术改造措施，才能有效降低设备腐蚀速率，提高设备的运行寿命。

二、催化裂化烟气脱硝典型故障及处理

从国内已工业应用的催化裂化烟气脱硝技术统计，超过半数以上装置选用了选择性催化还原法（SCR）脱硝技术，约三分之一装置选用了 LoTOx™ 氧化法脱硝技术+钠法技术，少部分采用 SNCR 脱硝技术和 LoTOx™+氨法脱硝技术。还有部分装置因为所处地区、原料性质和再生方式等原因，烟气氮氧化物达标压力相对较小，脱硝设施未建成投运而使用脱硝助剂、双效助剂或三效助剂。从近年来陆续投用的烟气脱硝装置运行情况分析，问题较为集中的是 SCR 脱硝技术氨逃逸问题、SCR 催化剂三氧化硫转化率过高等问题，LoTOx™ 相对故障问题不突出，但部分装置因废水总氮问题而不得不停用改造。下面主要介绍 SCR 脱硝技术设备结盐问题。

在催化裂化装置中，SCR 通常设置于余热锅炉中，因考虑到 SCR 反应温度窗口（320~420℃）的需要，如 SO_3 浓度较高时，一般不置于余热锅炉省煤器之前，典型布置如图 12-5-8 所示。在 SCR 反应过程中产生的副产物 $(NH_4)_2SO_4$ 和 NH_4HSO_4 导致省煤器结盐压降上升是目前影响 SCR 装置长周期运行的主要原因。

1. SCR 设备结盐的表现形式

SCR 设备结盐主要部位有余热锅炉省煤器、SCR 喷氨组件、余热锅炉出口烟道。

SCR 设备结盐问题主要表现为余热锅炉压降上升、余热锅炉省煤段出现泄漏。

硫酸氢铵的沸点为 350℃，熔点为 147℃。所以在此温度范围内，硫酸氢铵正好处于由液态向固态转化的过程。多数余热锅炉中低温省煤器各段的操作温度为 160~230℃，正是硫酸氢铵的液化温度区间。当烟气中粉尘比例较少时，液相区的硫酸氢铵主要以液滴形式存在于烟气中，部分硫酸氢铵可以被烟气中的催化剂粉尘吸附，此时催化剂颗粒的黏性很大，会和一部分纯液滴一同吸附至省煤器管束表面上（图 12-5-9）；在再生烟气催化剂粉尘比例较大情况下，烟气中灰分可以大量吸附烟气中的硫酸氢铵液滴[65]。总体来讲，处于液相区的硫酸氢铵的黏附性极强，会迅速黏附于换热元件表面，进而吸附大量烟气中的催化剂颗粒，最终导致大量的催化剂粉尘沉积于金属壁面或卡在层间，使得省煤器烟气侧流通截面积减少，导致省煤器堵塞，进而 FCC 锅炉运行阻力增加，不但影响催化烟机做工，而且影响装

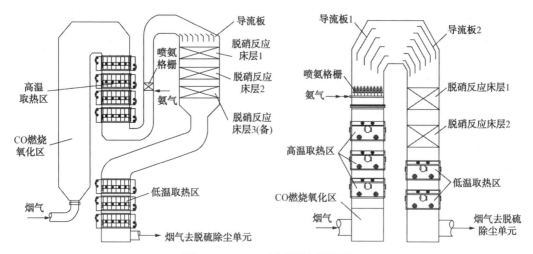

图 12-5-8　SCR 反应器布置示意

置长周期运行。此外，由于部分装置注氨系统稀释介质温度偏低，在喷氨组件附件也容易直接产生铵盐，导致喷氨组件堵塞。

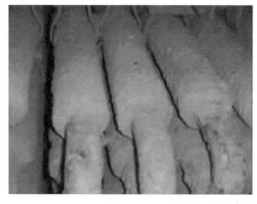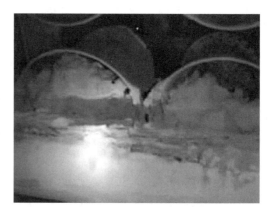

图 12-5-9　某催化裂化锅炉省煤器结盐及喷氨组件结盐图片

2. SCR 设备结盐的主要原因

（1）SCR 出口氨逃逸浓度过高

烟气中氨逃逸浓度过高的主要原因有以下几点：

① 由于稀释风温度较低（环境温度），无法加热喷氨格栅，造成部分喷氨格栅中喷嘴堵塞，导致喷氨不均匀，致使氨逃逸体积分数增加。

② 在 SCR 系统运行过程中，不可避免地因为各种物理化学作用（中毒、磨蚀、热烧结、堵塞/玷污等）而失效，导致其使用寿命缩短，催化剂活性下降，氨逃逸浓度上升。

③ 控制 NO_x 排放量过低，导致喷氨量超出正常比例。在 SCR 脱硝系统中为提升脱除效率，提高 NH_3 注入量是简单有效的方法，但如果控制不好会导致喷入反应器内的 NH_3 过剩。

④ 反应温度过低。脱硝反应随着反应温度的提升转化率上升，若反应温度未达到所需要的温度窗口，会降低脱硝转化率，增加氨逃逸量。

⑤ 设计问题。烟气及喷入的氨气在催化剂层的分布不均及实际运行中由多因素引起的

催化剂性能的下降都会造成反应器内氨过剩，这部分未参与反应的氨随烟气进入反应器后部烟道形成逃逸。

（2）烟气中 SO_3 浓度高

烟气中 SO_3 浓度高的主要原因有以下几点：

① 催化裂化原料 S 含量过高，特别是采用完全再生方式能加快 SO_2 氧化为 SO_3 的反应速度。

② 目前脱硝系统最常用的催化剂介质为 V_2O_5，这类催化剂在拥有高水平脱硝效率的同时对烟道烟气中等气体的氧化过程也起到一定促进作用，对 FCC 再生烟气 SO_2/SO_3 转化率往往能达到 1% 左右。该催化反应的发生对于脱硝系统而言十分不利，对烟气露点温度的影响巨大，加上烟气中原有部分，该催化过程导致烟气中的 SO_3 含量大量增加，使烟气露点温度大幅提升，增加了锅炉省煤器结盐的倾向，且过多 SO_3 造成的蓝羽还会增大烟囱排烟的不透明度，同时在排烟时已经转化为硫酸的 SO_3 会直接造成酸雨污染，加剧了湿法烟气脱硫的蓝羽问题。

③ SCR 反应温度过高。提高反应温度有利于脱硝反应，但温度过高导致 NO_2 生成量增大，反而影响脱硝效率，同时也会促进副反应的反应速度，也容易造成催化剂的烧结和失活。

3. SCR 脱硝设备结盐问题应对措施

（1）使用硫转移剂控制烟气中 SO_3 浓度

硫转移助剂脱硫是在 FCC 反再系统中原位进行 SO_x 的转移脱除，具体过程是：硫转移剂与催化剂一起在反应器和再生器中连续循环，利用 FCC 再生器中的氧化气氛将 SO_2 转化为 SO_3，然后化学吸附于硫转移助剂上，并与硫转移助剂中的金属形成稳定的金属硫酸盐。如某企业使用中国石化石油化工科学研究院增强型 RFS 硫转移剂后，烟气 SO_2 质量浓度由加注硫转移剂前的约 $600mg/m^3$ 降至加注后的约 $100mg/m^3$，甚至更低，SO_2 脱除率达到 80% 以上；SO_3 质量浓度由加注前的约 $590mg/m^3$ 降低到未明显检出，脱除率接近 100%。

（2）改进 SCR 设计

脱硝反应器流场模拟计算和内构件是脱硝系统设计的关键技术，合理的设计能够充分混合烟气和注入的氨气，减少未反应氨的产生，某装置喷氨组件和反应器流场模拟如图 12-5-10 所示。

（3）控制合理的反应温度

对于 FCC 再生烟气脱硝反应一般要求反应窗口温度在 300~420℃ 之间，反应温度过低会降低脱硝转化率，增加氨逃逸量，提高反应温度有利于脱硝反应，但温度过高 NO_2 生成量增大，反而影响脱硝效率，同时也会促进副反应的反应速度，也容易造成催化剂的烧结和失活。图 12-5-11 是脱硝反应温度对脱硝反应和副反应的影响曲线[56]。

（4）提高 SCR 催化剂制备水平

催化剂是 SCR 烟气脱硝技术的核心，其组成、结构和相关参数直接影响 SCR 系统的整体脱硝效果。目前，广泛应用于 SCR 过程的商业催化剂是 V_2O_5/TiO_2 基催化剂。高比表面积（BET70~100m^2/g）的锐钛矿 TiO_2 作为催化剂的载体，V_2O_5 作为催化剂的活性组分，WO_3 或 MoO_3 作为"化学"和"结构"助剂，能够增强催化剂的酸性，扩大 SCR 脱硝反应的温度窗

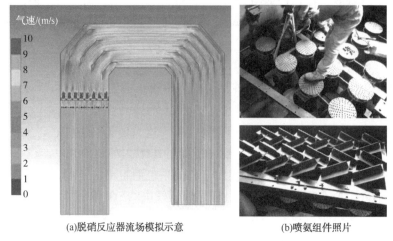

(a)脱硝反应器流场模拟示意　　　　(b)喷氨组件照片

图 12-5-10　脱硝反应器流场模拟示意和喷氨组件

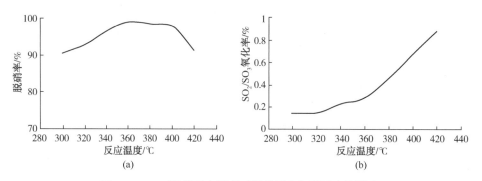

图 12-5-11　脱硝反应温度对脱硝反应和副反应的影响

口，抑制锐钛矿向金红石转化，减少 SO_2 向 SO_3 的转化，提高催化剂的抗中毒能力等。

（5）控制合理的注氨量

在日常操作过程中应尽可能地控制合理的注氨量，在外排指标范围内控制合理的 NO_x 脱除率。一般情况下需要控制氨逃逸浓度小于 $3mg/Nm^3$。

第六节　油浆系统故障诊断和处理

催化裂化装置分馏塔底油浆系统用于将提升管反应器来的油气进行脱过热，并洗涤油气中夹带的催化剂，油浆系统的正常运行对分馏塔热平衡、产品质量至关重要。常见的油浆系统故障包括：油浆泵运行异常，导致油浆循环受影响甚至中断；油浆系统催化剂固体含量高，造成油浆泵、油浆换热器等设备或相连管线损坏；油浆泄漏导致火灾；分馏塔底及油浆循环系统结垢或结焦，导致分馏塔无法正常运行。

一、油浆泵运行异常的原因及对策措施

（一）油浆泵运行异常的原因

分馏塔底油浆泵入口直接与分馏塔底相连，分馏塔底油浆工况直接影响油浆泵运行状

况。大油气管线如出现结焦，焦块落入分馏塔底，可造成油浆泵抽空，油浆循环量波动，甚至短时中断；塔底油浆搅动不充分，存在死区，产生焦块，同样可造成油浆泵抽空；催化剂沉积，导致局部油浆固含量升高，可磨损油浆泵叶轮、泵壳及管线；油浆泵用封油操作不稳定，封油带水或流量波动，导致油浆泵抽空。

（二）保证油浆泵运行正常的措施

1. 预防大油气管线结焦

为避免反应油气管线结焦，在设计上首先要保证油气在管线中的线速及温降。一般将大油气管线设计为冷壁或冷热壁型式，且温降不大于5℃。大油气管线设计气体流速35～45 m/s，使反应油气在大油气管线中的停留时间不大于3s。大油气管线弯头尽量少、长度尽量短、压降尽量小(不大于15kPa)。大油气管线在反应器出口处使用大曲率半径弯头，在分馏塔入口处用小曲率半径弯头(由设计单位根据热应力与压力降计算来确定)，并使弯头与分馏塔入口间距离最短。为防止凝结的油气在大油气管线中存留结焦，分馏塔入口水平段应有适当坡度，使冷凝下来的液体自动流入分馏塔。

如大油气管线中出现结焦，为避免焦块脱落堵塞分馏塔底油浆系统，可在分馏塔横截面上油气线入口下方位置增加一层拦焦网，用于拦截大油气线脱落的焦块，避免其脱落到分馏塔底部，并堵塞油浆泵入口过滤器。

2. 合理的分馏塔底设计及操作

为保证分馏塔底油浆流动状态，避免出现死区，导致油浆结焦或催化剂沉积，在塔底通入搅拌介质，可以选择蒸汽、油浆或者回炼油，大部分装置同时设有搅拌蒸汽和搅拌油浆。

为防止油气管线或塔底生成的焦块进入油浆泵，分馏塔底设有滤焦器，其高度为1.5～2.0m(根据滤焦器直径与开口面积计算滤焦器最小高度)。

保险起见，部分装置在油浆泵前加装单独的过滤器，或设置油浆泵入口过滤器，过滤塔底焦块，保护油浆泵叶轮。为防止泵抽空，油浆泵入口保留足够的汽蚀余量，一般塔底抽出管线需加高0.5～1.0m，根据油浆泵汽蚀余量及管线压力损失确定抽出管线出口最小高度。

3. 其他措施

为保证油浆泵正常运行，需密切关注封油系统运行状况。油浆泵封油介质可选择催化裂化轻循环油或回炼油。封油中断可导致油浆泵泄漏，封油罐界位控制异常，造成封油带水，可使油浆泵发生抽空，导致油浆循环中断。

因油浆泵的重要性，在设计时通常选择1开2备，对大型装置可以按2开1备设计。

二、油浆固含量高的原因及控制措施

油浆固含量高，磨损油浆泵、换热器及系统管线，或堵塞油浆换热器，造成油浆循环量和取热量下降，影响油浆系统的正常运行。通常控制油浆固含量≤6g/L。

（一）油浆固含量高的原因

油浆固含量高主要有三方面原因：一是反应沉降器的催化剂、油气分离设施问题，如旋风分离器设计不合理，旋风分离器损坏、堵塞料腿、提升管出口快分系统损坏等，使反应油气携带催化剂量增加；二是催化剂的磨损指示低或催化剂热崩等原因，使催化剂在反应-再生系统循环过程中破损成细粉的量增多，使反应油气携带催化剂量增加；三是油浆外送量或回炼量(因油浆回炼增加生焦量，影响产品分布，目前催化裂化装置极少回炼油浆)太小，使催化剂不能及时排出油浆系统。

（二）油浆固含量高的控制措施

油浆固含量升高后，应第一时间提高油浆外送量(或根据情况适当提高油浆回炼量)，增加油浆固含量分析频率，跟踪固含量变化。提高油浆循环量，合理分配油浆上、下返塔量，保证脱过热段洗涤效果。油浆蒸汽发生器副线关闭，保证换热器油浆线速。分离塔底适当增加搅拌蒸汽量，以防止催化剂细粉在分馏塔底集聚。

及时分析反应再生操作参数，查找原因。若催化剂分离系统故障，首先应平稳操作，稳定反应压力及旋风分离器线速；若催化剂细粉含量高，应消除催化剂粉碎因素(如避免松动吹扫蒸汽带水，空气分布器喷嘴出口流速高，粗旋风分离器流速高等)；分析新鲜催化剂磨损指数，排查催化剂强度问题；若催化剂分离系统严重损坏、料腿被焦块严重堵塞，使油浆固含量过高，装置无法维持运行，必要时安排停工处理。

装置在开工阶段时，要控稳反应压力，防止压力波动造成跑剂；在转剂、喷油等各环节，要保证旋风分离器线速；加大油浆外送量或回炼量，使催化剂带出油浆系统。

油浆泵预热线是油浆系统生产运行的薄弱环节。从实际生产情况可见，在油浆固含量正常控制的情况下，仍存在油浆预热线弯头磨蚀减薄、阀门阀板磨穿等问题。因此，在设计上一般选用两道或三道手阀，操作时，上游手阀全开，下游手阀节流，或两端阀门全开，中间阀门节流；或者在两道手阀之间设置耐磨限流孔板，上、下手阀全开。对预热线阀门及管线定期、定点测厚，发现减薄或内漏时，及时加固或更换阀门。

三、油浆系统结焦的原因及措施

（一）油浆结焦的原因

油浆在分馏塔底温度下的热反应是油浆结焦的根本原因。油浆性质差、分馏塔底温度控制较高、油浆系统置换率低时，都会大幅缩短油浆生焦的诱导期，使油浆结焦倾向明显增加，甚至因结焦引起油浆循环中断。

由于油浆是低附加值产品，为了提高装置效益，装置倾向于采用反应深度大的工艺和操作条件来降低油浆产率，从而导致油浆性质更差。表 12-6-1 列出了某装置催化油浆的基本性质。从表中可以看出，通常油浆中烷烃含量<5%，氢含量在 6% 左右，密度>1100kg/m³，总芳烃>90%，尤其是四环、五环的稠环芳烃含量>40%。

表 12-6-1　催化油浆性质

分析项目	分析组分	单位	分析数据
密度(20℃)		kg/m³	1147
重油氮含量	氮含量	%	0.16
重油硫含量	硫含量	%	1.3
碳氢含量	碳含量	%	91.6
	氢含量	%	5.6

续表

分析项目	分析组分	单位	分析数据
烃类组成	链烷烃	%	0.6
	总环烷烃	%	2.9
	总单环芳烃	%	8.6
	总双环芳烃	%	11.6
	总三环芳烃	%	11.5
	总四环芳烃	%	34.8
	总五环芳烃	%	7.9
	总噻吩	%	10
	未鉴定芳烃	%	9.3
	总芳烃	%	93.7
	胶质	%	2.8

　　刘纾言[67]等对温度、时间、压力等操作条件对催化裂化油浆结焦情况的影响进行了研究。结果表明，350℃时，油浆中的沥青质和甲苯不溶物含量变化不大，结焦潜在趋势和程度均较低；370~390℃时，甲苯不溶物含量增加最快，在此温度区间油浆中的烯烃、多环芳烃发生缩合反应，且反应速度较快；390~410℃时，沥青质含量增加最为显著，自此温度区间结垢倾向加剧，黏度增加，油浆浓缩，生焦性能增强。因此随着分馏塔底温度升高，油浆的热反应速度在增加，使沥青质含量和结焦倾向显著增加。

　　随着时间的延长，沥青质、甲苯不溶物含量仍在增加，结垢物继续增多，油浆体系内轻、重组分的极性和性质差别变大，体系溶解度降低，甲苯不溶物等重组分会逐渐在体系中析出沉淀。在不同系统压力下，油浆结垢趋势及结垢程度变化不大。说明压力的变化对以固-液相反应为主的生垢反应没有显著影响。

　　油浆的置换率表征了油浆在分馏塔底温度下热转化时间的长短。依据实际操作经验，对不同的油浆系统总量(包括塔底油浆量、管线油浆量、换热器内油浆存量)置换90%的油浆所需时间不大于20h，确定最小油浆外送量。生产中控制油浆外送量大于最小值，在油浆结焦诱导期内将其排出油浆系统，可从根本上避免油浆结焦。

(二) 避免油浆结焦的措施

　　从油浆结焦的原因可见，油浆性质差、停留时间长、温度高可加剧油浆结焦。因此，需严格控制以上因素。通常，控制油浆密度不大于1100kg/m³，减少油浆生焦前身物含量，石蜡基原料可适当低一些；为防止油浆在分馏塔底结焦，通常控制分馏塔底油浆停留时间在3~5min，控制分馏塔底液面30%~50%；为防止油浆在管道、换热器管束中长时间停留生焦，控制油浆在系统管道中流速不低于1.1~2.0m/s，油浆换热器管程内的流速控制在1.2~2.0m/s；蜡油催化分馏塔底温度控制≤365℃，重油催化分馏塔底温度控制≤350℃。

　　1. 控制油浆密度

　　当油浆密度大于1100kg/m³时，说明油浆中稠环芳烃含量较高，油浆热转化为胶质、沥青质的性能强，因此需同时分析油浆的黏度与残炭。当 100℃ 黏度 >50mm²/s 或残炭 >22%时，应压入部分轻组分(回炼油、轻循环油等)来稀释稠环芳烃含量，同时用更低的塔底温度来降低油浆的热转化。

2. 分馏塔底液位及油浆循环量控制

根据对油浆停留时间及线速的要求，结合分馏塔、输送管线及换热设备的尺寸，核算出油浆最小循环量，生产中应严格控制油浆循环量在最小循环量以上。

分馏塔底液位变化，反映了反应产物的物料平衡变化。同时，分馏系统自身的操作也影响塔底液位的控制。油浆上返塔温度和流量、回炼油返塔流量、反应处理量和深度变化都对塔底液位影响较大。

早期蜡油催化循环油浆量采用定值控制，通过油浆返塔温度控制分馏塔底液位，采用油浆蒸汽发生器的三通阀控制循环油浆返塔温度单独控制油浆外送量。重油催化取消了油浆蒸汽发生器的三通阀，用循环油浆上返塔流量控制过热段上方气相温度，油浆下返塔流量控制塔底温度，油浆外送量控制塔底液位。两种控制方法都要有一定上返塔量将油气中的催化剂粉尘洗涤下来，否则会引起人字挡板的结焦和上部的塔盘堵塞。

开停工或装置应急时，如果液面低，可用加大油浆回流取热以增加渣油冷凝量或减少油浆外排量的方法来调节。当液面下降过低来不及调节时，为了防止油浆泵抽空，可将原料油直接补充到塔底维持液位。如果液位过高，可减少油浆回流取热量，或加大油浆外排量，必要时将部分油浆紧急放空，以保证油气入塔不受影响。

3. 合理控制油浆温度

分馏塔底温度主要影响结焦和安全运行。有研究表明[68]，随着油浆温度升高，结焦趋势上升，尤其当塔底温度超过 360℃ 时，结焦速率将大大增加[69]。在油浆性质差、黏度和密度大的情况下，应控制更低的分馏塔底操作温度(330℃ 以下)，并适当降低人字挡板上方气相温度，必要时通过降低柴油干点将部分重柴油压入油浆中，以改善油浆性质。

分馏塔底温度主要通过调节循环油浆下返塔量来实现，当塔底温度增加时，需加大下返塔量保持塔底温度稳定，对于油浆蒸汽发生器有副线的装置，也可改变循环油浆的返塔温度来调整。

4. 油浆阻垢剂使用

除控制以上操作条件外，还应注入油浆阻垢剂，控制油浆系统结焦。油浆阻垢剂系针对油浆的结垢机理研制而成的一种多功能的复合添加剂，它对油浆本身固有的催化剂粉末有良好的分散作用，阻止其凝聚、沉结；对成垢的聚合反应通过形成惰性分子来达到终止反应的作用；对金属表面起保护作用，清除其对聚合反应的催化性能和对聚合产物的黏结性能，并增强金属表面的防腐性能；与存在于油浆中的金属螯合，生成安定的络合物，使其失去催化作用。

金属钝化剂的加注量一般按油浆外送量与油浆回炼量加和总量的 $100 \sim 200 \mu g/g$ 计算，通常使用柱塞泵将阻垢剂连续加注到油浆系统。装置开工时，要注意油浆阻垢剂的同步连续注入。

5. 增加在线模拟仪表

在线模拟黏度与换热器热阻均可以实时反映出油浆系统的运行状态，掌握油浆沥青质含量的变化，在油浆结焦的"诱导期"内及时做出操作调整。

为保证安全的油浆置换时间，根据油浆模拟黏度与油浆系统总藏量与最小外送量的对应关系，绘制了油浆结焦的风险区，如图12-6-1所示。结焦风险区跟随油浆密度和分馏塔底温度增加而扩大，即一定总藏量下最小外送量提高，结焦风险区扩大。

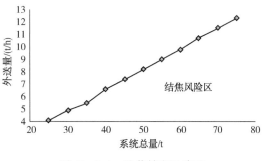

图12-6-1　油浆结焦风险区

生产中注意油浆外送量与外送调节阀位的线性对应关系，当外送流量稳定、调节阀阀位逐渐增加时，应采样分析油浆黏度。油浆外送量有降低趋势时，说明油浆性质恶化，此时应及时加大油浆外送置换。

催化裂化装置油浆黏度对油浆性质影响较大，黏度升高时，油浆在管线、设备中的流动性变差，影响油浆流动及换热器换热效果，黏度升高到一定数值时，可能导致油浆停止循环、系统瘫痪。建立油浆黏度在线显示，实时监测油浆性质，对控制油浆系统安全平稳运行有重要意义。郗艳龙等[70]通过模拟在线油浆黏度并在DCS上实时显示，摸索油浆系统90%置换率与油浆在线黏度的线性关系，找到影响油浆流动的黏度范围，有效控制油浆系统运行。

油浆90%置换率所需时间可按式(12-6-1)计算：

$$T_{90\%} = 1 - \mathrm{EXP}^{(-0.7 \times A/B \times C)} \tag{12-6-1}$$

式中　A——油浆的产量，t/h；

　　　B——油浆的系统藏量，t；

　　　C——油浆置换90%所需的小时数，h。

用毛细管黏度计法(GB/T 265—1988)计算油浆黏度，如式(12-6-2)所示：

$$\frac{Q}{t} = \frac{\Delta p \pi R^4}{8 \eta l} \tag{12-6-2}$$

式中　Q/t——流量，mL/s；

　　　Δp——两段压差，Pa；

　　　R——毛细管半径，cm；

　　　η——绝对黏度，Pa·s；

　　　l——毛细管长度，cm。

将式(12-6-2)简化为油浆黏度公式，如式(12-6-3)所示，此公式只和油浆流量及出装置压力相关：

$$\frac{Q}{t} = \frac{A \Delta p}{\eta} \tag{12-6-3}$$

式中　A——修正常数。

通过某装置结焦实例来考察油浆90%置换率与模拟黏度的关系，如图12-6-2所示。由图可见，随着油浆外送量的降低，油浆系统的置换时间和模拟黏度都相应增加。当在线模拟黏度达到90Pa·s时，油浆外送线凝固堵塞。在线黏度可提前显示出油浆系统的异常，根据在线黏度的变化趋势及时调整操作可避免油浆系统结焦事故的发生。

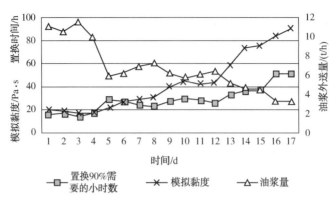

图 12-6-2 油浆置换时间与模拟黏度的关系

第七节 典型案例

一、案例1：沉降器结焦案例

（一）案例简介

沉降器结焦制约着催化裂化装置的长周期平稳运行，以某催化裂化装置为例，介绍沉降器结焦现象、原因及处理措施。该装置设计规模为1.4Mt/a，采用单器单段完全再生方式，两器同轴式布置；沉降器内设置两组粗旋和四组单旋，粗旋和单旋一对二，软连接；汽提段采用格栅汽提技术，两段汽提蒸汽，五层格栅。2011～2014年，该装置进料为闪蒸塔底油+加氢蜡油+部分减压蜡油；自2015年2月起，为谋求更大的重油转化能力，提高整体效益，该装置开始掺炼减压渣油，进料为减压渣油+加氢蜡油，其中减压渣油掺炼比例约为30%。该装置自2011年改造之后，开始出现沉降器结焦的现象，具体表现如下：

① 2013年1月，因沉降器内焦块脱落，汽提段格栅发生局部堵塞，待生催化剂流化不畅，致使两器催化剂无法正常循环而迫使装置非计划停工。自切断反应进料至提升管喷油成功，装置的停工抢修共耗时168h。

② 2014年9，因脱硫脱硝装置建设碰头，该装置停工消缺。原计划检修、碰头、开停工合计工期为15天，因沉降器结焦严重，且清焦难度大，工期延长至25天。

③ 2015年9月及2017年11月，装置停工检修，沉降器内结焦均较为严重。

（二）事件经过

以该装置2013年1月非计划停工期间沉降器清焦为例，沉降器内清焦量约120t，按装置的运行天数计算，结焦速度大致为267kg/d。通过结焦情况看，沉降器内粗旋及单旋筒体外壁、提升管出口至两粗旋入口的T形平台结焦较为严重，底层为硬焦、表层为软焦(经分析，软焦中的催化剂含量为50%)。具体结焦现象如图12-7-1所示。

含有催化剂的软焦已堵塞大部分沉降器装卸孔[图12-7-1(a)]；沉降器器壁结焦较轻；提升管出口至两个粗旋入口T形平台上堆积如钟乳石状的焦[图12-7-1(b)]；粗旋筒体外

壁结焦较厚[图 12-7-1(c)]，经测量最厚处达 500mm；粗旋拉筋上堆积有焦；集气室顶部结焦很薄；单旋升气管外壁结焦严重[图 12-7-1(d)]，经过检查为硬焦，表面呈灰白色，含催化剂；单旋料腿拉筋上方未结焦；粗旋、单旋料腿结焦较薄，从粗旋、单旋料腿至灰斗、筒体，结焦逐渐加重；单旋油气出口至集气室外壁结焦较少；在汽提段最上层格栅上部，焦块占据了直径约 3.2m、高约 1.3m 的堆积空间，检查汽提段五层格栅完好无损，均未结焦，仅有局部孔道被小焦块堵塞[图 12-7-1(e)]。检查提升管内壁[图 12-7-1(f)]、粗旋入口内壁、大油气线内壁[图 12-7-1(g)]均结焦很少。

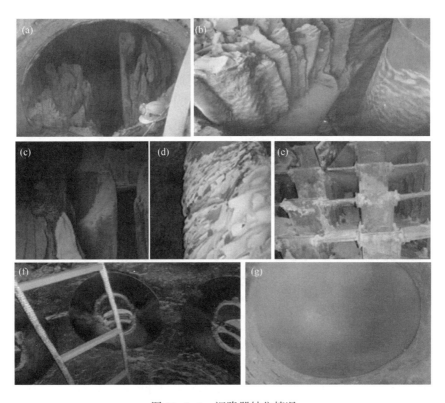

图 12-7-1　沉降器结焦情况

（三）原因分析

针对该装置沉降器结焦的现象，结合装置实际，从工艺参数及设备结构参数两方面对结焦原因进行分析。

1. 工艺参数的原因分析

（1）原料油性质变化对结焦的影响

① 原料油性质较差、残炭较高是沉降器结焦的内在因素。原料油中重组分的含量越高，充分雾化的难度越大，结焦倾向越大。自 2011 年以来，该装置的进料中闪蒸塔底油及减压渣油的掺炼比较高，而这些重组分的终馏点较高，在提升管内不易完全汽化，以油滴形式进入沉降器中，这些密度较大的油滴不能快速进入单旋中，在沉降器中的停留时间较长，部分油滴则容易黏附在其构件上，发生缩合、放热而生焦。

② 受上游装置各股进料流量、性质及该公司另外一套催化裂化装置进料流量的影响，该装置的进料存在性质不稳定的情况。在日常的操作中，为保障原料油罐液位稳定，较高温度的闪蒸塔底油流量与较低温度的加氢蜡油流量之间会发生交替变化，混合进料性质的平稳控制存在一定难度。与此同时，带来原料罐温度的交替变化，间接影响到反应条件及产品分布。对于满负荷运行的该装置而言，外取热器的操作弹性较小，随着进料性质及温度的波动，存在热裂化反应的发生，加剧了沉降器的结焦。

（2）雾化蒸汽流量对结焦的影响

雾化蒸汽的流量直接关乎原料的汽化效果、沉降器内油气的分压及线速，从而影响着装置的生焦情况。在日常操作上，该装置进料雾化蒸汽与进料的比例控制在 3% ~ 4%，满足喷嘴厂商 3% ~ 5% 的雾化指标，但尚未达到《催化裂化装置防治结焦指导意见》中 5% ~ 8% 的要求。然而，过大的雾化蒸汽流量同时加剧了喷嘴的磨损及能耗的增加。

（3）平衡剂性质变化对结焦的影响

自 2011 年 10 月开工至 2012 年 3 月以来，该装置平衡剂的分析结果显示其筛分组成及重金属总量均对沉降器结焦产生了不利的影响：

① 平衡剂筛分组成（$0 \sim 40 \mu m$）的含量高于 20%，最高时达 26%。而一般情况下，旋风分离器对于粒径小于 $5 \sim 10 \mu m$ 的细颗粒催化剂分离效率并不高。由此，具有结焦倾向的油滴容易吸附于未被分离开来的催化剂细粉之上而形成结焦中心，并在油气线速较低或相对静止的区域内逐渐形成大的焦块。

② 平衡剂出现了较为严重的重金属污染，其重金属总含量由开工初期的 $10000 \mu g/g$ 增大至 $15000 \mu g/g$。重金属沉积于催化剂表面之后，促使油气发生脱氢缩合反应，在一定程度上加剧了装置结焦。

（4）操作波动对结焦的影响

操作的异常波动对沉降器的结焦也有较大的影响。该装置于 2011 年 9 月至 2015 年 7 月期间，主风机因仪表故障问题共发生 3 次短时间的停机：2012 年 9 月，因烟机超速信号假指示，造成机组停车约 1h；2014 年 12 月，因主风机电机非联轴端瓦温失灵，造成机组停机约 6h；2015 年 2 月，因主风机控制系统 C2S3DO 卡件故障，造成机组停机约 3h。由此造成的再生器与沉降器之间的差压波动，造成大量没有汽化的油滴及反应生成并冷凝、聚结的大分子高沸点油滴黏附于催化剂上，进入沉降器内，加剧了结焦的可能性。另外，由主风机停机造成的反应压力大幅波动易导致沉降器内软连接处的油气不经直接导出而窜入沉降器内，从而致使结焦的发生。

2. 设备结构参数的原因分析

该装置自建成以来，进行了数次改造。自 2011 年改造完成之后，沉降器便开始出现非常严重的结焦现象。而在此之前，该装置的沉降器几乎无结焦。因此，以设备结构参数为切入点，来分析结焦的原因。

（1）粗旋与单旋的流量匹配对结焦的影响

该装置经历数次改造之后，出现了粗旋与单旋流量不匹配、旋分器设计流量偏低的状况。具体流量核算情况如表 12-7-1 所示。

表 12-7-1　旋分器流量核算

粗旋设计流量/ （m³/h）	单组单旋 设计流量/ （m³/h）	汽提蒸 汽流量/ （m³/h）	粗旋料腿溢 出油气流量/ （m³/h）	计算后单旋 应有流量/ （m³/h）	计算后单旋流量 与粗旋流量比值/ %	实际单旋与 粗旋流量比值/ %
35298	16749	6931.59	6176.86	24203.22	137.14	94.90

注：单旋流量与粗旋流量比值=两组单旋流量/一组粗旋流量。

① 粗旋和单旋的流量匹配分别为 35298m³/h 和 33498m³/h（单旋设计流量为粗旋设计流量的 94.9%），存在单旋设计流量小于粗旋设计流量的情况。而实际上，单旋入口的设计流量应该在粗旋设计流量的基础上，再增加汽提段蒸汽的流量及粗旋料腿溢出油气的流量（一般按 8% 的油气溢出比例计算），即单旋的设计流量应该大于粗旋的设计流量。

② 经过计算发现：在实际生产过程中，单旋为超负荷运行状态，粗旋的设计流量也偏低。一方面，因单旋设计流量过小、运行负荷过大，容易造成油气进入单旋的压降较大，油浆组分易在沉降器环境内液化；另一方面，油气进入困难，必然造成油气停留时间过长，对防止结焦造成不利的影响。

（2）粗旋及单旋的连接方式对结焦的影响

粗旋及单旋的连接方式关乎油气的流动状态、油气的停留时间及油滴与催化剂颗粒的沉积形式，继而影响着装置的结焦。

① 该装置粗旋的出口方向并不对应于单旋入口的中心线方向，具有一定的夹角。对于加工负荷较高的该装置而言，由于夹角的存在，单旋的蜗壳内具有形成涡流并致使油气返混至沉降器空间的可能性。

② 与此同时，软连接处油气的返混外溢，也延长了来自汽提段及粗旋、单旋排料所携带油气进入软连接口的时间。

综上，沉降器内存在油气线速偏低、停留时间偏长的问题，易发生二次裂化，造成粗旋及单旋的筒体、提升管水平 T 形平台处结焦严重。

（3）旋分器油气外溢对结焦的影响

除了上述影响因素之外，旋分器油气的溢出量较大也会引发沉降器结焦的现象。该装置粗旋的料腿底部无溢流斗或蒸汽提升环，存在油气外溢至沉降器空间而加剧结焦的情况。

（四）经验教训

1. 工艺方面的经验教训

① 加强原料油的管理。加强闪蒸塔底油及减压渣油包括四组分、重金属含量等指标在内的性质监测。同时，与相关装置协调，避免该装置进料性质、流量的频繁波动。

② 严格执行《催化裂化装置防治结焦指导意见》。严控反应温度、原料油预热温度、再生器密相温度、雾化蒸汽温度及流量等指标。

③ 强化平衡剂筛分组成、金属污染等指标的监测。严控雾化蒸汽线速、杜绝蒸汽带水、

核算旋分器线速、腿距床层高度等工艺参数。

④ 提高装置生产平稳率。避免两器压差及沉降器温度等重要参数大幅波动，防止沉降器内生成焦块的脱落。

2. 设备方面的经验教训

① 合理的设备选型及结构参数对于抑制沉降器生焦起着至关重要的作用。选取成熟的高效旋分设备；对于选取粗旋+单旋软连接的装置而言，优化粗旋与单旋间的连接形式及流量匹配、减少油气溢出量等设计因素均有助于减缓沉降器的结焦。

② 排查旋分器的安装偏差，是否存在开裂或磨穿、料腿密封不严或堵塞及阀板脱落等关乎分离效率的因素；排查内、外取热是否存在蒸汽泄漏等引起催化剂热崩的因素。

二、案例2：催化反应沉降器跑剂原因分析及处理

（一）案例简介

2014年，某重油催化装置因旋分设备使用期限远超普遍推荐更换年限，且因单旋料腿磨穿出现严重跑剂情况，对装置进行停工检修，对原旋风及沉降器进行整体更新。该装置原沉降器旋风形式为粗旋+单旋软连接形式，更新后的沉降器旋分从4+4形式更换为3+6形式（PLY型旋分），同时沉降器上部及防焦蒸汽等附件一并更新。装置于4月上旬开工，开工后一周沉降剂出现跑剂情况，且跑剂情况日趋严重，油浆固含从初始6g/L逐步上升，开工三周后最高上升至32.7g/L，装置被迫停工抢修。停工后，对沉降器进行内部检查，发现沉降器六组单旋升气管全部穿孔，确定本次沉降器跑剂的直接原因是：防焦蒸汽喷嘴吹蚀至单旋升气管，升气管穿孔导致沉降器跑剂。

（二）事件经过

2014年装置停工检修，装置检修后于2014年4月8日开工喷油，10日开烟机，11日负荷提至满负荷。运行中发现油浆固含（灰分）在开工第一周逐渐下降，从第二周开始逐渐上升，在上调整线速和料位进行调试后，油浆灰分未见好转，三器料位维持不住，4月12日、15日、18日各补充平衡剂约10t/次，新剂加入量约5t/d，计算三器跑剂量约8t/d（跑剂单耗1.7kg/t），其中油浆带走约6t/d。公司内部组织召开攻关会并进行操作调整，但工况未见好转。经过沉降器高低料位调整考察，油浆固含及灰分持续恶化，至4月25日11：00油浆固含最高达32.7g/L，灰分最高达4.58%，油浆中催化剂出现粗颗粒较多。鉴于工况未好转，装置被迫进行停工处理。装置于4月25日切断进料，4月27日沉降器进人检查，检查发现6只单旋升气管全部被防焦蒸汽喷嘴吹蚀穿孔，其中3只衬里已经吹穿损坏。5月1日重新进行喷油开工，后装置运行逐渐正常。

（三）原因分析

1. 更换后的沉降器旋风效率分析

装置在改造过程中，将沉降器原4+4形式更换为3+6形式（PLY型旋分）旋风，对粗旋及单旋的尺寸均进行了调整，调整后存在旋分尺寸不匹配致沉降器跑剂的可能性，为此对旋分的结构参数进行计算分析。更换后粗旋和单旋尺寸如图12-7-2所示，旋分结构参数如表12-7-2所示。

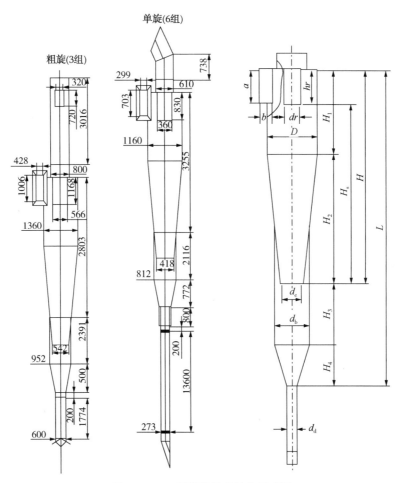

图 12-7-2 沉降器旋分结构示意图

表 **12-7-2** 沉降器旋分结构参数 mm

项目	单旋	粗旋	建议值
旋分型式	PLY	PLY	
入口高度 a	703	1006	
入口宽度 b	299	428	
圆柱段高度 H_1	2155	1813	
圆锥段高度 H_2	2046	1875	
分离高度 H_s	3371	2520	
环形高度 h_r	830	1168	
灰斗高度 H_b	2888	2891	
灰斗直径 d_b	812	952	

项目	单旋	粗旋	建议值
料腿直径 d_d	273	600	
筒体直径 D	1160	1360	<1300
排气管直径 d_r	360	566	
排尘直径 d_e	418	542	
升气管直径 d_c	610	800	
a/D	0.61	0.74	
b/D	0.26	0.31	
截面系数 $K_A = \pi D^2 / 4ab$	5.03	3.37	4~6
d_e/D	0.36	0.40	
d_r/D	0.31	0.42	0.25~0.5
d_c/D	0.53	0.59	0.4
h_r/a	1.18	1.16	>0.8
H_s/D	2.91	1.85	3.0~3.2
H_1/D	1.86	1.33	
H_2/D	1.76	1.38	
L/D	5.30	4.19	

从得到的结构参数看，单旋的 K_A 值为 5.03 在正常范围 4~6 之内，但粗旋的 K_A 值仅为 3.37，偏小，粗旋的效率偏低。单旋的 d_r/D 值为 0.31，粗旋的 d_r/D 值为 0.42，两者数据在较合理范围。单旋的 H_s/D 为 2.91，粗旋的 H_s/D 为 1.85，相对来说均偏小。h_r/a 值单旋和粗旋均满足大于 0.8 的要求。d_c/D 值过小会影响效率，过大会造成窜入灰斗的气体增多，从计算数据看，单旋的 d_c/D 为 0.53，粗旋的 d_c/D 为 0.59，均存在数值较大的情况。

从上述结构参数看，相对来说单旋的数据较为合理，在正常范围，粗旋的结构参数说明效率偏低，但设计上人为粗旋的设计效率一般均取较低，所以从结构参数上看，更新后的旋分组合不是开工后大量跑剂的原因，从相关计算可以得到单旋效率接近 99.9%，粗旋效率接近 99.7%，满足一般的需求。

2. 更换后的沉降器旋风压力平衡分析

沉降器的旋风压力平衡主要影响单旋的料腿料位高度，若压力平衡出现问题会导致单旋料腿料位过高，导致旋分跑剂，为此对压力平衡进行了计算，结果如表 12-7-3 所示。

表 12-7-3　计算旋风压力平衡表

项目	单位	单旋
旋风总高(入口至底部)	mm	11721
料腿总高	mm	4884
截面流率	kg/(m² · s)	6.91
料腿密度 ρ(估计值)	kg/m³	300
稀相密度	kg/m³	6.86
旋风本体压降 ΔP_1	Pa	2124
稀相静压头 ΔP_2	Pa	788
翼阀压降 ΔP_4	Pa	350

通过上述参数即可求得料腿当量高度 L，对于单旋 $\rho g L = \Delta P_1 + \Delta P_2 + \Delta P_4$。求得单旋料腿当量长度 $L = (2124 + 788 + 350)/9.8/300 = 1.11$m，从计算结果可知，单旋料腿料位处于正常水平，不是沉降器大量跑剂的原因。同时对沉降器料位进行了验证，料位标高为 37300mm，单旋料腿翼阀标高为 39797.5mm，可排除沉降器料位过高导致跑剂的可能。

3. 其他原因及检查结果

除去上述原因，沉降器跑剂也可能是因料腿卡涩或焦块掉落堵塞料腿等原因，但考虑到装置刚开工，且全部更新，上述可能较小。但分析图纸发现，沉降器防焦蒸汽和单旋升气管距离过近，存在隐患，由于单旋数量的增加，集气室尺寸扩大，而整体空间有限，防焦蒸汽环管布置方位也出现了变化，防焦蒸汽喷嘴距离旋分升气管距离过近，核算最近距离 30.5mm，此外防焦蒸汽总线在整体更新后并未设置限流孔板，仅通过阀门调节。从最终检查结果看，本次沉降器跑剂的直接原因就是升气管被防焦蒸汽喷嘴吹蚀穿孔。检查情况如图 12-7-3 所示：检查发现 6 只单旋升气管全部被防焦蒸汽喷嘴吹蚀穿孔，其中 3 只衬里已经吹穿损坏。

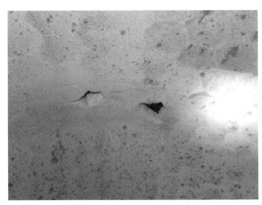
(a)单旋升气管穿孔内侧照片(集气室侧)

(b)单旋升气管穿孔外侧情况(沉降器侧)

图 12-7-3　单旋升气管穿孔情况

（四）对策措施

① 对升气管外壁进行贴板处理。对防焦蒸汽环管的喷嘴进行逐个识别，位置和朝向靠近升气管的进行塞焊堵孔。

② 防焦蒸汽增设限流控制，控制流量小于 1t/h，减少防焦蒸汽喷嘴线速。

（五）经验教训

① 升气管穿孔的直接原因是防焦蒸汽与升气管距离过近，高速气流并夹带催化剂吹蚀，导致单旋升气管穿孔。因催化裂化反再系统的特殊性，在内构件的设置时必须留有足够的空间，避免局部区域线速过高，导致磨损或吹蚀。

② 防焦蒸汽未加装孔板，而用手阀代替限流，也是导致单旋升气管吹蚀的间接原因。在管线设置时，应尽量使用孔板或增加流量计来控制流量，避免用手阀加经验判断来调整流量。

③ 在设计过程中，旋风的设计和沉降器设计单独出图，未考虑装配后防焦蒸汽和单旋升气管距离过近问题。在项目设计中，若能采用 3D 建模，能避免很多类似问题。

④ 在项目负责单位审图过程中未能识别出该风险，属管理上的原因。除图纸上因无装配图增加识别难度外，经验不足也是原因。在重要项目的审图过程中，建议要求专家审图，有时能发现设计中的不足。

⑤ 在项目完工后，进行"三查四定"检查过程中未能发现距离过近的隐患，错失了最后避免事故发生的机会。这除了检查人员经验不足的原因外，检查前没有详细检查表以及过分相信设计也是主观原因。在项目检查环节，一是要提前设计好检查表，明确检查什么，标准是什么，才能起到有效检查的作用。

三、案例 3：催化裂化平衡剂铁含量高原因分析及建议

（一）案例简介

自 2015 年 12 月至 2016 年 9 月的生产过程中，由于原油中间断掺入清罐油等原因，海南炼化重油催化裂化装置平衡剂的铁含量一直偏高，质量分数最高达 $10980\mu g/g$。平衡剂的铁含量过高，会降低重油分子对活性中心的可接近性，导致重油转化率降低。铁含量过高还会使催化剂表面形成瘤状凸起，导致堆比下降，从而影响反应器和再生器间的催化剂循环，严重时影响装置加工负荷。此外，铁具有脱氢作用，导致干气中的氢气/甲烷比偏高。总之，平衡剂中铁含量过高会导致重油转化率降低、产品选择性变差、影响装置加工负荷，进而影响全厂经济效益。因此，探索平衡剂铁含量高的原因、探寻催化剂中铁的来源，并据此提出改进措施降低催化剂中的铁含量是当务之急。

（二）事件经过

在 2015 年 12 月至 2016 年 9 月的生产过程中，原油中间断掺入清罐油，经化验分析清罐油中杂质含量较高，但不含有离子铁，详细数据见表 12-7-4。在此过程中，2015 年 12 月后通过调整新鲜剂单耗由 0.92kg/t 原料增至 1.2kg/t 原料和低磁剂置换，控制平衡剂上污染铁含量在一个较高的稳定水平，根据催化裂化原料构成的情况分为 3 个阶段。

表 12-7-4　清罐油水洗后的水相分析结果　　　　μg/g

项目	数据	项目	数据
Fe	<0.1	Ca	75.3
Ni	<0.1	Al	<0.1
V	<0.1	Mg	3.6
Na	76.1	Zn	<0.1

第一阶段：2015 年 12 月至 2016 年 4 月初。在此阶段，催化裂化原料为加氢尾油，平衡剂外源污染铁质量分数由 4000μg/g 逐步升至 7500μg/g。图 12-7-4 为平衡剂剖面铁元素扫描分析结果。由图可见，铁由在平衡剂内外均匀分布[图 12-7-4(a)]逐渐变为在外表面富集[图 12-7-4(b)]，主要是由于平衡剂孔体积较小(仅为 0.24mL/g)以及附着在平衡剂外表面的铁导致孔径变小，导致外源污染铁向催化剂孔道内的扩散程度降低，在平衡剂外表面富集。表明无机小分子铁在累积到一定程度时也表现为在催化剂外表面富集，进而影响催化剂性能。

图 12-7-5 为 2015 年 12 月到 2016 年 9 月主风总量、二再主风量及二再藏量变化趋势，由图中可见，受平衡剂铁含量增加的影响，在主风总量和二再藏量一定的情况下，二再主风量逐渐下降，对催化剂的循环产生了不利影响。由图 12-7-6 可见，在 2015 年 12 月至 2016 年 4 月期间，汽油产率逐步下降、油浆和干气产率上升，表明随平衡剂铁污染的加重，产品分布逐渐变差。

 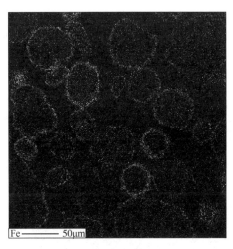

(a) 2015 年 12 月 4 日　　　　　　　　(b) 2016 年 3 月 31 日

图 12-7-4　平衡剂剖面铁元素扫描分析结果

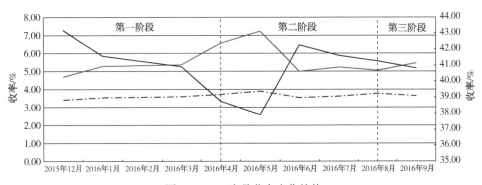

图 12-7-6　产品分布变化趋势

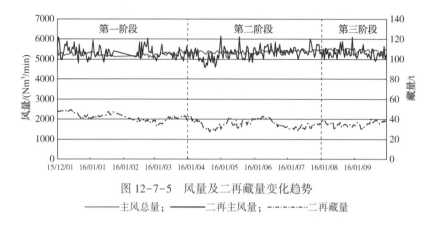

图 12-7-5　风量及二再藏量变化趋势

——主风总量；　　　——二再主风量；　-·-·-·-·-二再藏量

第二阶段：2015 年 4 月初至 7 月底。此阶段由于渣油加氢装置换剂和加工罐底油，原料中含有大量的有机铁。尤其是 4 月 12 日和 6 月 15 日加工罐底油后，催化裂化装置一段再生到二段再生催化剂循环更加困难，为保证二再藏量，二再主风量最低降至 1350Nm³/min，两器间的催化剂循环也受到影响，剂油比大幅下降。从图 12-7-6 产品分布看，这一阶段汽油收率逐步下降、油浆和干气产率上升，经过大量新鲜催化剂置换后产品分布有所改善。

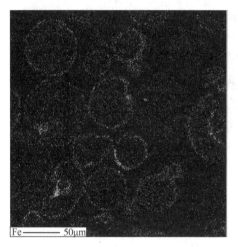

图 12-7-7　2016-08-11 平衡剂剖面铁元素扫描分析结果

第三阶段：2015 年 8 月初至 9 月底。在此阶段，催化裂化原料为加氢尾油。通过新鲜剂置换以及优化操作，产品分布得到改善。但在催化剂铁含量下降的情况下，装置的流化依然难以维持。图 12-7-7 为 2016 年 8 月 11 日平衡剂的剖面铁元素扫描分析结果。由图中可见，虽然催化剂外表面的铁含量有所下降，但相对污染铁上升初期平衡剂外表面的铁仍富集严重。这是由于在催化剂表面铁含量较高的情况下，原有的铁对后续沉积的铁分布有较大影响。这是由于外表面的铁部分堵塞催化剂孔道导致无机铁向孔道内扩散困难，使其更容易沉积在催化剂表面。Foskett 等认为催化剂污染铁质量分数增加 2000μg/g 就能对催化剂性能产生影响，尤其是有机铁，从运行参数来看，克服有机铁带来的影响需将系统催化剂铁质量分数降至 5000μg/g 以内（不含基质铁）。

综合以上分析可知：原料中的无机铁短时间内在平衡剂内外分布较均匀，对催化裂化装置的影响较小，但长时间的污染依然会出现在外表面富集，影响催化剂性能；而有机铁则在外表面迅速富集，且影响更大。主要表现为产品分布变差、催化剂循环困难。据此，可采取以下措施降低催化裂化平衡剂上的铁含量：

① 随着原油劣质化趋势加剧，原油罐区应对设备进行相应的防腐处理。

② 掺炼加工成本较低的高硫高酸原油时，应结合商储，将各种原油在罐区调和均匀后再进常减压蒸馏装置，一方面保证装置的操作稳定，另一方面可降低原油的储罐腐蚀。

③ 原油储罐要加强清罐，对于全加氢流程，加工罐底油要慎重。

④ 优化电脱盐操作过程，尽可能减少向原油中带入无机铁，加强净化污水铁含量分析及采取应对措施。

⑤ 渣油加氢装置催化剂级配时考虑使用容铁容垢保护剂。

⑥ 优化催化剂配方，选用大孔体积、抗铁性能强的催化剂。

（三）原因分析

1. 平衡剂铁的来源分析

平衡剂铁的来源主要有两方面：新鲜剂本身含有的铁和外源污染铁。

新鲜剂本身含有的铁是催化剂制备过程中由高岭土等原料引入。表 12-7-5 和表 12-7-6 分别为 2016 年新鲜剂和平衡剂的铁含量。由表中可见，新鲜剂中的铁质量分数一般为 0.252%~0.294%。相对于平衡剂中的铁含量来说，新鲜剂中的铁含量较低且含量变化较小。这部分铁主要来源于催化剂制备过程中的原材料——高岭土，均匀存在于催化剂基质上，对催化剂孔道等性质没有影响。

表 12-7-5　2016 年新鲜剂铁含量

新鲜剂编号	Fe 含量/%	新鲜剂编号	Fe 含量/%
1	0.280	8	0.273
2	0.280	9	0.280
3	0.273	10	0.294
4	0.273	11	0.252
5	0.280	12	0.280
6	0.273	13	0.287
7	0.294	14	0.287

表 12-7-6　2016 年平衡剂铁含量

日期	Fe 含量/($\mu g/g$)	日期	Fe 含量/($\mu g/g$)
2015-12	7976	2016-05	9426
2016-01	10250	2016-06	8306
2016-02	9650	2016-07	9109
2016-03	10054	2016-08	8449
2016-04	10321	2016-09	8524

外源污染铁，包含原油中带来的铁以及操作中因装置腐蚀、磨损等原因引入的铁。这部分铁经过上游装置处理后，部分进入催化裂化原料，在反应过程中沉积在平衡剂表面或孔道

内，堵塞平衡剂的孔道，进而影响催化剂的催化性能。

综上所述，新鲜剂本身含有的铁在平衡剂中占比和对催化剂的影响均较小。外源污染铁对催化剂性能产生较大影响。上游装置及罐区提供的催化裂化原料是外源污染铁的主要来源。

2. 催化裂化原料铁的来源分析

（1）原油生成及采集过程引入的铁

原油在生成过程中不可避免地会带入部分铁，这部分铁以卟啉和非卟啉的形式存在。表12-7-7 为催化裂化原料的铁含量，表12-7-8 为海南炼化船采原油的铁含量。由表中可见，海南炼化船采原油的铁含量较低，质量分数为 $1.0 \sim 2.1 \mu g/g$。铁在原油中的分布随沸点的升高而逐渐增加，大部分铁浓缩在重质油特别是渣油中。假设原油中的铁全部浓缩在渣油中，且渣油加氢装置不存在腐蚀且全部穿透，则催化裂化原料油的铁质量分数仅为 $6 \mu g/g$ 左右，远低于实际催化裂化原料中 $10 \mu g/g$ 左右的铁含量。因此，原油生成及采集过程中引入的铁仅是引起催化裂化原料铁含量高的原因之一。

表 12-7-7　催化裂化原料的铁含量　　　　　　　　　　　　　　μg/g

日期	数据	日期	数据
08-01	18.0	08-15	11.6
08-02	7.0	08-22	7.8
08-04	9.3	08-26	14.6
08-05	4.1	08-29	4.5
08-09	11.9	平均值	9.9

表 12-7-8　船采原油的铁含量　　　　　　　　　　　　　　μg/g

日期	数据	日期	数据
08-02	2.1	08-07	1.0
08-04	1.3	08-21	1.2

（2）原油储存储运过程中引入的铁

表 12-7-9 为电脱盐前原油的铁含量。由表中可见，脱前原油铁质量分数为 $2.9 \sim 7.1 \mu g/g$，比船采原油的铁质量分数 $1.0 \sim 2.1 \mu g/g$ 显著增加。船采原油经过原油罐区后铁含量大幅上升，表明原油在罐区储存过程中带入大量的铁。

表 12-7-9　电脱盐前原油的铁含量　　　　　　　　　　　　　　μg/g

日期	数据	日期	数据
08-02	3.3	08-24	4.0
08-10	5.9	08-31	7.1
08-17	2.9		

原油在罐区储存过程中带入大量铁的原因，主要有以下两点：

① 普通原油储罐沉积带入。原油储罐罐底油的黏度、密度、固含量等沿罐高呈梯度分

布，并且部分原油罐长期未清罐，罐底油长时间储存后油中杂质含量达到较高浓度，这部分杂质含量高的罐底油在原油罐收油付油时被搅起而带入常减压蒸馏装置的原油中，这部分原油由于金属浓缩导致铁含量偏高。

②　原油储罐腐蚀带入。图 12-7-8 为原油储罐腐蚀情况。从图中的原油储罐阳极保护块和底板检修情况看，原油储罐存在较严重的腐蚀。造成腐蚀的原因为：①原油硫含量上升，其中单质硫、硫醇、二硫化物以及硫化氢等活性硫含量增加。活性硫越高，则原油储罐腐蚀越严重，尤其是在切水不彻底的情况下；②某些原油(如南巴原油)混有奎都高酸原油，易形成局部高硫高酸环境，加剧原油罐的腐蚀；③原油罐收油以及切水不彻底时，原油罐处在高含盐的水环境下产生电化学腐蚀，另外大量微生物在厌氧条件下将硫酸盐还原成硫化物，氢原子不断被微生物代谢反应消耗，促进钢板表面的阴极反应，加快了电化学腐蚀的过程。

图 12-7-8　原油储罐腐蚀情况

（3）罐底油引入的铁

原油在储罐中的沉降过程分粗粒杂质直接沉降、胶粒聚集沉降、乳状液失稳脱水、液态烃密度场形成 4 个层面。原油胶体中胶粒(石蜡质、沥青质、细粒泥沙)的吸附、聚集沉降，形成胶团，乳化水滴聚结下沉，同时携带溶解其中的无机盐一起沉降。原油沉降的主体为石蜡质、沥青质、细粒泥沙 3 种胶粒和乳化水滴，客体为溶解于乳化水滴中的无机盐类和被胶团巨大表面所黏附并最终被包裹的大量液态烃类。原油经过储存沉降后，罐底油泥中的 Fe、Mg、Ca 含量均显著增大，其中铁浓缩数十倍到数百倍。

图 12-7-9　罐底油分离后得到的油泥状物

图 12-7-9 为海南炼化罐底油经分离后得到的油泥状物。5g 油产生 1.7g 油泥，经红外光谱表征后发现，油泥中含有相当数量的石油蜡。表 12-7-10 为海南炼化罐底油的金属含量。由表中可见，罐底油铁质量分数高达 506μg/g。在掺炼 1%罐底油的情况下对原油铁含量的贡献高达 5μg/g，且基本富集在渣油中，对催化裂化原料油铁含量的影响较大。

表 12-7-10　罐底油金属含量　　　　μg/g

项目	数据	项目	数据
铁	506.0	钠	40.0
镍	7.6	钙	1.0
钒	9.9		

（4）催化裂化原料罐区引入的铁

催化裂化原料由渣油加氢(分为 A、B 两列)和罐区(3701～3704 罐)分别供料，然后在装置内混合，其中罐区的原料主要是渣油加氢尾油、未加氢渣油、加氢裂化尾油以及未加氢蜡油。这些原料油中硫化氢等低分子硫腐蚀物质含量极低，主要是高分子含硫化合物，其在罐区操作条件下(常压、130℃)腐蚀作用较微弱，清罐检查时发现罐内腐蚀较轻也证实了这一点，因此催化裂化原料罐中的铁主要是调和催化裂化原料时外来油品带入的铁。储罐原料的金属含量如表 12-7-11 所示。由表中可见，由于催化裂化原料罐内的原料为边收边付，储罐原料的金属含量变化没有规律性，进一步说明催化裂化原料储罐没有严重腐蚀。

表 12-7-11　储罐原料的金属含量　　　　μg/g

项目	第一次	第二次
渣油加氢 A 列原料	5.9	
渣油加氢 B 列原料	6.2	
催化裂化原料	7.0	14.6
渣油加氢尾油	4.0	10.7
3701 罐	17.2	6.6
3702 罐	8.6	22.5
3703 罐	7.4	3.9
3704 罐	5.8	3.9

3. 原油加工过程中引入的外源污染铁

（1）电脱盐的影响

表 12-7-12 为电脱盐前后原油中的铁含量。由表中可见，电脱盐后原油中的铁含量基本没有下降，这是因为原油中离子铁含量不高，即便是杂质含量很高的清罐油，电脱盐也无法脱除，因此电脱盐前后铁含量基本没有下降。

表 12-7-12　电脱盐前后的原油铁含量　　　　μg/g

日期	脱后原油	脱前原油
08－02	3.0	3.3
08－10	6.6	5.9
08－17	3.3	2.9
08－24	4.1	4.0
08－31	6.8	7.1

（2）常减压蒸馏装置的影响

图 12-7-10 为检修时的常减压蒸馏装置减压塔塔壁情况。由图中可见，减压塔塔壁存在一定的腐蚀情况。表 10 为常压重油和减压渣油的铁含量，按减压渣油占常压渣油 50% 计，

减压渣油铁质量分数应为 8.4~16μg/g，而实际
铁质量分数为 12.3~18.7μg/g，表明在常减压
蒸馏过程中因为腐蚀原因而导致铁含量增加。
由表 12-7-13 可见，常压塔腐蚀产物有可能进
入渣油中，经减压塔后在减压渣油中富集，使
减压渣油铁含量显著提高。在常减压蒸馏分离
过程中，原油中含有硫化氢、硫醇、二硫化碳、
环烷酸等腐蚀性物质，以及高温下由非活性硫
转化生成的活性硫共同作用使得常减压蒸馏装
置存在较严重的腐蚀问题。硫化氢、硫醇、二
硫化碳等的腐蚀主要发生在塔顶系统，不会影

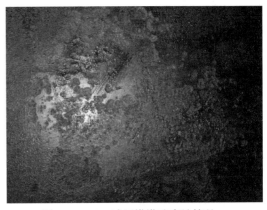

图 12-7-10　减压塔塔壁腐蚀情况

响渣油的铁含量。环烷酸腐蚀在 270~280℃ 和 350~400℃ 有峰值，尤其在高酸低硫环境下腐
蚀更严重，会影响减压蜡油的铁含量。

表 12-7-13　常压重油和减压渣油的铁含量　　　　　　　　　　　　　μg/g

日期	常压重油	减压渣油
08-05	4.5	12.3
08-09	8.0	18.7
08-29	4.2	16.7

（3）渣油加氢装置的影响

渣油加氢原料带入的铁在高硫化氢环境下易反应生成 FeS。由于没有使用专用的脱铁溶
垢剂，反应生成物一般附着在催化剂外表面，并且有相当一部分以微粒的形态进入油相。因
此在渣油加氢装置中表现为铁脱除率不高。表 12-7-14 为渣油加氢前后油品的金属含量变
化。由表中可见，渣油加氢过程中脱除铁的效率并不高。

渣油加氢装置进料过滤器过滤精度为 23μm，而在加工罐底油时会带入直径超过 3mm 的大
胶团，此胶团无法通过过滤器导致过滤器反冲洗频繁，由正常的 2h/次变为 0.5h/次，而过滤器反
冲洗油作为催化裂化原料，因此罐底油胶团直接进入催化裂化原料，导致原料铁含量升高。

表 12-7-14　渣油加氢前后油品的金属含量对比　　　　　　　　　　μg/g

项目	铁	镍	钠	钒	钙
08-08					
A 列原料	12.1	19.0	<0.1	18.6	4.9
B 列原料	18.3	19.2	<0.1	18.3	4.6
尾油	11.8	9.7	<0.1	7.2	5.5
08-15					
A 列原料	11.0	24.8	0.4	23.0	4.4
B 列原料	15.3	26.2	0.4	23.9	6.8
尾油	8.3	12.2	<0.1	9.7	4.3
08-22					
A 列原料	8.6	23.0	1.6	20.5	3.2
B 列原料	11.5	23.6	1.7	19.9	4.0
尾油	7.7	10.5	1.0	7.0	3.0

（四）经验教训

① 随着原油劣质化，原油罐区应对设备进行相应防腐处理。

② 掺炼加工成本较低的高硫高酸原油时，应结合商储，将各种原油在罐区调和均匀后再进常减压装置，一方面保证装置操作稳定，另一方面降低原油储罐腐蚀。

③ 原油储罐要加强清罐，但对于全加氢流程加工罐底油要慎重。

④ 优化电脱盐操作过程，尽可能减少向原油中带入无机铁，加强净化污水铁含量分析及采取应对措施。

⑤ 渣油加氢装置催化剂级配时考虑容铁容垢保护剂。

⑥ 选择适当的抗铁助剂。

⑦ 优化催化剂配方，增加抗铁污染能力。

四、案例4：催化装置再生器跑剂原因分析及改进措施

（一）案例简介

某催化装置再生器出现间歇性跑剂的现象，装置发生跑剂时，最直接的变化是再生器旋分压降、三旋入口粉尘浓度周期性突变，每次突变高峰持续时间约2min，波动间隔短的有1h/次，长的有4h/次，波动时再生器旋分压降同步突降，随后三旋入口粉尘浓度突然上升，从突变发生的间隔能看出有三组或四组旋分工作异常。本案例从操作、催化剂性质、机械结构等多方面剖析装置跑剂的原因，解决装置跑剂的问题，确保装置长周期安全运行。

（二）事件经过

该装置自2012年12月首次投产以来，就不断出现再生器阵发性跑剂现象，2013年10月在全厂停工检修时，对两器内件进行了详细检查，并未发现任何设备损坏情况。2015年6月开始，装置频繁出现三旋入口粉尘含量间歇性波动情况加剧，装置的催化剂单耗一度最高达到2.5kg/t原料。

综合分析装置严重跑剂时再生剂筛分的变化情况，发现跑剂时的平衡剂筛分分布变化不大，40μm以下粒径的细粉未见明显下降，且三旋回收废剂中粒度在40μm以上的大颗粒很少量，依据再生器一、二级旋分的工作原理，催化剂颗粒越大，越容易分离脱出的特性，较大颗粒已基本在一级旋分的分离过程中分离出，说明再生器跑剂主要发生在二级旋分中。

（三）原因分析

1. 操作上影响再生器跑剂的原因分析

在装置发生跑剂前后，再生器的主要操作参数，如再生压力、主风量、再生温度控制均相对稳定。具体操作参数见表12-7-15。

表 12-7-15　跑剂前后主要参数变化情况

项目	跑剂前数据	跑剂时数据
再生压力/MPa(a)	0.397	0.398
再生温度/℃	684	685
主风量/(Nm³/min)	4850	4910

（1）旋分线速合理性分析

依据气体状态方程式，可以计算出再生器旋分入口的烟气实际流量：

$$V_2 = P_1V_1T_2/P_2T_1 = 0.1×4910×1.03×(685+273)/0.398/273 = 4459m^3/min$$

查阅设备图纸，再生器共设置两级旋分，每级旋分共 12 组，一级旋分入口面积为 $0.3239m^2$，二级旋分入口面积为 $0.2957m^2$，计算得出一级旋分入口线速 u_1 为 19.12m/s，二级旋分入口线速为 20.94m/s。将旋分线速的计算数据与设计值进行对比，见表 12-7-16，从对比数据看，实际的旋分线速比设计值要偏小，约为 1m/s，但按照旋分通常的推荐线速一级入口线速 18~22m/s、二级入口线速 22~25m/s 看，再生器旋风分离器的一、二级线速可认为在合理范围内。

表 12-7-16　再生器旋分设计数据与实际运行数据对比表

项目	单位	设计值	实际值
标准风量	Nm^3/min	5279	4910
压力	MPa	0.395	0.398
温度	℃	690	685
实际风量	m^3/min	4714	4459
一级旋分线速	m/s	20.21	19.12
二级旋分线速	m/s	22.14	20.94

（2）旋分负荷合理性分析

跑剂前后装置的处理量稳定，装置的产汽量稳定，依据旋分入口催化剂浓度计算一、二级旋分的催化剂循环流率。稀相的催化剂密度可认为是一级旋分的入口浓度，三旋入口粉尘浓度在线表检测平均数据约为 $550mg/Nm^3$，采用三旋入口粉尘浓度反算稀相催化剂密度，可计算出旋分入口催化剂浓度约为 $11kg/m^3$ 左右。一级旋分由于分离的颗粒平均粒度偏大一些，效率更高，假设一级旋分效率 99.5% 计算，二级旋分效率计算为 99%，再生器一级旋分料腿催化剂循环流率计算：$G_{s1} = 11×4454×0.995/60/0.785/0.365^2/12 = 647.46kg/(m^2·s)$。二级旋分料腿催化剂循环流率计算：$G_{s2} = 11×4454×(1-0.995)×0.99/60/0.785/0.209^2/12 = 10.738kg/(m^2·s)$。按照旋分料腿设计一般质量流率范围 250~600kg/($m^2·s$) 的经验值看，再生器一级旋分料腿的循环流率偏大，但二级旋分料腿的循环流率很小，按此循环流率看，生产过程中当重锤阀的阀板关闭不严的情况下，增加烟气从料腿反串的可能性。

2. 催化剂性质影响分析

再生器平衡剂中 40μm 及以下的细粉含量始终维持在 20%~23% 的较高水平，80μm 以下部分平均达到 69.63% 的水平，催化剂的平均粒度为 55μm，均能说明再生器平衡剂的粒度偏小，小的颗粒分布力度会影响旋分的分离效率。

在装置出现跑剂时，平衡剂的细粉含量未见明显降低，说明催化剂存在破碎问题，需要对催化剂破碎的原因进行分析。

（1）新鲜剂的影响分析

新鲜剂本身的细粉含量高、灼减高、磨损指数大均会造成平衡剂的细粉多。跑剂时加注的新鲜剂分析数据见表 12-7-17。

表 12-7-17　跑剂时加注的新鲜剂分析数据

出厂日期	活性/%	比表面/(m²/g)	堆比/(g/cm³)	灼减/%	磨损指数/%	0~20μm/%	0~40μm/%	0~149μm/%	APS/μm
2015-3-4	75	274	0.690	12.0	1.8	0.4	14.7	92.7	70.8
2015-3-24	77	275	0.690	12.5	2	0.8	15.5	89.9	72.9
2015-4-14	75	266	0.740	12.0	1.5	0.8	13.7	90.3	75.6
2015-4-20	75	266	0.740	12.6	1.4	1	14.5	91.1	74.8
2015-5-8	76	283	0.720	11.1	1.2	0.9	15.6	91.6	71.5
2015-5-25	77	262	0.710	12.1	1.2	1.2	15.9	89.9	72.7

从新鲜剂数据看，跑剂当前使用的新鲜剂堆比维持在一个相对较低的水平，尤其是 2015 年 3 月的两批催化剂堆比仅为 0.69g/cm³，而 APS 平均粒径也比其他批次均低，此外磨损指数已达到 1.8%~2%，属于典型的合格但不好用的催化剂，可认为是造成催化剂容易破碎的重要原因。在装置发生跑剂后，通过加注低磁剂改善平衡剂筛分分布，将 40μm 以下部分控制在 20% 以下后，装置跑剂得到缓解，进一步说明了新鲜剂的影响。

（2）操作影响催化剂破碎分析

在实际操作中，装置的再生温度控制相对稳定在 685℃，且稀密相温差长期控制在 5℃ 范围内，因此可认为再生温度对催化剂产生细粉的影响可忽略。

① 内外取热器泄漏的可能性分析。现场用精密压力表对比检查装置两台外取热器饱和蒸汽返回管压力变化情况，各返回管压力都在 4.0MPa 左右，未发现有明显异常降低的情况，且对比分析各汽包的水平衡，得出水汽比均在 1.02~1.03 之间，因此可认为外取热器泄漏可能性小，对内取热器盘管、稀相低压蒸汽过热盘管在线切出试漏，也未发现泄漏，可认定该原因可排除。

② 其他部位有蒸汽窜入的可能性分析。其他部位可能造成蒸汽窜入再生器的重点是主风事故蒸汽和燃烧油喷嘴流程，但目前只保留蒸汽预热线小流量流通，燃烧油喷嘴目前用非净化风保护，因此该可能性也可排除。

3. 设备机械原因分析

装置跑剂是阵发性而不是连续性的，因此可排除重锤阀阀板出现掉落、旋分或料腿穿孔、内集气室穿孔、料腿堵塞等情况。

（1）重锤阀卡涩造成跑剂可能性分析

装置跑剂的现象从 2012 年 12 月新装置投产以来即开始出现，在 2013 年装置停工时，相关专业人员对重锤阀的情况进行了详细检查，未发现重锤阀卡涩情况，由此推断重锤阀不存在因机械问题造成卡涩致使重锤阀打不开或关不回的情况。

对重锤阀阀板的密闭性检查，质量控制的指标是阀板密封面间隙不大于 1.5mm，考虑阀板无法做到完全密封，当料腿下料速度偏小时，可能存在窜气的现象，造成催化剂跑损变大。

（2）料腿料封高度过高造成跑剂的可能性分析

料腿的正常料封高度的计算，可通过对旋分进行压力平衡计算得出，表12-7-18列举了再生器各部位的主要尺寸数据。

表 12-7-18　再生器主要尺寸数据

序号	项目	数据
1	一级旋分料腿长度/m	3.28
2	二级旋分料腿长度/m	4.38
3	一级重锤阀开启重量/kg	4.04～4.95
4	二级重锤阀开启重量/kg	2.4～2.97
5	一级旋分料腿尺寸/mm	$\varphi377 \times 12$
6	二级旋分料腿尺寸/mm	$\varphi219 \times 10$

依据再生器尺寸，通过压力平衡计算，得出各料腿重锤阀开启的阻力降和料封高度如表12-7-19所示。

表 12-7-19　重锤阀开启的阻力降和料封高度

序号	项目	数据	设计值
1	一级旋分料腿重锤阀开启阻力降/kPa	399.638	
2	一级旋分料腿料封高度/m	1.48	3.28
3	一级旋分料腿重锤阀开启阻力降/kPa	0.85	
4	一级旋分料腿料封高度/m	3.23	4.38

通过表12-7-19计算结果，按照旋分料腿的设计原则，为避免旋分旋转末端夹带催化剂，一般在设计料腿长度时，会在计算料腿长度的基础上再增加1m或选择更长，按照计算一级料腿的长度应至少在2.48m以上，本装置设计的一级料腿长度为3.28m（含重锤阀长度），可认为设计合理。

对于二级料腿，按照料腿设计原则再增加1m，可得出二级料腿的长度至少应在4.23m以上，本装置设计的二级料腿长度为4.38m（含重锤阀长度），与计算所需的二级料腿长度仅相差0.16m。

分析重锤阀自身的结构特点，其自身的配重平衡块上容易堆积催化剂，且该部分堆积的催化剂往往是由再生器快分分离出的催化剂冲击下来形成，会进一步增大重锤阀的开启阻力。

由此分析，装置出现阵发性跑剂与设计的料腿长度余量小有直接关系，可认为是装置跑剂最重要的原因之一。

（四）处理措施

经过对跑剂原因的深入分析，认为造成装置跑剂的主要问题应集中在催化剂和旋分上，两者相互作用，主要存在如下矛盾点：

① 当平衡剂堆积密度低、细粉含量高时，造成旋分尤其是二级旋分的分离效率下降，造成三旋入口粉尘浓度增大。

② 由于二级料腿的设计长度与实际计算长度过分接近，一旦料封催化剂密度稍有改变，将立即造成料封高度上升，使料面进入上行气流（内漩涡）中，造成瞬时催化剂被夹带，三旋入口粉尘浓度突增，从三旋回收的细粉筛分看，基本没有 40μm 的大颗粒，也可认为主要跑剂应发生在二级旋分。

因此解决跑剂问题应从改善催化剂性质和重新优化二级料腿长度方面着手，在有条件时还需进一步优化改善机械设计方面对催化剂产生破碎的影响。

1. 严控催化剂质量改善跑剂

改善催化剂性质需要从新鲜剂质量管控，针对装置特点，与催化剂生产厂家对接了严格控制新鲜剂性质的指标：

① 磨损指数控制在 0.9~1.1。

② 表观堆密度控制在 0.74~0.78g/cm³。

③ Al_2O_3 含量不小于 51%。

④ 活性不低于 78。

⑤ 灼烧减量不大于 12%。

⑥ 粒度分布 0~40μm 部分不大于 18%。

在严格控制好催化剂指标后，实际使用过程中对缓解再生器跑剂问题作用较明显改善，说明当前的控制指标是合理的。

2. 增加料腿长度改善跑剂

当前设计的二级料腿包括重锤阀长度为 4.38m，若在此基础上再将料腿延长 1.5m，即确保料腿长度有 6m 左右，依据旋分料腿压力平衡计算结果，可判断完全满足料封高度的要求。

同时通过结合二密床层弹溅区高度、工作状态下旋分热膨胀量、二密床层高度的计算，结果显示，本次料腿增加 1.5m 后，在实际生产中，只要二密藏量不高于 73t 时，二级重锤阀所处的区域即为稳定的湍流扩散区，不会影响旋分的运行，方法可行。

2017 年 3 月，装置实施了对二级料腿加长 1.5m 的改造，改造后装置于 2017 年 5 月 12 日开起运行，经过几个月的观察，再生器再未出现过以往间断性跑剂的现象，三旋入口粉尘浓度始终维持在 500mg/m³ 的一个相对较低的水平运行，问题得到解决。

（五）经验教训

① 装置原始设计不一定绝对准确，审查人员需要严格核实。

② 严格把控新鲜剂进厂质量，尤其是不同批次三剂的质量情况，进厂需采样分析，严防合格不好用甚至不合格的产品进入装置。

③ 问题的分析应从定性向定量转变，一切以数据说话。

五、案例 5：分馏油浆系统结焦的处理与预防

（一）案例简介

某装置在提高反应苛刻度、增加高附加值产品收率的过程中，出现油浆外甩量下降、温

度上升，原料预热温度下降、油浆小外甩 DN80 管线堵塞、油浆循环量大幅下降、油浆系统超温、油浆泵抽空等一系列异常现象。最终导致油浆系统结焦瘫痪，装置被迫停工。对分馏塔底、油浆系统管线、换热器清焦疏通，恢复正常后，重新组织装置开工。

通过对本次结焦过程的原因分析，总结了分馏油浆系统运行过程中的注意事项，出现异常运行后的处理办法及预防结焦的管控措施，为油浆系统的安全运行及装置的长周期运行提供了保障。

（二）事件经过

2015 年 8 月 14 日 20：00，某催化裂化装置油浆出装置管束出现偏流，外甩温度由正常的 120℃上升到 130℃，15 日，外甩温度逐渐恢复正常。15 日、16 日油浆出装置冷却水箱管束多次发生偏流、凝管现象，经处理后好转。16 日，原料预热温度开始下降，调整原料/油浆换热器操作效果不理想，17 日，油浆外甩 DN80 管线堵塞。为保证油浆外送，临时投用 DN350 油浆紧急放空出装置管线，期间油浆循环总量正常。18 日，油浆总循环量由 550t/h 降到 350t/h，打开油浆/原料油换热器 E-201 副线，油浆循环量恢复正常。为避免 E-201 凝管，重新试投 E-201，在投用过程中，油浆总循环量大幅下滑，且油浆备用泵无法正常启动。分馏塔底温度快速升高，液面持续降低。装置紧急投用原料事故返塔线补液位，同时降低反应深度及装置处理量。期间采用冲洗油对油浆系统进行冲洗置换，效果不明显。

24 日，为解决油浆泵入口过滤器堵塞问题，关闭分馏塔油浆抽出电动阀并开始对入口管线清焦，清焦完毕开启电动阀至 100%时，发现阀后温度无变化，油浆泵无法正常启动，判断为阀板脱落。26 日，因油浆系统无法正常运行，装置被迫停工。

（三）原因分析

1. 反应苛刻度增加，油浆性质变差

为追求汽油、液化气等高附加值产品收率，该装置维持高反应温度、大剂油比，提高反应转化率；控制较高油浆密度，降低油浆收率。如图 12-7-11 所示，油浆系统出现明显异常前期，装置油浆密度一直控制在 1145kg/m³ 以上，取样期间平均密度达到 1149.3kg/m³，最大为 1158.1kg/m³。高密度使油浆的黏度增加，性质变差，更容易黏附于流通管路上，形成较软的胶状物。由图 12-7-12 可见，正常生产时，油浆外甩流量为 11t/h 左右，油浆收率在 5%~6%。出现异常后，油浆外甩量及收率均下降，外甩量降至 4~6t/h，收率下降至 3%以下，油浆系统无法维持正常运行前 10 天时，油浆收率降至 2%左右。油浆收率降低，使油浆系统中的结焦物含量增加，结焦风险增大。

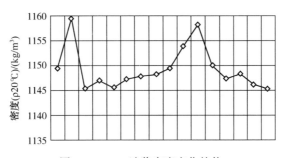

图 12-7-11　油浆密度变化趋势

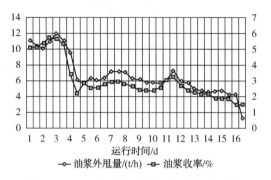

图 12-7-12　油浆外甩量及收率变化趋势

2. 油浆系统超温

油浆系统操作温度是催化裂化装置控制的重要参数,该装置工艺卡片将油浆温度上限控制在 345℃。随着油浆性质变差、管壁软胶的生成、油浆系统换热效果的变差,油浆温度升高。如图 12-7-13 所示,自 16 日 15:00 开始,分馏塔底油浆温度逐渐上升至接近 350℃;17 日 16:00 开始,油浆温度大幅直线上升,至 18 日 7:00,油浆温度达到 470℃。高温增加了油浆系统的热裂化趋势,使分馏塔塔底发生结焦反应。超温结焦是本次油浆事故的决定性因素,焦炭堵塞大部分塔底、塔盘、管线及换热器管束的空间,最终导致油浆系统瘫痪。

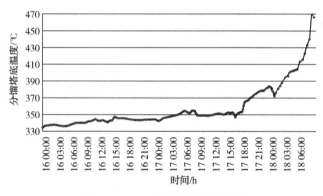

图 12-7-13　油浆温度变化趋势

(四) 处理措施

油浆系统出现异常初期,油浆 DN80 外甩线堵塞,无法正常外甩油浆,装置临时投用 DN350 油浆紧急放空出装置管线保证油浆外甩量,同时启动顶油线处理 DN80 外甩线(无效果);油浆总循环量下降时,启动油浆/原料油换热器 E-201 副线,维持油浆循环量;分馏塔底温度升高,液面持续降低时,紧急投用原料事故返塔线补塔底液位,同时降低反应温度及装置处理量。期间采用冲洗油对油浆系统进行冲洗置换,效果不明显。

为解决油浆系统管线、换热器管束堵塞问题,采用电伴热对换热器及油浆上下返塔线等易堵易凝部位进行加热;同时油浆泵入口注入冲洗油稀释油浆,加大油浆外甩量,置换油浆系统管壁结焦。油浆循环量短时间能够提高。

鉴于油浆系统无法恢复正常运行,装置被迫停工处理。期间对分馏塔底、油浆系统管线、换热器等拆解后进行高压水清洗作业。清焦结束后恢复管线及设备，重新组织开工，停工时间 20 天。

（五）经验教训

按照《催化裂化装置防结焦指导意见》控制油浆系统各操作参数。正常生产中参数控制如下：

① 保证油浆黏度、密度等物性的日常分析频次。

② 油浆密度控制 $\leq 1.15t/m^3$，油浆系统总压力降在 400t/h 时为 0.1～0.3MPa，500t/h 时为 0.2～0.5MPa。

③ 油浆外甩压力降：5t/h～10t/h 时在 0.25～0.35MPa。

④ 油浆泵电流：400t/h 时为 35～40A，500t/h 时为 40～45A。

⑤ 油浆系统发生异常时，要及时采取降低反应深度，采取塔底补入原料油 20～50t/h 措施（此时注意反应进料稳定），加大油浆外甩量 ≥15t/h，提高油浆循环量、严格控制分馏塔底温度、油浆固含量等指标。

⑥ 建立油浆总循环量、换热器压力降、换热器温差、油浆线速等关键参数的 DCS 实时显示，当参数出现异常时，及时分析并采取相应措施。日常生产中，注意反应苛刻度增加与油浆外甩量的匹配，避免油浆逐渐恶化，保证油浆性质稳定。

六、案例 6：哈萨克哈特劳炼厂催化裂化装置开工

（一）装置概况

哈萨克斯坦阿特劳炼厂催化裂化装置，公称规模 2.43Mt/a，年开工时数 7920h，分为冬季、夏季两种工况，主要加工进料为常压渣油、减压蜡油、焦化蜡油等，装置弹性 50%～110%，该装置由四部分组成：①100 单元——反应再生单元；②150 单元——烟气处理单元，含脱硫脱硝；③200 单元——分馏单元；④250 单元——吸收稳定单元。

该装置采用法国 Axens 工艺包，反再技术为 R2R 技术，提升管末端设置 RS2 快分，第一再生器与第二再生器同轴布置，半再生立管用空心塞阀控制，第一再生器旋分为内置，第二再生器设置外旋，一再不完全再生、二再完全再生；一再烟气先经 CO 焚烧炉再与二再烟气在余锅汇合，脱硫采用 Belco 湿法脱硫，脱硝采用臭氧法工艺。

该装置内部回炼物料为：①分馏塔顶石脑油回炼（MTC 回炼）；②分馏塔重循环油回炼（HCO 回炼）；③分馏塔油浆回炼；④油浆过滤反冲洗油回炼。

专利商推荐采用 USY 沸石分子筛，可降低生焦，多产高辛烷值汽油组分，同时具有抗金属污染特点，招标确定由 Grace 俄罗斯工厂提供的新鲜剂细粉和开工用平衡剂。

（二）首次开工过程及操作波动处理

1. 首次开工过程

2018 年 3 月 1 日 13：58，一再开始装剂；15：30，料位达到 26%，喷燃烧油；

2018 年 3 月 2 日 19：30～22：00，拆大盲板；

2018 年 3 月 3 日 4：00，开气压机，收焦化尾气；

2018 年 3 月 3 日 11：00，引减压蜡油；19：00，引常压渣油；

2018 年 3 月 4 日 17：38，反再向沉降器转剂，三器流化。

2018 年 3 月 5 日 12：16，喷油；12：57，稳定汽油产品送 3206；12：55，柴油产品至

罐区；14：46，液化气至3202；12：48，干气并网。

2018年3月6日23：30，加工负荷仅维持约30%，油浆固含高达9%（约90g/L），相继出现两个油浆线路调节阀磨损泄漏现象，经与业主和专利商协商，决定停工。

2. 首次开工所遇到的问题分析及处理

（1）冬季水联运困难多

装置在2017年12月至次年1月进行蒸汽吹扫、贯通、试压及水运，期间环境温度在-20℃左右，对于检查漏点非常不利；阀门、管线冻凝现象也十分突出，出现了法兰垫片处冻凝现象。由于环境温度过低，无法采用水联运，而是采用乙二醇溶液进行试运，由于乙二醇溶液费用较高，只能分割为小系统分批次进行试运。例如先在分馏顶循系统试完，再将乙二醇溶液退到一中系统、二中系统等。但由于流量有限，冲洗效果并不理想，导致开工后多处调节阀、机泵滤网内发现杂物；试运期间，还在中压、高压除氧水管系统管线上发现冻凝，最长有长达千米的冻凝管线通过增加蒸汽伴热、租用压缩机打压等方式得以疏通。除氧水线贯通后，余热锅炉汽包才具备上水条件，该因素导致开工进程后移约20天。

（2）部分设备施工问题

水联运后进入冷油运，发现分馏塔中段集油箱底部通道板漏装。经落实该集油箱设计较为特殊，需在集油箱下方操作安装通道板；而施工人员认为设计有误，未安装该通道板，也未沟通汇报，施工漏项导致油运时该泵不上量，集油箱无液位。

2月13日，业主安排消防人员佩戴长管呼吸器进行塔内作业，完成封堵，该问题导致开工进程后移约5天。

（3）原料雾化蒸汽计量采用非常规仪表

FEED统一规定要求尺寸小于DN200的流量计不得使用孔板流量计，因此7分支的原料雾化蒸汽、2分支的MTC进料雾化及2分支的重循环油雾化蒸汽均选型为超声波流量计。还需说明的是，这11路蒸汽均采用3.5MPa级蒸汽。而3.5MPa级蒸汽由催化装置自产，部分自用后供其他相邻装置使用，系统并无3.5MPa级蒸汽管网。开工初期通过CO焚烧炉用燃料气补燃可产出3.5MPa蒸汽。由于流程问题和对蒸汽条件的要求，这11支流量计在开工前不具备调试条件，开工初期当3.5MPa蒸汽条件合格后，投用后发现全部11支超声波流量计均无数值显示。该问题暴露在装剂后、转剂前，拖长了开工进程，后来开工团队要求自控专业拿出调节阀开度与流量的对应关系表，用开度折算流量指导开工。

该问题直到2018年3月27日第二次开工前才得以部分解决，将超声波流量计修改为孔板流量计，受材料和施工周期的影响，选择性实施了其中3支，分别为1支原料雾化蒸汽、1支MTC汽油雾化蒸汽及1支重循环油雾化蒸汽，即每路都有1支改为孔板流量计，其余各分支用参照调节阀阀位方法间接获得流量数据。

（4）部分联锁逻辑设计理念值得商榷

专利商要求进料低流量时触发自保，将原料雾化蒸汽调节阀全开，且除非在后台复位，否则中控改变不了该蒸汽调节阀的实际阀位。转剂末期准备喷油前，开启原料调节阀走旁路流程预热，虽然此时原料未进入提升管，但还是触发了联锁，雾化蒸汽调节阀全开，中控操作看似将开度恢复到合理位置，但由于当时未复位，原料雾化蒸汽调节阀实际上是全开的（由于此时超声波流量计无指示，并未察觉到异常）。此时3.5MPa蒸汽无其他用户，因此进提升管的蒸汽量大幅增加，在再生滑阀开度维持在17%时，提升管温度从500℃持续上升，最高接近590℃。在意识到这一变化之前，原料油喷嘴实际进蒸汽量严重超量，喷嘴出口线速经估算在100m/s以上。

该逻辑不应覆盖投料初期的原料预热程序，或需临时摘除，但专利商不允许摘掉任何一条逻辑。高速蒸汽与催化剂接触将导致催化剂破碎，产生大量细粉。很快分馏塔底液位失灵，油浆泵出现故障，需要切泵。

3. 主观未发现或者解决不彻底的问题影响开工

（1）分析化验频次与开工需求的矛盾

装置喷油后，第一个油浆固含量结果在3月5日23：00发出，结果为9%（体）。承包商对该结果有一定质疑，要求洛阳分公司的分析化验团队进入业主的分析化验室操作进行校核，于3月6日上午分析出第二个油浆固含样，得出固含5%（体）以上。操作中做了加大油浆外甩、监控油浆泵电流等措施，但第三个油浆固含样在3月6日晚间才得到。而在开工期间，特别是当测出油浆固含偏高后，需要加样，并需每1h拿到1次结果。但业主的分析化验团队在响应速度是每6~8h才能拿到1次结果，难以满足开工初期要求。经协商，2018年3月27日第二次开工时，油浆固含量一项改由洛阳分公司专业团队接管，将某一集装箱改造为临时分析化验室，才得以满足第二次开工的需求。

（2）与业主沟通协调不足

开工前、开工中，还暴露与业主沟通协调不足、上下游配套方面的问题。例如催化装置开工阶段由于雾化蒸汽量大，产生的酸性水量大于正常值。而下游的硫黄单元在接受酸性水量有困难时，单方面关闭了酸性水界区阀。还有催化开工后副产干气进燃料气管网后，系统未减少外补天然气量，造成干气管网操作压力升高，逼近其设计压力。而业主给出的指令不是退出外补天然气而是要求催化装置降量至30%操作。

开工阶段最高进料仅为150t/h（为设计点的50%），由于干气管网压力问题，要求进料量下降到弹性以外。各处的线速难以保证，且参与线速计算的最大份额"雾化蒸汽量"无数据指示。线速难以维持，加上自保误投雾化蒸汽阀全开时蒸汽对催化剂的破碎，油浆中含催化剂量过大，在2台油浆调节阀先后磨损泄漏后，各方协商决定停止进料。

4. 油浆固含量问题分析

首次开工终止的依据是油浆调节阀磨损，油浆固含量高经分析有以下几方面原因：

（1）开工时长过长

从拆大盲板到喷油间隔超过60h，雾化蒸汽流量计无显示从问题暴露、分析研讨，到最终决策用时过长。再生器燃烧油对催化剂有一定的破碎影响。

（2）自保逻辑不尽合理

投料前原料预热触发了自保逻辑，虽然原料雾化蒸汽无流量显示，但是从酸性水量波动、转剂末期反应温度持续提升（反应温度升高至590℃）、现场阀位确认均可证明在一段时间内，原料雾化蒸汽量严重偏大，超量的3.5MPa蒸汽将导致催化剂大量破碎。回顾3月5日测量的油浆固含数据还是可信的，但由于固含中细粉比例较高，油浆泵的电流并未大幅增加。

首次喷油后停工，打开一再人孔，发现一再旋分、半再生立管外壁均挂有催化剂，经人工判断确为细粉，说明催化剂曾经破碎产生大量细粉。

（3）喷油后的暴露系统问题

喷油后的24h的操作遇到了较多预料之外的问题，如酸性水后路被切断，装置被迫降低负荷至 30%。这样的调整幅度巨大，且新操作点超出开工导则覆盖范围。两器各处线速难以保证，分离效率也将大打折扣。

RS2 快分作为惯性分离元件，其操作弹性及稳定性略低于粗旋，而且在 30%负荷下连续操作，任何旋分的分离效果均难以保证。由于负荷率影响了旋分效率，超低负荷必然是沉降器跑剂的主因。

（三）二次开工过程

1. 二次开工过程简述及关键步骤节点

3 月 20 日 18：21，开主风机，双脱循环，引燃料气。

3 月 22 日，三器吹扫，热工循环、试压，倒引蒸汽保护。

3 月 23 日，进料大负荷试验，反再气密，点 CO 炉，分馏油浆系统置换、循环升温、热紧。

3 月 24 日，进料大负荷试验结束，反再气密结束，锅炉产汽并网，分馏建立各路循环。

3 月 25 日，点辅助炉，三器升温、热紧。

3 月 26 日，催化剂罐充压，反应切换汽封，再生器加剂，喷燃烧油。

3 月 27 日，拆大盲板、反应恢复蒸汽环境、提大闸阀、三器流化循环，16：56 喷油。

3 月 28 日，逐步提进料负荷，调整产品质量。加注新鲜剂、絮凝剂、抗结垢剂、pH 试剂等。

3 月 29 日，产品调整合格。

2. 二次开工对已发现问题的处理预案

（1）再生滑阀漏催化剂问题应对措施

首次开工时发现即使再生滑阀全关，转剂前在提升管底放空排水，可放出大量催化剂，按既定程序操作时，在提升管底部放出的催化剂量约为 $1m^3$。怀疑再生滑阀有泄漏的可能。停工期间，对再生滑阀进行了检查，未发现明显的设备损坏情况，判断漏催化剂的原因为阀板间缝隙的原因。该装置再生线路仅立管段长度就达到 21m（注：再生滑阀设在立管段下端），再生滑阀上游催化剂的料位总静压达 150kPa，而装剂阶段，控制沉降器压力高于二再顶压 10~20kPa。此时，如果立管处于流化状态下，再生滑阀前后存在 130kPa 左右的压差，计算在滑阀轨道窄缝处会形成 10t/h 左右的催化剂漏量，因此在提升管底部放水时，会带出大量催化剂。

针对首次开工遇到的问题，做出以下调整：

① 修改开工方案，跟国内类似，在再生器加剂时，沉降器、提升管直接改为蒸汽环境（之前，专利商要求是空气环境），以保证再生器加剂过程中沉降器、提升管温度不降低，且有足够的流动介质，这样就使得漏入提升管的催化剂不堆积、不潮湿。

② 控制沉降器压力高于二再 30kPa 左右，减少泄漏量。

③ 提前关小再生滑阀前松动编号为 I620 到 I624，控制转子流量计流量<$8m^3/h$；同时由于影响区附近的仪表点较多，仪表反吹风选用的限流孔板孔径偏大，将滑阀上方 6 组仪表（L604，L606，P604，P605，P607 及 P609）的引压点壁阀开度关小至 1/3。

以上措施取得了预期效果，第二次开工时，提升管底部催化剂泄漏量有所降低，在该处未发生催化剂和泥现象。

（2）协调配合的提前应对措施

针对酸性水后路问题、原料问题、油浆固含量分析问题等，此次开工过程中，和业主一起进行了预演练，分别进行了酸性水、原料的大负荷试验，并要求业主将油浆固含量分析仪器交给洛阳分公司代管。关于干气管网问题，制定了详细的调整步骤和几套备用预案，安排专人负责紧急协调，以确保开工后干气能够顺利送入管网，不降催化负荷。

3. 负荷率的确定

催化装置再次开工后，受上下游装置处理量、储运能力的制约。经协商，催化装置在开工初期稳定负荷为70%，但专利商提供的70%负荷下的操作建议采用与100%负荷一致的两器压力，对于这一常识性的错误，承包商与业主进行交涉，但业主还是决定采纳专利商的意见。

（四）二次开工遇到的重点问题

1. 脱气罐流化问题

（1）问题描述

第二次开工到2018年3月29日晚，脱气罐总料位LIA022（再生滑阀上至脱气罐顶料位）忽然大幅下降，而对应的脱气罐内料位LIA021（脱气罐底部至脱气罐顶料位）大幅度上升，即原来均布在整个再生线路的催化剂聚集在上段的脱气罐，滑阀前的21m立管段变空了。查阅趋势发现，波动前二再料位约45%，脱气罐料位约55%。

随波动同时发生的现象还有：再生立管密度DT252由正常运行的400kg/m³降至不足100kg/m³，再生滑阀差压PDIC253由正常的50~60kPa下降至不足10kPa，反应温度大幅降低，从505℃降至最低450℃，与之对应的是脱气罐下部锥段密度由之前的500~600kg/m³升至700~800kg/m³。为维持必要的反应温度，操作将处理量从~230t/h降至~150t/h，反应温度得以恢复到500℃。

该现象自3月29日首次发生，并在接下来的操作中多次"随机"发生，这类波动可命名为"脱气罐架桥现象"。

（2）再生立管长度过长与注气量的矛盾

国内采用脱气罐的装置，其所连接的再生立管垂直段高度最长不超过10m，最短的不足2m，而工艺包要求阿特劳催化装置设置21m的再生立管，立管上设有15组松动点，在再生滑阀前还设有6个取压点，通过21个注气点向立管段注入的总气量较高。当注气量大于催化剂携带能力时，差值与时间的乘积决定了气泡的体积。积聚上行的气泡在立管段与向下流动的催化剂形成拉锯，21m高度给这一分歧足够的拉锯时间。拉锯的结果是气泡积聚到足够大之后形成气阻，通过立管上的测压点组态发现，气阻位置位于立管段的上端。

当出现脱气罐架桥现象后，操作人员一度尝试将15组工艺注气点统一关闭或关小，但这样会使立管流化进入另一个状态，当脱气完成度较好、补气量不足时，立管段的催化剂将进入到失流化状态，该状态的科学定义为"黏附滑移流动"，该状态下催化剂的流通能力急剧下降，反应所需的催化剂循环量难以保证，同样会导致反应温度降低、被迫降处理量的不利后果。

在调整操作中还遇到一个难题，当操作减少立管总注气量后，气泡在立管内积聚的风险降低。但随着立管段催化剂的密度提升以及立管段料位升高，压力平衡的结果是催化剂循环量稳步提升，反应温度也会缓慢上升。为防止反应温度过高，操作需要关小再生滑阀。但这个动作需特别小心，因为这样极易触发下一次的操作波动。无奈之下，将再生滑阀维持在手动控制模式下。随后操作摸索出二再料位的合理位置，保持在40%的水平。适当降低催化剂进入再生线路的初始供给量，避免出现当调整再生立管流化取得阶段性成果后，由于反应温度提升而被迫关小再生滑阀，然后进入下一次操作波动的被动局面。

（3）压力平衡问题

该装置二再和沉降器几乎等高，提升管出口进入旋分器高度为56.55m，二再顶封头标高为56m，70%负荷下沉降器压力给定在0.14MPa，而二再压力给定在0.107MPa，两器存在33kPa的负压差，压力平衡过于依赖再生线路的推动力。当再生线路流化正常时，再生滑阀有50~60kPa的蓄压，但当出现脱气罐架桥时，滑阀即使全开也无法逆转反应温度的下滑。

在首次出现脱气罐架桥波动之后，再生立管料位始终没有再次上涨到脱气罐内，每次料位上升到脱气罐下方的变径段，都会出现大幅波动。当催化剂淹没到该位置后，立管段脱出气体难以突破该处的料封，致使上升气泡需继续积聚变大才可能实现穿越，通过脱气罐返回二再。因此，在之后的操作中脱气罐一直出现空罐操作模式，在脱气罐"空罐模式"下，脱气功能由立管段实现。但在这一模式下，再生线路推动力远低于脱气罐"满罐模式"，再生滑阀理想蓄压值因此下降到20~30kPa。

（4）两种操作模式

在3月29日之前，脱气罐的操作仍处于"满罐模式"。在首次出现脱气罐架桥波动之后，脱气罐的操作进入到"空罐模式"。

"满罐模式"时，二再料位为49%左右，脱气罐入口处在淹流模式，脱气罐脱出气体走顶部脱气线返回二再，此时脱气罐内料位较高，脱气工作在脱气罐内部完成

"空罐模式"时，二再料位若仍维持在49%，催化剂进入脱气罐的流量大于滑阀流通能力，这一差值会使立管进入满管操作，出现上文所述的操作波动。因此需要将二再料位降低至~40%的水平，脱气罐入口处在溢流模式。但此时的再生线路推动力低于"满罐模式"。由于脱气罐内无料位，脱气功能需要在立管段实现。在"空罐模式"下为留有缓冲空间，21m高的立管料位控制在~15m，为提升催化剂循环量，二再顶压需适当提升，以弥补立管段推动力的不足。

（5）催化剂的筛分问题

在多次优化调整立管注气量之后，由于无法跨越回"满罐模式"。催化剂循环量难以大幅提升，处理量也难以达到满负荷。在基于"空罐模式"优化进入稳态操作后。两周前发给催化剂公司的分析结果返回，发现平衡剂中0~40μm的细粉含量不足5%，低于10%的预期值。这一结果是与国内经验相吻合，国内采用脱气罐的催化裂化装置，在发生脱气罐波动前，往往也是先出现催化剂筛分的恶化，0~40μm的细粉比例降低。

本装置开工之后，细粉比例下降的主要原因是在 70% 负荷率下，专利商提供的操作指导中给定压力偏高，由于压力取值与 100% 负荷相同，各处旋分，特别是二再旋分（采用外旋）的线速均低于合理下限，旋分效率下降导致平衡剂中的细粉比例日渐降低。

在拿到催化剂分析结果后，各方统一的共识是，增加平衡剂中的细粉比例有利于改善再生立管的流化状态。4 月 17 日，开始大量补充平衡剂，再加大新鲜催化剂补充量（每天补充11t，卸出 8t 左右），平衡剂筛分有所改善，但细粉比例仍然偏少。由于无法跨越到"满罐模式"，加剂置换后仍采用"空罐模式"操作，优化后负荷率可以从 70% 提升到 75%。

（6）原因分析小结

据了解，Axens 公司的 R2R 技术在其他炼厂商业化时，例如台湾大林催化裂化装置，也曾在低负荷下也出现过脱气罐波动问题。结合阿特劳催化装置实际操作，脱气罐架桥的本质是催化剂向下游携带烟气的能力低于脱出气体与注气量的总和，而催化剂携带烟气的能力与催化剂循环量与筛分中的细粉比例密切相关。因为装置开工后仅维持 70% 的负荷，催化剂循环量呈线性下降。在未能维持合理的旋分线速条件下，催化剂细粉跑损量加大。催化剂筛分恶化后脱气罐出现首次架桥波动，进入"空罐模式"操作，之后再生立管开始兼顾起到脱气功能，催化剂料位若上升淹没至脱气罐下方的过渡段，立管段上升气体难以突破，只能积聚膨胀才可能穿越，因此立管只要满料位操作就会引发一次新的架桥，难以恢复到"满罐模式"，处理量也难以提升。此时最根本问题在于需要维持合理的操作压力，保障各处线速和旋分效率，减少细粉的跑损，但说服业主和专利商有较大的困难。因此在第二次开工后的一段时间，脱气罐的特性需求和操作参数产生分歧，装置负荷率停滞在 70%~75% 的水平。

2. 为延长稳定运行周期总结出的操作要点

（1）再生滑阀调整与二再料位控制

在"空罐模式"下模式，调整再生滑阀需极其慎重，调节再生滑阀的开度的步长需减小到 0.1%，操作中尽量不要关小再生滑阀，因为关小再生滑阀立管段料位将开始上升，料位淹没到过渡段，即将发生一次新的架桥。当面临关小再生滑阀需求时，更有效的手段是降低二再料位，将其向~35% 控制，减少催化剂进入再生线路的总量，避免出现架桥，延长稳定运行周期。

（2）关小立管段松动风

由于负荷率在 70% 操作，而且在立管段又兼顾脱气功能，减少立管段的注气量是维持气体平衡的有效手段。经摸索并与专利商协商确认，将所有松动气量调小到设计值的 50%，虽然无法恢复到"满罐模式"，但实践证明减少注气量也有利于延长稳定运行周期。

（3）增加催化剂剂耗

通过提升剂耗，增加置换率，改善催化剂细粉筛分比例。将催化剂单耗提升至约2.0kg/t 的水平，保持该剂耗约一个月，但由于压力设定上的分歧，平衡剂中 0~40μm 的细粉比例只是略有提升，但结合以上几点操作经验，出现波动的频率降低，稳定运行周期变长。

3. 催化剂中毒

（1）问题描述

2018 年 4 月 6 日，现场检查发现烟脱板框滤箱颜色发红，呈典型的催化剂 Fe 中毒现象。复核当日进料中 Fe 含量高达 27μg/g，稍后拿到的平衡剂分析数据也显示铁含量高达 7100μg/g，平衡剂报告中钠含量和镍含量也较高，特别是钠含量达到了 7100μg/g。

催化剂 Fe 中毒不仅会改变催化剂中氧化硅的流动性，堵塞或封闭催化剂孔道，产生流化方面的问题，还会降低催化剂的可接近性，降低重油转化能力。

催化剂中钠含量高的问题，是国内较为少见的，但其危害性更为严重。

（2）解决办法

通知业主加强对原料的管理与分析，加大分析力度，提高化验分析的频次和效率，及时监控和指导生产。

考虑到业主缺乏运行经验，无法及时发现装置运行异常，并进行相应调整。因此，从班组、班长到车间副主任，对哈方人员展开技术培训。

如上文所述，将催化剂剂耗提升到 2.0kg/t 的水平。

4. 仪表风、工业风中段

（1）事件经过

2018 年 7 月 16 日 19：12，DCS 画面弹出再生催化剂脱气罐下再生立管密度低报，随之仪表风、工业风供应站告知故障，很有可能中断供风，随即安排人员停自动加料、关小仪表风边界阀，尽量减缓仪表风压力下降速度，为技术人员进厂处理事故争取时间。

由于再生立管密度下降，催化剂无法循环，反应温度下降，19：20 紧急降量。由于仪表风压力持续降低，生产无法维持，19：58 装置切断进料。同时因仪表风压力的降低，主风机防喘振阀打开，再生器主风量大幅降低，CO 焚烧炉熄火，紧急关闭 CO 焚烧炉燃料气阀门，分馏、吸收稳定系统因部分 UV 阀关闭，生产做出相应处理。在仪表风压力回升后，逐步恢复进入再生器的主风，再生器引燃烧油升温，保持系统蒸汽压力，进而保持反应器和沉降器保护蒸汽不中断。在仪表风压力回升后，23：38 提升管开始进料，17 日 0：25 将处理量恢复至 175t/h。

回顾本次波动，各关键点对应的时间如下：

19：12，仪表风及工业风压力突降，导致 19：18 脱气罐架桥，反应岗位逐步降量至 85t/h，并通过气压机反喘振阀及放火炬控制反应压力，维持催化剂循环。

19：57，主风机反喘振阀 BV4002 因仪表风压力过低全开，主风量大幅下降，CO 炉因为主风波动熄火。

19：58，手动激活进料自保 100-IS-01，切断进料，随后将沉降器催化剂转至一、二再后切断催化剂循环。

20：18，主风机另一个反喘振阀 BV4003 因仪表风压力过低全开，主风机出口压力低至 90kPa，为了防止半再生管堵塞，降低一、二再风量以维持提升风量。

20：54，仪表风逐渐恢复，主风机反喘振阀 BV4003 于 20：58 可以动作，BV4002 于 21：00 可以动作，随后将主风逐渐引至再生器。

21：13，喷二再燃烧油；21：23，喷一再燃烧油。一、二再温度升至 730℃后，升三器压力至正常值。

23：09，开再生滑阀转剂循环，待大油气线温度升至 450℃后，于 23：38 喷油成功，并于 17 日 0：25 将进料量提至 175t/h。

（2）故障恢复小结

该类故障在国内不会遇到，但中方操作团队判断准确，处理得当，在仪表风恢复后迅速恢复了正常生产，其中以下几项指标达到优秀水平：

① 分馏塔顶温度和轻循环油抽出温度控制较好，未超标。

② 轻循环油循环建立较快，轻循环、重循环、油浆泵未出现抽空现象。

③ 再次喷油后富气未放火炬。

④ 吸收稳定循环中断后，喷油前建立循环，热量损失少，稳定塔和解吸塔底重沸器返塔温度上升快。

5. 一再压力控制蝶阀故障

在 2018 年 3 月 27 日第二次开工之前，一再控压大蝶阀 BV-153 的液压系统出现旋塞螺丝蹦出的问题，为不影响开工进度，采取了临时钻孔的办法进行修补。2018 年 4 月 9 日，一再控压大蝶阀 BV-153 再次失灵，怀疑有杂质进入伺服阀内，一再压力改由小蝶阀 BV-151 自动控制，大蝶阀 BV-153 采用手动控制。

其他特阀也在运行中暴露出不同程度的问题，如空心塞阀，一旦出现大幅度动作，油泵容易跳停断电。

6. 油浆系统调节阀问题

首次开工之后，对决定停工起决策性作用的是 2 台油浆调节阀出现磨损泄漏。这 2 台调节阀位于油浆蒸汽发生器下游，流程上共有 4 路分支，均设有流量调节阀。停工后拆下全部 4 台 FV-046 调节阀，发现有不同程度的磨损。经落实 FV-046 请购时为偏心旋转阀，但现场安装的却是中标供应商同品牌的开关球阀，在设计确认环节有把关不严的问题。开关球阀在中间开度下无法承受油浆中的催化剂颗粒磨损，这也是该阀泄漏的原因之一。在 3 月 27 日第二次开工之前，将全部 4 台阀门进行更换，更新 FV-046 采用 Fisher 的 V500 系列偏心旋转阀。

在之后的运行中，发现临时更换的 4 台 FV-046 调节阀是整个油浆系统中最经得起考验的调节阀，V500 系列阀门内部设有司太立合金涂层，能承受油浆中催化剂颗粒的磨蚀。

7. 分馏塔重循环油抽空

5 月 14 日 6：38，重循环油泵 P212 抽空，导致生产出现一定波动。通过停重循环油回炼泵 P211，提高轻循环油循环取热量，压低分馏中部温度以提高重循油产量等操作逐渐恢复正常。

经排查，因仪表电伴热穿线施工未及时恢复，导致重循环油液位计失灵，长时间划直线；在 5 月 15 日早上重循油量减少后，实际液位持续降低，导致 P212 抽空、P210 小幅抽空，从而引起波动。

要求加强日常盯表，多关注各塔器的液位，多翻看趋势。如发现泵出口压力下降、抽空等，应及时核对液位是否失灵、确认重循环油已无较多液位。加强施工管理，要求施工方告知停电伴热线路所涉及的设备、仪表，要求当日停电伴热线路，当日下班前必须恢复。

8. 油浆泵设计问题

产品油浆泵流量小，扬程要求高，工作条件苛刻度高，口环处易磨损。在 5 月 9 日发现油浆外甩泵 P0217A/B 超负荷，A 泵出口全关，出口压力为 1.2MPa，电流超负荷为 130%；B 泵出口全关，出口压力为 1.5MPa，电流超负荷为 110%。判断出现内件磨损泄漏，泵体内出现循环，内回流过大，导致超电流跳停。

最根本的因素是该产品油浆泵采用 3000r/min 的转速，而循环油浆泵采用 1500r/min。泵型开发设计与运行需求不相符，操作暂停了油浆外甩泵 P0217，增加临时流程借用油浆回炼泵流程外甩油浆。

9. 自保阀、联锁阀门故障多

装置运行中气压机出口阀门故障关闭一次，造成气压机停机；装置外原料进原料罐的电磁阀失电故障关闭一次，造成装置大幅度降低进料量。

（五）小结

阿特劳催化装置是深加工项目的核心装置，该项目是中石化炼化工程集团以 EPCC 合同模式实施，覆盖设计、采购、施工到开工服务环节，是中国石化首次实现中国炼化工程设计技术整体出口中亚市场，也是中国石化积极践行国家"一带一路"倡议的重要举措和重大成果。

本文从开工服务角度出发，描述了装置冬季水运、首次开工后由于仪表问题及系统磨合等因素暂停，接下来更换了雾化蒸汽孔板流量计和 FV-046 油浆调节阀，再次开工取得成功。运行期间面对最具挑战的脱气罐再生线路，遇到问题、解决问题，摸索出优化的操作参数，在一定程度说服了专利商，使装置进入平稳运行。

该项目全面开工后，哈萨克斯坦实现了汽油自给自足，从此不再进口车用汽油，助力两国经济社会发展具有重要意义。对于一套操作难度极高的工业装置，开工团队在做好开工服务的同时，不但克服了重重困难，还不忘在工作中给哈方员工传经送宝，帮助培训其操作队伍，深化了中哈友谊，为打造中国炼化技术成为国家新名片做出重大贡献。

参 考 文 献

[1] 卢海锋. 催化裂化装置催化剂跑损原因分析[J]. 化工技术与开发，2019，48(10)：64-68.

[2] 涂定，杨忠. 浅谈催化裂化装置催化剂跑损原因及分析[J]. 计算机与应用化学，2013，30(08)：880-882.

[3] 李超. 催化裂化装置催化剂跑损的诊断和处理[J]. 广东化工，2016，43(01)：117-118.

[4] 滕升光. 催化装置催化剂跑损诊断和处理[J]. 工业催化，2015，23(07)：555-558.

[5] 李岳君，余立辉. 炼油催化剂生产技术[M]. 北京：中国石化出版社，2015.

[6] 崔国居. 重油催化裂化装置催化剂跑损原因分析[J]. 工业催化，2003(08)：27-29.

[7] 陈冬冬，郝希仁，陈曼桥，等. 催化裂化催化剂热崩跑损现象的研究[J]. 炼油技术与工程，2007(03)：1-4.

[8] 刘喜平，魏锦荣，艾克利. 180 万吨/年催化裂化装置催化剂跑损原因分析及应对措施[J]. 广东化工，2013，40(20)：161-163+147.

[9] 徐振领，崔国居. 重油催化裂化装置催化剂跑损原因分析[J]. 天然气与石油，2005(03)：45-47.

[10] 田顺，高荔，张国伟，等. 浅谈催化裂化装置催化剂跑损原因及对策[J]. 广东化工，2016，43(12)：219+216.

[11] 米剑. 催化剂跑损浅析及对装置长周期运行的影响[J]. 石油石化节能与减排，2013，3(01)：34-37.

[12] Ray Fletcher. Stepwise method determines source of FCC catalyst losses[J]. Oil & Gas Journal, 1995, 28: 79-81.

[13] 罗辉, 常增明, 陈文龙, 等. 催化裂化跑损催化剂的激光粒度及 SEM 分析[J]. 炼油技术与工程, 2009, 39(10): 53-56.

[14] 刘仁桓, 魏耀东. 催化裂化装置跑损催化剂的颗粒粒度分析[J]. 石油化工设备, 2006(02): 9-11.

[15] 魏耀东, 刘仁桓, 时铭显. 催化裂化装置跑损催化剂颗粒粒度分布的测量和讨论[J]. 石油化工设备技术, 2004(06): 1-4.

[16] 王迪, 孙立强, 严超宇, 等. 基于催化剂粒度分布分析催化裂化装置催化剂跑损的原因[J]. 石油炼制与化工, 2019, 50(07): 47-51.

[17] 周复昌, 刘家海, 朱亚东, 等. FCC 催化剂颗粒的形貌特征初探——显微观察照相技术的工业应用[J]. 炼油技术与工程, 2012, 42(04): 41-45.

[18] 周复昌, 刘存柱, 郭毅葳, 等. 建立催化剂显微图库诊断催化裂化操作[J]. 石油炼制与化工, 2002(07): 10-14.

[19] 陈俊武, 许友好. 催化裂化工艺与工程[M]. 北京: 中国石化出版社, 2015.

[20] 蓝兴英, 高金森, 徐春明. 重油催化裂化沉降器结焦历程分析[J]. 现代化工, 2007, 27(4): 46-48.

[21] 陈俊武. 催化裂化工艺与工程[M]. 2 版. 北京: 中国石化出版社, 2005.

[22] 晁忠喜, 孙国刚, 时铭显. 催化裂化沉降器空间内油气停留时间的分布[J]. 石油学报(石油加工), 2005, 21(4): 7-13.

[23] 魏耀东, 宋健斐, 张锴, 等. 催化裂化装置沉降器内结焦的微观结构及其生长过程的分析[J]. 燃料化学学报, 2005, 33(4): 445-449.

[24] Patterson P A, Munz R J. Gas and particle flow patterns in cyclones at room and elevated temperatures[J]. Canadian Journal of Chemical Engineering, 1996, 74(2): 213-221.

[25] Mothes H, Loeffler F. Motion and Deposition of Particles in Cyclones[J]. German Chemical Engineering, 1985, 5: 223-233.

[26] 宋健斐, 魏耀东, 时铭显. 催化裂化装置沉降器内结焦物的基本特性分析及其形成过程的探讨[J]. 石油学报(石油加工), 2006, 22(2): 39-44.

[27] 布志捷. 提高重油催化裂化掺渣比例若干技术问题的探讨[J]. 石油炼制与化工, 1998(3): 12-17.

[28] 董国森. FCCU 结焦问题分析及对策[J]. 催化裂化, 1995(3): 16-20.

[29] 郑秀波, 李建伟. ARGG 反应器和油气管道结焦原因分析及防止措施[J]. 应用能源技术, 2000(2): 11-12.

[30] 胡敏, 刘为民. 催化裂化装置沉降器结焦与防治对策[J]. 炼油技术与工程, 2013, 43(06): 26-32.

[31] 蔡智. 沉降器结焦及控制技术[J]. 江西石油化工, 1996(3): 17-20.

[32] 蓝兴英, 徐春明, 高岱巍, 等. 重油催化裂化沉降器油气相态计算[J]. 石油学报(石油加工), 2006(06): 29-32.

[33] 王刚, 吕紫燕, 杨光福, 等. RFCC 沉降器内油浆重组分结焦反应过程的实验模拟[J]. 石油学报(石油加工), 2010, 26(1): 14-20.

[34] 邢颖春, 宋健斐, 魏耀东, 等. 催化裂化装置沉降器内结焦形成过程的因素分析[J]. 石油学报(石油加工), 2008, 24(6): 702-708.

[35] 王文婷. FCCU 设备结焦原因分析及解决措施[J]. 炼油, 1997, (4): 6-10.

[36] Mothes H, Loeffler F. Prediction of Particle Removal in Cyclone Separators[J]. International Chemical Engineering, 1998, 28(2): 231-239.

[37] 宋健斐, 魏耀东, 高金森, 等. 催化裂化装置沉降器内结焦物的基本特性及油气流动对结焦形成过程

的影响[J]. 石油学报(石油加工)，2008(01)：9-14.

[38] 高岱巍，高金森，徐春明，等. 重油催化裂化沉降器结焦的研究进展[J]. 现代化工，2003(07)：23-26, +29.

[39] 高生，刘荣江，赵宇鹏. 催化裂化装置防结焦技术研究[J]. 当代化工，2009, 38(04)：345-351.

[40] 王荷蕾，高金森，徐春明，等. 催化裂化沉降器的结焦原因和防焦措施[J]. 化工时刊，2003, 17：4-8.

[41] 杨勇刚，罗勇. 重油催化裂化反应系统结焦的治理[J]. 石油炼制与化工，2000, 31(4)：60-63.

[42] 袁晓云，邢海平，陈晗，等. 1.4Mt/a 两段提升管催化沉降器结焦分析及措施[J]. 齐鲁石油化工，2015, (3)：224-227.

[43] 史传明. 浅析重油催化裂化装置沉降器结焦原因及对策[J]. 化学工程师，2010, 24(10)：49-51.

[44] 曹汉昌，郝希仁，张韩. 催化裂化工艺计算与技术分析[M]. 北京：石油工业出版社，2000.

[45] 徐杰峰. 2 号催化反再系统流化问题分析和解决办法[J]. 中外能源，2010, 15(11)：82-87.

[46] 吕艳芬. 铁对催化裂化催化剂的危害及其对策[J]. 炼油设计，2002, 32(3)：42-46.

[47] 李健. 催化裂化反应再生系统斜管上松动点的合理设置[J]. 炼油技术与工程，2003(09)：16-18.

[48] 卢春喜，王祝安. 催化裂化流态化技术[M]. 北京：中国石化出版社，2002.

[49] Zenz, Othmer. Fluidization and Fluid-Particle Systems[M]. 1960.

[50] 潘春勇. 催化裂化装置再生立管震动原因分析及处理[J]. 广东化工，2010, 37(10)：142-144+138.

[51] 刘春贵，马俊，李庆文，等. 重油催化裂化装置再生斜管流化效果不好的技术改造[J]. 石化技术与应用，2013, 31(01)：44-46.

[52] 王恒，耿兴东. 催化裂化装置待生斜管流化异常原因分析[J]. 炼油与化工，2013, 24(02)：29-31, +61.

[53] 严超宇，魏志刚，宋健斐，等. 半再生立管输送催化剂不畅的原因分析和改进措施[J]. 石油炼制与化工，2017, 48(09)：75-77.

[54] 许缄涛，王军峰，罗万明. FCC 装置半再生斜管流化不稳定的原因分析[J]. 齐鲁石油化工，2008, 36(04)：297-300.

[55] 费达，侯峰，陈辉，等. 催化裂化装置烟气轮机积垢及其增厚机理[J]. 化工学报，2015, 66(1)：79-85.

[56] 韩柏，李玉铎，金友海. 不同流量对催化裂化烟气轮机内部气-固两相流动的影响[J]. 中国粉体技术，2014, 20(3)：11-15.

[57] 杜玉朋，赵辉，杨朝合，等. 烟气轮机叶片间隙中 FCC 催化剂细粉运动规律：气相流场分布的影响[J]. 化学工程，2012, 40(7)：57-60.

[58] 卢鹏飞. 催化剂在烟气轮机的沉积和冲蚀[J]. 石油化工设备技术，1992, 13(2)：30-33.

[59] 吕伟. 催化裂化烟气湿法脱硫装置设备腐蚀现状分析及对策[J]. 石油化工腐蚀与防护，2018, 35(1)：23-28.

[60] 史尧林. 催化装置脱硫浆液循环泵长周期运行[J]. 石油化工设备技术，2018, 39(4)：56-59.

[61] 胡敏，郭宏昶，刘宗余，等. 催化裂化烟气蓝色烟羽形成原因分析与对策[J]. 炼油技术与工程，2015, 45(11)：7-12.

[62] 陈焱，许月阳，薛建明. 燃煤烟气中 SO_3 成因、影响及其减排对策[J]. 电力科技与环保，2011, 27(3)：35-37.

[63] 齐文义，郝代军. FCC 烟气湿法洗涤脱硫过程中烟羽生成及应对措施[J]. 炼油技术与工程，2014, 44(10)：20-23.

[64] 李小军. 国内催化裂化烟气脱硫脱硝技术应用情况调研分析[J]. 2018 年催化裂化年会论文集. 北京：

中国石化出版社，2018.

［65］梁登科，孙仲奉．脱硝过程伴生硫酸氢铵对于烟气灰颗粒性质影响的实验研究［D］．济南：山东大学，2014.

［66］陈海霞．论脱硝脱硫在催化装置中的应用［J］．化学工程与装备，2016，（7）：63-67.

［67］刘纡言，王鑫，孙鹏．催化裂化油浆结垢机理及结垢行为研究［J］．炼油技术与工程，2016，46（9）：31-33.

［68］刘国祥，范耀华，梁文坚，等．催化裂化装置油浆系统结垢研究［J］．石油炼制与化工，2012，30（6）：61-65.

［69］刘英聚，张韩．催化裂化装置操作指南［M］．北京：中国石化出版社，2007.

［70］郗艳龙，于磊，付志勇．催化裂化油浆系统热转化结焦的探讨与预防［J］．自然科学，2019：47-49.

第十三章　催化裂化工程师工程伦理与职业操守

第一节　工程师的工程伦理

一、工程伦理简介

随着科技的进步，大量新兴科学成果正在迅速转化为技术产业和工程实践。科技的高速发展对改善人类生存环境和生活状态起到了巨大的作用。然而，科技在工程中的应用成为一把"双刃剑"，在造福人类的同时，也对自然和人类产生负面影响。随着大型工程项目的不断实施，工程技术的社会负面效应越来越严重。科技力量的强大和高速度发展以及后果的不确定性，将人类社会置身于巨大的风险之中。

工程是以满足人类需求的目标为指向，应用各种相关的知识和技术手段，调动多种自然资源和社会资源，通过人的相互协作，将某些现有实体汇聚并建造为具有使用价值的人造产品的过程。人类在工程领域不断发展与突破，带来了诸如炼油化工、道路桥梁、航空航天、生物医药等各行各业的工程实践产物。

伦理是指人与人相处的各种道德规则和行为准则，近代以来伦理也进一步推广为人与外界，以至人与环境之间的关系。伦理在起源之初，便与道德密切相关，两者都包含着传统风俗、行为习惯等内容。在中国文化中，关于道德的论述可追溯到古代思想家老子的《道德经》，老子说："道生之，德蓄之，物行之，势成之，是以万物莫不尊道而贵德。道之尊，德之贵，夫莫之命而常自然。"这其实也可引申为古人对伦理含义的最初描述。随着历史的变迁和时代的发展，符合道德规范的伦理逐渐演化成为具有广泛适用性的一些准则和在特殊实践活动中应遵循的行为规范。

在大众传统的认知里，工程师是从事某项工程技术活动的"专家"，而"专家"的词本源是"profess"，意为"向上帝发誓，以此为职业"。因此，在传统的工程师"职业"的概念中先天包含了两个方面的内容：一是专业技术知识，二是职业伦理。而现代赋予工程师"职业"以更多的内涵，诸如组织、准入标准，还包括品德和所受的训练，以及除纯技术外的行为标准。

工程伦理就是阐述、分析工程实践活动（包括活动和结果）与外界之间关系的道理。工程伦理是用以规范人类在工程活动的各种行为规范。工程一旦出现安全环保等影响人类生存和发展的问题，工程造福人类的目标非但不能实现，还会给社会带来灾难。因此在当下，加强工程师在工程伦理方面的学习与教育显得尤为重要。

公众的安全、健康、福祉被认为是工程师带给人类利益最大的善，这使得工程伦理规范在订立之初便确认"将公众的安全、健康和福祉放在首位"的基本价值准则。沿着这个基本思路，西方国家各工程社团制定并实施的职业伦理规范以外在的、成文的形式强调了工程师"服务和保护公众、提供指导、给以激励、确立共同的标准、支持负责人的专业人员、促进教育、防止不道德行为以及加强职业形象"

首先，作为职业伦理的工程伦理是一种预防性伦理。预防性伦理包含两个维度：第一，"工程伦理的一个重要部分是首先防止不道德行为"。作为职业人员，为了预测其行为的后果，特别可能具有重要伦理维度的后果，工程师必须能够前瞻性地思考问题。负责任的工程师需要熟悉不同的工程实践情况，清楚地认识自己职业行为的责任。

其次，作为职业伦理的工程伦理是一种规范伦理，责任是工程职业伦理的中心问题。

最后，作为职业伦理的工程伦理是一种实践伦理，倡导了工程师的职业精神。这可以从三个维度来理解：其一，它涵育工程师良好的工程伦理意识和职业道德素养，有助于工程师在工作中主动地将道德价值嵌入工程，而不是作为外在负担被"添加"进去。其二，帮助工程师树立起职业良心，并敦促工程师主动履行工程职业伦理规范。工程职业伦理规范用规范条款明确了工程师多种多样的职业责任，履行工程职业伦理规范就是对雇主与公众的忠诚尽责，也就对得起自己作为工程师的职业良心。在工程师的职业生涯中，职业良心将不断激励着个体工程师自愿向善，并主动在工程活动中践行道德实践，内化个体工程师职业责任与高尚的道德情操，并形塑个体工程师强烈的道德感。其三，它外显为工程师的职业责任感，即工程师应主动践行"服务和保护公众、提供指导、给以激励、确立共同的标准、支持负责任的专业人员、促进教育、防止不道德行为以及加强职业形象"这八个方面的具体职业责任。

二、工程伦理规范

伦理规范代表了工程职业对整个社会做出的共同承诺——保护公众的安全、健康与福祉。作为一项指导方针，伦理规范以一种清晰准确的表达方式，在职业中营造一种伦理行为标准的氛围，帮助工程师理解其职业的伦理含义。但是，伦理规范为工程师提供的仅仅是一个进行职业伦理判断的框架，不能代表最终的伦理判断。伦理规范只是向工程师提供从事伦理判断时需要考虑的因素。

工程伦理在工程师之间及工程师和公众之间表达了一种内在的一致。工程师群体受到社会进步及科技进步的影响，其职业责任观发生了多次改变，经历了从服从雇主命令到承担社会责任、对自然和生态负责几种不同的伦理责任观念的演变。工程师责任观的演变直接导致了工程师职业伦理规范的发展。在当今欧美国家，几乎所有的工程社团都把"公众的安全、健康与福祉"放在了职业伦理规范第一条款的位置，确保工程师个人遵守职业标准并尽职尽责，这成为现代工程师职业伦理规范的核心。

无论是西方国家，还是中国，工程师职业伦理规范无一不突出强调工程师职业的责任。"责任的存在意味着某个工程师被制定了一项特别的工作，或者有责任去明确事物的特定情形带来什么后果，或阻止什么不好的事情发生"。因此，在工程师职业伦理规范中，责任常常归因于一种功利主义的观点，以及对工程造成风险的伤害赔偿问题。

工程师责任具体来说包含三个方面的内容，即个人、职业和社会，相应地，责任区分为微观层面(个人)和宏观层面(职业和社会)。责任的微观层面由工程师和工程职业内部的伦理关系所决定，责任的宏观层面一般指的是社会责任，它与技术的社会决策相关。对责任在宏观层面的关注，体现在工程伦理规范的基本准则中。在微观层面，其一，各工程社团的职业伦理规范鼓励工程师思考自己的职业责任。工程师通过积极参与到技术革新过程中，就能引导技术和工程朝向更为有利的方面发展，尽可能规避风险。这就期望工程师认真思考自己在当前技术和工程发展背景中考虑到自己行为的后果。其二，微观层面的责任要求作为职业伦理规范的一部分，它体现为促进工程师的诚实责任，即"在处理所有关系时，工程师应当以诚实和正直的最高标准为指导"，引导工程师在实践中发扬诚实正直的美德。

工程伦理规范从制度和规范的角度制约了工程师"应当如何行动"，并明确了工程师在工程行为的各环节所应承担的各种道德义务。面对当今世界在技术推陈出新和社会快速发展问题上的物质主义和消费主义倾向，伦理规范从职业伦理的角度表达了对工程师"把工程做好"的实践要求，更寄予工程师"做好的工程"的伦理期望，着力培养并形塑工程师的职业精神。伦理规范不仅为"将公众的安全、健康和福祉放在首位，并且保护环境"提供合法性与合理性论证，并且还要求工程师将防范潜在风险、践行职业责任的伦理意识以良心的形式内化为自身行动的道德情感，以正义检讨当下工程活动的伦理价值，鼓励工程师主动思考工作的最终目标和探索工程与人、自然、社会良序共存共在的理念，从而形成工程实践中个体工程师自觉的伦理行为模式，主动履行职业承诺并承担相应的责任。

伦理规范要求工程师以强烈的内心信念，与执着精神主动承担起职业角色带给自己的不可推卸的使命——"运用自己的知识和技能促进人类的福祉"，并在履行职业责任时"将公众的安全、健康和福祉放在首位"，并把这种资源向善的道德努力升华为良心。具体表现在：①工程师视伦理规范为工作中的行为准则，为自己的工程行为立法。②伦理规范时刻监视工程师的行为动机是否合乎道德要求，通过对自己职业行为可能造成后果的评估，设身处地为可能受到工程活动后果不良影响的人和物考虑，对自己行为做进一步权衡和慎重选择。③伦理规范敦促工程师在工作中明确自身职业角色和社会义务，及时清除杂念，纠正某些不正当手段或行为方式，不断向善。④伦理规范以其明确的规范引导工程师在平常甚至琐碎的工作中自觉的遵从规范，主动承担责任。

从职业伦理的角度，主动防范工程风险、自觉践行职业责任，增进并可持续发展工程与人、自然、社会的和谐关系，都是工程师认同和诉求的工程伦理意识。基于这种共识，伦理规范要求工程师在具体的工作中，把实行负责任的工程实践这一道德要求变为自己内在、自觉地伦理行为模式，主动履职职业承诺并承担相应的责任。在工程职业伦理规范建立的逻辑链中，一方面，工程师的自律凸显人的存在总是无法摆脱经验的领域；另一方面，又表现出人对工程实践中风险的主动认识，以及对行业的职业责任、具体工作中角色责任和风险防御、造福公众的社会责任的主动担当。伦理规范将自律建立在工程师自觉认识、理解、把握工程-人-自然-社会整体存在的客观必然性的前提和基础上。可以说，伦理规范所倡导的工程师自律使被动的"我"成长为自由的"我"，从而表现为一种从向善到行善的自觉、自愿与自然的职业精神。

三、工程职业制度

一般来说，工程职业制度包括职业准入制度、职业资格制度和执业资格制度。其中，工程职业资格又分为两种类型：一种属于从业资格范围，这种资格是单纯技能型的资格认定，不具有强制性，一般通过学历认定取得；另一种则属于职业资格范围，主要是针对某些关系人民生命财产安全的工程职业而建立的准入资格认定制度，有严格的法律规定和完善的管理措施，如统一考试、注册和颁发执照等管理，不允许没有资格的人从事规定的职业，具有强制性，是专业技术人员依法独立开业或独立从事某种专业知识、技术和能力工作的必备标准。

工程师职业准入制度的具体内容包括高校教育及专业评估认证、职业实践、资格考试、职业管理和继续教育 5 个环节。其中，高效工程专业教育是注册工程师职业资格制度的首要环节，是对资格申请者教育背景的限定。在一些国家，未通过评估认证的专业毕业生不能申请职业资格，或者要经过附加的、特别的考核才能获得申请资格。职业实践，要求工程专业毕业生具备相应的工程实践经验后方可参加职业资格考试；资格考试，分为基础和专业两个考试阶段，通过基础考试后，才可允许参加职业资格考试。通过资格考试获得资格证书，在进行申请注册，取得职业资格证书，才具备在工程某一领域从事职业的资格和权力。

职业资格制度是一种证明从事某种职业的人具有一定的专门能力、知识和技能，并被社会承认和采纳的制度。它是以职业资格为核心，围绕职业资格考核、鉴定、证书颁发等而建立起来的一系列规章制度的统称。执业资格制度是职业资格制度的重要组成部分，它是指政府对某些责任较大、社会通用性较强、关系公共利益的专业或工种实行准入控制，是专业技术人员依法独立开业或独立从事某种专业技术工作在学识、技术和能力方面的必备标准。参照国际上的成熟做法、我国职业资格制度主要由考试制度、注册制度、继续教育制度、教育评估制度及社会信用制度 5 项基本制度组成。

四、工程师的权利和责任

（一）工程师的权利

工程师的权利指的是工程师的个人权利。作为人，工程师有生活和自由追求自己正当利益的权利，例如在雇佣时不受基于性别、种族或年龄等因素的不公正歧视的权利。作为雇员，工程师享有作为履行其职责回报的接收工资的权利、从事自己选择的非工作的政治活动、不受雇主的报复或胁迫的权利。作为职业人员，工程师有职业角色及其相关义务产生的特殊权利。

一般来说，作为职业人员，工程师享有以下 8 项权利：①使用注册职业名称；②在规定范围内从事职业活动；③在本人执业活动中形成的文件上签字并加盖职业印章；④保管和使用本人注册证书、执业印章；⑤接受继续教育；⑥对本人执业活动进行解释和辩护；⑦获得相应的劳动报酬；⑧对侵犯本人权利的行为进行申诉。上述 8 项权利中，最重要的是第二条和第五条。工程师应该了解自身专业能力和职业范围，拒绝接受个人能力不及或非专业领域的业务。

（二）工程师的责任

工程师必须遵守法律、标准的规范和惯例，避免不正当的行为，要求工程师必须"努力提高工程职业的能力和声誉"。严厉禁止随意的、鲁莽的、不负责任的行为，"不得故意从事欺诈的、不诚实的或不合伦理的商业或职业活动"，需要对自己工作疏忽造成的伤害承担过失责任。同时，根据已有的工程实践历史及经验，提醒工程师不要因为个人私利、害怕、微观视野、对权威的崇拜等因素干扰自己的洞察力和判断力，对自己的判断、行为切实负起责任。

五、工程师的职业操守

负责任的职业操守，是工程师最综合的美德。

（一）诚实可靠

"科技的精髓是求实创新"。"求实"是从实际出发，实事求是，把握客观世界的本质和规律；是工程师诚实不欺的职业品格和严谨踏实的工作作风。严谨求实是工程伦理的重要内容，是工程师应该具有的职业道德素质。

工程师应该清清白白地做人，光明磊落地做事，个人名利地获取应该是途径正当，手段光明，应当确立起诚实光荣，作伪可耻的是非观和荣辱观。应坚定自己的道德信念，提升自己的道德境界，工程师的思想和行为应该能够代表人类文明发展的方向，是社会成员效法的楷模。因此，淡化名利观念，抵御各种不正当利益的诱惑，维护工程劳动的诚实性，是工程师道德自律的重要方面。

严谨的作风要求在工程活动一丝不苟、兢兢业业，只有这样才能保证获得未知世界的第一手材料和真实信息，建设优质工程。正确对待工程活动中的错误，真理和错误往往相伴而行，事实上，无论是观察结果、实验结果和根据观察与实验所得出的推论与结论都可能出错。我们不能犯不诚实的错误，不能犯疏忽大意的错误。正确的态度是认识到犯错误的可能，以严谨的态度防止或减少这种可能性。

工程师必须要客观和诚实，禁止撒谎或有意歪曲夸大，禁止压制相关信息（保密信息除外），禁止要求不应有的荣誉以及其他旨在欺骗的误传。而且诚实可靠还包括在基于已有的数据做出声明或估计时，要真实；对相关技术的诚实分析和客观评判；以客观和诚实的态度来发表公开声明。

（二）尽职尽责

从职业伦理的角度来看，工程师的"尽职尽责"体现了"工程伦理的核心"。"诚实、公平、忠实的为公众、雇主和客户服务"是当代工程职业伦理规范的基本准则。

在当前充满商业气息的人类生活中，忠诚尽责的服务是工程师为公众提供工程产品、满足社会发展和实现公众需要的行为或活动，从而呈现出工程师与社会、公众之间最基础的帮助关系。因为工程实践的过程充满风险和挑战，工程活动的目标和结果可能存在不可准确预估的差距，工程产品也极有可能因为人类认识的有限性而与社会发展和公众生活存在不可准确预估的差距，对社会发展和公众生活存有难以预测的危害。工程活动及产品通过商业化的服务行为满足社会和公众的需要，并通过"引进创新的、更有效率的、性价比更高的产品来满足需求，使生产者和消费者的关系达到最优状态"，促进社会物质繁荣和人际和谐。

（三）忠实服务

服务是工程师开展职业活动的一项基本内容和基本方式。"诚实、公平、忠实的为公众、雇主和客户服务"依然是当代工程职业伦理规范的基本准则。

在当前充满商业气息的人类生活中，服务是工程师为公众提供工程产品、满足社会发展和实现公众需要的行为或活动，从而呈现出工程师与社会、公众之间最基础的帮助关系。因为工程实践的过程充满风险和挑战，工程活动的目标和结果可能存在不可准确预估的差距，工程产品也极有可能因为人类认识的有限性而对社会发展和公众生活存在不可准确预估的差距，工程产品也极有可能因为人类认识的有限性而对社会发展和公众生活存有难以预测的危害。工程活动及产品通过商业化的服务行为满足社会和公众的需要，并通过"引进创新的、更有效率的、性价比更高的产品来满足需求，使生产者和消费者的关系达到最优状态"，促进社会物质繁荣和人际和谐。由此看来，服务作为现代社会中人类工程活动的一个伦理主题，是经济社会运行的商业要求，服务意识赋予现代工程职业伦理价值观以卓越的内涵。

作为一种精神状态，忠实服务是工程师对自身从事的工程实践伦理本性的内在认可。

六、石化行业对从业工程师的规范要求

石油化工具有高温高压、易燃易爆、有毒有害、链长面广的行业特点，从业风险较高，员工丝毫的麻痹大意，都有可能给自己和他人带来伤害。因此，石化行业员工必须认真执行中国及业务所在国家（地区）的 HSE 方面的法律、法规和标准，掌握行业 HSE 管理规定和相关知识与技能，了解应对突发事件的知识，并严格按照 HSE 规定和要求约束自己的行为。

遵循工程伦理和道德规范要求，也是石化行业对从业工程师的基本要求。应严格遵守组织纪律，服从工作安排和指挥，并按照规定程序和制度下达指令、执行操作、请示汇报；严格遵守岗位纪律，履行岗位职责，提高工作效率和质量，认真完成各项工作任务；遵守诚信规范的从业要求，做到"当老实人、说老实话、办老实事"；遵守社会公德、职业道德、家庭美德、培育良好个人品德，尊重社会主流文化，与社会、自然和谐相处；倡导绿色低碳、厉行节约、认真履行节能环保等社会责任，践行简约俭朴、健康向上的生活方式，推进生态文明建设。

以中国石化为例，中国石化每天面对上千万的顾客和利益相关者，产品质量有着重要的社会影响，因此中国石化对从业工程师和员工提出严格的质量要求：①应以一丝不苟的态度和精细严谨的作风，确保产品质量、工程质量和服务质量100%合格，践行"每一滴油都是承诺"的社会责任；②牢固树立整体质量意识，上游为下游着想，上一环节对下一环节负责，严把各环节质量关，提高质量保障水平；③必须认真执行中国及业务所在国家（地区）的质量管理方面的法律、法规和标准，掌握公司质量管理规定和相关知识与技能，注重识别和控制质量风险，防范和杜绝质量事故；④坚持"质量永远领先一步"的行业质量方针，力求实现"质优量足，客户满意"的质量目标。

在严格把好产品质量关的同时，中国石化始终坚持生产过程的严格监控和管理，从节约资源、保护环境和坚持以人为本等宗旨出发，确保企业在各项工作和活动中始终遵守以下几项原则：①把人的生命健康放在第一位，坚守"发展决不能以牺牲人的生命为代价"的安全生产红线；②在企业所有生产经营活动中切实做到对人的健康负责、对环境负责；③用安全衡量生产实践，用行动保障生命健康，追求生产与环境的和谐；④以"零容忍"的态度努力实现"零违章、零伤害、零事故、零污染"；⑤始终坚持"一切隐患可以消除，一切违章可以杜绝，一切风险可以控制，一切事故可以避免"的理念。通过落实责任、加强监督、严格考核等措施达到控制风险、杜绝违章、消除隐患、避免事故的目的；⑥在工作中应采取必要措

施，最大限度地减少安全事故，最大限度地减少对环境造成的损害，最大限度地减少对自己和他人健康造成的伤害。

中国石化秉承"为美好生活加油"的企业使命，企业始终坚持"严、细、实、恒"的工作作风，弘扬"人本、责任、诚信、精细、创新、共赢"的企业核心价值观，致力于建设成为人民满意、世界一流的能源化工公司。企业愿景和发展战略的实现，也需要从业工程师认同企业文化，遵守共同的行为准则，营造和谐有序的工作氛围，建设团结高效的工作团队；共同践行中国石化《员工守则》，履行"每一滴油都是承诺"的责任，为社会提供一流的产品、技术和服务。

通过了解中国石化的企业文化、企业核心价值观及其《员工守则》，我们可以看出中国石化所提倡的员工行为规范理念和对从业人员的要求，也契合工程伦理中"将公众的安全、健康和福祉放在首位"的基本价值准则。

第二节　催化裂化装置工程师职业操守

一、催化裂化装置工程伦理问题

改革开放以来，随着我国经济高速增长，石化行业也进入快速增长期，全行业总产值在40年间增长了100多倍，我国石化产业规模也已经连续4年保持世界第一位，基本满足了人民群众日益增长的物质生活需要，极大地改善和增进了群众的福祉。但是，不可回避的是，随着化工行业生产力的极大发展，整个行业面临着一系列环境伦理和安全伦理冲突，对可持续发展造成了严峻挑战。

催化裂化装置是炼油工业重要的二次加工手段，在提高原油加工深度、创造经济效益的同时，生产过程当中产生的废水、废气、固体废物等对环境产生不可忽视的影响。特别是催化烟气排放，近些年成为备受关注的环保话题。据统计，炼油厂潜在的 SO_x 排放量占总 SO_x 排放量的6%~7%，其中仅催化裂化再生烟气就占了5%左右。不仅如此，催化裂化再生烟气中还含有大量的 NO_x 、颗粒物，再生烟气排放带来严重的环境问题。此外，催化裂化废催化剂的处理也日益成为企业和社会的负担，废催化剂中含有 Ni、V 等重金属不但对民众健康产生威胁，对土壤的污染也不容轻视。因此对环境危害和保护引发的环境伦理冲突，是催化裂化装置工程师所首要面对的工程伦理冲突。工程师的环境伦理责任包含了维护人类健康，使人们免受环境污染和生态破坏带来的痛苦和不便；维护自然生态环境不遭破坏，避免其他物种承受其破坏带来的影响。

与此同时，石油炼制工业规模的快速大幅度发展，危险化学品事故造成的后果也很难控制在工厂范围内，并会对周边社区居民和企事业单位产生不利影响，甚至造成严重的生态灾难。重油的催化裂化是一个复杂多变的过程，是整个石油加工过程关键步骤，在整个炼油工艺中起着举足轻重的作用。由于催化裂化工艺具有生产系统庞大、装置设备多，工艺环节复杂，高温、高压、易燃、易爆，原料和产物大都具有危险性的特点，在规划、设计到运营、维护等全过程都蕴藏着安全风险，这些风险都可能造成重大的生产事故，给企业造成重大的经济损失并对从业人员和周边环境造成伤害。如果对安全风险估计不足，特别是对装置本身的操作风险和运行风险没有做好风险分析、风险控制和应急准备，那么一旦风险触发产生安全事故，往往对厂区、社会和公众造成严重影响。因此安全伦理冲突，也是催化裂化装置工程师需要面对的工程伦理冲突。

二、催化裂化过程操作中人员的保护

在任何一个企业和车间，员工生命安全是最重要的底线，石化行业坚持"安全高于一切，生命最为宝贵"的 HSE 价值观，这也是催化裂化装置工程师在日常管理和操作过程中需要关注的关键点。重油催化裂化设备众多、连接复杂。虽然在正常运行的情况下，生成过程是相对安全的，但是生产过程中还存在很多潜在的危险因素，稍有不慎，就可能使整个生产系统的安全运行受到威胁，甚至造成事故，并有可能导致作业人员的受伤。装置的危险类型主要有火灾、爆炸、中毒、灼伤、烫伤、电伤害、机械伤害、高空坠落、物体打击等，以及噪声、高温高压等危险有害因素见表 13-2-1。

表 13-2-1　装置危险类型

序号	危险因素		存在部位	事故后果
1	火灾爆炸		1. 反应—再生系统 2. 分馏系统 3. 吸收稳定系统 4. 产品精制系统 5. CO 焚烧系统	人员伤亡 设备损坏 财产损失
2	中毒窒息		1. 反应—再生系统 2. 分馏系统 3. CO 焚烧系统	人员伤亡 财产损失
3	灼伤烫伤		1. 高温设备 2. 管道表面	人员伤亡
4	物理爆炸		1. 压力容器 2. 压力管道	人员伤亡 财产损失
5	电气伤害		供配电及电气设备	供电系统瘫痪、电力火灾、人员伤亡
6	腐蚀		1. 反应—再生系统 2. 分馏系统 3. 吸收稳定系统 4. 产品精制系统 5. CO 焚烧系统	财产损失 环境污染
7	高空坠落		生产装置高处岗位	人员伤亡
8	机械伤害		机械装置转动部位	人员伤亡
9	职业卫生	毒物	生产装置	职业性中毒
		噪声	压缩机、风机、泵	职业性耳聋
		高温	反再系统、锅炉、换热器	
		粉尘	反再系统、锅炉	尘肺病

随着原油的劣质化，催化裂化原料硫含量逐年上升，硫化氢中毒的风险成为影响操作人

员生命安全的首要潜在风险，含硫化氢有毒气体的危险性众所周知。硫化氢会快速损坏嗅觉神经并且影响中枢神经系统，当浓度超过 $500\mu g/g$ 的时候使人失去知觉，如果浓度更高则是极其致命的。2015 年某企业催化裂化产品精制系统酸性水泵阀门泄漏导致一名操作工中毒死亡。如果作为催化裂化装置工程师，一味追求指标达标，而忽视装置现场的管理，造成现场"跑、冒、滴、漏"多，工作环境差，能源消耗大，这也与工程伦理相违背。

除人员中毒风险外，着火爆炸也是影响装置安全的重要因素。反应-再生设备内装有催化剂和易燃易爆、高温高压的烃类及油气，若反应器超压或者有空气进入反应器内部，都有可能造成火灾和爆炸事故。若再生器内部超温，将会导致催化剂倒流造成设备损坏，致使大量空气进入反应器内部，发生火灾爆炸事故；分馏单元的各种塔类设备中多含有各种成分的易燃易爆油气，一旦发生泄漏，很容易造成火灾爆炸事故。爆炸时飞溅出来的热油温度很高，容易引燃周围的设备造成连锁事故，并且油浆的燃烧温度很高、辐射很强，致使人员和消防车不易接近，扑救困难，危及整个分馏系统区域和重油泵区的安全。吸收稳定单元的各种塔类设备中含有的液化石油气、干气、粗汽油、稳定汽油都是易燃、易爆物质，一旦发生油气的泄漏，遇明火将会发生火灾爆炸事故。在产品精制过程中，碱液容易发生泄漏，灼伤人的皮肤，且汽油一旦泄漏很容易发生火灾。CO 焚烧炉内的主要成分是瓦斯，属于极度易燃易爆的气体，如果操作不当，发生火灾和爆炸事故的概率很大。因此在催化裂化装置的工程设计中合理设置有毒气体报警仪、正压式空气呼吸器、紧急停车系统等安全设施，这也符合工程伦理中安全伦理的相关要求。在催化裂化装置日常操作和维护中，现场工程师要对装置存在的运行和操作风险进行充分识别和分析，并采取有效措施将安全风险降至可接受范围。对日常存在的高风险操作，工程师要制定严格的操作说明，其中应包含：①逃生路线及紧急集合点；②安全护具的防止位置和佩戴要求；③事故发生后的应急措施和急救程序。

催化裂化装置可能存在的其他危险还包括转动设备机械伤害风险；装置高处坠落伤害风险；压力容器和管道爆炸风险等。

近些年，化工企业事故频发，问题的根源往往在于化工生产的诸多环节中漠视甚至忽视工程伦理问题。化学工业生产过程中产生的工程伦理问题究其一点，即在关键时刻工程师、技术操作人员、生产企业单位和相关部门是否能够坚持人民利益至上，是否能够把公众的安全、健康和福祉放在首位。

正确识别催化裂化装置潜在的安全风险是催化裂化装置工程师所应具备的基本职业素质，杜绝有毒物质泄漏、装置着火爆炸、人员损伤，找出并通过科学方法消除装置存在的安全隐患。催化裂化工程师应严格遵守并执行企业相关安全制度，对作业许可证的开具要严格把关，安全措施要充分落实，确保装置人员和自身安全，是催化裂化装置工程师所应具备的最基本工程伦理要求。

三、催化裂化过程操作中环境的保护

催化裂化是炼油工业重要的二次加工手段，其工艺过程产生的废水、废气、固体废物及噪声均对环境产生影响。控制催化裂化装置的污染源，是炼油行业面临的重要环境问题。为此，炼油企业若不采用清洁生产技术，减少或避免催化裂化装置各种废水、废气、废渣及污油的排放，降低和控制噪音，最大限度地保护环境，保障员工健康，极易引发社会公众、生态、环保以及员工与生产装置之间的环境伦理冲突。

催化裂化装置烟气排放标准长期以来执行 GB 16297—1996《大气污染物综合排放标准》和 HJ 125—2003《清洁生产标准-石油炼制业》标准，水污染物执行 GB 8978—1996《污水综合排放标准》，该两项国家标准相对于当时的催化裂化装置而言一般无需采取特殊的措施便能达到合格排放。但"十二五"期间两项国家标准已被 GB 31570—2015《石油炼制工业污染物排放标准》统一替代，要求新建企业从 2015 年 7 月 1 日开始执行，现有企业从 2017 年 7 月 1 日起开始执行，其中的 SO_2、NO_x、颗粒物等排放浓度比以前两个标准更加严格，并增加 Ni 及其化合物控制指标，迫使企业采取技术手段改进环保工艺。同时，随着进口原油的日益重质化、劣质化，FCC 原料油的杂质含量也随之增加，导致 FCC 催化剂使用寿命缩短，废 FCC 催化剂产生量加大。废 FCC 催化剂表面附着了来自原料和炼油助剂中的各种金属元素（如 Ni 和 V 等），以及来自钝化剂中的锑和锡等，按一般固废处理会给土壤和水体环境带来严重污染。自 2016 年 8 月 1 日起，我国已将废弃 FCC 催化剂列入危险废物，危险特性为"毒性（T）"，且不在"危险废物豁免管理清单"中，它的处理与处置受到更严格的监控。

随着新颁布的环保标准和法规的提出，一方面，催化裂化工程师以及企业决策者必须学习新思想、新技术、新设备、新工艺，刻苦钻研业务，提升专业水平，努力提升催化裂化装置污染物排放处理能力，稳定装置运行。另一方面，催化裂化装置工程师除遵守国家相关法规及行业标准外，还需加强环境伦理信念、原则，提高道德规范标准，提升自我约束，主动防止污染的发生。

对化裂化装置环境伦理约束主要体现在几个方面实施：①确保所有设备处于正常状态并且正常运行，尽量降低装置污染物排放量；②采用新型环保技术提升装置的环保水平；③主动优化提高生产效率，减少资源浪费；④消除装置现场"跑、冒、滴、漏"和安全隐患。

催化裂化装置的环境伦理要求工程师在正常管理和操作行为中注重装置的环境保护，同时培养操作人员的环境伦理观，在职工技术培训的同时灌输环境管理知识，挖掘员工关于环保的潜能。在日常操作中将环境保护作为操作目标之一，保持生产平稳，降低污染物的排放。管理上，应努力降低催化剂消耗及金属污染物含量，减少固体催化剂废物产生，科研单位需研究废催化剂的资源利用，从宏观上减少催化裂化催化剂对土地资源的环境影响。

催化裂化装置开车和停车的规程在装置操作手册中有详细的说明，虽然不同装置的常规程序在细节上有区别，这些区别是企业相关设施和操作习惯不同造成的，但总体的开停车步骤和节点在一定程度上是具备统一条件的。一些大型企业，比如中国石化，通过企业内部下发的《炼油装置开停工指导意见》对催化裂化装置开车和停车步骤、节点和操作内容进行了详细的规定和说明，在对催化裂化装置工程师开停车操作进行指导的同时，以期达到统一和规范管理的目的。

在开停车期间，催化裂化装置污染物排放量会高于正常运行工况，但是可以通过合理的开停车操作和过程优化使污染物排放量大幅降低。工程师需要对开停工方案进行反复推演，对三废排放进行细致核算，用理论结合实际经验提出有效措施，将开停工期间的污染物排放量降至最低。

催化裂化装置工程师必须对自己的管理和操作行为进行评价、约束和规范，以减少催化裂化装置运行过程中污染物的排放。作为主持装置工程活动的工程师，要担负起相应职责，在日常工程实践活动中不仅从道德的角度出发重新审视工程与自然的关系，而且要从意识形态上树立起环境伦理责任感，加强环境保护意识，最终实现催化裂化装置的清洁生产与环境保护的良性循环。

四、催化裂化过程操作中设备及化工三剂的保护

在催化裂化装置的设计和日常运行过程中，工程师应仔细地考虑和跟踪设备的保护，尤其是通过由相关压力容器规范制定的压力释放系统，保护设备免受超温、超压的破坏。

催化裂化的关键设备包括反应器、再生器、烟机、主风机、气压机、锅炉及气体塔器设备。催化裂化反应需在高温下（一般在 500℃ 以上）和催化剂混合发生反应，反应生产的焦炭在高温下（700℃ 左右）进行燃烧，因此，必须使用合适的耐火材料保护炉内的金属表面、管道的端部和余热回收设备。随着原料油的劣质化，工程师还应着重考虑腐蚀介质造成腐蚀的保护和预防，制定严格细致的检查规范定期并对检查情况进行记录，这样可以预防严重问题的发生。催化裂化装置一般采用烟气轮机对再生烟气进行回收，烟机故障造成的也是催化裂化装置常见的事故，容易引发物理打击、人员中毒及火灾等问题，设备工程师必须监控好烟机的运行工况，发现问题及时处理，工艺工程师必须控制好再生烟气中粉尘的含量及三级旋风的工况，给烟机的运行创造良好的条件。

对于催化裂化装置，催化剂的使用在装置运行和维护费用中占比较高，一方面是催化剂本身的成本较高，另一方面是运输和装卸过程中的污染和失效损耗会占比较大，同时大量的废催化剂对环境的影响也是目前催化裂化装置所面临的环境伦理冲突。催化剂在运输过程中，要求采用密闭系统，包括新鲜催化剂及废催化剂；在装卸过程中，应逐步推广使用密闭除尘系统，以减少粉尘污染。在运行过程中，装置工程师必须要跟踪装置运行工况，合理控制催化剂活性、再生温度、再生藏量等参数，减少催化剂消耗。对于其他化工原材料，如金属钝化剂、油浆阻垢剂，工程师也需要合理安排，控制合理的加入量，减少化工原材料对装置及操作人员的影响。

五、催化裂化装置的高效和精益化管理

同样的催化裂化装置，不同的管理者和使用者可能体现出不同的运行效果。作为负责任的催化裂化装置工程师，应不受外界信息的干扰，客观地评价装置各项参数，追求设备较长的使用寿命，降低化工三剂消耗并使装置保持在较低的能耗程度运行，这是催化裂化装置工程师应具备的最基本的职业要求。催化裂化装置工程师应对装置各个生产环节进行检验和控制，消除浪费，特别是减少对资源和能源不必要的消耗，从而有力地在满足环保指标的大前提下使生产向精益型和可持续型转变。装置应该在工程师的管理下走出一条生产上"精耕细作"、管理上"精雕细刻"、经营上"精打细算"、技术上"精益求精"的发展之路，为建设节约型社会尽自己的一份责任。同时也符合工程伦理中责任伦理、利益伦理的要求。

任何一名催化裂化装置工程师都有责任通过利用自己的专业知识，并在工程伦理规范的规范下，将装置通过自己的维护和优化变得更加平稳和高效。高效的催化裂化装置应有能力长期在满负荷状态下运行，并发生最少的运行中断和指标超标情况。实现这个目的的首要条件就是：催化裂化装置工程师具备更加专业的技术和更加严格的工程伦理约束。对于催化裂化装置，其处理量依赖于基础设计、工艺设备配置、过程控制、处理的原料种类和操作者技能。对于已经建成的催化裂化装置，基本流程和工艺配置一般都已无法更改，同时受原料来

源影响，操作者一般也无法直接控制原料的质量和数量。因此催化裂化装置工程师成了装置运行中最灵活的变量，在装置运行过程中较其他装置起了更加显著的作用和影响，这也就要求催化裂化装置工程师在职业素养和工程伦理方面有更高的自我要求。

一套装置按其设计能力满负荷运行是装置工程师的责任，而经过装置工程师的管理和优化是否能达到设计目的，取决于装置工程师的知识、奉献精神，面对各种可能发生的问题的应对能力和在工程伦理方面的自我要求。高效的装置需要以高负荷和稳定运行为基础，在此状态下运行，装置将取得最高的产品收率和最大化的经济回报，同时使装置对环境的污染降到最低。

在催化裂化装置的日常运行中，装置工程师及其他操作者的重要性怎么强调都不为过。装置工程师在管理好自己装置的同时，还要加强与上游装置的工程师进行密切的联系和沟通，以期对装置的现状和未来状态有一个完整的了解。装置工程师必须全面熟悉本装置，学会及时发现问题，特别是在装置不正常的时候。还需要通过培训，使操作人员具备更高的操作技能。近年来，环保的要求越发严格，针对操作人员的培训，也应加强其环保技能及环保意识的培养。

催化裂化装置工程师有责任对装置的运行情况进行记录，并通过这个过程将现时数据与以往数据进行比较，并定期进行分析，发现变化并找出变化的原因。实践证明这些记录和做法是非常宝贵的工程经验，当装置发生问题时可以及时发现并采取措施进行调整和消除，已期达到装置高效运行的目的。以上工作都需要工程师具有负责任的职业精神。

六、催化裂化装置安全环保事故的伦理分析

事故案例：2015 年 Torrance 炼油厂催化裂化装置事故

1. 事故简介

2015 年 2 月 18 日，位于美国加利福尼亚州的埃克森美孚公司 Torrance 炼油厂的静电除尘器发生爆炸。事故发生时，埃克森美孚公司正在试图隔离烟机进行维修作业，实施过程一系列错误操作导致反应汽封失效，造成油气经待生线路窜至烟气系统，并在静电除尘器（ESP）内点燃，发生爆炸。

2. 事故过程

（1）烟机振动上升，装置进入安全停车模式

2015 年 2 月 16 日，因烟机振动上升装置人员通过在线扰动清垢，处理后未达到目标。12：50，烟机振动达到上限，装置控制系统自动将装置转入安全停车模式（类似主风自保）。安全停车模式下，反应器和再生器通过滑阀隔离并在滑阀上方建立料封，反应器通入充足的蒸汽，在沉降器内建立汽封。在安全停车模式下，ESP 继续保持通电。但实际上，待生滑阀已运行 6 年，滑阀内漏导致在 7min 内沉降器内催化剂全部流至再生器内，物理隔离失效，仅通过汽封隔离反应油气。

（2）试图重启烟机

当 FCC 装置处于安全停车模式下时，操作人员 4 次试图重启烟机，均以失败告终。操作人员认为烟机无法重启，是因为催化剂在烟机动叶和壳体之间催化剂积聚，影响叶轮旋转。根据埃克森美孚公司管理层的指示，操作人员开始把烟机切出隔离，并准备对烟机进行检查。但是由于设计缺陷，烟机无法按照美孚公司的标准隔离程序（双阀切断+排凝）进行安

全隔离。

（3）变更隔离方案

2015 年 2 月 17 日，炼油厂开会讨论了 2012 年一次烟机检修方案，Torrance 炼油厂当时制定了一个运行违背美孚公司的标准隔离程序隔离要求的方案——"Variance"方法（变更方案），这是一种校准标准程序的变更管理办法。讨论小组决定采用 2012 年许可，对烟机进行隔离检修。该方案主要内容是在烟机出口法兰加装一个盲板进行隔离。

（4）事故发生

2015 年 2 月 18 日，上午，埃克森美孚公司的维修公司检修人员试图安装盲板，但由于蒸汽从烟机出口法兰出逸出，盲板安装无法正常进行。实际上从反应器出来的蒸汽已经通过泄漏的滑阀进入烟气系统，基于"Variance"方法为降低从烟机中逸出的蒸汽量，操作人员减少了进入反应器的蒸汽量，但是，"Variance"方法并不能评估该流量是否能防止油气从分馏塔倒流至反应器，而操作人员并不清楚来自后路的油气已进入主分馏塔。随着蒸汽流量的减少和反应器压力的下降，油气从主分馏塔回流至反应器并通过待生滑阀进入再生器及烟气系统。

8：07，在烟机检修的主管人员的硫化氢报警仪出现报警，8：40 烟机周围有工作人员收到了同样的报警，装置人员开始疏散。为了控制泄漏，装置主管下令增加反应器内的蒸汽量，但是为时已晚，油气已回流至带有多个点火源的 ESP 单元，油气和空气混合物发生猛烈的爆炸。

3. 事故原因

事故的直接原因主要有以下几点。

① 待生滑阀内漏是事故发生的直接原因。在正常操作情况下，待生剂滑阀内部的阀板处于部分打开状态，调整至再生器的催化剂流量。粗糙的催化剂连续流过部分打开的阀门时，会对阀门的阀盘和密封面造成侵蚀，导致在紧急情况下无法完全隔离反应器和再生器。

② 在安全停车模式下，蒸汽是 FCC 装置油气部分和空气部分之间的第二个屏障，为反应器充压，保持反应器压力高于分馏塔压力。

2015 年 2 月 18 日上午，打开的烟机出口法兰出现蒸汽泄漏，埃克森美孚公司管理层指示中控人员降低蒸汽流量，试图减少法兰处泄漏的蒸汽量，以使维保人员能够安全地安装盲板。中控人员把蒸汽流量降低至约 3402kg/h，符合 2012"偏离方案"的要求（最小蒸汽流量为 907kg/h），但是此时反应器压力已低于分馏塔压力，降低的反应器压力已不能阻止分馏塔油气进入反应器，油气随后进入再生器和烟气系统。

③ 油气进入燃料气系统时静电除尘器处于带电状态。2009 年，Torrance 炼油厂为 FCC 装置安装了一台新静电除尘器，以满足新的环境法规要求。炼油厂委托工程服务公司设计并建造新静电除尘器。2006 年 11 月，该工程服务公司对设计进行了工艺危害分析（PHA），识别出可燃蒸汽可能进入静电除尘器，并导致火灾或爆炸。但是，2006 年的 PHA 没有识别出可能造成可燃蒸汽进入静电除尘器的特定场景。埃克森美孚公司通过在燃料气系统安装一氧化碳分析仪监测进入静电除尘器的可燃气体，关闭了建议项。当 FCC 装置内油气不完全燃烧时可能产生一氧化碳。

埃克森美孚公司选择安装一氧化碳分析仪监测可燃蒸汽，因为他们认为燃料气系统内的任何烃类蒸汽都会伴有一氧化碳，他们相信 FCC 装置内的油气不完全燃烧，从而生成一氧化碳。2006年、2009年和2014年的PHA均没有考虑装置处于安全停车模式时(这种情况下热量不足以引起燃烧反应产生一氧化碳)油气进入燃料气管线的场景。

事故当天，装置处于安全停车模式，油气进入燃料气系统，且油气中不含一氧化碳。由于没有监测油气的分析仪，没有监测到可燃环境。结果，带电的静电除尘器引燃油气，并导致爆炸。Torrance炼油厂把安全停车模式下的静电除尘器设计成带电状态，是为了符合环境法规(要求从排入大气的气体中除去催化剂粉末)。

4. 事故伦理教训

(1)事故当天，尽管埃克森美孚公司知道催化剂屏障已经失效，蒸汽成为阻止油气和空气混合的唯一屏障，没有人进行相关分析去确定2012"变更方案"规定的最小蒸汽流量907kg/h是否足够。如果埃克森美孚公司进行了保护层分析，就可能知道需要提高允许的最小蒸汽流量，或者决定在膨胀节维护作业能够安全进行之前关停FCC装置。

(2)缺少安全停车程序和可验证的操作参数。埃克森美孚公司制定了关于进入安全停车模式以及从安全停车模式重新转入正常操作模式的操作程序，但是没有制定程序详细说明如何在安全停车模式下安全地操作FCC装置。尽管此次事故的发生还有一些安全管理系统方面的原因，建立和执行一套可靠的操作程序(明确了安全操作限值和需要紧急关断的条件)本来也可以阻止事故的发生。

此次事故中，埃克森美孚公司依靠2个保护防止分馏塔内的油气进入FCC装置空气部分：①通过向反应器通入蒸汽，使反应器压力高于分馏塔压力；②关闭状态的待生催化剂滑阀上部形成的催化剂屏障。但是，埃克森美孚公司根据间接的操作参数维持这2个保护层的有效性，而没有可验证的直接监控参数。

(3)安全停车模式存在设计缺陷。从烟机震动导致FCC装置进入安全停车模式，到两天后发生爆炸，FCC装置均处于带电状态，而且油气继续在装置内循环。当埃克森美孚公司人员发现待生催化剂滑阀泄漏和催化剂屏障失效，他们选择保持装置处于安全停车模式，并继续执行膨胀节进入作业。当炼油厂人员看见打开的法兰发生蒸汽泄漏，装置仍处于安全停车模式，他们选择降低蒸汽流量以控制工作人员的暴露风险。安全停车模式下，静电除尘器保持带电状态。静电除尘器正常操作情况下会产生火花，所以埃克森美孚公司要求当可燃气体混合物可能进入静电除尘器时，静电除尘器应被关停。但是，事故当天，当油气进入带电的静电除尘器时，静电除尘器没有被关停。结果，静电除尘器内的火花点燃了可燃混合物，导致爆炸。

Torrance炼油厂静电除尘器爆炸事故是可以避免的，工艺安全管理方面存在的漏洞导致FCC装置油气回流，在静电除尘器内着火爆炸。埃克森美孚公司没有针对安全停车模式制定针对性的操作程序，明确安全操作限值以及需要装置关断的工艺条件。另外，埃克森美孚公司没有充分定义安全停车模式时安全关键设备的功能，没能确保安全关键设备执行其安全关键功能。埃克森美孚公司也没有充分地进行风险分析，识别安全停车模式下的安全保护是否足够。

很多化工事故都在现实中演变为灾难，不仅极大地影响到公众的安全、健康和福祉，也给社会发展和公众生活的生态环境造成难以估量的损害。催化裂化装置作为炼油化工产业链中重要的一环，具有装置数量多、有毒有害物质浓度高、操作温度高等高风险的特点。对于催化裂化装置来说，反应再生系统通过催化剂流动实现油气环境和空气环境的切换，就对人员操作能力、仪表自动化程度多和设备可靠性提出了严格要求。

上述代表性事故案例充分说明了催化裂化装置一旦出现事故后的严重后果，也对催化裂化装置工程师和技术操作人员分析和处理问题的能力提出了高要求。如何在日常生产和管理过程中有效掌握和控制潜在风险？如何规避可能存在的风险而不至于演化为事故？这就需要催化裂化工程师在各环节中将公众的安全、健康和福祉放在首位，积极主动排查装置的隐患和故障。保证装置在符合环保要求的前提下，以最高的可靠性和符合环保要求的工况运转。

同时，催化裂化工程师还应注重参与和利用团体思维解决问题，需要经常参与团体决策。管理、工程和操作部门对问题和隐患的理解不同，应广泛听取意见并系统考察本系统以前所发生的类似问题，弄清问题和隐患是如何被诊断和解决的，查阅操作和维修记录，对比正常工况和问题工况时装置的各项性能有何不同。注意装置数据的实时采集和分析计算，包括催化剂数据和热平衡、物料平衡数据。通过集体讨论的方法列出所有可能的原因或各种原因的组合，然后系统地逐一排除。问题的发现和解决可以提高装置操作水平、提高平稳率和达标率、避免停车和事故的发生，增加装置的可靠性。

作为催化裂化工程师，对重要信息的忽视和无知，也可能是导致风险演变为事故的一个重要因素。因此催化裂化工程师要认真学习与装置相关的国家标准和地方标准，了解装置设计规范和准则，掌握催化裂化安全管理、应急管理、风险管理的本质，这样就可以避免在管理装置和处理突发事件时作出错误的决定。

化工过程安全的核心就是风险管理。催化裂化工程师应在"零事故"的安全理念下，科学的评估风险，辨识生产过程中存在的危险源，采取有效的风险控制措施，将风险降至可接受程度，避免事故的发生。严格按照相关规定，对装置各项操作(工艺参数、工艺流程、设备和关键人员等)的变更进行管理，按专门程序对所有的变更进行风险评估、批准、授权、沟通、实施前检查并做变更记录，必要时落实相应的变更培训。过程安全管理的各个要素之间存在紧密的内在联系，需要相互协同，硫黄工程师只有做到工作中不出现管理之间衔接的漏洞，才能发挥好事故预防的作用。

炼油化工作为流程工业，流程中的任何一个环节都起着承上启下的作用。在炼油化工企业硫平衡和环境保护目标达成的过程中，催化裂化装置同样发挥着不可替代的作用。作为催化裂化工程师，应坚持环境与生态的可持续发展，以综合全面的视角积极掌控已知的与潜在的风险，做好相关的各项评估，减少风险引发的各种不确定因素，缓解公众的担忧情绪，实现炼油化工项目与人、自然、社会的和谐有序发展。

参　考　文　献

[1] 李正风，丛杭青，王前. 工程伦理[M]. 北京：清华大学出版社，2016.